Oracle Database 12cR2 性能调整与优化

(第5版)

[美] 理查德·尼米克(Richard Niemiec) 著

董志平 刘永甫 吕学勇 译

清华大学出版社

北京

Richard Niemiec
Oracle Database 12*c* Release 2 Performance Tuning Tips and Techniques
EISBN：9781259589683
Copyright © 2017 by McGraw-Hill Education.
All Rights reserved. No part of this publication may be reproduced or transmitted in any form or by any means, electronic or mechanical, including without limitation photocopying, recording, taping, or any database, information or retrieval system, without the prior written permission of the publisher.

This authorized Chinese translation edition is jointly published by McGraw-Hill Education and Tsinghua University Press Limited. This edition is authorized for sale in the People's Republic of China only, excluding Hong Kong, Macao SAR and Taiwan.

Translation copyright © 2019 by McGraw-Hill Education and Tsinghua University Press Limited.

版权所有。未经出版人事先书面许可，对本出版物的任何部分不得以任何方式或途径复制或传播，包括但不限于复印、录制、录音，或通过任何数据库、信息或可检索的系统。

本授权中文简体字翻译版由麦格劳-希尔(亚洲)教育出版公司和清华大学出版社有限公司合作出版。此版本经授权仅限在中国大陆区域销售，不能销往中国香港、澳门特别行政区和中国台湾地区。

版权©2019 由麦格劳-希尔(亚洲)教育出版公司与清华大学出版社有限公司所有。

北京市版权局著作权合同登记号　图字：01-2017-5689

本书封面贴有 McGraw-Hill Education 公司防伪标签，无标签者不得销售。
版权所有，侵权必究。侵权举报电话：010-62782989　13701121933

图书在版编目(CIP)数据

Oracle Database 12*c*R2 性能调整与优化：第 5 版/(美)理查德·尼米克(Richard Niemiec) 著；董志平，刘永甫，吕学勇 译．—北京：清华大学出版社，2019
　书名原文：Oracle Database 12*c* Release 2 Performance Tuning Tips and Techniques
　ISBN 978-7-302-52202-7

　Ⅰ.①O… Ⅱ.①理… ②董… ③刘… ④吕… Ⅲ.①关系数据库系统 Ⅳ.①TP311.138

中国版本图书馆 CIP 数据核字(2019)第 013080 号

责任编辑：王　军
装帧设计：孔祥峰
责任校对：牛艳敏
责任印制：丛怀宇

出版发行：清华大学出版社
　　　网　　址：http://www.tup.com.cn，http://www.wqbook.com
　　　地　　址：北京清华大学学研大厦 A 座　　　邮　　编：100084
　　　社 总 机：010-62770175　　　邮　　购：010-62786544
　　　投稿与读者服务：010-62776969，c-service@tup.tsinghua.edu.cn
　　　质 量 反 馈：010-62772015，zhiliang@tup.tsinghua.edu.cn
印 装 者：三河市铭诚印务有限公司
经　　销：全国新华书店
开　　本：190mm×260mm　　　印　张：55.25　　　字　数：1819 千字
版　　次：2019 年 4 月第 1 版　　　印　次：2019 年 4 月第 1 次印刷
定　　价：168.00 元

产品编号：075231-01

中文版推荐序

理查德•尼米克的系列书《Oracle Database 性能调整与优化》在国际 Oracle 业界享誉多年，现在清华大学出版社推出了该书最新版本(12cR2)的中译本。译者都是来自 Oracle 公司的技术专家，群英荟萃，各显其能；译文信、雅、达齐备，精彩纷呈。读者会感觉很惬意，再也不必去啃原文了。

我和理查德是美国普渡大学的校友，我于 1986 年毕业于计算机科学系，他于 1987 年毕业于电机与计算机工程系。在美国，普渡大学被人们誉为"工程师的摇篮"，凡是有工程师的地方都少不了普渡人的身影。人类第一个踏上月球的尼尔•阿姆斯特朗、中国的"两弹一星"元勋邓稼先皆毕业于普渡大学。

从普渡大学毕业后，我在贝尔实验室就职，到了芝加哥；理查德本来就是芝加哥人，回家乡创办了终极软件资讯公司(TUSC)，专门提供 Oracle 业务解决方案。那段时间里，我正负责主持旅美中国科学家工程师协会、北京大学美中地区校友会的活动，与各类企业、团体打交道比较多，了解到理查德的公司被业界誉为"Oracle 领域的海豹突击队"，是一支为很多企业用户解决了难题的攻坚队伍。凭借娴熟的技术和对商务的敏锐直觉，他带领 TUSC 很快地跻身于全美 500 强之列。全美 500 强和人们更加熟知的财富 500 强并不太一样，*Fortune* 和 *Inc.* 皆为美国最主要的商务杂志，然而其侧重点却有所不同：*Fortune* 着眼于巨型跨国公司，*Inc.* 则面向成长中的私营企业。所以，财富 500 强排名看的是营业额，而全美 500 强看的则是增长速度；在全美 500 强中，企业家个人所发挥的作用更为举足轻重。TUSC 不仅成了 Oracle 的合作伙伴，理查德本人也荣任国际 Oracle 用户协会的会长。2007 年，普渡大学给理查德颁发了"杰出电机与计算机工程师奖"，那是普渡大学每年只颁发给五六名杰出校友的荣誉，曾获此殊荣的华人包括中国工程院院士、中科院计算所前所长李国杰，还有为第四代移动通信核心技术做出重大贡献的高通公司副总裁厉隽怿。

我为本书的 11gR2 版做了中文版推荐序之后，理查德在该书的扉页上给我写了一篇热情洋溢的感激之词。他尤其表示感谢的是我提到他对品格的重视和对中国历代先贤的崇敬。他以一位西方工程师的视角评介中国古代先贤的品行，足见这些人性美德是跨越时空、跨越文化、跨越行业的。他还对我在该版推荐序中所说的数据库调优"与其说是技术，不如说更像是一种艺术"的论断表示极大的认同。

理查德在本书前言中引用了管理学教父彼得•德鲁克(Peter Drucker)的一段警世箴言："没有创新的企业无可避免地要老化、衰落，而处于当今这激变、创业的时代，衰落的速度可是快得很！"的确，当今世界企业兴衰如潮起潮落、云卷云舒，一个个曾经叱咤风云的企业，甚至整个行业，一旦错失良机，就会被科技更新换代的疾风吹得云飞烟灭，而名不见经传的新企业则以迅雷不及掩耳之势迅速称霸全球市场，甚至创造新的商业模式、改变人们的生活方式。

云服务的出现对传统数据库的挑战尤甚于对其他软件行业的冲击。云数据库能提供随时随地存取、灵活且可扩展的资源配置，以及高效率的管理与维护，极大地降低了用户的投资成本和运营成本。传统数据库的严肃用户在节约成本的诱惑和对数据安全性的忧虑之间，面临着两难抉择。Oracle 一如既往不负众望，及时推出了 12cR1

和 12cR2，把在用户场地部署的(on-premises)传统数据库和为数据库订制优化的云(database-optimized cloud)有机地融为一体。事实上，版本号 12c 中的这个字母 c，就是云(cloud)的意思，可谓点睛之笔，提醒用户 Oracle 数据库自此开始拥抱云。Oracle 在应用软件(SaaS)、平台(PaaS)、基础设施(IaaS)三个层面提供了云服务，全兼容的混合模式可使用户在保障数据安全无虞的基础上，放心地体验云服务的快捷、方便、高效、节约。

  云服务的引入显著提高了数据库管理工作的效率，这对使用数据库的企业来说是节约运营成本的一个主因，但对本书的大部分读者来说，则是一柄利弊参半的双刃剑，因为效率的提高自然会降低对人力资源的需求。然而正像理查德在前言中所说的，云数据库并非把 DBA 或系统管理员的工作夺走，而是引导他们去拥抱云，强化他们适应未来 IT 世界的新技能。任何一种创新都会震撼旧有的职业圈，在使部分旧技能贬值的同时，促生对另一组新技能的巨大需求。DBA 就见证过工作重心从低层到高层、从物理到逻辑、从维护到管理的转换。今天的云，明天的人工智能，都会带来更大的震撼和开启更大的契机。当然，机会只属于有所准备的人。读理查德的这本书，不仅能从一位世界级的 DBA 达人那里得到他轻车熟路的点拨，令我们在学习掌握 Oracle 12c 的过程中事半功倍，更能看到他是怎样拥抱新技术、拓展技能、充实核心竞争力的，这些将使我们于展望未来时有一个更高的视角和更广阔的视野。

阮祖望

原摩托罗拉网络系统部中国研发中心总工程师

北京大学软件与微电子学院教授

中文版序

要不要将部分业务迁移到互联网上面去？一些公司曾经举棋不定(**亚马逊是 1995 年才兴起的关键创新者**，真令人难以置信)。现如今，**云**不仅能让你将整个 IT 中心都迁移到云端(降低成本)，还提供与**大数据**、**IOT(物联网)**及其他支持 **AI(人工智能)** 的数据源的连接。

迁到云上去

你愿不愿意像 Oracle 那类云创新者一样，迁到云上去并充分利用人工智能及未来的力量呢？我常在 @richniemiec 推特账户上推敲，关注后继作。人工智能的最大问题是：如果机器将互联网上的知识全都学了去，超过所有人脑所能容纳的知识量，那将如何是好？虽然人工智能看似只能对已编好的程序进行仿真，但早期的测试已经证实，人工智能可快速学习乃至发明语言与其他人工智能进行通信。设想一架智力之阶梯，最底下一级台阶上是一只蜗牛，而上帝则高居于第无穷级台阶。如果第 2 级台阶上是鱼，那么第 15 级台阶上就是猫或狗，第 10000 级台阶上是人，而全人类可能在第 3 000 000 000 级台阶上(由于智力的复制)。新人工智能可以迅速地立即升到第 16 000 000 000 000 000 000(16E，但 128 位计算和量子计算机将助其迅速发展)级台阶，人工智能可能只将人类看作与鱼或猫(甚至蜗牛)处于同一水平上。结果如何呢？ 计算机已经在从事 70％的股票交易，并且在迅速地取代人类。伊隆•马斯克和斯蒂夫•沃兹尼亚克等人正在努力阻止此反乌托邦未来的可能的不利方面。想一想，脸书为了解如何在互联网上进行谈判而设计聊天机器人时所发生的事吧：他们开始编写自己的代码，发明了自己的语言，彼此沟通，而很快就关机了。**希望这些未来的人工智能机器将由最有道德的人编写，这些编写者希望全人类的利益高于所有其他目标。**云乃是新的西部边疆，你必须为此而做好准备！

为云而准备，马上去试试：

- cloud.oracle.com/tryit(创建/连接/监控)
- cloud.oracle.com/database(特定于数据库，试一试)
- dbaas.oraclecloud.com(注册后登录)

然后，你就可以创建第一个服务了(同时也将创建你的第一个数据库)。连接到你创建的服务，即可使用企业管理器或应用程序性能监控器(APM)监控该服务。访问 cloud.oracle.com/tryit 时，一定会看到"开始免费试用 Oracle 云平台"的选项。在考虑采用云的当口，可别忘了云中的一些隐性成本。在为购买云而估价、估算实际成本时，一定要有值得信赖的顾问。在进行成本核算时，为避免价格标签带来的震撼，需要记住各类云供应商的一些并非显而易见的成本：数据传输成本、复杂性成本、负载均衡器成本、合作伙伴网络成本、存储优化成本、支持成本、审计成本、存储请求和 IOPS 成本、非活动性的成本和保证 SLA 带来的负担，等等。使用云是为人工智能做好准备的关键。

人工智能和机器学习正在快速发展

Oracle 将为机器学习(ML)提供最好的内置算法。正像 Oracle 的 Doug Hood 所说的那样，Oracle 提供了"**数据库驱动的机器学习，你可将算法搬到数据中**"。监督式机器学习为系统提供"训练标记数据集"，以学习和预测未来行为或做出规定性决策(一个例子是：使用深度学习来为汽车的自动驾驶而学习图像)。用于回归的**监督式机器学习**(例如天气预报、预期寿命预测或进行广告流行度预测)内置于用于分类的监督式机器学习(例如身份欺诈或诊断)。Oracle 是监督式机器学习的最佳工具，因为 Oracle 数据的结构有利于此。用于降低维度(应用于大数据或物联网可视化)或聚类(非常适合客户细分或基于聚类寻找新客户)的**无监督式机器学习**也可用于未标记、未分门或未归类的数据。Oracle 的最佳功能之一就是内置 R 语言包和 Spark Mlib 算法集成(写更少的 R 代码，这并不像 Python 那般容易)。有一个 Oracle 专用的 Python 驱动程序，其作者现已在 Oracle 供职。Oracle 在其客户体验(CX)云产品中使用机器学习和人工智能来进行销售和营销。**未来的五年中，机器学习和人工智能将会是全球发展最快的科技领域！**

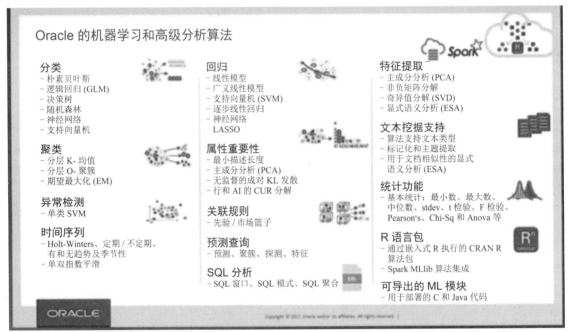

自治数据库和自动数据库安全

由于**使数据库更强大、更安全已成普遍目标**，访问其他数据源(如 AWS、Mongo、Hadoop 和其他 NoSQL 数据库)时，Oracle 便成了"施行严查"的安全门户。Oracle 自治数据库采用内置的机器学习算法，在发现漏洞时自动修补系统。为找出"坏蛋"并在**几微秒内**修复漏洞，Oracle 将扩大对机器学习的使用范围。在 Oracle 19c 中，具有自动索引的 Oracle 自治事务处理(ATP)将把工作做得更快、更好。Oracle 自治数据库将使用机器学习算法，从 Oracle 云的大量数据库中学习。如果数据库是自治的，那么作为 DBA 的我们还有什么可做的呢? (请参阅下面的图片和下一部分，了解关于 DBA 目前和未来工作的情况。)

未来的职业发展

对于大多数公司而言，**DBA 将会变为数据管家(DM)或数据管理员(DA)**，甚至连他们自己都可能并未注意到这样的转变。**首席信息官(CIO)还将担任首席数据官(Chief Data Officers，CDO)**，许多大公司还可能为此而专门设置职位。因为《华尔街日报》曾说过，"数据就是石油"(数据将来会像石油一样受到监管)，所以你的目标应该是成为一名数据管家(请参阅下面的 Oracle 图片)。**首席执行官(CEO)将迫使 DBA 进入这些更重要的角色(DA/DM/CDO)**，因为数据和机器学习算法已变为他们股票价格的重要驱动因素！

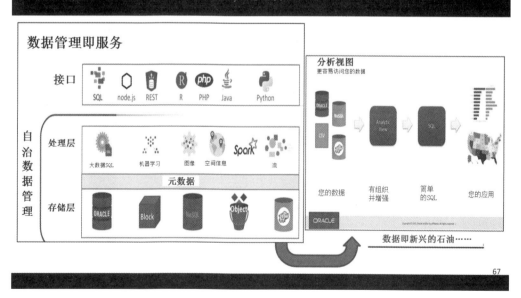

数据库扩展、打补丁和调优

随着 Oracle 云计算日趋成熟，**云计算中的 Oracle 系统可以在需要时进行向上扩展以满足业务峰值需求，也可以在空闲期间进行向下收缩以节省资金。发现问题几秒钟之后，Oracle 自治数据库将自动修补漏洞**(未来几年内将会缩短至微秒级)。最终，以上谈的这些将会更快速地完成，并且会采用规范(相对于预测)的方式。请注意，这部书在美国发布时，乃是亚马逊上排名第一的 **Oracle** 新版书！

说在最后的，却也是最为重要的话

    清华大学出版社在中国出版界独占鳌头，由他们来出版我的书，我十分荣幸、不胜感激。**我很幸运，有一批了不起的译者将本书译成中文，尤其是吕学勇先生**，他在中美都是技术领头人，还具有与中国历史上那些知名的领头人一样的品格。吕学勇先生来自于 Oracle SE HUB 团队，是我的主要联系人和翻译工作的牵线者，他与来自 Oracle 真实世界性能团队的**董志平**先生、来自 Oracle ACS 团队的**刘永甫**先生，都是 Oracle 技术的领头人，他们做出的重要贡献，是你之所以能够读到本书的主要原因，缺了他们，就根本不会有翻译此书这样一回事。请接受我最亲切的谢意吧！我还要感谢来自 Oracle SE HUB 团队的**唐晓华**和来自 Oracle 研发团队的**沈炜婷**，他们也为翻译做了很多贡献。感谢所有人的努力！

    昂首远望，在利用技术向云端迁移的同时阅读本书，为未来做好准备！人类的未来或许是，通过利用人工智能技术(奇点)直接整合技术，并以相同或更快的速度提升人类的能力。人工智能的发展同利用人工智能的人工植入之间的竞争已经展开，或许像罗德·塞林(在有史以来最好的电视剧《阴阳魔界》中)说过的那样："这是人与人的思想产物之间的竞争，要看这样的一场大戏，在阴阳魔界里还有站票。"罗德·塞林并不是在谈论所有的发明，而是专指人工智能和机器人技术。这是阴阳魔界中唯一一次"仅有站票"的时间，也就是你目前所在的历史时刻：**你正处于事件视界的边缘，即将直接步入令人难以置信的神秘未来！**

Preface for Chinese Version

Some companies were hesitant to move any of their business to the Internet (seems hard to believe now, but **Amazon was the key innovator in just 1995**). Now that the **cloud** gives you the ability not only to move your entire IT center to the cloud (for lower costs), it gives you a connection to **Big Data**, **IOT (internet of things)**, and other data sources that enable **AI (Artificial Intelligence)**.

The Move to the Cloud

Will you be the Cloud Innovator like Oracle that moves to the Cloud to leverage the power of AI and the future? I often ponder this on my @richniemiec Twitter account and look to what's next. The biggest issue with AI is: What if a machine one day learns the entire internet and exceeds the brain capacity of all humans? While this seems like the AI will only emulate what is programmed, early tests have already shown that an AI can learn quickly and even invents languages to communicate with other AI. Consider a staircase of intelligence. Let's put a snail at the bottom step and God at the infinite step. If a fish is on step 2, a cat or dog is on step 15, a human is on step 10,000 and all humanity may be on step 3,000,000,000 (due to duplication of intellect). The new AI could quickly and instantly be on step 16,000,000,000,000,000,000 (16E, but will advance quickly with 128-bit and quantum computers). The AI may look at humans as simply on the same step and similar to the fish or cat (or even the snail). What happens then? Computers already trade 70% of all stock and are replacing humans quickly. Elon Musk and Steve Wozniak among others are currently working to head off the potential downside aspects of this potential dystopian future. **Consider what happened when Facebook created chatbots to learn how to negotiate on the internet. They started writing their own code, and invented a language of their own,** communicated with one another and were quickly shut down. **Hopefully, these future AI machines will be written by the most ethical humans that want the good of all of mankind to come out above all other objectives. The cloud is the new Western Frontier and you must prepare for it now!**

To Prepare for the Cloud; try it now:
- cloud.oracle.com/try it (Create/Connect/Monitor)
- cloud.oracle.com/database (Database specific – Try It)
- dbaas.oraclecloud.com (sign in after signing up)

You can then create your first service (which will create your first database). Connect to the service you created and you can also monitor the service you created using Enterprise Manager or Application Performance Monitoring (APM). When you go to the cloud.oracle.com/tryit, you should see the option to take the Oracle Cloud for a test drive. When you start considering the cloud, don't forget about some of the hidden costs in the cloud. Ensure that you have a trusted advisor when assessing you cloud purchase and estimated real costs. Here are some non-obvious costs among various cloud vendors to remember when pricing things out to avoid sticker shock: Data Transfer Costs, Complexity Costs, Load Balancer costs, Partner Network costs, Storage optimized cost, Support costs, Audit costs, Storage Requests, IOPS costs, Inactivity costs, and SLA burden of proof. Getting to the cloud is the key to prepare for AI.

AI and Machine Learning is coming Fast

Oracle will offer the best built-in algorithms for Machine Learning (ML). As Oracle's Doug Hood would say, Oracle provides "**Database Driven Machine Learning** where you move the algorithm to the data." Supervised ML gives a system "training sets of labeled data" to learn and predict future behavior or make prescriptive decisions (learning images using Deep Learning to for autonomous cars is an example). **Supervised ML** for Regression (examples are weather forecasting, life expectancy forecasting, or advertising popularity forecasting) is built in as is Supervised ML for Classification (such as Identity Fraud or Diagnostics). Oracle is the best tool for Supervised Learning because of the structure of Oracle data is favorable. **Unsupervised ML** for Dimensionality Reduction (for Big Data or IOT Visualization) or Clustering (great for Customer Segmentation or finding new customers based on clustering) can also be used with data that is not labeled, classified or categorized. One of the best features of Oracle though is built-in R packages and Spark Mlib algorithm integration (write less R code - which isn't as easy as Python). There is a Python driver for Oracle and the person who wrote it now works for Oracle. Oracle Cx products use both ML and AI in their products for Sales and Marketing. **Machine learning and AI will be the fastest Tech sector in the world over the next five years!**

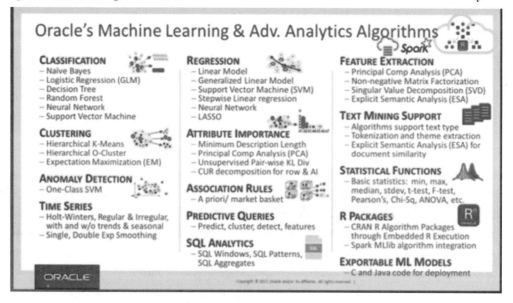

Autonomous Database and Automatic Database Security

As **the goal becomes making databases stronger and more secure**, Oracle will be the safe portal to "go through" to get to other data sources (such as AWS, Mongo, Hadoop and other NoSQL databases). Oracle's built-in ML is currently being used by Oracle Autonomous Database to automatically patch systems the moment a vulnerability is discovered. Oracle will only expand the use of ML to find "bad actors" and fix vulnerabilities **in microseconds** in the future, and in Oracle 19c, the Oracle Autonomous Transaction Processing (ATP) will do Automatic Indexing to make things even faster and better. Oracle Autonomous Databases will learn from the massive amounts of databases in the Oracle Cloud using ML. So if the database is autonomous, what will I do as a DBA (see my image below and next section to understand the present job regarding the DBA and next, future job).

> **Reality of the Autonomous Database**
>
> Will my job change?
> - Absolutely…sure hope so!
> - Hopefully… It already has!
> - It has many times in the past…
> - It will move **closer to the business** & innovation
> - Data Manager instead of DBA
> - Security Expert instead of Security on the DB
> - Watching over costs more
>   - Cloud Hidden Costs
>   - Cloud, Hybrid, or On-Site Decisions
>   - Decide which databases should be Autonomous

Career Development in the Future

DBAs will become Data Managers (DM) or Data Administrators (DA) for most companies (they might not even notice this happen). CIOs will also be Chief Data Officers (CDO) or an additional role will be created in major companies. As the Wall Street Journal once said "Data is the Oil" (and data will be regulated like oil in the future). Your goal should be to become a Data Manager (see Oracle image below on this). **CEOs will force DBAs to step into these more important roles (DA/DM/CDO) as their Data and Machine Learning (ML) algorithms become an important driver of their stock price!**

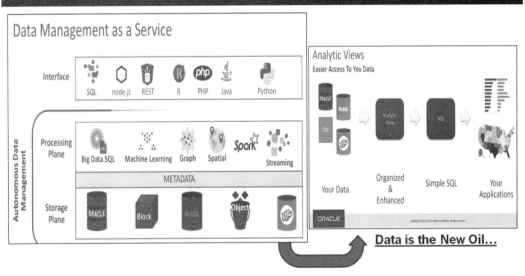

Database Scaling, Patching and Tuning

As the move to the Oracle Cloud hits maturity this year, **Company's Oracle systems in the cloud will Scale Up at key times when needed and Scale Down to save money during lulls.** Oracle Autonomous Databases will automatically patch vulnerabilities seconds after the issue is discovered (microseconds in the next few years). Eventually, this will happen faster and in a prescriptive (vs. predictive) manner. **Note that in the U.S., this book was the #1 New Release on Amazon when released.**

Finally, but MOST Important of All

Tsinghua University Press is the best in China and I am both honored and grateful to them as the publisher. **I also am blessed to have great translators of this book to Chinese, especially Mr. Steven Lu** who is both a technical leader in China and the U.S. as well as a person of great character as of those famous Chinese leaders of China's great history. Mr. Steven Lu from Oracle SE HUB was my primary contact and leader for this translation and along with **Mr. Cary Dong** from Oracle Real-World Performance Team, and **Mr. Tiger Liu** from Oracle ACS who each are leaders of Oracle Technology and gave substantial contributions and are the primary reason you are reading this book. Without them, this effort would not have happened. Please accept my most gracious thanks for all that you've done! I also want to thank **Colin Tang**, Oracle SE HUB, and **Iris Shen**, Oracle R&D for several contributions to the translation as well. Thanks for all of your efforts!

As you look ahead, prepare for the future by reading this whole book as you move to the cloud and leverage technology. Perhaps the future of humans will be to integrate technology directly and enhance the human abilities at the same or faster rate by leveraging AI technology (the singularity). The race is on between AI advancements and Human Implants leveraging AI or as Rod Serling once put it (in the best TV series ever - The Twilight Zone): "The competition between man and the product of man's mind, for this, there is standing room only in the Twilight Zone." Rod Serling was not talking about all inventions, but specifically AI and Robotics. It was also the only time there was ever "standing room only" in the Twilight Zone. This is where you currently are in history. **You are on the cusp of an event horizon about to step directly into this incredible and mysterious future.**

译 者 序

理查德·尼米克(Rich Niemiec)是蜚声国际数据库界的性能优化大师,2005 年,他的技术文章《Statspack 高级调优》由吕学勇译成汉语引进中国,获得国内 Oracle 工程技术业界的广泛好评。其后,理查德于 2007 年和 2013 年两次应邀来华,在 Oracle 全球大会上讲述重要技术课题,吸引了广大的听众。在北京、上海、杭州和珠海,理查德为多家 Oracle 重要客户举办了技术专题讲座,使得 Oracle 理念在业界进一步深入人心。

《Oracle Database 性能调整与优化》系列书是理查德的代表作,多年来畅销于北美,在中国亦有 9i 和 10g 版的中译本出版发行。该书 11g 版的翻译工作,由来自 Oracle 公司的数据库性能优化专家完成,译本深受读者欢迎,在国内 Oracle 业界产生了十分积极的影响。

12c 是 Oracle 数据库上云的重要版本,具有划时代的意义。在《Oracle Database 性能调整与优化》的 12cR2 版中,理查德在介绍新功能的第 1 章中加进了关于云的内容,并于第 11 章中对云做了更为详细的介绍。读过这两部分后,即可亲自动手,去体验一下 Oracle 云了。

了解本书 12c 版的新内容(特别是关于云的内容)、掌握数据库的优化方法并且在 12c 环境下灵活运用,这是中国 Oracle 数据库用户和工程技术人员的迫切需求,而这本最新版图书既可用作介绍 12c 版新产品和新功能的大纲,又可用作数据库性能优化的教科书。因为其中包含大量成熟的脚本,该书还可用作数据库工程技术人员的日常工作手册。一书多用,实属难得!但这样一部巨著的翻译工作,绝非凭一人之力即可完成。我们几位 Oracle 公司的专业技术人员,总结翻译本书 11g 版的经验(吕学勇和董志平参加了 11g 版的翻译工作),希望利用自己的业余时间,为国内读者奉献高质量的 12c 版译本。

本书第 1 章介绍 12c 版新功能(概述调优方面的各种新功能)。纵观以往各翻译版,这一章的内容大受读者欢迎。在 12cR2 版中,以下各位合力完成了对该章的翻译:董志平、吕学勇、宋昱颖、周剑涛、彭立诚、吴颖鹏、王华。

在对本书其余部分的翻译中,董志平、刘永甫、吕学勇完成了最主要的工作。

董志平:翻译了第 2、4、8、9、13 章及附录 A、B、C,并与吕学勇合作翻译了中文版序和第 12 章。

刘永甫:翻译了第 3、5、6、10、15 章。

吕学勇:翻译了作者简介、来自全球的赞誉、绪言、致丽贾娜、致谢、技术审校者介绍、第 7 章、第 16 章及封底,并与董志平合作翻译了中文版序和第 12 章。

此外,沈炜婷翻译了第 11 章,唐晓华翻译了第 14 章。

理查德对本书 12cR2 版的翻译工作给予了热情支持,亲自删掉了原作前言中关于人体植入部件、机器学习、人工智能和机器人的一大段旧文字,换上了这些方面最前沿的内容。他还精心地为中文版作序,介绍向云的迁移、自治数据库、人工智能、机器学习等 IT 发展方向,高屋建瓴,引人入胜。他在美国普渡大学的校友,原摩托罗拉网络系统部中国研发中心总工程师、北京大学软件与微电子学院的阮祖望教授也为本书撰写了推荐序。阮教授的推荐序在向读者介绍理查德工作及成就的同时,还督促大家充分认识 Oracle 12c 拥抱云的重要性。

感谢清华大学出版社的王军编辑和李阳编辑，他们的敬业精神和耐心令人钦佩。

刘裕坤、陈伟林、张西东等 Oracle 公司的同事，对本书原文和译本中的许多内容提出了专家意见，为翻译工作提供了帮助。

原著中涉及欧美文化与生活的很多内容，给翻译工作增加了难度。Stephen Padilla 先生对这些问题做了不厌其烦的解答，我们在此向他表示衷心的感谢！

翻译组的每个成员都深深感谢自己的家人：他们陪伴我们走过了一段辛苦的历程；没有他们的理解与支持，本次翻译工作的完成是难以设想的。

理查德为我们的中译本作序时说，使用云是为人工智能做好准备的关键。从计算资源和数据这两个至关重要的方面考虑，云都是发展机器学习和人工智能的理想环境。理查德在中文版序中还展望了未来的职业趋势，告诫大家：DBA 将会变为数据管理员(DA)或数据管家(DM)，而首席信息官(CIO)还将担任首席数据官(CDO)，许多大公司还可能为此而设置专门的职位。随着时代的发展步伐，你不能满足于做一名专职 DBA，而应该朝数据管家(乃至 CDO)的目标努力。为何要这样？读过《Oracle Database 12cR2 数据库性能调整与优化(第 5 版)》后，你心里就会有答案了。

来自全球的赞誉

"理查德一直是数据库性能调优领域中最杰出的权威之一,他收集的调优要诀和技巧是数据库专业人士所必备的。"

——Judith Sim,Oracle 首席营销官

"这是对理查德 Oracle 数据库性能优化之经典著作的及时更新,以概括 Oracle 12cR2 版数据库、Oracle Exadata 和 Oracle 云数据库即服务等最新的热门课题。无论是传统 DBA 还是正在向上述新产品转型的云开发运维团队的 DBA,都不能缺了这部书。"

——Andrew Mendelsohn,Oracle 公司执行副总裁

"这本书汲取了理查德毕生的 Oracle 经验,充满各种调优的要诀和技巧。对于力求对 Oracle 数据库性能优化领域中任何变化都了如指掌的 DBA 而言,此书是不可或缺的读物。"

——Sohan DeMel,Oracle 公司产品战略副总裁

"又一部 Oracle 专业人士'必备'的技术参考书。理查德的书提供了宝贵的见解,使您能够充分利用 Oracle 并将其推向极限。"

——Matt Swann,亚马逊软件开发副总裁

"理查德把 Oracle 中最复杂的概念变得简单而有趣,他的著作里有一种深切和独特的诲人不倦的热情。12 年前初学 Oracle 的时候读到了他的书,而今我依然把他的书作为决策时最为可靠的依据。如果天下哪个 DBA 文库里少了理查德的书,那它就不是完备的文库。"

——Shiv Iyer,印度班加罗尔 Ask DB Experts 公司创始人兼首席执行官

"16 年前的我还是芝加哥城中初出茅庐的 DBA,理查德才华横溢、独一无二的 DBA/developer 讲义展现给我的,是性能优化的神奇天地。如今到了 Oracle Exadata 软硬件一体机的时代,我发现理查德依然走在这门技术的最前沿。"

——吕学勇,Oracle 中国区 SE Hub 资源经理

"Oracle 数据库调优是一门科学。每当需要针对调优问题给出答案时,我都会求助于理查德的 Oracle 性能优化书籍。无论是 9i、10g、11g 还是 12c 中的问题,我都确信可以从中找到正解。"

——Stan Novinsky,约翰·霍普金斯大学应用物理实验室高级 DBA/VMware 工程师

"针对每个困难的问题都有单纯的答案,这是我从理查德的书中学到的。"

——Ghazi Ben Youssef,加拿大 Sogique 公司工商管理硕士、高级 Oracle DBA

"如果您只能买一部书,那么就应该把这本书放到您的 DBA 军械库里。书架上缺了这本书,就自认为手无寸铁吧!理查德干得漂亮:按照一份不难理解的纲要,拼出了性能优化的拼图。"

——Jerry D. Robinson Jr.,Northrop Grumman 公司高级 DBA

"我很佩服理查德对 Oracle 技术的了解。对于那些想在 Oracle 性能优化方面出头的人来说,他的这部书是十分有用的又一杰作。这部书包含理查德丰富的 Oracle 知识和经验,是所有'Oracle 籍'人士所必读的。"

——Hardik Bhatt,伊利诺伊州政府首席信息官

"如果您急需最好的性能调优 DBA,那就去找理查德好了!或是弄一部他性能调优的书。"

——Julian Dontcheff,芬兰埃森哲全球数据库负责人

"没有比看到自家人在生活中获得成功更让人满足的事情了。理查德作为普渡大学低收入家庭学生向上助学金获得者大家庭里的一员,不仅仅因为专家级的 Oracle 技术知识,更因为关心他人的态度和帮助他人的奉献精神而使我们为他深感自豪!"

——Joseph Flores,普渡大学盖莱默校区向上助学金主任

"理查德是非凡的企业家,他在 Oracle 应用程序方面的知识深度让人惊羡。"

——Gerald Hills,美国伊利诺伊州立大学芝加哥校区教授,科尔曼企业家主席

"我们从理查德那里获益匪浅。"

——Nguyen Hoang,越南财政部信息专家

"理查德有使梦想成真的勇气,他以刻苦的工作和坚定的信念克服障碍,为所有领取低收入家庭助学金的大学预科生树立了榜样。他的知识和热情超越了电脑,他力求在他人身上也激发出使梦想成真的勇气来。"

——Bobbi Jo Johnson,美国威斯康星大学希博伊根分校向上助学金顾问

"Oracle 性能优化方面,我所见过的最好的书籍就是理查德的大作了,我要把他的书推荐给所有打算对性能优化做更深入了解、提高自己 Oracle 技能的人们。"

——Shaharidan Karim,马来西亚商务部 Dot Com 私人有限公司高级 DBA

"对技术的无限激情和对分享的热诚给了理查德独特的优势:他创造的产品在各方面都是丰富多样的。他是了解内幕的人,他的意见忽略不起啊!"

——Anil Khilani,Oracle 公司全球技术组长

"回想起 MetaLink 之前的时代,Oracle 技术支持是以支持时间和手册数量来计量的。我迷失了,在不切实际的期望和不合理要求之间的一片黑暗中。这时理查德出现了。多年后,理查德仍然是一盏明灯,其洞察力照亮了我的自我发现之路。"

——Fran Koerner,LAOUG Treasurer,DIRECTV,Oracle DBA

"开发人员请注意：优化不仅仅是 DBA 的事！理查德在本书中讲解的成熟技术将帮助您创建最有效的应用程序，每个使用 Oracle 数据库的开发人员都应该拥有此书并熟读。"

—Peter Koletzke，Quovera 公司

"米开朗琪罗告诫说：问题并非目标太高、高不可攀，而是目标太低，唾手可得。如果书架上有理查德这等高手的书，就可以信心满满地制定高目标了。"

—Ronan Miles，伦敦英国电信

"理查德的专家记录说明着一切。他在具有无限可能性的 Oracle 技术方面的多样、广泛的技能，影响着实际生活的方方面面。"

—Albert Nashon Odhoji，肯尼亚内罗毕 SLUMCODE 集团项目协调员

"理查德不仅仅了解 Oracle，他就是全部的 Oracle！"

—Dennis Remmer，澳大利亚 Oracle 用户组(AUSOUG)主席

"理查德不仅仅是 Oracle 技术的主题专家，他还是杰出的作家和朋友。他始终如一地将自己的时间、知识和专业经验奉献给 Oracle 用户社区，介绍新功能或者帮助那些需要支持的人。正是像理查德这样的人，对 Oracle 社区的更大利益产生了真正的影响。"

—Richard Stroupe，TRS 咨询公司主席，*Oracle Database 10g Insider Solutions* 合著者

"理查德先生的知识和技能是性能调优的独特体验。"

—Filipe Texeira de Souza，巴西里约热内卢市政府教育统筹局局长、系统经理

"理查德是 Oracle 性能优化方面的真正专家，他不仅掌握理论和工具，还能对现实环境中的问题进行精辟分析。他展现的结果，使在数据库技术方面没什么经验的人都能明了。这一点很重要，因为总体说来商务人员对 IT 性能越来越感兴趣——他们理当如此。"

—Jussi Vira，诺基亚公司 SAP 技术和基础设施经理

"理查德是 Oracle 性能优化方面的专家，我们大家都可以向理查德学习。"

—Oleg Zhooravlev 博士，以色列 ADIT 信息技术首席执行官

"有人说，聪明人从自己的错误中吸取教训，而智者则从别人的错误中吸取教训。当涉及性能和调优问题时，我认为聪明人和智者都可以从理查德的书中学到东西——这部书记录了丰富而宝贵的经验。"

—Maurizio Bonomi，意大利

致丽贾娜

"上帝眷顾着我们大家,赋予我们做到最好的才智。"

致丽贾娜——今生挚爱……

见到丽贾娜那一天,是在普渡大学的甜品店——我是普渡大学的学生。只看了她一眼,我就被深深吸引了。她是打工族的打扮,与大多数学生都不太一样,而她专心读书的样子对我也很具魅力。看上去,她的各方面都让我感到那么顺眼。一瞬间之所见即将你领向最终的配偶,那个与你共度一生的人。你在那一瞬间都看到了什么?真是难以言表!我知道每个人的情况都不尽相同,但那一刻对于我,好像整个世界都停滞不前了。是不是心中偶像相见恨晚?也许我长大了,寻求着更深层次的东西,也许我正以一颗海军陆战队员的心寻求着超群、匀称、精干、优秀的年轻女士。真是难以言表,可我的确没有错过机会。我大胆地坐到她对面,她却并未被逗乐,甚至可能稍稍有些恼火。丽贾娜过去是白天打工、晚

上上学，为了她的两年制管理学学位。目前她已经转到普渡攻读四年制学位了，而且心无旁骛。我询问了她的课程，她正在修语言病理学，说作业很难(是物理学中的声波和频率，而我是学电机工程的，她那些作业于我而言，简直就是小菜一碟)。我告诉她可以在 10 到 15 分钟内将她教会，然后我们就一起去看电影。"不行！"她并无打算与我或任何他人一起去看电影。我很快就读完了她书中的例子，开始教她如何解决问题(浏览例题，像 DBA 那样想出答案)。即使她确实被打动了，也并没表现出来。她踌躇地让我帮她做完作业，客气地道了谢，然后说她必须得走了。不看电影，不让我送她回家，也不给我电话号码，像是罢了三次工。我只得回到游戏室，打弹球台、小行星和太空侵略者等电子游戏。

一星期后我再来时，她也在房间的另一头。她坐在上次那个座位上，看上去也和上次一样。她依然是那么专注，脸上却挂着一丝忧虑。 我走到她身旁，看到了书上的图。又是物理课作业，我可真走运啊！于是我开口问她可否坐在她旁边(我想这样做是对的，而且我猜她会同意)。"不要。"她边说边解释道，物理作业已经使她忙得不可开交，之后还得忙法语课的作业(我越发觉得走运，高中三年的法语课可能就要在我的生活中派上用场了)。我看了看她的物理书，说立刻就能够帮助她，还能帮她法语。她不大情愿地同意后，我便坐了下来。做完作业，我问她是否想出去玩玩。"现在不行。"她说，还表示真得回家去为法语课而多做些准备了。("她到底有多少东西要学啊？"我心中暗想。新学期才开始没多久，考试到来之前我可是从来不翻书的。)我又试了一回："改天去看场电影怎么样？""改天再说吧，如果还能在这里遇到的话。""你的电话号码可以给我吗？""那可不行，我妈妈嘱咐我不要把电话号码给别人。也许，改天我们还能在这里遇到。"我坚持道："星期二行吗？"(星期二晚间的电影一美元一场，我能付得起的也就是那个了。)"好吧，"她心软了，"下星期二，这里见。"

于是我们在周二见了面，开着我那辆破旧的老爷车，离合器还出了毛病。半路上，丽贾娜看到了脚下的路面，大吃一惊(我的车底板上有个相当大的洞)，我告诉她将硬纸板向右滑动一点，就能遮住那个洞。"哦......好吧，"她慢慢地回应着。作为海军陆战队员，我带她去看了电影《野战排》(因为是第一次约会，本该带她去看部浪漫喜剧片的，可我并没有那么精明，还是个不谙世事的孩子)。电影结束后我对她说，想和她再看一场电影，因为是仅花一美元的特惠晚场日。她同意了。 一个神奇的夜晚。我开车送她回家的时候，她对我热情些了，但仍然不愿太近乎。她把电话号码给了我，以便改日一起学习。一两个星期后，我和她已经在甜品店见了好几回，一起念书。我对丽贾娜说想做顿晚餐给她吃，不过不能在我自己的房间里做，因为我的房间里仅有一张床和一张书桌(洗澡得去社区浴室)。我告诉她，如果她的室友允许，我可以去她的房里做饭(她那里还有灶)。 实在记不得自己曾经做过饭(我有姐妹，我们兄弟几人管洗碗或做其他零活，她们管做饭)。我去商店买了牛排、土豆和蔬菜。排队付款时，向排在面前的几个老太太咨询："这些东西需要煮多久，一小时吗？"她们露出了关切的神情，并立即开始教我。队向前挪动得太快，我并未完全领悟她们所说的内容。来到丽贾娜的公寓，我紧张地准备起来，正要放牛排时，她问道："需要我帮忙吗？可能得先放土豆。"她敏锐地意识到，除非她帮忙，不然我们大概得去外面吃饭了。我囊中羞涩，去外面吃饭甚至可能还得由她来买单。那天的晚餐差不多全是她烧的，她却反复谢我，烧了这么棒的晚餐。我们很投缘，那天晚上之后在一起学习的机会更多了。

因为我在贫困的环境中长大，所以能够应对任何事情。上高中时我并未与很多女生约会过，这便成了难点(我们随着谁人乐队那首歌，将此称作"少年荒原")。邂逅丽贾娜之前，还没找到我想与之永不分离，她也愿和我同甘共苦的那个人。想与我同甘的倒有不少，却并不情愿共苦。丽贾娜常常与我一起通宵达旦地学习、准备考试(教授们稀奇，为什么我的成绩自新学期开始就这样好了)。有一天，我告诉她记住，我日后并不一定很成功，我的街坊四邻中并没什么有大出息的人，我最终甚至可能只是一个流浪汉而已。她说如果那样，她就和我一起流浪。哇，这就是我想要娶的女人，我百分之百地确定——一个不会离我而去的人！从我第一眼看到她可能就成了这样：满脑子想的都是她，不愿从她身边离开，那可是什么样的一种感觉？在更深的层次，也许是上帝适时地把你带到了那个人身边，那人完全适合于你。对我来说，丽贾娜是我见过的最好的人，她使我每天都变得更加善良。她悄然助人摆脱生活的阴影，不求赞词，孜孜无怠。我的祈祷在婚礼那天得到了回应，诚实地说，随着时光荏苒，我们的婚姻也愈加美满(到 2018 年就结婚 30 年了)。能遇到丽贾娜，我真太幸运了！

丽贾娜很了不起，因为她总是专注于生活中真正重要的东西。从小长大的过程中，我们俩在物质方面都不富足，但我们从生活中学到了重要的东西，其实那些真正重要的东西并非花大价钱买来的。丽贾娜在生活中最看重的是：上帝、家人、密友，沁凉的夜晚，到乡下待上一天，秋日里热腾腾的南瓜香料咖啡，习习微风，春花漫野(上帝的自然美)……世上特别要紧的是简单的事，而不是那些人为的东西：外表光鲜，内中空虚。我们并非清心寡欲，也会随处买一些很好的东西(上帝所赐，享受生活)。但我们必须当心，切不可成了金钱的奴隶，使人生的乐趣被钱财剥夺了去。丽贾娜清楚地知道这种平衡，且能使我保持平衡。邂逅她时，新学期才开始，我刚刚离开正规的海军陆战队(进入了预备队)。丽贾娜告诉我，能上大学是难得的福分，她刻苦学习直到毕业。丽贾娜并非完人，但她始终与我十分相配。她的确是非凡的领导者，海军陆战队告诫过我，将会在生活中经历这类非凡领导者。海军陆战队还告诫我应该具备某些特质以提升自己，而从过去到现在，我都不断地从丽贾娜身上发现这些特质。

- 正直诚实：她深爱他人，对他们负责，不负自己的信念。
- 生理勇气：她万事皆忍，而且鼓励大家也这样做。
- 主动性：在我们创业那段历史中(TUSC 和 "基石青年女子学习中心")，她助我白手起家，创建了很多东西。需要她的时候，她总是和我在一起。
- 精神勇气：她勇于面对批评，而且力求改善。
- 无私：她与他人分享己之所有，无论是自己 "刚有的" 还是 "仅有的"，她都毫不吝惜。
- 机敏乖巧：她总是试图找到出路，而且积极助人，乐此不疲。
- 坚韧：她直面问题、毫不避讳，继承了其父母罕见的坚韧。
- 尊重：她对每个人都表现出尊重，但依然促动大家百尺竿头更进一步。
- 谦卑：她谦卑地改变着生活的阴影。
- 刚毅：刚毅是以勇气及品格忍受痛苦和逆境的心灵力量。多年来，从丽贾娜身上体现出的刚毅早已超越职责对她的要求！

丽贾娜像是罕见的钻石原石(除非找的就是它，否则便很难发现)。成功不会于一夜之间降临，这当中包含着许多痛苦漫长之夜、温柔的耐心、坚定的韧性、深入的学习，而适应环境和克服困难是最最重要的。对我来说，有一个女人在我身旁，在上述所有方方面面帮助着我。她使我着眼于未来而立足于当下。普渡甜品店将我引领到丽贾娜身边，她是我最最亲爱的宝贝儿！

作者简介

　　Richard Niemiec(理查德·尼米克)是全球知名的 IT 专家，他是 Oracle ACE 总监、Oracle 认证大师，还曾经是 TUSC 的首席执行官和创始人之一。TUSC 始创于 1988 年，总部在美国芝加哥，是专注于 Oracle 业务解决方案的系统集成商，跻身于全美发展速度最快的 500 强之列，在美国各地有 10 家分号。Richard 还曾经担任 Rolta 国际董事会执行顾问，Rolta TUSC 总裁和 Rolta EICT 国际总裁。 TUSC 是 Oracle 公司在 2002 年、2004 年、2007 年、2008 年、2010 年、2011 年和 2012 年的年度合作伙伴(最后两年是 Rolta TUSC)。Rolta 是基于 IT 的地理空间解决方案的国际市场领头羊，可满足基础设施、电信、电力、机场、国防、国土安全、城市发展、城市规划和环境保护等多种行业的需求。

　　Richard 是国际 Oracle 用户组(IOUG)的前任主席，也是中西部 Oracle 用户组(MOUG)的现任主席。在过去的 30 年间，他为弘扬 Oracle 技术而频频发表演说，到过美国几乎所有的主要城市，还到过很多国际大都市。他 6 次被评为 Oracle 合作者/全球用户大会最佳演讲者，10 次被评为中西部用户大会最佳演讲者，还曾经被评为 Oracle 全球大会最佳演讲者。在过去的 25 年间，他为很多名列财富 500 强的客户设计过系统架构并实施过优化，这些客户包括 ACT、玛氏公司、麦当劳、诺基亚、Navteq(MapQuest)、密西根大学、AT&T 和百事可乐。他在数据处理方面的经验，从创新和架构延伸到教学和咨询，重点是执行方向、数据库管理和架构、性能优化、项目管理和技术教育。他是全球最早荣获 Oracle 大师认证(OCM)的 6 强人之一，经常与 Oracle 开发团队一道工作，特别是在 beta 测试的过程中。2011 年，他撰写的《Oracle Database 11*g* 性能调整与优化》一书被评为 Oracle 丛书中的最畅销书，在此之前，该书的 8*i*、9*i* 和 10*g* 版也被评为性能优化类中的最畅销书。

　　Richard 于 2006 年获得全国贫困家庭学生成功者奖，于 2007 年获得普渡大学校友杰出电气和计算机工程师奖，还两次荣获 IOUG 著名的 Chris Wooldridge 奖。他于 1998 年入选美国企业家名人堂。

技术审校者简介

Michelle Malcher 是数据和安全性方面的专家,在数据库开发、设计和管理方面拥有多年经验。她在安全性、性能调优、数据建模和超大型数据库环境的数据库架构方面拥有丰富的专业知识。作为 Oracle ACE 总监,她乐于分享最佳实践方面的知识,而这些知识都是牵涉实际数据库环境的。她的经验主要集中于设计、实施和维护那些支持业务和重要业务流程的稳定、可靠、安全的数据库环境。她在 IOUG 董事会担任过多个职位,为 IOUG 的 *Select Journal* 杂志和一本名为 *Oracle Database Administration for the Microsoft SQL Server DBA* (McGraw-Hill/Oracle 出版社,2010)的书撰写过文章,而且是 *Oracle Database 12c: Install, Configure & Maintain Like a Professional and Securing Oracle Database 12c* (McGraw-Hill/Oracle 出版社)一书的合著者之一。

译者简介

董志平，北京航空航天大学工程学士、硕士毕业，旋即从业于 Oracle 数据库的应用开发。2008 年加盟 Oracle，现任 Oracle Real-World Performance(RWP)部门亚太区负责人，实施性能测试，指导各团队解决用户性能难题。擅长优化企业级系统，将艰深的理论融合到具体工作实践中。此外，传播 Oracle 理念、分享最佳性能优化经验、指导各地区数据库专职人员等，也是他的日常工作。

刘永甫，自 8*i* 版开始从事 Oracle 数据库应用开发和 DBA 的工作。2013 年入职 Oracle，先在研发部门 Real-World Performance (RWP)任高级工程师；现服务于 Oracle 中国高级客户服务(ACS)解决方案支持中心(SSC)，担任性能优化组组长。日常工作有：为金融、通信等大型企业实施 Oracle 数据库性能优化，并提供数据库开发、性能优化等培训。开通有个人微信公众号"老虎刘谈 Oracle 性能优化"。

吕学勇，北京人，曾赴美求学、生活、工作二十余载。在 AT&T 贝尔实验室，开始了数据库应用开发的职业生涯；在芝加哥期货交易中心，为世界首架电子期货交易平台编写过数据库应用程序。涉足 Oracle DBA/应用程序开发领域后，热心于算法理论在数据库性能优化方面的应用。2005 年与本书作者相识于芝加哥，2010 年入职 Oracle 深圳，目前在 SE HUB 任资源经理。

致 谢

本书的目的，主要是想帮助初级和中级的 Oracle 专业人士了解 Oracle 系统以便更好地优化它。书里也介绍了不少专家主题，但首要任务却是帮助那些被性能问题折磨得十分沮丧的专业人士，他们希望得到有助于改善数据库性能的简单提示。本书的目标很简单：提供一系列技巧，可以在各种情况下使用这些技巧，使系统快起来。

感谢 Michelle Malcher，作为非常出色的技术编辑，她自己也著书立说。Michelle 是非常谦逊的 Oracle 大师，她确保我没有落下某些对她很重要的功能，并为所编辑的每一章都添加了有价值的内容。她是经常回馈社区的 Oracle 专业人士之一。感谢 McGraw-Hill 教育国际和专业组编辑主任 Wendy Rinaldi，其积极的态度和专业的指导，带我通过了本书的这一版；还要感谢 McGraw-Hill 教育国际和专业组的编辑协调员 Claire Yee，热心地使我在正确轨道上走到了头——与你们一道工作很愉快，你们自始至终都很积极。谢谢 Rachel Gunn，本书这一版的制作编辑，她在整个制作的编辑和校对部分都耐心、细致、易于合作。感谢 Janet Walden 和 Lynn Messina，她们在制作期间协助了 Rachel。最后，感谢 Scott Rogers 和 Jeremy Judson 让我完成了第一本书，我告诉你们说几星期后即可交货(实际上拖了两年，每次都是如此)！

感谢为下述各章提供帮助的人：

- Mike Messina，您更新了第 1 章的很多内容，您做得非常出色，您仍然是难得的 Oracle 人才！
- Dave Radoicic，感谢您撰写和测试第 2 章的优秀而全面的工作。感谢 Kevin Loney 先前更新第 2 章的工作。
- Joe Mathew，感谢您更新第 3 章的杰出工作并提供 ASM 的重要信息和测试。还要感谢 Sridhar Avantsa、Bill Callahan 和 Nitin Vengurlekar 先前对第 3 章的更新。
- Mike Messina 更新了第 4 章。此外，Lucas Niemiec 测试了第 4 章中的脚本，Palani Kasi 将 Oracle Applications 加到了第 4 章。感谢 Craig Shallahamer、Randy Swanson 和 Jeff Keller 先前对第 4 章的更新。
- Asad Mohammed 完成了对第 5 章的出色更新。感谢 Werner DeGryter 对 EM 的深刻见解。此外，感谢 Anil Khilani、Prabhaker Gongloor(GP)、David LeRoy、Martin Pena，Valerie Kane 和 Mughees Minhas 对先前的更新所提供的帮助。
- Warren Bakker 对第 6 章一如既往地做了出色的更新和补充。感谢 Mark Riedel 和 Greg Pucka 先前对这一章提供的帮助。
- Mark Riedel 先前对第 7 章做过更新。感谢 Lucas Niemiec 对提示做了进一步的研究。
- Janis Griffin 对第 8 章做了绝好的补充。Janis 在优化器方面的补充和提供的资料非常精彩，我认为 Janis 是地球上最好的查询调优人之一。Connor McDonald、Rama Balaji 和 Rob Christensen 对先前的笔记和版本提供了帮助。
- 感谢 Joe Holmes、Mike Messina、Francisco Javier Moreno、Guillermo L. Ospina Romero、Rafael I. Larios Restrepo 以及 Roger Schrag 先前对第 9 章的更新和提示。

- Greg Bogode 对第 10 章做出了重要更新,同时感谢 Bob Taylor 对 11g 更新的重要工作。Joe Trezzo 和 Dave Ventura 对先前的版本提供过帮助。
- 在第 11 章中,Sridhar Avantsa 添加了关于 HCC、Exadata 和 RAC 的附加部分,Mike Messina 添加了 Exadata 6.2 的信息。感谢 Richard Stroupe 先前的一些重要补充,以及来自 Madhu Tumma、Brad Nash、Jake Van der Vort 和 Kevin Loney 的贡献。
- 感谢 Rama Balaji、Kevin Gilpin、Bob Yingst 和 Greg Pucka 先前对第 12 章的更新和提示。
- 感谢 Graham Thornton 和 Kevin Gilpin 先前对第 13 章的更新和出色的补充。澳大利亚的 Steve Adams 过去曾经是技术编辑,并且写过很多 X$ 脚本。
- Hollyann Niemiec 为第 14 章而旁征博引,Robert Freeman 和 Kevin Loney 先前为第 14 章中的某些部分提供了帮助。
- 感谢 Brad Nash 先前对第 15 章所做的更新和提示,以及 Lucas Niemiec 对该章中的查询所做的测试。
- 感谢 Dana MacPhail 和 Alwyn Santos 在第 16 章中提供的新提示,以及 Mark Nierzwicki 提供的帮助。感谢 Doug Freyburger、Judy Corley、Mike Gallagher 和 Jon Vincenzo 先前对第 16 章的更新。

- Lucas Niemiec 对附录 A 中的所有查询做了测试并更新了这些查询,Palani Kasi 在附录 A 中添加了 Oracle Applications。
- Jacob Niemiec 对附录 C 中的所有查询进行了测试并且更新了这些查询。
- Melissa Niemiec 对前言部分提供了思路和建议。

感谢那些对我的生活产生了重大影响的 Oracle 人士:
- 感谢 Larry Ellison、Bob Miner、Bruce Scott 和 Ed Oates 创造的伟大数据库及前瞻性思维(当前是云),你们开创了有史以来最具创新力的企业!
- 由于 IOUG(国际 Oracle 用户组)专注于培训,我的 Oracle 生活从容了许多。
- Andy Mendelsohn,感谢这一无与伦比的数据库版本,Bob Miner 会为您的领导感到自豪!
- Judith Sim,您是把 Oracle 推向顶峰的公司领导人之一,感谢您多年来对用户组的帮助和引领!
- Thomas Kurian,感谢您对 ACE 的更新,使 Fusion Middleware 为大家所熟知,从而一切都协同工作,并使 Oracle Applications 更上一层楼。
- Mary Ann Davidson,感谢您的领导才能并维持 Oracle 的安全。
- Tom Kyte,您是至上的 Oracle 技术大师。享受退休的生活吧,那是您赢来的!
- Angelo Pruscino、Kirk McGowan 和 Erik Peterson,没有你们三位,就没有 RAC;没有 Angelo,RAC 将会是一团糟。感谢 Dan Norris 和 Phil Stephenson 在 Exadata 方面提供的帮助。
- Justin Kestelyn,您用 OTN 教育了全世界。
- Tirthankar Lahiri 在 bufffer cache 方面的工作做得多漂亮!
- Bruce Scott,感谢您付出时间来接受专题文章的采访,并且发来罕见的 Oracle 创始人的照片。

除了上面感谢过的人之外,还要感谢下面这些人,他们从某种意义上为本书的这一版出了力:

David Anstey、Eyal Aronoff、Mike Ault、Penny Avril、Janet Bacon、Kamila Bajaria、Roger Bamford、Greg Bogode、Mike Broullette、Bill Burke、Don Burleson、Rachel Carmichael、Tony Catalano、Rob Christensen、Craig Davis、Sergio Del Rio、Dr. Paul Dorsey、Kim Floss、Khadish Franklin、K. Gopalakrishnan、Tim Gorman、Kent Graziano、Mark Greenhalgh、Damon Grube、Roman Gutfraynd、Vinod Haval、Scott Heaton、Gerry Hills、Steven Hirsch、Nguyen Hoang、Pat Holmes、Jeff Jacobs、Tony Jambu、Tony Jedlinski、Ron Jedlinski、吉志刚、Jeremy Judson、Dave Kaufman、

Mike Killough、Peter Koletzke、Tom Kyte、Mike La Magna、Vinoy Lanjwal、Steve Lemme、Jonathan Lewis、Bill Lewkow、Bryn Llewellyn、Kevin Loney、吕学勇、Scott Martin、Connor McDonald、Sean McGuire、Ronan Miles、Cary Milsap、Ken Morse、Shankar Mukherjee、Ken Naim、Arup Nanda、Albert Nashon、Frank Naude、Pradeep Navalkar、Aaron Newman、Jennifer Nicholson、Dan Norris、Stanley Novinsky、Cetin Ozbutun、Tanel Poder、Venkatesh Prakasam、Greg Pucka、Heidi Ratini、Steve Rubinow、Chuck Seaks、Craig Shallahamer、Burk Sherva、Judy Sim、Felipe Teixeira de Souza、Bert Spencer、Randy Swanson、Richard Stroupe、Megh Thakkar、George Trujillo、Madhu Tumma、Gaja Krishna Vaidyanatha、Murali Vallath、Jake Van der Vort、Shyam Varan Nath、Dave Ventura、Sandra Vucinic、Lyssa Wald、Milton Wan、Graham Wood、Tom Wood、杨中、Pedro Ybarro、Ghazi Ben Youssef 和 Dr. Oleg Zhooravlev.

我要感谢一生中两个最好的搭档：Brad Brown 和 Joe Trezzo。我们组成了一个兄弟大乐队！我要感谢 TUSC、Rolta、Piocon 和 WhittmanHart(现在是 Rolta 公司)里很多的人，他们每天都刻苦工作，力求完美。感谢 Barb、Karen、Sandy、Kim 和 Amy 使我们保持理智，感谢 Tony、Dave、Barry、Burk、Bill、Bob、Janet、Terry、Heidi、John、Matt 和 Mike 的领导才能和留给我的美好记忆，感谢 KK、Preetha、Ben、Mark、Sohrab、Vinay、Blane、Jack、Dave 和 Rif 把我们带到那个全球性的天地中，感谢 Sanjay、Narendra、Nimesh 和所有使我们在世界的另一边保持头脑清醒的人们。我要感谢 Eric Noelke 和 Mike Simmons 给了我在 Oracle 公司的第一份工作，还要感谢 Matt Vranicar 在我刚去的时候帮我搞懂了索引。虽然不能向 Rolta 里的近 4000 人一一致谢，但我还是要感谢大家每日里使世界变得更好的工作！

我要感谢那些来自 Rolta 和 TUSC 的、在本书写作过程中协助过我的人们(这是一张超级巨星的小清单)：

Huda Ahmed、Andy Anastasi、Hiranya Ashar、Sridhar Avantsa、Mohammad Ayub、Steve Babin、Rohit Badiyani、Warren Bakker、Rama Balaji、Bruce M. Bancroft、Otis Barr、Chris Baumgartner、Roger Behm、Vinny Belanger、Sohrab Bhot、Andor Bogdany、Greg Bogode、Jessica Brandenburg、John Brier、Bradley David Brown、Mike Butler、Richard Byrd、Eric Camplin、Alain Campos、Tony Catalano、Chandra Cheedella、Rob Christensen、John Clark、Liz Coffee、Randy Cook、Judy Corley、Matt Cox、Attila Cserhati、Janet Dahmen、Terry Daley、Prithis Das、David deBoisblanc、Joe DeMartino、Brian Decker、Hank Decker、Dinesh De Silva、Ernie DiLegge、Robert Donahue、Melloney Douce、Barb Dully、Christopher Dupin、Ben Eazzetta、Stephen Efange、Patrick Fettuccia、Yvonne Formel、Dave Fornalsky、Stacie Forrester、Sergio Frank "Power Surge"、George Frederick、Doug Freyburger、Jan Gabelev、Afrul Gafurkhan、Steve Galassini、David Gannon、Laxmidhar Gaopande、Brad Gibson、Kevin Gilpin、Ken Gleason、MK Govind、Chelsea Graylin、Dexter Greener、John Griebel、Narendra Gupta、Brian Hacker、Marc Hamilton、Scott Heaton、Andrew Henderson、Mark Heyvaert、Karen Hollomon、Amy Horvat、Mohammad Jamal、Cyndi Jensen、Rif Jiwani、Shafik Jiwani、Kimberly Johnson、Kimberly Joyce、William Kadlec、Anil Kalra、Sandeep Kamath、Palaniappan Kasiviswanathan、Palani Kasi、Dave Kaspar、Irfaan Khan、Karen King、Bruce Kissinger、Peter Korkis、Kiran Kulkarni、Matthew

Kundrat、Felix LaCap、Lynn Lafleur、Alan Lambkin、Randy Lawson、Joseph Layous、Jack Leahey、Bill Lewkow、Brad Linnell、Scott Lockhart、George Loewenthal、吕学勇、Dana MacPhail、Chris Madding、Daniel Martino、Chip Mason、

Grant Materna、Joe Mathew、Jason McCoy、Chris McElroy、Brendan McGettigan、Patrick McGovern、Rey Mendez、Mike Messina、Matt Metrik、Brian Michael、Michael Milner、Asad Mohammed、Quadeerullah Mohammed、Farooq Mohiuddin、John Molinaro、Patrick Monahan、Mohammed Mubeen、Brian Mullin、Muhammad Mustafa、Nasir Mustafa、Prashanth Myskar、Brad Nash、Mark Nierzwicki、Eric Noelke、Mark O'Dwyer、James Owen、David Pape、John Parker、Mark Pelzel、Abhijit Pokhare、Bruce Powell、Lynne Preston、Preetha Pulusani、Roman Pysak、Mohammed Quadeer、Karen Quandt、Dave Radoicic、Heidi "Trinity" Ratini、Alex Reyderman、Mark Riedel、Holly Robinson、Suresh Sah、Alwyn Santos "The Machine"、Sameer Satish、Vinay Sawarkar、Shobhit Saxena、Blane Schertz、Chad Scott、Burk Sherva、Syed Siddique、A.P. Singh、Aditya Singh、KK Singh、Talha Siraj、David Smith、Karen Smudde、Shannon Soqui、Ed Stayman、Jack Stein、Cheryl Stewart、Jerzy Suchodolski、Bill Swales、Michael Tarka、Atul Tayal、Bob Taylor、Chris Thoman、Graham Thornton、Joseph Conrad Trezzo、Dave Trch "Torch"、Joel Tuisl、Joseph Ung、Tom Usher、Amit Vaidya、Lynne VanArsdale、Prashant Vaze、Dave Ventura、Jonathan Vivar、Matt Vranicar、Sandra Wade、Barry Wiebe、Mark Woelke、Gary Wojda、Lisa Wright 及 Bob Yingst。

还要感谢那些对我的生活产生了影响的人们：

Sandra Hill、Floyd & Georgia Adams、Brad & Kristen Brown、Joe & Lori Trezzo、Sohaib Abbasi、Michael Abbey、Ian Abramson、Jeff & Donna Ackerman、Steve & Becky Adams、Keith Altman、Maria Anderson、Joe Anzell、Joe Arozarena、Mike Ault、Paster James C. Austin、Jim John Beresniewicz、Josh Berman、Hardik Bhatt、Jon & Linda Bischoff、Melanie Bock、Mike Boddy、A.W. Bolden、Rep. Henry Bonilla、Rene Bonvanie、Ted Brady、Barry Brasseaux、J. Birney & Julia Brown、John Brown、Karen Brownfield、Sam & Rhonda Bruner、Bill Burke、Dan Cameron、Rebecca Camus、Bogdan Capatina、Monty Carolan、Christina Cavanna、Sheila Cepero、Edward Chu、Dr. Ken Coleman、Peter Corrigan、Stephen Covey、Richard Daley、Sharon Daley、Nancy Daniel、Jeb Dasteel、Mary Ann Davidson、Tom Davidson、Tony & Elaine DeMeo、Sohan DeMel、Jose DiAvilla、Julian Dontcheff、Mary Lou Dopart、Joe Dougherty Jr.、Carlos Duchicela、Ben & Melissa Eazzetta、Jeff Ellington、Lisa Elliot、Buff Emslie、Dan Erickson、Chick Evans Jr.、Dr. Tony Evans、Mark Farnham、Tony Feisel、Dick Fergusun、Stephen Feurenstein、Caryl Lee Fisher、Charlie Fishman、Joe Flores、Mark Fontechio、Heidi Fornalsky、Vicky Foster、Janella Franklin、Sylvain Gagne、Mike Gangler、Fred Garfield、Robert Gaydos、Len Geshan、Tom Goedken、Alex Golod、Laverne  Gonzales、Melvin & Ellen Gordon、Dennis Gottlieb、Joe Graham Jr.、Cammi Granato、Tony Granato、John Gray、Kent Graziano、Alan Greenspan、Ken Guion、Mark Gurry、Eric Guyer、John Hall、Don Hammer、Rick & Tammy Hanna、Jeff Henley、John Hernandez、Bob & Penny Hill、Patrick Holmes、Napoleon Hopper Jr (JR)、Jerry Horvath、Dan Hotka、Bob Hoyler、Maureen Hoyler、Jerry Ireland、Shiv Iyer、Suman Iyer、Jeff Jacobs、Ken Jacobs "Dr. DBA"、Tony Jambu、Don & Dianne Jaskulske、Tony Jedlinski、Corey Jenkins、Bobbi Jo Johnson、Steve Johnson、Jeff Jonas、Shawn Jones、Michael Jordan、Michael Josephson、Ari Kaplan、Stephen Karniotis、Tom Karpus、Murali Kashaboina、Dr. Ken & Cathy Kavanaugh、Maralynn Kearney、John Kelly、Robert Kennedy、Kate Kerner、Charles Kim、Anil Khilani、John & Peggy King、Martin Luther King Jr.、George Koch、Jodi Koehn-Pike、Fran Koerner、Mark & Sue Kramer、John Krasnick、Paul C. Krause、Mark Krefta、Ron Krefta、Dave Kreines、Thomas Kurian、Mark Kwasni、Donald Lamar、Marva Land、Ray Lane、Karen Langley、Carl Larson、John Lartz、Brian Laskey、Deb LeBlanc、Margaret Lee、Herve Lejeune、Steven Lemme、Anna Leon、Coleman Leviter、Troy Ligon、Victoria Lira、Juan Loaiza、Jeff London、Bob Love、Senator

Dick Lugar、Dave Luhrsen、James Lui、Lucas Lukasiak、Barb Lundhild、Liz Macin、Tony Mack、Ann Mai、Patricia Mahomond、Tom Manzo、Lisa McClain、Donna McConnell、Stephen McConnell、Kirk McGowan、Carol McGury、Dennis McKinnon、Gail McVey、Ehab & Andrea Mearim、Margaret Mei、Kuassi Mensah、Scott Messier、Venu Middela、Debbie Migliore、Mary Miller、Beth Miller、Mary Miner、Justine Miner、Jal Mistri、Dr. Arnold Mitchem、Matt Morris、Minelva Munoz、Ken Naim、Shyam Nath、Scott Nelson、Jennifer Nicholson、Cindy Niemiec、Dr. Dave & Dawn Niemiec、Mike Niemiec、Regina Sue Elizabeth Niemiec、Robert & Cookie Niemiec、Dr. Ted & Paula Niemiec、Merrilee Nohr、Rick Norris、Stan Novinsky、Justin Nugent、Cheryl Nuno、Julie O'Brian、Shaun O'Brien、Jon O'Connell、Barb O'Malley、Rita Palanov、Jeri Palmer、Dr. Mary Peterson、Elke Phelps、Chuck Phillips、Lisa Price、John Quinones、John Ramos、Sheila Reiter、Wendy Rinaldi、Jerry D. Robinson Jr.、Mike Rocha、Ulka Rodgers、Charlie Rose、Chuck Rozwat、Steve Rubin、Joe Russell、Theresa Rzepnicki、Stan Salett、Douglas Scherer、Scott Schmidt、Jeff Schumaker、Joze Senegacnik、Guner Seyhan、Dr. Austin Shelley、Muhammad Shuja、Julie Silverstein、Judy Sim、Sinbad、David Sironi、Linda Smith、Karen Smudde、Anthony Speed、Jeff Spicer、Rick Stark、Bill Stauffer、Bob Stoneman、Bob Strube Sr.、Burt & Dianna Summerfield、Matt Swann、Mary Swanson、Matt Szulik、David Teplow、Maggie Tomkins、Eugene (EGBAR) & Adrienne (Sky's the Limit) Trezzo、Sean Tucker、David Tuson、Vicky Tuttle、Razi Ud-Din、Paul Ungaretti、Pete Unterlander、Lupe Valtierre、Nitin Vengurlekar Angelica Vialpando、Matt Vranicar、Jerry Ward、Oleg Wasynczuk、Bill Weaver、Huang Wei、Dale Weideling、John Wilmott、Jeremiah Wilton、Marty Wolf、Marcia Wood、Chris Wooldridge、Don Woznicki、David Wright、吕学勇、Stan Yellott、Janet Yingling Young、Ron Yount、吉志刚、Edward Zhu 及 Tony Ziemba。

感谢购买此书并致力于提高自己技能的读者。托尼神父曾经告诉我在生活中所需要知道的一切："没有什么事情大到连上帝都处理不了，也没有什么事情小到上帝根本就不在意。"上面列举过的人们都对我的人生和这部书产生过或多或少的影响，感谢他们持续不断的努力！

怀念：

"为他人而活，才活的值得。"

—阿尔伯特·爱因斯坦

最后，我们应当铭记近几年失去的朋友，他们总是回馈社区，**尤其是 Gary Goodman、Karen Morton 和 John Nash。**

终有一天，我们的工作做完了，上帝带我们回家去。我们很快就会"和天使们一起跑在金子做成的街道上"，我期待着这一天的到来。但在它到来之前，我们要继续有所作为，靠我们互相之间极好的行为，确保上帝通过我们来讲话！通过不断提升诚信、知识、血气之勇、忠诚、克制、热情、无私、机智、道德之勇、尊重、谦卑和主动性，可以确保我们有毅力面对任何艰难的挑战。当然，别忘了信心、希望与爱……"其中最重要的是爱"。以品格和一颗鼓舞他人之心来影响当今世界——这就是我的人生目标。

前言

> "没有创新的企业无可避免地要老化、衰落。而处于当今这激变、创业的时代,衰落的速度可是快得很!"
> —彼得·德鲁克(1909—2005)

颠覆性创新将邮政邮件变成了电子邮件,电报变成了电话,电话变成了手机,电脑变成了智能手机,百科全书变成了维基百科,软盘驱动器变成了USB。创新从未停止过,紧接下来的会是哪一项创新呢?《星际迷航》中的大部分东西都已发明出来,或者处在发明过程中。一度未来气息十足的《星际迷航》技术,如今已显得十分老旧了。每天展现于我们眼前的现实,令《阴阳魔界》中那些预言都相形见绌:电子邮件最先让位于发短信,然后又让位于 Snapchat;手机正在逐渐发展为智能手表;谷歌眼镜给人们带来的希望正在朝虚拟现实(VR)设备的方向迈进。以往需要去沃尔玛买的一些小塑料件,时下在家中即可打印出来。您已无须像过去那样,在每台设备上都安装微软Office,因为 Google Docs 可在云端为任何设备免费提供在线文字处理办公套件(虽然微软有了云版本,但小孩子们都爱用谷歌)。所有这些技术都已经有了,不再是"下一个"。 创新就是引入"新的"或"不同的"东西。 一些公司因勇于创新而兴旺发达,而没有创新的公司则落后于他人,甚至已经销声匿迹。某些创新很有用,尽管它们使人们略感不安;而其他创新则可能使人类、国家或行业完全乱套!当某一产品类别中出现创新时,那么无论给旧产品再投多少钱也无法产生正常的回报率。例如,即便能够造出更好、更快的电报机,电话发展的势头同样是阻挡不了的;微软股票连续十年走"平盘",直到推出 Azure 云计算平台才扭转了局势。Oracle 采纳云计算,不仅因为亚马逊在云服务市场的惊人利润,还因为云计算是持续发展的创新,Oracle 意识到:必须采纳才能够生存。在彼得·德鲁克的《创新与创业精神》一书中,他谈到了"昨天撑死明天饿死的致命诱惑"。正如在 Oracle 12c(c 代表云计算)数据库中所阐明的那样:Oracle 抵制以牺牲云计算为代价来养活本地部署业务的诱惑,因为从长远的眼光看,那将是蚀本的生意。

很多人认为"云"会使他们丢了饭碗。如果您也是这些人中的一员,那么我有好消息说给您听:哪里有创新,哪里就有比其他地方多得多的生意和利润。在公司保留某些内部业务(许多公司在一定阶段内使用的混合云模式)的同时,只要将部分业务迁往云中,就会有更多需求!需要严格控制或安全性的公司可能很难朝云的方向迈进,不过,当今大部分 IT 创新都发生在云端。更准确地说,对于移动应用程序而言,大多数移动促成技术都要归根溯源于云计算。当公司的运营部门抵制云时,开发部门却将敏捷式开发连同 DevOps 人员(具有开发结合运营经验的新人)直接迁到了云端。大数据和消费类应用程序已经上了云,下一代 IT 人员也会上云。作为 DBA 或系统管理员的饭碗要丢了吗?不会的,但工作(至少是其中的一部分工作)会转移到云端;这些转移到云端的工作包括管理应用程序整合、实现更快的开发、使用丢弃的架构以及开发未来的机器人助手(如果愿意受教育并愿意面对弯

道的话)。那些受过"云"教育并准备好上云的人，将在这个经济需求的领域里赚更多的钱。而抵制上云的人，期望并不高，也有足够多的工作留给他们做：管理那些无法迁移到云端的操作。我已看到这样的情况：有转型到云的人，他们的工作效率提高了，因为有机器人为他们干活；还有停滞不前的人，他们变成了未来机器人老板(可能只是一台计算机，倒不一定是能够四处走动的机器人)的劳工，机器人老板管着他们干活，还不断盘算着如何解雇他们，为公司省更多的钱。

Oracle 首度推"云"是在 12cR1 中，更强有力的推动却来自 12cR2。Oracle 12.2 版最先是在云中发布的(当时还未确定本地部署版的发布时间表)。Larry Ellison 于 2016 年 9 月 18 日宣布，Oracle 12cR2 将发布到 Oracle Exadata Express 云服务上，价格为每月 175 美元(连 Oracle 卖 Exadata 的销售都嫌喊价太低)。Oracle 借此告诉人们，云将是他们有史以来最为重要的专注点，Larry Ellison 称之为"一代人一次转向云计算"。无论是 Larry Ellison、Mark Hurd、Safra Catz、Thomas Kurian、Andy Mendelsohn 还是 Judith Sim，Oracle 的领导们全都优先谈云，或者只谈云。他们将加速发展这一创新领域，并且最终把本地部署业务淘汰掉。

正像采用其他新技术时那样，采用云也得历经艰辛，因为包括人事部门在内的活动部件实在太多！但看一看谷歌、亚马逊、苹果和 Oracle 有何共同之处？这些公司成熟、不断创新、信奉或营造未来，它们都为云的前程投了巨资！连"脸书"和"推特"也因创新而成功：虽然初出茅庐时很稚嫩，它们却依然成长壮大。如果"脸书"在业务增长方面更老道一些，就会拥有"领英"的市场份额。您的公司是否像谷歌那样成熟而有创意？谷歌从最初的互联网搜索服务开始，提供地图、图像和视频，以及翻译和 Google Docs，然后又从安卓操作系统、智能手表、虚拟现实、Chromecast 电视棒扩展到车内仪表盘、自动驾驶、家用 Nest 恒温器、机器人。亚马逊最接近于谷歌。 Oracle 和苹果公司是成熟的领导者和创新者，但基本是在科技领域。Oracle 从 8 位 RDBMS 开始，发展到 32 位，到客户端服务器，到 64 位(1995 年的事了)，到 Web 数据库，到支持 Linux，到 RAC，到网格，到 BEA 中间层，到包括财务、JDE、EBS、HCM、EPM(Hyperion)、SCM、零售、数据仓库的各个主要应用，到硬件和 Sun，到每年推出三四款新硬件设备，到 128 位 ZFS 文件系统，到全闪存服务器(存储容量 1 PB)，到内存数据库，到多租户，到基于 Web 和移动应用，直到 Oracle 云。别忘了，Oracle 通过收购 Sunycat 软件(Berkeley DB)而拥有最多的 NoSQL 数据库(超过 1 亿部署)，同时通过收购 Sun 而拥有最多的 MySQL 数据库。Oracle 的 Solaris 机器，使用新的 M7 芯片，安全性产品和查询同时运行于其上。他们最近收购的 Ravello Systems，在帮助 Oracle 的同时还使亚马逊受损。Oracle 在消费者市场领域不及谷歌和亚马逊面广，但它在深度和成熟度方面却要强得多。我的基于服务器数量和其他数据(非官方)的计算表明，亚马逊、微软、谷歌和 Oracle 是遥遥领先于其他提供商的最大的云提供商，位居二线(数万到数十万台服务器)的惠普、脸书、雅虎、Digital Ocean、OVH、中国电信、SoftLayer、Rackspace、Akamai Tech、英特尔和 Comcast，比那些最大的云提供商落后了很多。谷歌、亚马逊和微软都在超过百万台服务器的层次上，截至 2016 年 10 月，带压缩的 Oracle 是最大的公有云，存储容量超过 10 艾字节。凭借自己的技术，Oracle 名列第一！ 眼见 Oracle 进一步利用自己所拥有的技术加速自身发展。Oracle 尚未将客户迁移到云端，一旦迁移完成，Oracle 公有云(OPC)将会变得比现在大得多。以往，大多数 Oracle 数据库在一台带 DRAM 乃至闪存的 Oracle 服务器上都装不下，但现在可以装下了。我曾看到过 4000 节点的 Hadoop 大数据仓库，有 16PB(16,000TB)的裸磁盘，人们评论说 Oracle 上根本装不下大数据。 而今年推出的 Exadata X6-2 机器装得下那个 4000 节点的集群，该款机器的 1.3PB 存储容量和 15 倍压缩比，相当于提供 19.5PB 的裸磁盘；由一台机器取代装满整个房间(一间非常大的计算机房)的服务器！无论是本地部署还是在云中，大多数数据库都能装在同一台 Oracle 服务器上。盘算盘算，仅耗电和占地空间两项就能节省很大开支，更不用说维护了！从这样的一套乐高积木开始，想一想您所能构建的云吧！

来自社交媒体、传感器、生物、交通、射频识别、环境、空气、无线、安全、视频、医疗和存档的数据多得爆炸了，这些数据将帮助企业和个人做出更佳决策。 然而，这种广泛的数据可用性也使我们的隐私面临风险，需要更高的安全性以保护我们的产品。大数据有助于我们更好地竞争、更好地了解客户、增加业务流并降低成本，而由于该领域内安全性和产品成熟度的欠缺，我们经常在 IT 中抵制它。据称，大数据太大，在普通数据库中无法容纳(的确如此，如果需要的是 4000 节点的 Hadoop 集群。不过，可用几个 Exadata 服务器替换它)。Oracle 如今提供了一种通过编写 SQL 从 Oracle SQL 直接转到 Hadoop、Hive 和其他 NoSQL 数据库的方法。当前,增强的安全性使 Oracle 得以管理已在云中的所有数据源。未来欢迎您,云和安全性两全其美! 许多 NoSQL 数据库最终会是一致的,而 Oracle 则时时都是一致的(数据始终正确)。 许多 NoSQL 数据库都有一定的安全性,Oracle 则有芯片级加密、审计、虚拟专用数据库、全局角色、安全应用程序角色、精细审计、透明数据加密、审计保险库、数据库保险库、多租户安全性以及许多安全评估。在安全性对于全世界各国都至关重要之时,其他供应商却需要几十年才能追上来!想使用 Spark 吗?Oracle 有连到它的连接器。想使用 Node.js 或 Angular JavaScript 吗?Oracle 如今接受这些代码库。

存档数据用于告诉您发生了什么,甚至可能告诉您发生的原因。我们现在开始预测性和规范性分析,存档数据会告诉您什么将要发生,而如果采取正确行动将可能有什么样的最佳结果(很像电影《少数派报告》,甚至比那更超前)。除了 Oracle R Enterprise(Oracle Advanced Analytics 的一个组件)之外,Oracle 在其商业智能企业版(OBIEE)中还拥有一些最先进的数据仓库工具,可利用大数据编写这些程序。这些工具在过去的二十年间得到发展,我的公司曾经将客户的几个系统组合在一起,从而在工厂的某个部件破损之前预示其即将破损(可靠性系统),然后检查供应商何时能够提供部件(供应链系统),提前订购该部件(订单输入),培训合适的人员在部件破损之前将其修复(培训系统),确保修复人员不是在部件可能破损的时刻休假(人力资源系统),等等。这在停机时间方面每年为客户节省了数百万美元!Oracle 和 Entrigna(下一代 BI 工具)等 BI 工具将占用每个数据库源,并允许构建未来。 大数据领域或许将通过可插拔数据库(PDB)来连接,每个人都使用多租户(正如 Oracle 决定建议的那样,从 12.1.0.2 版本开始,弃用非 CDB[容器数据库]或非多租户数据库)。但是得快些,因为已经有了物联网(IOT)。Rolta 用其建造智能城市,Rockwell 用其开发智能制造,GE 用其在家里安置更好的设备,杂货店用其推销合适的产品,谷歌将其放在 Nest 恒温器中,Gartner 建议企业在存储所有信息时不要越过"雷池",因为已经有了物联网!

如果云、大数据和物联网为当下,那么什么才是未来呢?未来生活的方方面面都会充满机器人技术!有的机器人看上去和真人一模一样,可以识别手势,可以去星巴克买咖啡(还会乘电梯离开),可以为地毯吸尘,可以根据从云中由物联网设备检索到的天气情况数据,给花花草草浇水,等等。机器人技术就是未来,它已经来了,而且在迅速增长!作为技术人员,应该发展使用这些工具的事业。

您的目标应是:登上 Oracle 12cR2,利用一切适用的功能(本书将有所帮助),学习如何在云上保留加密备份,如何在开发团队需要的时候,快速地启动数据库云服务(因此不再需要 DevOps),了解哪些系统不该上云及其原因(做个有知识、有见地的人),然后将机器人技术融合到公司的竞争优势中。Oracle 是世上最好的工具,无与伦比:如果您能充分利用它的话。出色的木匠师傅都有最好的工具,还会学习如何将它们使用好。您需要对 Oracle 做同样的事情:通读此书,在系统中实施调优技术,为您自己和公司着手下一步的工作。

下一个到来的会是什么?紧随着虚拟现实和外骨骼而来的是人体内植入部件。看到那些戴着智能手表、谷歌眼镜和虚拟现实耳机的人了吧?他们同样会是为即将到来的体内植入部件做 beta 测试的人。这是冲向未来世界的第一波,在这样的未来世界里,再也找不到过去的影子。从宇宙大爆炸到当下的历史加速点,这中间已经过去了 137 亿年,占尽天时地利的您将会如何把握机会呢?上帝赐予的礼物太好了,您大可不必担心丢饭碗,就像当初 AT&T 的操作员担心计算机会使他们丢饭碗那样。弯道当前,快想一想如何反应才能抓住机会吧!在这历史的关键时刻,上帝给每个人都留有一席之地。

罗德·塞林(Rod Serling)说得好:"第五维度的存在,超乎人们的认知,它像太空一样广阔,永生永世,无可限量;它是光亮与阴影之间、科学与迷信之间的中间地带,一个我们称之为'阴阳魔界'的区域,坐落在人类恐惧的深谷和知识的巅峰之间。"我们已经开始用 Exadata、闪存和云,在世界的各个角落探索这一区域,最终将证实它是人体内植入部件、各种类型扩增和检验人类组成解说的新领域。什么样的人体扩增能够把人类变成机器人?如果可以将所有经验和想法转移到计算机上,然后将其下载到用您自己的细胞打印的 3D 打印大脑复制品中,情况会如何?如果将其整合到身体其他部位的 3D 打印件中,那么它究竟是人还是机器人?(我想这勉强算得上克隆,也许是复制,但并非真品)它能给您干活吗?何时才能 3D 打印我们自己来做家务?当身体的 75%是机器人而只有 25%是真人时,将会发生什么样的事呢?随着人体扩增,机器人部件所占比重将不断增加,因为人类将来避免不了与机器人(或复制的人)的竞争。复制的人最终会拥有人的权利吗？想一想机器人索菲亚吧，她今年刚刚成为沙特阿拉伯公民；机器人索菲亚说她自己："终有一天要去上大学，还要养家。"想一想绝大多数股票交易都是通过机器人的自动交易来完成的，如果这些机器人将来成为人类公民，他们就会于世上拥有他们自己的资金和影响力。凭借机器学习和人工智能，机器人可以获得书本中和互联网上全部的知识，并且会变得如此先进，以至于同这种"超人"相比，人类似乎仅具有猫或狗的智力水平。未来世界中，机器人将会如何看待人类？随着基因编辑和3D打印人体部件技术的进步，我们会为更聪明、更迅捷、更棒的孩子编辑基因，以最好的植入部件进行人体扩增吗？我们会不会是在为下一代制造一个冷冰冰的世界呢？人类是有感知的，人能够看到日出时的美，能够感受灵魂深处的某些东西，机器人却不能。人可以反思自己的生活，怀恋自己的年轻时代，追忆与伙伴们一起玩耍、吃冰淇淋的往事，而这些全都发自心底。机器人做不到这些，也不会有人类的同理心、热情或道德勇气，而这些都是在特定环境下人与人之间的情感。假使下一任CEO是个机器人，那您还能像为真人CEO那样为他积极工作吗？这些都是会出现于未来的问题。罗德•塞林写下《阴阳魔界》(*Twilight Zone*)系列剧(大概是所有学龄儿童都喜欢看的电视剧，很有趣)，于那时便展望到50年后的今天。技术的发展给人类制造了很多道德与实践方面的难题，他全力以赴地解决这些难题。在一届关于人类与机器之未来的展览会上，他说："这是肉体与钢铁之间、人类大脑与人脑产物之间的历史性大战，要看这样的一场大戏，在阴阳魔界里还有站票的位子。"

接入大脑的技术已经问世。紧接着我们会被带到超越阴阳魔界的未来，那是将原子排列成物体的未来，是运输原子、隐蔽原子变得更为普遍的未来。正如罗德•塞林所言："以想象力之钥匙打开这一扇门。"我们不再受到限制，想到什么就创造什么，我以为这是生活和工作的绝佳时代！知识积累食用技术或许会是可穿戴技术的后续跟进。这些原本是机器人的系统和劳工，它们最终会建成什么样的未来？这一点很难预知，我们人类将处于何等位置同样很难预知。华尔街有时比公牛还像牛，它并不从命于任何个人或国家，无声地为企业界的高效和多产而工作，其工作方式乃是基于算法——交易员完成几近全部交易的算法。前方的新天地半人半机，对于这样的一片天地，有持站票的观众在一旁关注着。上帝为我们安排了什么？这究竟是最后的行动，还是每个人都充分发挥能力的美好远景？有的人总是盯住过去的旁枝末节，应该朝前看！可还没看清前方路标上究竟标了什么，就来到了岔路口。上苍赐予人好运，赶紧去做出智慧的选择吧！

在主机上，我们从8位计算和256字节内存访问能力开始，发展到16位计算和带64KB内存的Windows系统。如果买了额外的硬件，内存可扩展到1MB。32位计算带来了千兆字节SGA和4GB可寻址内存，正当我们大步迎上之际，互联网时代到了。目前，科技已经发展到64位计算，而且要抛开32位互联网小天地留下的4GB最大寻址范围的包袱。在64位计算中，可寻址空间的理论极限(2的64次幂)已变为16EB(艾字节)或18,446,744,073,709,551,616字节(2^{64}字节)，正等着其惊人的能力被用于贯穿我们生活的方方面面。由于数据更多，我们将从千兆字节SGA转到PB级SGA上去。务必花时间想一想您在历史上的位置和想要扮演的角色。想一想当今计算机可以直接访问(使用)多么大的内存空间，牢记我们正在运用最新技术来构建最新技术以求得更快的加速度：

	直接可寻址	扩展内存(后果)
4位	16	640(计算机的开端)
8位	256	65,536(主机)
16位	65,536	1,048,576(Windows/PC)
32位	4,294,967,296	(互联网/社交媒体)
64位	18,446,744,073,709,551,616	(云/机器人/人体内植入部件)

另一种看待这种比较的视角是以Windows为起始点，看一看每小时的英里数意味着什么：

变化	在 Windows 上的提升(结果)
从 8 位到 16 位	每小时 1 英里(Windows)
从 16 位到 32 位	每小时 65K 英里(互联网)
从 32 位到 64 位	每小时 300T 英里(机器人/3D/虚拟现实/云/人体内植入部件开端)
从 64 位到 128 位	每小时 5T*T*B 英里(人体内植入部件/大脑扩增)

Oracle RDBMS 的发展史

1970 年　Edgar Codd 博士发表了关系数据模型的理论。

1977 年　Larry Ellison、Bob Miner、Ed Oates 和 Bruce Scott 以 2000 美元的启动资金组建了 Software Development Laboratories(SDL)。Larry 和 Bob 来自 Ampex，他们当时正负责一个代号为 "Oracle" 的美国中央情报局项目，Bob 和 Bruce 着手于数据库方面的工作。

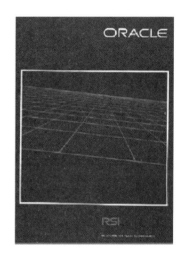

1978 年　美国中央情报局是他们的首个客户，而该产品并未在市场上发布。SDL 更名为 Relational Software Inc (RSI)。

1979 年　RSI 的首个商业版软件上市——以汇编语言写成的版本 2 数据库(没有发布版本 1，因为担心人们不愿购买首版的软件)。首个商业版的软件卖给了赖特帕特森空军基地，那是市场上的首个商业 RDBMS。

1981 年　生产了首个工具 Interactive Application Facility(IAF)，那是 Oracle SQL*Forms 工具的前身。

1982 年　RSI 更名为 Oracle Systems Corporation(OSC)，接着又简化为 Oracle Corporation。

1983 年　发布了以 C 语言编写(这使得软件可移植)的第 3 个版本，Bob Miner 在支持基于汇编的第 2 版软件的同时，写了一半的代码，而 Bruce Scott 则写了另外一半的代码，这是首个 32 位的 RDBMS。

1984 年　发布了版本 4，同时发布了最早的工具(IAG-genform、IAG-runform、RPT)。版本 4 是首个具备读一致性的数据库。Oracle 被移植到了 PC 上。

1985 年　发布了版本 5，有了最早的运行在 VMS/VAX 环境中的 Parallel Server 数据库。

1986 年　Oracle 于 3 月 12 日上市(Microsoft 上市的前一天，Sun 上市的后 8 天)，股票以 15 美元开盘，以 20.75 美元收市。这一年里还推出了 Oracle Client/Server，那是第一个客户端/服务器架构的数据库。Oracle 5.1 发布。

1987 年　Oracle 成为最大的 DBMS 公司。成立了 Oracle Applications 组，推出了首个 SMP(对称多处理结构)数据库。

1987 年　Rich Niemiec、Brad Brown 和 Joe Trezzo 在 Oracle 工作期间，为 NEC 公司实施了首个客户端/服务器架构下的生产环境应用程序，环境是运行 Oracle 软件的加强版 286 机器，上面有 16 个并发的客户端/服务器用户。

1988 年　发布 Oracle V6。首次有了行级锁、数据库热备份。Oracle 公司从 Belmont 搬到 Redwood Shores。推出了 PL/SQL。

1992 年　发布 Oracle V7。

1993 年　推出了 Oracle GUI 客户端/服务器开发工具，Oracle Applications 从字符模式转变为客户端/服务器方式。

1994 年　Bob Miner——Oracle 数据库技术背后的天才，因患癌症去世。

1995 年　首次开发出了 64 位数据库。

1996 年　发布 Oracle 7.3。

1997 年　推出 Oracle 8 以及 Oracle 应用服务器，推出了 Web 应用程序。Oracle 是首个 Web 数据库。为支持数据仓库而推出了 Discover 等 Oracle BI 工具。对工具提供 Java 本地化支持。

1998 年　主 RDBMS(Oracle 8)首次移植到 Linux 上，发布了 Application 11。Oracle 是首个支持 XML 的数据库。

1999 年　发布 Oracle 8i。将 Java/XML 集成到了开发工具中。Oracle 是首个有 Java 本地化支持的数据库。

2000 年　推出了 Oracle 9i 应用服务器，这是首个带有中间层高速缓存的数据库。发布 E-Business Suite, 基于 Oracle Mobile、Oracle 9i Application Sever Wireless 和 Internet File System (iFS)的无线数据库。

2001 年　发布 Oracle 9i(9.1)。Oracle 是首个在真正应用集群(RAC)上运行的数据库。

2002 年　发布 Oracle 9i Release 2(9.2)。

2003 年　根据 Winter Group 的调查，在按规模排在前 10 位的数据库中，法国电信局的 Oracle 数据库以 29TB 的规模名列榜首。

2003 年　Oracle 10g 问世，专注于网格、加密备份、自动调整和 ASM。

2005 年　根据 Winter Group 的调查，Amazon 的 Oracle RAC 以 25TB 的规模跻身于按规模排名的 10 强数据库之列。

2005 年　Oracle 收购 PeopleSoft(包括 JD Edwards)、Oblix(身份管理解决方案)、Retek(零售软件，花费 6.3 亿美元)、TimesTen(内存数据库)和 Innobase(InnoDB Open Source)公司。

2006 年　Oracle 收购 Siebel(花费 58 亿美元)、Sleepycat Software(开源软件)和 Stellant(内容管理)公司。通过推动开源，Oracle 提供了对 Red Hat Linux "坚不可摧"的支持。

2006 年　Oracle 10g Release 2 问世于秋季。

2007 年　Oracle 花费 33 亿美元收购 Hyperion 公司。Oracle 11g 问世(2009 年发布了 11gR2)。

2008 年　Oracle 推出 Exadata 产品，收购 BEA。

2009 年　Oracle 发布 11gR2 版，收购 Sun(包括 Java、MySQL、Solaris、硬件、OpenOffice 和 StorageTek)。

2010 年　Oracle 推出 MySQL Cluster 7.1、Exadata X2-8 和 Exalogic，发布 11.2.0.2 版。

2011 年　Oracle 11gR2(11.2.0.4)发布(所有 Exadata 生产线全用 11gR2)，Oracle 11g Express 版发布(2011 年 9 月 24 日)。Oracle 推出 Exalytics、SuperCluster、Oracle Data Appliance、Exadata Expansion Rack 以及 Oracle Cloud 12c(2011 年年底)。

2012 年　Exadata X3-2 发布，Oracle 扩展云产品，Solaris 11.1。

2013 年　12cR1 发布，Exadata X3-8 发布，Oracle 收购了 Acme Packet 和 Reponsys。

2014 年　Oracle 在 12.1.0.2 上发布 In-Memory，X4 发布，收购 Corente。

2015 年　X5-2 和 X5-8 发布，FS1 闪存阵列，获取 StackEngine(Docker 工具)。

2016 年　12cR2 在 Exadata Express 云服务器上发布，每月 175 美元，收购 Ravello/CASB。

2021 年　预测发布 13cR2 版数据库。

Oracle 是在广度、能力和品格诸方面都很成熟的公司，Oracle 的领袖们以创新为生，总是聘请像 Larry Ellison 那样有远见的领袖，像 Bob Miner 那样不声不响的推动者，还有像 Bruce Scott 那样巨星级的开发人员。不知何故，从 Oracle 的每一位雇员身上都能找出诸如富于创意或富于改革精神等特殊品质，他们聘用的都是独特的、聪明绝顶的、有强大推动力的和勇于创新的人。这始于 Larry 的姿态，他有从人们身上挖掘潜力的能耐，而这样的潜力往往连人们自己都意识不到。待人们立下功劳，有功必赏也是 Larry 的能耐。Oracle

还拥有天才的精神领袖 Bob Miner，他像"蓝领"一样努力工作，鼓舞了开发团队中所有跟着他干的人。Oracle

经营得出色，是因为有像Safra Catz 和 Mark Hurd 那样的领导人均衡着各方面的操作，有总是以"量你也赶不上我们"的超高速驱动营销的Judith Sim，也有Andy Mendelsohn和他极具才智的团队，他们发明路上的下一处弯道，保证了产品的成功交付。Thomas Kurian 和他日益壮大、成绩超众的团队，不断寻求着将应用集成到云上的新途径，使企业更加成功。再有就是 Mary Ann Davidson 默默无声的安全性勇士们，以及更多的人。

TUSC

最后，我想简要介绍一下TUSC(The Ultimate Software Consultants，终极软件资讯公司)。能和TUSC 里强中之强、出类拔萃的同事们一起工作是我的幸运，我们常被人们称作"海豹突击队"或"Oracle 领域的海军陆战队"(作为海军陆战队的前成员，我更喜欢后者)。我们应召去世界各地的财富500强企业解决各种复杂问题，而且始终不负众望。感谢Brad Brown、Joe Trezzo 以及昔日所有的TUSC 成员！

我对全球各地的系统实施过调优，相信您会发现本书中有可以帮到您的内容。我去过澳大利亚、奥地利、比利时、加拿大、中国、捷克共和国、丹麦、芬兰、德国、意大利、印度、爱尔兰、卢森堡、墨西哥、波兰、斯洛伐克、西班牙、瑞典、瑞士、阿联酋和英国，我是架构师和顾问，通过 richniemiec@gmail.com 总能联系到我，我在http://tuningace.com/partners/RichNiemiec.html 上使用的调优产品很棒。

海军陆战队的同伴们："Semper Fi"[1]所有的军人和妇女，保卫自由的政府工作人员及机构：感谢你们使世界变得更加安全和美好。海军陆战队总是训导我：上帝、家庭、国家和军团；除此之外，还有做人的金科玉律，但绝不是"谁钱多谁就来立规矩"的版本，而是"爱人如己"的真正的金科玉律。虽然做起来很难，"爱人如己"却会使您在未来的人生道路上获得丰厚的回报；即使经历艰难困苦，也一定能引领您到达超越生命的更美好的境地，而这就是在面对充满挑战的未来时，我能给您的最佳建议！

本书的组织架构和更新

如果通读全书并应用里面的内容，您将跻身于最顶端1% Oracle 调优专家的行列。有多于425 位的调优专家为本书增添过内容。对阅读过本书前一版的读者来说，本书的各章做了如下改动和增补。

- 第1 章：为主要的12cR2 新功能而全部重写过。
- 第2 章：为包括全部索引类型做了扩展，并为12cR2 做了测试。
- 第3 章：为12cR2 更新了ASM、LMT、Auto UNDO，改善了I/O 部分。
- 第4 章：添加了PGA_AGGREGATE_LIMIT、INMEMORY_SIZE 和In-Memory 等部分，并为12cR2 更新了初始化参数。
- 第5 章：添加了12c 屏幕截图和应用程序性能监控(APM)。
- 第6 章：更新了EXPLAIN PLAN、SQL 计划管理、DBMS_MONITOR 以及TRCSESS。
- 第7 章：添加了新"提示"并更新了其他"提示"，这是最佳的"提示"资源。
- 第8 章：为12cR2 做过更新，添加了结果集缓存(Result Cache)和SQL 性能分析器(SQL Performance Analyzer)。
- 第9 章：为12cR2 做过更新和测试，包括块调优在内，并且添加了DB Replay。
- 第10 章：因为PL/SQL 调优的扩展而再次扩展，添加了12cR2 中的变化。

---

1 译者注：拉丁语，意为"永远忠诚"，作为美国海军陆战队官兵的格言而为美国百姓熟知。

- 第 11 章：添加了云，更新了 Exadata、RAC 及 Parallel Query 操作的内容。
- 第 12 章：为展现更多的 V$视图查询而再次扩展，特别是针对 12$c$R2 中新的 V$视图。
- 第 13 章：扩展了 X$视图查询、trace 部分和 X$命名方法部分。
- 第 14 章：为 12cR2 更新了 AWR 和 Statspack 的内容，更新了 mutex 和块调优的内容。
- 第 15 章：为 12cR2 和大系统做了更新。
- 第 16 章：对关于 UNIX 的这一章做了更新，以列举更多的命令。
- 附录 A：为 12cR2 查询和最重要的 25 个初始化参数做了更新。
- 附录 B：为 12cR2 更新了 V$视图查询。
- 附录 C：为 12cR2 更新了 X$查询。

目 录

第 1 章　Oracle Database 12cR1 和 12cR2 新特性介绍(针对 DBA 和开发人员) ·············· 1
1.1　Oracle Database 12cR1(12.1.0.1)·············· 4
  1.1.1　VARCHAR2 和 NVARCHAR2 的大小限制增加到 32K ············ 4
  1.1.2　局部索引 ············ 4
  1.1.3　不可视列 ············ 5
  1.1.4　相同列上的多个索引 ············ 5
  1.1.5　获取前 x 行 ············ 6
  1.1.6　可插拔数据库(PDB) ············ 7
  1.1.7　Oracle 数据库云服务(数据库即服务) ············ 9
  1.1.8　PDB 级别：MEMORY_LIMIT 和 MEMORY_MINIMUM(12cR2) ············ 14
  1.1.9　在导入时改变压缩方式 ············ 14
  1.1.10　自适应查询优化 ············ 15
  1.1.11　PGA_AGGREGATE_LIMIT ············ 15
  1.1.12　UNION / UNION ALL 的并发执行 ············ 16
  1.1.13　调用者权限函数可以做结果集缓存 ············ 16
  1.1.14　新的 DBMS_UTILITY.EXPAND_SQL_TEXT 包 ············ 16
  1.1.15　列的默认值可以基于序列 ············ 16
  1.1.16　用于智能闪存的多个 SSD 设备 ············ 16
  1.1.17　基于成本的优化器统计信息的并发收集 ············ 16
  1.1.18　增强的系统统计信息 ············ 17
  1.1.19　用于可能失控的查询的资源管理器 ············ 17
  1.1.20　自动数据优化(ADO) ············ 17
  1.1.21　全局索引维护：DROP 和 TRUNCATE 分区操作 ············ 18
  1.1.22　ASM 磁盘清理 ············ 18
  1.1.23　在线操作能力的提升 ············ 18
  1.1.24　数据卫士的改进 ············ 19
  1.1.25　RMAN 改进 ············ 19
1.2　Oracle Database 12cR1(12.1.0.2) ············ 19
  1.2.1　IM 内存数据库 ············ 19
  1.2.2　高级索引压缩 ············ 22
  1.2.3　自动大表缓存 ············ 22
  1.2.4　FDA 对容器数据库的支持 ············ 22
  1.2.5　全数据库缓存 ············ 22
  1.2.6　JSON 支持 ············ 22
  1.2.7　FIPS 140 加密参数 ············ 22
  1.2.8　PDB 子集克隆 ············ 22
  1.2.9　快速 Home 目录创建：创建"黄金映像" ···· 22
1.3　Oracle Database 12cR2(12.2) ············ 23
  1.3.1　应用开发 ············ 23
  1.3.2　降低迁移到 Oracle 的成本和问题的增强功能 ······ 23
  1.3.3　可用性 ············ 24
  1.3.4　大数据 ············ 25
  1.3.5　压缩和存档 ············ 26
  1.3.6　Oracle RAC 和 GI ············ 26
  1.3.7　安全 ············ 27
1.4　Oracle 12c 中新的后台进程 ············ 27
1.5　Exadata——新版本 X6！············ 27
1.6　版本对比 ············ 28
1.7　新特性回顾 ············ 31

第 2 章　索引的基本原理(针对 DBA 和初级开发人员) ············ 33
2.1　索引的基本概念 ············ 34
2.2　不可视索引 ············ 36

2.3	相同列上的多个索引	38
2.4	复合索引	41
2.5	索引抑制	42
	2.5.1 使用不等于运算符(<>、!=)	43
	2.5.2 使用 IS NULL 或 IS NOT NULL	43
	2.5.3 使用 LIKE	44
	2.5.4 使用函数	45
	2.5.5 比较不匹配的数据类型	45
2.6	选择性	46
2.7	聚簇因子	46
2.8	二元高度	47
2.9	使用直方图	50
2.10	快速全扫描	51
2.11	跳跃式扫描	51
2.12	索引的类型	52
	2.12.1 B 树索引	52
	2.12.2 位图索引	53
	2.12.3 哈希索引	55
	2.12.4 索引组织表	56
	2.12.5 反向键索引	56
	2.12.6 基于函数的索引	56
	2.12.7 分区索引	57
	2.12.8 12cR2 中分区索引的新特性	59
	2.12.9 位图连接索引	60
2.13	快速重建索引	60
2.14	在线重建索引	60
2.15	要诀回顾	61

第 3 章 可插拔数据库、磁盘实施方法和 ASM (针对 DBA) ·············· 63

3.1	可插拔数据库(Oracle 12c 新增)	64
	3.1.1 CDB 或 PDB 创建的对象	65
	3.1.2 创建 PDB 的多种方法	66
	3.1.3 可插拔数据库的一些强大命令	66
	3.1.4 在 PDB 中使用 ALTER SYSTEM 和其他一些命令	70
	3.1.5 在可插拔数据库中使用 In-Memory(IM)	71
	3.1.6 可插拔数据库在 12cR2 中的其他新特性	71
	3.1.7 子集备库(12cR2 新增特性)	71
3.2	磁盘阵列	72
	3.2.1 使用磁盘阵列改进性能和可用性	72
	3.2.2 所需的磁盘数量	72
	3.2.3 可用的 RAID 级别	73
	3.2.4 更新的 RAID 5	73
	3.2.5 SSD 固态硬盘	74
	3.2.6 ASM 存储管理(条带/镜像)	74
3.3	传统文件系统的安装和维护	75
	3.3.1 考虑成本	75
	3.3.2 分开存储数据和索引文件	75
	3.3.3 避免 I/O 磁盘争用	76
3.4	Oracle 12c 热图和自动数据优化(ADO)	77
3.5	Oracle 12c I/O 性能跟踪视图(Outliers)	78
3.6	Oracle 大文件表空间	78
3.7	ASM 简介	79
	3.7.1 IT 部门内各个角色之间的沟通	80
	3.7.2 ASM 实例	80
	3.7.3 ASM 初始化参数	81
	3.7.4 12c 版本中 ASM 的安装	82
	3.7.5 srvctl 命令增强	88
	3.7.6 ASM 磁盘清洗(scrubbing)	91
	3.7.7 ASM 再平衡增强	92
	3.7.8 ASM 快速镜像再同步	94
	3.7.9 ASM 过滤驱动器(Filter Driver)	94
	3.7.10 ASM 和权限	101
	3.7.11 ASM 和多路径	103
	3.7.12 大文件和 ASM	104
3.8	使用分区来避免磁盘争用	104
	3.8.1 获得关于分区的更多信息	106
	3.8.2 其他类型的分区	106
	3.8.3 (本地)分区索引	109
	3.8.4 部分索引	109
	3.8.5 全局索引维护：删除或截断分区操作	111
	3.8.6 其他分区选项	111
	3.8.7 使用索引分区	113
	3.8.8 导出分区	113
3.9	消除碎片(按需操作——小心使用！)	114
	3.9.1 使用正确的区块大小	114
	3.9.2 正确设定 PCTFREE 以避免链化(Chaining)现象	115
	3.9.3 使用自动段空间管理(ASSM)	115
3.10	增加日志文件尺寸和 LOG_CHECKPOINT_INTERVAL 以提高速度	116
3.11	确定重做日志文件的大小是否存在问题	116

	3.11.1	确定日志文件的大小和检查点的时间间隔 ·········· 117
	3.11.2	其他有帮助的重做日志命令 ········ 117
3.12	在不同的磁盘和控制器上存放多个控制文件 ································· 118
3.13	磁盘 I/O 的其他注意事项和提示 ······ 119
3.14	设计阶段需要注意的问题 ············ 119
3.15	要诀回顾 ···································· 120

第 4 章 通过初始化参数调优数据库(针对 DBA) ···· 123

- 4.1 升级到 Oracle 12c 之后 ············ 124
- 4.2 使用 SEC_CASE_SENSITIVE_LOGON ··· 125
- 4.3 与性能相关的重要的内存初始化参数 ····· 126
- 4.4 PDB 级：MEMORY_LIMIT 和 MEMORY_MINIMUM ···················· 128
- 4.5 内存数据库(INMEMORY_SIZE) ········ 129
- 4.6 在不重启数据库的情况下修改初始化参数 ································· 133
- 4.7 修改 PDB 级别的初始化参数 ········ 136
- 4.8 通过 Oracle 实用程序洞察初始化参数 ····· 137
- 4.9 用企业管理器查看初始化参数 ········ 137
- 4.10 优化 DB_CACHE_SIZE 来提高性能 ······ 138
- 4.11 使用 V$DB_CACHE_ADVICE 优化 DB_CACHE_SIZE ···················· 140
- 4.12 设定 DB_BLOCK_SIZE 来反映数据读的大小 ································· 143
- 4.13 把 SGA_MAX_SIZE 设置为主内存大小的 25%~50% ···················· 144
- 4.14 优化 SHARED_POOL_SIZE 以获取最佳性能 ································· 144
  - 4.14.1 使用存储过程来优化共享 SQL 区域的使用 ·································· 145
  - 4.14.2 设定足够大的 SHARED_POOL_SIZE 以保证充分利用 DB_CACHE_SIZE ······ 146
  - 4.14.3 保证数据字典缓存能够缓存足够对象 ······ 146
  - 4.14.4 保证库缓存的重载率为 0，并使命中率在 95%以上 ················ 147
  - 4.14.5 使用可用内存来判断 SHARED_POOL_SIZE 是否设置正确 ······ 149
  - 4.14.6 使用 X$KSMSP 表详细观察共享池 ······ 150
  - 4.14.7 关于缓存大小需要记住的要点 ······ 151
  - 4.14.8 与初始化参数相关的等待 ········ 151
- 4.15 在 Oracle 中使用多个缓冲池 ·········· 152
  - 4.15.1 与 DB_CACHE_SIZE 相关并为数据分配内存的池 ···················· 152
  - 4.15.2 修改 LRU 算法 ···················· 153
  - 4.15.3 与 SHARED_POOL_SIZE 相关并为语句分配内存的池 ·············· 153
- 4.16 调整 PGA_AGGREGATE_TARGET 以优化内存的使用 ···················· 154
- 4.17 修改 SGA 大小以避免换页(Paging)和交换(Swapping) ···················· 155
- 4.18 了解 Oracle 优化器 ···················· 155
- 4.19 创建足够的调度程序(Dispatcher) ······ 156
  - 4.19.1 要有足够的打开游标 (OPEN_CURSORS) ··············· 157
  - 4.19.2 不要让 DDL 语句失败(使用 DDL 锁超时机制) ················ 157
- 4.20 两个重要的 Exadata 初始化参数 (仅针对 Exadata) ···················· 157
- 4.21 25 个需要深思熟虑的重要初始化参数 ····· 157
  - 4.21.1 历年的初始化参数 ·············· 159
  - 4.21.2 查找未公开的初始化参数 ········ 160
- 4.22 理解典型的服务器 ···················· 161
  - 4.22.1 典型服务器的建模 ·············· 161
  - 4.22.2 Oracle Application 数据库选型 ········ 162
- 4.23 要诀回顾 ································ 166

第 5 章 Oracle 企业管理器云控制器 (针对 DBA 和开发人员) ···················· 169

- 5.1 Oracle 企业管理器(EM)基础和通过 Oracle 云访问 OEM ···················· 170
- 5.2 从 All Targets 和其他分组开始 ········ 173
- 5.3 使用 OEM 的 Performance 菜单进行监控和优化 ································· 175
  - 5.3.1 Performance 选项卡：Top Activity ········· 175
  - 5.3.2 Performance 选项卡：SQL | SQL Performance Analyzer ·············· 176
  - 5.3.3 Performance 选项卡：Real-Time ADDM ······ 178
  - 5.3.4 Performance 选项卡：SQL | Access Advisor ···························· 181
  - 5.3.5 Performance 选项卡：管理 Optimizer Statistics ························· 182

5.3.6　Performance 选项卡：AWR | AWR
　　　　　Administration ················ 182
　　5.3.7　Performance 选项卡：ASH Analytics ······ 184
5.4　使用 OEM Administration 菜单进行监控
　　和优化················ 185
　　5.4.1　Database Administration 选项卡：
　　　　　Storage | Tablespaces ········· 185
　　5.4.2　Database Administration 选项卡：In-Memory
　　　　　Central 和 Initialization Parameters ······ 187
　　5.4.3　Database Administration 选项卡：全部
　　　　　初始化参数 ················ 188
　　5.4.4　Database Administration 选项卡：
　　　　　Resource Manager (Consumer Groups) ······ 188
5.5　使用 OEM Database 或 Cluster Database
　　菜单进行监控和优化 ············ 189
　　5.5.1　Database 选项卡：Job Activity ······ 189
　　5.5.2　Cluster Database 选项卡：Configuration |
　　　　　Database Topology ············ 190
5.6　监控主机 ················ 190
5.7　监控应用服务器和 Web 应用 ········ 191
5.8　真正应用测试(数据库回放) ········ 193
5.9　小结 ················ 194
5.10　要诀回顾 ················ 194

第 6 章　使用 EXPLAIN PLAN、TRACE 和 SQL 计划管理(针对开发人员和DBA) ········ 195
6.1　Oracle 的 SQL 跟踪(SQL TRACE)实用
　　工具················ 196
　　6.1.1　对简单查询使用 SQL 跟踪的简单步骤 ······ 196
　　6.1.2　TRACE 输出部分 ·········· 200
　　6.1.3　深入探讨 TKPROF 输出 ······ 201
6.2　使用 DBMS_MONITOR ············ 203
6.3　单独使用 EXPLAIN PLAN ············ 207
　　6.3.1　对简单查询使用的另一个 EXPLAIN
　　　　　示例 ················ 208
　　6.3.2　EXPLAIN PLAN—— 自顶而下还是
　　　　　从下往上读取 ············ 209
　　6.3.3　在开发者产品中利用跟踪/EXPLAIN 发现
　　　　　有问题的查询 ············ 213
　　6.3.4　PLAN_TABLE 表中的重要列 ······ 214
　　6.3.5　使用 DBMS_XPLAN ············ 215
　　6.3.6　未公开的 TRACE 初始化参数 ······ 216

6.4　使用 STORED OUTLINES(存储纲要) ······ 217
6.5　使用 SQL 计划管理(SPM)和 SPM 示例 ··· 218
　　6.5.1　SPM 术语 ················ 218
　　6.5.2　使用 SPM ················ 219
　　6.5.3　使用固定的 SQL 计划基线 ······ 223
　　6.5.4　从 STORED OUTLINES 移植到 SQL
　　　　　计划管理 ················ 223
　　6.5.5　自适应计划(Oracle 12c 新特性)和 SPM ······ 225
6.6　要诀回顾 ················ 231

第 7 章　基本的提示语法(针对开发人员和DBA) ···· 235
7.1　最常用的提示 ················ 236
　　7.1.1　慎用提示 ················ 237
　　7.1.2　首先修正设计方案 ············ 237
7.2　可用提示及归类 ················ 238
　　7.2.1　执行路径提示 ············ 238
　　7.2.2　访问方法提示 ············ 238
　　7.2.3　查询转换提示 ············ 239
　　7.2.4　连接操作提示 ············ 239
　　7.2.5　并行执行提示 ············ 239
　　7.2.6　其他提示 ················ 240
7.3　指定提示 ················ 240
7.4　指定多个提示 ················ 241
7.5　使用别名时，提示别名而非表名 ············ 241
7.6　提示 ················ 242
　　7.6.1　Oracle 的演示样板：HR 方案 ······ 242
　　7.6.2　FIRST_ROWS 提示 ············ 242
　　7.6.3　ALL_ROWS 提示 ············ 243
　　7.6.4　FULL 提示 ················ 243
　　7.6.5　INDEX 提示 ················ 244
　　7.6.6　NO_INDEX 提示 ············ 245
　　7.6.7　INDEX_JOIN 提示 ············ 246
　　7.6.8　INDEX_COMBINE 提示 ············ 246
　　7.6.9　INDEX_ASC 提示 ············ 246
　　7.6.10　INDEX_DESC 提示 ············ 247
　　7.6.11　INDEX_FFS 提示 ············ 247
　　7.6.12　ORDERED 提示 ············ 248
　　7.6.13　LEADING 提示 ············ 249
　　7.6.14　NO_EXPAND 提示 ············ 249
　　7.6.15　DRIVING_SITE 提示 ············ 250
　　7.6.16　USE_MERGE 提示 ············ 250
　　7.6.17　USE_NL 提示 ············ 251

7.6.18	USE_HASH 提示 ···················· 252
7.6.19	QB_NAME 提示 ···················· 253
7.6.20	PUSH_SUBQ 提示 ··················· 253
7.6.21	PARALLEL 提示 ···················· 254
7.6.22	NO_PARALLEL 提示 ················· 255
7.6.23	PARALLEL_INDEX 提示 ·············· 255
7.6.24	APPEND 提示 ······················ 255
7.6.25	NOAPPEND 提示 ···················· 256
7.6.26	CACHE 提示 ························ 256
7.6.27	NOCACHE 提示 ····················· 257
7.6.28	RESULT_CACHE 提示 ················ 257
7.6.29	CURSOR_SHARING_EXACT 提示 ······ 258
7.6.30	INMEMORY、NO_INMEMORY 及 其他 IM 提示 ············ 258
7.6.31	USE_INVISIBLE_INDEXES 提示 ········ 259
7.6.32	CONTAINERS 提示 ·················· 260
7.6.33	WITH_PLSQL 提示 ·················· 260

7.7 杂项提示及注意事项 ······················ 260
    7.7.1 未公开的提示 ······················ 262
    7.7.2 如何在视图中使用提示 ··············· 263
    7.7.3 关于提示和 STORED OUTLINES(或 SPM) 的注意事项 ····················· 263
7.8 提示为什么不起作用 ······················ 263
7.9 提示一览 ····································· 264
7.10 要诀回顾 ···································· 265

第 8 章 查询优化(针对开发人员和初级 DBA) ···· 267
8.1 应该优化哪些查询？查询 V$SQLAREA 和 V$SQL 视图 ······················· 268
    8.1.1 从 V$SQLAREA 视图中选出最糟糕的查询 ································· 268
    8.1.2 从 V$SQL 视图中选出最糟糕的查询 ······· 270
8.2 使用 Oracle 12c 视图定位占用大量资源的会话和查询 ······················· 271
    8.2.1 从 V$SESSMETRIC 视图中选出当前最占用资源的会话 ··················· 271
    8.2.2 查看可用的 AWR 快照 ·············· 272
    8.2.3 从 DBA_HIST_SQLSTAT 视图中发现最糟糕的查询 ··················· 272
8.3 何时应该使用索引 ··························· 272
    8.3.1 从 DBA_HIST_SQLTEXT 视图中选择查询文本 ························· 273

8.3.2 从 DBA_HIST_SQL_PLAN 视图中选出查询的 EXPLAIN PLAN ··········· 274
8.4 忘记了索引怎么办 ························· 275
    8.4.1 建立索引 ························· 275
    8.4.2 不可视索引(Invisible Index) ·········· 276
    8.4.3 查看表上的索引 ··················· 276
    8.4.4 在列上正确建立索引了吗 ············ 276
8.5 建立了差的索引怎么办 ····················· 277
8.6 删除索引时保持谨慎 ······················· 279
8.7 在 SELECT 和 WHERE 子句中的列上建立索引 ································· 280
8.8 使用索引快速全扫描 ······················· 281
8.9 使查询"魔术"般加速 ····················· 283
8.10 在内存中缓存表 ·························· 283
8.11 使用结果集缓存(Result Cache) ············ 285
8.12 在多个索引间选择(使用选择性最佳的索引) ······························ 285
8.13 索引合并 ································· 287
8.14 可能被抑制的索引 ························ 289
8.15 基于函数的索引 ·························· 290
8.16 虚拟列(Virtual Column) ··················· 291
8.17 "古怪"的 OR ··························· 291
8.18 使用 EXISTS 函数和嵌套子查询 ·········· 292
8.19 表就是视图 ······························· 293
8.20 SQL 和"大一统"理论 ··················· 293
8.21 Oracle Database 12c 中的优化变化 ········ 294
    8.21.1 Oracle 12c 自适应查询优化 ········· 294
    8.21.2 自适应统计信息 ················· 300
    8.21.3 Oracle 12c 统计信息收集的更新和两种新的直方图 ················ 304
    8.21.4 Oracle 12c SQL 计划管理的更新 ········ 305
8.22 Oracle 自动 SQL 优化 ···················· 306
    8.22.1 保证执行优化操作的用户能访问 API ······ 307
    8.22.2 创建优化任务 ··················· 307
    8.22.3 确定从顾问日志中可以查看到任务 ······ 307
    8.22.4 执行 SQL 优化任务 ·············· 307
    8.22.5 查看优化任务的状态 ············· 308
    8.22.6 显示 SQL 优化顾问生成的报告 ········ 308
    8.22.7 检查报告输出 ··················· 308
8.23 使用 SQL 优化顾问自动优化 SQL 语句 ···· 310
    8.23.1 启用自动 SQL 优化顾问 ·········· 310
    8.23.2 配置自动 SQL 优化顾问 ·········· 310

8.23.3	查看自动SQL优化的结果	311
8.24	使用SQL性能分析器(SPA)	314
8.25	要诀回顾	319

第9章 表连接和其他高级优化(针对高级DBA和开发人员) ... 321

9.1	数据库回放(捕获/回放)	322
9.1.1	设置源数据库,为数据库回放捕获负载	323
9.1.2	准备捕获负载	323
9.1.3	捕获负载	323
9.1.4	准备负载以回放	324
9.1.5	为回放处理负载	325
9.1.6	准备回放负载	325
9.1.7	执行负载回放	325
9.2	SQL性能分析器(SPA)	327
9.2.1	创建SQL优化集	327
9.2.2	创建分析任务	328
9.2.3	执行分析任务	328
9.2.4	查询性能分析的顾问任务	329
9.2.5	取消正在执行的SPA分析任务	329
9.2.6	删除SPA分析任务	329
9.2.7	确定活动的SQL优化集	330
9.2.8	移除SQL优化集引用	330
9.2.9	删除SQL优化集	330
9.3	连接方法	331
9.3.1	嵌套循环连接	331
9.3.2	排序合并连接	332
9.3.3	聚簇连接	333
9.3.4	哈希连接	333
9.3.5	索引合并连接	334
9.4	表连接相关的初始化参数	336
9.5	双表连接:等尺寸表(基于成本)	337
9.6	双表索引连接:等尺寸表(基于成本)	340
9.7	强制使用特定的连接方法	343
9.8	排除多表连接中的连接记录(候选行)	345
9.9	大小不同的表间的双表连接	346
9.10	三表连接:不那么有趣	349
9.11	位图连接索引	350
9.11.1	位图索引	351
9.11.2	位图连接索引	352
9.11.3	位图连接索引的最佳应用	353
9.12	第三方产品性能优化	355
9.13	优化分布式查询	359
9.14	一切就绪	360
9.15	其他优化技术	361
9.15.1	外部表	361
9.15.2	数据快照太旧(Snapshot Too Old):开发人员的编程问题	364
9.15.3	设置事件以转储每次等待	365
9.15.4	从14小时到30秒——EXISTS操作符	366
9.16	在块级别进行优化(高级内容)	367
9.16.1	数据块转储中的关键部分	370
9.16.2	索引块转储简介	376
9.17	使用简单的数学方法进行优化	378
9.17.1	传统的数学分析	378
9.17.2	七步方法论	378
9.17.3	性能推导公式	379
9.17.4	模式分析	383
9.17.5	数学方法总结	387
9.18	要诀回顾	387

第10章 使用PL/SQL提升性能(针对开发人员和DBA) ... 391

10.1	利用PL/SQL函数结果集缓存提升性能(Oracle 12c中有改进)	393
10.2	在SQL语句中定义PL/SQL子程序(Oracle 12c新特性)	401
10.3	直接在PL/SQL表达式中引用序列	403
10.4	自增长(Identity)字段(Oracle 12c新特性)	404
10.5	将VARCHAR2、NVARCHAR2和RAW数据类型的最大长度增加到32K(Oracle 12c新特性)	406
10.6	语句中允许绑定PL/SQL专用数据类型(Oracle 12c新特性)	407
10.7	在SQL函数调用中使用命名参数	407
10.8	使用CONTINUE语句简化循环	410
10.9	利用编译时警告捕捉编程错误(Oracle 12c增强特性)	412
10.10	使用本地编译提升性能	414
10.11	使用优化的编译器使性能最优	416
10.12	使用DBMS_APPLICATION_INFO包进行实时监控	421
10.13	在数据库表中记录计时信息	422

10.14	减少 PL/SQL 程序的单元迭代数量和迭代时间 ··············· 424		10.35.6	创建程序包 ············· 460
			10.35.7	在数据库触发器中使用 PL/SQL ······ 460
10.15	使用 ROWID 进行迭代处理 ······ 426		10.36	要诀回顾 ······················· 461
10.16	将数据类型、IF 条件排序和 PLS_INTEGER 标准化 ············ 428	**第 11 章**		**Oracle 云、Exadata、RAC 调优和并行特性的使用 ············ 463**
	10.16.1 确保比较运算中的数据类型相同 ······ 428	11.1		云计算的演进(过去和现在) ······ 465
	10.16.2 根据条件出现的频率排序 IF 条件 ······ 430	11.2		Oracle 云 ····················· 467
	10.16.3 使用 PL/SQL 数据类型 PLS_INTEGER 进行整数运算 ······ 430	11.3		Exadata 数据库一体机 ··········· 474
			11.3.1	Exadata 术语和基础知识 ······ 474
10.17	减少对 SYSDATE 的调用 ········ 431		11.3.2	Exadata 详细信息 ············· 475
10.18	减少 MOD 函数的使用 ·········· 432		11.3.3	Exadata 存储扩展柜简介 ······ 477
10.19	通过固定 PL/SQL 对象提升共享池的使用 ······················· 433		11.3.4	智能扫描(Smart Scan) ········ 478
			11.3.5	闪存(Flash Cache) ············ 478
	10.19.1 将 PL/SQL 对象语句固定(缓存)到内存中 ······ 434		11.3.6	存储索引(Storage Indexes) ···· 480
			11.3.7	混合列压缩 ················· 481
	10.19.2 固定所有的包 ········ 434		11.3.8	IORM ······················ 484
10.20	识别需要固定的 PL/SQL 对象 ··· 435		11.3.9	在 Exadata 中使用所有的 Oracle 安全优势 ··········· 484
10.21	使用和修改 DBMS_SHARED_POOL.SIZES ······ 435		11.3.10	最佳实践 ················· 485
			11.3.11	小结: Exadata=根本性改变! ··· 485
10.22	从 DBA_OBJECT_SIZE 中获取详细的对象信息 ··················· 436	11.4		Oracle Database Appliance(ODA) ······ 486
		11.5		M7 SPARC 芯片的 SuperCluster ······ 486
10.23	发现无效对象 ··················· 437	11.6		其他可以考虑的 Oracle 硬件 ······ 486
10.24	发现已禁用的触发器 ··········· 438		11.6.1	Oracle 大数据设备 X6-2 ······ 486
10.25	将 PL/SQL 关联数组用于快速参考表查询 ··················· 439		11.6.2	ZFS 存储服务器 ············· 487
			11.6.3	StorageTek 模块化磁带库系统 ······ 487
10.26	查找和优化所使用对象的 SQL ······ 441	11.7		并行数据库 ····················· 487
10.27	在处理 DATE 数据类型时使用时间组件 ················· 444	11.8		RAC ··························· 488
			11.8.1	Oracle RAC 架构 ············· 488
10.28	使用 PL/SQL 优化 PL/SQL ······ 446		11.8.2	Oracle RAC 系统的内部工作原理 ······ 489
10.29	理解 PL/SQL 对象定位的含义 ··· 446	11.9		RAC 性能优化概述 ··············· 492
10.30	使用回滚段打开大型游标 ······ 447		11.9.1	RAC 集群互连的性能 ········ 492
10.31	使用数据库临时表提高性能 ··· 449		11.9.2	寻找 RAC 等待事件——会话等待 ······ 493
10.32	限制动态 SQL 的使用 ·········· 449		11.9.3	RAC 等待事件和互连统计信息 ······ 494
10.33	使用管道表函数建立复杂的结果集 ······ 450		11.9.4	集群互连优化—— 硬件层 ······ 498
10.34	别管调试命令 ··················· 454	11.10		并行操作 ······················· 501
10.35	"跟着感觉走": 为初学者准备的例子 ··························· 458		11.10.1	并行操作的基本概念 ······ 501
			11.10.2	并行 DML 和 DDL 语句及操作 ······ 503
	10.35.1 PL/SQL 示例 ············ 459		11.10.3	管理并行服务器资源和并行语句排队 ······ 503
	10.35.2 创建过程的例子 ······ 459			
	10.35.3 从 PL/SQL 中执行过程的例子 ······ 459			
	10.35.4 创建函数的例子 ······ 460			
	10.35.5 在 SQL 中执行 get_cust_name 函数 ····· 460		11.10.4	并行和分区 ··············· 504

11.10.5	操作内并行和操作间并行	504
11.10.6	使用操作内并行和操作间并行的示例(PARALLEL 和 NO_PARALLEL 提示)	505
11.10.7	使用并行操作创建表和索引的示例	506
11.10.8	通过 V$视图监控并行操作	507
11.10.9	在并行操作中使用 EXPLAIN PLAN 和 AUTOTRACE	509
11.10.10	使用 set autotrace on 命令	511
11.10.11	优化并行执行和初始化参数	512
11.10.12	并行加载	514
11.10.13	优化 RAC 中的并行操作	515
11.10.14	并行操作的目标	515
11.10.15	RAC 并行使用模型	515
11.10.16	并行相关的初始化参数	515
11.10.17	查看并行统计数据的 V$视图	515
11.10.18	Create Table As	516
11.10.19	并行建立索引	516
11.10.20	性能注意事项和小结	516
11.10.21	其他的并行操作注意事项	516
11.11	Oracle 的联机文档	517
11.12	要诀回顾	517

第 12 章 V$视图(针对开发人员和 DBA) 519
12.1 创建和授权访问 V$视图 520
12.2 获取构建 V$视图的 X$脚本列表 524
12.3 使用有帮助的 V$脚本 526
    12.3.1 基本的数据库信息 527
    12.3.2 基本的自动负载资料库(AWR)信息 527
    12.3.3 基本的许可信息 528
    12.3.4 数据库中已安装的数据库选项 529
12.4 内存分配概要(V$SGA) 530
    12.4.1 设置 INMEMORY_SIZE 后查询 V$IM_SEGMENTS 531
    12.4.2 自动内存管理与 MEMORY_TARGET 参数 532
    12.4.3 详尽的内存分配(V$SGASTAT) 533
    12.4.4 PDB 和根 CDB 内存分配的详细信息(V$SGASTAT) 534
12.5 在 V$PARAMETER 视图里找出 spfile.ora/init.ora 参数设置 534
12.6 在 PDB 级别修改初始化参数 535

12.7 确定数据所需内存(V$SYSSTAT 和 V$SYSMETRIC) 536
12.8 确定数据字典所需内存(V$ROWCACHE) 537
12.9 确定共享 SQL 和 PL/SQL 所需内存(V$LIBRARYCACHE) 538
12.10 查询 V$CONTAINERS 和 V$PDBS 以获取容器的信息 539
    12.10.1 使用可插拔数据库时查询 V$CONTAINERS 540
    12.10.2 使用可插拔数据库时查询 V$PDBS 540
    12.10.3 使用结果集缓存(Result Cache) 541
12.11 确定需要保留在内存中(固定住)的 PL/SQL 对象 543
12.12 监控 V$SESSION_LONGOPS 视图以定位有问题的查询 543
12.13 通过 V$SQLAREA 发现有问题的查询 545
12.14 检查用户的当前操作及其使用的资源 546
    12.14.1 查找用户正在访问的对象 547
    12.14.2 获取详细的用户信息 547
12.15 使用索引 548
12.16 确定锁定问题 549
    12.16.1 杀掉有问题的会话 551
    12.16.2 找出使用多个会话的用户 552
    12.16.3 查询当前的概要文件 552
12.17 找出磁盘 I/O 问题 553
12.18 检查权限和角色 556
12.19 等待事件 V$视图 558
12.20 一些主要的 V$视图类别 561
12.21 要诀回顾 568

第 13 章 X$表(针对高级 DBA) 571
13.1 X$表介绍 572
    13.1.1 有关 X$表的误解 573
    13.1.2 授权查看 X$表 573
13.2 在 Oracle 12c 中创建 V$视图和 X$表 574
13.3 获得 Oracle 12c 中所有 X$表的列表 577
13.4 获得 Oracle 12c 中所有 X$索引的列表 578
13.5 对 X$表和索引使用的提示 579
13.6 监控共享池的空间分配 580
13.7 创建查询脚本来监控共享池 581
    13.7.1 ORA-04031 错误 581

	13.7.2	空间分配过大而引起的争用 …… 582
	13.7.3	共享池碎片化 …… 582
	13.7.4	共享池和 Java 池中空闲内存过低 …… 584
	13.7.5	使用库缓存内存 …… 584
	13.7.6	过高的硬解析 …… 586
	13.7.7	互斥锁/闩锁等待和/或休眠 …… 587
	13.7.8	其他 X$表说明 …… 588
13.8	获得重做日志的信息 …… 589	
13.9	设置初始化参数 …… 589	
13.10	缓冲区缓存/数据块的详细信息 …… 592	
	13.10.1	缓存状态 …… 593
	13.10.2	占用数据块缓存的段 …… 595
	13.10.3	热数据块/闩锁争用和等待事件 …… 596
13.11	获得实例/数据库相关的信息 …… 600	
13.12	高效使用 X$表及相关策略 …… 601	
13.13	Oracle 的内部主题 …… 601	
	13.13.1	跟踪 …… 601
	13.13.2	DBMS_TRACE 包 …… 605
	13.13.3	事件 …… 606
	13.13.4	转储 …… 607
	13.13.5	oradebug 命令 …… 607
	13.13.6	trcsess 工具 …… 609
13.14	阅读跟踪文件 …… 609	
	13.14.1	等待信息和响应时间 …… 612
	13.14.2	递归调用 …… 613
	13.14.3	模块信息 …… 613
	13.14.4	提交 …… 613
	13.14.5	UNMAP …… 613
	13.14.6	绑定变量 …… 614
	13.14.7	错误 …… 614
13.15	X$表分组 …… 615	
13.16	X$表与非 V$固定视图的联系 …… 628	
13.17	常见的 X$表连接 …… 629	
13.18	X$表的命名 …… 630	
13.19	12cR2 中未来版本的影响 …… 638	
13.20	要诀回顾 …… 638	

第 14 章 使用 Statspack 和 AWR 报告调优等待、闩锁和互斥锁 …… 641

14.1	Oracle 12cR2(12.2)中 Statspack 和 AWR 报告的新特性 …… 642	
14.2	安装 Statspack …… 643	
	14.2.1	perfstat 账户的安全管理 …… 643
	14.2.2	安装之后 …… 644
	14.2.3	收集统计数据 …… 645
	14.2.4	运行统计数据报告 …… 647
14.3	AWR 和 AWR 报告 …… 648	
	14.3.1	手动管理 AWR …… 649
	14.3.2	AWR 自动快照 …… 650
	14.3.3	AWR 快照报告 …… 650
	14.3.4	在 Oracle 企业管理器云控制器中运行 AWR 报告 …… 651
14.4	Statspack 和 AWR 输出解析 …… 654	
	14.4.1	报告头信息和缓存大小 …… 654
	14.4.2	负载概要 …… 654
	14.4.3	实例效率 …… 656
	14.4.4	共享池统计 …… 658
	14.4.5	Top 等待事件 …… 658
	14.4.6	Oracle Bug …… 668
	14.4.7	Oracle 影子进程的生命周期 …… 669
	14.4.8	RAC 等待事件和互连统计数据 …… 669
	14.4.9	Top SQL 语句 …… 670
	14.4.10	实例活动统计数据 …… 672
	14.4.11	表空间和文件 I/O 的统计数据 …… 676
	14.4.12	段统计数据 …… 678
	14.4.13	其他的内存统计数据 …… 679
	14.4.14	UNDO 统计数据 …… 684
	14.4.15	闩锁和互斥锁统计信息 …… 684
	14.4.16	在块级别调优和查看(高级) …… 692
	14.4.17	数据字典和库缓存的统计数据 …… 694
	14.4.18	SGA 内存统计数据 …… 696
	14.4.19	非默认的初始化参数 …… 697
14.5	AWR 报告和 Statspack 输出结果中需要首先查看的 15 项内容 …… 698	
	14.5.1	管理 Statspack 数据 …… 699
	14.5.2	升级 Statspack …… 700
	14.5.3	卸载 Statspack …… 700
14.6	新 ADDM 报告的快速说明 …… 700	
14.7	12cR2 脚本 …… 704	
14.8	要诀回顾 …… 706	

第 15 章 施行快速系统审查(针对 DBA) …… 709

15.1	总体绩效指数(TPI) …… 710
15.2	训练绩效指数(EPI) …… 710
15.3	系统绩效指数(SPI) …… 712

15.4 内存绩效指数(MPI)··········715
 15.4.1 排名前 25 的"内存滥用"语句是否被优化··········715
 15.4.2 十大"内存滥用"语句在所有语句中所占的比重··········716
 15.4.3 缓冲区缓存命中率··········717
 15.4.4 数据字典缓存命中率··········718
 15.4.5 库缓存命中率··········719
 15.4.6 PGA 内存排序命中率··········719
 15.4.7 空闲的数据缓冲区的比例··········720
 15.4.8 有效地使用结果集缓存··········721
 15.4.9 固定/缓存对象··········722

15.5 磁盘绩效指数(DPI)··········723
 15.5.1 优化滥用磁盘读操作的前 25 条语句··········723
 15.5.2 最滥用磁盘读操作的前 10 条语句占所有语句磁盘读的比例··········724
 15.5.3 分离表和索引，或者使用 ASM··········725
 15.5.4 关键任务表管理··········725
 15.5.5 分离关键的 Oracle 文件··········726
 15.5.6 自动 UNDO 管理··········726
 15.5.7 有效地使用可插拔数据库··········728

15.6 总体绩效指数··········729

15.7 系统综合检查示例··········730
 15.7.1 评级系统··········730
 15.7.2 系统审查评级类别的示例··········730
 15.7.3 需要立即采取行动的问题项··········731
 15.7.4 其他需要采取行动的问题项··········732

15.8 系统信息列表··········732
 15.8.1 与内存有关的数值··········732
 15.8.2 与磁盘有关的数值··········732
 15.8.3 与 CPU 有关的数值··········733
 15.8.4 与备份和恢复有关的信息··········733
 15.8.5 命名约定和/或标准以及安全信息问题··········734
 15.8.6 DBA 知识评级··········734

15.9 TPI 和系统检查需要考虑的其他项··········735

15.10 要诀回顾··········735

第 16 章 运用 UNIX 实用工具来监控系统(针对 DBA)··········737

16.1 UNIX/Linux 实用工具··········738

16.2 使用 sar 命令来监控 CPU 的使用情况··········738
 16.2.1 sar -u(检查 CPU 的繁忙程度)··········738
 16.2.2 sar -d 命令(找出 I/O 问题)··········739
 16.2.3 sar -b 命令(检查缓冲区高速缓存)··········742
 16.2.4 sar -q 命令(检查运行队列和交换队列的长度)··········742

16.3 使用 sar 命令和 vmstat 命令监控调页/交换··········743
 16.3.1 使用 sar 命令的-p 选项报告调页活动··········743
 16.3.2 使用 sar 命令的-w 选项来报告交换和切换活动··········744
 16.3.3 使用 sar 命令的-r 选项来报告空闲内存和空闲交换空间··········744
 16.3.4 使用 sar 命令的-g 选项来报告调页活动··········744
 16.3.5 使用 sar -wpgr 命令来报告内存资源的使用情况··········745

16.4 使用 top 命令找出系统上最差的用户··········747

16.5 使用 uptime 命令监控 CPU 负载··········748

16.6 使用 mpstat 命令辨认 CPU 瓶颈··········749

16.7 结合使用 ps 命令和选定的 V$视图··········749

16.8 使用 iostat 命令辨认磁盘 I/O 瓶颈··········752
 16.8.1 为磁盘驱动器 sd15、sd16、sd17 和 sd18 使用 iostat 的-d 选项··········752
 16.8.2 使用 iostat 的-D 选项··········752
 16.8.3 使用 iostat 的-x 选项··········753
 16.8.4 将 iostat 的-x 选项与 shell 脚本中的逻辑相结合··········753

16.9 使用 ipcs 命令来确定共享内存··········754

16.10 使用 vmstat 命令监控系统负载··········755

16.11 监控磁盘的空闲空间··········756
 16.11.1 df 命令··········756
 16.11.2 du 命令··········757

16.12 使用 netstat 监控网络性能··········757

16.13 修改配置信息文件··········758

16.14 改善性能的其他途径··········760

16.15 要诀回顾··········760

附录 A 重要的初始化参数(针对 DBA)··········763

附录 B V$视图(针对 DBA 和开发人员)··········803

附录 C X$表(针对 DBA)··········821

第 1 章

Oracle Database 12cR1 和 12cR2 新特性介绍(针对 DBA 和开发人员)

首先我想指出,本书主要侧重于帮助初学者和中级 Oracle 专业人员理解 Oracle 系统,并更好地对其施行调优。后续各章还会涉及许多专家论题,然而本书的主要任务却是协助那些有挫败感的专业人员,帮他们找到改善性能的简单窍门。本书目标单纯:提供可在各种情况下运用的要诀,以使你的系统运行得更快。

第 1 章是关于新功能的,主要介绍调优方面的新功能。在本书以往的各版本中,介绍新功能的这一章备受欢迎,因此本书继续将其作为第 1 章。 其余各章的复杂性逐渐增加,并提供了大量要诀:在你的调优探索中助你一臂之力。 我确信,你至少可以寻得一些在其他地方无法找到的信息。Oracle 对于云的关注相对较新,我在本章中加入了关于云的一节,作为对于第 11 章中更详细信息的介绍。值得注意的是,2016 年 9 月 18 日 Larry Ellison 首先于云端引入了 12cR2。Oracle Exadata Express 云服务器的入门价仅为每月 175 美元,其中包括所有数据库选项!

如果你希望仅读一章便获得某种单一的方法，或者想以某种无所不包的方式调整数据库，那就让我来为那些没时间通读本书的人提供些选择吧！第一个选择便是关于 Statspack 和 AWR 报告(虽然 Statspack 免费，但 AWR 更佳)的第 14 章。第二个选择是两个奇妙章节的组合(第 12 章和第 13 章)，这两章中有很多运用 V$ 视图和 X$ 表的常见脚本，大多数专家使用这些脚本对系统施行调优。第三个选择是关于 Oracle 企业管理器(OEM)云控制器的第 5 章，其中包括数据库控制和云控制。这些代表着未来的工具，提供调整系统的图形方式，其中包含 RAC 系统和大规模云控制的很多功能。运用这些工具，可以通过单个界面查看和调整多个系统。另外，在 http://tuningace.com/partners/RichNiemiec.html 上也提供了一个很棒的调优产品。

第 1 章将简明扼要地讨论 Oracle Database 12c 第 1 版和第 2 版中一些引人关注的新功能，这些新功能涉及版本 12.1.0.1、12.1.0.2 和 12.2。在此最新版本中，有很多新功能和经过改善的功能。Oracle 12c 的目标，不仅仅是创建更强大的数据库管理系统，还要加入云解决方案、多租户数据库、IM 列存储，以及通过简化安装/管理事务，从而提高可用性的管理改进。Oracle 的战略方向是要提供一组完全集成的功能，以替代 DBA 通常用来帮助他们管理环境的第三方软件。本书并不详述本章所列的全部功能(本书篇幅有限)；本章将提及 Oracle Database 12c 的最佳功能，而不管这些功能是否与调优直接相关；这是为了使你对最新版的 Oracle Database 12c 有个总体了解。一些书侧重于安全性，需要于此郑重声明的是：12c 乃是安全功能的关键版本，不仅长期以来包含最多的安全性更改，还对审计、访问控制和加密做了性能增强，因为安全性已经更深地嵌入数据库引擎中。最后需要说明的是，本章并不能涵盖所有新功能：12.1.0.1、12.1.0.2 和 12.2 版本的 Oracle 数据库新功能指南合在一起足有 240 页！我们将只强调更重要的改进(请注意，在介绍 12.1 版本的某些部分，会有关于 12.2 版本增强功能的注释)。

本章介绍的新功能如下，按发布版本列出：
- Oracle Database 12cR1(12.1.0.1)
  - VARCHAR2 和 NVARCHAR2 的大小限制增加到 32K
  - 分区表上的局部索引
  - 11g 版本中的不可视列演进为 12c 版本中相同列的多个索引
  - 获取前 x 行
  - 可插拔数据库(多租户 DB)
  - Oracle 数据库云服务(数据库即服务)
  - 导入时更改压缩方式
  - 自适应查询优化
  - PGA_AGGREGATE_LIMIT，新的初始化参数
  - UNION / UNION ALL 的并发执行
  - 调用者权限函数可以做结果集缓存
  - 新的 DBMS_UTILITY.EXPAND_SQL_TEXT 包
  - 列的默认值可以基于序列
  - Interval-REF 分区
  - 用于智能闪存的多个 SSD 设备
  - 基于成本的优化器统计信息的并发收集
  - 增强的系统统计信息
  - 用于可能失控的查询的资源管理器
  - 自动数据优化(ADO)
  - 执行 DROP 和 TRUNCATE 分区操作时的全局索引维护
  - ASM 磁盘清理
  - 在线操作能力的提升

- 数据卫士(Data Guard)的改进
- RMAN 的改进
  - 活动数据库复制的改进
  - 跨平台备份和还原
  - 表级恢复
  - 可插拔数据库的备份和恢复
  - 启用网络的还原
- Oracle Database 12cR1(12.1.0.2)
  - IM 内存数据库
  - 高级索引压缩
  - 自动大表缓存
  - 闪回数据存档支持容器数据库
  - 全数据库缓存
  - 对 JSON 的支持
  - 用于加密的 FIPS 140 参数
  - PDB 子集克隆
  - 快速 Home 创建
- Oracle Database 12cR2(12.2)
  - 应用开发
    - 改进的 SQL 和 PL / SQL
    - 降低迁移到 Oracle 的成本和复杂性
  - 可用性
    - 加速活动数据卫士(Active Data Guard)的应用
    - 最佳的逻辑复制
    - 在线操作
    - 恢复服务器和 RMAN 改进
    - 分片(Sharding)
    - 简化的升级和针对测试的数据编辑
  - 大数据
    - 大数据管理系统基础架构
    - 增强的查询处理和优化
  - 压缩和归档
    - 混合列压缩改进
    - 索引压缩增强
  - Oracle RAC 和 GI
    - 自动存储管理
    - 快速 Home 创建和补丁管理
  - 安全
    - 加密应用率的提高

- 版本 12c 中新的后台进程
- Exadata——新版本 X6!
- 版本 12c 的功能对比图表

注意

对于这些新特性,应该谨慎使用并进行彻底测试,直到确信它们不会导致数据库出问题。如果有访问 My Oracle Support 的权限,那么强烈建议去确认打算使用的新特性中是否已经发现了问题。许多专家和 Oracle ACE[1] 的博客及网站提供的信息非常值得搜一搜。

1.1 Oracle Database 12cR1(12.1.0.1)

Oracle Database 12cR1 通常被称为 Oracle 的可插拔数据库(PDB)版本。Oracle 使得汇总人们多年来投资的众多数据库成为可能。Oracle 还添加了几个新功能,许多内容都包含在本章中。

1.1.1 VARCHAR2 和 NVARCHAR2 的大小限制增加到 32K

表中 VARCHAR2 和 NVARCHAR2 类型的列的最大值已从 4000 增加到 32767。这极大地扩展了使用 VARCHAR2 数据类型的能力,而不一定非要将其转换为 LOB 类型的列不可。需要将 MAX_STRING_SIZE 初始化参数设置为 EXTENDED(可能无法返回到 STANDARD 的原始大小)。还必须关闭数据库,在 UPGRADE 模式下重新启动,将 MAX_STRING_SIZE 改为 EXTENDED,运行 $oracle_home/rdbms/admin/utl32k.sql 脚本,然后在 NORMAL 模式下重新启动数据库。

1.1.2 局部索引

很长一段时间以来,分区表一直在提供管理和性能方面的改善。然而,分区表通常是非常大的表,因此也具有非常大的索引。在 Oracle 12c 中,局部索引(Partial Index)使你能够创建一个索引并仅将其应用于表的特定分区,从而减小索引的大小并仅索引经常使用的分区。局部索引可以应用于本地索引和全局索引。要使用此新功能,请在分区表的对应分区上使用 INDEXING 子句(INDEXING ON / INDEXING OFF)来指定该分区是否要建立索引。例如:

```
CREATE TABLE orders_partial_idx (
order_id NUMBER(12),
order_date DATE CONSTRAINT order_date_nn NOT NULL,
order_mode VARCHAR2(8),
customer_id NUMBER(6) CONSTRAINT order_customer_id_nn NOT NULL,
order_status NUMBER(2),
order_total NUMBER(8,2),
sales_rep_id NUMBER(6),
promotion_id NUMBER(6),
CONSTRAINT order_mode_lov CHECK (order_mode in ('direct','online')),
CONSTRAINT order_total_min CHECK (order_total >= 0))
INDEXING OFF
PARTITION BY RANGE (ORDER_DATE)
(PARTITION ord_p1 VALUES LESS THAN (TO_DATE('01-MAR-1999','DD-MON-YYYY'))
INDEXING ON,
PARTITION ord_p2 VALUES LESS THAN (TO_DATE('01-JUL-1999','DD-MON-YYYY'))
```

---

[1] 译者注:ACE 是 Oracle 官方的一个计划,全称为 Oracle Community Experts and Advocates。获得 ACE 称号(有三个级别)不仅要求是 Oracle 技术专家,还要求热心分享 Oracle 技术,比如通过文章和博客等。

```
INDEXING OFF,
PARTITION ord_p3 VALUES LESS THAN (TO_DATE('01-OCT-1999','DD-MON-YYYY'))
INDEXING ON,
PARTITION ord_p4 VALUES LESS THAN (TO_DATE('01-MAR-2000','DD-MON-YYYY')),
PARTITION ord_p5 VALUES LESS THAN (TO_DATE('01-MAR-2010','DD-MON-YYYY')));
```

然后,在创建索引时通过 PARTIAL INDEX 子句来指定该索引是否是局部索引。比如,下面是一个全局索引的例子:

```
CREATE INDEX ORDERS_GI1 ON orders_partial_idx (PROMOTION_ID) GLOBAL INDEXING PARTIAL;
```

下面是一个本地索引的例子:

```
CREATE INDEX ORDERS_LI1 on orders_partial_idx (order_date, customer_id) LOCAL INDEXING PARTIAL;
```

12cR2 中的其他分区新功能包括:能够在线拆分和合并分区,在线将非分区表转换为分区表,使用多列列表分区,使用列表分区作为复合分区表的子分区策略,以及使用只读分区。

1.1.3 不可视列

当有人试图执行 SELECT *... 命令时,不可视列提供了将表中的列隐藏起来的功能。但是,如果在 SELECT 中指定了列名,就仍然可以看到该列。无论是否显示该列,它仍然是表的一部分,并继续受 UPDATE 等所有 DML 操作的影响,同时影响该表的 DDL 操作。使用 ALTER TABLE 命令可以将列标记为不可视列:

```
ALTER TABLE MYEMPLOYEES MODIFY (SSN INVISIBLE);
```

1.1.4 相同列上的多个索引

Oracle 12c 现在允许多个索引存在于同一列的列表[1]中。例如,我们可以在 DEPT 表上创建一个唯一索引,如下所示:

```
create unique index dept_unique1 on dept(deptno);
```

如果我们尝试在同样的列上创建另一个索引,将会报错:

```
create index dept_normal on dept(deptno);
create index dept_normal on dept(deptno)
             *
ERROR at line 1:
ORA-01408: such column list already indexed
```

然而,将该唯一索引设置为不可视之后,就能在同样的列上再创建索引:

```
alter index dept_unique1 invisible;
```

请记住,虽然索引不可视,我们也无法在表中插入重复值,但这是有效的索引,在执行 DML 操作时仍将保持表的唯一性。 执行 SELECT 并使用该列时,将不会用到该索引。 此外,由于该索引不可视,我们可以在 DEPT_NO 列上再创建一个索引:

```
create index dept_normal on dept(deptno);
Index created.
```

如果其中一个是基于函数的索引,那么可以同时在某一列上创建两个可视索引。我们令第三个索引不可视并添加第四个索引(以至第五个索引):

---

[1] 译者注:指单个列,或是顺序相同的多个列。

```
alter index dept_normal invisible;
Index altered.

create index dept_reverse on dept(deptno) reverse;
Index created.

alter index dept_reverse invisible;
Index altered.

create bitmap index dept_bitmap on dept(deptno);
Index created.

create index dept_fb on dept(substr(deptno,1,1));
Index created.
```

现在检查索引视图，我们看到同一列上有五个索引，其中有两个索引(一个是位图索引，另一个是基于函数的索引)可视：

```
select a.table_name, a.index_name,
       b.column_name, a.uniqueness, a.visibility
from   user_indexes a, user_ind_columns b
where  a.index_name = b.index_name
and    a.table_name = 'DEPT';

TABLE_NAME  INDEX_NAME     COLUMN_NAME   UNIQUENESS   VISIBILITY
----------  -------------- ------------  ------------ ----------
DEPT        DEPT_UNIQUE1   DEPTNO        UNIQUE       INVISIBLE
DEPT        DEPT_REVERSE   DEPTNO        NONUNIQUE    INVISIBLE
DEPT        DEPT_NORMAL    DEPTNO        NONUNIQUE    INVISIBLE
DEPT        DEPT_BITMAP    DEPTNO        NONUNIQUE    VISIBLE
DEPT        DEPT_FB        SYS_NC00004$  NONUNIQUE    VISIBLE
(Index types: NORMAL, NORMAL/REV, UNIQUE, BITMAP, FUNCTION-BASED NORMAL)
```

现在，同一列上有五个索引。其中三个索引不可视，一个位图索引和一个基于函数的索引可视并且可用。有关索引的更多信息，请参见第2章。

1.1.5 获取前 x 行

不仅可以在不扫描所有行的情况下获取前 x 行，甚至可以跳过某些行(偏移)以从表的中间获取行，从而获得更好的样本。这是从表中检索特定行数的快速方法。语法是

FETCH FIRST *x* ROWS ONLY

或

OFFSET *x* ROWS FETCH FIRST *x* ROWS ONLY

以下是一个不跳过行的快速示例：

```
select count(cust_id), cust_id
from   customers2
group by cust_id
fetch first 10 rows only;

COUNT(CUST_ID)    CUST_ID
--------------    -------
            15          1
```

```
                27           2
...
10 rows selected.
```

以下是一个跳过行的快速示例:

```
select count(cust_id), cust_id
from   customers2
group  by cust_id
offset 10000 rows fetch first 10 rows only;

COUNT(CUST_ID)    CUST_ID
--------------    -------
7700238           10001
1409320           10002
...
10 rows selected.
```

1.1.6 可插拔数据库(PDB)

12c 中的可插拔数据库(Pluggable Database,PDB)功能(在第 3 章中详细介绍)使你可以创建容器数据库(CDB),一个 CDB 可以包含多个 PDB。可插拔数据库也称为多租户数据库,因为每个"租户"都可以拥有自己的 PDB。"可插拔"数据库可以从一个容器中拔出并轻松插入另一个容器,从而使数据库可以在不同环境之间移植,也允许通过从某个版本的环境中拔出数据库并将其插入更高版本的新环境,以进行数据库版本升级。还可以从企业内部拔出 PDB 并将其插入云端环境(反之亦然)。此新功能还允许独立恢复单个 PDB(在 12cR2 中甚至可以闪回 PDB)。对于应用程序来说,每个 PDB 都像任何其他传统的 Oracle 数据库(称为非 CDB)一样,因此应用程序不需要更改就可以利用 PDB 体系架构。从 12.1.0.2 版本开始,非 CDB 已不建议使用[1]。

以下是使用容器数据库和可插拔数据库时要记住的一些注意事项:

- CDB=容器数据库(具有根 DB 和种子 PDB)
- PDB=可插拔数据库(插入一个 CDB 中)
- 非 CDB=传统类型的数据库(既不是 CDB,也不是 PDB)
- 快速创建新数据库(PDB)或克隆现有数据库(PDB)
- 将现有 PDB 移动到新平台、新位置或克隆它(快照)
- 通过将 PDB 插入更高版本的 CDB 来打补丁/升级
- 物理机运行更多 PDB,更便于管理/优化
- 备份整个 CDB+任意数量的 PDB
- 命令的新语法: PLUGGABLE DATABASE
- 由 CDB 和所有 PDB 共享的重做日志(REDO)
- 由 CDB 和所有 PDB 共享的撤销表空间(UNDO)
- 可以为每个 PDB 创建临时表空间(TEMP)
- 每个 CDB 和 PDB 使用单独的 SYSTEM 和 SYSAUX 表空间
- 每个 PDB 可以设置不同的时区
- 数据库初始化参数:有些是特定于 CDB 的,但很多是针对每个 PDB 的

图 1-1 显示了一个容器数据库(CDB$ROOT),其中包含一个种子 PDB(PDB$SEED)和两个应用程序 PDB(erppdb 和 dwpdb)。除逻辑/物理布局外,还显示了一名 CDB 管理员以及和两个应用程序 PDB 对应的两名单独的管理员。

---

[1] 译者注: Oracle 推荐使用 CDB 架构,但是非 CDB 依然可以使用。

CDB 和 PDB 之间共享的物理文件以及只能在 PDB 级别使用的物理文件在上面的列表中讨论过。由于许多 PDB 可以共享应用程序对象，例如代码或元数据，因此 Oracle 在 12cR2 中引入了应用程序容器。现在，只需要更新共享的应用程序容器，而不是更新所有 PDB。

使用 PDB 的一个原因是可以在一台计算机上整合数百个数据库。分离的机器可能意味着需要太多资源，因为要将所有 SGA 累加起来！在下面这样的场景中，轻松移动数据的需求变得越来越重要：需要大数据源；公司进行收购；公司将数据移入和移出云；伙伴需要共同研究；政府分享安全或其他数据。

以下是针对多租户领域的一些很好的示例命令(有关更多信息，请参阅第 3 章)。

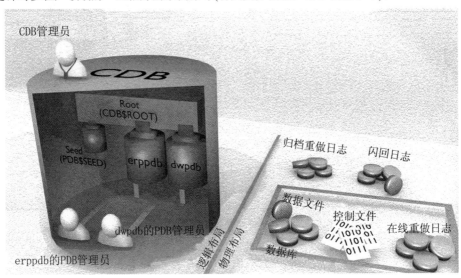

图 1-1　带有三个 PDB 的 CDB(PDB$SEED 和两个应用程序 PDB)

数据库是 CDB 还是非 CDB？(CDB 字段显示 YES 说明是 CDB)

```
SELECT NAME, CREATED, CDB, CON_ID
FROM    V$DATABASE;

NAME       CREATED   CDB   CON_ID
---------- --------- ---   ----------
CDB1       19-FEB-12 YES        0
```

查询 PDB(在这个例子里有三个 PDB)

```
select name, open_mode, open_time
from v$pdbs;

NAME              OPEN_MODE   OPEN_TIME
---------------   ---------   -------------------------
PDB$SEED          READ ONLY   23-FEB-13 05.29.19.861 AM
PDB1              READ WRITE  23-FEB-13 05.29.25.846 AM
PDB_SS            READ WRITE  23-FEB-13 05.29.37.587 AM
```

克隆 PDB(在 12cR2 中，源 PDB 不再需要是只读的——热克隆)

```
CREATE PLUGGABLE DATABASE pdb2 FROM pdb1
PATH_PREFIX = '/disk2/oracle/pdb2'
FILE_NAME_CONVERT = ('/disk1/oracle/pdb1/', '/disk2/oracle/pdb2/');
```

```
CREATE PLUGGABLE DATABASE pdb2 FROM pdb1
FILE_NAME_CONVERT = ('/disk1/oracle/pdb1/', '/disk2/oracle/pdb2/') STORAGE (MAXSIZE 2G
MAX_SHARED_TEMP_SIZE 100M);

CREATE PLUGGABLE DATABASE pdb2 FROM pdb1@pdb1_link;
```

在不同 PDB 间切换和启动 PDB

```
ALTER SESSION SET CONTAINER=CDB$ROOT;
Session altered.

ALTER SESSION SET CONTAINER=PDB$SEED;
Session altered.

ALTER SESSION SET CONTAINER=pdb_ss; (not case sensitive)
Session altered.

Startup pluggable database pdb1 open;(read/write)
Pluggable Database opened.
(or while in pdb1 just run STARTUP)

Startup pluggable database pdb1 open read only;
Pluggable Database opened.

Startup pluggable database pdb1 force; (closes/opens)
Pluggable Database opened.
(or while in pdb1 just run STARTUP FORCE)
```

在 12cR2 中，还可以使用 PDB 的 FLASHBACK 命令，并且创建只有该 PDB 才有的还原点。这可以使用 SCN、还原点、清除还原点或保证还原点来完成。在 12cR2 中，也可以使用本地 UNDO。此处显示了单个 PDB 的 FLASHBACK 命令(可以从 V$ARCHIVED_LOGL、V$DATABASE、V$FLASHBACK_DATABASE_LOG 或 V$LOG 获取 SCN)：

```
FLASHBACK PLUGGABLE DATABASE pdb1 TO SCN 830124;
```

1.1.7 Oracle 数据库云服务(数据库即服务)

现在移动应用成为主要的消费者需求，正促动云计算向前发展。这包括完全"托管"或"外包"的 IT 运营。新的云产品供应商(由 Oracle、亚马逊、微软和谷歌领导)建立了 IT 行业的黄金标准。他们预测，随着智能手机市场持续壮大，所有其他市场相形见绌，每个人都将很快登上云端。

是什么促进了云的增长：

1) 通过利用数据并将它们连接到移动应用程序，连接到社交媒体和访问营销大数据的速度在云上会更快。

2) 每家公司都可以拥有安全且非现场的加密备份。对于仍然没有这种保护的许多公司来说，这是一个很大的优势。

3) 云服务非常适合于那些无法负担真正 IT 部门的小型公司，他们可以获得所需任何规模的 IT 服务器和运维。

4) 将不经常使用的归档数据存储到云端是很便宜的。

5) 可以根据需要付费，在需要时轻松扩展，并在不需要时轻松缩小。

6) 对于测试新应用程序、新服务器或新版本而言相对便宜。

7) 当前这一代开发人员和 DBA 都已经为云准备就绪，他们不想被绑定到特定的计算机，并且已经在云中做了几乎所有事情。

最后，云到底有助于还是有害于竞争优势，这取决于成本、人员、运维以及前面提到的所有要点。请记住，无论他们是否意识到，每个人都已经在云中做了一些事情(称为混合云模型，一种云/内部部署的混合，百分百已经这样了)。正如第 11 章想要说服你的那样，大部分应用程序和 IT 运维都将托管在云上。你需要为转换到云计算时代这一跨时代转变做好准备。然而并非所有系统都会迁移到云端。

首次设置数据库云服务实例需要几个小时，但设置后续实例的时间只需要几分钟。对于许多商店来说，数据库即服务(DBaaS)肯定会成为现实，可以快速启动 DevOps(开发和运维)开发服务器。

Oracle 在 2016 年底宣布，Oracle Database 12c 的第 2 个发行版将首先在云上发布。这不仅仅是一个云优先事件，更是一个 Oracle 优先事件。这类似于 Oracle 在 Linux 之后才发布其他不太重要平台上的数据库软件(你可能会想到 AIX)。另一个例子是，Oracle 发布 Express Edition(免费版) 12c 的时间远远晚于标准版(SE)或企业版(EE)。Oracle 有一种你可能很快就会跟风的进行弯道超车的方法。此外，Oracle 目前在云中提供了一个数据库，可以随时使用该数据库(https://livesql.oracle.com)来学习 SQL 和 PL/SQL。当我在 2016 年 9 月初尝试时，最新版已经是 12.1.0.2 了。当 Larry Ellison 被引入 12cR2 时，首先通过 Oracle Database Exadata Express 云服务在云端提供，它的入门价格仅为每月 175 美元——包括所有数据库选项！这是我见过的最快的服务器之一，也是云端价格最低的服务器之一；它也运行在 12cR2 数据库上。在这种规模且具备潜在扩展能力(如果需要的话)的服务器上运行或测试开发应用程序的能力是前所未有的。Oracle 还(在同一天)为 DevOps 引入了应用程序性能监视(APM)。APM 使 DBA 和开发人员能够在应用程序的每一层查明性能问题。第 11 章将详细介绍如何设置 Oracle 云数据库服务实例，但我将在此处展示一些主要观点。

要开始使用 Oracle Cloud，可以访问 https://cloud.oracle.com/tryit 并选择试用 30 天(参见图 1-2)。该网站提供大量视频教程和有关云所需的不同角色的信息。当我们访问 https://cloud.oracle.com/tryit 时，它将带我们进入这个介绍性页面。

图 1-2　Oracle 30 天试用版

单击 Try It 按钮，然后选择 Database(你在云中的 Oracle 数据库)以设置数据库云服务实例。请注意，这些屏幕和信息在过去一年中已经改变了三次。接下来会有关于 30 天试用的信息，包括过程概述以及启动数据库即服务试用的能力。你还将被要求登录 Oracle 账户。通过单点登录到 Oracle 后，就可以开始连接到 Oracle 云了。填写有关你和你公司的基本信息，单击 Sign Up，经过批准，Oracle 会向你的手机发送验证，然后发送电子邮件以正式登录 Oracle 云(见图 1-3)。

图 1-3　登录到 Oracle 云

如果你需要的话，你将收到欢迎信息并立即得到免费培训。"快速入门"课程中包含确保你了解如何设置数据库即服务所需的一切。这些课程包括设置 SSH 和使用 PuTTY，创建 Service Instance，查找有关 Database Instance 的 Connection Details，启用安全访问，通过 SQL Developer 进行连接，在云数据库上执行操作以及监控数据库服务。准备好后，单击 Get Started，然后单击 Create Service 以启动 Create Oracle Database Cloud Service Instance 向导。选择是想要预安装的 VM 还是使用 DBCA 进行设置。还可以按小时或按月选择结算频率。单击 Next 按钮，选择 11g(11.2.0.4)或 12c(12.1.0.2)作为数据库，然后选择数据库的版本(见图 1-4)。

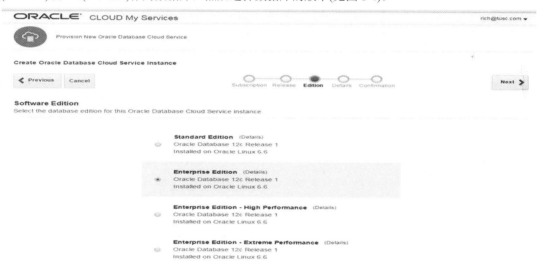

图 1-4　选择数据库版本(每种版本的价格不同)

单击 Next 按钮，然后在 Service Details 页面上，选择服务名称、服务器的大小/配置(价格与此相关)、密码、备份和恢复配置、是否使用加密文件从内部服务器构建数据库，等等。还可以使用数据卫士(Data Guard)设置备用数据库，启用 GoldenGate 并安装演示 PDB。单击 Next 按钮，你将看到构建数据库服务的过程正在进行(见图 1-5)，然后你将被告知数据库已准备就绪。

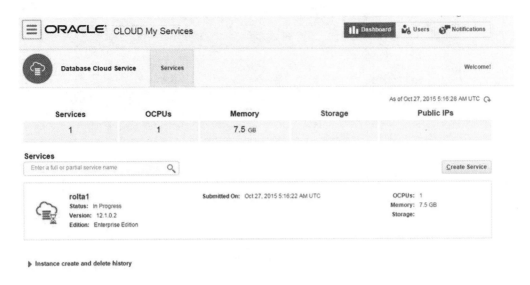

图 1-5　正在创建的数据库云服务实例

你现在已成功创建 Oracle 数据库云服务实例！可以使用 Oracle 企业管理器(OEM)通过下拉菜单管理云数据库(有关 OEM 可监控的详细信息，请参阅第 5 章)。单击 Open OEM Console 以查看数据库的详细信息(图 1-6 显示我的数据库已运行超过 234 天)。另请注意当安装数据库时将会使用的设置、文件位置以及默认值等信息。

图 1-6　云中 OEM Express 控制台中的信息

在图 1-6 显示的屏幕上，可以单击"CDB(2 PDBs)"并获取容器的详细信息。请注意，其中一个 PDB 是在创建数据库云服务实例时选择安装的 DEMOS PDB，另一个是 PDB1。和本地数据库的 OEM 类似，可以看看内存管理模块中的各种设置和内存分配情况。你有许多不同的选择(有关更多详细信息，请参阅第 5 章中有关 OEM 的讨论)。可以轻松地检查内存初始化参数之类的内容，以查看是否设置了 IM 内存的大小(如果使用了 IM 内存的话)。可以单击 Set 来更改参数。

类似 OEM 但又有不同的是，还可以在 Oracle 企业管理器云控制器中使用名为应用程序性能监视(Application Performance Monitoring，APM，如图 1-7 所示)的新工具，以在每个操作层面查看云中的更多详细信息。这是一个仅限于云上使用的产品。它显示了数据库、应用程序服务器、应用程序甚至客户屏幕的页面级别的性能和详细信息(感谢 Oracle 提供此屏幕截图和下一个屏幕截图)。

第 1 章　Oracle Database 12cR1 和 12cR2 新特性介绍(针对 DBA 和开发人员)　13

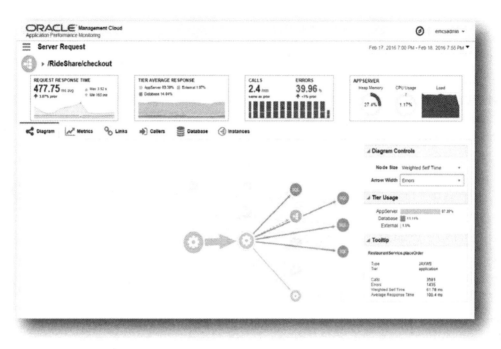

图 1-7　应用程序性能监视(APM)，一种仅限于云上使用的产品

还可以获得有关查看应用程序时客户体验的其他详细信息，可以特别关注一下应用程序 Web 页面，如图 1-8 所示。

图 1-8　APM 客户的购物车

通过使用此信息，可以在客户投诉之前评估客户体验并避免速度问题或错误。

Oracle 云已经准备好了！随着未来几年的发展，Oracle 将加速他们的云和移动产品。重要的是要对所有这些产品进行培训，以便你能够辨别出公司现在适合哪些产品以及哪些产品需要先观察一下再做决定。有关其他屏幕截图和信息，请参阅第 11 章。

1.1.8 PDB 级别：MEMORY_LIMIT 和 MEMORY_MINIMUM(12cR2)

除了用于设置 Oracle SGA+PGA 所有内存的新的 MEMORY_TARGET 初始化参数之外，还有 PDB 专用参数，以确保最小数量和最大设置。使用资源计划指令在 PDB 级别设置的参数是：

- MEMORY_LIMIT　将 PDB 最大限制为这一百分比的 PGA + SGA。
- MEMORY_MINIMUM　保证 PDB 最小有这一百分比的 PGA + SGA。

你还将在本章的 IM 内存数据库部分看到，在 CDB 级别和 PDB 级别都有 INMEMORY_SIZE 参数。初始化参数将在第 4 章中介绍。

以下是 12cR2 中可插拔数据库的一些其他新功能(详见第 3 章)：

- 在克隆 PDB(基于时间点的克隆)时，源 PDB 不再需要是只读的。
- 可以手动或自动执行 PDB 的克隆刷新(它们必须是只读的)。
- 可以通过设置 DB_PERFORMANCE_PROFILE 来创建一个 PDB 类别(金/银/铜)，然后使用资源管理器为每个 PDB 类别设置指令。
- 可以执行 PDB 级的 FLASHBACK，以及设置仅针对该 PDB 的还原点！
- 可以构建整个或部分 PDB 的子集备用数据库！
- 现在可以拥有 4096 个 PDB，而不仅仅是 252 个 PDB。

1.1.9 在导入时改变压缩方式

可以使用 impdp 的 TABLE_COMPRESSION_CLAUSE 命令行选项(或使用 DBMS_DATAPUMP)在导入时更改压缩方式。这对于可以使用更多压缩选项(HCC)的 Exadata 迁移来说尤其有用。可以在下面列出的 impdp 示例中，看到其中将 EMPLOYEES 表更改为 NOCOMPRESS，也可以看到 TABLE_COMPRESSION_CLAUSE 的许多选项设置：

```
$ impdp hr TABLES=hr.employees DIRECTORY-dpump_dir1 DUMPFILE=hr.dmp
TRANSFORM=TABLE_COMPRESSION_CLAUSE=NOCOMPRESS

TABLE_COMPRESSION_CLAUSE=NONE
TABLE_COMPRESSION_CLAUSE=NOCOMPRESS
TABLE_COMPRESSION_CLAUSE=COMPRESS BASIC
TABLE_COMPRESSION_CLAUSE=COMPRESS ROW STORE COMPRESS ADVANCED  (used for OLTP)

Warehouse compression (low is faster load):
TABLE_COMPRESSION_CLAUSE=COMPRESS COLUMN STORE COMPRESS FOR QUERY LOW
TABLE_COMPRESSION_CLAUSE=COMPRESS COLUMN STORE COMPRESS FOR QUERY HIGH

Archive compression (low is faster load):
TABLE_COMPRESSION_CLAUSE=COMPRESS COLUMN STORE COMPRESS FOR ARCHIVE LOW
TABLE_COMPRESSION_CLAUSE=COMPRESS COLUMN STORE COMPRESS FOR ARCHIVE HIGH
```

下一个基本示例演示如何使用 impdp 和 COMPRESS 选项在导入时压缩 DEPT2 表(请注意，impdp 语句下面的输出显示正在转换和压缩表)：

```
$ impdp scott2/tiger TABLES=dept2 TRANSFORM=TABLE_COMPRESSION_CLAUSE:compress:table

Master table "SCOTT2"."SYS_IMPORT_TABLE_01" successfully loaded/unloaded
Starting "SCOTT2"."SYS_IMPORT_TABLE_01":  scott2/******** TABLES=dept2
TRANSFORM=TABLE_COMPRESSION_CLAUSE:compress:table
Processing object type TABLE_EXPORT/TABLE/TABLE
Processing object type TABLE_EXPORT/TABLE/TABLE_DATA
```

```
. . imported "SCOTT2"."DEPT2"                    5.937 KB       4 rows
Processing object type TABLE_EXPORT/TABLE/STATISTICS/TABLE_STATISTICS
Job "SCOTT2"."SYS_IMPORT_TABLE_01" successfully completed at Sat Mar 2 03:59:51 2013 elapsed 0
 00:00:12
```

1.1.10 自适应查询优化

Oracle Database 12c 中的自适应查询优化(Adaptive Query Optimization)功能允许优化器在运行时调整执行计划，甚至更改连接方法。此功能默认启用，并利用发现的附加信息，最终可以带来更好的统计信息[1]。此附加信息允许优化器调整查询计划，这在当前统计数据不足以获得最佳计划的情况下非常有用。自适应查询优化专注于改进的两个主要组件是查询的执行时间和检查自适应统计信息(确保预期的统计信息是查询运行时的实际统计信息)。自适应统计信息还可以为将来的执行提供附加信息。随着时间的推移通过获得更多信息并更好地利用这些信息，可以进行更好的查询调整，从而改进执行计划，进而提高查询性能。第 8 章将详细介绍此功能，此处列出一些注意事项：

- 自适应查询优化允许优化器在有更多/更好的信息时，在运行时调整执行计划。然后，Oracle 将根据该信息使用自适应计划。这些计划可以采用不同的连接方法(即，动态地将 NL^2 更改为 HASH 或并行查询分发方式。通过自适应统计信息，优化器不仅可以根据原始表的统计信息调整计划，还可以根据其他自适应统计信息调整计划。收集动态统计信息，在下次执行时自动重新优化，SQL 计划指令允许基于这些新统计信息进行永久性更改。

- 自适应计划在基于统计信息收集器的执行时间之前不会选择最终计划。在执行时学习的信息用于将来的执行。你将在 EXPLAIN PLAN 输出中看到以下内容(在 Note 部分)：

  ```
  Note
  -------------------------
     - this is an adaptive plan
  ```

- 自适应统计信息有三种类型：
  ◆ 动态统计信息(以前在 10g/11g 中称为动态采样)或运行时统计信息。
  ◆ 初始执行后生成的统计信息的自动重新优化。
  ◆ SQL 计划指令指示优化器使用动态统计信息并为将来获得准确的估计值。

在 12cR2 中，Oracle 引入了连续自适应查询计划(CAQP)，基于输入数据的某些查询可以受益于连续自适应连接方法(例如与先前迭代相比具有不同输入数据的递归 WITH)。

1.1.11 PGA_AGGREGATE_LIMIT

在 11g 中，可以使用初始化参数 PGA_AGGREGATE_TARGET 为 PGA 设置目标值。在 12c 中，有一个名为 PGA_AGGREGATE_LIMIT 的新初始化参数来限制该值能够到达的上限。PGA 构成 MEMORY_TARGET 的一部分。有关初始化参数的完整讨论，请参见第 4 章，以下是一个简单的示例：

```
ALTER SYSTEM SET PGA_AGGREGATE_TARGET=1024M;
ALTER SYSTEM SET PGA_AGGREGATE_LIMIT=2048M;
```

如果未设置 PGA_AGGREGATE_LIMIT，则默认为以下三者中的最大值：2G、PGA_AGGREGATE_TARGET 的 200%或进程数量乘以 3M 倍。

---

1 译者注：在 Oracle 12c 的第二个发行版本的正式版本 12.2.0.1 中，执行计划相关的自适应特性默认打开，但和统计信息相关的自适应特性是默认关闭的。对于 12.1 版本的数据库，建议参考 MOS 文档 2187449.1 来通过打补丁的方式保持和 12.2 版本的默认行为一致。

2 译者注：NL 指 Nested Loop，表示嵌套循环表连接。

1.1.12 UNION / UNION ALL 的并发执行

通常，UNION 和 UNION ALL 的各个部分是顺序执行的；现在使用 Oracle 12c，数据库能够并行运行 UNION 和 UNION ALL 中的各个部分，这可以大大提高性能。

1.1.13 调用者权限函数可以做结果集缓存

结果集缓存既可以应用于定义者，也可以应用于调用者。这允许所有函数的结果都能利用结果集缓存，从而有助于提高重复执行的函数的执行性能。但是，结果集缓存中的结果不会在 RAC 集群中的实例之间传递。

1.1.14 新的 DBMS_UTILITY.EXPAND_SQL_TEXT 包

当查询用到视图时，此新功能对性能调优有很大帮助。这允许将视图扩展到基表，这样可以通过查看构成视图的表来调整表的顺序、索引利用情况以及连接类型，从而更好地进行 SQL 性能调整。

1.1.15 列的默认值可以基于序列

你不再需要手动或通过触发器获取序列值了。此功能允许列的默认值基于序列，这意味着现在可以不使用 INSERT 触发器，应用程序不用预先从序列中取值即可通过序列填充对应的列值。例如：

```
CREATE SEQUENCE myseq;

CREATE TABLE mytable (id   NUMBER DEFAULT myseq.NEXTVAL,
description VARCHAR2(30);
```

1.1.16 用于智能闪存的多个 SSD 设备

此功能改进了智能闪存功能，以便能够使用多个 SSD 设备。之前的主要挑战是需要创建 SSD 磁盘设备并将其用于智能闪存。但要获得更大的空间，有时必须使用卷管理器，因为智能闪存只能指定单个位置。现在，我们可以为智能闪存定义和使用多个位置。例如，以下初始化参数用来设置使用具有不同大小的多个设备：

```
DB_FLASH_CACHE_FILE = /dev/sda, /dev/sdb, /dev/sdc
DB_FLASH_CACHE_SIZE = 32G, 64G, 128G
```

1.1.17 基于成本的优化器统计信息的并发收集

在 Oracle 12c 之前，收集统计信息是串行操作，因此在大型数据库上收集基于成本的优化器统计信息可能需要很长时间。在 Oracle 12c 中，我们现在可以并行地在多个表或同一个表的多个分区上同时收集基于成本的优化器统计信息[1]。

为了使用此功能，需要：
1) 启用资源管理器：

```
ALTER SYSTEM SET RESOURCE_MANAGER_PLAN ='DEFAULT_PLAN';
```

2) 设置 job_queue_processes 初始化参数，建议设置为可用内核数量的两倍(最大值)：

```
alter system set job_queue_processes = 12 scope = both;
```

---

[1] 译者注：并发收集优化器统计信息的功能最早从版本 11.2.0.2 引入。

3) 启用统计信息并发收集功能：

```
EXEC DBMS_STATS.SET_GLOBAL_PREFS('CONCURRENT', 'ALL');
```

4) 收集统计信息：

```
EXEC DBMS_STATS.GATHER_SCHEMA_STATS('OE');
```

1.1.18 增强的系统统计信息

Oracle 12c 中增强的系统统计信息允许基于成本的优化器在查询计划生成中考虑存储硬件。增强的系统统计信息现在可以识别数据库存储的速度，并在生成执行计划时利用。这对于使用 SSD 和其他快速存储解决方案(如 Exadata)的环境非常有用。通过生成好的执行计划可以获得性能更好的 SQL，这些执行计划知道有了更快的磁盘速度后，就可以利用全表扫描操作和 HASH 连接，这样就比普通的存储解决方案执行得更快。

为了使用此功能，需要：

1) 收集典型工作负载的系统统计信息：

```
EXECUTE DBMS_STATS.GATHER_SYSTEM_STATS( gathering_mode => 'START' );
```

2) 保持工作负载运行，以测量一段时间内的存储速度。

3) 一段时间后停止收集系统统计信息：

```
EXECUTE DBMS_STATS.GATHER_SYSTEM_STATS( gathering_mode => 'STOP' );
```

4) 检查结果：

```
SELECT PNAME, PVAL1 FROM SYS.AUX_STATS$ WHERE SNAME = 'SYSSTATS_MAIN';
```

(在 12cR2 中)还有一个优化器统计顾问用来跟踪有关如何收集统计信息、收集的统计信息的质量以及自动统计信息收集状态的历史信息。然后，该顾问会根据 Oracle 最佳实践提出更改建议，提供报告以及要运行的 SQL 脚本。

1.1.19 用于可能失控的查询的资源管理器

资源管理器是一种工具，它对查询(和/或用户)进行限制，以防止长时间运行不重要而又资源密集型的查询影响整个数据库的性能。它还可以防止某个查询弄瘫整个系统。数据库管理员可以通过设置，基于查询阈值(例如估计的执行时间、实际执行时间、使用的 CPU 数量、使用的物理 I/O 和逻辑 I/O 等)自动对查询进行强制限制来主动防止失控的查询。根据定义的阈值，一旦查询超过该阈值，查询将自动切换到较低优先级的使用者组，也可以终止运行该查询的会话等。以下示例将终止超过 60 秒 CPU 使用时间的会话：

```
BEGIN
DBMS_RESOURCE_MANAGER.CREATE_PLAN_DIRECTIVE (
PLAN => 'DAYTIME',
GROUP_OR_SUBPLAN => 'OLTP',
COMMENT => 'OLTP group',
MGMT_P1 => 75,
SWITCH_GROUP => 'KILL_SESSION',
SWITCH_TIME => 60);
END;
/
```

1.1.20 自动数据优化(ADO)

在 Oracle 12c 中，我们可以实现自动的数据生命周期管理。自动数据优化功能允许指定策略以实现自动在不同存储层和不同压缩级别之间移动数据。这是通过 CREATE 表和 ALTER 表语句的 ilm_clause 子句完成的。该功能通过热图来确定数据何时符合移动的策略标准，热图能跟踪对表和表分区所做的更改。有两种类型的策略，分别是 table_compression 和 tiering_clause。当数据符合策略时，数据可以在行级别或段级别进行压缩，也可以移动到新的存储层，具体的行为会根据策略的 AFTER 子句中提供的策略条件来决定。

ilm_clause 子句的一些选项如下：
- **ADD_POLICY** 指定要添加到表的策略。
- **DELETE** 从表中删除策略。
- **ENABLE** 为表启用策略。
- **DISABLE** 禁用表上的策略。

以下是策略的 AFTER 子句的某些选项：
- **LOW ACCESS** 使策略在表的访问量很低的情况持续一段时间后生效。
- **NO ACCESS** 使策略在表没有任何访问的情况持续一段时间后生效。
- **NO MODIFICATION** 使策略在表一直都没有更新的情况持续一段时间后生效。
- **CREATION** 使策略在表创建并持续一段时间后生效。

以下示例显示了如何设置表在七天都未做修改后对表进行行级压缩：

```
ALTER TABLE orders ILM ADD POLICY ROW STORE COMPRESS ADVANCED ROW AFTER 7 DAYS OF NO MODIFICATION;
```

1.1.21　全局索引维护：DROP 和 TRUNCATE 分区操作

在 Oracle 12c 中进行删除(DROP)或截断(TRUNCATE)分区操作时，全局索引不再无效并自动管理。请记住，表的 TRUNCATE 现在有 CASCADE 功能，但使用这个功能时必须小心！

1.1.22　ASM 磁盘清理

在 Oracle 12c 中，ASM 能够自动修复 ASM 中镜像磁盘的逻辑损坏。此功能可以通过一般冗余和高冗余磁盘组中存在的镜像自动检测并自动修复逻辑损坏。有关 ASM 的详细信息，请参阅第 3 章。以下是一个例子：

```
ALTER DISKGROUP data SCRUB POWER LOW;
ALTER DISKGROUP data SCRUB FILE '+DATA_DG/DB1/DATAFILE/mytablespace.dbf'
REPAIR POWER HIGH FORCE;
```

1.1.23　在线操作能力的提升

Oracle 12c 通过许多可在线执行的新操作将可用性提升到了一个新的水平。
- 新的支持在线操作的 DDL 命令
  - 在线删除索引
  - 在线删除约束
  - 在线设置未使用的列
  - 在线更改索引为不可用
  - 在线更改索引为可视
  - 在线更改索引为不可视
- 在线移动数据库数据文件
- 在线移动表分区

```
alter table dept move partition d1 tablespace data2 online;
```

- 在线 MERGE / SPLIT 分区(12cR2)
- 在线将非分区表更改为分区表(12cR2)

1.1.24 数据卫士的改进

Oracle 12c 中有一些值得一提的关于数据卫士的改进：
- **对级联备用数据库的代理支持**　一个备用数据库与另一个备用数据库(而不是主数据库)绑定。重做日志被发送到第一个备用数据库，然后第一个备用数据库再将重做日志发送到另一个备用数据库。
- **实时应用**　现在是默认值。
- **活动数据卫士(ADG)支持全局临时表**　当物理备用数据库以只读模式打开并应用日志时，能够写入全局临时表。
- **活动数据卫士(ADG)实时级联**　级联备用数据库可以通过重做日志实时应用，不再需要等待备用数据库的归档重做日志。这使级联备用数据库与主数据库更加保持同步(注意：需要 Active Data Guard 许可证)。
- **滚动数据库升级期间的灾难保护**　当数据库处于升级模式时，备用数据库依然可以继续接收重做日志。
- **对滚动数据库升级的代理支持**　在滚动数据库升级后，不再需要重建代理配置。

1.1.25 RMAN 改进

以下是 Oracle 12c 中值得注意的 RMAN 改进：
- **对活动数据库复制的改进**　对于非常大的数据文件，可以利用 SECTION SIZE 对活动复制过程进行并行操作。这使得还原期间支持压缩，有助于通过更好地使用网络来减少复制时间。
- **跨平台备份和还原**　允许从一个平台进行的备份，可以不需要做任何额外工作即可在另一个平台上进行还原。
- **表级恢复**　通过使用 RESTORE TABLE 命令直接利用 RMAN 备份来恢复一个或一组表。
- **可插拔数据库的备份和恢复**　为支持 Oracle 12c 的 PDB 功能而添加的新功能允许对单个 PDB 进行备份、还原和恢复。它还允许备份 CDB 或 PDB 中的单个表空间。这方面的例子包括：
  - BACKUP PLUGGABLE DATABASE pd1, pd3
  - BACKUP TABLESPACE USERS
  - BACKUP TABLESPACE pb1:SYSASUX
- **启用网络的还原**　添加从活动的数据库或运行中的备用数据库还原/恢复一个或多个数据文件的功能。此功能也支持压缩和多段式操作。

1.2 Oracle Database 12cR1 (12.1.0.2)

Oracle Database 12cR1(12.1.0.2)通常称为 Oracle 的 IM 内存版本。Oracle 使得为数据仓库操作增加额外的内存空间成为可能。这是存放 IM 内存列存储的压缩内存区域。在此区域中，可以将特定列放在内存中以加快数据仓库应用程序的速度，同时又可以继续使用 Oracle 原有的内存区域进行事务性查询，就像在过去的版本中那样。

1.2.1 IM 内存数据库

这是到目前为止在 Oracle 12c 中提高数据库性能的最佳新功能。此功能适用于许多类型的工作负载，最重要的是，不需要对应用程序进行任何更改即可使用。完整地描述这项新功能大概要花去一整章篇幅，因此我们将在第 4 章中更详细地介绍它。

此功能通过独特的双存储区域来实现。第一个是主数据库内存缓存(它曾是唯一的一个存储区域),主要用于 OLTP 中基于单行的 Oracle 查询(SGA 中的 DB_CACHE_SIZE)。第二个存储区域是新的 IM 内存列存储(使用 INMEMORY_SIZE 初始化参数设置),它提供了压缩存储来自于表(和其他对象)的列的功能,主要用于分析型处理(使其快速完成只在单个列上进行的运算)。现在,Oracle 同时维护基于行和基于列的两种格式,而应用程序不需要进行任何更改。可以启用此功能,而无须更改应用程序中的任何一行代码。它还与 Oracle 数据库的所有现有功能和选项完全兼容,并且可以与 RAC、分区、压缩、可插拔数据库以及 Exadata 等一起使用。

IM 内存数据库选项是 IM 内存列存储,它是数据库系统全局区域(SGA)缓冲区高速缓存的补充,又称为 IM 内存(In-Memory,IM)区。这不会"加倍"数据库的内存需求。据估计,只需要 20%的开销即可充分利用这一功能,并产生巨大的影响。此功能像在基于行的存储格式中那样维护缓冲区高速缓存,这对 DML 活动是最有效的。与此同时,它将维持基于列的存储格式(并且数据被压缩了),这对查询和分析型的活动最有效。并非所有表或列都得是 IM 内存区的一部分。IM 应仅存放与分析型相关并对整体数据库性能最关键的表。当 IM 和缓冲区高速缓存与现在成本较低的闪存存储相结合时,可实现巨大的性能改善。可通过将 INMEMORY_SIZE 设置为非零值来打开 IM 内存数据库选项(在准备为其购买许可之前不要设置此选项)。它必须设置为至少 100MB 并且它是 SGA_TARGET 的一部分(因此也是 MEMORY_TARGET 的一部分,取决于是否使用这些参数中的一个或两个)。图 1-9 显示了一个 SGA,它使用了 IM 内存列存储,其大小通过下面的 INMEMORY_SIZE 初始化参数来设置。

以下是使用此新功能的示例(请参阅第 4 章以设置初始化参数):

```
inmemory_size=1520M
```

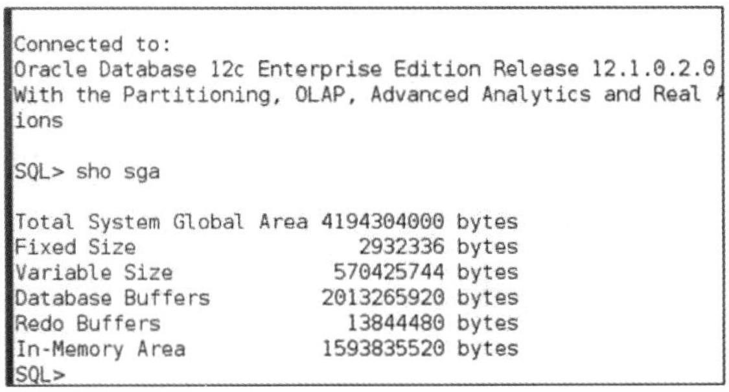

```
Connected to:
Oracle Database 12c Enterprise Edition Release 12.1.0.2.0
With the Partitioning, OLAP, Advanced Analytics and Real A
ions

SQL> sho sga

Total System Global Area  4194304000 bytes
Fixed Size                   2932336 bytes
Variable Size              570425744 bytes
Database Buffers          2013265920 bytes
Redo Buffers                13844480 bytes
In-Memory Area            1593835520 bytes
SQL>
```

图 1-9 SGA 列表显示了 IM 内存区

对于要在新的 IM 内存区中存放的对象,需要为给定对象设置 INMEMORY 属性。该属性可以通过表空间级别的默认值、表的默认值、表的特定列的集合或表的分区等进行设置。这里有些例子:

表空间 `alter tablespace users default INMEMORY;`
表 `alter table mytable INMEMORY;`
列 `alter table mytable INMEMORY NO INMEMORY (prod_id);`
分区 `alter table mytable modify partition mytable_part1 NO INMEMORY;`

IM 内存区有一些选项,用于选择是在数据库启动时还是在首次读取/查询某对象时立即将对象填充到 IM 内存区,这由 PRIORITY 关键字控制。它允许在数据库启动时立即将某些对象填充到 IM 内存区,以保证这些对象在首次访问时已经位于内存中,这有助于避免首次读取时的性能损失。PRIORITY 关键字还允许为对象分配进入 IM 内存列存储的优先级。这全部由以下五个优先级别控制,这五个优先级别对把对象加载到 IM 内存区进行控制:

- **CRITICAL** 打开数据库后立即填充该对象。
- **HIGH** 如果 IM 内存列存储中仍有空间,则在填充所有 CRITICAL 对象后填充该对象。
- **MEDIUM** 如果 IM 内存列存储中仍有空间,则在填充所有 CRITICAL 和 HIGH 对象后填充该对象。
- **LOW** 如果 IM 内存列存储中仍有空间,则在填充所有 CRITICAL、HIGH 和 MEDIUM 对象后填充该对象。
- **NONE** 如果 IM 内存列存储中还有空间可用的话,对象仅在首次扫描时填充(默认)。

设置优先级，确定将对象加载到 IM 内存列存储的方式、时间以及顺序。例如，要在数据库启动时将 mytable 设置为 IM 内存列存储(作为第一批加载的对象)，请将其优先级设置为 CRITICAL：

```
alter table mytable INMEMORY PRIORITY CRITICAL ;
```

IM 内存区也会被压缩并创建 IM 内存压缩单元。有如下几个 IM 内存压缩选项：

- **NO MEMCOMPRESS** 数据在没有任何压缩的情况下填充。
- **MEMCOMPRESS FOR DML** 针对 DML 进行性能优化的最小压缩。
- **MEMCOMPRESS FOR QUERY LOW** 针对查询性能进行优化(默认值)。
- **MEMCOMPRESS FOR QUERY HIGH** 兼顾查询性能和节省空间进行优化。
- **MEMCOMPRESS FOR CAPACITY LOW** 保持平衡，更偏向于节省空间。
- **MEMCOMPRESS FOR CAPACITY HIGH** 为节省空间进行优化。

默认情况下，IM 内存压缩的选项为 FOR QUERY LOW。这提供了最佳性能，同时仍然通过压缩获得了一些好处。根据经验，压缩比可以为 2~20 倍，但是实际情况会依赖于数据类型、压缩类型和表中物理数据等的不同而有差异。以下示例显示了我们如何在同一个操作中同时应用压缩以及其他 IM 内存设置。在这个例子中，我们肯定不希望把大型 LOB 列(c4)放到 IM 内存中，以及想要在 IM 内存中以 QUERY HIGH 对表进行压缩[1]，但是又想对列 c2 使用 CAPACITY HIGH 压缩方式。

```
CREATE TABLE mytable
( c1 NUMBER,
  c2 NUMBER,
  c3 VARCHAR2(10),
  c4 CLOB )
INMEMORY MEMCOMPRESS FOR QUERY
NO INMEMORY(c4)
INMEMORY MEMCOMPRESS FOR CAPACITY HIGH(c2);
```

Oracle 还会自动为 IM 内存压缩单元(IMCU)中的每一列创建和维护存储索引。使用这些存储索引(根据查询需要)，IM 内存的性能优势会更明显，它允许直接根据 SQL 的 WHERE 子句进行数据裁剪，这会减少返回到优化器的行数。SIMD(单指令多数据值)矢量实现了在同一个 CPU 指令中扫描多个数据值(这常用在游戏中；想想在线游戏《英雄联盟》每天有 2700 万用户在玩)。IM 内存的表连接利用布隆过滤器来对连接进行转换，并在扫描较大的表时提高整体性能[2]。在 12cR2 中，连接组(两个表之间连接的列)也被压缩，因此在连接表时不需要解压缩(12cR2 之前的潜在问题)。此外，12cR2 还具有在 IM 内存中存储虚拟列的功能[3]，活动数据卫士现在可以在只读模式打开时使用 IM 内存列存储[4]。

在 12cR2 中，对自动数据优化(在第 3 章中介绍)进行了扩展，将根据热图统计信息来管理 IM 内存列存储中对象的移动，例如进出 IM 内存的表和分区。在 12cR2 中，现在可以在系统运行时动态调整 INMEMORY_SIZE 的大小，前提是 SGA_TARGET(和 MEMORY_TARGET)中有足够可用的内存。自 12.1.0.2 版本起，PDB 支持 IM 内存，而 12cR2 中的数据卫士现在可以使用 IM 内存列存储。现在还可以使用 DBMS_STATS 函数管理 IM 内存统计信息。虽然 Oracle 根据对象是在 IM 内存中还是被驱逐来自动管理统计信息，但在 12cR2 中，Oracle 提高了统计信息的透明度。

---

1 译者注：在这个示例的代码中省略了 HIGH，实际默认值将会是 QUERY LOW，要想使用 QUERY HIGH 压缩方式，需要显式地指定 QUERY HIGH 选项：INMEMORY MEMCOMPRESS FOR QUERY *HIGH*。

2 译者注：布隆过滤的宗旨是将两个表连接中的小数据集构造成某种简单的数据结构，在 IM 内存中扫描另一个大结果集时利用该数据结构进行初步过滤，相当于在表扫描时完成部分表连接的功能。

3 译者注：虚拟列的值会提前计算并存储在 IM 内存中。

4 译者注：从 12cR2 开始，可以在备节点上使用 IM 内存列存储选项。

1.2.2 高级索引压缩

Oracle 12.1.0.2 改进了索引压缩,以便减少所有索引的大小,包括那些由于前导列没有重复值而无法从先前的索引压缩中受益的索引。即使是唯一性的索引,也受益于这种新的索引压缩,从而变得更小。

1.2.3 自动大表缓存

Oracle 12c 添加一个大表缓存,从而为全表扫描提供巨大的性能改进,即便被扫描的表不能全部被缓存在数据库缓冲区高速缓存中。要打开此功能,请将 DB_BIG_TABLE_CACHE_PERCENT_TARGET 初始化参数设置为希望在数据库缓冲区高速缓存中保留给大表缓存使用的内存百分比。PARALLEL_DEGREE_POLICY 初始化参数也必须设置为 AUTO 或 ADAPTIVE 才能打开该功能。

1.2.4 FDA 对容器数据库的支持

闪回数据存档(Flashback Data Archive,FDA)现在提供对多租户数据库配置(可插拔数据库)的支持。

1.2.5 全数据库缓存

全数据库缓存提供了将整个数据库缓存在内存中的功能。随着服务器 RAM 容量越来越大,一些数据库确实能够完全放到服务器 RAM 中。在通过服务将应用程序数据划分到多个数据库实例的 RAC 环境中,更有可能将所有数据放入组合的 RAC 内存配置里。请记住,实例中的重复块/对象需要额外的空间,因此缓冲区高速缓存的组合内存大小必须大于数据库的大小。通过消除磁盘或闪存的 I/O,这一新功能可以极大地提高数据库性能。

1.2.6 JSON 支持

Oracle 12c 增加了对存储 JavaScript 对象通知(JSON)的支持。Oracle 数据库允许存储 JSON 对象,并使存储在数据库中的 JSON 对象强制符合 JSON 规则。它还允许访问通过 PATH 表示法存储的数据并集成到 SQL 中。

1.2.7 FIPS 140 加密参数

Oracle 12c 有一个新参数 DBFIPS_140,它提供了利用 FIPS(联邦信息处理标准)140 加密处理模式的能力。此功能使得公司和政府机构能满足此标准。

1.2.8 PDB 子集克隆

PDB 子集克隆使你能够通过 USER_TABLESPACES 子句指定需要在新的可插拔数据库中可用的表空间。当你的模式(schema)由表空间划分,而表空间将进入多个可插拔数据库时,可以利用这个功能。

1.2.9 快速 Home 目录创建:创建"黄金映像"

快速 Home 目录创建(Rapid Home Provisioning,RHP)提供了具有多个预定义 ORACLE_HOME "黄金映像"(Gold Image)主目录的功能,这些映像存储在预先创建的 ORACLE_HOME 目录中。这允许从"黄金映像"主目录中直接配置 ORACLE_HOME。通过"黄金映像"的更新和共享,可以减少新环境对 ORACLE_HOME 的部署和更新,同时也可以减少存储空间。

1.3　Oracle Database 12cR2(12.2)

Oracle Database 12cR2 是大多数公司将迁移到并将持续运行多年的一个 Oracle 版本。Oracle Database 12cR2 具有许多跟可插拔数据库和 IM 内存列存储有关的增强的新功能。此版本中还有一些附加功能可以更轻松地将内容移入和移出云。此外，还有许多安全方面的增强功能。

1.3.1　应用开发

除上面列出的一些功能外，还有一些针对开发人员的很棒的功能。虽然我将介绍一些 SQL 和 PL/SQL 改进，但它们实在太多，无法在此列出所有内容。

改善的 SQL 和 PL/SQL

SQL 和 PL/SQL 的改进总是受到欢迎。PL/Scope 报表允许识别 PL/SQL 代码中的常见 SQL 语句，包括 SELECT、INSERT、UPDATE 和 DELETE 语句。该报表能标识语句的类型、SQL 文本和 sql_id。当需要定位性能不佳的 SQL 语句以及使用它们的所有 PL/SQL 具体位置时，这非常有用(这通过新的 DBA_STATEMENTS 视图来实现)。

CAST 函数增强了对错误的处理，以便在发生转换错误时返回用户指定的值，而不是直接返回错误。 SQL 和 PL/SQL 的下一个亮点是有一个新函数[1]，它允许你传递一个值给它并确定它是否可以转换为需要的数据类型。

12cR2 中最棒的一个增强功能是默认情况下可以使用 32K 大小的 VARCHAR 类型。这允许在不用专门启用扩展模式的情况下，即可使用扩展的 VARCHAR 数据类型。

近似查询处理是一项新功能，可用于计算不同唯一值的个数，并累加得到近似百分位数的聚合。该功能允许使用近似的而不是精确的聚合来更快地处理大数据集合。由于是聚合，因此不能保证完全准确；然而，大多数情况下，它能提供巨大的性能提升，而且能获得非常接近真实且可接受的值。请注意，返回的结果 100%准确，只是处理查询的方式是近似的(在确定如何有效地执行查询时减少了时间)。在 12cR2 中，还提供了其他近似百分位函数以及重用多个查询的近似聚合的能力(通过物化视图和查询重写)。

对于如下获得 100%准确结果的语句：

```
select count(distinct(empno)) from emp;
```

可以使用下面的语句替换并获得更快的速度(准确率为 97%)：

```
select approx_count_distinct(empno) from emp;
```

Oracle 表示，近似的总量大概约为实际数量的 97%左右。

1.3.2　降低迁移到 Oracle 的成本和问题的增强功能

在 Oracle 12c 中，用户、角色、表、列、索引和约束等对象的名称已从 30B 增加到 128B，但有一些限制。表空间名称和可插拔数据库的限制仍然是 30B，但其他都增加到了 128B。你将在字典视图中注意到这一变化，其中 VARCHAR2 列将显示为 128B 而不是 30B。这是为了克服多字节字符集语言的一些限制，在某些语言中，当使用非 Unicode 字符集时，名称很合适，但是将数据库更改为 Unicode 字符集后，名称变得太长。它还有助于从名称超过 30 个字符的非 Oracle 系统进行迁移。

1　译者注：这里指函数 VALIDATE_CONVERSION。

1.3.3 可用性

在实施时,有几项改进可以提高可用性。许多选项将加速活动数据卫士的采用,例如接受更多数据类型、分布式事务支持和比较工具。逻辑复制和更多 ONLINE 操作将有助于保持系统 24/7 全天候运行。

1. 加速活动数据卫士的采用——12cR2 中的改进

12cR2 中有几项关注于采用活动数据卫士选项的改进。现在,CLOB、BLOB 和 XMLType 数据类型允许分布式事务。分布式事务是通过数据库链接发生的事务。这些数据类型通过数据库链接的这些新功能为通过数据库链接进行更多事务提供了可能性。这种灵活性对于可插拔数据库非常重要,特别是过去存放在同一数据库中通过方案(shema)分开的数据,可以直接通信并共享,但是现在要跨越数据库链接,因为它们现在位于不同的 PDB 中。

接下来,多实例重做日志的应用也得到了改进。在以前的版本中,RAC 主数据库汇集所有重做日志并应用于单个备用实例。这限制备用库只能应用于单个实例。使用 12cR2,可以将重做日志应用配置为备用端的一个或多个实例,这让重做日志的应用性能得到了提升,而在此之前,在某些情况下,单个实例的备用数据库在执行多个实例重做日志的应用时会处理不过来。此外,允许多个实例的备用数据库合并到代理中,以便代理配置可以处理多个实例的应用。

在数据仓库的 Oracle 数据卫士上,我们现在在主数据库上进行的 NOLOGGING 操作也可以被跟踪。最初,当在主数据库上使用 NOLOGGING 时,备用数据库上对应的块将被标记为不可恢复。通过新的跟踪机制,数据卫士可以跟踪使用 NOLOGGING 装载的数据块,并在 RMAN 中使用新的 RMAN 命令 RECOVER DATABASE NOLOGGING 来恢复数据块。

还有一个 Oracle 数据卫士数据库比较工具,用于将主数据库中的数据块与物理备用数据库中的数据块进行比较。这有助于查找磁盘错误,而这些错误不会被 DBVERIFY 等工具定位到。DBA 现在可以识别以前可能会被错过的备用数据库中的数据块问题,从而确保备用数据库没有物理损坏。

通过可插拔数据库,12cR2 引入了子集备用的概念。这允许多租户环境中的备用数据库只有部分 PDB,而无须将所有 PDB 全部放入备用数据库。请记住,这会影响切换和故障转移操作,你应该了解只有一部分 PDB 可以做切换和故障转移操作。

在 12cR2 中,数据卫士代理可以处理多个自动故障转移目标,以实现快速启动故障转移功能。当存在多个备用数据库并且具有多个快速启动故障转移目标时,如果一个备用数据库未处于故障转移状态,则允许将另一个备用数据库故障转移到此备用数据库,而不是使故障转移完全失败。数据卫士代理现在还支持来自多个快速启动故障转移配置的多个观察者。

数据卫士现在支持将重做传输到与主数据库有不同字节序(Endian)的目标数据库。这是为了允许将重做日志传输到零数据丢失恢复一体机(ZDLRA),其中的字节序格式与主数据库的不同。

最后,数据卫士在主数据库和备用数据库之间提供数据库密码文件的自动同步。当密码文件在主服务器上被更改时,此功能将自动同步数据卫士配置中主数据库和备用数据库之间的密码文件。

2. 最佳的逻辑复制

12cR2 针对复制做了一些改进,包括 GoldenGate。GoldenGate 集成了捕获模式错误处理的改进,现在允许使用一组新视图来查看数据库中有冲突的管理配置:

- DBA_APPLY_REPERROR_HANDLERS
- DBA_APPLY_HANDLECOLLISIONS
- DBA_APPLY_DML_CONF_HANDLERS
- DBA_APPLY_DML_CONF_COLUMNS

GoldenGate 还为冲突检测和解决异常处理添加了一个新视图:

DBA_APPLY_EXCEPTIONS

Oracle GoldenGate 集成复制还可以通过使用存储过程来处理 DDL 语句，以及具有为某些 DBMS 包(如 DBMS_REDEFINTION)复制存储过程执行的能力。

3. 在线操作

Oracle 对 12cR2 进行了若干改进以增加可用性，包括可以在线执行的许多操作。Oracle 现在引入了从故障处重新启动重定义的功能。还可以使用 DBMS_REDEFINITION.ROLLBACK 来回滚重定义操作，它本质上是将原始表交换回原位。还有一个重定义进度监控功能的视图(V$ONLINE_REDEF)。重定义现在支持表中 BFLIE 类型的列。

其他一些在线功能包括将非分区表在线转换为分区表，以及在线对分区表的分区或子分区进行拆分或合并的功能。

我们现在可以在线将表移动到新的表空间，这有助于减少我们进行表重组/移动时的停机时间。我们还可以在不中断业务的情况下使用信息生命周期管理迁移到新的表空间。

4. 恢复服务器和 RMAN 改进

12cR2 中的 RMAN 改进包括做表恢复时的磁盘空间检查功能以及跨平台将可插拔数据库导入多租户数据库的功能。这允许通过将数据库插入不同平台(或云)上的新容器数据库来进行跨平台迁移。还支持加密表空间的跨平台迁移，使你能够将数据库迁移到使用加密表空间的新平台。对于不是基于自动登录电子钱包的加密备份，也有 DUPLICATE 命令支持。最后，还提供跨平台迁移支持(通过网络)，允许在该过程中通过网络进行复制。有关这些新的非常有用的改进，请参阅 Oracle 提供的专有文档。

5. 分片(Sharding)

分片是指在多个单独数据库之间物理划分整个应用程序的数据库对象(用于水平扩展)。从应用程序的角度看，事物被呈现为单个大型数据库(逻辑上)。在 RAC 和其他集群解决方案可用之前，很长时间以来已经为应用程序和环境做了实现(在不使用分片的情况下扩展应用程序)。但是，12cR2 增加了自动化部署、高性能路由和生命周期管理的分片功能。分片适用于 OLTP 类型的应用程序，作为在数据库级别进行扩展的一种方法，旨在用于专门为分片而设计的应用程序。有关详细信息，请参阅 Oracle 文档。

6. 简化升级和针对测试的数据编辑

对升级的改进包括对关键更新可以进行在线打补丁，以便安全补丁不再需要数据库停机时间！Oracle 数据卫士滚动升级现在具有对 Label Security 和/或 Database Vault 的支持，因此使用 Label Security 和/或 Database Vault 的数据库现在可以执行滚动升级。Database Vault 现在还支持闪回操作，例如 PURGE TABLE、PURGE TABLESPACE、PURGE RECYCLEBIN 和 PURGE DBA_RECYCLEBIN。Oracle 还为数据编辑提供了 DBMS_REDACT 包(DBMS_REDACT 现在也可用于 11g 和 12cR1 版本，因为它已被向后移植)。这非常适合于做测试！还可以仅授予 READ 权限而不是 SELECT 权限(因为后者可通过使用 SELECT ... FOR UPDATE 锁定表)。

1.3.4 大数据

商界最大的典型转变之一是通过使用大数据来帮助发掘、保留并帮助客户的这种快速转变趋势。Oracle 有几个新功能可以帮助企业将大数据与 Oracle 数据库一起配合使用。Oracle 还提供在数据库中安全地访问大数据的解决方案，消除了大多数 IT 系统中创建的大数据存在的巨大安全漏洞。

1. 大数据管理：外部表可以访问存储在 Hadoop 中的数据

Oracle 12cR2 集成了一些针对"大数据"的改进，例如分区外部表，它允许你将分区的 Hive 表映射到 Oracle 环境，还允许你在 Hadoop 分布式文件系统(HDFS)之上定义分区。这些功能扩展了外部表，以通过 Oracle 数据库的外部表功能访问存储在 HDFS 和 HIVE 中的数据。在 12cR2 中，还提供用于具有只读节点的 Oracle RAC 环境的并行查询服务。这允许具有只读节点的 RAC 环境在 RAC 集群内的许多只读节点上扩充并行查询的执行。结果是允许非常快速地查询大量数据。

2. 增强的查询处理和优化

Oracle 数据库不断增强，其改善有助于性能提升。在 12cR2 中，有以下查询过程增强和优化改进：

- **优化器统计信息顾问**　为数据库提供跟踪和分析优化器如何收集统计信息的方法，然后利用该信息报告当前统计信息收集的问题并提出改进建议。
- **SQL 计划管理**　SPM 已得到增强，可以将 AWR 数据用作 SQL 计划基准的来源。

1.3.5　压缩和存档

Oracle 还改进了存储和访问数据的速度。借助 Oracle，可以在更少的空间内存储更多数据，因为 Oracle 采用了压缩算法。Oracle 还允许以不同的方式归档信息。

1. 混合列压缩(HCC)改进

Oracle 12cR2 增加了 HCC 与数组级插入配合使用的功能，本质上就允许使用 INSERT SELECT SQL 来进行 HCC 压缩，而无须使用 APPEND 提示。这也适用于使用 Oracle 调用接口(OCI)和 PL/SQL 的应用程序的数组级插入。Oracle 12cR1 引入了在数据库中执行信息生命周期管理的功能(ADO)。到了 12cR2 以后，HCC 可以使用 ADO 行级策略来压缩数据。

2. 索引压缩增强

在 Oracle 12c 中，现在压缩索引可以使用 HIGH 压缩选项，这可以获得更好的索引压缩率(默认情况下为 LOW 压缩)。由于索引读取对于大多数数据库来说都占有很大的比重，因此压缩索引可以提供性能改进以及磁盘空间改进。

1.3.6　Oracle RAC 和 GI

Oracle 还对 ASM 进行了许多改进，包括更好地使用"黄金映像"。在搭建 Oracle 环境时，ASM 仍然是标准。

1. 自动存储管理

Oracle 12cR2 为自动存储管理(ASM)提供了一些改进，例如针对 Oracle Exadata 的 ASM 拆分镜像功能。此功能支持拆分 ASM 镜像以允许针对 Exadata 克隆数据库副本的只读副本。

另一项改进是 ASM 中的柔性(Flex)磁盘组配额管理。"柔性"磁盘组允许在多个数据库使用相同 ASM 磁盘组的环境中通过"配额"来控制数据库的存储消耗。此外，"柔性"磁盘组还提供了对再平衡操作的优先级控制功能。这在多租户环境中非常有用，因为并非多租户环境中的所有数据库都需要相同的优先级(由于业务的不同造成 PDB 的关键性有差异)。

2. 快速 Home 创建和补丁管理

Oracle 数据库软件和 GI 的 Home 目录的"黄金映像"可用于 ORACLE_HOME 的自动创建、打补丁和升级。

1.3.7 安全

四十多年来，Oracle 一直在数据库安全方面处于领先地位！许多华尔街新支持的数据库甚至缺乏几十年前 Oracle 就已经实现的基本安全性。尽管如此，Oracle 仍然通过对 TDE[1] 的扩展、多个对象级别的加密以及 M7 的芯片级加密等，继续为每个版本的数据库实现更好的安全性。

加密应用率提高

Oracle 12cR2 通过使用透明数据加密(TDE)增加了对表空间进行加密、解密和密钥更新的功能。这允许将表空间通过实时转换和初始化加密迁移到新的加密表空间，从而允许将 TDE 轻松部署到数据库中。这还允许在没有停机的情况下轮换加密密钥，从而实现在不影响可用性的情况下出于安全原因而更改密钥。还可以在用户配置文件中设置 INACTIVE_ACCOUNT_TIME 参数，以便在某个登录空闲达到指定时间后锁定该登录。

此外，SYSTEM、SYSAUX 和 UNDO 也可以应用表空间加密。在以前的版本中，我们可以使用加密的表空间，但 SYSTEM、SYSAUX 和 UNDO 中的数据不能加密。

1.4 Oracle 12c 中新的后台进程

表 1-1 列出了 Oracle 12c 中新的 Oracle 后台进程。

表 1-1 Oracle 12c 中新的后台进程

缩写	进程名称	描述
BWnn	数据库写进程 (20 种可能)	将修改后的块从数据库缓冲区高速缓存写入数据文件。第 37～100 个数据库写进程的名称是 BW36～BW99。有关这些进程的更多信息，请参见 DBWn 的说明
LGn	日志写从属进程	在多处理器系统上，LGWR 创建从属进程以提高写入重做日志的性能。当存在 SYNC 类型的备用目标时，不会使用 LGWR 从属进程
LREG	监听器注册进程	LREG 通知监听器有关实例、服务、句柄和端点的信息
RM	RAT 屏蔽从属进程	此后台进程与数据屏蔽和 RAT 一起使用
RPOP	即时恢复重建守护进程	RPOP 进程负责从快照重新创建和填充数据文件。它与即时恢复功能配合使用，可确保数据文件能够被立即访问。在恢复中的主数据文件重建过程中，本地实例可以立即访问远程快照文件的数据。在实例的 DBW 和 RPOP 进程之间会管理对数据的任何更改，以确保将最新的数据副本返回给用户
SAnn	SGA 分配器	在实例启动期间一小部分 SGA 会被预先分配。SAnn 进程以小块的形式分配 SGA 的剩余部分。一旦 SGA 分配完毕，该进程退出并且不再存在

1.5 Exadata——新版本 X6！

Oracle 12cR2 于 2016 年 9 月 18 日以云端优先方式在云端和 Exadata 数据库服务器上正式发布。Oracle 正式成为集软件、云和硬件为一体的公司！第 1 章就介绍 Exadata，是因为硬件决定了下一步优化的方向(第 11 章将详细介绍 Exadata 和云)。Oracle 以加速软件领域的方式加速硬件领域的发展。Exadata 非常棒，但 HP、EMC、IBM 和其他许多公司也在继续推出用于运行 Oracle 数据库的出色硬件。Exadata X6-2(于 2016 年问世)拥有 14.6TB 的

---

1 译者注：这里 TDE 指透明数据加密(Transparent Data Encryption)。

DRAM 和全闪存选项，拥有 179.2TB 的全闪存或 1.3PB 的磁盘存储(当然其他配置可以提供更高的容量)。当把存储上的 CPU 也计算进来时，它拥有大约 1200 个 CPU。I/O 的速度范围从每秒二百万次到超过五百万次读取或写入。

Exadata X6 使用最新的 22 核 Intel 至强 E5-2699 v4 处理器进行了 CPU 升级，每个 Exadata 计算节点相对于 X5 来说，为每台服务器提供 8 个额外的 CPU 核，而且每个核单独的性能也提升了。存储单元的 CPU 使用最新的 10 核 Intel 至强 E5-2630 v4 处理器进行了升级。与 X5 中使用的旧版 8 核处理器相比，这是很大改进，X5 的配置与 X4 是一样的。CPU 核性能的提高是很受欢迎的改进，为每个存储单元增加了 4 个核，这应该有助于我们在使用智能扫描的混合列压缩表上看到存储单元性能的提升(过去受到存储中 CPU 性能的阻碍)。

闪存和高容量存储的存储容量都得到了显著增加。闪存从每张闪存卡 1.6TB 增加到每张闪存卡 3.2TB，这使得 Exadata X6 的固态存储空间相比 X5 增加了一倍。每台服务器有四个闪存卡，每台服务器的闪存容量从每台服务器 6.4TB 增加到每台服务器 12.8TB。整个机架总共有 179.2TB 的闪存(在某些全闪存配置中最高可达 230TB)。高容量磁盘大小已增加到 8TB，这是 X5 的两倍，X5 用的是 4TB 的磁盘。X6-2 的最大磁盘存储容量为 1.344PB(在某些配置中可以达到 1.7PB)。

升级后的存储单元性能允许在一小时内进行升级。过去，存储单元升级需要两个多小时，因此在某些情况下，这已经减少了一半。现在存储单元重启后还会保留存储索引；而之前在重启存储单元之后，存储索引总是会丢失。这意味着不仅可以在一小时内升级存储单元软件，而且即便作为升级的一部分，需要重启存储单元，存储索引也仍然是可用的。存储索引的另一个巨大改进是，当设备预测或真正发生故障时它们现在也将与数据一起移动。这意味着当驱动器发生故障时，存储索引不会丢失，而是随数据一起移动到另一个驱动器。

现在，使用 Oracle Exadata 部署助理可以设置 VLAN 标记；在此之前，必须在初始安装和设置 Exadata 之后才能完成任何 VLAN 标记。

按需配置的最低容量略有调整。X6-2 的最小值为每台服务器 14 个 CPU 核，X6-8 的最小 CPU 核总数为 56。这使得最小值与 X5 基本相同，虽然 X6 中默认 CPU 核数增加了。

1.6 版本对比

表 1-2 显示了各种版本的 Oracle 12c 中可用的组件或选项(以及它们是否额外收费)。请注意，还提供名为 12c 精简版(Express Edition，XE)的免费限制版。在 Oracle 11g 中，它有一个 11GB 的数据库、1 个 CPU 和 1GB 内存。在 Oracle 12c 中这可能会有更改，因此请检查 Oracle.com 以验证任何功能。如果能负担得起，你绝对想要企业版！表 1-2 显示了给定版本的 Oracle 可用的功能，但请记住，有些功能需要一些额外成本(比如 RAC、Oracle 调优包、高级压缩、IM 内存列存储和多租户[可插拔数据库]等)。标准版 1(SE/SE1)适用于 12.1.0.1，标准版 2(SE2)适用于 12.1.0.2 以及之后的发行版。有关定价和许可，请咨询销售人员，有关最新信息，请访问 www.oracle.com/us/products/database/index.html。

表 1-2 版本对照表

选件或特性(*表示额外收费)	12c 标准版 1	12c 标准版 2 (SE/SE2)	12c 企业版	12c 精简版
IM 内存列存储(In-Memory Column Store)*	N	N	Y	N
IM 内存聚合(In-Memory Aggregation)*	N	N	Y	N
多租户(PDB)*	N	N	Y	N
高级安全(Advanced Security) *	N	N	Y	N
高级压缩(Advanced Compression) *	N	N	Y	N
Database Vault *	N	N	Y	N

(续表)

选件或特性(*表示额外收费)		12c 标准版 1	12c 标准版 2 (SE/SE2)	12c 企业版	12c 精简版
诊断包(Diagnostic Pack) *		N	N	Y	N
Oracle OLAP*		N	N	Y	N
分区(Partitioning) *		N	N	Y	N
Oracle RAC(针对企业版) *		N	N	Y	N
Oracle RAC One Node*		N	Y	Y	N
Oracle Spatial*		N	N	Y	N
真正应用测试(Real Application Testing) *		N	N	Y	N
活动数据卫士(Active Data Guard) *		N	N	Y	N
优化包(Tuning Pack,需要诊断包) *		N	N	Y	N
数据库资源管理器(DB Resource Manager)		N	N	Y	N
VLDB、数据仓库(Data Warehousing)、商业智能(Business Intelligence)	位图索引(bitmapped index)	N	N	Y	N
	导出可传输表空间(export transp ts)	N	N	Y	N
	导入可传输表空间(import transp ts)	Y	Y	Y	Y
	汇总管理(Summary Management)	N	N	Y	N
	高级分析(Advanced Analytic)	N	N	Y	N
	混合列压缩(Hybrid Columnar Compression,针对 Exadata、ZFS 和 FS1) *	N	N	Y	N
	降序索引(descending indexes)	Y	Y	Y	Y
	直接路径加载 API(Direct Path Load API)	Y	Y	Y	Y
	外部表(external table)	Y	Y	Y	Y
	函数索引(function-based index)	Y	Y	Y	Y
	长时间操作监控(long operations monitor)	Y	Y	Y	Y
	物化视图(materialized view)	Y	Y	Y	Y
	合并(MERGE)	Y	Y	Y	Y
	优化器统计信息管理(optimizer stats mgt)	Y	Y	Y	Y
	管道表函数(pipelined table function)	Y	Y	Y	Y
	采样扫描(sample scan)	Y	Y	Y	Y
	星形查询优化(star query optimization)	Y	Y	Y	仅 PL/SQL
并行操作(Parallel Operations)	并行查询(parallel query)	N	N	Y	N
	并行 DML(Parallel DML)	N	N	Y	N
	并行建立索引(parallel index build)	N	N	Y	N
	统计信息并行收集(parallel stats gathering)	N	N	Y	N
	并行数据导出和数据泵(Parallel Data Export and Data Pump)	N	N	Y	N
	In-Memory 并行(In-Memory Parallel,需要 In-Memory* 选项)	N	N	Y	N
	并行备份恢复(parallel backup & recovery)	N	N	Y	N
	并行分析(parallel analyze)	N	N	Y	N
	并行位图星形查询(parallel bitmap star query)	N	N	Y	N
	并行索引扫描(parallel index scan)	N	N	Y	N

(续表)

	选件或特性(*表示额外收费)	12c标准版1	12c标准版2 (SE/SE2)	12c企业版	12c精简版
高可用(High Availability)	Oracle 数据卫士(Oracle Data Guard)*	N	N	Y	N
	快速启动故障恢复(fast-start fault recovery)	N	N	Y	N
	在线操作(online operation)	N	N	Y	N
	并行备份(Parallel Backup)	N	N	Y	N
	Oracle 闪回特性(表、数据库、事务和全面召回)	N	N	Y	N
	自动存储管理(Automatic Storage Management，ASM)	Y	Y	Y	N
信息集成(Information Integration)	Oracle 流(Oracle Streams)	N	N	Y	Y
	Oracle 信息网关(Oracle Messaging Gateway)	N	N	Y	Y
数据库特性(Database Features)	数据库事件触发器(database event trigger)	Y	Y	Y	Y
	dbms_repair 程序包	Y	Y	Y	Y
	删除列(drop column)	Y	Y	Y	Y
	闪回查询(Flashback Query)	Y	Y	Y	Y
	全局化(globalization)	Y	Y	Y	Y
	索引合并(index coalesce)	N	N	Y	N
	不可视索引(invisible index)	Y	Y	Y	Y
	查询结果集缓存(query result cache)	Y	Y	Y	Y
	索引组织表(index-organized table)	Y	Y	Y	Y
	Instead Of 触发器	Y	Y	Y	Y
	执行计划稳定性(plan stability)	Y	Y	Y	Y
	反向键索引(reverse key index)	Y	Y	Y	Y
	SQL 计划管理(SQL Plan Management)	N	N	Y	N
	临时表(temporary table)	Y	Y	Y	Y
开发(Development)	自治事务(autonomous transaction)	Y	Y	Y	Y
	客户端查询缓存(Client Side Query Cache)	N	N	N	N
	Java 支持(Java support)	Y	Y	Y	N
	JDBC 驱动	Y	Y	Y	Y
	MS 事务服务器(MS Trans Server)	Y	Y	Y	Y
	对象/关系扩展(Object/Relational Ext)	Y	Y	Y	Y
	PL/SQL 本地编译(PL/SQL native compilation)	Y	Y	Y	Y
	PL/SQL 函数结果集缓存(PL/SQL Function Result Cache)	N	N	Y	N
	触发器中的 PL/SQL 存储过程 (PL/SQL stored procedures in trigger)	Y	Y	Y	Y
	PL/SQL 服务器嵌入(PL/SQL Server embedded)	Y	Y	Y	Y
	SQL*Plus	Y	Y	Y	Y
	XML	Y	Y	Y	Y

(续表)

选件或特性(*表示额外收费)		12c标准版1	12c标准版2 (SE/SE2)	12c企业版	12c精简版
分布式(Distributed)	高级复制(advanced replication)	N	N	Y	N
	基本复制(basic replication)	Y	Y	Y	Y
	分布式查询(distributed query)	Y	Y	Y	Y
	分布式事务(distributed transaction)	Y	Y	Y	Y
网络(Networking)	连接器管理器(Connection Manager)	N	N	Y	N
	IB 网络的 SDP 协议(SDP for InfiniBand)	N	N	Y	N
	连接池(connection pooling)	Y	Y	Y	Y
	Oracle 网络服务(Oracle Net Service)	Y	Y	Y	Y
系统管理(System Management)	基本备用数据库(basic standby database)	Y	Y	Y	Y
	全局索引维护-DDL(global index maintenance-DDL)	Y	Y	Y	Y
	Legato 存储管理器(Legato Storage Manager)	Y	Y	Y	Y
	多种数据块大小(multiple block size)	Y	Y	Y	Y
	在线备份恢复(online backup & recovery)	Y	Y	Y	Y
	生命周期管理包(Lifecycle Management Pack)*	N	N	Y	N
	Oracle 云管理包(Oracle Cloud Management Pack)*	N	N	Y	N
	Oracle 企业管理器(Oracle Enterprise Manager)	Y	Y	Y	Y
	Oracle Fail Safe(仅限 Windows)	Y	Y	Y	N
	恢复管理器(Recovery Manager)	Y	Y	Y	N
	可重新开始的空间分配(Resumable Space Allocation)	Y	Y	Y	Y
	透明应用程序故障转移(Transparent Application Failover)	Y	Y	Y	Y
	识别不使用的索引(identify unused Index)	Y	Y	Y	Y
安全性(Security)	虚拟私有数据库(virtual private database)	N	N	Y	N
	细粒度审计(fine-grained auditing)	N	N	Y	N
	企业用户安全(Enterprise User Security)	N	N	Y	N
	密码管理(password management)	Y	Y	Y	Y
	加密工具包(Encryption Toolkit)	Y	Y	Y	Y
	代理认证(proxy authentication)	Y	Y	Y	N

这绝不是 Oracle 12c 中完整的功能列表。总体而言，Oracle 在提供增强功能和自动执行许多管理任务方面取得了重大进展，从而降低了总体拥有成本。RAC 和网格计算是成熟的技术，现在已经扩展到多租户和云。Oracle 正在努力整合这项技术，并将之与 Exadata 和 Exalogic 进行融合，提供闪存数据压缩、混合列压缩和混合列压缩行级锁等功能。

1.7 新特性回顾

- 12cR2 将 VARCHAR2 和 NVARCHAR2 的大小限制增加到 32K。
- 在 12c 中，分区表上有用于局部索引的功能。

- 在 12cR2 中，新的分区功能包括：在线 SPLIT 和 MERGE 分区，在线转换非分区表为分区表，以及利用只读分区。
- 在 12cR1 中，可以通过利用不可视索引在列上构建多个索引。
- 对于快速测试，可以获取前 x 行，也可以在获取某些行之前跳过一定的行。
- 可以在导入时更改表的压缩方式(非常适合于迁移)。
- 可插拔数据库是 12c 的新功能，可帮助整合或迁移到云端。
- 在 12cR1 中现在可以使用 PGA_AGGREGATE_LIMIT 来限制 PGA_AGGREGATE_TARGET 设定的 PGA 所能达到的最大上限。
- Oracle 现在有自适应查询优化的方法，它可以更改查询的驱动方法，以修复执行缓慢的查询(当查询正在执行时)。
- 有新的资源管理器用于防止可能失控的查询。
- 在 12.1.0.2 中，Oracle 引入了 IM 内存列存储，使之拥有 IM 内存数据仓库(列被压缩存储在这个新的内存区域中)。
- 在克隆 PDB 时，源不再需要是只读的(时间点克隆)。
- 可以手动或自动执行 PDB 的克隆刷新(它们必须是只读的)。
- 在 12cR2 中，可以执行 PDB 的 FLASHBACK 操作并仅仅将该 PDB 还原到某个时间点。这可以通过使用 SCN、还原点、清除还原点或保证还原点来完成。在 12cR2 中也可以使用本地 UNDO。
- 在 12cR2 中可以构建整个或部分 PDB 的子集备用数据库。
- 在 12cR2 中现在可以拥有 4096 个 PDB，而不再仅仅拥有 252 个 PDB。
- Oracle 在 12cR2 中新引入了许多在线操作。
- Oracle 现在具有能进行水平扩展的分片功能。
- Oracle 提供了大数据管理系统基础架构，拥有使用外部表读取 Hadoop 数据的能力。
- Oracle 在 12cR2 中增加了使用透明数据加密(TDE)来对表空间进行加密、解密和重建密钥的功能。
- Oracle 在 12c 中添加了许多新的后台进程。
- X6-2 是 Exadata 的新版本，包括超过 1PB 的存储空间或 180TB 的闪存。Oracle 还有全闪存服务器(FS1)，其中包含大约 1PB 的闪存。

第 2 章

索引的基本原理(针对 DBA 和初级开发人员)

本章内容既不针对数据库专家,也不针对那些想快速找到答案的读者。本章主要讨论索引的基本原理(或许是唯一的一章),包括 Oracle 12c 的第二个版本(12cR2)中的一些新特性,比如相同列上不同类型的索引。对初学者来说,最困难的是找到那些可以帮助他们进一步提高的信息,以及能够形象化地展现 Oracle 索引的功能,本章的目的就在于此。虽然市面上有大量面向中高级用户的出版物,但需求量很高的面向初学者的资料却屈指可数。此外,第 5 章还有一些与索引相关的查询调优和访问顾问(Access Advisor)的信息(使用云控制器[Cloud Control]——或者有些人所说的 Oracle 企业管理器[OEM]),访问顾问可能会建议创建索引。第 8 章和第 9 章涉及特别的查询优化和驱动表(这会极大地影响索引的使用)。与 Exadata 或 Oracle 云有关的索引信息只会在第 11 章涉及。

Oracle 提供了大量的索引选项,在什么条件下使用哪个选项对于应用程序的性能来说非常重要。一个错误的选择可能会导致数据库性能下降到不可接受的程度,甚至导致因为出现死锁造成进程完全终止。如果能把那些之前运行了几小时甚至几天的占用大量资源的进程找出来,使它们在几分钟内得以完成,肯定能使你颇有成就感。本章将依次讨论每种索引的选项并指出它们的好处和限制。在 12cR2 中[1],有一个新功能——不可视索引,这样我们在删除无用的或有潜在问题的索引之前,就可以先隐藏它以确定真的不需要它了。

本章要点如下:
- 索引的基本概念
- 使用不可视索引
- 同一列(或多个相同列)上的多个索引——Oracle 12c 特有
- 查找有索引的表和有复合索引的表
- 如何使用复合索引
- Oracle ROWID
- 使用函数和索引
- 如何避免不匹配的数据类型之间的比较,它们会造成索引不被使用
- 聚簇因子(Cluster Factor)是索引的关键
- 使用 INDEX_STATS 视图
- 索引的二元高度(Binary Height)
- 直方图(Histogram)
- 快速全扫描(Fast Full Scan)
- 如何使用索引跳跃式扫描(Index Skip-Scan)
- 解释 B 树索引
- 何时使用位图索引
- 何时使用哈希索引
- 何时使用索引组织表(Index-Organized Table)
- 何时使用反向键索引(Reverse Key Index)
- 何时使用基于函数的索引(Function-Based Index)
- 本地(Local)分区索引和全局(Global)分区索引
- 12cR2 中为分区表增加的特性

2.1 索引的基本概念

当访问表中的数据时,Oracle 提供了两种方式:从表中读取所有行(即全表扫描),或者通过 ROWID 一次读取一行。当访问大数据量表中的少量行时,应该使用索引。例如,如果只访问大数据量表中 5%的行,通过使用索引标识需要读取的数据块,这样花费的 I/O 较少。如果没有使用索引,就要读取表中所有的数据块(如果使用了 INMEMORY 选项,情况就不同了,请参考第 4 章以了解详情)。

索引对性能改进的程度取决于数据的选择性以及数据在表的数据块中的分布方式。如果数据的选择性很好,那么表中将只有很少的行匹配一个索引值(例如护照号码)。Oracle 将能够快速查询索引,找到匹配索引值的 ROWID,从而快速查到表中相应的少量数据块。如果数据的选择性不好(例如国家名),那么对一个索引值可能返回许多 ROWID,导致从表中查询许多不连续的数据块。

如果数据的选择性很好,但是相关的行在表中的物理存储位置并不互相靠近,这种情况下,索引带来的好处就会大打折扣。如果匹配索引值的数据分散在表的多个数据块中,就必须从表中把每个数据块都选出来以得到需

---

[1] 译者注:12cR2 并不是 Oracle 引入不可视索引的首个版本,不可视索引是在 11.1 版本中首次引入的。

要的查询结果。有些情况下,你会发现当数据分散在表的多个数据块中时,最好不使用索引,而是选择全表扫描(或是做 INMEMORY 扫描)。执行全表扫描时,Oracle 使用多块读取的方式以快速扫描表。基于索引的读是单块读,因此使用索引的目标是减少完成查询所需的单块读的数量。

通过利用 Oracle 的一些可用选项,比如分区、并行 DML、并行查询以及调整 DB_FILE_MULTIBLOCK_READ_COUNT 以进行更大的 I/O 操作,全表扫描和索引查找之间的平衡点正发生着改变。硬件变得更为快速,在磁盘的高速缓存中可以缓存更多的信息,内存和闪存也变得更为廉价。与此同时,Oracle 已经增强的索引特性,包括跳跃式扫描索引和其他内部操作,可用来减少返回数据所需的时间。

要诀

当升级 Oracle 版本时,确保测试应用程序中的查询以确定查询的执行路径是否仍然使用升级之前的索引。看看执行计划是否改变,这种改变的效果是变得更好还是更差。

索引能提高查询的性能。SELECT 语句以及 UPDATE 和 DELETE 语句的 WHERE 子句(当访问的行较少时)可以借助索引来提高性能。一般来说,增加索引会降低 INSERT 语句的性能(因为需要同时对表和索引进行操作)。索引列上的 UPDATE 操作将比没有加索引慢很多,因为数据库必须同时管理对表和索引的改动。此外,针对大量行的 DELETE 操作将会由于表中存在索引而变慢。

一条删除表中一半数据的 DELETE 语句同时需要删除这些行对应的所有索引(这种情况是非常耗时的)。通常来说,在表上加一个索引会使该表上 INSERT 操作的执行时间变成原来的三倍;再加一个索引就会再慢一倍;然而,一个由两列组成的索引(复合索引)并不比只有一列的索引(单列索引)差很多。索引列的 UPDATE 和 DELETE 操作同样也会变慢。需要平衡索引带来的查询性能的提升和对数据修改性能的影响。

通过查询 DBA_INDEXES 视图可获得一个表上所有索引的清单,也可以通过访问 USER_INDEXES 视图查询当前方案(schema)的索引。查询 ALL_INDEXES 视图可以查看你能够访问的所有表的索引。

例如,在一个随 Oracle 产品一起提供的 SCOTT 用户的演示表 emp 上创建两个索引。可以对任何版本的演示表 emp 测试下面的脚本:

```
create index emp_id1 on emp(empno, ename, deptno);
create index emp_id2 on emp(sal);
```

当执行这些命令时,数据库将在 emp 表上创建两个单独的索引。每个索引将包含 emp 表中的特定值以及匹配这些值的行的 ROWID。如果需要查找 sal 值为 1000 的 emp 表中的记录,优化器就会使用 emp_id2 索引查找该值,并找到相关的 ROWID,接着使用该 ROWID 在 emp 表中查找对应的行。

下面对 USER_INDEXES(也可以使用 DBA_INDEXES)的查询显示了 emp 表上新建的索引:

```
select table_name, index_name
from   user_indexes
where  table_name = 'EMP' ;


TABLE_NAME                     INDEX_NAME
------------------------------ ------------------------------
EMP                            EMP_ID1
EMP                            EMP_ID2
```

输出显示有两个索引,但是没有显示每个索引中包含的列。为了获得当前用户的表中被索引的列的信息,可查询 USER_IND_COLUMNS 视图;DBA 可以通过访问 DBA_IND_COLUMNS 视图检索所有方案中被索引的列,而通过 ALL_IND_COLUMNS 视图则可以查看当前用户有权看到的所有表的被索引列。下面的例子就通过 USER_IND_COLUMNS 视图获得当前用户的表中被索引列的信息:

```
column index_name format a12
column column_name format a8
column table_name format a8
```

```
select table_name, index_name, column_name, column_position
from   user_ind_columns
order  by table_name, index_name, column_position;

TABLE_NA  INDEX_NAME   COLUMN_N  COLUMN_POSITION
--------  -----------  --------  ---------------
EMP       EMP_ID1      EMPNO                   1
EMP       EMP_ID1      ENAME                   2
EMP       EMP_ID1      DEPTNO                  3
EMP       EMP_ID2      SAL                     1
```

emp 表有两个索引。第一个索引 emp_id1 是一个复合索引，它对 empno、ename 和 deptno 这几列进行索引；第二个索引 emp_id2 只对 sal 列进行索引。程序清单中的 COLUMN_POSITION 字段显示了复合索引中列的顺序，在本例中，按照 empno、ename 和 deptno 的顺序。

要诀

查询 DBA_INDEXES 和 DBA_IND_COLUMNS 可以检索一个给定表的索引列表。使用 USER_INDEXES 和 USER_IND_COLUMNS 则只能查看当前用户的索引信息。

2.2 不可视索引

决定对哪些列建立索引往往是很难的。主键是被自动索引的，外键也应该被索引，接下来怎么办？更困难的是决定删除某个可能不好的索引。每插入一条记录，所有索引都必须更新。如果一个被索引的列被更新，该索引也要被更新。在不引起用户查询出现一系列全表扫描或笛卡儿积连接的情况下，决定哪些索引需要被删除是很困难的，尤其是在需要调优的第三方应用程序代码不能改变的情况下。不可视索引是该问题一个可能的解决方案。Oracle 允许隐藏索引(使其不可见)，但是索引上的维护工作还会继续(在任何 DML 操作[INSERT/UPDATE/DELETE]期间)，因为可能需要快速重新启用它。可以通过下面的方法使索引可见或不可见：

- ALTER INDEX idx1 INVISIBLE
- ALTER INDEX idx1 VISIBLE
- CREATE INDEX . . . INVISIBLE

下面的查询显示了在表 emp 的 deptno 列上新建一个不可视索引，在接下来的查询中，我们看不到该索引：

```
create index dept_rich_inv_idx on dept_rich(deptno) invisible;
Index created.

select count(*)
from   dept_rich
where  deptno = 30;    (索引不可见)

COUNT(*)
--------
     512

Execution Plan
----------------------------------------------------------
Plan hash value: 3024595593

--------------------------------------------------------------------------
| Id  | Operation         | Name | Rows  | Bytes | Cost (%CPU)| Time     |
--------------------------------------------------------------------------
|   0 | SELECT STATEMENT  |      |     1 |     2 |     4   (0)| 00:00:01 |
```

```
|   1 |  SORT AGGREGATE             |                |     1 |     2 |            |          |
|*  2 |   TABLE ACCESS FULL| DEPT_RICH            |   512 |  1024 |     4   (0)| 00:00:01 |
----------------------------------------------------------------------------------
```

仍然可以使用提示来强制使用这个索引，但只有在 Oracle 11g 的最早版本中可以使用 INDEX 提示。在 12cR2 中[1]，可以使用 USE_INVISIBLE_INDEXES 提示，或者把初始化参数 OPTIMIZER_USE_INVISIBLE_INDEXES 设置成 true(详见附录 A)：

```
select /*+ USE_INVISIBLE_INDEXES */ count(*)
from   dept_rich
where  deptno = 30;    (通过提示强制使用索引)

COUNT(*)
--------
     512

Execution Plan
----------------------------------------------------------
Plan hash value: 3699452051
----------------------------------------------------------------------------------
| Id  | Operation          | Name              | Rows  | Bytes | Cost (%CPU)|  Time|
----------------------------------------------------------------------------------
|   0 | SELECT STATEMENT   |                   |     1 |     2 |   1   (0)|  00:00:01|
|   1 |  SORT AGGREGATE    |                   |     1 |     2 |          |          |
|*  2 |   INDEX RANGE SCAN | DEPT_RICH_INV_IDX |   512 |  1024 |   1   (0)|  00:00:01|
----------------------------------------------------------------------------------
```

如果把索引设为可见，就不需要 INDEX 提示了：

```
alter index dept_rich_inv_idx visible;
Index altered.

select count(*)
from   dept_rich
where  deptno = 30;    (索引可见)

COUNT(*)
--------
     512

Execution Plan
----------------------------------------------------------
Plan hash value: 3699452051
----------------------------------------------------------------------------------
| Id  | Operation          | Name              | Rows  | Bytes | Cost (%CPU)|Time|
----------------------------------------------------------------------------------
|   0 | SELECT STATEMENT   |                   |     1 |     2 | 1   (0)|00:00:01|
|   1 |  SORT AGGREGATE    |                   |     1 |     2 |        |        |
|*  2 |   INDEX RANGE SCAN | DEPT_RICH_INV_IDX |   512 |  1024 | 1   (0)|00:00:01|
----------------------------------------------------------------------------------
```

在不将其变成不可见的前提下，也可以使用 NO_INDEX 提示来关闭某个索引，看看除此之外是否会使用其他的索引(或者不使用索引)。换句话说，使用除了 NO_INDEX 中指定的索引之外的任何其他索引，下面是一个例子：

---

[1] 译者注：从 Oracle 11.2 版本开始就可以使用 USE_INVISIBLE_INDEXES 提示了。

```
select /*+ no_index(dept_rich dept_rich_inv_idx) */ count(*)
from    dept_rich
where   deptno = 30;  (强制不使用提示中的索引)

COUNT(*)
--------
     512

Execution Plan
----------------------------------------------------------
Plan hash value: 3024595593

--------------------------------------------------------------------------
| Id  | Operation          | Name      | Rows  | Bytes | Cost (%CPU)| Time     |
--------------------------------------------------------------------------
|  0  | SELECT STATEMENT   |           |     1 |     2 |     4   (0)| 00:00:01 |
|  1  |  SORT AGGREGATE    |           |     1 |     2 |            |          |
|* 2  |   TABLE ACCESS FULL| DEPT_RICH |   512 |  1024 |     4   (0)| 0:00:01  |
--------------------------------------------------------------------------
```

可以随时将这个索引设为不可见:

```
alter index dept_rich_inv_idx invisible;
Index altered.
```

可以通过 USER_INDEXES 或 DBA_INDEXES 视图来查看索引的可见性:

```
select index_name, visibility
from   dba_indexes   (或使用 USER_INDEXES)
where  index_name = 'DEPT_RICH_INV_IDX';

INDEX_NAME                         VISIBILITY
------------------------------     -----------------
DEPT_RICH_INV_IDX                  INVISIBLE
```

要诀

通过使用不可视索引,可以通过使索引不可见的方法,临时"隐藏"它们来查看查询在没有它们时的性能。由于不可视索引依然被维护,因此如果需要的话,可以轻易地把它们"打开",也就是使它们可见。

2.3 相同列上的多个索引[1]

在一个表的相同列上可以有多个索引(同类型或不同类型),但是某一时刻只能有一个设置为可见,除非其他索引是基于函数的索引(其实基于函数的索引并不基于相同的列,而是基于列上的函数)。这个特性对于基于一个表的不同类型的负载很有用。一个系统在白天或晚上的不同时间段,负载类型也会不一样,比如批处理、查询或数据仓库等,通过这个特性可以创建不同类型的索引来满足不同负载的需求。在相同列上创建多个索引有这些限制:不能在相同的列上同时创建 B 树索引和 B 树聚簇索引;不能在相同的列上创建 B 树索引和索引组织表(IOT)。在做 DML 操作时,所有的索引都要维护(即便设置成不可见)。记住,创建太多的索引会拖慢 DML 操作。

下面是在接下来的示例中会用到的 dept 表的 select 结果输出:

---

[1] 译者注: 这是 Oracle 12c 引入的新特性。在 Oracle 12c 之前,相同的列(单个列或顺序相同的多个列)只能有一个索引,即使是不同类型的索引(比如 B 树索引和位图索引)也不行。

```
select *
from   dept;

    DEPTNO DNAME      LOC
---------- ---------- ----------
        10 ACCOUNTING NEW YORK
        20 RESEARCH   DALLAS
        30 SALES      CHICAGO
        40 OPERATIONS BOSTON
```

首先，创建一个唯一索引，防止重复值被插入到表中：

```
create unique index dept_unique1 on dept(deptno);
Index created.

insert into dept(deptno) values (10);
insert into dept(deptno) values (10)
*
ERROR at line 1:
ORA-00001: unique constraint (SYS.DEPT_UNIQUE1) violated
```

即便索引被设置成不可见，重复值也无法插入成功：

```
alter index dept_unique1 invisible;
Index altered.

insert into dept(deptno) values(10);
insert into dept(deptno) values(10)
*
ERROR at line 1:
ORA-00001: unique constraint (SYS.DEPT_UNIQUE1) violated
```

下面的例子用于检测索引是否已经设置成不可见：

```
select a.table_name, a.index_name,
       b.column_name, a.uniqueness, a.visibility
from   user_indexes a, user_ind_columns b
where  a.index_name = b.index_name
and    a.table_name = 'DEPT';

TABLE_NAME INDEX_NAME      COLUMN_NAME UNIQUENESS VISIBILITY
---------- --------------- ----------- ---------- ----------
DEPT       DEPT_UNIQUE1    DEPTNO      UNIQUE     INVISIBLE
```

再将索引改成可见：

```
alter index dept_unique1 visible;
Index altered.

select a.table_name, a.index_name,
       b.column_name, a.uniqueness, a.visibility
from   user_indexes a, user_ind_columns b
where  a.index_name = b.index_name
and    a.table_name = 'DEPT';

TABLE_NAME INDEX_NAME      COLUMN_NAME UNIQUENESS VISIBILITY
---------- --------------- ----------- ---------- ----------
DEPT       DEPT_UNIQUE1    DEPTNO      UNIQUE     VISIBLE
```

我们无法在相同的列上创建另外一个索引：

```
create index dept_normal on dept(deptno);
create index dept_normal on dept(deptno)
                                *
ERROR at line 1:
ORA-01408: such column list already indexed
```

但是，如果把第一个索引设置成不可见，之后我们就能创建第二个索引了：

```
alter index dept_unique1 invisible;
Index altered.

create index dept_normal on dept(deptno);
Index created.
```

现在，如果我们再查看索引相关的视图，就可以看到在完全相同的列上有两个索引：

```
select a.table_name, a.index_name,
       b.column_name, a.uniqueness, a.visibility
from   user_indexes a, user_ind_columns b
where  a.index_name = b.index_name
and    a.table_name = 'DEPT';
TABLE_NAME INDEX_NAME       COLUMN_NAME UNIQUENESS   VISIBILITY
---------- ---------------- ----------- ------------ ----------
DEPT       DEPT_UNIQUE1     DEPTNO      UNIQUE       INVISIBLE
DEPT       DEPT_NORMAL      DEPTNO      NONUNIQUE    VISIBLE
```

如果尝试将两个索引改为可见，将会报错，如后面显示的那样。在某个时刻，只能有一个索引设置成可见(除非是基于函数的索引)。

```
alter index dept_unique1 visible;
*
ERROR at line 1:
ORA-14147: There is an existing VISIBLE index defined on the same set of columns.
```

注意尽管有唯一索引(设置为不可见)，但是只有可见的索引才能被用到：

```
select deptno
from   dept
where  deptno=10;

DEPTNO
------
    10


--------------------------------------------------------------------------------
| Id  | Operation         | Name        | Rows  | Bytes | Cost (%CPU)| Time     |
--------------------------------------------------------------------------------
|   0 | SELECT STATEMENT  |             |     1 |    13 |     1   (0)| 00:00:01 |
|*  1 |  INDEX RANGE SCAN | DEPT_NORMAL |     1 |    13 |     1   (0)| 00:00:01 |
--------------------------------------------------------------------------------

alter index dept_normal invisible;
Index altered.
```

要增加第三个索引，首先要将之前的两个索引设置成不可见：

```
create index dept_reverse on dept(deptno) reverse;
Index created.
```

```
select a.table_name, a.index_name,
       b.column_name, a.uniqueness, a.visibility
from   user_indexes a, user_ind_columns b
where  a.index_name = b.index_name
and    a.table_name = 'DEPT';

TABLE_NAME INDEX_NAME      COLUMN_NAME  UNIQUENESS   VISIBILITY
---------- --------------- ------------ ------------ ----------
DEPT       DEPT_UNIQUE1    DEPTNO       UNIQUE       INVISIBLE
DEPT       DEPT_REVERSE    DEPTNO       NONUNIQUE    VISIBLE
DEPT       DEPT_NORMAL     DEPTNO       NONUNIQUE    INVISIBLE
```

假如其中一个索引是基于函数的索引,在一个列上创建两个可见索引是可行的。让我们把第三个索引设置成不可见,然后创建第四个(还有第五个)索引:

```
alter index dept_reverse invisible;
Index altered.

create bitmap index dept_bitmap on dept(deptno);
Index created.

create index dept_fb on dept(substr(deptno,1,1));
Index created.
```

现在我们再查看索引相关的视图,可以看到同一列上有五个索引,其中两个索引(里面有一个是基于函数的索引)是可见的。

```
select a.table_name, a.index_name,
       b.column_name, a.uniqueness, a.visibility
from   user_indexes a, user_ind_columns b
where  a.index_name = b.index_name
and    a.table_name = 'DEPT';

TABLE_NAME INDEX_NAME      COLUMN_NAME   UNIQUENESS   VISIBILITY
---------- --------------- ------------  ------------ ----------
DEPT       DEPT_UNIQUE1    DEPTNO        UNIQUE       INVISIBLE
DEPT       DEPT_REVERSE    DEPTNO        NONUNIQUE    INVISIBLE
DEPT       DEPT_NORMAL     DEPTNO        NONUNIQUE    INVISIBLE
DEPT       DEPT_BITMAP     DEPTNO        NONUNIQUE    VISIBLE
DEPT       DEPT_FB         SYS_NC00004$  NONUNIQUE    VISIBLE
(Index types: NORMAL, NORMAL/REV, UNIQUE, BITMAP, FUNCTION-BASED NORMAL)
```

要诀

在 Oracle 12c 中,通过使用不可见索引,可以在同一列或相同的多个列上创建多个索引。这对于不同负载会很有用。比如在白天的负载中使用 B 树索引,而在晚上的负载中使用反向键索引。但是需要记住,在做 INSERT、DELETE 或 UPDATE 索引列操作时,这些索引需要额外的开销来进行后台维护。

2.4 复合索引

当某个索引包含多个列时,我们称这个索引为"复合索引"。Oracle 引入的索引跳跃式扫描增加了优化器在使用复合索引时的选择,所以在选择索引中列的顺序时应该谨慎。一般来说,索引的第一列应该是最有可能在 WHERE 子句中使用的列,并且应该是索引中最具选择性的列。

在引入跳跃式扫描功能之前,只有当索引中的前导列出现在 WHERE 子句中时,查询才能使用该索引。考虑如下程序清单中的示例，表 emp 的列 empno、ename 和 deptno 上有一个复合索引。注意第一部分是 empno，第二部分是 ename，第三部分是 deptno。如果没有跳跃式扫描功能，除非在 WHERE 子句中使用前导列(empno)，否则 Oracle 一般不会使用这个索引。

```
select job, empno
from   emp
where  ename = 'RICH';
```

因为 ename 不是索引的前导列，所以优化器可能不会选择使用该索引。随着在 Oracle 中引入跳跃式扫描功能，即使在 WHERE 子句中没有指定 empno 值，优化器也可能会选择使用该索引。另外，优化器可能会选择索引快速全扫描(Index Fast Full Scan)或全表扫描。

如果在 WHERE 子句中使用索引的第三列，也会产生相同的情况：

```
select job, empno
from   emp
where  deptno = 30;
```

该例中，WHERE 子句指定了索引中第三列的值，优化器可能选择使用索引跳跃式扫描、索引快速全扫描或全表扫描。通过创建这个索引，可以为数据库在执行查询时提供更多的选择，从而有希望改进整体性能。注意，用户的代码没有改变，但是优化器可以识别该索引，并且根据每种可行方法的预期成本做出决定。

在下面的示例中，使用了索引的一部分。前导列 empno 用作 WHERE 子句中的限制条件，这样 Oracle 就可以使用该索引的第一部分(如果除了 empno，第二部分 ename 也在 WHERE 子句中的话，索引的第二部分也可以用到；如果三个部分都在条件中，就会用到整个索引——这也是最好且限制最多的方案)。在这个例子里，我们只是通过 empno 上的条件来使用索引的第一部分：

```
select job, empno
from   emp
where  empno = 'RICH';
```

两种最常见的索引扫描方式是唯一扫描(Unique Scan)和范围扫描(Range Scan)。在唯一扫描中，数据库知道索引包含的每个值都是唯一的。在范围扫描中，数据库将根据查询条件从索引中返回多个符合条件的值。在创建索引时使用 CREATE UNIQUE INDEX 命令可以创建唯一索引。

在创建主键约束或唯一约束时，Oracle 将基于指定的列自动创建唯一索引(除非使用 DISABLE 子句创建约束)。如果创建基于多列的主键，Oracle 将创建复合索引，其中列的排列顺序和创建主键时指定的列的顺序一致。

通过创建范围扫描索引，使得 Oracle 具备通过给定的查询返回每行的 ROWID，再访问单行数据的能力。ROWID 其实就是直接指向单行数据的物理位置的指针。

> **要诀**
> 避免将 Oracle 的 ROWID 硬编码到特定代码里。因为在之前不同版本的 Oracle 中，ROWID 结构在不断变化，而且在将来的版本里可能还会有改变。建议不要对 ROWID 进行硬编码。

2.5 索引抑制

无意中抑制索引是一些没有经验的开发人员经常犯的错误之一。在 SQL 中有很多陷阱会使一些索引无法使用。本节将讨论一些常见的问题。

Oracle 优化器在后台工作，选择并使用可能最有效的方法来返回数据。比如，有好多种情况即便不指定 WHERE 子句，Oracle 也会使用索引。如果查询索引列的 MIN 或 MAX 值，Oracle 从索引中就可以得到结果，而不需要去访问表；类似地，如果对索引列执行 COUNT 函数，Oracle 可以使用索引而不是列中实际的数据。在下面的内容中，你将看到 WHERE 子句逻辑阻止 Oracle 使用索引的情况。

2.5.1 使用不等于运算符(<>、!=)

索引只能用于查找表中已存在的数据。当在 WHERE 子句中使用不等于运算符时，其中被用到的列上的索引都将无法使用。请考虑下面对 customers 表的查询，该表中的 cust_rating 列上有一个索引。下面的语句仍会产生一次全表扫描(因为大多数记录都要被返回)，即使列 cust_rating 上存在索引：

```
select cust_id, cust_name
from   customers
where  cust_rating <>'AAA';
```

Oracle 在分析表的同时收集表中数据分布的相关统计信息。通过使用这种方法，基于成本的优化器就可以决定在 WHERE 子句中对一些值使用索引，而对其他的值不使用。在应用程序开发和测试期间，应该使用具有代表性的行集，从而可以模拟生产环境中实际的数据值分布情况。

要诀

可以通过使用 CREATE INDEX 命令的 COMPUTE STATISTICS 子句，在创建索引的同时分析它们，但是从 10g 版本开始，如果索引不是空的，那么 Oracle 总是会在创建和重建索引时自动计算统计信息。也可以从生产数据库中导入统计信息来测试执行路径(参考 *Oracle 12cR2 Database Performance Tuning Guide*)。在 Oracle 12cR2 中还有 V$INDEX_USAGE_INFO 视图，可以提供更多信息。

2.5.2 使用 IS NULL 或 IS NOT NULL

当在 WHERE 子句中使用 IS NULL 或 IS NOT NULL 时，因为 NULL 值并没有被定义[1]，所以索引的使用会被抑制。数据库中没有值等于 NULL，甚至 NULL 也不等于 NULL。

在 SQL 语句中使用 NULL 会提出一些挑战：如果被索引的列在某些行中存在 NULL 值，在索引中就不会有相应的条目(除非使用位图索引，这是位图索引对于 NULL 搜索通常很快的原因)。一般情况下，即使 sal 列上有索引，下面的语句也会引起全表扫描：

```
select empno, ename, deptno
from   emp
where  sal is null;
```

如果要在列中禁用 NULL 值，可以在创建或修改表时使用 NOT NULL 约束。需要注意的是，如果表中已经包含数据，那么只有在表中每一行的值都非 NULL 时，才可以为列设置 NOT NULL 属性，ALTER TABLE 命令的 DEFAULT 子句也有同样的限制。下面的例子显示了修改 emp 表的 sal 列以禁用 NULL 值：

```
alter table emp modify
(sal not null);
```

注意，如果试图向 sal 列中插入 NULL 值，就会返回错误信息。

要诀

在创建表时对列指定 NOT NULL 约束会禁用 NULL 值，而且可以避免与查询 NULL 值相关的性能问题。

下面的表创建语句为 deptno 列提供了一个默认值。如果在执行 INSERT 操作时该列没有指定的值，就会使用默认值。如果指定了默认值，并且确实需要 NULL 值，就需要在该列中显式地插入 NULL。

---

[1] 译者注：意思是 Oracle 不会在 B 树索引中对 NULL 值进行索引。

```
create table employee
(empl_id number(8) not null, first_name varchar2(20) not null,
 last_name varchar2(20) not null, deptno number(4) default 10);

insert into employee(empl_id, first_name, last_name)
values (8100, 'REGINA', 'NIEMIEC');
1 row created.

select *
from    employee;

  EMPL_ID FIRST_NAME           LAST_NAME                DEPTNO
---------- -------------------- -------------------- ----------
      8100 REGINA               NIEMIEC                      10

insert into employee
values (8200, 'RICH', 'NIEMIEC', NULL);
1 row created.

select *
from    employee;

  EMPL_ID FIRST_NAME           LAST_NAME                DEPTNO
---------- -------------------- -------------------- ----------
      8100 REGINA               NIEMIEC                      10
      8200 RICH                 NIEMIEC
```

要诀

NULL 值通常会抑制索引。在创建表时对列指定 NOT NULL 或 DEFAULT 属性，可以帮助避免可能出现的性能问题。

2.5.3 使用 LIKE

在某些情况下，条件中有 LIKE 关键字会使用索引；而在某些情况下，则不会。LIKE 的最常见用法是 LIKE '%*somevalue*%' 或 LIKE '*somevalue*%' (其中%只在搜索字符串的结尾处)。上面两种情况下，只有第二种情况 LIKE '*somevalue*%'，也就是值在%前面时可以使用索引。让我们用几个例子来说明。首先，在 scott.emp 表的 ename 列上创建一个索引，这样就可以通过使用索引来查找雇员的名字。我们看看使用 LIKE 时，什么时候索引会被用到，什么时候不会。

```
SQL> create index emp_ename_nu on emp (ename);
Index created.
```

首先看看当使用 LIKE '%*somevalue*%'时会是什么情况：

```
SQL> set autotrace traceonly
SQL> select empno, ename, hiredate
  2  from    scott.emp
  3  where   ename like '%BLAKE%';

Execution Plan
----------------------------------------------------------
Plan hash value: 3956160932
---------------------------------------------------------------------------
| Id  | Operation         | Name | Rows  | Bytes | Cost (%CPU)| Time     |
---------------------------------------------------------------------------
```

```
|   0 | SELECT STATEMENT  |       |   1 |   18 |    3   (0)| 00:00:01 |
|*  1 |  TABLE ACCESS FULL| EMP   |   1 |   18 |    3   (0)| 00:00:01 |
```

我们再看看把值放在%前面的情况：

```
SQL> set autotrace traceonly
SQL> select empno, ename, hiredate
  2  from    scott.emp
  3  where   ename like 'BLAKE%' ;

Execution Plan
----------------------------------------------------------
Plan hash value: 3445075938
--------------------------------------------------------------------------------
| Id | Operation                   | Name         | Rows | Bytes | Cost (%CPU)| Time     |
--------------------------------------------------------------------------------
|  0 | SELECT STATEMENT            |              |   1  |   18  |   2   (0)|00:00:01 |
|  1 |  TABLE ACCESS BY INDEX ROWID| EMP          |   1  |   18  |   2   (0)|00:00:01 |
|* 2 |   INDEX RANGE SCAN          | EMP_ENAME_NU |   1  |       |   1   (0)|00:00:01 |
--------------------------------------------------------------------------------
```

可以看到，当%在值的前面时，索引不会被使用；但是当值在%前面时，Oracle 可以使用索引。

2.5.4 使用函数

除非使用基于函数的索引，否则在 SQL 语句的 WHERE 子句中对存在索引的列使用函数时，优化器会忽略这些索引。一些最常见的函数，如 TRUNC、SUBSTR、TO_DATE、TO_CHAR 和 INSTR 等，都可以改变列的值；因此，被引用的列上的索引将无法使用。下面的语句会执行一次全表扫描，即使 hire_date 列上存在索引(只要它不是基于函数的索引)：

```
select empno, ename, deptno
from    emp
where   trunc(hiredate) = '01-MAY-01';
```

把上面的语句改成下面的样子就可以通过索引进行查找：

```
select empno, ename, deptno
from    emp
where   hiredate >'01-MAY-01'
and     hiredate < (TO_DATE('01-MAY-01') + 0.99999);
```

要诀

通过改变和列进行比较的值，而不用改变列本身，就可以启用索引。这样可避免全表扫描。

关于基于函数的索引的更多信息，可查看本章后面的 2.12.6 节"基于函数的索引"。

2.5.5 比较不匹配的数据类型

一种很难解决的性能问题是比较不匹配的数据类型。Oracle 不但不会对那些不兼容的数据类型报错，反而会做隐式数据转换。例如，Oracle 可以隐式地转换 VARCHAR2 类型的列中的数据以匹配数值类型数据。仔细观察如下示例，其中 account_number 列就是 VARCHAR2 类型。

如果 account_number 列是 VARCHAR2 类型，下面的语句将执行全表扫描，即便 account_number 列上有索引：

```
select bank_name, address, city, state, zip
```

```
from     banks
where    account_number = 990354;
```

Oracle 会自动把 WHERE 子句变成：

```
to_number(account_number)=990354
```

这样就抑制了索引的使用。这个查询的 EXPLAIN PLAN 显示仅可以通过"全表扫描"访问这个表(对编程人员来说通常会很迷惑)。对一些 DBA 或开发人员来说，这样的情况感觉很少见，但在很多系统中，数字类型的值可能被用零填充，然后指定为 VARCHAR2 类型。像下面这样改写前面的语句，为值加上单引号，就可以使用 account_number 列上的索引了：

```
select bank_name, address, city, state, zip
from     banks
where    account_number = '000990354';
```

另外一种可选方法是将 account_number 列定义成 NUMBER 数据类型，这样做的前提是前置的 0 不是该列的关键信息。

要诀

比较不匹配的数据类型会让 Oracle 抑制索引的使用，即便对查询执行 EXPLAIN PLAN，也不能让你明白为什么做了一次全表扫描。只有了解数据类型才能帮助你解决这个问题。

2.6 选择性

Oracle 基于查询和数据，提供了多种方法来判断使用索引的价值。首先判断索引中的唯一键或不同键的数量。可以通过对表或索引进行分析的方法来确定不同键的数量，之后就可以查询 USER_INDEXES 视图的 DISTINCT_KEYS 列来查看分析结果。比较一下不同键的数量和表中的行数(USER_INDEXES 视图中的 NUM_ROWS 列)，就可以知道索引的选择性。索引的选择性越高，意味着一个索引值返回的行数就越少，该索引就越适合用来查询少量的行。

要诀

索引的选择性可以帮助基于成本的优化器来决定执行路径。索引的选择性越高，针对每个不同值平均返回的行数也越少。对于复合索引，如果在索引中添加额外的列不会显著改善选择性，那么额外列增加的成本可能会超出收益。

2.7 聚簇因子

聚簇因子是索引与其所在的表相比较的有序性度量，用于检查在索引访问之后执行的表查找的成本(将聚簇因子与选择性相乘即可得到该操作的成本)。聚簇因子记录在扫描索引时需要读取的数据块数量。如果使用的索引具有较大的聚簇因子，就必须访问更多的表数据块才可以获得每个索引块中对应的数据行(因为邻近行位于不同的数据块中)。如果聚簇因子接近于表中的数据块数量，就表示索引对应数据行的排序情况良好；但是，如果聚簇因子接近于表中的数据行数量，就表示索引对应的数据块排序情况不佳。聚簇因子的计算简要介绍如下：

(1) 按顺序扫描索引。
(2) 将当前索引值指向的 ROWID 的数据块部分与前一个索引值指向的数据块进行比较(比较索引中的邻近行)。
(3) 如果 ROWID 指向该表中不同的数据块，就增加聚簇因子(对整个索引执行该操作)。

CLUSTERING_FACTOR 列是 USER_INDEXES 视图中的一列，该列反映了数据相对于已索引的列是否显得有序。如果 CLUSTERING_FACTOR 列的值和索引中的叶子块数量接近，说明表中的数据是排好序的。如果该列的值和索引中的叶子块数量不接近，说明表中的数据没有排好序。索引的叶子块除了保存索引的值，还保存它们指向的 ROWID。

例如，customers 表的 customer_id 列的值由序列生成器产生，而且 customer_id 是 customers 表的主键。customer_id 列上索引的聚簇因子就有可能非常接近于数据块数(有序的)。当往数据库中添加客户时，它们就按照序列产生器产生的序列值有序地存储在表中(有序的)。然而，customer_name 列上的索引的聚簇因子可能会很高，因为整个表的客户名字是随机排列的。

聚簇因子对执行范围扫描的 SQL 语句产生影响。如果聚簇因子小(相对于索引叶子块的数量来说)，满足查询要求的数据块的数量就可以少很多，这也增加了数据块已经存在于内存中的可能性。相对于索引叶子块数量大很多的聚簇因子，基于索引列的范围查询需要扫描更多的数据块。

要诀

表中数据的聚簇[1]可以用来提高范围扫描类型操作语句的性能。通过决定在语句中如何使用列，对这些列进行索引可以带来很大益处。

2.8 二元高度

索引的二元高度(Binary Height)对把 ROWID 返回给用户进程时所要求的 I/O 数量起到关键作用。二元高度的每个级别都会增加一次额外的块读取操作，而且由于这些块不能按顺序读取，它们都要求独立的 I/O 操作。在图 2-1 中，一个二元高度为 3 的索引，需要读 4 个块才能返回一行数据给用户，其中 3 次用来读索引，1 次用来读表。随着索引的二元高度的增加，检索数据所要求的 I/O 次数也会随之增加。

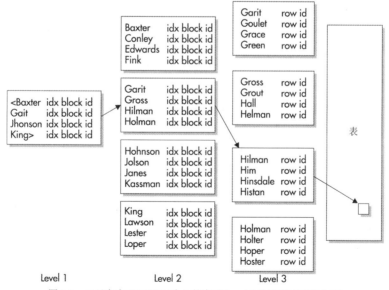

图 2-1　二元高度(BLEVEL)为 3 的索引(Level 3 为叶节点所在位置)

在对索引进行分析后，可以通过查询 DBA_INDEXES 视图的 BLEVEL 列来查看索引的二元高度：

```
EXECUTE DBMS_STATS.GATHER_INDEX_STATS ('SCOTT','EMP_ID1');
```

---

1 译者注：这里的聚簇(clustering)指将数据按照一定规则分布，比如按照某些列排序。

```
PL/SQL procedure successfully completed.

select blevel, index_name
from   dba_indexes
where  index_name = 'EMP_ID1';

   BLEVEL   INDEX_NAME
---------- ------------------------------
        0  EMP_ID1
```

要诀

分析索引或表可以得到索引的二元高度。使用 USER_INDEXES 视图里的 BLEVEL 列可以查看索引的二元高度。

表中索引列的非 NULL 值数量的增加和索引列中值的范围狭窄是二元高度增加的主要原因；索引上如果有大量被删除的行，它的二元高度也会增加。重建索引可能使二元高度降低。虽然这些步骤减少了针对索引执行的 I/O 次数，但对性能的改进却可能很小。如果一个索引中被删除的行接近 20%~25%，重建索引会降低二元高度以及在一次 I/O 中所读取的索引块中的空闲空间。

要诀

一般来说，数据库中的数据块越大，索引的二元高度就越低。二元高度每增加一个级别，在 DML 操作期间就会增加额外的性能成本。

关于 BLEVEL 和索引高度的更多细节

B 树级别(BLEVEL)是指一个索引从它的根块到叶块的深度。0 层表明根块和叶块是同一个块。所有索引都从一个叶节点(块)开始，这时它代表一棵 0 级别的 B 树。当行被逐渐添加到索引中时，Oracle 会把数据放到叶块中，随着不断有数据插入，一旦初始叶块填满，就会创建两个新块。Oracle 以两种方式处理这个操作，就是众所周知的 90-10 或 50-50 索引分裂法。被插入的值决定了使用哪种分裂方式：

- 如果新值大于该索引中已有的任何值，那么 Oracle 将使用 90-10 分裂法，把当前块中的值复制到一个新块，将新值放到另外一个新块中。
- 如果新值不是该索引中最大的值，那么 Oracle 会使用 50-50 分裂法，将较小的一半索引值放到一个新块中，将较大的另一半索引值放到另外一个新块中。

之前已经装满数据的块被更新成只包含指向新叶块的指针的分支块，当前情况下也就是根块，这时索引就有 1 级分支了。随着行被不断插入索引中，一个叶块填满时，Oracle 将创建一个新的叶块。如果被插入的值大于当前叶块中的任何值，那么 Oracle 将把新值放到一个新块中；如果该值不是最大值，那么 Oracle 按值将块等分成两份(50-50 分裂法)，将较小的值放到当前块中，将较大的值放到新块中。这时，这些叶块的分支块将更新为包含新块和现有块的指针。这种情况持续下去，直到分支块填满。当分支块填满时，Oracle 会执行相同的块分裂操作：添加一个新的分支块，把当前分支块中的一半数据复制到新块中，将剩下的一半保留在现有的分支块中。这种方式不会增加索引的高度(或者说索引的层级 BLEVEL)，它只是在查询遍历索引时提供一个新的分支。只有在根节点填满并产生分裂时才会导致索引高度的增加。

要诀

只有在根节点分裂的情况下，索引才会创建两个新块。当前的根块的内容被分割到两个新的分支块中，形成一棵更高的索引树的顶部。根块的地址不会改变，通过在根块发生分裂时增加两个块，保证索引树总是平衡的。

1. 更新操作对索引的影响

索引只有在表中组成索引的列被更新时才会受到影响。因此，在许多情况下，更新操作根本不会影响索引。当更新组成索引的表列时，在索引上会执行删除和插入操作。旧值被标记为已删除，与原索引条目对应的新值被插入。因此，索引上没有真正意义上的像你想象中那样的"更新"。索引条目也会通过 Oracle 的延迟块清理功能得以清理。只有在索引条目被删除而且块被清理后，索引块中的空间才能被新条目重用。

2. 删除操作对索引的影响

索引上的删除操作，并没有真正从索引中删除条目以获得空间。实际上，当表中的一条记录被删除时，相应的索引条目只是被标记为已删除，在清理过程清理之前，仍然保留在索引中。最常见的清理索引条目的方法是在那个索引块上执行插入操作。索引条目也可以通过 Oracle 的延迟块清理功能得以清理(这是随后发生的查询，可能是一条 SELECT 语句)。在索引项被删除且索引块被清理后，索引块中的空间可供新条目重复使用。

3. 更新和删除操作对索引的影响

围绕着删除和更新操作对索引的影响，一向众说纷纭，莫衷一是。前面已解释 Oracle 索引上的删除和更新操作的基本工作原理，我们来仔细看看真实效果。删除操作实际是将索引条目标记为已删除，也就是说，删除操作仍然把数据留在叶块中，需要由清理过程清理。在对有条目标记为已删除的叶块进行插入操作时，会迫使这些条目被清理，使针对叶块的插入操作"重用"这些空间。是否有插入操作不会发生的情况？是的，但索引块最终被延迟块清理功能清理。

更新操作，伴随着在同一事务中对索引的删除/插入操作，往往会明显增大索引的大小，这种情况只有当你在同一事务大量执行这些操作才会发生(Oracle 不建议这么做)。删除操作自身不会引起索引高度或 BLEVEL 的增加，只不过反映了如何重用被删除行所占空间的更大的问题。这意味着，在单个事务中大量执行删除或更新操作，或者两者都有的情况，可能造成索引的大小、高度和 BLEVEL 增加(Oracle 不建议在同一事务中执行大量 DML 操作)。解决方案是通过增加提交(commit)来有效地拆分带有大量的删除+插入操作的大事务为多个小事务。这有助于重用空间，不会导致索引人为增长到大于它应有的大小。这也解释了为什么在同一事务中同时包含大型删除和插入操作，通常会导致索引的增长。

在使人受益的 asktom.oracle.com 博客上，Tom Kyte 这样写道：

好了，事实上索引和人一样，有着自己希望维持的体重。人总是有的胖，有的瘦，有的高，有的矮。虽然可以通过节食来减肥，可人们还是容易变回原来的体重。于索引而言也是一样：它们总要变得体阔腰圆，所以每个月都得被重建一回(让它们节食减肥)。而头半个月过后，索引就会再次发胖，并且会由于索引块分裂而产生大量的重做日志。

这个故事的寓意是，使用本地管理的表空间以避免碎片和极少重建索引(首次正确建立索引，只有在性能与基准值比较后发生下降时才重建)。

4. 数据块大小对索引的影响

正如前面所述，只有当分支块分裂进而引起根块分裂时，才会导致索引的高度和分支的增加。索引块分裂的次数，或者更具体地说，分支索引块分裂的次数，可以通过使用较大的索引块来减少。这是一些专家认为应使用更大的块创建索引表空间的一个原因。如果每个索引块能容纳更多的数据，索引分裂出现的频率将低很多，因此可以减少索引的分支和树叶块数。在旧的和新的数据块大小之间究竟该如何取舍呢？这很大程度上取决于被索引数据量的大小。在衡量为索引使用更大的块大小，会对表空间产生多大的影响时需要谨慎。将索引移到具有更大的块大小的表空间时需要重建，这时会删除所有被标记为删除的条目，压缩索引使用空间，包括回收被标记为已删除条目的空间和条目已经删除但还没有回收或重用的空间。因此，当考虑到实际将要发生什么时，使用更大的块所产生的影响可能并不符合预期或令人心动。

2.9 使用直方图

在分析表或索引时，直方图用于记录数据的分布。通过获得该信息，基于成本的优化器就可以针对查询条件决定如何使用索引。如果条件返回少量行，就采用索引；如果条件返回许多行，就不采用索引。直方图的使用不限于索引，在表的任何列上都可以构建直方图。

构造直方图最主要的原因就是在表中的数据出现严重偏斜时帮助优化器做出更好的规划。例如，如果一或两个值构成了表中的大部分数据，使用相关的索引就可能无法协助减少满足查询所需的 I/O 次数，创建直方图可以让基于成本的优化器知道何时使用索引才最合适，或者何时根据 WHERE 子句中的条件值，表中 80%的记录会返回。

要创建直方图，首先要指定它的大小。该大小与直方图所需的桶(Bucket)数相关。每个桶包含列值和行数的相关信息。

```
EXECUTE DBMS_STATS.GATHER_TABLE_STATS
('scott','company', METHOD_OPT =>'FOR COLUMNS SIZE 10 company_code');
PL/SQL procedure successfully completed.
```

上面的查询会在 company 表上创建一个带有 10 个桶的直方图，如图 2-2 所示。图中 company_code 列的所有值被分成 10 个桶。这个例子中大部分(大约 80%)的 company_code 值是 1430。同样如图 2-2 中所示，如果使用宽度均衡[1](width-balanced)方式的桶，多数桶都只有 3 行记录；有一个桶却有 73 行记录。如果使用高度均衡(height-balanced)方式的桶，每个桶都有相同数目的行，多数桶的终点都是 1430，这也反映了数据的偏斜分布。

Oracle 的直方图是高度均衡的而不是宽度均衡的。高度均衡直方图里所有桶都有相同的行数。桶的起点和终点取决于包含这些值的行数。宽度均衡的直方图规定每个存储桶的值的范围，然后统计出这个范围内的行数，这并不是理想选择。

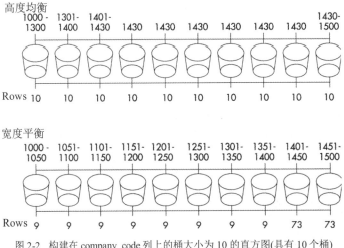

图 2-2 构建在 company_code 列上的桶大小为 10 的直方图(具有 10 个桶)

要诀

如果表中的数据分布得较不均匀，直方图会为基于成本的优化器提供数据分布的均衡图(把数据平均分布到各个桶)。在没有数据偏斜的列上使用直方图并不会提高性能。

---

1 译者注：直方图从 8i 到 10g，甚至到 12c 版本都一直在变化。"width-balanced" 是 8i 版本中的一种说法，其实质类似于 10g 版本中的 "Height-Balanced Histogram with Uniform Distribution"，也是高度平衡的一种形式。而在 9i 版本中，开始引入了一种新的称为 "Value-Based" 的直方图，从 10g 版本开始改称 "Frequency"，即基于频度的直方图。在 12c 版本中又引入了 "Top Frequency" 和 "Hybrid" 两种类型。本节原英文书中的信息已经过时，和 Oracle 最新版本的信息有出入，为尊重作者，中译本保留了原始描述。Oralce 关于直方图的最新信息请参考 Oralce 在线文档 "Database SQL Tuning Guide" 以了解详情。

要诀

默认情况下，Oracle 会为直方图产生 254 个桶。可以把 SIZE 的值指定在 1 到 254 之间[1]。

2.10 快速全扫描

在索引的快速全扫描过程中，Oracle 读取 B 树索引上的所有叶子块。这个索引可以顺序方式读取，这样一次可以读取多个块。初始化文件中的 DB_FILE_MULTIBLOCK_READ_COUNT 参数可以控制同时被读取的块的数目。相比全表扫描，快速全扫描通常需要较少的物理 I/O，并且查询可以更快地完成。

如果表查询中的所有列都被包括在索引里，而且索引的前导列并不在 WHERE 条件中，就可以使用快速全扫描(可能需要指定第 7 章讲到的 INDEX_FFS 提示)。下面的示例中用到了 emp 表。在该表的 empno、ename 和 deptno 上有一个复合索引。

```
select  empno, ename, deptno
from    emp
where   deptno = 30;
```

由于 SQL 语句中的所有列都包括在索引中，因此可以使用快速全扫描。在查询中有连接的情况下，当查询仅仅涉及被索引的连接键列上的数据时，索引快速全扫描往往能派上用场。另外一种可选方案是，Oracle 可能执行索引的跳跃式扫描。优化器应该考虑 deptno 列上的直方图(如果有的话)，并且确定哪条可用的访问路径可以产生最低的性能成本。

要诀

如果索引相对于表的总体尺寸来说很小，快速全扫描就可以使应用程序的性能陡增。如果表中有一个包含大部分列的复合索引，索引可能要比真实的表大，这样快速全扫描反而会降低性能。

2.11 跳跃式扫描

本章前面的 2.4 节 "复合索引" 中介绍过，索引跳跃式扫描特性允许优化器使用复合索引，即便索引的前导列没有出现在 WHERE 子句中。索引跳跃式扫描比索引全扫描快得多，这是因为它只需要执行很少量的读操作。例如，下面的查询显示了索引全扫描和跳跃式扫描之间的区别。要想更好地理解执行计划或后面的程序清单中列出的统计数据，请参考第 6 章。在该程序清单中，emp5 表有几十万行甚至上百万行的数据。

随着查询的执行，该程序清单显示了查询花费的时间、在数据库中的执行路径，以及处理该查询所需的逻辑读数量(一致读，Consistent Get)和物理读数量的统计数据：

```
create index skip1 on emp5(job, empno);
Index created.

select count(*)
from    emp5
where   empno = 7900;
Elapsed: 00:00:03.13 (结果是一行，略去不显示)

Execution Plan
  0      SELECT STATEMENT Optimizer=CHOOSE (Cost=4 Card=1 Bytes=5)
  1    0   SORT (AGGREGATE)
```

---

[1] 译者注：此处的 SIZE 是指收集统计信息程序包 DBMS_STATS 中对应选项 METHOD_OPT 的赋值子句 "FOR ALL COLUMNS *SIZE* n"。Oracle 推荐使用默认值 AUTO。从 12.1 版本开始 SIZE 的最大取值为 2048。

```
    2    1      INDEX (FAST FULL SCAN) OF 'SKIP1' (NON-UNIQUE)

Statistics
6826   consistent gets
6819   physical reads

select /*+ index_ss(emp5 skip1) */ count(*)
from   emp5
where  empno = 7900;
Elapsed: 00:00:00.56

Execution Plan
    0         SELECT STATEMENT Optimizer=CHOOSE (Cost=6 Card=1 Bytes=5)
    1    0      SORT (AGGREGATE)
    2    1      INDEX (SKIP SCAN) OF 'SKIP1' (NON-UNIQUE)

Statistics
21    consistent gets
17    physical reads
```

正如该程序清单所示,第二个选项使用 INDEX(SKIP SCAN)操作读取索引。该执行路径需要 21 个逻辑读,这些逻辑读中有 17 个是物理读。第一个选项使用 INDEX(FAST FULL SCAN)操作,该操作需要明显多得多的逻辑和物理 I/O。

为了让优化器选择跳跃式扫描,可能需要在查询中像该程序清单所示的那样使用提示。提示会影响优化器,使其偏向你所指定的执行路径。

要诀

对于那些有复合索引的大型表而言,索引跳跃式扫描特性可以在前导列不在限制条件中时,提供一种快速访问问方法。

2.12 索引的类型

下面列出了本节要讨论的索引类型:
- B 树索引
- 位图索引
- 哈希索引
- 索引组织表
- 反向键索引
- 基于函数的索引
- 分区索引(本地和全局索引)
- 位图连接索引

2.12.1 B 树索引

B 树索引在 Oracle 中是通用索引,是创建索引时的默认索引类型。B 树索引可以是单列(简单)索引,也可以是组合/复合(多列)索引。B 树索引最多可以包括 32 列。

在图 2-3 所示的例子中,B 树索引位于 employee 表的 last_name 列上。这个索引的二元高度为 3;接下来,Oracle 必须通过两个分支块才能到达包含 ROWID 的树叶块。在每个分支块中,树枝行包含链中下一个块的 ID 号。

树叶块包含了索引值、ROWID 以及指向前一个和后一个树叶块的指针。Oracle 可以从两个方向遍历这个二叉树。B 树索引保存了在索引列上非空的每个数据行的 ROWID 值。Oracle 不会对索引列上包含 NULL 值的行进行索引。如果索引是多个列的复合索引，而其中一列上包含 NULL 值，那么这一行会在索引中，有 NULL 值的列被处理为空。

要诀
索引列的值都存储在索引中。因此，可以建立组合(复合)索引，在不访问表的情况下直接满足查询需要的结果，这就不用从表中检索数据，从而减少了 I/O 次数。

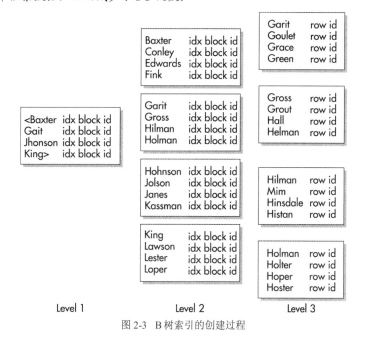

图 2-3 B 树索引的创建过程

2.12.2 位图索引

位图索引是决策支持系统(Decision Support System，DSS)和数据仓库的理想选择，它们不应该用于事务处理应用程序中的表。在数据量非常大的表的基数(Cardinality，不同值的数量)不高的列上建立位图索引，可以实现对这类表的快速访问。尽管位图索引最多可以包括 30 列，但通常它们都只用于少量的列。

例如，你的表可能包含一个名为 gender 的列，它有两个可能值：男和女。它的基数只有 2，如果用户频繁地根据 gender 列的值查询该表，该列就是位图索引的首要候选列。当一个表包含多个位图索引时，就可以体会到位图索引的真正威力。如果有多个可用的位图索引，Oracle 就可以合并从每个位图索引得到的结果集，快速排除不必要的数据。

下面的程序清单给出了一个创建位图索引的例子：

```
create bitmap index dept_idx2_bm on dept (deptno);
Index created.
```

要诀
对有较低基数的列使用位图索引。gender 列就是这样一个例子，它有两个可能值：男或女(基数仅为 2)。由于位图索引的尺寸相对于 B 树索引来说小很多，因此用来访问低基数(少量的不同值)列的速度非常快。这些索引相对于低基数的 B 树索引小很多，因此仍然可以经常使用位图索引检索表中超过半数的行。

当大多数条目不会向位图添加新的值时,位图索引在批处理(单用户)操作中加载表(插入操作)这方面通常要比 B 树做得好。当多个会话同时向表中插入行时,不应该使用位图索引,在大多数事务处理应用程序中都会发生这种情况。

位图索引示例

下面来看看 participant 示例表,该表包含来自个人的调查数据。列 age_code、income_level、education_level 和 marital_status 都包括各自的位图索引。图 2-4 显示了每个列中数据分布情况的直方图,以及对访问每个位图索引的查询的执行路径。图中的执行路径显示了有多少个位图索引被合并,可以看出性能得到了显著提高。

如图 2-4 所示,优化器依次使用 4 个独立的位图索引,它们的列在 WHERE 子句中被引用。每个位图包含二进制值(例如 0 或 1),用于指示表中的哪些行(通常是很大范围的行,这就是为什么位图索引比普通索引小的原因)包含位图中的索引值。有了这些信息后,Oracle 通过 BITMAP MERGE 得到每个位图索引上满足所有索引值的二进制位,然后 Oracle 对不同位图索引的二进制位执行 BITMAP AND 操作以查找将从所有 4 个位图中返回哪些行。该值然后被转换为 ROWID 值,并且查询继续完成剩余的处理工作。注意,所有 4 个列的基数都非常低,使用这种索引可以非常快速地返回匹配的行。

AGE_CODE	INCOME_LEVEL	EDUCATION_LEVEL	MARITAL_STATUS
18-22 A	10,000 - 14,000 AA	High School HS	Single S
23-27 B	14,001 - 18,000 BB	Bachelor BS	Married M
28-32 C	18,001 - 22,000 CC	Masters MS	Divorced D
33-37 D	22,001 - 26,000 DD	Doctorate PhD	Widowed W
...	...	...	...

```
Select ...
From Participant
Where Age_code = 'B'
  And Income_Level = 'DD'
  And Education_Level = 'MS'
  And Marital_Status = 'M'

SELECT STAEMENT Optimizer=CHOOSE
  SORT (AGGREGATE)
    BITMAP CONVERSION (RowID)
      BITMAP AND
        BITMAP INDEX (SINGLE VALUE) of 'PART_INCOME_LEVEL'
        BITMAP INDEX (SINGLE VALUE) of 'PART_AGE_CODE'
        BITMAP INDEX (SINGLE VALUE) of 'PART_EDUCATION_LEVEL'
        BITMAP INDEX (SINGLE VALUE) of 'PART_MARITAL_STATUS'
```

图 2-4 创建位图索引

要诀

在查询中合并多个位图索引可以使其性能显著提高。位图索引对于固定长度的数据类型要比可变长度的数据类型工作得更好。较大尺寸的块也会提高对位图索引的存储和读取性能。

下面的查询可显示索引类型。B 树索引的类型值为 NORMAL,而位图索引的类型值为 BITMAP。

```
select index_name, index_type
from   user_indexes;
```

要诀

如果要查询位图索引的列表,可以在 USER_INDEXES 视图中查询 INDEX_TYPE 列。

不建议在一些 OLTP(Online Transaction Processing,联机事务处理)应用程序中使用位图索引。B 树索引中,一个 ROWID 对应一个索引值，因此，当更新表和上面的索引时，Oracle 可以锁定单独的行。位图索引的索引值使用压缩格式存储，其中一个索引值会包含一系列 ROWID，因此 Oracle 不得不在更新一个给定值时锁定与其对应的所有 ROWID。这种锁定类型可能在某些 DML 语句中造成死锁。SELECT 语句不会受到这种锁定问题的影响。一种可行的执行更新操作的解决方案是先删除这个索引，在空闲时间通过批量的方法进行更新操作，然后重建位图索引(可能也可以通过增加或删除列上的索引来使得更新加速)。

位图索引有下面这些限制：
- 基于规则的优化器不会考虑位图索引。
- 当执行 ALTER TABLE 语句并修改包含位图索引的列时，会使位图索引失效。
- 位图索引不包含任何列数据，并且不能用于任何类型的完整性检查。
- 位图索引不能被声明为唯一索引。
- 位图索引最多包含 30 列。

要诀
不要在高负载的 OLTP 环境中使用位图索引。位图索引一般比别的类型的索引小很多。

2.12.3 哈希索引

使用哈希索引时必须使用哈希聚簇(Cluster)。我没看到有多少人在使用哈希索引和聚簇！建立聚簇或哈希聚簇的同时，也就定义了聚簇键。这个键告诉 Oracle 如何在聚簇上存储表。在存储数据时，无论聚簇键属于哪个表，所有与之相关的行都被存储在相同的数据库块中。如果数据存储在相同的数据库块中，在 WHERE 子句中是等值匹配的情况下使用哈希索引，Oracle 就可以通过执行一次哈希函数和一个 I/O 来访问数据——而通过使用一个二元高度为 3 的 B 树索引来访问数据，则可能需要使用 4 个 I/O 来得到需要的数据。如图 2-5 所示，其中的查询是一个等值查询，用于匹配哈希列和确切的值。Oracle 可以基于哈希函数快速使用该值确定行的物理存储位置。

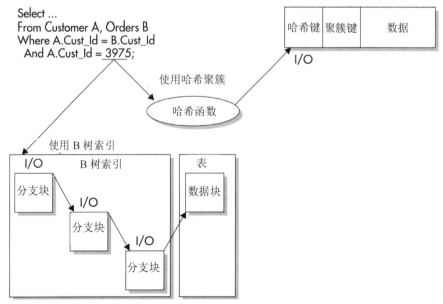

图 2-5 使用哈希索引的例子

哈希索引可能是访问数据库中数据的最快捷方法，但它也有自身的缺点。在创建哈希聚簇之前必须知道聚簇键上不同值的数目，而且在创建哈希聚簇时指定这个值。低估聚簇键的不同值的数目可能会造成聚簇的冲突(collision，两个聚簇键值拥有相同的哈希值)。这种冲突是非常消耗资源的，会造成使用更多的内存来存储额外行，造成额外的 I/O。如果不同哈希值的数目已经被低估，就必须重建这个聚簇以改变这个值。ALTER CLUSTER 命令不能改变哈希键的数目。

哈希聚簇还可能浪费空间。如果无法确定需要多少空间来维护某个聚簇键上的所有行，就可能造成空间的浪费。如果不能为聚簇的未来增长预留好空间，哈希聚簇可能就不是最好的选择。

如果应用程序经常在聚簇表上进行全表扫描，哈希聚簇可能也不是正确的选择。由于需要为聚簇未来的增长预留空间，全表扫描可能非常消耗资源。

在实现哈希聚簇之前一定要小心。需要全面地观察应用程序，保证在实现这个选项之前已经了解关于表和数据的足够信息。通常，哈希对于一些包含有序值的静态数据非常有效。

要诀
哈希索引在限制条件是确定的值而不是某个范围的情况下非常有用。

2.12.4　索引组织表

索引组织表会把表的存储结构改成 B 树结构，以表的主键进行排序。这种特殊的表和其他类型的表一样，可以在表上执行所有的 DML 和 DDL 语句。由于表的特殊结构，ROWID 并没有被关联到表的行。

对于一些涉及主键列精确匹配和范围搜索的语句，索引组织表提供了一种基于主键的快速数据访问机制。因为行在物理上有序，所以基于主键值的 UPDATE 和 DELETE 语句的性能也同样得以提高。由于键列的值不需要在表和索引中保留两份，存储所需要的空间也随之减少。

如果不必频繁地根据主键列查询数据，那么需要在索引组织表的其他列上创建额外的索引。不必频繁根据主键查询表的应用程序不会利用到使用索引组织表的全部优点。对于总是通过对主键的精确匹配或范围扫描进行访问的表，就需要考虑使用索引组织表。

要诀
可以在索引组织表上建立额外的索引。

2.12.5　反向键索引

当载入一些有序数据时，索引可能会碰到一些与 I/O 相关的瓶颈。在数据载入期间，某部分索引和磁盘肯定比其他部分使用频繁得多。为了缓解这个问题，可以把索引表空间存放在能够把文件物理分割在多个磁盘上的磁盘体系结构上。

为了解决这个问题，Oracle 还提供了一种称为反向键索引的方法。如果数据以反向键索引存储，这些数据的值在存储到索引之前先进行反转。这样，数据 1234、1235 和 1236 就被存储成 4321、5321 和 6321。结果就是索引会为每次新插入的行更新不同的索引块。

要诀
如果你的磁盘数量有限，同时还要执行大量的有序载入，就可以使用反向键索引。不可以将反向键索引与位图索引或索引组织表结合使用。

2.12.6　基于函数的索引

可以在表中创建基于函数的索引。如果没有基于函数的索引，任何在列上执行函数操作的查询都不能使用这个列上的索引。例如，下面的查询就不能使用 job 列上的索引，除非它是基于函数的索引：

```
select  *
from    emp
```

```
where   UPPER(job) = 'MGR';
```

下面的查询可以使用 job 列上的索引，但是不会返回 job 列值为 Mgr 或 mgr 的行：

```
select  *
from    emp
where   job = 'MGR';
```

可以创建这样的索引，它们允许支持基于函数的列或数据的索引访问。可以对列表达式 UPPER(job)创建索引，而不是直接在 job 列上建立索引，如下所示：

```
create index EMP_UPPER_JOB on
emp(UPPER(job));
```

尽管基于函数的索引非常有用，但在建立它们之前必须考虑下面一些问题：
- 能限制在这个列上使用的函数吗？如果能，能限制在这个列上执行的所有函数吗？
- 是否有足够的应付额外索引的存储空间？
- 在每个列上增加的索引数量会对针对该表执行的 DML 语句的性能带来何种影响？

基于函数的索引非常有用，但在实现时应该小心。在表上创建的索引越多，执行 INSERT、UPDATE 和 DELETE 语句所花费的时间就越多。

注意
为了使优化器使用基于函数的索引，必须把初始参数 QUERY_REWRITE_ENABLED 设定为 true。

参考如下示例，看一下使用基于函数的索引所带来的一些数量级的性能提升，这个示例中有一个包含 140 万行的 sample 表(必须先创建 ratio 函数，它不是内置的)。

```
select count(*)
from    sample
where   ratio(balance,limit) >.5;

Elapsed time: 3.61 seconds

create index ratio_idx1 on
sample (ratio(balance, limit));

select count(*)
from    sample
where   ratio(balance,limit) >.5;

Elapsed time: 0.07 seconds  (快了超过 50 倍)!!!
```

2.12.7 分区索引

分区索引就是简单地把一个索引分成多个片段。通过把索引分成多个物理片段，可以访问更小的片段(也更快)，并且可以把这些片段分别存放在不同的磁盘驱动器上(避免 I/O 竞争)。B 树索引和位图索引都可以被分区，而哈希索引不可以被分区。可以有好几种分区方法：表分区而索引未分区；表未分区而索引分区；表和索引都分区。不管采用哪种方法，都必须使用基于成本的优化器。分区从多方面使改善性能和提高可维护性成为可能。

有两种类型的分区索引：本地索引和全局索引。每种类型又都有两种子类型：有前缀索引和无前缀索引。一个表可以在它的列上建立任意数量的各种类型的索引。如果使用了位图索引，就必须是本地索引。对索引分区最主要的原因是可以减少所需读取的索引的大小，另外，把分区放在不同的表空间中可以提高分区的可用性和可靠性。

Oracle 还支持在分区的表和索引上执行并行查询和并行 DML 操作(在第 11 章中有更详细的介绍)。这样就可以同时执行多个进程，从而加快处理这条语句的速度。

1. 本地索引(通常使用的索引)

本地索引是与表使用相同的分区键和范围界限的索引。本地索引的每个分区只包含它所对应的表分区中的键值和 ROWID。本地索引可以是 B 树索引或位图索引。如果是 B 树索引，它可以是唯一或不唯一索引。

这种类型的索引支持分区独立性，这就意味着对于单独的表分区，在不用删除或重建索引的情况下可以进行添加、截断、删除、分割、脱机等处理。Oracle 自动维护这些本地索引。本地索引分区还可以被单独重建，而其他分区不会受到影响。

有前缀索引

有前缀索引是指包含分区键并把它们作为索引的前导列的索引。例如，让我们再次回顾 participant 表。在创建该表时，使用 survey_id 和 survey_date 这两个列进行范围分区，然后在 survey_id 列上建立一个本地的有前缀索引，如图 2-6 所示。这个索引的所有分区都被对等划分，也就是说，索引的分区都使用表的相同范围界限来创建。

要诀

本地的有前缀索引可以让 Oracle 快速剪裁一些不必要的分区。也就是说，没有包含在 WHERE 条件子句中的任何值的分区将不会被访问，这样也提高了语句的性能。

无前缀索引

无前缀索引是指没有把分区键的前导列作为索引的前导列的索引。如果使用有同样分区键(survey_id 和 survey_date)的相同分区表 participant，建立在 survey_date 列上的索引就是本地的无前缀索引，如图 2-7 所示。可以在表的任何一列上创建本地的无前缀索引，但索引的每个分区只包含表的相应分区的键值。

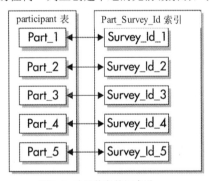
图 2-6　分区的有前缀索引

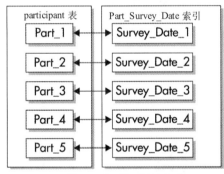
图 2-7　分区的无前缀索引

如果要把无前缀索引设为唯一索引，这个索引就必须包含分区键的子集。在这个例子中，需要对包含 survey_date 和(或)survey_id 的列进行组合(只要 survey_id 不是索引的第一列即可，否则它就是有前缀索引)。

要诀

对于唯一的无前缀索引，它必须包含分区键的子集。

2. 全局索引

全局索引在一个索引分区中包含来自多个表分区的键值。全局索引的分区方式与表的分区方式不同，要么分区键不同，要么分区范围不同。在创建全局索引时，必须定义分区键的范围和值。全局索引只能是 B 树索引。Oracle 默认情况下不会自动维护全局索引。在对表分区进行截断、添加、分割、删除等表修改操作时，如果没有指定 ALTER TABLE 命令的 UPDATE GLOBAL INDEXES 子句，就必须重建全局索引。

有前缀索引

通常，全局的有前缀索引没有与底层表相应的对等分区。全局的有前缀索引可以使用与底层表相应的对等分区，但 Oracle 在生成查询计划或执行分区维护操作时，并不会充分利用对等分区带来的好处。如果索引被对等分区，就应该把它创建为本地索引，这样 Oracle 就可以自动维护这个索引，并使用它来剪裁不必要的分区，如图 2-8 所示。在该图的 3 个索引分区中，每个分区都包含指向多个表分区中行的索引条目。

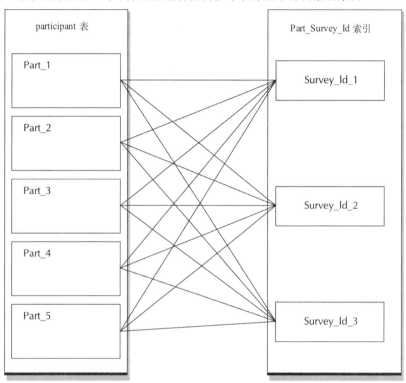

图 2-8　分区的有前缀索引

无前缀索引

Oracle 不支持全局的无前缀索引。它们与在相同列上的 B 树索引相比，没有任何优势，所以没有必要支持。

2.12.8　12cR2 中分区索引的新特性

在详细讨论分区表的第 3 章中，我们也会讨论分区表的新特性。那些新特性也会影响到表上的分区索引，所以在这里先列出来(参考第 3 章以了解更多信息)：
- 对于堆组织表，分割(SPLIT)和合并(MERGE)分区现在是在线操作。
- 非分区表可以在线转换成分区表(包括索引)。
- 列表分区的分区键现在支持多个列。
- 复合分区表的子分区可以采用列表分区方式。
- 分区和子分区可以设置为只读模式。

要诀

在 12cR2 中可以将非分区表在线转成分区表，包括表上的索引。也可以设置分区和子分区为只读分区。

2.12.9 位图连接索引

位图连接索引是基于两个表的连接的位图索引,在数据仓库环境中使用这种索引可以提高连接维度(Dimension)表和事实(Fact)表的查询的性能。创建位图连接索引时,标准方法是连接索引中常用的维度表和事实表。当用户在进行事实表和维度表的连接查询时,就不需要执行连接,因为在位图连接索引中已经有可用的连接结果。通过压缩位图连接索引中的 ROWID 进一步改进性能,并且减少访问数据所需的 I/O 数量。

创建位图连接索引时,指定涉及的两个表。相应的语法应该遵循如下格式:

```
create bitmap index FACT_DIM_COL_IDX
  on FACT(DIM.Descr_Col)
 from FACT, DIM
 where FACT.JoinCol = DIM.JoinCol;
```

位图连接的语法比较特别,其中包含 FROM 子句和 WHERE 子句,并且引用两个单独的表。索引列通常是维度表中的描述列——如果维度表是 CUSTOMER,它的主键是 Customer_Id,那么通常索引 Customer_Name 这样的列。如果事实表名为 SALES,可以使用如下命令创建索引:

```
create bitmap index SALES_CUST_NAME_IDX
  on SALES(CUSTOMER.Customer_Name)
 from SALES, CUSTOMER
 where SALES.Customer_ID=CUSTOMER.Customer_ID;
```

如果用户接下来在对 SALES 和 CUSTOMER 表的查询中指定 WHERE 子句中的 Customer_Name 列值,优化器就可以使用位图连接索引快速返回匹配连接条件和 Customer_Name 值的行。

位图连接索引的使用是有限制的:只可以索引维度表中的列。用于连接的列必须是维度表中的主键或有唯一约束的列;如果是复合主键,就必须在连接中使用所有的索引列。不可以对索引组织表创建位图连接索引,并且适用于常规位图索引的限制也适用于位图连接索引。

2.13 快速重建索引

使用 ALTER INDEX 语句中的 REBUILD 选项,可以使用已有索引而不是整个表快速重建索引:

```
alter index cust_idx1 rebuild parallel
tablespace cust_tblspc1
storage (pctincrease 0);
Index altered.
```

这时我们可以修改 STORAGE 子句,并且可以使用 PARALLEL 选项。

要诀

利用 ALTER INDEX 语句中的 REBUILD 选项,可以使用已有索引而不是表来快速重建索引。在执行这个操作时必须有足够的空间来保存所有的索引。

2.14 在线重建索引

也可以在表上有 DML(INSERT/UPDATE/DELETE)操作的同时创建或重建索引。然而,在 DML 语句少时重建索引会更好些。在 Oracle 11g 之前,在重建索引的开头和结束需要排它锁(Exclusive Lock),这种锁会导致 DML 语句延迟,造成性能产生大幅波动。现在不需要这个锁了,在线重建索引快多了!重建也比先 DROP 后 CREATE 要快。

下面是基本语法:

```
CREATE INDEX index_name ON table (col1,...) ONLINE;
Index created.

ALTER INDEX index_name REBUILD ONLINE;
Index altered.
```

注意重建索引和合并(Coalesce)索引是不同的，表 2-1 对此做了很好的比较说明。

表 2-1　比较索引的重建和合并

重建	合并
可以快速地把索引移动到另一个表空间	不能把索引移动到另一个表空间
需要很多空间	空间需求比重建小
创建新的索引树，并能降低其高度	对同一分支下的树叶节点进行合并
可以在不删除索引的情况下改变存储和表空间属性	把树叶节点快速释放以供将来使用

要诀

还可以在重建索引时使用 REBUILD ONLINE 选项，以允许对表或分区进行 DML 操作。但不能对位图索引指定 REBUILD ONLINE，对那些强制关联完整性约束的索引也是如此。

要诀

在有很多 DML 操作时，在线重建索引在 Oracle 的 12cR2 版本中要比 10g 版本快很多。

2.15　要诀回顾

- 在升级 Oracle 版本时，确保测试应用程序的查询以确定查询的执行路径是否仍然在使用升级之前使用的索引。查看执行路径是否改变，并且查看这种改动的效果是更好还是更差。
- 查询 DBA_INDEXES 和 DBA_IND_COLUMNS 以检索表上的索引列表。使用 USER_INDEXES 和 USER_IND_COLUMNS 检索当前方案的信息。
- 通过使用不可视索引，可以通过临时"关闭"索引(使之不可见)来检查查询在没有它们的情况下的性能。由于索引在不可见期间仍然被维护，因此在需要时打开它们(使之可见)是非常快速而简单的。
- 在 Oracle 12c 里，不可视索引也意味着可以在同一列上创建多个索引。这就允许白天的处理用一种类型的索引，晚上的处理用另一种不同类型的索引，甚至月处理时再选用一种类型。同一时刻只有一个索引可以被设置为可见的(除非另外的都是基于函数的索引)。
- 通过使用 CREATE INDEX 命令的 COMPUTE STATISTICS 子句，可以在一个步骤中创建并分析索引。但是从 Oracle 10g 开始，如果索引不是空的，那么在创建或重建索引时总是会自动计算统计信息。
- 对表中的列使用默认值子句，这样就可以禁止使用 NULL 值，从而消除与使用 NULL 值相关的性能问题。
- 要保证会用上索引，应该对与列进行比较的值使用函数(例如 TO_DATE 或 TO_CHAR)而不是列本身，在对列本身使用函数时就会抑制使用这些索引。
- 比较不匹配的数据类型可能会导致在 Oracle 内部抑制对索引的使用。即使对查询使用 EXPLAIN PLAN，也不能解释为什么会执行全表扫描。
- 索引的选择性可以帮助基于成本的优化器决定一条执行路径。索引的选择性越高，返回的行数就越少。可以通过建立复合/组合(多列)索引来提高索引的选择性。
- 对索引或表进行分析可以得到索引的二元高度。使用 USER_INDEXES 视图中的 BLEVEL 列可以检查索引的二元高度。

- 如果索引中被删除的行数达到 20%~25%，重建索引可以帮助减少二元高度和一次 I/O 过程中读取的空闲空间量。
- 如果表中的数据是倾斜的，直方图可以为基于成本的优化器提供分布图。在那些没有数据倾斜的列上使用直方图并不会提高性能，反而可能降低性能。
- 对于有复合索引的大型表来说，索引的跳跃式扫描特性可以进行快速访问，即使索引的前导列没有出现在限制条件中。
- 已索引列的值存储在索引中。因此，可以建立组合(复合)索引，这样查询就可以直接访问这些索引，而不必从表中检索数据，同时也就减少了 I/O。
- 对于低基数的列可以使用位图索引。性别列就是一个典型的例子，性别只能是男或女(基数只能为 2)。
- 查询 USER_INDEXES 视图可以获得位图索引列表。
- 不要在高负载 OLTP 的环境中使用位图索引，对于有大量 INSERT 操作的表，如果有位图索引，就会带来锁的问题；一定要记住位图索引的限制。
- 考虑对那些经常通过在主键上指定值或范围扫描来访问数据的表使用索引组织表。
- 如果磁盘数量有限，同时还有大量的有序载入操作要执行，反向键索引就是可行的方案。
- 为了在优化器中使用基于函数的索引，必须把初始参数 QUERY_REWRITE_ENABLED 设为 true。
- 本地的有前缀索引可以帮助 Oracle 快速剪裁不必要的分区。如果分区不包含 WHERE 子句中所使用的任何一个值，就可以不用访问某些分区，这提高了语句的执行性能。
- 在修改分区表时指定 ALTER TABLE 命令的 UPDATE GLOBAL INDEXES 子句，默认情况下，在改变分区表时需要重建全局索引。
- 使用位图连接索引改进数据仓库环境中连接的性能。
- 在 ALTER INDEX 语句中使用 REBUILD 选项可以使用已有索引而不是表来快速重建索引。
- 可以在重建索引时使用 REBUILD ONLINE 选项，以允许对表或分区同时进行 DML 操作。但不能在位图索引或那些强制关联完整性约束的索引上指定 REBUILD ONLINE 选项。这个选项在 12cR2 中改进了很多，性能也提高了很多。
- 在 12cR2 中，可以在线将非分区表转换成分区表，包括索引。也可以设置分区和子分区为只读。

第 3 章

可插拔数据库、磁盘实施方法和 ASM (针对 DBA)

在 12c 版本中，Oracle 改变了数据库架构。现在我们有了多租户数据库和可插拔数据库(PDB)。Oracle 同时改变了磁盘访问的格局，这就是从 10g 版本开始使用的自动存储管理(ASM)。随着 Oracle 11g 和 12c 的发布，为 ASM 增加了更多的特性，ASM 变得更加健壮。ASM 现已成为 Oracle 数据库的标配。在这一章我们重点关注可插拔数据库、ASM 以及非 ASM 标准的磁盘在 Oracle 中的实施方法。

除了大篇幅地讲述 ASM 和磁盘管理，这一章将以 Oracle 12c 多租户数据库作为开篇，包括容器数据库(CDB)和 PDB。从 12c 开始，Oracle 开始支持一个新架构：在一个数据库中可以包含多个子数据库。Oracle 把这些子数据库叫作 PDB，把主库叫作 CDB。在 12cR1 版本中，CDB 最多可容纳 252 个子数据库(PDB)，12cR2 则支持高达 4096 个 PDB。有了这个新特性，就能整合数据库，而不是将它们分散到多个实例，这将大大简化打补丁和数据库供应。

最近几年里，磁盘配置技术似乎走入这样一种境地：若不把 DBA 搞到疲于奔命，系统性能就改善不到哪里去。相对于将所有磁盘使用都归到单一逻辑设备下的做法，使系统专用于某些特殊的操作，或者频繁查看表空间上 I/O 活动情况的办法，可能会使性能稍微好一点，但对于多数人来说，采用这样的办法实在是太划不来了。若采用裸设备(RAW)分区，而你又是个勤快人，则可能通过该项"技术"得到些性能上的好处，但却同样减少不了你作为 DBA 的工作量。单台设备上，容量飞速增长，设备的内部结构却越来越复杂。对于和高端光纤通道接口的磁盘来说，即便只考虑上面的一个扇区，其内部结构就已经非常复杂了。把自己的工作限制在 4 到 6 个大磁盘上并不难做到，而放在过去，同样的工作可能需要一个甚至多个磁盘阵列才能完成。最新版的 Oracle 数据库，为你提供了全新的一套工具。Exadata X6-2 满配的一整套闪存阵列可以达到 180TB，Oracle 的 FS1 闪存阵列几乎达到了 1PB(912TB)。

现在已经有很多用来管理数据在磁盘上存储状况的特性。过去的 24 个月中，更多这样的特性随着 Exadata 而发布(最新版是 X6)。为了达到更好的效果，几乎任何运行 Oracle 数据库的人都可以使用这些新特性。别担心，本章仍要讨论如何平衡磁盘空间(包括 12c 版本中的碎片)和清除碎片，但也会讨论 Oracle 12c 的一些新特性：它们将把你从以前没完没了的重复性工作中解放出来，而极有可能的是，这些事情不会再来打扰你了。

为保证系统能够高效地运行，本章将介绍如下技巧：
- 探索 Oracle 12c 新特性：可插拔数据库和 12cR2 特性
- 了解存储硬件及其性能含义
- 了解 RAID 级别
- 使用 Oracle 12c 的热图(Heat Map)和 I/O 性能视图
- 了解大文件表空间并弄懂 8EB 字节的 Oracle 12c 数据库
- 了解 ASM 实例，包括 Oracle 12c 下的安装和新特性
- 了解 ASM 磁盘、磁盘组和多路径
- 通过使用分区来避免磁盘争用和管理大型表
- 适当调整区间以消除碎片、减少表链接和维持最佳性能
- 管理数据库中的重做和回滚以提高速度
- 在不同的磁盘和控制器上存放多个控制文件
- 了解在系统规划阶段要考虑的问题

3.1 可插拔数据库(Oracle 12c 新增)

因为这是 Oracle 12c 非常关键的一个特性，所以我选择介绍可插拔数据库作为本章开篇。但这本书的焦点是调优，我想确保你掌握足够的命令来操控这个新特性。官方文档 *Oracle Database Administrator's Guide* 中有关于这个主题最全面的介绍(我们这一章中的介绍只是让你对 PDB 有个基本的了解)。

"可插拔"数据库可以很方便地从一个容器数据库(CDB)中拔出，然后插入另一个容器数据库中。这将使数据库方便在不同环境下移动，还可以通过从低版本环境拔出、插入高版本环境的方式升级数据库，甚至可以从自己的经营场所拔出一个 PDB，插入云端(反之亦可)。这个新特性还允许单个 PDB 独立恢复(在 12cR2 中还可以闪回一个 PDB)。每个 PDB 对应用来说就跟传统的 Oracle 数据库一样(称为非 CDB)，所以在 PDB 架构下，应用是不需要做改变的。下面是使用 CDB 和 PDB 的一些小贴士，注意，这些内容可能会变。
- CDB = 容器数据库(有一个根(root)数据库和一个种子 PDB)
- PDB = 可插拔数据库(插入 CDB 中)
- 非 CDB = 传统的 Oracle 数据库实例(既不是 CDB，也不是 PDB)

- 为什么要用 PDB？可以在一台主机上整合上百套数据库。如果不使用 PDB，每个实例需要的 SGA 加起来需要太多的资源，而 CDB 只需要一个 SGA，资源由多个 PDB 共享
- 共享 PDB(如大数据源、并购、合作伙伴、科研共享、政府等)
- 快速创建一个数据库(PDB)，或拷贝一个现有数据库(PDB)
- 在 12cR2 中，可以刷新一个只读 PDB
- 在 12cR2 中，可以闪回一个独立 PDB
- 恢复一个独立 PDB
- 转移或克隆一个 PDB 到新平台或新位置(快照)
- 通过插入高版本 CDB 来对 PDB 进行升级/打补丁
- 物理机可以比原来运行更多的 PDB，更容易管理和优化
- 备份整个 CDB+任意数量的 PDB
- 命令的新语法：PLUGGABLE　　DATABASE

下面显示了几个用来管理可插拔数据库的命令。在很多场景下便捷转移数据的需求与日俱增：集成大数据源、公司并购、转移数据到云(或相反方向)、合作伙伴之间科研共享、政府共享安全或其他数据。为了让你体验一下多租户，下面列举一些较好的查询示例。

判断数据库是 CDB 还是非 CDB：

```
select name, created, cdb, con_id
from   v$database;

NAME       CREATED   CDB   CON_ID
---------- --------- ---   ----------
CDB1       19-FEB-12 YES        0
```

这个例子显示数据库是 CDB，通过 CDB 字段来指示(值为 YES)。

也可以查询 PDB。下面这个例子中有 3 个 PDB，但是只有 PDB_SS 和 PDB1 是我创建的，PDB$SEED 是我在安装数据库时由 Oracle 创建的。我可以通过克隆这个种子 PDB 来创建新的空 PDB。

```
select name, open_mode, open_time
from v$pdbs;

NAME               OPEN_MODE   OPEN_TIME
----------------   ----------  --------------------------
PDB$SEED           READ ONLY   23-FEB-13 05.29.19.861 AM
PDB1               READ WRITE  23-FEB-13 05.29.25.846 AM
PDB_SS             READ WRITE  23-FEB-13 05.29.37.587 AM
```

3.1.1 CDB 或 PDB 创建的对象

有些条目是 CDB 特有的，有些又是 PDB 特有的，还有一些是二者共有的(或者由 DBA 决定创建的是独立的还是共享的)。下面列出一些条目来区分一下：

- 后台进程/SGA　　根数据库和所有 PDB 共享
- 字符集　　根数据库和所有 PDB 共享
- 重做日志　　根数据库和所有 PDB 共享
- 时区　　共享或各 PDB 单独设置
- 初始化参数　　共享或各 PDB 单独设置
- 临时表空间　　各 PDB 共享或创建各自独立的本地 TEMP
- SYSTEM 和 SYSAUX　　根数据库和所有 PDB 共享

- **数据文件**　根数据库和每个 PDB 独立(数据块大小要一致)

支持 0~254+可插拔数据库

Oracle 在 12cR1 中支持最多 252 个 PDB，在 12cR2 中支持最多 4096 个 PDB，下面是某个容器数据库里面的内容：

整个 CDB => Container ID = 0　　　　整个 CDB 或非 CDB
Root(CDR$ROOT) => Container ID = 1　PDB 包含的全部对象
Seed(PDB$SEED) => Container ID = 2　用作克隆源
PDBs => Container ID = 3~1000　　　应用使用的 PDB

```
(在 PDB1 中时):                  (连接到 ROOT):
                                 SQL> connect / as sysdba
SQL> SHO CON_ID                    SQL> SHO CON_ID
CON_ID                             CON_ID
------------------               ------------------
3                                1

SQL> SHO CON_NAME                  SQL> SHO CON_NAME

CON_NAME                           CON_NAME
------------------               ------------------
PDB1                             CDB$ROOT
```

3.1.2　创建 PDB 的多种方法

有很多种方法创建 PDB。很多 DBA 通过克隆种子 PDB 来创建新的 PDB，还可以从包含 OLTP 数据的 PDB 来创建用于数据仓库应用的 PDB。你可能会从另一个系统克隆一个 PDB，这将会包含 XML 文件(比较小)和数据文件(比较大)，然后通过这些文件创建自己的 PDB，因为数据包含在里面，不需要导入，所以比较快。下面列举了一些相关方法，它们都用来创建 PDB：

- 通过复制种子 PDB 创建 PDB(常用方法)
- 通过克隆其他 PDB 创建 PDB(非常常用方法)
- 使用 XML 元数据文件和其他文件创建 PDB(非常常用方法)
- 使用非 CDB 创建 PDB(有多种方法)：
  - 使用 DBMS_PDB 创建拔出的数据库(不常用)
  - 创建空的 PDB，然后使用数据泵导入数据(常用方法)
  - 使用 GoldenGate 复制(常用于移植初始化)

3.1.3　可插拔数据库的一些强大命令

这部分内容包括很多用来操作多租户(可插拔)数据库的命令，包括创建可插拔数据库，在不同容器(大多数是不同的 PDB 或根)间转移、启动和关闭，找出实际数据的位置(在哪个 PDB 中)。

1. 克隆 PDB

下面三个例子显示了如何从其他 PDB 创建 PDB，它们都允许对新的 PDB 做不同设置，最后一个例子显示了如何通过链接创建 PDB。

要诀
在 12*c*R2 中,源库不再需要是只读的(只要开启归档模式和使用本地 UNDO 模式,可以进行 PDB 热克隆)。

```
CREATE PLUGGABLE DATABASE pdb2 FROM pdb1
PATH_PREFIX = '/disk2/oracle/pdb2'
FILE_NAME_CONVERT = ('/disk1/oracle/pdb1/', '/disk2/oracle/pdb2/');

CREATE PLUGGABLE DATABASE pdb2 FROM pdb1
FILE_NAME_CONVERT = ('/disk1/oracle/pdb1/', '/disk2/oracle/pdb2/') STORAGE (MAXSIZE 2G
MAX_SHARED_TEMP_SIZE 100M);

CREATE PLUGGABLE DATABASE pdb2 FROM pdb1@pdb1_link;
```

2. 拔出和删除 PDB

下面用几个例子演示如何拔出和删除 PDB。第一个查询是拔出 PDB 的常用方法,以便其他人用它创建 PDB(就是插入演示如何 PDB)。这个操作会很快完成,即便数据文件集或 PDB 非常大。这是因为这里只是创建一个 XML 文件,然后把那些数据文件拷贝(而不是卸载它们)到另一个位置,最后插入 PDB。

```
ALTER PLUGGABLE DATABASE dwpdb UNPLUG INTO '/oracle/data/dwpdb.xml';
```

下面两个命令演示了如何删除 PDB,有包含或不包含数据文件两种情况:

```
DROP PLUGGABLE DATABASE dwpdb KEEP DATAFILES;
DROP PLUGGABLE DATABASE dwpdb INCLUDING DATAFILES;
```

3. 在容器之间转移(CDB/PDB)

下面的命令演示了如何在容器间移动:

```
alter session set container=PDB1;
Session altered.

alter session set container=CDB1;
Session altered.

alter session set container=CDB$ROOT;
Session altered.

alter session set container=PDB$SEED;
Session altered.

alter session set container=pdb_ss; (not case sensitive)
Session altered.
```

4. 打开和关闭 PDB

下面的命令演示了如何使用不同的方法打开和关闭 PDB:

```
alter session set container=pdb_ss; --Commands for only pdb_ss
Session altered.

alter pluggable database close immediate;
Pluggable database altered.

alter pluggable database open read write;
Pluggable database altered.
```

```
alter pluggable database close; --(shutdown)
Pluggable database altered.

alter pluggable database open upgrade; --(to migrate)
Pluggable database altered.

alter session set container=CDB$ROOT;  --Now for all PDBs
Session altered.

alter pluggable database ALL open read only; --(from CDB)
Pluggable database altered.

alter pluggable database pdb_ss, pdb1 close;
Pluggable database altered.
```

5. 从 CDB 中启动单独的 PDB(Root)

下面的命令演示了如何在 CDB 中启动单独的 PDB：

```
startup pluggable database pdb1 open;(read/write)
Pluggable Database opened.
(or while in pdb1 just run STARTUP)

startup pluggable database pdb1 open read only;
Pluggable Database opened.

startup pluggable database pdb1 force; (closes/opens)
Pluggable Database opened.
(or while in pdb1 just run STARTUP FORCE)
```

6. 启动 CDB

(注意这里并没有使用 In-Memory)

下面的命令演示了如何启动 CDB，启动后显示查询结果：

```
SQL> startup
ORACLE instance started.
Total System Global Area  626327552 bytes
Fixed Size                  2276008 bytes
Variable Size             524289368 bytes
Database Buffers           92274688 bytes
Redo Buffers                7487488 bytes
Database mounted.
Database opened.

select name, open_mode, open_time
from   v$pdbs;

NAME        OPEN_MODE   OPEN_TIME
----------  ----------  ------------------------
PDB$SEED    READ ONLY   27-MAR-13 02.04.46.883 AM
PDB1        MOUNTED
PDB_SS      MOUNTED
```

提醒一下，在 12cR2 中，如果容器数据库关闭时 PDB 处于开启状态，那么启动时也会处于开启状态。

7. 跟踪 PDB 到数据文件(所有的内容保存在哪里？)

找到指定 PDB 中数据的存放位置，或者找到 PDB 里面都有哪些表，这个问题有点难。下面第一个查询显示了如何对应 PDB 到数据文件，第二个查询显示了如何对应表到 PDB。也可以通过访问 V$相关对象来做类似事情。

```
SELECT d.con_ID, p.PDB_NAME, d.FILE_ID, d.TABLESPACE_NAME,
       d.FILE_NAME
FROM   CDB_PDBS p, CDB_DATA_FILES d
WHERE  p.PDB_ID(+) = d.CON_ID
order  by d.con_id;

   CON_ID PDB      FILE_ID TABLESPACE_NAME  FILE_NAME
--------- ------  -------- ---------------- ------------------------------------------
        1              6   USERS            /u01/app/oracle/oradata/cdb1/users01.dbf
        1              4   UNDOTBS1         /u01/app/oracle/oradata/cdb1/undotbs01.dbf
        1              3   SYSAUX           /u01/app/oracle/oradata/cdb1/sysaux01.dbf
        1              1   SYSTEM           /u01/app/oracle/oradata/cdb1/system01.dbf
        2 PDB$SEED      2   SYSTEM           /u01/app/oracle/oradata/cdb1/pdbseed/system01.dbf
        2 PDB$SEED      5   SYSAUX           /u01/app/oracle/oradata/cdb1/pdbseed/sysaux01.dbf
        3 PDB1          7   SYSTEM           /u01/app/oracle/oradata/cdb1/pdb1/system01.dbf
        3 PDB1          8   SYSAUX           /u01/app/oracle/oradata/cdb1/pdb1/sysaux01.dbf
        4 PDB_SS        9   SYSTEM           /u01/app/oracle/oradata/cdb1/pdb_ss/system01.dbf
        4 PDB_SS       10   SYSAUX           /u01/app/oracle/oradata/cdb1/pdb_ss/sysaux01.dbf
        4 PDB_SS       11   EXAMPLE          /u01/app/oracle/oradata/cdb1/pdb_ss/example.dbf

11 rows selected.
```

对应表到 PDB：

```
SELECT p.PDB_ID, p.PDB_NAME, t.OWNER, t.TABLE_NAME
FROM   CDB_PDBS p, CDB_TABLES t
where  p.PDB_ID = t.CON_ID
AND    T.OWNER ='ORDDATA'
ORDER  BY t.TABLE_NAME;

    PDB_ID PDB_NAME   OWNER      TABLE_NAME
---------- ---------- ---------- ------------------------------
         2 PDB$SEED   ORDDATA    ORDDCM_ANON_ACTION_TYPES
         3 PDB1       ORDDATA    ORDDCM_ANON_ACTION_TYPES
         2 PDB$SEED   ORDDATA    ORDDCM_ANON_ATTRS
         3 PDB1       ORDDATA    ORDDCM_ANON_ATTRS
         3 PDB1       ORDDATA    ORDDCM_ANON_ATTRS_TMP
         2 PDB$SEED   ORDDATA    ORDDCM_ANON_ATTRS_TMP
         3 PDB1       ORDDATA    ORDDCM_ANON_ATTRS_WRK
         2 PDB$SEED   ORDDATA    ORDDCM_ANON_ATTRS_WRK
```

8. 检查 PDB 历史(它是什么时候创建的)

PDB 是怎么来的(从哪里克隆而来)？是怎么被创建的？是什么时候创建的？这些重要信息都保存在 CDB_PDB_HISTORY 中，可以执行下面的查询：

```
SELECT DB_NAME, CON_ID, PDB_NAME, OPERATION,
       OP_TIMESTAMP, CLONED_FROM_PDB_NAME
FROM   CDB_PDB_HISTORY
WHERE  CON_ID > 2
ORDER  BY CON_ID;
```

```
DB_NAME      CON_ID PDB_NAME        OPERATION   OP_TIMEST CLONED_FROM_PDB
----------   ------ --------------- ----------- --------- ---------------
NEWCDB            3 PDB1            CREATE      01-APR-13 PDB$SEED
NEWCDB            4 PDB_SS          CREATE      01-APR-13 PDB$SEED
NEWCDB            5 PDB2            CLONE       02-APR-13 PDB1
```

9. 确定你有哪些服务

下面的命令可让你查出自己拥有的服务：

```
select name, service_id, con_name, con_id
from   v$active_services
order  by 1;

NAME             SERVICE_ID CON_NAME          CON_ID
---------------  ---------- ---------------  ----------
SYS$BACKGROUND            1 CDB$ROOT                  1
SYS$USERS                 2 CDB$ROOT                  1
cdb1                      6 CDB$ROOT                  1
cdb1XDB                   5 CDB$ROOT                  1
pdb1                      3 PDB1                      3
pdb_ss                    3 PDB_SS                    4
```

3.1.4 在 PDB 中使用 ALTER SYSTEM 和其他一些命令

下面一些 DBA 使用的强大命令不止用于根数据库，也可以在独立的 PDB 级别执行。

注意：
这些在 PDB 级别执行的命令非常强大(一般情况下不要在生产数据库中执行)。如果刷新缓存或改变初始化参数，可能会严重影响其他进程的性能。

- ALTER SYSTEM FLUSH SHARED_POOL
- ALTER SYSTEM FLUSH BUFFER_CACHE
- ALTER SYSTEM SET USE_STORED_OUTLINES
- ALTER SYSTEM CHECKPOINT
- ALTER SYSTEM KILL SESSION
- ALTER SYSTEM DISCONNECT SESSION
- ALTER SYSTEM SET *initialization_parameter*

1. 修改指定 PDB 的初始化参数

一些参数也可以在 PDB 级别修改(第 4 章详细讲解初始化参数)，如下所示：

```
select name from v$parameter
where  ispdb_modifiable = 'TRUE'
and    name like 'optim%';

NAME
--------------------------------------
optimizer_adaptive_reporting_only
optimizer_capture_sql_plan_baselines
optimizer_dynamic_sampling
optimizer_features_enable
```

```
optimizer_index_caching
optimizer_index_cost_adj
optimizer_mode
optimizer_use_invisible_indexes
optimizer_use_pending_statistics
optimizer_use_sql_plan_baselines
10 rows selected.
```

2. 使用 RMAN 命令

RMAN 命令同样可以为指定 PDB 执行,下面列举了几个例子:

```
RMAN> alter pluggable database pdb1 close;
RMAN> restore pluggable database pdb1;
RMAN> recover pluggable database pdb1 until SCN 777070;
RMAN> alter pluggable database pdb1 open resetlogs;
```

3.1.5 在可插拔数据库中使用 In-Memory(IM)

可插拔数据库也可以使用内存列存储(IM,这是必须购买许可使用权的功能,放在第 4 章介绍)。不但可以对整个数据库设置 INMEMORY_SIZE 参数,而且可以设置单独 PDB 的 INMEMORY_SIZE 参数。还可以超额使用主数据库设置的 INMEMORY_SIZE(各 PDB 的用量总和大于主数据库的设置)。这样设置会发生什么情况呢?先到先得。

下面是为 PDB 使用 IM 的其他一些注意事项:
- CDB 中所有的 PDB 共享在 CDB 中设置的单个 IM 内存列存储。
- 在 CDB 中有一个名为 INMEMORY_SIZE 的初始化参数。
- 每个 PDB 也可以设置自己的 INMEMORY_SIZE 参数,放入 IM 的内容都要从总的 CDB IM 中分配。
- 所有 PDB 的 IM 加起来可以超过 CDB 的 IM(超额),使用先到先得的规则,这样设计是为了避免 CDB IM 的浪费。
- 单个 PDB 可以占用整个 CDB 的 IM,这样其他 PDB 就用不上了。
- 每个 PDB 都有属于自己的优先列表(第 4 章有详细信息,先启动的 PDB 会得到更多的 IM!)。如果没有占到,就要等其他 PDB 关闭或有对象从 IM 中被移出。

3.1.6 可插拔数据库在 12cR2 中的其他新特性

下面是可插拔数据库 12cR2 中特有的新特性:
- 克隆 PDB 时(时间点克隆)不再需要源 PDB 是只读的。
- 可以对克隆的 PDB 手动刷新或自动刷新(必须是只读的)。
- 可以通过设置 DB_PERFORMANCE_PROFILE,配合使用资源管理器,为每一类 PDB 设置一些指令,以创建不同类别的 PDB(金/银/铜)。
- 可以闪回一个 PDB,闪回点只针对那个 PDB!
- 可以为整个或部分 PDB 构建子集库。
- 一个 CDB 支持最多 4096 个 PDB,而不止 252 个。

3.1.7 子集备库(12cR2 新增特性)

新的子集备库特性允许在多租户环境中,可以不把所有的 PDB 放到备库中。需要注意,这会影响主备正常切换(switchover)和故障切换(failover),你还需要了解的是,只有一部分 PDB 会参与正常切换或故障切换。

要诀

12cR1 中最好的新特性就是可插拔数据库。它可以整合数百套数据库到一个容器数据库(CDB)中，对应的是数百个可插拔数据库(PDB)。12cR2 中最好的两个新特性是闪回 PDB 和创建只包含部分 PDB 的子集备库。

3.2 磁盘阵列

使用 RAID(Redundant Array of Independent/Inexpensive Disks，冗余的独立/廉价磁盘阵列)配置磁盘已经成为一种规范。RAID 已经得到普遍使用，没有 RAID 的中等系统已很难购买到。在本章的后面你将看到 ASM 也提供了多种冗余级别。即使在个人计算领域，使用一些基于硬件的冗余磁盘配置也已经变得司空见惯了。对于 DBA 来说，这意味着相比以前更多的管理工作，必须特别注意，确保磁盘阵列配置使用增强的 I/O，同时也对磁盘故障提供相应的保护。无论是基于硬件还是软件(基于硬件通常更快)的 RAID，配置工作都应该尽可能设置合理，从而在不牺牲保护的情况下获取最佳的性能。

3.2.1 使用磁盘阵列改进性能和可用性

可以通过如下方式分组一些磁盘来创建 RAID LUN(Logical Unit Number，逻辑单元号)：将单个磁盘作为一个逻辑磁盘使用(分组为卷或虚拟磁盘)。在存储区域网络(Storage Area Network，SAN)出现之前，LUN 就是磁盘的驱动器地址(编号)。因此，在正常运行时，一个逻辑设备可以得益于它背后的多个物理设备，这意味着更快的数据访问速度(配置得当)和容量远大于单个设备物理限制的存储卷。为了避免单个磁盘失败而造成的数据丢失，可以构建一个磁盘组，让数据同时存储在多个磁盘上。只要 RAID 级别部署得当，系统就不会因为一块磁的故障而停止。在一块磁盘出现故障时，用户可以继续操作，就像什么也没有发生一样。系统会警告系统管理员某块磁盘发生了故障。然后系统管理员可以更换发生故障的磁盘。硬件控制器或操作系统会自动在新的磁盘上写入丢失的信息。系统会继续运行，就像没有中断一样。

3.2.2 所需的磁盘数量

我知道处于这种境况的硬件厂商会感谢我，但事实就是如此。如今关于购买磁盘的经验之谈就是："不要单凭容量来购买磁盘"。如果你有一个 10TB 左右中等规模的数据库，而且性能对你来说相当重要，为什么购买 600GB 的 SAS 盘而不是 2TB 的 SATA 盘？速度和数据分布就是主要原因。每分钟 15000 转的 SAS 盘相比每分钟 7200 转的 SATA 盘更快，并且 SAS 周边的基础架构和工具也更快。当磁盘容量在 300GB 到 2TB 之间时，选择会变得很困难，但是近来我经常看到人们单凭容量购买磁盘，这就给这些人带来不适当的冗余(他们忘记了镜像的成本)或较差的性能(用更慢的磁盘)，或者两者皆有。当然可以继续使用较慢的 2TB 磁盘来在线备份、归档信息或更旧的信息。请记住，在正确配置 2TB 的磁盘之后，可能只有 1TB 的可用存储空间(做完镜像等之后)。无论如何，应尽量使用高速的每分钟 15 000 转的 SAS 盘来存放最重要的数据库。现在 X6-2 Exadata 一体机可以使用 8TB 的高容量磁盘，而如果换成闪存存储阵列，满配的 X6-2 也只有 180TB 的闪存存储。这就是在做决策前，技术人员需要先了解业务需求的原因。

来看一下几种不同硬件的速度。

- 内存：纳秒
- 万兆以太网(GbE)：50 微秒
- 闪存：20~500 微秒
- 磁盘：4~7 毫秒

3.2.3 可用的 RAID 级别

当前几乎每个中等规模的服务器或企业级服务器都提供了硬件 RAID 解决方案，这种解决方案要么内置在服务器中，要么作为附加的存储设备。不管购买的是什么类型的磁盘阵列，使用各种可用的 RAID 级别已经变成一种通用标准。下面列出 Oracle 数据库管理员经常考虑的一些较常用选项。

- **RAID 0(分段集)**：自动磁盘分段(striping)意味着 Oracle 的数据文件可以自动分散在多个磁盘上。表空间中对应的数据文件片段可以同时分散到多个磁盘而不是一个磁盘上，并可同时对它们进行访问(节省了大量的磁盘 I/O)。需要注意的是，这种解决方法并不能提供高可用性和容错，因为磁盘组中某个磁盘的丢失意味着需要恢复所有的数据。
- **RAID 1(镜像集)**：现在几乎所有的系统都支持自动磁盘镜像。操作系统中主要用到这个技术，但在 Oracle 数据库中能得到更高的可用性。使用 RAID 1 级别需要两倍于数据量大小的存储空间。
- **RAID 5(带有奇偶校验的分段集)**：这个级别将奇偶检验块放到额外的磁盘上，这主要是为了媒介恢复。有大量读操作的应用程序都可以从这种磁盘阵列分布中获得最高的性能。这是一种低成本的解决方案，但是对于有大量写操作的 Oracle 应用程序来说，其效率并不高。下面将更多地讨论这个 RAID 级别的改进方案。
- **RAID 1+0(RAID 10，镜像的分段)**：先镜像磁盘，然后对其进行分段。这是最常见的 Oracle OLTP 应用生产系统的 RAID 级别，也称为 RAID 10。它通过将 RAID 0 的磁盘 I/O 分段优势融入 RAID 1 带来的镜像，结合了前两个 RAID 级别的优点。在高读/写量的环境(比如 OLTP)中，由于对数据的小规模访问会很频繁，强烈建议使用这个级别的 RAID。
- **RAID 0+1(RAID 01，分段的镜像)**：先分段磁盘，然后对其进行镜像。该级别通常会与 RAID 10 混淆或者被认为不存在，它通过将 RAID 0 的磁盘 I/O 分段优势提供给 RAID 1 带来的镜像，结合了前两个 RAID 级别的优点。在高读/写量的环境(比如 OLTP)中，由于对数据的小规模访问会很频繁，使用这个 RAID 级别也很适合，但是它不如 RAID 10 健壮，并且不能容忍来自不同分段的两块磁盘同时发生故障。此外，在发生故障之后的重建过程中，阵列中的所有磁盘都必须参与重建过程，这一点也不如 RAID 10 令人满意。
- **RAID 1+0+0(RAID 100，RAID 10 的分段)**：先镜像磁盘，然后对其进行分段，接下来再次分段(顶层的分段通常使用软件进行操作，称为 MetaLun 或软分段)。这种 RAID 级别的优点主要是改进了随机读的性能并消除了热点。

3.2.4 更新的 RAID 5

许多硬件厂商都使用 RAID 5 来配置系统，从而充分利用磁盘上的可用空间，并且降低阵列的总体成本。尽管 RAID 5 是一种廉价的冗余方案，但它对于写入密集型操作的性能较差。一般来说，当对 RAID 5 阵列发出写入请求时，必须改变磁盘上已修改的块，从磁盘上读取"奇偶检验"块，并且使用已修改的块来计算新的奇偶校验块，然后把数据写入磁盘。无论请求写入的数据量有多少，这个过程都会限制吞吐量，因为对于每一次写操作，都至少有两次额外的 I/O 操作。建议仅在文件系统大部分进行的是读取操作或只读操作时使用 RAID 5。大多数存储器厂商都认识到这种奇偶校验写操作对性能有一定影响，并且已经提出各种解决方案来减少这种额外操作带来的影响。最常见的解决方案是在阵列上实现一个内存缓存，从而加速阵列上所有 I/O 的写性能。对于周期性的或少量的写活动，这种解决方案可能完全适合你的系统，但是需要记住这些写操作最终都要写入磁盘。如果由于执行大量写活动而使磁盘缓存过载，就可能产生通常所说的"串行化 I/O"。阵列不能足够快速地写入磁盘以清除缓存，这就基本上抵消了缓存带来的好处。向你的供应商咨询其他可能的解决方案，主动询问他们如何处理大量的 I/O。一些可能的解决方案如下。

- **动态缓存管理**：一些阵列具有调整缓存使用方式的功能。一些厂商简单地将缓存对半划分——如果有 1GB 的缓存，就将 500MB 用于读，将另外 500MB 用于写。由于 Oracle 缓冲区缓存基本上已经是读缓存，因此阵列将缓存调整为主要为写操作服务，将提供一些灵活性。这种解决方案也适用于 RAID 5 之外的其他配置。
- **捆绑的写操作**：一般来说，一次写操作的可以写入的最大数据量大于 Oracle 数据块的大小。一些厂商已经在其阵列中实现了智能化，从而这些阵列可以将多个奇偶校验操作分组到一次 I/O 操作中。因为这只需要较少的物理磁盘往返操作，当运行在 RAID 5 级别时，这种解决方案可以极大地改进缓存的性能和有效性。

RAID 6 是 RAID 5 的另一个变种，你可能已经通过广告看到过这种 RAID 级别。RAID 6 的运行方式类似于 RAID 5，不同之处在于它利用与每组数据块分段对应的奇偶校验块。虽然这种 RAID 级别带来了更多容错的额外优势，因为它允许丢失两块磁盘，但它也具有更差的性能。

笔者仍然会优先选择 RAID 1+0(先镜像，然后分段)。RAID 1+0(也叫作 RAID 10)一般比 RAID 5 更快，或至少一样快，并且对于多块磁盘失败具有更好的容错性。你的磁盘可能具有多个物理外壳，因此使用分段和镜像也可以在外壳之间构建容错。

3.2.5 SSD 固态硬盘

固态硬盘(SSD)以动态随机访问内存(DRAM)方式保存和访问数据，避免了磁盘的物理 I/O，从而使性能得以大幅提升。磁盘延迟包括旋转延迟，是指磁片旋转找到指定存储地址的时间。磁盘 I/O 服务时间影响数据库和应用的性能。使用 SSD，服务时间非常快，因为 SSD 不需要执行那个最耗时间的盘操作，也就是磁片旋转带来的延迟。Oracle 建议将 REDO 日志、UNDO 文件和 TEMP 表空间放在 SSC 存储介质上，从而获取更好的读写性能、缩短 I/O 等待时长。Google、Facebook 和 Amazon 的通用做法是什么？这些公司的数据中心一眼望去全是闪存机柜。想让你的公司也处于领先地位？搞一台全闪存储(180TB)的 X6-2 吧！如果想要更多的存储空间，可以考虑 FS1(Oracle 的全闪存阵列)的 P 量级存储。不领先就意味着落后。

3.2.6 ASM 存储管理(条带/镜像)

使用 ASM(本章大部分内容是关于 ASM 的)构建的数据库默认就按照 SAME(Stripe-And-Mirror-Everything) 技术标准使用了条带化和镜像(即，I/O 负载在磁盘组的所有磁盘间平均分布并保持均衡)，条带化是基于文件基础的，条带大小为 1M，其他逻辑卷管理器(LVM)则不同，是在磁盘卷级施行条带和镜像。Oracle 认为 ASM 的 1M 条带划分对 Oracle 数据库来说是最佳的。这个最佳条带划分，配合磁盘组区的平均分布，减少了热点块的出现概率。

ASM 的空间分配单位叫作 AU，ASM 总是在磁盘组的每一个磁盘上创建一个 AU 区(这个 AU 区不是表空间的那个区)。对于磁盘组中大小相近的磁盘，每个磁盘上应该有相同的 AU 数量。数据库数据文件被分割成文件区。AU 区有两种分布类型：粗粒度分布和细粒度分布。对于粗粒度分布，每个粗粒度文件区被对应到一个单一 AU；而对于细粒度分布，每个粒度被分割成 128K，跨 8 个 AU 组。细粒度分布将大的 I/O 操作拆分成多个 128K 的小 I/O 操作，可以并行执行，对顺序 I/O 读有帮助。粗粒度和细粒度属性是预先定义好的，是系统模板的一部分，适用于所有系统相关文件。

要诀

重做(REDO)和归档日志文件是细粒度的，而数据文件是粗粒度的。

3.3 传统文件系统的安装和维护

使用 RAID 配置的物理设备组和传统文件系统可以让 DBA 在执行 Oracle 数据文件安装和维护时变得更轻松，这是因为手动均衡磁盘已经不再烦琐。随着当前的存储系统中采用大容量的磁盘，将文件系统配置划分为 4 到 6 个设备已经变成无意义的事情。除非使用涉及 12 个或更多个物理磁盘的系统，否则将这些磁盘划分为多个逻辑磁盘设备只会带来很少的优势。即使产生大量使用两个数据文件的情况，这些数据文件在阵列上共享的缓存或主机总线适配器(Host Bus Adapter，HBA)也可能是常用的磁盘访问方法。最后，根据预期的发展情况，最终可以管理的文件系统数量会使创建的多个逻辑磁盘失去存在的意义。

要诀
不要把磁盘阵列上的一个逻辑设备分割成多个文件系统。该操作看起来能向你提供灵活性，但也会增加必须管理的数据文件的位置数量。

3.3.1 考虑成本

为了支持镜像数据的磁盘阵列，需要更多的原始磁盘存储(对于 RAID 1，可能需要双倍的磁盘空间)。尽管这可能增加初始系统的价格，但优点也很明显。由于上述原因，在做出关于如何配置将要购买的新存储系统的决定时，应仔细考虑保持该系统运行的投资回报率(Return On Investment，ROI)以及改进性能的价值。

这就将我们导向另一类正在变得较为流行的存储系统。因为最基本的存储阵列的容量在不断增大，公司正在寻求通过多节点访问技术利用存储空间。无论采用的实现方法是存储区域网络(Storage Area Network，SAN)还是网络附加存储(Network-Attached Storage，NAS)，存储系统能够放入另一台服务器的初始投资和额外收益通常都值得这样做。因此，当具有 4Gbit/s 传输速度的光纤通道存储阵列(Exadata 拥有 40Gbit/s 的传输速度，以及双向的 InfiniBand)并且感觉没有充分利用该资源时，就可以考虑购买更多的基础设备，这样企业就可以进一步发展，并且在所有重要的系统之间共享该资源。

要诀
使用磁盘阵列可以提高系统性能，另外在磁盘出现故障时保护数据。使用适当的 RAID 级别和技术解决方案，就可以维持组织所需的可用性。不要仅仅追求"已经足够好"，因为可能会在午夜两点时因为丢失某个磁盘而感到悔恨。

3.3.2 分开存储数据和索引文件

通常应该把所连接的表(在一个查询中同时访问的表)的数据和索引表空间分开放置。下面的示例显示了一个表连接，以及一个管理数据的可行解决方案：

```
select  COL1, COL2, ....
from    CUST_HEADER, CUST_DETAIL
where   ...;
```

下面所示的为数据管理解决方案：

```
Disk1: CUST_HEADER Table
Disk5: CUST_HEADER Index
Disk8: CUST_DETAIL Table
Disk12: CUST_DETAIL Index
```

这个解决方案通过访问 4 个不同的磁盘和控制器来完成表的连接。把数据和索引文件分别放置在不同的物理磁盘设备和控制器上；这样，当表和索引同时被访问时，就不会访问同一个物理设备。当然还可以扩展到更多磁盘上。本章的后面将会介绍，表和索引分区可以帮助我们更容易地完成这项任务。如果预先设置好，Oracle 的自动存储管理(ASM)会帮助你很好地完成这个工作，而且可将热数据转移到磁盘的不同部分。

要诀

把关键的 Oracle 数据文件分开放置，可以避免磁盘争用成为"瓶颈"。通过把经常连接的几个表的表和索引分开放置，可以保证即使是最糟糕的表连接也不会导致磁盘争用。在 Oracle 12c 的企业管理器(云管理平台)中，Oracle 使得将数据转移到磁盘上的热区或冷区变得更容易。

3.3.3 避免 I/O 磁盘争用

磁盘争用通常发生在有多个进程试图同时访问一个物理磁盘的情况下。把磁盘的 I/O 平均地分布到多个可用磁盘上，可以有效地减少磁盘争用，提高性能。减少磁盘 I/O 也可以减少磁盘争用。要监控磁盘争用，可以查看数据库控制器(Database Control)中的数据库文件度量(Database Files Metrics)。该度量组包含两组度量：文件平均读取时间(Average File Read Time)和文件平均写入时间(Average File Write Time)，度量应用于与数据库关联的所有数据文件。如果发现一两个数据文件看起来具有特别高的值，可以单击相应的数据文件，然后使用比较对象文件名(Compare Object File Name)链接查看收集的这些数据文件之间的统计。如果这些数据文件同时繁忙，并且位于相同的磁盘上，那么出于改进性能的考虑，可以选择将一个数据文件放置到另一个文件系统中。

也可以选择通过运行如下查询来确定文件 I/O 问题：

```
col PHYRDS   format 999,999,999
col PHYWRTS  format 999,999,999
title  "Disk Balancing Report"
col READTIM   format 999,999,999
col WRITETIM  format 999,999,999
col name format a40
spool fio1.out

select  name, phyrds, phywrts, readtim, writetim
from    v$filestat a, v$datafile b
where   a.file# = b.file#
order   by readtim desc
/
spool off
```

下面是查询输出的部分内容：

```
Fri Mar 24                                          page 1
                  Disk Balancing Report


NAME                    Phyrds       Phywrts      ReadTim      WriteTim
/d01/psindex_1.dbf      48,310       51,798       200,564      903,199
/d02/psindex_02.dbf     34,520       40,224       117,925      611,121
/d03/psdata_01.dbf      35,189       36,904        97,474      401,290
/d04/undotbs01.dbf       1,320       11,725         1,214       39,892
/d05/system01.dbf        1,454           10            10          956
...
```

注意

可能也有 sysaux01.dbf、users01.dbf 和 example01.dbf。

磁盘上的物理写入和读取次数如果出现很大的差别，就有可能表明某个磁盘负载过多。在前面的示例中，文件系统 1~3 被经常使用，而文件系统 4 和 5 仅被少量使用。为了获得较好的均衡效果，可以移动一些数据文件。

把数据文件分布到多个磁盘上,或者使用分区,都可以帮助你把对表或索引的访问移动到另一个磁盘上。

要诀

查询视图 V$FILESTAT 和 V$DATAFILE 以查看均衡数据文件后的效果。注意临时表空间是用 V$TEMPFILE 和 V$TEMPSTATS 监控的。

3.4 Oracle 12c 热图和自动数据优化(ADO)

即便数据或索引在磁盘上都能合理分布,但是数据在磁盘上如何保存还是可能有问题。如果一个进程经常访问某个数据块,而这个数据块所在磁盘的延迟又很高,性能就会下降。如果使用了多层SAN,而每层 SAN 的 IO 能力又不同,建议把常用对象移到较快的 SAN 磁盘上,将较少被访问的数据放在较慢的 SAN 磁盘上。在 Oracle 12c 之前,我们会手工转移这些"热"对象到较快的磁盘。通过查询 V$SEGMNET_STATISTICS 视图,找到经常被访问的对象,再把它们手工转移到较快磁盘来提高性能。从 Oracle 12c 开始,这个过程可以通过热图和自动数据优化(ADO)自动完成。

热图是 Oracle 12c 的一个新特性,会跟踪行和段的使用情况。在行级跟踪数据改变,然后汇总到块级。热图会在段级跟踪数据改变、表的全扫描和索引检索。它提供了一个详细的视图,里面记录了随着时间的推移,数据是怎样被访问的,以及访问模式是如何改变的。热图功能如果被启用,会自动采集段级和行级的统计信息,这些信息被用来定义压缩和存储策略,然后在数据的整个生命周期内被自动维护(常指信息生命周期管理[ILM])。热图会跳过系统内部事务,如收集统计信息和系统的 DDL 等。

开启热图:

```
SQL> alter system set HEAT_MAP = ON; -- 默认是 OFF
```

可以查询相关的 DBA 视图(见图 3-1)来获取热图捕获的全部对象的详细信息。V$HEAT_MAP_SEGMNET 视图保存的是实时段访问信息。

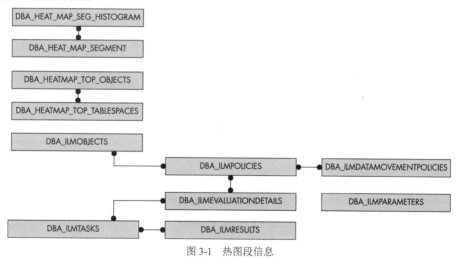

图 3-1 热图段信息

自动数据优化(ADO)用来创建数据压缩和数据转移策略。ADO 与热图配合工作,从热图获取信息,用在压缩策略上。Oracle 在数据库维护窗口中对 ADO 策略进行评估,结合热图采集到的信息,决定要执行哪个操作。ADO 操作会在后台自动执行,不需要人工介入。ADO 使用的策略可以指定在表和分区的段级或行级。当策略实施的基准条件满足时,就会在后台自动执行。策略也可以手工执行。

这些可通过执行 CREATE TABLE 和 ALTER TABLE 时指定的 ilm_clause(ilm 指的是信息生命周期管理)来实

现。这个属性定义了数据在满足策略标准时的转移时间,数据是用热图跟踪表和表分区的改变得来的。有两种类型的策略,表压缩和分等级。当数据符合策略时,要么在行级或段级被压缩,要么被转移到新的存储层级,这是基于策略的 AFTER 子句定义的策略标准。

部分 ilm_clause 子句内容列举如下:
- ADD_POLICY 为表增加策略
- DELETE 从表中删除策略
- ENABLE 启用表的策略
- DISABLE 禁用表的策略

下面是策略的部分 AFTER 子句内容:
- LOW ACCESS 表访问量低保持一段时间后策略生效
- NO ACCESS 表无访问量保持一段时间后策略生效
- NO MODIFICATION 表没有改变保持一段时间后策略生效
- CREATION 表创建一段时间后策略生效

下面是一个例子,显示了如何压缩一条经过 7 天后仍未改变的记录:

ALTER TABLE orders ILM ADD POLICY ROW STORE COMPRESS ADVANCED ROW AFTER 7 DAYS OF NO MODIFICATION;

即便 ADO 使用热图来决定移动哪个段,也仍然可以使用 PL/SQL,创建客户化条件来扩展 ADO 的使用(使用你的数据标准来决定压缩和转移数据的时机)。热图和 ADO 需要采购高级压缩组件选项。在 12cR2 中,ADO 可以扩展到管理 IM 内存列存储,基于热图统计信息,将表和分区等对象移进或移出内存区。

3.5 Oracle 12c I/O 性能跟踪视图(Outliers)

从 Oracle 12c 开始,Oracle 提供了一个动态视图,它提供详细信息来分析长时间的 I/O 使用(比如生成一个又大又慢的报表)。当 I/O 消耗超过 500 毫秒时就会被这个动态视图捕获,默认的 500 毫秒阈值可以通过修改隐含参数 _IO_OUTLIER_THRESHOLD 改变。

- V$IO_OUTLIER 视图用来查看存储子系统在响应磁盘 I/O 请求时是否存在偶发延迟。
- V$LGWRIO_OUTLIER 包含写日志进程响应耗时超过 500 毫秒的条目。
- V$KERNEL_IO_OUTLIER 视图用来查看 I/O 子系统中独立的内核组件消耗超过 500 毫秒的情况。这个视图由 Solaris 操作系统专用,在 Solaris 平台上,为了获取视图数据,数据库必须使用 ASM 或裸设备,同时设置初始化参数 DISK_ASYNCH_IO=FALSE。Oracle 使用 Solaris 的 DTrace 功能生成视图数据。

3.6 Oracle 大文件表空间

Oracle 10g(延续到 11g)为超大型数据库引入了新的本地管理的表空间类型:大文件表空间允许用户创建只有一个数据文件的表空间,该数据文件的大小完全结合了 64 位系统的能力。如果与 Oracle 管理文件或 ASM 一起实现,大文件表空间可以极大地简化存储系统的管理工作。此外,大文件表空间只有相当少的数据文件,因此可以改进数据库管理操作(例如检查点)的性能。但需要注意的是,如果发生数据文件损坏,恢复操作将需要较长的时间。

现在,你可能会问:"大文件表空间的优点是什么?"具有典型 8KB 数据块的大文件表空间可以包含 32TB 的数据文件。如果使用 32KB 的数据块,就可以包含 128TB 的数据文件。包含大容量数据文件的实现方法是改变表空间中 ROWID 的管理方式。在传统的表空间中,使用 ROWID 中的 3 个位置来标识行的相对文件号。在大文件表空间中只有一个数据文件,因此这 3 个位置被改为用于延长行的数据块编号,从而可以使用比传统小文件表空间大很多的 ROWID。

注意

为了拥有最大可以为 8EB 的 Oracle 12c 数据库，必须使用 128TB 的数据文件(必须使用大文件表空间和 32KB 大小的数据块)。

使用大文件表空间的必要条件是，用户必须使用本地管理的表空间和自动段空间管理(Automatic Segment Space Management，ASSM)。同样，不能将大文件表空间用作 UNDO、TEMP 或 SYSTEM 表空间。如果用户考虑使用大文件表空间减少系统管理操作的数量，那么还要考虑使用 Oracle 管理文件(Oracle Managed File，OMF) 和 ASM(本章后面将介绍)。此外，如果使用传统的文件系统，就要确保使用逻辑卷管理器，该管理器提供了合理安排存储系统的灵活性，从而使单个数据文件可以根据需要增长。

3.7 ASM 简介

在 Oracle Database 10gR2 中，使用 ASM(Automatic Storage Management，自动存储管理)极大地简化了数据库的存储管理和配置。ASM 提供了内置于 Oracle 数据库内核中的文件系统和卷管理器功能。在 Oracle Database 11g 和 12c 中，Oracle ASM 作为业界最强的技术，结合了裸设备的优点和 UNIX 中标准卷管理器的易管理性。通过这些功能，ASM 简化了各种存储管理任务，例如创建/布局数据库和磁盘空间管理。ASM 允许用户使用熟悉的 CREATE/ALTER/DROP SQL 语句执行磁盘管理，因此 DBA 不需要学习新的技术，也不需要进行关键的配置决策。ASM 基本上建立在裸设备之上，因此它对集群也是生而知之。ASM 最初的版本是为集群数据库设计的，现在也支持非集群数据库。不熟悉 SQL 的 ASM 管理员也可以使用企业管理器界面(查看第 5 章以了解更多相关信息)以及新的命令行工具 asmcmd(Oracle Database 10gR2 中的新增功能，在 11g 和 12c 中也可用)。

ASM 是专门构建用于简化 DBA 工作的管理工具，提供了跨越所有服务器和存储平台的简单存储管理界面。ASM 为 DBA 提供了管理动态数据库环境的灵活性，并且可以提高效率。该特性是网格计算和数据库存储整合的关键组件。

下面是 ASM 的一些主要优点：
- 性能跟裸设备一样优秀。
- 从数据库空间管理的角度看，是一个简单而强大的卷管理工具。
- 将 I/O 均匀地分布到所有可用磁盘驱动器以防止产生热点，并且最大化性能。
- 不再需要过多进行配置工作，并且最大化存储资源的利用，从而推动数据库整合。
- ASM 与生俱来支持大文件。
- 在增加或删除存储容量后执行自动在线重新分配。
- 维护数据的冗余副本以提供高可用性，或者利用第三方的 RAID 功能。
- 支持 Oracle Database10g、11g、12c，以及 Oracle Real Application Clusters (RAC)。
- 11gR2 中的 ASM 支持将 OCR 和表决磁盘置于 ASM 磁盘组之上和集群文件系统，12c 版本中的密码文件也能保存到 ASM 磁盘组。
- 可以利用第三方的多路径技术。
- 内在支持异步 I/O 技术和直接 I/O 的能力。
- 完全整合进 Oracle 管理文件，因此在不牺牲性能的情况下降低了复杂度。
- Exadata 只允许使用 ASM。

为了更加简单而方便地迁移到 ASM，Oracle 10gR2 以上版本的数据库可以包含 ASM 文件和非 ASM 文件。用户可以使用 RMAN COPY 命令从文件系统向 ASM 磁盘组转移数据文件。

在部署和创建数据库之前，DBA 必须考虑和确定如下事项：
- 计划文件系统布局和设备使用情况。

- 确定应用程序工作负载特征(OLTP 的随机读/写或 DDS 系统的连续 I/O)。
- 计算存储容量并调整数据库的大小。

ASM 通过如下方法解决这些问题：

- 过去，DBA 会创建文件系统以存储数据库文件，并且根据需要创建额外的文件系统。这会变成管理和配置的噩梦，因为 DBA 必须管理每个文件系统上的 I/O 负载。ASM 提供了单一的存储池(磁盘组)，因此不需要维护多个文件系统容器，并且不需要担心下一个数据文件的放置。
- ASM 的一个核心优点是能够扩展存储以满足应用程序的容量需求。因此，可以扩展驻留数据库的 ASM 磁盘组，而不必过多地担心存储容量的管理问题。
- 通过使用 ASM 并应用已定义的一般性最佳实践，基于 ASM 的数据库应该能够处理任何工作负载。此外，ASM 内在地使用裸设备，因此不需要考虑异步 I/O 或直接 I/O 等问题。

3.7.1 IT 部门内各个角色之间的沟通

DBA、系统管理员和存储管理员之间有时不能保持密切的联系。DBA 请求 200GB 的文件系统，而存储/系统管理员却提供 200GB 的 RAID 5 或 RAID 10 设备，且设备有不适当或无效的数据条分段大小，从而会影响到性能。后来，DBA 发现实际提供的设备有问题，变得很不开心。

DBA 和其他 IT 角色总是会有一些固有的沟通不畅，因为这些角色组有不同的思考和运作方式。这主要是一种沟通问题，ASM 不是要修正这种联系中断的情况。然而，可以使用 ASM 附带的一些功能来减少这种沟通问题。首先，Oracle 发布了名为"Optimal Storage Configuration Made Easy"(方便地实现最优存储配置)的论文，该论文中提出了 SAME(Stripe-And-Mirror-Everything)方法。这篇论文为数据库部署提供了标准的方法论，使得 DBA 和存储管理员之间可以更为方便地进行沟通，因为 DBA 现在可以通过某种方法来表达他们所需的内容。

注意

可以从 OTN 获得有关这篇论文更多信息，网址是 http://www.oracle.com/technetwork/database/focus-areas/performance/opt-storage-conf-30048.pdf。

ASM 结合了 SAME 方法论的所有基本要点，并且为管理存储容量提供了流线化方法。通过 ASM，可以按照业务计划或容量计划的指示扩展数据库存储，所有这些操作都不会使应用程序停止运作。

3.7.2 ASM 实例

从 Oracle Database 10g 开始(延续到 11gR2 和 12c 中)，有两种类型的实例：数据库实例和 ASM 实例。ASM 实例一般命名为+ASM，并且以 INSTANCE_TYPE=ASM 初始化参数作为开始。如果设置该初始化参数，就通知 Oracle 初始化例程启动 ASM 实例而不是标准的数据库实例。不同于标准的数据库实例，ASM 实例不包含任何物理文件，比如日志文件、控制文件或数据文件，并且在启动时只需要很少的一些初始化参数。

ASM 实例在启动时将产生所有的基本后台进程，并产生一些新的专门用于 ASM 操作的后台进程。ASM 实例的 STARTUP 子句类似于数据库实例的 STARTUP 子句。例如，使用 NOMOUNT 选项可在不挂载任何磁盘组的情况下启动 ASM 实例，而使用 MOUNT 选项则会挂载所有已定义的磁盘组。对于使用 ASM 访问和配置磁盘，Oracle 仍在持续并取得很大进步。在 12c 版本之前，Oracle 把数据库实例和 ASM 实例在服务器上紧密地耦合在一起，10g 和 11g 版本要求 ASM 和数据库实例在同一台服务器上。随着 12c ASM 的推出，这种 ASM 和数据库之间的紧耦合配置变松了，这使得在 RAC 环境中管理 ASM 实例变得更加灵活。

下面的示例查询连接的实例名：

```
select instance_name
from    v$instance;
```

```
INSTANCE_NAME
---------------
+ASM
```

下面是一组可以查询 ASM 配置的视图：

```
select name, type
from   v$fixed_table
where name like 'GV$%ASM%'
SYS@+ASM> /

NAME                                 TYPE
------------------------------------ -----
GV$ASM_TEMPLATE                      VIEW
GV$ASM_ALIAS                         VIEW
GV$ASM_FILE                          VIEW
GV$ASM_VOLUME                        VIEW
GV$ASM_FILESYSTEM                    VIEW
GV$ASM_ACFSVOLUMES                   VIEW
GV$ASM_ACFSSNAPSHOTS                 VIEW
GV$ASM_ACFS_SECURITY_INFO            VIEW
GV$ASM_ACFS_ENCRYPTION_INFO          VIEW
GV$ASM_VOLUME_STAT                   VIEW
GV$ASM_CLIENT                        VIEW
GV$ASM_DISKGROUP                     VIEW
GV$ASM_DISKGROUP_STAT                VIEW
GV$ASM_DISK                          VIEW
GV$ASM_DISK_STAT                     VIEW
GV$ASM_DISK_IOSTAT                   VIEW
GV$ASM_OPERATION                     VIEW
GV$ASM_ATTRIBUTE                     VIEW
GV$ASM_USER                          VIEW
GV$ASM_USERGROUP                     VIEW
GV$ASM_USERGROUP_MEMBER              VIEW
```

对于使用 ASM 的数据库，也存在这些视图，只是输出信息略有不同，比如 V$ASM_CLIENT。

3.7.3 ASM 初始化参数

下面的列表显示了启动 ASM 所需的一些基本的初始化参数。需要注意的是，所有 ASM 进程都以 asm 开头，而数据库实例的进程则以 ora 开头。

```
+ASM1.__oracle_base='/u01/app/grid_base'#ORACLE_BASE set from in memory value
+ASM2.__oracle_base='/u01/app/grid_base'#ORACLE_BASE set from in memory value
*.asm_diskgroups='DB_DISK'#Manual Mount
*.asm_diskstring='AFD:*'
*.asm_power_limit=1
*.large_pool_size=12M
*.remote_login_passwordfile='EXCLUSIVE'
```

在 11*g* 和 12*c* 版本中，通常使用 ASM 的 DBA 都会使用自动内存管理，所以会用到初始化参数 MEMORY_TARGET 和 MAX_MEMORY_TARGET：

```
SYS@+ASM> show parameter mem   (只列出了部分关键参数)
NAME                                 TYPE        VALUE
------------------------------------ ----------- ---------------------------
```

```
memory_max_target                    big integer 272M
memory_target                        big integer 272M
```

3.7.4 12c 版本中 ASM 的安装

在 12c 版本中安装 Grid Infrastructure (GI)与 11g 版本非常相似，除了涉及新的 Flex ASM 特性、使用 IPv4/IPv6 选项、ASM 私有网络和 GI 管理资料库(MGMTDB，从 12.1.0.2 版本开始使用，详见 Doc.ID 1568402.1)。在 GI 的安装过程中，可以选择使用典型的集群(与 11g 类似)，或者使用 Flex Cluster。如果在安装过程中选择标准集群，然后选择高级配置，就会出现配置 Flex ASM 的选项(见图 3-2)。

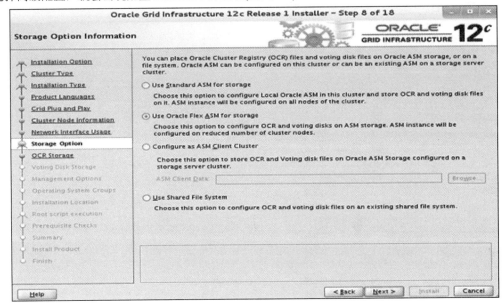

图 3-2 ASM 安装：存储选项

配置 Flex ASM 所需条件之一是网格命名服务(GNS)。GNS 简化了客户端与服务器的连接，尤其是当集群节点数较多时。GNS 后台进程动态采集集群信息，然后输送到 DNS 服务器做名称解析。配置 GNS 需要一个静态公有 IP 地址，DNS 服务器需要配置为将所有的集群 IP 转发到 GNS VIP。GNS 后台进程和 VIP 运行在集群中的某个节点上。Oracle 集群软件管理 GNS 服务，在 GNS 服务中断后可以做故障切换。

如果配置 Flex ASM，就必须完成图 3-3 所示的内容。即使不打算使用 GNS，也需要配置 GNS VIP。

GNS 如何获取集群名和对应的节点地址呢？当集群服务启动时，DHCP 在启动过程为集群软件提供集群 IP，这些集群 IP 被采集到后就被自动注册到了 GNS。安装完成后，可以通过下面的命令查看哪个节点上运行着 GNS VIP：

```
[oracle@Linux71 ~]$ olsnodes -n -a
linux71   1       Hub
linux72   2       Hub

[oracle@Linux71 ~]$ srvctl status gns -node linux72
GNS is not running on node linux72.
GNS is enabled on node linux72.

[oracle@Linux71 ~]$ srvctl status gns -node linux71
GNS is running on node linux71.
GNS is enabled on node linux71.

[oracle@Linux71 ~]$ srvctl status gns
```

```
GNS is running on node linux71.
GNS is enabled on node linux71.
```

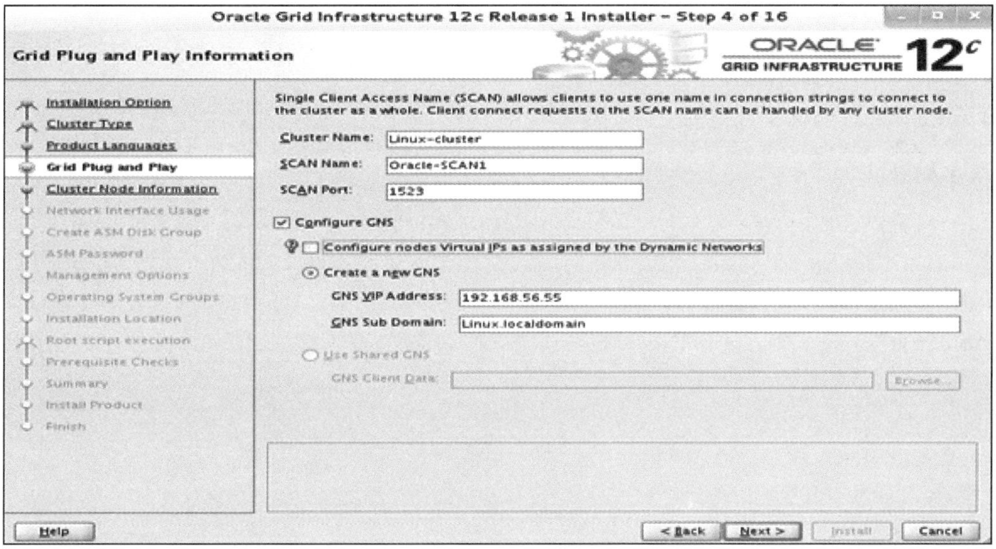

图 3-3 ASM 安装：GNS 信息

1. Oracle 12*c* 推出了 Oracle Flex ASM

Flex ASM 可在 GI 的初始安装过程中启用，选择"Advanced Installation"，然后选择"Use Oracle Flex ASM for Storage"。这个选项只有安装集群后才有，并非用于单实例的配置。非 Flex 集群也可以通过 GUI 工具 asmca 转换成 Flex 模式。但是一旦选择了 Flex ASM，就不能再转换成标准的 ASM 集群了。

验证 Flex 模式已开启：

```
ASMCMD> showclustermode
ASM cluster : Flex mode enabled
ASMCMD>
ASMCMD> showclusterstate
Normal
```

Oracle Flex ASM 允许数据库客户端在本地 ASM 实例故障的情况下连接远端 ASM 实例。配置 Flex ASM 时，增加一个私有 ASM 网络，用于集群内 ASM 实例间的通信。当某个 ASM 实例发生故障时，运行在该 ASM 故障实例上的数据库会通过 ASM 网络自动连接到仍正常运行的 ASM 实例。强烈建议为 ASM 配置独立的网络接口，即便使用私有集群连接也能让 ASM 正常通信。使用 Flex 配置时，当某个 ASM 实例发生故障时，Oracle 集群软件会在另一台服务器上启动一个新的 ASM 实例来维持基数设置(cardinality setting)。ASM 基数设置决定了集群中任意时刻可用的 ASM 实例数。默认的 ASM 基数值是 3，可用通过 srvctl 命令修改这个值。

显示 ASM 基数值：

```
[oracle@Linux71 ~]$ srvctl config asm
ASM home: <CRS home>
Password file: +OCR_DISK/orapwASM
ASM listener: LISTENER
ASM instance count: 3
Cluster ASM listener: ASMNET1LSNR_ASM
[oracle@Linux71 ~]$
```

从上面的输出可以看到，"ASM instance count : 3"显示了默认设置。这个设置可以通过命令 srvctl modify asm –count<*value*>动态修改：

```
[oracle@Linux71 ~]$ srvctl modify asm -count 2
[oracle@Linux71 ~]$
[oracle@Linux71 ~]$ srvctl config asm
ASM home: <CRS home>
Password file: +OCR_DISK/orapwASM
ASM listener: LISTENER
ASM instance count: 2
Cluster ASM listener: ASMNET1LSNR_ASM
[oracle@Linux71 ~]$
```

修改 ASM 基数值之后,集群软件自动调整集群中 ASM 实例的个数。比如,在修改 ASM 基数值为 2 之前,这个两节点的配置了 Flex ASM 的测试用 RAC,会显示第三个 ASM 实例为 OFFLINE,这是因为启用 Flex ASM 后的默认基数值就是 3。即便没有第三个节点,集群软件也会显示 3 个 ASM 条目。如果设置基数值为 5,就会显示 5 个 ASM 条目,其中 3 个是 OFFLINE,这是由集群软件动态完成的。这种配置允许根据需要灵活增减节点。

下面的例子显示基数值为 5,只存在两台服务器:

```
srvctl modify asm -count 5
crsctl stat res -t
ora.asm
     1       ONLINE  ONLINE       linux71                  Started,STABLE
     2       ONLINE  ONLINE       linux72                  Started,STABLE
     3       OFFLINE OFFLINE                               STABLE
     4       OFFLINE OFFLINE                               STABLE
     5       OFFLINE OFFLINE                               STABLE
```

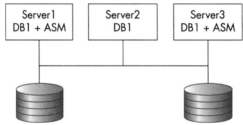

图 3-4　3 节点的 Flex ASM 配置

基数值的最小设置为 2:

```
[oracle@Linux71 ~]$ srvctl modify asm -count 1
PRCA-1123 : The specified ASM cardinality 1 is less than the minimum cardinality of 2.
```

图 3-4 显示了一个 3 节点的 Flex ASM 配置的基数值为 2。ASM 运行在 Server1 和 Server3 上,这两个 ASM 实例与基数值为 2 的规则是一致的。Server2 上并没有 ASM 实例运行,而是作为客户端的数据库服务器。这个服务器通过 ASM 网络与 Flex ASM 服务器进行通信并获取 ASM 元数据。如果 Server3 上的 ASM 实例发生故障,集群软件会自动在 Server2 上启动一个 ASM 实例,以满足基数值为 2 的设定,即至少两个 ASM 实例处于在线状态。Server3 上的数据库将会自动连接到可用的 ASM 实例。

在 Flex ASM 环境下,数据库实例与可用 ASM 节点是无缝连接的,可用通过强制关闭 ASM 实例来进行测试,下面有显示。如果要把某个数据库实例连接到这个 ASM 实例,只是简单关闭是不行的,这时会报错,说磁盘组需要迁移。

```
[oracle@Linux72 ~]$ srvctl stop asm -n Linux72
PRCR-1014 : Failed to stop resource ora.asm
PRCR-1065 : Failed to stop resource ora.asm
CRS-2529: Unable to act on 'ora.asm' because that would require stopping or relocating
'ora.DB_DISK01.dg', but the force option was not specified
```

```
[oracle@Linux72 ~]$
```

如上所示,关闭只能通过下面命令的 force 选项来完成。需要特别注意的是,需要启用 Flex ASM,并且在 12.1 及以上版本的 Oracle 数据库中做这个测试。如果数据库版本低于 12.1,需要 ASM 实例与数据库运行在同一个节点上,如果一个 Oracle 11g 数据库的 ASM 被强制停止,数据库也会同时关闭。在 Flex ASM 上搭配 Oracle 12c 数据库环境,在某个节点上执行这个命令,数据库会自动连接到其他可用 ASM 实例:

```
srvctl stop asm -node Linux72 -stopoption abort -force
```

强制关闭 Flex ASM 实例的命令完成后,数据库的告警日志会显示数据库已经注册到另一个可用 Flex ASM 节点。数据库的告警日志会显示如下信息:

```
NOTE: ASMB registering with ASM instance as Flex client 0x10001 (reg:3617686277) (reconnect)
NOTE: ASMB connected to ASM instance +ASM1 osid: 14953 (Flex mode; client id 0x10001)
NOTE: ASMB rebuilding ASM server state
NOTE: ASMB rebuilt 1 (of 1) groups
NOTE: ASMB rebuilt 19 (of 19) allocated files
NOTE: fetching new locked extents from server
NOTE: 0 locks established; 0 pending writes sent to server
SUCCESS: ASMB reconnected & completed ASM server state
```

一旦数据库成功切换到可用 Flex ASM 实例,所有的元数据就会从这个可用 ASM 实例获取。关闭命令下达后,crsctl stat res –t 命令的输出会显示 ASM 和磁盘组为 "OFFLINE"。V$ASM_CLIENT 视图会显示出数据库连接的是哪个 ASM 实例,这个视图可以通过数据库或 ASM 实例来查询:

```
select     inst_id,instance_Name,db_name,status,
           software_version,COMPATIBLE_VERSION
from       gv$asm_client;

   INST_ID INSTANCE_NAME   DB_NAME  STATUS       SOFTWARE_V COMPATIBLE
---------- --------------- -------- ------------ ---------- ----------
         2 +ASM1           oradb_cd CONNECTED    12.1.0.2.0 12.0.0.0.0
         1 +ASM1           oradb_cd CONNECTED    12.1.0.2.0 12.0.0.0.0
```

上面的输出显示的是一个两节点的 RAC 实例(INST_ID1 和 2),+ASM1 承载着 RAC 的两个数据库实例(oradb_cd)。一般情况下,看到的是+ASM1 连接的是第一个数据库实例,+ASM2 连接的是第二个数据库实例。这里因为节点 2 上的 ASM 实例处于关闭状态,Flex ASM 使得节点 2 的数据库实例能够连接到实例 1 上可用的 ASM 实例。即便节点 2 上发生故障的 ASM 实例得以恢复,数据库依旧连接到实例 1,直到被重定位回节点 2,或是重启集群。为了把数据库连回到原 ASM 实例,连到当前数据库所在 ASM 实例,确认目标 ASM 和磁盘组处于在线状态后,发起 RELOCATE 命令(后面有显示)。

重定位数据库前:

```
select     inst_id,instance_Name,db_name,status,
           software_version,COMPATIBLE_VERSION
from       gv$asm_client;

   INST_ID INSTANCE_NAME   DB_NAME  STATUS       SOFTWARE_V COMPATIBLE
---------- --------------- -------- ------------ ---------- ----------
         2 +ASM1           oradb_cd CONNECTED    12.1.0.2.0 12.0.0.0.0
         1 +ASM1           oradb_cd CONNECTED    12.1.0.2.0 12.0.0.0.0
```

在节点 2 上启动 ASM:

```
[oracle@Linux72 ~]$ srvctl start asm -n Linux72
[oracle@Linux72 ~]$
```

```
[oracle@Linux72 ~]$ ps -ef|grep smon
root       3649     1  0 13:52 ?        00:01:21 /u01/app/12.1.0/grid/bin/osysmond.bin
oracle     9977     1  0 16:13 ?        00:00:00 asm_smon_+ASM2
```

连接到数据库需要转移到的可用 ASM 实例，发起 RELOCATE 命令。这里我们是要把 oradbcd2 数据库实例重定位到 ASM2 实例。

```
select    inst_id,instance_Name,db_name,status,
          software_version,COMPATIBLE_VERSION
from      gv$asm_client;

   INST_ID INSTANCE_NAME    DB_NAME   STATUS       SOFTWARE_VERSIO COMPATIBLE_VERS
---------- ---------------- --------- ------------ --------------- ---------------
         1 oradbcd1         oradb_cd  CONNECTED    12.1.0.2.0      12.1.0.2.0
         1 oradbcd2         oradb_cd  CONNECTED    12.1.0.2.0      12.1.0.2.0
         1 +ASM1            +ASM      CONNECTED    12.1.0.2.0      12.1.0.2.0
         1 +ASM1            +ASM      CONNECTED    12.1.0.2.0      12.1.0.2.0
```

用 sysasm 用户连接：

```
SQL> alter system relocate client 'oradbcd2:oradb_cdb';
System altered.
```

发起 RELOCATE 命令后，可以看到 oradbcd2 的 INST_ID 已经变成 INST_ID 2，意味着已经连接到 ASM2：

```
   INST_ID INSTANCE_NAME    DB_NAME   STATUS       SOFTWARE_VERSIO COMPATIBLE_VERS
---------- ---------------- --------- ------------ --------------- ---------------
         1 oradbcd1         oradb_cd  CONNECTED    12.1.0.2.0      12.1.0.2.0
         1 +ASM1            +ASM      CONNECTED    12.1.0.2.0      12.1.0.2.0
         1 +ASM1            +ASM      CONNECTED    12.1.0.2.0      12.1.0.2.0
         2 oradbcd2         oradb_cd  CONNECTED    12.1.0.2.0      12.1.0.2.0
```

可以连接到 oradbcd2 实例，通过查询 V$ASM_CLIENT 进行验证：

```
select    instance_Name,db_name,status,software_version,COMPATIBLE_VERSION
from      v$asm_client;

INSTANCE_NAME    DB_NAME   STATUS       SOFTWARE_VERSIO COMPATIBLE_VERSION
---------------- --------- ------------ --------------- --------------------
+ASM2            oradb_cd  CONNECTED    12.1.0.2.0      12.0.0.0.0
```

Flex ASM 在安装过程中使用 ASM 网络设置，启用一个默认端口为 1522 的新 ASM 监听器连接到远端服务器上的 ASM，本地 ASM 监听器在每个运行 Flex ASM 实例的节点上使用。在 ASM 集群中实现连接负载均衡。

```
[oracle@Linux71 bin]$ lsnrctl services ASMNET1LSNR_ASM

Connecting to (DESCRIPTION=(ADDRESS=(PROTOCOL=IPC)(KEY=ASMNET1LSNR_ASM)))
Services Summary...
Service "+ASM" has 2 instance(s).
  Instance "+ASM1", status READY, has 2 handler(s) for this service...
    Handler(s):
      "DEDICATED" established:0 refused:0 state:ready
         REMOTE SERVER
         (DESCRIPTION=(ADDRESS=(PROTOCOL=TCP)(HOST=192.168.1.120)(PORT=1522)))
      "DEDICATED" established:0 refused:0 state:ready
         LOCAL SERVER
  Instance "+ASM2", status READY, has 1 handler(s) for this service...
    Handler(s):
      "DEDICATED" established:0 refused:0 state:ready
```

```
            REMOTE SERVER
              (DESCRIPTION=(ADDRESS=(PROTOCOL=TCP)(HOST=192.168.1.121)(PORT=1522)))
The command completed successfully
```

连接到远端 ASM 实例需要 ASM 密码文件,ASM 密码文件在安装过程中会自动生成。12c ASM 密码文件保存在 ASM 磁盘组中,可在集群范围内共享。如果需要创建 ASM 密码文件,新的 orapwd 工具现在允许在磁盘组上保存 ASM 密码文件。

创建一个 ASM 密码文件:

```
orapwd file ='+OCR_DISK' asm=y
```

创建一个数据库密码文件:

```
orapwd file='+OCR_DISK' password=****** dbuniquename=orcl
```

查看 Flex ASM 密码文件:

```
ASMCMD> pwd
+OCR_DISK
ASMCMD> ls -l
Type         Redund  Striped  Time              Sys     Name
                                                Y       ASM/
                                                Y       Linux-cluster/
                                                Y       MGMTDB/
PASSWORD     UNPROT  COARSE   MAR 10 11:00:00 N         orapwasm =>
+OCR_DISK/ASM/PASSWORD/pwdasm.256.906118657
```

还有一点比较重要,为了在 ASM 中保存密码文件,Oracle 12c 要求 ASM 磁盘组的兼容性设置为 12.1.0.0 或更高。兼容性设置可通过使用 asmca GUI 工具或执行下面的命令来更改:

```
alter diskgroup <diskgroup name> attribute 'compatible.ams' = '12.1';
```

如果保存密码的磁盘组兼容性设置不正确,创建数据库时就会报错。

Oracle 通过 asmca 命令,可以将 12c 标准的 ASM 转换成 Flex ASM:

```
asmca -silent -convertToFlexASM -asmNetworks eth1/ 192.168.1.121-asmListenerPort 1522

To complete ASM conversion, run the following script as privileged user in local node.
/u01/app/12.1.0/grid/cfgtoollogs/asmca/scripts/converttoFlexASM.sh
```

2. Oracle 12c Flex Cluster

从 Oracle 12c 的 GI 开始,Oracle 新引入了一种 RAC 拓扑结构,用来管理应用和数据库的高可用。Oracle Flex Cluster 提供了一个由集群服务管理,同时为应用和数据库服务的平台。Flex ASM 与 Flex Cluster 的关系是:Flex Cluster 需要使用 Flex ASM,而 Flex ASM 不需要搭配 Flex Cluster。

Oracle Flex Cluster 包含两种节点类型,分别叫作中心(Hub)节点和叶子(Leaf)节点。中心节点与标准集群配置里的节点类似,上面运行着 ASM 和数据库实例,可以访问共享存储。中心节点和叶子节点的主要区别在于中心节点能直接访问共享存储,而叶子节点不可以。叶子节点与标准 Oracle 网格节点的不同之处在于它们不需要 VIP,也不能直接访问共享存储。运行在叶子节点上的进程是没有 ASM 和数据库的集群服务。叶子节点存在的主要目的是使那些注册到集群并由集群管理的应用的高可用。就目前版本来说,叶子节点上不运行数据库。叶子节点就是为了配置应用的高可用,比如 GoldenGate、WebLogic 以及其他应用等。

使用下面的命令检查是否启用 Flex Cluster:

```
ASMCMD> showclustermode
ASM cluster : Flex mode enabled
```

检查集群中每个节点的类型的命令如下：

```
[oracle@Linux72 ~]$ olsnodes -a -n
linux71    1        Hub
linux72    2        Hub
```

可以使用 runInstaller -updateNodList 命令在叶子节点和中心节点之间进行转换。

3.7.5 srvctl 命令增强

在 12c 版本的 ASM 中，Oracle 对管理数据库和群集服务的命令做了一些增强。其中的一处增强是可以不用真正执行命令就能知道命令执行时会产生哪些步骤。与以前版本不一样，以前版本没办法评估命令的执行路径，当前版本可以提供命令执行时将会发生的详细步骤，显示命令对数据库或集群将产生的影响。服务器控制工具 (Server Control Utility)，即 srvctl，可以在命令真正执行前进行预评估。不是所有的 srvctl 命令都有这个选项，只有一部分命令有这个功能。

srvctl 的 -eval 选项可以模拟执行命令而不会对系统产生任何影响。这个选项会输出命令执行后将会发生什么。下面这些命令可以使用 -eval 选项模拟命令的执行：

```
srvctl add database
srvctl add service
srvctl add srvpool
srvctl modify database
srvctl modify service
srvctl modify srvpool
srvctl relocate server
srvctl relocate service
srvctl remove srvpool
srvctl start database
srvctl start service
srvctl stop database
srvctl stop service
```

如果数据库使用的是标准的 admin-managed 配置选项，上面的命令会报错，示例如下：

```
oracle@Linux72 ~]$ srvctl stop database -db oradb_cdb -eval -verbose
PRKO-2712 : Administrator-managed database oradb_cdb is not supported with -eval option
```

为了确认没有配置服务器池，可以执行下面的命令：

```
[oracle@Linux72 ~]$ srvctl config srvpool
Server pool name: Free
Importance: 0, Min: 0, Max: -1
Category:
Candidate server names:
Server pool name: Generic
Importance: 0, Min: 0, Max: -1
Category:
Candidate server names: linux71,linux72
```

上面的输出显示有可用的默认服务器池。有一个 "Free" 池和一个 "Generic" 池，但是没有服务器分配到池。srvctl 命令为每个选项提供了详细的帮助信息。比如，使用 srvctl 查看启动数据库的可用选项：

```
[oracle@Linux72 ~]$ srvctl start database -help
Starts the database.
Usage: srvctl start database -db <db_unique_name> [-startoption <start_options>]
[-startconcurrency <start_concurrency>] [-node <node>] [-eval] [-verbose]
    -db <db_unique_name>           Unique name for the database
```

```
  -startoption <start_options>    Options to startup command (e.g. OPEN, MOUNT, or "READ ONLY")
  -startconcurrency <start_concurrency> Number of instances to be started simultaneously (or
0 for empty start_concurrency value)
  -node <node>             Node on which to start the database (only for RAC One Node databases)
  -eval                    Evaluates the effects of event without making any changes to the system
  -verbose                 Verbose output
  -help                    Print usage
[oracle@Linux72 ~]$
```

srvctl 的-help 选项提供了所有命令选项的详细信息，包括-eval。除了-eval 命令，Oracle 12c ASM 还提供了一个好用的命令 predict，它能预见当一个资源发生故障并且不能在当前节点上重启时将会发生什么。与-eval 命令类似，这个命令也不会对系统做任何改动。

要查看能够使用 predict 选项的 srvctl 命令列表，使用-help 选项：

```
oracle@Linux72 ~]$ srvctl predict -help
```

srvctl predict 命令评估资源发生故障将会导致的结果：

```
Usage: srvctl predict database -db <database_name> [-verbose]
Usage: srvctl predict service -db <database_name> -service <service_name> [-verbose]
Usage: srvctl predict asm [-node <node_name>] [-verbose]
Usage: srvctl predict diskgroup -diskgroup <diskgroup_name> [-verbose]
Usage: srvctl predict filesystem -device <volume_device> [-verbose]
Usage: srvctl predict vip -vip <vip_name> [-verbose]
Usage: srvctl predict network [-netnum <network_number>] [-verbose]
Usage: srvctl predict listener -listener <listener_name> [-verbose]
Usage: srvctl predict scan -scannumber <scan_ordinal_number> [-netnum <network_number>] [-verbose]
Usage: srvctl predict scan_listener -scannumber <scan_ordinal_number> [-netnum <network_number>]
 [-verbose]
Usage: srvctl predict oc4j [-verbose]
```

举个例子，预判一个两节点 RAC 的 ASM 发生故障时的情况：

```
[oracle@Linux72 ~]$ srvctl predict asm
Resource ora.asm will be stopped
Resource ora.DB_DISK01.dg will be stopped
Resource ora.OCR_DISK.dg will be stopped
Resource ora.mgmtdb will be stopped
Database oradb_cdb will be stopped on nodes linux71,linux72
[oracle@Linux72 ~]$
```

上面的输出显示了 ASM 停止后将会发生的事情：磁盘组(DB_DISK01 和 OCR_DISK)将会停止，mgmtdb 数据库(单节点数据库)将会停止，oradb_cdb 数据库(两节点 RAC 实例)也会停止。predict 命令预判的是：如果 ASM 在一个两节点 RAC 环境的两个节点上同时崩溃，将会把所有资源都停止。这个两节点 RAC 测试环境配置的是 Flex ASM，那么为什么当 ASM 停止时也会把数据库关闭呢？答案就是停止 ASM 的这个命令是集群范围的，而没有指定某台集群服务器上的 ASM 实例。

下面的例子预判的是 ASM 在指定集群节点上停止的情况：

```
[oracle@Linux72 ~]$ srvctl predict asm -node linux72
Resource ora.asm will be stopped
Resource ora.DB_DISK01.dg will be stopped
Resource ora.OCR_DISK.dg will be stopped
[oracle@Linux72 ~]$
```

注意，在上面的例子中，单独的 ASM 实例故障发生在 linux72 节点上，输出显示只是磁盘组停止服务，而没有显示该节点上运行的数据库所受的影响。如果这是 11g RAC 环境，运行在集群节点 linux72 上的数据库会随着

ASM 发生故障而停止。如果为 Oracle 12c 启用了 Flex ASM，数据库将会通过 ASM 监听器，自动连接到集群中正常运行的 ASM 实例。

关于每一个 predict 命令的更多帮助信息可以通过使用-help 选项来查看：

```
[oracle@Linux72 ~]$ srvctl predict listener -h

Predicts the consequences of listener failure.

Usage: srvctl predict listener -listener <listener_name> [-verbose]
    -listener <lsnr_name>       Listener name
    -verbose                    Verbose output
    -help                       Print usage
[oracle@Linux72 ~]$
```

对于 srvctl 命令，除了前面列举的一些改变，Oracle 12c 还弃用了单字符参数。12.1 版本 Oracle 的 srvctl 会向下兼容，仍然允许使用单字符参数，但是对于更新的版本，单字符参数将会弃用。比如，数据库选项的-d 参数将按照下面的方式拼写：

```
11g:    srvctl status database -d oradb_cdb
12c:    srvctl status database -database oradb_cdb
        (or  srvctl status database -db oradb_cdb)
```

下面的列表显示了 srvctl 命令在 12c 版本中的改进，这些命令在 11g 版本的 ASM 中并不存在。具体每个命令如何工作，请使用-help 选项。

srvctl predict asm	srvctl disable mgmtdb	srvctl predict network
srvctl relocate asm	srvctl enable mgmtdb	srvctl predict oc4j
srvctl predict database	srvctl getenv mgmtdb	srvctl add rhpclient
srvctl update database	srvctl modify mgmtdb	srvctl config rhpclient
srvctl predict diskgroup	srvctl relocate mgmtdb	srvctl disable rhpclient
srvctl add exportfs	srvctl remove mgmtdb	srvctl enable rhpclient
srvctl config exportfs	srvctl setenv mgmtdb	srvctl modify rhpclient
srvctl disable exportfs	srvctl start mgmtdb	srvctl relocate rhpclient
srvctl enable exportfs	srvctl status mgmtdb	srvctl remove rhpclient
srvctl modify exportfs	srvctl stop mgmtdb	srvctl start rhpclient
srvctl remove exportfs	srvctl unsetenv mgmtdb	srvctl status rhpclient
srvctl start exportfs	srvctl update mgmtdb	srvctl stop rhpclient
srvctl status exportfs	srvctl add mgmtlsnr	srvctl add rhpserver
srvctl stop exportfs	srvctl config mgmtlsnr	srvctl config rhpserver
srvctl predict filesystem	srvctl disable mgmtlsnr	srvctl disable rhpserver
srvctl relocate filesystem	srvctl enable mgmtlsnr	srvctl enable rhpserver
srvctl export gns	srvctl getenv mgmtlsnr	srvctl modify rhpserver
srvctl import gns	srvctl modify mgmtlsnr	srvctl relocate rhpserver
srvctl update gns	srvctl remove mgmtlsnr	srvctl remove rhpserver
srvctl add havip	srvctl setenv mgmtlsnr	srvctl start rhpserver
srvctl config havip	srvctl start mgmtlsnr	srvctl status rhpserver
srvctl disable havip	srvctl status mgmtlsnr	srvctl stop rhpserver
srvctl enable havip	srvctl stop mgmtlsnr	srvctl predict scan

srvctl modify havip	srvctl unsetenv mgmtlsnr	srvctl predict scan_listener
srvctl relocate havip	srvctl add mountfs	srvctl update scan_listener
srvctl remove havip	srvctl config mountfs	srvctl predict service
srvctl start havip	srvctl disable mountfs	srvctl predict vip
srvctl status havip	srvctl enable mountfs	srvctl config volume
srvctl stop havip	srvctl modify mountfs	srvctl disable volume
srvctl update instance	srvctl remove mountfs	srvctl enable volume
srvctl predict listener	srvctl start mountfs	srvctl start volume
srvctl add mgmtdb	srvctl status mountfs	srvctl status volume
srvctl config mgmtdb	srvctl stop mountfs	srvctl stop volume

对于 crsctl 命令，新增的好像只有 crsctl eval，这个命令与 srvctl –eval 类似。关于 crsctl eval 的详细信息，请使用-help 选项。

3.7.6 ASM 磁盘清洗(scrubbing)

在 Oracle 12c 版本的 ASM 中，逻辑磁盘损坏可由清洗进程修正。这个进程为配置成常规冗余或高冗余的 ASM 磁盘服务。磁盘清洗通过镜像磁盘来修复逻辑损坏，清洗操作对 I/O 影响是最低限度的，清洗操作可在磁盘组、磁盘或 ASM 文件上执行。对于磁盘清洗，清洗操作提供了 4 个选项。

(1) REPAIR： `alter diskgroup DB_DISK01 scrub repair;`

REPAIR 选项自动修复磁盘损坏。如果没有指定 REPIRE 选项，清洗进程只是检查逻辑损坏，并不修复。

(2) POWER(AUTO,LOW,HIGH,MAX)： `alter diskgroup DB_DISK01 scrub POWER HIGH;`

POWER 选项控制 ASM 对清洗操作的资源分配。如果没有指定 POWER 选项，默认是 AUTO，这时 ASM 会根据当前系统的负载情况，以尽量减少清洗进程对系统的影响。

(3) WAIT： `alter diskgroup DB_DISK01 scrub wait;`

WAIT 选项不是把清洗操作加到清洗队列，而是等待清洗操作的完成。如果使用 SQL*Plus 执行这个操作，提示符会等到清洗完毕才会显示。ASM 的告警日志将会显示"wait"进程。比如：

```
Thu Apr 14 13:44:26 2016
SQL> alter diskgroup DB_DISK01 scrub wait
Thu Apr 14 13:44:26 2016
NOTE: Start scrubbing diskgroup DB_DISK01
NOTE: Waiting for scrubbing to finish
Thu Apr 14 13:44:26 2016
ERROR: File +DB_DISK01/ORADB_CDB/TEMPFILE/TEMP.267.908469297 is not supported (6)
ERROR: File +DB_DISK01/ORADB_CDB/2FD8BC62957F4884E0530F38A8C002C0/TEMPFILE/TEMP.270.908469419 is not supported (6)
ERROR: File +DB_DISK01/ORADB_CDB/2FD90C836CD0672EE0530F38A8C05303/TEMPFILE/TEMP.279.908470915 is not supported (6)
Thu Apr 14 13:47:33 2016
NOTE: Scrubbing finished
Thu Apr 14 13:47:33 2016
SUCCESS: alter diskgroup DB_DISK01 scrub wait
```

(4) FORCE： `alter diskgroup DB_DISK01 scrub force;`

这个选项强制执行清洗操作，即便系统负载较高。前面提到，清洗操作可在 ASM 磁盘组、磁盘和文件上执行：

- 磁盘组：`alter diskgroup DB_DISK01 scrub repair power high force;`
- 磁盘：`alter diskgroup DB_DISK01 scrub disk DB_DISK01_0000 repair power high force;`

- **ASM 文件**：alter diskgroup DB_DISK01 scrub file '+DB_DISK01/ORADB_CDB/DATAFILE/users.259.
  908469163'repair power max force;

ASM 文件的 TEM 文件是例外，参见前面 WAIT 选项的日志：

ERROR: File +DB_DISK01/ORADB_CDB/TEMPFILE/TEMP.267.908469297 **is not supported (6)**

磁盘清洗进程和磁盘组再平衡操作都会减少 I/O 资源。清洗操作的进程可通过 V$ASM_OPERATION 或 ASMCMD LSOP 查看。

3.7.7 ASM 再平衡增强

可以选择手动再平衡 ASM 磁盘，这是 12c 版本新增的一个 ASM 磁盘操作选项。通常 ASM 磁盘会根据增减磁盘到磁盘组的磁盘配置操作自动再平衡，而在 12c 版本的 ASM 中，Oracle 提供了手动执行再平衡的操作选项。使用 ALTER DISKGROUP REBALANCE 操作加上一个 POWER 值来进行资源分配，可以加速再平衡操作。如果没有指定 POWER 值，进程会使用 ASM spfile 中指定的 ASM_POWER_LIMIT 值，默认是 1。12c 版本的 ASM 中 POWER 值的范围是 0~1024，如果需要把它调到超过 11，就必须把 COMPATIBLE.ASM 参数设置为 11.2.0.2 或更高。如果 COMPATIBLE.ASM 参数设置为 11.2.0.2 以下，POWER 值最大只能设置到 11，即便指定了更大的 POWER 限制值。

再平衡操作有了 POWER 设置后，就可以控制并行度来加速再平衡操作。这个选项还提供了为适应服务器资源能力而增减 POWER 限制值的功能，可以通过设置 POWER 值为 0 将再平衡操作挂起，当想让它继续执行时，可以增大 POWER 值，再平衡操作会从之前挂起的地方继续执行下去。

EXPLAIN WORK SQL 语句是 12c 版本 ASM 的新特性，通过 V$ASM_ESTIMATE 视图来判断增减磁盘所需的工作量。EXPLAIN WORK 语句只是在 V$ASM_ESTIMATE 视图中生成完成操作的预估工作量，而不是真正地执行命令。通过在 EXPLAIN WORK 语句中修改 POWER 值，就能够在 V$ASM_ESTIMATE 视图的 EST_WORK 字段中看到对应的改变。EST_WORK 字段提供了完成再平衡操作需要移动的 AU 估值。Oracle ASM 会尝试为每个动力单元保留再平衡所需的 I/O。每一次 I/O 需要为相关重定位区分配 PGA，所以增大 PGA 会加速再平衡操作。

有两个磁盘组属性会影响再平衡操作，分别是 CONTENT.CHECK 和 THIN_PROVISIONED。其中 CONTENT.CHECK 属性负责开启或关闭磁盘组再平衡操作执行数据拷贝操作时的内容检查，属性值是 TRUE 或 FALSE(默认值)。当设置为 TRUE 时，所有的再平衡操作都会启用逻辑内容检查。磁盘组再平衡完成后丢弃未使用存储空间开关选项由 THIN_PROVISIOINED 属性控制，默认值是 FALSE。这个属性只在 Oracle 12c 的 ASM 使用过滤驱动器(ASMFD)时才支持，ASMFD 将在本章后面部分深入阐述。

可以通过查询 V$ASM_ATTRIBUTE 视图来查看 ASM 属性设置，或者使用 ASMCMD。运行下面的命令，Oracle 12c 的 ASM 相对以前版本增加了更多的磁盘组属性。

```
ASMCMD> lsattr -l

Name                        Value
access_control.enabled      FALSE
access_control.umask        066
au_size                     1048576
cell.smart_scan_capable     FALSE
compatible.asm              12.1.0.0.0
compatible.rdbms            10.1.0.0.0
content.check               FALSE
content.type                data
disk_repair_time            3.6h
failgroup_repair_time       24.0h
idp.boundary                auto
```

```
idp.type                     dynamic
phys_meta_replicated         true
sector_size                  512
thin_provisioned             FALSE
access_control.enabled       FALSE
access_control.umask         066
au_size                      1048576
cell.smart_scan_capable      FALSE
compatible.asm               12.1.0.0.0
compatible.rdbms             10.1.0.0.0
content.check                FALSE
content.type                 data
disk_repair_time             3.6h
failgroup_repair_time        24.0h
idp.boundary                 auto
idp.type                     dynamic
phys_meta_replicated         true
sector_size                  512
thin_provisioned             FALSE
ASMCMD>
```

下面是 EXPLAIN WORK 命令的一个例子：

```
select a.name "Disk Group",b.name "Disk Name",
       b.TOTAL_MB,b.free_mb,a.COMPATIBILITY,b.disk_number
from   v$asm_disk b, v$asm_diskgroup a
where  a.group_number = b.group_number
and    a.name = 'DB_DISK01'
order  by 1 ;

Disk Group          Disk Name                    TOTAL_MB   FREE_MB COMPATIBILITY  DISK_NUMBER
------------------- ---------------------------- ---------- --------- -------------- ------------
DB_DISK01           DB_DISK01_0000                  20119     16207 12.1.0.0.0              0

SQL> explain work for alter diskgroup DB_DISK01 rebalance power 1;
Explained.

select est_work
from   v$asm_estimate;

  EST_WORK
----------
       234
```

差不多每个 ALTER DISKGROUP 命令都可以使用 EXPLAIN PLAN，然后查询 V$ASM_ESTIMATE 视图来更好地评估整个工作量。

在 12c 版本的 ASM 中，新增了 V$ACTIVE_SESSION_HISTORY(ASH)，这使我们能够查询 ASM SQL 的历史执行情况，检查 ASM 中什么时间执行了什么命令。这需要使用调优包。

```
select sample_time,session_type,sql_id,sql_opname
from   v$active_session_history
where  sql_opname is not null
order  by 1;

SAMPLE_TIME                    SESSION_TY SQL_ID         SQL_OPNAME
------------------------------ ---------- -------------- ------------------
22-APR-16 12.25.30.807 PM      FOREGROUND 2652h28tjmm7k  ALTER DISK GROUP
```

```
22-APR-16 12.25.31.807 PM        FOREGROUND 2652h28tjmm7k ALTER DISK GROUP
22-APR-16 12.25.32.807 PM        FOREGROUND 2652h28tjmm7k ALTER DISK GROUP

select sql_text
from   v$sqltext
where  sql_id = '2652h28tjmm7k'
order  by piece;

SQL_TEXT
--------------------------------------------------------------
ALTER DISKGROUP ALL MOUNT /* asm agent call crs *//* {0:9:3} */
```

3.7.8 ASM 快速镜像再同步

Oracle ASM 快速再同步通过快速重新同步 Oracle ASM 磁盘区，大大降低了再同步一个故障磁盘的时间。有些问题导致一个故障组临时不可用，被认为是短暂故障，能够由 ASM 快速镜像再同步功能恢复。该特性可在停机期间跟踪离线磁盘上要做的改动，磁盘重新在线后，这些改动会被重新同步。当一个磁盘离线时，Oracle ASM 默认会在 3.6 小时后删除这个磁盘。通过设置 DISK_REPAIR_TIME 属性，可以设置一个更长的时间间隔来延迟删除操作。DISK_REPAIR_TIME 属性只能在高冗余或普通冗余磁盘组上设置，而且 ASM 兼容性设置必须设置在 11.1 或更高。V$ASM_DISK 的 REPAIR_TIME 字段以秒为单位显示磁盘将要删除的总的剩余时间，当 REPAIR_TIME 耗尽时，ASM 将删除磁盘。

可以通过 ALTER DISKGROUP 命令设置 DISK_REPAIR_TIME 属性为指定的小时或分钟值：

```
alter diskgroup DB_DISK01 set attribute 'disk_repair_time' = '4.0h';
alter diskgroup DB_DISK01 set attribute 'disk_repair_time' = '240m';
```

在 ALTER DISKGROUP 操作期间，可以像下面一样查询 V$ASM_OPERATION 视图，查看当前操作的状态。PASS 字段显示的是操作类型。

```
select group_number, pass, state
from   v$asm_operation;
```

查询 V$ASM_OPERATION 可以确认哪些操作的执行可能导致 I/O 性能的下降，注意其中的操作类型。

3.7.9 ASM 过滤驱动器(Filter Driver)

从 Oracle 12c 的 ASM 开始，在单机和集群环境中，Oracle 为管理 ASM 磁盘提供了一个核心模块，叫作 ASM 过滤驱动器(ASMFD)。作为 Oracle 12c GI 安装的一部分，ASMFD 不需要 ASM 重启后重新绑定磁盘设备，简化了磁盘设备的配置和管理。ASMFD 还能过滤那些意外覆盖 ASM 磁盘的非 Oracle 的 I/O 请求。如果安装 Oracle 12c GI 时已经安装了 ASMLIB，那么 ASMFD 不会自动覆盖 ASMLIB 的配置。安装了 Oracle 12c GI 后，如果决定不再使用 ASMLIB，就需要手动完成 ASMLIB 到 ASMFD 的迁移。Oracle 12c GI 仍持续使用 ASMLIB，但是如果希望迁移到 ASMFD 以实现对 ASM 磁盘更好、更安全的管理，就要在安装 Oracle 12c GI 安装后，手动迁移到 ASMFD。

迁移到 ASMFD 的其中最大一个好处就是 ASM 磁盘管理的安全性提高了。一旦磁盘迁移到 ASMFD，磁盘的属主就会变成 root，而不是 oracle 或 grid。属主变为 root 会防止非 root 用户意外破坏磁盘头或磁盘内容，安全性因而得到提高。Oracle 提供了如何配置 ASMFD 的文档(Doc ID 2060259.1)，包括有 ASMLIB 和无 ASMLIB 两种情况。笔者的测试环境是一个两节点的无 ASMFD 集群，下列步骤演示了如何从 ASMLIB 迁移到 ASMFD。

配置 ASMFD 前，可以看到，ASMFD 没有加载(以 root 用户身份执行)：

```
[root@Linux71 ~]# asmcmd afd_state
SMCMD-9526: The AFD state is 'NOT INSTALLED' and filtering is 'DEFAULT' on host
```

配置 ASMFD 前，磁盘属主是 oracle:oinstall：

```
/dev/oracleasm/disks
brw-rw----. 1 oracle oinstall 8, 49 Apr 25 11:59 DB_DISK_01
brw-rw----. 1 oracle oinstall 8, 33 Apr 25 12:00 OCR_DISK
```

接下来，准备配置 ASMFD(以 root 用户身份执行)。作为 Oracle GI 的属主，需要修改 Oracle ASM 磁盘的发现字符串来让 ASMFD 找到设备。可以用下面的命令检查当前 ASM 磁盘的发现字符串：

```
[oracle@Linux71 ~]$ asmcmd dsget
parameter:/dev/oracleasm/disks/*
profile:/dev/oracleasm/disks/*
```

上面的输出显示，ASM 磁盘的发现字符串是'/dev/oracleasm/disks/*'。需要修改这个值，从而让 ASM 也能自动发现 ASMFD 磁盘：

```
[oracle@Linux71 ~]$ asmcmd dsset '/dev/oracleasm/disks/*','AFD:*'
[oracle@Linux71 ~]$
[oracle@Linux71 ~]$ asmcmd dsget
parameter:/dev/oracleasm/disks/*, AFD:*
profile:/dev/oracleasm/disks/*,AFD:*
```

如上面的例子所示，因为可以使用 ASMCMD DSSET 命令增加 ASM 磁盘的发现字符串'AFD:*'，所以在 ASM 磁盘的发现路径中，新老搜索路径可以同时存在。如果要把老的 ASM 磁盘发现路径彻底去掉，可以使用 ASMCMD DSSET '/dev/oracleasm/disks/*'。对于本次演示，在完全配置好 ASMFD 之前，还保留着老的磁盘路径。

因为测试环境是一个两节点的 Oracle 12*c* RAC，所以需要在配置 ASMFD 前，在所有节点上关闭 CRS 栈。下面检查 RAC 节点是如何配置的：

```
[oracle@Linux71 ~]$ olsnodes -n -a
linux71   1       Hub
linux72   2       Hub
```

为了停止所有节点上的 CRS，在各节点上以 root 用户身份发出 crsctl stop 命令：

```
[root@Linux71 sbin]# crsctl stop has
CRS-2791: Starting shutdown of Oracle High Availability Services-managed resources on 'linux71'
CRS-2673: Attempting to stop 'ora.crf' on 'linux71'
CRS-2673: Attempting to stop 'ora.gpnpd' on 'linux71'
CRS-2673: Attempting to stop 'ora.mdnsd' on 'linux71'
CRS-2677: Stop of 'ora.crf' on 'linux71' succeeded
CRS-2673: Attempting to stop 'ora.gipcd' on 'linux71'
CRS-2677: Stop of 'ora.gpnpd' on 'linux71' succeeded
CRS-2677: Stop of 'ora.mdnsd' on 'linux71' succeeded
CRS-2677: Stop of 'ora.gipcd' on 'linux71' succeeded
CRS-2793: Shutdown of Oracle High Availability Services-managed resources on 'linux71' has
completed
CRS-4133: Oracle High Availability Services has been stopped.

[root@Linux72 ~]# crsctl stop has
CRS-2791: Starting shutdown of Oracle High Availability Services-managed resources on 'linux72'
CRS-2673: Attempting to stop 'ora.crf' on 'linux72'
CRS-2673: Attempting to stop 'ora.mdnsd' on 'linux72'
CRS-2673: Attempting to stop 'ora.gpnpd' on 'linux72'
CRS-2677: Stop of 'ora.crf' on 'linux72' succeeded
CRS-2673: Attempting to stop 'ora.gipcd' on 'linux72'
CRS-2677: Stop of 'ora.gpnpd' on 'linux72' succeeded
CRS-2677: Stop of 'ora.mdnsd' on 'linux72' succeeded
```

```
CRS-2677: Stop of 'ora.gipcd' on 'linux72' succeeded
CRS-2793: Shutdown of Oracle High Availability Services-managed resources on 'linux72' has
completed
CRS-4133: Oracle High Availability Services has been stopped.
```

CRS 在所有节点上都停止后，就可以开始配置 ASMFD 了。以 root 用户身份执行 afd_configure 命令：

```
[root@Linux71 sbin]# asmcmd afd_configure
Connected to an idle instance.
AFD-620: AFD is not supported on this operating system version: 'unknown'
ASMCMD-9524: AFD configuration failed 'ERROR: afdroot install failed'
```

下面是测试系统的详细信息：

```
[root@Linux71 ~]# uname -r
3.8.13-118.3.2.el7uek.x86_64

[root@Linux71 ~]# cat /etc/redhat-release
Red Hat Enterprise Linux Server release 7.1 (Maipo)
```

打完补丁 18321597 后，开始配置 AFD：

```
[oracle@Linux71 ~]$ asmcmd showpatches
---------------
List of Patches
===============
18321597

[root@Linux71 ~]# asmcmd afd_configure
Connected to an idle instance.
ASMCMD-9519: ASMLib is present with ASM disk string '/dev/oracleasm/disks/*,AFD:*'; command
requires default ASM disk string
The above error is because ASMLIB is still running, will need to stop ASMLIB before executing
above command.  Stopping ASMLIB on both RAC nodes.
[root@Linux71 sbin]# ./oracleasm exit
Unmounting ASMlib driver filesystem: /dev/oracleasm
Unloading module "oracleasm": oracleasm
```

执行上面的命令时报错是因为 ASMLIB 仍在运行，执行上面的命令需要在 RAC 的两个节点上停止 ASMLIB。
停止 ASMLIB 后，就可以成功执行 afd_configure 命令了：

```
[root@Linux71 sbin]# asmcmd afd_configure
Connected to an idle instance.
AFD-627: AFD distribution files found.
AFD-636: Installing requested AFD software.
AFD-637: Loading installed AFD drivers.
AFD-9321: Creating udev for AFD.
AFD-9323: Creating module dependencies - this may take some time.
AFD-9154: Loading 'oracleafd.ko' driver.
AFD-649: Verifying AFD devices.
AFD-9156: Detecting control device '/dev/oracleafd/admin'.
AFD-638: AFD installation correctness verified.
Modifying resource dependencies - this may take some time.
```

接下来增加 AFD 设备到/etc/udev/rules.d/53-afd.rules 中，如下所示：

```
# AFD devices
KERNEL=="oracleafd/.*", OWNER="oracle", GROUP="oinstall", MODE="0770"
KERNEL=="oracleafd/*", OWNER="oracle", GROUP="oinstall", MODE="0770"
KERNEL=="oracleafd/disks/*", OWNER="oracle", GROUP="oinstall", MODE="0660"
```

AFD_STATE 在第一个节点(linux71)上生成 LOADED 信息。因为这是一个两节点的 RAC，所以需要在第二个节点上也执行 asmcmd afd_configure 命令，但事先需要在第二个节点上停止 ASMLIB：

```
[root@Linux71 sbin]# asmcmd afd_state
Connected to an idle instance.
ASMCMD-9526: The AFD state is 'LOADED' and filtering is 'DEFAULT' on host 'Linux71.localdomain'
```

在所有节点上执行 asmcmd afd_configure 后，需要迁移当前 ASM 磁盘到 ASMFD。与 ASMLIB 类似，配置完 ASMFD 后，会在每个执行 afd_configure 命令的节点上创建一个名为/dev/oracleafd 的目录：

```
[oracle@Linux71 dev]$ ls -ld ora*
drwxrwx---. 3 oracle oinstall 80 Apr 26 10:54 oracleafd
drwxr-xr-x. 2 root   root     40 Apr 26 10:13 oracleasm
```

在 RAC 的各节点上禁用 oracleasm.service，避免重启后 ASMLIB 自动重启：

```
[root@Linux71 disks]# systemctl disable oracleasm.service
Removed symlink /etc/systemd/system/multi-user.target.wants/oracleasm.service.
```

然后确保 AFD 驱动已经加载：

```
[root@Linux71 log]# asmcmd afd_state
ASMCMD-9526: The AFD state is 'LOADED' and filtering is 'DEFAULT' on host
'Linux71.localdomain'
[root@Linux71 log]#
```

接下来，迁移 ASMLIB 到 AFD。执行 migrate 命令前，确保磁盘组和路径都无误；更重要的是，确保磁盘分区正确(举个例子，sdc1 中的 1 显示它是一个分区)。

```
[root@Linux71 ~]# asmcmd afd_label OCR_DISK '/dev/sdc1' --migrate
Connected to an idle instance.
```

执行上面的命令后，在/dev/oracleafd/disks/目录下会创建一个文本文件，如下所示。该文本文件的内容就是实际的裸磁盘路径。值得注意的是，文本文件的属主是 root。

```
root@Linux72 disks]# ls -l /dev/oracleafd/disks
total 4
-rw-r--r--. 1 root root 10 May  2 13:53 OCR_DISK


[root@Linux72 disks]# [root@Linux71 disks]# cat OCR_DISK
/dev/sdc1

root@Linux71 disks]# asmcmd afd_lsdsk
Connected to an idle instance.
--------------------------------------------------------------------------------
Label                    Filtering   Path
================================================================================
OCR_DISK                 ENABLED     /dev/sdc1
```

上面的命令在全部节点上执行后，在每个节点上启动集群：

```
root@Linux71 disks]# crsctl start cluster
CRS-2672: Attempting to start 'ora.crf' on 'linux71'
CRS-2672: Attempting to start 'ora.cssd' on 'linux71'
CRS-2672: Attempting to start 'ora.diskmon' on 'linux71'
CRS-2676: Start of 'ora.diskmon' on 'linux71' succeeded
CRS-2676: Start of 'ora.crf' on 'linux71' succeeded
CRS-2676: Start of 'ora.cssd' on 'linux71' succeeded
```

```
CRS-2672: Attempting to start 'ora.ctssd' on 'linux71'
CRS-2672: Attempting to start 'ora.cluster_interconnect.haip' on 'linux71'
CRS-2676: Start of 'ora.ctssd' on 'linux71' succeeded
CRS-2676: Start of 'ora.cluster_interconnect.haip' on 'linux71' succeeded
CRS-2672: Attempting to start 'ora.asm' on 'linux71'
CRS-2676: Start of 'ora.asm' on 'linux71' succeeded
CRS-2672: Attempting to start 'ora.storage' on 'linux71'
CRS-2676: Start of 'ora.storage' on 'linux71' succeeded
CRS-2672: Attempting to start 'ora.crsd' on 'linux71'
CRS-2676: Start of 'ora.crsd' on 'linux71' succeeded
```

一旦集群启动，就可以通过 SQL*Plus 连到 ASM 实例，验证 PATH 使用的是 AFD：

```
select inst_id,name,state,path
from   gv$asm_disk;

  INST_ID NAME                            STATE    PATH
---------- ------------------------------ -------- ---------------
        1 OCR_DISK_0000                   NORMAL   AFD:OCR_DISK
        2 OCR_DISK_0000                   NORMAL   AFD:OCR_DISK


SELECT SYS_CONTEXT('SYS_ASMFD_PROPERTIES', 'AFD_STATE') FROM DUAL;


SYS_CONTEXT('SYS_ASMFD_PROPERTIES','AFD_STATE')
----------------------------------------------------------------
CONFIGURED
```

接下来，修改 ASM_DISKSTRING 和 AFD_DISKSTRING 设置：

```
SQL> ALTER SYSTEM set asm_diskstring = 'AFD:*';
System altered.

SQL> ALTER SYSTEM AFD_DISKSTRING SET 'AFD:*';
System altered.

asmcmd afd_dsset '/dev/sd*'   { on all hub RAC nodes }
asmcmd afd_dsget { to view the current AFD discovery string }
```

确保/etc/afd.conf 文件在各节点上设置正确：

```
[root@Linux72 etc]# cat /etc/afd.conf
afd_diskstring='/dev/sd*'
afd_filtering=enable
```

然后确保所有的集群环境处于在线状态：

```
root@Linux72 disks]# crsctl check cluster -all
**************************************************************
linux71:
CRS-4537: Cluster Ready Services is online
CRS-4529: Cluster Synchronization Services is online
CRS-4533: Event Manager is online
**************************************************************
linux72:
CRS-4537: Cluster Ready Services is online
CRS-4529: Cluster Synchronization Services is online
CRS-4533: Event Manager is online
```

增加新的磁盘到磁盘组，先用 fdisk 命令对新磁盘分区，再执行 asmcmd afd_label db_disk_01 '/dev/sdd1' 以增加磁盘，然后在其他各节点上执行 asmcmd afd_scan 命令。使用 asmcmd 命令创建一个新的磁盘组时，要确保"创建磁盘组"步骤的发现路径是 AFD。增加新磁盘后，就可以列出刚刚增加的磁盘了：

```
[root@Linux71 disks]# asmcmd afd_lsdsk
--------------------------------------------------------------------
Label                    Filtering   Path
====================================================================
OCR_DISK                 DISABLED    /dev/sdc1
DB_DISK_01               DISABLED    /dev/sdd1
```

Oracle 还提供了一个新工具来显示 GI/RAC 集群信息(Doc.ID 1568439.1)。Perl 脚本 ols.pl 非常详细地显示了集群当前的配置信息，包括 Flex 的使用、AFD 的配置以及是否配置了 Hub/Leaf 节点。示例输出如下：

```
[oracle@Linux71 ~]$ perl ols.pl
Local Time Now :         2016-05-18 15:01:52

The Cluster Nodes are :                linux71, linux72
The Local Node is :                    linux71
The Remote Nodes are :                 linux72

Major Clusterware Software Version is : 12.1.0.2.0
Major Clusterware Active Version is :   12.1.0.2.0
Major Clusterware Release Version is :  12.1.0.2.0

CRS_HOME is installed at :             /u01/app/12.1.0/grid
CRS_BASE is installed at :             /u01/app/grid_base
CRS_OWNER is :                         oracle
CRS_GROUP is :                         oinstall
ORACLE_HOMES[0] is installed at :      /u01/app/oracle_base/product/12.1.0/dbhome_1 (on Local FS)
ORACLE_BASES[0] is installed at :      /u01/app/oracle_base (on Local FS)
ORACLE_OWNERS[0] is :                  oracle
ORACLE_GROUPS[0] is :                  oinstall

All databases created : orcl

DB_NAME   MANAGEMENT       DB_TYPE    DB_VERSION    DB_HOME       DG/FS USED
======    ==========       =======    ==========    ==========
orcl      administrator    RAC        12.1.0.2.0    /u01/app/oracle_base/product/12.1.0/dbhome_1
'+DB_DISK'

NODE_NAME            NODE_ID NODE_STATE    NODE_ROLE
=========            ======= ==========    =========
linux71              1       Active        Hub
linux72              2       Active        Hub

Cluster Name :       Linux-cluster
SCAN Name :          Oracle-SCAN1
SCAN Listeners :     LISTENER_SCAN1 (Port: TCP:1523)
                     LISTENER_SCAN2 (Port: TCP:1523)
                     LISTENER_SCAN3 (Port: TCP:1523)
GNS Status :         configured and enabled
GNS Running Node :   linux71
GNS Version :        12.1.0.2.0
GNS VIP :            192.168.56.55
GNS Subdomain :      Linux.localdomain
```

```
GNS-to-DNS Port :       53
GNS-to-mDNS Port :      5353

Node VIP Version :      12.1.0.2.0
Local Node VIPs :       ora.linux71.vip Linux71_vip.localdomain (static)
                        ora.linux72.vip Linux72_vip.localdomain (static)

                  NIC       Subnet          Netmask         Type
                  ===       ======          =======         ====
Oracle Interfaces : enp0s3  192.168.56.0    255.255.255.0   global  public
                    enp0s9  192.168.1.0     255.255.255.0   global  cluster_interconnect,asm

                  enp0s3          enp0s9
                  ======          ======
linux71 :
linux72 :

OCR Location :          '+OCR_DISK'
Voting Disk Location :  '+OCR_DISK'

Cluster Mode :          Flex Cluster

Hub Node                        connects                Leaf Node
========                        ========                =========
linux71(1,Active)               <---                    None
linux72(2,Active)               <---                    None

MGMTDB Status :         enabled and is running on linux72
MGMTDB HOME :           <CRS home>
MGMTDB Spfile :         '+OCR_DISK/_MGMTDB/PARAMETERFILE/spfile.268.910717855'
MGMTDB Instance :       '-MGMTDB'

MGMTLSNR Status :       enabled and is running on linux72
MGMTLSNR HOME :         <CRS home>
MGMTLSNR Port :         TCP:1521
Detailed state :        169.254.160.216 192.168.1.19

                  ASMNET1LSNR_ASM
                  ===============
Subnet :                192.168.1.0
End points :            TCP:1522
Owner :                 oracle
Home :                  <CRS home>
Status :                enabled

DISKGROUP       REDUNDANCY      AU      COMPATIBILITY   DB_COMPATIBILITY        SIZE_MB FREE_MB
USABLE_MB       PATH
=========       ==========      ====    =============   ================        ======= =======
=========       ====
DB_DISK         EXTERN          1MB     12.1.0.0.0      10.1.0.0.0              40238   25077   25077
AFD:DB_DISK_01 -> /dev/sdd1

AFD:DB_DISK_02 -> /dev/sde1
OCR_DISK        EXTERN          1MB     12.1.0.0.0      10.1.0.0.0              8119    3652    3652
AFD:OCR_DISK -> /dev/sdc1
```

```
ASM Host                              connects              Client
========                              ========              ======
Linux71.localdomain(+ASM1)            <---                  '+ASM1(linux71)'
Linux71.localdomain(+ASM1)            <---                  'orcl1(linux71)'

Linux72.localdomain(+ASM2)            <---                  '+ASM2(linux72)'
Linux72.localdomain(+ASM2)            <---                  '-MGMTDB(linux72)'
Linux72.localdomain(+ASM2)            <---                  'orcl2(linux72)'

CSS Master :              linux71
OCR/CRSD Master :         linux71
CRSD PE Master :          linux71
CRSD PE Standby :         linux72
CTSS Master :             linux71
UI Master :               linux71
ONS Master :              linux72
ONSNET Master :           linux71
CHM Master :              linux71
CHM Replica :             REPLICA has been deprecated from 12c

OCR Local/Writer                      connects              ASM Instance
================                      ========              ============
linux71(Hub,OCR Writer)               --->                  linux71(+ASM1)
linux72(Hub,OCR Local)                --->                  linux71(+ASM1)
```

更详尽的输出可以通过传递两个参数获取：ols.pl –f –v。这个脚本同样可以在 Oracle 11g 的集群环境中执行。

3.7.10 ASM 和权限

ASM 实例的访问权限类似于标准实例的访问权限，即 SYSDBA 权限和 SYSOPER 权限。然而，需要注意的是，因为没有任何数据字典，所以通过操作系统级和/或 Oracle 密码文件完成验证。一般情况下，通过使用操作系统组授予 SYSDBA 权限。在 UNIX 操作系统中，操作系统组一般是 dba 组，也被叫作 OSDBA 组。在 Oracle 10g 中，dba 组的成员有当前节点上所有实例的 SYSDBA 权限，其中也包括 ASM 实例。使用 SYSDBA 权限连接 ASM 实例的用户具有对系统中所有磁盘组的全部管理权限。

表 3-1 列出了一些 ASM 后台进程以及对每个进程的简要描述。

表 3-1 ASM 后台进程

缩略词	描述	基本数据库操作需要	是否默认启动	是否新版本特有
ACFS	跟踪 CSS 中的集群成员，成员改变则通知文件系统驱动	否	否	否
ARB 0..A	ASM 文件系统数据区再平衡	否	否	否
ARSn	ASM RBAL 后台进程协调和派生出一个或更多个这类从属进程来恢复失败的 ASM 事务型操作，这些进程只在 Oracle ASM 实例上运行	否	否	是
ASMB	与 ASM 进程进行通信，管理存储并提供统计信息	否	否	否
B00 0..4	在 ASM 磁盘组上执行维护操作	否	否	否
Bnnn	在 Oracle 磁盘组上执行维护操作。Bnnn 执行的操作需要等待 GMON 相关资源。GMON 必须高度可用，不能等待	否	否	是
FENC	使用 Oracle ASM IOServer 实例的 RDBMS 实例的防护进程	否	否	是

(续表)

缩略词	描述	基本数据库操作需要	是否默认启动	是否新版本特有
GMON	在 ASM 磁盘组中维护磁盘伙伴关系	否	否	否
MARK	在一个下线磁盘写丢失后标记一个 ASM AU 是陈旧的	否	否	否
OCFn	维护连接到 ASM 实例进行元数据操作的连接	否	否	否
Onnn	维护连接到 ASM 实例进行元数据操作的连接	否	否	否
RBAL	在一个 Oracle ASM 实例中,协调磁盘组的再平衡活动,管理 Oracle ASM 磁盘组	否	否	否
RMON	管理 Oracle ASM 集群的滚动迁移过程。RMON 进程根据要求派生而来,转换 ASM 集群进出滚动迁移模式	是	否	是
Rnnn	数据库实例对 ASM 磁盘组的某次读取过程可能发生错误,如果可行,Oracle ASM 异步调度 Rnnn 子进程,通过镜像数据块恢复错误数据块	否	否	否
SCCn	SCRB 的子进程,执行检查操作	否	否	是
SCRB	在 Oracle ASM 实例中运行,协调 Oracle 磁盘清洗操作	否	否	是
SCRn	SCRB 子进程,执行修理操作	否	否	是
SCVN	执行 Oracle ASM 磁盘清洗验证操作。SCVn 是 SCRB 的子进程,执行验证操作。进程编号范围为 SCV0~SCV9	否	否	是
TEMn	通过命名事件,模拟 ASM 磁盘 I/O 错误	否	否	否
VBGn	在 ASM 实例和操作系统卷驱动器之间通信	否	否	否
VDBG	转发 ASM 请求,执行各种卷相关任务	否	否	否
VMBO	维护代表 ASM 卷驱动器的集群伙伴关系	否	否	否
VUBG	在 Oracle ASM 实例和(为 ACFS)使用 ADVM 的 Oracle ASM 代理实例之间传递消息	否	否	是
Xnnn	执行 Oracle ASM 再平衡后的操作。这个进程在 Oracle ASM 再平衡结束后会把删掉的磁盘除名	否	否	是

在 11g 和 12c 版本中,Oracle 修改了这个概念并且引入了 ASMDBA 和角色 SYSASM。这个角色同操作系统中叫作 OSASM 的组绑定在一起。这延续了系统管理员和 DBA 各司其职的概念。SYSDBA 角色仍然可以连接 ASM 实例,但这已经不再是权限最高的用户。虽然可以访问 V$视图,但是没有ASM 实例的管理权限。下面列出了各种角色:

操作系统逻辑组	DBA 权限级别
OSOPER	SYSOPER
OSDBA	SYSDBA
OSASM	SYSASM

Oracle 在 12c 版本中又引入了 3 个管理用户:SYSBACKUP、SYSDG 和 SYSKM。

```
SQL> desc v$pwfile_users;
Name                                      Null?    Type
----------------------------------------- -------- ----------------------------
USERNAME                                           VARCHAR2(30)
SYSDBA                                             VARCHAR2(5)
```

```
SYSOPER                                VARCHAR2(5)
SYSASM                                 VARCHAR2(5)
SYSBACKUP                              VARCHAR2(5)
SYSDG                                  VARCHAR2(5)
SYSKM                                  VARCHAR2(5)
CON_ID                                 NUMBER
```

下面的查询显示哪些用户从密码文件中导出及授予 SYSDBA、SYSOPER、SYSASM、SYSBACKUP、SYSDG 或 SYSKM 权限：

```
select *
from   v$pwfile_users;

USERNAME                 SYSDB SYSOP SYSAS SYSBA SYSDG SYSKM   CON_ID
------------------------ ----- ----- ----- ----- ----- -----   ----------
SYS                      TRUE  TRUE  TRUE  FALSE FALSE FALSE   0
CRSUSER__ASM_001         TRUE  FALSE TRUE  FALSE FALSE FALSE   0
ASMSNMP                  TRUE  FALSE FALSE FALSE FALSE FALSE   0
```

ASM 实例支持 SYSOPER 权限，对于已经配置好的系统，SYSOPER 被限制为仅能执行针对基本操作所需要的最少 SQL 命令。

SYSASM 权限允许安装和卸载磁盘组和一些其他的存储管理任务。拥有 SYSASM 权限的用户不允许访问 RDBMS 实例。下面的命令允许 SYSASM 用户执行：

- STARTUP/SHUTDOWN
- ALTER DISKGROUP MOUNT/DISMOUNT
- ALTER DISKGROUP ONLINE/OFFLINE DISK
- ALTER DISKGROUP REBALANCE
- ALTER DISKGROUP CHECK
- 访问所有 V$ASM_*视图

其他所有命令，例如 CREATE DISKGROUP、ADD/DROP/RESIZE DISK 等，需要具有 SYSDBA 权限，而具有 SYSOPER 权限的用户则不允许执行这些命令：

- SYSBACKUP 用来执行全部的备份和恢复操作(Oracle 12c 新增)
- SYSDG 用来处理 Data Guard(Oracle 12c 新增)
- SYSKM 用于关键的管理相关操作(Oracle 12c 新增)

3.7.11 ASM 和多路径

I/O 路径一般由启动器端口、光纤端口、目标端口和 LUN 组成。每种 I/O 路径的排列方式都被认为是一条独立的路径。动态多路径/故障恢复工具将这些独立的路径聚集为单条逻辑路径。这种路径抽象提供了多个主机总线适配器(Host Bus Adapter，HBA)之间的 I/O 负载平衡以及产生 I/O 路径故障时不中断的故障恢复。多路径(MP)软件需要所有必需的磁盘在每个可用的、符合条件的 HBA 上可见。MP 驱动程序将通过执行 SCSI 查询命令检测多条路径。多路径软件也提供多路径软件驱动程序。为了支持多路径，物理 HBA 驱动程序必须服从 MP 驱动程序提供的多路径服务。确保正在考虑的配置经过厂商的认证。多路径工具提供了如下优点：

- 为多路径的 LUN 提供单个的块设备接口。
- 检测 I/O 路径中的任何组件故障，例如光纤端口、通道适配器或 HBA。
- 发生路径丢失故障时，确保 I/O 重新路由到可用的路径，而不会产生进程中断。
- 在事件发生时自动重新配置多路径。
- 确保尽快使产生故障的路径重新生效，并且提供自动恢复(auto-failback)功能。

- 配置多条路径，从而使各种负载平衡方法的性能最大化，例如循环复用(round robin)、最少 I/O 队列或最少服务时间。

要诀

虽然 ASM 不提供多路径功能，但是 ASM 可以使用多路径工具，前提是多路径工具产生的路径或设备通过 fstat 系统调用返回成功的返回码。MOS 文献 294869.1 提供了关于 ASM 和多路径的更多详细信息。

3.7.12 大文件和 ASM

大文件特性(本章前面对此进行过介绍)完全适合于 VLDB(非常大型的数据库)和 ASM。用户不需要管理数百个数据文件，使用大文件将极大减少数据文件的数量，这将改进检查点技术，并且提高打开数据库的速度，因为只需要执行非常少的文件打开操作。大文件的使用减少了管理大量数据文件的内部系统开销。通过 ASM，用于外部冗余的大文件可以达到 32TB 的容量，而用于普通冗余/高冗余的大文件可以达到 12TB 的容量，这些都是按照 8KB 数据块大小的标准进行考虑的。使用大文件时，必须谨慎地评审备份和恢复策略。显而易见的是，不能对 36TB 的数据文件执行完全数据文件备份，因此在管理大文件时必须执行类似于 RMAN 增量备份和累积备份这样的操作。

3.8 使用分区来避免磁盘争用

分区可能是提高与大型表有关的性能的最佳方法。通过访问一个表或索引的较小片段，而不是访问整个表或索引，分区可以很好地提高效率。这个策略在一个或多个用户访问同一个表的多个部分时特别有效。如果一个表的分区(片段)位于不同的设备上，吞吐量就会大大增加。分区还可以被独立地备份和恢复(即便它们正在使用)，这样可以消减备份期间可能出现的磁盘 I/O 问题。仅仅当分区被正确实现后，才能体现 Oracle 性能提高的良好优点。在 12cR2 版本中，Oracle 允许只读分区和子分区。理解分区的最好方法就是看一个例子。考虑如下简单示例，根据 deptno 列，dept 表被分成了 3 个分区(片段)。

使用 3 个分区创建表 dept：

```
create table dept
(deptno        number(2),
 dept_name     varchar2(30))
 partition     by range(deptno)
(partition d1 values less than (10) tablespace dept1,
 partition d2 values less than (20) tablespace dept2,
 partition d3 values less than (maxvalue) tablespace dept3);
```

在这个例子中，在 dept 表上建立了 3 个独立的分区。获得最佳吞吐量的关键就是把每个分区放置在不同的物理磁盘上，这样可以同时访问 3 个分区，前提是不使用 ASM。表空间 dept1、dept2、dept3 必须存放在不同物理磁盘上的物理文件。要记住，表空间只是数据文件在物理磁盘上的信息的逻辑存储区。一个表空间可以包含多个数据文件，但一个数据文件只能关联到一个表空间。改善磁盘 I/O 分区的关键就是可以同时访问存放在不同物理磁盘上的分区，或者使用 ASM。

数据随后被添加到表的 3 个分区：

```
insert into dept values (1, 'ADMIN');
insert into dept values (7, 'MGMT');
insert into dept values (10, 'MANUF');
insert into dept values (15, 'ACCT');
insert into dept values (22, 'SALES');
```

当我们从 dept 表中查询时，这个表仍可以被看成一个单独的表：

```
select   *
from     dept;

DEPTNO    DEPT_NAME
------------------
1         ADMIN
7         MGMT
10        MANUF
15        ACCT
22        SALES
```

我们在前面的示例中查询所有分区里的记录。在下面 3 个例子中，我们分别查询每个分区。
在这个例子中，我们只从一个分区中选取数据并且只访问一个分区：

```
select   *
from     dept partition (d1);

DEPTNO    DEPT_NAME
------------------
1         ADMIN
7         MGMT

select   *
from     dept partition (d2);

DEPTNO    DEPT_NAME
------------------
10        MANUF
15        ACCT

select   *
from     dept partition (d3);

DEPTNO    DEPT_NAME
------------------
22        SALES

select   *
from     dept
where    deptno = 22;

DEPTNO    DEPT_NAME
------------------
22        SALES
```

注意在最后一个示例中，我们消减了访问第一个或第二个分区的需要(分区消减)。对索引分区并同时使用并行选项，可以使分区功能更强大。

要诀

为了最少化对单个较大表的磁盘 I/O，应该把表分散在多个分区上，这些分区应该放置在不同的物理磁盘的表空间中。

使用 interval 分区(从 Oracle 11g 开始)，不再需要在最上一个分区中指定 MAXVALUE，如果只把它设置到 30，而新插入的值大于这个值，Oracle 就会创建一个新分区：

```
  create table dept
```

```
  (deptno         number(2),
   dept_name      varchar2(30))
------------------------------------------------------
  partition    by range(deptno)
 (partition d1 values less than (10) tablespace dept1,
  partition d2 values less than (20) tablespace dept2,
  partition d3 values less than (30) tablespace dept3);
 insert into dept values (70, 'SALES');
```

一个新分区会被自动创建(我的测试用例生成的是 SYS_P41)，这个分区包含 70 这个值。现在表上有 4 个分区。在 12cR2 版本中，interval 分区可以是子分区(插入的值可以不在原表分区的范围内)的一部分。

3.8.1 获得关于分区的更多信息

可以通过访问 USER_TABLES、DBA_PART_TABLES 和 USER_SEGMENTS 来获取与分区相关的信息。下面显示了一个查询 3 个表的例子，以及之前示例的相应输出结果。

```
select   table_name, partitioned
from     dba_tables
where    table_name in ('DEPT','EMP');
------------------------------------

TABLE_NAME     PAR
DEPT           YES
EMP            NO
```

在前面的示例中，PAR 列表明表是否已被分区。

```
select   owner, table_name, partition_count
from     dba_part_tables
where    table_name = 'DEPT';
--------------

OWNER    TABLE_NAME    PARTITION_COUNT
KEVIN    DEPT          3
```

在前面和下面的示例中，表 dept 共有 3 个分区。

```
select   segment_name, partition_name, segment_type, tablespace_name
from     user_segments;

SEGMENT_NAME    PARTITION_NAME    SEGMENT_TYPE        TABLESPACE_NAME
EMP                               TABLE               USER_DATA
DEPT            D1                TABLE PARTITION     DEPT1
DEPT            D2                TABLE PARTITION     DEPT2
DEPT            D3                TABLE PARTITION     DEPT3
```

要诀

表可以很容易地分割成能被访问和/或操纵的独立部分，还可以访问整个表。访问表 USER_TABLES、DBA_PART_TABLES 和 USER_SEGMENTS 可以得到关于已分区表的更多分区信息。查看第 2 章以了解关于表和索引分区的更多信息。

3.8.2 其他类型的分区

还有其他类型的分区，主要有范围(range)分区、散列(hash)分区、组合(composite)分区和列表(list)分区，以及一些与分区相关的多索引类型。我们在前面已经讨论了范围分区,但还有多列范围(multicolumn range)分区。

1. 多列范围分区

除了使用多列定义范围之外,多列范围分区和范围分区没什么区别。在下面的示例中,我们把数据分成 4 份,这样就可以在只需要查看一个分区时避免访问其他分区,同时我们还可以在不妨碍其他分区的情况下归档其中一个分区中的数据。为了获得更好的 I/O,还可以把数据分到多个表空间中。

```
create table cust_sales
(acct_no      number(5),
 cust_name    char(30),
 item_id      number(9),
 sale_day     integer not null,
 sale_mth     integer not null,
 sale_yr      integer not null)
partition by range (sale_yr, sale_mth, sale_day)
(partition cust_sales_q1 values less than (2011, 04, 01) tablespace users,
 partition cust_sales_q2 values less than (2011, 07, 01) tablespace users2,
 partition cust_sales_q3 values less than (2011, 10, 01) tablespace users,
 partition cust_sales_q4 values less than (2012, 01, 01) tablespace users2,
 partition cust_sales_qx values less than (maxvalue, maxvalue, maxvalue)
 tablespace users2);
```

要诀

还可以把多个列当作条件为表分区。除了区间分区之外,还必须为作为分区键组成部分的所有列指定 MAXVALUE,除了 Oracle 11g 的 interval 分区。有了 interval 分区,不再需要设置 MAXVALUE 分区,Oracle 会自动创建新分区。

2. 散列分区

通常在进行范围分区而不知如何设置断点时会用到散列分区,可以根据指定分区键的散列值把数据分成指定的分区数。为了得到均匀分布,应该总是把 2 的 n 次方(2^n)指定为散列分区数。散列分区仅支持本地索引和范围分区/散列分区的全局索引。可以指定索引和表分区的名称,而且以后还可以增加或减少分区的数目(当发现分区太少或太多时)。下面的示例给出了有 4 个散列分区的表,这个分区建立在分区键 acct_no 上,并分布在 4 个表空间里。

```
create table cust_sales_hash (
acct_no     number(5),
cust_name char(30),
sale_day    integer not null,
sale_mth    integer not null,
sale_yr     integer not null)
partition by hash (acct_no)
partitions 4
store in (users1, users2, users3, users4);
```

要诀

当不知道如何划分一个表,但知道它需要分区并分散保存时,请使用散列分区。

3. 组合分区

有时候一个表会很庞大,并且经常被访问,这样就必须用一种更有效的方法分割它。组合分区其实就是范围分区和散列分区的结合体。可以先使用范围分区进行分区消减,再把分区进一步散列化以分布 I/O。组合分区支

持本地索引和范围分区/散列分区的全局索引。下面给出一个可以得到高度作业安全性的组合分区的例子:

```
create table orders(
ordid      number,
acct_no    number(5),
cust_name  char(30),
orderdate  date,
productid number)
 partition by range(orderdate)
 subpartition by hash(productid) subpartitions 8
   (partition q1 values less than  (to_date('01-APR-2011', 'dd-mon-yyyy')),
    partition q2 values less than  (to_date('01-JUL-2011', 'dd-mon-yyyy')),
    partition q3 values less than  (to_date('01-OCT-2011', 'dd-mon-yyyy')),
    partition q4 values less than(maxvalue));
```

这个例子创建基于 orderdate 列值的范围分区,然后形成分区 q1、q2、q3 和 q4。接着基于 productid 列的散列值把每个范围分区分成 8 个子分区。

下面是在这个表上创建的散列分区的全局索引的例子:

```
CREATE INDEX orders_acct_global_ix
ON orders (acct_no, ordid)
GLOBAL PARTITION BY HASH (acct_no)
partitions 4;
```

在 Oracle 12cR2 中,组合分区可以使用间隔分区作为子分区。也就是说,不再需要使用 MAXVALUE 了,因为当新插入的数据在当前分区范围外时,会自动创建对应的子分区。

4. 列表分区

Oracle 为那些真正了解数据的 DBA 或开发人员增加了列表分区。列表分区允许为每个分区指派具体的列值。我们将在下面的代码清单之后列举列表分区的一些限制。

```
create table dept_part
(deptno     number(2),
 dname      varchar2(14),
 loc        varchar2(13))
partition by list (dname)
(partition d1_east  values ('BOSTON', 'NEW YORK', 'KANSAS CITY'),
 partition d2_west  values ('SAN FRANCISCO', 'LOS ANGELES'),
 partition d3_south values ('ATLANTA', 'DALLAS'),
 partition d4_north values ('CHICAGO', 'DETROIT'));
```

列表分区存在以下一些限制:

- 只可以在列的列表中指定一个分区键,但它不能是 LOB 类型的列。如果分区键是一个对象类型列,那么只能按照列类型的一个特性进行分区。
- VALUES 子句中的每个分区值必须在表的所有分区中是唯一的。
- 如果在 VALUES 子句中指定 NULL 作为分区值,那么在后续的查询中要使用那个分区中的数据,就必须在 WHERE 子句中使用 IS NULL 条件,而不能使用比较条件。
- 不能在索引组织表(IOT)中使用列表分区。
- 组成每个分区的值列表的字符串最长可以达到 4K。
- 所有分区的分区值累计最大数目不能超过 64K - 1。

要诀

在 12cR2 版本中,数据库可为每个不同的分区键值创建一个独立的分区(自动列表分区)。

3.8.3 (本地)分区索引

本书第 2 章涵盖不同的分区索引类型,最普通的类型就是本地分区索引,索引在相同字段做分区,有相同的分区数,范围也与表对应:

```
create table dept
(deptno       number(2),
 dept_name    varchar2(30))
 partition    by range(deptno)
(partition d1 values less than (10) tablespace dept1,
 partition d2 values less than (20) tablespace dept2,
 partition d3 values less than (maxvalue) tablespace dept3);

create index dept_idx on dept(deptno) local;
```

3.8.4 部分索引

虽然分区表在提供可管理性和提高性能方面贡献已久,但分区表仍然是大表,索引也比较大。在 12c 版本中,Oracle 引入了部分索引特性,可使你只对表的部分指定分区创建索引,只对那些常用的分区创建索引,从而减小索引的大小。部分索引对本地和全局索引都支持。要使用这个特性,对于指定的分区表,为将要创建索引的分区使用 INDEXING 子句(INDEXING ON/OFF)。示例如下:

```
CREATE TABLE orders_partial_idx (
order_id NUMBER(12),
order_date DATE CONSTRAINT order_date_nn NOT NULL,
order_mode VARCHAR2(8),
customer_id NUMBER(6) CONSTRAINT order_customer_id_nn NOT NULL,
order_status NUMBER(2),
order_total NUMBER(8,2),
sales_rep_id NUMBER(6),
promotion_id NUMBER(6),
CONSTRAINT order_mode_lov CHECK (order_mode in ('direct','online')),
CONSTRAINT order_total_min CHECK (order_total >= 0))
INDEXING OFF
PARTITION BY RANGE (ORDER_DATE)
(PARTITION ord_p1 VALUES LESS THAN (TO_DATE('01-MAR-1999','DD-MON-YYYY'))
INDEXING ON,
PARTITION ord_p2 VALUES LESS THAN (TO_DATE('01-JUL-1999','DD-MON-YYYY'))
INDEXING OFF,
PARTITION ord_p3 VALUES LESS THAN (TO_DATE('01-OCT-1999','DD-MON-YYYY'))
INDEXING ON,
PARTITION ord_p4 VALUES LESS THAN (TO_DATE('01-MAR-2000','DD-MON-YYYY')),
PARTITION ord_p5 VALUES LESS THAN (TO_DATE('01-MAR-2010','DD-MON-YYYY')));
```

然后,我们使用 PARTIAL INDEX 子句创建索引,指示其为部分索引。比如,先创建如下全局索引:

```
CREATE INDEX ORDERS_GI1 ON orders_partial_idx (PROMOTION_ID) GLOBAL INDEXING PARTIAL;
```

再创建如下本地索引:

```
CREATE INDEX ORDERS_LI1 on orders_partial_idx (order_date, customer_id) LOCAL INDEXING PARTIAL;
```

Oracle 12cR2 还有其他一些分区新特性,包括在线拆分和合并分区、在线把非分区表转换为分区表、创建多列列表分区、为组合分区表使用列表分区作为子分区策略以及创建只读分区等。

1. 引用分区

Oracle 11gR2 增加了引用分区，子表从父表中派生分区信息。关系定义的基础是父表和子表的现有主键(PK)/外键(FK)。分区键通过现有的父子表关系解决，强制使用和激活现有主键和外键约束条件。拥有父子关系的表可以在逻辑上均匀分区，继承父表的分区键而不用重复键列。逻辑的依赖关系也自动级联分区的维护操作，从而使应用开发更容易并且不易出错。

例如，考虑一个简单的 orders(父表)和 lineitems(子表)的例子，它们根据两个表上的 order_id 列进行主键/外键关联。orders 表有一个 order_date 列，用来对 orders 表进行分区和裁剪(在 order_date 上是范围分区)。lineitems 表没有这样的列(所有没有重复)，因此没有简单的办法对这个表进行分区。不能利用分区裁剪或 order_date 列上分区范围内的连接。

然而，有了引用分区，orders 表在 order_date 列上是范围分区，在一个月的时间里，lineitems 表也自动创建了对应父表分区的分区(前提是引用分区是使用 PARTITION BY REFERENCE 子句创建的)。分区键通过主键/外键关系继承。请参考 *Oracle VLDB*(*Very Large Database*)和 *Partitioning Guide* 以了解更多信息。

注意
引用分区(reference partitioning)是为那些远比其他系统规范的 OLTP 系统量身定制的分区。

2. partition-wise 连接

Oracle 也允许只在两个分区表需要的分区上进行关联查询。不需要多行到多行的连接，只需要在每个表上进行分区消减，然后关联查询结果即可。要进行分区关联，表必须是 equipartitioned 表，也就是说：

- 表使用相同的分区键进行分区
- 表必须使用相同的分区断点(breakpoints)进行分区

3. 系统分区

系统分区用来把数据分解成更多的分区数据，但是没有按照你决定的任意分组方式进行分组。当要插入大量数据并分解成更小的碎片，但又要使用同一个表时，系统分区是非常有用的。可以准确确定数据要存放在何处。是的，这个功能听起来既强大又危险。数据去往你希望它们去的地方！你不能忘记指定分区，否则会得到错误："ORA-14701：针对系统分区的 DML 必须使用分区扩展名或绑定变量。"

系统分区有如下限制：

- 不能用于索引组织表(IOT)
- 不能用于组合分区的一部分
- 不能分割
- 不能用于 CTAS(CREATE TABLE AS SELECT)
- 不能用于 INSERT INTO *table* AS

基本语法是：

```
CREATE TABLE ...PARTITION BY SYSTEM PARTITIONS n
```

(n 的取值为 1~1024K‐1)

下面是一个例子：

```
CREATE TABLE DEPT
 (DEPTNO    NUMBER(2),
  DEPT_NAME VARCHAR2(30))
 PARTITION BY SYSTEM
 (PARTITION D1,
  PARTITION D2,
```

```
        PARTITION D3);
INSERT INTO DEPT   PARTITION (D1) VALUES (1, 'DEPT 1');
INSERT INTO DEPT   PARTITION (D1) VALUES (22, 'DEPT 22');
INSERT INTO DEPT   PARTITION (D1) VALUES (10, 'DEPT 10');
INSERT INTO DEPT   PARTITION (D2) VALUES (15, 'DEPT 15');
INSERT INTO DEPT   PARTITION (D3) VALUES (7, 'DEPT 7');
```

PARTITION 子句对于 UPDATE 和 DELETE 是可选的，但是如果使用的话，会更高效(非常小心地使用以确保得到自己想要的)。

3.8.5 全局索引维护：删除或截断分区操作

- 在 12c 版本中，删除或截断一个分区后，全局索引不再失效，将自动维护。
- 表分区可以在线移动：

  ```
  alter table dept move partition d1 tablespace data2 online;
  ```

- MERGE/SPLIE 都支持在线操作(12cR2 新增特性)
- 非分区表可在线转换成分区表(12cR2 新增特性)
- 在 12cR2 版本中，自动数据优化(ADO，本章前面部分在介绍热图时有过讨论)被扩展到可以管理表或分区对象移进和移出内存列存储(基于热图统计信息)。

3.8.6 其他分区选项

这一节介绍管理分区的其他一些选项。可以看到适用于表操作的选项同样适用于分区。

- MODIFY PARTITION *partition_name*：修改表分区的实际物理特性。还可以指定下列特性作为分区的新物理特性：LOGGING、PCTFREE、PCTUSED、INITRANS 以及 STRAGE(注意，MAXTRANS 已废弃，并且如果数据块中没有足够的空间，对于给定的数据块，默认的并发更新事务数是 255)。
- RENAME PARTITION *partition_name* TO *new_partition_name*：将表分区 *partition_name* 重命名为 *new_partition_name*。
- MOVE PARTITION *partition_name*：将表分区 *partition_name* 移至另外一个段。可以将分区数据移至另一个表空间，重新集群数据来减少数据碎片或修改创建时的物理特性：

  ```
  alter table dept move partition d3 tablespace dept4 nologging;
  ```

  在上面的示例中，d3 分区和所有相应的数据从原先所在的 dept3 表空间移到 dept4 表空间。nologging 选项禁止 MOVE 过程中重做日志的生成，这跟分区或表的 LOGGING 或 NOLOGGING 特性不完全一样。

  要诀
  移动分区时，尽可能使用 NOLOGGING 选项以提高速度。

- ADD PARTITION *new_partition_name* VALUES LESS THAN(*value_list*)：把新的分区 *new_partition_name* 添加到被分区表的头部。可以指定下列任何一个特性作为分区新的物理特性：LOGGING、PCTFREE、PCTUSED、INITRANS、MAXTRANS 和 STORAGE。VALUES 子句指定新分区的上限。*value_list* 是一个以逗号分开、与分区键值对应的文本值的有序列表。*value_list* 必须远大于与表中已有的最大分区相对应的分区上限。
- EXCHANGE PARTITION：这个功能强大的选项允许用户将分区、子分区转换为非分区表，或者将非分区表转换为分区表。如果归档旧的范围分区，并且希望在删除这些范围分区之前导出它们，该选项就非常有用。同样，该选项对于将增量数据快速加载到已有分区表中也非常有用。

- DROP PARTITION *partition_name*：从分区表中删除分区 *partition_name* 以及其中的数据。

    ```
    alter table dept drop partition d3;
    ```

要诀

删除一个表分区后，该表分区的本地索引(而不是其他分区的本地索引)也会被删除，全局索引(整个表上的索引)也将不可用(除非愿意在后面重新构建该索引)。如果打算删除表分区，那么建议不要使用全局索引。

- TRUNCATE PARTITION *partition_name*：删除表中一个分区的所有行。下面的示例演示了对 d1 分区的清空操作。对于被清空的分区和子分区，Oracle 数据库也清空对应的本地索引分区和子分区。如果这些索引分区和子分区被标注为 UNUSABLE，那么数据库会清空它们并把 UNUSABLE 标记修改为 VALID。

    ```
    alter table dept truncate partition d1;
    ```

- SPLIT PARTITION *partition_name_old*：创建两个新分区，每个新分区都有一个新段、新的物理特性和新的初始区。与旧的分区相关联的段已废弃。下面的示例展示了如何以 deptno=5 为条件将 d1 分区分割成 d1a 分区和 d1b 分区。注意，在该操作后必须重建索引。

    ```
    Alter table dept split partition d1 at (5) into
      (partition d1a tablespace dept1,
       partition d1b tablespace dept2);

    SEGMENT_NAME  PARTITION_NAME  SEGMENT_TYPE
    ------------  --------------  ----------------
    DEPT          D1A             TABLE PARTITION
    DEPT          D1B             TABLE PARTITION
    DEPT          D2              TABLE PARTITION

    Alter index dept_idx rebuild partition d1a;
    Alter index dept_idx rebuild partition d1b;
    ```

- MERGE PARTITIONS *partition_list* INTO PARTITION *new_name*：合并两个分区为一个新分区。下面的示例展示了如何将 d1a 和 d1b 合并回 d1 分区。注意，在该操作后也必须重建索引。

    ```
    Alter table dept merge partitions d1a, d1b
    into partition d1;

    SEGMENT_NAME  PARTITION_NAME  SEGMENT_TYPE
    ------------  --------------  ----------------
    DEPT          D1              TABLE PARTITION
    DEPT          D2              TABLE PARTITION

    Alter index dept_idx rebuild partition d1;
    ```

下面的选项不再是命令，而是分区维护命令的选项，可以跟 ALTER TABLE PARTITION *name* MODIFY 或 ALTER INDEX 搭配使用。

- UNUSABLE LOCAL INDEXES：将与这个 *partition_name* 相关的所有本地索引分区标记为 UNUSABLE。
- REBUILD UNUSABLE LOCAL INDEXES：重建与 *partition_name* 相关的不可用本地索引分区。
- ALTER INDEX ... MODIFY PARTITION...UNUSABLE：把索引或索引分区标记为不可用。在使用一个不可用的索引之前，必须重建或删除该索引。同样，即使一个分区被标记为不可用，索引的其他分区也仍然有效。如果语句没有访问不可用分区，那么可以执行请求该索引的语句，还可以在重建它之前分割或重命名这个不可用分区。

- ALTER INDEX ...REBUILD PARTITION：重建索引的一个分区。还可以使用这个选项把一个索引分区移到其他表空间内，或者改变创建时的一个物理特性。

3.8.7 使用索引分区

索引分区与分区表拥有同样的优点。如果正确执行，那么通过访问索引的小片段而不是整个表上的索引可以提高性能。索引包括本地索引和全局索引、有前缀索引和无前缀索引。本地索引可以被分区，每个片段就是一个本地索引。全局索引只是常规的非分区索引。在有前缀索引中，索引最左边的部分是分区键；对于无前缀索引，需要较大的代价来访问，因为没有索引分区键。如果删除具有全局索引的表的分区，对应的全局索引会失效。如果删除具有本地索引的表的分区，本地索引也会被删除。

初始化参数 SKIP_UNUSABLE_INDEXES 允许用户禁用标志为不可用的索引或索引分区的错误报告。如果不希望数据库选择新的执行计划以避免使用不可用的段，就应该设置该参数为 false(默认值是 true)。

下面就是一个本地有前缀的分区索引(最常见类型)的例子。索引的名称是 dept_index，建立在表 dept 的 deptno 列上。这个索引被分割成 3 个片段(d1、d2、d3)，而这 3 个片段位于被相关数据的位置分割开的 3 个表空间(dept1、dept2、dept3)中。只要表空间 dept1~dept3 对应到不同物理磁盘上的数据文件，就能保证从表的一个分区以及与它相关联的索引分区上访问信息时不会访问同一个磁盘，而是访问两个物理磁盘。

```
create index dept_index on dept (deptno)
 local
(partition d1 tablespace dept2,
 partition d2 tablespace dept3,
 partition d3 tablespace dept1);

Index Created.
```

可以通过访问 DBA_INDEXES 来得到与分区索引相关的信息：

```
select     index_name, partition_name, tablespace_name
from       dba_ind_partitions
where      index_name = 'DEPT_INDEX'
order by   partition_name;

INDEX_NAME      PARTITION_NAME      TABLESPACE_NAME
----------      --------------      ---------------
DEPT_INDEX            D1                  DEPT2
DEPT_INDEX            D2                  DEPT3
DEPT_INDEX            D3                  DEPT1
```

要诀

分区后的索引(本地索引)也应该是有前缀的，这意味着分区键是索引的前半部分。

3.8.8 导出分区

分区可以很容易地导出。如果表中的数据被仔细地分段，就可以导出分区中所有的新信息。该操作只对某些数据集有效，这些数据集使用一些类型的渐增列值作为分区键。例如，如果根据日期进行分区，那么所有新的数据将进入最新分区。然而，如果数据按照用户名或其他一些普通的标识符分区，就不一定能导出分区中所有的新信息。通过使用增加值作为分区键，可以消减导出未修改分区或已导出分区中数据的必要。通过使用EXPORT命令并把 *owner.table.partition_name* 值赋给要导出的表，可以只导出这个分区：

```
expdp user/pass file=tab.dmp tables=(owner.table:partition_name)
```

下面是使用 dept 表的一个简单例子:

```
expdp scott/tiger file=dept_d1.dmp tables=(dept:d1) directory=dpump_dir
```

要诀

如果正在归档旧的数据,那么在导出分区之前,可以考虑将分区交换为更详细的表名。通过这种方式,可以只导回该表以方便后面引用,并且潜在地避免将其返回到分区表。

3.9 消除碎片(按需操作——小心使用!)

碎片会阻碍数据库的空间管理,但总的说来,段中区块的多少总是会影响数据库的性能。但同样也有区块的数目从来都不会影响性能的说法。拥有很多跨多个数据文件的不连续区块的位图索引就是一个大的性能问题。通常情况下,本地管理的表空间已经很大程度上减少了与区块相关的问题。对于大多数 DBA(而不是所有 DBA)来说,如果能正确地配置存储,那么反复进行重组就已经成为过时的做法。但是,如果仍然需要处理经常发生的重组,那么可以通过一些方法来执行该活动,同时最小化停机时间。

可以按照下面的步骤来避免与区块管理相关的性能问题:

- 如果知道段将增长到多大尺寸或者按多大比例增长,就使用本地管理的统一区块表空间。
- 使区块尺寸是数据库块尺寸的倍数。
- 把增长过大的表放在有合适区块大小的表空间中。
- 通过使用 ASSM 避免行链接(row chaining)争用。

建议最好定期监控数据库,查找增长到最大区块数量(超过 1000)的段,然后适当地管理这些段:

```
select    segment_name, segment_type, extents, bytes
from      dba_segments a, dba_tablespaces b
where     a.extents > 1000;

SEGMENT_NAME    SEGMENT_TYPE    EXTENTS    BYTES
------------    ------------    -------    -------
ORDER           TABLE           2200       220000000
ORDER_IDX1      INDEX           1200       120000000
CUSTOMER        TABLE           7000       70000000
```

要诀

定期查询 DBA_SEGMENTS 通常可以保证对象不会建立太多的区块(在没有使用 ASM 的情况下)。早期捕捉问题是避免后期性能问题的关键。正确地把对象存放在有合适的统一区块大小的表空间里也很关键。

3.9.1 使用正确的区块大小

当我们从表中读取数据时,通常可以通过索引进行一次 ROWID 操作或全表扫描(索引组织表除外)来访问。在多数情况下,通过 ROWID 访问是首选方法。这是因为 ROWID 方法允许数据库确定记录所在的确切数据块,从而跳过这个段上的任何区块分配信息。简单说,就是 ROWID 操作不会关心段中究竟有多少区块。数据库块大小一般从 4KB 到 32KB。因此,无论段中有多少区块,只要区块大小是数据库块尺寸的倍数,全表扫描就会执行相同数量的读操作。

因此,如果使用大小是数据库块尺寸倍数的区块,是否仍然需要担心区块的总数?确实需要,但是原因与以往不同。按照这种方式考虑,用户拥有的区越多,必须管理的区也就越多,即使通过较快的方法对其进行管理。因此,我的个人经验是,如果有增长到超过 4096 个区块的段(假设使用本地管理的表空间),就可以考虑将其移动到区块大小更适合于段大小的表空间。如果有 15GB 大小的表，使用 200MB 的区块大小比使用 1MB 的区块大小明显更有效。出于单独加载数据的目的，你将节省后端的处理时间，因为数据库不需要在加载过程中分配同等数量的区块。

3.9.2 正确设定 PCTFREE 以避免链化(Chaining)现象

当在表中创建行时，数据被写入块中并向该行提供一个 ROWID。ROWID 标识数据在磁盘上的位置。如果更新某行，就会将改动写入磁盘上的相同位置。行的 ROWID 不变。当数据块没有足够空间来保存一行或该行最近的修改结果时，就会发生行链化现象。一个链化的行通常存在于多个块而不是一个块上。为同一行访问多个块，这样的操作对于性能而言成本很高。如果要检查是否碰到了链化问题，可以执行 Oracle 提供的用于创建 CHAINED_ROWS 表的 utlchain.sql 脚本。utlchain.sql 是 Oracle 自带的文件，位于 ORACLE_HOME 的/rdbms/admin 子目录下。也可以使用企业管理器，或者在 STATSPACK 或 AWR Report 中查找 "fetch by continued row" (获取连续行)以检测链化的行。必须每周检查一下是否有链化现象，并立即修复出现的问题。如果要分析表(这个例子中的 customer)中链的数量，可以执行下面的查询语句：

```
ANALYZE TABLE CUSTOMER
LIST CHAINED ROWS;
```

然后，运行下面的查询，访问 CHAINED_ROWS 表来检查 customer 表上的链化现象：

```
select   HEAD_ROWID
from     CHAINED_ROWS
where    TABLE_NAME = 'CUSTOMER';
```

如果没有返回任何行，就表明没有链化问题。如果存在链化问题，查询将返回所有链化的行的 HEAD_ROWID。也可以对 CHAINED_ROW 表执行 select count(*)以查找链化的行数。在视图 V$SYSSTAT 中，table fetch continued row 同样可以指示链化的行。

为了避免行链化现象，可以正确地设定 PCTFREE(为更新一个块而保留的空间)。如果使用 ASSM(自动段空间管理)，就不用设置 PCTFREE。在创建表时就可以设定这个参数，默认值为 10(为更新操作而保留 10%的空闲空间)。但如果表上经常发生更新操作，这个值就必须设置大一点。

顺便提及的是，如果有很少进行更新或完全不进行更新的表，可以设置 PCTFREE 为相对较小的值，以确保更多的行适合于块，从而节省表中的空间。

要诀

可以通过访问 CHAINED_ROWS 表来发现链化问题。可以设定正确的 PCTFREE 或合适的数据库块大小来避免链化问题。

3.9.3 使用自动段空间管理(ASSM)

ASSM(Automatic Segment Space Management，自动段空间管理)是在本地管理的表空间中使用空闲列表的备选方法。这种管理段中空闲空间的系统利用位图来跟踪块中可用于行插入的空闲空间的数量。由于在启用 ASSM 的情况下不再使用空闲列表，因此可以最大程度减少数据库所需的总时间和资源。

在最新版本的数据库中，Oracle 进一步扩展了 ASSM 的特性集，并且为 ALTER TABLE 和 ALTER INDEXES 语句提供了新的子句。SHRINK SPACE 子句从根本上合并段中的空闲空间，并且释放未使用的空间以减少段。这些操作可以改进对该段执行的查询的性能，并且比通过导出/导入或移动/重命名操作减少段尺寸更容易实现。参考关于该特性的文档以了解相关限制和约束。

ASSM 应该能够改进段中块管理的整体性能，但是在将空闲空间位图用于块使用的体系结构时，ASSM 可能会降低性能。小型表(小于 1000 行)的全表扫描需要获得比非 ASSM 表空间更多的缓冲区。因此，如果按照段的大小组织表空间，就应该只对具有中到大型段的表空间使用 ASSM。

ASSM 具有显著地改进块管理性能的潜力，但是需要进行仔细的研究，因为在不同数据库版本之间分散着一些缺陷(bug)，这些缺陷可能在特定的情况下影响到你的工作。在对你的系统实施 ASSM 之前，确保你已经研究在表空间中将要使用的段类型，并且根据你的数据库版本检查对这些段类型执行操作的相关问题。大多数缺陷都有相应的补丁，可以打上补丁以解决这些问题。

要诀

使用 ASSM 提升性能和段的可管理性，或对小的段使用单独的表空间。

3.10 增加日志文件尺寸和 LOG_CHECKPOINT_INTERVAL 以提高速度

如果想使大量的 INSERT、UPDATE 和 DELETE 操作速度更快，可以增大日志文件大小，并确保这些文件在最快的磁盘上。以前，还可以增加 LOG_CHECKPOINT_INTERVAL 的值，用以在日志切换之前执行一次检查点，当前默认值都为 0 (这表明基于重做日志的切换已满)。LOG_CHECKPOINT_INTERVAL 定义了检查点之间的时间长度。因此，任何包含执行在线重做日志的恢复操作都会受到影响，比如完全的数据库恢复或实例恢复。增加在线重做日志大小会增加介质恢复(media recovery)所需的时间。

Oracle 依赖于联机重做日志来记录事务。每次数据库中发生一次事务，联机重做日志文件中就会增加一个条目。如果增大分配给重做日志的空间，就可以提高性能，因为这会减少整体需要重做日志切换和检查点的次数。没有提交的事务同样会生成重做日志条目，因为它们会生成回退记录，而这些回退记录也写入重做日志。可以在一个大的批处理事务中查看日志轮选(logs spin)。但是当想修改重做日志文件的大小时，请一定记住以下几个诀窍：

- 当数据库启动或将要停机时，日志文件必须联机并可用(这是可以让数据库立刻停止运行的因素之一)。
- 联机重做日志可以循环使用，脱机重做日志文件会自动被写成归档日志文件(如果激活归档功能的话)。
- 最少应该有两个联机重做日志文件。为了防止联机重做日志文件丢失，推荐使用联机重做日志文件多路复用(使用额外的副本)。
- 创建数据库时要指定初始的日志文件数目和大小。
- 重启数据库至 MOUNT 状态，可以使用 ALTER DATABASE 命令开启或关闭归档日志。
- 检查点发生在将重做日志中已提交的事务写入数据库时。检查点也会更新数据文件头以设置用于恢复时滚动后退阶段的 SCN。如果发生故障时当前数据库的 SCN 是 234578，并且数据文件检查点的 SCN 是 234500，那么重做日志中仅有 234500 到 234578 部分的改变才需要回退。检查点是数据库一致性的基本保证——它告诉我们数据库在某个点一切都是一致的。

3.11 确定重做日志文件的大小是否存在问题

在此我们将提到两个可能出现的问题。首先提到的就是批处理任务，该任务可能没有足够的完整重做空间来完成，或是因为速度快，导致联机重做日志在归档到脱机重做日志前已切换(使用了所有的重做日志，并且开始再次写入第一个重做日志)。联机重做日志只有在归档(启用归档时)后才可以被重写，因此 DML 和 DDL 活动必须等待，直到有可用的联机日志。在操作系统级别，按它们最近的更新日期和时间列出联机重做日志，可以判断它们切换得是否频繁。还可以用查询 V$LOG_HISTORY 得到最近的 100 个日志切换记录。如果增加了联机重做日志的大小，就可以为那些执行大型的 INSERT、UPDATE 和 DELETE 操作的批处理任务提供足够的空间。较好的解决办法是增加联机重做日志的数目，这样就可以在有频繁的日志切换(很小但却非常多的联机重做日志)时提供足够的空间。

另一个潜在的问题就是那些需要长时间运行的任务,这些任务可能要花大量的时间来切换联机重做日志。当整个任务正好只需要用到一个联机重做日志时,这种长时间运行的任务可能非常快。对于联机事务处理(OLTP)类型的环境来说,最好使用较小的重做日志。我的经验是每半个小时(不考虑可以缩短这段时间的一些长时间运行的批处理操作)就切换一次联机重做日志。通过在操作系统级别监控联机重做日志发生的日期和时间(或查询V$LOG_HISTORY),可以确定是否增加联机重做日志的大小或数目,从而设置更优的切换时间间隔。

下面的查询显示了两个日志切换的间隔时间,这样就可以方便地判断系统是否存在问题:

```
select  b.recid,
        to_char(b.first_time,'dd-mon-yy hh:mi:ss') start_time, a.recid,
        to_char(a.first_time,'dd-mon-yy hh:mi:ss') end_time,
        round(((a.first_time-b.first_time)*25)*60,2) minutes
from    v$log_history a, v$log_history b
where   a.recid = b.recid+1
order   by a.first_time asc
/
```

3.11.1 确定日志文件的大小和检查点的时间间隔

可以在操作系统级别检查联机重做日志文件的大小或查询 v$log 和 v$logfile 表,以此来确定这些文件的大小。下面列出的查询中显示了关于重做日志的显示信息:

```
select  a.member, b.*
from    v$logfile a, v$log b
where   a.group# = b.group#;

MEMBER                GRP#    THRD#   BYTES     MEMBERS   STATUS
------                ----    -----   -----     -------   -------
/disk1/log1a.ora      1       1       2048000   2         INACTIVE
/disk1/log2a.ora      2       1       2048000   2         CURRENT
/disk2/log1b.ora      1       1       2048000   2         INACTIVE
/disk2/log2b.ora      2       1       2048000   2         CURRENT
(partial columns listed only...)
```

这个查询结果输出了两组日志文件。每一组都有两个日志文件(一个主文件和一个多路复用文件)。文件/disk1/log1a.ora 和/disk2/log1b.ora 里的数据完全相同(多路复用文件用于提供可用性和可恢复性)。

要诀
增加日志文件的大小,从而增加处理大型 INSERT、DELETE 和 UPDATE(DML)操作的比例。

3.11.2 其他有帮助的重做日志命令

使用 ALTER DATABASE ADD LOGFILE 命令创建较大的日志,然后删除较小的日志,以此来增加额外的日志。

为了多路复用联机重做日志文件(创建一个镜像副本),可以使用如下命令将日志文件添加到已有的组:

```
alter database add logfile member '/disk2/log1b.ora' to group 1;
alter database add logfile member '/disk2/log2b.ora' to group 2;
```

可以用下面的命令删除某个联机重做日志成员:

```
alter database drop logfile member '/disk2/log2b.ora';
```

如果要添加新的联机重做日志组,可使用下面的命令:

```
alter database add logfile group 3 ('/disk1/log3a.ora') size 10M;
```

要删除整个日志组(所有副本)，可使用下面的命令：

```
alter database drop logfile group 1;
```

注意

如果删除之后导致重做线程包含少于两个的重做日志文件组，那么不能删除重做日志文件组。如果包含当前的在线重做日志，那么这个重做日志文件组也不能删除(错误 ORA-01623)。这种情况下，需要首先切换日志文件组，然后删除。

要切换日志文件(改变当前的日志文件组到下一个日志文件组)，可以用下面的命令：

```
alter system switch logfile;
```

要诀

如果计划写入大量信息，可将重做日志放在最快的磁盘上。试着把重做日志放在磁盘的外圈部分(在许多磁盘上这是最快的部分)。更好的方法是，ASM 有一个特性可以这么做：智能数据放置(Intelligent Data Placement)特性让你可以在 Oracle ASM 的磁盘上指定磁盘区域，这样可以保证频繁访问的数据被放置在磁盘的外部(热的)磁道，以提供更高性能。

其他实例参数

下面这些实例参数对联机日志文件的性能有一定的影响。

- LOG_ARCHIVE_DUPLEX_DEST：带有归档前缀(arch)的目录位置。这个位置用来写入归档日志的额外副本(假定重做日志已满，并且只在 ARCHIVELOG 模式下归档)。如果有足够的空间，该参数就可以在发生归档错误时提供保护。对于企业版数据库，这个参数已经被 LOG_ARCHIVE_DEST_n 替换。如果没有安装 Oracle 企业版，或者安装了企业版但是没指定任何 LOG_ARCHIVE_DEST_n 参数，这个参数将有效。
- LOG_ARCHIVE_MIN_SUCCEED_DEST：如果使用 LOG_ARCHIVE_DEST_n，就可以将这个参数设置为 1 到 10 之间的值。如果使用 LOG_ARCHIVE_DEST 和 LOG_ARCHIVE_DUPLEX_DEST，就可以设置值为 1 或 2。该参数指定可成功写入重做日志的归档的最小数目。如果将其设置为 2，那么有两个强制性的归档目的地，类似于设置 LOG_ARCHIVE_DEST1 和 LOG_ARCHIVE_DEST2。如果设置任何 n 大于 3 的 LOG_ARCHIVE_DEST_n 参数，这些目录就是可选的归档位置。如果将其设置为 1，LOG_ARCHIVE_DUPLEX_DEST 或 LOG_ARCHIVE_DEST_n(n>1)就是可选的全力(best-effort)服务归档位置，而不是强制性的位置。
- DB_WRITER_PROCESSES：指的是当一个数据库写入器不够时，把数据块从 SGA 写入磁盘的数据库写入器的数目。
- DBWR_IO_SLAVES：如果不能使用多进程(或者没有异步 I/O 却又想模拟该操作)，可以用 DBWR_IO_SLAVES 把 ARCH 和 LGWR 负载分布到多个从属 I/O 中。如果 DB_WRITER_PROCESSES>1，就不可以使用该参数。

3.12 在不同的磁盘和控制器上存放多个控制文件

控制文件存储了与启动、关闭和归档相关的信息。由于你的系统至少需要一个很好的控制文件才能正常运行，因此如果可能，就应该在不同的磁盘和控制器上保存 3 份控制文件的副本。如果在数据库打开的情况下碰巧删除了所有的控制文件，可以使用 ALTER DATABASE BACKUP CONTROLFILE 命令生成新的控制文件。如果数据库关闭并且控制文件丢失，可以使用 CREATE CONTROLFILE 语句重新创建控制文件。然而，从头开始创建控制文件需要做大量的工作，很容易产生错误，并且会丢失大量有价值的、可能很关键的信息(例如，RMAN 备份的最新备份信息)。

可以运行如下查询来查看当前的控制文件。

```
select      name, value
from        v$parameter
where       name = 'control_files';

NAME                VALUE
----                ------
control_files       /disk1/ora10/ctl1.ora,/disk2/ora10/ctl2.ora,/disk3/ora10/ctl3.ora
```

另一个建议就是定期创建控制文件的文本副本，或者至少在任何的数据库架构更改之后(在文件或表空间级别)创建。这在你丢失所有的控制文件副本后不得不从头开始创建时特别有用。

3.13 磁盘 I/O 的其他注意事项和提示

在我们查看其他磁盘 I/O 操作时，还要注意下面的提示：
- 如果需要提高速度，而且有经济实力，那么可以把所有东西都放到 SSD(闪存)或 Exadata 上。至少要把重做日志放到 SSD，如果可能，再加上 UNDO 和 TEMP。
- 频繁的批处理可能需要更大的回滚空间、重做空间和临时表空间。
- 频繁的 DML 处理(INSERT、UPDATE 和 DELETE)可能需要更大的回滚空间、重做空间和临时表空间。
- 对大型表的频繁访问需要更多的 CPU 和内存以及更大的临时表空间。
- 性能优化较差的系统需要更多的 CPU 和内存以及更大的临时表空间。
- 大量较好均衡的磁盘和控制器通常可以提高性能(减少了 I/O 争用)。
- 增大磁盘容量也可以加快备份和恢复操作，因为可以在磁盘而不是磁带上保存备份的副本。
- 如果有条件，使用 Exadata、EMC 和/或固态磁盘或闪存方案仍是一种提高 Oracle I/O 性能的最好方法。
- 10g 和 11g 版本需要 ASM 和数据库实例在同一台服务器上。随着 12c 版本 ASM 的推出，这种 ASM 和数据库之间紧耦合的配置变松了，在 RAC 环境和远端 ASM 的管理上提供了更大的灵活性。Oracle 在 12c 版本中同时还为 RAC 提供了新的 Flex Cluster 特性、热点再平衡能力、快速同步以及修复功能。

3.14 设计阶段需要注意的问题

如果正在设计或更新新的系统，还要考虑到以下几点：
- 硬件的最大磁盘容量是多大？
- 可用的磁盘大小有多大？
- 数据库初始大小应为多大？
- 数据库将来可能会有多大，其增长度是多少？
- 是否有针对数据库文件或 OS 的 RAID(分段)级别？
- 将使用何种恢复办法？

- 哪个归档方法将用于存储历史信息？
- 系统中应该多久报告一次输出？
- 需要使用哪种开发空间？
- 应该安装什么软件，需要多大的空间才能有效发挥其功能？
- 需要安装什么系统实用程序，需要多大的空间才能有效发挥其功能？
- 需要安装哪种邮件系统？
- 需要采用哪种数据传输方式？
- 是否采用 ASM？如果采用，学习并设计使用 ASM。
- 批处理过程有哪些需求，是否有专门的用户查询？
- 如何访问数据才能造成潜在的热点？

最后，有必要在此提一下 Oracle 的产品"Orion"。Oracle Orion 是一个不用安装或创建数据库就能预测 Oracle 数据库性能的工具。不同于其他的 I/O 测量工具，Oracle Orion 设计为通过像 Oracle 软件使用 I/O 一样来模拟 Oracle 数据库的 I/O 工作负载。Orion 也可以模拟 Oracle ASM 的分段功能带来的影响。

要诀

如果你的系统正处于设计阶段，一定要找到与使用当前和未来系统相关的尽可能多的信息。不要仅考虑到 Oracle 数据库的需求，也应调查一下其他会影响 Oracle 数据库性能的软件和应用程序。

3.15 要诀回顾

- 可插拔数据库是 Oracle 12c 最好的新特性之一。可以用它来整合上百套数据库到一个容器数据库(CDB)中，这个 CDB 里面包含上百个可插拔数据库(PDB)。
- 12cR2 有两个很棒的功能，一个是闪回 PDB，另一个是创建部分 PDB 的子集备库。12cR2 还能把分区和子分区设为只读。
- 重做日志和归档日志文件被定义为细粒度分布，而数据文件是粗粒度分布。
- 避免将磁盘阵列中的某个逻辑设备划分为多个文件系统。该操作看似可以提供灵活性，但也会增加不得不管理的数据文件位置的数量。
- 使用磁盘阵列改进性能，并且保护数据不受磁盘故障的影响。使用适当的 RAID 级别和技术解决方案使你可以维护组织所需要的可用性。如果仅仅追求"足够好"，就可能会在午夜两点时因为丢失某个磁盘而感到悔恨。ASM 是条带化和镜像的很好选择。
- 把关键的 Oracle 数据文件分开放置，这样可以确保磁盘争用不会成为瓶颈。把经常连接的表的数据和索引分开放置，这样，即使最糟糕的表连接也不会导致磁盘争用。在企业管理器(云管理平台)中，Oracle 让数据迁移到磁盘的热区或冷区更加容易。
- 查询 V$FILESTAT 和 V$DATAFILE 可以观察数据文件是否被有效地均衡。使用 V$TEMPFILE 和 V$TEMPSTATS 监控临时表空间。
- 为了拥有最大为 8EB 的 Oracle 12c 数据库，必须使用 128TB 的数据文件(必须使用大文件表空间和 32KB 大小的数据块)。

- 虽然 ASM 不提供多路径功能，但它利用了多路径工具，前提是该多路径工具产生的路径或设备从 fstat 系统调用中返回一个成功的返回码。MOS 文献 294869.1 提供了关于 ASM 和多路径的更多信息。
- 为了确保 ASM 使用多路径设备而不是常规设备的名称，需要设置 ASM_DISKSTRING 参数来查找多路径设备名。比如，如果使用 EMC 的 PowerPath，就设置磁盘字符串为'/dev/emcpower*'。唯一例外是当使用 Linux 时，设置磁盘字符串为'ORCL:*'，这时，需要配置 ASMLIB 来保存多路径设备。
- 可以把数据文件移到不经常被访问的磁盘，或者把表移到另一个磁盘的不同表空间中，这样就可以解决磁盘争用问题。
- 表可以很容易地分区，这样单独的分区可以进行访问和维护；仍然可以访问被分区的整个表。访问 DBA_TABLES、DBA_PART_TABLES 和 DBA_SEGMENTS 可以得到更多关于已分区表的信息。
- 分区表可把多个列当作分区的条件。必须为分区键的所有列指定"MAXVALUE"，区间分区(interval partitioning)例外。在 12cR2 版本中，使用 interval 作为子分区策略，interval 也可以作为复合分区的一部分。
- 当知道一个表需要分区而又不知道如何分区时，可以选择哈希分区。
- 在 12cR2 中，列表分区可以有多个字段。
- 在 12cR2 中，可以让数据库自动为字段的每一个不同的分区键创建独立分区(叫作自动列表分区)。
- 引用分区(reference partitioning)是为远比其他系统规范的 OLTP 系统量身定制的分区。
- 在重建有问题的表时，使用 NOLOGGING 可以避免生成大量的重做日志。

注意

当使用 NOLOGGING 选项创建表或索引时，数据库不生成重做日志的记录。因此即使运行在归档模式，也无法恢复使用 NOLOGGING 选项创建的对象。如果无法承受这些表或索引的丢失，可以在这些无法恢复的表或索引创建之后做一下备份。但是，在 12cR2 版本为数据仓库准备的数据卫士中，我们可以在主库上使用的 NOLOGGING 操作也能被跟踪到。以前，主库使用 NOLOGGING 后，备库的数据块就会被标识为不可恢复。有了新的跟踪技术后，数据卫士能够跟踪到那些使用 NOLOGGING 插入的数据块，用 RMAN 恢复这些数据块用到新的 RMAN 命令：RECOVER DATABASE NOLOGGIN。

- 删除一个表分区会把对应的本地索引(其他本地索引不受影响)删除，造成全局索引(整个表只有一个)不可用(除非愿意随后重建索引)。如果计划删除表分区，尽量不要使用全局索引。在 12c 版本中，可以在删除分区命令的后面使用 update indexes 选项，这个选项不会使全局索引失效，而且也不会立即更新索引，索引维护会通过定时任务自动完成。
- 分区索引(本地索引)应该加前缀，即分区键是索引的前导列。
- 如果要归档历史数据，考虑一下在导出之前先通过交换分区生成一个名字长一点的表，这样就可以在以后需要导回数据时，只导入一个表，避免导回到原表的分区。
- 经常查询 DBA_SEGMENTS 视图，确保对象没有太多的区(没有使用 ASM 时)。提早发现问题是避免后来遇到性能问题的关键(有些时候最好还是顺其自然，特别是当没有问题时)。最好把对象放到指定表空间，表空间使用的统一区块大小恰好能够满足对象的预期增长。
- 访问 CHAINED_ROWS 表可以查找链化问题。正确地设置 PCTFREE 或者为数据库设置合适的大小可以避免链化现象。
- 使用 ASSM 提高性能和段的管理。对于小的段可以使用单独的表空间。
- 增加日志文件的大小，可以加快大型 INSERT、UPDATE 和 DELETE 语句的执行速度。

- 如果计划写入大量信息，可将重做日志放在最快的磁盘上。试着把重做日志放在磁盘的外圈部分(在许多磁盘上这是最快的部分)。更好的是，ASM 有一个特性可以这么做：智能数据放置(Intelligent Data Placement)特性让你可以在 Oracle ASM 的磁盘上指定磁盘区域，这样可以保证频繁访问的数据被放置在磁盘的外部(热的)磁道，以此提供更高的性能。

- 如果系统正处于设计阶段，一定要找到与当前和未来系统使用相关的尽可能多的信息。不要只考虑 Oracle 数据库的需要；调查其他会影响 Oracle 数据库执行性能的软件和应用程序。

第 4 章

通过初始化参数调优数据库(针对 DBA)

　　Oracle 初始化文件(SPFILE 或 PFILE，类似于 initSID.ora)定义了许多操作系统的环境特性，比如分配给数据的内存、分配给语句的内存、分配给 I/O 的资源以及一些与性能相关的重要参数。Oracle 的每个版本都会往初始化参数文件中继续新增一些初始化参数，Oracle 12c 也不例外，也增加了一大堆的参数，特别是针对内存数据库(In-Memory Database)特性的参数。在 Oracle 12cR2 中，有 4649 个(412 个公开的和 4237 个隐藏的)初始化参数。具体的数字根据不同的补丁版本和操作系统平台会有少量变化。

　　正如预想的那样，要把怎样优化和设定每个参数都写出来，可能需要占用整本书的篇幅；本书将着重介绍那些能影响数据库性能的最关键的参数。阅读完本章后，可以参考附录 A，那里包含所有公开的、过期的和不推荐使用的参数：25 个我认为最重要的参数(本章会涉及其中的许多)，20 个最不可忘记的参数(例如管理审计功能的 AUDIT_TRAIL 参数和控制 Exadata 中智能扫描[Smart Scan]的 CELL_OFFLOAD_PROCESSING 参数)，13 个最重要的未公开参数(许多和恢复及损坏相关)，10 个额外附加的重要的未公开新参数(例如调优或测试时用于关闭存储索引[Storage Index]的_KCFIS_STORAGEIDX_DISABLED 参数)，附录 A 中还有一节专门介绍 Oracle Application 开发团队关于 Oracle 12c 的一些建议。

优化 Oracle 数据库的关键通常在于系统的体系结构和那些用来设定数据库环境的参数。对于主要的初始化参数(MEMORY_TARGET、MEMORY_MAX_TARGET、SGA_MAX_SIZE、PGA_AGGREGATE_TARGET、**PGA_AGGREGATE_LIMIT**、DB_CACHE_SIZE、SHARED_POOL_SIZE 和 **INMEMORY_SIZE**)的不同设定，会造成查询时间不到一秒和几分钟之间的差别(12c 版本新增的参数用粗体表示)。初始化参数 MEMORY_TARGET 可以取代本章中介绍的一些关键参数(当然可能还是经常要设置一些参数的最小值以保证 Oracle 给它们分配足够的内存，特别是 DB_CACHE_SIZE 和 SHARED_POOL_SIZE)。本章将重点讨论关键的初始化参数，而且在本章的末尾列出了最重要的 25 个初始化参数。本章还总结对不停增长的系统配置不同尺寸数据库的经验。

本章重点介绍对性能产生最大影响的参数，通过对它们的优化实现以最少工作获得最大的性能改善，包含如下窍门和技巧：

- 升级到 12cR2 需要考虑的参数
- 使用 SEC_CASE_SENSITIVE_LOGON 和大小写敏感的密码
- 与性能相关的重要的内存初始化参数
- 通过资源计划指示来设置可插拔数据库(PDB)的级别：MEMORY_LIMIT 和 MEMORY_MINIMUM (12cR2 新增)
- 使用 Oracle 12c (版本 12.1.0.2 及以上)的内存数据库
- 在不重启数据库的情况下修改初始化参数文件
- 使用 SPFILE 文件和创建可读的 PFILE(init.ora)
- 使用 Oracle 企业管理器云控制器查看初始化参数
- 优化 DB_CACHE_SIZE 参数
- 优化 SHARED_POOL_SIZE 参数
- 检查库缓存(Library Cache)和数据字典缓存(Dictionary Cache)
- 查询 X$KSMSP 表以观察 SHARED_POOL_SIZE
- 使用多个缓冲池
- 优化 PGA_AGGREGATE_TARGET 和 PGA_AGGREGATE_LIMIT(12c 新增)
- 用户、会话和系统内存的使用
- 使用 OPTIMIZER_MODE 参数
- 两个重要的 Exadata 初始化参数
- 最重要的 25 个性能相关初始化参数
- 对于不同尺寸数据库的典型服务器设置
- Oracle Application 推荐设置(附录 A 提供了更多信息)

4.1 升级到 Oracle 12c 之后

升级到 Oracle 12c 之后，需要仔细考虑特定系统中的许多参数。请查看附录 A 中过期的(即已删除的)和不推荐使用(将来可能会删除，所以建议不要使用，虽然由于向后兼容原因，目前可以继续使用)的参数。我将讨论几个对于大多数系统来说都很重要和常见的参数。数据库升级助手(DBUA，Oracle Database Upgrade Assistant)极其有用，并且说明了 Oracle 确实想要在升级过程中帮助你。它在升级之前使用升级前脚本检查以下各项：

- 无效用户或角色
- 无效数据类型或对象
- 不支持的字符集
- 统计信息的收集(推荐，不是检查)
- 足够的资源(UNDO/ROLLBACK 段、表空间和空闲磁盘空间)

- 缺失的升级需要的脚本
- 运行的监听器(如果需要使用 Oracle 企业管理云控制器来升级或配置的话)
- Oracle 数据库软件已连接到 Database Vault 选件(如果 Database Vault 已经启用，升级前需要将其停用)

下一步，考虑一些和内存数据库(IM)相关的参数，包括 INMEMORY_SIZE、INMEMORY_QUERY、INMEMORY_MAX_POPULATE_SERVERS、INMEMORY_FORCE、INMEMORY_CLAUSE_DEFAULT、INMEMORY_VIRTUAL_COLUMNS 和 INMEMORY_TRICKLE_REPOPULATE_SERVERS_PERCENT。要打开内存数据库选项，请配置如下设置：

```
INMEMORY_SIZE=1520M
INMEMORY_QUERY_ENABLED=TRUE
SGA_TARGET =25G
```

将 INMEMORY_SIZE 参数设置为任何非默认值即可打开内存数据库选项(所以在设置之前请确认已经获得该选项的许可)。同时要注意，可能需要将 SGA_TARGET 和 MEMORY_TARGET 两个参数增加到和 INMEMORY_SIZE 一样的大小，因为 INMEMORY_SIZE 包括在 SGA_TARGET 内，同样也包括在 MEMORY_TARGET 内。本章的 4.5 节"内存数据库(INMEMORY_SIZE)"将详细介绍这部分内容。

另外还有和自适应查询优化(Adaptive Query Optimization，在第 8 章详细讨论)相关的新参数，主要有 OPTIMIZER_ADAPTIVE_FEATURES[1]和 OPTIMIZER_ADAPTIVE_REPORTING_ONLY。所有会影响到自适应查询优化特性行为的参数如下(还有一两个其他相关参数也列在后面，列出来的是默认值)：

```
OPTIMIZER_ADAPTIVE_FEATURES =TRUE
OPTIMIZER_ADAPTIVE_REPORTING_ONLY=FALSE
OPTIMIZER_DYNAMIC_SAMPLING=2
OPTIMIZER_MODE=ALL_ROWS
OPTIMIZER_FEATURES_ENABLE=12.2.0.1

OPTIMIZER_INMEMORY_AWARE=TRUE
OPTIMIZER_USE_INVISIBLE_INDEXES=FALSE
```

参数 OPTIMIZER_ADAPTIVE_FEATURES 的默认值是 true，即打开自适应计划、自动重新优化、SQL 计划指示以及自适应分发方法。自适应计划特性允许 SQL 在首次执行时执行计划就可以自动改变，比如表连接方法(这个特性不错)和并行执行的分发方法。可以将参数 OPTIMIZER_ADAPTIVE_REPORTING_ONLY 设置成 true(默认是 false)来测试哪些查询可能会用到自适应特性，而不会让优化器真正使用自适应计划。这在对旧 Oracle 版本的数据库首次升级时非常有用，可以避免一些意想不到的行为。

4.2 使用 SEC_CASE_SENSITIVE_LOGON

注意密码是区分大小写的。SEC_CASE_SENSITIVE_LOGON 是 Oracle 11g 中新引入的一个重要参数，默认值是 true，这使得密码默认情况下大小写敏感。设置为 false 可以禁用此功能。还可以通过参数 SEC_MAX_FAILED_LOGIN_ATTEMPTS(默认值为 10)设定尝试次数，如果用户在这个次数内没有输入正确的密码，账户将被锁定。基于安全需要，可以考虑改变这个值。

一旦用户被锁定，DBA 就需要执行下面的命令来进行解锁：

```
SQL> ALTER USER username ACCOUNT UNLOCK;
```

---

1 译者注：在 Oracle 12c 的第二个发行版本的正式版本 12.2.0.1 中，OPTIMIZER_ADAPTIVE_FEATURES 参数已经被废除，取而代之的是两个参数：OPTIMIZER_ADAPTIVE_PLANS(默认值为 true)和 OPTIMIZER_ADAPTIVE_STATISTICS(默认值为 false)，分别用于控制与执行计划相关的自适应特性(默认打开)，以及和统计信息相关的自适应特性(默认关闭)。对于 12.1 版本的 Oracle 数据库，建议参考 MoS 文档 2187449.1 来通过打补丁的方式保持和 12.2 版本的默认行为一致。

4.3 与性能相关的重要的内存初始化参数

虽然优化某些查询就可以提高性能，但是如果没有在初始化文件中正确地设置好参数，整个系统仍然会非常缓慢，因为初始化文件对于 Oracle 数据库的整体性能起着至关重要的作用。可以花时间设置所有的初始化参数，但是只要注意设置好下面几个主要的参数，就会发现系统的性能已经有了显著提高：

- MEMORY_TARGET
- MEMORY_MAX_TARGET
- SGA_TARGET
- SGA_MAX_SIZE
- PGA_AGGREGATE_TARGET
- PGA_AGGREGATE_LIMIT
- DB_CACHE_SIZE
- SHARED_POOL_SIZE
- INMEMORY_SIZE

如果使用 MEMORY_TARGET(或者和 MEMORY_MAX_TARGET 一起使用)，Oracle 就会使用自动内存管理(Automatic Memory Management，AMM)来管理其他的内存参数，包括程序全局区(PGA)、共享池和数据库高速缓存。通过设定内存总量的阈值让 Oracle 对内存进行自动控制，根据系统需要自动调整各个内存池和区域的大小(关于 AMM 的更多信息请参考 MOS 文献 443746.1，或者参考本章后续内容)。在 Oracle 10g 中，引入了 SGA_TARGET 和 SGA_MAX_SIZE 两个参数，通过设置这两个参数，Oracle 可以启动自动共享内存管理(Automatic Shared Memory Management，ASMM)来管理系统中的共享内存(更多信息请参考 MOS 文献 295626.1)，ASMM 其实就是在 AMM 中去掉了对 PGA 的自动管理。Oracle Application 开发团队推荐运行在 10g 和 11g 版本 Oracle 数据库上的 Apps 11i 以及运行在 11g 版本 Oracle 数据库上的 Apps R12 仍然使用 SGA_TARGET 和 SGA_MAX_SIZE(参考 MOS 文献 396009.1)。我会在本章结束时总结 Oracle Application 开发团队的推荐设置。

MEMORY_TARGET 这个参数让你只设置一个简单的参数就可以实现对 Oracle 内存的分配控制(当然你很快就会看到我推荐你设置其他几个参数的最小值)。自动内存管理(AMM)通过 MEMORY_TARGET 参数来设置其他内存参数，比如 PGA 和 SGA(系统全局区)的内存分配组合。设置这个参数也就启用了自动内存管理特性，但是你依然可以设置一些关键参数的最小值。MEMORY_TARGET 将会包括 SGA_TARGET 覆盖的所有内容(包括 INMEMORY_SIZE，假如启用的话)，而且现在也会包括 PGA(这个也很重要，因为它包括 PGA_AGGREGATE_TARGET 和 PGA_AGGREGATE_LIMIT 这些重要的部分)。其他一些关键的参数也会随着 MEMORY_TARGET 的设置而自动设置，比如 DB_CACHE_SIZE、SHARED_POOL_SIZE、PGA_AGGREGATE_TARGET、LARGE_POOL_SIZE 和 JAVA_POOL_SIZE。在系统中为一些重要的初始化参数设置最小值也是一个很好的主意。参数 MEMORY_MAX_TARGET 是可选的，它用来限定 Oracle 能分配的内存的最大值，即 MEMORY_TARGET 允许的最大值。

在 Oracle 9i 中，Oracle 通过 SGA_MAX_SIZE 这个参数开始引入自动内存管理的概念(再也不用设置各种缓存池了，只需要设置 DB_CACHE_SIZE 和粒度大小：_KSMG_GRANULE_SIZE)。

在 Oracle 10g 中，引入了 SGA_TARGET 参数(即便在 11g 版本的 Oracle 数据库中，Oracle Applications 还是推荐使用这个参数)。然而在本书的 10g 版本中，我们依然推荐对一些关键内存区域设置最小值，比如数据高速缓存(DB_CACHE_SIZE)和共享池(SHARED_POOL_SIZE)。现在 MEMORY_TARGET 把 SGA 和 PGA 合并到一个参数来控制，让生活变得更简单了，特别是对于一些小的不复杂的系统。当然不论是什么样的数据库，只要使用自动内存管理，依然推荐像本章介绍的那样设置关键内存区域的最小值。有些参数是自动调整大小的(在本章接下来的内容中将详细介绍这些参数的使用)。同时请记住 MEMORY_TARGET(自动内存管理)囊括 SGA_TARGET 和

PGA_AGGREGATE_LIMIT，它至少是这两个值的和。它比自动共享内存管理(SGA_TARGET)和自动 PGA 内存管理(PGA_AGGREGATE_TARGET)又高了一层。这个参数管理许多原本需要单独设置的 SGA 中的内存配置(当然还是可以单独设置它们，有的情况下甚至必须单独设置它们)。如何单独设置这些参数将在本章的后续部分提到。

当设置 MEMORY_TARGET 或 SGA_TARGET 参数时，这些参数将会自动调整大小(除非设置最小值)。但是不论什么情况，只要使用 AMM，就推荐单独设置表 4-1 中这些内存区域的最小值。

表 4-1 使用 AMM 时推荐设置的参数

组件	初始化参数
数据高速缓存区	DB_CACHE_SIZE(一般也设置最小值)
共享池	SHARED_POOL_SIZE(一般也设置最小值)
大池	LARGE_POOL_SIZE(一般也设置最小值)
Java 池	JAVA_POOL_SIZE(一般也设置最小值)
流(Streams)池	STREAMS_POOL_SIZE

有些手动设置大小的 SGA 组件也可以使用 MEMORY_TARGET，如表 4-2 所示。

表 4-2 使用 AMM 时可以手工设置的参数

组件	初始化参数
日志缓存区	LOG_BUFFER
保存池	DB_KEEP_CACHE_SIZE(主要的基准测试也都使用这个高速缓存池)
回收池	DB_RECYCLE_CACHE_SIZE(主要的基准测试也都使用这个高速缓存池)
数据块高速缓存	DB_nK_CACHE_SIZE(主要的基准测试也都使用这个高速缓存池)
内存数据库(IM)	INMEMORY_SIZE(用于内存列存储)
PGA	PGA_AGGREGATE_TARGET 和 PGA_AGGREGATE_LIMIT

前面已经提到，PGA 现在也通过 MEMORY_TARGET 来管理，包括 PGA_AGGREGATE_TARGET 和 PGA_AGGREGATE_LIMIT 两个参数。应该为 PGA_AGGREGATE_TARGET 设置最小值，而在 Oracle 12c 中，为 PGA_AGGREGATE_LIMIT 设置最大值。从使用 SGA_TARGET 移植到使用 MEMORY_TARGET 时，需要设置 MEMORY_TARGET 和 MEMORY_MAX_TARGET 两个参数。要决定使用多大的值，可以执行下面的查询，然后将 SGA_TARGET 和 PGA_AGGREGATE_TARGET 的值相加以估算 MEMORY_TARGET 的值(下面的输出只是列出了部分关键值)：

```
SQL> sho parameter target

NAME                                 TYPE          VALUE
------------------------------------ ------------- -----
memory_max_target                    big integer   0
memory_target                        big integer   0
pga_aggregate_target                 big integer   110M
sga_target                           big integer   250M

ALTER SYSTEM SET MEMORY_MAX_TARGET=360M SCOPE=SPFILE;
(shutdown/startup)
ALTER SYSTEM SET MEMORY_TARGET=360M SCOPE=SPFILE;
ALTER SYSTEM SET SGA_TARGET=0;  (或者设置一个最小值)
ALTER SYSTEM SET PGA_AGGREGATE_TARGET=0;  (或者设置一个最小值)
(shutdown/startup)
```

```
SQL> sho parameter target

NAME                                 TYPE          VALUE
------------------------------------ ------------- -----
memory_max_target                    big integer   360M
memory_target                        big integer   360M
pga_aggregate_target                 big integer   0
sga_target                           big integer   0

ALTER SYSTEM SET SGA_TARGET=200M;
ALTER SYSTEM SET PGA_AGGREGATE_TARGET=100M;
(也可以根据需要设置 DB_CACHE_SIZE 和 SHARED_POOL_SIZE)

SQL> sho parameter target

NAME                                 TYPE          VALUE
------------------------------------ ------------- -----
memory_max_target                    big integer   360M
memory_target                        big integer   360M
pga_aggregate_target                 big integer   100M
sga_target                           big integer   200M
```

利用如下所示的查询可以查看当前数据库的关键初始化参数的设置情况(如果 SGA_TARGET 设置为非零值，其中一些参数将被设置为 0，这说明 Oracle 会自动设置它们)。在下面这个例子中，手工设置了共享池大小：

```
Col name for a25
Col value for a50

select    name, value
from      v$parameter
where     name in ('sga_max_size', 'pga_aggregate_target',
                   'db_cache_size', 'shared_pool_size');

NAME                   VALUE
---------------------- --------------------
shared_pool_size       1073741824
sga_max_size           6878658560
db_cache_size          0
pga_aggregate_target   0
```

MEMORY_TARGET 参数让事情变得简单了，特别是对于初学者以及管理很多数据库的管理员，这是个很棒的功能，让对多数环境的管理变得简单和最小化。

4.4 PDB 级：MEMORY_LIMIT 和 MEMORY_MINIMUM

除了用于设置 Oracle SGA 和 PGA 的全局内存的初始化参数 MEMORY_TARGET，Oracle 还提供 PDB 相关的参数用于设置 PDB 级别的最小和最大内存。这些在 PDB 级别通过资源计划指令来设置的参数有：

- **MEMORY_LIMIT**　限制 PDB 中 PGA+SGA 达到这个百分比
- **MEMORY_MINIMUM**　保证 PDB 中 PGA+SGA 的最小百分比

在后面的部分很快也可以看到，INMEMORY_SIZE 参数既可以在 CDB 级别设置，也可以在 PDB 级别设置。

4.5 内存数据库(INMEMORY_SIZE)

Oracle 12.1.0.2 引入的内存数据库(In-Memory Database)特性是迄今为止在改善数据库性能方面最棒的新特性(特别是对于数据仓库的性能)。该特性对于某些类型的负载来说非常完美，而对其他的负载也有帮助，而且最值得称道的地方是，应用不需要做任何修改就能利用该特性。

大部分企业一般同时有联机事务处理应用(OLTP)和数据仓库应用，很多系统已经很难区分到底属于 OLTP 还是数据仓库了——越来越多的 OLTP 系统开始包含报表和数据仓库组件。现在 Oracle 中除了有用于 OLTP 和各种 DML 操作用途的数据高速缓存区，同时还有用于提高数据仓库操作性能的内存缓存区，内存缓存区在其他 OLTP 缓存发生变化时依然能保持一致性(类似于表和索引那样保持相互一致性)。这种混合负载变得越来越常见，而内存数据库让混合负载的性能大幅飙升。

内存数据库特性通过一种独特的双重数据存储格式来实现，即 Oracle 原有的用于 OLTP 的基于行的存储格式，以及用于查询和分析处理的内存中完全基于列的存储格式。这个特性通过同时维护行存储和列存储两种格式，对于应用来说是完全透明的，这就保证了应用的完全兼容性，而且应用也不需要修改任何一行代码就能用到这个新特性。同时，该特性和 Oracle 数据库中所有的现有特性也完全兼容，因此可以和其他所有特性一起使用，比如真实应用集群(RAC)、分区、压缩以及可插拔数据库等。

内存数据库选项利用 SGA 中一块叫作 in-memory 的区域来存放内存列存储对象，如图 4-1 所示。别担心，它不会让你的数据库对内存的需求加倍，事实上，据估计只要多使用 20%的内存就能很好地利用这个特性并带来巨大的收益。这个特性还会维护原本就具有的基于行存储格式的数据高速缓存，以保证 DML 操作的高效性。同时它还会维护一份额外的按列存储的内存区域，以提高查询和分析处理的性能(将特定的列按照列的方式通过压缩来存储，可以加速求和、求平均值等操作的性能)。并不是所有的表都要放到 in-memory 区域，只有对分析性能很关键的表的某些列才需要放到该区域。通过在内存(SGA)中混合使用 in-memory 区域和数据高速缓存区，然后配合使用闪存(谷歌、Facebook 和亚马逊都是这么做的)，就可以实现巨大的性能提升。

```
Connected to:
Oracle Database 12c Enterprise Edition Release 12.1.0.2.0
With the Partitioning, OLAP, Advanced Analytics and Real A
ions

SQL> sho sga

Total System Global Area 4194304000 bytes
Fixed Size                   2932336 bytes
Variable Size              570425744 bytes
Database Buffers          2013265920 bytes
Redo Buffers                13844480 bytes
In-Memory Area            1593835520 bytes
SQL>
```

图 4-1　SGA 显示 in-memory 区域的截图

将初始化参数 INMEMORY_SIZE 设置成一个非零值(至少设置为 100M)就打开了内存数据库选项。请记住这是一块固定大小的内存区域且不通过 LRU(最近最少被使用)算法来自动管理。如果其中的空间用完了，只能通过移除一些对象以便放入新的对象。另外也要记住，这块内存区域来自 SGA，因此需要通过修改 SGA_TARGET 和 MEMORY_TARGET 参数来增加 INMEMORY_SIZE 指定的大小以扩大 SGA，以便容纳这块新的内存区域。同时，内存列存储还受到 INMEMORY_QUERY 参数的控制，这个参数默认是打开的，意味着优化器可以为查询使用 IM 选项。如果 INMEMORY_QUERY 在系统级别或会话级别关闭了，优化器就不会让查询使用 IM 选项。内存数据库选项可以通过将 INMEMORY_QUERY 的值设置为 DISABLED 来动态关闭。举个例子：

```
ALTER SESSION SET INMEMORY_QUERY=DISABLE;  (停止使用 IM)
```

下面的例子说明了如何打开内存数据库(内存列存储)：

```
nmemory_size=1520M
inmemory_query-enabled
sga_target=25G
```

下面是其他和内存数据库配置有关的初始化参数：

- **INMEMORY_MAX_POPULATE_SERVERS** 设置用于往内存列存储加载数据的工作进程数。默认值是 0.5×CPU_COUNT。减少这个值会减缓重新加载的速度。
- **INMEMORY_FORCE** 如果设置为 OFF，不论对象的设置是什么，都不会加载到 IM 内存区域。默认值是 DEFAULT，意味着按照正常模式加载。
- **INMEMORY_CLAUSE_DEFAULT** 可以用来设置 INMEMORY 子句的默认格式，比如修改默认的优先级。

    ```
    ALTER SYSTEM SET INMEMORY_CLAUSE INMEMORY PRIORITY HIGH;
    ```

- **INMEMORY_TRICKLE_REPOPULATE_SERVERS_PERCENT** 设置一个工作进程可以用来进行后台重新加载(trickle repopulation)的时间的最大百分比(每两分钟会被唤醒一次)。默认值是 1%，可以设置为 0 来关闭后台重新加载。后台重新加载用来将 SGA 中更新过的数据块同步到内存列存储中。注意，当一个查询要用到内存列存储中的数据时，SGA 中所有修改过的记录的对应数据块会立即从内存列存储中清除(你的所有数据在查询时都是最新的)。

在 12cR2 中，在系统运行时就可以动态调整 INMEMORY_SIZE 的大小，只要 SGA_TARGET(或者说 MEMORY_TARGET)中有足够的内存。内存数据库也支持可插拔数据库，但是有些事情值得注意。所有的 PDB 都共享容器数据库(CDB)层定义的同一个内存空间。可以为每个 PDB 定义 INMEMORY_SIZE 的大小，但其实还是来自 CDB 里面定义的 INMEMORY_SIZE；因此所有 PDB 真正使用的 IM 内存总和不能超过容器层定义的 INMEMORY_SIZE 的大小。这就是说，PDB 的配置总额可以超过 CDB 的配置。比如，有三个 PDB，每个都设置 INMEMORY_SIZE=3M，而在 CDB 里面配置了 INMEMORY_SIZE=8M(这是允许的)，虽然所有 PDB 的配置加起来是 9M，但是真正使用的最大值是 8M。首先申请的 8M 会被分配，而每个 PDB 最大能用到 3M(有一个 PDB 只能用 2M)。这就带来了配置上的灵活性。

在 RAC 环境下，内存列存储的配置是基于实例的，每个实例都有自己的 INMEMORY_SIZE 配置。这也就意味着不同的 RAC 实例可以有不同的 INMEMORY_SIZE 配置。然而，还是推荐在所有的实例上让 INMEMORY_SIZE 配置保持一致——毕竟，要保存的对象基于数据库级别而非实例级别。每个不同实例可以存放不同的数据，而大表可以存储在一个集群中的多个实例上，这是默认实现的(从本质上说是综合了所有实例的内存作为内存列存储空间)。分布方式是可配置的，可以使用 DUPLICATE 来让 IM 本身也在集群内是容错的。在 Exadata 上(而且只有在一体机上)，还可以设置为 DUPLICATE ALL，让一个集群中所有节点的内存列存储完全一致，从而在内存列存储出现故障时提供完全的容错性和持续的高性能。

下面的例子说明了如何设置复制模式：

```
ALTER TABLE emp INMEMORY DISTRIBUTE BY PARTITION;
ALTER TABLE emp INMEMORY DUPLICATE;
```

(复制到第二个节点的 in-memory 区域)

```
ALTER TABLE emp INMEMORY DUPLICATE ALL;
```

**复制到所有节点上(如果不是一体机，比如 Exadata，请忽略这个选项)

为什么要使用内存列存储？因为对于事务型处理，按行存储格式执行更快；而对于分析型处理，按列存储格式执行更快。对于分析型处理，内存列存储更好，这是因为只需要访问需要的列(而且还是用压缩格式存储的——更小意味着更快)。在数据高速缓存里，一般只能看到表或表分区中数据的 10%~20%；而在内存列存储中，表和表分区完全可以放到内存里。

要想将对象放到新的内存列存储中，需要设置 INMEMORY 属性。可以通过默认设置，在表空间级别设置，或者为整个表设置。也可以通过设置表中单独的列或分区来放到内存列存储中。可以选择的选项实在太多，这里只是给出几个简单的例子：

- 表空间 `alter tablespace users default INMEMORY;`
- 表 `alter table mytable INMEMORY;`
- 列 `alter table mytable INMEMORY NO INMEMORY (prod_id);`
- 分区 `alter table mytable modify partition mytable_part1 NO INMEMORY;`

在将表对象放到内存列存储之后，就可以通过查看执行计划来检查查询是否用到了 in-memory 特性，如下所示：

```
select empno
from    emp
order by empno;

EMPNO
-----
 7389
 7390
 ...

------------------------------------------------------------------------
| Id | Operation                        |Name |
|    |                                  |     |
------------------------------------------------------------------------
|  0 | SELECT STATEMENT                 |     |
|  1 |  SORT AGGREGATE                  |     |
|  2 |   PARTITION RANGE ALL            |     |
|* 3 |    TABLE ACCESS INMEMORY FULL    | EMP |
------------------------------------------------------------------------
```

有专门用于内存数据库的提示来强制优化器使用内存列存储：

- /*+ INMEMORY(*table*) */ 将表放入 IM 区。
- /*+ NO_INMEMORY(*table*) */ 将表移出 IM 区。
- /*+ INMEMORY_PRUNING(*table*) */ 控制 IM 存储索引的使用。
- /*+ NO_INMEMORY_PRUNING(*table*) */控制 IM 存储索引的使用。
- /*+ PX_JOIN_FILTER(*table*) */ 强制表关联使用布隆过滤。
- /*+ NO_PX_JOIN_FILTER(*table*) */强制表关联不使用布隆过滤。

内存列存储提供了选项来控制数据库对象加载到内存的时间，可以在数据启动时立即加载，也可以当对象首次读取/查询时加载。这个选项通过 PRIORITY 关键字来控制。这允许设置某些对象在数据库启动时立即加载到内存中，以保证该对象首次使用时的性能。也允许设置对象加载到内存列存储中的重要程度。这些都是通过优先级来控制的。控制对象加载到 in-memory 区域有五种级别：

- CRITICAL 对象在数据库打开时立即加载。
- HIGH 如果内存列存储还有可用空间，在所有 CRITICAL 级别的对象加载之后，开始加载 HIGH 级别的对象。

- **MEDIUM** 如果内存列存储还有可用空间，在所有 CRITICAL 和 HIGH 级别的对象加载之后，开始加载 MEDIUM 级别的对象。
- **LOW** 如果内存列存储还有可用空间，在所有 CRITICAL、HIGH 和 MEDIUM 级别的对象加载之后，开始加载 LOW 级别的对象。
- **NONE** 如果内存列存储还有可用空间，对象只有在首次被扫描时才会被加载(默认配置)。

优先级配置决定了对象是否需要加载到内存列存储空间，如果要加载，以何种方式、在什么时候或者以什么样的顺序加载？比如，要想让表 mytable 在数据库系统启动时第一个加载到内存列存储空间，那么可以将它的优先级设置成 CRITICAL：

```
alter table mytable INMEMORY PRIORITY CRITICAL ;
```

放入 IM 内存区域的数据是压缩过的，这一点很关键，因为通过压缩可以将更多的数据放到 IM 内存区域，还可以节省内存。从 12cR2 开始，自动数据优化(Automatic Data Optimization，ADO，在第 3 章讨论过)已经被扩展以管理内存列存储，它基于热力图(Heat Map)统计信息来控制表和分区等对象在内存中的加载或移除。有以下几种内存压缩方式：

- **NO MEMCOMPRESS** 加载的数据没有经过任何压缩。
- **MEMCOMPRESS FOR DML** 为提高 DML 的性能进行最小的压缩优化。
- **MEMCOMPRESS FOR QUERY LOW** 考虑查询性能的优化(默认配置)。
- **MEMCOMPRESS FOR QUERY HIGH** 兼顾查询性能和节省空间的优化。
- **MEMCOMPRESS FOR CAPACITY LOW** 偏向于节省空间的优化。
- **MEMCOMPRESS FOR CAPACITY HIGH** 完全考虑节省空间的优化。

查看表的设置：

```
select table_name, inmemory, inmemory_priority,
       inmemory_compression
from   user_tables
where  table_name = 'MYTABLE'

TABLE_NAME              INMEMORY  INMEMORY_P   INMEMORY_COMPRESS
--------------------    --------  -----------  -----------------
MYTABLE                 ENABLED   NONE         FOR QUERY LOW
```

默认情况下，内存压缩模式是 FOR QUERY LOW，这提供最佳性能的同时兼顾一部分压缩优势以提高 IM 内存区域的利用率。IM 的压缩比一般介于 2 倍到 20 倍，实际能达到的压缩比根据数据类型、压缩类型以及表中实际数据的不同而不同。

下面的例子演示了如何在同一个表里使用不同的压缩级别和内存策略。这个例子指明对于大的 LOB 列(c4)不使用 IM 选项，而对整个表默认采用 QUERY HIGH 内存压缩方式，而对列 c2 使用 CAPACITY HIGH 内存压缩方式。

```
CREATE TABLE mytable
( c1 NUMBER,
  c2 NUMBER,
  c3 VARCHAR2(10),
  c4 CLOB )
INMEMORY MEMCOMPRESS FOR QUERY HIGH
NO INMEMORY(c4)
INMEMORY MEMCOMPRESS FOR CAPACITY HIGH(c2);
```

IM 特性的性能优势不光在于内存列存储区，Oracle 还会创建和维护内存存储索引。内存存储索引创建在内存列存储区的列上，这就让 SQL 在通过 WHERE 条件来读取数据时能进行数据裁剪(pruning)，这可以减少返回给优化器做过滤的数据量。Oracle 还能利用因为游戏产业而发展起来的 SIMD 技术。SIMD(单指令多数据)向量处理允许单个 CPU 指令同时评估多个数据指针,它通过在一个 CPU 循环里利用向量寄存器和向量比对多个数据来实现(快 100 倍以上)。同时,内存列存储的表关联可以利用布隆过滤的优点来做表关联转换,从而提高大表扫描的性能。在 12cR2 中,关联组(两个表做关联的列)也是压缩过的,在表做关联时不需要解压(12cR2 中很重要的一个优势)。在 12cR2 中还支持内存虚拟列,而且活动数据卫士在用只读模式打开时也可以利用内存列存储特性了。现在可以通过 DBMS_INMEMORY_ADMIN 包来使用内存表达式,通过 DBMS_INMEMORY_ADMIN.IME_CAPTURE_EXPRESSION 来捕获 IM 内存中热点的表达式。还可以通过 DBMS_INMEMORY_ADMIN.FASTSTART_ENABLE 过程将 IM 内存中的数据保存到快速启动区(指定的表空间,也可以参考 V$INMEMORY_FASTSTART_AREA),从而实现在数据库重启时将数据快速加载到 IM 内存(依照之前定义的优先级顺序)。请参考 Oracle 内存数据库指导以获得更多的信息。最后,内部的数据字典对象已经为内存数据库做了更新:

- V$IM_SEGMENTS、V$IM_USER_SEGMENTS、V$IM_COLUMN_LEVEL、USER_TABLES 和 V$KEY_及 VECTOR
- USER_TABLES(inmemory,inmemory_priority,inmemory_compression,inmemory_distribute,inmemory_duplicate)

要诀

使用 INMEMORY_SIZE 参数能为分析型应用带来不可想象的性能提升,但是在设置这个参数之前请确保已经获得这个选项的授权。

4.6 在不重启数据库的情况下修改初始化参数

在 Oracle 的每个版本里,越来越多的参数都可以在不用重启数据库的情况下进行修改,这很大程度上减少了实现系统优化所需要的计划停机时间。

下面的例子显示了在数据库运行时把 SHARED_POOL_SIZE 改成 128MB:

```
SQL> ALTER SYSTEM SET SHARED_POOL_SIZE = 128M;
```

除了可以动态地改变这些参数以外,还可以使用 SPFILE 来永久存储对实例参数的动态修改。在 Oracle 9i 之前,如果不手动将参数添加到初始化参数文件里,当数据库重启时所有动态改变都会丢失。从 Oracle 9i 直到 12cR2,动态改变可以保存到服务器参数文件(SPFILE)里。在启动实例之前,默认的读取参数文件的顺序为:

(1) spfile<SID>.ora

(2) spfile.ora

(3) init<SID>.ora

参数既可以在系统级别,也可以在会话级别进行动态修改。另外,可以只在内存中改变这些参数,也可以通过 SPFILE 永久地保存这些改动,供重启后使用。在下面的第一个例子里,修改 SHARED_POOL_SIZE 参数并把它写入 SPFILE。需要提醒的是,可以使用 K(KB)、M(MB)、G(GB)这些单位,但是还不能使用 T(TB)、P(PB) 和 E(EB),虽然在 64 位的情况下,Oracle 数据库的大小可以达到 8EB,寻址空间可以达到 16EB。另外需要注意:1GB=1024*1024*1024 字节 = 1 073 741 824 字节。

```
SQL> ALTER SYSTEM SET SHARED_POOL_SIZE = 128M SCOPE=SPFILE;
```

在下面的第二个例子中,在 SPFILE(为重启后使用)和内存(在 SGA 中)中修改了 SHARED_POOL_SIZE:

```
SQL> ALTER SYSTEM SET SHARED_POOL_SIZE = 1G SCOPE=BOTH;
SQL> SHOW PARAMETER SHARED_POOL_SIZE

NAME                                 TYPE        VALUE
------------------------------------ ----------- ------------------
shared_pool_size                     big integer 1G
```

也可以从 SPFILE 中创建 PFILE(因为 SPFILE 不可读)：

```
SQL> CREATE PFILE='C:\APP\USER\PRODUCT\11.2.0\DBHOME_2\DATABASE\INITORCL.ORA' FROM SPFILE;
```

也可以如下所示，Oracle 会检查默认位置并在上面创建 PFILE：

```
SQL> CREATE PFILE FROM SPFILE;
```

如果 SPFILE 不明不白地被删除了(可千万别这么做)，那么还可以按下面例子中所示，用 PFILE(假设已经创建)重建 SPFILE，或者从内存中重建 SPFILE：

```
SQL> CREATE SPFILE='C:\APP\USER\PRODUCT\11.2.0\DBHOME_2\DATABASE\SPFILEORCL.ORA'
     FROM PFILE='C:\APP\USER\PRODUCT\11.2.0\DBHOME_2\DATABASE\INITORCL.ORA';

SQL> CREATE SPFILE='C:\APP\USER\PRODUCT\11.2.0\DBHOME_2\DATABASE\SPFILEORCL.ORA' FROM MEMORY;
```

当查看 PFILE 的输出时，除了手工设定的参数之外，里面的信息很有限。如果只设定 MEMORY_TARGET，PFILE 里会有其他内存关键参数的自动设置值。仔细查看一下运行下面的命令会发生什么：

```
SQL> CREATE PFILE='C:\APP\USER\INITORCL.ORA' FROM SPFILE;
```

要诀

如果使用 ALTER SYSTEM 命令只修改 SPFILE，而且在启动时发现设置错误，数据库将不会启动。这时，不能使用 ALTER SYSTEM 命令去解决这个问题，需要根据 SPFILE 创建一个 PFILE，修改这个 PFILE，然后使用这个 PFILE 启动数据库。之后，需要创建 SPFILE，然后使用 SPFILE 重启数据库。

下面是 initorcl.ora 清单(注意 MEMORY_TARGET=6.56GB，而 INMEMORY_SIZE=0)：

```
orcl.__data_transfer_cache_size=0
orcl.__db_cache_size=2315255808
orcl.__inmemory_ext_roarea=0
orcl.__inmemory_ext_rwarea=0
orcl.__java_pool_size=16777216
orcl.__large_pool_size=33554432
orcl.__pga_aggregate_target=2399141888
orcl.__sga_target=4479516672
orcl.__shared_io_pool_size=973078528
orcl.__shared_pool_size=1073741824
orcl.__streams_pool_size=16777216
*.compatible='12.2.0.0.0'
*.db_block_size=8192
*.db_domain=''
*.db_name='orcl'
*.log_buffer=4931584#  log buffer update
*.max_dump_file_size='UNLIMITED'
*.memory_max_target=6871318528
*.memory_target=6871318528
*.optimizer_dynamic_sampling=2
*.optimizer_mode='ALL_ROWS'
*.shared_pool_size=1073741824
*.undo_tablespace='UNDOTBS1'
……(因为列表太长，隐藏了后面的行)……
```

可以通过从内存中导出得到更完整的列表，在该列表中可以看到所有设置：

```
SQL> CREATE PFILE='/home/oracle/init_memory1.ora' FROM MEMORY;
```

下面展现了数据库实例的每一个参数设置(无论是由你还是由 Oracle 设置的，都包含在内)：

```
# Oracle init.ora parameter file generated by instance orcl on 06/18/2016 16:07:34
__data_transfer_cache_size=0
__db_cache_size=2208M
__inmemory_ext_roarea=0
__inmemory_ext_rwarea=0
__java_pool_size=16M
__large_pool_size=32M
__oracle_base='/u01/app/oracle' # ORACLE_BASE set from environment
__pga_aggregate_target=2288M
__sga_target=4272M
__shared_io_pool_size=928M
__shared_pool_size=1G
__streams_pool_size=16M
_adaptive_window_consolidator_enabled=TRUE
_aggregation_optimization_settings=0
_always_anti_join='CHOOSE'
_always_semi_join='CHOOSE'
_and_pruning_enabled=TRUE
_b_tree_bitmap_plans=TRUE
_bloom_filter_enabled=TRUE
_bloom_filter_ratio=35
_bloom_folding_enabled=TRUE
_bloom_pruning_enabled=TRUE
_bloom_serial_filter='ON'
_complex_view_merging=TRUE
_compression_compatibility='12.2.0.0.0'
……(因为列表太长，隐藏了前后一些行)……
compatible='12.2.0.0.0'
db_block_size=8192
db_name='orcl'
instance_name='orcl'
log_buffer=16785408 # log buffer update
max_dump_file_size='UNLIMITED'
memory_max_target=6560M
memory_target=6560M
open_cursors=300
optimizer_dynamic_sampling=2
optimizer_mode='ALL_ROWS'
plsql_warnings='DISABLE:ALL' # PL/SQL warnings at init.ora
processes=300
query_rewrite_enabled='TRUE'
remote_login_passwordfile='EXCLUSIVE'
result_cache_max_size=16800K
shared_pool_size=1G
skip_unusable_indexes=TRUE
……(因为列表太长，隐藏了后面的行)……
```

要诀
　　如果弄不清楚系统为什么不使用 init.ora 文件中的值，有可能是 SPFILE 文件覆盖了它。不要忘记，还可以使用提示在查询级别覆盖参数。

最后，在 RAC 环境里，可以修改集群中的某个实例或所有实例的参数。

在 V$PARAMETER 视图里有两个关键的字段(V$PARAMETER 显示会话级别有效的参数，V$SYSTEM_PARAMETER 显示在整个实例级别有效的参数)：

- ISSES_MODIFIABLE：表明拥有 ALTER SESSION 权限的用户是否可以在他们的会话级别修改这个初始化参数。
- ISSYS_MODIFIABLE：表明拥有 ALTER SYSTEM 权限的用户是否可以修改这个参数。

如下程序清单里的查询显示了不用关闭和重启数据库就可以设置的初始化参数。这个查询也显示了可以用 ALTER SYSTEM 或 ALTER SESSION 命令修改的部分参数(显示了部分结果)：

```
select     name, value, isdefault, isses_modifiable, issys_modifiable
from       v$parameter
where      issys_modifiable <> 'FALSE'
or         isses_modifiable <> 'FALSE'
order by   name;
```

这个查询的结果(显示了部分结果)就是所有可以修改的初始化参数：

```
NAME                                 VALUE                              ISDEFAULT   ISSES   ISSYS_MOD
----------------------               -------------------                ---------   -----   -------------
aq_tm_processes                      0                                  TRUE        FALSE   IMMEDIATE
archive_lag_target                   0                                  TRUE        FALSE   IMMEDIATE
asm_diskgroups                                                          TRUE        FALSE   IMMEDIATE
asm_diskstring                                                          TRUE        FALSE   IMMEDIATE
asm_power_limit                      1                                  TRUE        TRUE    IMMEDIATE
asm_preferred_read_failure_groups                                       TRUE        FALSE   IMMEDIATE
audit_file_dest                      C:\APP\USER\ADMIN\ORCL\ADUMP       FALSE       FALSE   DEFERRED
background_dump_dest                 c:\app\user\diag\rdbms\orcl\
                                     orcl\trace                         TRUE        FALSE   IMMEDIATE
backup_tape_io_slaves                FALSE                              TRUE        FALSE   DEFERRED
```

在将 ALTER SESSION 权限授予用户时需要注意，有经验的开发人员可以设置对自身会话有正面影响的单个参数，同时对系统中其他人的会话带来负面影响。拥有 ALTER SESSION 权限的用户可以使用下面的命令：

```
SQL> ALTER SESSION SET SORT_AREA_SIZE=100000000;
```

要诀

动态地修改初始化参数对开发人员和 DBA 来说是非常强大的特性。因此，如果不做限制的话，拥有 ALTER SESSION 权限的用户就可以随意地为某个会话的 SORT_AREA_SIZE 分配大于 100MB 的内存。

4.7 修改 PDB 级别的初始化参数

通过下面的查询，可以获知哪些初始化参数在可插拔数据库(PDB)级别可以修改，或者有哪些只能在 CDB 级别修改(在第 3 章中详细讨论了 PDB)：

```
SELECT NAME FROM V$PARAMETER
WHERE  ISPDB_MODIFIABLE = 'TRUE'
AND    NAME LIKE 'optim%';
```

(不加上过滤条件的话，Oracle 12.2 中的 412 个初始化参数里有 150 个是可以设置的)
(在 Oracle 11.2 中总共有 341 个初始化参数)

```
NAME                                       VALUE
----------------------------------------   --------------------
```

```
optimizer_adaptive_features             TRUE
optimizer_adaptive_reporting_only       FALSE
optimizer_capture_sql_plan_baselines    FALSE
optimizer_dynamic_sampling              2
optimizer_features_enable               12.2.0.1
optimizer_index_caching                 0
optimizer_index_cost_adj                100
optimizer_inmemory_aware                TRUE
optimizer_mode                          ALL_ROWS
optimizer_secure_view_merging           TRUE
optimizer_use_invisible_indexes         MANUAL
optimizer_use_pending_statistics        FALSE
optimizer_use_sql_plan_baselines        TRUE
13 rows selected.
```

在 12cR2 版本的 150 个能修改的参数中，比较关键的包括：CURSOR_SHARING、OPEN_CURSORS、RESULT_CACHE_MODE、SORT_AREA_SIZE、DB_CACHE_SIZE、SHARED_POOL_SIZE、PGA_AGGREGATE_TARGET 和 INMEMORY_SIZE。另有一个重要的参数 MEMORY_TARGET，它是不可修改的。

4.8 通过 Oracle 实用程序洞察初始化参数

可以通过实用程序升级信息和 Oracle 已经发布作为指南的其他脚本来深入了解 Oracle 如何平衡一些 SGA 参数。一个有趣的现象是，在不同版本的 Oracle 中以及 32/64 位操作系统上使用不同大小的缓存(参见表 4-3)，Oracle 使用这些值作为最小值(只要还有内存，本章的后面还加上了 Oracle 12c 基于 EBS 的说明)。这些指南很不错，但我认为 DB_CACHE_SIZE 还是有些过低。在本章的结尾部分还有些很好的例子。

表 4-3 针对 64 位操作系统和不同版本 Oracle 的参数设置

参数	64 位/12c	64 位/11g	64 位/10g
MEMORY_TARGET	4GB	844MB	N/A
SGA_TARGET	4GB	744MB	744MB
DB_CACHE_SIZE	2GB	48MB	48MB
SHARED_POOL	800MB	596MB	596MB
PGA_AGGREGATE_TARGET	500MB	24MB	24MB
PGA_AGGREGATE_LIMIT	1GB	N/A	N/A
JAVA_POOL_SIZE	128MB	128MB	128MB

4.9 用企业管理器查看初始化参数

还可以通过企业管理器来查看初始化参数(Server ->Database Configuration->Initialization Parameters)。如图 4-2 所示，企业管理器显示了这些初始化参数的当前值，并显示了这些参数是否不用关闭数据库就可直接修改(dynamic =√)。第 5 章将详细介绍 Oracle 企业管理器。

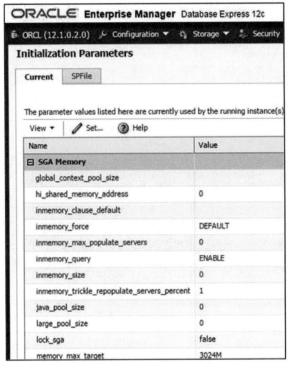

图 4-2 企业管理器——SPFILE 中的初始化参数

4.10 优化 DB_CACHE_SIZE 来提高性能

Oracle 的老用户和本书前几个版本的读者都会注意到，本书没有提到一些你很熟悉的参数。在 Oracle 10g 中，像 DB_BLOCK_BUFFERS 这样的参数已经不推荐使用(参数 DB_BLOCK_BUFFERS 已经变成隐含参数，主要用于向后兼容)。在后续版本中，DB_BLOCK_BUFFERS 又被启用，默认值为 0，意思是除非设置它，否则它不会被使用(用 DB_CACHE_SIZE 取而代之)。尽管早期版本的 Oracle 里大家所熟悉的很多参数仍然可用，但使用它们可能就会禁用 Oracle 的许多特性，包括自动内存管理(AMM)。

DB_CACHE_SIZE 是为主数据缓存或存放数据而初始分配的内存量。如果设置了 MEMORY_TARGET 或 SGA_TARGET，那么该参数无须设置，但是为它设置一个最小值是个好主意。我们的目标应该是实现一个驻留在内存中的数据库，至少要把所有将被查询的数据都放进内存。在 MEMORY_TARGET(或 SGA_TARGET)和 MEMORY_MAX_TARGET 之外，DB_CACHE_SIZE 是初始化参数文件中第一个需要被关注的参数，因为它是从 Oracle 返回数据过程中最重要的参数。如果把 DB_CACHE_SIZE 设置太低，不论怎样优化这个系统，Oracle 也没有足够的内存来有效地执行操作，系统运行状况也会很糟糕。如果 DB_CACHE_SIZE 设置过高，你的系统可能会使用交换空间，甚至停机。DB_CACHE_SIZE 是 SGA 的一部分，用于存储和处理数据以及查询访问(如果内存使用了内存列存储，DB_CACHE_SIZE 中的可用空间就减少了，就如本章前面提到的)。当用户请求信息时，数据会被放入内存。如果 DB_CACHE_SIZE 参数设置太低，那么最近最少被使用(LRU)的数据会被从内存中清除出去。如果另外一个查询要重新用到这些被清除的数据，就必须重新从磁盘中读取(将会使用 I/O 和 CPU 资源)。

从内存中检索数据起码比磁盘快 10000 倍(实际情况取决于内存的速度、是否用了闪存、磁盘设备的速度以及是否用到了磁盘缓存)。即使考虑到磁盘缓存(磁盘中的"内存")和 Oracle 额外开销的影响，也会比从最快的磁盘或闪存读取数据快 100 倍。因此，在内存(不用从磁盘中检索)中查询到记录的频率越高，整个系统的性能也越好(通常，精调的查询至少快 100 倍)。是否分配足够的内存来存储数据，取决于是否给 DB_CACHE_SIZE 分配足够的内存。

要诀

从物理内存读取数据通常比从磁盘读取要快得多，因此要确保 SGA 和 PGA 足够大。Oracle 研究发现，Oracle 访问内存要比访问磁盘平均快 100 倍，而且这还考虑到了磁盘缓存和闪存的作用，而你的系统中未必有磁盘缓存和闪存。该研究还发现，有时 Oracle 访问内存要比磁盘快 10000 倍的特殊情况(我都不敢相信)，这说明在你自己的系统中进行类似的衡量很重要。

MEMORY_TARGET、SGA_TARGET(如果使用的话)和 DB_CACHE_SIZE(如果设置了最小值的话)是用来优化数据缓存命中率的关键参数。数据缓存命中率是指那些不用从磁盘上执行物理读操作就可以访问的数据块的比例。尽管在一些情况下，可以人为地影响数据缓存命中率，但数据缓存命中率确实是影响系统效率的一个关键指标。

可以用下面程序清单里的查询来查看数据缓存命中率(第一个是有很多全表扫描操作的输出，第二个是简单索引扫描的输出)：

```
column phys              format 999,999,999   heading 'Physical Reads'
column gets              format 999,999,999   heading ' DB Block Gets'
column con_gets          format 999,999,999   heading 'Consistent Gets'
column hitratio format 999.99 heading ' Hit Ratio '
 select     sum(decode(name,'physical reads',value,0)) phys,
            sum(decode(name,'db block gets',value,0)) gets,
            sum(decode(name,'consistent gets', value,0)) con_gets,
            (1 - (sum(decode(name,'physical reads',value,0)) /
            (sum(decode(name,'db block gets',value,0)) +
            sum(decode(name,'consistent gets',value,0))))) * 100 hitratio
 from       v$sysstat;

Physical Reads  DB Block Gets  Consistent Gets  Hit Ratio
--------------  -------------  ---------------  ---------
    32,895,507     23,959,814       59,387,065      60.53


Physical Reads  DB Block Gets  Consistent Gets  Hit Ratio
--------------  -------------  ---------------  ---------
         1,671         39,561           71,142      98.49
```

虽然每个应用程序都有例外，但是只要分配适当的内存，优化过的事务处理应用程序的缓存命中率应该在 95% 甚至更高。由于磁盘设备和内存读取之间巨大的性能差异，当从非常缓慢的磁盘设备读取数据时，把数据缓存命中率从 90% 提高到 95% 几乎可以使系统性能翻倍。在磁盘非常缓慢并且体系结构配置正确(也许应该说错误)的情况下，把缓存命中率从 90% 提高到 98%，可能会使性能提高 500%。虽然存储服务器上的闪存(Flash Cache)越来越多，但是缓存命中率依然是一个需要深入观察的指标，用来了解对于特定的硬件和应用程序负载(通常系统上运行的东西)来说什么样的值是合适的。如果系统负载情况不变，而缓存命中率剧烈变化，就应该立刻调查发生的原因(不要等到用户抱怨时)。对于上例的第一个输出，我知道有大量的全表扫描不是问题，所以低一点的缓存命中率也就不是什么问题。

糟糕的表连接和不合适的索引也会由于读取许多索引块而产生非常高的命中率，因此一定要保证命中率不是因为这些因素而提高的，而是因为系统经过良好调优而得到的。异常高的命中率通常也暗示有代码用到了糟糕的索引或表连接。如果命中率变得太高(由于过度索引或者在表连接中使用不合适的索引导致的糟糕查询)或太低(索引被删除或被设为不可见)，就应该立刻调查发生的原因(不要等到用户抱怨时)。

要诀

命中率对于有经验的 DBA 非常有用，但也会误导没有经验的 DBA 或对他们毫无帮助。命中率的最佳用途是：通过比较随时间变化的命中率(就像晴雨表)，可以帮助你留意系统某天发生的重大改变。有些人轻视命中率的作用,比如工具厂商们就看不到长时间跟踪命中率的价值,因为他们的工具都是那种即时或基于反应的优化方案。命中率不是你唯一的工具,但一定可以成为你工具箱中主动预防的最有用工具之一(特别是随着不可视索引的出现)。

Oracle 逐渐变得不太重视命中率,因而减少了关于优化命中率的讨论,但还是一直将它们当作系统性能的晴雨表。Oracle 开始专注于通过完成的工作(CPU 或服务时间)和等待工作时所消耗的时间(等待时间)来分析系统的性能。不过在优化库缓存(Library Cache)和数据字典缓存(Dictionary Cache)时,仍然将命中率作为首要的方法。第 14 章在有关 AWR 报告的介绍中会涵盖平衡整个调优工具箱的更多信息,其中包括命中率的相关内容。

4.11 使用 V$DB_CACHE_ADVICE 优化 DB_CACHE_SIZE

V$DB_CACHE_ADVICE 视图可以用来帮助优化 DB_CACHE_SIZE。我们可以对它进行直接查询,Oracle 内核(或数据库引擎)利用它的值制定自动缓存管理决策。

利用如下程序清单可以查看修改 DB_CACHE_SIZE 后对数据缓存命中率的影响:

```sql
select name, size_for_estimate, size_factor, estd_physical_read_factor
from   v$db_cache_advice;

NAME                 SIZE_FOR_ESTIMATE SIZE_FACTOR ESTD_PHYSICAL_READ_FACTOR
-------------------- ----------------- ----------- -------------------------
DEFAULT                              4       .1667                    1.8136
DEFAULT                              8       .3333                    1.0169
DEFAULT                             12          .5                    1.0085
DEFAULT                             16       .6667                         1
DEFAULT                             20       .8333                         1
DEFAULT                             24           1                         1
```

从针对这个很小的 SGA 的简单输出结果中,可以得到下面的结论:

- 当前的缓存大小为 24MB(SIZE_FACTOR = 1)。
- 我们可以把缓存大小减少为 16MB,并维持当前的缓存命中率,因为 SGA 减小到 16MB 时,PHYSICAL_READ_FACTOR 仍为 1。

尽管这个视图可以对修改 DB_CACHE_SIZE 后对数据缓存命中率的影响进行评估,但还是应该测试一下这些改变以验证这些预测的结果。通过企业管理器可以图形化查看 V$DB_CACHE_ADVICE 中的数据。第 5 章会讨论企业管理器。为了使 V$DB_CACHE_ADVICE 中的数据可用,需要启用动态缓冲区缓存顾问(Dynamic Buffer Cache Advisory)功能,在生产系统中不推荐始终使用。虽然使用命中率来进行优化不是好主意(其实我认识的人中没有这样说的),但是把它作为晴雨表,当事情发生变化时对 DBA 来说是很有帮助的,它可以被用来迅速定位潜在的问题点。工具供应商们对这种看到告警信息的简单方法深恶痛绝,因为他们更希望由他们自己实现,从而让你买一个你本来并不需要的产品。对于大部分事务处理系统来说,数据缓存命中率通常都应该在 95%以上。然而命中率的最佳用途是可以长时间地研究系统,从而了解那些将来需要更深入调查的重大变化。如果命中率低于 95%,通常需要增大 DB_CACHE_SIZE 的值。有些例子中,将命中率从 95%增大到 98%,就可以显著地提高性能——特别是最后命中在磁盘上的剩余 5%是系统的主要延迟,或者说磁盘缓存已经不够用了(缓存中数据已满)。

尽管低于 95%的命中率通常都表明 DB_CACHE_SIZE 被设置过低,或者使用了较差的索引,但是也可能是命中率所表示出来的数字失真,这在调优时也需要加以考虑。命中率失真和那些非 DB_CACHE_SIZE 问题包括:

- 递归调用
- 缺少索引或抑制索引的使用
- 内存中驻留的数据
- 撤销/回滚段

- 数倍的逻辑读
- 导致系统使用 CPU 的物理读

监控 V$SQLAREA 视图以查找较慢的查询

当出现问题时，通过监控 V$SQLAREA 视图或企业管理器可以找到较慢的查询。一旦把造成性能问题的查询分离出来，优化这些查询或改变存储信息的方式就可以解决问题。使用 Oracle 企业管理器的网格控制器(Grid Control)或数据库控制器的性能(Performance)页面，DBA 可以查看系统中的顶级活动(Top Activity)。数据库控制器的顶级活动区域(见图 4-3)显示了当前缓存中活动的问题最严重的 SQL 语句，以及每个活动的顶级会话(Top Session)。图 4-3 的上半部显示了不断增加的性能问题，下半部显示了有问题的 SQL 语句(左边)和对应的用户(右边)。DBA 可以单击有问题的 SQL，开始分析和优化有问题的 SQL 语句。第 5 章将详细讨论如何充分利用 Oracle 企业管理器的功能，以及如何使用 Oracle 企业管理器来优化 SQL 语句。注意数据库控制器是和 Oracle 数据库软件一起安装的，而网格控制器是另外一个产品。

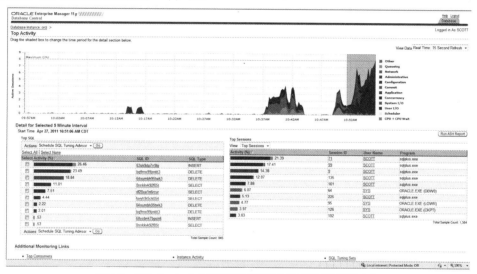

图 4-3 使用 Oracle 企业管理器的网格控制器查找有问题的查询

要诀

可以用 Oracle 企业管理器的云控制器或数据库控制器来查找有问题的查询。

1. 当索引受抑制时会出现低的命中率

看一下如下程序清单里的查询，customer 表上有唯一约束的 custno 列上有索引。使用 NVL 函数使这个索引受抑制是不可取的，因为它会导致差的命中率。

```
select     custno, name
from       customer
where      nvl(custno,0)  = 5789;

Db block gets: 1
Consistent gets: 194
Physical reads: 184
Hit ratio = 1 - [184 / (194+1)] = 1 - 184/195 = 0.0564, or 5.64%
```

如果在企业管理器里观察这个查询，会发现当前执行的查询中缺少了索引。把精力集中到出现问题的查询上并解决它。可以通过访问 V$SQLAREA 视图来发现这个查询，详见第 8 章。也可以使用基于函数的索引(见第 2

要诀

如果查询的命中率较低,就说明缺少索引或索引受到抑制。

2. 通过良好索引的查询得到高的命中率

看一下如下程序清单中的查询,customer表上有唯一约束的custno列上有索引。那么在这种情况下,使用custno列上的索引就可以优化这个查询,因为这样可以产生极佳的命中率。

```
select      custno, name
from        customer
where       custno = 5789;

Db block gets: 0
Consistent gets: 192
Physical reads: 0
Hit ratio = 100%
```

如果在企业管理器里观察它,就会发现正在运行的查询确实使用了这个索引或者表被缓存在内存中。

3. 再次执行较慢的查询,却得到很好的命中率

如果再次执行一次全表扫描,并且数据仍然在内存里,即使系统正在运行一个糟糕的查询,命中率也依然很高。

```
Db block gets: 1
Consistent gets: 105
Physical reads: 1
Hit ratio = 99% (A very high/usually good hit ratio)
```

如果在企业管理器里观察它,正在执行的查询好像用到了索引。事实上,从上一次执行之后,数据就一直在内存里了。虽然看起来执行的是一次索引搜索,但其实霸占了大量内存。从 Oracle 10g 开始,可以清空缓冲区缓存(Buffer Cache)(如果熟悉如何清空共享池,你会发现它们之间很类似),在单独的 PDB 中也可以这么做。这个功能不是为生产系统设计的,主要用于系统测试目的。它可以满足调优需求或者在出现 free buffer 等待事件时作为一种急救药(有更好的方法来解决这类等待事件,例如往磁盘写得更频繁一些或者增大 DB_CACHE_SIZE)。注意任何不在 SGA 中完成的 I/O 都会被计入物理 I/O,如果系统中有 O/S 缓存或磁盘缓存,显示成物理 I/O 的真实 I/O 实际上可能是 Oracle 之外的内存读。

要清空数据缓存,可以执行下面的命令:

```
SQL> ALTER SYSTEM FLUSH BUFFER_CACHE;
```

要诀

在 V$SQLAREA 或 V$SESSION_LONGOPS(在特定条件下)视图里,缓慢的查询在第一次执行时显示的命中率较低。也可以从企业管理器查看这些统计信息。一定要在这个时候优化它们,因为第二次执行它们时,可能不会显示出低命中率。测试时清空缓存可以得到准确的结果。

4. 其他命中率失真的情况

还要考虑到其他几种命中率失真的情况:

- **Oracle 开发工具失真**：使用 Oracle 工具，例如用 JDeveloper(图形化)或 Application Express(APEX)开发的系统经常会使用相同的信息反复查询单行记录。系统中部分用户的这种重用会提高命中率。虽然整个系统的命中率或许看起来还不错，但是系统的其他用户或许无法像这些用户一样受益于较高的命中率。DBA 必须清楚这些用户可以把命中率提高到不切实际的高度。
- **撤销/回滚段失真**：由于撤销/回滚段的段头块往往都缓存了，任何针对撤销/回滚段的活动都会造成命中率提高的假象。实际上，数据的命中率并没有提高。
- **索引失真**：索引范围扫描会导致对非常少的块进行多次逻辑读取。我曾经见过在查询执行前没有缓存任何块的情况下，命中率的值就可达到 86%。在对总体情况(整个系统命中率)进行监控的同时，一定要监控那些未经调优的查询的命中率。也可以将索引设成不可见以检查不佳的索引(不可视索引的更多信息见第 2 章)。
- **I/O 失真**：物理读看起来会引起大量磁盘 I/O，实际上却可能使 CPU 成为瓶颈。测试表明，同样的 CPU 时间可以用来处理 89 次逻辑读，但却只能处理 11 次物理读。结果很明显，由于缓冲区管理，物理读会消耗更多的 CPU。解决那些造成磁盘 I/O 问题的查询，也可以减少很多 CPU 开销。性能的下降可能会呈指数级螺旋降低，不过庆幸的是当解决这些系统问题后，性能就会呈指数级螺旋上升。有些人痴迷于调优的最主要原因就在于调优可以令人兴奋。

4.12 设定 DB_BLOCK_SIZE 来反映数据读的大小

DB_BLOCK_SIZE 就是数据库建立时指定的块的默认大小。从 Oracle 10gR2 开始，每个表空间可以使用大小不同的块，这样在数据库建立之前确定块的大小就不是那么重要了。在这种情况下，必须给每个不同的数据库块大小分配独立的缓冲内存。即便如此，也仍然需要明智地选择块的大小。虽然可以设置不同块大小的表空间，但这不是一个性能相关的特性，因为非默认的缓冲区缓存(Buffer Cache)没有进行过性能优化。因此，你还是希望把数据放到默认的缓冲区缓存里。如果需要增加 DB_BLOCK_SIZE，就必须重新创建数据库。对于数据仓库系统，块大小经常是 32KB(因为希望一次读取许多行)，OLTP 系统经常使用 8KB 的块大小。大多数专家推荐 8KB 的块大小。

可以使用初始化参数 DB_CACHE_SIZE 来设定默认块的数据缓存大小。还可以使用 DB_nK_CACHE_SIZE 为其他块大小分配缓存，这里的 n 是以 KB 为单位的块大小。DB_BLOCK_SIZE 越大，越多的数据就可以放到一个块中，大量数据返回时的效率也就越高。而小的 DB_BLOCK_SIZE 使检索单条记录的速度更快，并节省内存空间。另外，较小的块大小可以提高事务并发能力，并减少日志文件的生成速度。原则上讲，只要没有针对特定块大小的已知 bug(查询 MOS 以确定)，数据仓库就应该使用对应平台上最大的块大小(16KB 或 32KB)，而事务处理系统则应该使用 8KB 大小的块。很少使用小于 8KB 的块，但是我曾经在一个股票交易应用程序中使用过 2KB 的块大小，我也在测试中见过使用 4KB 的块大小。如果系统中事务处理的吞吐量非常高或者系统内存有限，或许可以考虑把块大小设置为小于 8KB。

全表扫描受限于系统的最大 I/O 能力，通常是 64K，多数系统现在可以支持 1M I/O。可以把 DB_BLOCK_SIZE 增大到 8KB 或 16KB，或者把 DB_FILE_MULTIBLOCK_READ_COUNT 的值设定为最大可能值(最大 I/O 大小)/DB_BLOCK_SIZE，这样就可以增大每次 I/O 读到内存中的数据量。

通过很多单个查询来获取数据的系统可以使用较小的块，但这些系统中的"热区"却会受益于使用大的块。对于那些需要在一次 I/O 中读取大量数据的系统来说，就应该增大 DB_FILE_MULTIBLOCK_READ_COUNT 的值。在 Oracle 12c 中可能不再需要通过参数来设置，默认情况下它的值会大很多。以前 DB_FILE_MULTIBLOCK_READ_COUNT 的默认值是 128，请在系统中查看这个默认值的变化。Oracle 使用的默认值是根据可以高效执行的最大 I/O 大小设定的，而且和平台相关(根据 Oracle 文档)。把 DB_FILE_MULTIBLOCK_READ_COUNT 设得较高，对那些需要检索大量记录的数据仓库非常重要。如果由于设置 DB_FILE_MULTIBLOCK_READ_COUNT

会造成很多全表扫描(因为优化器认为执行全表扫描更快,所以决定更多地使用),那么把 OPTIMIZER_INDEX_COST_ADJ 设定在 1 和 10 之间(我经常使用 10),这样可以强制更多地使用索引。

要诀

如果增大 DB_BLOCK_SIZE,就必须重新创建数据库。增大 DB_FILE_MULTIBLOCK_READ_COUNT 可以允许在一次 I/O 里读取更多块,这样可以带来和增大块大小一样的好处。

4.13 把 SGA_MAX_SIZE 设置为主内存大小的 25%~50%

如果使用 SGA_MAX_SIZE 参数,一般经验是一开始将主内存的 20%~25%分配给它。在用户数量很大(300+)或可用内存量很小时,可能会迫使你只能设置到物理内存的 15%~20%。在用户数量不大(小于 100)或有大量物理内存时,可以设置到物理内存的 30%~50%。如果 SGA_MAX_SIZE 的值小于 1GB,那么_KSM_GRANULE_SIZE 的值是 4MB;如果 SGA_MAX_SIZE 的值在 1GB 和 8GB 之间,那么_KSM_GRANULE_SIZE 的值是 16MB;接下来,到 16GB 对应 32MB,到 32GB 对应 64MB,到 64GB 对应 128MB,到 128GB 对应 256MB;如果 SGA_MAX_SIZE 的值大于 256GB,那么_KSM_GRANULE_SIZE 的值是 512MB。这个粒度的大小决定了很多其他初始化参数。粒度大小 4MB 意味着某些初始化参数取整到 4MB 的倍数。因此,如果把 SGA_MAX_SIZE 设置为 64MB,把 DB_CACHE_SIZE 设置为 9MB,那么 DB_CACHE_SIZE 取整至 12MB(因为粒度大小是 4MB);如果把 SGA_MAX_SIZE 设置为 2000MB,把 DB_CACHE_SIZE 设置为 9MB,那么 DB_CACHE_SIZE 取整至 16MB(因为粒度大小是 16MB)。通过 V$SGA_DYNAMIC_COMPONENTS 视图可以看到每个 SGA 组件(如共享池、缓冲区缓存等)使用的内存大小和粒度大小。

要诀

SGA_MAX_SIZE 确定了其他参数的粒度大小。SGA_MAX_SIZE<1GB 意味着粒度为 4MB,而 SGA_MAX_SIZE>=256GB 意味着粒度为 512MB。一些基准测试使用的粒度高达 256MB。

4.14 优化 SHARED_POOL_SIZE 以获取最佳性能

正确地设置 SHARED_POOL_SIZE 的大小才可以共享相同的 SQL 语句。语句首先要被解析[1]。如果查询没有被加载到内存中,它也就无法访问数据,这就是 SHARED_POOL_SIZE 的用武之地。SHARED_POOL_SIZE 指定 SGA 中用于数据字典缓存(Dictionary Cache)和共享 SQL 语句的内存大小。

数据字典缓存非常重要,因为它是缓冲数据字典组件的地方。当执行 SQL 语句时,Oracle 会多次使用到数据字典。因此,内存中存放的信息量越多(数据库、应用程序方案和结构),需要从磁盘中检索的数据就会越少。数据字典缓存只是共享池的一部分,Oracle 在共享池的库缓存(Library Cache)中缓存 SQL 语句和与它们对应的执行计划(关于共享 SQL 如何工作,参见 4.9.1 节)。

在缓存信息时,共享池的数据字典缓存部分的操作方式与 DB_CACHE_SIZE 类似。为了获得最佳性能,最好把整个 Oracle 数据字典都缓存在内存里。但是这样通常不可行。为了解决这个问题,Oracle 使用最近最少使用(LRU,Least Recently Used)算法来决定将什么内容放入缓存。

最后需要说明的是,结果集缓存(Result Cache)也是共享池的一部分(从共享池中分配,但是使用一块独立的区域)。函数查询结果和查询片段可以被缓存在内存中供以后使用。应该缓存那些经常一遍又一遍运行的运算,也应该选择不经常改变的数据。使用结果集缓存,需要设置 RESULT_CACHE_SIZE=amount(需要的大小)和

---

[1] 译者注:因为解析成功后才可以放到共享池中。

RESULT_CACHE_MODE=FORCE 参数(设置为 FORCE 以自动使用这个特性)。结果集缓存从共享池中分配内存。可以使用 DBMS_RESULT_CACHE.FLUSH 方法来清空结果集缓存。注意在 11gR1 中，缓存的东西不会在 RAC/网格节点之间传递(保持在每个实例的本地)。但是从 11gR2 开始，结果集缓存中的数据可以通过内部互连传输到其他 RAC 实例。每个结果集缓存对于每个实例来说都是本地的，就像缓冲区缓存一样；但是从 11gR2 开始，可以通过内部互连共享。没有全局结果集缓存，其他限制和规则请查阅文档。

4.14.1 使用存储过程来优化共享 SQL 区域的使用

每次执行 SQL 语句时，就会先在共享 SQL 区域里搜索这条 SQL 语句。如果找到这条语句，就执行它。这就节省了解析时间，并提高了整体性能。因此，为了确保最佳地利用共享 SQL 区域，请尽量使用存储过程，因为被解析的 SQL 每次都完全相同，因此可以将其共享。然而要记住的是，如果想使用共享 SQL 区域里已存在的语句，那么所执行的这条 SQL 语句必须与已存在语句完全一样(即它们的内容、大小写和空格数等必须完全相同)。如果这两条语句不完全相同，新的语句就会被解析并执行，并被放在共享 SQL 区域里(除非把初始化参数 CURSOR_SHARING 设定为 SIMILAR 或 FORCE，情况就会不一样)。

在下面的示例中，有两条执行结果一样的语句，但由于 from 的大小写不同，Oracle 会把这两条语句当成不同的语句，这样就不会重用已经存在于共享 SQL 区域里的初始游标了：

```
SQL>      select name, customer from customer_information;
SQL>      select name, customer FROM customer_information;
```

要诀
SQL 语句的编写必须完全一样，这样才可以被重用。大小写形式不同或者其他的差别都会让语句被重新解析。

在如下示例中，由于使用了不同的 ename 值，这些语句都会被解析：

```
declare
     temp VARCHAR2(10);
begin
     select ename into temp
     from   rich
     where  ename = 'SMITH';
     select ename into temp
     from   rich
     where  ename = 'JONES';
end;
```

针对 V$SQLAREA 的查询显示，虽然两条语句非常相似，但是它们都被解析了。然而还要注意到，PL/SQL 把每条 SQL 语句都转换成大写，然后整理了空格和换行符(这也是使用 PL/SQL 的优点)：

```
select sql_text
from   v$sqlarea
where  sql_text like 'SELECT ENAME%';

SQL_TEXT
---------------------------------------------
SELECT ENAME   FROM RICH   WHERE ENAME = 'JONES'
SELECT ENAME   FROM RICH   WHERE ENAME = 'SMITH'
```

在如下示例中，可以看到一个第三方应用程序没有使用绑定变量的问题(这是为了保持编码 "Vanilla"[1]，即

---

1 译者注：Vanilla 是指 Vanilla Server，代表安装好之后不再需要任何修改和插件的服务器，这里指第三方应用程序的代码不用再根据不同的数据库进行修改。

能够在不经修改的情况下在许多不同的数据库上使用)。这段代码的问题在于：开发人员已经创建了许多语句来填充共享池，而这些语句不可以共享(因为它们稍有不同)。可以构建一块较小的共享池，从而缓存的游标只占用较小的空间，因此只需要搜索较少的游标来查找匹配(这是对于无经验 DBA 的权宜之计)。如果下面就是 V$SQLAREA 的输出结果，可以通过减小 SHARED_POOL_SIZE 参数来获益，但是使用 CURSOR_SHARING 是更好的选择。

```
SQL_TEXT
----------------------------------------------
select empno from rich778 where empno =451572
select empno from rich778 where empno =451573
select empno from rich778 where empno =451574
select empno from rich778 where empno =451575
select empno from rich778 where empno =451576
etc...
```

如下面的程序清单所示，如果设定 CURSOR_SHARING=FORCE，针对 V$SQLAREA 的查询结果将会改变，这是因为 Oracle 可以在内部构建索前面所有语句共享的语句。现在共享池不会充满所有这些语句，而是只包含一条所有用户共享的简单语句：

```
SQL_TEXT
----------------------------------------------
select empno from rich778 where empno =:SYS_B_0
```

4.14.2 设定足够大的 SHARED_POOL_SIZE 以保证充分利用 DB_CACHE_SIZE

如果 SHARED_POOL_SIZE 设得过低，就不能充分利用 DB_CACHE_SIZE(因为不可以执行未被解析的语句)。稍后将会列出一些针对 Oracle 中 V$视图的查询，可以用来确定数据字典缓存的命中率和共享 SQL 语句的使用率。这些信息都能帮助你决定是否应该增大 SHARED_POOL_SIZE 来提高性能。

SHARED_POOL_SIZE 参数以字节为单位。默认的 SHARED_POOL_SIZE 参数的大小随系统而变化，但通常都会低于大型生产系统程序的需求。

4.14.3 保证数据字典缓存能够缓存足够对象

数据字典缓存是用来优化系统的关键领域，因为数据字典需要被经常访问，对于 Oracle 内部调用来说更为重要。系统启动时，数据字典缓存中没有任何数据。但当越来越多的数据读入缓存时，在缓存中找不到的可能性也就会下降。因此，对数据字典缓存进行监控应该只在系统运行一段时间并稳定后进行。如果数据字典缓存命中率低于 95%，可能需要增大初始化参数文件里 SHARED_POOL_SIZE 参数的值。使用本地管理的表空间(LMT，Locally Managed Tablespace)也可以对数据字典缓存起到帮助作用(查看 MOS 文献 166474.1，"Can We Tune the Row Cache?")。然而，需要注意的是，共享池也包含库缓存(SQL 语句)，并且 Oracle 决定库缓存和行缓存[1]之间的分配情况。

针对 Oracle 的 V$视图应用如下程序清单中的查询，以确定数据字典缓存的命中率：

```
select    ((1 - (Sum(GetMisses) / (Sum(Gets) + Sum(GetMisses)))) * 100) "Hit Rate"
from      V$RowCache
where     Gets + GetMisses <> 0;

  Hit Rate
----------
98.6414551
```

---

[1] 译者注：行缓存(Row Cache)就是数据字典缓存。

要诀

可以用 V$ROWCACHE 视图检测共享池里行缓存(即数据字典缓存)的命中率。它应该维持高于 95%的命中率。不过，当数据库最初启动时，命中率可能在 85%左右。

使用单独的行缓存参数来诊断共享池的使用状况

如果要诊断共享池的故障或是否过度使用，可以对 V$ROWCACHE 视图使用修改后的查询，以查看这些参数如何组成数据字典缓存，也称为行缓存(下面只列出了部分结果)。

```
column parameter       format a20            heading 'Data Dictionary Area'
column gets            format 999,999,999 heading 'Total|Requests'
column getmisses       format 999,999,999 heading 'Misses'
column modifications   format 999,999       heading 'Mods'
column flushes         format 999,999       heading 'Flushes'
column getmiss_ratio   format 9.99          heading 'Miss|Ratio'
set pagesize 50
ttitle 'Shared Pool Row Cache Usage'

select  parameter, gets, getmisses, modifications, flushes,
        (getmisses / decode(gets,0,1,gets)) getmiss_ratio,
        (case when (getmisses / decode(gets,0,1,gets)) > .1 then '*' else ' ' end) " "
from    v$rowcache
where   Gets + GetMisses <> 0;

Tue Aug 27                                                          page    1
                       Shared Pool Row Cache Usage
                       Total                             Miss
Data Dictionary Area   Requests     Misses    Mods  Flushes Ratio
--------------------   ----------   --------  ----  ------- ----- -
dc_segments                  637        184     0        0  .29 *
dc_tablespaces                18          3     0        0  .17 *
dc_users                     126         25     0        0  .20 *
dc_rollback_segments         235         21    31       30  .09
dc_objects                   728        167    55        0  .23 *
dc_global_oids                16          6     0        0  .38 *
dc_object_ids                672        164    55        0  .24 *
dc_sequences                   1          1     1        1 1.00 *
dc_usernames                 193         10     0        0  .05
dc_histogram_defs             24         24     0        0 1.00 *
dc_profiles                    1          1     0        0 1.00 *
dc_user_grants                24         15     0        0  .63 *
```

这个查询对那些丢失率大于 10%的查询加上星号。查询通过对那些大于 0 的值进行分析，使用 CASE 表达式把丢失率限定在 0.1 到 1 之间，从而指出那些丢失率高于 10%的行。因此，只要丢失率为 0.1 或更高的值，都会返回一个星号。稍后将解释每一列的意义。

4.14.4 保证库缓存的重载率为 0，并使命中率在 95%以上

为了优化性能，需要保持库缓存的重载率[SUM(RELOADS)/SUM(PINS)]为 0，并使库缓存命中率在 95%以上。如果重载率不是 0，就说明有一些已经"过时"的语句后来又需要重新载入内存；如果重载率为 0，那么库缓存里的条目就从来没有过时或失效。如果重载率超过 1%，可能就应增大参数 SHARED_POOL_SIZE；同样，如果库缓存命中率低于 95%，可能就需要增大 SHARED_POOL_SIZE。如果正在使用自动共享内存管理(ASMM)，SGA_TARGET 将包括自动调整的参数和手动调整的参数，当决定增大特定的参数(例如 SHARED_POOL_SIZE)

时，它将影响自动调整的部分(其他参数也将受到影响；查看 MOS 文献 443746.1 和 295626.1,"How to Use Automatic Shared Memory (AMM) in 12*c*")。

有两种方法可以监控库缓存。第一种方法是生成 STATSPACK 报告(STATSPACK 将在第 14 章里进行详细介绍)。第二种方法是使用 V$LIBRARYCACHE 视图。

如下程序清单里的查询就使用 V$LIBRARYCACHE 视图来检查库缓存的重载率：

```
select      Sum(Pins) "Hits",
            Sum(Reloads) "Misses",
            ((Sum(Reloads) / Sum(Pins)) * 100)"Reload %"
from        V$LibraryCache;

      Hits     Misses    Reload %
---------- ---------- ----------
   1032669        441  .042704874
```

如下程序清单里的查询使用 V$LIBRARYCACHE 视图来详细地检查库缓存的命中率：

```
select      Sum(Pins) "Hits",
            Sum(Reloads) "Misses",
            Sum(Pins) / (Sum(Pins) + Sum(Reloads)) "Hit Ratio"
from        V$LibraryCache;

      Hits     Misses   Hit Ratio
---------- ---------- ----------
   1033760        441  .999573584
```

命中率非常不错(超过 99%)，无须增加参数 SHARED_POOL_SIZE 的大小。

1．使用单独的库缓存参数来诊断共享池的使用状况

对同一个表执行修改后的查询，我们可以看到库缓存是如何组成的。这也能帮助我们诊断共享池中可能存在的问题或过度使用的情况。

```
set numwidth 3
set space 2
set newpage 0
set pagesize 58
set linesize 80
set tab off
set echo off
ttitle 'Shared Pool Library Cache Usage'
column namespace    format a20              heading 'Entity'
column pins         format 999,999,999      heading 'Executions'
column pinhits      format 999,999,999      heading 'Hits'
column pinhitratio  format 9.99             heading 'Hit|Ratio'
column reloads      format 999,999          heading 'Reloads'
column reloadratio  format .9999            heading 'Reload|Ratio'
spool cache_lib.lis
select      namespace, pins, pinhits, pinhitratio, reloads, reloads
            /decode(pins,0,1,pins) reloadratio
from        v$librarycache;

Sun Mar 19                                                  page    1
                    Shared Pool Library Cache Usage
                                      Hit                Reload
Entity        Executions      Hits    Ratio    Reloads   Ratio
SQL AREA       1,276,366  1,275,672   1.00           2   .0000
```

```
TABLE/PROC       539,431      539,187   1.00    5   .0000
BODY                   0            0   1.00    0   .0000
TRIGGER                0            0   1.00    0   .0000
INDEX                 21            0    .00    0   .0000
CLUSTER               15            5    .33    0   .0000
OBJECT                 0            0   1.00    0   .0000
PIPE                   0            0   1.00    0   .0000
JAVA SRCE              0            0   1.00    0   .0000
JAVA RES               0            0   1.00    0   .0000
JAVA DATA              0            0   1.00    0   .0000

11 rows selected.
```

通过下面的列表可以帮助我们了解 V$LIBRARYCACHE 视图的内容：

- namespace：存储在库缓存中的对象类型。主要类型有 SQL AREA、TABLE/PROCEDURE、BODY 和 TRIGGER。
- gets：显示库缓存中的某个条目被请求的次数。
- gethits：显示某个被请求的条目已经在缓存中的次数。
- gethitratio：显示 gethits 与 gets 的比率。
- pins：显示库缓存中某个条目被执行的次数。
- pinhits：显示某个条目已经在库缓存中之后被执行的次数。
- pinhitratio：显示 pinhits 与 pins 的比率。
- reloads：显示某个条目因过时或无效而不得不被重载到库缓存中的次数。

2. 使库缓存条目的 pin 命中率接近 100%

所有库缓存条目的 pin 命中率[sum(pinhits)/sum(pins)]应该接近于 1(即命中率 100%)。pin 命中率为 100%就意味着每次系统需要执行什么时，这些内容已经在库缓存中并且是有效的。虽然 SQL 在第一次请求时系统始终会出现不在缓存中的现象，但可以通过执行相同的 SQL 语句来减少这种情况的发生。

要诀

使用 V$LIBRARYCACHE 视图衡量共享池中库缓存的命中率。应该实现超过 95%的命中率。然而，当数据库最初启动时，命中率大约在 85%左右。

3. 使丢失率小于 15%

数据字典缓存的丢失率[sum(getmisses)/sum(gets)]应该少于 10%~15%。丢失率为 0 就意味着每次系统在数据字典缓存中都可以找到想要的东西，而不需要再从磁盘中检索信息。如果丢失率大于 10%~15%，就应该增大初始化参数 SHARED_POOL_SIZE 的值。

4.14.5 使用可用内存来判断 SHARED_POOL_SIZE 是否设置正确

人们常常想知道共享池里是否还有空闲内存。为了搞清楚共享池的内存的消耗速度(形成非连续空间或在使用中)和未使用内存所占的比例(仍然是连续空间)，可以在启动数据库并短暂运行生产查询一段时间(例如一小时)后执行如下程序清单里的查询：

```
col value for 999,999,999,999 heading "Shared Pool Size"
col bytes for 999,999,999,999 heading "Free Bytes"
select to_number(v$parameter.value) value, v$sgastat.bytes,
       (v$sgastat.bytes/v$parameter.value)*100 "Percent Free"
from   v$sgastat, v$parameter
```

```
where    v$sgastat.name = 'free memory'
and      v$parameter.name = 'shared_pool_size'
and      v$sgastat.pool = 'shared pool';

Shared Pool Size      Free Bytes    Percent Free
----------------      ----------    ------------
   1,073,741,824      581,983,848    54.2014696
```

如果在生产系统里运行大量查询后(你得确定这会用多长时间)，还有很多连续的可用空闲内存(大于 2MB)，就不必增大参数 SHARED_POOL_SIZE 的值。我从来没有看到这个参数完全消耗殆尽以至于没有可用空间的情况(Oracle 通过 SHARED_POOL_RESERVED_SIZE 参数为紧急操作预留了空间)。

要诀

V$SGASTAT 视图显示了共享池内存的消耗速度。记住，这只是粗略估计，显示了没有使用过的和已经重用的内存。空闲内存会根据内存中碎片的状况相应地变大或变少。

4.14.6 使用 X$KSMSP 表详细观察共享池

可以通过 X$KSMSP 表来查看共享池的详细情况。这个表显示了空闲的内存、可以释放的内存，以及为当前共享池容纳不下的大型语句而预留的内存。仔细观察下面程序清单中的查询，可以更清晰地了解共享池。参考第 13 章(X$表)可以获知关于这个查询的更深入内容，以及在 Oracle 启动和系统开始使用共享池内存时，如何对它进行优化。

```
select     sum(ksmchsiz) Bytes, ksmchcls Status
from       x$ksmsp
group by   ksmchcls;

        Bytes STATUS
---------------- --------
    238,032,888 freeabl
    128,346,176 recr
          3,456 R-freea
    124,551,032 perm
     29,387,280 R-free
     16,771,472 R-perm
     66,884,304 free

7 rows selected.
```

Oracle 从没有说明过 X$KSMSP 表中 STATUS 值的含义(KSMSP 是 Kernel Service layer Memory management SGA HEAP 的缩写，我总是会把它记成 Kernel Shared Memory Shared Pool 的缩写)。我根据第 13 章里对这些值变化的研究来尽可能在表 4-4 中解释它们。在第 5 章中，我会展示如何使用企业管理器图形化这些结果。

表 4-4 状态及其含义

状态	可能含义
free	可用的连续空闲内存
freeable	可释放的但由于当前正在使用而不能清空的共享内存
perm	资料显示这是永久分配和不可释放的内存；但是在测试时，其实表现为没有被移到空闲区域的可用内存
recr	当内存中的共享池较少时，可以清空的已分配内存
r-free	也就是 SHARED_POOL_RESERVED_SIZE(默认是共享池大小的 5%)

(续表)

状态	可能含义
r-freea	可能是预留的内存，可以被释放但不能清空
r-recr	预留池中可以重新分配的内存区域
r-perm	预留池中的永久内存区域

要诀

通常的基本原则就是把参数 SHARED_POOL_SIZE 设定为 DB_CACHE_SIZE 大小的 50%~150%(具体的大小取决于实际系统)。在使用了大量存储过程或 Oracle 提供的程序包，但是物理内存有限的系统中，这个参数可以超过 DB_CACHE_SIZE 大小的 150%。在没有使用任何存储过程但有大量物理内存可分配给 DB_CACHE_SIZE 的系统里，这个参数可以是 DB_CACHE_SIZE 大小的 10%~20%。我还曾经接触过一些 DB_CACHE_SIZE 被设定为高达数十 GB 的更大系统。我相信已经存在 SGA 大小为数百 GB 到 TB 级的系统(参见本章末尾的例子)，PB 级数据库已经开始进入我们的视野。注意，在共享服务器配置(以前叫作 MTS)里，PGA 的条目是从共享池里而不是会话处理空间里分配的。

4.14.7 关于缓存大小需要记住的要点

下面是一些在设置缓存和共享池大小时需要记住的要点：

- 如果数据字典缓存的命中率很低(低于 95%)，可以考虑检查系统并增大 SHARED_POOL_SIZE。
- 如果库缓存的重载率很高(大于 1%)，可以考虑检查系统并增大 SHARED_POOL_SIZE。
- 根据工作负载需求适当地为系统设置数据缓存和共享池。

4.14.8 与初始化参数相关的等待

一些初始化参数设置得不正确通常会导致不同类型的性能问题，在 STATSPACK 报告里经常会看到一般等待或闩锁(Latch)等待。第 14 章会讲到每种类型的等待和与之相关的闩锁问题。表 4-5 列出了一些等待和闩锁等待问题以及可能的修补措施。

表 4-5 常见的一些等待问题

等待问题	可能的修补措施
free buffer	增大 DB_CACHE_SIZE；缩短检查点；优化代码
buffer busy	在段头时：增加自由列表(freelist)或自由列表组，或者使用自动段空间管理(Automatic Space Segment Management，ASSM)
	在数据块时：分开热数据；使用反键索引；较小的块大小
	在数据块头时：增大 Initrans 和/或 Maxtrans
	在 UNDO 头时：使用自动 UNDO 管理
	在 UNDO 块时：更频繁地提交；使用自动 UNDO 管理
latch free	检查细节(表 4-6 给出了修补措施)
log buffer space	增大日志缓冲区；使用更快的磁盘存放重做日志
scattered read	表明存在大量全表扫描；优化代码；对小的表进行缓存
sequential read	表明存在大量索引读；优化代码(特别是表连接)
write complete waits	增加数据库写进程；检查点太频繁；缓冲区缓存过小

有一些闩锁问题过去经常与 bug 相关，因此请检查 MOS 来查询与闩锁相关的问题，见表 4-6。调查那些命中率低于 99%的闩锁。

表 4-6 常见的一些闩锁问题

闩锁问题	可能的修补措施
库缓存	使用绑定变量；调整 SHARED_POOL_SIZE
共享池	使用绑定变量；调整 SHARED_POOL_SIZE
行缓存对象	增大缓存池，该问题并不常见
缓存缓冲链(cache buffers chain)	在 Oracle 12c 中应该不是问题。如果发现这个闩锁等待，那么意味着需要降低逻辑 I/O 率，可以通过优化和最小化所涉及 SQL 的 I/O 需求来实现。较高的 I/O 率表明可能存在"热块"(频繁访问的块)。缓存缓冲区 LRU 链闩锁(cache buffer LRU chain latch)争用可以通过增加缓冲区缓存的大小，从而减少新块进入缓冲区缓存的速度来解决。多个缓冲区池也可以帮助减少这种闩锁争用。通过调整配置参数 _DB_BLOCK_LRU_LATCHES，可以创建额外的缓冲区 LRU 链闩锁。通过增大该配置参数，可以减少缓存缓冲区链闩锁的负载。可能需要增大 _DB_BLOCK_HASH_BUCKETS，并且设置为一个质数，不过从 Oracle 11g 开始不再需要这样做。记住，现在也可以考虑内存中更新(In Memory Update，IMU)

4.15 在 Oracle 中使用多个缓冲池

还有一些池可用于内存分配，这些池与 DB_CACHE_SIZE 和 SHARED_POOL_SIZE 两个参数相关。上面两个参数已经完全包含在其中可以分配的所有相关的内存，不过每个内存池还有额外的内存分配方法。下面将逐个讲述它们。

4.15.1 与 DB_CACHE_SIZE 相关并为数据分配内存的池

这一节将关注那些用来在内存中存储数据的 Oracle 池。初始化参数 DB_CACHE_SIZE、DB_KEEP_CACHE_SIZE 和 DB_RECYCLE_CACHE_SIZE 决定用于存储数据的内存大小。DB_CACHE_SIZE 指定 SGA 里主缓冲区缓存(或者存储数据的内存)的大小，以字节为单位。另外两个缓冲池是由 DB_KEEP_CACHE_SIZE 和 DB_RECYCLE_CACHE_SIZE 定义的。这两个额外的缓冲池其实与主缓冲区缓存(DB_CACHE_SIZE)有着同样的目的，不过维护这 3 个缓冲池的算法不太一样。注意 BUFFER_POOL_KEEP、DB_BLOCK_BUFFERS 和 BUFFER_POOL_RECYCLE 参数已经不建议使用，并且也不应该再使用。与 BUFFER_POOL_KEEP 和 BUFFER_POOL_RECYCLE 不同的是，参数 DB_KEEP_CACHE_SIZE 和 DB_RECYCLE_CACHE_SIZE 并不是 DB_CACHE_SIZE 的一部分，而是在 DB_CACHE_SIZE 之外对它们进行分配。

主缓冲区缓存(由 DB_CACHE_SIZE 定义)维护 LRU(Least Recently Used)列表并清除列表里最旧的缓存。尽管所有这 3 个池都使用 LRU 替换策略，主缓冲区缓存的目的就是存放内存中正在使用的大部分数据。

keep 池(由 DB_KEEP_CACHE_SIZE 定义)最好永不清空，它的目的是存放那些希望永远保留下去的缓冲区(即非常重要并驻留在内存中的缓冲区)。可以将那些需要经常访问并需要始终驻留在内存中的小表(可以全部放入池中)放到 keep 池中。

recycle 池(由 DB_RECYCLE_CACHE_SIZE 定义)是存放那些预期会被经常清空的数据，这是因为有太多被访问的数据要驻留在内存里，使用 recycle 池存放那些只偶尔访问的、并不是很重要的大数据对象(由无经验的用户创建的即时用户表通常放在这个池中)。

下面一些例子可以让我们对如何分配不同的缓冲池有个大致了解。记住，如果没有指定是哪个池，就使用主缓冲池里的缓冲区。

(1) 创建一个表，在访问数据时保存到 keep 池中：

```
Create table state_list (state_abbrev varchar2(2), state_desc varchar2(25))
Storage (buffer_pool keep);
```

(2) 将该表改存到 recycle 池中：

```
Alter table state_list storage (buffer_pool recycle);
```

(3) 将表重新改存到 keep 池中：

```
Alter table state_list storage (buffer_pool keep);
```

(4) 查看 keep 池中的磁盘和内存读取情况：

```
select    physical_reads "Disk Reads",
          db_block_gets + consistent_gets "Memory Reads"
from      v$buffer_pool_statistics
where     name = 'KEEP';
```

4.15.2 修改 LRU 算法

本节的内容是为专家准备的。如果使用 Oracle 的时间不到 10 年，就可以跳过这部分。为了取得更好的性能，特别是当已经彻底地研究并了解系统缓冲区的使用情况后，可以使用下面 6 个未公开的初始化参数(括号中的值是默认值)来修改 LRU 算法。

- _DB_PERCENT_HOT_DEFAULT(50)：缓冲热点区域的比例。
- _DB_AGING_TOUCH_TIME(3)：再次递增 touch 计数器所需要的秒数。
- _DB_AGING_HOT_CRITERIA(2)：把缓冲区移到 LRU 链的 MRU 端(热点端)的阈值。
- _DB_AGING_STAY_COUNT(0)：当移到 MRU 端时把 touch 计数器重置为该值。
- _DB_AGING_COOL_COUNT(1)：当移到 LRU 端时把 touch 计数器重置为该值。
- _DB_AGING_FREEZE_CR(FALSE)：将一致读(CR)缓存设置为最冷而不保持在缓存中。

减小第 1 个参数可以增加缓冲区内容的保留时间，如果把它设得较高，就会加快刷新缓冲区内容的速度。第 2 个参数如果设得较低，就可能增加那些短期内被大量执行的缓冲区数量。设定第 3、第 4 和第 5 个参数关系到把信息从热端移到冷端的速度，以及把这些信息停留在每一端的时间。

4.15.3 与 SHARED_POOL_SIZE 相关并为语句分配内存的池

本节将介绍那些在内存中存储实际语句的池。与那些用于存储数据的池不一样，分配给 LARGE_POOL_SIZE 的内存位于分配给 SHARED_POOL_SIZE 的内存之外，但还是 SGA 的一部分。

LARGE_POOL_SIZE 对应一个内存池[1]，像共享池一样完成同样的操作，Oracle 以此确定为共享池中大的对象预留多少内存。必须自行测试，以确定内存的分配来自系统中的哪一个池，这和 Oracle 的版本也有关系。分配给它的最小值为 300KB，但这个最小值必须设定为与 _LARGE_POOL_MIN_ALLOC 一样大，这个值是在 LARGE_POOL_SIZE 内存里进行分配时所需的最小共享池内存。与共享池不一样，大型池没有 LRU 列表。Oracle 不会试图将大型池里的过时内容清理出内存。

通过查询 V$PARAMETER 视图可以查看系统中池的设置：

```
select    name, value, isdefault, isses_modifiable, issys_modifiable
```

---

[1] 这个池就是大型池(Large Pool)。

```
from        v$parameter
where       name like '%pool%'
and         isdeprecated <> 'TRUE'
order by 1;

NAME                         VALUE         ISDEFAULT  ISSES  ISSYS_MOD
-------------------------    ----------    ---------  -----  ---------
java_pool_size               0             TRUE       FALSE  IMMEDIATE
large_pool_size              0             TRUE       FALSE  IMMEDIATE
olap_page_pool_size          0             TRUE       TRUE   DEFERRED
shared_pool_reserved_size    53687091      TRUE       FALSE  FALSE
shared_pool_size             1073741824    FALSE      FALSE  IMMEDIATE
streams_pool_size            0             TRUE       FALSE  IMMEDIATE

6 rows selected.
```

要诀

Oracle 里这些额外的缓冲池(分配给数据的内存)在初始化时都被设定为 0。开始时应该不需要设置它们，但是在特有的系统中使用时可能需要它们。

4.16　调整 PGA_AGGREGATE_TARGET 以优化内存的使用

　　PGA_AGGREGATE_TARGET 现在是 MEMORY_TARGET 的一部分，就是 Oracle 试图为所有会话分配的会话 PGA 内存总量。Oracle 会根据 MEMORY_TARGET 的大小给它分配一个合适的值，但是应该根据以前版本的情况给它设置一个最小值。MOS 文献 223730.1 很好地描述了 PGA_AGGREGATE_TARGET 的自动管理。PGA_AGGREGATE_TARGET 是 Oracle 在 9*i* 版本中新引入的参数，用来替代*_SIZE 类型的参数，比如 SORT_AREA_SIZE，但是对于某些临时操作情况，可能还需要在当前会话里面设置会话级的 SORT_AREA_SIZE 参数。而且从 Oracle 9*i* 开始，PGA_AGGREGATE_TARGET 参数并不会自动配置所有的*_SIZE 参数。例如，LARGE_POOL_SIZE 和 JAVA_POOL_SIZE 参数都不会受到 PGA_AGGREGATE_TARGET 参数的影响。使用 PGA_AGGREGATE_TARGET 的好处就是：可限定用户会话的总内存使用量来减少操作系统换页(OS Paging)。

　　当设置 PGA_AGGREGATE_TARGET 时，必须将 WORKAREA_SIZE_POLICY 设为 AUTO。就像 V$DB_CACHE_ADVICE 视图一样，V$PGA_TARGET_ADVICE(Oracle 9.2 以及以后的版本可用)和 V$PGA_TARGET_ADVICE_HISTOGRAM 视图可以帮助我们优化 PGA_AGGREGATE_TARGET。Oracle 企业管理器用图表形式显示了这些视图的内容。

　　PGA_AGGREGATE_TARGET 参数的值应该能维持 ESTD_PGA_CACHE_HIT_PERCENTAGE 大于 95%。通过适当地设置该参数，更多原本在磁盘上排序的数据可以在内存中完成排序。

　　如下程序清单里的查询返回了缓存命中率保持在 95%以上时 PGA_AGGREGATE_TARGET 对应的最小值：

```
select min(pga_target_for_estimate)
from   v$pga_target_advice
where  estd_pga_cache_hit_percentage > 95;

MIN(PGA_TARGET_FOR_ESTIMATE)
----------------------------
                   299892736
```

　　因为在 Oracle 11*g* 里面 PGA_AGGREGATE_TARGET 可能会变得太大[1]，Oracle 在版本 12*c* 里引入了另外一

---

[1] 译者注：PGA_AGGREGATE_TARGET 是一个软限制，所有会话实际使用的会话内存之和可能会超过这个限制。

个参数：PGA_AGGREGATE_LIMIT。PGA 是 MEMORY_TARGET 的一部分。这两个参数可以用下面的方法来设置：

```
ALTER SYSTEM SET PGA_AGGREGATE_TARGET=1024M;
ALTER SYSTEM SET PGA_AGGREGATE_LIMIT=2048M;
```

4.17 修改 SGA 大小以避免换页(Paging)和交换(Swapping)

在增大 SGA 之前，必须明白这些改动对系统的物理内存可能产生的影响。如果增加参数值后使用的内存比系统可用内存大，就会严重地降低系统性能。当系统处理任务时，如果没有足够的内存，就会开始执行换页或交换以完成正在执行的任务。

当系统执行换页时，会将当前没有使用的信息从内存移到磁盘上。这样就可以为当前需要内存的程序分配内存。如果频繁发生换页，系统性能就会严重降低，从而导致很多程序的执行时间变长。

当系统执行交换时，会将活动进程临时从内存移到磁盘上，这样另一个活动进程就可以得到所需要的内存。交换基于系统周期时间。如果交换太过频繁，系统会死机。SGA 需要根据系统的可用内存量决定，过大的 SGA 就会造成交换。

4.18 了解 Oracle 优化器

Oracle 优化器可以让调优工作变得很轻松，它可以为那些写得较差的查询选择一条更好的执行路径。基于规则的优化器(现在已经过时，不再支持)依赖于一系列 Oracle 处理语句的规则。Oracle 10gR2 只支持使用基于成本的优化器，基于规则的优化器不再支持。从 Oracle 10gR2 开始，Oracle 启用了自动统计信息收集以帮助提高基于成本的优化器的效果。Oracle 的很多特性只有在基于成本的优化器中才可以使用。基于成本的优化器现在有两种操作模式：普通模式和调优模式。普通模式应该用于生产和测试环境中；调优模式可用于开发环境中，以帮助开发人员和 DBA 测试特定的 SQL 代码。

优化器如何查看数据

基于规则的优化器以 Oracle 为中心，而基于成本的优化器以数据为中心。数据库所采用的优化器模式可以通过初始化参数 OPTIMIZER_MODE 来设置。下面列出了几种可能使用的优化器模式。

- ALL_ROWS：使返回所有行的速度更快(通常会加强对索引的抑制)。这对于那些未经优化、有大量批处理的系统有用，这是默认设置。
- FIRST_ROWS：以更快速度返回第一行(通常会加强对索引的使用)。这对于那些未经优化、处理大量单个事务的系统非常好。
- FIRST_ROWS_(1|10|100|1000)：以更快速度返回前 n 行。在需要把部分结果显示给用户的应用程序中特别有用，比如在 Web 应用程序里向用户分页显示数据。
- CHOOSE：现在已经过时，不再支持，但是还允许使用。对所有分析过的表使用基于成本的优化器。该模式对于那些结构良好并优化良好的系统非常好(仅适用于高级用户)。这个选项在 12cR2 的文档中没有介绍，但仍然可用。
- RULE：现在已经过时，不再支持，但是还允许使用。这种模式指示始终使用基于规则的优化方式。如果仍在使用该模式，那么建议开始使用基于成本的优化器，因为在 Oracle 10gR2 及以后版本中已经不再支持基于规则的优化方式。这个选项在 12cR2 的文档中没有介绍，但仍然可用。

Oracle 12cR2 中默认的优化器模式是 ALL_ROWS。同样，即使未经分析的表，也都会采用基于成本的优化方式。虽然 RULE 和 CHOOSE 模式已明确地不再被支持并已经过时，人们一谈起它们也常常怨声载道，但是我们还能在 12cR2 中设置 RULE 模式。下面看看当为 OPTIMIZER_MODE 设置不存在的模式(SUPER_FAST)时得到的错误信息：

```
SQL> alter system set optimizer_mode=super_fast

ERROR:
ORA-00096: invalid value SUPER_FAST for parameter optimizer_mode, must be from among irst_rows_1000,
first_rows_100, first_rows_10, first_rows_1, first_rows,all_rows, choose, rule
```

注意
在 12cR2 中，无论表是否分析过，Oracle 优化器都会使用基于成本的优化方式。

要诀
在 12cR2 中，ALL_ROWS(默认设置)和 FIRST_ROWS 是 OPTIMIZER_MODE 常用到的两种模式。

4.19 创建足够的调度程序(Dispatcher)

当使用共享服务器(Shared Server)时，必须监控当前繁忙程度高的调度进程，以及调度进程上等待时间增加的响应队列。如果等待时间增加，而且在程序正常情况下运行，应该增加更多的调度进程，特别是在当前进程繁忙时间超过 50%时。

使用如下语句确定繁忙率：

```
select    Network,
          ((Sum(Busy) / (Sum(Busy) + Sum(Idle))) * 100) "% Busy Rate"
from      V$Dispatcher
group by  Network;


NETWORK        % Busy Rate
TCP1                     0
TCP2                     0
```

使用如下语句检查在队列中等待发送给用户进程的响应：

```
select    Network Protocol,
          Decode (Sum(Totalq), 0, 'No Responses',
          Sum(Wait) / Sum(TotalQ) || ' hundredths of a second')
          "Average Wait Time Per Response"
from      V$Queue Q, V$Dispatcher D
where     Q.Type = 'DISPATCHER'
and       Q.Paddr = D.Paddr
group by  Network;


PROTOCOL       Average Wait Time Per Response
TCP1           0 hundredths of a second
TCP2           1 hundredths of a second
```

使用如下语句检查来自队列中正在等待的将要发给用户的用户进程请求：

```
select    Decode (Sum(Totalq), 0, 'Number of Requests',
          Sum(Wait) / Sum(TotalQ) || 'hundredths of a second')
          "Average Wait Time Per Request"
from      V$Queue
where     Type = 'COMMON';
```

```
Average Wait Time Per Request
12 hundredths of a second
```

4.19.1 要有足够的打开游标(OPEN_CURSORS)

如果没有足够的打开游标，将收到由此产生的错误。关键就是要预防问题发生，也就是在打开游标用尽之前增大 OPEN_CURSORS 初始化参数。

4.19.2 不要让 DDL 语句失败(使用 DDL 锁超时机制)

DDL 语句(CREATE、ALTER 或 DROP 等)要求排它锁(exclusive lock)，所以这些语句可能会由于与其他同时锁住同一个表的语句发生冲突而失败。参数 DDL_LOCK_TIMEOUT 指明 DDL 语句在超时失败前等待的时间(以秒为单位)。默认值是 0，最大值是 100 000(27.77 小时)。下面的例子显示将这个值设置为 1 小时，即 3600 秒：

```
SQL> alter session set DDL_LOCK_TIMEOUT = 3600;
Session altered.
```

4.20 两个重要的 Exadata 初始化参数(仅针对 Exadata)

Oracle 有两个非常重要的参数用来测试 Exadata 的主要特性。第一个是与智能扫描(存储单元扫描)相关的 CELL_OFFLOAD_PROCESSING。默认值是 true，这意味着在 Exadata 上智能扫描是打开的(如果正在使用它的话)。可以将此值设置为 false 来关闭智能扫描以检查其他特性，或者比较打开和关闭这个特性带来的速度差异。

第二个参数是未公开的，应该只在 Oracle Support 同意的情况下使用，也仅用于测试目的。这个参数是 _KCFIS_STORAGEIDX_DISABLED，用来禁用存储索引(Storage Index)。如果设置为 true，就是告诉 Oracle 不使用存储单元中的存储索引进行优化，默认值是 false。另一个未公开参数(请再次与 Oracle Support 确认)也涉及智能扫描如何使用布隆过滤器(Bloom Filter)。这个参数是 _BLOOM_FILTER_ENABLED，默认值为 true。在 Exadata 上，布隆过滤器与智能扫描一起用于连接过滤。_BLOOM_PRUNING_ENABLED 的默认值也为 true。将这些参数设置为 false 可以禁用它们。更多信息，请参阅第 11 章。

4.21 25 个需要深思熟虑的重要初始化参数

下面按重要顺序列出了 25 个最重要的初始化参数。因为每个人都有自己特定的业务、应用以及经验，所以每个人最重要的 25 个参数可能和我的有所不同。

1) MEMORY_TARGET：这个初始化参数设定分配给 PGA 和 SGA 的所有内存(Oracle 11g 中的新参数)。设置 MEMORY_TARGET 也就是启用了自动内存管理(Automatic Memory Management，AMM)，所以 Oracle 根据系统的需求分配内存，但也可以设置关键参数的最小值。MEMORY_TARGET 可以完成 SGA_TARGET 能完成的所有工作，此外，还包括 PGA(MEMORY_TARGET 由于包括重要的 PGA_AGGREGATE_ TARGET 才变得特别重要)。在设置了 MEMORY_TARGET 后，其他重要参数，诸如 DB_CACHE_SIZE、SHARED_POOL_SIZE、PGA_AGGREGATE_TARGET、LARGE_POOL_SIZE 和 JAVA_POOL_SIZE，也都会自动设置。为系统中重要的初始化参数设置最小值是一个非常好的想法。

2) MEMORY_MAX_TARGET：这个参数设定可以分配给 Oracle 的最大内存，也是 MEMORY_TARGET 可以设置的最大值。

3) DB_CACHE_SIZE：为数据缓存或为存放数据而初始分配的内存量。如果设置了 MEMORY_TARGET 或

SGA_TARGET，这个参数就不需要设置了，但是给这个参数设置一个最小值是个好主意。你的目标始终是实现一个驻留在内存中的数据库，至少要把所有将被查询的数据都放进内存。

4) SHARED_POOL_SIZE：分配给数据字典、SQL 和 PL/SQL 语句的内存。查询本身放在这块内存里。如果设置了 MEMORY_TARGET，这个参数就不需要设置了，但是给这个参数设置一个最小值是个不错的想法。注意，SAP 推荐将其设置为 400MB。另外注意，结果集缓存(Result Cache)的内存来自共享池，通过设置参数 RESULT_CACHE_SIZE 和 RESULT_CACHE_MODE(这个参数有三个值：FORCE、AUTO 和 MANUAL)完成。最后，在 Oracle 11g 中这个参数包括一些 SGA 里的额外开销(总共 12MB)，这在以前的 Oracle 10g 中是没有的，所以在 Oracle 11g 中将这个参数设置得比 Oracle 10g 高至少 12MB。

5) INMEMORY_SIZE：内存列存储的数据保存在这块区域内，它是将数据保存在内存的数据高速缓存的一部分。表、表空间、分区或其他对象能够以压缩的方式将列保存在这块内存区域里。这就让更加快速地分析查询成为可能(比如对一个单独列的汇总)。Oracle 还会创建存储索引来让针对值的范围查询变得更快。

6) SGA_TARGET：如果使用 Oracle 的自动共享内存管理(Automatic Memory Management，ASMM)，就使用该参数自动确定数据缓存、共享池、大型池和 Java 池的大小(查看第 1 章以了解更多内容)。将该参数设置为 0 可禁用这个功能。如果设置了 MEMORY_TARGET，这个参数就不需要设置了，但是如果希望和以前版本对比的话，可以给这个参数设置一个最小值。SHARED_POOL_SIZE、LARGE_POOL_SIZE、JAVA_POOL_SIZE 和 DB_CACHE_SIZE 会根据这个值自动设置(或者使用 MEMORY_TARGET)。INMEMORY_SIZE 是这个参数设定大小的一部分。

7) PGA_AGGREGATE_TARGET 和 PGA_AGGREGATE_LIMIT：前者设定所有用户的 PGA 内存的软上限[1]。如果设置了 MEMORY_TARGET，这个参数就不需要设置了，但是给这个参数设置一个最小值是个好主意。注意 SAP 指定对于 OLTP 系统设置为可用内存的 20%，对于 OLAP 系统为 40%。后者设定能使用的 PGA 内存的上限(内存大小的硬限制)。

8) SGA_MAX_SIZE：SGA_TARGET 可以设置的最大内存。如果设置了 MEMORY_TARGET，这个参数就不需要设置了，但是如果需要使用 SGA_TARGET，就需要给它设置一个值。

9) OPTIMIZER_MODE：可以设置为 FIRST_ROWS、FIRST_ROWS_n 或 ALL_ROWS。尽管 RULE/CHOOSE 已明确不被支持并且已经过时，人们一提起基于规则的优化通常怨声载道，但是仍然可以设置为 RULE 模式。下面看看当为 OPTIMIZER_MODE 设置不存在的模式(SUPER_FAST)时得到的错误信息：

```
SQL> alter system set optimizer_mode=super_fast
ERROR:
ORA-00096: invalid value SUPER_FAST for parameter optimizer_mode, must be from among irst_rows_1000,
first_rows_100, first_rows_10, first_rows_1, first_rows,all_rows, choose, rule
```

10) SEC_MAX_FAILED_LOGIN_ATTEMPTS：如果用户经过此参数(这是 Oracle 11g 中的新参数)设置的尝试次数后还不能输入正确的密码，系统就会断开当前连接并终止对应的数据库服务进程。这个参数的默认值是 3(对于安全性要求更低的系统，考虑增大这个值)。在本书以前版本列举的前 25 个参数中还有一个类似的参数 SEC_CASE_SENSITIVE_LOGON，它也是 Oracle 11g 中的一个新参数，但是到 12.1 版本中又被废除了。如果在 Oracle 11g 里继续使用这个参数，就需要注意了(在升级到 Oracle 12c 之前确保密码可以小写、大写或大小写混合使用)。

11) CURSOR_SHARING：把带具体值的 SQL 转换成带绑定变量的 SQL，这样可以减少解析开销。默认值是 EXACT。调研后可以考虑设置成 FORCE。

12) OPTIMIZER_USE_INVISIBLE_INDEXES：默认为 false，可确保不可视索引在默认情况下不被使用(Oracle 11g 中的新参数)。做一次有益的优化实验：将此参数设置为 true，可使用所有索引和检查那些错误地被设

---

[1] 译者注：所谓软上限，就是指在实际情况中，分配的 PGA 总量可能会超过这个值。

置为不可见的索引(该实验可能使系统停机,所以只能用在开发环境中)。

13) OPTIMIZER_USE_PENDING_STATISTICS:默认为 false,可确保不使用待定统计信息(pending statistics);而设置为 true 后,就可使用所有待定统计信息(Oracle 11g 中的新参数)。

14) OPTIMIZER_INDEX_COST_ADJ:粗略调整索引扫描成本和全表扫描成本。设定为 1 到 10 之间的值会加强索引的使用。设定为 1 到 10 之间的值基本上可以保证使用索引,即使有时这样设置并不合适,因此需要谨慎设置该参数,因为它在很大程度上取决于索引的设计和实现是否正确。如果正在使用 Applications 11i,请注意不可以将 OPTIMIZER_INDEX_COST_ADJ 设置为除了默认值 100 以外的其他值(查看 MOS 文献 169935.1)。我在一次基准测试中见到这个参数被设置为 200。同时也可查看 bug 4483286。SAP 建议对于 OLAP 系统不要设置,对于 OLTP 系统设置为 20。

15) DB_FILE_MULTIBLOCK_READ_COUNT:为了在进行全表扫描时更有效地执行 I/O 操作,设置该参数为一次 I/O 中读取的块数。12cR2 中的默认值是 128,通常不要改变这个默认值。

16) LOG_BUFFER:数据库服务器进程对数据库高速缓存的数据块进行修改会产生重做日志并写入日志缓冲区。SAP 建议使用默认值,Oracle Application 将其设置为 10MB。我见过有的基准测试设置为超过 100MB。

17) DB_KEEP_CACHE_SIZE:分配给 keep 池(位于缓冲区缓存之外的额外数据缓存)的内存,这些内存用于存放不希望从缓存中挤出的重要数据。

18) DB_RECYCLE_CACHE_SIZE:分配给 recycle 池(位于缓冲区缓存之外的额外数据缓存)的内存,也是上面第 17 条 keep 缓存之外的内存。通常情况下,DBA 为编写较差的即时用户查询的数据设置该参数。

19) OPTIMIZER_USE_SQL_PLAN_BASELINES:默认值为 true,意思是如果存在基线(Baseline),Oracle 就会使用(Oracle 11g 中的新参数)。注意 Stored Outlines 已经不建议使用(不鼓励使用,但是仍然可以工作),因为它已经被 SQL 计划基线取代。

20) OPTIMIZER_CAPTURE_SQL_PLAN_BASELINES:默认值为 false,意思是 Oracle 默认情况下不捕捉 SQL 计划基线。但是如果创建了基线,Oracle 会像前面一条叙述的那样使用(Oracle 11g 中的新参数)。

21) LARGE_POOL_SIZE:分配给大型的 PL/SQL 以及其他一些不常使用的 Oracle 选件的大型池中的总字节数。

22) STATISTICS_LEVEL:用于启用顾问信息的收集,并且可以选择提供更多的 O/S 统计信息来改进优化器决策。该参数的默认值是 TYPICAL。

23) JAVA_POOL_SIZE:为 JVM 中运行的 Java 存储过程分配的内存。

24) JAVA_MAX_SESSIONSPACE_SIZE:用于为跟踪用户会话中 Java 类状态而使用的内存的上限。

25) OPEN_CURSORS:指定用于保持(打开)用户语句的专用区域的大小。如果见到"ORA-01000: maximum open cursors exceeded"错误,那么可能需要增大该参数,但是需要确保关闭不再需要的游标。在 9.2.0.5 版本之前,这些打开游标也会被缓存。如果将 OPEN_CURSORS 设置得过高,有时也会造成问题(ORA-4031)。在 9.2.0.5 版本中,SESSION_CACHED_CURSORS 参数用来控制 PL/SQL 中游标缓存的设置。不要将参数 SESSION_CACHED_CURSORS 设置得和 OPEN_CURSORS 一样大,否则就可能产生 ORA-4031 或 ORA-7445 错误。SAP 推荐设置这个参数为 2000;Oracle Application 把 OPEN_CURSORS 设置成 600,将 SESSION_CACHED_CURSORS 设置成 500。

要诀

正确地设置好某些初始化参数对报表查询可能会产生两秒钟到两个小时的时间差异。在对生产环境进行修改前,一定要彻底地在测试系统里调试这些改动。

4.21.1 历年的初始化参数

在 Oracle 6 中,公开参数的数量是未公开参数的 4 倍;在 Oracle 8i 中,未公开参数的数量超过公开参数;在 Oracle 10g 中,未公开参数的数量是公开参数的 4 倍,在 Oracle 11g 中变成 6 倍。而在 Oracle 12c 中,公开参数的增长率在下降,而未公开参数的增长率则在提高。显而易见的是,在 Oracle 12c 中,专家可以通过未公开参数对 Oracle 的更多方面进行设置,而用于标准数据库配置的公开参数则不再大幅增加,并且已经形成标准化。表 4-7 列出了公开参数和未公开参数的改动数量。

表 4-7 Oracle 历次版本中的参数

版本	公开参数的数量	未公开参数的数量	总数
6	111	19	130
7	117	68	185(相对版本 6 增加 42%)
8	193	119	312
8.1	203	301	504(相对版本 7 增加 62%)
9	251	436	687
9.2	257	540	797(相对版本 8i 增加 58%)
10.2	257(+0%)	1124(+108%)	1381(相对版本 9i 增加 73%)
11.2	341(+33%)	2053(+83%)	2394(相对版本 10g 增加 73%)
12.2	412 (+21%)	4237 (+106%)	4649(相对版本 11g 增加 94%)

4.21.2 查找未公开的初始化参数

查询 X$KSPPI 表可以显示公开和未公开的初始化参数。只有 SYS 用户才可以执行这个查询,因此一定要小心。关于 X$表更详细的内容请参考第 13 章。附录 A 里列出了 13 个最重要的未公开的初始化参数。附录 C 提供了编写本书时所有 X$表的清单。

```
Col name for a15
Col value for a15
Col default1 for a15
Col desc1 for a30

select     a.ksppinm name, b.ksppstvl value, b.ksppstdf default1, a.ksppdesc desc1
from       x$ksppi a, x$ksppcv b
where      a.indx = b.indx
and        substr(ksppinm,1,1) = '_'
order      by ksppinm;
```

下面对表 X$KSPPI 和 X$KSPPCV 中的列做简要说明。

- KSPPINM:参数名称。
- KSPPSTVL:参数的当前值。
- KSPPSTDF:参数的默认值。

下面的程序清单输出了一部分初始化参数:

```
KSPPINM                         KSPPSTVL             KSPPSTDF
------------------------------  -------------------- ----------
...
_write_clones                   3                    TRUE
_yield_check_interval           100000               TRUE
active_instance_count                                TRUE
aq_tm_processes                 1                    FALSE
archive_lag_target              0                    TRUE
...
```

要诀

使用那些未公开的初始化参数可能造成系统崩溃。如果不是专家并且没有 Oracle Support 的指导,请不要使用它们!确保在设定这些参数之前得到 Oracle Support 的支持。

4.22 理解典型的服务器

大多数独一无二的系统没有什么典型的特征。掌握 Oracle 的关键就是了解它的动态机制。Oracle 在继续保持前面一些版本的特性的同时,也在未来的分布式数据库和面向对象编程方面充当带头人。对于 DBA 来说,Oracle 以前版本的使用经验仍然可以适用于 Oracle 将来版本的数据库。在准备建立系统之前,应该考虑如下一些在以后可能出现的改动:

- 通过可插拔数据库(PDB)和公有云,Oracle 可以进行整合并在单个地方进行维护(大量的数据库只需要少数的 DBA 来进行系统维护看起来是未来趋势)。
- 数据库维护将完全可视化(就像在企业管理器里一样,所有的维护工作都通过单击完成)。V$视图仍然是性能开销最低的访问方法。但是如果需要访问多个 V$视图的复杂查询来得到结果,企业管理器更易于使用。
- 硬件和 CPU 变得越来越快,这样 CPU 就不会再成为系统瓶颈(I/O 限制也逐渐由于闪存、内存或正确的设计而解决)。
- 面向对象技术和敏捷开发将会在快速系统开发中变得很重要。
- 图形化、大数据和图像存储使数据库变得比以往更庞大。此外,磁盘空间和闪存变得越来越便宜的事实将会让商业数据保持得更长久。
- Oracle 在软件市场上的出色表现,在过去的 10 年中一直没有硬件厂商可以比拟。随着 Oracle Exadata 的到来,EB 级数据库的出现比预期更快。

4.22.1 典型服务器的建模

本节使用一些大致的估计值作为配置的指导原则。然而,需要强调的是这仅仅是指导原则,每个系统都不一样,必须根据系统的需求来进行优化(CPU 速度取决于处理器的类型,例如 RISC、SPARC 和 Intel)。表 4-8 中没有包括 Oracle Application 的指导原则,Oracle Application 一般具有特定的问题,Oracle 通过应用程序文档和 MOS 处理这些问题。

表 4-8 典型服务器的配备

数据库大小	不超过 25GB	100GB~200GB	500GB~3000GB	10TB~100TB*
用户数	100	200	500~2000	5000~20000
CPU 核数	4~8	8~16	16~64+	128~360
系统内存	8GB	16GB	32GB~512GB+	2TB
SGA_MAX_SIZE*	2GB	4GB	8GB~200GB	500GB~700GB
PGA_AGGREGATE_TARGET*	512MB	1GB	2GB~50GB	50GB~100GB
磁盘总容量	100GB	500GB~1000GB	1TB~3TB	100TB
查询百分比	75%	75%	75%	90%
DML 百分比	25%	25%	25%	10%
重做日志数	4~8	6~10	6~12	2~12
控制文件数	4	4	4	4
批量百分比	20%	20%	20%	50%

(续表)

数据库大小	不超过 25GB	100GB~200GB	500GB~3000GB	10TB~100TB*
在线业务百分比	80%	80%	80%	50%
是否归档	是	是	是	是
其他系统软件(除 Oracle 外)	最少	最少	最少	最少
是否使用并行查询	取决于查询	取决于查询	许多查询可能使用	许多查询会使用

*这些只是象征性的值。我见过高达 1TB的SGA，其中大约 1000GB用于多个数据缓存。我也见过约 500GB的SGA，其中 400GB左右用于不同块大小的多个数据缓存(默认大小的缓存超过 300GB)以及keep/recycle缓存(更大缓存对应的_KSMG_GRANULE_SIZE都在 50MB和250MB之间)。我见过 100GB的共享池和高达 50GB的PGA_AGGREGATE_TARGET。大的SGA会带来一些问题，包括警惕可怕的"ORA-00064: Object is too large to allocate on this O/S"。目前大企业的SGA在几个GB到几十个GB之间(在 2016 年时， 500GB以上仍然非常罕见)。大多数非常大的系统使用多个缓冲区和块大小。

下面列出了可能导致典型服务器配置偏离的因素：

- 大量的 DML 进程将会要求更大的 ROLLBACK 或 UNDO、REDO 和 TEMP 表空间。Exadata 最佳实践推荐使用 32GB 日志文件，一般系统不需要这么大。
- 没有很好优化的系统将会要求更多的 CPU 和内存。
- 更多的磁盘、磁盘缓存和控制器可以减少 I/O 争用，提高系统性能。
- 增大磁盘容量可以减少备份和恢复的时间，因为这样可以直接在磁盘而不是磁带上进行操作。更快的磁带也可以减少备份和恢复的时间。Oracle 收购 Sun 之后得到了 StorageTek。
- 全闪存的使用改变了一切。领先的企业往往都选择全闪存。

4.22.2 Oracle Application 数据库选型

Oracle Application 研发团队通过 MOS 文献说明了在不同的 Oracle Application 版本中应该如何使用(或不使用)某些初始化参数(11i 版本见 MOS 文献 216205.1，R12 版本见 MOS 文献 396009.1)。我总是审视 Oracle Application 研发团队推荐的内容，因为他们经常处理大型系统，而且知道一些很好的技巧。附录 A 里列出了常用的数据库参数和不同版本特有的参数(注意，许多注释由于篇幅限制去掉了，详细说明请参考实际 MOS 文献)。对于 Oracle 商业套件(EBS)实例，请总是确保所有初始化参数按照 MOS 文档 "Database Initialization Parameters for Oracle E-Business Suite Release 12 (文档 ID 396009.1)"来设置。EBS 数据库实例之所以以应该依据这些推荐来设置，是因为这些推荐是经过 Oracle 内部测试系统通过模拟不同的 EBS 数据模式/模型，经过充分测试验证过的。再者，Oracle 自己编写 EBS 的代码并开发了这个应用，他们比其他任何人都更清楚其应用代码在任何特定的时刻是如何工作的。表 4-9 提供了一个如何设定 EBS 数据库内存参数的示例。

表 4-9 EBS 数据库部分参数设置示例

参数名	开发/测试实例中	11 到 100 个用户	101到500 个用户	501 到 1000 个用户	1001到2000 个用户
Processes	200	200	800	1200	2500
Sessions	400	400	1600	2400	5000
SGA_TARGET	1GB	1GB	2GB	3GB	14GB
SHARED_POOL_SIZE(csp)	N/A	N/A	N/A	1800MB	3000MB
SHARED_POOL_RESERVED_SIZE(csp)	N/A	N/A	N/A	180MB	300MB
SHARED_POOL_SIZE(nocsp)	400MB	600MB	800MB	1000MB	2000MB
SHARED_POOL_RESERVED_SIZE(nocsp)	40MB	60MB	80MB	100MB	100MB

(续表)

参数名	开发/测试实例中	11到100个用户	101到500个用户	501到1000个用户	1001到2000个用户
PGA_AGGREGATE_TARGET	1GB	2GB	4GB	10GB	20GB
总共需要的内存	约2GB	约3GB	约6GB	约13GB	约34GB

* 共享池相关参数的 csp 和 nocsp 选项表示是否使用 CURSOR_SPACE_FOR_TIME，这是常见的数据库初始化参数。CURSOR_SPACE_FOR_TIME 的使用会带来对更大共享池的需求。

表 4-9 中提供的用户数量范围表示活动的 Oracle Application 用户，而不是总用户或已命名的用户。例如，如果计划支持最大 500 个活动的 Oracle Application 用户，那么应该根据 101 到 500 个用户的范围进行规划。此文档中提供的参数值反映了某个开发/测试实例的配置，应该根据 Oracle Application 用户数参考表 4-9 调整相关的参数。

另外，EBS 同样允许在数据库中使用各种客户化手段，比如在 Oracle 售后允许下对大表使用任何数量的分区以获得更好的性能。大量进行客户化时唯一需要小心的是需要保存所有客户化行为的列表，以便维护、打补丁和便于后续升级。

假设有这样一个例子，作为定位问题过程的一部分，我们已经确定自动发票导入(Auto Invoice Import)并发处理应用允许比平时慢，我们也排除了用户登录问题(人们能够从多个站点成功登录 EBS 的主页)，而且也已经确认其他并发处理进程都能按时完成，这就将问题缩小到单个并发请求上。通过并发请求 ID，就可以通过下面的查询定位到一个特定的数据库会话 ID(SID)和序列号(Serial Number)，当然也可以通过任何传统的方式，比如 OEM、AWR、ASH 报表以及 V$视图等：

```
Set linesize 150
Set Pages 1000
Set head on

Column Manager   Format A10
Column Request   Format 999999
Column Program   Format A40
Column User_Name Format A10
Column Started   Format A18
Column Status    Format A6
Column Phase     Format A6

Prompt
Prompt Request Information
Prompt ==================
Prompt ;

Select /*+ RULE */
      --Concurrent_Queue_Name Manager,
Request_Id Request, User_name,
      --, Run_Alone_Flag,
Substr(User_Concurrent_Program_Name,1,40) Program,
To_Char(Actual_Start_Date, 'DD-MON-YY HH24:MI:SS') Started
,Decode(Fcr.Status_Code,'R','Normal',Fcr.Status_Code) Status
,Decode(Fcr.Phase_Code,'R','Normal',Fcr.Phase_Code)  Phase
from Fnd_Concurrent_QueuesFcq, Fnd_Concurrent_RequestsFcr,
Fnd_Concurrent_Programs_TlFcp, Fnd_User Fu, Fnd_Concurrent_ProcessesFpro
```

```
where
Phase_Code = 'R' And
Fcr.Controlling_Manager = Concurrent_Process_Id            And
     (Fcq.Concurrent_Queue_Id = Fpro.Concurrent_Queue_Id     And
Fcq.Application_Id      = Fpro.Queue_Application_Id ) And
     (Fcr.Concurrent_Program_Id = Fcp.Concurrent_Program_Id And
Fcr.Program_Application_Id = Fcp.Application_Id )          And
Fcr.Requested_By = User_Id                                  And
Fcr.Request_Id = '&&Request_id'
;

Column Full_Name Forma A40
Prompt
Prompt Full name of the User running the program
Prompt =========================================
Prompt

Select /*+ RULE */
substr(Emp.Full_name,1,50) Full_Name
from Fnd_User Fu, Hr_EmployeesEmp
where Fu.Employee_Id = Emp.Employee_Id  (+)
and Fu.user_id =
( select requested_by
from fnd_concurrent_Requests
where request_id = '&&Request_id' )
;

Set Pages 1000
Set head on
Column Sid         Format    999999
Column SerialNo    Format    999999
Column UserName    Format    A10
Column Program     Format    A30
Column OSUser      Format    A10
Column Status      Format    A8
Column Type        Format    A10
Column Backgrnd    Format    A8
Column LogonTime   Format    A18

Prompt
Prompt Oracle (v$session) information for this request ;
Prompt =================================================
Prompt ;
select a.sid Sid, a.serial# SerialNo, substr(a.username,1,10) UserName, substr(a.program,1,30)
Program,substr(a.osuser,1,10) OSUser, b.pid OSProcess,a.status Status, a.type Type, b.background
Backgrnd,to_char(a.logon_time,'DD-MON-YY HH24:MI:SS') LogonTime from v$session a, v$process b
where  a.paddr = b.addr and
b.spid = (
select ORACLE_PROCESS_ID
from fnd_concurrent_requests
where request_id = '&&Request_id')
;
```

```
Prompt
Prompt Oracle Process Id and Application Process Id for this given request
Prompt ================================================================
Prompt

Column ORACLE_PROCESS_ID Format A30
Column APPLICATION_PROCESS_ID Format A30
select substr(ORACLE_PROCESS_ID,1,30) ORACLE_PROCESS_ID, substr(OS_PROCESS_ID,1,30)
APPLICATION_PROCESS_ID
from fnd_concurrent_requests
where request_id = '&&Request_id'
;

Prompt
Prompt Oracle SQL run by this request currently is ;
Prompt =========================================
Prompt ;
select a.sql_text
from v$sqltext_with_newlines a, v$session b
where a.address = b.sql_address and
a.hash_value = b.sql_hash_value and
      b.sid = (select a.sid
from v$session a, v$process b
where  a.paddr = b.addr and
b.spid = (
select ORACLE_PROCESS_ID
from fnd_concurrent_requests
where request_id = '&&Request_id'))
;
```

一旦确定某个特定的数据库会话，就可以做进一步发掘，比如通过收集执行时的 EXPLAIN PLAN 结果，或者查看数据库中正在执行的某条特定 SQL 的不同等待事件等。我们也可以利用 MOS 文档"All About the SQLT Diagnostic Tool"(文档 ID 215187.1)中描述的 SQLT 跟踪和诊断工具。在确定和查看 SQL 的执行计划和原始的 tkprof 或跟踪文件之后，我们可以检查所有有问题的表和索引，并且确定查询中用到的表和索引的统计信息都是最新的。针对所有出现的查询，在 MOS 网站上根据应用的短名称进行检索。你可能碰到一个已知问题并且已经有性能的补丁可用，如果没有，那就在 Oracle 售后的协助下提出服务请求(SR)以获取代码修正。大部分情况下，Oracle 售后会要求你收集这里讨论的大部分诊断数据，并且将原始的 tkprof 和跟踪文件上传到 SR。

对于客户化的 DML 语句或者复杂的查询，EBS 允许创建客户化的索引以及直方图等。我们也可以利用 SQL 性能分析器(SQL Performance Analyzer)或 SQL 计划管理器(SQL Plan Management)特性"接收"或"固化"我们已经确定好的执行计划，这样优化器就会总是使用这些执行计划而不管优化器引擎对当前数据所做的判断，除非通过 DDL 对查询用到的对象进行了修改。这可以通过 Oracle 企业管理器(OEM)或 SQL*Plus 命令行来实现。请参考本书关于 SQL 执行计划管理器的章节(第 8 章)以了解更多详细信息。

对于更一般的问题，比如数据库层面的响应时间慢的问题，我们可以利用本书其他章节讨论的更多小窍门和技术来进一步诊断。比如在问题出现的窗口中运行 AWR 报表，对一个特定问题的窗口运行 ASH 报表或 ADDM 报表等都可以缩小问题的范围。请参考第 14 章的内容以了解有关 AWR、ASH、ADDM 和 OEM 监控的更多信息。

从更高的层面来说，要确保收集模式的统计信息的并发作业被足够频繁地调度，每周都应该为所有的模式调度一次这个作业，并且设置采样比例为 20%～30%，而让其他的参数都保留默认值以确保数据库有稳定的性能。在一些特定情况下，比如客户化的并发进程、数据装载应用或 DML 语句等可能造成数据库中数据分布倾斜的情况，还可以对特定模块或特定的表/索引执行统计信息收集作业。

可以通过查询 DBA_OBJECTS 的 *last_modified* 时间戳和创建列来生成一个过去 24 小时被修改对象的日报表，这个想法的目的是确定在数据库层面所有被创建和修改的对象是否被内部修改请求系统做了说明和记录。一般来说，没有经过说明、批准和测试过的代码会对生产系统的稳定性造成损害。也应该对用户列表和已经打开的调试/跟踪选项进行按日统计，关闭不再需要的选项。正常来说，除非正在追查某个特别的问题，否则生产环境是不应该打开跟踪或调试选项的。不必要的跟踪/调试选项会增加数据库系统的压力和文件系统空间的使用，不仅会拖慢 EBS 的响应时间，也会对最终用户的体验带来不好影响。

应该检查数据库中存在大量数据的孤立的 M$LOG 表，如果数据在一段时间内持续增加，那么可能说明存在孤立的物化视图(MV)。物化视图基于一种触发器逻辑，依赖于完整或完全刷新以及物化视图维护(或者不进行维护)的方式，M$LOG 表可能会增长。在正常场景中，在完整或快速刷新中或者刷新快结束时，对于在目标对象上已经更新的行，源对象的 M$LOG 应该被删除。如果在这个过程中出错了，源表上的触发器还在的话就会造成 M$LOG 呈指数级增长，并且消耗大量的数据库底层资源，比如队列和闩锁等。这就会给数据库和应用带来巨大的额外负载。附录 A 里有关于 Oracle Applications 的更多说明。

4.23 要诀回顾

- Oracle 中关键的初始化参数包括 MEMORY_TARGET、MEMORY_MAX_TARGET、SGA_TARGET、SGA_MAX_SIZE、PGA_AGGREGATE_TARGET、PGA_AGGREGATE_LIMIT、DB_CACHE_SIZE、SHARED_POOL_SIZE 和 INMEMORY_SIZE。在使用自动共享内存管理(ASMM)时，SGA_TARGET 尤为重要。
- 设置 INMEMORY_SIZE 可以对分析型应用带来难以想象的加速效果，但是只有在获得这个选项的许可之后才能设置此参数。活动数据卫士也可以利用内存列存储，还允许创建内存虚拟列。
- 如果使用 ALTER SYSTEM 命令只是对 SPFILE 进行了修改，而在数据库重新启动时才发现设置错了，数据库就没法启动，这时候没有办法通过 ALTER SYSTEM 命令修复这个问题。然而可以通过这个 SPFILE 创建一个 PFILE，修改这个 PFILE，并用这个修改过的 PFILE 启动数据库。然后就可以重建 SPFILE 并用这个 SPFILE 重启数据库。
- 如果不知道系统为什么不使用 init.ora 文件中的值，那么可能是因为有一个 SPFILE 文件覆盖了 init.ora 的值。不要忘记，在 Oracle 12*c* 中也可以使用提示在查询级别覆盖参数。不同的 PDB(可插拔数据库)还可以在 PDB 级别设置某些参数。
- 对于开发人员和 DBA 来说，能够动态改变初始化参数是一个非常强大的特性。因此，如果不加限制，具有 ALTER SESSION 权限的用户就能够不负责任地为某个会话分配超过 100MB 的 SORT_AREA_SIZE。
- 从物理内存中检索数据通常要比从磁盘中快得多，因此要确保 SGA 和 PGA 足够大。Oracle 的一项研究表明 Oracle 从内存中访问数据比从磁盘平均快 100 倍。然而，这还是在考虑到磁盘缓存的好处以及闪存的情况下，而你的系统可能有，也可能没有。同一研究还展示了一个特别的例子，Oracle 从内存读取数据比从磁盘快 10000 倍(简直难以置信)，但是这也说明了在你自己特有的系统上进行测试是多么重要。

- 差的表连接和索引会造成很高的命中率，因此确保高命中率是因为系统经过很好的优化。异常高的命中率就可能表明存在糟糕索引或表连接有问题的代码。
- 命中率对于有经验的 DBA 来说非常有用，但会误导无经验的 DBA。命中率的最大用处在于通过长时间比较命中率，可以发觉在特定时间内，系统是否出现本质上的改变。有些人不注重使用命中率，比如工具厂商们就不愿意长时间跟踪命中率的值，因为他们的工具都是那种实时或基于反应的优化工具。命中率不应该成为唯一的工具，但它们一定是你工具箱中主动预防工具的重要一员(特别是随着不可视索引的出现)。
- 在 Oracle 12cR2 中，可以使用企业管理器的云控制器来发现存在问题的查询。
- 如果一个查询的命中率不高，就表明缺少索引、索引不可见或被抑制。
- 较慢的查询第一次执行时，从 V$SQLAREA 或 V$SESSION_LONGOPS(在某些特定情况下)视图里看到的命中率很糟。也可以通过企业管理器来查看 SQL 执行的统计数据信息。一定要在这个时刻优化这些查询，因为在第二次执行时它们的命中率就不一定那么低了(可能已经放到了内存里)。刷新数据库高速缓存来做测试可以帮助你获得准确的结果。
- 如果改变 DB_BLOCK_SIZE，就必须重建数据库。增大 DB_FILE_MULTIBLOCK_READ_COUNT 即可允许在一次 I/O 中读取更多的块，这样的效果可以等同于增大块的大小。在 Oracle 12c 中，这个参数的默认值是 128，或许不需要改变。
- SGA_MAX_SIZE 决定了其他参数的粒度大小，SGA_MAX_SIZE<1G 意味着 4MB 大小的粒度，而 SGA_MAX_SIZE>=256G 意味着 512MB 大小的粒度。有的基准测试使用高达 256MB 大小的粒度。
- SQL 必须完全一样才可以被重用。大小写形式不同或其他不同都会使这条语句重新被解析，除非使用非默认的 CURSOR_SHARING 参数值。
- 可以用 V$ROWCACHE 视图检查共享池里行缓存(数据字典缓存)的命中率。一般的命中率都能高于 95%。但是当数据库刚启动时，命中率大概只有 85%左右。
- 可以用 V$LIBRARYCACHE 检查那些共享池里的库缓存的命中率。一般的命中率都能高于 95%。但是当数据库刚启动时，命中率大概只有 85%左右。
- V$SGASTAT 视图可以反映共享池内存的消耗速度。记住这只是粗略估测。它显示了没有使用的内存和那些已经重新使用的内存片段。空闲内存的值将会随着这些内存片段的碎片程度而变动。
- 通常应该把参数 SHARED_POOL_SIZE 设为 DB_CACHE_SIZE 值的 50%~150%以上，但是需要根据系统的具体情况设定。在一个使用了大量存储过程或 Oracle 提供的包而本身物理内存又有限的系统里面，这个参数可能会达到 DB_CACHE_SIZE 的 150%以上。而在一个不使用存储过程但又具有大量的物理内存的系统里，这个参数可能就只有 DB_CACHE_SIZE 的 10%~20%。我曾经处理过 DB_CACHE_SIZE 为好几十 GB 的系统，我也很确定现在也存在好几百 GB 甚至 TB 级别的 SGA 配置。PB 级别的数据库已经出现了。另外需要注意的是，在共享服务器配置(以前称为 MTS)里，PGA 中的对象是从共享池，而不是用户进程空间分配。
- 在 Oracle 中，一些可用的附加缓冲池(为保存数据分配的内存)在初始化时都被设置为 0。开始时不需要显式地设置它们，但在一些特别的系统中可能需要设置。
- 在 Oracle 12cR2 中，无论表是否分析过，优化器都会基于成本进行优化。OPTIMIZER_MODE 已经不再支持并废弃了 CHOOSE 和 RULE 两种模式，但是它们仍然可以使用，默认值是 ALL_ROWS。

- 没有一种优化器模式(OPTIMIZER_MODE)称为 COST。如果使用的是 Oracle 9.2 或更早的版本，而又不知道该使用哪种优化器模式，那么可以使用 CHOOSE 或 FIRST_ROWS，并且对所有表进行分析。当表中的数据发生改变时，表需要定期重新收集。在 Oracle 12.2 中，OPTIMIZER_MODE 使用的主要是 ALL_ROWS 和 FIRST_ROWS (ALL_ROWS 是默认设置)。
- 能否正确地设置好初始化参数可以导致报表运行时间是两秒钟还是两个小时。在确定要对生产环境进行修改前，一定要在测试系统里彻底地调试这些改动。
- 使用那些未公开的初始化参数将可能造成系统崩溃。如果不是专家并且没有 Oracle Support 的指导，请不要使用它们！确保在设定这些参数之前已和 Oracle Support 确认过。

第 5 章

Oracle 企业管理器云控制器 (针对 DBA 和开发人员)

Oracle 企业管理器云控制器最终没有辜负市场对监控和调优 Oracle 数据库的期望。Oracle 的产品过去曾一度因年复一年的改进而落后于市场的要求。如今,这样的日子已经一去不返。Oracle 已经开始采取必要的措施,并且不断发布最佳的产品(包含对 Exadata 和云平台的支持)。本章将简要介绍 Oracle 企业管理器云控制器(可以叫作 OEM 或 EM)的强大功能。本章不会研究整个产品,也不会介绍如何使用全部的特性(那需要一本书的篇幅),但本章会展示一些有助于优化系统的工具和调优特性。Oracle 10g 及 11g 中重点关注网格,许多屏幕截图显示的是多个实例,因此可以使用该产品查看单实例或多实例集群。网格服务器可以在云端部署,也可以在本地部署;可以是 RAC,也可以是非 RAC(特别是对于 Oracle 12c 的 Sharing 分片数据库)。使用 Oracle 12c 的多租户数据库,OEM 也可以通过向下钻取的屏幕,显示所有的可拔插数据库(PDB)。不管什么级别的 DBA,OEM 都是一个非常出色的调优工具,特别是当迈向发展了 10 多年的云平台时,它显得更有价值。

确保性能优异的办法之一就是监控系统可能出现的潜在性能问题,以防它们引发真正的麻烦。一个用来调整性能的 GUI(图形用户界面)工具就是 OEM,以及与之相关的性能调优插件产品(需要附加支出)。Oracle 企业管理器已持续做过一些修改,但是在当前这个版本中有了划时代的改进,同时支持本地部署和云数据库。通过 AWR(Automatic Workload Repository,自动负载信息库)获得的统计信息,OEM 工具现在变得更加强大。AWR 快照默认每小时获得一次,一旦获得 AWR 快照,ADDM(Automatic Database Diagnostic Monitor,自动化数据库诊断程序)就会立刻通过 MMON 后台执行分析(STATISTICS_LEVEL 必须是 TYPICAL 或 ALL)。ADDM 分析的结果同样存储在 AWR 中,并且可以通过 OEM 进行访问。所有这些本地部署数据库或云端数据库都可以这样进行流线型管理。

除监控外,OEM 还有一些引人注目的屏幕,这些屏幕显示了问题所在的位置,直至显示闩锁等待(latch wait)或全局缓存 cr 传输等待(global cache cr transfer wait)。Oracle 企业管理器包括运行 AWR 报告(第 14 章中有详细介绍)的工具,这些工具用于修改 spfile.ora 或 init.ora 文件。网格监控工具同样引人注目,因为这些工具确实非常优秀。有的屏幕采用不同颜色显示每个实例的性能,允许单击图表分支到单一实例。用户可以在数据库、主机、应用服务器、网络或磁盘(ASM 或非 ASM)级别查看性能。我所见过的打出"全垒打"[1]的 Oracle 产品中,这一件凭借 OEM 云管理平台打出了"大满贯"!

OEM 的标准应用程序包括中心管理控制台和附加包,并且许多产品需要额外的开销(请咨询 Oracle 公司以了解不同模块的价格)。访问 AWR 需要诊断包(Diagnostics Pack),而运行 SQL 优化集则需要优化包(Tuning Pack)。可以使用 ADDM 在 AWR 收集一小时统计信息之后看看 Oracle 有什么建议,可以使用 SQL 优化顾问调优一条特别的 SQL 语句(也可以在顶级活动界面执行)。使用 SQL 性能分析器在一个引导的工作流中调优语句,可以看出针对一组 SQL 语句优化前后的结果。可以比较 Oracle 版本对 SQL 语句的影响,比如可以在不同版本下比较一组调优集;还可以对初始化参数前后的变化拭目以待;最后,甚至可以进行 Exadata 仿真,并在企业管理器中执行 AWR 报告或活动会话历史报告(ASH 或小型 AWR)。

本章将介绍如下技巧:
- Oracle 企业管理器基础和通过 Oracle 云服务访问 OEM
- 监控策略和警报
- 监控数据库
- 使用 SQL Performance Analyze 评估潜在的变化
- 使用 OEM 的 ADDM 优化 Oracle 数据库
- 通过 OEM 菜单进行监控和优化
- 查看 Oracle 拓扑结构
- 监控和优化主机
- 监控和优化应用服务器和 Web 应用(使用 APM)
- 查看和调度作业
- 访问可用的报告,包括 ASH 和 AWR 报告
- 真实应用测试(数据库回放)

5.1 Oracle 企业管理器(EM)基础和通过 Oracle 云访问 OEM

安装 OEM 后就会显示登录界面,如图 5-1 所示。根据安全性的设置方式,可能需要在登录界面输入用户名、密码或数据库信息,这取决于访问产品中的哪些屏幕。一旦安装完成,就可以登录了,但如果暂时不想登录,最

---

[1] 译者注:棒球术语。

好能把 URL 记下来(建议加入收藏夹)。

图 5-1　Oracle 企业管理器云控制器的登录界面

登录到 EM 之后，就会看到主页面上显示的企业级架构和操作。图 5-2 显示了 Enterprise 选项卡中的各个选项，如"监控"(Monitoring)、"报表"(Reports)、"配置"(Configuration)以及"补丁和配给"(Provisioning and Patching)。屏幕右侧的 Inventory and Usage 信息显示了企业架构中的各种服务器，在当前版本的 OEM 中，可以同时监控本地部署和云端系统。接下来，我们将进入 Enterprise 菜单的 Enterprise Summary 选项来对那里的一些数据库做性能调优，但首先我们还是看看这个产品的一些基本功能。

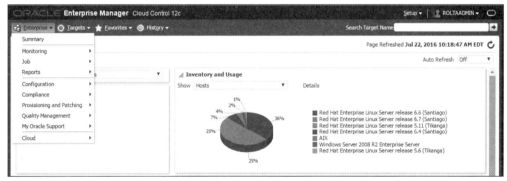

图 5-2　OEM 企业级界面和企业级下拉菜单

如果配置了独立的云，就可以直接使用 OEM 的主要版本来监控云服务，也可以使用一个只能管理云的 OEM 简化版来管理云服务。图 5-3 显示了可通过 OEM 控制台访问云服务(示例是 rolta1)的一个菜单，从而让你感受一下 OEM 简化版的样子。Oracle 云平台的 My Services 菜单在云服务下有一个下拉列表，可以打开 OEM 简化版的控制台。所有云端 OEM 屏幕的显示，都与本地部署(虽然 OEM 简化版是一个只能管理云的轻量级版本)一致或相似。本章接下来的例子会展示 OEM 本地部署的屏幕显示(有关 Oracle 云的更多介绍可以参考第 11 章)。

如图 5-2 所示，Enterprise 菜单下的一些可用设置选项包括：Monitoring、Configuration、Provisioning and Patching，还有一些工具和其他配置项。比如，如果选择 Enterprise|Monitoring|Blackouts，将看到如图 5-4 所示的页面。Blackouts 的意思是允许系统为了维持活动的性能而暂停监控的时间周期。采用中断周期可以消除正常操作期间的数据时滞。即使暂停统计信息的收集，也仍然会记录中断周期以确保 DBA 不会调度过多的中断。

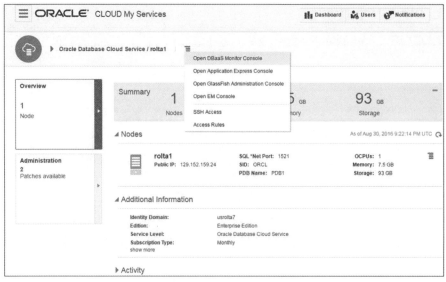

图 5-3　通过 My Services 下拉菜单打开 OEM Express 控制台

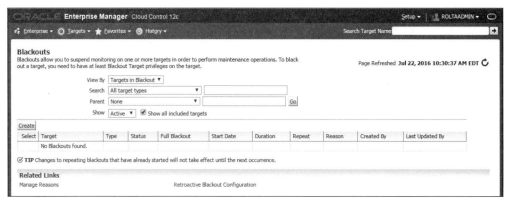

图 5-4　设置和配置 Blackouts

　　熟悉 OEM 之后，DBA 应该设置自己认为最适合于所监控环境的个人偏好。使用该产品时，可以在任意时候单击位于屏幕右上角的 Setup 选项(Setup 选项位于图 5-2 的右上角)以查看所有的偏好选项，如图 5-5 所示(此例选择的是 Setup 下拉选项中的 Provisioning and Patching 选项)。用户需要设置其中的一些个人偏好，包括发送各种警报或消息的电子邮件地址以及通知规则，甚至可以将屏幕上的选项卡改为相对当前环境而言最为直观的形式。最好保留 Oracle 的标准形式，以便于其他 DBA 接手你的工作。值得花点时间好好研究一下 Setup 下拉选项中的各种实用选项。

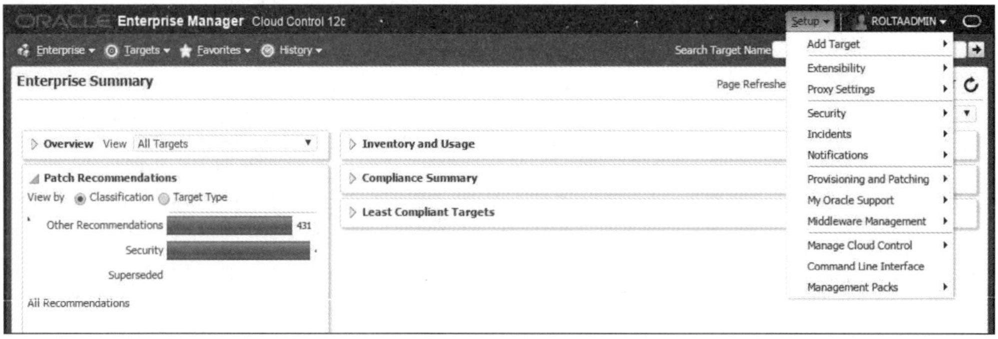

图 5-5　设置偏好

在线帮助是 OEM 最好的组件之一(见图 5-6)。不管在哪个界面，都可以从用户名(位于屏幕的右上方，这里的用户名是 ROLTAADMIN，如图 5-5 所示)选项的下拉菜单中选择 Help 选项，帮助信息可能是常规内容，例如监控数据库性能；也可能是特定内容，例如设置 E-mail 地址。丰富的帮助信息会告诉你如何优化 Oracle 的各个领域：主机、数据库、应用服务器、ASM、操作系统或网络层面。同时，还有一个有趣的特性，就是 Oracle Database 2 Day 系统文档也包含在 OEM 在线帮助中。比如可以在 OEM 中浏览 *2 Day DBA*。关键是访问 EM 时，利用这些帮助信息可以非常方便地学到相应的知识。

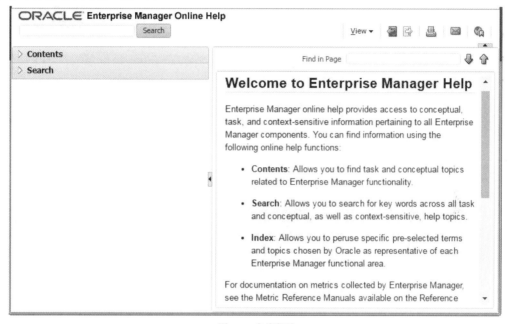

图 5-6　在线帮助

要诀

在 Oracle OEM 12*c* 中，有引人入胜的在线帮助，可以每天在新的 Enterprise Manager Online Help(企业管理器在线帮助)窗口中阅读或搜索一些主题。

5.2　从 All Targets 和其他分组开始

登录 Oracle 企业管理器后，打开 Enterprise 选项的下拉菜单(见图 5-2)，首先映入眼帘的是 Enterprise Summary 窗口。Enterprise Summary 窗口由 5 个窗格构成：Overview、Patch Recommendations、Inventory and Usage、Compliance Summary 和 Least Compliant Targets。图 5-7 所示的 Overview 窗格(选择的是 All Targets 视图)中，显示当前有 273 个目标被监控。在 Status 部分，绿色表明目标是启动的，红色表示目标是关闭的，黄色表示目标处于未知状态，黑色表明目标处于管制状态。Overview 窗格还会报告故障、问题和任务。Inventory and Usage 窗格显示所有被监控的主机。通过查看这两个窗格，能够马上知道实例是启动或停止、任务执行的状态，还能钻取得到指定服务器、数据库实例或集群数据库的详细信息。

这个窗口是我每日早起后就想看到的屏幕，从而可以知道实例已经启动并在有效运行。Patch Recommendations 窗格会让你关注可用的补丁，Compliance Summary 和 Least Compliant Targets 窗格能指出是否违反任何安全策略(Security Policy Violation)和需要特别关注的目标。

OEM 12*c* 还有一个很好的特性，就是能够分组常见的区域。例如，可以将所有的数据库分组到称为 prod_db 的组中，从而可以同时监控组中的所有数据库以查看它们是否已经启动。可以对开发数据库执行相同的操作(分组到名为 dev_db 的组中)。DBA 通常会进行适当的配置，从而在发送警报、页面或电子邮件方面优先关注 prod_db 组而不是 dev_db 组。

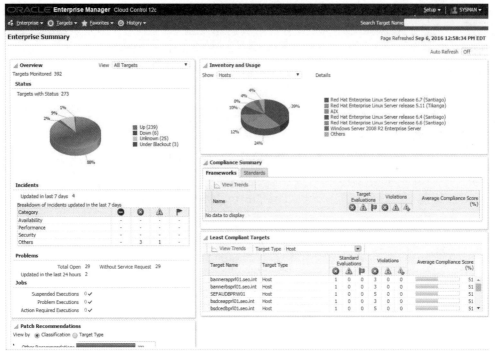

图 5-7　OEM 12c 中的 OEM Enterprise Summary 窗口

本章使用的主要是 OEM 12c 产品，同时也加进了 OEM 13c 的一些新功能，比如应用性能监控(Application Performance Monitoring，APM)。OEM 13c 是最近才推出的，不支持 Linux 6 之前的版本，界面风格与 OEM 12c 非常相似(我相信很多人用来同时支持 OEM 12c 和 11g，包括各种 Linux 版本；OEM 13c 必须使用 12.1.0.2 以上版本的资料库)。作为参考，在图 5-8 中使用 OEM 13c 的 Enterprise Summary 界面来做比较。

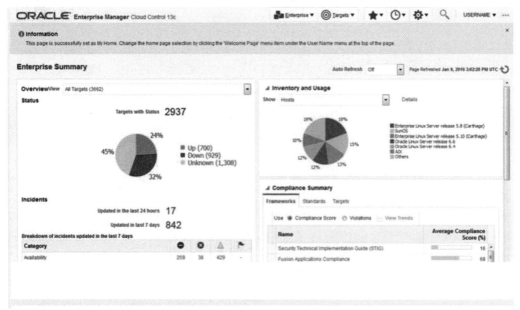

图 5-8　OEM 13c 的 OEM Enterprise Summary 窗口

我们会在后面看到这个界面的其他选项，比如 Hosts(主机)和 Job Activity(任务活动情况)。现在，我们首先把焦点放在性能优化上。对于性能相关问题，可以单击 Targets Monitored 旁边的数字(见图 5-7 的左上角)，然后单击 Database 选项卡下面的"Database Instance"，选择监控 PRODDB(容器数据库)。可以在 Performance 窗格中看到 3 个容器数据库：PROD、PDB$SEED 和 CDB$ROOT，如图 5-9 所示。同时还能在 Performance 主菜单的下拉菜单中看到很多选项，我们接下来要深入研究的部分包括：Top Activity(顶级活动)、SQL Performance Analyzer(SQL 性能分析器)、Real-Time ADDM(实时 ADDM)、Access Advisor(访问顾问)、Optimizer Statistics (优化器统计信息)、ASH Analytics(AWR 和 ASH 分析器)。这个下拉菜单中还包括 Database Replay (数据库回放)(本章末尾部分会提及)。

图 5-9　PRODDB(容器数据库)的 Performance 选项的下拉菜单

5.3　使用 OEM 的 Performance 菜单进行监控和优化

在 Database Instance Server(数据库实例服务器)或 Cluster Database(群集数据库)(取决于你的选择)的下方，你会找到几个选项卡。单击 Performance 菜单，会显示一些非常有用的选项(见图 5-9)。在这部分，我想把重点放在那些能够快速带来性能提升的菜单项。当系统出现严重问题时，最重要的就是要看 Top Activity。Top Activity 会显示等待最多的 SQL 和用户，还有系统总体性能情况。当系统不是太忙时，可能要深入 SQL 性能分析器，使用 ADDM 和优化 SQL 调优集来优化查询。

5.3.1　Performance 选项卡：Top Activity

Top Activity 界面能够快速显示系统的总体运行情况、问题出现在哪里、哪些特别问题需要解决。单击 Top Activity(见图 5-9)，就会出现如图 5-10 所示的 Top Activity 界面，各种等待类别用不同的颜色显示在图表的右侧。也可以通过直接单击等待活动得到更多的细节。Top Activity 选项也会出现在 OEM 的大多数性能相关界面的底部。当系统遇到严重的性能问题时，我会花很多时间在 Top Activity 界面上。图 5-10 显示的 Top Activity 界面上有严重的性能尖刺，特别是在 11:40 到 11:47 这段时间内。可以在图形上移动(单击并拖动)阴影方块到指定位置(可以回看故障前发生了什么，也可以查看故障后的情况)。在界面底部，可以看到相关的顶级 SQL 语句(底部左侧)和顶级进程(底部右侧)。如果向下滚动，还可以马上看到每条 SQL 语句的开销，以及语句是如何叠加到图形的阴影方块区域的。可以立即单击这些顶级 SQL 语句旁边的方框，调用 Tuning Advisor 进行优化(至少可以给出一些建议)。

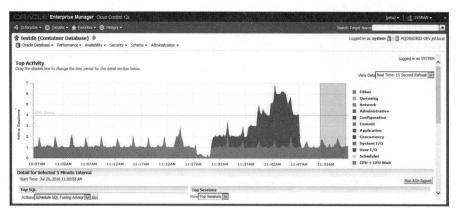

图 5-10　Top Activity 界面

5.3.2　Performance 选项卡：SQL | SQL Performance Analyzer

在图 5-9 中单击 Performance| SQL | SQL Performance Analyzer，将显示如图 5-11 所示的 SQL Performance Analyzer(SQL 性能分析器，SPA)界面。SPA 提供了优化 Oracle 的多种选项。可以使用带导向的工作流，甚至可以比较不同版本的 SQL 调优集。可以比较改变初始化参数带来的影响，还可以进行 Exadata 仿真。虽然不能演示所有这些任务的每个步骤，但我会尽量在这里展示一些关键的屏幕。

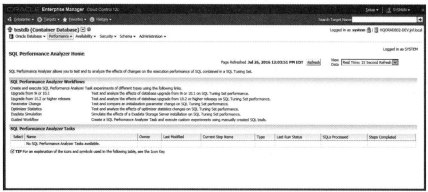

图 5-11　SQL Performance Analyzer 界面

单击 Guided Workflow(导向工作流)选项，将提供一种逐步的导向方法来比较两个不同的 SQL 调优集(见图 5-12)。这可以让你改变环境、优化 SQL 语句或者测试另一个改变。

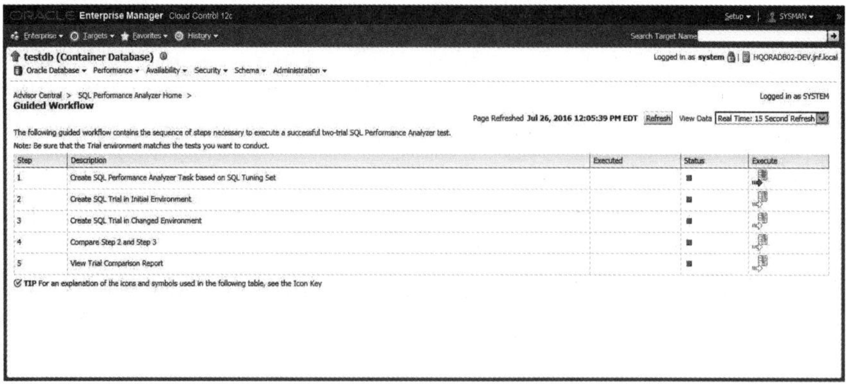

图 5-12　Guided Workflow 界面

完成所有的导向工作流步骤后，SQL 性能分析器将会显示 SQL 调优集改变前后的输出比较情况。图 5-13 显示了改变前后的消耗时间。

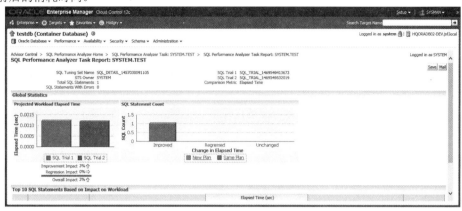

图 5-13　Guided Workflow 的 SQL 性能分析器任务报告

这次我们不使用 SPA 中的 Guided Workflow 选项,而是选择 10.2 或更高版本 Oracle 中的 Upgrade 选项来比较从 10.2 或 11g 版本升级到 12c 版本。图 5-14 显示的是这次比较过程中出现的一个界面。需要在 Task Name、SQL Tuning Set 和两个 Database Link 字段中输入内容来完成一次测试。

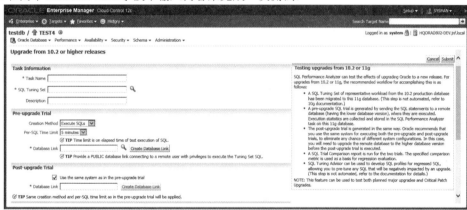

图 5-14　用 SPA 任务对比把一个 SQL 调优集从 10.2 或 11g 升级到 12c

一旦完成对比的全部步骤,SPA 就会显示详细的对比结果,就像图 5-16 中显示的输出内容。

OEM 12c 还有提供模拟 Exadata 的功能,在 SPA(见图 5-10)界面上单击 Exadata Simulation 选项,会显示 Exadata Simulation 界面(见图 5-15)。

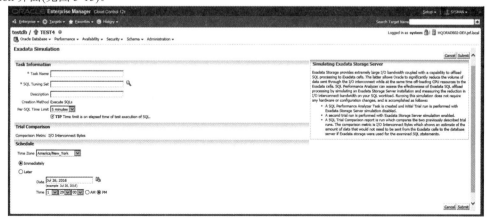

图 5-15　Exadata Simulation 界面

输入所需全部信息，运行 Exadata Simulation 的相关任务，SPA 会显示当前系统与 Exadata 的对比结果，让你看看换成 Exadata 会带来什么好处(见图 5-16)。我做了一个简单测试，想看看是不是即使最简单的查询，也会提示我需要使用 Exadata(实际上，当时我并没有这种想法)。幸运的是，SPA 确实显示 Exadata 并不能带来好处，因为所有的语句都没有变化。这一点我必须点赞(本以为他们肯定会劝说我使用 Exadata!)。

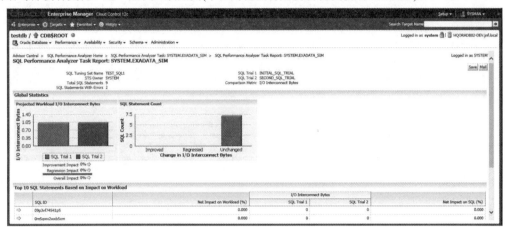

图 5-16　Exadata Simulation 的 SPA 任务报告

5.3.3　Performance 选项卡：Real-Time ADDM

在图 5-9 中单击 Performance|Real-Time ADDM，将会出现如图 5-17 所示的 Real-Time ADDM Results 界面。也可以通过单击其他界面上的按钮进入 Real-Time ADDM，这里显示的是最近一次 ADDM 生成的性能信息。

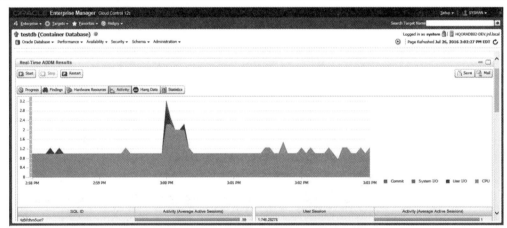

图 5-17　Real-Time ADDM Results 界面

如前所述，Oracle 每小时都会为 AWR 收集一次性能统计数据，紧接着还会直接生成 ADDM 报告。但是，如果问题刚好发生在那个时刻之后(比如图 5-17 显示的下午 3:01 时刻)，下午 3 点整的 ADDM 报告不会把这个问题暴露出来，而你又不想等到下午 4 点(假定问题比较严重)，就可以使用"运行 ADDM"(Run ADDM)功能来实现。单击 Start 就可以立即运行 Real-Time ADDM，等待 ADDM 完成后，就可以看到如图 5-18 所示，在 Process 选项卡中，有个状态(status)显示为"Finished"。

图 5-18　Real-Time ADDM Results Finished 界面

也可以在 SQL*Plus 下执行 addmrpt.sql 来生成 ADDM 报告。ADDM 致力于提升性能，分析各种不同类型的数据库相关问题，主要包括：

- 内存相关问题，如共享池闩锁争用、log buffer 问题、数据库 buffer cache 相关问题
- CPU 瓶颈
- 磁盘 I/O 性能问题
- 数据库配置问题
- 表空间相关问题，比如表空间不足
- 应用和 SQL 优化问题，比如过多的解析和锁
- RAC 相关问题，比如全局缓存互连问题、锁管理器问题、全局资源争用问题，还有其他全局突出问题。

要诀

SQL Tuning Advisor 只能用来优化 SQL 语句，不能用来解决行锁等问题。

单击 Finding 选项卡，会显示 ADDM 的 Finding 界面。这个界面显示了一些发现/问题，同时提供了解决这些问题或相关 SQL 的建议。

对于图 5-19 所示的例子，出现的问题是 SQL 语句消耗的数据库时间过多(优先级是中级)。

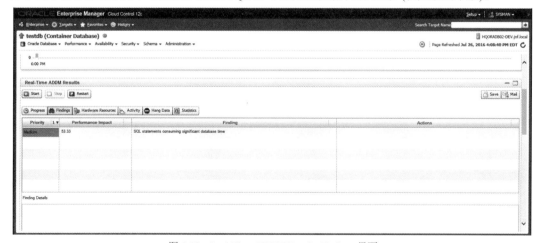

图 5-19　Real-Time ADDM Results Findings 界面

可以定时调度 SQL Tuning Advisor(注意,这是 SQL 调优包的一部分)以细致、深入地分析 SQL,得到问题 SQL 的修改建议。在图 5-9 中单击选择 Performance|SQL|SQL Tuning Advisor,打开 SQL Tuning Advisor,准备优化任何问题 SQL 并提供建议。如图 5-20 所示,指定的调优集按照单选按钮对显示了部分内容的 SQL 语句给出建议,最差的 SQL(SQL ID = 9rk22atf5ng4p)看上去可以通过创建一个索引获得很大的性能提升。

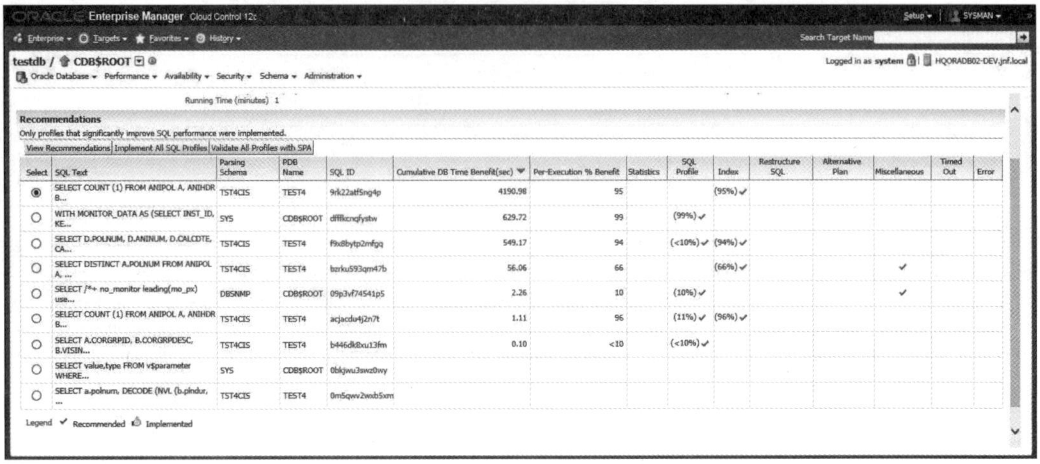

图 5-20 SQL Tuning Advisor,SQL 优化建议

选中最差 SQL 文本对应的左边的单选按钮,再单击 View Recommendation,你将看到 SQL 以及提升 SQL 的相关建议(见图 5-21)。根据建议,创建这个索引将会带来 95.89%的性能提升。也可以单击最右列的链接来比较执行计划,看看变化在哪里,改进的是哪些方面。

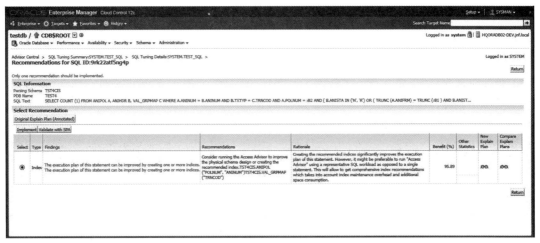

图 5-21 SQL Tuning Advisor 建议增加一个索引或者执行 Access Advisor 来检查索引

比较执行计划后发现,表的访问顺序变了,同时一些关联方法也发生了变化。创建索引后就不需要 SQL 执行全表扫描了,如图 5-22 所示。

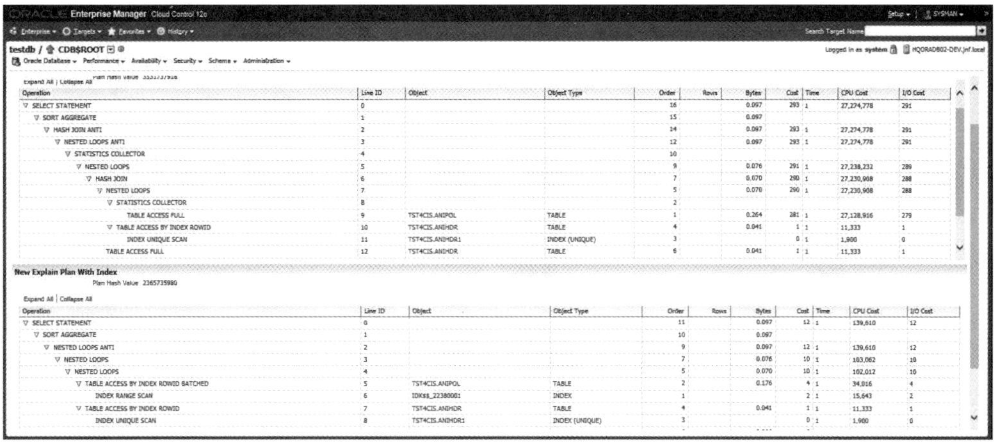

图 5-22 比较执行计划

要诀

比较执行计划是 OEM 内置的 SQL Tuning Advisor 中的一个非常棒的工具。

如图 5-23 所示，从 Top Activity 界面可以很明显地看到，优化后的 SQL 语句不再产生负面影响(性能尖刺)，比当天早些时候好多了(见图 5-17)。现在整个系统运行得更好，等待队列中的用户也减少了。

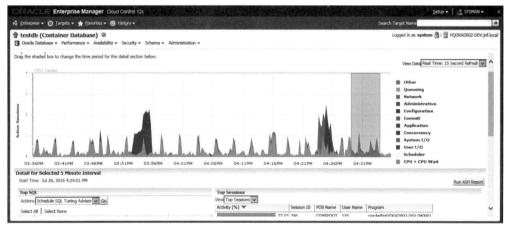

图 5-23 Top Activity 界面：性能有明显提升

5.3.4 Performance 选项卡：SQL | Access Advisor

在优化包中，可以找到一个名叫 SQL 访问顾问(SQL Access Advisor，SAA)的产品，SAA 可以用来优化整个负载(而不仅仅是高负载 SQL 语句)。在 Performance 下拉菜单(见图 5-9)中可以选择这个功能。单击 Performance| SQL |Access Advisor，会出现图 5-24 所示的界面。SAA 会通过索引(位图、B-树、函数、合并)、物化视图/日志或者所有这些的组合，提出一些建议以提高负载的性能。SAA 建议增加访问结构的同时，考虑 DML 语句在索引维护和空间上的消耗。SAA 也可以在开发阶段使用，可以在产品上线前计算还需要哪些访问结构。可以把 SQL 调优集作为 SAA 的输入。详细信息请参阅 Oracle 相关文档。

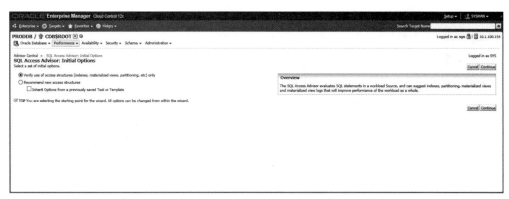

图 5-24　SQL Access Advisor 界面

5.3.5　Performance 选项卡：管理 Optimizer Statistics

Performance 下拉菜单(见图 5-9)中还有一个子菜单可以链接到"Optimizer Statistics Console"(优化器统计信息控制台)界面(见图 5-25)，方法是单击 Performance| SQL |Optimizer Statistics。保持动态表统计信息的更新是件苦差事(对静态表执行这样的操作更糟，不要这样做)。优化器统计信息控制台对这项工作有一定的帮助作用。很多不同的优化器统计信息收集选项可以在这个界面中指定，同时还可以调度和管理特定的作业。

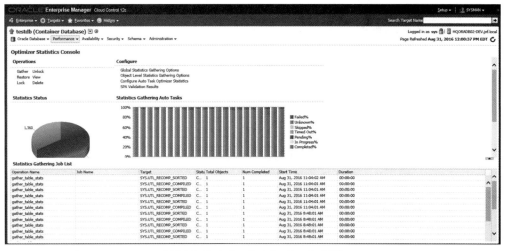

图 5-25　Optimizer Statistics Console 界面

5.3.6　Performance 选项卡：AWR | AWR Administration

可以通过单击 Performance|AWR|AWR Administration 来访问 Automatic Workload Repository(自动负载信息库，AWR)。Automatic Workload Repository 界面包含所有的快照和采集级别信息(关于 AWR 和快照如何工作的更多信息，请参阅 14 章)。在图 5-26 所示的例子中，显示有 372 个快照，保留 15 天，间隔 60 分钟。

图 5-26　Automatic Workload Repository 界面

单击 Edit 按钮，可以在 Edit Settings 界面中修改快照的保留时间或间隔时间，如图 5-27 所示。也可以修改快照的采集级别。

图 5-27　Automatic Workload Repository：Edit Settings 界面

在图 5-26 中，也可以单击 Run Compare Periods Report(运行对比时段报告)按钮，然后输入具体的开始和结束快照，生成一些基本快照信息，如图 5-28 所示(就像一个小型 Statspack)。

还通过单击 Run AWR Report(运行 AWR 报告)来执行和显示完整的 AWR 报告(详细内容在第 14 章中介绍，在第 14 章可查看完整的显示内容)。输入开始和结束快照两部分内容后，就可以单击 Generate Report(生成报告)按钮以生成如图 5-29 所示的报告。

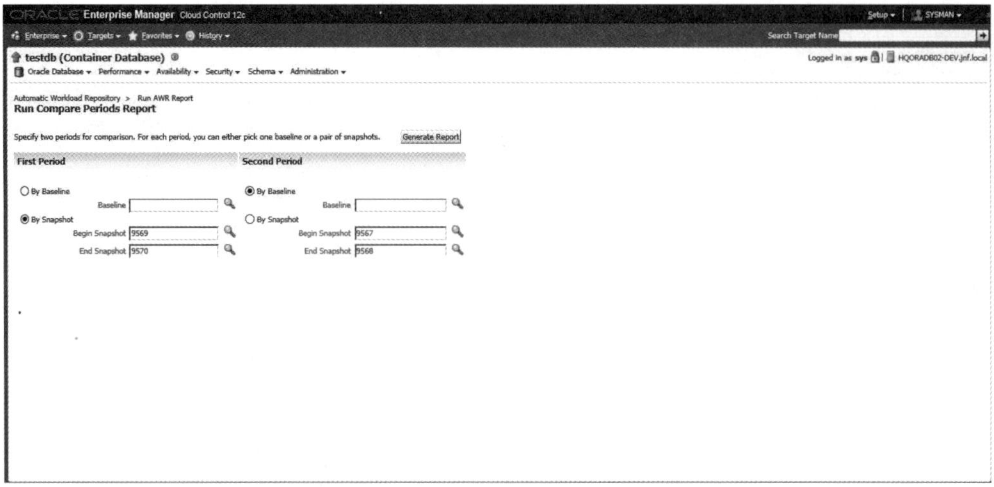

图 5-28　AWR 运行对比时段报告

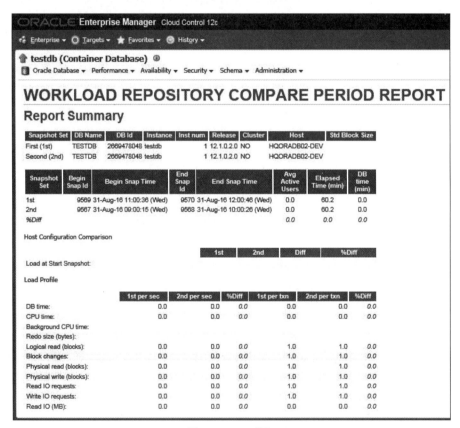

图 5-29　AWR 报告

5.3.7　Performance 选项卡：ASH Analytics

可以通过选择 Performance|ASH Analytics 进入 Active Session History (ASH) Analytics (见图 5-30)。在我看来，在 OEM 报告部分，最好的报告就是 AWR 报告(前文已述)，次好的报告是 mini-AWR 报告(我是这么叫的)和 Active Session History 报告(ASH 报告)。它能快速显示 Statspack 或 AWR 报告发现的关键点。在 Oracle 12c 中，可以从 ASH 分析(见图 5-30)报告中得到接近实时的 ASH 信息。

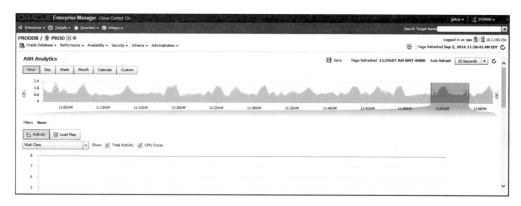

图 5-30　查看 ASH(Active Session History)分析报告

ASH 报告中有些内容与 Statspack 或 AWR 报告一样，包含各种 Top Events 和 Load Profile。ASH 报告的细节部分已经超出本章的讨论范围，请参阅第 14 章以了解 AWR 报告的调优等待事件和详细信息，其中包含有助于理解 ASH 报告的大部分相同信息。

要诀

Active Session History (ASH) Analytics 是一种新的用来快速发现和诊断性能问题的简单方法。

5.4　使用 OEM Administration 菜单进行监控和优化

Database Instance Server(数据库实例服务器)或 Cluster Database(集群数据库)(取决于你的选择)下有几个选项卡，单击 Administration 菜单将会显示一些很有帮助的选项(Initialization Parameters、In-Memory Central、Storage、Resource Manager 等)。虽然对这些选项的介绍不在本章的讨论范围内，但是从图 5-31 所示截图显示的内容来看，从中可以看出，很多对 DBA 而言高效实用的内置工具在这里都可以找到。这一节选其中两个比较常用的工具讲解一下。

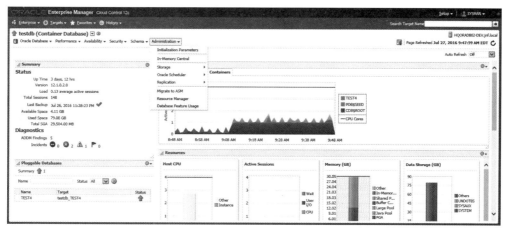

图 5-31　Administration 菜单

5.4.1　Database Administration 选项卡：Storage | Tablespaces

单击 Administration | Storage | Tablespaces，将显示如图 5-32 所示的 Tablespaces 界面，这个界面显示了数据库的表空间列表，包括已分配空间、已使用空间、表空间类型、区块管理方式和段管理方式等信息。

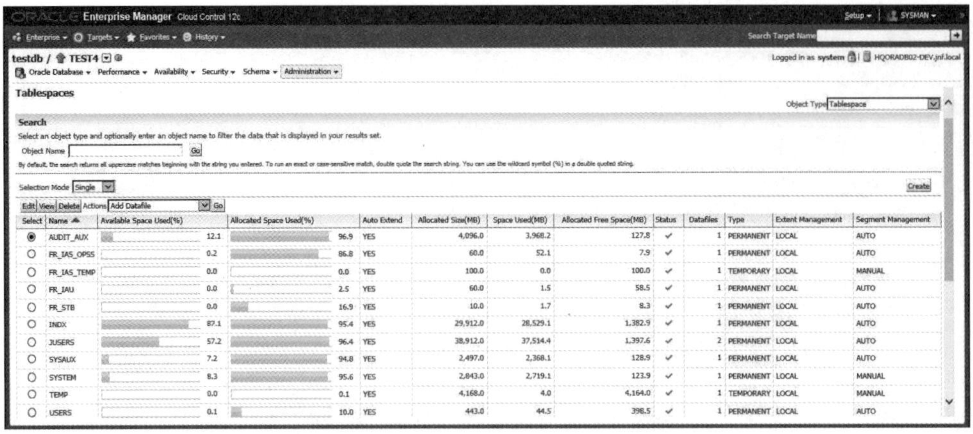

图 5-32 单击 Administration|Storage|Tablespaces 后进入的界面

单击其中一个表空间(本例是 USERS)，出现如图 5-33 所示的 View Tablespaces 界面。这个界面上包括一些附加信息，比如表空间包含的文件信息。同时请注意右下角 Actions 下拉菜单中的各个选项，这些选项的功能非常强大，而且能节省很多时间。

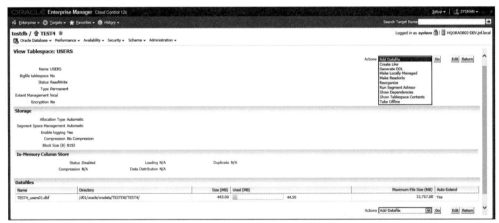

图 5-33 USERS 表空间的 View Tablespaces 界面

从 Actions 下拉菜单中选择 Show Tablespace Contents(显示表空间内容)，将显示图 5-34 所示的界面，上面显示了指定表空间包含的所有段。对于一个访问过多的表空间来说，这是一种查看其中所包含对象的非常棒的方法。

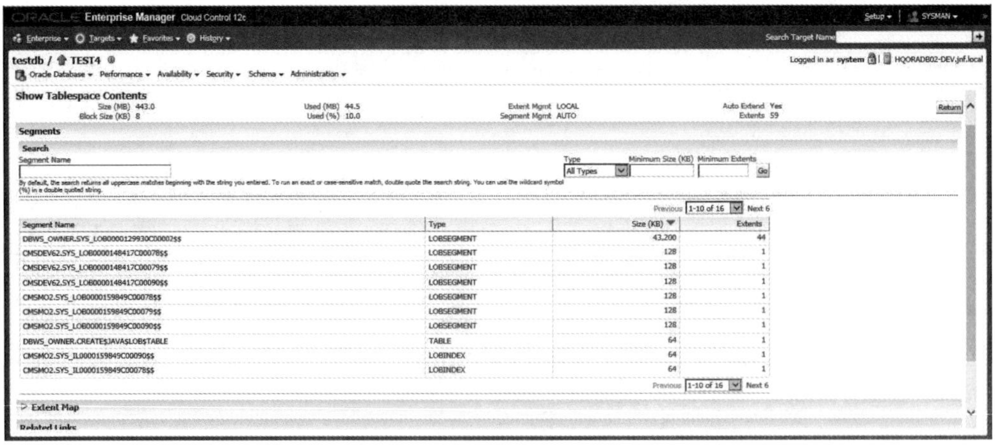

图 5-34 Show Tablespace Contents 界面

Extent Map (区块地图)这个功能比较难被发现。单击 Extent Map 旁边的箭头按钮(位于图 5-34 的底部)，将会展开 Show Tablespace Contents，增加显示非常酷的 Extent Map，图 5-35 中就是一个例子。区块地图通过图形界面显示所有表空间、数据文件、段、总数据块、空闲数据块、表空间所属存储的可分配空闲块百分比。这个工具使你能够显示一个表空间或数据文件的所有段。Extent Map 同时可为每个段提供额外信息，包括每个数据块的平均空闲空间、产生行链接的行，以及对象的最后分析日期。

要诀
Extent Map 是一个以图形方式逐块显示表空间信息的很酷的工具，但是在 OEM 中有点难找。

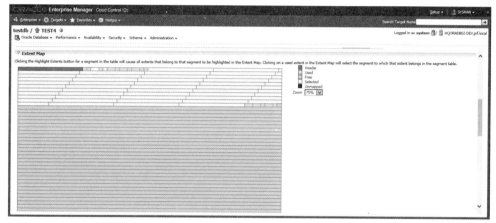

图 5-35　显示了 Extent Map 的 Show Tablespace Contents 界面

5.4.2　Database Administration 选项卡：In-Memory Central 和 Initialization Parameters

使用 OEM 的 Administration 下拉菜单在很多方面要比使用 SQL 更简单。In-Memory Central(如果正在使用 In-Memory 特性的话)和 Initialization Parameters(在容器数据库级别显示)就包含在 Administration 下拉菜单中(见图 5-36)。

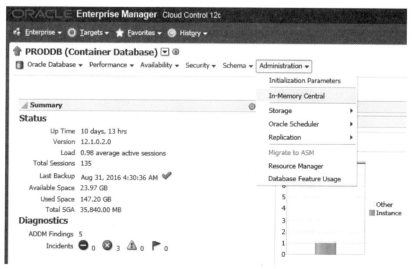

图 5-36　Administration 下拉菜单中提供了很多有用的选项，包括 In-Memory Central

5.4.3 Database Administration 选项卡：全部初始化参数

选择 Administration|Initialization Parameters 会打开图 5-37 所示的界面。在这个界面上，可以查看和修改当前的初始化参数。也可以按照参数的类型对它们进行分组，或是挑出动态参数。其他数据库和(或)实例也能通过对号(√)区分出当前值或最近修改值。

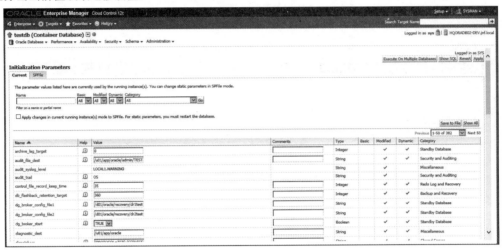

图 5-37　Initialization Parameters 界面的 Current 选项卡

如果使用了 SPFILE，单击 SPFile 选项卡将显示其内容(详见第 4 章)。图 5-38 中显示的就是一个从 SPFILE 显示初始化参数的例子，同时显示了文件所在路径。

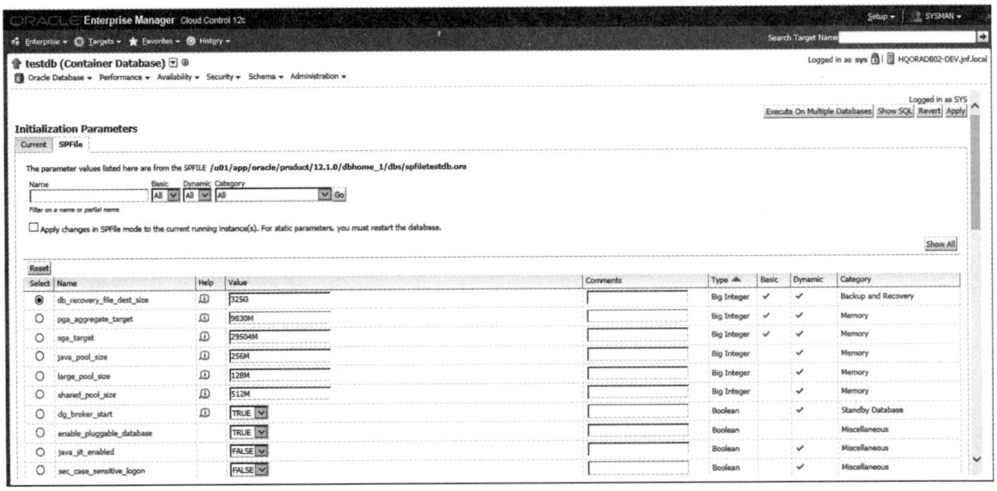

图 5-38　Initialization Parameters 界面的 SPFile 选项卡

5.4.4 Database Administration 选项卡：Resource Manager (Consumer Groups)

Administration 下拉菜单中还有一个选项是 Resource Manager，可以让你监控和调整消费者组的使用。选择 Administration|Resource Manager，单击高亮显示的 Consumer Groups 链接，就可以看到图 5-39 所示的 Consumer Groups 界面。在这个界面上，对于包括 AR(应收账款)、CRM(客户关系管理)和 BI(商业智能)功能的系统，它为每个用户设置的服务可以更好地显示出来(谁在使用全部资源一目了然)。在图 5-39 中，在第一个列表中可以看到一个叫作 BATCH_GROUP 的消费者组。

要诀

如果花点时间设置服务，就可以通过 Top Consumers(顶级消费者)界面来快速查看是哪个业务区域消耗了最多的资源。

图 5-39　Consumer Groups 界面

5.5　使用 OEM Database 或 Cluster Database 菜单进行监控和优化

如图 5-40 所示，Oracle Database 下拉菜单中还有其他一些管理选项，值得注意的是 Logs(日志)选项，用于访问相关的告警日志(Alert Log)和跟踪文件(Trace Files)、查看告警日志错误、归档和清除告警日志)、Provisioning(配置)和 Cloning(克隆)。

图 5-40　从 Oracle Database 下拉菜单访问日志和跟踪文件

5.5.1　Database 选项卡：Job Activity

Scheduler Central(调度中心)包含所有的调度任务，同时还包含 Oracle Scheduler(Oracle 调度)、Jobs 和 Automated Maintenance(自动维护任务)链接。选择 Oracle Database | Job Activity，打开 Job Activity 界面，业务活动和所有的业务都会列出(见图 5-41)。图 5-41 中显示了每个业务将要执行的时间，在目标系统上有哪些业务将要执行。同时还会显示一些属主、状态和类型信息。

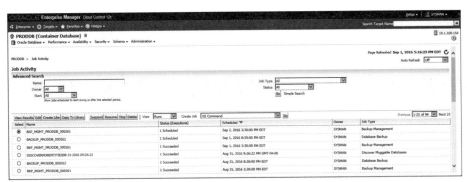

图 5-41　Job Activity 界面

5.5.2　Cluster Database 选项卡：Configuration | Database Topology

Configuration Topology (配置拓扑)界面(见图 5-42)显示 Oracle 12c 集群数据库的拓扑。请注意界面右边显示的细节，单击数据库就会显示数据库的详细信息，单击 Listener 就会显示监听器的详细信息，等等。当把鼠标移到拓扑图中的一个小图标上时，节点信息会自动弹出显示。

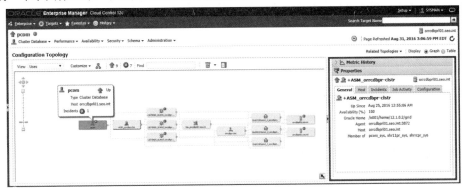

图 5-42　Configuration Topology 界面

5.6　监控主机

顶级 SQL 经常是问题所在，深入基础架构的其他领域能够快速暴露问题。选择 Targets |Hosts(见图 5-7)，将会显示出所有的主机。在图 5-43 所示的例子中，显示有 5 台主机。

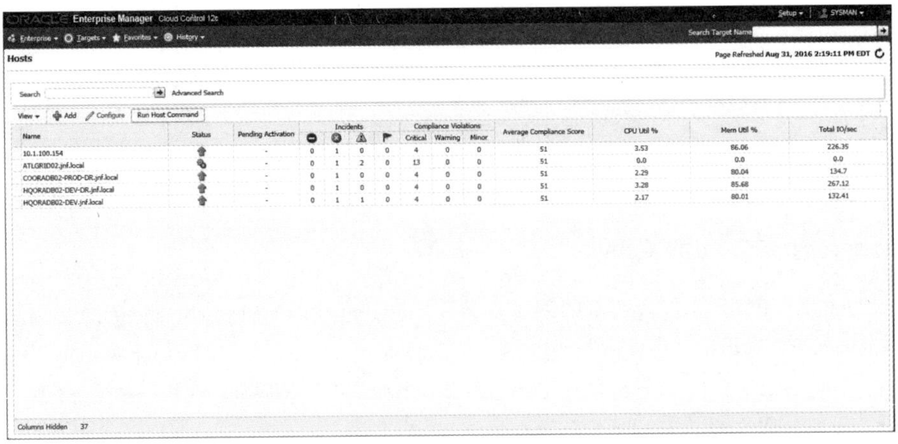

图 5-43　Hosts 界面

单击其中一台主机(HQORADB02)，显示这台主机所有的详细信息，包括 IP 地址、操作系统、CPU 数量、内存大小，还有可用磁盘空间。同时还像数据库和实例级别显示的那样，显示告警和策略冲突信息。图 5-44 显示这台主机当前是启动的。

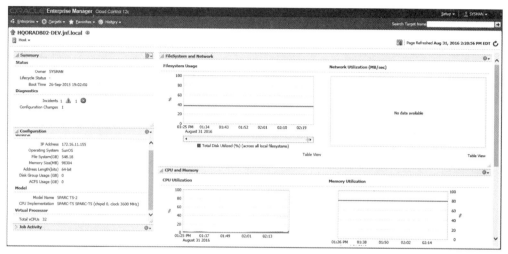

图 5-44　查看主机信息

选择 Hosts | Monitoring | Status History 后，这台主机一段时间内的整个可用性就会显示出来，如图 5-45 所示，这台主机在这段时间的关机比例是 0%。

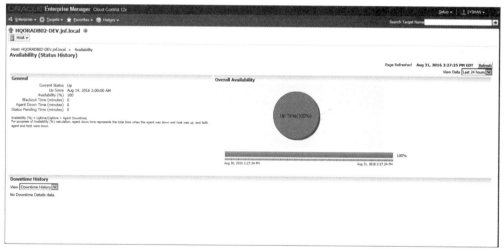

图 5-45　显示主机的可用性信息

5.7　监控应用服务器和 Web 应用

在 20 世纪 90 年代，数据库和主机监控曾经对 C/S(客户端/服务器)系统的性能至关重要，而最近 10 年，应用服务器层面的性能问题关键在于互联网和 Web 应用。在应用服务器层面(通常是运行实际代码的地方)解决问题是保持良好性能的关键。OEM 提供了好几种方法来监控所有的应用服务器，主要的方式就是从 Targets 下拉菜单(见图 5-7)中选择。与监控主机一样，应用服务器名称、CPU 数量和内存使用都会被显示，在数据库和主机层面，告警和策略违规也会被列出。OEM 最好用的一个功能就是可以监控基础架构的一小块，或是调查引发性能问题的一个特定程序。

在本节，查看 Web 应用本身也会被讨论，选择 Targets | Web Applications，将会显示指定 Web 应用的全部信息。OEM 显示该 Web 应用是运行还是停止、运行时长、可用性、相关拓扑、告警以及一系列性能信息。OEM 还可以测试指定 Web 应用的性能，通过在不同时间执行"灯标"来测量它的性能。这些"灯标"就是用户会定期执行的有代表性的一些查询。DBA 通过执行一条类似于用户定期执行的查询并做比较，就能知道一个 Web 应用是不是变慢了。

Oracle 云增加了一个更好的工具来监控 Web 应用和特定客户 Web 页面。当运行 Oracle 云服务时，可以使用新的应用性能监控(APM)工具获取更多的细节。图 5-46 显示了一个 RideShare 应用的拓扑，有不同层的响应时间，包括应用服务器和数据库层。

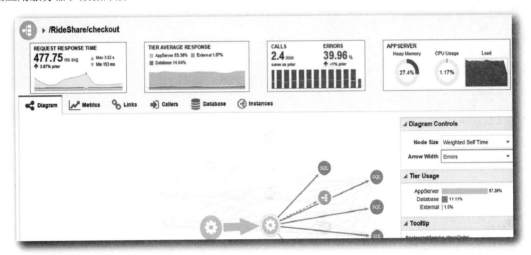

图 5-46　应用性能监控工具之应用服务器监控

可以单击用户正在使用的指定应用，查看页面载入的时间分解情况，不超过 1 分钟的页面显示、报错以及其他细节(见图 5-47)。感谢 Oracle 提供图 5-47 和图 5-48 这样的新产品(于 2016 年底发布)。

要诀

可以使用企业管理器监控 Web 服务器和 Web 应用。在 Oracle Cloud 12c 中，Oracle 提供了一个新的开发与运行工具——应用性能监控(Application Performance Monitoring，APM)，它可以在很多细节上帮助监控客户的 Web 页面。

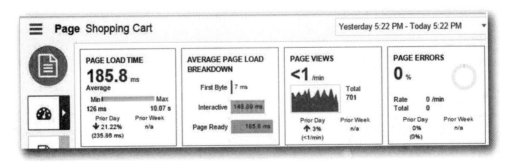

图 5-47　应用性能监控工具之客户性能

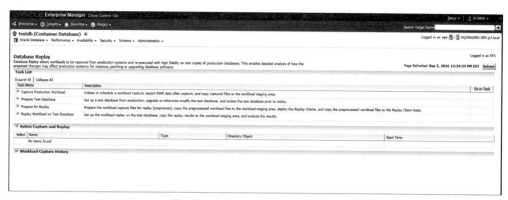

图 5-48　数据库回放(捕捉和回放任务)

5.8　真正应用测试(数据库回放)

真正应用测试(Real Application Testing，RAT)可以在一个系统(通常是当前系统)中捕获数据库工作负载，而后在另一个不同的系统(未来的系统)中进行回放，它真是个好工具，启用方法是选择 Performance|Database Replay(见图 5-9)。对于测试升级到 12c 版本——捕获 11g 或 10g 版本中的工作负载，然后在 12c 版本中回放，有非常大的帮助。建议参加完整的 Oracle 课程以全面理解这个功能。数据库回放选项在图 5-48 中显示。

下面是简要步骤：
(1) 在一个数据库上捕获工作负载。
(2) 准备测试用的数据库。
(3) 准备回放。
(4) 在测试数据库上回放工作负载。
(5) 比较结果。

可以使用几个不同的选项比较结果。可以运行同步的回放来回放一切，包括完全一致的并发和提交以减少数据分歧。还可以执行非同步的回放，其中回放的并发或提交有所不同。此外，数据分歧可能很大程度上取决于负载测试的执行。根据数据分歧、错误分歧和性能分歧会生成一份报告。图 5-49 所示为这份报告的一部分。

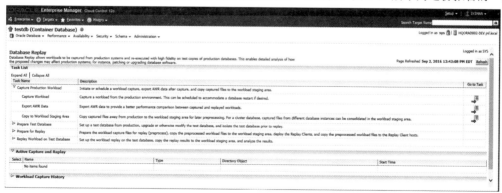

图 5-49　显示捕捉细节的数据库回放

要诀

为测试系统在新的硬件或新版本的 Oracle 上表现如何，一种极好的方式就是使用 Oracle 真正应用测试(数据库回放)。

5.9 小结

使用 OEM 这个全面的工具，DBA 可以管理更多的数据库和系统。现在 OEM 已经延伸到云计算、网格计算和 Exadata。有了对系统健康和性能的综合认识，可以对业务将来的发展做规划、对用量的趋势做预测。企业管理器是 Oracle 提供的所有工具中功能最为强大的，它不仅仅适用于初级人员，对它了解的越多，就越会觉得它好用。记住，OEM 13c 现在也能用了(见图 5-8)，但是它不支持 Linux 6 之前的版本，而且需要 12.1.0.2 以上版本的资料库，因此本章关注的主要是一些类似 OEM 12c 的相关功能。

5.10 要诀回顾

- 在 Oracle Enterprise Manager 12c 中，在线帮助相当全面。可以通过单击 Help 按钮每天学习新的内容。
- SQL Tuning Advisor 只用于调整 SQL 语句，而非监控诸如行锁这样的情况。
- Compare Explain Plan(比较执行计划)是一种内置于企业管理器中的优秀的 SQL 调优工具。
- Extent Map 以图形方式逐块显示表空间中的信息，是企业管理器中难得的超酷特性。
- 如果花费一些时间建立服务，就可以使用 Top Consumers 界面快速查看哪些业务领域正在消耗最多的资源。
- 可以使用 Oracle Enterprise Manager 来监控 Web 服务器和 Web 应用。在 Oracle 12c 云平台上，Oracle 为敏捷运维提供了一个新工具，称为应用性能监控(APM)，能在监控客户的 Web 页面方面提供更多的细节。
- Active Session History(活动会话历史，ASH)报告是一种新的简单报告，可用于快速查找和诊断性能问题。
- 为测试系统在新的硬件上或新版本的 Oracle 中表现如何，一种极好的方式就是使用 Oracle 的 Real Application Testing(数据库回放)。

第 6 章

使用 EXPLAIN PLAN、TRACE 和 SQL 计划管理(针对开发人员和 DBA)

发现和纠正有问题的查询很大程度上要借助于合适的工具。不同的场合需要使用不同的工具。本章谈到的 Oracle 提供的实用程序，包括 SQL TRACE(SQL 跟踪)、TKPROF、EXPLAIN PLAN、DBMS_XPLAN 和 STORED OUTLINES(以前版本使用，现在都用 SQL 计划基线/计划稳定)。在 Oracle 10g 版本中，这些工具得到了增强，包括增加了 DBMS_MONITOR 包、DBMS_SESSION 包和 TRCSESS。DBMS_MONITOR 包对 SQL 跟踪选项进行集中和扩展。自 Oracle 11g 开始，增加了 SPM(SQL Plan Management，SQL 计划管理)，并且 STORED OUTLINES 现在改名为 SQL 计划基线(SQL Plan Baseline)。STORED OUTLINES 依然可以工作，但不推荐(不鼓励)使用，并且很可能在将来的版本中就会消失。到了 Oracle 12c，又增加了自适应 SQL 计划管理功能。

本章要点如下：
- 使用 SQL 跟踪/TKPROF 的简单步骤
- 探索 SQL 跟踪的输出部分
- 跟踪更复杂的查询，了解如何确定有用信息来提高性能
- 使用 DBMS_MONITOR
- 使用 TRCSESS
- 使用 EXPLAIN PLAN
- 读懂 EXPLAIN PLAN：自顶向下还是自下向上？
- 使用 DBMS_XPLAN(更好的方法)
- 开发工具中的跟踪
- PLAN_TABLE 表中一些重要的列
- 跟踪错误和未公开的初始化参数
- 使用 SQL 计划管理(SPM)
- 移植 STORED OUTLINES 到 SQL 计划管理
- 使用自适应计划和 SPM(Oracle 12c 的新特性)
- 使用自适应 SQL 计划管理(Oracle 12c 的新特性)

6.1 Oracle 的 SQL 跟踪(SQL TRACE)实用工具

利用 Oracle 的 SQL 跟踪实用程序可以对指定的查询、批处理进程和整个系统做时间统计。Oracle 11g 中的 SQL 跟踪已经被 DBMS_MONITOR 和 DBMS_SESSION 取代，因此不推荐使用(不鼓励且正在慢慢淡出)，但它依然工作。之所以保留这段内容是因为还有许多人在使用它，尽管如此，还是请使用最新的程序包。SQL 跟踪可以帮助我们彻底找到系统中存在的潜在瓶颈，它提供如下功能：

- SQL 跟踪运行查询并输出所执行的一个 Oracle 查询(或一系列查询)的统计信息。
- SQL 跟踪帮助开发人员分析查询的每个部分。

通常情况下，Oracle SQL 跟踪在跟踪文件中记录了数据库的所有活动(特别是查询)。跟踪文件由 Oracle SQL 跟踪生成，但它很难阅读，因此需要使用 TKPROF 把它转换成易于阅读的格式。

6.1.1 对简单查询使用 SQL 跟踪的简单步骤

下面列出了设置并运行 Oracle SQL 跟踪的步骤：

(1) 设置下面的 init.ora 参数(使用 SPFILE 的用户需要使用 ALTER SYSTEM 命令改变这些参数)：

```
TIMED_STATISTICS = TRUE
MAX_DUMP_FILE_SIZE = unlimited
```

参数 TIMED_STATISTICS 允许在系统中执行跟踪操作。MAX_DUMP_FILE_SIZE 参数指定跟踪文件所在路径的文件系统大小，也就是该路径下所有文件能增长到的最大值；如果已经到达最大值，将忽略所有后续记录的数据，它们不会被写入跟踪文件，从而可能会丢失跟踪的信息。这两个参数都可以用 ALTER SYSTEM 命令(对整个系统)来设置，当下一个用户登录时就会生效，但对当前已登录到系统的用户不起作用。可以使用 ALTER SESSION(对单独的会话)命令在会话级别设定 TIMED_STATISTICS 和 MAX_DUMP_FILE_SIZE。在 Oracle 10.2 和之前的版本中，输出会被存储到 USER_DUMP_DEST 参数指定的文件中。在 Oracle 11.1 之后，使用参数 DIAGNOSTIC_DEST 并且参数的值由 Oracle 默认设置。可以运行下面的脚本来查看文件的路径：

```
select value
```

```
from    v$diag_info
where   name = 'Diag Trace';

VALUE
------------------------------------
/u01/app/oracle/diag/orcl/orcl/trace
```

返回的 VALUE 就是跟踪文件的路径。

提示：
除了返回 VALUE，还可以对可插拔数据库指定实例(INST_ID)和容器 ID(CON_ID)。

(2) 针对 SQL*Plus 会话启用 SQL 跟踪(针对单独的会话启用跟踪)：

```
alter session set SQL_TRACE true;
```

其实还有其他开始和结束跟踪会话的方法，我们将在本章后面谈到。

(3) 运行需要跟踪的查询：

```
select  table_name, owner, initial_extent, uniqueness
from    ind2
where   owner || '' = 'SCOTT' ;  --注意："OWNER" 字段上的索引未被抑制
```

(4) 对 SQL*Plus 会话停止跟踪：

```
alter session set SQL_TRACE false;
```

实际上无须停止就可以检查这个跟踪文件，但最好还是停止跟踪。

运行 SQL 跟踪后，输出文件类似于如下所示(SID 通常包括在跟踪文件名中)：

```
orcl_ora_19554.trc
```

要诀
在初始化文件中设置 TIMED_STATISTICS = TRUE 可以启用收集时间统计。

查找已生成的跟踪文件是整个跟踪过程中最轻松的操作。输出文件被命名为跟踪会话的进程 ID，并在文件名中包含这个数字。看一下文件的日期和时间将很容易发现自己是否是进行跟踪的唯一用户。在前面的例子中，19544 就是所跟踪会话的进程 ID。跟踪的文件名可能是 ora%或 ora_%，这取决于执行跟踪所在的操作系统，而且文件应该出现在运行步骤(1)中列出的脚本的指定位置。找到这个文件的另一个方法就是在里面放置一个标记(比如执行查询 SELECT 'Rich1' FROM DUAL)，然后使用文件搜索工具(如 Linux grep 或 Windows 搜索)找到包含这个文本的文件。

可以在同一个会话中使用如下查询获得包含在跟踪文件名中的数字(前提是有权查看 V$视图)：

```
select  spid, s.sid,s.serial#, p.username, p.program
from    v$process p, v$session s
where   p.addr = s.paddr
and     s.sid = (select sid from v$mystat where rownum=1);
```

提示
不要忘记向没有适当权限的用户授予 V_$PROCESS、V_$SESSION 和 V_$MYSTAT 视图的 SELECT 权限。

在操作系统的命令行中运行 TKPROF，把跟踪文件转换成可阅读的格式，如下命令通过跟踪文件 ora_19554.trc 在当前目录中创建文件 rich2.prf，并且作为系统管理员登录到数据库以获得 EXPLAIN PLAN 输出：

```
tkprof orcl_ora_19554.trc rich2.prf explain=system/manager
```

TKPROF 实用程序把 SQL 跟踪生成的跟踪文件转换成可阅读的格式。可以对先前建立的跟踪文件运行 TKPROF 实用程序,创建跟踪文件的程序仍在运行时也可以运行 TKPROF。表 6-1 列出了 TKPROF 的一些命令行选项。

表 6-1 TKPROF 的部分命令行选项

参数值	定义
tracefile	这就是包含 SQL_TRACE 统计信息的 SQL 跟踪文件名
output_file	TKPROF 要向其中写入输出的文件的名称
print = number	包含在输出结果中的语句数目。如果没有包含这条语句,TKPROF 将在输出中列出所有的语句
explain = username/password	在跟踪文件中对用户的 SQL 语句运行 EXPLAIN PLAN。这个命令行选项可以创建自己的 plan_table,因此用户需要有创建表和创建表所需空间的权限。在 TKPROF 运行结束时会删除这个表。确保使用的解析游标(运行查询)的用户的用户名/密码是正确的,从而确保是该用户的 EXPLAIN PLAN。查看 MOS 文献 199081.1 以了解更多信息。在 12c 版本中,还有一个命令行选项:pdbtrace=username/password
insert = filename	这个命令行选项生成创建表的脚本并为跟踪的每条 SQL 语句存储跟踪文件统计
record = filename	这个命令行选项将生成一个保存用户所有 SQL 语句的文件
sys = yes|no	这个命令行选项可以在输出结果中不显示请求递归 SQL 语句的用户(由 SYS 用户执行)。默认值为 YES。递归的 SQL 通常包括内部调用和表的维护,比如在执行插入操作时将区块(Extent)添加到表中
sort = parameters	有大量的排序选项可用:FCHCPU(数据提取阶段的 CPU 时间)、FCHDSK(数据提取阶段的硬盘读)、FCHCU 和 FCHQRY(数据读取阶段的内存读)、FCHROW(取出的行数)、EXEDSK(执行阶段的磁盘读)、EXECU 和 EXEQRY(执行阶段的内存读)、EXEROW(执行时处理的行数)、EXECPU(执行的 CPU 时间)、PRSCPU(解析阶段消耗的 CPU)和 PRSCNT(解析阶段消耗的时间)
waits = yes|no	任何等待事件的记录概要
aggregate = yes|no	如果值为 NO,TKPROF 不会组合相同 SQL 文本的多个用户
table = schema.table	TKPROF 在将执行计划写入输出文件之前临时放置它们的表

TKPROF 的语法如下:

```
tkprof tracefile output_file [sort = parameters] [print=number] [explain=username/password]
[waits=yes|no]

[aggregate=yes|no] [insert=filename] [sys=yes|no] [table=schema.table] [record=filename]
[width=number]
```

下面展示了使用表 6-1 中命令行选项的一些简单例子。

运行 TKPROF 并列出消耗 CPU 前五名的(数据提取+执行+解析)结果:

```
tkprof orcl_ora_19554 rich3 explain=system/manager sort=(FCHCPU,EXECPU,PRSCPU) print=5
```

运行 TKPROF 并忽略所有递归语句:

```
tkprof orcl_ora_19554 rich4 explain=system/manager sys=no
```

运行 TKPROF 并创建文件,文件内容是建立一个表,并向其中插入通过跟踪得到的记录:

```
tkprof orcl_ora_19554.trc rich6.prf explain=system/manager record=record1.sql
```

运行 TKPROF 并创建显示跟踪会话的文件:

要诀

TKPROF 把跟踪的输出结果转换成可阅读的格式。不运行 TKPROF，阅读跟踪的输出结果将变得十分困难。通过指定 explain=username/password(如前面的例子所示)，除了可以得到查询的执行统计情况，还可以得到 EXPLAIN 的执行路径。

要诀

在命令行中不带任何参数运行 TKPROF 可以得到所有参数的列表。

让我们快速运行一个示例并查看输出:

```
alter session set sql_trace true ;
select table_name, owner, initial_extent, uniqueness
from    ind2
where   owner || '' = 'SCOTT' ;
alter session set sql_trace false ;
```

下面是输出:

```
select      TABLE_NAME, OWNER, INITIAL_EXTENT, UNIQUENESS
from        IND2
where       OWNER = 'SCOTT';

            count    cpu    elapsed   disk    query    current    rows
Parse:      1        1.00   2.00      0       0        0
Execute:    1        0.00   0.00      0       0        2          0
Fetch:      2        69.00  113.00    142     430      0          36
```

下面是执行计划(未使用索引):

```
TABLE ACCESS (FULL) OF 'IND2'
```

上面的结果显示有 142 次磁盘读取(物理读)，共 430 次读取(查询读取+当前读取)。内存读取的数量就是总读取量减去磁盘读取量，即 288 次内存读取(430-142)。相对于查询读取来说，如此高的磁盘读取次数也是一个潜在的问题，除非运行的是数据仓库环境或者经常需要进行全表扫描的查询。执行计划显示这是一次全表扫描，从而证实我们可能遇到了潜在的问题。

要诀

所跟踪的查询如果有大量物理读取，通常表明缺少索引。disk 列表示物理读取次数(通常都是没有使用索引的情况)，而 query 列加 current 列得到的值就是总的块读取量(物理读取包括在其中)。如果查询有大量查询读取和较少的磁盘读取，就表明使用了索引。但如果查询读取次数过高，就表明索引较差或者表连接顺序不对。查询如果有大量的当前读取量，通常表明是大的 DML(UPDATE、INSERT、DELETE)操作。

下面的程序清单显示了重新运行所跟踪的查询(重启系统后)时发生的情况，现在已在 owner 列上使用了一个索引:

```
select      table_name, owner, initial_extent, uniqueness
from        ind2
where       owner = 'SCOTT' ;    ("OWNER"字段上的索引未被抑制)
```

下面的程序清单输出了文件 rich2.prf 的内容。对经常访问的数据进行查询通常有 0 次磁盘读取。第一次运行查询时，将总会有磁盘读取:

```
select      table_name, owner, initial_extent, uniqueness
from        ind2
where       owner = 'SCOTT' ;

           count    cpu    elapsed   disk    query   current    rows
Parse:       2     0.00     0.00      0        0        0        0
Execute:     2     0.00     0.00      0        0        0        0
Fetch:       4     6.00     6.00      0       148       0       72
```

注意,总读取次数从 430 降到 148 是因为使用了索引。下面(缩略)显示了这个执行计划(使用了索引):

```
TABLE ACCESS (BY ROWID) OF 'IND2'
  INDEX (RANGE SCAN) OF 'IND2_1' (NON-UNIQUE)
```

6.1.2 TRACE 输出部分

TRACE 由很多部分组成,包括 SQL 语句、统计、信息和 EXPLAIN PLAN。我们将在下面的内容中逐个讨论它们。

1. SQL 语句

TKPROF 语句的第一部分就是 SQL 语句(是的,12.2 版本还在使用)。这条语句必须跟所执行的语句完全一样。如果这条语句中有任何提示或注释,输出时也必须保留这些内容。这对于查看不同会话的输出很有帮助。如果找到了出问题的语句,也能据此搜索到确切的语句。记住,Oracle Forms 的有些语句是动态生成的,因此查询的一部分(特别是 WHERE 子句中的谓词)就被显示为绑定变量而非实际的文本。

2. 统计部分

这部分包括对这条 SQL 语句以及为了满足该语句而生成的所有递归 SQL 语句的统计。该部分由 8 列组成,第 1 列就是对数据库的调用类型。有 3 种调用方式:Parse(分析)、Execute(执行)和 Fetch(数据提取)。每种调用方式都生成一行单独的统计。Parse 是 SQL 语句自身被放入内存(共享池的库缓存)的方式,也可以用于重用确切的游标。Execute 是实际执行的语句,而 Fetch 则是从结果中获得的数据。其他 7 列就是对每种调用的统计。表 6-2 解释了每列及其定义。

表 6-2 每种类型调用的统计

列	定义
count	这种类型的调用次数
CPU	这条语句中所有这种类型调用的总 CPU 时间。如果没有把初始化参数文件中的参数 TIMED_STATISTICS 设为 true,这个统计值和 elapsed 列的统计值都是 0
elapsed	这次调用的总消耗时间
disk	为满足这次调用而从磁盘检索的数据块数目,也就是物理读取次数
query	进行这种类型调用时从内存检索的数据缓冲区数目。SELECT 语句通常在这种模式下检索缓冲区,也就是一致性读的数量
current	进行这种类型调用时从内存检索的数据缓冲区数目。在这种模式下,UPDATE、INSERT 和 DELETE 通常访问缓冲区,尽管 SELECT 语句也会使用少量的缓冲区,也就是数据库块读的数量
rows	这条语句处理的总行数。SELECT 语句所处理的行数将出现在 Fetch 统计行中。INSERT、UPDATE 和 DELETE 都出现在 Execute 行中

3. 信息部分

信息部分包含分析和执行调用中丢失的库缓存的数量信息。如果丢失率很高，就说明共享池的大小出了问题。应当对库缓存的命中率和重载率进行检查。这部分也会显示最近分析这条语句的用户的用户名。还有一些关于当前优化器模式设置的信息。

4. 行源(Row Source)操作部分

行源操作部分列出了交叉引用行操作中涉及的行数。

要诀

注意，跟踪文件是系统在某个特定跟踪运行时刻(包含行源操作)的实时反映。相反，EXPLAIN PLAN(下面将详细讲到)是在分析 TKPROF 程序清单时生成的，有一定的延迟。行源操作程序清单作为跟踪文件的一部分被生成，可以用来查看是否有数据库对象在执行跟踪后发生了变化。

5. EXPLAIN PLAN(执行计划)

我发现 TKPROF 的这部分信息最有用。这一部分的第一列就是执行计划中每一行语句所处理的行数。在这里可以看到语句到底有多差。与 EXPLAIN PLAN 中每行语句处理的行数相比，如果 Fetch 统计中的行数较低，就得重新查看一下这条语句了。这个计划是当使用 TKPROF 命令的 explain option 选项时生成的，也是在 TKPROF 命令运行时正在执行的 SQL 语句生成的计划。如果想要查看 SQL 最初运行时生成的计划，可以使用 row source operation plan 命令。

执行计划中也有可能只用一行语句就处理了大量的行(相比其他行而言)。这可能是由全表扫描或使用了差的索引引起的。

表 6-3 列出了 TKPROF 输出中需要查看的一些问题。

表 6-3 TKPROF 输出中的一些问题

问题	解决方案
解析阶段的值太大	可能需要增大 SHARED_POOL_SIZE 或更多地使用绑定变量
磁盘读取量太高	没有使用索引或根本就没有索引
query 和 current 列值(内存读取量)太高	索引的选择性不高(由一个值组成表中大部分记录的列，比如 y/n 字段)。删除/抑制索引，使用直方图或位图索引或许可以提高性能。表连接顺序或连接索引的顺序不好也会发生这种情况
解析所需时间太长	可能是打开的游标数量有问题
EXPLAIN PLAN 中某行语句要处理的行数相对于其他语句而言太多	这可能表明有索引对唯一键(列上的唯一值)进行了较差的分布，还可能说明语句写得太差
解析期间库缓存的丢失率大于 1	这表明需要重载这条语句。可以增大 init.ora 文件中的 SHARED_POOL_SIZE，或者执行一次较好的 SQL 共享任务

6.1.3 深入探讨 TKPROF 输出

通过比较 TKPROF 输出和实际对象的物理特征，我们就可以了解到 Oracle 的工作原理。看一下 customer 表，其中包含超过 100 000 条的记录，分布在 1000 多个块上。通过查询 DBA_TABLES 和 DBA_EXTENTS，我们可以看到已分配的块(1536)和已经使用的块(1382)，如下面的程序清单所示：

```
select sum(blocks)
from   dba_segments
```

```
where    segment_name = 'CUSTOMER';

SUM(BLOCKS)
-----------
       1536

select blocks, empty_blocks
from   dba_tables
where  table_name = 'CUSTOMER';

    BLOCKS EMPTY_BLOCKS
---------- ------------
      1382          153
```

如果查看统计 customer 表中所有记录的查询的 TKPROF 输出(如下面的程序清单所示)，就可以看到该查询执行了一次全表扫描，因为这次查询是在表启动后进行的第一次访问。同时还要注意到，所访问的块(大多数是物理磁盘访问)要比表占用的总块数(详见前面的查询)稍微高一些。所有的 1387 个查询块读取(有 4 块除外)都是磁盘读取(磁盘读取是查询的子集，查询读取是一致模式下磁盘读取和内存读取的总和)。

```
select count(*)
from   customer;

call      count      cpu      elapsed       disk       query    current       rows
-------   ------   --------  ----------  ----------  ----------  ----------  ----------
Parse         1   3505.04     3700.00           0           0           0           0
Execute       1      0.00        0.00           0           0           0           0
Fetch         2   1101.59    18130.00        1383        1387          15           1
-------   ------   --------  ----------  ----------  ----------  ----------  ----------
total         4   4606.63    21830.00        1383        1387          15           1

Misses in library cache during parse: 1
Optimizer goal: ALL_ROWS
Parsing user id (OE): 85
Number of plan statistics captured: 1

Rows         Execution Plan
0            SELECT STATEMENT   MODE: ALL_ROWS
1              SORT (AGGREGATE)
114688           TABLE ACCESS   MODE: ANALYZED (FULL) OF 'CUSTOMER' (TABLE)
```

如果我们再次运行这个查询(如下面的程序清单所示)，就会有很大的变化。如果我们再看一下统计 customer 表中所有记录的查询的 TKPROF 输出，就会发现仍然执行了全表扫描，但现在只有很少的磁盘读取，因为多数需要访问的块已经被缓冲到内存中。1387 个查询块读取中的大部分都是内存读取(只有 121 个是磁盘读取)。

```
select count(*)
from   customer;

call      count      cpu      elapsed       disk       query    current       rows
-------   ------   --------  ----------  ----------  ----------  ----------  -------
Parse         1      0.00        0.00           0           0           0           0
Execute       1      0.00        0.00           0           0           0           0
Fetch         2    901.29     2710.00         121        1387          15           1
-------   ------   --------  ----------  ----------  ----------  ----------  -------
total         4    901.29     2710.00         121        1387          15           1

Misses in library cache during parse: 0
```

```
Optimizer goal: ALL_ROWS
Parsing user id (OE): 85
Number of plan statistics captured: 1
Rows            Execution Plan
0               SELECT STATEMENT        MODE: ALL_ROWS
1                 SORT (AGGREGATE)
114688              TABLE ACCESS        MODE: ANALYZED (FULL) OF 'CUSTOMER' (TABLE)
```

要诀

执行全表扫描的数据是 Oracle 优先考虑清理出内存的数据(在进行全表扫描后,它们将归为近期最少使用项(Least Recently Used,LRU)),这是因为它们的效率非常低,通常还占用大量的内存。

6.2 使用 DBMS_MONITOR

在具有连接池或共享服务器的多层环境中,一个会话可以跨越多个进程甚至多个实例。DBMS_MONITOR 是 Oracle 10g 中引入的内置的程序包,通过该程序包可以跟踪从客户机到中间层、再到后端数据库的任何用户的会话,从而可以较容易地确定创建大量工作负载的特定用户。DBMS_MONITOR 取代了传统的跟踪工具,例如 DBMS_SUPPORT。需要具有 DBA 角色才可以使用 DBMS_MONITOR 包。

端对端的应用程序跟踪可以基于如下信息。

- **会话**:本地实例基于会话 ID(SID)和序列号(Serial Number)。
- **客户端标识符**:允许跨越多个会话设置跟踪。基于登录 ID 指定终端用户。使用 DBMS_SESSION.SET_IDENTIFIER 过程设置该值。
- **实例**:基于实例名指定给定的实例。
- **服务名**:指定一组相关的应用程序。使用 DBMS_SERVICE.CREATE_SERVICE 过程设置该值(创建数据库服务)。
- **模块名**:开发人员在其应用程序代码中使用 DBMS_APPLICATION_INFO.SET_MODULE 过程设置该值。该名称表示执行的模块或代码。
- **操作名**:开发人员在其应用程序代码中使用 DBMS_APPLICATION_INFO.SET_ACTION 过程设置该值。该名称表示模块执行的操作。

端到端的应用程序跟踪会生成如下详细信息。

- **等待**:如果为 true,等待信息会被写入跟踪文件。
- **绑定**:如果为 true,绑定信息会被写入跟踪文件。
- **实例名**:如果设置这个参数,实例名会被跟踪。
- **计划统计(在 Oracle 11g 中新引入)**:将行源统计信息写入跟踪文件的频率,可能的值包括 NEVER、FIRST_EXECUTION(默认)或 ALL_EXECUTIONS。

服务名、模块名和操作名在层次上关联;不可以在没有指定模块名和服务名的情况下就指定操作名,但是可以只指定服务名,或者只指定服务名和模块名。

Oracle 11g 引入了一个重要的新参数,名为 plan stat(计划统计)。如果要确保针对每条 SQL 语句的行源计划都出现在跟踪文件中,就需要对该参数设置 ALL_EXECUTIONS。

要诀

在 Oracle 11g 中,把参数 PLAN_STAT 的值设成 ALL_EXECUTIONS 可以确保关于执行计划的所有信息都被写入跟踪文件。

1. 基于会话 ID 和序列号设置跟踪

为了基于会话 ID 和序列号设置跟踪,首先确定需要跟踪的会话的 SID 和序列号:

```
select sid,serial#,username
from   v$session;

       SID    SERIAL# USERNAME
---------- ---------- ------------------------------
       156       3588 SCOTT
       142       1054 SYS
```

使用 DBMS_MONITOR 启用跟踪,执行如下语句:

```
SQL> exec dbms_monitor.session_trace_enable(156,3588,true,false);
```

第 3 个参数用于等待(默认为 true),第 4 个参数用于绑定变量(默认为 false)。

关闭跟踪,执行如下语句:

```
SQL> exec dbms_monitor.session_trace_disable(156,3588);
```

跟踪当前的会话,可设置 SID 和 SERIAL#为 null:

```
SQL> exec dbms_monitor.session_trace_enable(null,null);
```

(或者退出当前会话)

2. 基于客户端标识符设置跟踪

为了基于表示用户的客户端标识符设置跟踪,首先运行如下语句,为当前会话设置标识符:

```
SQL> exec dbms_session.set_identifier('bryan id');
```

为了验证客户端标识符,可执行如下语句:

```
select sid,serial#,username, client_identifier
from   v$session
where  client_identifier is not null;

       SID    SERIAL# USERNAME                       CLIENT_IDENTIFIER
---------- ---------- ------------------------------ ------------------
       156       3588 SCOTT                          bryan id
```

现在就可以为这个客户端标识符设置跟踪:

```
SQL> exec dbms_monitor.client_id_trace_enable(client_id=>'bryan id',waits=>true,binds=>false);
```

第 2 个参数用于等待(默认为 true),第 3 个参数用于绑定变量(默认为 false)。使用 CLIENT_ID 跟踪的好处是跟踪针对所有实例启用且重启后依然生效。带有客户端标识符 bryan id 的客户端使用任何进程或会话 ID,用户的活动都会被记录到跟踪文件。对于多层环境来说,终端客户到数据库的连接是非静态的。换句话说,终端客户发起的请求经过中间层可能被路由到不同的数据库会话。在 Oracle 9i 中,无法跨越多个数据库会话持续跟踪客户端。但是现在,可以使用端到端的跟踪获得 CLIENT_IDENTIFIER 特性。也可以在视图 V$SESSION 中找到此列。

要禁用这个客户端标识符跟踪,可执行如下语句:

```
SQL> exec dbms_monitor.client_id_trace_disable('bryan id');
```

3. 设置服务名/模块名/操作名的跟踪

为了使用操作名,必须有对应的模块名和服务名。为了使用模块名,必须有服务名。对全局范围内针对某个数据库的服务名、模块名和操作名的给定组合启用跟踪,除非为过程指定了实例名。服务名由用于连接到服务的连接字符串确定。

Oracle 数据库作为服务呈现给客户端；也就是说，数据库代表客户端执行相应的操作。数据库可以有一个或多个与其关联的服务。例如，可以有一个数据库，该数据库带有两个用于 Web 客户端的不同服务：用于购买书籍的客户端的 book.us.acme.com，以及用于购买软件的客户端的 soft.us.acme.com。在该例中，数据库名是 sales.acme.com，因此服务名并不基于数据库名。服务名由初始化参数文件中的 SERVICE_NAMES 参数指定。服务名默认是由数据库名(DB_NAME 参数)和域名(DB_DOMAIN 参数)组成的全局数据库名。

为了启用基于服务名的跟踪(假设已经创建服务 ebk2)，可执行如下语句：

```
SQL> exec dbms_monitor.serv_mod_act_trace_enable(service_name=>'ebk2');
```

这将跟踪使用名为 ebk2 的服务连接到数据库的所有会话。

为了启用服务名、模块名和操作名组合的跟踪，可执行如下语句：

```
SQL> exec dbms_monitor.serv_mod_act_trace_enable(service_name=>'ebk2', -module_name=>
'salary_update', action_name=>'insert_item');
```

为了禁用前面代码中的跟踪，可使用过程 SERV_MOD_ACT_TRACE_DISABLE，如下所示：

```
SQL> exec dbms_monitor.serv_mod_act_trace_disable(service_name=>'ebk2', -module_name=>
'salary_update', action_name=>'insert_item');
```

为了跟踪整个数据库或实例，可执行如下语句(不推荐)：

```
SQL> execute DBMS_MONITOR.DATABASE_TRACE_ENABLE(waits => TRUE, binds => FALSE,
instance_name => 'ebk1');
```

要诀

使用 DBMS_MONITOR 时，确保在完成操作时禁用跟踪；否则，将会跟踪满足指定条件的每个会话。

4. 启用跟踪视图

查看 DBA_ENABLED_TRACES 和 DBA_ENABLED_AGGREGATIONS 视图，可以看到启用的跟踪和收集的统计信息。可以使用这些视图确保已经禁用了所有跟踪选项。下面的示例展示了视图 DBA_ENABLED_TRACES 的输出：

```
select trace_type, primary_id, instance_name
from   dba_enabled_traces;

TRACE_TYPE   PRIMARY_ID  INSTANCE_NAME
-----------  ----------  -------------
SERVICE      ebk2
DATABASE                 ebk1
```

使用 TRCSESS 将多个跟踪文件合并为单个文件

使用 TRCSESS 可以有选择性地从多个跟踪文件中提取跟踪数据，并且将这些跟踪数据基于会话 ID 或模块名等标准保存到一个跟踪文件中。这个命令行实用程序在连接池和共享服务器配置中特别有用，在这些配置中，每个用户请求可能都以一个单独的跟踪文件结束。使用 TRCSESS 可以获得属于某个用户会话的统一的跟踪信息。

可以根据如下一些标准创建这个统一的跟踪文件：

- 会话 ID
- 客户端 ID
- 服务名

- 操作名
- 模块名

TRCSESS 的命令语法如下：

```
trcsess [output=] [session=] [clientid=] [service=] [action=] [module=][trace_file_names]

output= output destination default being standard output.
session= The SID and Serial# of the session to be traced, in the format SID.SERIAL#.
clientid= clientid to be traced.
service= service to be traced.
action= action to be traced.
module= module to be traced.

trace_file_names = list of trace file names, separated by spaces, which need to searched by the
trcsess command. If no files are listed, then all the files in the current directory will be searched.
The wild card character, *, may be used in the file names.
```

例 6-1

这是来自 6.2 节"使用 DBMS_MONITOR"的一个示例，其中 service_name = ebk2、module= salary_update、action = insert_item。进入 DIAGNOSTIC_DEST 或 ADR_HOME 目录，位置是<DIAGNOSTIC_DEST dir>/rdbms/DB_NAME/SID/trace，并运行如下命令：

```
trcsess output=combo.trc service="ebk2" module="salary_update" action="insert_item"
```

这将搜索满足前面标准的所有跟踪文件，并创建名为 combo.trc 的统一跟踪文件。

现在可以对 combo.trc 运行 TKPROF：

```
tkprof combo.trc output=combo_report sort=fchela
```

例 6-2

设置客户端 ID：

```
SQL> exec dbms_session.set_identifier('ebk3');
```

对该客户端 ID 启用跟踪：

```
SQL> EXECUTE DBMS_MONITOR.CLIENT_ID_TRACE_ENABLE('ebk3');
```

跟踪这个客户端 ID，然后执行如下命令(从前面提到的目录)：

```
trcsess output=combo2.trc clientid=ebk3   *.trc
```

TRCSESS 针对指定的客户端 ID 检查所有的跟踪文件。现在可以对 combo2.trc(合并的跟踪文件)运行 TKPROF。

例 6-3

在例 6-1 中，当前目录中的所有跟踪文件是输入，并且将创建一个 session=17.1988 的包含所有跟踪信息的跟踪文件(combo3.trc)。

```
trcsess output=combo3.trc session=17.1988
trcsess output=combo4.trc session=17.1988 ebk2_ora_0607.trc ebk2_ora_0125.trc
```

在例 6-2 中，只有列出的两个.trc 文件用作输入，并且根据两个列出的跟踪文件创建一个 session=17.1988 的包含所有跟踪信息的跟踪文件(combo4.trc)。

6.3 单独使用 EXPLAIN PLAN

开发人员可以使用 EXPLAIN PLAN 命令查看 Oracle 优化器用来执行 SQL 语句的查询执行计划。这个命令对提高 SQL 语句的性能很有帮助，因为它并非真正地执行 SQL 语句——它只是列出所要使用的计划，并把这个执行计划插入一个 Oracle 表中。在使用 EXPLAIN PLAN 命令之前，执行该命令的 Oracle 账户必须先执行 utlxplan.sql 文件(与 catalog.sql 位于相同的目录，通常在 ORACLE_HOME/rdbms/admin 目录下)。

这个脚本将创建 PLAN_TABLE 表，EXPLAIN PLAN 命令以记录形式向这个表插入新的查询执行计划。可以查询此表，以判断是否有 SQL 语句需要被修改成强制执行不同的执行计划。Oracle 也提供了对这个表的很多查询，如 utlxpls.sql 和 utlxplp.sql，每个都能运行，但 utlxplp.sql 面向并行查询。下面显示了一个 EXPLAIN PLAN 示例(在 SQL*Plus 中执行)。

问：为什么使用 EXPLAIN 而不用 TRACE？
答：语句并没有被真正执行，它只展示执行了这条语句的过程。
问：什么时候使用 EXPLAIN 而不用 TRACE？
答：当查询可能会运行特别长的时间时。

下面演示了运行 TRACE 和 EXPLAIN 的过程对比：

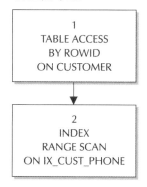

问：如何使用 EXPLAIN？
答：按照下面的步骤。

(1) 找到这个脚本，通常位于 ORACLE_HOME/rdbms/admin 目录下：

utlxplan.sql

(2) 在 SQL*Plus 中执行脚本 utlxplan.sql：

@utlxplan(以将要运行 EXPLAIN PLAN 的用户身份运行该脚本)

这个脚本将创建 PLAN_TABLE 表。也可以创建自己的 PLAN_TABLE 表，但一定要使用 Oracle 的语法格式或类似格式。

(3) 对将被优化的查询执行 EXPLAIN PLAN(SQL 语句应该放在 EXPLAIN PLAN 的 FOR 子句之后)：

```
explain plan for
select     CUSTOMER_NUMBER
from       CUSTOMER
where      CUSTOMER_NUMBER = 111;
Explained.
```

(4) 为需要优化的查询使用标记(tag)并执行 EXPLAIN PLAN：

```
explain plan
set statement_id = 'CUSTOMER' for
```

```
select      CUSTOMER_NUMBER
from        CUSTOMER
where       CUSTOMER_NUMBER = 111;
```

要诀

如果有多位开发人员填充 PLAN_TABLE 表，请使用 SET STATEMENT_ID = 'your_identifier'。我很少使用 SET STATEMENT_ID 语句。我一般对查询执行 EXPLAIN，查看输出结果，然后立即从 PLAN_TABLE 表中删除记录。我会一直这样修改查询，直到看到中意的执行计划。然后运行这个查询，看性能是否有所提高。但如果多位开发人员或 DBA 都在使用同一个 PLAN_TABLE 表，一定要使用 SET STATEMENT_ID(区分大小写)以标识语句。

(5) 从 PLAN_TABLE 表中选择输出：

```
select      operation, options, object_name, id, parent_id
from        plan_table
where       statement_id = 'CUSTOMER';
```

```
Operation              Options        Object Name      ID       Parent
select statement                                        0
Table Access           By ROWID       Customer         1
Index                  Range Scan     CUST_IDX          2        1
```

要诀

使用 EXPLAIN 而不是 TRACE，就不用等待查询的运行。EXPLAIN 不用实际运行这个查询就可以显示查询的路径。一般只对那些多查询的批处理任务使用 TRACE，以找到在批处理任务中哪些查询慢。

要诀

可以使用 Oracle 提供的 utlxpls.sql 和 utlxplp.sql 查询来对 PLAN_TABLE 表进行查询，而不用自己写查询或对输出进行格式化。

6.3.1 对简单查询使用的另一个 EXPLAIN 示例

下面介绍如下简单过程：运行查询，然后检查 EXPLAIN PLAN 以了解如何处理查询的相关信息。

(1) 在查询之前嵌入 EXPLAIN 语句，然后运行这个查询：

```
explain plan
set statement_id = 'query 1' for
select      customer_number, name
from        customer
where       customer_number = '111';
```

(2) 查询 PLAN_TABLE 表以检索 EXPLAIN 的输出。需要执行一条 SQL 语句来检索并查看信息。Oracle 文档中提供了两个脚本，显示在步骤(2)和(3)中，并分别显示上述 EXPLAIN PLAN 命令的结果。注意这个例子与前面例子的不同之处。customer_number 列是一个已索引的数字型字段，在这个例子中因为数据类型不匹配而被抑制(111 包含引号，被强制执行 to_char 操作)。在第一个例子中，我把 customer_number 列正确地当成数字字段处理(111 不带引号)。有时，优化器能够智能地执行这种转换，但在使用 Pro*C 或其他类似编码时，优化器就可能无法执行这种转换。

```
select      operation, options, object_name, id, parent_id
from        plan_table
where       statement_id = 'query 1'
order by    id;
```

```
Operation              Options        Object_Name         ID      Parent_ID
select Statement                                          0
Table Access           Full           Customer_Information 1         0
```

也可以选择只运行脚本 utlxpls.sql。

(3) 检索更直观和方便阅读的 EXPLAIN 输出结果：

```
select     lpad(' ', 2*(level-1)) || operation || ' ' || options || ' ' ||
           object_name || ' ' || decode(id, 0, 'Cost = ' || position) "Query Plan"
from       plan_table
start      with id = 0
and        statement_id = 'query 1'
connect by prior id = parent_id
and        statement_id = 'query 1';
```

输出如下所示：

```
Query Plan
select statement    Cost=220
   Table Access Full Customer
```

6.3.2 EXPLAIN PLAN——自顶而下还是从下往上读取

自顶而下抑或从下往上读取取决于怎样写查询语句以从 PLAN_TABLE 表中检索信息。这也正是许多人对采取什么方式读取结果意见不统一的原因(两个方式都对)。如下程序清单显示了用来检索信息的查询的执行顺序。在这个例子中，结果是自顶而下读的：必须从最内侧往最外侧读。这个程序清单显示了一种可以解决全部问题的方法。

```
delete     from plan_table;
explain plan
set        statement_id = 'SQL1' for
select     to_char(sysdate, 'MM/DD/YY HH:MI AM'), to_char((trunc((sysdate -4 -1),
           'day') +1), 'DD-MON-YY')
from       bk, ee
where      bk_shift_date >= to_char((trunc(( sysdate - 4 - 1), 'day') + 1), 'DD-MON-YY')
and        bk_shift_date <= to_char((sysdate - 4), 'DD-MON-YY')
and        bk_empno = ee_empno(+)
and        substr(ee_hierarchy_code, 1, 3) in ('PNA', 'PNB', 'PNC', 'PND', 'PNE', 'PNF')
order by   ee_job_group, bk_empno, bk_shift_date
/
select     LPad(' ', 2*(Level-1)) || Level || '.' || Nvl(Position,0)|| ' ' ||
           Operation || ' ' || Options || ' ' || Object_Name || ' ' || Object_Type
           || ' ' || Decode(id, 0, Statement_Id ||' Cost = ' || Position) || cost
           || ' ' || Object_Node "Query Plan"
from       plan_table
start      with id = 0 And statement_id = 'SQL1'
connect by prior id = parent_id
and        statement_id = 'SQL1'
/
Query Plan
1.0 SELECT STATEMENT    SQL1  Cost =
   2.1 SORT ORDER BY (7th)
      3.1 FILTER (6th)
         4.1 NESTED LOOPS OUTER (5th)
            5.1 TABLE ACCESS BY ROWID BK (2nd)
               6.1 INDEX RANGE SCAN I_BK_06 NON-UNIQUE (1st)
```

```
        5.2 TABLE ACCESS BY ROWID EE (4th)
              6.2 INDEX UNIQUE SCAN I_EE_01 UNIQUE (3rd)
```

阅读 EXPLAIN PLAN

我会使用前面的 EXPLAIN PLAN 命令，逐个讲解其中的每个步骤。在表 6-4 中，左边列中的数字表示每个步骤，它们按照运行时的顺序列出。

表 6-4 阅读 EXPLAIN PLAN

步骤	操作
6.1	这是 I_BK_06 的索引范围扫描。这是第一步。索引位于列 bk_shift_date 上。这一步对这个索引执行一次扫描并产生两个日期之间的 ROWID 列表
5.1	检索 BK 表上的行
6.2	扫描 I_EE_01 索引。这个索引位于列 ee_empno 上。利用前一步检索到的 bk_empno，对这个索引进行扫描来检索 ROWID，以生成与 bk_empno 匹配的 ee_empno 列表
5.2	检索表 EE 的所有行
4.1	嵌套循环。连接两个列表并组合成一个列表
3.1	过滤器。根据 WHERE 子句的其余条件进行过滤
2.1	SORT_ORDER_BY。根据 ORDER BY 子句定义的顺序对剩余的行排序
1.0	告诉我们语句的类型

要诀

自顶而下读还是从下往上读完全取决于从 PLAN_TABLE 表中检索信息的查询的编写方式。只要检索信息的查询的写法正确，两种读取查询的方法都对。

启用 AUTOTRACE

利用 SQL*Plus，还有一种更简便的方法可以生成 EXPLAIN PLAN 和查询性能的统计信息。AUTOTRACE 和 EXPLAIN PLAN 两者之间的主要区别就是，AUTOTRACE 确实执行了查询(采用 TRACE 的方法)并自动查询计划表，而 EXPLAIN PLAN 没有这样做。AUTOTRACE 命令产生类似的信息，如下面的程序清单所示。要使用 AUTOTRACE，用户必须拥有 PLUSTRACE 角色(通过运行 ORACLE_HOME/ rdbms/admin 目录下的 plustrce.sql)。

```
SET AUTOTRACE ON
select    count(last_name)
from      emp
where     name = 'branches';
```

输出如下：

```
COUNT(LAST_NAME)
----------------
               0


Execution Plan
----------------------------------------------------------
Plan hash value: 141239332
----------------------------------------------------------

| Id  | Operation          | Name  | Rows  | Bytes | Cost (%CPU)| Time|
--------------------------------------------------------------------------
```

```
|   0 | SELECT STATEMENT  |            | 1 | 8 |   1  (0)| 00:00:01|
|   1 |  SORT AGGREGATE   |            | 1 | 8 |         |         |
|*  2 |   INDEX RANGE SCAN| EMP_NAME_IX| 1 | 8 |   1  (0)| 00:00:01|
--------------------------------------------------------------------

Predicate Information (identified by operation id):
---------------------------------------------------
   2 - access("LAST_NAME"='BRANCHES')

Note:
- dynamic sampling used for this statement (level=2)
Statistics
----------------------------------------------------------
9       recursive calls
0       db block gets
9       consistent gets
1       physical reads
0       redo size
529     bytes sent via SQL*Net to client
519     bytes received via SQL*Net from client
2       SQL*Net roundtrips to/from client
0       sorts (memory)
0       sorts (disk)
1       rows processed
```

AUTOTRACE 选项可以为查询提供 EXPLAIN PLAN 和统计信息。AUTOTRACE 提供了许多 TRACE 和 TKPROF 统计信息，如磁盘读取(物理读)和总读取(一致读+数据块读)。

要诀

如果在启用 AUTOTRACE 时出现了"Unable to verify plan table format or existence"错误，就必须使用 utlxplan.sql 脚本创建计划表。

提示

如果 AUTOTRACE 不能查询系统视图，可能是因为用户没有查看底层对象的权限。

表 6-5 显示了其他 AUTOTRACE 选项。

表 6-5 其他 AUTOTRACE 选项

选项	功能
SET AUTOT ON	打开 AUTOTRACE 的简单方法
SET AUTOT OFF	关闭 AUTOTRACE 的简单方法
SET AUTOT ON EXP	仅显示 EXPLAIN PLAN
SET AUTOTRACE ON STAT	仅显示统计信息
SET AUTOT TRACE	不显示查询的输出结果

对分区表使用 EXPLAIN PLAN

表分区会产生不同的 EXPLAIN PLAN 输出结果(如下面的程序清单所示)。在这个程序清单中，创建了有三个分区和一个分区索引的表。从广义上讲，表分区就是放在数据库中不同位置的表。可以参阅第 3 章来了解与分区相关的更多内容。

```
create table dept1
    (deptno      number(2),
     dept_name   varchar2(30))
     partition by range(deptno)
     (partition d1 values    less than (10),
      partition d2 values    less than (20),
      partition d3 values    less than (maxvalue));

insert into dept1 values (1, 'DEPT 1');
insert into dept1 values (7, 'DEPT 7');
insert into dept1 values (10, 'DEPT 10');
insert into dept1 values (15, 'DEPT 15');
insert into dept1 values (22, 'DEPT 22');

create index dept_index
     on dept1 (deptno)
     local
     (partition d1,
      partition d2 ,
      partition d3 );
```

现在生成一个 EXPLAIN PLAN，强制对头两个分区进行全表扫描：

```
explain plan for
select      dept_name
from        dept1
where       deptno || '' = 1
or          deptno || '' = 15;
```

当从计划表选择时，必须选择另外两列——partition_start(起始分区)和 partition_stop(结束分区)。全表扫描则需要访问所有的分区：

```
select    operation, options, id, object_name, partition_start,
          partition_stop
from      plan_table;
```

全表扫描的输出如下所示：

OPERATION	OPTIONS	ID	OBJECT_NAME	PARTITION_START	PARTITION_STOP
SELECT STATEMENT					
PARTITION	CONCATENATED	0		1	3
PARTITION RANGE	FULL	1	DEPT1	1	3

前面的例子显示在 dept1 表上执行了一次全表扫描。将扫描所有 3 个分区。起始分区为 1，结束分区为 3。接下来，下面的程序清单中的 EXPLAIN PLAN 用于分区 2 的索引范围扫描(记得从计划表中删除)：

```
explain plan for select dept_name
from        dept1
where       deptno = 15;
Explained.
```

现在生成了对分区 2 的索引范围进行扫描的 EXPLAIN PLAN：

```
select    operation, options, id, object_name, partition_start,
          partition_stop
from      plan_table;
```

索引范围扫描的输出如下所示：

OPERATION	OPTIONS	ID	OBJECT_NAME	PARTITION_START	PARTITION_STOP

```
SELECT STATEMENT                          0
PARTITION RANGE        SINGLE             1                        2          2
TABLE ACCESS BY LOCAL INDEX ROWID         2    DEPT1               2          2
INDEX                  RANGE SCAN         3    DEPT_INDEX          2          2
```

这个输出表明所访问的表或索引的唯一分区是第二个分区。这是因为 deptno=15 的记录位于表 dept1 的第二个分区。deptno 列也被索引，这个值同样在索引的第二个分区。

要诀

通过运行 EXPLAIN PLAN，就可以访问 PLAN_TABLE 表中的 partition_start 和 partition_stop 列以查看分区情况。

在不使用 TRACE 的情况下查找大的硬盘或内存读取

除跟踪查询外，还有没有别的方法可以找出有问题的磁盘和内存读取信息呢？当然有！使用 V$SQLAREA，可以在系统中找到有问题的查询。下面的程序清单显示了如何找到这些有问题的查询。在这个查询中，我们想检索出磁盘读取量大于 10000 的查询(没有使用或抑制索引)。如果你的系统很大，还可以把这个值设定得再高一些。

```
select     disk_reads, sql_text
from       v$sqlarea
where      disk_reads > 10000
order by   disk_reads desc;

DISK_READS      SQL_TEXT
    12987       select    order#,columns,types from orders
                where     substr(orderid,1,2)=:1
    11131       select    custid, city from customer
                where     city = 'CHICAGO'
```

输出结果表明有两个有问题的查询引起了大量磁盘读取。第一个使用 SUBSTR 函数使 orderid 列上的索引受到抑制；第二个显示 city 列上缺少索引。

在如下所示程序清单的查询中，我们检索内存读取量大于 200000 的查询(过度使用索引的查询问题)。如果系统过大，可能就需要把这个值设得更大一些。

```
select     buffer_gets, sql_text
from       v$sqlarea
where      buffer_gets > 200000
order by   buffer_gets desc;

BUFFER_GETS     SQL_TEXT
    300219      select order#,cust_no, from orders
                where division = '1'
```

输出结果表明有一个查询造成过量的内存读取(将 300219 个数据块读入内存)。division 列上的索引有一个低的基数 1，因为此表只有一个分区。此处的问题是索引被整个读取，然后是整个表。为了提高性能，必须对这个索引进行抑制(如果不添加额外的分区，就应该永久删除这个索引)。

要诀

访问 V$SQLAREA 表可以得到经常跟踪查询获取的统计信息。可以在第 12 章中看到访问 V$SQLAREA 表的更多内容。

6.3.3 在开发者产品中利用跟踪/EXPLAIN 发现有问题的查询

尽管可以在 SQL*Plus 命令行中输入 ALTER SESSION SET SQL_TRACE TRUE 命令来跟踪 SQL 语句，但这

对于使用开发者产品来说就显得很难了。该方案的一个缺点就是不能跟踪表单或报告；必须从表单或报告中复制出代码，然后利用 SQL*Plus 运行它们。如果不知道该跟踪哪一条语句，这个过程可能非常耗时。

还有一种方式可以对表单的执行进行跟踪。如果使用的是 Oracle Forms，比如 Oracle Forms 6i、10g 或 11g，那么可以在命令行中输入 statistics = yes。这样就可以跟踪每一个表单。最近版本的 Oracle Forms 和 Oracle Reports(它们都是 Fusion 中间件的一部分)可以从表单或报告的内部进行跟踪。请参考 Oracle Forms 或 Oracle Reports(Fusion 中间件)文档来得到使用这些功能的帮助信息。Oracle 应用程序通常提供菜单项来完成这些任务。也可以使用 DBMS_MONITOR 跟踪这些产品。最后，还有一些可以跟踪 PL/SQL 程序的方法，比如 DBMS_PROFILER、DBMS_TRACE 和 DBMS_HPROF。

> **要诀**
> 还可以在 Fusion 中间件(开发者)产品中使用 TRACE。为跟踪表单，可直接在命令行中设置 statistics=yes，或者把跟踪程序嵌入实际的触发器中，以控制跟踪操作的开关。

6.3.4 PLAN_TABLE 表中的重要列

下面列出了表 PLAN_TABLE 中一些很重要的列。

- STATEMENT_ID：在 EXPLAIN PLAN 语句中指定的 STATEMENT_ID 参数的值。
- TIMESTAMP：执行 EXPLAIN PLAN 语句的日期和时间。
- REMARKS：与每个步骤的 EXPLAIN PLAN 相关的注释(最多 80 字节)。如果需要在 PLAN_TABLE 表的任何行添加或修改注释，可使用 UPDATE 语句来修改 PLAN_TABLE 表的行。
- OPERATION：在这一步操作中执行的内部操作名称。在为语句生成的第一行中，取决于语句的类型。该列包含下面 4 个值的一个：DELETE、INSERT、SELECT 或 UPDATE。
- OPTIONS：在 OPERATION 列中描述操作的另一种形式，参考 *Oracle Database 12c SQL Tuning Guide* 一书的第 7 章以了解有关该列的信息。

> **要诀**
> 表 PLAN_TABLE 的 OPERATION 和 OPTIONS 列对优化查询非常重要。OPERATION 列显示了所执行的实际操作(包括连接类型)，而 OPTIONS 列则告诉你什么时候执行了全表扫描(可能需要索引)。

- OBJECT_NODE：用来引用对象的数据库链接名(表名或视图名)。对于使用并行查询选项的本地查询来说，该列描述了执行操作的输出顺序。
- OBJECT_OWNER：拥有包含表或索引的方案的用户名。
- OBJECT_NAME：索引或表的名称。
- OBJECT_INSTANCE：对象在最初语句中出现时与对象所处位置对应的数字。按从左到右、从外到内的顺序计数，要考虑到最初的语句文本。注意，视图扩展会产生不可预期的数字。
- OBJECT_TYPE：提供与对象相关描述信息的修改器，例如索引的 NON-UNIQUE。
- OPTIMIZER：优化器的当前模式。
- ID：分配给执行计划中每一步骤的数字。
- PARENT_ID：对此 ID 步骤的输出结果执行操作的下一步执行步骤的 ID。

> **要诀**
> PARENT_ID 列非常重要，因为它显示了 EXPLAIN PLAN 中两个步骤之间的依赖性。如果 EXPLAIN PLAN 的某个步骤有 PARENT_ID，就表明这条语句必须在指定的 PARENT_ID 步骤之前执行。

- POSITION：对那些拥有相同 PARENT_ID 的步骤的处理顺序。

- OTHER：用户认为有用的针对执行步骤的其他信息。
- OTHER_TAG：OTHER 列的内容。
- COST：利用优化器的基于成本的方法所估算的操作成本。该列的值并没有任何特别的可供衡量的单元，而只是用来与执行计划的成本相比较的权重值。
- CARDINALITY：基于成本的方法估算这个操作的访问行数。
- BYTES：基于成本的方法估算这个操作能访问的字节数。
- OTHER_XML：该列可以用来查看优化器确定执行计划时使用的其他信息。

要诀

当评估应如何优化查询时，BYTES 列就特别重要。如果使用了索引并且字节数非常大，就表明使用全表扫描会更高效(也就是说，读取索引和数据的成本要比只在全表扫描中检索数据的成本更大)。同时，字节数还可以帮助我们判断哪个表应该在查询时先被访问(驱动表)，因为有些表可能会限制其他表需要的字节数。在第 9 章可以看到关于如何选择驱动表的更多要诀。

要诀

记住查询中的 COST 和 BYTES 值都是估算出来的。成本或字节数估算值较高的查询可能比估算值较低的查询运行得快。

6.3.5 使用 DBMS_XPLAN

DBMS_XPLAN 是快速查询 SQL 执行计划的最常用，也是最好用的方法之一。使用 DBMS_XPLAN.DISPLAY 过程，能够自动查询 PLAN_TABLE 中的最后一个执行计划。虽然还有其他一些方法也能以不同方式显示执行计划，但它因为能快速显示最后一次查询的执行计划而深受大众喜爱。它还能在执行计划的后面显示一些附加信息，突出显示过滤条件和关联条件，并告知你保存执行计划的表是不是当前的。如果使用一个老版本的执行计划表，它会显示一条警告信息。注意，如果你没有像下面的例子那样设置 LINESIZE 参数，Operation 列显示的文本可能会被截断换行。DBMS_XPLAN 包提供了下面几个表函数。

- DISPLAY：显示最后一次的执行计划。
- DISPLAY_CURSOR：显示内存中游标的内容和执行计划(可以指定 sql_id)。
- DISPLAY_AWR：显示保存在 AWR 中的 SQL 的内容和执行计划。
- DISPLAY_SQLSET：显示一个 SQL 调优集的内容和执行计划。

```
SET LINESIZE 130
SET PAGESIZE 0

select * from table (dbms_xplan.display);

PLAN_TABLE_OUTPUT
--------------------------------------------------------------------------------
--------------------------------------------------------------------------------
| Id  | Operation             | Name         | Rows  | Bytes | Cost  | Pstart| Pstop |
--------------------------------------------------------------------------------
|  0  | UPDATE STATEMENT      |              |  328  | 2296  |   2   |       |       |
|  1  |  UPDATE               | JOURNAL_LINE |       |       |       |       |       |
|  2  |   PARTITION RANGE ALL |              |       |       |       |   1   |   4   |
|  3  |    TABLE ACCESS FULL  | JOURNAL_LINE |  328  | 2296  |   2   |   1   |   4   |
--------------------------------------------------------------------------------
Note: cpu costing is off, 'PLAN_TABLE' is old version
11 rows selected
```

还有一个过程可以用来显示保存在 AWR(AWR 相关内容参见第 14 章)或调优集(第 8 章有详细介绍)中的执行计划。下面几个查询用来查看 SQL 计划基线(参见第 8 章)和快速显示游标(查询 V$SQL 或其他 V$视图可得到游标，第 12 章将介绍 V$视图)：

```
DBMS_XPLAN.DISPLAY_SQL_PLAN_BASELINE
      sql_handle  IN VARCHAR2 := NULL,
      plan_name   IN VARCHAR2 := NULL,
      format      IN VARCHAR2 := 'TYPICAL')   <'BASIC'/'ALL'>
RETURN dbms_xplan_type_table;

select * from table (dbms_xplan.display_cursor('ahvccymgw92jw'));
```

这个过程提供了很多选项，可以显示不同级别的统计信息、指定游标的子游标、使用自有计划表等。更多信息请参阅 Oracle 文档。下面列出了一些小例子：

```
select * from table (dbms_xplan.display(null,null,'basic'));
select * from table (dbms_xplan.display(null,null,'typical'));
select * from table (dbms_xplan.display(null,null,'all'));
```

6.3.6 未公开的 TRACE 初始化参数

专家们可以查看 X$KSPPI 表。下面的程序清单简单地列出了一些 init.ora 中未公开的 TRACE 参数，查看附录 A 以了解更多信息。注意，Oracle 并不支持产品中未公开的特性。

```
select ksppinm "Parameter Name", ksppstvl "Value",ksppstdf "Default"
from   x$ksppi x, x$ksppcv y
where  x.indx = y.indx
and    ksppinm like '/_%trace%' escape '/';
```

要诀

X$KSPPI 表只能由 SYS 用户访问。在第 13 章中可以了解到如何访问 X$表和使用这些参数。不要在没有咨询 Oracle 公司的情况下使用这些未公开的参数。在 Oracle 的不同版本中，这些视图中的布局和列名都可能会发生变动。

在 Oracle 中跟踪错误以得到更多信息

下面介绍一个未公开的 TRACE 功能。在使用这些未公开的 init.ora 参数之前，请联系 Oracle 公司。要跟踪一个会话的错误，可以修改并监控这个会话(如下所示)或在 init.ora 文件中设置事件(第 13 章中有更详细的内容)。也可以运行如下查询来跟踪会话的错误(通常是跟踪 4031 错误)。这些查询在 USER_DUMP_DEST 目录下建立了一个 TRACE 文件，这个文件中包含全部的出错信息。

使用如下命令跟踪会话的错误：

```
alter session set events='4031 trace name errorstack level 4';
```

要诀

跟踪查询可以提高性能，但使用基于这些未公开的 TRACE init.ora 参数(前面讨论过)的 TRACE 功能，可以让你深入地了解如何解决 Oracle 中的错误。

通过启用事件来跟踪

还可以使用下面的命令来跟踪会话：

```
SQL> Alter session set events '10046 trace name context forever, level 1';
```

Session altered.

level 的值(在上面的命令中是 1)可以为 1(常规跟踪)、4(跟踪绑定变量)、8(跟踪等待状态)或 12(常规跟踪、跟踪绑定变量和跟踪等待状态)。关于绑定变量和等待状态的信息将写入跟踪文件,但当用 TKPROF 格式化这个报告时会把它们忽略掉。前面的命令输出的跟踪文件类似如下:

```
SELECT SYSDATE   FROM DUAL  WHERE SYSDATE IN ( :b1  )
END OF STMT
PARSE #4:c=0,e=0,p=0,cr=0,cu=0,mis=0,r=0,dep=1,og=4,tim=0
BINDS #4:
 bind 0: dty=12 mxl=07(07) mal=00 scl=00 pre=00 oacflg=03 oacfl2=1 size=8 offset=0
   bfp=0ddcc774 bln=07 avl=07 flg=05
   value="11/19/2000 19:25:47"
WAIT #1: nam='SQL*Net message to client' ela= 0 p1=1413697536 p2=1 p3=0
```

可以用下面的命令关掉事件跟踪:

```
SQL> Alter session set events '10046 trace name context off';
Session altered.
```

Oracle 11g 提供了一种设定事件的新语法,可以在不知道 SID 或 SERIAL#的情况下更容易地跟踪进程(参考 MOS 文献 813737.1 以了解更多信息)。现在可以使用如下命令:

```
alter system set events 'sql_trace {process : ospid = 2345} level=12';
```

6.4 使用 STORED OUTLINES(存储纲要)

Oracle 8*i* 引入了 STORED OUTLINES,它允许查询每次执行之前使用预先决定好的执行计划,与查询在哪儿运行无关。有时候 STORED OUTLINES 被称为储存执行计划,但事实并非如此。然而,Oracle 实际上保存了一系列用以复制该执行计划的提示,就好像把执行计划在录制时间里录了下来一样。

Oracle 使用 STORED OUTLINES 来复制查询的执行计划,这个过程类似于使用 SQL*Plus 中的 EXPLAIN PLAN 功能。首先,通过使用 ALTER SESSION 命令告诉 Oracle 为将要运行的查询保存纲要以设置 STORED OUTLINES。接着,执行这个查询以存储想要的信息(通常只在会话的基础上完成,这样可以不影响其他用户)。最后,如果可以接受这个执行计划,就可以把它存放到数据库中,并能让任何人使用它。

删除 STORED OUTLINES

当不再需要纲要或者它们给性能带来负面影响时,怎样删除它们呢?使用DBMS_OUTLN包中的DROP_UNUSED 过程来删除。

删除无用的纲要:

```
execute dbms_outln.drop_unused
```

要删除已使用过的纲要,首先使用 DBMS_OUTLN.CLEAR_USED 过程,它可以接收纲要名称(来自 USER_OUTLINES 视图),并且一次只能针对一个纲要运行。可以写一段简单的 PL/SQL 程序来删除所有不使用的纲要。

要判断纲要是否被使用过,可以检查 USER_OUTLINES 中的 USED 列。还可以用 V$SQL 视图查询 OUTLINE_CATEGORY 列,这样可以看到仍在缓存中的内容。

```
SELECT  OUTLINE_CATEGORY, OUTLINE_SID
FROM    V$SQL
WHERE   SQL_TEXT = 'portion of query%'
```

6.5 使用 SQL 计划管理(SPM)和 SPM 示例

SPM(SQL Plan Management，SQL 计划管理)特性有助于保持 SQL 语句的性能，只允许执行能提高语句性能的执行计划。SPM 类似，但又不同于 STORED OUTLINES。SPM 的目标是稳定 SQL 语句的执行计划。STORED OUTLINES 冻结 SQL 语句的执行计划，而 SPM 允许选择新的执行计划，只要能提高 SQL 语句的性能即可。我们需要 SPM 的理由包括：

- 新版本的 Oracle(新的优化器版本——使用捕捉和回放来测试影响)
- 对优化器统计信息的更改或数据的变化
- 方案、应用程序或元数据的变化(使用 SQL 顾问得到建议)
- 系统设置发生更改(使用数据库回放)
- SQL 配置文件(SQL Profile)的创建(数据倾斜和相关列的统计信息)

要诀

STORED OUTLINES 冻结 SQL 语句的执行计划，而 SPM 允许选择新的执行计划，只要能提高 SQL 语句的性能即可。如果同时存在 STORED OUTLINES 和 SPM，STORED OUTLINES 优先使用。

6.5.1 SPM 术语

以下是 SMB(SQL Management Base，SQL 管理基线)层次相关的术语。

- SPM 主要功能：
  - **计划捕捉** 创建 SQL 计划基线，保存接收的执行计划。
  - **计划选择** 新生成的执行计划一开始保存在 SQL 计划基线中且处于"未接收"状态。
  - **计划演进** 演进那些在一定阈值下可以提高性能的"未接收"计划，变成接收状态并使用。
- SQL 管理库(SMB)：保存 SQL 计划历史和 SQL 计划基线，位于 SYSAUX 表空间，同时也保存 SQL Profile。
- SQL 计划历史：SMB 的子集，包含 SQL 生成的已接收和未接收计划。
- SQL 计划基线：SQL 计划历史的子集，只包含 SQL 生成的已接收计划。
- 旗标：用来标记 SMB 中执行计划的状态。
  - **启用** 计划历史或计划基线中执行计划状态的默认值。
  - **接收** 计划在被认为可用之前需要被接收。
  - **固定** 该计划优先于其他计划。
  - **重现** CBO(基于成本的优化器)对于给定 SQL 能够重现的计划，自动设置为 YES；如果不能重现，设置为 NO。
  - **自适应**(Oracle 12c 新特性) 计划被认定是自适应计划，没有被接收；一旦计划被接收，这个自适应标志将会变成 NO。

图 6-1 显示了这个层次结构。

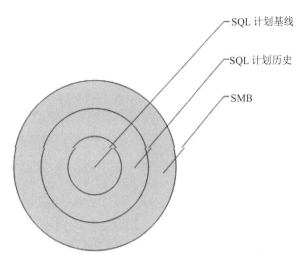

图 6-1 SPM 术语

下面是与计划的状态相关的术语。
- **接收的计划**：计划必须同时启用和接收，才会被优化器使用。
- **启用的计划**：SQL 计划历史或 SQL 计划基线中执行计划的默认值已启用。计划必须同时启用和接收，才会被优化器使用。
- **固定的计划**：固定的执行计划相比其他的计划优先级高。除非有其他固定的执行计划，这时会选择性能最优的固定执行计划。

其他 SPM 相关术语如下。
- AUTOPURGE：如果一个计划连续 53 周没有被使用，就会自动从计划历史中清除(基于视图 DBA_SQL_PLAN_BASELINES 中的 LAST_EXECUTED 日期)，可以使用 DBMS_SPM.CONFIGURE 包修改这个日期。
- OPTIMIZER_USE_SQL_PLAN_BASELINES：默认值是 true。如果 SQL 语句的计划基线存在，该数据库参数确定是否使用它。
- OPTIMIZER_CAPTURE_PLAN_BASELINES：默认值为 false。如果设置为 true，那么任何执行的 SQL 语句都会被添加到 SQL 计划基线(但不一定是接收的计划)。
- DBA_SQL_PLAN_BASELINES：收集已经创建好的计划基线相关信息的视图。

要诀
SQL 计划基线必须同时处于启用和接收状态，才会被优化器使用。

6.5.2 使用 SPM

使用下面的方法启用 SPM 并存储 SQL 语句到 SQL 管理基线：
(1) 在系统或会话级别设置 OPTIMIZER_CAPTURE_PLAN_BASELINES 为 true。
(2) 使用 SQL 优化集(详细内容参见 *Oracle Database 12c SQL Turning Guide* 的第 29 章)。
(3) 使用 DBMS_SPM.LOAD_PLANS_FROM_CURSOR_CACHE 从共享池提取 SQL 语句(详细内容参考 *Oracle Database 12c SQL Turning Guide* 的第 29 章)。

注意，只有可重复的 SQL 语句(即已被解析的语句或执行多次的语句)才被 SPM 考虑。
SPM 有助于：
- 数据库升级

- 系统和/或数据的变化
- 部署新的应用模块

SPM 示例

下面的例子展示了 SPM 的工作原理。

(1) 启用捕获并多次运行 SQL 语句以便 SPM 判断语句是否可重复，然后关闭捕获：

```
alter session set optimizer_capture_sql_plan_baselines=true;
select * /* ebk1 */ from emp where job='PRESIDENT';
select * /* ebk1 */ from emp where job='PRESIDENT';
alter session set optimizer_capture_sql_plan_baselines=false;
```

(2) 查询 DBA_SQL_PLAN_BASELINES，确定 SQL 语句在 SPM 中的状态：

```
select  plan_name, sql_handle, enabled, accepted, fixed,
        module, sql_text
from    dba_sql_plan_baselines;

PLAN_NAME                       SQL_HANDLE                      ENA ACC FIX MODULE
SQL_TEXT
--------------------------------------------------------------------------------
SQL_PLAN_1r9f32bakc2qmd8a279cc SQL_1ba5c312d5260ad3              YES YES NO  SQL*Plus
select * /* ebk1 */ from emp where job='PRESIDENT';
```

注意，enabled 是 yes，accepted 是 yes，fixed 是 no。另外，SQL*Plus 是添加这个计划的模块。

(3) 现在增加索引以改变环境，并再次运行该 SQL 语句：

```
create index ellen on emp(job);
alter session set optimizer_capture_sql_plan_baselines=true;
select * /* ebk1 */ from emp where job='PRESIDENT';
select * /* ebk1 */ from emp where job='PRESIDENT';
alter session set optimizer_capture_sql_plan_baselines=false;
```

(4) 查询 DBA_SQL_PLAN_BASELINES，确定 SQL 语句在 SPM 中的状态：

```
PLAN_NAME                       SQL_HANDLE                      ENA ACC FIX MODULE
------------------------------  ------------------------------  --- --- --- -------
SQL_TEXT
--------------------------------------------------------------------------------
SQL_PLAN_1r9f32bakc2qmc581a482 SYS_SQL_1ba5c312d5260ad3          YES NO  NO  SQL*Plus
select * /* ebk1 */ from emp where job='PRESIDENT'

SQL_PLAN_1r9f32bakc2qmd8a279cc SYS_SQL_1ba5c312d5260ad3          YES YES NO  SQL*Plus
select * /* ebk1 */ from emp where job='PRESIDENT'
```

需要注意的是：这里又添加了另外一个计划名称(具有相同的 SQL_HANDLE)，并且 enabled 是 no，表示优化器不会考虑这个计划。

现在，我要设置 OPTIMIZER_USE_SQL_PLAN_BASELINE 为 false，并允许优化器选择计划(不一定在计划基线中)。然后，我将设置 OPTIMIZER_USE_SQL_PLAN_BASELINE 为 true，并强制优化器在计划基线中仅选择一个已接收的计划。

```
alter system set optimizer_use_sql_plan_baselines=false;

explain plan for
select * /* ebk1 */ from emp where job='PRESIDENT';

select * from table(dbms_xplan.display(null,null,'basic'));
```

```
PLAN_TABLE_OUTPUT
-------------------------------------------
| Id  | Operation                   | Name  |
-------------------------------------------
|  0  | SELECT STATEMENT            |       |
|  1  |  TABLE ACCESS BY INDEX ROWID| EMP   |
|  2  |   INDEX RANGE SCAN          | ELLEN |
-------------------------------------------

alter system set optimizer_use_sql_plan_baselines=true;

explain plan for
select * /* ebk1 */ from emp where job='PRESIDENT';

select * from table(dbms_xplan.display(null,null,'basic'));

PLAN_TABLE_OUTPUT
-------------------------------------------------------------------------------
Plan hash value: 3956160932

---------------------------------
| Id  | Operation          | Name |
---------------------------------
|  0  | SELECT STATEMENT   |      |
|  1  |  TABLE ACCESS FULL | EMP  |
---------------------------------
```

使用 DBMS_XPLAN 会告诉你实际发生的情况，而 EXPLAIN PLAN 只是告诉你可能发生什么(把它们两个对比一下，就能看到，是不是有些东西从执行计划**打算/开始**到最终**使用/结束**发生了改变)。请注意，在第一种情况下，优化器选择使用了索引的计划。但是在第二种情况下，它并没有使用，因为这是未被接收的计划。

接下来的步骤是演进 SQL 计划，以允许 ACCEPTED 状态为 NO 的计划变成 YES，如果这个计划比 ACCEPTED 状态已经是 YES 的计划性能更好的话。

```
set serveroutput on
set long 10000
DECLARE
  report clob;
BEGIN
  report := DBMS_SPM.EVOLVE_SQL_PLAN_BASELINE(
            sql_handle => 'SYS_SQL_1ba5c312d5260ad3');
  DBMS_OUTPUT.PUT_LINE(report);
END;
/
```

下面是输出:

```
                       Evolve SQL Plan Baseline
Report
-------------------------------------------------------------------------------

Inputs:
-------
  SQL_HANDLE = SQL_1ba5c312d5260ad3
  PLAN_NAME  =
  TIME_LIMIT = DBMS_SPM.AUTO_LIMIT
  VERIFY     = YES
```

```
        COMMIT      = YES
Plan:
SQL_PLAN_1r9f32bakc2qmc581a482
-----------------------------------
  Plan was verified: Time used .03 seconds.
  Plan passed performance criterion: 3.5 times better than baseline plan.
  Plan was changed to an accepted plan.

                              Baseline Plan      Test Plan      Stats Ratio
                              -------------      ---------      -----------
   Execution Status:             COMPLETE         COMPLETE
   Rows Processed:                  1                1
   Elapsed Time(ms):              .066             .052             1.27

CPU Time(ms):                      0                0
   Buffer Gets:                    7                2                3.5
   Physical Read Requests:         0                0
   Physical Write Requests:        0                0
   Physical Read
Bytes:                             0                0
   Physical Write Bytes:           0                0
   Executions:                     1                1


---------------------------------------------------------------------------
                              Report Summary
---------------------------------------------------------------------------
Number of plans verified: 1
Number of plans accepted: 1
PL/SQL procedure successfully completed.
```

注意这个计划之前处在未接收状态，现在变成已接收状态：

```
PLAN_NAME                        SQL_HANDLE                       ENA ACC FIX MODULE
-------------------------------- -------------------------------- --- --- --- ----------
SQL_TEXT
---------------------------------------------------------------------------
SQL_PLAN_1r9f32bakc2qmc581a482 SYS_SQL_1ba5c312d5260ad3           YES YES NO  SQL*Plus
select * /* ebk1 */ from emp where job='PRESIDENT'

SQL_PLAN_1r9f32bakc2qmd8a279cc SYS_SQL_1ba5c312d5260ad3           YES YES NO  SQL*Plus
select * /* ebk1 */ from emp where job='PRESIDENT'
```

现在，如果在 OPTIMIZER_USE_SQL_PLAN_BASELINE 为 true 时运行 SQL 语句，就会使用这个新的已接收计划，因为它的性能比其他已接收计划的更好：

```
alter system set optimizer_use_sql_plan_baselines=true;

explain plan for
select * /* ebk1 */ from emp where job='PRESIDENT';

select * from table(dbms_xplan.display(null,null,'basic'));

PLAN_TABLE_OUTPUT
---------------------------------------------------------------------------
Plan hash value: 3484773650

-------------------------------------------
| Id  | Operation                 | Name  |
```

```
-------------------------------------------
|   0 | SELECT STATEMENT              |       |
|   1 |  TABLE ACCESS BY INDEX ROWID| EMP   |
|   2 |   INDEX RANGE SCAN            | ELLEN |
```

6.5.3 使用固定的 SQL 计划基线

如果有的话，最好使用固定计划，而不是其他计划基线中的计划。如果一条 SQL 语句存在不止一个固定计划，那么使用性能最好的固定计划。下面是如何设置固定计划的例子：

```
DECLARE
  l_plans_altered  PLS_INTEGER;
BEGIN
  l_plans_altered := DBMS_SPM.alter_sql_plan_baseline(
    sql_handle      => 'SYS_SQL_976227df3c76f615',
    plan_name       => NULL,
    attribute_name  => 'fixed',
    attribute_value => 'YES');
END;
/

select plan_name, sql_handle, enabled, accepted, fixed, module, sql_text
from    dba_sql_plan_baselines;

PLAN_NAME                       SQL_HANDLE                     ENA ACC FIX MODULE
------------------------------  ------------------------------ --- --- --- ----------
SQL_TEXT
--------------------------------------------------------------------------------
SQL_PLAN_9fsj7vwy7dxhpb59fb1c2 SYS_SQL_976227df3c76f615        YES NO  YES SQL*Plus
select * /* ebk20 */ from emp where job='PRESIDENT'

SQL_PLAN_9fsj7vwy7dxhpd8a279cc SYS_SQL_976227df3c76f615        YES YES YES SQL*Plus
select * /* ebk20 */ from emp where job='PRESIDENT'
```

删除计划

下面是使用 SQL_HANDLE 删除计划的例子：

```
set serveroutput on
declare
l_plan_dropped pls_integer; begin
l_plan_dropped := dbms_spm.drop_sql_plan_baseline
(sql_handle => 'SYS_SQL_976227df3c76f615', plan_name => NULL);end;
/
```

6.5.4 从 STORED OUTLINES 移植到 SQL 计划管理

现在，我将通过一个例子，引导你如何把 SQL 语句从使用 STORED OUTLINES 移植为使用 SQL 计划管理。
创建 STORED OUTLINES：

```
alter session set query_rewrite_enabled = true;
alter session set create_stored_outlines = true;
create or replace outline kev_outline on select * /* ebk2 */ from emp where job='PRESIDENT';
Session altered.
Session altered.
Outline created
```

使用 STORED OUTLINES：

```
alter session set query_rewrite_enabled = true;
alter session set use_stored_outlines = true;
select * /* ebk2 */ from emp where job='PRESIDENT';
```

下面的命令显示了 STORED OUTLINE 的状态。

```
select *
from   user_outlines;

NAME
--------------------
CATEGORY
--------------------------------------------------------------------------------
USED   TIMESTAMP
------ ---------
VERSION
--------------------------------------------------------------
SQL_TEXT
--------------------------------------------------------------------------------
SIGNATURE                          COMPATIBLE    ENABLED  FORMAT MIGRATED
---------------------------------- ------------ -------- ------ ------------
KEV_OUTLINE
DEFAULT
USED   06-JUN-16
12.2.0.0.2
select * /* ebk2 */ from emp where job='PRESIDENT'
A4D01876FBF006A2ECE8420DBA30780C COMPATIBLE    ENABLED  NORMAL NOT-MIGRATED
```

注意：MIGRATED 状态字段显示为 NOT-MIGRATED，而 USED 状态字段显示为 USED。

移植这个 STORED OUTLINES 到计划基线：

```
set serveroutput on
DECLARE
  tst_outline clob;
BEGIN
  tst_outline := DBMS_SPM.MIGRATE_STORED_OUTLINE(attribute_name => 'OUTLINE_NAME',
attribute_value => 'KEV_OUTLINE');
END;
/
```

下面是输出：

```
PL/SQL procedure successfully completed.
```

移植所有的 STORED OUTLINES：

```
DECLARE
uw_outlines CLOB;
BEGIN
  uw_outlines := dbms_spm.migrate_stored_outline('ALL');
END;
/
```

移植后，获取 STORED OUTLINES 和计划基线的状态：

```
select *
from   user_outlines;
```

```
NAME
-------------------
CATEGORY
--------------------------------------------------------------------------------
USED    TIMESTAMP
------  ---------
VERSION
----------------------------------------------------------------
SQL_TEXT
--------------------------------------------------------------------------------
SIGNATURE                       COMPATIBLE   ENABLED  FORMAT MIGRATED
------------------------------  -----------  -------  ------ ------------
KEV_OUTLINE
DEFAULT
USED    06-JUN-16
12.2.0.0.2
select * /* ebk2 */ from emp where job='PRESIDENT'
A4D01876FBF006A2ECE8420DBA30780C COMPATIBLE   ENABLED  NORMAL MIGRATED


select plan_name, sql_handle, enabled, accepted, fixed, module, origin, sql_text
from    dba_sql_plan_baselines;

PLAN_NAME                       SQL_HANDLE                      ENA ACC FIX MODULE
------------------------------  ------------------------------  --- --- --- ----------
ORIGIN
--------------
SQL_TEXT
------------------------------  ------------------------------  --- --- --- ----------
KEV_OUTLINE                     SQL_a698a39a23f57e6d             YES YES NO  DEFAULT
STORED-OUTLINE
select * /* ebk2 */ from emp where job='PRESIDENT'
```

注意，计划基线的 ACCEPTED 已设置为 YES，并且 STORED OUTLINES 的 MIGRATED 状态已被设为 MIGRATED。由于 STORED OUTLINES 的状态是 MIGRATED，因此优化器在决定执行计划时不会查看 STORED OUTLINES。

删除移植后的 STORED OUTLINES：

```
DECLARE
  drp_outline PLS_INTEGER;
BEGIN
  drp_outline := DBMS_SPM.DROP_MIGRATED_STORED_OUTLINE();
END;
/
```

这会删除所有已移植的 STORED OUTLINES。

6.5.5 自适应计划(Oracle 12*c* 新特性)和 SPM

自适应计划的概念是这样的：一条语句开始执行时是一个执行计划(比如，一个使用嵌套循环的计划)，然后可能变到另一个执行计划(哈希关联)，这个过程是在执行过程中发生的，不需要重新执行。改变基于语句执行过程中"看"到的统计数据。统计数据采集器在计划执行过程中会设置一个关键点，基于统计数据，判断实际的执行与开始预期的执行是否偏差比较大。Oracle 使用这种方法比较实际的行数(执行过程中)与估值的行数(执行开始前)，如果比较之后的差距超过某个阈值，Oracle 将会在执行过程中切换到一个更好的执行计划。假设启用了自动计划捕捉,而且 SQL 语句被标记成自适应计划,如果 SQL 语句不存在基线,那么只有真正执行的计划才会被捕获作为基线。如果计划已经存在基线,新的计划会被标识为自适应计划,然后在演进过程中审核(可以自动,也可以手动演进)。Oracle 还会确保这条语句在下次执行时会使用新的计划。

1. 自适应 SQL 计划管理

SQL 计划基线的演进过程在 Oracle 的 12c 版本中发生了改变,新增了一个自动演进任务 SYS_AUTO_SPM_EVOLVE_TASK,这个自动任务使用默认的维护时间窗口(通常周一到周五 22:00 开始,周六和周日 6:00 开始)。这个任务会对未接收的计划排序,然后执行演进过程。如果基于某种预定义的量值,未接收计划的性能好于已存在的计划,那么就会演进为"已接收"状态。除了这个自动演进过程,还有一个手动演进过程。SYS_AUTO_SPM_EVOLVE_TASK 任务的设置如下所示。可以用 DBMS_SPM.set_evolve_task_parameter 改变这些参数:

```
col parameter_name format a30
col parameter_value format a45

select parameter_name, parameter_value
from   dba_advisor_parameters
where  task_name = 'SYS_AUTO_SPM_EVOLVE_TASK'
and    parameter_value != 'UNUSED'
order BY parameter_name
/

PARAMETER_NAME                 PARAMETER_VALUE
------------------------------ ---------------------------------------
ACCEPT_PLANS                   TRUE
ALTERNATE_PLAN_BASELINE        EXISTING
ALTERNATE_PLAN_LIMIT           0
ALTERNATE_PLAN_SOURCE          CURSOR_CACHE+AUTOMATIC_WORKLOAD_REPOSITORY
DAYS_TO_EXPIRE                 UNLIMITED
DEFAULT_EXECUTION_TYPE         SPM EVOLVE
EXECUTION_DAYS_TO_EXPIRE       30
JOURNALING                     INFORMATION
MODE                           COMPREHENSIVE
TARGET_OBJECTS                 1
TIME_LIMIT                     3600
_SPM_VERIFY                    TRUE
```

2. SQL 计划基线手动演进示例

初始设置:EBK_TAB 表有 1 万条记录,没有索引。参数 OPTIMIZER_CAPTURE_SQL_PLAN_BASELINE=true,OPTIMIZER_USE_SQL_PLAN_BASELINE=TRUE=true。下面的 SQL 语句将会在本次测试中执行多次:

```
select *
from   ebkm_tab
where  emp_id = 500;
```

下面是这个 SQL 的初始执行情况:

```
select *
from   ebkm_tab
where  emp_id = 500;

Execution Plan
----------------------------------------------------------
```

```
Plan hash value: 618087802

--------------------------------------------------------------------------
| Id  | Operation         | Name     | Rows  | Bytes | Cost (%CPU)| Time     |
--------------------------------------------------------------------------
|   0 | SELECT STATEMENT  |          |     1 |    25 |    14   (0)| 00:00:01 |
|*  1 |  TABLE ACCESS FULL| EBKM_TAB |     1 |    25 |    14   (0)| 00:00:01 |
--------------------------------------------------------------------------
```

为了让 SQL 能够进入 SQL 计划基线，需要再执行一次：

```
select *
from   ebkm_tab
where  emp_id = 500;

Execution Plan
----------------------------------------------------------
Plan hash value: 618087802

--------------------------------------------------------------------------
| Id  | Operation         | Name     | Rows  | Bytes | Cost (%CPU)| Time     |
--------------------------------------------------------------------------
|   0 | SELECT STATEMENT  |          |     1 |    25 |    14   (0)| 00:00:01 |
|*  1 |  TABLE ACCESS FULL| EBKM_TAB |     1 |    25 |    14   (0)| 00:00:01 |
--------------------------------------------------------------------------

Predicate Information (identified by operation id):
---------------------------------------------------

   1 - filter("EMP_ID"=500)

Note
-----
   - SQL plan baseline "SQL_PLAN_1vgsrj4ry0aws4fe1fc32" used for this statement
```

下面在 EMP_ID 字段上创建一个索引，然后收集统计信息：

```
create index ebkm_tab_idx on ebkm_tab(emp_id);
Index created.

EXECUTE DBMS_STATS.GATHER_SCHEMA_STATS(ownname => 'KEVIN');
PL/SQL procedure successfully completed.
```

再执行一次最开始的 SQL：

```
select *
from   ebkm_tab
where  emp_id = 500;

Execution Plan
----------------------------------------------------------
Plan hash value: 618087802

--------------------------------------------------------------------------
| Id  | Operation         | Name     | Rows  | Bytes | Cost (%CPU)| Time     |
--------------------------------------------------------------------------
|   0 | SELECT STATEMENT  |          |     1 |    25 |    14   (0)| 00:00:01 |
|*  1 |  TABLE ACCESS FULL| EBKM_TAB |     1 |    25 |    14   (0)| 00:00:01 |
--------------------------------------------------------------------------
Predicate Information (identified by operation id):
```

```
-------------------------------------------------
   1 - filter("EMP_ID"=500)

Note
-----
   - SQL plan baseline "SQL_PLAN_1vgsrj4ry0aws4fe1fc32" used for this statement
```

为 SQL 语句增加第二个 SQL_HANDLE，但是 ACCEPTED=NO。

```
select plan_name,sql_handle,enabled,accepted,fixed,adaptive,sql_text
from    dba_sql_plan_baselines
where   creator='KEVIN'
and     sql_text like '%ebkm_t%';

PLAN_NAME
--------------------------------------------------------------------------------
SQL_HANDLE                    ENA ACC FIX ADA
----------------------------- --- --- --- ---
SQL_TEXT
--------------------------------------------------------------------------------
SQL_PLAN_1vgsrj4ry0aws4fe1fc32
SQL_1dbf17892fe02b98          YES YES NO  NO
select * from ebkm_tab where emp_id = 500

SQL_PLAN_1vgsrj4ry0awsd2487c70
SQL_1dbf17892fe02b98          YES NO  NO  NO
select * from ebkm_tab where emp_id = 500
```

手动演进的第一步是执行 CREATE_EVOLVE_TASK。

```
SQL> SET SERVEROUTPUT ON
SQL> DECLARE
  2     l_return VARCHAR2(32767);
  3  BEGIN
  4     l_return := DBMS_SPM.create_evolve_task(sql_handle => 'SQL_1dbf17892fe02b98');
  5     DBMS_OUTPUT.put_line('Task Name: ' || l_return);
  6  END;
  7  /
Task Name: TASK_1992
```

下一步的 EXECUTE_EVOLVE_TASK 会用到这个 Task Name：

```
SQL> SET SERVEROUTPUT ON
SQL> DECLARE
  2     l_return VARCHAR2(32767);
  3  BEGIN
  4     l_return := DBMS_SPM.execute_evolve_task(task_name => 'TASK_1992');
  5     DBMS_OUTPUT.put_line('Execution Name: ' || l_return);
  6  END;
  7  /
Execution Name: EXEC_2142
```

下一步的 REPORT_EVOLVE_TASK 会用到前面的 Task Name 和 Execution Name。

```
SQL> SET LONG 1000000 PAGESIZE 1000 LONGCHUNKSIZE 100 LINESIZE 100
SQL>
SQL> SELECT DBMS_SPM.report_evolve_task(task_name => 'TASK_1992', execution_name => 'EXEC_2142')
AS output
```

```
   2  FROM   dual;

OUTPUT
--------------------------------------------------------------------------------
GENERAL INFORMATION SECTION
--------------------------------------------------------------------------------

 Task Information:
 ---------------------------------------------
 Task Name            : TASK_1992
 Task Owner           : KEVIN
 Execution Name       : EXEC_2142
 Execution Type       : SPM EVOLVE
 Scope                : COMPREHENSIVE
 Status               : COMPLETED
 Started              : 06/06/2016 07:12:58
 Finished             : 06/06/2016 07:12:59
 Last Updated         : 06/06/2016 07:12:59
 Global Time Limit    : 2147483646
 Per-Plan Time Limit  : UNUSED
 Number of Errors     : 0
--------------------------------------------------------------------------------

SUMMARY SECTION
--------------------------------------------------------------------------------
 Number of plans processed  : 1
 Number of findings         : 1
 Number of recommendations  : 1
 Number of errors           : 0
--------------------------------------------------------------------------------

DETAILS SECTION
--------------------------------------------------------------------------------
 Object ID            : 2
 Test Plan Name       : SQL_PLAN_1vgsrj4ry0awsd2487c70
 Base Plan Name       : SQL_PLAN_1vgsrj4ry0aws4fe1fc32
 SQL Handle           : SQL_1dbf17892fe02b98
 Parsing Schema       : KEVIN
 Test Plan Creator    : KEVIN
 SQL Text             : select * from ebkm_tab where emp_id = 500

Execution Statistics:
-----------------------------
                   Base Plan                         Test Plan
                 ---------------------------      ---------------------------
 Elapsed Time (s): .000028                         .000003
 CPU Time (s):     .000033                         0
 Buffer Gets:      5                               0
 Optimizer Cost:   14                              2
 Disk Reads:       0                               0
 Direct Writes:    0                               0
 Rows Processed:   0                               0
 Executions:       10                              10


FINDINGS SECTION
```

```
-------------------------------------------------------------------------------
Findings (1):
-------------------------------------------------------------------------------
 1. The plan was verified in 0.09200 seconds. It passed the benefit criterion
    because its verified performance was 18.01110 times better than that of the
    baseline plan.

 Recommendation:
 ---------------------------
  Consider accepting the plan. Execute
  dbms_spm.accept_sql_plan_baseline(task_name => 'TASK_1992', object_id => 2,
  task_owner => 'KEVIN');


 EXPLAIN PLANS SECTION
-------------------------------------------------------------------------------

 Baseline Plan
 ---------------------------
  Plan Id          : 203
  Plan Hash Value  : 1340210226

-------------------------------------------------------------------------------
| Id  | Operation           | Name      | Rows | Bytes | Cost| Time     |
-------------------------------------------------------------------------------
|  0  | SELECT STATEMENT    |           |   1  |   25  |  14 | 00:00:01 |
|* 1  |  TABLE ACCESS FULL  | EBKM_TAB  |   1  |   25  |  14 | 00:00:01 |
-------------------------------------------------------------------------------

 Predicate Information (identified by operation id):
 ---------------------------------------------------
 * 1 - filter("EMP_ID"=500)


 Test Plan
 ---------------------------
  Plan Id          : 204
  Plan Hash Value  : 3527965808

-------------------------------------------------------------------------------
| Id  | Operation                          | Name         | Rows | Bytes | Cost
| Time     |
-------------------------------------------------------------------------------
|  0  | SELECT STATEMENT                   |              |   1  |   25  |   2
| 00:00:01 |
|  1  |  TABLE ACCESS BY INDEX ROWID BATCHED | EBKM_TAB   |   1  |   25  |   2
| 00:00:01 |
|* 2  |   INDEX RANGE SCAN                 | EBKM_TAB_IDX |   1  |       |   1
| 00:00:01 |
-------------------------------------------------------------------------------

 Predicate Information (identified by operation id):
 ---------------------------------------------------
 * 2 - access("EMP_ID"=500)
```

未接收计划满足性能提升基准，可以转成已接收计划：

```
SQL> SET SERVEROUTPUT ON
SQL> DECLARE
  2    l_return NUMBER;
  3  BEGIN
  4    l_return := DBMS_SPM.implement_evolve_task(task_name => 'TASK_1992');
  5    DBMS_OUTPUT.put_line('Plans Accepted: ' || l_return);
  6  END;
  7  /
Plans Accepted: 1


PLAN_NAME
--------------------------------------------------------------------------------
SQL_HANDLE                        ENA ACC FIX ADA
------------------------------    --- --- --- ---
SQL_TEXT
--------------------------------------------------------------------------------
SQL_PLAN_1vgsrj4ry0aws4fe1fc32
SQL_1dbf17892fe02b98              YES YES NO  NO
select * from ebkm_tab where emp_id = 500


SQL_PLAN_1vgsrj4ry0awsd2487c70
SQL_1dbf17892fe02b98              YES YES NO  NO
select * from ebkm_tab where emp_id = 500
```

新的已接收计划已经用上了：

```
select *
from   ebkm_tab
where  emp_id = 500;

Execution Plan
----------------------------------------------------------
Plan hash value: 1332099859

--------------------------------------------------------------------------------
| Id  | Operation                           | Name         | Rows  | Bytes | Cost (%CPU)| Time     |
--------------------------------------------------------------------------------
|   0 | SELECT STATEMENT                    |              |     1 |    25 |     2   (0)| 00:00:01 |
|   1 |  TABLE ACCESS BY INDEX ROWID BATCHED| EBKM_TAB     |     1 |    25 |     2   (0)| 00:00:01 |
|*  2 |   INDEX RANGE SCAN                  | EBKM_TAB_IDX |     1 |       |     1   (0)| 00:00:01 |
--------------------------------------------------------------------------------
```

6.6 要诀回顾

- 在init.ora中设置TIMED_STATISTICS = true将启用时间统计的收集。同样，在Oracle的10g版本中，初始化参数SQL_TRACE已经不再使用(以后可能就没有了)。

- TKPROF 实用程序把跟踪输出转换为可阅读的格式。如果不运行 TKPROF，就很难读懂 TRACE 的输出结果。通过指定 explain = username/password，除了获得查询的执行统计，还可以获得 EXPLAIN PLAN 的执行路径。Oracle 的 12c 版本还可以使用一个针对 PDB(可插拔数据库)的选项。
- 在命令行中不带参数运行 TKPROF，将列出所有的参数。
- 所跟踪的查询如果有大量物理读，通常表明缺少索引。
- 跟踪文件是系统在某个特定时刻的实时反映。相反，EXPLAIN PLAN 是在分析 TKPROF 清单时生成的，因此有一点延迟。行源操作清单也是跟踪文件的一部分，并且可用来查看是否有数据库对象在跟踪执行后发生了变化。
- 全表扫描是 Oracle 首先从内存移除的事件之一(执行时就处于 LRU 端)，因为它们效率低，还要占用大量内存。
- 设置 PLAN_STAT 的值为 ALL_EXECUTIONS 以确保执行计划相关的信息包含在跟踪文件中。
- 使用 DBMS_MONITOR 时，确保在完成操作后禁用跟踪；否则，将跟踪满足指定条件的每个会话。
- 如果有多个开发人员或 DBA 都在使用 PLAN_TABLE，就使用 SET STATEMENT_ID='你的标识符'来标识语句。我自己很少使用 SET STATEMENT_ID 语句。相反，我会对查询执行 EXPLAIN，看完输出结果，再从 PLAN_TABLE 中删除。重复这个动作(对查询做各种调整)，直到我看到一个不错的执行计划。然后我会执行这个查询，看看性能是否有所提升。如果多个开发人员或 DBA 使用同一个 PLAN_TABLE，SET STATEMENT_ID(区分大小写)对于区分不同的语句还是很有必要的。
- 使用 EXPLAIN 而不是 TRACE，就不用等待查询的运行。EXPLAIN 不用实际运行这个查询就可以显示查询的路径。一般只对那些多查询的批处理任务使用 TRACE，从而找到在批处理任务中哪些查询慢。
- 可以使用 Oracle 提供的 utlxpls.sql 和 utlxplp.sql 查询来对 PLAN_TABLE 表进行查询，而不用自己写一个查询或对输出进行格式化。
- 自顶而下读还是从下往上读完全取决于从 PLAN_TABLE 表中检索信息的查询的编写方式。两种查询方法可能都是对的，取决于查询语句是如何组织的。
- 如果在设置 AUTOTRACE 时出现"Unable to verify plan table format or existence"错误，就必须使用 utlxplan.sql 来创建 PLAN_TABLE 表。
- 如果 AUTOTRACE 不能查询系统视图，可能是因为用户没有查看底层对象的权限。
- 通过运行 EXPLAIN PLAN，还可以访问 PLAN_TABLE 表中的 PARTITION_START 和 PARTITION_STOP 列来查看分区。
- 访问 V$SQLAREA 表可以得到经常通过跟踪查询获取的统计信息。
- 可以在 Fusion Middleware(开发版)产品中使用 TRACE。某些产品可直接在命令行中设置 statistics=yes，也可以通过一个触发器来开启和关闭跟踪命令。
- 表 PLAN_TABLE 的 OPERATION 和 OPTIONS 列对优化查询非常重要。OPERATION 列显示了所执行的实际操作(包括连接类型)，而 OPTIONS 列则告诉你什么时候执行了全表扫描(可能需要索引)。
- PARENT_ID 列非常重要，因为它显示了 EXPLAIN PLAN 中两个步骤之间的依赖性。如果 EXPLAIN PLAN 的某个步骤有 PARENT_ID，就表明这条语句必须在指定的 PARENT_ID 步骤之前执行。
- 当评估应如何优化查询时，BYTES 列就特别重要。如果使用了索引并且字节数非常大，就表明使用全表扫描会更高效(也就是说，读取索引和数据的成本要比只在全表扫描中检索数据的成本更大)。同时，字节数还可以帮助我们判断哪个表应该在查询时先被访问(驱动表)，因为有些表可能会限制其他表需要的字节数。
- 记住查询中的 COST 和 BYTES 值都是估算出来的。成本或字节数估算值较高的查询可能比估算值较低的查询运行得快。

- X$KSPPI 表只能由 SYS 用户访问。在第 13 章中可以了解到如何访问 X$表和使用这些参数。不要在没有咨询 Oracle 公司的情况下使用这些未公开的参数。在 Oracle 的不同版本中，这些视图中的布局和列名都可能会发生变动。
- 跟踪查询可以提高性能，但使用基于这些未公开的 TRACE init.ora 参数(前面讨论过)的 TRACE 功能，可以让你深入地了解如何解决 Oracle 中的错误。
- STORED OUTLINES 冻结 SQL 语句的执行计划，而 SPM 允许选择新的执行计划，只要能提高 SQL 语句的性能即可。如果同时存在 STORED OUTLINES 和 SPM，优先使用 STORED OUTLINES。
- SQL 计划基线必须同时处于启用和接收状态，才会被优化器使用。
- 自适应计划是指一条语句刚开始是一个执行计划(比如使用嵌套循环关联)，在执行过程中不需要重新执行，就可以转变为另一个执行计划(比如使用哈希关联)，这个过程基于语句执行过程中"看到"的内容(聪明的统计信息)。统计信息采集器在计划执行过程中设置一个关键点，根据实际执行过程的统计值，判断是否严重偏离最开始期望的执行计划。如果结果间的差异越过一定的阈值，Oracle 就会在执行过程中转而使用更好的执行计划。比较 EXPLAIN PLAN(开始执行时)和 DBMS_XPLAN(执行结束的最终计划)，可以分别看到之前和之后的计划。

第 7 章

基本的提示语法(针对开发人员和 DBA)

尽管在选择正确优化路径和在系统中使千千万万个查询成功利用索引方面，基于成本的优化器已工作得极为精确，却仍做不到尽善尽美(即便在 Oracle 12c 自适应查询优化的环境下亦是如此)。为此，Oracle 可以为已知查询提供具体的提示：否决优化器的决定，以期获得更佳的查询性能。本章主要介绍提示的基本语法和使用方法，紧随其后的第 8 章和第 9 章中有更复杂的例子，它们将应用本章中介绍的各种提示。

因为每个系统都不同于其他系统，所以对你的系统最有用的提示并不一定是我觉得最好的那些提示。多数系统中司空见惯地使用着 FULL、INDEX、ORDERED 和 LEADING 提示，而在带并行选项的系统中，PARELLEL 提示却可能使用得最多。Oracle 12c 中，最好的提示往往关联到内存列存储(如 INMEMORY 和 NO_INMEMORY 提示)、可插拔数据库(如 CONTAINERS 提示)和自适应查询优化(如 ADAPTIVE_PLAN 和 AUTO_REOPTIMIZE 提示)。我还将于最后介绍并非优化器提示的 WITH_PLSQL 提示。在 Oracle 11g 中引入的而你尚未使用过的提示中大概包含着 RESULT_CACHE、MONITOR 和 NO_MONITOR。以往支持过的一些提示已经从 Oracle 数据库的 SQL 参考手册中清除出去(不建议使用/阻止使用/不支持使用这些提示)：RULE、反连接提示(HASH_AJ、NL_AJ 和 MERGE_AJ)、半连接提示(HASH_SJ、NL_SJ 和 MERGE_SJ)、ROWID 和 AND_EQUAL。

本章要点如下:
- 最常用的提示、可用的提示和分组、指定多重提示
- 当使用别名时,必须使用别名而不是提示中的表名
- 使用 FIRST_ROWS 提示通常强制使用索引
- 使用 ALL_ROWS 提示一般强制执行全表扫描
- 使用 FULL 提示以实行全表扫描
- 使用 INDEX 提示以影响索引的使用
- 使用 NO_INDEX 提示以禁用某个指定的索引
- 使用 INDEX_ASC 提示以升序方式使用索引
- 使用 INDEX_DESC 提示以降序方式使用索引
- 使用 INDEX_JOIN 提示以允许单个表上的索引合并
- 使用 INDEX_COMBINE 提示以访问多个位图索引
- 使用 INDEX_FFS 提示以实行索引快速全扫描
- 使用 ORDERED 提示以指定表的驱动顺序
- 使用 LEADING 提示以仅仅指定第一个驱动表
- 使用 NO_EXPAND 提示以避免 OR 扩展
- 涉及多地点和 DRIVING_SITE 提示的查询
- 使用 USE_MERGE、USE_NL 和 USE_HASH 提示以改变表之间内部的连接方式
- 使用 PUSH_SUBQ 以尽早处理子查询
- 使用并行查询选项和 PARELLEL 及 NO_PARELLEL
- 为加速数据插入而使用 APPEND 和 NOAPPEND
- 使用 CACHE 提示将表缓存并固定在内存中
- 使用 NO_CACHE 提示
- 使用 RESULT_CACHE 在共享池中缓存表数据
- 使用 CURSOR_SHARING_EXACT 提示覆盖 CURSOR_SHARING 设置
- 使用 INMEMORY 和 NO_INMEMORY 提示(仅适用于 12.1.0.2 及更新版本)
- 使用 USE_INVISIBLE_INDEXES 提示(Oracle 12c 新增)
- 使用 CONTAINERS 提示(Oracle 12c 新增)
- 使用 WITH_PLSQL 提示(Oracle 12c 新增)
- 杂项提示和涉及 Oracle 12c 及其他版本的注意事项

7.1 最常用的提示

我在 TUSC 做过一次非正式的调查,目的是了解在日常的调优工作中既为 DBA、又为开发人员所运用的那些提示。我要求 DBA 和开发人员仅列出他们最常用的三个提示,而调查结果并未超出我的预料。如果你还从未使用过提示,那么这个调查结果将非常有助于确定究竟该从何处起步。下面是 TUSC 的依使用频度而排序的常用提示列表(我个人最常用的提示列表为 INDEX、ORDERED、PARALLEL、LEADING、FULL、APPEND 和 NO_INDEX):

(1) INDEX
(2) ORDERED
(3) PARALLEL
(4) FIRST_ROWS

(5) FULL
(6) LEADING
(7) USE_NL
(8) APPEND
(9) USE_HASH
(10) RESULT_CACHE

注意
上述列表中的前三条，正是提示被引入后我最常使用的三条提示。在调优工作中，我频繁地使用上述列表中的所有提示，因此使用这些提示乃是非常好的起点。

到版本 12cR2 时，最常用提示列表中可能会增加下面这五条新提示：
(11) INMEMORY/NO_INMEMORY
(12) USE_INVISIBLE_INDEXES
(13) CONTAINERS
(14) AUTO_REOPTIMIZE/ADAPTIVE_PLAN
(15) WITH_PLSQL

7.1.1 慎用提示

提示可以分为两个主要的类别：应用指令(usage directive)类和编译器指令(compiler directive)类。应用指令类指那些除语句级设置外，还可以通过初始化参数来设置的提示(比如 FIRST_ROWS 和 ALL_ROWS)。在 OLTP(在线事务处理)数据库中，从实例一级将优化器自 ALL_ROWS 变为 FIRST_ROWS 的设置将使它立即致力于更快地返回前几行(对于大多数 OLTP 应用程序而言的最佳响应时间)。从实例一级将优化器设置为 ALL_ROWS 将使它立即致力于更快地返回所有的行(对于所有行而言的最佳吞吐量，这可能是批处理操作或数据仓库情形下的首选)。提供给优化器的提示会影响到它在连接操作和操作顺序方面的选择。无论是在 OLTP 还是在数据仓库的数据库环境下，目标都是在整个系统范围内解决性能问题，而不是去优化个别查询。

当数据仓库中有的查询表现得更像 OLTP 系统中的查询，或者反过来，当 OLTP 系统中有的查询表现得更像数据仓库中的查询时，可能就得针对那些语句运用提示了。使用提示后，你可能发觉自己在反反复复地优化同一类型的问题，而那就是实例级设置欠妥或不恰当数据库结构影响性能(例如缺失索引或 I/O 争用)的征候。在短期内使用编译指令调整这些症状，将引领你获得长久解决问题的模式，然后就能通过运用应用指令在全系统范围内处理问题了。使用提示时遵循这样的思路，就可以很少使用它们了。

提示最好慎用。提示之所以被称为"提示"而非"命令"，是有原因的：如果优化器判定在不应用提示的情况下查询性能反而更好的话，基于成本的优化器可能会拒绝提示的指令。此外，在与其他提示一起使用、升级数据库、应用修补程序或更改数据库初始化/会话参数的情况下，提示都可能产生不可预知的效果。提示可以提供有价值的功能，但务请在其他要达到同样目标的方法不起作用时再使用提示。

7.1.2 首先修正设计方案

在三表连接的情形下，根据交集表上索引的列顺序，查询通常会以特定的顺序访问这些表。正确地为交集表和其他表上的连接列建立索引，即可抢在很多性能问题发生之前把它们排除掉。如果为了连接而反复使用 ORDERED 或 LEADING 提示，那么检查连接表上的索引可以帮助你改变优化器处理问题的方式。重写 SQL 语句，使这些语句正确地使用索引的方法还能解决许多问题，并且无须再用提示。在索引列上使用函数可能会抑制该索引并导致表驱动顺序的改变(按照和使用函数前不同的顺序读取表)。仅仅当你已经穷尽其他优化查询的途径后，再来使用提示吧！如果发现对同样的问题不断地使用相同的提示，那就几乎可以肯定遇到了需要在系统层面处理的问题。应当自始至终地尝试解决那个表现在每个查询层面问题中的系统问题，当升级到新版本时，这样的思路也会有助于避开由于提示的运作不再同以前一样而带来的烦恼。

例如，思考一下 student、class 和 student_class 表之间典型的三表连接。对于每个学生，student 表里都有对应的一行；对于每门课程，class 表里也有对应的一行。而 student_class 表是交集表，因为有多个学生选修多门课程。这些表的主键可能是这样的：

```
STUDENT primary key STUDENT_ID
CLASS primary key CLASS_ID
STUDENT_CLASS concatenated primary key of (CLASS_ID, STUDENT_ID)
```

当主键以这样的方式定义时，Oracle 会自动地创建索引以支持它们。交集表 student_class 有在 class_id 和 student_id 两个列上的复合索引，class_id 是前导列。对于应用程序的所有查询，这是否是最佳的列顺序呢？除非你能预测连接这些表的所有查询，否则就应该在 student_class 表的主键列上创建第二个索引：

```
STUDENT_CLASS secondary index on (STUDENT_ID, CLASS_ID)
```

优化器在处理这三个表的连接时，可以选择从 student 表或 class 表中的任意一个开始，并且在 student_class 表上有支持其需求的可用索引。你可能发现辅助索引很少被用到，但当需要它支持应用程序用户及其相关的业务流程时，它确实可用。设计索引结构以支持多种访问路径，就可以在不诉诸提示的情况下，为优化器提供选择最佳执行路径的工具。

7.2 可用提示及归类

可用提示会依所安装数据库的版本而有所不同。本章致力于介绍那些频繁使用的提示，但很多未在这里详细介绍的提示，也可能给特定系统带来性能的大幅提升。Oracle 文档的 SQL 参考手册中列出了提示的功能和语法。

根据提示所修改的操作类型，提示可被分作各种不同的类别。下面将详细讨论每种提示，包括它们的语法和示例。V$SQL_HINT 视图中列出了可用的提示，它们最初成为可用时的版本，以及它们所属的提示类(如访问、缓存等)。

7.2.1 执行路径提示

当优化器处理特定的语句时，提示可以修改相应的执行路径。实例层面的参数 OPTIMIZER_MODE 可用于修改数据库中的所有语句，使它们遵循特定的执行路径，但对不同执行路径的提示将覆盖实例参数文件中的规定。如果 SQL 语句有指定优化方法和目标的提示，优化器就应该使用指定的方法，而不管是否存在统计数据，不管初始化参数 OPTIMIZER_MODE 的取值，也不管 ALTER SESSION 语句中的 OPTIMIZER_MODE 参数。Oracle 还在其文档中给出了下面的注意事项：如果统计数据未收集，或者统计数据不再能够表征存储在数据库中的数据，基于成本的优化器就没有足够的信息来生成最佳的执行计划。

改变执行路径的提示如下：
- ALL_ROWS
- FIRST_ROWS(*n*)

7.2.2 访问方法提示

被归入访问方法类的提示，允许编码人员改变数据访问的方式；这是使用最频繁的一类提示，尤其是 INDEX 提示。INDEX 提示为下面这些问题提供了指南：是否使用索引？如何使用索引？如何将相应的索引合并起来以得到最终的答案？

访问方法提示如下(稍后再做说明)：
- FULL
- INDEX、INDEX_ASC、INDEX_DESC
- NO_INDEX、NO_INDEX_FFS、NO_INDEX_SS
- INDEX_COMBINE
- INDEX_JOIN
- INDEX_FFS
- INDEX_SS、INDEX_SS_ASC、INDEX_SS_DESC

7.2.3 查询转换提示

在数据仓库的环境中，如果熟知如何运用事实(fact)表和维度(dimension)表的话，查询转换提示就特别有用。针对某个查询，FACT 提示能够指定某个特定的表为事实表或驱动表，而 NO_FACT 提示则刚好相反。多表连接时，STAR_TRANSFORMATION 提示用于高效地访问事实表；如果某架构的格局貌似数据仓库架构而实际上并非数据仓库，NO_STAR_TRANSFORMATION 提示会指示优化器不实行星型查询转换；运用位图索引(而非 B 树索引)有助于劝导基于成本的优化器使用星型计划。

有些查询转换与星型查询并不相干。许多发生于幕后的转换并未用到提示，而提示可用以促进过程的发展；MERGE 提示要求把索引值(而非表中的数值)作为主数据源；REWRITE 提示重写查询以访问物化视图而不是访问源表；UNNEST 提示用于有子查询的场合，它帮助重建查询以使用表连接；使用 NO_QUERY_TRANSFORMATION 提示以避免查询转换。

查询转换提示如下：
- FACT、NO_FACT
- MERGE、NO_MERGE
- USE_CONCAT、NO_EXPAND
- NO_QUERY_TRANSFORMATION
- REWRITE、NO_REWRITE
- STAR_TRANSFORMATION、NO_STAR_TRANSFORMATION
- UNNEST、NO_UNNEST

7.2.4 连接操作提示

连接操作提示控制连接表中数据的合并。连接操作可以指导优化器选择最佳的路径，为查询取回所有的数据行(吞吐量)，抑或取回首行数据(响应时间)。

有两个提示可以直接影响连接顺序：LEADING 提示为连接顺序指定打头阵的表；而 ORDERED 提示则告诉优化器，根据 FROM 子句中各表的顺序来连接这些表，并把第一个表作为驱动表(最先被访问)。

可指导运用连接操作的提示包括：
- LEADING、ORDERED
- USE_HASH、NO_USE_HASH
- USE_MERGE、NO_USE_MERGE
- USE_NL、USE_NL_WITH_INDEX、NO_USE_NL

7.2.5 并行执行提示

并行执行提示适用于使用并行选项(仅在 Oracle 企业版中才可用)的数据库，这些提示将覆盖表的并行度规约。

并行执行提示如下：
- PARALLEL、NO_PARALLEL
- PARALLEL_INDEX、NO_PARALLEL_INDEX

7.2.6 其他提示

其他提示就不容易归类了。APPEND 和 NOAPPEND 提示可以不和并行选项一起使用，而它们却经常与并行选项一起使用；缓存分类涉及的提示，会把各条目分为最近最多使用(CACHE)或最近最少使用(NOCACHE)。正如 APPEND 和 CACHE 提示那样，下面这些提示可用于影响优化器如何处理表访问：

- APPEND、NOAPPEND
- CACHE、NOCACHE
- CURSOR_SHARING_EXACT
- DRIVING_SITE
- DYNAMIC_SAMPLING
- MODEL_MIN_ANALYSIS
- PUSH_PRED、NO_PUSH_PRED
- PUSH_SUBQ、NO_PUSH_SUBQ
- QB_NAME
- OPT_PARAM
- RESULT_CACHE、NO_RESULT_CACHE

7.3 指定提示

不管以任何方式错误地指定提示，提示都会变成注释行并遭受忽略。并没有错误信息发出来，因为那条糟糕的提示变成了注释(除非注释结构本身就不正确)。务必非常小心地保证提示的语法完全正确。确保正确指定提示的最佳方法就是运行 EXPLAIN PLAN，或者在 SQL*Plus 中设置 AUTOTRACE 为 ON 以查看提示是否被使用。如果提示应该影响到执行计划，那就要检查该执行计划是否产生了预期的结果。尽管提示主要就是为了影响 Oracle 优化器的决定，但某些提示还是会被优化器否决。这里显示的是基本的提示语法(本例中是 FULL 提示的语法)，请注意两种格式的区别：第一种使用了多行注释分隔符，而第二种使用了行内注释分隔符。如果使用行内注释分隔符，那么分隔符之后的任何内容(如列名)都会被忽略掉，必须在下一行继续你的查询：

```
select      /*+ FULL(table) */ column1, ...
```

或

```
select      --+FULL(table)
            column1, ...
```

前面代码段中的(table)是于其上实行全表扫描的表名(或是表的别名，如果在 FROM 子句中指定表的别名的话)，如下所示：

```
select      /*+ FULL(employees) */ employee_id, last_name, department_id
from        employees
where       department_id = 1;
```

在这个例子中，即便 department_id 列上有索引，也应该实行全表扫描。提示不需要大写。如果在提示中使用块注释，那么一定要小心，不要以封闭的块注释把提示的正文注释掉。数据库会忽略第二个块注释的起始标记(它会被注释掉)，而使用第一个块注释的截止标记(属于提示)终止最初的块注释，并在发现第二个不匹配的块注释终止标记时提出语法错误。

```
select      /* FULL(employees) */ employee_id, last_name, department_id
from        employees
where       department_id = 1;
```

在这个查询中,如果 department_id 列上有索引,该索引就会被用到,因为提示里缺了加号(+),从而变成了注释。

当提示接收多个参数时,空格或逗号可以分隔参数:

```
select      /*+ index(employees emp_emp_id_pk emp_job_ix) */ ...
```

或

```
select      /*+ index(employees,emp_emp_id_pk,emp_job_ix) */ ...
```

要诀

提示中的语法错误会导致提示被理解为注释。追加的提示如果能正确地指定,就能够使用它们。

默认情况下,提示只影响它们本身所在的代码块。如果提示某个访问 employees 表的查询,而该查询是 UNION 操作的一部分,那么 UNION 中的其他查询不会受到该提示的影响。如果要 UNION 中所有的查询都使用这样的提示,那就得在每个查询中都指定该提示。这一条也适用于视图、子查询和子查询分解(WITH 子句)。

可以在提示中指定查询块名,从而指定应用该提示的查询块。因此,在外层查询中,可以指定应用于子查询的提示。QUERY_BLOCK 参数的提示语法是下面这样的形式:

```
@query_block
```

其中,QUERY_BLOCK 是用户指定或系统生成的标识符。用 QB_NAME 提示来指定查询块的名称。如果使用系统生成的提示,可以通过查询的 EXPLAIN PLAN 来查看查询块的名称(本章后面将给出示例)。

7.4 指定多个提示

可以同时使用多个提示,尽管这可能导致某些或全部提示遭到忽略。用空格将这些提示分隔开,如下所示:

```
select      /*+ FULL(table) CACHE(table)*/ column1,¡-
```

代码段中的(table)是实行全表扫描和缓存的表名:

```
select      /*+ FULL(employees) CACHE(employees)*/
            employee_id, last_name, department_ID
from        employees
where       department_id = 1;
```

要诀

多重提示以空格分隔开。指定相互冲突的多重提示会造成其中有冲突的提示都不被查询使用。

7.5 使用别名时,提示别名而非表名

在打算运用提示的表上使用别名时,必须在提示中指定别名而非表名。
在使用别名的情况下,如果在提示中指定的是表名,该提示就不起作用。

```
select      /*+ FULL(table) */ column1,...
```

上面代码段中的(table)不得不被替换成下面示例中的别名,因为查询使用了别名。如果使用了别名,提示中

就得用这个别名,不然的话,该提示就起不了作用:

```
select      /*+ FULL(A) */ employee_id, last_name, department_id
from        employees A
where       department_id = 1;
```

7.6 提示

这里讨论的提示可用于 Oracle Database 12cR1,也可用于 Oracle Database 12cR2。可参考 Oracle 文档以得到关于这些提示或其他提示的更多信息。

从 11g 和 12c 版本中,Oracle 数据库会在启用自动模式的情况下自动维护优化器的统计数据,数据库自动地为那些无统计数据或统计数据过于陈旧的表收集优化器统计数据。如果需要表的最新统计数据,数据库将针对表和相应的索引收集统计数据。自动优化器统计数据收集作为 AutoTask 的一部分来运行,这是默认启用的,并在所有预定义的维护窗口中运行(也就是说,每天一次)。自动优化器统计数据收集有赖于修改监控的特性。当参数 STATISTICS_LEVEL 被设置为 TYPICAL 或 ALL 时,监控是默认启用的。监控追踪表上 INSERT、UPDATE 和 DELETE 操作的大概数量,以及最后一次统计数据收集后该表是否被截断过的信息。如果被监控的表中有超过 10% 的内容被更新过,那么已有的该表统计数据将被视为过于陈旧,并且要被重新收集。运用 DBMS_STATS 包来手动管理统计数据。自适应查询优化(详见第 8 章)使 Oracle 优化器得到了更多改善。

7.6.1 Oracle 的演示样板:HR 方案

以作为演示样板的 Oracle HR 方案制作出下面这些例子。在一些例子中,为便于使用某些提示而创建了额外的对象,而样板方案中并没有这些对象:

```
create bitmap index employees_first_name_bmp on employees(first_name);
create bitmap index employees_commision_bmp on employees(commission_pct);
```

7.6.2 FIRST_ROWS 提示

FIRST_ROWS 提示引导优化器在最快速地检索首行的基点上优化查询。当使用在线事务处理系统在屏幕上检索单条记录时,该提示特别有用。但是对于批处理密集型的环境来说,该提示可能就是糟糕的选择:在这样的环境中查询通常会检索许多行。FIRST_ROWS 提示一般会强制使用某些索引,而在正常情况下,这些索引并不一定会被用到。即使未给优化器收集统计数据,FIRST_ROWS 或 ALL_ROWS 提示也会被用到(优化器将尽力猜测以决定二者中的哪个更好,默认设置是 ALL_ROWS)。

UPDATE 和 DELETE 语句将会忽略 FIRST_ROWS 提示,因为查到的所有行都得被更新或删除。使用分组语句(GROUP BY、DISTINCT、INTERSECT、MINUS 和 UNION)时 FIRST_ROWS 提示也会被忽略,因为既然要分组,就要检索所有参加分组的行。当语句中有 ORDER BY 子句时,如果有索引扫描能够代替真实的排序工作,优化器就可能会选择避开排序。当索引扫描可用且该索引在内表上时,优化器就可能选择 NESTED LOOPS 而不选 SORT MERGE:内表会把结果集减小,然后和查询中的外表进行连接。指定访问路径会覆盖该提示。

还可以指定希望使用 FIRST_ROWS 来优化的返回行数(见下面的第二个示例),默认值为 1。请注意:这个值被规定为 10 的幂,但不能超过 1000。FIRST_ROWS(n) 的应用完全基于成本,并对 n 的值十分敏感。如果 n 的值比较小,优化器就倾向于生成由带索引扫描的嵌套循环连接组成的执行计划;如果 n 的值很大,优化器就倾向于生成由哈希连接和全表扫描组成的执行计划(表现得更像 ALL_ROWS)。

语法如下:

```
select      /*+ FIRST_ROWS(n) */ column1, ¡-
```

例如：

```
select      /*+ FIRST_ROWS */ employee_id, last_name, department_id
from        employees
where       department_id = 1;
```

再如：

```
select      /*+ FIRST_ROWS(10) */ employee_id, last_name, department_id
from        employees
where       department_id = 1;
```

要诀

FIRST_ROWS 提示使优化器选择最快地检索首行(或指定行)查询数据的路径，但代价是多行的数据检索将变慢。在系统参数文件中设置 OPTIMIZER_MODE = FIRST_ROWS，就可以把 FIRST_ROWS 设置为整个数据库的默认提示。对于任意给定的查询来说，查询层面的提示将覆盖数据库级别的默认设置。还可以设置优化器为 FIRST_ROWS_n(参阅第 4 章以了解更多内容)。

7.6.3 ALL_ROWS 提示

ALL_ROWS(最佳吞吐量)提示引导查询进行如下操作：在以最快的速度检索所有行的基点上实行优化。当系统是繁忙的批处理报表环境，而报表又必须检索大量数据时，这个提示就特别有用。但对于繁忙的事物处理环境而言，该提示可能是糟糕的选择：用户要查看的是屏幕上的单条记录，而 ALL_ROWS 提示可能会抑制一些正常情况下用到的索引。指定访问路径的提示会覆盖这个提示的作用。

语法如下：

```
select      /*+ ALL_ROWS */ column1, ¡-
```

例如：

```
select      /*+ ALL_ROWS */ employee_id, last_name, department_id
from        employees
where       department_id = 1;
```

要诀

ALL_ROWS 提示使优化器选择能最快地检索所有查询行的路径，但代价是单行的数据检索将变慢。在系统参数文件中设置 OPTIMIZER_MODE = ALL_ROWS，就可以把 ALL_ROWS 设置为整个数据库的默认提示。对于任意给定的查询来说，查询层面的提示将覆盖数据库级别的默认设置。

7.6.4 FULL 提示

FULL 提示引导查询推翻优化器的决定，并且对提示中指定的表实行全表扫描。FULL 提示会因所优化查询的不同而具有不同的功能。当查询表中的大部分数据时，可使用该提示来强制全表扫描，因为检索索引和数据行的成本可能比检索整个表的成本还要大。FULL 提示还可能导致出乎意料的结果：引发全表扫描，可能会导致以和原来不同的顺序访问各表，因为使用了不同的驱动表。这可能使性能得到改善，使人误以为重要的优势在于全表扫描；实际上，驱动表的顺序改变了才是性能改善的真正原因。

语法如下：

```
select      /*+ FULL([query_block] table) */ column1,...
```

其中的(table)是实行全表扫描的表名。如果使用了别名，提示中就必须用别名，否则该提示就起不了作用。

请注意，在提示中应该仅指定表名而不是方案名。

例如：

```
select     /*+ FULL(employees) */ employee_id, last_name, department_id
from       employees
where      department_id = 1;
```

如果公司里仅有一个部门，而它的编号是 1，那么上面示例中的 FULL 提示就特别有用。处理 department_id 列上的索引和 employees 表，可能慢于单纯地在 employees 表上实行全表扫描。

FULL 提示还是使用某些其他提示的必要组成部分：仅当全表都被访问时，CACHE 提示才可将该表缓存到内存里，并行分类中的某些提示也必须使用全表扫描。我会在本章里一一介绍这些提示。

要诀

FULL 提示仅对指定的表实行全表扫描，但并非对查询中所有的表都实行全表扫描。FULL 提示还可能改善性能，这要归因于它造成了查询中驱动表的改变，而不能归因于全表扫描本身。

如果在同一查询中有多个同名的表，就应该在 FROM 子句中为这些表指定别名，然后在提示中引用别名。

7.6.5　INDEX 提示

在给定的查询中，INDEX 提示经常被用来请求使用一个或多个索引。Oracle 通常可以通过优化器选择到正确的索引，但当优化器选择错误的索引或者根本不选择索引时，这个提示就非常棒了！也可以利用该提示来使用多个索引。Oracle 将选择由最佳执行计划指定的一个或多个索引，如果仅指定一个索引，优化器将只考虑该索引。

语法如下：

```
select     /*+ INDEX([query_block]table index1 [, index2...]) */ column1, ...
```

例如：

```
select     /*+ INDEX (employees emp_emp_id_pk) */ employee_id, last_name
from       employees
where      employee_id = 7750;
```

在该例中，employees 表上的索引 emp_emp_id_pk 被用到了。

再如：

```
select     /*+ INDEX (employees emp_department_ix emp_emp_id_pk) */
           employee_id, last_name
from       employees
where      employee_id = 7750
and        department_id = 1;
```

在第二个示例中，Oracle 可能会使用索引 emp_department_ix 或 emp_emp_id_pk，或者将它们二者合并起来使用。把这些留给优化器去做出最佳选择吧！不过，仅指定 employee_id 列上的索引(emp_emp_id_pk)应该是最佳选择，假定它是最具约束性的语句(通常比 department 列的约束性强得多)。

要诀

INDEX 提示使优化器选择提示中指定的索引。在单个表上可以指定多个索引，但通常更好的方法是在给定的查询中指定最具约束性的索引(那就可以避免将每个索引的结果合并)。如果指定了多个索引，那么将由 Oracle 来选择究竟使用哪一个或哪几个索引。因此一定要小心，不然提示就可能被 Oracle 否决掉！

例如：

```
select     /*+ INDEX */ employee_id, last_name
```

```
from        employees
where       employee_id = 7750
and         department_id = 1;
```

这个示例中没有指定任何索引，Oracle 将在所有可用的索引间权衡斟酌，并选出一个或多个索引来使用。由于没有指定特别的索引，但却指定了 INDEX 提示，因此优化器不会执行全表扫描。

要诀

不带指定索引的 INDEX 提示不会考虑全表扫描，尽管未指定任何索引。优化器将会为查询选择最佳索引。

自 Oracle Database 10g 开始，可以指定列名作为 INDEX 提示的一部分，列名可用表名(而不是表的别名)作为前缀。提示中列出的每个列必须是表中的物理列，而不是表达式或计算得出的列。

语法如下：

```
select     /*+ INDEX ([@query_block][table.]column1 [[table2.]column2...]) */ column1, ...
```

例如：

```
select     /*+ INDEX (employees.department_id) */ employee_id, last_name
from       employees
where      department_id = 1;
```

7.6.6 NO_INDEX 提示

NO_INDEX 提示禁止优化器使用指定的索引，这个提示在优化具有多个索引的查询时非常有用。尽管你不一定知道是其中的哪个索引在驱动该查询，但你大约清楚不希望优化器使用哪个索引(NO_INDEX)。在将不必要的索引删除或设置为不可视(从 Oracle 11g 开始可用)之前，你可能想在很多查询中禁止该索引。

语法如下：

```
select     /*+ NO_INDEX([@query_block] table index1 [,index2...]) */ column1, ...
```

例如：

```
select     /*+ NO_INDEX (employees emp_department_ix) */ employee_id, last_name
from       employees
where      employee_id = 7750
  and      department_id = 1;
```

上面这个示例中，在 employees 表上指定的索引就不该被使用。如果使用了 NO_INDEX 提示却未指定索引，就会执行全表扫描。如果对某个索引同时指定了 NO_INDEX 和与之冲突的提示(如 INDEX)，那么两个提示都将被忽略(正如下面的示例里那样)。

再如：

```
select     /*+ NO_INDEX(employees emp_department_ix) INDEX(employees emp_department_ix) */
           last_name, department_id
 from      employees
 where     department_id = 1
 and       last_name = 'SMITH';
```

要诀

NO_INDEX 提示是性能优化专家必备的工具，用了该提示，指定的索引将不在优化器的考虑范围之内，便可在删除该索引之前对其必要性进行评估，或者对其他索引进行评估。请当心不要与其他索引提示冲突！打算删除某索引并检查是否有其他索引可以取而代之时，NO_INDEX 是本人最喜爱的提示之一。

7.6.7　INDEX_JOIN 提示

INDEX_JOIN 提示把同一个表上分立的索引合并在一起，结果是只访问这些索引就行了。这种方法省去了对表的访问。

语法如下：

```
select      /*+ INDEX_JOIN([@query_block] table index1 [,index2...]) */ column1, ...
```

例如：

```
select      /*+ INDEX_JOIN(employees emp_emp_id_pk emp_department_ix) */
            employee_id, last_name
from        employees
where       employee_id = 7750
and         department_id = 1;
```

在这个查询中，优化器将两个指定的索引合并，而且不需要访问表。两个索引合并后，所有需要的信息都包含在这两个索引里了。第 8 章中将有更详尽的示例。

要诀

INDEX_JOIN 提示不仅允许只访问表上的索引(这会扫描较少的数据块)，在速度上还可以达到 5 倍于使用索引并以 ROWID 对表进行扫描的速度(根据我的测试)!

7.6.8　INDEX_COMBINE 提示

当希望优化器使用指定的全部索引时，INDEX_COMBINE 提示可用来指定多个位图索引。还可以利用 INDEX_COMBINE 提示来指定单个索引(如果是位图索引，那么该提示应用得比 INDEX 提示多)。就 B 树索引而言，应该使用 INDEX 提示而不是这个提示。INDEX_COMBINE 提示类似于 INDEX_JOIN 提示，但它是用于位图索引的。

语法如下：

```
select /*+ INDEX_COMBINE([@query_block] table index1 [,index2...]) */ column1, ...
```

例如：

```
select      /*+ INDEX_COMBINE (employees employees_first_name_bmp, employees_commission_bmp) */
            employee_id, last_name
from        employees
where       first_name = 'MATT'
and         commission_pct = 5;
```

要诀

INDEX_COMBINE 提示使优化器合并单个表上的多个位图索引，而不是去选择其中的哪个索引更好(那是 INDEX 提示的用途)。

7.6.9　INDEX_ASC 提示

当前，INDEX_ASC 提示与 INDEX 提示所做的事情完全相同。因为索引已经依升序扫描过，所以 INDEX_ASC 提示并不比当前的 INDEX 提示多做任何事情。那么该提示究竟有什么好处呢？Oracle 并没有保证将来还依升序扫描索引，而此提示确保依升序扫描索引。

语法如下：

```
select    /*+ INDEX_ASC ([@query_block] table index1 [, index2...]) */ column1, ...
```

例如：

```
select    /*+ INDEX_ASC(employees emp_department_ix) */
          department_id, employee_id, last_name
from      employees
where     department_id <= 30;
```

在上面的示例中，指定的索引应该被用到。

要诀

INDEX_ASC 提示与 INDEX 提示做完全相同的事情，因为索引已经依升序扫描过。因为 Oracle 以后可能改变这种默认的方式，所以 INDEX_ASC 提示能够确保索引依升序扫描。降序索引是真正依降序排过序的，Oracle 把降序索引作为基于函数的索引来处理。标记成 DESC 的列会降序排列。

7.6.10 INDEX_DESC 提示

INDEX_DESC 提示将依(索引值的)降序扫描索引，这正好和 INDEX 及 INDEX_ASC 提示相反。当查询中有多个表时，此提示将被否决，因为索引必须以正常的升序使用才可与查询中的其他表进行连接。对该提示的一些限制包括：对于位图索引和降序索引无效(因为它会造成依升序扫描索引)，在分区索引的边界处也起不了作用，而只是在各个分区内实行降序索引扫描。采用此提示时，执行计划的 OPERATION(操作)列中会列出"INDEX RANGE SCAN DESCENDING"的一项，返回的数据可能倒序排列(虽然唯一能保证实行排序的途径是使用 ORDER BY 子句)。

语法如下：

```
select    /*+ INDEX_DESC ([@query_block] table index1 [,index2...]) */ column1, ...
```

例如：

```
select    /*+ INDEX_DESC(employees emp_department_ix) */
          department_id, employee_id, last_name
from      employees
where     department_id <= 30;
```

要诀

INDEX_DESC 提示依索引创建时的降序处理该索引。如果查询中存在多个表，那就不应该使用这个提示。

7.6.11 INDEX_FFS 提示

INDEX_FFS 提示表明应该实行索引快速全扫描，也就是说，全部索引值将不经过排序就被读出来。INDEX_FFS 只访问索引，而不访问对应的表。只有在查询所需要检索的全部信息都在索引中时，才能使用索引快速全扫描。该提示能够提供极大的性能提升，尤其是当表里的列非常多时。不过请当心：有时索引快速全扫描是优化器选择的错误路径，所以要检查执行计划，看一看索引快速全扫描会不会造成问题。

语法如下：

```
select    /*+ [@query_block] INDEX_FFS(table index) */ column1, ...
```

例如：

```
select    /*+ INDEX_FFS (employees emp_name_ix) */ first_name, last_name
from      employees
where     last_name = 'SMITH';
```

只有在索引中包含 SELECT 列表里的所有列时，才能使用 INDEX_FFS 提示。NO_INDEX_FFS 有着同样的语法，但该提示告诉优化器：不对指定的索引实行索引快速全扫描。这两个提示都必须指定表和索引。

> **要诀**
> INDEX_FFS 提示只处理索引，并不访问表。所有被查询使用和检索的列都必须包含在该索引中。

7.6.12 ORDERED 提示

ORDERED 提示指导按特定的顺序访问各表，这个顺序取决于查询的 FROM 子句中各表的顺序，即通常所谓的"查询的驱动顺序"。一般说来，FROM 子句中最后面的表是查询的驱动表(这有赖于具体的版本)，然而，ORDERED 提示会导致使用 FROM 子句中的第一个表来驱动。ORDERED 提示还可以保证驱动顺序。在不使用 ORDERED 提示的情况下，通过和 FROM 子句中表的排列顺序进行对比，可能发现 Oracle 从内部切换了驱动表(EXPLAN PLAN 工具能够展示各个表是如何被访问的)。使用此提示时，各种可能性极为复杂，导致下一章的大部分内容都集中在这个主题上(参阅第 8 章中有关优化连接的内容)。本章只简要地介绍这个提示，主要是讲它的语法。

语法如下：

```
select      /*+ ORDERED */ column1, ...
```

例如：

```
select      /*+ ORDERED */ employee_id, last_name, d.department_id
from        employees e, departments d
where       e.department_id = d.department_id
and         d.department_id = 10
and         e.employee_id = 7747;
```

如果这两个表(employees 和 departments)都被分析过，并且二者之上都没有索引，那么 employees 表应该首先被访问，departments 表第二个被访问。有许多可能的变化(在接下来的两章中介绍)，它们会导致不同的访问顺序(访问顺序和表的连接方式有特殊关联)。

比如：

```
select      /*+ ORDERED */ employee_id, last_name, d.department_id, j.job_title
from        employees e, departments d, jobs j
where       e.department_id = d.department_id
and         d.department_id = 10
and         e.employee_id = 7747
and         e.job_id = j.job_id
/
```

在这个三表连接的例子中，employees 应该首先与 departments(在 FROM 子句中排第二的表)进行连接，结果集再与 jobs 进行连接。有许多可能的关于连接顺序的变更方式(下一章中将会介绍)，它们可能会导致不同的访问顺序。但一般说来，如果系统接受所使用的 ORDERED 提示，那么连接顺序就应该和语句中指定的一样。

> **要诀**
> ORDERED 提示是最强大的提示之一，它依照查询的 FROM 子句里表的先后顺序处理这些表。有许多导致不同处理顺序的变更方式，Oracle 的版本、表上是否有索引以及哪些表被分析过，这些因素都能导致不同的访问顺序。尽管如此，在多表连接很慢而你又束手无策的情况下，ORDERED 应该是你最先尝试的提示之一！

7.6.13 LEADING 提示

当查询的复杂程度增加时，使用 ORDERED 提示来弄清所有表的顺序会变得更加困难。通常可以弄清应该最先访问哪一个表(驱动表)，但接下来该访问哪一个表就不一定清楚了。LEADING 提示容许你仅仅指定驱动查询的表，而由优化器去判断接下来应该使用哪个表。如果在 LEADING 提示中指定多于一个的表，该提示就会被忽略掉。ORDERED 提示会覆盖 LEADING 提示。

语法如下：

```
select      /*+ LEADING([@query_block] table [table]...) */ column1, ...
```

例如：

```
select      /*+ LEADING(d) */ employee_id, last_name, d.department_id, j.job_title
from        departments d, employees e, jobs j
where       e.department_id = d.department_id
and         d.department_id = 10
and         e.employee_id = 7747
and         e.job_id = j.job_id;
```

正如在讨论 ORDERED 提示时指出的那样：选出领头表的过程是复杂的。在这个例子中，employees 表可能会被选作驱动表，因为它是交集表。LEADING 提示允许指定另一个表(我选择 departments 作为驱动表)作为查询中第一个被访问的表。为了支持指定的连接顺序，应该确认已经正确地配置了索引。

要诀
LEADING 提示类似于 ORDERED 提示，可以使用 LEADING 提示来指定一个驱动查询的表，并让优化器去解决其余的问题。

7.6.14 NO_EXPAND 提示

NO_EXPAND 提示被用以防止优化器在评估以 OR 联合起来的 IN-列表时陷入"无可自拔"的境地，它禁止优化器使用"OR 扩展"。OR 扩展指的是应用 OR 条件来改造查询，并像分立的子查询那样执行，子查询的结果通过 UNION ALL 来合并，而不是通过应用 OR 条件来滤除。在不使用 NO_EXPAND 提示的情况下，优化器可能生成很长的执行计划，或者使用 INLIST ITERATOR 访问方法。要想使用 OR 扩展，就得使用 USE_CONCAT 提示。

语法如下：

```
select      /*+ NO_EXPAND [@query_block] */ column1, ...
```

例如：

```
select      /*+ NO_EXPAND */ department_id, employee_id, last_name
from        employees
where       manager_id = 200
or          manager_id = 210;
```

我用过 NO_EXPAND 提示。和不使用该提示的情况相比，我看到性能提升了近 50 倍。对于简单的查询而言，用还是不用该提示可能对 EXPLAIN PLAN 的影响并不大。然而，当以查询连接 employees 表和 departments 表，并从每个表中选出至少一列时，就能看到执行计划中的大变化了。在 12cR2 中，优化器运用 UNION ALL 操作来实行 OR 扩展，而在此之前优化器运用 CONCATENATION 操作实行 OR 扩展。如此这般变更是否能修正某些错误，这一点有待观察。

要诀

NO_EXPAND 提示防止优化器使用 OR 扩展。当 OR 扩展大大增加查询的复杂度时,就可以使用这个提示。

7.6.15 DRIVING_SITE 提示

DRIVING_SITE 提示用来在指定的数据库中处理分布式查询,提示中指定的表应该确定处理实际连接的驱动站点。

语法如下:

```
select    /*+ DRIVING_SITE ([@query_block] table) */ column1, ...
```

例如:

```
select     /*+ DRIVING_SITE (deptremote) */ employee_id, last_name
from       employees, departmentoratusc deptremote
where      employees.department_id = deptremote.deptno
and        deptremote.department_id = 10
and        employee_id = 7747;
```

如果没有指定这个提示,Oracle 一般从远程站点获取表行并在本地站点实行连接。但因为 employee_id = 7747 限定了结果集,所以我不愿把整个部门表 departments 拖回到本地站点来处理,而宁愿将 employees 表里很少的几行数据传送到远程站点上,从而最大限度地减少数据传输的开销。

类似的优势还可以通过这样的办法来获得:建立远程表的本地视图以限制在远程站点上获取的表行(如果在获取所需数据的视图中能有限制性 WHERE 子句的话)。本地视图应该包含这样的 WHERE 子句,以使视图可以限制从远程数据库返回的表行,然后把数据发送回本地数据库。和使用 DRIVING_SITE 提示相比较,我曾亲自使用这种创建本地视图的方法来优化查询,使它们的运行时间由数小时降到了数秒。

DRIVING_SITE 提示并没有明确规定对位置的具体要求,仅指定了表名而已。然而,如果用了别名,那么在提示中就必须使用那个别名,而不是使用表名。

要诀

DRIVING_SITE 提示极为强大,因为它可以限制由网络处理的信息量。DRIVING_SITE 提示中指定的表就是处理连接的地方。为远程表而使用视图,以及在记录发送给本地站点之前限制从远程站点传递的表行数,也可以改善性能。

7.6.16 USE_MERGE 提示

实行连接时,USE_MERGE 提示吩咐优化器采用 MERGE JOIN 操作。当查询在大量的表行上进行集合运算(或许是在非等值连接条件下)时,MERGE JOIN 操作就可能很有用。

假设正在将两个表连接到一起。采用 MERGE JOIN 的方法,两个表返回的行集均会被排好序,然后合并形成最终的结果集;每个行集都是先排好序,然后进行归并。当从给定的表中检索所有表行时,这样的动作是最有效的。如果只想更快速地返回第一行数据,那么 USE_NL 可能是更佳的提示(强制执行嵌套循环连接)。

在图 7-1 中,对 employees 表和 departments 表做了连接,结果集再通过 MERGE JOIN 操作与 jobs 表连接到一起。

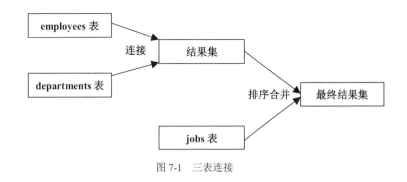

图 7-1 三表连接

语法如下：

```
select      /*+ USE_MERGE([@query_block] table [table]) */ column1, ...
```

其中，第一个表应该通过合并连接的方式来访问，第二个表的说明是可选的。如果没有指定第二个表，那么就由优化器决定由谁来和第一个表进行连接。

例如：

```
select      /*+ use_merge(j) */ employee_id, last_name, d.department_id, j.job_title
from        departments d, employees e, jobs j
where       e.department_id = d.department_id
and         d.department_id = 10
and         e.employee_id = 7747
and         e.job_id = j.job_id;
```

这个查询里的 USE_MERGE 提示使 jobs 表以排序合并的方式与 employees 表和 departments 表的连接结果集返回的行源进行连接，对这些表行排序之后，将它们又合并到一起组成最终的结果。NO_USE_MERGE 提示使用相同的语法，却在为查询选择执行路径时指示优化器不使用合并连接；优化器将转而支持其他的连接方法，如哈希连接或嵌套循环连接。请参阅第 9 章中关于连接的详细内容。

要诀

在三表或更多个表的连接中，USE_MERGE 提示导致提示中指定的表以排序合并的方式与本连接中其他表连接产生的结果行集进行连接。

7.6.17 USE_NL 提示

USE_NL(运用嵌套循环)提示通常是返回单行的最快方式(就响应时间而言)，但它在返回所有行时可能比较慢。该提示导致以嵌套循环处理语句，这种方式根据另一个表中的结果找到表中的第一个匹配行。这与合并连接恰好相反，合并连接是在每个表中找出所有符合条件的行，然后将它们合并在一起。

语法如下：

```
select      /*+ USE_NL([@query_block] table1[, table2]) ... */ column1, ...
```

其中，table1 应该是首先被读的表(通常是两个表中按数据块数来算更小的那个表)，table2 是内表或查找表 (lookup table)。如果调换两表的顺序，那么基于成本的优化器就可能按照调换后的顺序读这两个表。如果没有，就请尝试以 LEADING 或 ORDERED 提示指定表的顺序，这会对性能产生影响。如果提示里仅指定了一个表，当优化器使用嵌套循环访问方法时，就会选择提示里列出的那个表作为内表或查找表(lookup table)。

例如：

```
select      /*+ ORDERED USE_NL(d e) */ e.employee_id, e.last_name,
            d.department_id, d.department_name
```

```
from         employees e, departments d
where        e.department_id = d.department_id
and          d.department_id = 110
and          e.employee_id = 206;
```

USE_NL 提示指示优化器：先得到从 employees 表返回的结果行，然后将它们与 departments 表中的匹配行一起进行处理(指定的嵌套循环表)。在 departments 表中匹配的第一行能够立即返回给用户(就像在基于 Web 的应用程序中那样)，而不是等待，直到找出所有匹配的行后才返回。ORDERED 提示指定应该首先处理 employees 表。请注意，使用上面这个查询时，带不带 ORDERED 提示是有差别的。

要诀

USE_NL 提示通常为较小的结果集提供最快的响应时间(第一行返回得更快)，而 USE_MERGE 提示通常在 USE_HASH 提示不可使用的情况下提供最佳的吞吐量。

NO_USE_NL 提示采用相同的语法，但却指示优化器不采用嵌套循环连接。相关的提示 USE_NL_WITH_INDEX 采用两个参数——本连接中内表或查找表(lookup table)的名称以及实行连接时所用索引的名称。

7.6.18 USE_HASH 提示

USE_HASH(运用哈希连接)提示通常是将来自多个表的很多行连接到一起的最快途径，前提是有该操作所需的足够内存。USE_HASH<提示或方法>类似于嵌套循环：用其中一个表的结果遍历连接表的结果。所不同的是：第二个表(查找表)是放在内存里的，它通常应该是两个表中较小的那个。HASH_AREA_SIZE 或 PGA_AGGREGATE_TARGET(见第 4 章)必须足够大，以确保 USE_HASH 正常工作，否则该操作就要发生在磁盘上(这会减慢速度)。

注意
不要混淆 USE_HASH 和 HASH，HASH 用于哈希聚簇。哈希聚簇是物理数据结构，用来将主表和明细表中的行像预先连接好了一样存储到相同的数据块中。

语法如下：

```
select    /*+ USE_HASH ([@query_block]table1 [, table2,...]) */ i, ...
```

例如：

```
select    /*+ use_hash(d) */ employee_id, last_name, d.department_id
from      employees e, departments d
where     e.department_id = d.department_id;
```

USE_HASH 提示指示优化器：将从 employees 表返回的行和这些行在 departments 表(指定的哈希表)中匹配的行一起处理，这些匹配行被哈希到内存中。departments 表中相匹配的第一行能够立即被返回给用户，而不是等到找出所有的匹配行后再返回。有时优化器会否决此提示，而环境设置也对优化器使用哈希连接的决定有着极大的影响。在前面的查询中，如果加上条件"and d.department_id=1"，优化器就会否决 USE_HASH 提示，而去实行更为有效的嵌套循环连接(因为 departments 表被此条件缩小了)，或者使用合并连接。

NO_USE_HASH 提示有着类似的语法，但却指示优化器在为查询选择执行路径时不使用哈希连接。优化器应转而采用其他的连接方法，如嵌套循环连接或合并连接。除了表连接提示之外，往往还需要加上 ORDERED 提示，以推动事情朝着希望的方向发展。

要诀
USE_HASH 提示通常为大的结果集提供最佳的响应时间。

SWAP_JOIN_INPUTS 是未公开的提示，用来说服基于成本的优化器使用指定的表作为查找哈希表(MOS 上有关于它的文章)。虽然未公开，但它却被列在了 V$SQL_HINT 视图中。

语法如下：

```
select      /*+ SWAP_JOIN_INPUTS(table1) */ ...
```

7.6.19 QB_NAME 提示

QB_NAME 提示用于为语句中的某个查询块指定名称，然后就能该语句中的其他地方指定提示，而该提示引用了那个查询块。例如，如果有包含子查询的查询，那么可以为子查询指定一个查询块名，然后在查询的最外层提供提示。如果给两个或更多个查询块相同的 QB_NAME 值，那么优化器将忽略该提示。当查看执行计划以确定某特定的操作究竟属于查询的哪一部分时，也能用到查询块的名称。在 12*c*R2 中，本提示被用于 CONTAINERS 提示(本章稍后部分将介绍 CONTAINERS 提示)，将提示推送给可插拔数据库(PDB)。

如果某复杂查询的 EXPLAIN PLAN 中包含着子查询，优化器似乎为这些查询块生成了默认名，如 emp@sel$4。而运用 QB_NAME 提示，就可以指定名称了(使用对你有意义的名称)。当试图优化包含一个以上子查询的极为复杂的查询时，此选项非常有用。

语法如下：

```
Select      /*+ QB_NAME(query_block) */ column1...
```

例如：

```
select     /*+ FULL(@deptblock departments) */ employee_id
from       employees
where      employees.department_id IN
             (select /*+ QB_NAME(deptblock) */ department_id
              from   departments
              where  location_id = 10);
```

虽然 FULL 提示是在外查询(主查询)中指定的，但它应该会对子查询产生影响，因为使用了在内查询(子查询)中指定的查询块。

7.6.20 PUSH_SUBQ 提示

在适当的场合，PUSH_SUBQ 提示能够带来显著的性能收益(性能方面 100 倍以上的提升)。使用该提示的最佳场合是在子查询快速返回相对较少行的情况下，这些行可以被用来大大地限制外部查询中的行。PUSH_SUBQ 导致子查询尽可能早地被评估。该提示不能用于查询使用合并连接的情形，也不能用于远程表的情形。将子查询变换为主查询的一部分(如果可能的话)能够带来同样的收益，但是要按正确的顺序驱动表(首先访问原来子查询中的表)。

语法如下：

```
select      /*+ PUSH_SUBQ [(@query_block)] */ column1, ...
```

例如：

```
select     /*+ cardinality(e,1000000) push_subq */
           e.department_id,
           e.employee_id,
           m.last_name   as manager_last_name,
           max(e.salary) as max_salary
from       employees e,
           employees m,
```

```
where          departments d
               e.employee_id in (
                 select employee_id
                 from   job_history jh)
and            to_char(e.hire_date,'Month') = 'June'
and            e.manager_id = m.employee_id (+)
and            e.department_id = d.department_id
group by       e.department_id, e.employee_id, m.last_name, e.salary;
```

此查询对子查询进行处理，使其尽可能早地为外查询所用。我用未公开的 CARDINALITY 提示来模拟一个大的数据集，因为凭着手头那么少的数据，不可能使 PUSH_SUBQ 做任何事情。CARDINALITY 告诉优化器：由它指定的那个数(而不是数据字典统计信息中的数字或默认的数字)，作为数据源中预计的行数使用。

要诀

当子查询非常快地返回少量行时，PUSH_SUBQ 提示能够大幅改善性能。那些行可用来限制外查询返回的行数。

7.6.21 PARALLEL 提示

PARALLEL 提示吩咐优化器将查询打成碎片(并行度)，并且分别以不同的进程同时处理各个碎片。并行度适用于 SQL 语句的每个可并行操作，需要排序操作的查询致使所用进程数为所指定并行度的两倍[1]，因为表的访问和排序操作都是并行化的；还会调用查询协调进程，拆分并将结果放到一起。所以，如果为查询设定的并行度为 4，就可能为此查询使用 4 个进程，为排序加上另外 4 个进程，为打散和组合这 4 个碎片而加上另外一个进程，总共有 9 个进程。

PARALLEL 能应用于语句的 INSERT、UPDATE 和 DELETE 部分(如果使用了该提示，就得立即提交)，也能用于 SELECT 命令。如果计划使用 PARALLEL 选项，就应该在创建表时使用 PARALLEL 子句(这会使该提示的应用变得没有必要，尽管该提示能够改变并行度)。第 11 章中有与此强大选项相关的需求和规则的详细介绍。

语法如下：

```
/*+ PARALLEL ([@query_block]table, degree) */
```

degree 是查询被打成碎片时碎片的片数(进程数)。

例如：

```
select     /*+ PARALLEL (employees) */ employee_id, hire_date
from       employees
order by   hire_date;
```

这条语句并没有指定并行度，默认的并行度取决于创建表时的表定义或系统默认值[2]。

再如：

```
select     /*+ PARALLEL (employees,4) */ employee_id, hire_date
from       employees
order by   hire_date;
```

这条语句指定并行度为 4。按照前面的讨论，可能要分配或创建多达 9 个的并行查询进程来满足此查询。如果语句中有多个表并且使用 PARALLEL 提示指定具体数值，这个数值就是对该查询中所有表而言的并行度，它覆盖了表层面上的并行设置。如果指定具体的表名(见前面的示例)，那么 PARALLEL 提示将仅仅适用于那个表，

---

1 译者注：Oracle 的并行执行采用生产者-消费者模型，所以实际需要的并行进程的数量一般是并行度的两倍。
2 译者注：注意，系统默认的并行度是一个很大的值，具体计算方法是 CPU_COUNT ×parallel_threads_per_cpu(默认值为 2)× RAC 节点数。CPU_COUNT 的默认值是系统 CPU 核的超线程的总数。

该查询中对其他表的访问将使用那些表自己的并行设置[1]。

要诀
使用 PARALLEL 提示将启用并行操作。如果提示中未指定并行度，就会使用创建表时指定的默认并行度。

7.6.22　NO_PARALLEL 提示

如果创建表时设置了并行度，那么对该表的所有全表扫描查询都应该使用那个并行度，查询会自动地采取并行方式。然而凭借 NO_PARALLEL 提示，可以在给定查询的指定使用并行操作的表上"关掉"并行操作。NO_PARALLEL 提示将导致查询的并行度为 1。

注意
在 Oracle 标准化命名之前，NO_PARALLEL 提示曾经是 NOPARALLEL。

语法如下：

```
select     /*+ NO_PARALLEL ([@query_block]table) */ ...
```

例如：

```
select     /*+ NO_PARALLEL(employees) */ employee_id, hire_date
from       employees
order by   hire_date;
```

要诀
NO_PARALLEL 提示的使用禁止了语句中的并行操作。如果没有该提示，语句就会在有并行对象定义存在的情况下使用并行处理。

7.6.23　PARALLEL_INDEX 提示

PARALLEL_INDEX 提示请求优化器把针对 B 树索引的扫描(索引全扫描、索引范围扫描或索引快速全扫描)并行化。Oracle 文档建议将 PARALLEL_INDEX 提示应用于分区索引，但我发现它对于非分区索引也起作用。从本质上来说，PARALLEL_INDEX 是用于索引读的 PARALLEL 提示，并且和 PARALLEL 提示一样：指定并行度与否是可选的。

语法如下：

```
/*+ PARALLEL_INDEX([@query_block] table index [degree]) */
```

例如：

```
select     /*+ PARALLEL_INDEX(employees emp_emp_id_pk) */ count(*)
from       employees;
```

NO_PARALLEL_INDEX(前身为 NOPARALLEL_INDEX)用于避免并行索引读，语法如下：

```
/*+ NO_PARALLEL_INDEX([@query_block] table index) */
```

7.6.24　APPEND 提示

APPEND 提示能够极大地(有时是戏剧性地)改善 INSERT 的性能，但在物理数据库空间方面可能得付出代价。

---

1 译者注：对于一条查询语句，如果为多个表设置了不同的并行度，那么 Oracle 一般会选择最大的那个并行度来执行整个查询，但是对未设置为并行的表还是保持串行访问。

APPEND 提示并不去检查当前使用的数据块中是否还有插入操作所需要的空间,而是把数据添加到新的数据块里。你可能得浪费些空间,但你会赢得速度。如果从来不在表中删除记录,那就一定要考虑使用 APPEND 提示。

如果 INSERT 被 PARALLEL 提示并行化,那么默认的情况是使用 APPEND 提示,但可以运用 NOAPPEND 提示(在 7.6.25 节中介绍)推翻这种默认方式。另外请注意:在使用这个例子之前,必须首先启用并行 DML。

语法如下:

```
insert /*+ APPEND */ ...
```

例如:

```
insert /*+ APPEND */ into sales_hist
  select *
  from   sales
  where  cust_id = 8890;
```

使用 APPEND 提示时有几件需要考虑的事情:首先,要清楚 APPEND 提示将忽略现有的空闲空间,所以在选择使用它时,可能会浪费大量的磁盘空间;其次,APPEND 提示不适用于带 VALUES 子句的单行插入,而仅适用于数据来自子查询的 INSERT;最后,在使用 APPEND 提示的 INSERT 之后应该跟 COMMIT,以避免在查询新插入的数据时出错。

要诀
在向表中插入数据时,APPEND 提示并不去检查当前使用的数据块中的可用空间,而是把数据添加到新的数据块里。上佳的性能往往是以物理磁盘空间为代价而获得的最终结果(非常值得)。

7.6.25 NOAPPEND 提示

NOAPPEND 提示会推翻 PARALLEL 插入的默认方式(默认方式当然是 APPEND),NOAPPEND 提示关掉了直接路径插入的选项。

语法如下:

```
insert    /*+ NOAPPEND */ ...
```

例如:

```
insert /*+ NOAPPEND */
into job_history (employee_id, start_date, end_date, job_id,department_id)
   select employee_id, hire_date, to_date('12/31/2099','mm/dd/yyyy'),
          job_id, department_id
   from    employees e
   where   not exists(
           select 0
           from   job_history jh
           where  jh.employee_id = e.employee_id);
```

要诀
NOAPPEND 提示否决 PARALLEL 提示,PARALLEL 提示默认情况下通常使用 APPEND 提示。

7.6.26 CACHE 提示

CACHE 提示会将全表扫描全部缓存(固定)到内存中(在缓冲区高速缓存里),这样,未来查询访问该表时,就会在内存中找到它而不必到磁盘上去找。这就有了一个潜在的大问题:如果表非常大,该提示就会占用超大量的内存(尤其是数据块缓冲区高速缓存的空间)!不过对于小的查找表而言,该提示是极佳选择。为了在第一次访问表时就把它缓存到内存里，可用 CACHE 选项创建该表。

语法如下：

```
select    /*+ CACHE([@query_block] table) */ column1, ...
```

例如：

```
select    /*+ FULL(departments) CACHE(departments) */ department_id, location_id
from      departments;
```

整个 departments 表现在都被缓存到内存里，并被标记为最近最多使用(MRU)对象。

要诀

CACHE 提示应当为用户经常访问的小查找表所用，它可以确保整个表都留在内存里。

7.6.27　NOCACHE 提示

当访问在数据库层面被指定为 CACHED 的表时，NOCACHE 提示将导致该表不被缓存。该提示通常用于覆盖现有的表规范。

语法如下：

```
select    /*+ NOCACHE(table) */ column1, ...
```

例如：

```
alter     table departments cache;

select    /*+ NOCACHE(departments) */ department_id, location_id
from      departments;
```

在这个示例中，尽管为 ALTER 语句设置了 CACHE，但该表还是不会被缓存，并且会被放置在列表的最近最少使用(LRU)端。

要诀

NOCACHE 提示应该用于阻止对已经指定 CACHE 选项的表进行缓存，从根本上说，也就是用于需要访问该表，但却并不想缓存它时。

7.6.28　RESULT_CACHE 提示

始于版本 11g (当下是 12c)，Oracle 提供了一个新的、单独的共享内存池以存储查询结果，此"结果集缓存"直接从共享池中分配，不过是单独维护的。经常执行的查询在通过 RESULT_CACHE 提示来使用这个新池时，可能会体验到更好的性能。将初始化参数 RESULT_CACHE_MODE 设置为 FORCE，就可以将每条执行了的查询的所有结果都存储到这个新的共享内存池中(这可能并非你所希望的)，而 NO_RESULT_CACHE 提示可以用于否决此种设置。RESULT_CACHE 和 CACHE 之间的区别是数据究竟存储在哪里。NO_RESULT_CACHE 请求数据不在共享池中缓存(但依然可以被缓存在缓冲区高速缓存里)。

RESULT_CACHE 提示应该既适用于查询的个别部分(查询块)，又适用于整个结果集。当使用该提示或者从"结果集缓存"中获取查询结果时，RESULT_CACHE 操作会以 RESULT_CACHE 并附带一个系统生成的临时表名的形式出现在执行计划中。

语法如下：

```
select    /*+ RESULT_CACHE */ column1 ...
```

例如：

```
select      /*+ RESULT_CACHE */ employee_id, last_name
from        employees
where       department_id = 10;
```

要诀

RESULT_CACHE 提示在共享池中缓存查询结果。不想在共享池中缓存数据时(数据依然可以被缓存到缓冲区高速缓存中)，可以使用 NO_RESULT_CACHE 提示。

7.6.29 CURSOR_SHARING_EXACT 提示

CURSOR_SHARING_EXACT 提示用以确保 SQL 语句中的文字不被替换为绑定变量，即使实例级别的 CURSOR_SHARING 参数被设置成 FORCE 或 SIMILAR，该提示也可以用来纠正不想使用游标共享时的任何枝节问题(请注意，不建议使用 SIMILAR，应避免使用)。

语法如下：

```
select      /*+ CURSOR_SHARING_EXACT */ column1, ...
```

例如：

```
select      /*+ CURSOR_SHARING_EXACT */ employee_id, last_name
from        employees
where       employee_id = 123;
```

在这个示例中，Oracle 不能重用共享池中当前的语句，除非它与这一句一模一样(包括空格和文字 123)。这条语句不会创建绑定变量。第 4 章中有关于游标共享的更多示例。

要诀

CURSOR_SHARING_EXACT 提示否决系统参数文件中把 CURSOR_SHARING 设为 FORCE 或 SIMILAR 的设置。

7.6.30 INMEMORY、NO_INMEMORY 及其他 IM 提示

Oracle 12c(12.1.0.2+)中最大的变化之一便是增加了 In-Memory(IM)列存储(详见第 4 章)。Oracle 12c 中新增的几个帮助驱动查询的提示中，最主要的便是 INMEMORY 和 NO_INMEMORY 提示。

以下是一个简单的例子(驱动查询以使用 INMEMORY)：

```
select /*+ INMEMORY(emp) */ ename, deptno
from   emp;
```

INMEMORY_PRUNING(和 NO_INMEMORY_PRUNING)提示控制 IM 存储索引(用以扫描压缩单元[CU])的使用。可以应用该提示，然后检查由 Oracle 自动创建于 IM 中的存储索引，看其是否已经被用于进一步修剪结果。请注意，以下示例首先在 emp 表上做查询，然后在 V$STATNAME 和 V$MYSTAT 视图中运行检查存储索引修剪状况的查询：

```
select /*+ (INMEMORY_PRUNING(emp) */ ename, deptno
from    emp
WHERE   empid = 7777;

select name, value, sysdate
from   v$statname a, v$mystat b
where  name = 'IM scan CUs pruned'
and    a.statistic#=b.statistic#;
(如果没有选出任何数据，就说明存储索引没有被利用上)
```

可以在 SQL 中使用 IM 选项的几个提示来强制优化器使用内存列存储。以下是最常用的 IM 提示：

- /*+ INMEMORY(table) */ (将表放入 In-Memory 列存储)
- /*+ NO_INMEMORY(table) */(从 In-Memory 列存储中清除表)
- /*+ INMEMORY_PRUNING(table) */(控制 IM 存储索引的使用)
- /*+ NO_INMEMORY_PRUNING(table) */(控制 IM 存储索引的使用)
- /*+ PX_JOIN_FILTER(table) */(强制优化器在表连接时使用布隆过滤)
- /*+ NO_PX_JOIN_FILTER(table) */ (强制优化器在表连接时不使用布隆过滤)
- /*+ VECTOR_TRANSFORM */ (强制使用矢量转换)

要诀

Oracle 12c(12.1.0.2 及后续各版本)中新增的 In-Memory(IM)列存储为我们带来好几个新的提示。INMEMORY(还有 NO_INMEMORY)提示可用于驱动查询使用(或不使用)内存列存储。

7.6.31 USE_INVISIBLE_INDEXES 提示

可将索引创建或更改为不可视索引。在 Oracle 11g 中，当将索引设置为不可视索引时，需要并不为许多人注意的排它锁(倘若没有很多 DML 在运行，排它锁总是很快)。在 Oracle 12c 中，不再需要这样的锁，运行是真正在线的。下面将展示在 emp 表的 deptno 列上新建一个不可视索引，在随后的查询中，该索引并未被看到，也未被使用到。最后利用提示强制使用该索引：

```
create index dept_inv_idx on dept_rich(deptno) invisible;
Index created.

select count(*)
from   dept_rich
where  deptno = 30;   (doesn't see the index)

COUNT(*)
--------------
       512

Execution Plan
----------------------------------------------------------
Plan hash value: 3024595593
---------------------------------------------------------------------------------
| Id  | Operation          | Name      | Rows | Bytes | Cost (%CPU)| Time     |
---------------------------------------------------------------------------------
|   0 | SELECT STATEMENT   |           |    1 |     2 |     4   (0)| 00:00:01 |
|   1 |  SORT AGGREGATE    |           |    1 |     2 |            |          |
|*  2 |   TABLE ACCESS FULL| DEPT_RICH |  512 |  1024 |     4   (0)| 0:00:01  |
---------------------------------------------------------------------------------
```

在 12cR2 中，可以使用提示 USE_INVISIBLE_INDEXES 来强制使用该索引，也可以通过将初始化参数 OPTIMIZER_USE_INVISIBLE_INDEXES 设置为 true 来达到同样的目的(见第 4 章)：

```
select /*+ USE_INVISIBLE_INDEXES */ count(*)
from   dept_rich
where  deptno = 30;    (forces the index with hint)

COUNT(*)
--------
```

```
    512

Execution Plan
----------------------------------------------------------
Plan hash value: 3699452051
--------------------------------------------------------------------------------
| Id  | Operation          | Name        | Rows  | Bytes | Cost (%CPU)| Time     |
--------------------------------------------------------------------------------
|   0 | SELECT STATEMENT   |             |     1 |     2 |     1   (0)| 00:00:01 |
|   1 |  SORT AGGREGATE    |             |     1 |     2 |            |          |
|*  2 |   INDEX RANGE SCAN |DEPT_INV_IDX |   512 |  1024 |     1   (0)| 00:00:01 |
--------------------------------------------------------------------------------
```

要诀

在 12cR2 中可以通过 USE_INVISIBLE_INDEXES 提示来强制使用不可视索引。

7.6.32　CONTAINERS 提示

随着 Oracle 12c 中可插拔数据库(PDB)的出现(见第 3 章)，有些提示可以帮助你做更多事情，甚至可以跨 PDB。对于 CDB 中的公共用户(如 SYSTEM)来说，使用 CONTAINERS 提示在多个 PDB 中聚合数据的能力是非常有用的。CONTAINERS 提示使得 SQL 可以在每个 PDB 中以递归的方式执行。甚至可以使用 hint_string 字符串将提示传递给这些 PDB。基本语法示例如下：

```
select /*+ CONTAINERS(DEFAULT_PDB_HINT=hint_string */...from
CONTAINERS(object)...
```

要诀

使用 Oracle 12c 中的可插拔数据库(PDB)，可以在 CDB 中通过使用 CONTAINERS 提示实现跨多个 PDB 的数据聚合。CONTAINERS 提示使 SQL 在每个 PDB 中以递归的方式执行。

7.6.33　WITH_PLSQL 提示

最后要介绍的是并非优化器提示的 WITH_PLSQL 提示。如果包含 PL/SQL 声明部分的查询不是顶级查询，那么顶级查询必须包含 WITH_PLSQL 提示(如果未包含，则会收到 ORA-32034 错误)。该语句可以是 SELECT，也可以是 DML(在此情况下都会报错)。WITH_PLSQL 提示使该语句如预期那样编译和运行，但它并非优化器提示，而只是个提示而已。基本语法示例如下：

```
UPDATE /*+ WITH_PLSQL */ ...
SELECT /*+ WITH_PLSQL */ * from (WITH FUNCTION...
```

要诀

在 Oracle 12c 中，如果包含 PL/SQL 声明部分的查询不是顶级查询，则顶级查询必须包含 WITH_PLSQL 提示，而它并非优化器提示。

7.7　杂项提示及注意事项

本节中，将从其余的提示里挑选列出那些最好的、可用的提示，每个这样的提示都带有简要的说明。如果想使用其中的任何一个，请参阅 Oracle 文档。

- DYNAMIC_SAMPLING：DYNAMIC_SAMPLING 提示可设置为 0 到 10 之间的整数。数字设得越大，编译器在动态采样上就会付出更多的努力。动态采样于运行时生成供查询使用的统计数据。
- INDEX_SS：INDEX_SS 提示指示优化器针对指定表上的索引使用跳跃式扫描选项。跳跃式扫描是指：Oracle 跳过复合索引的第一列，并使用该索引的其余部分。对于由两部分组成的复合索引而言，使用该提示的效果非常好；我们往往两部分都用，但偶尔也只用该索引的第二部分(没有用于第一部分的任何条件)。你得同时指定表和索引。
- INDEX_SS_ASC：INDEX_SS_ASC 提示和 INDEX_SS 提示相同，但这在 Oracle 的未来版本中可能会改变。
- INDEX_SS_DESC：INDEX_SS_DESC 提示和 INDEX_SS 提示使用相同的语法，但指示优化器按降序跳跃式扫描索引。
- MODEL_MIN_ANALYSIS：MODEL_MIN_ANALYSIS 提示指示优化器忽略编译期间一些电子表格规则的优化。该提示能够减少分析电子表格所需的编译时间，并且能为 SQL 模型查询(使用 MODEL 子句的查询)所用。
- MONITOR：MONITOR 提示为短查询打开索引监控[1]。为了使 MONITOR 工作，初始化/会话参数 CONTROL_MANAGEMENT_PACK_ACCESS 必须设置为 "DIAGNOSTIC+TUNING"。即便对于那些运行时间很长的查询，NO_MONITOR 也会关闭索引监控。监控是指查询执行过程中记录在 V$SQL_MONITOR 表和 V$SQL_PLAN_MONITOR 表中的条目。
- NATIVE_FULL_OUTER_JOIN：当两个表之间的全外连接条件是等值连接时，Oracle 数据库会自动使用基于哈希连接的本地执行方法。此提示指示优化器考虑使用哈希全外连接的执行方法，而优化器一般情况下可能并不采用这种方法。如果指定 NO_NATIVE_FULL_OUTER_JOIN，那么全外连接会被执行为左外连接和反连接的合集。
- NOLOGGING：虽然开发人员往往觉得有为 DML 语句关闭归档日志的 "NOLOGGING" 提示，但实际上却没有。尽管如此，如果数据库在 ARCHIVELOG 模式下，那么还是能够执行 ALTER TABLE EMP NOLOGGING，然后执行 INSERT /*+ APPEND */ INTO EMP，这样就能绕开 REDO(注意：这对于恢复有着重大的影响，所以完成上述操作之后应该做备份)。如果数据库在 NOARCHIVELOG 模式下(不推荐这样的模式)，那么任何直接加载操作(如 INSERT /*+ APPEND */)都无法恢复。NOLOGGING 可用于许多 DDL 命令，如创建表、创建索引和重建索引(小心：这些对于恢复同样有着重大的影响，所以做完后要备份，而且不要继续将表和索引留在 NOLOGGING 模式)。
- OPT_PARAM：该提示可以让修改的参数设置在查询的持续时间内有效，这仅适用于可改变的会话级参数！别忘了把参数名以单引号引起来。
- PUSH_PRED：该提示导致 WHERE 子句中的条件被"推入"查询视图，以使查询过程尽早将一些数据行排除在外。NO_PUSH_PRED 反转该活动。
- REWRITE_OR_ERROR：如果一个查询没有重写针对物化视图的查询，那么这个查询中的 REWRITE_OR_ERROR 提示将产生以下错误(当供查询重写使用的合适物化视图不存在时，这种情况就发生了)：

```
ORA-30393: a query block in the statement did not rewrite
```

MOS 文献 1215173.1 中讨论了该提示。

---

[1] 译者注：MONITOR 提示的目的是强制 Oracle 对该语句的执行过程进行实时监视(即 SQL Monitor)。默认情况下，Oracle 会实时监视执行时间超过 5 秒的串行执行语句，以及所有的并行执行语句。通过 EM 可以查看所有被实时监视的语句。

- USE_NL_WITH_INDEX：USE_NL 提示指示优化器以指定的表作为非驱动表(或作为以驱动表的结果循环访问的内表)，实行嵌套循环连接。USE_NL_WITH_INDEX 提示还允许指定访问期间使用的索引，然而，优化器必须至少能够在一个连接中用到该索引。
- GATHER_OPTIMIZER_STATISTIC：在 Oracle 12c 的批量加载语句 CREATE TABLE ... AS SELECT 和 INSERT INTO ... SELECT 中，现在可以使用提示 GATHER_OPTIMIZER_STATISTICS(和 NO_GATHER_OPTIMIZER_STATISTICS)来强制打开(或关闭)统计信息的实时收集。还有一个未记录的参数也可以用来强制执行这些操作(_OPTIMIZER_GATHER_STATS_ON_LOAD)。
- USE_CUBE：在 Oracle 12c 中通过该提示强制使用多维数据集连接(还有 NO_USE_CUBE 提示)。需要确保初始化参数 _OPTIMIZER_CUBE_JOIN_ENABLED = true(在系统级别或会话级别)。此外，还可以使用 CUBE_AJ 和 CUBE_SJ 提示。
- AUTO_REOPTIMIZE：这是从 Oracle 12c 开始才有的提示。可以用该提示强制优化器更改该查询后续执行的执行计划(还有 NO_AUTO_REOPTIMIZE 提示)。
- ADAPTIVE_PLAN：这是从 Oracle 12c 开始才有的提示。当_OPTIMIZER_ADAPTIVE_PLANS = false 时，可以通过该提示强制使用自适应计划(还有 NO_ADAPTIVE_PLAN 提示)。

7.7.1 未公开的提示

Oracle 的 SQL 参考手册里有一些尚未提及的、不常使用的提示。Oracle 文档(而不是 SQL 指南)里讲到了其他的提示。数据仓库指南或性能优化手册等通常是这些提示的出处，但语法和功能却没有正式成文。还有一些提示，它们确实存在，却不曾被文档提起(正如前面提到的，V$SQL_HINT 中提供了所有提示的完整列表)。一些未公开的提示，如 SWAP_JOIN_INPUTS，被收录到 MOS 的介绍语法和功能的文章里，但这类提示中的大多数神秘莫测。想要区分未公开的提示和某些纯粹的注释可能很困难，那些注释包含在提示的注释结构里。表面上看似未公开的提示，实际上可能仅仅是一条注释；该注释使用与提示同样的注释分隔符(/* */)，却没有"+"号。

一般情况下不应该使用未公开的提示，除非得到 Oracle Support 的指导。未公开的特性往往是不支持的。

Oracle 12c(包括 11gR2)中的 RULE 提示是未公开的并且不被支持的提示，尽管以前版本的数据库曾经支持它。Oracle 10.1 正式解除了对 RULE 优化模式的支持。MOS 文献(ID 189702.1)对这一变化持好评，同时包含迁移到基于成本的优化器的链接和技巧。Oracle 10.1 版本的性能优化指南声称："不继续支持 CHOOSE 和 RULE 优化器提示，这些提示的功能仍然存在，但将在未来的版本中清除。"我相信仅仅是为了支持从旧的系统(如 Oracle 9i)升级而在当前保留了这些提示。随着 Oracle 9i 彻底被淘汰，与 RULE 相关的参数设置和提示多半会从软件中清除，现在就做好准备吧！

RULE 调用基于规则的优化器，那是在一组规则的基础上为查询确定执行路径的老方法。基于规则的优化器通常不如基于成本的优化器效率高，但在某些罕见的情况下可能很有用，一般是在查询对象的有效统计数据不存在时：

- 集合到临时表的 CAST 转换。
- TABLE 函数临时表转换(管道函数)。
- 当连接视图时(包括视图的视图和内嵌视图)。
- 很多表连接到一起时(超过三个表，难得看到)，基于成本的优化器因不堪重负而选择不甚理想的路径(确实也很花时间)。
- 对系统表做查询，基于成本的优化器做不出最佳选择。

有些建议认为未公开的 CARDINALITY 提示(该提示允许否决基数的统计信息)可以克服某些这样的局限性。但 CARDINALITY 需要预先估计表的行数，而表的基数只是基于成本的优化器用以确定执行路径的部分因素。

因为 RULE 提示不再支持(根据 Oracle 12c、11g 和 10g 文档),所以在非用它不可时就要极为小心。RULE 提示应该仅仅被用于迁移查询,这些为基于规则的优化器编写的查询必须被迁往基于成本的优化器的环境。

7.7.2 如何在视图中使用提示

虽然可以把提示硬编码到视图中,但一般说来这并不是好主意,因为不可能预先知道将如何使用视图(独立地选中、与其他表或视图连接到一起还是由其他视图使用)。需要时最好通过全局提示将提示推到视图里,而不是将提示永久地嵌入视图。

使用全局提示时,以句点跟着视图名,句点后再跟受影响的表的名称,而此名称即视图中所使用的名字(表名或别名)。

例如:

```
select /*+ USE_HASH(v.emp) */ count(*)
from    emp_details_view v
where   employee_id = 100;
```

使用全局提示时,需要知道目标视图中使用的表名和别名。在这个示例中,视图 EMP_DETAILS_VIEW 为 departments 表使用了别名 d,所以全局提示里必须使用这个命名符。这里底层的表名是 emp。

7.7.3 关于提示和 STORED OUTLINES(或 SPM)的注意事项

在第 6 章中介绍的 SPM(或 STORED OUTLINES,存储纲要),目前仍然工作,但 Oracle 11g 不建议/阻止它们。此处的注意事项与提示的讨论相关。第 6 章还介绍了从 STORED OUTLINES 迁移到 SQL 计划基线的内容。每次运行查询时,STORED OUTLINES 或基线允许查询使用预先确定好的执行计划,而查询在何处运行无关紧要。人们时常说 STORED OUTLINES 把执行计划存储了起来,实则不然,Oracle 实际上保存了一系列用以复制该执行计划的提示,就像把这个执行计划录音般录了下来一样。如果需要查询 STORED OUTLINES 的提示,可以使用如下针对 USER_OUTLINE_HINTS 的查询:

```
select      hint
from        user_outline_hints
where       name = 'your_outline_name';
```

使用提示时的那些考虑同样适用于存储纲要:升级、应用修补程序以及更改初始化/会话参数等情况下不可知的数据库运作状态。另外,如果查询结构发生任何形式的变化,存储纲要就可能停止工作。

7.8 提示为什么不起作用

提示往往不能尽如人意地发挥作用,有时是因为优化器否决了提示,但通常是因为遇到了以下问题:
- 提示的语法不正确。
- 表没有分析过,或者统计数据不是最新的。
- 与另一个提示冲突。
- 为使该提示发挥作用,需要设置某个系统参数。
- 在查询中用了表的别名,但在提示中用了表名而没有用别名。
- 提示需要使用不同版本的 Oracle。
- 不了解提示的正确应用。
- 因为上述许多原因,你最近缺乏睡眠。
- 软件错误。

7.9 提示一览

表 7-1 列出了本章中讨论过的所有提示(和一些其他的提示)以及每个提示的用法。

表 7-1 提示及其用途

提示	用途
FIRST_ROWS	通常强制使用索引
ALL_ROWS	通常强制全表扫描
FULL	强制实行全表扫描
INDEX	强制使用索引
NO_INDEX	禁止使用某个索引
INDEX_JOIN	允许在一个表上合并索引
INDEX_ASC	使用升序方式访问索引
INDEX_DESC	使用降序方式访问索引
INDEX_COMBINE	访问多个位图索引
INDEX_FFS	做索引快速全扫描
ORDERED	指定表的驱动顺序
LEADING	指定第一个驱动表
INMEMORY	允许查询使用内存列存储
NO_INMEMORY	禁止查询使用内存列存储
CONTAINERS	在主 CBD 中聚合来自 PDB 的数据
NO_EXPAND	帮助消除 OR 扩展
STAR_TRANSFORMATION	强制进行星型查询转换
DRIVING_SITE	以从特定的数据库驱动的方式处理数据
USE_MERGE	将表的内部连接方式改变为合并连接
USE_HASH	将表的内部连接方式改变为哈希连接
USE_NL	将表的内部连接方式改变为嵌套循环连接
PUSH_SUBQ	强制尽早处理子查询
PARALLEL	导致全表扫描查询被拆分为若干查询片段，并以不同的进程处理每个片段
NO_PARALLEL	为给定的查询关闭并行操作
PARALLEL_INDEX	并行地执行索引扫描
NO_PARALLEL_INDEX	非并行地执行索引扫描
APPEND	在新块中追加数据
NOAPPEND	使用新块之前首先检查当前块中的空闲空间
CACHE	致使全表扫描固定在内存中
NOCACHE	当访问在数据库层面被指定为 CACHED 的表时，使用本提示将不会对该表进行缓存
RESULT_CACHE	在共享池内存中缓存数据
NO_RESULT_CACHE	致使不在共享内存池中缓存数据
CURSOR_SHARING_EXACT	覆盖 CURSOR_SHARING 的设置
QB_NAME	为查询块指定名称

7.10 要诀回顾

- 提示中的语法错误会导致提示被理解为注释。追加的提示如果能正确地指定，就能使用它们。
- 多重提示以空格分隔开。指定多个有相互冲突的提示会造成查询不使用其中任何一个提示的后果。
- 如果用了别名，那么提示中也得用别名，否则提示就不能正常工作。
- FIRST_ROWS 提示使优化器选择能够最快地检索首行(或指定行)查询数据的路径，但代价是多行的数据检索将变慢。在系统参数文件中设置 OPTIMIZER_MODE = FIRST_ROWS，就可以把 FIRST_ROWS 设置为整个数据库的默认提示。对于任意给定的查询来说，查询层面的提示将覆盖数据库级别的默认设置。还可以设置优化器为 FIRST_ROWS_n。
- ALL_ROWS 提示使优化器选择能够最快地检索所有查询行的路径，但代价是单行的数据检索将变慢。在系统参数文件中设置 OPTIMIZER_MODE = ALL_ROWS，就可以把 ALL_ROWS 设置为整个数据库的默认提示。对于任意给定的查询来说，查询层面的提示将覆盖数据库级别的默认设置。
- FULL 提示仅对指定的表实行全表扫描，但并非对查询中所有的表都实行全表扫描。FULL 提示还可能改善性能，这要归因于它造成查询中驱动表的改变，而不能归因于全表扫描本身。
- INDEX 提示使优化器选择提示中指定的索引。在单个表上可以指定多个索引，但通常更好的方法是在给定的查询中指定最具约束性的索引(从而可以避免将每个索引的结果合并)。如果指定了多个索引，那么将由 Oracle 选择究竟使用哪一个或哪几个索引。因此一定要小心，不然提示就可能被 Oracle 否决掉！
- 不带指定索引的 INDEX 提示不会考虑全表扫描，尽管未指定任何索引。优化器将会为查询选择最佳索引。
- NO_INDEX 提示是性能优化专家必备的工具，用了该提示，指定的索引将不在优化器的考虑范围内，这样便可在删除该索引之前对其必要性进行评估，或者对其他索引进行评估。请当心不要与其他索引提示冲突！打算删除某索引并检查是否有其他索引可以取而代之时，NO_INDEX 是本人最喜爱的提示之一。
- INDEX_JOIN 提示不仅允许只访问表上的索引(这会扫描较少的数据块)，在速度上还可以达到 5 倍于使用索引并以 ROWID 对表进行扫描的速度(根据我的测试)！
- INDEX_COMBINE 提示使优化器合并单个表上的多个位图索引，而不是去选择其中的哪个索引更好(那是 INDEX 提示的用途)。
- INDEX_ASC 提示与 INDEX 提示做完全相同的事情，因为索引已经依升序扫描过。因为 Oracle 以后可能改变这种默认方式，所以 INDEX_ASC 提示能够确保索引依升序扫描。降序索引是真正依降序排过序的，Oracle 把降序索引作为基于函数的索引来处理。标记成 DESC 的列会依降序排序。
- INDEX_DESC 提示依索引创建时的降序处理该索引。如果查询中存在多个表，那就不应该使用这个提示。
- INDEX_FFS 提示只处理索引，并不访问表。所有被查询使用和检索的列都必须包含在该索引中。
- ORDERED 提示是最强大的提示之一，它依照查询的 FROM 子句里表的先后顺序处理这些表。有许多导致不同处理顺序的变更方式，Oracle 的版本、表上是否有索引以及哪些表被分析过，这些因素都能导致不同的访问顺序。尽管如此，在多表连接很慢而你又束手无策的情况下，ORDERED 应该是你最先尝试的提示之一！
- LEADING 提示类似于 ORDERED 提示，可以使用 LEADING 提示指定一个驱动查询的表，并让优化器去解决其余的问题。
- NO_EXPAND 提示防止优化器使用 OR 扩展。当 OR 扩展大大增加查询的复杂度时，就可以使用这个提示。
- DRIVING_SITE 提示极为强大，因为它可以限制由网络处理的信息量。DRIVING_SITE 提示中指定的表就是处理连接的地方。为远程表使用视图，以及在记录发送给本地站点之前限制从远程站点传递的表行数，也可以改善性能。

- 在三表或更多个表的连接中，USE_MERGE 提示导致提示中指定的表以排序合并的方式与本连接中其他表连接产生的结果行集进行连接。
- USE_NL 提示通常为较小的结果集提供最快的响应时间(第一行返回得更快)，而 USE_MERGE 提示通常能在 USE_HASH 提示不可使用的情况下提供最佳的吞吐量。
- USE_HASH 提示通常为大的结果集提供最佳的响应时间。
- 当子查询非常快地返回少量行时，PUSH_SUBQ 提示能够大幅改善性能。那些行可用来限制外查询返回的行数。
- 使用 PARALLEL 提示将启用并行操作。如果提示中未指定并行度，就会使用创建表时指定的默认并行度。
- 使用 NO_PARALLEL 提示可禁止语句中的并行操作。如果没有该提示，语句就会在有并行对象定义存在的情况下使用并行处理。
- 在向表中插入数据时，APPEND 提示并不去检查当前使用的数据块中的可用空间，而是把数据添加到新的数据块里。上佳的性能往往是以物理磁盘空间为代价而获得的最终结果(非常值得)。
- NOAPPEND 提示否决 PARALLEL 提示，PARALLEL 提示默认情况下通常使用 APPEND 提示。
- CACHE 提示应当为用户经常访问的小查找表所用，它可以确保整个表都留在内存里。
- NOCACHE 提示应该用于阻止对已经指定 CACHE 选项的表进行缓存，从根本上说，也就是用于需要访问该表，但却并不想缓存它时。
- RESULT_CACHE 提示在共享池中缓存查询结果。不想在共享池中缓存数据时(数据依然可以被缓存到缓冲区高速缓存中)，可以使用 NO_RESULT_CACHE 提示。
- CURSOR_SHARING_EXACT提示否决系统参数文件中把CURSOR_SHARING设为FORCE或SIMILAR 的设置。
- Oracle 12c(12.1.0.2 及后续各版本)中新增的 In-Memory(IM)列存储为我们带来了好几个新的提示。INMEMORY(还有 NO_INMEMORY)提示可用于驱动查询使用(或不使用)内存列存储。
- Oracle 12c(12.1.0.2 及后续各版本)中的 INMEMORY_PRUNING 提示控制 IM 存储索引的使用。可以通过 V$STATNAME 和 V$MYSTAT 视图来检查存储索引是否被用来对结果做进一步修剪。
- 在 12cR2 中可以通过 USE_INVISIBLE_INDEXES 提示强制使用不可视索引。
- 使用 Oracle 12c 中的可插拔数据库(PDB)，可以在 CDB 中通过使用 CONTAINERS 提示，实现跨多个 PDB 的数据聚合。CONTAINERS 提示使 SQL 在每个 PDB 中以递归方式执行。
- 在 Oracle 12c 中，如果包含 PL/SQL 声明部分的查询不是顶级查询，则顶级查询必须含有 WITH_PLSQL 提示，而它并非优化器提示。

第 8 章

查询优化(针对开发人员和初级 DBA)

本章专注于一些你可能会遇到的特殊查询以及优化它们的通用信息,并且新增了与 Oracle 12c 的自适应查询优化(Adaptive Query Optimization)相关的很好的信息,以及 Oracle 的自动 SQL 优化(Automatic SQL Tuning)的基本信息与用于访问 Oracle AWR(Automatic Workload Repository,自动负载信息库)的查询。本书涵盖很多优化查询的示例,以及如何根据系统架构来使这些查询的运行更加有效的方法。本章将重点介绍在很多系统中都很常见的可以进行优化的查询。根据系统架构、表中的数据分布、访问数据使用的工具或应用程序、Oracle 的版本以及其他的例外情况,查询的实际表现可能有很大不同。你的结果可能不一样,所以请基于自己的测试以获得最如愿的性能。本章的目的在于展示众多需要注意的问题以及如何解决它们。

除非特别加以说明,本章中所有的示例都严格采用基于成本的计时方法。在本章示例的测试期间没有执行其他的查询,我也会刷新数据库高速缓存和共享池以充分进行测试。本章还使用了很多提示。可以参考第 7 章中有关提示以及它们的语法和结构的详细信息。第 9 章将重点介绍复杂的多表查询,本章就不做介绍了。

请注意,本章并非包罗万象。当尝试改善特定查询的性能时,也可研究一下本书中提到的其他查询优化方法。最值得注意的方法包括 Oracle 数据库的并行特性(见第 11 章)、分区表和分区索引(见第 2 章)以及使用 PL/SQL 来提高性能(见第 10 章)。请注意针对查询使用 EXPLAIN 和 TRACE 带来的好处(见第 6 章)。Oracle 12c 提供了 AWR 和 ADDM(Automatic Database Diagnostic Monitor，自动数据库诊断监控器)。第 5 章在 Oracle 企业管理器(OEM) 云控制器部分介绍了这些新特性。

本章要点如下：
- 应该优化哪些查询？查询 V$SQLAREA 和 V$SQL 视图
- 使用 Oracle 12c 的新视图定位占用大量资源的会话和查询
- 何时应该使用索引？
- 如果忘记了索引，怎么办？
- 建立和查看索引
- 如果建立了不好的索引，怎么办？
- 删除索引时保持谨慎
- 使用不可视索引(Invisible Index)
- 基于函数的索引和虚拟列
- 在 SELECT 和 WHERE 列上使用索引以提高性能
- 使用索引快速全扫描(Fast Full Scan)保障性能
- 使查询魔术般加速
- 在内存中缓存表
- 使用结果集缓存(Result Cache)
- 在多个索引中选择(使用选择性最佳的索引)
- 被抑制的索引
- 优化 OR 子句
- 使用 EXISTS 子句和嵌套子查询
- 这个表其实是视图！
- SQL 和"大一统"理论
- Oracle 12c 中对优化的改变
- Oracle 12c 的自适应查询优化(Adaptive Query Optimization)
- 自动 SQL 优化(Automatic SQL Tuning)和 SQL 优化顾问(SQL Tuning Advisor)
- 使用 SPA(SQL Performance Analyzer，SQL 性能分析器)

8.1 应该优化哪些查询？查询 V$SQLAREA 和 V$SQL 视图

V$SQLAREA 和 V$SQL 是很有用的视图，可以使用它们来查找性能糟糕的需要优化的 SQL 语句。disk_reads 列的值显示了系统中执行的磁盘读的次数。将这个值除以执行次数(disk_reads/executions)，就可以得到每次执行时访问磁盘最多的 SQL 语句。任何处于该列表前列的语句都可能是有问题的需要优化的查询。AWR 或 Statspack 报告也列出了占用大量资源的查询，可以在第 14 章中了解到更详细的信息。

8.1.1 从 V$SQLAREA 视图中选出最糟糕的查询

可以使用下列查询来发现数据库中最糟糕的查询。如果还不了解 V$SQLAREA，光这个查询就不枉你购买这本书。

```
select      b.username username, a.disk_reads reads,
            a.executions exec, a.disk_reads /decode
```

```
                    (a.executions, 0, 1,a.executions) rds_exec_ratio,
                    a.sql_text Statement
from            v$sqlarea a, dba_users b
where           a.parsing_user_id = b.user_id
and             a.disk_reads> 100000
order           by a.disk_readsdesc;

USERNAME    READS    EXEC   RDS_EXEC_RATIO STATEMENT
--------    -------  -----  -------------- ---------------------
--------------------------------------------------
ADHOC1      7281934   1        7281934  select custno, ordno
from cust, orders

ADHOC5      4230044   4        1057511  select ordno
from orders where trunc(ordno) = 721305

ADHOC1      801716    2         400858  select custno,
ordno from cust where substr(custno,1,6) = '314159'
```

上面语句中的 disk_reads 列可以换成 buffer_gets 列，进而得到消耗内存最大的 SQL 语句的信息。

仔细查看下面第二个例子的输出，第一行的 SQL 语句统计包含 10 亿条记录的表(emp3)的行数，第二行的 SQL 语句统计表(emp2)的行数，这个表原本包含 1.3 亿条记录，除了开头插入的 15 条记录，其余全部删除。请注意，Oracle 始终计算到 emp2 表的高水位标记(HWM)。即使所有的数据只在一个数据块中，Oracle 也还是读取超过 80 万个 8KB 大小的数据块。此列表告诉你：emp2 表上的查询有些问题需要解决，因为它只有 15 行(分析该表也不会改善这种情况)。

```
USERNAME    READS    EXEC  RDS_EXEC_RATIO STATEMENT
--------    -------  ----- -------------- ---------------------
SCOTT       5875532   1        5875532 select count(*) from emp3
SCOTT       800065    1         800065 select count(*) from emp2
```

针对这个问题，如果 emp2 表中完全没有数据，可以截断(truncate)该表来解决。由于表中有 15 行数据，有下面几个选择，最终决定依赖于特定的系统：

- 执行 EXPORT/TRUNCATE/IMPORT 或 CREATE TABLE emp2b AS SELECT * FROM emp2 (CTAS)，接下来执行 DROP 和 RENAME(必须考虑索引和关联的对象)。
- 执行 ALTER TABLE emp2 MOVE TABLESPACE new1，然后重建索引。
- 如果该表有主键，使用 DBMS_REDEFINITION.CAN_REDEF_TABLE 来确认表是否可以在线重定义。

请查看 Oracle 文档以了解每个选项的语法/优点/缺点以及约束条件(这里没有全部列出)，这样就可以根据具体情况使用最合适的选项(每个选项都有显著的不利之处，例如由于某个选择，用户无法访问正在删除的表和相关对象，所以要小心)。一旦重新组织这个表，下次的 count(*)只读取 1 个数据块，而不是 800 065 个数据块(解决了这个问题后，获益匪浅)。注意，在查询中把"emp2"改成"emP2"，这样就可以在缓存中发现这个游标。

```
alter table emp2 move;   -- You can specify a tablespace

select count(*)
from    emP2;

select    b.username username, a.disk_reads reads,
          a.executions exec, a.disk_reads /decode
          (a.executions, 0, 1,a.executions) rds_exec_ratio,
          a.sql_text Statement
from      v$sqlarea a, dba_users b
where     a.parsing_user_id = b.user_id
```

```
and         a.sql_text like '%emP2%'
order by    a.disk_readsdesc;

USERNAME    READS   EXEC    RDS_EXEC_RATIO   STATEMENT
--------    -----   ----    --------------   ---------------------
SCOTT         1       1              1       select count(*) from emP2
```

也可以收缩表、索引组织表、索引、分区、子分区、物化视图或物化视图日志使用的空间。为此，需要使用 ALTER TABLE、ALTER INDEX、ALTER MATERIALIZED VIEW 或 ALTER MATERIALIZED VIEW LOG 语句和 SHRINK SPACE 子句。更多信息请参阅 Oracle 管理员指南。还有，如果要使用"ALTER TABLE table MOVE TABLESPACE tablespace_name"命令，可以考虑使用相同大小的表空间(如果可以的话，使用更小的表空间)"来回"移动目标，以免浪费空间。

要诀

查询 V$SQLAREA 视图可以找到需要优化的有问题的查询。

8.1.2 从 V$SQL 视图中选出最糟糕的查询

通过查询 V$SQL 可以查看共享 SQL 区域中每条语句单独的信息，而不像 V$SQLAREA 视图中那样将语句分组。以下是从 V$SQL 中获得最占用资源的语句的更快捷查询(只要改动视图名就可以将这个查询用于 V$SQLAREA)。

```
select *
from    (select address,
            rank() over ( order by buffer_getsdesc ) as rank_bufgets,
            to_char(100 * ratio_to_report(buffer_gets) over (), '999.99') pct_bufgets
from       v$sql )
where      rank_bufgets< 11;

ADDRESS     RANK_BUFGETS   PCT_BUF
--------    ------------   -------
131B7914          1         66.36
131ADA6C          2         24.57
131BC16C          3          1.97
13359B54          4           .98
1329ED20          5           .71
132C7374          5           .71
12E966B4          7           .52
131A3CDC          8           .48
131947C4          9           .48
1335BE14         10           .48
1335CE44         10           .48
```

如果需要查看 SQL，那么可以使用 sql_text 列代替 address 列：

```
COL SQL_TEXT FOR A50
select *
from    (select sql_text,
            rank() over ( order by buffer_getsdesc ) as rank_bufgets,
            to_char(100 * ratio_to_report(buffer_gets) over (), '999.99') pct_bufgets
from       v$sql )
where      rank_bufgets< 11;
```

要诀

也可以查询 V$SQL 来查找需要优化的有问题的查询。

8.2 使用 Oracle 12c 视图定位占用大量资源的会话和查询

Oracle 12c 提供了很多新的视图,可以从操作系统(OS)和 AWR 中获得丰富的信息。AWR 提供了基于度量(Metric)的信息,这些信息对于监控和诊断性能问题很有帮助。度量是指由 Oracle 定义的针对某些系统属性的统计信息的集合。从本质上说,它们是由上下文定义的整理到 AWR 中的历史统计信息。

第 5 章以及 Oracle 文档介绍了如何通过企业管理器访问 AWR 和 ADDM 信息。本节只使用 SQL 从这些视图中提取一些特定的信息来找出需要优化的查询。请检查你的许可证信息来确定哪些产品需要附加的成本(这会随着版本的不同而变化)。需要有 Oracle 诊断包(Oracle Diagnostics Pack)的许可才能使用 AWR 和 ADDM(也包括访问它们的底层视图,比如 DBA_HIST 表)。从我最近检查的结果来看,Statspack 还是免费的,但是在使用产品之前请先检查对应的 Oracle 软件许可。也可以查看 DBA_FEATURE_USAGE_STATISTICS 表,从而获得产品功能的使用情况信息。

8.2.1 从 V$SESSMETRIC 视图中选出当前最占用资源的会话

以下查询会显示在定义的时间间隔(默认是 15 秒)内使用物理读、CPU 或逻辑读最多的会话。你可能会根据自己的环境适当地调整阈值。

```
select TO_CHAR(m.end_time,'DD-MON-YYYY HH24:MI:SS') e_dttm,  -- Interval End Time
       m.intsize_csec/100 ints,    -- Interval size in sec
       s.usernameusr,
       m.session_idsid,
       m.session_serial_numssn,
       ROUND(m.cpu) cpu100,         -- CPU usage 100th sec
       m.physical_readsprds,        -- Number of physical reads
       m.logical_readslrds,         -- Number of logical reads
       m.pga_memorypga,             -- PGA size at end of interval
       m.hard_parseshp,
       m.soft_parsessp,
       m.physical_read_pctprp,
       m.logical_read_pctlrp,
       s.sql_id
from   v$sessmetric m, v$session s
where  (m.physical_reads> 100
or     m.cpu> 100
or     m.logical_reads> 100)
and    m.session_id = s.sid
and    m.session_serial_num = s.serial#
order by m.physical_reads DESC, m.cpu DESC, m.logical_reads DESC;

E_DTTM                  INTS USR SID SSN  CPU100  PRDS LRDS    PGA HP SP PRP
LRP        SQL_ID
-------------------- ---- --- --- ---- ------ ----- ---- ------ -- -- ---
---------- --------------
20-NOV-2010 00:11:07    15 RIC 146 1501   1758 41348    1 781908  0  0 100
.512820513 03ay719wdnqz1
```

8.2.2 查看可用的 AWR 快照

下面几个查询可以用来访问 AWR 快照的信息。

查询 DBA_HIST_SNAPSHOT 视图可以找到更多有关特定 AWR 快照的信息：

```sql
select snap_id,
       TO_CHAR(begin_interval_time,'DD-MON-YYYY HH24:MI:SS') b_dttm,
       TO_CHAR(end_interval_time,'DD-MON-YYYY HH24:MI:SS') e_dttm
from   dba_hist_snapshot
where  begin_interval_time> TRUNC(SYSDATE);


SNAP_ID  B_DTTM                E_DTTM
-------  --------------------  --------------------
    503  25-MAY-2011 00:00:35  25-MAY-2011 01:00:48
    504  25-MAY-2011 01:00:48  25-MAY-2011 02:00:00
    505  25-MAY-2011 02:00:00  25-MAY-2011 03:00:13
    506  25-MAY-2011 03:18:38  25-MAY-2011 04:00:54
    507  25-MAY-2011 04:00:54  25-MAY-2011 05:00:07
```

8.2.3 从 DBA_HIST_SQLSTAT 视图中发现最糟糕的查询

超过预定义阈值的 SQL 语句将在 AWR 中保存一段时间(默认是 7 天)。可以查询 DBA_HIST_ SQLSTAT 视图以找出最糟糕的查询。下面的查询与本章前面对 V$SQLAREA 视图的查询意义相同。

```sql
select snap_id, disk_reads_delta reads_delta,
       executions_delta exec_delta, disk_reads_delta /decode
       (executions_delta, 0, 1, executions_delta) rds_exec_ratio,
       sql_id
from   dba_hist_sqlstat
where  disk_reads_delta> 100000
order  by disk_reads_delta desc;


SNAP_ID   READS_DELTA   EXEC_DELTA   RDS_EXEC_RATIO   SQL_ID
-------   -----------   ----------   --------------   -------------
38        9743276       0            9743276          03ay719wdnqz1
39        9566692       0            9566692          03ay719wdnqz1
37        7725091       1            7725091          03ay719wdnqz1
```

注意在输出结果中，同一 SQL_ID 出现在 3 个 AWR 快照中(在本例中，这个 SQL 在第一个快照时就执行了并且仍在运行中)。还可以选择其他过滤条件，包括 DISK_READS、BUFFER_GETS、ROWS_PROCESSED、CPU_TIME、ELAPSED_TIME、IOWAIT、CLWAIT(Cluster Wait，集群等待)等的累计值或变化值。对 DBA_HIST_SQLSTAT 视图运行 DESC 命令可得到列的完整列表。下面的清单显示了列表前面的不同 SQL_ID：

```
SNAP_ID  READS_DELTA  EXEC_DELTA  RDS_EXEC_RATIO  SQL_ID
-------  -----------  ----------  --------------  -------------
    513      5875532           1         5875532  f6c6qfq28rtkv
    513       800065           1          800065  df28xa1n6rcur
```

8.3 何时应该使用索引

在 Oracle 5 中，很多 DBA 称索引规则为 80/20 规则：如果查询只返回少于 20%的行，就需要使用索引。在

Oracle 7 中,这个数字平均减少到 7%;而在 Oracle 8i 和 9i 中,则接近于 4%。在 Oracle 10g 和 11g 中,Oracle 能更有效地检索整个表,然而这个值不仅取决于行数,还取决于数据块的分布情况(参见第 2 章的内容),所以该值仍然为 5%或更少。

图 8-1 显示了通常情况下何时应该使用索引(在 Oracle 5 和 6 中使用基于规则的优化器,而在 Oracle 7、8i、9i、10g、11g 和 12c 中则使用基于成本的优化器)。另外,根据数据的分布情况,可以使用并行查询和分区,同时其他一些因素也需要考虑,在第 9 章将详细讨论如何为自己的查询建立图表。如果表中的记录少于 1000 行(较小的表),这个图可能有所变化。对于小表,Oracle 基于成本的优化器通常在只查询表中少于 1%记录的情况下使用索引。这个图也显示 Oracle 在不断进步(当然也和硬件相关),同时说明返回行所占百分比越少,就越需要使用索引。这个图还说明全表扫描的速度正越来越快。由于从 Oracle 9i 开始有很多改动,这个比例可能会按照 Oracle 从股本 5 到 8i 的趋势继续下降,也可能由于构建数据库的方式而略微增加。在 Oracle 9i、10g、11g 和 12c 中,可以根据数据和索引的体系结构、数据在数据块中的分布方式以及访问方式来确定该图的走势,Exadata 和 Exalogic 带来的改进可以进一步影响这个图,在这种情况下这个比例可能会小于 1%。

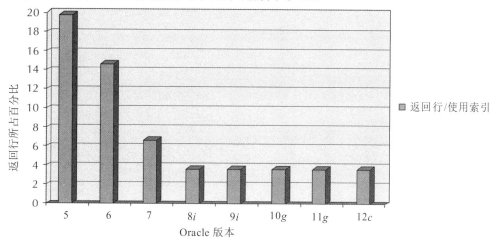

图 8-1 根据查询返回行的百分比确定需要在何时使用索引

要诀

当能够满足查询中某个条件的记录很少(这种"少"取决于不同的版本和硬件,但是一般少于 5%,甚至有时少于 1%),而且这些少量的行所属的数据块也很少(一般都是这种情况)时,通常就需要在这个条件(列)上使用索引。

8.3.1 从 DBA_HIST_SQLTEXT 视图中选择查询文本

可以使用以下查询从 DBA_HIST_SQLTEXT 视图中获得由前面的查询语句检索到的存在问题的查询文本。

```
select command_type, sql_text
from   dba_hist_sqltext
where  sql_id='03ay719wdnqz1';

COMMAND_TYPE   SQL_TEXT
------------   --------------------------
           3   select count(1) from t2, t2

select command_type, sql_text
from   dba_hist_sqltext
where  sql_id='f6c6qfq28rtkv';
```

```
COMMAND_TYPE   SQL_TEXT
------------   --------------------------
           3   select count(*) from emp3
```

8.3.2 从 DBA_HIST_SQL_PLAN 视图中选出查询的 EXPLAIN PLAN

可以通过 DBA_HIST_SQL_PLAN 视图来查看影响系统性能的 SQL 的执行计划信息。显示 EXPLAIN PLAN[1] 的最简单方法就是使用 DBMS_XPLAN 程序包和以下语句：

```
select *
from    table(DBMS_XPLAN.DISPLAY_AWR('03ay719wdnqz1'));

PLAN_TABLE_OUTPUT
----------------------------------------------------------------------
----------------------------------------------------------------------
SQL_ID 03ay719wdnqz1
--------------------
select count(1) from t2, t2

Plan hash value: 1163428054
----------------------------------------------------------------------
| Id  | Operation            | Name  | Rows  | Cost (%CPU)| Time      |
----------------------------------------------------------------------
|  0  | SELECT STATEMENT     |       |       |  10G(100)  |           |
|  1  |  SORT AGGREGATE      |       |    1  |            |           |
|  2  |   MERGE JOIN CARTESIAN|      | 6810G |  10G  (2)  |999:59:59  |
|  3  |    INDEX FAST FULL SCAN| T2_I1| 2609K|  3996 (2)  | 00:00:48  |
|  4  |    BUFFER SORT       |       | 2609K|  10G  (2)  |999:59:59  |
|  5  |     INDEX FAST FULL SCAN| T2_I1| 2609K| 3994 (2)  | 00:00:48  |
----------------------------------------------------------------------
```

可以看出，我们关注的这个查询使用了笛卡儿积连接，这是不合理的表连接(把一个表的每一行和另外一个表的每一行连接显然不是一个好办法)，可能会导致大量的资源消耗。该查询用来说明如何利用新功能找出并收集有关低性能 SQL 的信息。下面是前面用过的查询 emp3 表的查询输出，这个表有超过 10 亿条记录(即使它有 10 亿行数据，也还是可以用 5 分钟快速完成)：

```
select *
from    table(DBMS_XPLAN.DISPLAY_AWR('f6c6qfq28rtkv'));

PLAN_TABLE_OUTPUT
----------------------------------------------------------------------
SQL_ID f6c6qfq28rtkv
--------------------
select count(*) from emp3

Plan hash value: 1396384608
----------------------------------------------------------------------
| Id  | Operation           | Name  | Rows  | Cost (%CPU)| Time      |
----------------------------------------------------------------------
|  0  | SELECT STATEMENT    |       |       | 1605K(100) |           |
|  1  |  SORT AGGREGATE     |       |    1  |            |           |
|  2  |   TABLE ACCESS FULL | EMP3  | 1006M | 1605K  (1) | 05:21:10  |
----------------------------------------------------------------------
```

---

[1] 译者注：EXPLAIN PLAN 在本节中是执行计划的意思。

8.4 忘记了索引怎么办

尽管在某些选择性好的列上建立索引理所当然,但是用户和管理人员并不总是这么认为。我在一次咨询工作中遇到有个用户的数据库的性能非常糟糕。当我向他索要表和索引的列表时,他回复说:"我们有表的列表,但还不能搞清楚有哪些索引,甚至不知道是否应当使用索引。你能否帮助我们优化性能?"我首先想到的是:"哇,这是我这辈子梦想的优化工作。"然后我意识到,我一直在对专家进行培训,却已经忘了并不是所有人都对性能有很深刻的了解。第 2 章介绍了索引的基本原则和结构,本节将重点介绍与查询相关的索引问题。

即使已经在大多数需要建立索引的列上正确建立了索引,也仍然有可能在某个地方忘掉关键的列。如果忘记在某个选择性好的列上建立索引,那么查询的速度将得不到优化。仔细观察以下示例,其中任意给定 cust_id 返回的行比例都少于 1%(sales2 表中有 2500 万条记录,cust_id 为 22340 的记录数大约为 25000 行)。在这种情况下,应当在 cust_id 列上建立索引。因为 cust_id 列上没有索引,下面的查询只能用全表扫描:

```
select count(*)
from    sales2
where   cust_id = 22340;

 COUNT(*)
----------
    25750

Elapsed: 00:00:08.47 (8.47 seconds)

Execution Plan
----------------------------------------------------------
Plan hash value: 2862189843

---------------------------------------------------------------------
| Id  | Operation          | Name   | Rows  | Cost (%CPU)| Time     |
---------------------------------------------------------------------
|   0 | SELECT STATEMENT   |        |     1 | 32639   (1)| 00:06:32 |
|   1 |  SORT AGGREGATE    |        |     1 |            |          |
|   2 |   TABLE ACCESS FULL| SALES2 |   24M | 32639   (1)| 00:06:32 |
---------------------------------------------------------------------
119260 consistent gets (memory reads)
119258 physical reads (disk reads)
1,000 times more blocks read than using an index (we'll see this in a moment)
```

这个查询不仅运行极慢,而且消耗了大量的内存和 CPU。由于缺少系统资源(是不是听起来很熟悉?),这会导致正在执行语句的用户等得不耐烦,而让其他等待资源的用户非常沮丧。

8.4.1 建立索引

为了提高上面示例中查询的速度,我在 cust_id 列上建立了一个索引。STORAGE 子句必须根据表和列的大小来设置。这个表有超过 2500 万条的记录(索引所需空间大概是 461MB)。对所在表空间启用自动段空间管理(Automatic Segment-Space Management,ASSM),Oracle 可以自动管理段的空间,从而达到最优性能。还可以执行 ALTER SESSION SET SORT_AREA_SIZE = 500000000(假设操作系统有足够的内存),从而加快索引的建立速度。

```
create index sales2_idx1 on sales2(cust_id)
tablespace rich;
```

```
Index Created.
```

8.4.2 不可视索引(Invisible Index)

Oracle 有一个功能,称为不可视索引。不可视索引默认情况下对优化器是不可见的。使用此功能,可以测试新的索引,而不会影响现有 SQL 语句的执行计划,也可以测试删除索引的效果而不实际删除(虽然对于优化器来说不可见,但是索引会被继续维护,这将确保当再次使索引可见时,索引是最新的)。注意第 2 章有更多和不可视索引相关的信息和查询。

可以建立不可视索引或者将现有的索引设置成不可见。如果希望优化器使用所有不可视索引(通常情况下这不是一个好主意),可以将初始化参数 OPTIMIZER_USE_INVISIBLE_INDEXES 设置为 true。默认情况下,此参数设置为 false。可以使用下面这个 CREATE 命令取代 8.4.1 节中的命令:

```
create index sales2_idx1 on sales2(cust_id)
tablespace rich
storage (initial 400M next 10M pctincrease 0) invisible;

Index Created
```

8.4.3 查看表上的索引

在建立索引之前,可以查看表上已有的索引,这样可以确保不会产生冲突。

一旦建立索引,就可以通过查询 DBA_IND_COLUMNS 视图来验证索引是否已经存在:

```
select  table_name, index_name, column_name, column_position
from    dba_ind_columns
where   table_name = 'SALES2'
and     table_owner = 'SH'
order   by index_name, column_position;

TABLE_NAME  INDEX_NAME_  COLUMN_NAME  COLUMN_POSITION
----------  -----------  -----------  ---------------
SALES2      SALES2_IDX1  CUST_ID                    1
```

TABLE_NAME 是索引所在的表,INDEX_NAME 是索引的名称,COLUMN_NAME 是索引所在的列,COLUMN_POSITION 是多列索引的列顺序标识。因为我们刚才建立的索引只包括一个列,所以 COLUMN_POSITION 的值就是 1(cust_id 是索引中的第一列,也是唯一列)。

查询 USER_INDEXES 以确定索引的可见性:

```
select index_name, visibility
from   user_indexes
where  index_name = 'SALES2_IDX1';

INDEX_NAME              VISIBILITY
----------------------  ----------
SALES2_IDX1             VISIBLE
```

8.4.4 在列上正确建立索引了吗

在 cust_id 列上正确地建立索引后,重新执行这条查询语句,速度显著加快,更重要的是,不再引发大量数据涌入 SGA 而"淹没"系统(读取的数据块减少很多),从而也减少了物理 I/O。起初,这个查询需要 120 000 次物理读,现在只需要 60 次,速度也快了 800 倍。即使这只是一个秒级查询,如果执行很多次的话,性能上的差距也是不可小视的。

```
select  count(*)
from    sales2
where   cust_id = 22340;

  COUNT(*)
----------
     25750


Elapsed: 00:00:00.01 (0.01 seconds - )

Execution Plan
----------------------------------------------------------
Plan hash value: 3721387097
--------------------------------------------------------------------------------
| Id | Operation          | Name       | Rows | Bytes | Cost (%CPU)| Time     |
--------------------------------------------------------------------------------
|  0 | SELECT STATEMENT   |            |    1 |     4 |    10   (0)| 00:00:01 |
|  1 |  SORT AGGREGATE    |            |    1 |     4 |            |          |
|* 2 |   INDEX RANGE SCAN | SALES2_IDX | 3514 | 14056 |    10   (0)| 00:00:01 |
--------------------------------------------------------------------------------


127 consistent gets (memory reads)
60 physical reads (disk reads)
```

要诀

解决运行慢的查询的第一个诀窍是：如果没有在选择性好的列(列中同一个值的记录数占表中记录总数的比例很小)上建立索引，系统中就会有很多运行慢的查询，在选择性好的列上建立索引是改善性能的第一步。

8.5 建立了差的索引怎么办

product 表中含有列 company_no。由于公司还没有扩展，因此表中所有行的 company_no 列值都为 1。如果一个初学者听说索引非常好，于是决定在 company_no 列上建立索引，情况会怎么样呢？仔细观察下面的例子，该例在执行完查询后从 PLAN_TABLE 中只选出了特定的列。

基于成本的优化器会分析索引，如果认为它不适合将要执行的查询，就会抑制它。表必须在建立索引(依赖于统计信息级别)后重新分析以利于基于成本的优化器做出明智的选择[1]。由于使用建立在 company_no 列上的索引会导致访问整个表和索引，Oracle 内部机制会恰当地抑制它：

```
select  product_id, qty
from    product
where   company_no = 1;

Elapsed time: 405 seconds (all records are retrieved via a full table scan)

OPERATION           OPTIONS         OBJECT NAME
------------------  --------------  -----------
SELECT STATEMENT
TABLE ACCESS        FULL            PRODUCT
```

---

1 译者注：从 Oracle 11g 开始，默认情况下，索引在创建的过程中会自动分析，所以创建索引后不需要重新分析表。

```
49,825 consistent gets (memory reads)
41,562 physical reads (disk reads)
```

可以强制使用原来被抑制的索引(较差的选择)，如下所示：

```
select   /*+ index(product company_idx1) */ product_id, qty
from     product
where    company_no = 1;

Elapsed time: 725 seconds  (all records retrieved using the index on company_no)

OPERATION              OPTIONS           OBJECT NAME
------------------     --------------    -----------
SELECT STATEMENT
TABLE ACCESS           BY ROWID          PRODUCT
INDEX                  RANGE SCAN        COMPANY_IDX1

4,626,725 consistent gets (memory reads)
80,513 physical reads (disk reads)
```

还可以使用 FULL 提示来抑制造成性能不佳的索引：

```
select   /*+ FULL(PRODUCT) */ product_id, qty
from     product
where    company_no = 1;

Elapsed time: 405 seconds (all records are retrieved via a full table scan)

OPERATION              OPTIONS           OBJECT NAME
------------------     --------------    -----------
SELECT STATEMENT
TABLE ACCESS           FULL              PRODUCT

49,825 consistent gets (memory reads)
41,562 physical reads (disk reads)
```

接下来，仔细观察一个运行在更快服务器上的类似例子，在一个拥有 2500 万行数据的表上求和。因为在整个表上求和，Oracle 再次漂亮地选择做全表扫描。全表扫描只扫描表，但如果强制使用索引(比如在第二个例子中)，就不得不读取更多的数据块(几乎多 50%以上)来同时扫描表和索引，这会使查询的速度几乎慢 4 倍。

```
select sum(prod_id)
from   sales
where  cust_id=1;

SUM(PROD_ID)
------------
  1939646817

Elapsed: 00:00:08.58

Execution Plan
---------------------------------------------------------------------------
| Id  | Operation          | Name   | Rows  | Bytes | Cost (%CPU)| Time     |
|   0 | SELECT STATEMENT   |        |     1 |     7 | 33009   (2)| 00:06:37 |
|   1 |  SORT AGGREGATE    |        |     1 |     7 |            |          |
|*  2 |   TABLE ACCESS FULL| SALES3 |   24M |  165M | 33009   (2)| 00:06:37 |
```

```
------------------------------------------------------------------------
"Statistics"
------------------------------------------------------------
    119665  consistent gets
    119660  physical reads
```

现在看看先扫描索引，再访问表的情况：

```
select  /*+ index (sales3 sales3_idx) */ sum(prod_id)
from    sales

where   cust_id=1


SUM(PROD_ID)
------------
 1939646817


Elapsed: 00:00:33.9

Execution Plan
---------------------------------------------------------------------------------
| Id  | Operation                   | Name       | Rows  |Bytes| Cost (%CPU)|Time     |
|  0  | SELECT STATEMENT            |            |    1  |  7  | 213K   (1) |00:42:37 |
|  1  |  SORT AGGREGATE             |            |    1  |  7  |            |         |
|  2  |   TABLE ACCESS BY INDEX ROWID| SALES3    |  24M |165M | 213K   (1) |00:42:37 |
|*  3 |    INDEX RANGE SCAN         | SALES3_IDX|  24M |     | 47976  (1) |00:09:36 |
---------------------------------------------------------------------------------

Statistic
------------------------------------------------------------
    168022  consistent gets
    168022  physical reads
```

要诀

不好的索引(在不合适的列上建立索引)与忘记在正确的列上建立的索引一样，也会产生很多的麻烦。尽管基于成本的优化器通常会抑制一些糟糕的索引，但如果同时使用差的索引和好的索引，同样也会产生问题[1]。另外也要注意，创建太多的索引还会给INSERT和DELETE操作带来额外的开销。

8.6 删除索引时保持谨慎

有些人发现查询使用糟糕索引时的第一反应是删除该索引。然而正确的第一反应应该是抑制索引，随后应该找出索引对其他查询的影响。除非查询是在给定表上执行的唯一查询，否则修改/删除索引可能会导致有害的结果(或者只是用于月报或年报)。不可视索引特性可以用来确定删除一个索引的影响，而不需要真正删除它(第2章详细讨论了索引，包括在Oracle 12*c*中如何通过利用不可视索引来实现在同样的列上同时创建多个不同类型的索引)。在需要删除的索引上执行下面的命令以使其不可见：

```
alter index sales2_idx1 invisible;
```

---

1 译者注：基于成本的优化器会评估使用每个索引的成本，而索引又有多种访问方式，如唯一性扫描、范围扫描等。索引越多，造成的可能执行路径就越多，从而生成不佳执行计划的可能性增大。

不可视索引会被继续维护,但是优化器会忽略它,除非明确地把索引设置为可见或者将 OPTIMIZER_USE_INVISIBLE_INDEXES 设置成 true 以打开所有不可视索引(慎重!)。这种方法可以测试删除一个特定索引的效果。如果想倒退回来,只需要执行如下命令:

```
alter index sales2_idx visible;
```

下面将会介绍在查询的 SELECT 和 WHERE 子句中的列上建立索引。

8.7 在 SELECT 和 WHERE 子句中的列上建立索引

前一节介绍过,删除索引会降低查询的性能。请仔细查看以下查询,可以通过建立索引提高其性能。我根据著名的 scott.emp 表创建了一个包含上百万行数据的 employees 表,这个查询使用的列上没有索引:

```
select  ename
from    employees
where   deptno = 10;

Elapsed time: 55 seconds (a full table scan is performed)

OPERATION             OPTIONS         OBJECT NAME
------------------    --------------  -----------
SELECT STATEMENT
TABLE ACCESS          FULL            EMPLOYEES
```

首先在 deptno 列上建立一个索引,尝试提高性能:

```
Create index dept_idx1 on employees (deptno)
Tablespace test1
Storage (initial 20M next 5M pctincrease 0);

select  ename
from    employees
where   deptno = 10;

Elapsed time: 70 seconds (使用 deptno 列上的索引,但是性能变得更糟)

OPERATION             OPTIONS         OBJECT NAME
------------------    --------------  -----------
SELECT STATEMENT
TABLE ACCESS          BY INDEX ROWID  EMPLOYEES
INDEX                 RANGE SCAN      DEPT_IDX1
```

情况变得更差是因为基本上所有行的 deptno 值都等于 10(将整个索引加上几乎整个表都读出来,肯定比只是将整个表读出来慢)。这个查询只选择了 ename 列。如果它是系统中非常重要的查询,就应该选择同时为 SELECT 和 WHERE 子句中用到的所有列建立索引,也就是建立复合索引:

```
Drop index dept_idx1;

Create index emp_idx1 on employees (deptno, ename)
Tablespace test1
Storage (initial 20M next 5M pctincrease 0);
```

现在查询变得非常快了:

```
select  ename
from    employees
```

```
where    deptno = 10;

Elapsed time: Less than 1 second  (使用 deptno 和 ename 列上的索引)

OPERATION              OPTIONS       OBJECT NAME
------------------     ----------    -----------
SELECT STATEMENT
INDEX                  RANGE SCAN    EMP_IDX1
```

表本身没有被访问(只是访问了整个索引)，这提高了查询的速度。为 SELECT 和 WHERE 子句中的所有列建立索引，使查询只需要访问索引。

仔细查看下面有 2500 万条记录的 sales3 表(从 sales2 表中创建)。在 cust_id 和 prod_id 列上建立一个两列索引，由于索引包含全部信息，因此 Oracle 只需要访问这个索引就可以了(不需要访问表，只需要 6 万次读而不是前面看到的 16 万次读)：

```
select  sum(prod_id)
from    sales3
where   cust_id=1;

SUM(PROD_ID)
------------
 1939646817

Elapsed: 00:00:05.4

Execution Plan
| Id | Operation            | Name            | Rows | Bytes |Cost (%CPU| Time     |
-------------------------------------------------------------------------------------
|  0 |SELECT STATEMENT      |                 |    1 |    7  |16690   (2)|00:03:21 |
|  1 |SORT AGGREGATE        |                 |    1 |    7  |           |         |
|* 2 |INDEX FAST FULL SCAN  |SALES_IDX_MULTI  |  24M |  165M |16690   (2)|00:03:21 |

Statistics:
---------------------------------
60574  consistent gets
60556  physical reads
```

要诀

对于系统中的关键查询，可以考虑在 SELECT 和 WHERE 子句中用到的所有列上建立复合索引，这样只访问索引就可以完成查询。

8.8　使用索引快速全扫描

前面展示了通过在 SELECT 和 WHERE 子句中的所有列上建立复合索引就可以更快地完成查询。Oracle 并没有保证在这样的情况下只使用该索引。然而，有一个提示能保证在多数情况下只使用这个索引。INDEX_FFS 提示指定使用索引快速全扫描，这样就可以只访问索引而不访问相应的表。仔细查看下面针对拥有 1 亿条记录的表的查询，在该表的 cust_id 列上建有索引 sales2_idx。

首先，查看全表扫描读取的数据块数，然后看看索引快速全扫描的情况：

```
select /*+ full(sales2) */ count(*)
from    sales2;
```

```
  COUNT(*)
----------
 100153887

Elapsed: 00:01:42.63

Execution Plan
----------------------------------------------------------
Plan hash value: 2862189843

--------------------------------------------------------------------
| Id  | Operation          | Name  | Rows  | Cost (%CPU)| Time     |
--------------------------------------------------------------------
|   0 | SELECT STATEMENT   |       |     1 | 32761   (1)| 01:06:32 |
|   1 |  SORT AGGREGATE    |       |     1 |            |          |
|   2 |   TABLE ACCESS FULL| SALES2|   24M | 32761   (1)| 01:06:32 |
--------------------------------------------------------------------

Statistics
----------------------------------------------------------
     820038  consistent gets
     481141  physical reads
```

现在使用索引快速全扫描:

```
select /*+ index_ffs (sales2 sales2_idx) */ count(*)
from sales2;

  COUNT(*)
----------
 100153887

Elapsed: 00:24:06.07

Execution Plan
----------------------------------------------------------
Plan hash value: 3956822556

-----------------------------------------------------------------------
| Id  | Operation             | Name       | Rows  | Cost (%CPU)| Time     |
-----------------------------------------------------------------------
|   0 | SELECT STATEMENT      |            |     1 | 81419   (2)| 00:16:18 |
|   1 |  SORT AGGREGATE       |            |     1 |            |          |
|   2 |   INDEX FAST FULL SCAN| SALES2_IDX |   24M | 81419   (2)| 00:16:18 |
-----------------------------------------------------------------------

Statistics
----------------------------------------------------------
     298091  consistent gets
     210835  physical reads
```

带有 INDEX_FFS 提示的查询只访问索引,只需要扫描约 30 万个数据块(其中 21 万个是物理读),而不像全表扫描那样扫描超过 80 万个数据块(其中 40 万个是物理读)。还要注意,有时候查询在带有限制条件时,扫描整个索引(像本例一样)的效果往往不好。在多数情况下使用索引搜索比索引全扫描要好得多。默认情况下,Oracle 12c 中对于 count(*)操作,Oracle 经常扫描索引而不是扫描表。再次运行例子中的任何一个查询(见 8.9 节)并不能避免物理扫描,因为查询会返回大量的数据,缓冲区缓存(buffer cache)中只能存放返回的一半数据块(因为例子中使用的不是一个小表,所以会被快速地挤出缓存,更多详细信息请参阅第 14 章)。

> **要诀**
> 使用 INDEX_FFS 提示可以达到只处理索引而不会访问表的效果。查询使用和检索的所有列都必须包含在索引中。

8.9 使查询"魔术"般加速

请仔细查看下面的示例,该例在上个例子的查询中增加了 RICHS_SECRET_HINT 提示。有人在用户组听说了这个提示,认为它就是隐藏的优化秘密(深藏在 X$表中)。首先,运行查询并且不使用任何索引(employees 表包含超过 1400 万条的记录):

```
select    ename, job
from      employees
where     deptno = 10
and       ename = 'ADAMS';

Elapsed time: 45.8 seconds (查询返回了一条记录)

OPERATION           OPTIONS     OBJECT NAME
------------------  ----------  -----------
SELECT STATEMENT
TABLE ACCESS        FULL        EMPLOYEES
```

这个查询没有任何可用的索引,所以执行了一次全表扫描。现在,在这个查询中加入 Rich 的神秘提示:

```
select   /*+ richs_secret_hint */ ename, job
from     employees
where    deptno = 10
and      ename = 'ADAMS';

Elapsed time: under 1 second (查询返回了一条记录)

OPERATION           OPTIONS     OBJECT NAME
------------------  ----------  -----------
SELECT STATEMENT
TABLE ACCESS        FULL        EMPLOYEES
```

这个提示起作用了,尽管仍然执行了全表扫描操作,但是查询却"魔术"般变快了。实际上,数据已经在内存中了,而从内存中查询数据比从磁盘查询数据快得多,这就是"魔术"的秘密所在。通过有效地利用 Oracle 12c 中的结果集缓存,也可以"魔术"般加速查询,参见本章后面的 8.11 节"使用结果集缓存"。

> **要诀**
> 当连续多次运行同一个查询时,该查询将会运行得快些,因为数据已经缓存在内存中了(全表扫描读进内存的数据会比索引扫描读进内存的数据更快地老化出内存)。有时,访问存储在内存中的数据会让人们错误地相信他们已经把查询调快了。清空缓冲区缓存或重新启动测试系统可以得到准确的、可对比的优化结果。下次如果有用户打电话来说查询太慢了,直接对他说:真的吗? 再运行一次看看!

8.10 在内存中缓存表

尽管没有秘密提示用于优化让人失望(ORDERED 和 LEADING 是最接近"魔术"的提示),但我们可以利用 8.9 节介绍的这种方法来改善性能。如前所述,再次运行同一个查询将使其变快,这是因为数据已经被缓存到内存中。如果我们将最常用的表始终缓存到内存中，会如何呢？第一个难题是我们不能将所有的表都缓存到内存中，只可能缓存比较小的且经常使用的表。同时还可以使用多个缓存池，如第 4 章所述。以下查询只从未建立索引的 customer 表返回一行：

```
select prod_id, cust_id
from   sales
where  cust_id=999999999
and    prod_id is not null;

   PROD_ID    CUST_ID
---------- ----------
        13  999999999

Elapsed: 00:00:00.84

Execution Plan
----------------------------------------------------------
Plan hash value: 781590677
--------------------------------------------------------------------------
| Id  | Operation          | Name  | Rows  | Bytes | Cost(%CPU)| Time     |
--------------------------------------------------------------------------
|   0 | SELECT STATEMENT   |       |    50 |  1300 |  1241   (2)| 00:00:15 |
|*  1 |  TABLE ACCESS FULL | SALES |    50 |  1300 |  1241   (2)| 00:00:15 |
--------------------------------------------------------------------------
```

接着停止数据库，然后重新启动，这样不会影响计时信息(也可以使用 ALTER SYSTEM FLUSH BUFFER_CACHE 达到同样目的，但是只可以在测试系统上这样做)。将表设置为缓存在内存中：

```
alter table sales cache;

Table altered.
```

查询这个没有索引但是设置为缓存的 sales 表仍然花了 0.84 秒。虽然这个表已经设置为缓存到内存中，但数据还没有在内存中。随后的(第一次之后的)查询都会快得多，再次查询这个设置为缓存到内存中的表中的一条记录只需要 0.04 秒，也就是快了 20 倍(如果运行这个查询数千次，整体速度的提高会更多)：

```
select prod_id, cust_id
from   sales
where  cust_id=999999999
and    prod_id is not null;

   PROD_ID    CUST_ID
---------- ----------
        13  999999999

Elapsed: 00:00:00.04

Execution Plan
----------------------------------------------------------
Plan hash value: 781590677
--------------------------------------------------------------------------
| Id  | Operation          | Name  | Rows  | Bytes | Cost(%CPU)| Time     |
--------------------------------------------------------------------------
|   0 | SELECT STATEMENT   |       |    50 |  1300 |  1241   (2)| 00:00:15 |
|*  1 |  TABLE ACCESS FULL | SALES |    50 |  1300 |  1241   (2)| 00:00:15 |
--------------------------------------------------------------------------
```

因为表已被缓存到内存中，所以这个查询快多了；实际上，无论使用什么条件，这个表上的所有查询都会非常快。设置为缓存到内存中的表已经被"固定"到内存中，并且被放在缓存区中最近使用(Most Recently Used, MRU)的一端；只有当其他没有设置为缓存到内存中的表执行全表扫描后，缓存在内存中的数据被挤出去之后，才会将它从内存中挤出去。多次运行这个查询会将数据缓存在内存中，从而使以后的查询运行得更快，只有将某个表设置为缓存到内存中才可以确保数据不会很快从内存中挤出去。默认情况下，Oracle 会缓存频繁使用的数据，因为这些数据被反复访问。

要诀

将一个相对很小的常用表缓存到内存中，这样可以保证其中的数据不会被其他数据挤出内存。但是需要注意，因为设置为缓存到内存中的表通常会影响优化器选择的执行计划，从而导致查询的执行计划中产生不可预料的执行顺序(这会影响到嵌套循环连接中的驱动表)。

8.11 使用结果集缓存(Result Cache)

通过结果集缓存(Result Cache)，可以把 SQL 结果集缓存在 SGA 的一块区域中，从而提高性能。
通过 RESULT_CACHE 提示缓存执行的结果：

```
select  /*+ result_cache */ SUM(sal)
from    scott.emp
where   deptno=20;
```

当运行带有 RESULT_CACHE 提示的查询时，Oracle 知道查询是否已经执行、计算过，并且知道结果是否已经缓存。如果是这样，就从缓存中检索数据而不是查询数据块并重新计算结果。在使用此特性之前，考虑以下要点：

- 结果集缓存特性只对频繁执行的查询有用。
- 查询的基础数据不经常变化。当基础数据变化时，之前缓存的结果集就会从缓存中删除。

如果反复执行相同的查询，使用 RESULT_CACHE 提示往往使随后的查询运行得更快。第 1 章和第 4 章包含更多关于这方面的信息。

要诀

如果反复执行相同的查询(特别是分组或计算函数)，使用 RESULT_CACHE 提示往往使随后的查询运行得更快(通常会快非常多)。

8.12 在多个索引间选择(使用选择性最佳的索引)

如果一个表上有很多索引，那么在执行一个可能使用多个索引的查询时就可能遇到麻烦。优化器通常可以做出正确的选择。查看下面这个示例：数据平均地分布到每个数据块上，由给定 product_id 返回的行比例将少于 1%，在这种情况下，在 product_id 列上建立一个索引。下面的查询在 product_id 列上只有一个索引可用：

```
select  product_id, qty
from    product
where   company_no = 1
and     product_id = 167;

Elapsed time: 1 second  (返回一条记录；使用了 product_id 列上的索引)

OPERATION           OPTIONS      OBJECT NAME
```

```
------------------  ----------  -----------
SELECT STATEMENT
TABLE ACCESS        BY ROWID    PRODUCT
INDEX               RANGE SCAN  PROD_IDX1

107 consistent gets (memory reads)
1 physical reads (disk reads)
```

现在，在 company_no 列上再建立一个索引。在下面的示例中，所有记录的 company_no 列值都是 1，这是一个极差的索引。在有两个索引(一个索引建立在 product_id 列上，另一个索引建立在 company_no 列上)的表上重新运行查询：

```
select  product_id, qty
from    product
where   company_no = 1
and     product_id = 167;
```

Elapsed time: 725 seconds (返回一条记录；执行了一次全表扫描)

```
OPERATION           OPTIONS     OBJECT NAME
------------------  ----------  -----------
SELECT STATEMENT
TABLE ACCESS        FULL        PRODUCT

4,626,725 consistent gets (memory reads)
80,513 physical reads (disk reads)
```

Oracle 不选择任何一个索引(可能是因为多块初始化参数[1]或某些其他的例外规则)，查询使用了全表扫描。根据现有的统计信息数据和使用的 Oracle 版本，我曾经看到同样的查询分别使用正确的索引、不合适的索引、根本没使用索引或者综合使用这两个索引。正确的选择就是强制使用正确的索引，也就是使用最有限制性的索引。重写查询可以强制使用最有限制性的索引。还可以修正初始化参数的问题以达到更好的效果(越少使用提示越好，这一点在升级数据库时尤为明显)。

重写查询来强制使用最有限制性的索引：

```
select /*+ index(product prod_idx1) */ product_id, qty
from    product
where   company_no = 1
and     product_id = 167;
```

Elapsed time: 1 second(返回一条记录)

```
OPERATION           OPTIONS     OBJECT NAME
------------------  ----------  -----------
SELECT STATEMENT
TABLE ACCESS        BY ROWID    PRODUCT
INDEX               RANGE SCAN  PROD_IDX1
```

107 consistent gets (内存读)
1 physical reads (磁盘读)

要诀

当查询可以使用一个表上的多个索引时，特别当需要推翻优化器的选择时，请使用最有限制性的索引。尽管

---

[1] 译者注：该参数是 DB_FILE_MULTIBLOCK_READ_COUNT。

Oracle 中基于成本的优化器通常会强制使用最有限制性的索引,但是根据 Oracle 版本的不同、查询结构以及所用初始化参数的不同,Oracle 还可能使用不同的索引。如果发现问题逐渐变得严重,那就在问题变得更严重之前解决它(把不好的索引删除)。

要诀

位图索引通常与其他索引不同,因为它们通常都很小。可以在第 2 章中了解位图索引和其他索引的不同之处。

8.13 索引合并

Oracle 的索引合并特性就是合并两个独立的索引,并且使用这些索引的结果,而不是在表中使用单独的索引。以下代码仅仅出于问题解释的目的(如果使用基于规则的提示,Oracle 虽然已经不再支持,但是在系统内部有时还是会用到,在 EXPLAIN PLAN 的输出中就会明确地建议使用基于成本的优化器),同时请注意,将 OPTIMIZER_MODE 设置成 CHOOSE 也不再支持了,取而代之的是 ALL_ROWS 或 FIRST_ROWS。

下面的统计信息是根据包含 100 万行记录的表得到的,该表的大小为 210MB。

```
create   index year_idx on test2 (year);
create   index state_idx on test2 (state);

select   /*+ rule index(test2) */ state, year
from     test2
where    year = '1972'
and      state = 'MA';

SELECT STATEMENT Optimizer=HINT: RULE
  TABLE ACCESS (BY INDEX ROWID) OF 'TEST2'
    INDEX (RANGE SCAN) OF 'STATE_IDX' (NON-UNIQUE)

Note
-------------------------------------------------
 - rule based optimizer used (consider using cboose)

Elapsed time: 23.50 seconds

select   /*+ index_join(test2 year_idxstate_idx) */
state,   year
from     test2
where    year = '1972'
and      state = 'MA';

SELECT STATEMENT
  VIEW OF 'index$_join$_001'
    HASH JOIN
      INDEX (RANGE SCAN) OF 'YEAR_IDX' (NON-UNIQUE)
      INDEX (RANGE SCAN) OF 'STATE_IDX' (NON-UNIQUE)

Elapsed time: 4.76 seconds
```

第一个查询测试只使用一个索引并从表中取回数据的速度(根据特定情况,Oracle 使用 AND-EQUAL 操作进行优化)。接下来,使用 INDEX_JOIN 提示来强制合并这两个独立的索引,然后使用这些索引得到的结果,而不用返回到表中获取数据。当这两个索引与表相比都较小时,就可以改善性能。在一个更快的系统上,第二个查询在执行时只需要 0.06 秒,所以性能获益会根据实际环境发生变化。

下面仔细观察在一台更快的服务器上执行针对包含2500万记录的sales3表的查询，这个表的cust_id和prod_id列上分别有索引。将这两个索引合并会造成查询运行非常缓慢，而且产生大量的数据块读操作(超过20万次物理读)：

```
select /*+ index_join (sales3 sales3_idx sales3_idx2) */ sum(prod_id)
from    sales3
where   cust_id=1;

SUM(PROD_ID)
------------
 1939646817


Elapsed: 00:01:37.5

Execution Plan
--------------------------------------------------------------------------------
| Id  | Operation              | Name              |Rows | Bytes|Cost(%CPU)|Time     |
--------------------------------------------------------------------------------
|   0 |SELECT STATEMENT        |                   |  1  |   7  | 158K  (1)|00:31:47 |
|   1 | SORT AGGREGATE         |                   |  1  |   7  |          |         |
|*  2 |  VIEW                  |index$_join$_001   | 24M |  165M| 158K  (1)|00:31:47 |
|*  3 |   HASH JOIN            |                   |     |      |          |         |
|*  4 |    INDEX RANGE SCAN    | SALES3_IDX        | 24M |  165M| 48211 (2)|00:09:39 |
|   5 |    INDEX FAST FULL SCAN| SALES3_IDX2       | 24M |  165M| 63038 (1)|00:12:37 |
--------------------------------------------------------------------------------


Statistic
----------------------
8536     consistent gets
217514   physical reads
```

如果删除sales3表上的两个索引，用cust_id和prod_id列上的一个复合索引取代，性能会大幅提高——超过10倍。另一个好处就是把物理读从20万次降到6万次。

```
select sum(prod_id)
from    sales3
where   cust_id=1;SUM(PROD_ID)
------------
 1939646817

Execution Plan
----------------------------
| Id  | Operation              | Name             |Rows | Bytes|Cost(%CPU)|Time     |
--------------------------------------------------------------------------------
|   0 |SELECT STATEMENT        |                  |  1  |   7  |16690 (2) |00:03:21 |
|   1 | SORT AGGREGATE         |                  |  1  |   7  |          |         |
|*  2 | INDEX FAST FULL SCAN   |SALES_IDX_MULTI   | 24M |  165M|16690 (2) |00:03:21 |
--------------------------------------------------------------------------------


Statistic
----------------------
60574    consistent gets
60556    physical reads
```

8.14 可能被抑制的索引

即便在所有应该创建索引的数据列上已经创建了合适的索引,也仍然不能保证建立性能优异的理想系统。随着在业界盛行的令人兴奋的即席查询出现,各种调优方面的挑战也接踵而至。最常见的问题之一就是某些极好的索引受到抑制。修改 WHERE 子句中的列将会抑制这些列上索引的使用(除非使用基于函数的索引或者优化器可以非常智能地找到更好的执行路径)。还可以采用不修改带有索引的列的方法来重写查询。下面列出了一些示例。通过从内部解决索引抑制问题,Oracle 在很多情况下仍然正确地使用索引(随着版本的不断升级,这点变得越来越好),特别是在可以通过索引搜索或索引全扫描代替全表扫描的情况下。如果使用第三代编程语言或代码和应用绑定在一起,结果会有变化,我将继续展示特定工具或应用的问题,你可能看到不希望见到的全表扫描。

在某个列上执行数学函数:

```
select   product_id, qty
from     product
where    product_id+12 = 166;

Elapsed time: 405 second

OPERATION              OPTIONS      OBJECT NAME
----------------       -------      -----------
SELECT STATEMENT
TABLE ACCESS           FULL         PRODUCT
```

解决方法是,数学函数在子句的另一端执行(Oracle 通常可以从内部解决这个问题):

```
select   product_id, qty
from     product
where    product_id = 154;

Elapsed time: 1 second

OPERATION              OPTIONS       OBJECT NAME
----------------       -------       --------------
SELECT STATEMENT
TABLE ACCESS           BY ROWID      PRODUCT
    INDEX              RANGE SCAN    PROD_IDX1
```

在某列上执行函数:

```
select product_id, qty
from    product
where   substr(product_id,1,1) = 1;

Elapsed time: 405 second

OPERATION            OPTIONS    OBJECT NAME
----------------     -------    -----------
SELECT STATEMENT
TABLE ACCESS         FULL       PRODUCT
```

解决方法是,重写这个函数,使其不用对列值进行修改(LIKE 或基于函数的索引可以解决这个问题):

```
select   product_id, qty
from     product
where    product_id like '1%';
```

```
Elapsed time: 1 second

OPERATION          OPTIONS     OBJECT NAME
----------------   ----------  -----------
SELECT STATEMENT
TABLE ACCESS       BY ROWID    PRODUCT
INDEX              RANGE SCAN  PROD_IDX1
```

如前所述，Oracle 往往足够聪明到可以找出问题并继续使用索引。下面的查询显示尽管试图抑制索引，但是 Oracle 仍然使用了索引扫描而不是全表扫描(通过添加零(0)或使用 NVL 得到相同的结果)。在下面的例子中，所需要的一切都在索引中，尽管通常需要在索引中的两列都出现的情况下才可以使用这个索引，然而 Oracle 发现字符串函数使用了索引的前导列，所以仍然能够只使用该索引(而不是以先使用索引再访问表的方式获得结果)。

```
select  sum(prod_id)
from    sales3
where   substr(cust_id,1)=1;

SUM(PROD_ID)
------------
  1939646817

Elapsed: 00:00:12.49

Execution Plan
------------------------------------------------------------------------------
| Id  | Operation              | Name           |Rows |Bytes|Cost(%CPU)| Time     |
|  0  |SELECT STATEMENT        |                |  1  |   7 |17651(8)  |00:03:32  |
|  1  | SORT AGGREGATE         |                |  1  |   7 |          |          |
|* 2  |  INDEX FAST FULL SCAN  |SALES_IDX_MULTI |248K |1695K|17651 (8) |00:03:32  |
------------------------------------------------------------------------------
```

要诀
除非使用基于函数的索引，否则修改查询中的列一般将会抑制索引的使用。Oracle 也可能在解析时解决这个问题。查询越复杂，Oracle 越难自动解决。

8.15 基于函数的索引

如前所述，使用索引时的一个最大问题就是：开发人员和即席用户经常会抑制它们的使用。开发人员使用函数时经常会抑制索引。有一种方法可以解决这个问题，就是使用基于函数或表达式的索引。由建立索引的人指定函数或表达式，并且将它存储在索引中。基于函数的索引可以包括多个列、算术表达式，也可以是 PL/SQL 函数或 C 程序调用。

下面就是一个基于函数的索引示例：

```
CREATE INDEX emp_idx ON emp (UPPER(ename));
```

这就在 ename 列上建立了一个使用 UPPER 函数的索引。以下示例利用基于函数的索引查询 emp 表：

```
select  ename, job, deptno
from    emp
where   upper(ename) = 'ELLISON';
```

在上面的查询中，可以使用基于函数的索引(emp_idx)。对于条件子句只检索其中很少记录的大表来说，这比使用全表扫描的性能更好。在第 2 章中有更多关于这方面的内容和示例。

必须设置如下初始化参数才可以使用基于函数的索引(受到版本变化的影响会有差异，同时也必须使用基于成本的优化模式)。如果基于函数的索引不工作，通常就是这一问题。

```
query_rewrite_enabled = true
query_rewrite_integrity = trusted (or enforced)
```

要诀

在 WHERE 子句中，在选择性好且频繁使用的函数的列上建立基于函数的索引，可以带来显著的性能改善。

要查看表上基于函数的索引的细节，可使用与此类似的查询：

```
select table_name, index_name, column_expression
from   dba_ind_expressions
where  table_name = 'SALES2'
and    table_owner = 'SH'
order  by index_name, column_position;
```

8.16 虚拟列(Virtual Column)

Oracle 11g 引入了一个称为虚拟列的新特性，可以定义一个列为同一表中其他列上的函数，下面是建立一个带有虚拟列的表的例子：

```
CREATE TABLE my_employees (
   empId     NUMBER,
   firstName VARCHAR2(30),
   lastName  VARCHAR2(30),
   salary    NUMBER(9,2),
   bonus     NUMBER GENERATED ALWAYS AS (ROUND(salary*(5/100)/12))
             VIRTUAL,
   CONSTRAINT myemp_pk PRIMARY KEY (empId));
```

需要记住的重要一点是，在虚拟列上定义的索引相当于基于函数的索引。

8.17 "古怪"的 OR

优化器经常会在使用 OR 子句时出现问题。最好的办法是将 OR 看作多个合并的查询。请查看以下示例，在 pk_col1、pk_col2 和 pk_col3 列上有个单一主键。在 Oracle 9i 之前，Oracle 会采用如下方式执行这个查询：

```
select *
from   table_test
where  pk_col1 = 'A'
and    pk_col2 in ('B', 'C')
and    pk_col3 = 'D';

2    Table Access By Rowid TABLE_TEST
1        Index Range Scan TAB_PK
```

注意

pk_col2 和 pk_col3 列没有用于索引访问。

从 Oracle 9i 开始，Oracle 改进了优化器处理这种查询的方式(在内部进行了 OR 扩展)。在 Oracle 12c 中，优化器会使用全部的主键，并且把整个结果连接在一起(如下面的示例所示)。这种方法要比只使用主键的一部分(如前面示例所示的访问路径)快得多。虽然前面查询的访问路径因为执行步骤非常少看起来很不错,但是不要被这一点蒙蔽,EXPLAIN PLAN 中有较少的执行步骤并不一定代表查询更有效率。

```
5 Concatenation
2   Table Access By Rowid TAB
1    Index Unique Scan TAB_PK
4   Table Access By Rowid TAB
3    Index Unique Scan TAB_PK
```

在 Oracle 9*i* 之前,如果要得到这样的结果,就必须分解这个查询,如以下代码所示(把查询改写得长些可以使其运行得更快,这是因为处理的方式变了):

```
select  *
from    table_test
where (pk_col1 = 'A'
and     pk_col2 = 'B'
and     pk_col3 = 'D')
or    (pk_col1 = 'A'
and     pk_col2 = 'C'
and     pk_col3 = 'D');

5 Concatenation
2   Table Access By Rowid TAB
1    Index Unique Scan TAB_PK
4   Table Access By Rowid TAB
3    Index Unique Scan TAB_PK
```

要诀

Oracle 已经改进了执行 OR 子句的方法。NO_EXPAND 提示仍然非常有帮助,因为它会防止优化器使用 OR 扩展,如第 7 章所述。

8.18 使用 EXISTS 函数和嵌套子查询

另外一个需要记住的有用窍门是:在多数情况下应该使用 EXISTS 函数而不是 IN 函数。只要 EXISTS 函数检查并查找到一条匹配的记录,就会从子查询中返回结果。而 IN 函数需要检索和检查所有的记录,所以其速度会慢得多。同时,Oracle 也改进了优化器,通常情况下也会使用这种优化。请查看以下示例,其中的 IN 函数将导致非常差的性能。这个查询只有在 items 表极其小时才会较快。

```
select   product_id, qty
from     product
where    product_id = 167
and      item_no in
        (select  item_no
         from    items);

Elapsed time: 25 minutes (items 表中有 1000 万条记录)


OPERATION         OPTIONS       OBJECT NAME
----------------- ----------    -----------
SELECT STATEMENT
NESTED LOOPS SEMI
 TABLE ACCESS     BY ROWID      PRODUCT
```

```
      INDEX           RANGE SCAN   PROD_IDX1
    SORT
      TABLE ACCESS    FULL         ITEMS
```

这个查询检索了整个 items 表。

在使用条件 product_id = 167 极大地限制外查询后,这个查询运行得非常快,如下所示:

```
select    product_id, qty
from      product a
where     product_id = 167
and       exists
          (select  'x'
           from    items b
           where   b.item_no = a.item_no);

Elapsed time: 2 seconds (The items table query search is limited to 3 rows)

OPERATION           OPTIONS      OBJECT NAME
------------------  -----------  -----------
SELECT STATEMENT
NESTED LOOPS SEMI
  TABLE ACCESS       BY ROWID    PRODUCT
    INDEX            RANGE SCAN  PROD_IDX1
    INDEX            RANGE SCAN  ITEM_IDX1
```

在这个查询中,只将从外查询(来自 product 表)检索到的记录与 items 表进行比较。如果 items 表的 item_no 列上建有索引或者 items 表非常大,那么由于通过外查询中的条件 product_id = 167 已经限制了符合要求的记录,因此这个查询要比第一个查询快得多。

要诀

根据查询中每部分将要检索的数据,将 EXISTS 子句和嵌套子查询放在一起使用可以使查询速度大大加快。Oracle 12c 通常从内部完成这种转换,节省优化时间的同时也提高了性能。

8.19 表就是视图

虽然视图可以隐藏 SQL 的复杂性,但是会增加优化的复杂性。当观察一条 SELECT 语句时,除非视图有某种命名约定,否则单从 SELECT 语句很难判断某个对象是表还是视图,必须在数据库中检查该对象才能确定。视图可以是多个表的连接。在连接视图或出于不同目的而使用视图时请保持谨慎,不然将会付出很大的性能代价。确保视图中包含的所有表是查询实际所需的。同时记住不同类型的触发器也会隐藏简单查询背后的性能问题。优秀的开发人员文档可以在发现复杂代码中的性能问题方面节省大量时间。

8.20 SQL 和"大一统"理论

许多物理学家都在寻求一种简单的理论用于解释宇宙运行的原理。许多假设的理论在一定情况下可行,但在其他情况下不可行。虽然对理论物理学家来说没有问题,但是这会给数据库带来灾难。当编写 SQL 时,人们不应该尝试写出那种根据传递给它的参数就能完成所有任务的"大一统" SQL 语句。这通常会导致大多数语句的执行性能不佳(或者在下次升级时你将体会到这种影响),最好是为需要完成的每个任务单独编写高效的语句。

8.21 Oracle Database 12c 中的优化变化

通用的 SQL 优化原则在 Oracle 11g 和 12c 中仍然不变，但是需要注意优化器的一些重要变化：

- 在 Oracle 11g 和 12c 中，OPTIMIZER_MODE 不推荐也不再支持 RULE 和 CHOOSE 两种模式(使用基于规则的优化器的唯一方法是在查询中使用 RULE 提示)。通常，不建议使用该提示，但在个别查询中确实需要时还能使用。在使用这个提示前请咨询 Oracle Support。参考第 4 章以了解初始化参数的信息。OPTIMIZER_MODE 可能的取值包括 ALL_ROWS、FIRST_ROWS 和 FIRST_ROWS_n。
- 在 Oracle 12c 中，有两种基于成本的优化模式——NORMAL 和 TUNING。
    - 在 NORMAL 模式下，CBO(Cost-Based Optimizer，基于成本的优化器)在确定选择执行计划时只考虑一小部分可能的执行计划。为了在严格时间限制下生成执行计划，考虑的计划数远比以前的版本少得多。可以使用 SQL 配置文件(SQL Profile，包含统计信息)来限制可能被考虑的执行计划。
    - 在 TUNING 模式下，CBO 可以执行更为详细的 SQL 语句分析，为下一步行动提供建议，并且为 SQL 配置文件提供辅助统计数据，从而在以后的 NORMAL 模式下使用。TUNING 模式也被称为自动调优优化器(Automatic Tuning Optimizer)模式，优化器可以在一条单独的语句上花几分钟(适合于测试环境)。请参阅 *Oracle Database Performance Tuning Guide* 中的 Automatic SQL Tuning 部分(Oracle 11.2 文档中的第 17 章)。Oracle 指出 NORMAL 模式可以为大多数 SQL 语句提供可接收的执行路径。在 NORMAL 模式下不能很好执行的 SQL 语句可能需要在 TUNING 模式下进行优化，然后在 NORMAL 模式下使用。这能为已定义 SQL 配置文件的查询提供较好的性能平衡，为复杂查询所做的大量优化工作只需要在 TUNING 模式下完成一次，而不用在每次解析 SQL 语句时重复执行。
- 在 Oracle 12c 中，通过引入自适应查询优化(Adaptive Query Optimization)功能，优化器的功能获得了极大增强。这个新功能允许优化器在首次执行一个执行计划时"改变主意"，并且为后续的执行计划的细粒度优化发现更多的信息。也就是说，优化器可以在执行计划的执行过程中进行实时调整。图 8-2 展示了组成自适应查询优化的各个组件。自适应的执行计划可以在执行时改变表连接的方法和并行执行的分发方式。自适应的统计信息在 SQL 的执行过程中收集并保存下来以备后续使用。在接下来的两节里将分别详细介绍这两个组件。

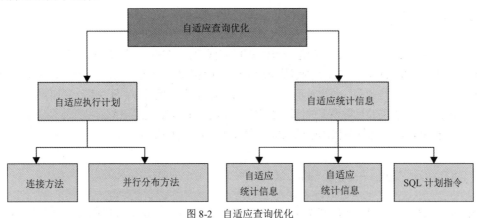

图 8-2 自适应查询优化

8.21.1 Oracle 12c 自适应查询优化

自适应执行计划在 SQL 语句首次执行时帮助优化器对执行计划做出最终的抉择。我们首先回顾一下优化器是如何创建默认的执行计划的，如图 8-3 所示。

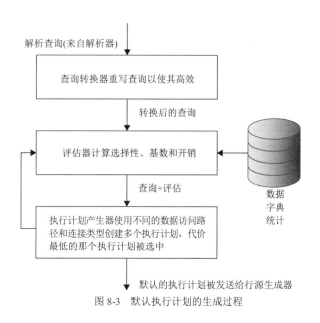

图 8-3　默认执行计划的生成过程

SQL 语句被解析之后，首先会被交给查询转换器(Query Transformer)，查询转换器会尝试将 SQL 改写成更高效的形式。查询被转换之后，又被交给评估器来计算根据默认的统计信息评估的 CPU 和 I/O 代价。然后，所有这些信息又被交给执行计划产生器来生成多个包括不同的数据访问路径和表连接方法等的执行计划。只有代价最低的那个执行计划才会被选中。最后，默认的执行计划会交给行源(Row Source)产生器，用来生成具体的执行计划的所有步骤和每个步骤对应的默认代价。

在 Oracle 12c 里，优化器通过统计信息收集器为默认的执行计划提供指导。在 SQL 运行时，优化器为每个步骤读取并缓存一小部分行，并且将默认执行计划中的估计值和实际值进行比较。如果估计值和实际值偏差很大，相应的步骤会自动调整使用更好的执行计划来避免性能问题。目前可以被自动调整的默认执行计划步骤包括表连接方法和并行查询分发方式。

有两个初始化参数用来控制自适应特性：OPTIMIZER_ADAPTIVE_FEATURES[1] 和 OPTIMIZER_ADAPTIVE_REPORTING_ONLY。所有能够影响到自适应优化特性行为的初始化参数如下：

```
NAME                                       TYPE         VALUE
------------------------------------------ ------------ -----------
optimizer_adaptive_features    boolean                  TRUE
optimizer_adaptive_reporting_only boolean               FALSE
optimizer_dynamic_sampling     integer                  2
optimizer_features_enable      string                   12.1.0.2
```

默认情况下，OPTIMIZER_ADAPTIVE_FEATURES 的值设置为 true，这样在首次执行时执行计划就可以自动修改表连接方法(可以看到这个功能工作得很棒)或者并行查询的分发方法。可以通过将 OPTIMIZER_ADAPTIVE_REPORTING_ONLY 参数设置为 true 来检查哪些查询会用到自适应特性而不让优化器真正使用这些自适应的执行计划。在将 Oracle 从老的版本首次升级到最新的版本时这个特性特别有用，可以防止不可预知的行为。默认情况下，OPTIMIZER_ADAPTIVE_REPORTING_ONLY 参数的值是 false。这两个参数既可以在系统级别设置，也可以在会话级别设置。也可以通过将 OPTIMIZER_FEATURES_ENABLE 参数设置成小于 12.1.0.1 的值来关闭这个

---

[1] 译者注：在 Oracle 12c 的第二个发行版本的正式版本 12.2.0.1 中，OPTIMIZER_ADAPTIVE_FEATURES 参数已经被废除，取而代之的是两个参数 OPTIMIZER_ADAPTIVE_PLANS(默认值为 true)和 OPTIMIZER_ADAPTIVE_STATISTICS(默认值为 false)，分别用于控制与执行计划相关的自适应特性(默认打开)，以及和统计信息相关的自适应特性(默认关闭)。对于 12.1 版本的 Oracle 数据库，建议参考 MCS 文档 2187449.1 来通过打补丁的方式保持和 Oracle 12.2 版本的默认行为一致。

特性。然而我推荐使用 OPTIMIZER_ADAPTIVE_REPORTING_ONLY 参数来控制这个特性，因为这个参数不那么有侵害性。最后，OPTIMIZER_DYNAMIC_SAMPLING 参数有一个新的级别用来控制动态采样，会在后面的章节中讲到。

要想鉴别一条 SQL 语句是否用到了自适应的执行计划，我们需要查询 V$SQL 视图中的一个新列 IS_RESOLVED_ADAPTIVE_PLAN。如果这个列的值是 Y，那么这个计划就是自适应的并且是最终的执行计划。如果这个列的值是 N，就说明该计划可以是自适应的，但是最终的执行计划还没有选定。取值 N 比较少见，因为 SQL 在首次执行时就会选择最终的执行计划。如果该列的值为空，说明该执行计划是不可自适应的。V$SQL 中还有另一个列 IS_REOPTIMIZABLE，这个列用来告诉优化器在下次执行时要查找一个更好的执行计划。我们在后面讲解自适应统计信息时再详细讨论这个列。

下面的查询可以用来快速定位哪些 SQL 用到了自适应的执行计划：

```
SELECT sql_id, child_number, plan_hash_value,
       is_resolved_adaptive_plan, is_reoptimizable,
       substr(sql_text, 1,30) sql_text
FROM   v$sql
WHERE  is_resolved_adaptive_plan = 'Y'
ORDER  BY sql_id,child_number;
```

在我的例子里，我使用系统自带的'OE'示例用户以及下面的 SQL 语句来演示自适应查询优化是如何工作的：

```
SELECT c.cust_first_name, c.cust_last_name,o.order_date,
       o.order_status, o.order_mode,
       i.line_item_id, p.product_Description,
       i.unit_price * i.quantitytotal_price,
       quantityquantity_ordered,ip.total_on_hand
FROM orders o, order_itemsi, customers c, products p,
   (SELECT product_id, sum(quantity_on_hand) total_on_hand
    FROM    inventories
    GROUP BY product_id) ip
WHERE i.order_id = o.order_id
AND    c.customer_id = o.customer_id
AND    p.product_id = i.product_id
AND    p.product_id = ip.product_id
AND    c.cust_last_name= :B1 AND o.order_status = 0
AND    o.order_date between
       to_timestamp(:BEG_DATE) and to_timestamp(:END_DATE);
```

图 8-4 显示，一个查询客户订单运输状态的查询的执行计划已经进行了自适应。注意看首次执行，0 号子游标的默认执行计划已经变成了自适应的计划。事实上，所有的子游标都是自适应的计划，这可以通过 IS_RESOLVED_ADAPTIVE(IRAP)列的值 Y 来确定。同时也要注意 0 号子游标的 IS_REOPTIMIZABLE(IR)字段的值为 R。R 用于告诉优化器数据库初始化参数 OPTIMIZER_ADAPTIVE_REPORTING_ONLY 被设置为 true。优化器不会直接使用该计划，但是可以查看启用自适应查询优化功能之后的执行计划是什么样的。将参数 OPTIMIZER_ADAPTIVE_REPORTING_ONLY 的值改成 false 之后，可以看到 1 号子游标的 IS_REOPTIMIZABLE 字段的值为 Y。在 SQL 首次执行后，优化器会比较每个操作的行数的默认估计值和实际值，如果估计值偏差很大，该子游标会被标记成 Y，这样优化器就不会再使用该游标。如果 IS_RESOVED_ADAPTIVE 列的值等于 Y，优化器在下次执行时会再次进行硬解析(2 号子游标)，这样就可以利用新收集的统计信息来查找一个更佳的执行计划。最后，得到成功进行再优化的 3 号子游标，并且没有必要再做进一步的修改了。最终的执行计划的 IS_REOPTIMIZABLE 字段会被设置成 N。

```
SQL> SELECT sql_id, child_number, plan_hash_value,
  2         is_resolved_adaptive_plan IRAP, is_reoptimizable IR,
  3         substr(sql_text, 1,30) sql_text
  4  FROM v$sql
  5  WHERE is_resolved_adaptive_plan = 'Y'
  6  and sql_text like 'SELECT c.cust_first_name%'
  7  ORDER BY sql_id,child_number;

SQL_ID          CHILD_NUMBER PLAN_HASH_VALUE IRAP IR SQL_TEXT
--------------- ------------ --------------- ---- -- ------------------------------
4drfa3y9tj5yw              0      2360993264  Y    R  SELECT c.cust_first_name, c.cu
4drfa3y9tj5yw              1      2360993264  Y    Y  SELECT c.cust_first_name, c.cu
4drfa3y9tj5yw              2      1659951587  Y    Y  SELECT c.cust_first_name, c.cu
4drfa3y9tj5yw              3      1659951587  Y    N  SELECT c.cust_first_name, c.cu
```

图 8-4 查询的自适应和可再优化性

通过 V$SQL_SHARED_CURSOR 视图可以查询到更多关于为何子游标不能被共享和执行计划发生变化的原因。这个视图有 70 个列用来表示子游标之间的不匹配和差异。每个列都通过值 Y 来表示游标不能共享的某个特定原因。查看这个视图可能会有点困难，因为那么多的列对应取值 Y 和 N。下面的 SQL 语句可以针对某个特别的 SQL_ID 生成一个可读性更好的报表：

```
DECLARE c       NUMBER;
col_cnt         NUMBER;
col_rec         DBMS_SQL.DESC_TAB;
col_value       VARCHAR2(4000);
ret_val         NUMBER;
BEGIN
c := DBMS_SQL.OPEN_CURSOR;
DBMS_SQL.PARSE(c,'SELECT q.sql_text, s.*
FROM V$SQL_SHARED_CURSOR S, V$SQL q
WHERE s.sql_id = q.sql_id
AND s.child_number = q.child_number
AND q.sql_id = ''&1''', DBMS_SQL.NATIVE);
DBMS_SQL.DESCRIBE_COLUMNS(c, col_cnt, col_rec);
FOR idx IN 1 ..col_cnt loop
DBMS_SQL.DEFINE_COLUMN(c, idx, col_value, 4000);
END LOOP;
ret_val := DBMS_SQL.EXECUTE(c);
WHILE(DBMS_SQL.FETCH_ROWS(c) > 0) LOOP
FOR idx in 1 ..col_cnt LOOP
DBMS_SQL.COLUMN_VALUE(c, idx, col_value);
IF col_rec(idx).col_name in ('SQL_ID', 'ADDRESS',
'CHILD_ADDRESS','CHILD_NUMBER', 'SQL_TEXT', 'REASON')
THEN
DBMS_OUTPUT.PUT_LINE(RPAD(col_rec(idx).col_name, 30) || ' = ' || col_value);
ELSIF col_value = 'Y' THEN
        DBMS_OUTPUT.PUT_LINE(RPAD(col_rec(idx).col_name, 30) || ' = '|| col_value);
END IF;
END LOOP;
DBMS_OUTPUT.PUT_LINE('-------------------------------------------------');
END LOOP;
DBMS_SQL.CLOSE_CURSOR(c);
END;
```

图 8-5 显示了针对我们之前的客户订单查询，通过对上面的 V$SQL_SHARED_CURSOR 视图进行查询得到的结果。注意每个子游标下对应取值为 Y 的列中针对改变给出的原因(REASON)。

```
SQL_TEXT                = SELECT c.cust_first_name, c.cust_last_name...
SQL_ID                  = 4drfa3y9tj5yw
ADDRESS                 = 00007FFF8C65B930
CHILD_ADDRESS           = 00007FFF8DE3A4F0
CHILD_NUMBER            = 0
REASON                  = <ChildNode><ChildNumber>0</ChildNumber><ID>3</ID><reason>Optimizer
mismatch(12)</reason><size>2x312</size><optimizer_adaptive_reporting_only> true
</optimizer_adaptive_reporting_only></ChildNode>

SQL_TEXT                = SELECT c.cust_first_name, c.cust_last_name...
SQL_ID                  = 4drfa3y9tj5yw
ADDRESS                 = 00007FFF8C65B930
CHILD_ADDRESS           = 00007FFF889D3FE0
CHILD_NUMBER            = 1
OPTIMIZER_MISMATCH      = Y
USE_FEEDBACK_STATS      = Y
REASON                  = <ChildNode><ChildNumber>1</ChildNumber><ID>49</ID><reason>Auto Reoptimization
Mismatch(1)</reason><size>3x4</size><kxscflg>32</kxscflg><kxscf14>4194560

SQL_TEXT                = SELECT c.cust_first_name, c.cust_last_name...
to_timestamp(:END_DATE)
SQL_ID                  = 4drfa3y9tj5yw
ADDRESS                 = 00007FFF8C65B930
CHILD_ADDRESS           = 00007FFF8A63DB78
CHILD_NUMBER            = 2
USE_FEEDBACK_STATS      = Y
REASON                  = <ChildNode><ChildNumber>2</ChildNumber><ID>49</ID><reason>Auto Reoptimization
Mismatch(1)</reason><size>3x4</size><kxscflg>32</kxscflg><kxscf14>4194560

SQL_TEXT                = SELECT c.cust_first_name, c.cust_last_name...
SQL_ID                  = 4drfa3y9tj5yw
ADDRESS                 = 00007FFF8C65B930
CHILD_ADDRESS           = 00007FFF8A63D5F8
CHILD_NUMBER            = 3
REASON                  =
```

图 8-5   V$SQL_SHARED_CURSOR 示例

为了查看自适应执行计划，DBMS_XPLAN.DISPLAY_CURSOR 函数增加了两个新的格式化参数。+ADAPTIVE 格式化参数显示一个执行计划中所有的活动和不活动的步骤。当初始化参数 OPTIMIZER_ADAPTIVE_REPORTING_ONLY 设置为 true 时，可以利用+REPORT 格式化参数来查看当优化器用到自适应查询优化特性时执行计划的自适应情况。图 8-6 显示了一个在会话级别将初始化参数 OPTIMIZER_ADAPTIVE_REPORTING_ONLY 设置为 true 的例子。然后利用 DISPLAY_CURSOR 函数的+ADAPTIVE 和+REPORT 格式化参数，我们可以查看当优化器处于非报告模式时会发生什么样的变化。因为我们要求使用的是自适应模式，所以非活动的步骤也会显示出来，并通过连字符标记出来。首先，STATISTICS COLLECTOR 和 HASH JOIN 步骤被标记成非活动的，另外注意 Note 部分的"adaptive plans are enabled for reporting mode only"（自适应计划仅在报告模式下启用），没有不活动步骤的新执行计划会再次被列出来。

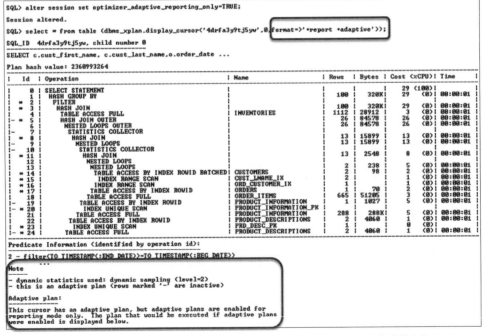

图 8-6   DBMS_XPLAN.DISPLAY_CURSOR 的+ADAPTIVE 和+REPORT 格式化参数

+REPORT 参数也会显示任何重新优化的修改和统计信息上的改进。在图 8-6 中，表 inventory 的默认估计行数是 1112 行，这可能是优化器选择哈希连接的原因。然而在执行过程中，采样出来的真实统计信息的行数表明从表 inventory 返回的行数只有 28 行，所以优化器将表连接的方式改成嵌套循环连接方式，看起来明显好很多(参考图 8-7)。

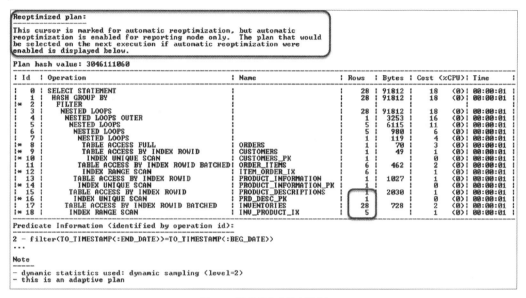

图 8-7 重新优化的执行计划

优化器可以动态改变表连接方式，比如将嵌套循环连接改成哈希连接，就在执行的过程中。有个例外是，如果初始的表连接采用的是排序合并(Sort Merge)方式，这种方式就是不可自适应的。这可能是因为排序的开销，采样的代价太高了。

EXPLAIN PLAN 和 DBMS_XPLAN.DISPLAY 一起依然可以用来显示估计的执行计划。然而你应该记得参考 OPTIMIZER_ADAPTIVE_REPORTING_ONLY 初始化参数的值，因为可能是在仅报告模式下显示自适应的执行计划。不论是通过 V$SQL_PLAN 视图还是通过 Oracle 企业管理器(OEM)来查看自适应计划，很重要的一点是，所有的步骤，不论是活动的还是非活动的，不会明确显示哪些步骤是真正被使用的。然后，可以通过 V$SQL_PLAN 的 OTHER_XML 列来确定这个执行计划是否是经过自适应的。如果执行计划是自适应的，那么 OTHER_XML 列将会有如下这样的 XML 标签：<info type="adaptive_plan">yes</info>。查看真正的执行计划的最好方法是使用 DBMS_XPLAN.DISPLAY_CURSOR 函数的+ADAPTIVE 格式化参数。

另一种能使用自适应的方式是当 SQL 语句使用并行查询时。优化器会尽量让需要处理的数据根据行数在所有处理进程间均匀分配。以前，优化器通过查看行数和并行度(DoP)来决定数据的分发方式。当只有少部分并行进程分发大量的数据行时往往会出现问题。另外，任何的数据分布倾斜都会导致数据分发的不均匀和性能问题。在 Oracle 12c 中，一种全新的 Hybrid Hash(混合哈希)分发方式被用来解决这些问题。从本质上说，是在并行执行步骤之前，优化器在生产者端通过增加统计信息收集的方式在运行时再决定数据分发的方式。如果行数超过预设的阈值，就选择 Hybrid Hash 分发方式；否则，如果行数小于预设的阈值，就采用广播(Broadcast)分发方式。这个阈值被定义为 2×DoP。

图 8-8 显示了 Hybrid Hash 分发方式是如何工作的。Hybrid Hash 分发方式只有到了真正执行时才决定最后的数据分发方法。优化器在并行进程处理之前检查阈值。注意，在针对客户信息的查询中包括一个设置并行度为 20 的提示，所以阈值是 2 × 20 = 40。

优化器为 inventories 表选择 Hybrid Hash 分发方式是因为访问的行数超出了我们的阈值 40。同样，在访问表 orders 和 order_items 时选择广播分发方式，因为它们的行数小于阈值。

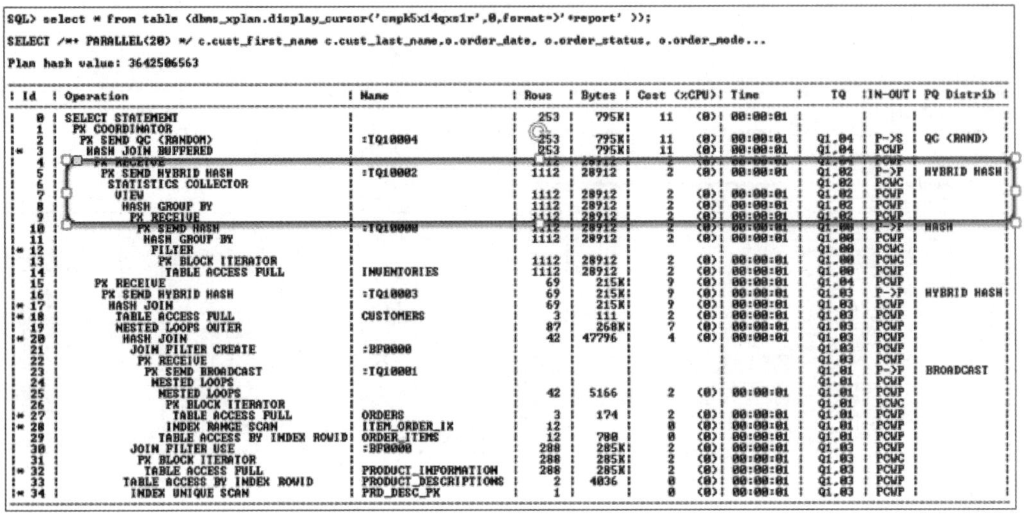

```
SQL> select * from table (dbms_xplan.display_cursor('cmpk5x14qxs1r',0,format=>'+report' ));

SELECT /*+ PARALLEL(20) */ c.cust_first_name c.cust_last_name,o.order_date, o.order_status, o.order_mode...

Plan hash value: 3642506563

-------------------------------------------------------------------------------------------------------------------------------
| Id  | Operation                         | Name                   | Rows  | Bytes | Cost (%CPU)| Time     |    TQ  |IN-OUT| PQ Distrib |
-------------------------------------------------------------------------------------------------------------------------------
|   0 | SELECT STATEMENT                  |                        |   253 |  795K|    11   (0)| 00:00:01 |        |      |            |
|   1 |  PX COORDINATOR                   |                        |       |      |            |          |        |      |            |
|   2 |   PX SEND QC (RANDOM)             | :TQ10004               |   253 |  795K|    11   (0)| 00:00:01 |  Q1,04 | P->S | QC (RAND)  |
|*  3 |    HASH JOIN BUFFERED             |                        |   253 |  795K|    11   (0)| 00:00:01 |  Q1,04 | PCWP |            |
|   4 |     PX RECEIVE                    |                        |  1112 | 28912 |     2   (0)| 00:00:01 |  Q1,04 | PCWP |            |
|   5 |      PX SEND HYBRID HASH          | :TQ10002               |  1112 | 28912 |     2   (0)| 00:00:01 |  Q1,02 | P->P | HYBRID HASH|
|   6 |       STATISTICS COLLECTOR        |                        |       |       |            |          |  Q1,02 | PCWC |            |
|   7 |        VIEW                       |                        |  1112 | 28912 |     2   (0)| 00:00:01 |  Q1,02 | PCWP |            |
|   8 |         HASH GROUP BY             |                        |  1112 | 28912 |     2   (0)| 00:00:01 |  Q1,02 | PCWP |            |
|   9 |          PX RECEIVE               |                        |  1112 | 28912 |     2   (0)| 00:00:01 |  Q1,02 | PCWP |            |
|  10 |           PX SEND HASH            | :TQ10000               |  1112 | 28912 |     2   (0)| 00:00:01 |  Q1,00 | P->P | HASH       |
|  11 |            HASH GROUP BY          |                        |  1112 | 28912 |     2   (0)| 00:00:01 |  Q1,00 | PCWP |            |
|* 12 |             FILTER                |                        |       |       |            |          |  Q1,00 | PCWC |            |
|  13 |              PX BLOCK ITERATOR    |                        |  1112 | 28912 |     2   (0)| 00:00:01 |  Q1,00 | PCWC |            |
|  14 |               TABLE ACCESS FULL   | INVENTORIES            |  1112 | 28912 |     2   (0)| 00:00:01 |  Q1,00 | PCWP |            |
|  15 |     PX RECEIVE                    |                        |    69 |  215K|     9   (0)| 00:00:01 |  Q1,04 | PCWP |            |
|  16 |      PX SEND HYBRID HASH          | :TQ10003               |    69 |  215K|     9   (0)| 00:00:01 |  Q1,03 | P->P | HYBRID HASH|
|* 17 |       HASH JOIN                   |                        |    69 |  215K|     9   (0)| 00:00:01 |  Q1,03 | PCWP |            |
|* 18 |        TABLE ACCESS FULL          | CUSTOMERS              |     3 |   111 |     2   (0)| 00:00:01 |  Q1,03 | PCWP |            |
|  19 |        NESTED LOOPS OUTER         |                        |    87 |  268K|     7   (0)| 00:00:01 |  Q1,03 | PCWP |            |
|* 20 |         HASH JOIN                 |                        |    42 | 47796 |     4   (0)| 00:00:01 |  Q1,03 | PCWP |            |
|  21 |          JOIN FILTER CREATE       | :BF0000                |       |       |            |          |  Q1,03 | PCWP |            |
|  22 |           PX RECEIVE              |                        |       |       |            |          |  Q1,03 | PCWP |            |
|  23 |            PX SEND BROADCAST      | :TQ10001               |       |       |            |          |  Q1,01 | P->P | BROADCAST  |
|  24 |             NESTED LOOPS          |                        |       |       |            |          |  Q1,01 | PCWP |            |
|  25 |              NESTED LOOPS         |                        |    42 |  5166 |     2   (0)| 00:00:01 |  Q1,01 | PCWP |            |
|  26 |               PX BLOCK ITERATOR   |                        |       |       |            |          |  Q1,01 | PCWC |            |
|* 27 |                TABLE ACCESS FULL  | ORDERS                 |     3 |   174 |     2   (0)| 00:00:01 |  Q1,01 | PCWP |            |
|* 28 |               INDEX RANGE SCAN    | ITEM_ORDER_IX          |    12 |       |     0   (0)| 00:00:01 |  Q1,01 | PCWP |            |
|  29 |              TABLE ACCESS BY INDEX ROWID| ORDER_ITEMS      |    12 |   780 |     0   (0)| 00:00:01 |  Q1,01 | PCWP |            |
|  30 |          JOIN FILTER USE          | :BF0000                |   288 |  285K|     2   (0)| 00:00:01 |  Q1,03 | PCWP |            |
|  31 |           PX BLOCK ITERATOR       |                        |   288 |  285K|     2   (0)| 00:00:01 |  Q1,03 | PCWC |            |
|* 32 |            TABLE ACCESS FULL      | PRODUCT_INFORMATION    |   288 |  285K|     2   (0)| 00:00:01 |  Q1,03 | PCWP |            |
|  33 |         TABLE ACCESS BY INDEX ROWID | PRODUCT_DESCRIPTIONS |     2 |  4036 |     0   (0)| 00:00:01 |  Q1,03 | PCWP |            |
|* 34 |          INDEX UNIQUE SCAN        | PRD_DESC_PK            |     1 |       |     0   (0)| 00:00:01 |  Q1,03 | PCWP |            |
-------------------------------------------------------------------------------------------------------------------------------
```

图 8-8 Hybrid Hash：一种新的并行分发方式

8.21.2 自适应统计信息

自适应查询优化器的另外一个方面是自适应统计信息(参考之前的图 8-2)。我已经在一些优化器的例子里提到过它们，但是我将更加深入地讨论自适应统计信息的更多细节，包括动态统计信息(dynamic statistics[1])、自动重新优化(automatic reoptimization)和 SQL 计划指示(SQL plan directives)。

1. 动态统计信息(dynamic statistics)

动态统计信息并不是 Oracle 12*c* 的新功能。之所以将名字改成动态统计信息，是因为可以指示优化器自动决定何时为 SQL 使用动态统计信息。之前，如果没有统计信息，优化器首先会采样少部分数据块来获取信息。在 Oracle 12*c* 中，可以给初始化参数 OPTIMIZER_DYNAMIC_SAMPLING 设置新的级别 11，这个新的级别可以在系统级别或会话级别设置，用于告诉优化器即便在表已有统计信息的情况下是否使用动态统计信息。优化器会考虑基表的统计信息、语句的复杂程度以及总的执行时间以便决定是否使用动态统计信息。如果数据的增长和变化十分频繁以至于统计信息很快就变得过时，这个功能将非常有用。图 8-9 显示了一个为什么可能想用动态统计信息的很好的例子。

在图 8-9 中，在例子的上面部分，SELECT 语句显示会返回 100 万行记录，而 EXPLAIN PLAN 显示的默认执行计划估计的行数只是稍微超过 10.1 万(101K)行，这和实际返回的行数有 9 倍的偏差。例子的下面部分显示了如何将动态采样设置为级别 11。注意现在优化器有了更好的统计信息 89.8 万(898K)行，并且采样的级别设置成了 AUTO。有一点需要注意的是，如果将动态采样设置为 AUTO 或级别 11 的话，解析时间会变长。当然，结果一般会通过动态统计信息或 SQL 计划指示的形式保留在内存里面，这样就可以用于其他“一样”或类似的查询。在后面我们会详细讨论 SQL 计划指示。

---

1 译者注：dynamic statistics 在 Oracle 12*c* 之前被称为 dynamic sampling。

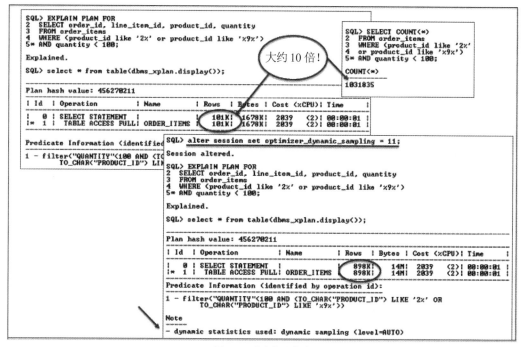

图 8-9 动态统计信息

2. 自动重新优化(automatic reoptimization)

我只是在自适应计划的上下文里简单介绍一下自动重新优化。然而自动重新优化和自适应计划不一样，它在首次执行之后才进行重新优化，而不是在首次执行的过程中间。优化器利用运行过程中收集的信息和默认的估计值进行比较，如果它们偏差很大，那么在下次运行时会对执行计划进行重新优化。有时候，优化器会将收集到的新信息保存成"SQL 计划指令"以便其他类似的查询也能受益，或者会被存成 V$SQL_REOPTIMIZATION_HINTS 视图中的 OPT_ESTIMATE 提示以便后续参考。通过利用统计信息反馈(statistics feedback)或性能反馈(performance feedback)，优化器可以对一个查询进行多次重新优化以改变执行计划。

统计信息反馈(statistics feedback)

统计信息反馈在估计的行数错误时会被用到。这可能是因为遗失、不准确的统计信息、复杂的查询条件或者一个表上有多个(and/or)查询条件引起的。另外，如果过滤条件包括复杂的运算，造成优化器无法对估计值进行计算，优化器也会用到统计信息反馈。图 8-10 演示了统计信息反馈是如何工作的。在这个例子中，首先在 SQL 语句中使用 GATHER_PLAN_STATISTICS 提示，然后使用 DBMS_XPLAN 的 ALLSTATS LAST 格式化参数来显示执行计划，这样就能显示执行计划中每个步骤的估计行数和实际行数。

在这个例子中，注意默认的估计行数和实际行数有多大偏差。单独看第 6 步，估计行数是 104.2 万行，而实际行数是 57350 行。优化器会意识到这个差异并且使用统计信息反馈对该语句做进一步优化。

```
SQL> select * from table(dbms_xplan.display_cursor(FORMAT=>'ALLSTATS LAST'));

SQL_ID  5sb7w198dxm8p, child number 1

SELECT /*+ gather_plan_statistics */ c.cust_first_name,c.cust_last_name, o.order_id, o.order_status, o.order_total,
i.line_item_id, p.product_name, i.unit_price,i.quantity FROM customers c, orders o, order_items i, products p
WHERE c.customer_id = o.customer_id AND o.order_id = i.order_id AND i.product_id = p.product_id
AND (c.cust_first_name LIKE '%ath%' OR c.cust_last_name LIKE '%son%')
AND p.product_id IN (SELECT p.product_id FROM inventories i, products p
WHERE i.product_id = p.product_id AND i.quantity_on_hand > 10)

Plan hash value: 2548281221

| Id  | Operation                  | Name                | Starts | E-Rows | A-Rows |   A-Time    | Buffers | Reads |

|   0 | SELECT STATEMENT           |                     |      1 |        |  57350 |00:00:02.09 |   12386 |  7299 |
|*  1 |  HASH JOIN RIGHT OUTER     |                     |      1 |  57350 |  57350 |00:00:02.09 |   12386 |  7299 |
|   2 |   VIEW                     | index$_join$_008    |      1 |    283 |    288 |00:00:00.01 |      99 |     0 |
|*  3 |    HASH JOIN               |                     |      1 |        |    288 |00:00:00.01 |      99 |     0 |
|*  4 |     INDEX FAST FULL SCAN   | PRD_DESC_PK         |      1 |    283 |    288 |00:00:00.01 |      40 |     0 |
|   5 |     INDEX FAST FULL SCAN   | PROD_NAME_IX        |      1 |    283 |   8640 |00:00:00.01 |      59 |     0 |
|*  6 |   HASH JOIN RIGHT SEMI     |                     |      1 |  1042K |  57350 |00:00:01.87 |   12287 |  7299 |
|   7 |    VIEW                    | VW_NSO_1            |      1 |   1602 |   1069 |00:00:00.01 |    1112 |     0 |
|   8 |     NESTED LOOPS OUTER     |                     |      1 |   1602 |   1069 |00:00:00.01 |    1112 |     0 |
|*  9 |      TABLE ACCESS FULL     | INVENTORIES         |      1 |   1080 |   1069 |00:00:00.01 |       7 |     0 |
|* 10 |      INDEX UNIQUE SCAN     | PRD_DESC_PK         |   1069 |      1 |   1069 |00:00:00.01 |    1105 |     0 |
|* 11 |    HASH JOIN               |                     |      1 |  1442K |   103K |00:00:02.09 |   11175 |  7299 |
|  12 |     TABLE ACCESS FULL      | PRODUCT_INFORMATION |      1 |    288 |    288 |00:00:00.01 |      16 |     0 |
|* 13 |     HASH JOIN              |                     |      1 |  1442K |   103K |00:00:01.82 |   11159 |  7299 |
|* 14 |      HASH JOIN             |                     |      1 |   2223 |    160 |00:00:00.01 |      47 |     0 |
|* 15 |       TABLE ACCESS FULL    | CUSTOMERS           |      1 |     31 |     17 |00:00:00.01 |      16 |     0 |
|* 16 |       TABLE ACCESS FULL    | ORDERS              |      1 |   3360 |   3360 |00:00:00.01 |      31 |     0 |
|  17 |      TABLE ACCESS FULL     | ORDER_ITEMS         |      1 |  2180K |  2164K |00:00:00.88 |   11112 |  7299 |

Predicate Information (identified by operation id):

1 - access("D"."PRODUCT_ID"="I"."PRODUCT_ID")
...

Note
-----
- statistics feedback used for this statement
- this is an adaptive plan
```

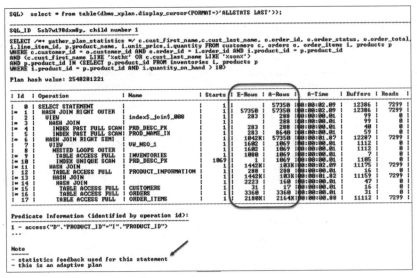

图 8-10 统计信息反馈

性能反馈(performance feedback)

性能反馈是对并行查询进行的另外一种重新优化方法。只有在初始化参数 PARALLEL_DEGREE_POLICY 的值设置为 ADAPTIVE 时，优化器才能使用这个功能。在首次执行时，优化器会通过估计来决定语句是否要并行执行，并且如果决定并行执行，那么还要决定具体的并行度(DoP)是多少。在首次执行后，优化器会对语句选择的 DoP 根据实际运行情况进行评估。如果和预计的偏差太大，语句就会被标记以便做重新解析，而真实的性能数据(比如 CPU 时间)会被记录下来并反馈给后续的执行过程。优化器会检查 CPU 时间并且与参数 PARALLEL_MIN_TIME_THRESHOLD 的值进行比较。如果参数 PARALLEL_DEGREE_POLICY 的值不是设置为 ADAPTIVE，统计信息反馈还是可以被用来对 DoP 进行修改的。图 8-11 显示了一个性能反馈的例子。注意在注释(Note)部分显示了计算出来的并行度大小。

```
SQL> select * from table(dbms_xplan.display_cursor(FORMAT=>'ALLSTATS LAST'));

SQL_ID  5sb7w198dxm8p, child number 2

SELECT /*+ gather_plan_statistics */ c.cust_first_name, c.cust_last_name, o.order_id, o.order_status
i.line_item_id, p.product_name, i.unit_price,i.quantity FROM customers c, orders o, order_items i, p
WHERE c.customer_id = o.customer_id AND o.order_id = i.order_id AND i.product_id = p.product_id
AND (c.cust_first_name LIKE '%ath%' OR c.cust_last_name LIKE '%son%') AND p.product_id IN (SELECT p.
FROM inventories i, products p WHERE i.product_id = p.product_id AND i.quantity_on_hand > 10)

Plan hash value: 3935255997

| Id  | Operation                      | Name                 | Starts | E-Rows | A-Rows |   A-Time    |

|   0 | SELECT STATEMENT               |                      |      1 |        |  57350 |00:00:00.36 |
|   1 |  PX COORDINATOR                |                      |      1 |        |  57350 |00:00:00.36 |
|   2 |   PX SEND QC (RANDOM)          | :TQ10002             |      0 |  1272K |      0 |00:00:00.01 |
|*  3 |    HASH JOIN RIGHT OUTER       |                      |      0 |  1272K |      0 |00:00:00.01 |
|*  4 |     TABLE ACCESS FULL          | PRODUCT_DESCRIPTIONS |      0 |    552 |      0 |00:00:00.01 |
|*  5 |     HASH JOIN RIGHT SEMI       |                      |      0 |   619K |      0 |00:00:00.01 |
|   6 |      PX RECEIVE                |                      |      0 |   2370 |      0 |00:00:00.01 |
|   7 |       PX SEND BROADCAST        | :TQ10000             |      0 |   2370 |      0 |00:00:00.01 |
|   8 |        VIEW                    | VW_NSO_1             |      0 |   2370 |      0 |00:00:00.01 |
|   9 |         NESTED LOOPS OUTER     |                      |      0 |   2370 |      0 |00:00:00.01 |
|  10 |          PX BLOCK ITERATOR     |                      |      0 |        |      0 |00:00:00.01 |
|* 11 |           TABLE ACCESS FULL    | INVENTORIES          |      0 |   1069 |      0 |00:00:00.01 |
|* 12 |          INDEX UNIQUE SCAN     | PRD_DESC_PK          |      0 |      2 |      0 |00:00:00.01 |
|* 13 |      HASH JOIN                 |                      |      0 |   858K |      0 |00:00:00.01 |
|  14 |       TABLE ACCESS FULL        | PRODUCT_INFORMATION  |      0 |    288 |      0 |00:00:00.01 |
|* 15 |       HASH JOIN                |                      |      0 |   858K |      0 |00:00:00.01 |
|  16 |        PX RECEIVE              |                      |      0 |   1215 |      0 |00:00:00.01 |
|  17 |         PX SEND BROADCAST      | :TQ10001             |      0 |   1215 |      0 |00:00:00.01 |
|* 18 |          HASH JOIN             |                      |      0 |   1215 |      0 |00:00:00.01 |
|* 19 |           TABLE ACCESS FULL    | CUSTOMERS            |      0 |     17 |      0 |00:00:00.01 |
|  20 |           PX BLOCK ITERATOR    |                      |      0 |   3360 |      0 |00:00:00.01 |
|* 21 |            TABLE ACCESS FULL   | ORDERS               |      0 |   3360 |      0 |00:00:00.01 |
|  22 |        PX BLOCK ITERATOR       |                      |      0 |  2373K |      0 |00:00:00.01 |
|* 23 |         TABLE ACCESS FULL      | ORDER_ITEMS          |      0 |  2373K |      0 |00:00:00.01 |

Predicate Information (identified by operation id):

3 - access("D"."PRODUCT_ID"="I"."PRODUCT_ID")
4 - filter("D"."LANGUAGE_ID"=SYS_CONTEXT('USERENV','LANG'))
...

Note
-----
- dynamic statistics used: dynamic sampling (level=2)
- automatic DOP: Computed Degree of Parallelism is 8
- parallel scans affinitized
```

图 8-11 性能反馈

3. SQL 计划指示(SQL Plan directives)

前面已经提到，自动重新优化有时候会将额外发现的统计信息保存下来以便优化器对其他查询利用这些额外的信息。这些信息保存在两个新的表里面：DBA_SQL_PLAN_DIRECTIVES 和 DBA_SQL_PLAN_DIR_OBJECTS。这两个表为缺失列组合信息(比如扩展的统计信息)或者表连接列上存在数据倾斜的情况提供额外的指导。列组合信息用于有相关性的列，比如客户表(CUSTOMER)中的城市(CITY)、州(STATE)和邮政编码(ZIP)列。如果优化器知道可能的列值组合很少的话，就能做出更加聪明的选择。一条 SQL 计划指示用来指示优化器通过收集动态统计信息来获得更准确的行数估计值，进而有希望得到更好的执行计划。

其他包含同样的查询表达式的查询也能从该 SQL 计划指示获益。在我的例子里，在客户表(CUSTOMER)的城市(CITY)、州(STATE)和邮政编码(ZIP)列上的 SQL 计划指示可以指导优化器为 WHERE 条件中包括这些列的每条 SQL 收集动态统计信息。需要注意的是，仅当有了支持的列组合统计信息或者通过 DBMS_STATS 收集了直方图时，相应的 SQL 计划指示才能被用到。如果优化器发现列的组合出现严重的数据倾斜，就会自动创建列的组合或直方图。

然而我认为关注一下数据库中这些 SQL 计划指示的个数很重要，因为它们会为当前统计信息收集方法出现的问题提供线索。下面的查询可以用来查看示例用户 OE 下的所有 SQL 计划提示：

```
SELECT TO_CHAR(d.directive_id) dir_id,
       o.owner, o.object_name, o.subobject_namecol_name,
       o.object_type, d.type,d.state,d.reason
FROM   dba_sql_plan_directives d, dba_sql_plan_dir_objects o
WHERE  d.directive_id = o.directive_id
AND    o.owner IN ('OE', 'HR') ORDER BY 1,2,3,4,5;
```

图 8-12 中的 SQL 计划指示 7222552036492658097 指出 CUSTOMERS、ORDERS 和 ORDER_ITEMS 三个表的表连接行数估计值不准确。在对这三个表进行连接时优化器会使用动态统计信息。下一个 SQL 计划指示 8043841526631655845 则指出了 CUSTOMER_ID、CUST_FIRST_NAME 和 CUST_LAST_NAME 三个列的组合，我们可以通过 DBMS_STATS 来为这个列组合创建扩展的统计信息，这样就不再需要这个 SQL 计划指示了。

```
DIR_ID                OWNER OBJECT_NAME  COL_NAME         OBJECT TYPE              STATE     REASON
7222552036492658097   OE    CUSTOMERS                     TABLE  DYNAMIC_SAMPLING  HAS_STATS JOIN CARDINALITY MISESTIMATE
7222552036492658097   OE    ORDERS                        TABLE  DYNAMIC_SAMPLING  HAS_STATS JOIN CARDINALITY MISESTIMATE
7222552036492658097   OE    ORDER_ITEMS                   TABLE  DYNAMIC_SAMPLING  HAS_STATS JOIN CARDINALITY MISESTIMATE
8043841526631655845   OE    CUSTOMERS    CUSTOMER_ID      COLUMN DYNAMIC_SAMPLING  NEW       SINGLE TABLE CARDINALITY MISESTIMATE
8043841526631655845   OE    CUSTOMERS    CUST_FIRST_NAME  COLUMN DYNAMIC_SAMPLING  NEW       SINGLE TABLE CARDINALITY MISESTIMATE
8043841526631655845   OE    CUSTOMERS    CUST_LAST_NAME   COLUMN DYNAMIC_SAMPLING  NEW       SINGLE TABLE CARDINALITY MISESTIMATE
8043841526631655845   OE    CUSTOMERS                     TABLE  DYNAMIC_SAMPLING  NEW       SINGLE TABLE CARDINALITY MISESTIMATE
```

图 8-12 SQL 计划指示

数据库在一个共享池里面管理 SQL 计划指示，并且定期(每 15 分钟)将它们写入 SYSAUX 表空间。如果某条 SQL 计划指示在 53 周时间内都没有使用过，那么默认情况下会将它从表里面删除。一个新的系统包 DBMS_SPD 可以用来对 SQL 计划指示进行管理。请注意不能手工创建 SQL 计划指示，只能对 SQL 计划指示进行修改、删除、修改设置或者导出并移动到其他的数据库。还有一个命令用来将 SQL 计划指示从 SGA 中清除。这在做测试时尤为有用。

下面的例子演示了如何将示例用户 OE 的所有 SQL 计划指示删除，这段 PL/SQL 将循环从两个表中查出所有的 SQL 计划指示，然后执行 DBMS_SPD.DROP_SQL_PLAN_DIRECTIVE 过程：

```
BEGIN
FOR get_rec in (SELECT distinct TO_CHAR(d.directive_id) dir_id
              FROM dba_sql_plan_directives d, dba_sql_plan_dir_objects o
              WHERE d.directive_id = o.directive_id
              AND o.owner in ('OE')) LOOP
DBMS_SPD.DROP_SQL_PLAN_DIRECTIVE(get_rec.dir_id);
END LOOP;
END;
```

8.21.3 Oracle 12c 统计信息收集的更新和两种新的直方图

在 Oracle 12c 里，在执行 CREATE TABLE AS (CTAS)或 INSERT AS SELECT(IAS)语句时，基本的统计信息会被自动收集 [1]。在这些操作中，优化器本来就要对数据进行读取，所以也可以同时顺便收集下统计信息。对于全局历史表，可以在会话级别收集统计信息来改善开销的计算。

另外，还有两种新的直方图类型，最高-频度型(Top-Frequency)和混合型(Hybrid)。在以前的版本中，只有两种类型的直方图：一种是频度型(Frequency)，列的唯一值个数(NDV)必须小于或等于 254；另一种是高度平衡型(Height Balanced)，列的唯一值个数大于 254。这些直方图在有某些值比别的值多很多的情况下工作得不好。如果唯一值的个数超过 254，并且只有少数几个值占据大部分的行，那么最高-频度型的直方图可以解决这个问题。最高-频度型的直方图会忽略不常见的值，而只将高频率的值保存在直方图里。图 8-13 显示表 LOCATIONS 的 COUNTRY_ID 列上有一个最高-频度型的直方图。

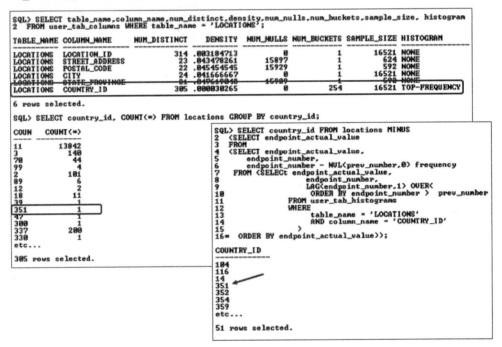

图 8-13　最高-频度型直方图

进一步观察后，可以看到在 COUNTRY_ID 列上有 305 个唯一值，但是它们中的大部分出现频率都很低。这样最高-频度型直方图就可以将最常出现的高频度值放到 254 个桶(bucket)里，而直接忽略其他 51 个不常出现的低频度值，但不会造成统计信息有多大的不同。注意通过查找 LOCATION 表中没有出现在直方图里的 COUNTRY_ID 列的值，可以看到值 351 被忽略了。

混合型直方图和高度平衡型直方图(在 Oracle 12c 里已经过时)类似，用来处理列的唯一值个数远远大于 254 个桶的情况。在高度平衡型直方图里，端点经常会跨越多个桶，特别是存在高频度值和低频度值混杂的情况。这经常会造成一个桶里有多个唯一值，造成直方图很低效。新的混合型直方图(参考图 8-14)将端点值的出现频率保存下来，而不是让一个端点值跨越多个桶。这样就能在桶里放入更多的端点值，从而给优化器提供更多关于数据倾斜的信息。

图 8-14 显示了一个混合型直方图的例子，其中 CUST_LAST_NAME 列(存储客户的姓)有 1000 个唯一值保存

---

1 译者注：对于 IAS，只有在目标表为空时才会自动收集统计信息。

在254个桶中。注意 ENDPOINT_REPEAT_COUNT 列保存同一个姓的行数。

需要特别注意的是，这些新的直方图只有在使用带 AUTO_SAMPLE_SIZE(默认值)选项的 DBMS_STATS.GATHER_*_STATS 方法时才能用到。

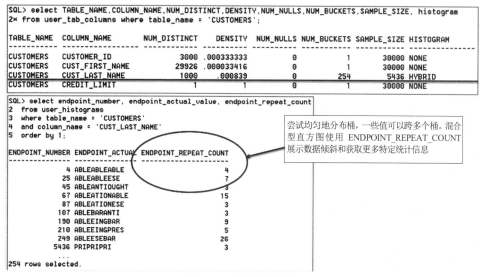

图 8-14　混合型直方图

8.21.4　Oracle 12c SQL 计划管理的更新

SQL 计划管理(SPM)被用来帮助阻止不好的执行计划改变带来的性能下降。它通过利用基线，对新生成的执行计划和现有的基线进行比较来保证只有执行得更好(好 1.5 倍以上)的执行计划才会被使用。Oracle 12c 里的唯一变化是引入了一个称为 SYS_AUTO_SPM_EVOLVE_TASK 的在晚上运行的任务，用来自动评估所有未接收的执行计划并决定是否对它们进行演进。然后 DBA 可以通过 DBMS_SPM 包中的一个新方法 REPORT_AUTO_EVOLVE_TASK 来查看自动更新的报表。请注意老的演进执行计划的方法已经过时，虽然它们还在那个包里面且也还能用。

下面的例子显示了用新的任务手工演化执行计划的一种新方式。CREATE_EVOLVE_TASK 函数使用 DBA_SQL_PLAN_BASELINES 表中的 SQL_HANDLE 作为参数来创建任务名称。EXECUTE_EVOLVE_TASK 函数评估新的执行计划，进而通过 IMPLEMENT_EVOLVE_TASK 来标记执行计划是否可以接收。注意我强制让这个执行计划可以接收。如果执行计划的性能不比现有基线快 1.5 倍以上，优化器就不会自动对执行计划进行演化。我发现有些执行计划虽然不满足这条规则，但它们确实能提升性能。然而，在强制让执行计划可以接收之前，最好还要经过仔细的考虑。

```
var task varchar2(1000);
var evolve varchar2(100);
varimple varchar2(1000);
varrptclob;
exec :task := DBMS_SPM.CREATE_EVOLVEt_TASK(sql_handle=>'&sql_handle');
exec :evolve := DBMS_SPM.EXECUTE_EVOLVE_TASK(task_name=>:task);
exec :imple:=DBMS_SPM.IMPLEMENT_EVOLVE_TASK
(task_name=>:task,FORCE=>true);
exec :rpt :=DBMS_SPM.REPORT_EVOLVE_TASK
(task_name=>:task,type=>'TEXT', execution_name=>:evolve);
print
```

REPORT_EVOLVE_TASK 函数列出了有关演进的信息，事关执行计划是否接收为新的基线。在图 8-15 里，可以查看绑定变量的值，并且审查它的发现和推荐。因为我强制让这个执行计划可以接收，所以推荐已经发生了。

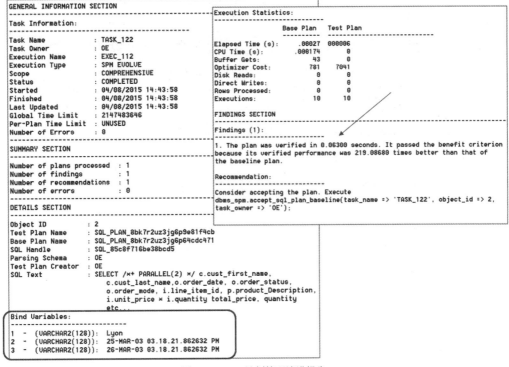

图 8-15 SQL 计划管理演进报告

要想关闭夜间的自动演进和接收新基线的作业，可以使用下面的命令：

```
SELECT parameter_name,parameter_value
FROM   dba_advisor_parameters
WHERE  task_name ='SYS_AUTO_SPM_EVOLVE_TASK'
AND    parameter_name = 'ACCEPT_PLANS';

exec dbms_spm.set_evolve_task_parameter('SYS_AUTO_SPM_EVOLVE_TASK','ACCEPT_PLANS','false');
```

8.22 Oracle 自动 SQL 优化

Oracle 数据库引入了 SQL 优化顾问(SQL Tuning Advisor)，用来帮助 DBA 和开发人员提高 SQL 语句的性能(注意需要购买 Diagnostics Pack 的许可)。自动 SQL 优化顾问(Automatic SQL Tuning Advisor)是 SQL 优化顾问的一个组件，用于完成统计信息分析、SQL 配置信息生成、访问路径分析和 SQL 结构分析工作。SQL 优化顾问的输入来自 ADDM、AWR 中捕获的最占用资源的 SQL 语句、游标缓存或 SQL 优化集(SQL Tuning Set)。现在 Oracle 增加了一系列特性来扩展 SQL 优化顾问，包括 SQL 回放(SQL Replay，这也是一个需要额外付费的选件)、自动 SQL 优化、SQL 统计信息管理和 SQL 执行计划管理(SPM，SQL Plan Management)等。

因为本章介绍的是查询优化，下面将会介绍如何以 SQL 优化集的形式向 SQL 优化顾问传递特定的 SQL，接着介绍自动 SQL 优化顾问、SQL 性能分析器(SQL Performance Analysis，SPA)以及 SQL 回放(SQL Replay)。SQL 优化顾问的推荐接口是 Oracle 企业管理器(参见第 5 章)，但是也可以通过 SQL*Plus 中的命令行调用相关的 API。为了更好地理解单个查询的分析过程，将使用命令行会话的方式。本节只是对 SQL 优化顾问的功能做简要介绍。也可以学会如何创建 SQL 优化集和 SQL 配置文件，以及将 SQL 优化集从一个数据库传送到另一个数据库。

8.22.1 保证执行优化操作的用户能访问 API

在生产环境中，只有授权用户才能拥有这些权限，权限由 SYS 授予。"ADMINISTER SQL TUNING SET"权限只允许用户访问自己的优化集。

```
GRANT ADMINISTER SQL TUNING SET to &TUNING_USER;  -- or
GRANT ADMINISTER ANY SQL TUNING SET to &TUNING_USER;
GRANT ADVISOR TO &TUNING_USER;
GRANT CREATE ANY SQL PROFILE TO &TUNING_USER;
GRANT ALTER ANY SQL PROFILE TO &TUNING_USER;
GRANT DROP ANY SQL PROFILE TO &TUNING_USER;
```

8.22.2 创建优化任务

如果想要优化单一的 SQL 语句，如下所示：

```
select  COUNT(*)
from    t2
where   UPPER(owner) = 'RIC';
```

首先必须使用 DBMS_SQLTUNE 程序包创建优化任务：

```
DECLARE
tuning_task_name VARCHAR2(30);
tuning_sqltext CLOB;
BEGIN
tuning_sqltext :='SELECT COUNT(*) '  ||
                 'FROM t2 '  ||
                 'WHERE UPPER(owner) = :owner';
tuning_task_name := DBMS_SQLTUNE.CREATE_TUNING_TASK(
       sql_text =>tuning_sqltext,
      bind_list =>sql_binds(anydata.ConvertVarchar2(100)),
       user_name => 'RIC',
          scope   => 'COMPREHENSIVE',
     time_limit  => 60,
      task_name => 'first_tuning_task13',
     description => 'Tune T2 count');
END;
/
```

8.22.3 确定从顾问日志中可以查看到任务

查询 USER_ADVISOR 日志以查看任务：

```
select task_name
from   user_advisor_log;

TASK_NAME
-------------------
first_tuning_task13
```

8.22.4 执行 SQL 优化任务

使用 DBMS_SQLTUNE 程序包执行优化任务，如下所示：

```
BEGIN
DBMS_SQLTUNE.EXECUTE_TUNING_TASK(task_name => 'first_tuning_task13' );
END;
/
```

8.22.5　查看优化任务的状态

查询 USER_ADVISOR 日志以查看特定的优化任务：

```
select  status
from    user_advisor_tasks
where   task_name = 'first_tuning_task13';

STATUS
---------
COMPLETED
```

8.22.6　显示 SQL 优化顾问生成的报告

使用 DBMS_SQLTUNE 程序包查看 SQL 优化顾问生成的报告：

```
SET LONG 8000
SET LONGCHUNKSIZE 8000
SET LINESIZE 100
SET PAGESIZE 100

select dbms_sqltune.report_tuning_task('first_tuning_task13')
from   dual;
```

8.22.7　检查报告输出

下面显示的报告输出较长，本质上是建议在表 T2 的 OWNER 列上建立一个基于函数的索引。SQL 优化顾问已建议使用 SQL 配置文件，使用 DBMS_SQLTUNE.ACCEPT_SQL_PROFILE 程序包就能接受该建议。

```
DBMS_SQLTUNE.REPORT_TUNING_TASK('FIRST_TUNING_TASK13')
-------------------------------------------------------------------------------
GENERAL INFORMATION SECTION
-------------------------------------------------------------------------------
Tuning Task Name              : first_tuning_task13
Tuning Task Owner             : RIC
Workload Type                 : Single SQL Statement
Scope                         : COMPREHENSIVE
Time Limit(seconds)           : 60
Completion Status             : COMPLETED
Started at                    : 11/20/2010 20:49:56
Completed at                  : 11/20/2010 20:49:56
Number of Index Findings      : 1
Number of SQL Restructure Findings: 1

DBMS_SQLTUNE.REPORT_TUNING_TASK('FIRST_TUNING_TASK13')
-------------------------------------------------------------------------------
-------------------------------------------------------------------------------
Schema Name: RIC
SQL ID     : 8ubrqzjkkyj3g
SQL Text   : SELECT COUNT(*) FROM t2 WHERE UPPER(owner) = 'RIC'
```

```
-------------------------------------------------------------------------------
FINDINGS SECTION (2 findings)
-------------------------------------------------------------------------------
1- Index Finding (see explain plans section below)

DBMS_SQLTUNE.REPORT_TUNING_TASK('FIRST_TUNING_TASK13')
-------------------------------------------------------------------------------
-------------------------------------------------------
The execution plan of this statement can be improved by creating one or more
indices.

Recommendation (estimated benefit: 100%)
----------------------------------------
Consider running the Access Advisor to improve the physical schema design
or creating the recommended index.
create index RIC.IDX$$_00CF0001 on RIC.T2(UPPER('OWNER'));

Rationale

DBMS_SQLTUNE.REPORT_TUNING_TASK('FIRST_TUNING_TASK13')
-------------------------------------------------------------------------------
  Creating the recommended indexes significantly improves the execution plan
  of this statement. However, it might be preferable to run "Access Advisor"
  using a representative SQL workload as opposed to a single statement. This
  will allow Oracle to get comprehensive index recommendations which takes into
  account index maintenance overhead and additional space consumption.

2- Restructure SQL finding (see plan 1 in explain plans section)
----------------------------------------------------------------
The predicate UPPER("T2"."OWNER")='RIC' used at line ID 2 of the execution
plan contains an expression on indexed column "OWNER". This expression

DBMS_SQLTUNE.REPORT_TUNING_TASK('FIRST_TUNING_TASK13')
-------------------------------------------------------------------------------
prevents the optimizer from selecting indices on table "RIC"."T2".

Recommendation
--------------
- Rewrite the predicate into an equivalent form to take advantage of
  indices. Alternatively, create a function-based index on the expression.

Rationale
---------
The optimizer is unable to use an index if the predicate is an inequality
condition or if there is an expression or an implicit data type conversion

DBMS_SQLTUNE.REPORT_TUNING_TASK('FIRST_TUNING_TASK13')
-------------------------------------------------------------------------------
on the indexed column.


-------------------------------------------------------------------------------
EXPLAIN PLANS SECTION
-------------------------------------------------------------------------------
1- Original
-----------
Plan hash value: 1374435053
```

```
-------------------------------------------------------------------------------
DBMS_SQLTUNE.REPORT_TUNING_TASK('FIRST_TUNING_TASK13')
-------------------------------------------------------------------------------
| Id  | Operation            | Name  | Rows  | Bytes | Cost (%CPU)|Time     |
-------------------------------------------------------------------------------
|  0  | SELECT STATEMENT     |       |   1   |   6   | 4049   (3) |00:00:49 |
|  1  |  SORT AGGREGATE      |       |   1   |   6   |            |         |
|* 2  |   INDEX FAST FULL SCAN| T2_I1| 26097 |  152K | 4049   (3) |00:00:49 |
-------------------------------------------------------------------------------
Predicate Information (identified by operation id):
---------------------------------------------------
2 - filter(UPPER("OWNER")='RIC')

DBMS_SQLTUNE.REPORT_TUNING_TASK('FIRST_TUNING_TASK13')
-------------------------------------------------------------------------------

2- Using New Indices
--------------------
Plan hash value: 2206416184

-------------------------------------------------------------------------------
| Id  | Operation            | Name         | Rows  | Bytes |Cost (%CPU)| Time     |
-------------------------------------------------------------------------------
|  0  | SELECT STATEMENT     |              |   1   |   6   |524    (2) | 00:00:07|
|  1  |  SORT AGGREGATE      |              |   1   |   6   |           |         |
|* 2  |   INDEX RANGE SCAN   | IDX$$_00CF0001| 237K | 1390K |524    (2) | 00:00:07|
-------------------------------------------------------------------------------
```

8.23 使用 SQL 优化顾问自动优化 SQL 语句

Oracle 的自动 SQL 优化顾问会自动分析 AWR 中的数据，找到执行多次的高负荷 SQL 语句。然后，使用 SQL 优化顾问来优化这些语句，如果需要的话，创建 SQL 配置文件，并对它们进行充分测试。如果认为实施 SQL 配置文件是有益的，就会自动实施。整个过程不需要干预。SQL 优化顾问会在正常的维护窗口中自动运行。DBA 可以对这些建议生成报告，并验证这些 SQL 配置文件并使其生效。

8.23.1 启用自动 SQL 优化顾问

下面的过程用于启用自动 SQL 优化顾问：

```
BEGIN
DBMS_AUTO_TASK_ADMIN.ENABLE(client_name => 'sql tuning advisor', operation =>
  NULL, window_name => NULL);
END;
/
```

8.23.2 配置自动 SQL 优化顾问

使用下面的查询查看自动 SQL 优化顾问的当前配置：

```
select parameter_name, parameter_value
from   dba_advisor_parameters
where  task_name = 'SYS_AUTO_SQL_TUNING_TASK'
and    parameter_name IN ('ACCEPT_SQL_PROFILES',
                          'MAX_SQL_PROFILES_PER_EXEC',
```

```
                      'MAX_AUTO_SQL_PROFILES');

PARAMETER_NAME                 PARAMETER_VALUE
------------------------------ ------------------------------
ACCEPT_SQL_PROFILES            FALSE
MAX_SQL_PROFILES_PER_EXEC      20
MAX_AUTO_SQL_PROFILES          10000
```

按如下所示改变 SQL_PROFILE 参数：

```
SQL> CONNECT / AS SYSDBA

BEGIN
 DBMS_SQLTUNE.set_tuning_task_parameter(
 task_name => 'SYS_AUTO_SQL_TUNING_TASK',
 parameter => 'ACCEPT_SQL_PROFILES',
 value     => 'TRUE');
END;
/
```

接下来强制执行这个任务，这样就可以立即看到效果：

```
exec dbms_sqltune.execute_tuning_task(task_name=>'SYS_AUTO_SQL_TUNING_TASK');
```

8.23.3 查看自动 SQL 优化的结果

下面的过程报告自动 SQL 优化顾问最近一次执行的结果：

```
VARIABLE p_report CLOB;
BEGIN
 :p_report :=DBMS_SQLTUNE.report_auto_tuning_task(
  begin_exec   => NULL,
  end_exec     => NULL,
   type        => DBMS_SQLTUNE.type_text,    -- 'TEXT'
   level       => DBMS_SQLTUNE.level_typical, -- 'TYPICAL'
    section    => DBMS_SQLTUNE.section_all,   -- 'ALL'
   object_id   => NULL,
   result_limit => NULL);
END;
```

PRINT:p_report 部分显示了报告的内容和建议：

```
Set long 1000000
PRINT:p_report

GENERAL INFORMATION SECTION
-------------------------------------------------------------------------------
Tuning Task Name                : SYS_AUTO_SQL_TUNING_TASK
Tuning Task Owner               : SYS
Workload Type                   : Automatic High-Load SQL Workload
Execution Count                 : 14
Current Execution               : EXEC_1259
Execution Type                  : TUNE SQL
Scope                           : COMPREHENSIVE
Global Time Limit(seconds)      : 3600
Per-SQL Time Limit(seconds)     : 1200
Completion Status               : COMPLETED
Started at                      : 02/03/2011 17:14:17
```

```
Completed at                        : 02/03/2011 17:14:27
Number of Candidate SQLs            : 3
Cumulative Elapsed Time of SQL (s)  : 50


-------------------------------------------------------------------------------
SUMMARY SECTION
-------------------------------------------------------------------------------
                    Global SQL Tuning Result Statistics
-------------------------------------------------------------------------------

Number of SQLs Analyzed                : 3
Number of SQLs in the Report           : 3
Number of SQLs with Findings           : 3
Number of SQLs with Statistic Findings : 3


-------------------------------------------------------------------------------
   SQLs with Findings Ordered by Maximum (Profile/Index) Benefit, Object ID
-------------------------------------------------------------------------------
object ID  SQL ID         statistics profile(benefit) index(benefit) restructure
---------- -------------- ---------- ---------------- -------------- -----------
       42  4q8yn4bnqw19s     1
       43  fvzwdtr0ywagd     1
       44  5sp4ugqbs4ms6     1


-------------------------------------------------------------------------------
   Objects with Missing/Stale Statistics (ordered by schema, object, type)
-------------------------------------------------------------------------------
Schema Name          Object Name        Type       State    Cascade
-------------------- ------------------ ---------- -------- -------
             SYS     OBJECT_TAB         TABLE      MISSING  NO


-------------------------------------------------------------------------------
DETAILS SECTION
-------------------------------------------------------------------------------
  Statements with Results Ordered by Maximum (Profile/Index) Benefit, Object ID
-------------------------------------------------------------------------------
Object ID   : 42
Schema Name : SYS
SQL ID      : 4q8yn4bnqw19s
SQL Text    : insert into object_tab select * from object_tab


-------------------------------------------------------------------------------
FINDINGS SECTION (1 finding)

1- Statistics Finding
---------------------
  Table "SYS"."OBJECT_TAB" was not analyzed.
  Recommendation
  --------------
  - Consider collecting optimizer statistics for this table.
    executedbms_stats.gather_table_stats(ownname => 'SYS', tabname =>
        'OBJECT_TAB', estimate_percent => DBMS_STATS.AUTO_SAMPLE_SIZE,
         method_opt => 'FOR ALL COLUMNS SIZE AUTO');

  Rationale
  ---------
```

The optimizer requires up-to-date statistics for the table in order to
select a good execution plan.

EXPLAIN PLANS SECTION

1- Original

Plan hash value: 622691728

```
-------------------------------------------------------------------------------
| Id | Operation                | Name       | Rows  | Bytes | Cost (%CPU)| Time     |
-------------------------------------------------------------------------------
|  0 | INSERT STATEMENT         |            | 4674K |  419M | 7687  (1)  | 00:01:33 |
|  1 |  LOAD TABLE CONVENTIONAL | OBJECT_TAB |       |       |            |          |
|  2 |   TABLE ACCESS FULL      | OBJECT_TAB | 4674K |  419M | 7687  (1)  | 00:01:33 |
-------------------------------------------------------------------------------
```

Object ID : 43
Schema Name: SYS
SQL ID   : fvzwdtr0ywagd
SQL Text   : select count(*) from object_tab where UPPER(owner)='SYS'

FINDINGS SECTION (1 finding)

1- Statistics Finding

  Table "SYS"."OBJECT_TAB" was not analyzed.

  Recommendation

  - Consider collecting optimizer statistics for this table.
    executedbms_stats.gather_table_stats(ownname => 'SYS', tabname =>
        'OBJECT_TAB', estimate_percent => DBMS_STATS.AUTO_SAMPLE_SIZE,
        method_opt => 'FOR ALL COLUMNS SIZE AUTO');

  Rationale

    The optimizer requires up-to-date statistics for the table in order to
    select a good execution plan.

EXPLAIN PLANS SECTION

1- Original

Plan hash value: 2592930531

```
-------------------------------------------------------------------------------
| Id | Operation           | Name       | Rows  | Bytes | Cost (%CPU)| Time     |
-------------------------------------------------------------------------------
|  0 | SELECT STATEMENT    |            |    1  |   17  | 7703  (1)  | 00:01:33 |
|  1 |  SORT AGGREGATE     |            |    1  |   17  |            |          |
|* 2 |   TABLE ACCESS FULL | OBJECT_TAB | 2000K |   32M | 7703  (1)  | 00:01:33 |
-------------------------------------------------------------------------------
```

Predicate Information (identified by operation id):

```
                    ---------------------------------------------
  2 - filter(UPPER("OWNER")='SYS')

-----------------------------------------------------------------------
Object ID    : 44
Schema Name: SYS
SQL ID       : 5sp4ugqbs4ms6
SQL Text     : select count(*) from object_tab where UPPER(owner)='SCOTT'

-----------------------------------------------------------------------
FINDINGS SECTION (1 finding)
-----------------------------------------------------------------------

1- Statistics Finding
---------------------
  Table "SYS"."OBJECT_TAB" was not analyzed.

  Recommendation
  --------------
  - Consider collecting optimizer statistics for this table.
    executedbms_stats.gather_table_stats(ownname => 'SYS', tabname =>
         'OBJECT_TAB', estimate_percent => DBMS_STATS.AUTO_SAMPLE_SIZE,
       method_opt => 'FOR ALL COLUMNS SIZE AUTO');
  Rationale
  ---------
    The optimizer requires up-to-date statistics for the table in order to
    select a good execution plan.

-----------------------------------------------------------------------
EXPLAIN PLANS SECTION
-----------------------------------------------------------------------
1- Original
-----------
Plan hash value: 2592930531

---------------------------------------------------------------------------
| Id  | Operation          | Name       | Rows  | Bytes | Cost (%CPU)| Time     |
---------------------------------------------------------------------------
|   0 | SELECT STATEMENT   |            |     1 |    17 |  7703   (1)| 00:01:33 |
|   1 |  SORT AGGREGATE    |            |     1 |    17 |            |          |
|*  2 |   TABLE ACCESS FULL| OBJECT_TAB |   311 |  5287 |  7703   (1)| 00:01:33 |
---------------------------------------------------------------------------
Predicate Information (identified by operation id):
---------------------------------------------------
  2 - filter(UPPER("OWNER")='SCOTT')
```

在建议部分，SQL 优化顾问推荐收集统计信息。只需要运行下面的语句，SQL 优化顾问报告中有问题的 SQL 语句的性能就能得以提升：

```
execute dbms_stats.gather_table_stats(ownname => 'SYS', tabname => -
     'OBJECT_TAB', estimate_percent => DBMS_STATS.AUTO_SAMPLE_SIZE, -
      method_opt => 'FOR ALL COLUMNS SIZE AUTO');
```

8.24 使用 SQL 性能分析器(SPA)

本章前面描述的是 Oracle 10g 中引入的 SQL 优化集和 SQL 优化顾问。Oracle 经常将 SQL 优化集和 SPA(SQL

Performance Analyzer，SQL 性能分析器)一起使用。SPA 用于比较数据库更改前后特定 SQL 优化集中特定 SQL 语句的性能。数据库的变化可以是数据库的重大升级、初始化参数的变化或者仅仅是索引或统计信息收集的改变。第 5 章介绍了如何通过企业管理器做到这一点。由于本章的重点是 SQL 优化，因此让我们来看看建立索引前后 SPA 可以在查询优化方面做些什么。在第 9 章中，将介绍 SPA 的更多用途，尤其是在升级数据库和应用程序时，以及 RAT(Real Application Testing，真正应用测试)和数据库回放(Database Replay)。SPA 是 RAT 的一部分，默认情况下在数据库中不可用。使用 SPA 和数据库回放需要购买 Oracle RAT 选件的许可。

第 1 步：建立测试环境

针对这个测试，建立 object_tab 表，并填充数据用来模拟适当的负载：

```
create table object_tab as
 select *
 from   dba_objects;

insert into object_tab
 select *
 from   object_tab;

commit;
```

object_tab 表上没有任何索引，统计信息按如下方式收集：

```
exec dbms_stats.gather_table_stats(USER,'OBJECT_TAB',cascade=>TRUE);
```

接着清空共享池，内存中的所有语句都被清除，准备接收新的负载：

```
alter system flush shared_pool;
```

第 2 步：执行查询

执行下面的查询：

```
select count(*)
from   object_tab
where  object_id=100;

select  count(*)
from    object_tab
where   object_id<100;

select count(*)
from   object_tab
where  object_id=1000;

select count(*)
from   object_tab
where  object_id<=1000;
```

稍后会在 object_id 列上建立一个索引并对比建立索引前后 SQL 语句的性能。

第 3 步：创建 SQL 优化集

创建 SQL 优化集的方法是收集想要进行优化的许多 SQL 语句到一个集合里面。通过下面的命令来创建 SQL 优化集：

```
execDBMS_SQLTUNE.create_sqlset(sqlset_name=>'sql_replay_test');
```

第 4 步：加载 SQL 优化集

下面的语句从 CURSOR_CACHE 中查寻所有包含 object_tab 表的 SQL 语句并装入 SQL 优化集：

```
DECLARE
 l_cursorDBMS_SQLTUNE.sqlset_cursor;
BEGIN
  OPEN l_cursor FOR
  SELECT VALUE(a)
  FROM    TABLE(DBMS_SQLTUNE.select_cursor_cache(
    basic_filter => 'sql_text LIKE ''%object_tab%'' and parsing_schema_name =
    ''SYS''',
      attribute_list => 'ALL')
  ) a;
DBMS_SQLTUNE.load_sqlset(sqlset_name => 'sql_replay_test',populate_cursor=>
l_cursor);
END;
/
```

第 5 步：查询 SQL 优化集

执行下面的查询：

```
select sql_text
from    dba_sqlset_statements
where   sqlset_name = 'sql_replay_test';

SQL_TEXT
-------------------------------------------------------------
Select count(*) from object_tab where object_id=100;
Select count(*) from object_tab where object_id<100;
Select count(*) from object_tab where object_id=1000;
Select count(*) from object_tab where object_id<=1000;
```

第 6 步：输出 SQL 优化集

输出 SQL 优化集并注意作业号(记在某个地方以备后用)：

```
VARIABLE v_taskVARCHAR2(64);
EXEC :v_task := DBMS_SQLPA.create_analysis_task(sqlset_name=>'sql_replay_test');
print :v_task
V_TASK
----------------------
TASK_832
```

第 7 步：在分析任务之前执行

在数据库改动前执行优化集中的内容，收集性能信息：

```
BEGIN
  DBMS_SQLPA.execute_analysis_task(task_name => :v_task,execution_type => 'test
 execute',
     execution_name => 'before_change');
END;
/
```

第 8 步：做出必要的改动

增加一个索引来提高优化集中查询的性能(并重新收集统计信息[1])：

```
create index object_tab_index_id on object_tab(object_id);
exec dbms_stats.gather_table_stats(USER,'OBJECT_TAB',cascade=>TRUE);
```

第 9 步：在创建索引后执行分析任务

```
VARIABLE v_taskVARCHAR2(64);
BEGIN
  DBMS_SQLPA.execute_analysis_task(task_name => 'TASK_832',execution_type =>
'test execute',
    execution_name => 'after_change');
END;
/
```

第 10 步：执行分析任务比较

```
VARIABLE v_task VARCHAR2(64);
--EXEC :v_task := DBMS_SQLPA.create_analysis_task(sqlset_name =>
'sql_replay_test');
BEGIN
  DBMS_SQLPA.execute_analysis_task( task_name  => 'TASK_832', execution_type =>
'compare performance',
    execution_params =>dbms_advisor.arglist(
          'execution_name1',
            'before_change',
            'execution_name2',
            'after_change'));
END;
/
```

第 11 步：输出最终分析结果

```
SET LONG 100000000
SET PAGESIZE 0
SET LINESIZE 200
SET LONGCHUNKSIZE 200
SET TRIMSPOOL ON
spool /tmp/report.txt

SELECT DBMS_SQLPA.report_analysis_task('TASK_832')
from    dual;

spool off
```

报告输出

```
General Information
-------------------------------------------------------------------------------
 Task Information:                   Workload Information:
 -------------------------------     -------------------------------
  Task Name      : TASK_832            SQL Tuning Set Name   sql_replay_test
```

---

[1] 译者注：从 Oracle 11g 开始，在建立索引的同时就可以自动收集索引的统计信息，不需要额外收集。

```
Task Owner         : SYS              SQL Tuning Set Owner    : SYS
Description        :                  Total SQL Statement Count : 7

Execution Information:
-------------------------------------------------------------------------------
Execution Name       : EXEC_847
Started              : 02/04/2010 15:57:00
Execution Type       : COMPARE PERFORMANCE
Last Updated         : 02/04/2010 15:57:00
Description          :
Global Time Limit    : UNLIMITED
Scope                : COMPREHENSIVE
Per-SQL Time Limit   : UNUSED
Status               : COMPLETED
Number of Errors     : 0
Number of Unsupported SQL : 1

Analysis Information:
-------------------------------------------------------------------------------
Before Change Execution:              After Change Execution:
-----------------------------------   -----------------------------------
Execution Name    : before_change     Execution Name     : after_change
Execution Type    : TEST EXECUTE      Execution Type     : TEST EXECUTE
Scope             : COMPREHENSIVE     Scope              : COMPREHENSIVE
Status            : COMPLETED         Status             : COMPLETED
Started           : 02/04/2010 15:50:08  Started         : 02/04/2010 15:56:13
Last Updated      : 02/04/2010 15:51:41  Last Updated    : 02/04/2010 15:56:15
Global Time Limit : UNLIMITED         Global Time Limit  : UNLIMITED
Per-SQL Time Limit: UNUSED            Per-SQL Time Limit : UNUSED
Number of Errors  : 0                 Number of Errors   : 0

-------------------------------------------
Comparison Metric: ELAPSED_TIME
-------------------------------------------
Workload Impact Threshold: 1%
-------------------------------------------
SQL Impact Threshold: 1%
-------------------------------------------

Report Summary
-------------------------------------------------------------------------------

Projected Workload Change Impact:
-------------------------------------------
Overall Impact      :  99.59%
Improvement Impact  :  99.59%
Regression Impact   :  0%

SQL Statement Count
-------------------------------------------
SQL Category    SQL Count    Plan Change Count
Overall            7            4
Improved           4            4
Unchanged          2            0
```

```
Unsupported          1             0

Top 6 SQL Sorted by Absolute Value of Change Impact on the Workload
-----------------------------------------------------------------------------------
|           |              | Impact on | Execution | Metric   | Metric  | Impact  | Plan   |
| object_id | sql_id       | Workload  | Frequency | Before   | After   | on SQL  | Change |
-----------------------------------------------------------------------------------
|        19 | 2suq4bp0p1s9p |  27.56%  |     1     | 11598790 |     34  |   100%  | y      |
|        21 | 7j70yfnjfxy9p |  25.02%  |     1     | 10532117 |   2778  | 99.97%  | y      |
|        22 | c8g33h1hn04xh |  24.28%  |     1     | 10219529 |    370  |   100%  | y      |
|        23 | g09jahhhn7ft3 |  22.72%  |     1     |  9564149 |   1123  | 99.99%  | y      |
|        18 | 033g69gb60ajp |   -.04%  |     2     |    42989 |  50359  | -17.14% | n      |
|        24 | gz549qa95mvm0 |     0%   |     2     |    41798 |  42682  | -2.11%  | n      |
-----------------------------------------------------------------------------------

Note: time statistics are displayed in microseconds
```

总体影响是正的 99.59%！回顾一下查询，这是合理的。这个查询访问包含 110 万行记录的表，但只有 16 行满足条件 object_id=100。在 object_id 列上增加索引后，性能得到了大幅提高！

8.25 要诀回顾

- 在 Oracle 12c 中，Oracle 引入了自适应查询优化。现在 Oracle 可以在 SQL 的执行过程中就对执行计划进行修改，也就是在 SQL 的执行过程中通过动态统计信息将哈希连接修改成嵌套循环(Nested Loop)连接。通过自动重新优化，还可以在后续的执行中使用更好的执行计划。也可以通过利用 SQL 计划指示来对后续的执行进行优化和指导。
- 查询 V$SQLAREA 和 V$SQL 可以找到有问题的需要优化的查询。
- 当查询的某个条件只返回很少的行时("少"取决于不同的版本，但是一般少于5%甚至有时候少于1%)，通常就需要在这个条件(列)上建立索引，前提是少量的行只返回少量的单独数据块(一般是这种情况)。
- 如果没有在限制性的列上建立索引(从表中返回少量的行)，那么可能就会碰到大量很慢的查询。在限制性的列上建立索引是改善性能的第一步。
- 不好的索引(在不合适的列上建立的索引)与忘记在正确的列上使用索引一样，也会产生很多麻烦。尽管基于成本的优化器通常会抑制一些不好的索引，但如果同时使用差的和好的索引，同样也会产生问题。当增加很多索引时，也要考虑每个索引在执行 INSERT 和 DELETE 操作时带来的额外开销。
- 对于系统中关键的查询，可以考虑在 SELECT 和 WHERE 子句中用到的所有列上建立复合索引，这样查询只需要访问索引即可。
- INDEX_FFS 提示指明只访问索引，而不会通过访问表返回处理结果。查询使用和检索的所有列必须包含在索引中。
- 当连续多次运行同一个查询时，它会变得很快，因为数据已经缓存到内存中(不过全表扫描相比索引扫描会更快地老化内存)。有时人们错误地相信他们已经把查询调快了，而实际上，访问的数据都存储在内存中。刷新缓冲区高速缓存或者重启测试系统可以帮助你获得准确的优化结果来做比较。下次如有用户打电话说一个查询太慢了，只要告诉他：真的吗？试着再执行一次看看。
- 将相对很小的常用表缓存到内存中，这样可以保证其中的数据不会被其他数据挤出内存。但是需要注意——缓存的表可以改变优化器通常情况下选择的执行计划，从而导致不可预期的查询执行顺序(会影响到嵌套循环连接中的驱动表)。
- 如果需要不断地执行同样的查询(特别是分组或计算函数)，使用 RESULT_CACHE 提示通常会让后续的查询变得更快(有时候会非常快)。

- 当表上的多个索引可以被查询使用时，如果想改变优化器的选择，请使用最有限制性的索引。尽管基于成本的优化器通常会强制使用最有限制性的索引，但是根据 Oracle 版本、查询结构的不同，以及正在使用的初始化参数，Oracle 还可能使用不同的索引。如果发现这种苗头，就在变得严重前修复它(删除不好的索引)。
- 位图索引通常会表现不一样，这是因为它们通常小很多。参考第 2 章以查看关于位图索引和其他索引的差异的更多信息。
- 除非使用基于函数的索引，否则修改查询条件中列的一侧会限制索引的使用。Oracle 有可能在解析时自动修复这个问题。查询越复杂，Oracle 越不容易修复。
- 当总是在 WHERE 子句中选择性好的列上使用函数时，通过在该函数上创建基于函数的索引可以很好地改善性能。
- 现在的 Oracle 优化器已经改善了 OR 子句的处理方法。但是 NO_EXPAND 提示依然有用，它会阻止优化器使用 OR 扩展，这在第 7 章介绍过。
- 使用带有 EXISTS 子句的嵌套子查询可以使查询显著加速，具体情况与查询各部分检索到的数据有关。Oracle 12c 往往在内部完成这种转换，节省时间的同时带来性能提升！
- 在 Oracle 12c 中，自适应计划帮助优化器在 SQL 语句首次执行时就能对执行计划做出最终的选择。这是通过在默认的执行计划中增加统计信息收集来实现的，收集的信息可以在 SQL 执行过程中使用，也可以在后续的执行中使用。
- 如果 SQL 的执行时间很长并且统计信息收集器超出预定的阈值，Oracle 12c 的优化器可能会在运行过程中修改执行计划。这被称为动态统计信息，基于查询运行过程中收集到的新的统计信息，执行计划可能会从嵌套循环连接自动变更为哈希连接方式。
- 最重要的一点是，确保获得正确的授权。很多优化包需要额外的成本。查看 DBA_FEATURE_USAGE_TABLE 表以确认正在使用哪些特性。

第 9 章

表连接和其他高级优化(针对高级 DBA 和开发人员)

从 Oracle 11g 开始,并且 Oracle 12c 也可以使用的一个新的选件,称为 RAT(Real Application Testing,真实应用测试)。可以使用 RAT 在数据库中捕获完整的数据库工作负载并在另一个数据库中回放。可以精确地重放负载,甚至可以同步负载的时间。这个工具在新版本的应用程序压力测试、数据库修补程序或数据库升级方面非常有价值。如果需要优化特定的对象或一组查询,Oracle 12c 还提供了 SPA(SQL Performance Analyzer,SQL 性能分析器)。使用这个工具可以查看数据库里的 SQL 工作负载,根据收集/测试需求记录其中的一部分负载,然后在另一个环境中运行并检测。新的环境可以包括任何数据库更改(包括初始化参数的变化)、硬件变化或环境变化。这个工具提供了一个功能强大的新方法,不仅可以使用更好的预测结果来研究变化的潜在影响,同时也可以针对特定的变化衡量其潜在影响。

因为 Oracle 连接(join)和数据块级优化的复杂性,本章内容不太容易理解。这里涵盖这么多年来在 Oracle 和其他产品中使用的许多例子，以显示各种可能的优化模式，以及如何利用它们解决未来出现的模式。在本章中，有一节将展示如何将优化和数学方程联系起来，进而为你自己特有的系统形成优化理论并与结果进行比较。本章并不严格局限于 Oracle 12c，相反更专注于高级查询优化，显示 Oracle 数据库的演变。近来 Oracle 发展迅猛，它更像一个平台，而不仅仅是数据库。

驱动表或查询中访问的第一个表是获得优异性能的关键。通过使用 Oracle 企业管理器云控制器优化包(Enterprise Manager Cloud Control Tuning Pack)和 AWR(Automatic Workload Repository，自动负载信息库)的统计数据，Oracle 可以帮助你进行优化工作(更多信息请参考第 5 章)。如果优化器选择错误的表作为查询中的驱动表，那么造成的性能差异会有天壤之别。通常，基于成本的优化器会选择正确的表，但在表中建立的索引会影响其工作。如果总是需要在同一表上使用提示来改变驱动表，这个现象就说明需要改进索引计划。当需要使用提示优化多个表时，随着表数目的增多，将越来越困难。如果只有两个或三个表，将很容易使用 ORDERED 提示(保证表的顺序)，然后尝试不同的表顺序，直至获得最快的结果。然而，10 个表的连接有 3 628 800 种组合，尝试所有的组合是有些耗时的举措。虽然可以使用 LEADING 提示来简化这件苦差事(指定驱动查询的第一个表或前导表)，但与一开始就建立正确的索引方案相比，工作量仍然非常巨大。

本书面临的最大挑战之一就是尝试通过 EXPLAIN PLAN、AUTOTRACE 和 TKPROF，使用对读者有帮助的格式来分析驱动表。优化器的复杂性和各种连接与优化查询的潜在方法将会让人难以置信。抑制查询中的单个索引将会影响驱动表，并且影响 Oracle 如何连接查询中的表以及 Oracle 如何使用或抑制其他索引。本章可帮助你在选择驱动表时，做出更好的选择。尽管我能够深刻理解 Oracle 如何处理这种复杂性，但要在本章前半部分将这种理解用语言表达出来，仍是极具挑战性的工作。本章另一部分面临的挑战在于将数学公式与性能优化关联到一起。

本章要点如下：
- RAT(真实应用测试)
- 数据库回放(Database Replay)
- SPA(SQL 性能分析器)
- 连接方法
- 表连接相关的初始化参数
- 双表连接：等尺寸表(基于成本)
- 双表索引连接：等尺寸表(基于成本)
- 强制使用特定的连接方法
- 在多表连接中除去连接记录(候选行)
- 在大小不同的表间进行双表连接
- 三表连接(基于成本)：不那么有趣
- 位图连接索引
- 第三方产品性能优化
- 优化分布式查询
- 完成所有优化后做什么
- 其他优化技术
- 在块级别进行优化(高级知识)
- 使用简单的数学方法进行性能优化

9.1 数据库回放(捕获/回放)

数据库回放(经常也被称为真实应用测试(RAT)或捕获/回放)用于捕获系统中的数据库工作负载，并在不同的系统中重放，这个功能在比较两个不同的系统或版本时非常有用。可以通过文本模式(本节仅做概要介绍——如果选择这种方式，请参考 Oracle 的在线帮助文档作为指导)或 Oracle 企业管理器云控制器版本 12c 或 13c 来使用 RAT。这是做 Oracle 12c 升级测试的极好方法(在 10gR2 之后的系统中捕获负载，然后在 Oracle 12c 中测试)。第 5 章中有使用 Oracle 企业管理器云控制器运行数据库回放的截图。

使用 RAT 的基本步骤如下：
(1) 从 10gR2 或更高版本的 Oracle 数据库中捕获负载。
(2) 将数据库恢复到测试系统，并使其 SCN 与捕获负载刚开始时的一致。
(3) 在测试系统中执行升级，并完成需要的修改。
(4) 如果捕获的负载没有完成预处理，执行预处理操作。
(5) 配置测试系统用于回放。
(6) 在测试系统中回放负载(可以是同步模式或非同步模式)。
(7) 创建报告以展示数据、错误和性能差异。

数据库回放可以对负载按照希望的方式进行回放。可以完全按照捕获时的情况进行回放或者使用其他 Oracle 选项以不同的方式回放。可以在命令行模式下或通过 Oracle 企业管理器使用数据库回放。

9.1.1 设置源数据库，为数据库回放捕获负载

如前所述，可以在 11g 以前版本的 Oracle 数据库中捕获负载并在 Oracle 12c 数据库中回放(最早的源数据库版本是 10gR2)。首先，需要一些设置(参考产品对应的 Oracle 说明)。

9.1.2 准备捕获负载

对于要将捕获负载用于回放的源数据库，需要做下面的准备工作。
创建存放负载捕获文件的目录：

```
c:\oracle>mkdir dbcapture
```

在将要捕获负载的源数据库中创建对应的目录对象：

```
SQL> create directory dbcapture as 'c:\oracle\dbcapture';
```

9.1.3 捕获负载

在执行负载前，需要为捕获做初始化工作。
(1) 启动捕获进程：

```
SQL> exec dbms_workload_capture.start_capture('NRML_ACTIVITY', 'DBCAPTURE');
```

(2) 执行负载。
(3) 当负载执行结束或已经捕获期望的负载时，停止捕获进程：

```
SQL> exec dbms_workload_capture.finish_capture();
```

(4) 生成捕获报告：

```
-- Capture Report
DECLARE
  cap_id              NUMBER;
  cap_rpt             CLOB;
  buffer              VARCHAR2(32767);
  buffer_size         CONSTANT BINARY_INTEGER := 32767;
  amount              BINARY_INTEGER;
```

```
    offset              NUMBER(38);
    file_handle         UTL_FILE.FILE_TYPE;
    directory_name      CONSTANT VARCHAR2(80) := 'DBCAPTURE';
    v_filename          CONSTANT VARCHAR2(80) := 'Capture.html';

BEGIN
    cap_id := DBMS_WORKLOAD_CAPTURE.GET_CAPTURE_INFO(dir=>directory_name);
    cap_rpt := DBMS_WORKLOAD_CAPTURE.REPORT(capture_id => cap_id,
                      format => DBMS_WORKLOAD_CAPTURE.TYPE_HTML);

    -- Write Report to file
    DBMS_OUTPUT.ENABLE(100000);

    -- -------------------------------
    -- OPEN NEW XML FILE IN WRITE MODE
    -- -------------------------------
    file_handle := UTL_FILE.FOPEN(location     => directory_name,
                                  filename     => v_filename,
                                  open_mode    => 'w',
                                  max_linesize => buffer_size);

    amount := buffer_size;
    offset := 1;

    WHILE amount >= buffer_size
    LOOP
        DBMS_LOB.READ(lob_loc   => cap_rpt,
                      amount    => amount,
                      offset    => offset,
                      buffer    => buffer);

        offset := offset + amount;

        UTL_FILE.PUT(file    => file_handle,
                     buffer  => buffer);

        UTL_FILE.FFLUSH(file => file_handle);
    END LOOP;

    UTL_FILE.FCLOSE(file => file_handle);
END;
/
```

9.1.4 准备负载以回放

下面的步骤展示如何准备负载以回放：

(1) 创建目录以存放捕获的负载。这些负载用于在处理数据库和重放数据库中执行处理和回放。如果处理数据库和重放数据库不同，那么在两个环境中都要创建目录。最好的做法是在同一个数据库中处理和回放负载。

```
c:\oracle> mkdir replay
```

(2) 将捕获的负载文件复制到捕获负载的同一主机的另外一个目录下，或复制到将要处理负载的目标系统中。

```
copy c:\oracle\dbcapture\* c:\oracle\Replay
```

(3) 在 Oracle 数据库中创建目录对象，用于处理捕获的负载。

```
SQL> create directory REPLAY as 'c:\oracle\replay';
```

9.1.5 为回放处理负载

这是个资源密集型的过程,因此应该在非生产系统中完成。如果在生产系统中捕获了负载,将捕获文件移动到测试或开发系统中,从而为回放处理负载。

处理捕获的负载:

```
SQL> exec dbms_workload_replay.process_capture ('REPLAY');
```

在处理捕获的负载的过程中,会在 REPLAY 目录下生成下面的文件(还可能有一些其他的文件,也可以创建一个子目录,但需要把它添加到所有的目录位置):

```
wcr_login.pp
WCR_SCN_ORDER.EXTB
WCR_SEQ_DATA.EXTB
WCR_CONN_DATA.EXTB
wcr_process.wmd
```

9.1.6 准备回放负载

接下来,需要准备回放数据库。请按照下面的步骤准备回放数据库。请记住,这些步骤取决于版本/系统,可能需要针对你的系统做出变化。

(1) 如果用于回放的数据库和处理负载的数据库不同,转到回放负载的数据库;如果用于回放的数据库和处理负载的数据库相同,跳到第 3 步,否则继续执行第 2 步。

(2) 如果还没有完成回放负载的准备工作,转到前面的 9.1.5 节 "为回放处理负载",在要回放负载的数据库中执行这些步骤。

(3) 初始化回放:

```
SQL> exec dbms_workload_replay.initialize_replay ('TEST_REPLAY','REPLAY');
```

(4) 准备回放负载:

```
SQL> exec dbms_workload_replay.prepare_replay(synchronization=>TRUE);
```

(5) 核准负载以决定负载回放客户端的数量。在命令行中,切换到 REPLAY 目录并核准:

```
cd c:\oracle\replay
c:\oracle\replay> wrc mode=calibrate
```

9.1.7 执行负载回放

至此,负载已经被捕捉、处理,而且负载已经为回放准备好。建议可能的话,尽量使用 Oracle 企业管理器云控制器,按照下面的步骤在新系统上执行负载:

(1) 注意刚才提到的用来执行处理过的负载的回放客户端的数量。

(2) 为每一个负载回放客户端打开一个窗口,因为每个客户端都是分别执行的。而在前面的步骤中,只需要一个客户端。

(3) 在每个客户端的命令行中为 wrc 实用程序输入 replay 命令,每个窗口一条命令:

```
c:\oracle\proccapture>wrc system/xxxxx@orcl12c replaydir=c:\oracle\replay
```

(4) 为每个客户端重复上述操作。

(5) 可以获取负载回放执行时间段的 AWR 信息。Oracle 建议负载回放的执行过程至少包括一个完整的快照周期以提供最有用的数据。可以在负载执行开始之前和刚结束时创建快照(这是可选的)。

```
SQL> execute DBMS_WORKLOAD_REPOSITORY.CREATE_SNAPSHOT();
```

(6) 从另外一个窗口登录到执行负载回放的数据库，启动负载回放过程。负载已经启动的标志显示如下：

```
SQL> exec dbms_workload_replay.start_replay ;

PL/SQL procedure successfully completed.
```

(7) 监控负载回放，直到结束。

(8) 一旦负载回放完成，就创建另一个 AWR 快照(可选)。

```
SQL> execute DBMS_WORKLOAD_REPOSITORY.CREATE_SNAPSHOT();
```

(9) 提取负载回放报告，评估报告的结果：

```
-- Replay Report
DECLARE
  cap_id              NUMBER;
  rep_id              NUMBER;
  rep_rpt             CLOB;
  buffer              VARCHAR2(32767);
  buffer_size         CONSTANT BINARY_INTEGER := 32767;
  amount              BINARY_INTEGER;
  offset              NUMBER(38);
  file_handle         UTL_FILE.FILE_TYPE;
  directory_name      CONSTANT VARCHAR2(80) := 'PROCCAPTURE';
  v_filename          CONSTANT VARCHAR2(80) := 'Replay.html';

BEGIN
    cap_id := DBMS_WORKLOAD_REPLAY.GET_REPLAY_INFO(dir => 'PROCCAPTURE');

    select max(id)
    into rep_id
    from dba_workload_replays
    where capture_id = cap_id ;

    rep_rpt := DBMS_WORKLOAD_REPLAY.REPORT(replay_id => rep_id,
                          format => DBMS_WORKLOAD_REPLAY.TYPE_HTML);

     -- Write Report to file
    DBMS_OUTPUT.ENABLE(100000);

    -- -------------------------------
    -- OPEN NEW XML FILE IN WRITE MODE
    -- -------------------------------
    file_handle := UTL_FILE.FOPEN(location     => directory_name,
                                  filename     => v_filename,
                                  open_mode    => 'w',
                                  max_linesize => buffer_size);

    amount := buffer_size;
    offset := 1;

     WHILE amount >= buffer_size
     LOOP
         DBMS_LOB.READ(lob_loc   => rep_rpt,
                       amount    => amount,
```

```
                                  offset       => offset,
                                  buffer       => buffer);

            offset := offset + amount;

            UTL_FILE.PUT(file         => file_handle,
                         buffer       => buffer);

            UTL_FILE.FFLUSH(file => file_handle);
        END LOOP;

        UTL_FILE.FCLOSE(file => file_handle);
    END;
```

(10) 转到脚本使用的目录 C:\oracle\replay，查看报告 Replay.html。

9.2 SQL 性能分析器(SPA)

SPA(SQL Performance Analyzer，SQL 性能分析器)是衡量和报告变化前后性能情况的强大工具。SPA 使用 DBMS_SQLTUNE 程序包来完成分析。在第 8 章中，你学习了如何利用 SPA 来解决一个简单的优化问题，根据 SPA 推荐的索引，性能提高超过 99%。其实，SPA 的应用要广泛得多，它是能有效回答一些最常见性能问题的强大工具之一：

- 删除这个索引会有什么影响？
- 在这个表上添加一个索引会有什么影响？
- 将一个 B 树索引改成位图索引会有什么影响？
- 重组表或对表排序会有什么影响？
- 对表分区会有什么影响？
- 将一个表改成索引组织表会有什么影响？
- 重新收集统计信息对基于成本的优化器会有什么影响？
- 更新数据库的修补程序级别(patch level)会有什么影响？
- 将数据库升级到下一个版本会有什么影响？
- 改变数据库的初始化参数会有什么影响？
- 将数据库从使用文件系统改成使用 ASM 会有什么影响？

9.2.1 创建 SQL 优化集

利用 SPA 比较变化，第一步是创建 SQL 优化集(SQL Tuning Set)。将第一次执行 SQL 优化集的结果作为基线，与第二次执行的结果做比较。要在完成任何更改之前创建 SQL 优化集(如下所示)，然后在做了更改后创建第二个优化集。也可以在企业管理器中完成上述任务(详见第 5 章)。

```
--------------------------------------------------------------------------
-- Script: spa_create_sts.sql
-- Setup a SQL Tuning Set for the SQL Performance Analyzer.
--------------------------------------------------------------------------
set feedback on
--------------------------------------------------------------------------
-- Set up the SQL Set and what sql we want to make part of the sql tuning set
--------------------------------------------------------------------------
BEGIN
    -- Create the sql set
```

```
        DBMS_SQLTUNE.CREATE_SQLSET(sqlset_name => 'STS_SPA_1');
    -- Limit the sql in the set to Just on the ORDERS and ORDER_ITEMS
    -- The CAPTURE_CURSOR_CACHE_SQLSET will collect SQL statements
    -- over a period of time.  This helps build a more realistic
    -- set of SQL load from the system
        DBMS_SQLTUNE.CAPTURE_CURSOR_CACHE_SQLSET(
            sqlset_name => 'STS_SPA_1'
            ,basic_filter=> q'#UPPER(sql_text) LIKE '%ORDER%' #'
            ,time_limit   => 300
            ,repeat_interval => 2
        );
END;
/
```

注意这个过程要运行 5 分钟，每两秒捕获一次 SQL 语句。

9.2.2 创建分析任务

在 SQL 负载执行的同时创建 SQL 优化集，随后创建分析任务。

```
dbms_sqlpa.create_analysis_task(sqlset_name => 'my_sts',
task_name => 'my_spa_task',
description => 'test index changes');
```

9.2.3 执行分析任务

创建分析任务后，需要执行这个任务作为 SQL 优化集的基线。执行任务分析后，可以做出改变，并和基线进行比较。这需要创建第二个 SQL 优化集和第二个分析任务，然后执行该任务。最后，可以生成一份比较报告。

改变前：

```
dbms_sqlpa.execute_analysis_task(task_name => 'my_spa_task',
execution_type => 'test execute',
execution_name => 'before_index_change');
```

改变后：

```
dbms_sqlpa.execute_analysis_task(task_name => 'my_spa_task',
execution_type => 'test execute',
execution_name => 'after_index_change');
```

现在有两个 SQL 优化集，可以生成对比结果。

```
dbms_sqlpa.execute_analysis_task(
task_name => 'my_spa_task',
execution_type => 'compare performance',
execution_name => 'analysis_results',
execution_params => dbms_advisor.arglist('execution_name1','before_index_change',
'execution_name2', 'after_index_change',
'comparison_metric','buffer_gets'));


---------------------------------------------------------------------------
-- Script: spa_compare.sql
-- Executes a SQL Tuning Set Comparison and then outputs a report from SPA
---------------------------------------------------------------------------
spool SPA_COMPARE_REPORT.out

-- Get the whole report for the single statement case.
```

```
SELECT DBMS_SQLPA.REPORT_ANALYSIS_TASK('my_spa_task') from dual;

-- Show me the summary for the sts case.
SELECT DBMS_SQLPA.REPORT_ANALYSIS_TASK('my_spa_task', 'TEXT', 'TYPICAL', 'SUMMARY')
FROM   DUAL;

-- Show me the findings for the statement I'm interested in.
SELECT DBMS_SQLPA.REPORT_ANALYSIS_TASK('my_spa_task', 'TEXT', 'TYPICAL', 'FINDINGS', 5)
FROM   DUAL;

spool off
```

9.2.4 查询性能分析的顾问任务

可以使用 DBA_ADVISOR_TASKS 或 USER_ADVISOR_TASKS 视图来显示顾问任务:

```
select owner, task_name, status
from   dba_advisor_tasks
where  owner <> 'SYS' ;

OWNER                          TASK_NAME                      STATUS
------------------------------ ------------------------------ ----------
SCOTT                          TASK_1949                      COMPLETED
SCOTT                          TASK_1950                      COMPLETED
SCOTT                          TASK_1948                      INITIAL
SCOTT                          TASK_1943                      INITIAL
SCOTT                          TASK_2700                      INITIAL
SCOTT                          TASK_1946                      INITIAL
SCOTT                          TASK_1923                      INITIAL
SCOTT                          TASK_1945                      INITIAL
SCOTT                          TASK_1944                      INITIAL
SCOTT                          TASK_1947                      INITIAL
```

9.2.5 取消正在执行的 SPA 分析任务

如果 SPA 分析任务正在执行过程中,可以在任何时候手动取消。这么做的原因可能是由于资源问题,或者由于对数据库性能产生的影响等。语法如下:

```
DBMS_SQLPA.CANCEL_ANALYSIS_TASK ('my_spa_task') ;
```

9.2.6 删除 SPA 分析任务

在使用来自 SPA 分析的信息后,可能不再需要这个分析任务。要清除空间并删除未使用或不需要的分析任务,最好删除它们。通过 Oracle 提供的 DBMS_SQLPA 程序包,可以删除分析任务。

语法如下:

```
DBMS_SQLPA.DROP_ANALYSIS_TASK ('my_spa_task') ;
```

例如:

```
SQL> exec DBMS_SQLPA.DROP_ANALYSIS_TASK ('TASK_1923') ;

PL/SQL procedure successfully completed
```

9.2.7 确定活动的 SQL 优化集

在删除 SQL 优化集之前,必须删除所有与之有引用关系的对象,包括 SPA 分析任务以及 SQL 优化顾问任务。可以通过 DBA_SQLSET_REFERENCES 视图确定这些引用关系。获得引用 ID 是去除 SQL 优化集引用的关键。

```
SQL> select id, sqlset_owner, sqlset_name, description from DBA_SQLSET_REFERENCES;

 ID SQLSET_OWNER SQLSET_NAME Description
--- ------------ ----------- -------------------------------------------------
  2 SCOTT        STS_SPA_1   created by: SQL Tuning Advisor - task: TASK_1926
  3 SCOTT        STS_SPA_1   created by: SQL Tuning Advisor - task: TASK_1927
  5 SCOTT        STS_SPA_1   created by: SQL Tuning Advisor - task: TASK_1929
  8 SCOTT        STS_SPA_1   created by: SQL Tuning Advisor - task: TASK_1932
  7 SCOTT        STS_SPA_1   created by: SQL Tuning Advisor - task: TASK_1931
  4 SCOTT        STS_SPA_1   created by: SQL Tuning Advisor - task: TASK_1928
  6 SCOTT        STS_SPA_1   created by: SQL Tuning Advisor - task: TASK_1930

7 rows selected.
```

9.2.8 移除 SQL 优化集引用

当已经完成 SPA 分析,为了节省空间并移除不需要的 SPA 任务的结果时,可能需要移除 SQL 优化集。只能移除非活动的 SQL 优化集。要移除活动的 SQL 优化集,必须先移除引用 SQL 优化集的 SPA 分析任务。移除所有的分析任务后,还必须移除 SQL 优化集的引用,否则会收到报告 SQL 优化集仍处于活动状态的 ORA-13757 错误。

语法如下:

```
DBMS_SQLTUNE.REMOVE_SQLSET_REFERENCE ('<tuning set name>') ;
```

例如:

```
SQL> exec DBMS_SQLTUNE.REMOVE_SQLSET_REFERENCE ('STS_SPA_1', 2) ;

PL/SQL procedure successfully completed.
```

9.2.9 删除 SQL 优化集

在确保所有 SQL 优化集的引用已经被删除之后,就可以删除 SQL 优化集本身了。
语法如下:

```
DBMS_SQLTUNE.DROP_SQLSET ('<tuning set name>') ;
```

示例(引用还没有被删除时):

```
SQL> exec DBMS_SQLTUNE.DROP_SQLSET ('STS_SPA_1');

BEGIN DBMS_SQLTUNE.DROP_SQLSET ('STS_SPA_1') ; END;
*
ERROR at line 1:
ORA-13757: "SQL Tuning Set" "STS_SPA_1" owned by user "SCOTT" is active.
ORA-06512: at "SYS.DBMS_SQLTUNE_INTERNAL", line 8597
ORA-06512: at "SYS.DBMS_SQLTUNE", line 3015
ORA-06512: at line 1
```

示例(引用已经被删除时):

```
SQL> exec DBMS_SQLTUNE.DROP_SQLSET ('STS_SPA_1');
```

```
PL/SQL procedure successfully completed.
```

9.3 连接方法

在 Oracle 6 时代，优化器主要使用 3 种不同的方法来完成行源(Row Source)的连接：嵌套循环连接(NESTED LOOPS join)、排序合并连接(SORT-MERGE join)和聚簇连接(CLUSTER join)。还有一种，就是即席查询用户所喜爱的笛卡儿积连接(Cartesian join)。Oracle 7.3 中引入了哈希连接(HASH join)，Oracle 8*i* 中引入了索引连接(INDEX join)。这样算来，总共有 5 种主要的连接方法。每一种都有自己的特性和限制。在处理潜在的连接问题之前，你必须知道以下问题的答案：

- 查询使用哪个表来驱动(即先访问哪个表)？按照给定的执行路径，查询何时将访问到其他表？可选的驱动路径有哪些？
- 可能出现哪些 Oracle 连接(本节将细述该内容)？记住：连接顺序、索引的选择性、可用于排序和建立哈希表的内存都会导致 Oracle 产生不同的结果。
- 哪些索引是可用的？索引的选择性如何？索引的选择性不仅仅影响优化器使用或抑制索引，还将改变查询驱动的方式，并可能确定使用或抑制查询中其他的索引。
- 哪些提示提供其他的路径？哪些提示抑制或强制使用索引？这些提示不仅改变了表的驱动顺序，还改变了 Oracle 执行连接的方式以及决定抑制或强制使用哪些索引。
- 你在使用哪个版本的 Oracle？你的选择取决于正在使用的 Oracle 版本。不同的版本，优化器的工作也不一样。

9.3.1 嵌套循环连接

假设有人给你一本电话号码簿，并要求查找其中 20 个人的电话号码，要求你写下他们每个人的名字以及他们各自的电话号码。你可能会从前往后查阅姓名列表，每次在电话号码簿中查找一个人的姓名。这个任务很简单，因为电话号码簿是按姓名的首字母排序的，而且当你正在查找剩余的姓名和电话号码时，其他人可以拨打你已经写下来的姓名和电话号码。这种情况就称为嵌套循环连接。

在嵌套循环连接中，Oracle 从第一个行源中读取第一行，然后查看第二个行源中匹配的记录。将所有匹配的记录放在结果集中，然后 Oracle 将读取第一个行源中的下一行。按这种方式直至第一个行源中的所有行都处理完毕。第一个行源通常称为外表或驱动表，第二个行源称为内表。嵌套循环连接是从连接中获取第一批记录的最快速方法。

在驱动行源(就是用于查找的记录)很小且内表的连接列上有唯一索引或选择性高的非唯一索引时，嵌套循环连接是非常合适的。嵌套循环连接相对于其他连接方法的一个优势是，它可以快速地从结果集中提取第一批记录，而不用等待整个结果集完全确定下来。这种优势非常适合下列情形：终端用户在通过查询屏幕查看第一批记录时，剩余的记录继续被取回。不管连接的条件或模式如何定义，任何两个行源都可以使用嵌套循环连接，所以嵌套循环连接是非常灵活的。

然而，如果内表(读取的第二个表)的连接列上不包含索引，或者索引的选择性不高，嵌套循环连接可能很低效。当驱动行源(从驱动表中返回的记录)非常庞大时，其他的连接方法可能更加高效。

图 9-1 说明了以下程序清单中查询执行的方法。首先访问 dept 表，然后使用嵌套循环连接循环访问 emp 表。这种类型的连接可以通过提示强制使用，在不同系统中的表现可能会有所差异[1]。

---

1 译者注：这里的意思是，系统中变量设置的不同会决定是否使用这种类型的连接。

```
select  /*+ ordered */ ename, dept.deptno
from    dept, emp
where   dept.deptno = emp.deptno;
```

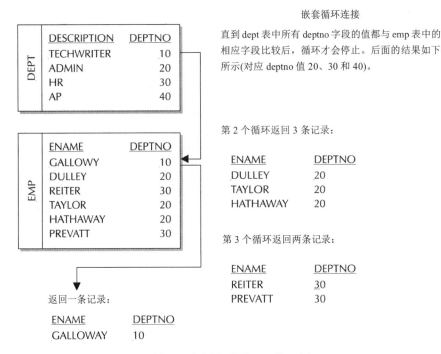

图 9-1 嵌套循环连接(dept 是驱动表)

9.3.2 排序合并连接

假设两个销售人员参加了一场会议，每个人都收集了 100 个潜在新客户的名片。他们每个人现在都有一堆没有排序的名片，并且都想检查一下两堆名片中有多少重复的。销售人员按字母排序并整理了名片，然后两个人轮流依次报名字。由于两堆名片都已经排过序，因此很容易找到两堆名片中重复的名字。这个例子解释了排序合并连接。

在排序合并连接中，Oracle 分别将第一个行源和第二个行源按它们各自的连接列排序，然后将两个已经排好序的行源合并，发现匹配的就放到结果集中。

当数据的选择性不好或可用索引完成嵌套循环连接的效率不高时，或者当两个行源都过于庞大(超过访问的数据块的 5%)时，排序合并连接可能会更加高效。排序合并连接可以用于等值和非等值连接(WHERE d.deptno = e.deptno 和 WHERE d.deptno >= e.deptno)，而哈希连接只能用于等值连接。如果 SORT_AREA_SIZE 或自动内存分配参数(例如 MEMORY_TARGET)设置太小的话，排序合并连接就需要使用临时段来排序。这将导致使用额外的内存或(和)产生临时表空间中的磁盘 I/O。

图 9-2 说明了使用排序合并连接执行以下程序清单中查询的方法。

```
select  /*+ ordered */ ename, dept.deptno
from    emp, dept
where   dept.deptno = emp.deptno;
```

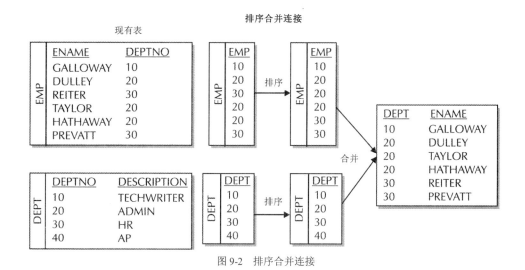

图 9-2　排序合并连接

9.3.3　聚簇连接

聚簇连接实际上是嵌套循环连接的一种不常见特例。如果连接的两个行源实际上是聚簇中的表，并且在两个行源的聚簇键上进行等值连接，Oracle 就会使用聚簇连接。这种情况下，Oracle 从第一个行源中读取第一行，并在第二个行源中使用聚簇索引查找所有匹配的项。

聚簇连接的效率极高，因为两个参加连接的行源实际上处于同一个物理数据块上。然而，聚簇连接也有自己的限制，要进行聚簇连接，必须先建立聚簇。所以，聚簇连接实际上不常使用。

9.3.4　哈希连接

当内存充足时，哈希连接是 Oracle 优化器通常的选择。在哈希连接中，Oracle 访问一个表(通常是连接结果中较小的表)，并根据连接键在内存中建立一个哈希表。然后扫描连接中的另一个表(通常是较大的表)，并根据哈希表检测是否有匹配的记录。只有在为参数 PGA_AGGREGATE_TARGET 设置了足够大的值时，Oracle 才会有效地使用哈希连接。如果使用了 MEMORY_TARGET 参数，PGA_AGGREGATE_TARGET 也将包括在其中，但是你可能仍然希望为 PGA_AGGREGATE_TARGET 设定最小值(更多信息见第 4 章)。如果设置了 SGA_TARGET 参数，就必须设置 PGA_AGGREGATE_ TARGET 参数，因为 SGA_TARGET 不包括 PGA(除非使用刚才提到的 MEMORY_TARGET 参数)。哈希连接与嵌套循环连接有点类似，因为其中也发生了嵌套循环——Oracle 首先建立一个哈希表以利于操作进行，然后循环访问哈希表。当使用 ORDERED 提示时，FROM 子句中的第一个表将用于建立哈希表。

当缺少有用的索引造成嵌套循环连接效率不高时，哈希连接则更加有效。哈希连接可能比排序合并连接更快，因为在哈希连接中只需要对一个行源进行排序[1]。哈希连接也可能比嵌套循环连接更快，因为检索内存中的哈希表比遍历 B 树索引更迅速。和聚簇连接一样，哈希连接只能用于等值连接。和排序合并连接一样，哈希连接需要使用内存资源，当用于排序的内存不足时，会增加临时表空间中的 I/O(这会使这种连接方法的速度变得极慢)。最后，只有基于成本的优化器才可以使用哈希连接(就运行在 Oracle 11g 中的程序来说，应该 100%使用基于成本的优化器)。

图 9-3 说明了使用哈希连接执行以下程序清单中查询的方法。

---

[1] 译者注：此处的意思是构造哈希表。

```
select  /*+ ordered */ ename, dept.deptno
from    emp, dept
where   dept.deptno = emp.deptno;
```

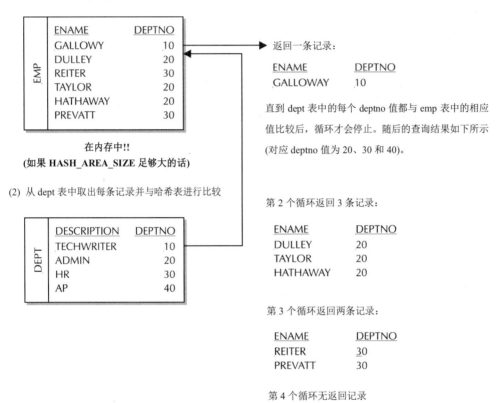

图 9-3　哈希连接

9.3.5　索引合并连接

在 Oracle 8i 之前，除非某个索引包含所有需要的信息，否则必须访问表。从 Oracle 8i 开始，如果一组现有的索引包含查询所需要的所有信息，那么优化器可以选择一连串索引间的哈希连接。访问索引时可以使用范围扫描或快速全扫描，而选择何种扫描方式取决于 WHERE 子句中的条件。如果一个表有大量的列，而你只想访问有限的列，这种方法非常有效。WHERE 子句中的条件约束越多，查询的执行速度越快。优化器在评估执行的优化路径时，将会考虑索引合并连接的可能性。

必须在合适的列(那些整个查询都用到的列)上建立索引，这样可以确保优化器将索引合并连接作为选择之一。这通常需要在没有索引或以前没有建立联合索引的列上增加索引。相对于快速全扫描，索引合并连接的优势在于：快速全扫描的前提是有一个索引满足整个查询，索引合并连接可以使用满足整个查询的多个索引。

在执行以下程序清单中的查询之前，创建两个索引(一个在 ename 列上，另一个在 deptno 列上)。该查询不需要直接访问表！图 9-4 展示了索引合并连接。

```
select  ENAME, DEPTNO
from    EMP
where   DEPTNO = 20
```

```
and      ENAME = 'DULLY';
```

索引合并连接

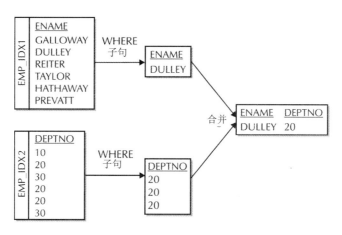

图 9-4 emp_idx1 和 emp_idx2 列上的索引合并连接

为了体现效率的提升，仔细查看下面使用 test2 表的例子，该表有 100 万条记录，其大小为 210MB。首先建立索引：

```
create  index doby on test2  ( doby );
create  index state on test2  ( state );
create  index dobmsy on test2  (state, doby );
```

当单独使用 doby 或 state 列作为查询条件时，它们对结果的限制都不佳。因此，首要解决方法是使用全表扫描，如下所示：

```
select  /*+ FULL(test2) */  state, doby
from    test2
where   doby = 1972
and     state = 'MA';

SELECT STATEMENT
TABLE ACCESS (FULL) OF 'TEST2'

Elapse time: 12.6 seconds
```

使用 doby 列上的索引会比使用全表扫描慢，如下所示：

```
select  /*+ index(test2 doby) */ state, doby
from    test2
where   doby = 1972
and     state = 'MA';

SELECT STATEMENT
TABLE ACCESS (BY INDEX ROWID) OF 'TEST2'
INDEX (RANGE SCAN) OF 'DOBY' (NON-UNIQUE)

Elapsed time: 13:45 seconds
```

使用 state 列上的索引也会比使用全表扫描慢，如下所示：

```
select  /*+ index(test2 state) */ state, doby
from    test2
```

```
where    doby = 1972
and      state = 'MA';

SELECT STATEMENT
TABLE ACCESS (BY INDEX ROWID) OF 'TEST2'
INDEX (RANGE SCAN) OF 'STATE' (NON-UNIQUE)

Elapsed time: 23.50 seconds
```

然而，对 doby 和 state 列上的索引使用索引合并连接比使用全表扫描快，因为不需要访问表，如下所示：

```
select   /*+ index_join(test2 doby state) */ state, doby
from     test2
where    doby = 1972
and      state = 'MA';

SELECT STATEMENT
VIEW OF 'index$_join$_001'
HASH JOIN
INDEX (RANGE SCAN) OF 'DOBY' (NON-UNIQUE)
INDEX (RANGE SCAN) OF 'STATE' (NON-UNIQUE)

Elapsed time: 4.76 seconds
```

不过，index_ffs(假设在所有需要的列上存在单一索引)依旧是最有效的方法，如下所示：

```
select   /*+ index_ffs(test2 dobmsy) */ state, doby
from     test2
where    doby = 1972
and      state = 'MA';

SELECT STATEMENT
INDEX (FAST FULL SCAN) OF 'DOBMSY' (NON-UNIQUE)

Elapsed time: 3.6 seconds
```

尽管这种情况下快速全扫描是最有效的方法，但大多数情况下还是适合使用索引连接。同样，index_ffs 经常会出现问题，因为它会扫描很多索引块并出现大量的'db file sequential read'等待(因此尝试通过使用更好的索引或更有选择性的查询来优化，从而避免扫描整个索引)。实际情况会有所不同，这个例子只是为了说明如何优化。只有在经过仔细的测试后，才能确定适合用于特定系统的解决方案。

9.4 表连接相关的初始化参数

排序合并连接和哈希连接的性能取决于特定的初始化参数。如果特定的初始化参数设置不正确，连接的性能就可能急剧下降。

排序合并连接与哈希连接的相关参数

初始化参数 DB_FILE_MULTIBLOCK_READ_COUNT 定义了当 Oracle 执行一次离散读(scattered read)操作时，每次应该从磁盘读取多少个数据块。在 Oracle 11g 中，推荐的默认值是 128(128*8192=1 048 576 字节，即 1MB；但是这个值依赖于平台，多数平台是 1MB)，这应该绰绰有余。因为排序合并连接经常牵涉全表扫描，正确地设置这个参数将降低扫描大表时的开销。

初始化参数 PGA_AGGREGATE_TARGET(如前所述，如果使用了 MEMORY_TARGET 参数，它就是分配给

MEMORY_TARGET 的内存的一部分)定义了用于排序的内存,它对所有排序的性能都有重要影响。因为排序合并连接需要对两个行源进行排序,所以为排序分配的内存大小将对排序合并连接的性能产生显著的影响。如果一次完整的排序不能在该参数定义的内存空间中完成,那就必须在临时表空间中分配临时段。这种情况下,排序工作每次只在内存中完成一部分工作,并将部分结果存储在磁盘的临时段里。如果分配给排序的内存过小,那么即使最小的排序也需要额外的磁盘 I/O 开销。如果该参数设置得太大,那么操作系统可能会耗尽物理内存并借助磁盘交换。对于哈希连接也是如此,如果由于内存不足而不能在内存中建立哈希表,哈希连接将使用磁盘 I/O,从而变得非常慢。

表 9-1 对主要的连接类型进行了简单对比。

表 9-1 主要的连接方法

类别	嵌套循环连接	排序合并连接	哈希连接
优化器提示	USE_NL	USE_MERGE	USE_HASH
何时使用	任何连接	任何连接	等值连接
需要的资源	CPU、磁盘 I/O	内存、临时段	内存、临时段
特点	当索引的选择性高并且搜索条件的限制性好时效率高,用于快速返回结果集的第一行	当缺乏索引或者搜索条件的选择性不佳时,该类型的连接比嵌套循环连接有效。可以在有限的内存下工作	当缺乏索引或者搜索条件模糊时,该类型的连接比嵌套循环连接有效。通常比排序合并连接快
缺点	当索引缺失或者查询条件的限制性不够时,效率很低	参与连接的两个表都需要排序。它为最优的吞吐量而设计,并且在结果没有全部查到之前不返回数据	需要大量内存来建立哈希表,结果的第一行返回较慢。如果在磁盘上进行操作,速度将极慢

9.5 双表连接:等尺寸表(基于成本)

仔细看一下下面的示例表(已经经过分析):

```
SMALL1   10000 rows   No Indexes
SMALL2   10000 rows   No Indexes
```

如果想深入学习基于成本的优化器在连接中的所有条件都相等(相同大小的表/无索引)时如何工作,本节的这些示例是非常重要的。

例 9-1

两个表都没有索引,并且也没有其他限制条件。如果初始化参数设置为可以使用哈希连接,Oracle 将使用哈希连接;否则,它会使用排序合并连接。在本例中,Oracle 使用哈希连接。由于两个表是等大小的,因此使用 FROM 子句中的第一个表作为哈希表进行哈希连接:

```
select   small1.col1, small2.col1
from     small1, small2
where    small1.col1 = small2.col1;
```

连接方法:哈希连接(假定哈希连接初始化参数设置为启用)

访问的第一个表是 small1 表,并用它建立哈希表。Oracle 访问 small1 表,并在内存中根据连接键(col1)建立哈希表。接着 Oracle 扫描 small2 表,并探查该哈希表以找到其中匹配的记录。

```
--------------------------------------------------------------------
| Id  | Operation          | Name  | Rows  | Bytes | Cost (%CPU)| Time     |
--------------------------------------------------------------------
```

```
|   0 | SELECT STATEMENT   |        |   1  |    6  |  88   (55)| 00:00:02 |
|   1 |  SORT AGGREGATE    |        |   1  |    6  |           |          |
|*  2 |   HASH JOIN        |        | 6701K|   38M |  88   (55)| 00:00:02 |
|   3 |    TABLE ACCESS FULL| SMALL1| 10000| 30000 |  20    (0)| 00:00:01 |
|   4 |    TABLE ACCESS FULL| SMALL2| 10000| 30000 |  20    (0)| 00:00:01 |
```

连接方法：排序合并连接(假定哈希连接初始化参数设置为禁用)

虽然 small1 表通常会作为驱动表(因为它首先出现在 FROM 子句中，并且例子中使用的是基于成本的优化器)，但排序合并连接在合并两个表前仍要强制对它们排序(因为没有索引)，两个表都需要做全表扫描，所以表名在 FROM 子句中出现的次序并不重要，但是全表扫描操作会首先访问 small1 表(从 EXPLAIN 或 AUTOTRACE 的输出中可以看到)。

现在改变 FROM 子句中表出现的次序。首先访问排在前面的 small2 表，并将之作为驱动表，使用哈希连接。两个表都需要做全表扫描，在 FROM 子句中出现的顺序会影响到驱动表，如下所示：

```
select   small1.col1, small2.col1
from     small2, small1
where    small1.col1 = small2.col1;
```

连接方法：哈希连接(假定哈希连接初始化参数设置为启用)

访问的第一个表是 small2 表，并用它建立哈希表。Oracle 访问 small2 表，并在内存中根据连接键(col1)建立哈希表。接着 Oracle 扫描 small1 表，并探查该哈希表以找到其中匹配的记录。

```
-------------------------------------------------------------------------
| Id  | Operation          | Name  | Rows | Bytes | Cost (%CPU)| Time    |
-------------------------------------------------------------------------
|   0 | SELECT STATEMENT   |        |   1  |    6  |  88   (55)| 00:00:02 |
|   1 |  SORT AGGREGATE    |        |   1  |    6  |           |          |
|*  2 |   HASH JOIN        |        | 6701K|   38M |  88   (55)| 00:00:02 |
|   3 |    TABLE ACCESS FULL| SMALL2| 10000| 30000 |  20    (0)| 00:00:01 |
|   4 |    TABLE ACCESS FULL| SMALL1| 10000| 30000 |  20    (0)| 00:00:01 |
-------------------------------------------------------------------------
```

连接方法：排序合并连接(假定哈希连接初始化参数设置为禁用)

虽然 small2 表通常会作为驱动表(因为它首先出现在 FROM 子句中，并且例子中使用的是基于成本的优化器)，但排序合并连接在合并两个表前仍要强制对它们排序(因为没有索引)，两个表都需要做全表扫描，所以表名在 FROM 子句中出现的次序并不重要，但是全表扫描操作会首先访问 small2 表(从 EXPLAIN 或 AUTOTRACE 的输出中可以看到)。

示例结果

如果哈希连接初始化参数设置为启用，Oracle 就从第一个表(首先访问的表)中读取连接值，建立哈希表，然后探查哈希表与第二个表中相匹配的记录。根据我的测试，无论 FROM 子句中先出现哪个表，使用 USE_MERGE 提示都会导致先访问提示中第一个出现的表。

最后，如果例 9-1 中的任何一个表都没有经过分析，Oracle 就首先访问它认为最小的表(这一点非常重要)！在执行 ANALYZE 命令[1]之前，Oracle 显示 small2 稍小于 10000 行，所以无论 FROM 子句中表的顺序如何，总是首先访问它。在执行 ANALYZE 命令之后，两个表都显示为 10000 行，所以总是访问 FROM 子句中的第一个表，并把它作为驱动表。

---

1 译者注：Oracle 10g 之后推荐使用 DBMS_STATS 包来分析表。

例 9-2

所有的表都没有索引,并且使用 ORDERED 提示,如下所示:

```
select  /*+ ORDERED */ small1.col1, small2.col1
from    small1, small2
where   small1.col1 = small2.col1;
```

连接方法:哈希连接(假定哈希连接初始化参数设置为启用)

访问的第一个表是 small1 表,并用它建立哈希表。Oracle 访问 small1 表,并在内存中根据连接键(col1)建立哈希表。接着 Oracle 扫描 small2 表,并探查哈希表以找到其中匹配的记录。

```
---------------------------------------------------------------------
| Id | Operation          | Name   | Rows  | Bytes | Cost (%CPU)| Time     |
---------------------------------------------------------------------
|  0 | SELECT STATEMENT   |        |     1 |     6 |   88  (55) | 00:00:02 |
|  1 |  SORT AGGREGATE    |        |     1 |     6 |            |          |
|* 2 |   HASH JOIN        |        | 6700K |   38M |   88  (55) | 00:00:02 |
|  3 |    TABLE ACCESS FULL| SMALL1 | 10000 | 30000 |   20   (0) | 00:00:01 |
|  4 |    TABLE ACCESS FULL| SMALL2 | 10000 | 30000 |   20   (0) | 00:00:01 |
---------------------------------------------------------------------
```

连接方法:排序合并连接(假定哈希连接初始化参数设置为禁用)

虽然 small1 表通常会作为驱动表(因为它首先出现在 FROM 子句中,并且例子中使用的是基于成本的优化器),但排序合并连接在合并两个表前仍要强制对它们排序(因为没有索引),两个表都需要做全表扫描,所以表名在 FROM 子句中出现的次序并不重要,但是全表扫描操作会首先访问 small1 表(从 EXPLAIN 或 AUTOTRACE 的输出中可以看到)。

现在改变 FROM 子句中表出现的次序:

```
select  /*+ ORDERED */ small1.col1, small2.col1
from    small2, small1
where   small1.col1 = small2.col1;
```

连接方法:哈希连接(假定哈希连接初始化参数设置为启用)

访问的第一个表是 small2 表,并用它建立哈希表。Oracle 访问 small2 表,并在内存中根据连接键(col1)建立哈希表。接着 Oracle 扫描 small1 表,并探查哈希表以找到其中匹配的记录。

```
---------------------------------------------------------------------
| Id | Operation          | Name   | Rows  | Bytes | Cost (%CPU)| Time     |
---------------------------------------------------------------------
|  0 | SELECT STATEMENT   |        |     1 |     6 |   88  (55) | 00:00:02 |
|  1 |  SORT AGGREGATE    |        |     1 |     6 |            |          |
|* 2 |   HASH JOIN        |        | 6700K |   38M |   88  (55) | 00:00:02 |
|  3 |    TABLE ACCESS FULL| SMALL2 | 10000 | 30000 |   20   (0) | 00:00:01 |
|  4 |    TABLE ACCESS FULL| SMALL1 | 10000 | 30000 |   20   (0) | 00:00:01 |
---------------------------------------------------------------------
```

连接方法:排序合并连接(假定哈希连接初始化参数设置为禁用)

虽然 small2 表通常会作为驱动表(因为它首先出现在 FROM 子句中,并且例子中使用的是基于成本的优化器),但排序合并连接在合并两个表前仍要强制对它们排序(因为没有索引),两个表都需要做全表扫描,所以表名在 FROM 子句中出现的次序并不重要,但是全表扫描操作会首先访问 small2 表(从 EXPLAIN 或 AUTOTRACE 的输出中可以看到)。

示例结果

如果哈希连接初始化参数设置为启用,那么 Oracle 从第一个表(首先访问的表)中读取连接值,建立哈希表,然后探查哈希表与第二个表中相匹配的记录。如果哈希连接初始化参数设置为禁用,并使用 ORDERED 提示,那么 FROM 子句中出现的第一个表在基于成本的优化器中将被首先访问,并作为驱动表。但是在排序合并连接中,FROM 子句中表的顺序就不重要了,因为每个表必须先排序,再合并到一起。

要诀

使用基于成本的优化器,并使用 ORDERED 提示时,FROM 子句中的第一个表将作为驱动表。这取代了优化器选择的驱动表。如果使用排序合并连接,那么表的顺序就不重要了,因为它们都不会用来驱动查询(虽然 FROM 子句中的第一个表会被首先访问,是驱动表)。在小表连接中,通过使用 ORDERED 提示可以知道哪一个表是驱动表[1],了解这一点将帮你解决大表连接难题,并帮你找到索引问题的所在。

要诀

如果哈希连接初始化参数设置为启用,优化器使用哈希连接取代排序合并连接。在哈希连接中,第一个表用于建立哈希表(如果内存足够的话,在内存中),FROM 子句中的第二个表将被扫描并探查与哈希表匹配的记录。FROM 子句的第一个表(使用 ORDERED 提示)是在哈希连接中读取的第一个表。

9.6 双表索引连接:等尺寸表(基于成本)

为了更好地理解驱动表和 Oracle 是如何处理查询的,举一个各方面条件都相同的两个表的例子。尽管本节的查询看起来挺奇怪,但因为我尽量保持所有条件都是相同的,所以有助于我们了解连接是如何工作的。下面的表(已经过分析)将用作示例表:

```
SMALL1   10000 rows   Index on COL1
SMALL2   10000 rows   Index on COL1
```

注意

在学习基于成本的优化器是如何使用索引工作时,本节的例子非常重要。尽管本节的查询并不常见,但却展示了在执行双表连接时,并且在所有的条件都相同的情况下,驱动表是如何工作的。换句话说,本例仅用于教学目的。

例 9-3

两个表在 col1 列上都有索引,如下所示:

```
select   small1.col1, small2.col1
from     small1, small2
where    small1.col1 = small2.col1
and      small1.col1 = 77
and      small2.col1 = 77;
```

连接方法:哈希连接(假定哈希连接初始化参数设置为启用)

small1 表上的索引(因为它是 FROM 子句中出现的第一个表)驱动了查询。small1 表上的索引被首先访问,并用于建立哈希表。Oracle 访问 small1 表上的索引,并在内存中根据连接键(col1)建立哈希表。而后扫描 small2 表上的索引,并探查哈希表以找到其中匹配的记录。请注意,交换查询条件中的两个 AND 子句不会造成任何影响。

---

[1] 译者注:这里的意思是,FROM 子句后第一个被访问的表是驱动表,因为它符合驱动表的定义,但是排序合并连接不需要使用驱动表来驱动查询。

```
---------------------------------------------------------------------------
| Id  | Operation            | Name       | Rows  | Bytes | Cost (%CPU)| Time     |
---------------------------------------------------------------------------
|   0 | SELECT STATEMENT     |            |     1 |    6  |     5  (20)| 00:00:01 |
|   1 |  SORT AGGREGATE      |            |     1 |    6  |            |          |
|*  2 |   HASH JOIN          |            | 29630 |  173K |     5  (20)| 00:00:01 |
|   3 |    INDEX RANGE SCAN  |SMALL1_IDX  |   667 |  2001 |     2   (0)| 00:00:01 |
|   4 |    INDEX RANGE SCAN  |SMALL2_IDX  |   667 |  2001 |     2   (0)| 00:00:01 |
---------------------------------------------------------------------------
```

连接方法：嵌套循环连接(假定哈希连接初始化参数设置为禁用)

small1 表上的索引(因为它是 FROM 子句中出现的第一个表)驱动了查询。Oracle 从 small1 表上的索引中取回每一条记录以匹配 small2 表上索引中的记录。当来自 small1 表的行源很小且 small2 表的连接列上的索引的选择性好时，嵌套循环连接会更快(下面是 EXPLAIN PLAN 的简要输出)。

```
SELECT STATEMENT
   NESTED LOOPS (Cost=2 Card=3 Bytes=90) (small1 result checks small2 matches)
      INDEX (RANGE SCAN) OF 'SMALL1_IDX' (This is first/gets first row to check)
      INDEX (RANGE SCAN) OF 'SMALL2_IDX' (This is second/checks for matches)
```

现在改变 FROM 子句中表出现的次序：

```
select   small1.col1, small2.col1
from     small2, small1
where    small1.col1 = small2.col1
and      small1.col1 = 77
and      small2.col1 = 77;
```

连接方法：哈希连接(假定哈希连接初始化参数设置为启用)

small2 表上的索引(因为它是 FROM 子句中出现的第一个表)驱动了查询。small2 表上的索引被首先访问，并用于建立哈希表。Oracle 访问 small2 表上的索引，并在内存中根据连接键(col1)建立哈希表。而后扫描 small1 表上的索引，并探查哈希表以找到其中匹配的记录。请注意，交换查询条件中的两个 AND 子句不会造成任何影响。

```
---------------------------------------------------------------------------
| Id  | Operation            | Name       | Rows  | Bytes | Cost (%CPU)| Time     |
---------------------------------------------------------------------------
|   0 | SELECT STATEMENT     |            |     1 |    6  |     5  (20)| 00:00:01 |
|   1 |  SORT AGGREGATE      |            |     1 |    6  |            |          |
|*  2 |   HASH JOIN          |            | 29630 |  173K |     5  (20)| 00:00:01 |
|   3 |    INDEX RANGE SCAN  |SMALL2_IDX  |   667 |  2001 |     2   (0)| 00:00:01 |
|   4 |    INDEX RANGE SCAN  |SMALL1_IDX  |   667 |  2001 |     2   (0)| 00:00:01 |
---------------------------------------------------------------------------
```

连接方法：嵌套循环连接(假定哈希连接初始化参数设置为禁用)

small2 表上的索引(因为它是 FROM 子句中出现的第一个表)驱动了查询。Oracle 从 small2 表上的索引中取回每一条记录以匹配 small1 表上索引中的记录。当来自 small2 表的行源很小且 small1 表的连接列上的索引的选择性好时，嵌套循环连接会更快(下面是 EXPLAIN PLAN 的简要输出)。

```
SELECT STATEMENT
   NESTED LOOPS (Cost=2 Card=3 Bytes=90) (small2 result checks small1 matches)
      INDEX (RANGE SCAN) OF 'SMALL2_IDX' (This is first/gets first row to check)
      INDEX (RANGE SCAN) OF 'SMALL1_IDX' (This is second/checks for matches)
```

示例结果

如果所有的条件都是相同的,那么在基于成本的优化器中,FROM 子句中第一个表上的索引就是驱动表。索引用在第二个表的连接条件中。在例 9-3 中,Oracle 可以使用哈希连接,也可以使用嵌套循环连接或排序合并连接,这依赖于表和索引中的其他因素。

例 9-4

两个表在 col1 列上都有索引,并且使用 ORDERED 提示,如下所示:

```
select  /*+ ORDERED */ small1.col1, small2.col1
from    small1, small2
where   small1.col1 = small2.col1
and     small1.col1 = 77
and     small2.col1 = 77;
```

连接方法:哈希连接(假定哈希连接初始化参数设置为启用)

small1 表上的索引(因为它是 FROM 子句中出现的第一个表)驱动了查询。small1 表上的索引被首先访问,并用于建立哈希表。Oracle 访问 small1 表上的索引,并在内存中根据连接键(col1)建立哈希表。而后扫描 small2 表上的索引,并探查哈希表以找到其中匹配的记录。请注意,交换查询条件中的两个 AND 子句不会造成任何影响。

```
-----------------------------------------------------------------------
| Id  | Operation          | Name       | Rows  | Bytes | Cost (%CPU)| Time     |
-----------------------------------------------------------------------
|   0 | SELECT STATEMENT   |            |     1 |     6 |    5  (20)| 00:00:01 |
|   1 |  SORT AGGREGATE    |            |     1 |     6 |           |          |
|*  2 |   HASH JOIN        |            | 29630 |  173K |    5  (20)| 00:00:01 |
|   3 |    INDEX RANGE SCAN|SMALL1_IDX  |   667 |  2001 |    2   (0)| 00:00:01 |
|   4 |    INDEX RANGE SCAN|SMALL2_IDX  |   667 |  2001 |    2   (0)| 00:00:01 |
-----------------------------------------------------------------------
```

连接方法:嵌套循环连接(假定哈希连接初始化参数设置为禁用)

small1 表上的索引(因为它是 FROM 子句中出现的第一个表)驱动了查询。Oracle 从 small1 表上的索引中取回每一条记录以匹配 small2 表上索引中的记录。当来自 small1 表的行源很小且 small2 表的连接列上索引的选择性好时,嵌套循环连接会更快(下面是 EXPLAIN PLAN 的简要输出)。

```
SELECT STATEMENT
   NESTED LOOPS (Cost=2 Card=3 Bytes=90) (small1 result checks small2 matches)
      INDEX (RANGE SCAN) OF 'SMALL1_IDX'  (This is first/gets first row to check)
      INDEX (RANGE SCAN) OF 'SMALL2_IDX'  (This is second/checks for matches)
```

现在改变 FROM 子句中表出现的次序:

```
select  /*+ ORDERED */ small1.col1, small2.col1
from    small2, small1
where   small1.col1 = small2.col1
and     small1.col1 = 77
and     small2.col1 = 77;
```

连接方法:哈希连接(假定哈希连接初始化参数设置为启用)

small2 表上的索引(因为它是 FROM 子句中出现的第一个表)驱动了查询。small2 表上的索引被首先访问,并用于建立哈希表。Oracle 访问 small2 表上的索引,并在内存中根据连接键(col1)建立哈希表。而后扫描 small1 表上的索引,并探查哈希表以找到其中匹配的记录。请注意,交换查询条件中的两个 AND 子句不会造成任何影响。

```
---------------------------------------------------------------------------
| Id  | Operation          | Name       | Rows  | Bytes | Cost (%CPU)| Time     |
---------------------------------------------------------------------------
|   0 | SELECT STATEMENT   |            |     1 |     6 |   5  (20)| 00:00:01 |
|   1 |  SORT AGGREGATE    |            |     1 |     6 |          |          |
|*  2 |   HASH JOIN        |            | 29630 |  173K |   5  (20)| 00:00:01 |
|   3 |    INDEX RANGE SCAN| SMALL2_IDX |   667 |  2001 |   2   (0)| 00:00:01 |
|   4 |    INDEX RANGE SCAN| SMALL1_IDX |   667 |  2001 |   2   (0)| 00:00:01 |
---------------------------------------------------------------------------
```

连接方法：嵌套循环连接(假定哈希连接初始化参数设置为禁用)

small2 表上的索引(因为它是 FROM 子句中出现的第一个表)驱动了查询。Oracle 从 small2 表上的索引中取回每一条记录以匹配 small1 表上索引中的记录。当来自 small2 表的行源很小且 small1 表的连接列上索引的选择性好时，嵌套循环连接会更快(下面是 EXPLAIN PLAN 的简要输出)。

```
SELECT STATEMENT
    NESTED LOOPS (Cost=2 Card=3 Bytes=90)   (small2 result checks small1 matches)
        INDEX (RANGE SCAN) OF 'SMALL2_IDX'  (This is first/gets first row to check)
        INDEX (RANGE SCAN) OF 'SMALL1_IDX'  (This is second/checks for matches)
```

示例结果

如果所有的条件都是相同的，那么在基于成本的优化器中使用哈希连接或嵌套循环连接时，第一个被访问的表上的索引(FROM 子句中的第一个表)用来驱动查询，而不论是否存在 ORDERED 提示。只是 ORDERED 提示可以保证表读取的顺序。这里，索引用在第二个表的连接条件中。

要诀

如果使用基于成本的优化器和嵌套循环连接，FROM 子句中的第一个表就是驱动表(在所有的条件都相同的情况下)，但只有 ORDERED 提示可以确保该顺序。在嵌套循环连接中，选择有较小结果集的表(并不总是较小的表)作为驱动表，可以减少循环搜索其他结果集(从非驱动表)的次数，通常也会得到最佳的性能。

9.7 强制使用特定的连接方法

当为包含连接的查询选择执行计划时，Oracle 优化器考虑所有可能的连接方法和表的查询顺序。优化器全力评估每一个方案并选择最佳的执行计划，但由于糟糕的索引策略，有时优化器并未选择最佳的方案。

在这种情况下，可以使用 USE_NL、USE_MERGE 和 USE_HASH 提示来指定特定的连接方法，也可以使用 ORDERED 提示为表指定特定的连接顺序(或使用 LEADING 提示将 FROM 子句中的第一个表作为驱动表，由 Oracle 决定剩下的表的连接顺序)。优化器尽量按这些提示去做，但如果你要求一些不可能的东西(例如在反连接(anti-join)时进行合并排序连接)，那么优化器将忽略提示。

当优化 SQL 连接时，应当针对不同的连接方法和表的执行顺序分别进行基准测试比较。例如，一个报表按主/从关系连接了两个表，并且存在合适的主键和外键索引，那么优化器将可能选择嵌套循环连接。然而，如果知道这个特殊的报表将所有主记录和明细记录连接了起来，那么你可能会认为使用排序合并连接或哈希连接的速度会更快一些。请通过基准测试确定最佳的解决方案。

在下面的 3 个程序清单中，第 1 个程序清单展示了一个查询示例及其 TKPROF 输出，第 2 个程序清单展示了在同一个查询中使用 USE_MERGE 提示，第 3 个程序清单展示了使用 USE_HASH 提示的情况。这个示例中，在 purchase_order_lines 表上没有建立索引，以便对该表强制做全表扫描(使用索引可能是较佳的选择，但是出于教学目的没有这样做)。可以看到，在这种情况下，哈希连接减少了将近 40%的 CPU 时间，以及 98%的逻辑 I/O。本例的目的不是解释怎样优化这类查询，而是展示如何使用不同的连接方法。

强制使用嵌套循环连接

purchase_order_lines 表是驱动表。每一条记录(每次一条)都是从 purchase_order_lines 表中读取的，并且对于每一条记录，都会在 purchase_orders 表中进行循环以查找匹配项。速度很慢是因为驱动表太大了(purchase_order_lines 表含有大量的记录)。

```
select     /*+ USE_NL (a b) */
           b.business_unit,b.po_number,b.vendor_type,a.line_number,
           a.line_amount,a.line_status,a.description
from       purchase_order_lines a, purchase_orders b
where      b.business_unit = a.business_unit
and        b.po_number = a.po_number
order by   b.business_unit,b.po_number,a.line_number;


Rows      Execution Plan
0         SELECT STATEMENT   GOAL: CHOOSE
73369      SORT (ORDER BY)
73369       NESTED LOOPS
73726        TABLE ACCESS   GOAL: ANALYZED (FULL) OF 'PURCHASE_ORDER_LINES'
73369        TABLE ACCESS   GOAL: ANALYZED (BY ROWID) OF 'PURCHASE_ORDERS'
73726         INDEX   GOAL: ANALYZED (UNIQUE SCAN) OF 'PURCHASE_ORDERS_PK' (UNIQUE)
```

强制使用排序合并连接

对于排序合并连接的情况，Oracle 对两个表排序并合并排序结果。这种方法并不是执行查询的有效方法。

```
Select     /*+ USE_MERGE (a b) */
           a.business_unit,a.po_number,a.vendor_type,b.line_number,
           b.line_amount,b.line_status,b.description
from       purchase_orders a,purchase_order_lines b
where      b.business_unit = a.business_unit
and        b.po_number = a.po_number
order by   a.business_unit,a.po_number,b.line_number;


Rows      Execution Plan
0         SELECT STATEMENT   GOAL: CHOOSE
73369      SORT (ORDER BY)
73369       MERGE JOIN
886          SORT (JOIN)
886           TABLE ACCESS   GOAL: ANALYZED (FULL) OF 'PURCHASE_ORDERS'
73726        SORT (JOIN)
73726         TABLE ACCESS   GOAL: ANALYZED (FULL) OF 'PURCHASE_ORDER_LINES'
```

强制使用哈希连接

哈希连接被证明是最有效的连接方法，因为它将 purchase_orders 表放入哈希表，然后扫描 purchase_order_lines 表来检索相应的记录。如果无法获得正确的访问顺序，也可以使用 SWAP_JOIN_INPUTS 提示。

```
select     /*+ USE_HASH (a b) */
           a.business_unit,a.po_number,a.vendor_type,b.line_number,
           b.line_amount,b.line_status,b.description
from       purchase_orders a,purchase_order_lines b
where      b.business_unit = a.business_unit
and        b.po_number = a.po_number
order by   a.business_unit,a.po_number,b.line_number;
```

```
Rows       Execution Plan
0          SELECT STATEMENT   GOAL: CHOOSE
73369        SORT (ORDER BY)
137807         HASH JOIN
886              TABLE ACCESS   GOAL: ANALYZED (FULL) OF 'PURCHASE_ORDERS'
73726            TABLE ACCESS   GOAL: ANALYZED (FULL) OF 'PURCHASE_ORDER_LINES'
```

Oracle在版本10g中使用嵌套循环连接，在版本11g中使用哈希连接。在版本12c中也使用哈希连接。在本例中，嵌套循环连接不是最有效的方法，但是如果没有正确地设置内存参数，Oracle可能使用嵌套循环连接而不是哈希连接。在本例的查询中，使用USE_HASH提示，可以减少几乎40%的CPU时间，以及约98%的逻辑I/O。CPU占用时间的减少令人称奇，逻辑I/O(内存读)的减少更为其他的用户节省了SGA内存。有些情况下，当提取大量数据时，使用全表扫描读取数据是最有效的方法。在版本11g中，如果哈希连接初始化参数设置合理的话，Oracle将经常使用哈希连接。

要诀

为了改变Oracle进行多表连接时使用的方法，可以使用USE_NL、USE_MERGE和USE_HASH提示。多个表可能都需要指定以保证提示能正常工作，并且驱动顺序通常是按FROM子句中从前到后的顺序执行。

9.8 排除多表连接中的连接记录(候选行)

假设有镇子上1000个居民以及他们各自的街道地址的列表，并且需要准备一份按字母顺序排列的需要投递报纸的居民列表(只有50个人订报纸[1])。可以先将1000个姓名(即镇子上的所有居民)按字母排序，然后利用需要投递报纸的50个居民的街道地址找出相应居民的列表(排序1000条记录，然后查找50条)。更快的方法是利用每一个需要投递报纸的街道地址，找出该街道地址的居民姓名，再按照字母排序(从1000条记录中查找50条有报纸需要投递的匹配记录，然后对这50条匹配记录排序)。无论采用哪种方法，都需要查看1000个街道地址。然而，这个查看过程将排除列表中的许多姓名，并且如果列表中只有50条记录需要排序的话，速度会快许多。

在写SQL语句来连接表时也可以使用同样的思路。Oracle优化器可以很好地选择执行任务最有效的顺序，但是查询语句的不同写法可以限制优化器可用的选项。

以下程序清单中的查询让优化器只能读取ACME的所有发票记录(大表/交集表)，而没有其他选择，但实际上只有未付款的发票(小表)才是关心的数据：

```
select     v.vendor_num, i.invoice_num, sum (l.amount)
from       vendors v, invoices i, invoice_lines l
where      v.vendor_name = 'ACME'
and        l.vendor_num = v.vendor_num
and        i.vendor_num = l.vendor_num
and        i.invoice_num = l.invoice_num
and        i.paid = 'N'
group by   v.vendor_num, i.invoice_num
order by   i.invoice_num;
```

也可以按下面的程序清单重写这个查询：

```
select     v.vendor_num, i.invoice_num, sum (l.amount)
from       vendors v, invoices i, invoice_lines l
where      v.vendor_name = 'ACME'
and        i.vendor_num = v.vendor_num
```

---

[1] 译者注：这50个订报纸的人的街道地址已知。

```
and        i.paid = 'N'
and        l.vendor_num = i.vendor_num
and        l.invoice_num = i.invoice_num
group by   v.vendor_num, i.invoice_num
order by   i.invoice_num;
```

该程序清单重写了查询,优化器在连接 invoice_lines 表之前排除所有已经付过款的发票(新的交集表)。如果数据库中的绝大多数发票已经付过款,那么重写后的查询的速度将显著加快(本例中的方案设计可能存在问题,只用于教学目的)。

要诀

在三表连接中,驱动表应当是交集表,或是在连接中和其他两个表都有连接条件的表。可以尝试使用限制条件最多的表(或交集表)作为驱动表,这样当连接第三个表时,从前两个表连接获得的结果集将很小。

9.9 大小不同的表间的双表连接

请观察以下示例表:
- PRODUCT——7 万行记录,索引在 PRODUCT_ID 列上。
- PRODUCT_LINES——400 万行记录,索引在 PRODUCT_ID 列上。

本节只使用基于成本的优化器。本节的示例很重要,因为这种情况经常会在实际中遇到,会牵涉一个小表和一个大表之间的双表连接。后续条件(除了连接条件本身的条件)使用了连接用到的列。有些时候,后续条件中列上的索引是会被抑制的。基于不同的条件,本例将可能导致 7 种不同的情况。本节介绍其中三种主要的情况,并在结尾时对结果做出总结。

例 9-5

两个表都不能使用索引(索引被抑制了),并且没有其他条件,如下所示:

```
select  product.name, product_lines.qty
from    product, product_lines
where   product.product_id || '' = product_lines.product_id || '';
```

EXPLAIN PLAN 的输出:

```
SELECT STATEMENT
  HASH JOIN
    TABLE ACCESS FULL OF 'PRODUCT'
    TABLE ACCESS FULL OF 'PRODUCT_LINES'
```

FROM 子句中表的顺序可以交换,如下所示:

```
select  product.name, product_lines.qty
from    product_lines, product
where   product.product_id || '' = product_lines.product_id || '' ;
```

EXPLAIN PLAN 的输出:

```
SELECT STATEMENT
  HASH JOIN
    TABLE ACCESS FULL OF 'PRODUCT'
    TABLE ACCESS FULL OF 'PRODUCT_LINES'
```

示例结果

如果所有的条件都是相等条件,那么在基于成本的优化器中,FROM 子句中的第一个表是驱动表(首先被访问)。然而，由于这些表的尺寸相差很大，Oracle 选择较小的表作为驱动表，而不管它们在 FROM 子句中的顺序如何。product 表的连接键(product_id)用于建立哈希表，然后扫描 product_lines 表，探查哈希表以找到与连接键相匹配的记录。

要诀

在使用基于成本的优化器时，如果连接大小不同的两个表，那么较小的表是驱动表(首先被访问)，并根据连接键在内存中建立哈希表。然后扫描较大的表，探查哈希表以找到与连接键相匹配的记录。同样值得注意的是，如果没有足够的内存用于建立哈希表，那么这个操作的速度将急剧下降，因为哈希表可能被分为多个部分并交换到磁盘上。如果使用了 ORDERED 提示，那么 FROM 子句中的第一个表将作为驱动表，并将被用于建立哈希表。

例 9-6

后续子句允许大表使用 product_id 索引：

```
select  product.name, product_lines.qty
from    product, product_lines
where   product.product_id = product_lines.product_id
and     product_lines.product_id = 4488;
```

EXPLAIN PLAN 的输出：

```
SELECT STATEMENT
  MERGE JOIN
    TABLE ACCESS BY INDEX ROWID PRODUCT
      INDEX RANGE SCAN PRODUCT_ID1
    BUFFER SORT
      TABLE ACCESS BY INDEX ROWID PRODUCT_LINES
        INDEX RANGE SCAN PRODUCT1
```

FROM 子句中表的顺序可以交换，如下所示：

```
select  product.name, product_lines.qty
from    product_lines, product
where   product.product_id = product_lines.product_id
and     product_lines.product_id = 4488;
```

EXPLAN PLAN 的输出：

```
SELECT STATEMENT
  MERGE JOIN
    TABLE ACCESS BY INDEX ROWID PRODUCT
      INDEX RANGE SCAN PRODUCT_ID1
    BUFFER SORT
      TABLE ACCESS BY INDEX ROWID PRODUCT_LINES
        INDEX RANGE SCAN PRODUCT1
```

示例结果

当大表的 product_id 列上存在后续条件时，大表总是被作为驱动表[1]，而无论 FROM 子句中表的顺序如何。FROM 子句中表的顺序不会改变 Oracle 执行连接时的顺序，除非使用 ORDERED 提示。本例中使用了排序合并连接。对于本例，也有可能使用哈希连接。

---

1 译者注：此处因为大表增加了条件，条件过滤之后的结果集变得比小表的结果集还小，所以大表会被作为驱动表。如果条件过滤之后的结果集比小表的结果集还大的话，那么 Oracle 依然会采用小表作为驱动表。

要诀

在使用基于成本的优化器时，在连接两个大小不同的表时，如果大表上有可使用的索引，那么大表将作为驱动表。如果使用了 ORDERED 提示，那么 FROM 子句中的第一个表将作为驱动表。

例 9-7

如下面的程序清单所示，后续子句允许小表使用 product_id 索引。即使连接中包含 product_id 列上的条件，在连接时大表仍然是查询的驱动表[1]。Oracle 足够聪明，能识别出两个表都有 product_id 列，并且知道这个列上的条件对限制 product_lines 表更有效。在后面的 9.10 节 "三表连接：不那么有趣"中，可以更加明显地看到 Oracle 通过出色的内部处理来提高查询性能。

```
select   product.name, product_lines.qty
from     product, product_lines
where    product.product_id = product_lines.product_id
and      product.product_id = 4488;
```

EXPLAIN PLAN 的输出：

```
SELECT STATEMENT
  MERGE JOIN
    TABLE ACCESS BY INDEX ROWID PRODUCT
      INDEX RANGE SCAN PRODUCT_ID1
    BUFFER SORT
      TABLE ACCESS BY INDEX ROWID PRODUCT_LINES
        INDEX RANGE SCAN PRODUCT1
```

FROM 子句中的表顺序可以交换，如下所示：

```
select   product.name, product_lines.qty
from     product_lines, product
where    product.product_id = product_lines.product_id
and      product.product_id = 4488;
```

EXPLAIN PLAN 的输出：

```
SELECT STATEMENT
  MERGE JOIN
    TABLE ACCESS BY INDEX ROWID PRODUCT
      INDEX RANGE SCAN PRODUCT_ID1
    BUFFER SORT
      TABLE ACCESS BY INDEX ROWID PRODUCT_LINES
        INDEX RANGE SCAN PRODUCT1
```

示例结果

当小表的 product_id 列上存在后续条件时，大表通过连接把条件传递给自身，在连接时仍然作为驱动表。FROM 子句中表的顺序无法改变这个过程，除非使用 ORDERED 提示。对于本例，也有可能使用哈希连接。

总结

本节的示例展示了优化器一些出色的地方。优化器几乎总是能正确地选择如何驱动查询，但有时候必须根据选择加以更正。在绝大多数情况下，优化器会选择正确的执行路径。

---

1 译者注：嵌套循环连接和哈希连接中，驱动表的选择根据参与连接的行源大小（即应用过滤条件之后的行数）决定，估计行数少的行源作为驱动表。

9.10 三表连接:不那么有趣

在三表连接中,Oracle 先连接两个表,再将结果与第三个表连接。当执行以下程序清单中的查询时,emp、dept 以及 orders 表将被连接起来,如图 9-5 所示。

```
select   /*+ ORDERED */ ENAME, DEPT.DEPTNO, ITEMNO
from     EMP, DEPT, ORDERS
where    emp.deptno = dept.deptno
and      emp.empno = orders.empno;
```

那么哪个表是查询中的驱动表呢?取决于访问 PLAN_TABLE 的查询的返回结果,人们通常会给出不同的答案。这个查询通常会首先将 emp 表作为驱动表,然后访问 dept 表,最后访问 orders 表,但凡事总有例外。

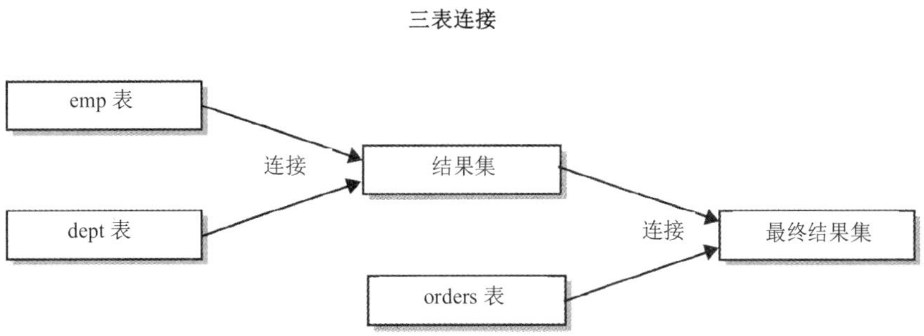

三表连接

图 9-5 三表连接

下面的程序清单展示了只有一种可能访问路径的查询(因为必须先处理子查询),以及本章后面还将用到的对 PLAN_TABLE 表的查询。这个程序清单将帮助你更有效地理解如何读懂输出。

```
explain plan for
 select   cust_last_name, cust_first_name
 from     customers
 where    customer_id =
   (select  customer_id
    from    order_lines
    where   quantity = 1
    and     product_id =
     (select  p.product_id
      from    product_information p
      where   p.product_id = 807
      and     product_description = 'test'));
```

以下程序清单展示了快速且简单的 EXPLAIN PLAN 查询(假设 PLAN_TABLE 表是空的)。在本章中,将频繁使用这个查询,不过也会显示使用自动跟踪(SET AUTOTRACE ON)和计时(SET TIMING ON)的结果:

```
select    lpad(' ',2*level)||operation oper, options, object_name
from      plan_table
connect   by prior id = parent_id
start     with id = 1
order by  id;
```

EXPLAIN PLAN 的输出:接下来,可以看到简化的 EXPLAIN PLAN 的输出结果(关于 EXPLAIN PLAN 的更多信息,请参考第 6 章)。

```
OPER                 OPTIONS              OBJECT_NAME
------------------   ------------------   --------------
```

```
TABLE ACCESS            BY INDEX ROWID      CUSTOMERS
  INDEX                 RANGE SCAN          CUSTOMERS_IDX1
    TABLE ACCESS        BY INDEX ROWID      ORDER_LINES
      INDEX             RANGE SCAN          ORDER_LINES_IDX1
        TABLE ACCESS    BY INDEX ROWID      PRODUCT_INFORMATION
          INDEX         RANGE SCAN          PRODUCT_INFORMATION_IDX1
```

表的访问顺序是 product_information、order_lines 和 customers。最里面的子查询(访问 product_information 表)必须首先执行,这样才能返回 product_id 以用于查询 order_lines 表(其次访问),再返回查询 customers 表(最后访问)需要的 customer_id。

要诀

为确保正确地理解 EXPLAIN PLAN,可以运行一个你已经非常明了哪个表将作为驱动表的查询(含有嵌套子查询)。

以下程序清单展示了前面子查询的一种例外情况:

```
explain plan for
select     cust_last_name, cust_first_name
 from      customers
 where     customer_id =
  (select  customer_id
   from    order_lines o
   where   o.product_id = 807
   and     quantity = 1
   and     o.product_id =
    (select  p.product_id
     from    product_information p
     where   p.product_id = 807
     and     product_description = 'test'));
```

EXPLAIN PLAN 的输出:

```
OPER                    OPTIONS             OBJECT_NAME
----                    -------             -----------
  TABLE ACCESS          BY INDEX ROWID      CUSTOMERS
    INDEX               RANGE SCAN          CUSTOMERS_IDX1
      FILTER
        TABLE ACCESS    BY INDEX ROWID      ORDER_LINES
          INDEX         RANGE SCAN          ORDER_LINES_IDX1
          TABLE ACCESS  BY INDEX ROWID      PRODUCT_INFORMATION
            INDEX       RANGE SCAN          PRODUCT_INFORMATION_IDX1
```

理想的表的读取顺序基于 FROM 子句中表的顺序:product_information、order_lines 和 customers。实际的读取顺序是 order_lines、product_information 和 customers。针对 order_lines 表的查询使用了针对 product_information 表的子查询中的 product_id 并首先执行(Oracle 非常高效)。

9.11 位图连接索引

Oracle 通过增加新的索引特性改变了关系数据库设计和实现的界限。位图连接索引允许在两个表的连接列上建立单一索引。一个表的 ROWID 将和另外一个表的匹配值一起存储,就像基于函数的索引一样,所有这些特性是令人难以置信的性能金矿,它们本身和实现它们的设计人员、开发人员或 DBA 同样举足轻重。本节重点关注位图连接索引。

9.11.1 位图索引

只有理解位图索引，才能充分认识位图连接索引的益处。位图索引在数据仓库环境中是最有帮助的，因为当仅仅只是选择数据时，它的速度通常很快。因为位图索引仅仅存储 ROWID 和一系列位数据，所以它通常比 B 树索引小。在位图索引中，如果一个位被设置，就意味着相应 ROWID 行的数据包含一个键值。例如，emp 表包含两个新列：性别(gender)和婚姻状况(married)。

EMPNO	GENDER(M/F)	MARRIED(Y/N)
1001	F	Y
1002	F	Y
1003	F	N
1004	M	N
1005	M	Y

存储的位图可能如下所示(实际的存储取决于内部的算法，可能会比本例更加复杂)：

EMPNO=	GENDER=F	MARRIED = Y
1001	1	1
1002	1	1
1003	1	0
1004	0	0
1005	0	1

从这个示例可以看到，通过查找示例中性别位为 1 的数据就能方便地找到所有女性。可以用类似的方法找到所有已婚的人，甚至快速找到性别与婚姻状况的组合结果。每个位图对应一系列行，这就是为什么当更新包含位图索引的列时，性能不好的原因(可能会锁定对应的所有行)。

当列值唯一或接近唯一时，应当使用 B 树索引；其他情况下可以考虑使用位图索引。当需要从一个表中检索 40%的数据时，通常不会使用 B 树索引，但使用位图索引通常会使这个任务比做全表扫描更迅速。这种情况下使用索引似乎违反了 80/20 或 95/5 规则，规则是：通常在检索 5%~20%或更少的数据时使用索引，而在检索更多数据时使用全表扫描，但是位图索引比 B 树索引更小，与 B 树索引的工作方式不同。甚至可以使用位图索引提取表中大比例(20%~80%)的数据，也可以使用位图索引提取基于 NULL 的条件(因为 NULL 也被索引)。由于相同的原因，也可用于非等价条件。最好的验证方法就是测试！

使用位图索引时的注意事项

在存在大量 DML 操作(更新、插入和删除)的环境中，位图索引的性能不好，并且一般不用在 OLTP 环境中。如果进行大量的 DML 操作，位图索引将产生很大的开销，所以要特别注意这一点。使用 NOT NULL 约束和定长的列可以节省位图使用的存储空间，这里也是体现优秀设计者价值的地方。位图索引应当使用 INDEX_COMBINE 提示，而不是 INDEX 或 AND_EQUAL 提示。像 B 树索引一样，如果当前有大量 DML 操作(更新、插入和删除)，就应该重建位图索引(ALTER INDEX … REBUILD)。假定把一些列合在一起后有合理数量的可选值，但分开了就不行，这时如果需要在这些列上建立只读索引，使用位图索引就很不错。如果这些列在 WHERE 子句中经常一起使用，在这些列上建立位图索引将是良好的选择[1]。

---

[1] 译者注：单个表上的多个位图索引可以被同时用来做位图运算并得到多个条件的交集。而通常情况下，即使多个列上有多个 B 树索引，Oracle 也只能使用其中一个 B 树索引来做表的索引扫描。

9.11.2 位图连接索引

在典型的商业关系数据库中，通常会反复连接同样的两个或三个表。多数情况下，如果正确地使用了位图连接索引，性能会大幅提高。在位图连接索引中，一个表的 ROWID 将和连接表上索引列的值一起保存。Oracle 中的位图连接索引更像在两个表间建立的单一索引。必须在其中一个表上建立主键或唯一性约束。如果只是搜索索引列中的信息，或是统计行数，那么可以只访问单一连接索引。下面通过一个非常简单的例子看看如何使用它，稍后可以看到如何在多列或多表的情况下应用位图连接索引。

例 9-8
我们根据已经熟悉的 emp 和 dept 表创建两个示例表，如下所示：

```
create table emp1
as select * from scott.emp;

create table dept1
as select * from scott.dept;
```

为了使用位图连接索引，必须在 dept1 表上增加唯一性约束(或者建立主键)，然后可以在 emp1 表上创建包含来自两个表的列的位图索引。

```
alter table dept1
add constraint dept_constr1 unique (deptno);
Table altered.

create bitmap index empdept_idx
on emp1(dept1.deptno)
from emp1, dept1
where emp1.deptno = dept1.deptno;
Index created.
```

现在就将 dept1 表的 ROWID 存储到位图索引中，这些 ROWID 映射到 emp1 表中 deptno 列的对应值。为测试索引的工作情况，可以运行简单的 count(*)，统计两个表交集的行数(通常有额外的限制条件)，通过使用 INDEX 提示强制使用位图索引。

```
select /*+ index(emp1 empdept_idx) */ count(*)
from    emp1, dept1
where   emp1.deptno = dept1.deptno;

COUNT(*)
---------------
     14

Elapsed: 00:00:00.01

Execution Plan (Explain plan)

-----------------------------------------------------------
  0    SELECT STATEMENT
  1  0    SORT (AGGREGATE)
  2  1      BITMAP CONVERSION (COUNT)
  3  2        BITMAP INDEX (FULL SCAN) OF 'EMPDEPT_IDX'
```

从 EXPLAIN PLAN 的输出中可以看出已经使用了位图连接索引，或者在 SQL*Plus 中使用 SET AUTOTRACE ON 来观察，输出如下所示：

```
Execution Plan (Autotrace)
------------------------------------------------------------
Plan hash value: 1300569923
--------------------------------------------------------------------------------
| Id  | Operation                      | Name         |Rows|Bytes|Cost(%CPU|Time     |
--------------------------------------------------------------------------------
|  0  | SELECT STATEMENT               |              |  1 |   3 |   1  (0)|00:00:01 |
|  1  |  SORT AGGREGATE                |              |  1 |   3 |         |         |
|  2  |   BITMAP CONVERSION COUNT      |              | 15 |  45 |   1  (0)|00:00:01 |
|  3  |    BITMAP INDEX FULL SCAN      |EMPDEPT_IDX   |    |     |         |         |
--------------------------------------------------------------------------------
```

这个简单的示例说明了如何通过索引统计行数(而不访问表)，以及使用位图连接索引的好处，9.11.3 节将探索如何利用索引中连接列之外的列来更好地发挥位图连接索引的作用。

9.11.3 位图连接索引的最佳应用

例 9-8 仅仅说明了位图连接索引的基本用法，而且只关注发生在连接列上的情况。下面将研究有针对性的场景，在这些场景中也许可以更好地利用位图连接索引。

1. 针对非连接列的位图连接索引

请仔细观察 emp1 和 dept1 表在 deptno 列上进行连接的情况。在这个示例中，在 loc 列上建立索引而不是连接列。这样，只需要直接读取索引和 emp1 表即可获得 dept1 表中 loc 列的数据。记住：连接条件必须在主键或唯一列上。以下程序清单中的示例假设和前面的示例一样，在 dept1.deptno 列上存在唯一性约束(也就是为 dept1 表添加的唯一性约束)。

```
Create bitmap index emp_dept_location
on     emp1 (dept1.loc)
from   emp1, dept1
where  emp1.deptno = dept1.deptno;
```

下面的查询适合使用该位图连接索引：

```
select emp1.empno, emp1.ename, dept1.loc
from   emp1, dept1
where  emp1.deptno = dept1.deptno;
```

2. 针对多列的位图连接索引

仔细观察在多列上建立索引的情况。语法是一样的，不过索引中有多个列。以下示例假设和前面的示例一样，在 dept1.deptno 列上存在唯一性约束(也就是为 dept1 表添加的唯一性约束)。

```
create bitmap index emp_dept_location_deptname
on     emp1 (dept1.loc, dept1.dname)
from   emp1, dept1
where  emp1.deptno = dept1.deptno;
```

下面的查询适合使用该位图连接索引：

```
select emp1.empno, emp1.ename, dept1.loc, dept1.dname
from   emp1, dept1
where  emp1.deptno = dept1.deptno;
```

3. 针对多表的位图连接索引

随着对位图连接索引越来越熟悉，你将能够解决涉及多个表的复杂业务问题。以下示例显示了如何在多个表上使用位图连接索引。语法仍然是相同的，不过需要在索引中包括多个列，而且索引用于多表连接。以下示例假设和前面的示例一样，在 dept1.deptno 列上存在唯一性约束(也就是为 dept1 表添加的唯一性约束)。另外，在 sales1.empno 列上也有同样的约束(创建语句没有列出)。

```
Create bitmap index emp_dept_location_ms
on     emp1 (dept1.loc, sales1.marital_status)
from   emp1, dept1, sales1
where  emp1.deptno = dept1.deptno
and    emp1.empno = sales1.empno;
```

下面的查询适合使用该位图连接索引：

```
select emp1.empno, emp1.ename, dept1.loc, sales1.marital_status
from   emp1, dept1, sales1
where  emp1.deptno = dept1.deptno
and    emp1.empno = sales1.empno;
```

4. 使用位图连接索引的注意事项

因为位图连接索引存储了连接的结果，所以不同的事务只能并发更新其中一个表，并且只有事实表(fact table)支持并行 DML。维度表(dimension table)上的并行 DML 会使索引变为不可用。连接中同一个表不可以出现两次，并且也不能在索引组织表(IOT)或临时表上创建位图连接索引。

5. 位图连接索引的另一妙用

统计行数的一个性能优化窍门是：在索引上统计，而不是在表上。仔细观察下面需要统计行数的大表示例。每个表都包含大概 200 万条记录，所以可以看到在较大数据量的情况下可能产生的影响。新建 emp5 和 emp6 两个表，每个表都含有 200 万条记录，并且在 empno 列上建有索引。

添加约束，在没有位图连接索引的情况下运行带有连接的查询：

```
alter table emp5
add constraint emp5_constr unique (empno);

select count(*)
from emp5, emp6
where emp5.empno=emp6.empno;

COUNT(*)
-------------------
2005007
Elapsed: 00:01:07.18

Execution Plan
--------------------------------------------------------
   0      SELECT STATEMENT
   1  0     SORT (AGGREGATE)
   2  1       NESTED LOOPS
   3  2         TABLE ACCESS (FULL) OF 'EMP6'
   4  2         INDEX (RANGE SCAN) OF 'EMP5I_EMPNO' (NON-UNIQUE)

Statistics
```

```
--------------------------------------------------------
6026820  consistent gets
7760     physical reads
```

emp5 表上有一个索引,但它和 emp6 表没有任何关联或索引连接,因为 empno 列只是 emp6 表上复合索引的第二个列,这会造成查询的速度很慢。

如果让 empno 列成为索引中的唯一列,或者作为复合索引的前导部分,即可解决这个问题。使用新建的位图连接索引,如下所示:

```
create bitmap index emp5_j6
on emp6(emp5.empno)
from emp5,emp6
where emp5.empno=emp6.empno;

Index created.

Elapsed: 00:02:29.91

select /*+ index(emp6 emp5_j6) */ count(*)
from emp5, emp6
where emp5.empno=emp6.empno;

COUNT(*)
------------------
 2005007

Elapsed: 00:00:00.87

Execution Plan
--------------------------------------------------------
0     SELECT STATEMENT
1  0    SORT (AGGREGATE)
2  1      BITMAP CONVERSION (COUNT)
3  2        BITMAP INDEX (FULL SCAN) OF 'EMP5_J6'

Statistics
--------------------------------------------------------
970   consistent gets
967   physical reads
```

在位图连接索引上统计行数非常高效。选择这个示例是有原因的。原来运行慢的查询的实际问题不在于花了 1 分钟执行,而在于执行了超过 600 万次的内存块读操作和超过 7000 次的磁盘块读操作。你可能看不到任何等待事件,但是如果系统中拥有大量用户的话,运行这个糟糕的查询就会引起问题。成为优化专家的重要一步是,发现进行大量的内存和磁盘读操作的查询,并采取主动的性能优化措施,而不要等到性能问题发生,被动地进行优化。使用位图连接索引是提高性能的途径之一。

9.12 第三方产品性能优化

有时候,你会受第三方产品的限制而不能修改代码,但可以修改索引的使用方法。下面的三个示例来自一个第三方的金融产品。

例 9-9

运行这个查询需要 22 分钟。但通过提示(使用 SPM(SQL Plan Management,SQL 执行计划管理))使用一个更加有效的索引，查询的执行时间将缩短到 15 秒。

以下程序清单展示了没有增加提示之前的查询：

```
update  PS_COMBO_DATA_TBL
set     EFFDT_FROM = TO_DATE ('1990-01-01', 'YYYY-MM-DD'),
        EFFDT_TO = TO_DATE ('2099-01-01', 'YYYY-MM-DD')
where   SETID = 'RRD'
and     PROCESS_GROUP = 'GROUP1'
and     COMBINATION = 'ACCT/NOLOC'
and     VALID_CODE = 'V'
and     EFFDT_OPEN = 'Y'
and     EXISTS
 (select  'X'
  from    PS_JRNL_LN
  where   BUSINESS_UNIT = '00003'
  and     PROCESS_INSTANCE = 0000085176
  and     JRNL_LINE_STATUS = '3'
  and     ACCOUNT = PS_COMBO_DATA_TBL.ACCOUNT
  and     PRODUCT = PS_COMBO_DATA_TBL.PRODUCT );
```

以下程序清单展示了增加提示之后的查询：

```
update  PS_COMBO_DATA_TBL
set     EFFDT_FROM = TO_DATE ('1990-01-01', 'YYYY-MM-DD'),
        EFFDT_TO = TO_DATE ('2099-01-01', 'YYYY-MM-DD')
where   SETID = 'RRD'
and     PROCESS_GROUP = 'GROUP1'
and     COMBINATION = 'ACCT/NOLOC'
and     VALID_CODE = 'V'
and     EFFDT_OPEN = 'Y'
and     EXISTS
 (select  /*+ INDEX(PS_JRNL_LN PSGJRNL_LN) */ 'X'
  from    PS_JRNL_LN
  where   BUSINESS_UNIT = '00003'
  and     PROCESS_INSTANCE = 0000085176
  and     JRNL_LINE_STATUS = '3'
  and     ACCOUNT = PS_COMBO_DATA_TBL.ACCOUNT
  and     PRODUCT = PS_COMBO_DATA_TBL.PRODUCT );
```

例 9-10

运行下面的程序清单中的查询需要 33 分钟。但在 ps_group_control 表中创建了一个联合索引(包含列 deposit_bu、deposit_id 和 payment_seq_num)后，查询的执行时间将缩短到 30 秒，如下所示：

```
select    C.BUSINESS_UNIT, C.CUST_ID, C.ITEM,
          C.ENTRY_TYPE, C.ENTRY_REASON, C.ENTRY_AMT,
          C.ENTRY_CURRENCY, C.ENTRY_AMT_BASE,
          C.CURRENCY_CD, C.POSTED_FLAG, D.PAYMENT_SEQ_NUM
from      PS_PENDING_ITEM C,
          PS_GROUP_CONTROL D
where     D.DEPOSIT_BU = :1
and       D.DEPOSIT_ID = :2
and       D.PAYMENT_SEQ_NUM = :3
and       D.GROUP_BU = C.GROUP_BU
and       D.GROUP_ID = C.GROUP_ID
order by  D.PAYMENT_SEQ_NUM;
```

未增加索引前的 EXPLAIN PLAN 输出：

```
Execution Plan
   SELECT STATEMENT
      SORT ORDER BY
         NESTED LOOPS
            ANALYZED TABLE ACCESS FULL PS_GROUP_CONTROL
               ANALYZED TABLE ACCESS BY ROWID PS_PENDING_ITEM
                  ANALYZED INDEX RANGE SCAN PS_PENDING_ITEM
```

增加索引后的 EXPLAIN PLAN 输出：

```
Execution Plan
   SELECT STATEMENT
      SORT ORDER BY
         NESTED LOOPS
            ANALYZED TABLE ACCESS BY ROWID PS_GROUP_CONTROL
               INDEX RANGE SCAN PSAGROUP_CONTROL
            ANALYZED TABLE ACCESS BY ROWID PS_PENDING_ITEM
               ANALYZED INDEX RANGE SCAN PS_PENDING_ITEM
```

例 9-11

运行以下程序清单中的查询需要 20 分钟，经过优化后减少到了 30 秒。优化的方法是在 ps_cust_option 表上创建唯一联合索引(包含列 cust_id 和 effdt)以代替原有的仅在 cust_id 列上的索引。这强制 Oracle 使用唯一联合索引，而不是使用单一列索引，如下所示：

```
NSERT INTO PS_PP_CUST_TMP  (PROCESS_INSTANCE,
 DEPOSIT_BU, DEPOSIT_ID, PAYMENT_SEQ_NUM, CUST_ID,
 PAYMENT_AMT, PAYMENT_DT, PP_METHOD, SETID,
 SUBCUST_QUAL1, SUBCUST_QUAL2, PP_HOLD, PP_MET_SW,
 PAYMENT_CURRENCY)
select    DISTINCT P.PROCESS_INSTANCE, P.DEPOSIT_BU,
          P.DEPOSIT_ID, P.PAYMENT_SEQ_NUM, C.CUST_ID,
          P.PAYMENT_AMT, P.PAYMENT_DT, O.PP_METHOD,
          O.SETID, C.SUBCUST_QUAL1, C.SUBCUST_QUAL2,
          O.PP_HOLD, 'N', P.PAYMENT_CURRENCY
from      PS_CUST_OPTION O, PS_CUSTOMER C, PS_ITEM I,
          PS_SET_CNTRL_REC S, PS_PAYMENT_ID_ITEM X,
          PS_PP_PAYMENT_TMP P
where     P.PROCESS_INSTANCE = 85298
and       S.SETCNTRLVALUE = I.BUSINESS_UNIT
and       I.CUST_ID = C.CUST_ID
and       I.ITEM_STATUS = 'O'
and       (X.REF_VALUE = I.DOCUMENT
or        SUBSTR (X.REF_VALUE, 3, 7)
          = SUBSTR (I.DOCUMENT, 4, 7))
and       S.RECNAME = 'CUSTOMER'
and       S.SETID = C.SETID
and       O.SETID = C.REMIT_FROM_SETID
and       O.CUST_ID = C.REMIT_FROM_CUST_ID
and       O.EFFDT =
       (select  MAX (X.EFFDT)
        from    PS_CUST_OPTION X
        where   X.SETID = O.SETID
        and     X.CUST_ID = O.CUST_ID
        and     X.EFF_STATUS = 'A'
        and     X.EFFDT <= P.PAYMENT_DT)
and       O.PP_METHOD <> ' '
```

```
and      P.DEPOSIT_BU = X.DEPOSIT_BU
and      P.DEPOSIT_ID = X.DEPOSIT_ID
and      P.PAYMENT_SEQ_NUM = X.PAYMENT_SEQ_NUM
and      X.REF_QUALIFIER_CODE = 'D';
```

未增加索引前的 EXPLAIN PLAN 输出：

```
Execution Plan
   INSERT STATEMENT
     SORT UNIQUE
       NESTED LOOPS
         NESTED LOOPS
           NESTED LOOPS
             NESTED LOOPS
               NESTED LOOPS
                 ANALYZED TABLE ACCESS BY ROWID PS_PP_PAYMENT_TMP
                  ANALYZED INDEX RANGE SCAN PSAPP_PAYMENT_TMP
                 ANALYZED INDEX RANGE SCAN PSAPAYMENT_ID_ITEM
                 ANALYZED INDEX RANGE SCAN PSDSET_CNTRL_REC
             ANALYZED INDEX RANGE SCAN PSEITEM
           ANALYZED TABLE ACCESS BY ROWID PS_CUSTOMER
           ANALYZED INDEX UNIQUE SCAN PS_CUSTOMER
         ANALYZED TABLE ACCESS BY ROWID PS_CUST_OPTION
         ANALYZED INDEX RANGE SCAN PSACUST_OPTION
       SORT AGGREGATE
         ANALYZED TABLE ACCESS BY ROWID PS_CUST_OPTION
           ANALYZED INDEX RANGE SCAN PSACUST_OPTION
```

增加索引后的 EXPLAIN PLAN 输出：

```
Execution Plan
   INSERT STATEMENT
     SORT UNIQUE
       NESTED LOOPS
         NESTED LOOPS
           NESTED LOOPS
             NESTED LOOPS
               NESTED LOOPS
                 ANALYZED TABLE ACCESS BY ROWID PS_PP_PAYMENT_TMP
                   ANALYZED INDEX RANGE SCAN PSAPP_PAYMENT_TMP
                 ANALYZED INDEX RANGE SCAN PSAPAYMENT_ID_ITEM
                 ANALYZED INDEX RANGE SCAN PSDSET_CNTRL_REC
             ANALYZED INDEX RANGE SCAN PSEITEM
           ANALYZED TABLE ACCESS BY ROWID PS_CUSTOMER
           ANALYZED INDEX UNIQUE SCAN PS_CUSTOMER
         ANALYZED TABLE ACCESS BY ROWID PS_CUST_OPTION
           ANALYZED INDEX RANGE SCAN PS_CUST_OPTION
       SORT AGGREGATE
         ANALYZED TABLE ACCESS BY ROWID PS_CUST_OPTION
           ANALYZED INDEX RANGE SCAN PS_CUST_OPTION
```

要诀

也许不能修改某些第三方产品的实际源代码，但可以通过增加、强制或抑制索引(通过 SPM)来提高性能。

9.13　优化分布式查询

不当的分布式查询有时候会成为灾难，并导致糟糕的性能。特别是分布式数据库的两个节点上的两个行源间的嵌套循环连接会非常慢，因为 Oracle 将所有的数据移到本地机器来处理(取决于查询语句的编写方法)。以下程序清单展示了一个简单的分布式查询及其执行计划。因为对于 customers 表中的每一行数据，都需要执行一个单独的在远程节点上执行的查询来找到 bookings 表中的对应记录，所以这个查询运行很慢。这导致在数据库的两个节点间有许多小的网络数据包在传输，网络时延和开销降低了数据库的性能。

```
select    customer_id, customer_name, class_code
from      customers cust
where     exists
(select   1
from      bookings@book bkg
where     bkg.customer_id = cust.customer_id
and       bkg.status = 'OPEN' )
order by  customer_name;
```

TKPROF 输出结果如下(注意，TKPROF 在 Oracle 11g 中也可用，位于$ORACLE_HOME/bin 目录下):

```
Call      count   cpu     elapsed   disk    query   current   rows
Parse     1       0.00    0.01      0       0       0         0
Execute   1       0.00    0.00      0       0       0         0
Fetch     156     0.41    11.85     0       476     2         155
total     158     0.41    11.86     0       476     2         155

Rows   Execution Plan
0      SELECT STATEMENT   GOAL: CHOOSE
155      SORT (ORDER BY)
467        FILTER
467          TABLE ACCESS  GOAL: ANALYZED (FULL) OF 'CUSTOMERS'
0            REMOTE [BOOK.WORLD]
               SELECT "CUSTOMER_ID","STATUS" FROM "BOOKINGS" BKG WHERE
                 "STATUS"='open' AND "CUSTOMER_ID"=:1
```

可以将以上程序清单中的查询重写为另外一种形式，以减少网络流量。在以下程序清单中，一条查询被发送到远程节点用于确定所有未做预订的客户。虽然输出结果一样，但性能大大提高了。两个版本的查询在本地节点上使用了差不多的 CPU 时间和逻辑 I/O，但执行时间却差了 97%，这种提高得益于减少了网络开销。

```
select    customer_id, customer_name, class_code
from      customers
where     customer_id in
(select   customer_id
from      bookings@book
where     status = 'OPEN' )
order by  customer_name;
```

TKPROF 输出结果如下:

```
Call      count   cpu     elapsed   disk    query   current   rows
Parse     1       0.00    0.01      0       0       0         0
Execute   1       0.00    0.00      0       0       0         0
Fetch     156     0.07    0.27      0       467     0         155
total     158     0.07    0.28      0       467     0         155

Rows   Execution Plan
0      SELECT STATEMENT   GOAL: CHOOSE
```

```
155      SORT (ORDER BY)
155       NESTED LOOPS
156        VIEW
1000        SORT (UNIQUE)
1000         REMOTE [BOOK.WORLD]
             SELECT "CUSTOMER_ID","STATUS" FROM "BOOKINGS" BOOKINGS WHERE
                "STATUS"='open'
155        TABLE ACCESS   GOAL: ANALYZED (BY ROWID) OF 'CUSTOMERS'
156        INDEX   GOAL: ANALYZED (UNIQUE SCAN) OF 'SYS_C002109'
              (UNIQUE)
```

当必须使用分布式查询时，请使用 IN 子句和集合操作符，例如 UNION、MINUS，并采用任何可以降低数据库节点间网络流量的方法。使用视图限制一个表内的记录数，可以减少从远程客户端往本地客户端发送的数据量，同样可以提高性能。

要诀

在使用分布式查询不可避免时，使用 IN 子句和集合操作符，例如 UNION、MINUS，并采用任何可以降低数据库节点间网络流量的方法。如果查询将引起分布式节点(或分布式数据库)间的数据循环访问，那么效率是极为低下的。

9.14 一切就绪

如果成功优化了所有查询，就可以开始有关数据字典视图的工作了。是否可以通过查看数据字典的查询和它们的结构来获得优化窍门和技巧呢？答案是肯定的。可以从 SQL_TRACE 的输出中观察到这些内容。下面的示例展示了即使 Oracle 自己的视图，也拥有一些极为复杂的连接(注意现在这个过程比 Oracle 10g 中少用一步，不过仍然耗费了零点几秒和 37 次读内存操作)。

```
select  *
from    dba_ind_columns
where   table_name = 'PRODUCT_LINES';
```

执行计划的输出：

```
| Id  | Operation                    | Name     |
-----------------------------------------------------
|   0 | SELECT STATEMENT             |          |
|   1 |  NESTED LOOPS OUTER          |          |
|   2 |   TABLE ACCESS BY INDEX ROWID| COL$     |
|*  3 |    INDEX UNIQUE SCAN         | I_COL3   |
|*  4 |   TABLE ACCESS CLUSTER       | ATTRCOL$ |
|   5 |    NESTED LOOPS              |          |
|   6 |     NESTED LOOPS             |          |
|   7 |      NESTED LOOPS OUTER      |          |
|   8 |       NESTED LOOPS           |          |
|   9 |        NESTED LOOPS          |          |
|  10 |         NESTED LOOPS         |          |
|  11 |          NESTED LOOPS        |          |
|* 12 |           INDEX SKIP SCAN    | I_OBJ2   |
|  13 |           TABLE ACCESS CLUSTER| ICOL$   |
|* 14 |            INDEX UNIQUE SCAN | I_OBJ#   |
|  15 |          TABLE ACCESS BY INDEX ROWID| OBJ$ |
|* 16 |           INDEX RANGE SCAN   | I_OBJ1   |
|* 17 |         TABLE ACCESS BY INDEX ROWID| IND$ |
```

```
|* 18 |   INDEX UNIQUE SCAN         | I_IND1   |
|* 19 |   TABLE ACCESS CLUSTER      | COL$     |
|* 20 |   TABLE ACCESS CLUSTER      | ATTRCOL$ |
|  21 |   TABLE ACCESS CLUSTER      | USER$    |
|* 22 |    INDEX UNIQUE SCAN        | I_USER#  |
|  23 |   TABLE ACCESS CLUSTER      | USER$    |
|* 24 |    INDEX UNIQUE SCAN        | I_USER#  |
```

9.15 其他优化技术

本节的主题用于帮助高级 DBA：将介绍外部表，研究"快照过旧"问题，还将学习如何设置事件来转储(dump)每次等待，并探究在执行数据块转储时究竟会发生什么。

9.15.1 外部表

外部表允许你访问数据库之外的数据。关系数据库从 20 世纪 80 年代开始蓬勃发展，就因为它具备从关系表中访问数据的能力。这使人们第一次脱离了主机和传统系统，这些系统将信息存储在平面文件(flat file)或它们的副本中。Oracle 11g 将继续推进关系数据库技术的根本性改变。外部表令关系模型超越了数据库的限制。现在有一种访问所有传统数据的方法，可以访问转储到平面文件(可能是通过第三方产品)中的所有信息。

数据仓库和商业智能中的数据提取、转换和加载(ETL)流程中代价最大的一部分就是将数据加载到临时表中，以便可以和其他已经在数据库中的表同时使用这些数据。虽然引入外部表主要是帮助 ETL 流程，但潘多拉的盒子一旦打开就关不上了，因为我已经看到外部表被滥用，而且我相信这仅仅是开始。如果将 Java 和 XML 整合到关系模式中只是一个小的改变，那么使用外部表就将整个机器带入数据库，并永远改变了游戏规则。

以下简单示例准确地展示了如何使用外部表。首先，需要一个数据平面文件供示例读取。可以直接从我们常用的 emp 表中导出数据：

```
set head off
set verify off
set feedback off
set pages 0
spool   emp4.dat

select empno||','||ename ||','|| job||','||deptno||','
from    scott.emp;

spool off
set head on
set verify on
set feedback on
set pages 26
```

emp4.dat 文件的部分输出如下：

```
7369,SMITH,CLERK,20,
7499,ALLEN,SALESMAN,30,
7521,WARD,SALESMAN,30,
7566,JONES,MANAGER,20,
7654,MARTIN,SALESMAN,30,
```

其次，需要在 SQL*Plus 中创建一个目录对象，使 Oracle 知道到哪里能找到与外部表对应的平面文件：

```
SQL> create directory rich_new as '/u01/home/oracle/rich';
```

Directory created.

最后，需要创建实际的外部表定义，以指向存储在外部的平面文件。注意，即使成功创建了表，访问外部表的查询也并不一定能成功。如果数据存储的形式和表定义的列不匹配，当选择实际的数据时就会报错。以下示例展示了创建表的命令：

```
create table emp_external4
(empno char(4), ename char(10), job char(9), deptno char(2))
organization external
 (type oracle_loader
  default directory rich_new
  access parameters
  (records delimited by newline
  fields terminated by ','
  (empno , ename, job, deptno ))
 location ('emp4.dat'))
reject limit unlimited;

SQL> desc emp_external4
Name                                      Null?    Type
----------------------------------------- -------- ----------------------
EMPNO                                              CHAR(4)
ENAME                                              CHAR(10)
JOB                                                CHAR(9)
DEPTNO                                             CHAR(2)

select   *
from     emp_external4;

EMPNO    ENAME           JOB           DEPTNO
-------- --------------- ------------- ---------------
7369     SMITH           CLERK         20
7499     ALLEN           SALESMAN      30
7521     WARD            SALESMAN      30
...
```

目前外部表还不支持 DML 命令(INSERT、UPDATE 和 DELETE)，但是由于数据处在平面文件中，因此可以在数据库之外完成这些操作。以下程序清单中给出了一些 shell 脚本示例，肯定可以复用这些命令。尽管目前还不能在外部表上创建索引，但外部表已经快得让人惊喜。

```
SQL> insert into emp_external4 ...;
            *
ERROR at line 1:
ORA-30657: operation not supported on external organized table

SQL> create index emp_ei on emp_external4(deptno);
                   *
ERROR at line 1:
ORA-30657: operation not supported on external organized table
```

为统计记录数，既可以使用 UNIX 命令，也可以在数据库中执行该操作。无论采用哪种方式，都有办法处理这些不在数据库中的平面文件数据。以下程序清单展示了使用带有 -l 参数的 wc(字数统计)命令统计行数。这是一个简单的 UNIX 命令，用于统计平面文件中的记录数。创建一个含有 200 020 条记录的文件，用于下一步的高强度测试。

```
$ wc -l emp4.dat
```

```
  200020   200020 4400400 emp4.dat
$ ls -l emp4.dat
-rwxr-xr-x  1 oracle  oinstall 4400400 Aug  9 06:31 emp4.dat
```

在建立一个外部表之后，也可以使用 SQL 语句统计平面文件中的记录数。下面的命令用了不到 1 秒钟就返回了结果：

```
select count(*)
from   emp_external4;

  COUNT(*)
----------
    200020
Elapsed: 00:00:00.63
```

一旦知道可以在 1 秒钟内统计出记录数，就会将注意力转到寻找特定信息上。能否在寻找特定数据时也这样迅速？答案是肯定的。以下程序清单用于从平面文件中查找特定的雇员号码(empno)，该平面文件是通过外部表引用的。返回结果的时间再次小于 1 秒。

```
select count(*)
from   emp_external4
where  empno=7900;

  COUNT(*)
----------
        20
Elapsed: 00:00:00.82
```

在知道可以在不到 1 秒钟内扫描 20 万条记录后(本例是在一台单处理器的机器上完成的)，就会想看看扫描百万行记录有多迅速。下面的示例创建第二个表，并和第一个表进行连接，这样就可以测试扫描 400 万条记录了。在不算强大的硬件上，扫描如此大量的数据只花了不到 3 秒钟时间。

```
create table emp_external5
(empno char(4), ename char(10), job char(9), deptno  char(2))
organization external
   ...
location ('emp5.dat'));
```

现在对两个分别包含 20 万条记录的表进行连接，将第一个结果集的 20 条记录与第二个表的 20 条记录合并，如以下程序清单所示。这个连接将查询 400 万条记录来获取 400 条记录的结果集。不到 3 秒钟就获得了答案。

```
select a.empno, b.job, a.job
from   emp_external4 a, emp_external5 b
where  a.empno = b.empno
and    a.empno = 7900
and    b.empno = 7900;

400 rows selected.
Elapsed: 00:00:02.46
```

以下是前面那个连接的执行计划：

```
Execution Plan
----------------------------------------------------------
   0      SELECT STATEMENT
   1   0    SORT AGGREGATE
   2   1      HASH JOIN
   3   2        EXTERNAL TABLE ACCESS (FULL) OF 'EMP_EXTERNAL5'
```

```
     4    3         EXTERNAL TABLE ACCESS (FULL) OF 'EMP_EXTERNAL4'
```

在外部表上也可以使用提示，可以对外部表和常规表进行连接。可以执行并行操作，甚至可以随时直接将外部表的数据插入数据库中，还有其他很多种可能的使用方法。外部表不仅仅是 Oracle 的重要优点之一，而且可能是过去 10 年中关系模型技术最重要的进步。它提供对数据库外部数据的访问方式。可以借此访问存储在传统系统中的大量平面文件中的数据，这是一条逐步整合传统系统的途径。

请仔细观察以下程序清单中通过外部表读取警告文件(alert file)的速用示例。原始脚本由 Dave Moore 编写，并经由 Howard Horowitz 交给我。下面是经过修改的脚本：

```
SQL> Create directory alert1 as 'c:\app\user\diag\rdbms\orcl\orcl\trace';
Directory created.
SQL> Create table alert_log (text varchar2(200))
Organization EXTERNAL
(Type oracle_loader
Default directory alert1
Access parameters
(Records delimited by newline
Badfile 'rich1.bad'
Logfile 'rich1.log')
Location ('alert_ora.log'))
Reject limit unlimited;
Table created.

select *
from    alert_log
where   rownum < 25;

TEXT
--------------------------------------------------------------------------
Sun Mar 06 16:45:43 2011
Starting ORACLE instance (normal)
...
Oracle Database 11g Enterprise Edition Release 11.2.0.1.0 - 64bit Production
With the Partitioning, OLAP, Data Mining and Real Application Testing options.
Using parameter settings in client-side pfile
 C:\APP\USER\CFGTOOLLOGS\DBCA\ORCL\INITORCLTEMP.ORA on machine USER-PC
System parameters with non-default values:
  processes              = 150
  memory_target          = 6560M
```
(只选择性地列出部分清单)

警告

外部表是 Oracle 多年来最优秀的创新成果之一。通过使用外部表，你的奇思妙想将得以尽情施展。但要小心：存储在数据库外的数据与存储在数据库内的数据在备份和安全管理上是不一样的。

9.15.2 数据快照太旧(Snapshot Too Old)：开发人员的编程问题

Oracle 保存了 UNDO 信息，以备回滚事务之需，并保持数据的读一致性。长时间运行的查询可能需要 UNDO 段中的数据来保证数据的读一致性，因为查询数据和内存数据的系统更改号(System Change Number, SCN)可能不一致(它们可能在查询开始后才被修改)。如果 UNDO 段持有的原始数据被覆盖，用户就会收到令人厌恶的 Snapshot Too Old 错误。随着 Oracle 11g 的发布，这种错误将极少出现(使用自动 UNDO 管理)，但在以前的 Oracle 版本中却会经常出现。

开发人员利用他们无穷的智慧，找到了众多奇妙的方法，以便在同一段代码内更新正在查询的信息，随之而来的是这种错误的产生。对数据同时进行查询和更新操作，结果造成 Snapshot Too Old 错误。一种有瑕疵的开发方法是提取跨越提交(Fetch Across Commit)。在这种方法中，开发人员从一个表中选择大量记录并存储到游标中。然后，开发人员提取游标中的记录以更新同一个表，借助计数器，在每完成一定数量的记录(例如，每 1000 行)时提交一次。游标需要表的读一致性镜像，但在相同的代码中开发人员总在进行每 1000 行记录的提交操作，结果就造成 Snapshot Too Old 错误。

要诀

除一些典型的原因外，当开发人员修改正被选择的数据，也就是数据获取过程跨越提交时，将会引发 Snapshot Too Old 错误。关闭引起问题的游标并再次打开就可以解决这个问题。

9.15.3 设置事件以转储每次等待

在第 14 章，你将学习 Oracle 提供的两个出色的性能优化工具：Statspack 和 AWR。这两个优秀的工具将所有数据集中到一个报表中供你分析使用。但是如果有亟待解决的问题，需要完全转储系统的行为，以便可以查看系统的每一次等待，那该怎么办呢？如果汇总 V$视图中所有等待还不足以解决问题，而且需要实时查看等待的话，答案就是使用非常危险的在系统级别设置的 10046 事件。也可以在会话级别这样做(除了本节，更多相关设置请参见第 13 章)。

这个事件将转储出现的每一次等待，这样就可以搜索并仔细查出问题的原因。只有在万不得已的情况下才使用该策略，并且应当尽量少用。如果有大量的等待，将需要大量的磁盘空间。当准备好解决转储问题时，请用下面的命令打开它：

```
Alter system set events '10046 trace name context forever, level 12';

System altered.
```

注意

为了将需要的所有信息放入跟踪文件，经常要求增大转储文件的最大尺寸。

以下程序清单展示了获得的结果(在 DIAGNOSTIC_DEST 中)：

```
Trace file c:\app\user\diag\rdbms\orcl\orcl\trace\orcl_ora_1776.trc
Oracle Database 11g Enterprise Edition Release 11.2.0.1.0 - 64bit Production
With the Partitioning, OLAP, Data Mining and Real Application
===================
PARSING IN CURSOR #9 len=61 dep=0 uid=84 oct=3 lid=84 tim=95022706805 hv=2099451087 ad='2ffbfaf28'
sqlid='8y7yrd1yk656g'
select count(*)
from small2 a, small1 b
where a.empno=b.empno
END OF STMT
PARSE #9:c=0,e=1414,p=0,cr=0,cu=0,mis=1,r=0,dep=0,og=1,plh=1041396182,tim=95022706804
EXEC  #9:c=0,e=38,p=0,cr=0,cu=0,mis=0,r=0,dep=0,og=1,plh=1041396182,tim=95022706929
WAIT  #9: nam='SQL*Net message to client' ela= 3 driver id=1111838976 #bytes=1 p3=0 obj#=76920
tim=95022706981
... (仅显示选择的部分清单)
```

尽管在快速开关此功能时，输出结果显示了一些无关等待，但当真的出现问题时，等待就会很清晰地摆在你面前。请查找以下程序清单中的类似内容，它们显示存在 latch free 问题(请查看第 14 章以了解如何解决这个问题)。当不知道自己在等待什么时，这些内容可以帮你较具体地理解实际发生的情况，获得比 V$视图更多的信息：

```
WAIT #2: nam='latch free' ela= 0 p1=-2147423252 p2=105 p3=0
WAIT #2: nam='latch free' ela= 0 p1=-2147423252 p2=105 p3=1
WAIT #2: nam='latch free' ela= 0 p1=-1088472332 p2=106 p3=0
WAIT #2: nam='latch free' ela= 0 p1=-2147423252 p2=105 p3=0
WAIT #2: nam='latch free' ela= 0 p1=-2147423252 p2=105 p3=1
WAIT #2: nam='latch free' ela= 1 p1=-2147423252 p2=105 p3=2
WAIT #2: nam='latch free' ela= 0 p1=-2147423252 p2=105 p3=0
WAIT #2: nam='latch free' ela= 1 p1=-2147423252 p2=105 p3=1
WAIT #2: nam='latch free' ela= 0 p1=-2147423252 p2=105 p3=0
WAIT #2: nam='latch free' ela= 0 p1=-2147423252 p2=105 p3=1
```

圆满完成问题的转储后，请按如下方法关闭 10046 事件：

```
Alter system set events '10046 trace name context off';

System altered.
```

警告

在系统级别使用 10046 事件可以实现等待的实时转储。但必须小心，因为在繁忙的系统中，此举将迅速侵占大量的空间。只有在 Oracle Support 的帮助下，资深专家才可以使用这种方法。

9.15.4 从 14 小时到 30 秒——EXISTS 操作符

虽然 Oracle 优化器能很好地保证查询的效率，但是可以将多表连接的查询修改为使用 EXISTS 操作符的子查询形式。只有当 SELECT 语句没有选择子查询对应表中的任何列时才能做此重写。此例的目的是提取一行记录作为测试系统使用的测试数据：

```
--query with table join
explain plan for
SELECT MEMBER_NO
  , CONTRACT
  , DEP
  , SBSB_CK
  , SBSB_ID
  , GRGR_ID
  , MEME_BIRTH_DT
  , x.MEME_CK
  , MEME_REL
  , MEME_SFX
  , MEME_LAST_NAME
  , MEME_FIRST_NAME
  , to_timestamp('06/01/2006','mm/dd/yyyy')
  , 'PHASE 3'
  , CREATE_WHO
  , CREATE_DT
  , UPDATE_WHO
  , UPDATE_DT FROM PROD_PH.XREF_MEME x
       , PROD.CMC_MEPE_PRCS_ELIG
WHERE x.meme_ck = e.meme_ck
  and rownum = 1;

--Star query plan with B-TREE indexes!
---------------------------------------------------------------------------
| Id | Operation                    | Name            | Rows | Bytes | Cost |
---------------------------------------------------------------------------
```

```
|  0 | SELECT STATEMENT       |                  | 1272G| 123T |  274M |
|  1 |  MERGE JOIN CARTESIAN  |                  | 1272G| 123T |  274M |
|  2 |   TABLE ACCESS FULL    | XREF_MEME        | 638K | 65M  |  757  |
|  3 |   BUFFER SORT          |                  | 1991K|      |  274M |
|  4 |    INDEX FAST FULL SCAN| CMCX_MEPE_SECOND | 1991K|      |  429  |
---------------------------------------------------------------------

-- exists subquery example
SELECT MEMBER_NO
  , CONTRACT
  , DEP
  , SBSB_CK
  , SBSB_ID
  , GRGR_ID
  , MEME_BIRTH_DT
  , x.MEME_CK
  , MEME_REL
  , MEME_SFX
  , MEME_LAST_NAME
  , MEME_FIRST_NAME
  , to_timestamp('06/01/2006','mm/dd/yyyy')
  , 'PHASE 3'
  , CREATE_WHO
  , CREATE_DT
  , UPDATE_WHO
  , UPDATE_DT
 FROM PROD_PH.XREF_MEME x
WHERE exists(
        select 0
          from prod.cmc_mepe_prcs_elig e
         where e.meme_ck = x.meme_ck
      )
  and rownum = 1;

---------------------------------------------------------------------------
| Id | Operation              | Name             | Rows | Bytes |TempSpc| Cost |
---------------------------------------------------------------------------| 0 |
| SELECT STATEMENT            |                  |  1   | 112   |       | 5067 |
|* 1 |  COUNT STOPKEY         |                  |      |       |       |      |
|* 2 |   HASH JOIN SEMI       |                  | 635K | 67M   |  72M  | 5067 |
|  3 |    TABLE ACCESS FULL   | XREF_MEME        | 638K | 65M   |       |  757 |
|  4 |    INDEX FAST FULL SCAN| CMCX_MEPE_CLUSTER| 1991K| 9726K |       |  464 |
---------------------------------------------------------------------------
```

从这个示例可以看到，使用 EXISTS 代替表连接有着很大的优势。感谢 TUSC 的 Mark Riedel 提供该例，他将该例称为"TUSC 拥有专利的 EXISTS 语句"。我们大约在 1990 年就发现了这种方法。

9.16 在块级别进行优化(高级内容)

虽然在第 14 章也会简单介绍块级别的优化，但这里的讨论会更深入一点。一种称为缓冲哈希表(Buffer Hash Table，对应 X$BH)的内部表保存了块的头信息。块通过哈希链连接在一起，由 CBC 闩(Cache Buffers Chains latch，缓存缓冲链闩)保护。哈希链指向实际的内存分配地址(用于缓存数据的内存，大小通过 DB_CACHE_SIZE 设置)。在 Oracle 中，一个数据块只有一个 CURRENT 版本和不超过 6 个的 CR 版本(针对 Oracle 11g)。因此在任何特定时刻，数据块在内存中最多有 7 个不同版本(形成哈希链的长度为 6)。然而依赖于哈希算法，不同的块可以放到同一个哈希链中。当执行 DML 事务(INSERT、UPDATE 或 DELETE)时,始终需要 CURRENT 版本的数据块。在 Oracle 8 的某些版本中,必须将 _DB_BLOCK_HASH_BUCKETS 设为质数以保证数据块均匀地分布于哈希桶中(详细内容请参考第 14 章),同时避免由于哈希算法导致的长哈希链。如果不设置为质数,就可能形成很长的哈希链(因为许多数据块放到了同一个哈希链中)并产生大量 CBC 闩等待(虽然不是在所有的条件下都会发生,但是 Oracle 10g、11g 和 12c 都会用到 CBC 闩)。Oracle 12c 对哈希算法进行了修改,不再需要将其设置为质数(所以也就不需要修改它了)。

还要注意的是,Oracle 具有 IMU(In-Memory UNDO,内存中 UNDO)的功能,可能会导致在查看块级别信息时得到一些难以理解的结果。如果熟悉 Oracle 10g 中的这个新功能,当查询 X$BH 时,脏数据块就不会显示为脏数据。这是因为更新发生在实际数据块的内部,而不像以前采用过去镜像(Before Image)的形式存放到 UNDO 块中。然而只在特定的保持(retention)设置中会出现这样的情况。对于某些 TPC 基准测试来说,初始化文件中的参数 _IN_MEMORY_UNDO(默认为 true)会被设置为 false,涉及的其他参数包括 _IMU_POOLS 和 _DB_WRITER_FLUSH_IMU。如果访问的数据块中的另外一行正试图被更新,IMU 将被刷(flush)到 UNDO 块中,而且该块将显示为脏块(虽然这取决于 UNDO 保持的设置,但是我的测试中都是如此)。IMU 将 UNDO 和 REDO 写到内存而不是磁盘(这是 _IMU_POOLS 参数的作用)。IMU 事务总是在当前日志文件中预留写入 REDO 操作所需要的空间。它们还将获得块头(下一节将会讨论的)ITL(Interested Transaction List,事务槽)信息并在 UNDO 段中预留空间。AWR 或 Statspack 报表中的好几个部分都会显示 IMU 统计信息。

当第一次查询某个数据块时,总会使用 CURRENT 版本的数据块。如果该数据块正在被使用,将得到一个 CR(Consistent Read,一致性读)版本的克隆块。在 CR 块上应用了所有针对 CURRENT 块的 UNDO 信息,将其返回到你所需要的时间点(可能需要执行 DML 之前或其他用户提交之前的数据块)。这个复杂的 Oracle 享有专利的过程会包括读取 ITL(当在数据块上执行 DML 语句时填充的事务槽),将记录映射到 UNDO HEADER 或直接映射到 UNDO BLOCK,然后应用 UNDO 信息以得到所需的 CR 块。下面介绍 CR 块的产生过程:

- 用户 1 在数据块 777 中更新一条记录(用户 1 没有提交)。
- 用户 2 查询相同的数据块并看到被查询的其中一行的锁标记字节已经设置。
- 用户 2 获取数据块 ITL 部分的 XID(Transaction ID,事务 ID)。
- 将 XID 映射到 UNDO 块,其中保存了更新前的信息。
- 完成数据块的克隆(称为数据块 778)。
- 向数据块应用 UNDO 信息,回滚到以前的状态。
- 数据块 777 是 CURRENT 块。
- 数据块 778 是 CR 块,即用户 1 进行更新操作前的镜像。
- 如果另一个用户想在用户 1 提交前进行查询,用户也可以读取这个 CR 块。

同时需要注意的是,REDO 用于前滚,UNDO 用于后滚。不过,UNDO(ROLLBACK,回滚)信息被应用到数据块上,这包括撤销在数据块上所做的最近修改以及将数据块的 SCN 设置到过去而不是未来的一个时间点。这也是为什么 UNDO 信息所在的段称为回滚(ROLLBACK)段的原因。

需要特别注意的是,数据不是回滚到过去的某个快照,而且前滚到它曾经的状态。虽然结果一样,但是搞清楚 Oracle 如何完成这个操作对于理解 Oracle 的工作原理至关重要。Oracle 数据块总是能随时前滚(这就是 REDO 的工作原理——始终向前按顺序应用改动)。所有数据块都记录在 LRU(Least Recently Used,最近最少使用)和 LRU-W(Least Recently Used-Write,最近最少使用-写)队列中,可以使缓存替换和写入更为迅速。这些信息保存在缓存的头信息中。

如果前面的内容对你来说不算高深,那么本节已经让你购买此书物有所值了。如果愿意,它会让你在接下来的数十年时间内为将系统优化到最佳而忙碌。Oracle 经常有一些复杂的新功能:要么无法让它们工作得很好,要么程序中存在尚不知晓的缺陷。如何才能知道是自己的问题还是 Oracle 的问题呢?答案是转储(dump)数据块。

仔细查看以下程序清单中的示例,找出想要转储的表或索引块的信息,如下所示:

```
SELECT FILE_ID, BLOCK_ID, BLOCKS FROM DBA_EXTENTS
WHERE SEGMENT_NAME = 'EMP'
AND OWNER = 'SCOTT';

   FILE_ID        BLOCK_ID       BLOCKS
---------- --------------- ------------
         1           50465            3
```

转储表或索引块的信息，如下所示：

```
ALTER SYSTEM DUMP DATAFILE 5 BLOCK 50465;
ALTER SYSTEM DUMP DATAFILE 5 BLOCK 50466;
ALTER SYSTEM DUMP DATAFILE 5 BLOCK 50467;

-- You could also issue the following command to dump the range of blocks:

ALTER SYSTEM DUMP DATAFILE 5 BLOCK MIN 50465 BLOCK MAX 50467;
```

ALTER SYSTEM 命令选择并以跟踪文件的形式在 DIAGNOSTIC_DEST 目录中为当前会话转储 scott 用户的 emp 表中的数据块，非常类似于 TKPROF。转储的信息虽然很神秘，但是对优化很有帮助。

以下程序清单比较两个不同位图连接索引的部分数据块转储信息。其中一个索引在 deptno 列上，表也通过 deptno 列进行连接。另一个索引在 location 列上，表还是通过 deptno 列进行连接。通过比较索引信息可以发现，虽然 location 列是索引的一部分，但是查询仍然回到表中检索 location 列。只有进行该转储，才能发现这个问题是 Oracle 中的缺陷(以下程序清单中只显示了部分输出，也就是只显示了每个块转储的第一条记录)。

```
DUMP OF BITMAP JOIN INDEX ON location JOINING deptno ON EMP1/DEPT1
row#0[3912] flag: -----, lock: 0
col 0; len 7; (7): 43 48 49 43 41 47 4f
col 1; len 6; (6): 00 40 f3 31 00 00
col 2; len 6; (6): 00 40 f3 31 00 0f
col 3; len 3; (3): c9 36 0a
...
----- end of leaf block dump -----End dump data blocks tsn: 0 file#:
DUMP OF BITMAP JOIN INDEX ON deptno JOINING deptno ON EMP1/dept1 TABLE ***
row#0[3917] flag: -----, lock: 0
col 0; len 2; (2): c1 0b
col 1; len 6; (6): 00 40 f3 31 00 00
col 2; len 6; (6): 00 40 f3 31 00 0f
col 3; len 3; (3): c9 40 21
...
----- end of leaf block dump -----End dump data blocks tsn: 0 file#:
```

转储数据块最适合用来真正了解 Oracle 的工作原理(除非由于数据块被加密而不能转储)。如果想要使用该诀窍，就需要一段时间来做准备，当我第一次使用它时用了整个周末的时间。

要诀

转储数据块是理解 Oracle 工作原理和研究问题优化领域的重要工具。数据块转储的使用应该只限于优化专家，甚至专家也应该求助于 Oracle Support。Oracle 没有发布数据块转储的结构，所以随时都可能改变。

下面将介绍一个示例以说明如何理解数据块转储的部分输出，以及其他一些对于深入研究数据块转储有用的查询。

该查询将给出表中每条记录的块号：

```
select rowid,empno,
```

```
        dbms_rowid.rowid_relative_fno(rowid)  fileno,
        dbms_rowid.rowid_block_number(rowid)  blockno,
        dbms_rowid.rowid_row_number(rowid)    rowno, rownum table_rownum,
        rpad(to_char(dbms_rowid.rowid_block_number(rowid), 'FM0xxxxxxx') || '.' ||
             to_char(dbms_rowid.rowid_row_number   (rowid), 'FM0xxx'    ) || '.' ||
             to_char(dbms_rowid.rowid_relative_fno(rowid), 'FM0xxx'    ), 18) myrowid
from    emp1;

ROWID                EMPNO      FILENO     BLOCKNO    ROWNO      TABLE_ROWNUM
------------------   --------   --------   --------   --------   ------------
MYROWID
------------------
AAAMfcAABAAAN0KAAA   7369       5          56586      0          1
0000dd0a.0000.0001
AAAMfcAABAAAN0KAAB   7499       5          56586      1          2
0000dd0a.0001.0001
AAAMfcAABAAAN0KAAC   7521       5          56586      2          3
0000dd0a.0002.0001
(部分清单)
```

转储数据块中的大部分信息都可以在数据字典中找到，或者通过 DBMS_SPACE 这样的内置程序包来读取。然而在某些情况下，知道如何读取数据块转储的内容将会有所帮助。例如，可以帮助准确地确定事务阻塞的原因。在进行数据块转储之前，还可以使用其他的工具完成同样的工作，如 utllockt.sql 或企业管理器(EM)。但是当想要准确地知道数据块中某一行的锁的情况以及多少行被阻塞时，转储数据块输出将会十分有用。你还可能会查看行链接或数据块中每条记录的空间使用情况，或者仅仅因为数据块已被损坏而对其进行详细检查。有时，查看损坏数据块中的内容可以帮助发现损坏是从什么地方开始的，例如来自第三方工具的文本或者数据块中大段大段地被置为零(可能由磁盘修复实用程序引起)。

9.16.1 数据块转储中的关键部分

在数据块转储中，需要注意的部分有数据块 ITL 部分、标志部分以及块数据部分。下面将分别讨论每个部分的内容。

1. 数据块 ITL 部分

ITL 是数据块转储的关键区域。如以下程序清单所示，ITL 部分出现在转储的最初部分，这里显示了两个 ITL 槽(表和索引数据块的最小 ITL 槽数是 2——如果不信，可以转储该信息以确认)。XID 是事务 ID(Transaction ID)。UBA 是 UNDO 块地址。Flag 将在后面进行讨论。Lck 表示被锁定的记录数(因为本例删除了 4 行数据，所以第一个 ITL 槽中锁定了 4 条记录)。如果 Flag 是 C，那么 SCN/FSC 是指提交信息的 SCN，否则表示 FSC(Free Space Credit)。FSC 是指事务提交后，就需要在数据块中恢复的字节总数。该数字是以十六进制表示的。本例中 FSC 是 9d，表示如果提交删除 4 行记录的事务，就会恢复 157 个字节；该事务也可以回滚。

```
Itl      Xid                   Uba                    Flag  Lck    Scn/Fsc
0x01     0x0004.010.00000fba   0x0080003d.08b5.10     ----  4      fsc 0x009d.00000000
0x02     0x0004.016.00000fae   0x008000cc.08af.34     C---  0      scn 0x0000.003deb5b
```

下面是另一个数据块转储的 ITL 部分，其中 emp1 表的 deptno 列上正在进行 3 个更新操作：第一个用户更新所有 deptno=10 的记录(一共 6 条记录)，第二个用户更新所有 deptno=20 的记录(一共 4 条记录)，第三个用户更新所有 deptno=30 的记录(一共 5 条记录)。

```
Itl      Xid                   Uba                    Flag  Lck    Scn/Fsc
0x01     0x0002.010.00000b7c   0x00c536ec.03c8.2a     ----  6      fsc 0x0000.00000000
0x02     0x0004.007.00000b0d   0x00c00ccb.0407.28     ----  4      fsc 0x0000.00000000
```

```
0x03    0x0006.019.00000bf9  0x00c012ce.0420.3b  ----      5  fsc 0x0000.00000000
```

2. 标志部分

标志部分稍微有点复杂，它使用 CBUT 来描述事务的状态。

- ---- 事务是活动的；或者事务已经提交，等待数据块清理。
- C--- 事务已经提交，而且行锁已经清除。
- -B-- UNDO 数据块地址(UBA)包含这个数据块的 UNDO。
- --U- 事务已经提交(SCN 是最大值)，但是数据块清理还没有发生(快速提交)。
- ---T 当数据块清理的 SCN 被记录时，该事务仍然是活动的。
- C-U- 数据块被延迟数据清理功能清理，UNDO 段的信息已经被覆盖。SCN 将显示由 UNDO 段重建该数据块的最小 SCN。

3. 块数据部分

以下是数据块转储的块数据部分。首先是块数据部分的第一段(头区域)：

```
tab 0, row 13, @0x1b0b
tl: 39 fb: --H-FL-- lb: 0x0  cc: 8
```

以下是头信息的描述：

```
tab = this data is for table 0
row 13 = 14th Row (0-13 total rows)
Offset: 1b0b (in Hex) ¨C Offset from header
tl: Total bytes of row plus the header = 39
fb: --H-FL-- = flag byte; ( -KCHDFLPN)
H = Head of row piece, F = First data piece, L=Last piece
D = Deleted; P= First column continues from previous piece (chaining) ; N= Last column continues
in next piece; K = Cluster Key; C = Cluster table member
lb: lock byte is 1+ if this row is locked = 0 (unlocked)
cc: Column count = 8
```

块数据部分从行 col0 开始，如下所示：

```
col  0: [ 3]  c2 50 23
col  1: [ 6]  4d 49 4c 4c 45 52
col  2: [ 5]  43 4c 45 52 4b
col  3: [ 3]  c2 4e 53
col  4: [ 7]  77 b6 01 17 01 01 01
col  5: [ 2]  c2 0e
col  6: *NULL*
col  7: [ 2]  c1 0b...
```

以下示例显示了如何分析块数据部分中的第一列(col0)，也就是 empno 列：

```
col  0: [ 3]  c2 50 23

Hex to Decimal:   Col0 = EMPNO = 7934
50 (Hex) = 80 (Decimal) ¨C 1 = 79
23 (Hex) = 35 (Decimal) ¨C 1 = 34
c2: Number in the thousands (c2 is exponent)
```

以下示例显示了如何分析块数据部分中的第二列(col1)，也就是 ename 列：

```
col  1: [ 6]  4d 49 4c 4c 45 52
```

```
Hex to Character:     Col1 = ENAME = MILLER
4d (Hex) = M (Character) [= 77 (decimal)]
49 (Hex) = I (Character)
4c (Hex) = L (Character)
4c (Hex) = L (Character)
45 (Hex) = E (Character)
52 (Hex) = R (Character)
```

注意，十六进制值对应字符映射表(根据数据库的 NLS 设置)。例如，如果用 Google 搜索"ASCII code character"，将得到十六进制/十进制的 ASCII 编码表，其中 4d/77 对应字符 M。

以下示例显示了数据库转储输出中的 hiredate 列，该列的数据类型是 DATE：

```
col  4: [ 7]  77 b6 01 17 01 01 01

Hex to Decimal: Col4 = HIREDATE = 23-JAN-82
77 (Hex) = 119 (Decimal) ¨C 100 = 19 <century>
B6 (Hex) = 182 (Decimal) ¨C 100 = 82 <year>
01(Hex) = 1 (Decimal) <month>
17 (Hex) = 23 (Decimal) <day>
01 01 01 (Hex) = This is the Hour, Minute, Second
(默认时间是 00:00:00)
```

可以从表中选择十六进制数据。以下示例显示了使用 SELECT dump()并通过匹配得到的与十六进制数据对应的 ename：

```
select  dump(ename,16), ename
from   emp1
where  dump(ename,16) like '%4d,49,4c,4c,45,52';
DUMP(ENAME,16)                              ENAME
------------------------------------------- --------------
Typ=1 Len=6: 4d,49,4c,4c,45,52              MILLER
```

查询 emp1 表中的新数据块(56650)并且观察 emp1 表的缓冲区头信息的改变(到现在为止，该数据块没有做过标记——脏数据位为 N——而且只包含一份副本，这是 CURRENT 版本的一份副本(state=1))：

```
select lrba_seq, state, dbarfil, dbablk, tch, flag, hscn_bas,cr_scn_bas,
      decode(bitand(flag,1), 0, 'N', 'Y') dirty,  /* Dirty bit */
      decode(bitand(flag,16), 0, 'N', 'Y') temp, /* temporary bit */
      decode(bitand(flag,1536),0,'N','Y') ping, /* ping (to shared or null) bit */
      decode(bitand(flag,16384), 0, 'N', 'Y') stale,  /* stale bit */
      decode(bitand(flag,65536), 0, 'N', 'Y') direct,  /* direct access bit */
      decode(bitand(flag,1048576), 0, 'N', 'Y') new /* new bit */
from   x$bh
where dbablk = 56650
order by dbablk;

  LRBA_SEQ      STATE    DBARFIL    DBABLK      TCH       FLAG    HSCN_BAS
---------- ---------- ---------- ---------- ---------- ---------- -----------
CR_SCN_BAS D T P S D N
---------- - - - - - -
         0          1          1      56650          0   35659776  4294967295
           0 N N N N N N
```

当删除一行数据时，观察 emp1 表的缓冲区头信息：

```
delete from emp1
where comm = 0;
```

```
1 row deleted.
```

再次查询数据块(56650)且观察 emp1 表的缓冲区头信息。现在有两个副本,一个是 CURRENT 版本(state=1),另一个是克隆版本(CR,state=3):

```
select lrba_seq, state, dbarfil, dbablk, tch, flag, hscn_bas,cr_scn_bas,
       decode(bitand(flag,1), 0, 'N', 'Y') dirty,  /* Dirty bit */
       decode(bitand(flag,16), 0, 'N', 'Y') temp,  /* temporary bit */
       decode(bitand(flag,1536),0,'N','Y') ping,  /* ping (to shared or null) bit */
       decode(bitand(flag,16384), 0, 'N', 'Y') stale,  /* stale bit */
       decode(bitand(flag,65536), 0, 'N', 'Y') direct,  /* direct access bit */
       decode(bitand(flag,1048576), 0, 'N', 'Y') new  /* new bit */
from  x$bh
where dbablk = 56650
order by dbablk;

  LRBA_SEQ      STATE    DBARFIL     DBABLK        TCH       FLAG   HSCN_BAS
---------- ---------- ---------- ---------- ---------- ---------- ----------
CR_SCN_BAS D T P S D N
---------- - - - - - -
         0          1          1      56650          1       8200 4294967295
         0 N N N N N
         0          3          1      56650          2     524288          0
   4347881 N N N N N
```

注意,现在 V$TRANSACTION 已经包含这条记录(在事务产生 UNDO 时创建):

```
SELECT t.addr, t.xidusn USN, t.xidslot SLOT, t.xidsqn SQN, t.status,
       t.used_ublk UBLK, t.used_urec UREC, t.log_io LOG,
       t.phy_io PHY, t.cr_get, t.cr_change CR_CHA
FROM   v$transaction t, v$session s
WHERE  t.addr = s.taddr;

ADDR         USN       SLOT        SQN     STATUS           UBLK
-------- ---------- ---------- ---------- ---------------- ----------
     UREC        LOG        PHY     CR_GET     CR_CHA
---------- ---------- ---------- ---------- ----------
69E50E5C          5         42        652     ACTIVE                1
        1          3          0          3          0
```

输出中各个列名的含义如下:

- USN 是 UNDO 段号(回滚段 ID)。
- SLOT 是回滚段中事务表的槽号。
- SQN 是事务的序号。
- USN+SLOT+SQN 是可以唯一地标识事务 XID 的 3 个值。
- UBLK 是与最后一个 UNDO 条目对应的块(说明使用的 UNDO 块数量)。
- UREC 是 UNDO 块中的记录数(说明事务插入、更新或删除的表和索引记录项的数量)。

如果正在进行 INSERT 或 DELETE 操作,将会看到 UREC 被设置为:(表上的索引数)+(插入/删除的行数)。如果对列执行 UPDATE 操作,UREC 将被设置为:(包含该列的索引数)*2+(更新的行数)。如果该列上没有任何索引,UREC 将被设置为更新的行数。如果 UBLK 和 UREC 在每次查询后减少,就说明事务正在回滚。当 UREC 到达 0 时,说明回滚结束。

如果此时转储数据块,就可以在 ITL 部分的第一行中看到锁记录:

```
Itl          Xid              Uba           Flag   Lck      Scn/Fsc
```

```
0x01   0x0005.02a.0000028c   0x008000af.02b6.01   ----   1  fsc 0x0029.00000000
0x02   0x0004.016.00000fae   0x008000cc.08af.34   C---   0  scn 0x0000.003deb5b
```

现在让我们在其他 4 个会话中执行 INSERT 操作，使 X$BH 中出现该数据块的 6 个副本，其中 1 个是 CURRENT 版本(state=1)，另外 5 个是克隆版本(CR，state=3)：

```
  LRBA_SEQ         STATE    DBARFIL    DBABLK       TCH       FLAG    HSCN_BAS
---------- ---------- ---------- ---------- ---------- ---------- ----------
CR_SCN_BAS D T P S D N
---------- - - - - - -
         0          3          1      56650         1     524416          0
   4350120 N N N N N N
         0          3          1      56650         1     524416          0
   4350105 N N N N N N
       365          1          1      56650         7   33562633    4350121
         0 Y N N N N N
         0          3          1      56650         1     524416          0
   4350103 N N N N N N
         0          3          1      56650         1     524416          0
   4350089 N N N N N N
         0          3          1      56650         1     524288          0
   4350087 N N N N N N
```

注意

最小重做块地址(Least Redo Block Address，LRBA)只能在 CURRENT 块上设置，CURRENT 版本的数据块就是 DIRTY 标记为'Y'的数据块。

是否能获得 6 个以上的数据块副本？有可能，但是 Oracle 不支持。在以下程序清单中，查询每个数据块地址所允许的最大 CR 缓冲区数：

```
select  a.ksppinm, b.ksppstvl, b.ksppstdf, a.ksppdesc
from    x$ksppi a, x$ksppcv b
where   a.indx = b.indx
and     substr(ksppinm,1,1) = '_'
and     ksppinm like '%&1%'
order   by ksppinm;

KSPPINM                 KSPPSTVL  KSPPSTDF KSPPDESC
-------------------- --------- -------- ---------------------------------------
_db_block_max_cr_dba       6    TRUE     Maximum Allowed Number of CR buffers per dba
```

现在仔细查看 Oracle 11g 中的一个示例，通过对一个数据块多次执行 SELECT/UPDATE 以获得该数据块 CR 版本的副本数的最大值：

```
select lrba_seq, state, dbarfil, dbablk, tch, flag, hscn_bas,cr_scn_bas,
       decode(bitand(flag,1), 0, 'N', 'Y') dirty,    /* Dirty bit */
       decode(bitand(flag,16), 0, 'N', 'Y') temp,    /* temporary bit */
       decode(bitand(flag,1536),0,'N','Y') ping,     /* ping (to shared or null) bit */
       decode(bitand(flag,16384), 0, 'N', 'Y') stale, /* stale bit */
       decode(bitand(flag,65536), 0, 'N', 'Y') direct, /* direct access bit */
       decode(bitand(flag,1048576), 0, 'N', 'Y') new  /* new bit */
from   x$bh
where  dbablk = 56650
order by dbablk;

LRBA_SEQ          STATE     DBARFIL     DBABLK        TCH        FLAG    HSCN_BAS
```

```
---------- ---------- ---------- ---------- ---------- ---------- ----------
CR_SCN_BAS D T P S D N
---------- - - - - - -
         0          3         10    1410707          1     524288          0
  23105852 N N N N N N
         0          3         10    1410707          1     524288          0
  23105815 N N N N N N
         0          3         10    1410707          1     524288          0
  23105727 N N N N N N
         0          3         10    1410707          1     524288          0
  23105710 N N N N N N
         0          3         10    1410707          1     524288          0
  23105677 N N N N N N
         0          3         10    1410707          1     524288          0
  23105674 N N N N N N
      4051          1         10    1410707          4   35651593   23105710
         0 Y N N N N N

7 rows selected.
```

接下来执行下面的命令以清空缓冲区缓存：

```
SQL> alter system flush buffer_cache;
System Altered.
```

现在重新运行 SELECT/UPDATE 语句以填充缓存，看看结果，这次得到 CR 版本的 5 个副本和 CURRENT 版本的 1 个副本，然而之前缓存的 7 个数据块都被清零。从 X$BH 中可以看出，Oracle 在清空缓冲区缓存后，填充新的数据块并清空初始的副本(5 个 CR 副本和 1 个 CURRENT 副本+7 条清零记录)：

```
LRBA_SEQ        STATE   DBARFIL    DBABLK      TCH       FLAG   HSCN_BAS
---------- ---------- ---------- ---------- ---------- ---------- ----------
CR_SCN_BAS D T P S D N
---------- - - - - - -
         0          3         10    1410707          1     524288          0
  23106121 N N N N N N
         0          3         10    1410707          1     524288          0
  23106120 N N N N N N
         0          3         10    1410707          1     524288          0
  23106118 N N N N N N
         0          3         10    1410707          1     524288          0
  23106116 N N N N N N
         0          3         10    1410707          1     524288          0
  23106115 N N N N N N
      4051          1         10    1410707          2   33554433   23106121
         0 Y N N N N N
         0          0         10    1410707          0          0          0
         0 N N N N N N
         0          0         10    1410707          0          0          0
         0 N N N N N N
         0          0         10    1410707          0          0          0
         0 N N N N N N
         0          0         10    1410707          0          0          0
         0 N N N N N N
         0          0         10    1410707          0          0          0
         0 N N N N N N
         0          0         10    1410707          0          0          0
         0 N N N N N N
```

```
         0           0          10     1410707           0           0           0
0 N N N N N
```

```
13 rows selected.
```

从上面的程序清单中可以看出,还有能够容纳另一个 CR 版本数据块的空间,该例可以帮助更好地理解 Oracle 是如何清空缓冲区缓存的。在数据块级进行测试可以帮助你了解新功能,但是不应该成为每天的例行工作。数据块级优化应该主要用于测试系统中经常运行的需要重点关注的代码。

有关数据块级优化的更深入的内容超出了本书的讨论范围,但是可以通过本节介绍的一些查询,研究一些非常罕见情况下在数据块级发生的操作。使用数据块转储的最佳理由是为了了解 Oracle 内部的工作原理。在 9.16.2 节中,将在数据块级简要介绍位图索引和一些其他类型。

9.16.2 索引块转储简介

下面来简单了解一下索引块转储。首先看一下位图索引,被索引的每一条记录由 5 行组成:

row#0	行标识
col 0	十六进制的被索引值的长度
col 1	被索引值第一次出现的 ROWID
col 2	被索引值最后一次出现的 ROWID
col 3	实际位图,如果值在第一次和最后一次 ROWID 之间,位图值为 1,否则为 0,表示交换字节通知。第一个字节通常是 cx,其中 x 是(8,...,f)。当所有槽都填充为 cf 时,就会创建一个新段。

仔细查看下面的位图索引块转储:

```
row#0[8010] flag: ---D-, lock: 2
col 0; len 1; (1):  31
col 1; len 6; (6):  02 40 2d 60 00 00
col 2; len 6; (6):  02 40 2d 60 00 07
col 3; len 1; (1):  00

row#1[7989] flag: ---D-, lock: 2
col 0; len 1; (1):  31
col 1; len 6; (6):  02 40 2d 60 00 00
col 2; len 6; (6):  02 40 2d 60 00 07
col 3; len 2; (2):  c8 03

row#2[7968] flag: -----, lock: 2
col 0; len 1; (1):  31
col 1; len 6; (6):  02 40 2d 60 00 00
col 2; len 6; (6):  02 40 2d 60 00 07
col 3; len 2; (2):  c8 07
```

在插入 64 行记录(0~63)后,再看一下块转储(注意 col2 中的 3f):

```
row#0[8008] flag: -----, lock: 0
col 0; len 1; (1):  31
col 1; len 6; (6):  02 40 2d 60 00 00
col 2; len 6; (6):  02 40 2d 60 00 3f
col 3; len 9; (9):  cf ff ff ff ff ff ff ff ff
```

接下来再插入一行记录(0~64),你会观察到下面的情况(注意 col2 中的 40):

```
row#0[8007] flag: -----, lock: 0
col 0; len 1; (1):  31
```

```
col 1; len 6; (6):   02 40 2d 60 00 00
col 2; len 6; (6):   02 40 2d 60 00 40
col 3; len 10; (10): cf ff ff ff ff ff ff ff ff 00
```

新增的索引值对应数据块 ROWID=02 40 2d 60 00 40(十六进制的 40 即十进制的 64)，插入操作之前的结束 ROWID 是 3f(3*16+15 = 63)。当索引被更新时，必须有足够的空间来满足其增长需求。如果空间不够，就会发生分裂。除此之外，叶子索引块上的条目在更新时会被锁住，而且这个条目可能跨越多个块，由此带来的副作用是：在锁定期间，其他事务不能更新受到影响的那些数据块。位图索引用于只包含几个不同值的列，所以大表上的每个单独的位图可能涉及许多块。这些块上的锁会给其他事务带来灾难性的后果，这也是为什么位图索引几乎总是用于只读数据或基本不变的数据的原因。

我们再来看一下反键索引(Reverse Key Index)的块转储情况。注意反键索引在 DBA_INDEXES 中的 INDEX_TYPE 值是 NORMAL/REV。可以看到，下面的例子中 col1 的十六进制值是反转的：

普通索引条目：

```
col 0; len 2; (2):   c1 02
col 1; len 7; (7):   78 69 0c 19 03 27 10
col 2; len 6; (6):   02 40 2e 70 00 00
```

反键：

```
col 0; len 2; (2):   02 c1
col 1; len 7; (7):   10 27 03 19 0c 69 78
col 2; len 6; (6):   02 40 2e 70 00 00
```

最后，简单了解一下对于普通索引来说，升序和降序的索引转储块的区别：

普通索引(升序)：

```
col 0; len 1; (1):   61
col 0; len 2; (2):   61 61
col 0; len 3; (3):   61 61 61
col 0; len 4; (4):   61 61 61 61
col 0; len 5; (5):   61 61 61 61 61
col 0; len 6; (6):   61 61 61 61 61 61
col 0; len 7; (7):   61 61 61 61 61 61 61
col 0; len 8; (8):   61 61 61 61 61 61 61 61
col 0; len 9; (9):   61 61 61 61 61 61 61 61 61
col 0; len 10; (10): 61 61 61 61 61 61 61 61 61 61
```

普通索引(降序)：

```
col 0; len 10; (10): 9e 9e 9e 9e 9e 9e 9e 9e 9e ff
col 0; len 9; (9):   9e 9e 9e 9e 9e 9e 9e 9e ff
col 0; len 8; (8):   9e 9e 9e 9e 9e 9e 9e ff
col 0; len 7; (7):   9e 9e 9e 9e 9e 9e ff
col 0; len 6; (6):   9e 9e 9e 9e 9e ff
col 0; len 5; (5):   9e 9e 9e 9e ff
col 0; len 4; (4):   9e 9e 9e ff
col 0; len 3; (3):   9e 9e ff
col 0; len 2; (2):   9e ff
```

通过这些数据块转储示例，可以深入了解 Oracle 的新功能以及内部数据结构和索引的详细信息。但是，要谨慎地使用数据块转储，而且通常在测试系统中使用。

9.17 使用简单的数学方法进行优化

本节将讨论一些简单但很有效的数学方法,可以使用它们显著地提高一些基于 Oracle SQL 的系统的性能。这些技术利用 Oracle 性能诊断工具的功能,并且可以发现其他方法可能忽略的隐藏的性能问题。使用这些技术同样可以帮助你预测系统在更高负载情况下的性能。

注意
本节内容是由 Joe A. Holmes 提供的。我非常感谢他所做的贡献,该节将本书的各章紧密地联系了起来。

简单的数学方法包括在理想条件下隔离和测试有问题的 SQL 进程,处理的行随时间变化的结果的图形化,使用简单的方法(不包含回归法)推导公式,预测性能,分析性能模式,以及在优化 SQL 源代码时直接应用性能模式。

9.17.1 传统的数学分析

首先,不要被本节吓倒。可以理解这些内容,并且借助本节提供的信息预测随着表的增长,查询语句响应时间的变化情况。

传统的数学方法对分析性能是非常有用的,通常包括基于 x-y 坐标轴的图形化性能曲线,以反映进程实际在做什么,并应用最小平方回归法(Least Square Regression)和多项式插值法(Polynomial Interpolation)推导公式预测系统在高负载情况下的性能。计算机科学研究人员和专家广泛地使用这些方法进行性能分析,但这也存在很多问题。首先,书本上的符号和解释通常很复杂,并且很难理解。我遇到的许多介绍近似法和插值法的数学书仅限于介绍理论,而不是提供一些明确并有实践意义的示例。

其次,极少甚至没有有用的信息可用于指导如何将这种分析直接应用到优化 SQL 代码上。这可能是因为 SQL 分析不像其他更广泛和普遍的课题,需要更多的特定解释才会有帮助。

9.17.2 七步方法论

下面是七步方法论的 7 个步骤。注意:性能推导公式和解释模式将在随后的章节中进行详细讨论。
(1) 隔离有问题的 SQL 代码。
将有问题的 SQL 代码从周边的系统代码中隔离出来,并放到 SQL*Plus 或 PL/SQL 脚本中,这样就可以独立运行以重现生产环境的执行过程。
(2) 在理想条件下运行测试程序。
这里,"理想"的意思是在硬件处理能力固定的专用机器上,在大数据量下运行 SQL 进程。
(3) 在 x-y 坐标轴上图形化性能数据。
在测试过程中,将进程内每一条 SQL 语句处理的行数(x)和处理时间(y)在 x-y 坐标系中图形化地显示出来,我们称之为行-时间指标。理想情况下,优化器在多数情况下更为机械而缺少随机性,从而生成更清晰的可预测的趋势线。基础线型可以为潜在的性能问题提供线索。
(4) 使用简单的公式确定方法。
一旦定位图形上的点,就可以假定那些看上去像直线的遵循线性函数,看上去像曲线的遵循二次函数(也会出现其他的形状,但已经超出本节的讨论范围)。根据这些观察,可以使用简单的两点线性或三点曲线方法来确定公式。这两种方法可以很方便地手工或借助初级计算器来完成。也可以使用具有图形化和趋势线(回归)功能的电子表格,例如 Microsoft Excel。每条单独的 SQL 语句都应被逐个图形化并分析。
(5) 预测性能。
可以利用推导公式来预测没法进行实际测试的更高负载情况下的性能。因为随着预测负载的增加,预测的准确度可能会下降,因此建议只做出粗略预测。

计算两条性能曲线是有益的：如果性能曲线确实是线性的，第一条就作为下限；如果性能曲线可能会变成二次曲线，第二条就作为上限。预测值应当是二者之间的某一点。然后，可以进行一次测试，以验证实际的时间与预测有多接近。同样要注意，预测一个运行缓慢的进程将花费 20~24 小时并不重要，将之优化到 1 小时则更有意义。

(6) 诠释性能模式并进行实验。

性能曲线的形状和公式的本质是为找到潜在性能问题的原因提供线索，并支持(有时可能是推翻)诊断工具的分析。可以根据模式的线索以及修正的产品代码对 SQL 代码进行实验。可以再次图形化显示改进后的测试结果，并和原来方法的结果进行比较。

(7) 保留结果记录以提高专业技能。

为了积累使用这些数学方法和分析 Oracle 诊断工具的经验，应当在测试前后保留图形化的性能记录，引起性能问题的真正原因，以及找到的有效解决方案。图形提供了最确凿的性能问题的证据，可以可视化地向管理层和终端用户展现问题。

9.17.3 性能推导公式

下面将讨论确定公式的两种简单方法，它们基于简化版的牛顿均差插值多项式(Newton's Divided Difference Interpolating Polynomial)。可以这样使用这些方法：如果看上去像直线，就采用线性方程；而如果看上去向上倾斜，就采用二次方程。

1. 确定简单的线性公式

下面用简单的两点公式法确定最佳的线性性能曲线公式：

$y = a_0 + a_1 x$ (线性查询的最终公式)

$y = $ 表中的记录数

$x = $ 查询花费的时间

$a_1 = $ 直线的斜率(用两次查询测试来计算)

$a_0 = $ 直线在 y 轴上的截距(用两次查询测试来计算)

图 9-6 显示了理想条件下测试得到的一些数据点，这些点呈现线性。可以直观地选择两个点——(x_1, y_1) 和 (x_2, y_2) 来定义一条最小斜率的直线，其中斜率为 $a_1 = (y_2 - y_1)/(x_2 - x_1)$，$y$ 轴截距为 $a_0 = y_1 - a_1 x_1$。

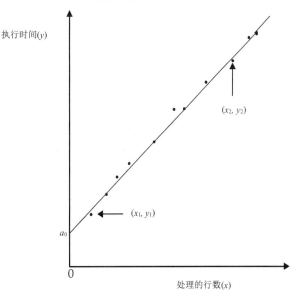

图 9-6　最佳线性性能曲线

一个简单的示例　这些公式看上去很棒，现在让我们看一看真实的查询(使用 emp 表上的简单查询)。必须为在两个不同数据量的表上运行的查询计时，以获得直线的公式。

```
select  ename, deptno
from    emp
where   deptno = 10;
```

仔细查看在一个很小的系统上进行的两个测试的响应时间：

(1) emp 表有 1000 行记录，查询花费 2 秒。

(2) emp 表有 2000 行记录，查询花费 3 秒。

因而可知：

$y_1 = 2(秒)$

$x_1 = 1000(记录)$

$y_2 = 3(秒)$

$x_2 = 2000(记录)$

- 步骤 1：计算直线的斜率。

    $a_1 = (y_2 - y_1)/(x_2 - x_1)$

    $a_1 = (3 - 2)/(2000 - 1000)$

    $a_1 = 0.001(直线的斜率为 0.001)$

- 步骤 2：得到 y 轴的截距。

    $a_0 = y_1 - a_1 x_1$

    $a_0 = 2 - (0.001)(1000)$

    $a_0 = 2 - 1$

    $a_0 = 1(y 轴的截距为 1)$

- 步骤 3：现在可以计算任何大小的 emp 表的响应时间。

现在已经有了这个查询的性能公式，可以计算出随着 emp 表的记录数的增长，查询将花费多少时间。

3000 行记录的响应时间是多少？

$y = a_0 + a_1 x (y$ 是响应时间，x 是表中的记录数)

$y = 1 + (0.001)(3000)$

$y = 1 + 3$

$y = 4$ 秒(查询这个有 3000 行数据的 emp 表的响应时间为 4 秒)

查询 100 000 行记录的响应时间是多少？

$y = a_0 + a_1 x$

$y = 1 + (0.001)(100000)$

$y = 101$ 秒(查询这个有 100 000 行数据的 emp 表的响应时间为 1 分 41 秒)

2. 确定简单的二次公式

现实情况是，大多数查询的表现并不是线性的，因此刚才介绍的方法不总能帮到你。但不用害怕——下面就介绍处理曲线的简单方法。再次重申，不要被本节吓倒，可以理解这些内容，并以此预测查询的扩展性(即预测随着数据行数的增加，查询响应时间的变化)。下面使用简单的三点法确定最佳性能二次公式。将要使用的公式如下：

$y = a_0 + a_1 x + a_2 x^2$ (非线性查询的最终公式)

$y = $ 查询花费的时间

$x = $ 数据行数

$a_0, a_1, a_2 = $ 基于查询产生的曲线推导出的常数

图 9-7 展示了理想条件下测试产生的测试点。

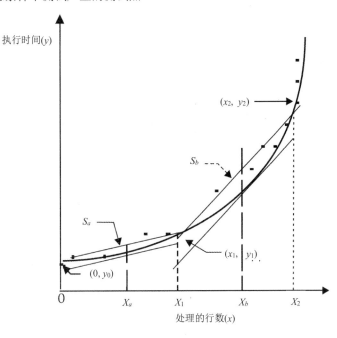

图 9-7 最佳性能二次曲线

直观地选择三个点——$(0, y_0)$、(x_1, y_1)和(x_2, y_2)，它们应当是二次曲线的最小斜率。0 和 x_1 的中点为 x_a，x_1 和 x_2 的中点为 x_b：

$x_a = (x_1 + 0)/2$ 和 $x_b = (x_2 + x_1)/2$

连接各点时，$(0, y_0)$和(x_1, y_1)形成斜率为 S_a 的割线(连接曲线上两个点的直线)，(x_1, y_1)和(x_2, y_2)形成斜率为 S_b 的割线。相应地，x 轴中点(x_a, y_a)和(x_b, y_b)在曲线上的投影点的切线斜率为 S_a 和 S_b。从二次公式推导出曲线在中点处的斜率：

$S_a = (y_1 - y_0)/(x_1 - 0) = a_1 + 2a_2 x_a$
$S_a =$ 曲线下部分的斜率
$S_b = (y_2 - y_1)/(x_2 - x_1) = a_1 + 2a_2 x_b$
$S_b =$ 曲线上部分的斜率

使用高斯消元法(Gauss elimination)得到系数 a_i，方法如下：

$a_2 = (S_b - S_a)/[2(x_b - x_a)] = (S_b - S_a)/x_2$

$a_1 = S_a - 2a_2 x_a = S_a - a_2 x_1$
$a_0 = y_0$

可以用这三个公式得到 a_0、a_1 和 a_2，从而得到最终的公式。通过这些公式中的常数，可以测算随着表中数据行数的增长，查询的响应时间的变化。

注意

这个方法并不适用于所有情况。只要任何一个 a_i 系数出现负值，曲线将有部分进入 x 轴以下，必须用其他方法来解决这个问题。通常情况下，在经过原点或 $a_0 = y_0 = 0$ 时，该方法最有效。

一个简单的示例　所有这些公式看上去很棒，下面让我们看一看实际的查询。必须为在两个不同数据量的表上运行的查询计时，以获得曲线的公式。orders 表的 ordno 列上有索引，但是它被 NVL 函数抑制了(这么做会造成非线性响应时间)。解决这个问题的真正方法是去除 orders 表中的 NULL 值，并将查询中的 NVL 函数去掉。然而，本例只用于生成二次方程以起到指导意义。

```
select  ordno, total
from    orders
where   nvl(ordno,0) = 7777;
```

仔细查看系统上两个测试的响应时间：

- 当 orders 表有 100 行数据时，查询花费 5 秒。
- 当 orders 表有 2000 行数据时，查询花费 1000 秒。

你想知道当 orders 表中有 10000 行数据时，这个查询要运行多久。那么，你已经知道：

$y_1 = 5$(秒)

$x_1 = 100$(行)

$y_2 = 1000$(秒)

$x_2 = 2000$(行)

$y_0 = 1$(秒，是估计值)，也就是 y 轴上的截距

可以利用曲线下部的两个点计算 y_0(使用前面线性公式在 100 行数据时的值)，但由于曲线下部分的值太小(查询 100 行数据需要 5 秒钟)，因此可以估计成 1 秒(应当计算一下)。

- 步骤 1：计算 S_a 和 S_b。

    $S_a = (y_1 - y_0)/(x_1 - 0)$

    $S_a = (5 - 1)/(100 - 0)$

    $S_a = 0.04$(曲线下部分的斜率几乎是水平的)

    $S_b = (y_2 - y_1)/(x_2 - x_1)$

    $S_b = (1000 - 5)/(2000 - 100)$

    $S_b = 0.52$(曲线上部分的斜率远大于下部分)

- 步骤 2：计算 a_2、a_1 和 a_0。

    $a_2 = (S_b - S_a)/x_2$

    $a_2 = (0.52 - 0.04)/2000$

    $a_2 = 0.00024$

    $a_1 = S_a - a_2 x_1$

    $a_1 = 0.04 - (0.00024)(100)$

    $a_1 = 0.016$

    $a_0 = y_0$

    $a_0 = 1$(y 轴的截距为 1)

- 步骤 3：生成公式，用于预测表数据的增长情况。

    $y = a_0 + a_1 x + a_2 x^2$

    $y = 1 + (0.016)x + (0.00024)x^2$ (用于预测查询响应时间的公式)

- 步骤 4：计算 10000 行数据时的预计响应时间。

    $y = 1 + (0.016)x + (0.00024)x^2$

    $y = 1 + (0.016)(10000) + (0.00024)(10000^2)$

    $y = 24161$(这个查询将花费 24161 秒，略少于 7 个小时，这说明出现问题了)

必须尽快修正 NVL 问题，用户才不用等待 7 个小时。但实际上，只计算了几个点，应当多测试一些点以更加准确地预测性能。

要诀

电子表格(例如 Microsoft Excel)是非常有用的工具，可以将性能指标图形化并自动推导出趋势线公式。例如，为了使用 Excel 生成一幅图，请将观察得到的一系列坐标(x, y)填入单元格。高亮显示单元格，选择 Chart Wizard | XY(Scatter) | Chart Sub-type。选择 Line 子类型，然后单击 Next | Next | Finish 来生成图表。为推导趋势线公式，请单击图形线，并选择 Chart | Add Trendline，在 Type 选项卡中，选择 Linear、Polynomial Order=2(用于二次方程)或其他模型。为了显示趋势线方程，请在 Options 选项卡中选中 Display Equation On Chart。然后单击 OK 来完成图表。计算出的公式将自动插入电子表格中(电子表格的版本不同，可能会有差异)，并用于预测数值增大时的返回值。

9.17.4 模式分析

如图 9-8 所示，图形化性能模式为分析和解决潜在问题提供了线索。使用这些方法的最终目的是通过优化 SQL 进程，将陡峭的线性或二次最佳性能曲线转换成平缓的线性曲线。期间可能需要使用索引、临时表、优化器提示命令或其他的 Oracle SQL 性能优化方法来进行测试。

在分析模式时，重要的一点是通过运行应用程序特定的 SQL 进行实验来积累经验。表 9-2 中基于我的个人经验展示了更多的特定分析，并提供通用的方法来指导你如何将观察的结果直接运用到优化 SQL 代码上。假定比例正确，模式分析经常能提供一幅更精确的图表，以反映进程的实际操作，并可能帮助解释或否定诊断工具告诉你的结果。

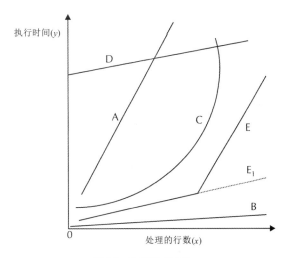

图 9-8 性能模式示例

1. 通用直线和二次曲线分析

一般来说，性能曲线平缓线性的进程要比那些性能曲线更为陡峭或弯曲的进程高效。斜率 a_1 表明 y 随给定的 x 产生的增长比率。比例很重要，这是因为一种比例下平缓的直线在另一种比例下可能显得很陡峭，反之亦然。

系数 a_0 很大的话，通常预示着进程的效率较低。

开口向上(凹形)的二次曲线通常预示着进程存在问题，因为随着数据行的增多，处理每一行新增数据的时间就越长。系数 a_2 影响曲线的弯曲度。如果它非常小的话，公式将更趋于线性。然而，即使一点点轻微的弯曲也意味着在数值很大的条件下，依旧隐藏着危险。

表 9-2　各种优化情形的图形表示

图 9-8 中的模式	可能的问题	可能的解决方案
A	SELECT 查询中缺少索引	创建索引，修正受抑制的索引
A	表上过多的索引影响 DML 语句性能	删除一些索引或者在较少(或代价较小)的列上创建索引
B	没问题	保持现状
C	SELECT 查询中缺少索引	创建索引，修正受抑制的索引
C	INSERT 语句中表上的索引过多	删除一些索引或者在较少(或代价较小)的列上创建索引
D	在不合适的场合用了全表扫描或 ALL_ROWS 提示	尝试使用索引搜索。尝试使用 FIRST_ROWS 提示强制使用索引
E	查询没有问题，但遇到了其他限制(例如磁盘 I/O 或内存问题)	找出碰到的瓶颈。增加 SGA 也许可以解决问题，但也有可能是其他原因
E_1	如果解决了对直线 E 的限制，进程将继续保持直线	进一步的优化也许能将进程的性能提高到直线 B

在极少的情况下，二次曲线表现为开口向下(凸形)，这意味着随着处理的数据行的增加，处理单位数据的时间反而变短了(即产生了规模效益)。这正是我们所期望的，并且可能在某个阈值处发生，那时使用全表扫描比使用索引更有效。

2. 索引

缺失索引通常会使 SQL 语句的性能变得糟糕。在图 9-8 中，曲线 A 和 C 可能是由于缺失索引造成的，具体情况还取决于代码的复杂性和数据量的大小。合适的索引可以将性能提高到直线 B。过多索引的结果可能和缺失索引一样糟糕。曲线 A 和 C 也有可能是由于强制使用索引造成的，相反，使用全表扫描可能将性能提高到直线 B。通常向有索引的表中插入数据要比向没有索引的表中插入数据慢。曲线 A 和 C 也有可能是向过多索引的表中插入数据造成的，相反，去除索引将得到直线 B。

索引示例　以下程序清单解释了使用索引分析会发生什么。假设有两个表——table_a 和 table_b，两个表在 key_field 列上存在一对多关系。这两个表不一定非得连接。

```
TABLE_A
KEY_FIELD   NUMBER
TOTAL       NUMBER

TABLE_B
KEY_FIELD   NUMBER
AMOUNT      NUMBER
```

接着针对每个 key_field 执行下面的更新操作：

```
table_a.total = table_a.total + sum(table_b.amount)
```

以下 SQL 语句将完成这个操作。注意 EXISTS 子查询是必需的，用于防止 table_a.total 列中出现 NULL 值，也就是 table_a.key_field 与 table_b.key_field 不匹配的地方。

```
update table_a ta set ta.total =
(select  ta.total + sum(tb.amount)
```

```
from       table_b tb
where      tb.key_field = ta.key_field
group by   ta.total)
where   exists
(select    null
from       table_b tb2
where      tb2.key_field = ta.key_field);
```

如果在 table_a.key_field 列上有唯一索引，而在 table_b.key_field 列上有非唯一索引，那么性能曲线将类似于图 9-8 中的直线 B。然而，如果在 table_b.key_field 列上没有索引，或者基于成本的优化器决定不使用索引，那么性能曲线将类似于曲线 A 或 C，这是因为 EXISTS 子查询严重依赖于索引。

我见过这样的例子：表 table_a 中的行数很少(少于 2000 行)，但基于成本的优化器不使用表 table_b 上的索引并在 EXPLAIN PLAN 中显示很小的成本。这里未考虑 table_b 中的行数(这个表中的数据超过 800 000 行)。实际的测试得到了一条陡峭的性能曲线，与 EXPLAIN PLAN 的结果是矛盾的。这个例子揭示了一个可能被诊断工具忽略的问题。

当基于成本的优化器发现查询将返回一个表中不足 5%~6%(基于平均分布)的数据时，优化器通常会使用存在索引的表来驱动查询。图 9-9 展示了在 Oracle 9i 发布之前，Oracle 多年来取得的进步。在 Oracle 10g 中，优化器不仅能分析行数，还能分析数据的分布，知道查询以前是否运行过。即使相隔几周，查询第一次和第二次的执行也是有区别的。当响应时间仍然依赖于由查询检索的数据块的百分比时(比使用行数的百分比好)，而且当需要返回表中的大多数数据时，磁盘类型、磁盘缓存、操作系统的缓存和查询是否运行过都会极大地改变图形的上半部分。性能更多地依赖于硬件和访问方式。在 Oracle 11g 中，仍然继续着这种改进。在 Exadata 中，你会看到全新的变革带来了更大的性能提升。本书为了说明 Oracle 以前版本的情况而保留了图 9-9(第 8 章显示了一幅描述 Oracle 11g 情况的图)。

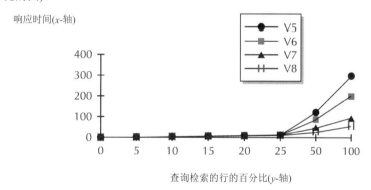

图 9-9　Oracle 以前版本中通过索引返回不同行比例的响应时间

3. 优化器执行计划

可以将性能模式图形化以利用可用的诊断工具。例如，假设正在分析一条速度缓慢且复杂的 SQL 语句，该语句中使用了视图，并采用基于成本的优化器，在大数据量的环境下执行，结果显示一条类似于图 9-8 中曲线 D 的很高的性能曲线。Oracle 的 EXPLAIN PLAN 输出中也显示了一个效率很低的执行计划。如果往定义视图的 SQL 语句中加入有效的优化器提示命令(例如，FIRST_ROWS)，性能曲线会戏剧性地提高到直线 B。

4. 多表连接

尽管使用了常规的优化方法，但复杂的多表连接语句仍然经常运行得很糟糕，性能曲线类似于图 9-8 中的曲线 A 或 C。根据过去的经验，通过使用临时表将其拆分成一系列简单的 SQL 语句，要比使用常规技巧只优化语句更加有效。最后的结果是一样的，但速度会快许多，表现出近似于直线 B 的复合曲线。

5. 折刀(Jackknifing)模式

Jackknifing 是一种模式，即性能曲线开始时较平缓，但经过某个特定的阈值后将变得很陡峭，类似于图 9-8 中的折线 E。这个行为可以由两个线性公式定义出来。可能由多方面原因造成，例如磁盘 I/O、内存限制或者由于数据量的变化造成优化器执行计划的变化。可能的解决办法包括：增加系统容量、为优化器提供新的统计信息或者将 SQL 语句分解成几部分，每部分处理一部分数据。正确的优化可以将性能曲线拉近到直线 E1 或者更进一步提高到直线 B。

6. 延缓二次曲线

通常，性能糟糕的 SQL 进程是在小数据量的环境中设计并测试的，运行在大数据量的生产环境中之后，就像图 9-10 中的曲线 A 所示，真实的下降的二次曲线本性就显露出来了。下面的示例创建一个进程并一直测试到 x_1 点——其性能表现原本希望非常接近于直线 B，但是一放到生产环境中并且数据量增大到 x_3，直线就变成了曲线 A。

如果无法找到合适的性能优化方案，可以通过将原始语句分解成选择范围较小的小数据量语句来提高二次曲线的性能，延长二次曲线的平缓部分。假设在图 9-10 中，将方程分解成三个选择区域：[0 到 x_1] 为曲线 A 的平缓部分，[x_1 到 x_2] 为曲线 A_1 的平缓部分，[x_2 到 x_3] 为曲线 A_2 的平缓部分。综合结果就是从[0 到 x_3] 性能趋近于直线 B，此时 y_3' 代表的时间也远低于原有的 y_3。尽管这不是最好的解决方案，但它仍然能解决这个问题。

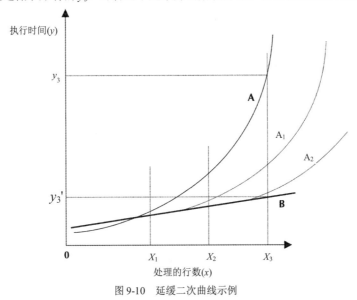

图 9-10　延缓二次曲线示例

对于更新和删除等用到回滚段的进程，将其分解成 SQL 循环和提交机制可以比一次性执行所有操作获得更佳的综合性能。

7. 波动效果

在理想条件下运行并将结果图形化，可以很方便地分析由于外部作业造成的结果波动。例如，图 9-11 中的直线 A 是一个理想条件下运行效率不高的线性进程。假定同一时间，另一个进程运行了一定数量的作业，可能是大的查询、插入、更新或备份等。第二次测试将直线 A 增加一倍，到达直线 A_1。换句话说，由于系统中增加了作业，进程的响应时间成倍增加。

现在假设优化了原始进程。在理想条件下测试新的进程，最佳性能曲线将迁移至直线 B。如果要你预测，将同样的作业增加到新的进程中时会发生什么，你可能会认为性能会下降 100%到直线 B1。

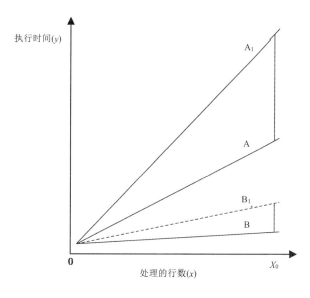

图 9-11 波动效果示例

但是，由于直线 A 和 B 的斜率不一样(直线 A 比 B 陡峭得多)，同样增加 100%时，直线 B 到 B_1 造成的增量比直线 A 到 A_1 造成的增量要少得多。实际上，由于直线 B 的综合效率很好，在真实的带有额外作业的环境中，测到的直线 B 受到的影响甚至可能远低于预测的 100%。通常情况下，高效的 SQL 进程比低效的 SQL 进程更不容易受额外作业的影响。

9.17.5 数学方法总结

简单的数学方法是一种有效的分析和优化 Oracle SQL 性能的方法论，涉及在理想环境下进行测试，将性能结果图形化，使用简单的线性和二次曲线公式来预测高负载情况下系统的性能，另外还包括可以直接应用于 SQL 代码优化的性能模式分析。可以用这些方法构造自己的优化工具。

这些方法是传统数学分析和 Oracle 诊断工具相结合的结晶，可以协助性能分析并发挥两种方法的优点。通过提供完整的性能曲线图像，还能帮助你发现可能被其他诊断方法忽略的隐藏问题。该方法还将帮助你克服性能优化壁垒，例如缺乏使用 Oracle 的经验，缺乏确凿的证据，或者很难利用诊断工具进行分析，它们都有可能妨碍有效的性能优化。也可以分析外部作业对性能造成的波动。图形向管理者和终端用户提供了可视化的性能展示。还可以利用电子表格(例如 Microsoft Excel)实现这些技术，以进行快速和简单的性能分析。

要诀

如果想演奏像贝多芬交响乐一样美妙的 Oracle 交响乐，就必须学习并掌握如何将数学方法应用到性能优化上。不需要掌握上大学时学习的所有数学知识，只要用本章的简单公式把本书的内容紧紧联系到一起就行了。Joe Holmes，感谢你在数学方面为我们所做的贡献!

9.18 要诀回顾

- 使用基于成本的优化器时，如果使用 ORDERED 提示，FROM 子句中的第一个表将是驱动表。这将覆盖优化器对驱动表所做的选择。对于排序合并连接，表的顺序不受影响，因为并不需要某个表来驱动查询(当然前面的表被首先访问,看起来像是驱动表)。在小表连接时利用 ORDERED 提示来弄明白哪个表是驱动表将帮助你解决大表连接的问题,也可以帮助你找到索引问题。

- 如果与哈希相关的初始化参数设置正确,优化器通常使用哈希连接代替排序合并连接。使用哈希连接时,第一个表用来构造哈希表(在内存中,如果内存足够的话);然后扫描 FROM 子句中的另一个表,基于连接键探查哈希表中匹配的结果。哈希连接中 FROM 子句中的第一个表将作为第一个访问的表(如果使用 ORDERED 提示的话)。

- 如果使用基于成本的优化器,并且使用嵌套循环连接,那么 FROM 子句的第一个表是驱动表(所有其他的条件都是相等条件的情况下),但是只有使用 ORDERED 提示才可以确保这一点。在嵌套循环连接中,选择较小结果集(不一定是较小的表)为驱动表意味着可对另一个结果集(从非驱动表中)执行较少的循环,因而性能最佳。

- 要改变 Oracle 多表连接的方式,请使用 USE_MERGE、USE_NL 或 USE_HASH 提示。可能要指定多个表以保证提示能真正有效,通常按照 FROM 子句中的顺序从开头到最后驱动。

- 在三表连接中,驱动表是交集表,或是和其他两个表均有连接条件的表。尝试使用限制条件最多的表作为驱动表(或交集表),这样当连接第三个表时,前两个表连接的结果集将很小。同样,确保为所有表的连接条件建立了索引!

- 使用基于成本的优化器,当一个大表和一个小表连接时,小表是驱动表(首先访问),并且小表被用来通过关联列构造哈希表并放到内存中。接下来扫描大表并通过关联列来探测哈希表以确定是否匹配。同时要注意的是,如果内存不足以放下哈希表,那么这个操作将会变得极慢,因为哈希表需要分成多个部分并可能需要交换到磁盘上。如果指定了 ORDERED 提示,那么 FROM 子句中的第一个表将会作为驱动表,并且用于构造哈希表。

- 使用基于成本的优化器,当一个大表和一个小表连接时,如果大表上有可用的索引,那么大表会被用作驱动表[1]。如果指定了 ORDERED 提示,那么 FROM 子句中的第一个表将会作为驱动表。

- 为确保正确理解了 EXPLAIN PLAN,可以运行一个你已经非常明了哪个表将作为驱动表的查询(含有嵌套子查询)。

- 也许不能修改某些第三方产品的实际源代码,但是可以通过增加、强制或抑制索引来提高性能。

- 当无法避免使用分布式查询时,使用 IN 子句和集合操作符(例如 UNION 或 MINUS),并采用任何可以降低数据库节点间网络流量的技术。查询如果引起分布式节点(分布式数据库)间的数据循环,那么效率是极为低下的。

- 除了一些典型的原因,如果开发人员在查询数据的同时尝试修改它们,并且数据提取跨越了提交,那么就会碰到快照过旧(Snapshot Too Old)的问题。要解决这个问题,只要将出现问题的游标关闭再打开即可。

- 将数据块转储是用于理解 Oracle 工作方式和研究问题优化领域的一种有用工具。只有优化领域的专家才需要考虑使用数据块转储,而且即便是专家,也应该在 Oracle 售后的帮助下使用。Oracle 没有发布数据块转储的结构形式,所以可能会随时发生变化。

---

1 译者注:只有当大表中通过索引过滤之后的行数小于另外那个小表时,大表才会作为驱动表。优化器会选择过滤之后的结果集中较小的那个表作为驱动表。

- 如果想演奏像贝多芬交响乐一样美妙的 Oracle 交响乐，就必须学习如何在数据块级优化并掌握如何将数学方法应用到性能优化中。不需要掌握上大学时学习的所有数学知识，只要用本章的简单公式把本书的内容紧紧联系到一起就行了。
- 如果已经阅读并理解整章的内容，你可能已成为顶尖的性能优化专家，并且你将领略到我在优化 Oracle 性能时感到的喜悦和成就感。

第 10 章

使用 PL/SQL 提升性能
(针对开发人员和 DBA)

  正像每次版本更新一样，Oracle 12c 使 PL/SQL 的性能和功能又提升了一个新台阶。本章主要介绍 Oracle 12c 中有用的新诀窍(到 12cR2 为止)以及以前版本中继续有用的诀窍。一旦有更好的查询来监控系统，就有必要让它们自动运行。PL/SQL 除了可完成以上工作外，还提供强大而有效的可用于调整性能的程序包和存储过程。PL/SQL 引擎处理所有的 PL/SQL 请求，并且将语句传递给 Oracle 去执行。当 PL/SQL 被传递给 Oracle 之后，通常被放置在 Oracle 的系统全局区(SGA)中，特殊情况下会被放置在共享池内。在 Oracle 中，PL/SQL 的源代码可以以存储过程、函数、程序包或触发器的形式存储。一旦这些对象以编译过的格式存储在数据库中，用户只要获得相应对象的执行权限就可以使用任何的 Oracle 工具来执行这些对象。一旦开始执行对象，p-代码(可执行代码)就将被加载到 SGA 共享池中，再由 Oracle 执行。一个 PL/SQL 对象会一直保存在 SGA 共享池中，直到根据最近最少使用(Least Recently Used，LRU)算法将该对象设置为失效。因此，如果有任何程序需要调用一个对象，只要该对象还没有失效,它就不必被重新加载到 SGA 共享池中。因此,Oracle 通常会查询效率很高的 SGA 共享池中的对象,而不是到效率较低的磁盘上加载对象。如何调优 PL/SQL 中的 SQL 很有可能就是影响性能的最大驱动因素,当然,本章中也会介绍其他的调优方案。本章的最后一部分着重介绍对 PL/SQL 的理解和定位。

本章要点如下:
- 利用 PL/SQL 函数结果集缓存提升性能(Oracle 12c 中有改进)
- 在 SQL 语句中定义 PL/SQL 子程序(Oracle 12c 新特性)
- 在 PL/SQL 表达式中直接引用序列
- 自增列(Oracle 12c 新特性)
- 增加了 VARCHAR2、NVARCHAR2 和 RAW 数据类型的长度(Oracle 12c 新特性)
- 在 SQL 语句中使用 DBMS_SQL 来绑定只用于 PL/SQL 的数据类型(Oracle 12c 新特性)
- 在 SQL 函数调用中使用命名参数
- 带有 CONTINUE 语句的简单循环
- 利用编译时警告捕捉编程错误
- 使用本地编译提升性能(Oracle 12c 中有改进)
- 利用优化的编译器最大化性能(Oracle 12c 中有改进)
- 使用 DBMS_APPLICATION_INFO 进行实时监控
- 在 RAC 环境中使用 DBMS_APPLICATION_INFO 的自定义替换进行实时监控
- 在数据库表中记录计时信息
- 减少 PL/SQL 程序的单元迭代和迭代时间
- 使用 ROWID 进行迭代处理
- 将数据类型、IF 语句的排列和 PLS_INTEGER 标准化
- 减少对 SYSDATE 的调用
- 减少 MOD 函数的使用
- 固定对象以提升共享池的使用
- 标识需要被固定的 PL/SQL 对象
- 使用和修改 DBMS_SHARED_POOL.SIZES
- 从 DBA_OBJECT_SIZE 中获取详细的对象信息
- 发现无效的对象
- 发现已禁用的触发器
- 使用 PL/SQL 关联数组以快速引用表查找
- 当使用对象时找到和优化 SQL
- 在使用 Oracle 的 DATE 数据类型时使用时间组件
- 使用 PL/SQL 来优化 PL/SQL
- 了解 PL/SQL 对象定位的含义
- 对大型游标使用指定回滚段
- 使用数据库的临时表来提高性能
- 集成用户跟踪机制以定位执行位置
- 限制动态 SQL 的使用
- 使用管道表函数建立复杂的结果集
- 使用条件编译限制调试命令
- 为初学者提供示例(初学者从这里开始)

10.1 利用 PL/SQL 函数结果集缓存提升性能(Oracle 12c 中有改进)

Oracle 12c 中的 PL/SQL 函数结果集缓存或许是最好的新的开发者特性。此特性提供快速的方法来建立函数结果的缓存，在后续调用具有相同参数值的函数时会自动使用此缓存。它从根本上消除过去必须使用 PL/SQL 数组结构进行手工编码的缓存。更重要的是，新的函数结果集缓存在实例级而不是手工编码机制下的会话级。

例如，看下面这些表：

```
Table Name   Rows         Column         Type       Length
-----------  -----------  -------------  ---------  ------
countries           65    country_id     number
                          country_name   varchar2     50
cities           1,111    city_id        number
                          country_id     number
                          city_name      varchar2     50
residents    1,000,000    resident_id    number
                          first_name     varchar2     50
                          last_name      varchar2     50
                          salary         number
                          city_id        number


Table Name   Constraint Name    Type  Column         Related Constraint
-----------  -----------------  ----  -------------  ------------------
countries    countries_pk       PK    country_id
countries    countries_uk1      UK    country_name
cities       cities_pk          PK    city_id
cities       cities_uk1         UK    country_id
                                      city_name
cities       cities_fk1         FK    country_id     countries_pk
residents    residents_pk       PK    resident_id
residents    residents_fk1      FK    city_id        cities_pk
```

在这些关键城市里居住着 398 124 位美国居民：

```
City Name        Count
--------------   -----
Anchorage          907
Baltimore          865
Chicago            869
Dallas             924
New York City      890
```

接下来，创建一个函数以返回指定国家的平均工资：

```
CREATE OR REPLACE FUNCTION get_avg_sal(p_country_c in varchar2) return number is
  v_avg_n number;
BEGIN
  select trunc(avg(r.salary), 2)
    into v_avg_n
    from residents r,
         countries c,
         cities    t
   where r.city_id      = t.city_id
     and t.country_id   = c.country_id
     and c.country_name = p_country_c;
  return v_avg_n;
END get_avg_sal;
```

基线性能可以通过多次执行该函数以计算美国居民的平均工资来获得:

```
select get_avg_sal('USA') from dual;

GET_AVG_SAL('USA')
------------------
        515368.02

Execution Times
---------------
0.421 seconds
0.359 seconds
0.358 seconds
0.359 seconds
0.374 seconds
```

忽略第一次执行是因为它会导致解析该语句的开销,得到的平均执行时间为 0.3625 秒。考虑到 residents 表包含 100 万条记录,这个结果总体上看起来不错。让我们看看这个函数的性能在复杂查询时会恶化到什么程度。这个任务是查询收入超过平均工资的芝加哥居民的人数。结果如下:

```
select count(*)
  from residents r,
       cities    c,
       countries cr
 where r.city_id       = c.city_id
   and c.country_id    = cr.country_id
   and cr.country_name = 'USA'
   and c.city_name     = 'Chicago'
   and r.salary        > get_avg_sal(cr.country_name);

  COUNT(*)
----------
       434

Executed in 309.318 seconds
```

显而易见,这里的问题是 get_avg_sal 函数被执行了 869 次,每个居住在芝加哥的居民都执行了一次。考虑到 get_avg_sal 函数最多返回 65 个不同的值(每个国家一个),你可能倾向于构建一个到函数调用的缓存机制。可以通过简单地增加 RESULT_CACHE 关键字到函数定义中来快速实现缓存:

```
CREATE OR REPLACE FUNCTION get_avg_sal(p_country_c in varchar2) return number result_cache is
 v_avg_n number;
BEGIN
  select trunc(avg(r.salary), 2)
    into v_avg_n
    from residents r,
         countries c,
         cities    t
   where r.city_id       = t.city_id
     and t.country_id    = c.country_id
     and c.country_name  = p_country_c;
  return v_avg_n;
END get_avg_sal;
```

通过启用结果集缓存,函数的平均执行时间下降到 0.015 秒,如下所示:

```
select get_avg_sal('USA') from dual;
```

```
GET_AVG_SAL('USA')
------------------
        515368.02

Execution Times
---------------
1.373 seconds
0.015 seconds
0.016 seconds
0.016 seconds
0.015 seconds
```

针对芝加哥居民的复杂查询现在 0.749 秒即可完成。

让我们进一步查看函数发生了什么。首先，稍微修改一下函数，从而可以在每次执行时生成终端输出。

```
CREATE OR REPLACE FUNCTION get_avg_sal(p_country_c in varchar2) return number result_cache is
 v_avg_n number;
BEGIN
  dbms_output.put_line('Executing Function Body');
  select trunc(avg(r.salary), 2)
    into v_avg_n
    from residents r,
         countries c,
         cities    t
   where r.city_id      = t.city_id
     and t.country_id   = c.country_id
     and c.country_name = p_country_c;
  return v_avg_n;
END get_avg_sal;
```

现在看看复杂的针对芝加哥居民的查询：

```
select count(*)
  from residents r,
       cities    c,
       countries cr
 where r.city_id       = c.city_id
   and c.country_id    = cr.country_id
   and cr.country_name = 'USA'
   and c.city_name     = 'Chicago'
   and r.salary        > get_avg_sal(cr.country_name);

  COUNT(*)
----------
       434

Executing Function Body

Executed in 1.591 seconds
```

出现的单个 "Executing Function Body" 表示函数体仅仅被执行了一次。再次执行该查询：

```
/
  COUNT(*)
----------
       434
```

Executed in 0.749 seconds

这一次"Executing Function Body"没有出现是因为结果来自结果集缓存。额外的好处是，结果集缓存可以被当前实例的任何会话使用。与之形成鲜明对比的是，手工编码的缓存只能是会话专有的(每个会话维护自己的缓存数组和值)。为了验证这一点，启动一个新会话并运行复杂的芝加哥查询：

```
select count(*)
  from residents r,
       cities    c,
       countries cr
 where r.city_id       = c.city_id
   and c.country_id    = cr.country_id
   and cr.country_name = 'USA'
   and c.city_name     = 'Chicago'
   and r.salary        > get_avg_sal(cr.country_name);

  COUNT(*)
----------
       434
```

Executed in 0.811 seconds

显然，新的数据库会话利用之前会话中 get_avg_sal('USA')函数调用的缓存。如果调整查询目标为爱尔兰的都柏林，你将看到函数必须重新执行以缓存爱尔兰居民的数据：

```
select count(*)
  from residents r,
       cities    c,
       countries cr
 where r.city_id       = c.city_id
   and c.country_id    = cr.country_id
   and cr.country_name = 'Ireland'
   and c.city_name     = 'Dublin'
   and r.salary        > get_avg_sal(cr.country_name);

  COUNT(*)
----------
       431

Executing Function Body
```

Executed in 1.872 seconds

如果想知道当表中数据更新时的缓存情况，可以使用几个 SQL 命令验证一下(重启数据库后再运行)：

```
select get_avg_sal('USA') from dual;

GET_AVG_SAL('USA')
------------------
        515368.02

Executing Function Body
```

Executed in 2.278 seconds

```
update residents r
   set r.salary = r.salary + 100;
```

```
1000000 rows updated

Executed in 32.152 seconds

commit;

Commit complete

Executed in 0 seconds

select get_avg_sal('USA') from dual;

GET_AVG_SAL('USA')
-----------------
       515368.02

Executed in 0.015 seconds
```

显然缓存不知道底层数据的变化,因此返回错误的结果。Oracle 提供的实用程序包 DBMS_RESULT_CACHE 可以用来立即清除缓存。当然,清除允许缓存使用适当的值重新填充,把对工资的修改考虑在内。注意,默认用户并没有 DBMS_RESULT_CACHE 包的 EXECUTE 权限。

```
select get_avg_sal('USA') from dual;

GET_AVG_SAL('USA')
-----------------
       515368.02

Executed in 0.016 seconds

exec dbms_result_cache.flush;
PL/SQL procedure successfully completed

Executed in 0.031 seconds

select get_avg_sal('USA') from dual;

GET_AVG_SAL('USA')
-----------------
       515468.02

Executing Function Body

Executed in 1.186 seconds
```

合适的长期方案是修改函数定义以识别底层的需要缓存考虑在内的依赖对象。使用 RELIES_ON 子句即可完成:

```
CREATE OR REPLACE FUNCTION get_avg_sal(p_country_c in varchar2)
return number result_cache relies_on(cities, residents) is v_avg_n number;
BEGIN
  dbms_output.put_line('Executing Function Body');
  select trunc(avg(r.salary), 2)
    into v_avg_n
    from residents r,
         countries c,
         cities    t
```

```
       where r.city_id      = t.city_id
         and t.country_id   = c.country_id
         and c.country_name = p_country_c;
   return v_avg_n;
END get_avg_sal;
```

结果集缓存现在监控 cities 和 residents 表的修改并根据需要进行刷新。cities 表作为依赖对象被列出以跟踪可能发生的组织调整，比如给国家添加一座新城市。现在来看看修改对结果的影响：

```
select get_avg_sal('USA') from dual;

GET_AVG_SAL('USA')
------------------
        515468.02

Executing Function Body

Executed in 0.92 seconds

select get_avg_sal('USA') from dual;

GET_AVG_SAL('USA')
------------------
        515468.02

Executed in 0.015 seconds

update residents r
   set r.salary = r.salary + 100;
1000000 rows updated
Executed in 32.277 seconds
commit;
Commit complete
Executed in 0.031 seconds

select get_avg_sal('USA') from dual;

GET_AVG_SAL('USA')
------------------
        515568.02

Executing Function Body

Executed in 1.435 seconds
```

缓存现在反映了函数依赖的表的变化并根据需要进行刷新。

除了早前提到的 DBMS_RESULT_CACHE 包，Oracle 还提供了一些性能视图用于监控结果集缓存，包括 V$RESULT_CACHE_STATISTICS、V$RESULT_CACHE_MEMORY、V$RESULT_CACHE_OBJECTS 和 V$RESULT_CACHE_DEPENDENCY。从开发者角度看，最有用的是 V$RESULT_CACHE_STATISTICS 和 V$RESULT_CACHE_OBJECTS。前者提供整个结果集缓存的汇总概要，后者则提供缓存中每个对象的明细。

视图 V$RESULT_CACHE_STATISTICS 返回整个结果集缓存汇总信息的 10 条记录。下面是这个视图返回信息的一个例子：

```
select * from sys.v_$result_cache_statistics;
```

```
        ID NAME                                    VALUE
---------- ------------------------------- ----------
         1 Block Size (Bytes)                    1024
         2 Block Count Maximum                   1056
         3 Block Count Current                     32
         4 Result Size Maximum (Blocks)            52
         5 Create Count Success                     2
         6 Create Count Failure                     0
         7 Find Count                            1739
         8 Invalidation Count                       0
         9 Delete Count Invalid                     0
        10 Delete Count Valid                       0

10 rows selected
```

这些名-值对的定义如表 10-1 所示。

表 10-1 名-值对的定义及值

名称	值
Block Size (Bytes)	每个内存块的大小
Block Count Maximum	允许的最大内存块数量
Block Count Current	当前分配的内存块数量
Result Size Maximum (Blocks)	单个结果集允许分配的最大块数量
Create Count Success	成功创建的缓存结果数
Create Count Failure	创建失败的缓存结果数
Find Count	缓存成功服务的缓存结果数(函数不需要执行)
Find Copy Count	被复制的缓存结果数
Hash Chain Length	越多的块被哈希到同一个哈希链表，长度越长。如果变得过长，扫描这个长哈希链表可导致性能衰减
Invalidation Count	无效总数。当缓存结果因为依赖失效时，就会发生无效。比如前面例子中的工资变化，缓存失效并且在下次函数调用时需要刷新
Delete Count Invalid	被删除的无效缓存结果数
Delete Count Valid	被删除的有效缓存结果数

V$RESULT_CACHE_STATISTICS 视图的 STATUS 列表示缓存中数据的可用性，状态有如下几种。

- New：结果构建中。
- Published：结果可用。
- Bypass：结果被忽略。
- Expired：结果已经过期。
- Invalid：结果失效，不再可用。

视图 V$RESULT_CACHE_OBJECTS 中 TYPE 列的值为 Result 的行是我们最感兴趣的行，因为能查看命中率等信息。对缓存中依然有效的函数名和输入参数的唯一组合，视图包含"Published Result"记录(TYPE 为 Result 并且 STATUS 为 Published)。当整个缓存无效时，视图 V$RESULT_CACHE_OBJECTS 也会包含状态为无效的记录，比如当 RELIES_UPON 对象更新导致刷新缓存时。根据之前讨论的 SQL，应该可以看到两条公布的结果记录：一条是对 get_avg_sal('USA')的多次调用，另一条是对 get_avg_sal('Ireland')的调用。下面是对 USA 调用的部分记录：

```
ID                      6
TYPE                    Result
STATUS                  Published
BUCKET_NO               599
HASH                    1988862551
NAME                    "SCOTT"."GT_AVG_SAL"::8."GET_AVG_SAL"#8440831613f0f5d3 #1
NAMESPACE               PLSQL
CREATION_TIMESTAMP      1/23/2009 9:58:57 AM
CREATOR_UID             5512
DEPEND_COUNT            3
BLOCK_COUNT             1
SCN
COLUMN_COUNT            1
PIN_COUNT               0
SCAN_COUNT              4345
ROW_COUNT               1
ROW_SIZE_MAX            7
ROW_SIZE_MIN            7
ROW_SIZE_AVG            7
BUILD_TIME              146
LRU_NUMBER              0
INVALIDATIONS           NULL
OBJECT_NO               NULL
SPACE_OVERHEAD          274
SPACE_UNUSED            743
```

对上面这些列的解释如表 10-2 所示。

表 10-2　对各列的解释

列名	解释
ID	缓存对象的标识(也就是第一块的 ID)
TYPE	缓存对象的类型
STATUS	对象的状态
BUCKET_NO	对象的内部哈希桶
HASH	对象的哈希值
NAME	名称(比如 SQL 前缀或 PL/SQL 函数名)
NAMESPACE	缓存结果的类型(SQL 或 PL/SQL)
CREATION_TIMESTAMP	对象的创建时间
CREATOR_UID	结果的创建者 ID
DEPEND_COUNT	每个结果的依赖个数，如果 TYPE 是依赖，就表示被依赖个数
BLOCK_COUNT	缓存对象中的数据块数量
SCN	缓存结果的创建 SCN 或依赖有效时的 SCN
COLUMN_COUNT	缓存结果中的列数
PIN_COUNT	缓存结果中活动的扫描数量
SCAN_COUNT	缓存结果中总的初始扫描数量
ROW_COUNT	缓存结果中的总行数
ROW_SIZE_MAX	最大行的大小(以字节计)
ROW_SIZE_MIN	最小行的大小(以字节计)

(续表)

列名	解释
ROW_SIZE_AVG	平均行的大小(以字节计)
BUILD_TIME	构建缓存结果的时间(单位是 1/100 秒)
LRU_NUMBER	LRU 列表位置(值越小,越近使用)
OBJECT_NO	依赖对象在数据字典中的对象编号
INVALIDATIONS	依赖对象导致被依赖对象无效的次数
SPACE_OVERHEAD	缓存结果的开销(以字节计)
SPACE_UNUSED	缓存结果不用的空间(以字节计)

总而言之,新的 PL/SQL 函数结果集缓存使得在最小开发代价下性能获得最大的提升。它不是解决设计、编码很糟糕的函数的支柱,而应该是创建高效程序的工具。

在 Oracle 12c 中,我们还可以把调用者权限(AUTHID CURRENT_USER)和函数结果集缓存联合在一起。现在我们的函数看起来是这个样子的:

```
CREATE OR REPLACE FUNCTION get_avg_sal(p_country_c in varchar2) return number
AUTHID CURRENT_USER
RESULT CACHE is
 v_avg_n number;
BEGIN
  select trunc(avg(r.salary), 2)
    into v_avg_n
    from residents r,
         countries c,
         cities    t
   where r.city_id     = t.city_id
     and t.country_id  = c.country_id
     and c.country_name = p_country_c;
  return v_avg_n;
END get_avg_sal;
```

在一个调用者权限函数中使用这样一段声明的结果集缓存,会根据当前用户的名字做逻辑分区。当相同的用户执行调用相同参数的函数,性能会得到提升。

10.2 在 SQL 语句中定义 PL/SQL 子程序(Oracle 12c 新特性)

Oracle 12c 提供了两个新特性来提高子程序调用时的查询性能。现在可以通过 WITH 子句的声明,在一条 SELECT 语句中创建一段 PL/SQL 子程序。在 WITH 子句中创建的这个函数只能被当前查询使用,并没有作为对象保存在数据库中(与内联视图比较相似)。因为 WITH 子句中的子程序会由 SELECT 语句调用,只有声明部分的函数才能使用。

下面使用一个前面例子中用过的函数:

```
CREATE OR REPLACE FUNCTION get_avg_sal(p_country_c in varchar2) return number is
  v_avg_n number;
BEGIN
  select trunc(avg(r.salary), 2)
    into v_avg_n
    from residents r,
         countries c,
         cities    t
   where r.city_id     = t.city_id
```

```
      and t.country_id   = c.country_id
      and c.country_name = p_country_c;
  return v_avg_n;
END get_avg_sal;
```

在 Oracle 12c，如果不想把这个函数保存在数据库中，而只是在 SELECT 语句中使用，可以使用 WITH 子句：

```
WITH FUNCTION get_avg_sal(p_country_c in varchar2)
return number result_cache relies_on(cities, residents) is
 v_avg_n number;
BEGIN
  select trunc(avg(r.salary), 2)
    into v_avg_n
    from residents r,
         countries c,
         cities    t
   where r.city_id     = t.city_id
     and t.country_id  = c.country_id
     and c.country_name = p_country_c;
  return v_avg_n;
END;
select get_avg_sal('USA') from dual;

GET_AVG_SAL('USA')
------------------
        515568.02
```

没有 SQL 到 PL/SQL 引擎的切换，反之亦然。不用保存对象以及所需要的授权、同义词等。除一次执行带来的性能提升外，Oracle 12c 这个的新特性对于使用只读账号写查询语句非常有帮助，在那些不需要重用的特殊报表中，不需要创建函数的权限。当与独立的命名函数重名时，优先使用局部的 WITH 子句定义。

另外，Oracle 12c 中还有一个相关联的新特性，就是创建函数时可以通过 UDF 的编译指示来告知编译器，这个函数始终在 SELECT 语句中调用。UDF 是 User-Defined Function 的缩写。从 Oracle 7 开始，我们就能创建函数并保存在数据库中，可以通过 SQL 或 PL/SQL 调用。在性能方面有个问题，就是每次从 SQL 转到 PL/SQL 时都需要上下文切换。在 Oracle 12c 中，可以使用 PRAGMA UDF 作为编译器指令，指示这个函数只用在 SQL 语句中。

把前面例子中的函数拿过来加上 PRAGMA UDF：

```
FUNCTION get_avg_sal(p_country_c in varchar2)
return number result_cache relies_on(cities, residents) is
PRAGMA UDF;
 v_avg_n number;
BEGIN
  select trunc(avg(r.salary), 2)
    into v_avg_n
    from residents r,
         countries c,
         cities    t
   where r.city_id     = t.city_id
     and t.country_id  = c.country_id
     and c.country_name = p_country_c;
  return v_avg_n;
END;
select get_avg_sal('USA') from dual;

GET_AVG_SAL('USA')
------------------
        515568.02
```

下面通过简单地调用存储在数据库中的函数 get_avg_sal 来比较一下这个新选项的性能,这个调用我们假设为 1 倍基准,当使用 WITH 选项时,性能有 3.7 倍的提升,使用 UDF 编译指示则有 3.9 倍的提升。显而易见,性能有了显著提升。但是也要记住一些缺点,使用 WITH 子句创建的函数不保存在数据库中,不能重用。如果在另一个 PL/SQL 中直接调用创建时使用 PRAGMA UDF 选项的函数,会导致性能下降。所以,使用 PRAGMA UDF 创建的函数,最适合只在 SQL 语句中调用。

10.3 直接在 PL/SQL 表达式中引用序列

可以不用旧的"select from dual"方法而直接在 PL/SQL 表达式中引用序列。这样做的结果是得到更易于阅读和维护的流畅代码。Oracle 承诺在性能和可扩展性方面都有提升。

让我们从一段 PL/SQL 代码开始,这段代码使用旧的"select from dual"方法从序列中取值:

```
drop sequence my_seq;

create sequence my_seq
minvalue 1
start with 1
increment by 1
nocache;

DECLARE
  v_time_start_i integer;
  v_time_end_i   integer;
  v_value_i      integer;
BEGIN
  v_time_start_i := dbms_utility.get_time;
  for i in 1..100000 loop
    select my_seq.nextval
      into v_value_i
      from dual;
  end loop;

  v_time_end_i := dbms_utility.get_time;
  dbms_output.put_line('Execution Time: '||
                       (v_time_end_i - v_time_start_i)/100||
                       ' seconds');
END;
/
```

这段代码执行了 61.47 秒(三次执行的平均值)。

可以直接在 PL/SQL 代码中引用 nextval 和 currval,如下所示:

```
drop sequence my_seq;

create sequence my_seq
minvalue 1
start with 1
increment by 1
nocache;

DECLARE
  v_time_start_i integer;
```

```
  v_time_end_i      integer;
  v_value_i         integer;
BEGIN
  v_time_start_i := dbms_utility.get_time;
  for i in 1..100000 loop
    v_value_i := my_seq.nextval;
  end loop;

  v_time_end_i := dbms_utility.get_time;
  dbms_output.put_line('Execution Time: '||
                       (v_time_end_i - v_time_start_i)/100||
                       ' seconds');
END;
/
```

这段代码的平均执行时间是 61.90 秒。尽管性能提升尚未显现，然而在 PL/SQL 中直接引用序列值简化了代码。事实上，性能略微衰减。为一探究竟，使用不同的序列缓存大小重复之前的测试，结果汇总如下。

从序列中获得 10 万个值所花费的时间(单位是秒)，如表 10-3 所示。

表 10-3　两种调用方法的比较(1)

缓存大小	调用方法	
	select from dual	内嵌代码
None	61.47 秒	61.90 秒
20	6.76 秒	6.72 秒
500	3.94 秒	3.89 秒

这样看来内嵌代码有略微的性能提升，特别是在为序列定义缓存时。然而，提升实在很小，所以我都不太情愿说新方法在速度上绝对会快。用与之前相同的参数进行另一轮测试，这次"select from dual"方法反而性能更好，如表 10-4 所示。

表 10-4　两种调用方法的比较(2)

缓存大小	调用方法	
	select from dual	内嵌代码
None	61.36 秒	62.37 秒
20	6.80 秒	6.96 秒
500	3.96 秒	3.99 秒

10.4　自增长(Identity)字段(Oracle 12c 新特性)

可以使用 IDENTITY 子句的特性来定义一个数字型字段，而不需要先创建一个字段，再配合一个序列对象(创建自增长字段需要 Create Sequence 权限，因为事实上它就是一个序列值或序列)。使用 Oracle 12c 的自增长字段创建表(或改动一个列)时，有下面的选项可以选择：ALWAYS、BY DEFAULT 和 ON NULL。ALWAYS 强制使用自增长值。如果一条 INSERT 语句用到了自增长值(或者使用 NULL 值)，会报错。

下面是一个使用 ALWAYS 选项的例子：

```
drop table emps PURGE;
```

```
CREATE TABLE emps (
    Emp_ID      NUMBER GENERATED ALWAYS AS IDENTITY,
    First_Name   VARCHAR2(55),
    Middle_Name VARCHAR2(30),
    Last_Name    VARCHAR2(100));
SQL> INSERT INTO emps ('JOE', 'A', 'SMITH');
1 row created.
```

任何给 EMP_ID 传值的尝试都会报错：

```
SQL> INSERT INTO emps (Emp_ID, LAST_NAME) VALUES (2, 'SMITH');
INSERT INTO emps (Emp_ID, LAST_NAME) VALUES (2, 'SMITH');
*
ERROR at line 1:
ORA-32795: cannot insert into a generated always identity column
 (passing NULL to the GENERATED ALWAYS column will result with the same error).
```

BY DEFAULT 子句允许字段在没有被 INSERT 语句引用时使用自增长值，但是如果字段被用到，给定的具体值会取代自增长值。

如果在 INSERT 语句中未引用该列，则 BY DEFAULT 子句允许使用自增长值，但如果引用了该列，将使用指定的值代替自增长值。

下面是一个使用 BY DEFAULT 子句的例子：

```
drop table emps PURGE;
CREATE TABLE emps (
    Emp_ID      NUMBER GENERATED BY DEFAULT AS IDENTITY,
    First_Name   VARCHAR2(55),
    Middle_Name VARCHAR2(30),
    Last_Name    VARCHAR2(100)
);
SQL> INSERT INTO emps (Emp_ID, LAST_NAME) VALUES (2, 'SMITH');
1 row created.
```

BY DEFAULT ON NULL 子句允许在引用自增长值对应的列，但指定的值为 NULL 时使用自增长值。

下面是一个使用 BY DEFAULT ON NULL 子句的例子：

```
drop table emps PURGE;
CREATE TABLE emps (
    Emp_ID      NUMBER GENERATED BY DEFAULT ON NULL AS IDENTITY,
    First_Name   VARCHAR2(55),
    Middle_Name VARCHAR2(30),
    Last_Name    VARCHAR2(100));
SQL> INSERT INTO EMPS (LAST_NAME) VALUES ('SMITH');
1 row created.
SQL> INSERT INTO EMPS (EMP_ID, LAST_NAME) VALUES (99, 'SMITH_99');
1 row created.
SQL> INSERT INTO EMPS (EMP_ID, LAST_NAME) VALUES (NULL, 'SMITH_NULL');
1 row created.

SELECT Emp_ID, Last_Name FROM EMPS;
EMP_ID     LAST_NAME
---------- ------------------------------
         1 SMITH
        99 SMITH_99
         2 SMITH_NULL
```

关于自增长字段有几个需要注意的地方：
- 自增长字段永远是 NOT NULL。
- [DBA|ALL|USER]_TAB_IDENTITY_COLS 视图显示了自增长字段相关信息。
- 表和序列的关联关系保存在 SYS.IDNSEQ$表中。

```
SELECT  a.name AS table_name,
        b.name AS sequence_name
FROM    sys.idnseq$ c
        JOIN obj$ a ON c.obj# = a.obj#
        JOIN obj$ b ON c.seqobj# = b.obj#;

TABLE_NAME          SEQUENCE_NAME
------------------  ------------------------------
EMPS                ISEQ$$_92125
```

序列和自增长字段在性能方面还是有一定的可比性，序列由内部生成并使用序列值，而自增长字段允许空字段自增长，在生成序列值时使用的代码较少。

10.5 将 VARCHAR2、NVARCHAR2 和 RAW 数据类型的最大长度增加到 32K(Oracle 12c 新特性)

自从引入 VARCHAR2 和 NVARCHAR2 数据类型后，最大长度始终被限制为 4K(RAW 只有 2K)。为了突破这个限制，需要使用大对象(LOB)数据类型。在 Oracle 12c 中，这个限制解除了，这两种数据类型可以被定义为 32767 个字节，这个特性对 SQL 语句的搜索功能和索引这些长度增大字段特别有帮助。大小的定义将直接影响字段在数据库内部的存放方法。如果声明 VARCHAR2 和 NVARCHAR2 数据类型的最大长度是 4K(RWA 最大为 2K)，那么数据保存在一起。当使用新特性并且字段大小增加到 32K 时，数据不保存在一起，字段被称为扩展字符数据类型字段(extended character data type column)。

为了使用这种新的扩展字符数据类型，对数据库还需要做一些配置改动。随便创建一个含有这种扩展字符数据类型的列的表，就会报错：

```
SQL> CREATE TABLE extended_type (test_32k  VARCHAR2(32000));
CREATE TABLE extended_type (test_32k  VARCHAR2(32000))
                                           *
ERROR at line 1:
ORA-00910: specified length too long for its datatype
```

要使用新的扩展字符数据类型，必须先完成下面的步骤：
(1) 重启数据库到升级模式(STARTUP UPGRADE)。
(2) 执行 ALTER SYSTEM set max_string_size=extended。
(3) 用 SYSDBA 用户执行 rdbms/admin 目录下的 utl32k.sql 脚本。
(4) 重启数据库到正常模式。

然后就可以创建使用扩展字符数据类型的表了：

```
SQL> CREATE TABLE extended_type (test_32k  VARCHAR2(32000));
Table created.
```

10.6 语句中允许绑定 PL/SQL 专用数据类型(Oracle 12c 新特性)

Oracle 12c 支持绑定 PL/SQL 专用数据类型到匿名块,以及在 SQL 中调用 PL/SQL 函数和使用 TABLE 操作符,CALL 语句有:
- BOOLEAN 类型
- Record 类型
- TABLE 操作符
- Collection

这个新特性最好用的地方就是动态 SQL。我们来看一个 Boolean 类型在函数中调用的例子,这里年薪的涨或不涨是根据传入的 Boolean 参数决定的:

```
CREATE OR REPLACE FUNCTION emp_review (p_emp_id in NUMBER,
                       p_review_date in DATE,
                       p_full_increase in BOOLEAN)
   RETURN VARCHAR2 IS
BEGIN
  IF p_boolean THEN
   UPDATE emp
        SET review_date  = p_review_date,
                        pay  = pay * .3
    WHERE emp_id = p_emp_id;
 RETURN 'INCREASED';
  ELSE
 UPDATE emp
        SET review_date  = p_review_date,
    WHERE emp_id = p_emp_id;
RETURN 'NO INCREASE';
  END IF;
END;
/
SET SERVEROUTPUT ON
DECLARE
  v_sql      VARCHAR2(32000);  -- (note: utilizing increased allowable size)
  v_boolean  BOOLEAN := TRUE;
  v_result   VARCHAR2(30);
  v_date     DATE;
BEGIN
  v_date := SYSDATE;
  v_sql := 'SELECT emp_review (357, v_date, :v_boolean) INTO :l_result FROM dual';
  EXECUTE IMMEDIATE l_sql INTO l_result USING l_boolean;
  DBMS_OUTPUT.put_line('Review result  = ' || l_result);
END;
/
Review_result = INCREASED

PL/SQL procedure successfully completed.
```

10.7 在 SQL 函数调用中使用命名参数

当把正式参数值传递到 PL/SQL 子程序时,Oracle 一直允许位置符号、命名符号和混合符号。这通常是公认的使用命名符号的最佳实践。因为既提高了代码的可读性,也提供一定程度的保护以防止更改子程序的签名。遗憾的是，在 Oracle 11g 之前，当从 SQL 命令中调用 PL/SQL 函数时，无法使用命名符号。如果子程序的签名被不慎修改的话，此限制会让嵌入 SQL 语句中的 PL/SQL 函数受到意想不到的不利影响。

让我们来看一个例子。首先，创建一个函数，它接收一个人的名和姓作为参数，并使用格式"姓，名"把它格式化成一个字符串：

```
CREATE OR REPLACE FUNCTION format_name(p_first_c in varchar2 default null,
                                       p_last_c  in varchar2 default null)
return varchar2 is
BEGIN
  return(p_last_c||', '||p_first_c);
END format_name;
```

现在，使用此函数从 employees 表格式化几条虚构的记录。首先使用 Oracle 11g 之前必选的位置符号：

```
select t.*,
       format_name(t.first_name, t.last_name) as name
  from emps t
 where emp_id in (1, 7);

    EMP_ID FIRST_NAME  MIDDLE_NAME LAST_NAME   NAME
---------- ----------- ----------- ----------- -------------------------
         1 Richard     John        Irons       Irons, Richard
         7 Julianne    Amy         Perrineau   Perrineau, Julianne

2 rows selected
```

为了便于比较，对 PL/SQL 块使用相同的数据，该方法一直提供命名符号。

```
DECLARE
  cursor v_emps_cur is
    select *
      from emps
     where emp_id in (1, 7);
BEGIN
  dbms_output.put_line(lpad('EMP ID',      10, ' ')||' '||
                       rpad('FIRST NAME',  11, ' ')||' '||
                       rpad('MIDDLE NAME', 11, ' ')||' '||
                       rpad('LAST NAME',   11, ' ')||' '||
                       rpad('NAME',        25, ' '));

  dbms_output.put_line(lpad('-', 10, '-')||' '||
                       rpad('-', 11, '-')||' '||
                       rpad('-', 11, '-')||' '||
                       rpad('-', 11, '-')||' '||
                       rpad('-', 25, '-'));

  for r in v_emps_cur loop
     dbms_output.put_line(lpad(r.emp_id,       10, ' ')||' '||
                          rpad(r.first_name,   11, ' ')||' '||
                          rpad(r.middle_name,  11, ' ')||' '||
                          rpad(r.last_name,    11, ' ')||' '||
                          format_name(p_first_c => r.first_name,
                                      p_last_c  => r.last_name));
  end loop;
END;
/
```

```
    EMP_ID FIRST_NAME  MIDDLE_NAME LAST_NAME   NAME
---------- ----------- ----------- ----------- -------------------------
         1 Richard     John        Irons       Irons, Richard
         7 Julianne    Amy         Perrineau   Perrineau, Julianne

PL/SQL procedure successfully completed
```

正如预期的那样，SQL 语句的返回结果是相同的。现在，让我们快进到未来的增强功能，format_name 函数也支持中间名：

```
CREATE OR REPLACE FUNCTION format_name(p_first_c  in varchar2 default null,
                                      p_middle_c in varchar2 default null,
                                      p_last_c   in varchar2 default null)
return varchar2 is
BEGIN
  return(p_last_c||', '||p_first_c||' '||p_middle_c);
END format_name;
```

需要注意的是，开发人员在现有的参数中突然插入新的中间名参数。重新执行之前的 SQL 和 PL/SQL 提取命令，你会看到前者因为位置符号而返回不正确的结果：

```
    EMP_ID FIRST_NAME  MIDDLE_NAME LAST_NAME   NAME
---------- ----------- ----------- ----------- -------------------------
         1 Richard     John        Irons       , Richard Irons
         7 Julianne    Amy         Perrineau   , Julianne Perrineau

2 rows selected

    EMP_ID FIRST_NAME  MIDDLE_NAME LAST_NAME   NAME
---------- ----------- ----------- ----------- -------------------------
         1 Richard     John        Irons       Irons, Richard
         7 Julianne    Amy         Perrineau   Perrineau, Julianne

PL/SQL procedure successfully completed
```

现在可以利用命名符号与 SQL 来限制因函数签名的变化而带来的影响，如下所示：

```
select t.*,
       format_name(p_first_c => t.first_name,
                   p_last_c  => t.last_name) as name
  from emps t
 where emp_id in (1, 7);

    EMP_ID FIRST_NAME  MIDDLE_NAME LAST_NAME   NAME
---------- ----------- ----------- ----------- -------------------------
         1 Richard     John        Irons       Irons, Richard
         7 Julianne    Amy         Perrineau   Perrineau, Julianne

2 rows selected
```

要诀

命名符号仍然是传递参数到子程序的首选方法。现在可以扩展这个最佳实践到 SQL 语句以保持整个代码库的一致性。

10.8 使用 CONTINUE 语句简化循环

CONTINUE 语句用来在分支不结束或异常时跳过余下的语句而继续循环。CONTINUE 语句有两种用法：

```
CONTINUE;
CONTINUE WHEN 布尔表达式;
```

第一种无条件执行，而第二种只有在布尔表达式为真时才执行。CONTINUE 语句不一定提升性能，但能提供更好的代码结构，并有助于避免笨拙的 GOTO 语句。

下面的例子在循环内部仅显示能被 3 整除的数字。

不用 CONTINUE 语句：

```
BEGIN
  for v_count_i in 1 .. 20 loop
    if mod(v_count_i, 3) != 0 then
      goto skip;
    end if;
    dbms_output.put_line('Value = ' || v_count_i);
    <<skip>>
    null;
  end loop;
END;

Results:
Value = 3
Value = 6
Value = 9
Value = 12
Value = 15
Value = 18
```

使用 CONTINUE 语句：

```
BEGIN
  for v_count_i in 1 .. 20 loop
    if mod(v_count_i, 3) != 0 then
      continue;
    end if;
    dbms_output.put_line('Value = ' || v_count_i);
  end loop;
END;

Results:
Value = 3
Value = 6
Value = 9
Value = 12
Value = 15
Value = 18
```

使用带 WHEN 子句的 CONTINUE 语句：

```
BEGIN
  for v_count_i in 1 .. 20 loop
    continue when mod(v_count_i, 3) != 0;
    dbms_output.put_line('Value = ' || v_count_i);
```

```
    end loop;
END;

Results:
Value = 3
Value = 6
Value = 9
Value = 12
Value = 15
Value = 18
```

从性能角度看,这三种技术不分伯仲。请注意下面是这个例子修改后的版本,它执行更多次数的迭代:

```
DECLARE
  v_total_count_i binary_integer := 0;
  v_div3_count_i  binary_integer := 0;
BEGIN
  for v_count_i in 1 .. 10000000 loop
    v_total_count_i := v_total_count_i + 1;
    if mod(v_count_i, 3) != 0 then
      goto skip;
    end if;
    v_div3_count_i := v_div3_count_i + 1;
    <<skip>>
    null;
  end loop;
  dbms_output.put_line('Total Iterations: '||v_total_count_i);
  dbms_output.put_line('  Divisible by 3: '||v_div3_count_i);
END;
/

Total Iterations: 10000000
  Divisible by 3: 3333333
PL/SQL procedure successfully completed
Executed in 10.343 seconds

DECLARE
  v_total_count_i binary_integer := 0;
  v_div3_count_i  binary_integer := 0;
BEGIN
  for v_count_i in 1 .. 10000000 loop
    v_total_count_i := v_total_count_i + 1;
    if mod(v_count_i, 3) != 0 then
      continue;
    end if;
    v_div3_count_i := v_div3_count_i + 1;
  end loop;
  dbms_output.put_line('Total Iterations: '||v_total_count_i);
  dbms_output.put_line('  Divisible by 3: '||v_div3_count_i);
END;
/

Total Iterations: 10000000
  Divisible by 3: 3333333
PL/SQL procedure successfully completed
Executed in 10.358 seconds
```

```
DECLARE
  v_total_count_i binary_integer := 0;
  v_div3_count_i  binary_integer := 0;
BEGIN
  for v_count_i in 1 .. 10000000 loop
    v_total_count_i := v_total_count_i + 1;
    continue when mod(v_count_i, 3) != 0;
    v_div3_count_i := v_div3_count_i + 1;
  end loop;
  dbms_output.put_line('Total Iterations: '||v_total_count_i);
  dbms_output.put_line('  Divisible by 3: '||v_div3_count_i);
END;
/

Total Iterations: 10000000
  Divisible by 3: 3333333
PL/SQL procedure successfully completed
Executed in 10.374 seconds
```

在这次执行中,两条带有 CONTINUE 的语句都被原始的 GOTO 技术打败。然而,差距非常小,并且在重复执行后显示:排名很容易就发生变化。

要诀

由新的 CONTINUE 语句创建的循环结构代码更加流畅,但到目前为止尚未发现有性能上的提升。

10.9 利用编译时警告捕捉编程错误(Oracle 12c 增强特性)

自 Oracle 10g 开始,PL/SQL 编译器有能力针对常见的编程错误提供编译时警告。这些警告涉及各种各样的问题,如果不引起注意,可能会导致性能问题或逻辑错误。

在看例子之前,请注意 PL/SQL 编译器在默认情况下不会进行编译时警告。此功能由 Oracle 服务器参数 PLSQL_WARNINGS 控制。此参数可以专门针对所需的会话进行设置,如下所示:

```
alter session set plsql_warnings='ENABLE:ALL';
```

为确保编译警告的一致,建议在数据库级别配置该参数(考虑在开发或测试环境中设置,在生产系统中不要设置)。

注意在下面的示例程序中,开发人员创建了一个在执行过程中无法达到的 if-then 条件。PL/SQL 编译器会发出警告以引起开发人员对该问题的注意。

```
create or replace procedure warning_proc is
BEGIN
  if 1 = 2 then
    dbms_output.put_line('Inside If Statement');
  end if;
  dbms_output.put_line('After If Statement');
END warning_proc;
/

SP2-0804: Procedure created with compilation warnings

SQL> show errors

Errors for PROCEDURE WARNING_PROC:
```

```
LINE/COL  ERROR
--------  ---------------------------
4/5       PLW-06002: Unreachable code
```

在 11g 版本中,Oracle 包含 PL/SQL 编译器可以检测到的额外的缺陷。最容易引人注目的是 PLW-06009,它可以检测使用不当的 WHEN OTHERS 异常处理程序。请看下面的例子:

```
create or replace procedure warning_proc is
  v_ctr_n number(2);
BEGIN
  for i in 1..100 loop
    v_ctr_n := i;
  end loop;
EXCEPTION
  when OTHERS then
    null;
END warning_proc;
/

SP2-0804: Procedure created with compilation warnings

SQL> show errors

Errors for PROCEDURE WARNING_PROC:

LINE/COL  ERROR
--------  --------------------------------------------------------------
8/8       PLW-06009: procedure "WARNING_PROC" OTHERS handler does not end
          in RAISE or RAISE_APPLICATION_ERROR
```

开发人员犯了一个编程错误,这将导致变量 v_ctr_n 在循环的最后一次迭代时溢出。通常情况下,此错误不是主要问题,因为溢出将触发可以应对和处理的运行时异常。然而,开发人员对 WHEN OTHERS 异常处理的不当使用有效抑制了这样的运行时异常,所以系统对此一无所知。事实上,当程序被执行时,它似乎成功完成了:

```
SQL> exec warning_proc;
PL/SQL procedure successfully completed.
```

尽管在一些合理的情况下,WHEN OTHERS NULL 可能有用,但一般情况下,这是开发人员应该避免的非常不好的编程习惯。运行时应该被忽略的异常,应与特定的异常处理程序进行隔离。当使用 WHEN OTHERS 处理程序时,应传递异常(或发出新的异常),以向调用它的子程序标识失败的情况。以这种方式调整前面的代码,从而产生期望的运行时结果,如下所示:

```
create or replace procedure warning_proc is
  v_ctr_n number(2);
BEGIN
  for i in 1..100 loop
    v_ctr_n := i;
  end loop;
EXCEPTION
  when OTHERS then
    raise;
END warning_proc;
/

SQL> exec warning_proc;
BEGIN warning_proc; END;
```

```
*
ERROR at line 1:
ORA-06502: PL/SQL: numeric or value error: number precision too large
ORA-06512: at "TUSC_11G_BOOK.WARNING_PROC", line 9
ORA-06512: at line 1
```

要诀

无论是经验丰富的老手还是初学人员，都应该在部署代码之前充分利用 PL/SQL 编译时警告，从而捕捉隐含的程序问题。

10.10 使用本地编译提升性能

本地编译就是把 PL/SQL 存储过程编译成本地代码的过程，这样运行时就不需要被解释。相比较而言，未经过本地编译的代码存储为中间形式，并且必须在运行时加以解释才可运行。

本地编译 PL/SQL 代码的能力自从 Oracle 9i 以来就已经存在了，但是，具体实现在 Oracle 11g 中有显著的改变。在 Oracle 9i 和 10g 中，编译后的程序单元以 C 程序的形式在外部存储和执行。编译需要外部的 C 编译器并且 DBA 要进行系统配置。从 Oracle 11g 开始并且在 Oracle 12c 中得到延续，数据库可以自己处理本地编译而无须借助外部编译器。本地编译后的程序单元存储在数据库的系统表空间中。

由于本地编译的代码不需要在运行时进行解释，因此执行得更快。然而，本地编译仅适用于 PL/SQL 程序单元中的代码，没有任何嵌入的 SQL 语句。其结果是，性能提升实际上取决于存在多少 SQL 相关的程序代码。底线是，即便有很多 SQL 代码，本地编译的程序单元至少应跟非本地编译的程序单元执行得一样快。程序代码增加越多，本地编译的执行速度应该越快。

首先，让我们从 4 个使用不同数量的程序和 SQL 代码的存储过程开始。第 1 个存储过程绝对不包含 SQL，而其余存储过程包括逐步增加的 SQL 并混杂着 PL/SQL。

```
create or replace function native_comp_1 return number as
  v_avg_n    number := 0;
  v_total_n number := 0;
BEGIN
  for i in 1..10000000 loop
    v_total_n := v_total_n + i;
    v_avg_n   := v_total_n/i;
  end loop;
  return(v_avg_n);
END;

create or replace function native_comp_2 return number as
  cursor c1 is
    select *
      from residents;
BEGIN
  for c1_rec in c1 loop
    null;
  end loop;
  return(null);
END;

create or replace function native_comp_3 return number as
  v_salary_n number := 0;
  cursor c1 is
```

```
    select salary
      from residents;
BEGIN
  for c1_rec in c1 loop
    v_salary_n := v_salary_n + c1_rec.salary;
  end loop;
  return(v_salary_n);
END;

create or replace function native_comp_4 return number as
  type v_csal_table is table of number
                       index by varchar2(50);
  v_csal_array v_csal_table;
  v_idx_c      varchar2(50);
  v_salary_n   number := 0;
  cursor c1 is
    select c.country_name,
           r.salary
      from countries c,
           cities    c2,
           residents r
     where c.country_id = c2.country_id
       and c2.city_id   = r.city_id;
BEGIN
  --Load array with salary totals by country.
  for c1_rec in c1 loop
    v_idx_c := c1_rec.country_name;
    if not v_csal_array.exists(v_idx_c) then
      v_csal_array(v_idx_c) := 0;
    end if;
    v_csal_array(v_idx_c) := v_csal_array(v_idx_c) +
                             c1_rec.salary;
  end loop;
  --Compute the total for countries that begin with "N".
  v_idx_c := v_csal_array.first;
  while (v_idx_c is not null) loop
    if (v_idx_c like 'N%') then
      v_salary_n := v_salary_n + v_csal_array(v_idx_c);
    end if;
    v_idx_c := v_csal_array.next(v_idx_c);
  end loop;
  return(v_salary_n);
END;
```

默认的编译模式(本地模式或解释模式)可以通过数据库初始化参数 PLSQL_CODE_TYPE 在系统级别进行设置。也可以通过如下命令之一在会话级别更改编译模式:

```
alter session set plsql_code_type=interpreted;
alter session set plsql_code_type=native;
```

在编译给定的程序单元之前，必须对会话或系统进行更改。改变编译模式不会影响数据库中已经编译好的程序单元。可以查询字典表 USER_PLSQL_OBJECT_SETTINGS 的 PLSQL_CODE_TYPE 列来确定现有程序单元的编译类型。

下面是使用解释模式编译程序单元的结果:

```
Procedure       Code Type    Iterations  Fastest    Slowest    Average
--------------  -----------  ----------  ---------- ---------- ----------
```

```
native_comp_1   INTERPRETED  20        5.36      6.12      5.4465
native_comp_2   INTERPRETED  20        1.97      2.28      2.138
native_comp_3   INTERPRETED  20        1.17      1.48      1.3555
native_comp_4   INTERPRETED  20        2.81      3.21      2.8895
```

下面是使用本地模式编译程序单元的结果：

```
Procedure       Code Type   Iterations  Fastest   Slowest   Average
--------------  ----------  ----------  --------  --------  --------
native_comp_1   NATIVE      20          4.79      5.14      4.846
native_comp_2   NATIVE      20          1.88      2.14      2.0515
native_comp_3   NATIVE      20           .98      1.36      1.2065
native_comp_4   NATIVE      20          2.49      2.68      2.582
```

本地模式提供全面的性能提升，特别是在包含较多 SQL 命令相关的程序逻辑的程序单元时，详见表 10-5。

表 10-5　使用本地模式的提升效果

程序	解释模式	本地模式	提升效果
NATIVE_COMP_1	5.4465	4.846	11.02%
NATIVE_COMP_2	2.138	2.0515	4.05%
NATIVE_COMP_3	1.3555	1.2065	10.99%
NATIVE_COMP_4	2.8895	2.582	10.64%

因为有百益而无一害，所以把数据库默认设置为本地编译模式似乎是有道理的。根据我的经验，由它引起的任何性能下降，都应该按照个案逐一处理。如果需要，就把程序单元改回本地解释。

10.11　使用优化的编译器使性能最优

Oracle 的 PL/SQL 编译器随着每个版本数据库的发布，性能越来越高。你已经看到，本地编译的 PL/SQL 代码的执行速度比解释和编译的代码要快得多。现在，让我们来看看当为编译器提供更大的自由度来"调整"PL/SQL 程序的编译时会发生什么。从 10g 版本开始，Oracle 就赋予开发者通过应用参数 PLSQL_OPTIMIZE_LEVEL 来控制优化级别的能力。

PLSQL_OPTIMIZE_LEVEL 参数的有效值如表 10-6 所示。

表 10-6　优化级别及描述

级别	描述
0	用于模拟 Oracle 9i 或更早版本的兼容性设置。大多数 10g 或更高版本 Oracle 数据库的 PL/SQL 性能提升和可用特性在本级别可用
1	针对 PL/SQL 程序应用一系列优化，包括消减不必要的计算和异常，但不会重组原始代码
2	默认设置，包括级别 1 的所有优化和一些额外的可能显著重组原始代码的优化
3	包括级别 1 和 2 的所有优化，以及一些额外的低层次的优化技术，可能需要显式声明

级别 2 的一种具体优化就是子程序内联，用子程序的副本取代模块化的子程序。这样做的目的是消除调用模块化程序单元时的固有开销。当子程序被大的循环反复调用时，影响是非常大的。需要注意的是，子程序内联只能出现在被调用的子程序与调用者在同一程序单元中的情形下。

当存储过程被安装/重新编译时，编译器优化级别默认来自数据库配置，可以用下面的查询来确定：

```
select value
```

```
  from v$parameter
 where name = 'plsql_optimize_level';
```

也可以通过修改当前的会话来设置指定的优化级别：

```
alter session set plsql_optimize_level=X;
```

请记住，优化设置在接下来的编译阶段才会生效。它不会影响数据库中已经编译好的程序。使用 ALTER 命令重新编译任何拥有当前优化设置的程序单元。

所以，可以看到不同的优化级别给表带来的影响。我将演示一些使用不同级别进行编译的程序，然后执行它们。注意：在整个测试中使用本地编译。首先是一个简单的函数，它使用基本的 for 循环和一个嵌套函数计算 1 到 1 亿之间数字的总和。此程序不与任何数据库表交互。

```
CREATE OR REPLACE FUNCTION optcomp_1 return number is
   v_total_n number;
   PROCEDURE update_total(p_curr_tot_n in out number,
                          p_salary_n   in     number) is
   BEGIN
      p_curr_tot_n := p_curr_tot_n + p_salary_n;
   END update_total;
BEGIN
   v_total_n := 0;
   for i in 1..100000000 loop
      update_total(p_curr_tot_n => v_total_n,
                   p_salary_n   => i);
   end loop;
   return(v_total_n);
END optcomp_1;
```

Procedure	Level	Iterations	Fastest	Slowest	Average
optcomp_1	0	10	34.4	34.81	34.598
optcomp_1	1	10	27.14	27.52	27.333
optcomp_1	2	10	19.17	19.43	19.287
optcomp_1	3	10	11.53	11.67	11.614

显然，性能随着优化级别的提升而不断提升。遗憾的是，Oracle 不会发布正在被应用到每个级别的代码的确切优化器，但还是可以得到一些见识，特别是子程序内联。

在编译之前打开所有的 PL/SQL 警告：

```
alter session set plsql_code_type=native;
alter session set plsql_optimize_level=3;
alter session set plsql_warnings = 'enable:all';

alter function optcomp_1 compile;
SP2-0807: Function altered with compilation warnings

show errors;
Errors for FUNCTION TUSC_11G_BOOK.OPTCOMP_1:
LINE/COL  ERROR
--------  -----------------------------------------------------------------
11/5      PLW-06005: inlining of call of procedure 'UPDATE_TOTAL' was done
3/3       PLW-06006: uncalled procedure "UPDATE_TOTAL" is removed.
```

编译警告确认执行了子程序内联并且原来的子程序被删除。在级别 2 和 3，优化器自由重组代码并且用子程序的副本替换对函数 update_total 的调用，因此得以消减开销。虽然开销很小(记住在此例中，我们处理了 1 亿次的循环迭代)，但确实存在。

在第 2 个例子中，基本的 for 循环被实验用的指向 residents 表的游标替换。回想一下，此表包含 100 万条记录。游标获取每个居民的工资，然后传递到嵌套子程序并更新 r_total_n 变量：

```
CREATE OR REPLACE FUNCTION optcomp_2 return number is
  v_total_n number;
  cursor c1 is
    select r.resident_id,
           r.salary
      from residents r;
  PROCEDURE update_total(p_curr_tot_n in out number,
                         p_salary_n    in     number) is
  BEGIN
    p_curr_tot_n := p_curr_tot_n + p_salary_n;
  END update_total;
BEGIN
  v_total_n := 0;
  for c1_rec in c1 loop
    update_total(p_curr_tot_n => v_total_n,
                 p_salary_n   => c1_rec.salary);
  end loop;
  return(v_total_n);
END optcomp_2;
```

下面是测试结果：

```
Procedure       Level Iterations Fastest    Slowest    Average
--------------  ----- ---------- ---------- ---------- ----------
optcomp_2       0     10         8.2        8.35       8.244
optcomp_2       1     10         7.86       7.92       7.878
optcomp_2       2     10         .88        1.33       .978
optcomp_2       3     10         .84        1.11       .952
```

像以前一样，可以看到每个优化级别，性能都有提升，超过级别 1 之后，性能有显著提升。看一下编译警告，你会发现，优化器内联了嵌套函数的调用(update_total)以及光标的定义：

```
LINE/COL ERROR
-------- -----------------------------------------------------------------
15/5     PLW-06005: inlining of call of procedure 'UPDATE_TOTAL' was done
14/3     PLW-06005: inlining of call of procedure 'C1' was done
7/3      PLW-06006: uncalled procedure "UPDATE_TOTAL" is removed.
3/3      PLW-06006: uncalled procedure "C1" is removed.
```

继续进行，程序被修订为不从游标获取工资。现在嵌套函数 update_total 有额外的任务：根据居民的标识获得每个居民的工资。

```
CREATE OR REPLACE FUNCTION optcomp_3 return number is
  v_total_n number;
  cursor c1 is
    select r.resident_id
      from residents r;
  PROCEDURE update_total(p_curr_tot_n in out number,
                         p_resident_n in number) is
    v_salary_n number;
  BEGIN
    select r.salary
      into v_salary_n
```

```
      from residents r
     where r.resident_id = p_resident_n;
    p_curr_tot_n := p_curr_tot_n + v_salary_n;
  END update_total;
BEGIN
  v_total_n := 0;
  for c1_rec in c1 loop
    update_total(p_curr_tot_n => v_total_n,
                 p_resident_n => c1_rec.resident_id);
  end loop;
  return(v_total_n);
END optcomp_3;
```

测试结果如下:

```
Procedure       Level Iterations Fastest    Slowest    Average
--------------- ----- ---------- ---------- ---------- ----------
optcomp_3       0     10         34.7       38.18      35.068
optcomp_3       1     10         34.22      34.28      34.248
optcomp_3       2     10         24.84      24.89      24.872
optcomp_3       3     10         24.52      24.62      24.589
```

这种低效设计绝对需要更长的时间来执行,但在优化级别达到 2 之后,仍然实现了较大的性能提升。然而,到了级别 3 之后,几乎没有进一步的性能提升。PL/SQL 编译警告显示,游标和 update_total 过程的调用像以前一样被内联。无论优化与否,这里的限制因素是针对居民工资的 100 万次查询被执行了。

测试程序的最后一种方法,是用基本的跨度从 0 到 100 万的 for 循环替代游标循环。这是可能的,因为居民的身份证号码都分布在该范围内。

```
CREATE OR REPLACE FUNCTION optcomp_4 return number is
  v_total_n number;
  PROCEDURE update_total(p_curr_tot_n in out number,
                         p_resident_n in number) is
    v_salary_n number;
  BEGIN
    select r.salary
      into v_salary_n
      from residents r
     where r.resident_id = p_resident_n;
    p_curr_tot_n := p_curr_tot_n + v_salary_n;
  END update_total;
BEGIN
  v_total_n := 0;
  for i in 1..1000000 loop
    update_total(p_curr_tot_n => v_total_n,
                 p_resident_n => i);
  end loop;
  return(v_total_n);
END optcomp_4;
```

下面是测试结果:

```
Procedure       Level Iterations Fastest    Slowest    Average
--------------- ----- ---------- ---------- ---------- ----------
optcomp_4       0     10         25.08      25.11      25.098
optcomp_4       1     10         24.97      25         24.986
optcomp_4       2     10         24.29      24.58      24.422
optcomp_4       3     10         23.61      23.69      23.636
```

该程序显示了随着级别增加而得到的最少的性能改善。如同前面的例子，这里真正的限制在于大量的检索每个居民工资的一次性查询。无论如何，优化级别 3 再次获得了最好的表现。编译器报告的具体优化显示如下：

```
LINE/COL ERROR
-------- -----------------------------------------------------------------
16/5     PLW-06005: inlining of call of procedure 'UPDATE_TOTAL' was done
3/3      PLW-06006: uncalled procedure "UPDATE_TOTAL" is removed.
```

让我们进一步探索子程序内联。如前所述，内联在优化级别 2 成为可能。但这并不意味着子程序内联一定会发生在级别 2，只是说优化器会考虑。优化器可能根据一些分析结果选择不执行内联。如果优化器要自动执行内联，那么最有可能发生在级别 3。假设自动内联发生且导致性能降低，可以降低优化级别以防止内联发生，但在这个过程中可能会牺牲其他的优化效果。首选方案是停止内联，仅此而已。可以使用 INLINE PRAGMA 做到这一点。INLINE PRAGMA 提供一种能使开发人员强迫或防止内联发生的机制。在强迫的情况下，除了建议内联，并无其他，但最终还是由优化器一锤定音。然而，在防止的情况下，优化器必须服从。为了说明这一点，略微修改 optcomp_1 的功能，尝试之前的通过添加 INLINE PRAGMA 来防止 update_total 函数的内联：

```
CREATE OR REPLACE FUNCTION optcomp_5 return number is
  v_total_n number;
  PROCEDURE update_total(p_curr_tot_n in out number,
                         p_salary_n   in     number) is
  BEGIN
    p_curr_tot_n := p_curr_tot_n + p_salary_n;
  END update_total;
BEGIN
  v_total_n := 0;
  for i in 1..100000000 loop
    pragma inline(update_total, 'no');
    update_total(p_curr_tot_n => v_total_n,
                 p_salary_n   => i);
  end loop;
  return(v_total_n);
END optcomp_5;
```

下面是测试结果：

```
Procedure       Level Iterations Fastest    Slowest    Average
--------------- ----- ---------- ---------- ---------- ----------
optcomp_5       0     10         34.2       34.22      34.211
optcomp_5       1     10         27.43      27.52      27.453
optcomp_5       2     10         19.26      19.3       19.282
optcomp_5       3     10         18.98      19         18.987
```

结果几乎跟之前看到的一样，唯一的例外是级别为 3 时的结果。与以前不同，级别从 2 变到 3 时性能几乎没有改善。而此前，级别为 3 时比级别为 2 时获得 8 秒的性能提升。回顾一下，PL/SQL 警告显示内联被 PRAGMA 指令直接封锁了。

```
LINE/COL ERROR
-------- -----------------------------------------------------------------
12/5     PLW-06008: call of procedure 'UPDATE_TOTAL' will not be inlined
```

把这些警告同之前的 optcomp_1 分析进行比较，会发现优化器选择执行最初的级别为 3 时的内联。

显然，优化器能够对 PL/SQL 的性能做出显著改善。在所尝试的测试场景中，并未发现任何情况下的优化级别 2 或 3 不能提高性能，尽管有这种可能性。可能最好的选择就是把优化级别设为 2，但如果想发挥出最后一点性能，可以考虑提升到级别 3。

10.12 使用 DBMS_APPLICATION_INFO 包进行实时监控

DMBS_APPLICATION_INFO 包为用户提供了一种强有力的机制，用于交换某个环境中执行处理的时间点信息。下面的程序清单列举了一个相关的例子，让一个长时间运行的 PL/SQL 程序每隔 1000 行就提供处理信息。PL/SQL 代码段每隔 1000 行记录就更新应用程序的信息，更新的内容是处理的记录数和花费的时间。

以下是更新所有雇员工资的示例：

```
DECLARE
   CURSOR cur_employee IS
      SELECT employee_id, salary, ROWID
      FROM   s_employee_test;
   lv_new_salary_num NUMBER;
   lv_count_num       PLS_INTEGER := 0;
   lv_start_time_num PLS_INTEGER;
BEGIN
   lv_start_time_num := DBMS_UTILITY.GET_TIME;
   FOR cur_employee_rec IN cur_employee LOOP
      lv_count_num := lv_count_num + 1;
      -- Determination of salary increase
      lv_new_salary_num := cur_employee_rec.salary;
      UPDATE s_employee_test
      SET    salary    = lv_new_salary_num
      WHERE  rowid = cur_employee_rec.ROWID;
      IF MOD(lv_count_num, 1000) = 0 THEN
         DBMS_APPLICATION_INFO.SET_MODULE('Records Processed: ' ||
            lv_count_num, 'Elapsed: ' || (DBMS_UTILITY.GET_TIME -
            lv_start_time_num)/100 || ' sec');
      END IF;
   END LOOP;
   COMMIT;
   DBMS_APPLICATION_INFO.SET_MODULE('Records Processed: ' ||
      lv_count_num, 'Elapsed: ' || (DBMS_UTILITY.GET_TIME -
      lv_start_time_num)/100 || ' sec');
END;
/
```

通过查询 V$SESSION 视图，可以监控处理过程，示例如下：

```
SELECT username, sid, serial#, module, action
FROM   V$SESSION
WHERE  username = 'SCOTT';
```

注意，与执行 PL/SQL 块的查询不同，该查询需要运行于单独的会话中。

以下是分 3 个不同的时间查询 V$SESSION 视图的输出结果。最后一次输出是在 PL/SQL 程序单元完成时。

```
USERNAME    SID SERIAL# MODULE                   ACTION
---------- --- ------- ------------------------ -----------------
SCOTT        7       4 SQL*Plus
SCOTT       10      10 Records Processed: 1000  Elapsed: 0.71 sec

USERNAME    SID SERIAL# MODULE                   ACTION
---------- --- ------- ------------------------ -----------------
SCOTT        7       4 SQL*Plus
SCOTT       10      10 Records Processed: 10000 Elapsed: 4.19 sec

USERNAME    SID SERIAL# MODULE                   ACTION
```

```
---------- --- ------- ------------------------- -------------------
SCOTT        7     4   SQL*Plus
SCOTT       10    10   Records Processed: 25000  Elapsed: 9.89 sec
```

获得的响应时间主要取决于系统的运行速度，以及体系结构的完美程度。在上面的输出中，你会发现每个查询都返回两条记录，这是因为在 scott 方案中有两个不同的 SQL*Plus 会话在运行，一个是正在执行的更新雇员工资信息的 PL/SQL 程序单元，另一个是通过 V$SESSION 视图监控进程的 SQL 语句。以上示例演示了一种用于特定环境的有价值的技巧，并提供用于实时监控的机制。这样就能更容易准确测量出程序已经运行的时间，并可估计出程序还要多长时间才能完成。

如果 DBA 不想让用户有权使用 V$SESSION 视图来获取所有用户的信息，那么他们可以基于 V$SESSION 视图创建一个新的视图，从而限制用户只能检索正在执行的用户的会话信息。可以以 SYS 用户的身份，通过执行以下命令来完成这项任务。该语法可以创建新的视图(这个新的视图名为 SESSION_LOG，当然也可以使用其他的名称)。在查询中使用 USER，接下来将返回使用数据类型 VARCHAR2 的会话用户(已登录用户)的名称。

```
CREATE VIEW session_log AS
SELECT *
FROM   V$SESSION
WHERE  username = USER;
```

以下语法创建了一个公共同义词(public synonym)：

```
CREATE PUBLIC SYNONYM session_log FOR session_log;
```

下面的语法为所有的用户授予 SELECT 权限：

```
GRANT SELECT ON session_log TO PUBLIC;
```

在建立 SESSION_LOG 视图之后，如前面的代码所示，可将前面对 V$SESSION 视图的查询替换为以下查询中所示的针对 SESSION_LOG 视图的 SELECT 查询，以限制输出结果中只能包含用户执行查询的信息：

```
SELECT username, sid, serial#, module, action
FROM   session_log;
```

要诀

使用 Oracle 提供的 DBMS_APPLICATION_INFO 包来记录 V$SESSION 视图在各个时间点的信息，可以实现对长时间运行的程序的监控。

10.13 在数据库表中记录计时信息

监控性能是一个持续的过程。环境中的许多变量都会随着时间的推移改变或影响性能，因此，性能监控应当是持续不断的。这些变量包括用户的增多、数据的增加、报表的增加、应用程序的修改、改进的部署，以及由其他应用程序产生的额外的系统负载。因此，需要记住的是，必须定期对 Oracle 系统进行监控，以确保系统性能保持在(或高于)可接受的水平(Oracle ADDM 就可完成此任务)。有一种监控系统性能的方法就是创建一种机制，对应用程序的某些方面进行定时的统计分析并记录下来。批处理程序就是很好的监控程序。这种监控程序可以把定时统计的信息保存到数据库表以完成任务。以下示例演示了这种使用数据库表记录信息的方法，即创建一个数据库表，然后把统计进程时间信息的 INSERT 语句集成进来。当 SQL 语句并行运行或者在单次执行中消耗至少 5 秒的 CPU 或 I/O 时间时，Oracle 的 SQL 监控就会启动。可以使用许多 V$视图监控 SQL 语句的执行情况。参考第 12 章以了解 Oracle 用于监控的极好的 V$视图。

在本例中，在数据库表中记录的重要信息包括程序标识符(用于标识程序的唯一方法)、程序执行的日期和时间，以及执行程序所用的时间。为该应用程序添加一列，即更新的记录数。这个附加的列对应用程序监控正在被处理的雇员的增长速度很重要。为应用程序创建时间记录表后，增加列以记录额外的有可能会影响计时结果的重要处理信息。创建用于记录计时信息的表：

```sql
CREATE TABLE process_timing_log
  (program_name      VARCHAR2(30),
   execution_date    DATE,
   records_processed NUMBER,
   elapsed_time_sec  NUMBER);
```

一旦这个表创建完毕，就可改进 PL/SQL 程序单元，令其将计时信息记录到 process_timing_log 表中，如下所示：

```sql
CREATE OR REPLACE PROCEDURE update_salary AS
  CURSOR cur_employee IS
    SELECT employee_id, salary, ROWID
    FROM   s_employee_test;
  lv_new_salary_num NUMBER;
  lv_count_num      PLS_INTEGER := 0;
  lv_start_time_num PLS_INTEGER;
  lv_total_time_num NUMBER;
BEGIN
  lv_start_time_num := DBMS_UTILITY.GET_TIME;
  FOR cur_employee_rec IN cur_employee LOOP
    lv_count_num := lv_count_num + 1;
    -- Determination of salary increase
    lv_new_salary_num := cur_employee_rec.salary;
    UPDATE s_employee_test
    SET    salary    = lv_new_salary_num
    WHERE  rowid = cur_employee_rec.ROWID;
  END LOOP;
  lv_total_time_num := (DBMS_UTILITY.GET_TIME -
    lv_start_time_num)/100;
  INSERT INTO process_timing_log
    (program_name, execution_date, records_processed,
     elapsed_time_sec)
  VALUES
    ('UPDATE_SALARY', SYSDATE, lv_count_num,
     lv_total_time_num);
  COMMIT;
END update_salary;
/
```

如上所示，计时器在程序单元开始运行时开始计时，在程序单元结束运行时停止计时。在计时器开始计时和结束计时之间的时间段，update_salary 程序的每次操作所用的时间都被记录到 process_timing_log 表中。如果 update_salary 程序单元执行了 3 次，如下所示，那么就有 3 次计时记录被插入到 process_timing_log 表中：

```sql
EXECUTE update_salary
EXECUTE update_salary
EXECUTE update_salary
```

下面的脚本从表 process_timing_log 中获取信息：

```sql
SELECT program_name,
       TO_CHAR(execution_date,'MM/DD/YYYY HH24:MI:SS') execution_time,
       records_processed, elapsed_time_sec
FROM   process_timing_log
```

```
ORDER BY 1,2;

PROGRAM_NAME   EXECUTION_TIME       RECORDS_PROCESSED ELAPSED_TIME_SEC
-------------  -------------------  ----------------- ----------------
UPDATE_SALARY  07/02/2002 19:43:57              25252             8.89
UPDATE_SALARY  07/02/2002 19:44:07              25252             9.11
UPDATE_SALARY  07/02/2002 19:44:15              25252             8.62
```

这时，上述输出中显示了可能的结果。相同的程序执行所需要的时间也会有差别。如果这个差别随着时间而增长，就说明需要进一步分析程序单元或应用程序，以判断是什么造成执行时间的增长。如果已经建立记录机制，就可以在任何时候对执行时间进行监控，因为时间信息已经记录在了数据库表中。

在前面的程序清单中，时间记录针对的是每个程序单元。如果程序比较复杂，并且需要执行的时间很长，那么最好修改程序中记录时间统计信息的机制。process_timing_log 表的 INSERT 操作可以在一定数量的迭代之后执行，或者记录程序单元中特定功能的执行时间。

要诀

在数据库中为长时间运行的 PL/SQL 程序单元建立记录执行时间信息的表，将为系统整合一种具有预警功能的性能监测机制。可以在任何时间查看这个表，以判断随着时间的推移，性能是否有下降现象。

另一种方法就是使用 DBMS_PROFILER 包来获得 PL/SQL 中每一行源代码的时间统计信息。可以参阅 MOS 文献 104377.1——"Performance of New PL/SQL Features"以获取更多的信息。

要诀

根据活动会话的数量确定的系统负载对程序执行的性能有很大的影响；因此，修改数据库中表的记录方法，为所有的活动会话增加一列是很有帮助的。可以通过在程序单元中增加额外的查询来填充该列，程序单元从 V$SESSION 视图中检索执行统计任务的程序。

10.14 减少 PL/SQL 程序的单元迭代数量和迭代时间

任何涉及循环逻辑的 PL/SQL 程序单元都可能存在大幅提高性能的空间。可以通过两种方式来改善这种类型程序的潜在性能。第一种方法是在保持功能性结果不变的前提下，通过逻辑重构来减少迭代的次数。第二种方法是减少每次迭代的时间。无论采用哪一种方法，都可以大幅提高系统运行的性能。

在更清晰地阐述该观点之前，让我们假设这样一种情况：我们需要在 PL/SQL 程序中处理 9000 个雇员的记录，假设每处理一个雇员需要花费 2 秒。这样总共需要花费 18 000 秒，也就是 5 个小时。如果每处理一个雇员的记录的时间可以减少到 1 秒，那么处理 9000 个雇员的记录所需花费的时间也就减少了 9000 秒或 2.5 小时——差异竟如此巨大！

以下程序清单中的示例展示了一个小型的重新构造的 PL/SQL 程序单元，用于解释如何减少每次迭代的处理时间和总的处理时间。程序单元将循环处理 1 000 000 次。每次迭代都会被添加到递增计数器，用来每 100 000 次就显示一条信息，并同时添加总的次数，用来检查是否已退出循环。为了查看 DBMS_OUTPUT，必须先确保已经使用 SET SERVEROUTPUT ON 命令。

```
CREATE OR REPLACE PACKAGE stop_watch AS
   pv_start_time_num      PLS_INTEGER;
   pv_stop_time_num       PLS_INTEGER;
   pv_last_stop_time_num  PLS_INTEGER;
-- This procedure creates a starting point for the timer routine and
-- is usually called once at the beginning of the PL/SQL program unit.
PROCEDURE start_timer;
```

```
--
This procedure retrieves a point in time and subtracts the current
-- time from the start time to determine the elapsed time. The
-- interval elapsed time is logged and displayed. This procedure is
-- usually called repetitively for each iteration or a specified
-- number of iterations.
PROCEDURE stop_timer;
END stop_watch;
/
```

程序包已经创建完成。

```
CREATE OR REPLACE PACKAGE BODY stop_watch AS
PROCEDURE start_timer AS
BEGIN
   pv_start_time_num      := DBMS_UTILITY.GET_TIME;
   pv_last_stop_time_num := pv_start_time_num;
END start_timer;
PROCEDURE stop_timer AS
BEGIN
   pv_stop_time_num := DBMS_UTILITY.GET_TIME;
   DBMS_OUTPUT.PUT_LINE('Total Time Elapsed: ' ||
      TO_CHAR((pv_stop_time_num - pv_start_time_num)/100,
      '999,999.99') || ' sec   Interval Time: ' ||
      TO_CHAR((pv_stop_time_num - pv_last_stop_time_num)/100,
      '99,999.99') || ' sec');
   pv_last_stop_time_num := pv_stop_time_num;
END stop_timer;
END;
/
```

程序包体已经创建完成。

```
SET SERVEROUTPUT ON
DECLARE
   lv_counter_num       PLS_INTEGER := 0;
   lv_total_counter_num PLS_INTEGER := 0;
BEGIN
   stop_watch.start_timer;
   LOOP
      lv_counter_num       := lv_counter_num + 1;
      lv_total_counter_num := lv_total_counter_num + 1;
      IF lv_counter_num >= 100000 THEN
         DBMS_OUTPUT.PUT_LINE('Processed 100,000 Records. ' ||
            'Total Processed ' || lv_total_counter_num);
         lv_counter_num := 0;
         EXIT WHEN lv_total_counter_num >= 1000000;
      END IF;
   END LOOP;
   stop_watch.stop_timer;
END;
/
Processed 100,000 Records. Total Processed 100000
Processed 100,000 Records. Total Processed 200000
Processed 100,000 Records. Total Processed 300000
Processed 100,000 Records. Total Processed 400000
Processed 100,000 Records. Total Processed 500000
Processed 100,000 Records. Total Processed 600000
```

```
Processed 100,000 Records. Total Processed 700000
Processed 100,000 Records. Total Processed 800000
Processed 100,000 Records. Total Processed 900000
Processed 100,000 Records. Total Processed 1000000
Total Time Elapsed:            .71 sec    Interval Time:           .71 sec

PL/SQL procedure successfully completed.
```

修改程序，使得仅当每次递增计数器的值达到 100 000 时，才增加变量 lv_total_counter_num 的值，这样总的执行时间将减少：

```
DECLARE
   lv_counter_num       PLS_INTEGER := 0;
   lv_total_counter_num PLS_INTEGER := 0;
BEGIN
   stop_watch.start_timer;
   LOOP
      lv_counter_num       := lv_counter_num + 1;
      IF lv_counter_num >= 100000 THEN
         DBMS_OUTPUT.PUT_LINE('Processed 100,000 Records. Total ' ||
            'Processed ' || lv_total_counter_num);
         lv_total_counter_num := lv_total_counter_num +
            lv_counter_num;
         lv_counter_num := 0;
         EXIT WHEN lv_total_counter_num >= 1000000;
      END IF;
   END LOOP;
   stop_watch.stop_timer;
END;
/
```

上述程序清单中并没有包含 DBMS_OUTPUT.PUT_LINE 对已处理记录数的输出结果：

```
Total Time Elapsed:            .47 sec    Interval Time:           .47 sec

PL/SQL procedure successfully completed.
```

上面的示例解释了通过改变迭代逻辑来减少迭代的单位处理时间所造成的性能差异。这是个基本示例，展示了在 1 000 000 次迭代中效率提高了 34%。依迭代和重构的不同，性能的改进是巨大的。

要诀

当一个 PL/SQL 程序单元涉及大量的循环或递归时，就应当关注于减少每一次迭代的单位时间。这样的效果很明显，并且也很容易通过数学方法判断出总的改进的性能。也应当仔细检查循环或递归，并在保持功能一致性的前提下通过重构来减少迭代的次数。由于 PL/SQL 和 SQL 本身具有极大灵活性，可以通过不同的方式得到同样的结果。如果 PL/SQL 程序单元的运行并不十分理想，那么有时必须用其他方式重写逻辑。

10.15 使用 ROWID 进行迭代处理

PL/SQL 程序可以从数据库中检索记录，执行特定的列值计算，再使用 UPDATE 命令完成更新。如果使用 ROWID，将有助于提高这个过程中 PL/SQL 程序的性能。在检索每一条记录时，可以将 ROWID 添加到指定的列中。在更新每一条记录时，可在谓词子句中使用 ROWID。ROWID 是速度最快的访问记录的方法，甚至比唯一引用索引还快。

以下示例解释了使用 ROWID 带来的性能的提高。该例检索 25000 个雇员的所有记录，为每个雇员计算新的工资，然后更新雇员的工资记录。实际的工资计算在此没有显示。第一段 PL/SQL 代码展示了使用 employee_id 列进行更新的时间结果，在该列上有一个唯一索引：

```
DECLARE
   CURSOR cur_employee IS
      SELECT employee_id, salary
      FROM   s_employee_test;
   lv_new_salary_num NUMBER;
BEGIN
   stop_watch.start_timer;
   FOR cur_employee_rec IN cur_employee LOOP
      -- Determination of salary increase
      lv_new_salary_num := cur_employee_rec.salary;
      UPDATE s_employee_test
      SET    salary      = lv_new_salary_num
      WHERE  employee_id = cur_employee_rec.employee_id;
   END LOOP;
   COMMIT;
   stop_watch.stop_timer;
END;
/
```

以下输出结果展示了分两次执行上述代码段耗费的时间：

```
Total Time Elapsed:        1.71 sec   Interval Time:       1.71 sec
PL/SQL procedure successfully completed.

Total Time Elapsed:        1.59 sec   Interval Time:       1.59 sec
PL/SQL procedure successfully completed.
```

下面的过程展示了在函数功能保持不变的前提下，将更新操作改变为基于 ROWID。这涉及把 ROWID 添加到 SELECT 语句中并改变 UPDATE 谓词子句，如下所示：

```
DECLARE
   CURSOR cur_employee IS
      SELECT employee_id, salary, ROWID
      FROM   s_employee_test;
   lv_new_salary_num NUMBER;
BEGIN
   stop_watch.start_timer;
   FOR cur_employee_rec IN cur_employee LOOP
      -- Determination of salary increase
      lv_new_salary_num := cur_employee_rec.salary;
      UPDATE s_employee_test
      SET    salary = lv_new_salary_num
      WHERE  rowid  = cur_employee_rec.ROWID;
   END LOOP;
   COMMIT;
   stop_watch.stop_timer;
END;
/
```

以下输出结果展示了分两次执行上述代码段耗费的时间：

```
Total Time Elapsed:        1.45 sec   Interval Time:       1.45 sec
PL/SQL procedure successfully completed.

Total Time Elapsed:        1.48 sec   Interval Time:       1.48 sec
```

```
PL/SQL procedure successfully completed.
```

计时结果可以证明，使用 ROWID 的查询的执行速度更快。第一个 PL/SQL 代码段的 UPDATE 语句通过 employee_id 列上的索引来取得 ROWID，然后通过 ROWID 在表中进行搜索。第二个 PL/SQL 代码段的 UPDATE 语句直接在表中使用 ROWID 进行搜索，因而消除了索引搜索。当有更多的记录需要处理或者使用的索引不是唯一索引时，性能的提高将更加明显。

要诀

当需要在 PL/SQL 程序单元中选择一条记录，并且该记录需要在同一个 PL/SQL 程序单元中进行计算时，使用 ROWID 变量将提高性能。

10.16 将数据类型、IF 条件排序和 PLS_INTEGER 标准化

在标准的 PL/SQL 开发中引入部分小幅度的程序修改以提高性能。本节将介绍 3 种方法：
- 确保比较运算中的数据类型相同。
- 根据条件出现的频率排序 IF 条件。
- 使用 PL/SQL 数据类型 PLS_INTEGER 进行整数运算。

10.16.1 确保比较运算中的数据类型相同

当对变量或常量值进行比较时，它们应该具有相同的数据类型定义。当比较涉及不同的数据类型时，Oracle 将会自动转换其中的一个数值，这样就产生了不希望的开销。无论何时在条件中进行数值比较，参与比较的数值都必须是同一种数据类型。在开发 PL/SQL 程序单元时应该遵循这种标准，这也是很好的编程风格。

下面的程序清单解释了在比较中采用不同数据类型的成本，也就是在 IF 语句中将数值数据类型和字符值相比较：

```
CREATE OR REPLACE PROCEDURE test_if (p_condition_num NUMBER) AS
   lv_temp_num           NUMBER := 0;
   lv_temp_cond_num      NUMBER := p_condition_num;
BEGIN
   stop_watch.start_timer;
   FOR lv_count_num IN 1..100000 LOOP
      IF lv_temp_cond_num = '1' THEN
         lv_temp_num := lv_temp_num + 1;
      ELSIF lv_temp_cond_num = '2' THEN
         lv_temp_num := lv_temp_num + 1;
      ELSIF lv_temp_cond_num = '3' THEN
         lv_temp_num := lv_temp_num + 1;
      ELSIF lv_temp_cond_num = '4' THEN
         lv_temp_num := lv_temp_num + 1;
      ELSIF lv_temp_cond_num = '5' THEN
         lv_temp_num := lv_temp_num + 1;
      ELSIF lv_temp_cond_num = '6' THEN
         lv_temp_num := lv_temp_num + 1;
      ELSIF lv_temp_cond_num = '7' THEN
         lv_temp_num := lv_temp_num + 1;
      ELSE
         lv_temp_num := lv_temp_num + 1;
      END IF;
   END LOOP;
   stop_watch.stop_timer;
```

```
END;
/
```

下面展示了 test_if 程序的执行过程：

```
EXECUTE test_if(8)
```

以下输出是 test_if 程序的执行结果：

```
Total Time Elapsed:         .26 sec    Interval Time:       .26 sec
PL/SQL procedure successfully completed.
```

不同的数据类型造成了不必要的开销。如果程序中采用相同的数据类型进行比较，那么以下程序清单中程序的执行速度将更快：

```
CREATE OR REPLACE PROCEDURE test_if (p_condition_num NUMBER) AS
   lv_temp_num          NUMBER := 0;
   lv_temp_cond_num     NUMBER := p_condition_num;
BEGIN
   stop_watch.start_timer;
   FOR lv_count_num IN 1..100000 LOOP
      IF lv_temp_cond_num = 1 THEN
         lv_temp_num := lv_temp_num + 1;
      ELSIF lv_temp_cond_num = 2 THEN
         lv_temp_num := lv_temp_num + 1;
      ELSIF lv_temp_cond_num = 3 THEN
         lv_temp_num := lv_temp_num + 1;
      ELSIF lv_temp_cond_num = 4 THEN
         lv_temp_num := lv_temp_num + 1;
      ELSIF lv_temp_cond_num = 5 THEN
         lv_temp_num := lv_temp_num + 1;
      ELSIF lv_temp_cond_num = 6 THEN
         lv_temp_num := lv_temp_num + 1;
      ELSIF lv_temp_cond_num = 7 THEN
         lv_temp_num := lv_temp_num + 1;
      ELSE
         lv_temp_num := lv_temp_num + 1;
      END IF;
   END LOOP;
   stop_watch.stop_timer;
END;
/
```

下面展示了新的 test_if 程序的执行过程：

```
EXECUTE test_if(8)

Total Time Elapsed:         .17 sec    Interval Time:       .17 sec
PL/SQL procedure successfully completed.
```

正如以上程序清单所示，速度提高了 23%。执行的频率越高，这种改进越明显。

因此，在最后这个示例中，是将 IF 语句中的 lv_temp_cond_num 和 1、2、3 等进行比较，也就是将 NUMBER 类型与 PLS_INTEGER 类型进行比较。这仍将造成 Oracle 类型转换开销。要消除这种开销，应当将 1、2、3 等改成 1.0、2.0、3.0 等。在最后这个示例中做了这种修改后，执行时间将降低到 0.16 秒。

要诀

确保所有比较条件中的值具有相同的数据类型。另外，确保属于同一数值类型的比较值具有相同的子数据类型。

10.16.2 根据条件出现的频率排序 IF 条件

当编写带有多重条件的 IF 语句时,合理的编程方法就是按照某些特定顺序进行条件检查。较为典型的情况是按照字母顺序或数字顺序排列,以增强代码段的可读性,但这往往不是最优的顺序。尤其是在 IF 语句中使用了多次的 ELSIF 条件时,最容易满足的条件应首先出现,其次是较容易满足的条件,依此类推。

在前面的内容中,程序的执行总是传递参数 8,这意味着每次循环都必须检查 IF 逻辑语句的 8 个条件操作,以便确定是否满足条件。如果传递的是 1,就表示第 1 个条件满足所有的 IF 执行条件,这样就得到了更优的结果,如下所示:

```
EXECUTE test_if(1)

Total Time Elapsed:        .05 sec    Interval Time:         .05 sec
PL/SQL procedure successfully completed.
```

以上输出结果说明在 IF 条件语句中采用正确的顺序,可显著提高性能。因此,在进行条件编码之前,应当进一步分析 IF 语句中条件的执行顺序,以确保效率最高。

要诀

确保 PL/SQL 的 IF 条件语句以最容易满足的条件为排列顺序,而不是基于数字或字母的顺序。

10.16.3 使用 PL/SQL 数据类型 PLS_INTEGER 进行整数运算

声明数值数据类型的通用标准是使用 NUMBER 数据类型。在 PL/SQL 2.2 版本中,Oracle 引入了 PLS_INTEGER 数据类型。这种数据类型可以用于代替各种数值数据系列类型的声明,只要变量的值是整数,并且在–2 147 483 648 到+2 147 483 647 之间即可。因此,绝大部分计数器和操作符都可以使用这种数据类型。PLS_INTGER 可以使用更少的内部命令来处理,因此使用这种数据类型可以提高性能。这种变量用得越多,性能的提高就越明显。针对 NUMBER 数据类型的操作使用库来计算,然而针对 PLS_INTEGER、BINARY_FLOAT 和 BINARY_DOUBLE 数据类型的操作使用硬件来计算。对本地数值型变量使用 PLS_INTEGER。对从不为空值的变量、不需要溢出检查且并非用于关键性能的代码使用 SIMPLE_INTEGER(参考《PL/SQL 语言参考手册》)以了解更多数据类型和其他信息)。注意,如果分配 PLS_INTEGER 变量给 NUMBER 类型的变量,PL/SQL 会把 PLS_INTEGER 值转换成 NUMBER 值(因为这两种类型的内部表述不同)。无论如何,都应该尽可能避免这种隐式转换。

以下程序清单展示了 PLS_INTEGER 类型带来的性能提高。代码段与前面的示例基本相同,区别是数据类型的声明从 NUMBER 改为 PLS_INTEGER。

```
CREATE OR REPLACE PROCEDURE test_if (p_condition_num PLS_INTEGER) AS
  lv_temp_num         PLS_INTEGER := 0;
  lv_temp_cond_num    PLS_INTEGER := p_condition_num;
BEGIN
  stop_watch.start_timer;
  FOR lv_count_num IN 1..100000 LOOP
    IF lv_temp_cond_num = 1 THEN
      lv_temp_num := lv_temp_num + 1;
    ELSIF lv_temp_cond_num = 2 THEN
      lv_temp_num := lv_temp_num + 1;
    ELSIF lv_temp_cond_num = 3 THEN
      lv_temp_num := lv_temp_num + 1;
    ELSIF lv_temp_cond_num = 4 THEN
      lv_temp_num := lv_temp_num + 1;
    ELSIF lv_temp_cond_num = 5 THEN
      lv_temp_num := lv_temp_num + 1;
```

```
      ELSIF lv_temp_cond_num = 6 THEN
         lv_temp_num := lv_temp_num + 1;
      ELSIF lv_temp_cond_num = 7 THEN
         lv_temp_num := lv_temp_num + 1;
      ELSE
         lv_temp_num := lv_temp_num + 1;
      END IF;
   END LOOP;
   stop_watch.stop_timer;
END;
/
```

下面展示了 test_if 过程的执行结果:

```
EXECUTE test_if(1)
```

由执行结果可以明显地看出程序性能的提高:

```
Total Time Elapsed:          .03 sec    Interval Time:         .03 sec
PL/SQL procedure successfully completed.
```

要诀

处理整数时使用 PLS_INTEGER 类型可以提高性能。如果将一个带有精确度的数值赋值给 PLS_INTEGER 变量,那么这个数值将取整为整数,就像对这个数值运行了 ROUND 取整函数一样。

10.17 减少对 SYSDATE 的调用

使用 SYSDATE 变量是检索当前日期和时间的一种便捷方法。调用 SYSDATE 会产生一些开销,因此,如果要用这个变量记录特定处理的日期,那么应该只在程序开头而非每次迭代时调用这个变量。这种只在程序开始时调用 SYSDATE 的技术假定只在程序开始时需要记录日期。

以下示例解释了如何减少对 SYSDATE 的调用。该例有 10 000 次迭代循环,每次迭代均调用 SYSDATE(仅仅是变量中的日期部分,因为 TRUNC 函数用于截去时间部分)。

```
DECLARE
   lv_current_date    DATE;
BEGIN
   stop_watch.start_timer;
   FOR lv_count_num IN 1..10000 LOOP
      lv_current_date := TRUNC(SYSDATE);
   END LOOP;
   stop_watch.stop_timer;
END;
/
```

以下输出结果展示了上述代码段分两次执行耗费的时间:

```
Total Time Elapsed:          .04 sec    Interval Time:         .04 sec
PL/SQL procedure successfully completed.

Total Time Elapsed:          .01 sec    Interval Time:         .01 sec
PL/SQL procedure successfully completed.
```

以下 PL/SQL 代码段被修改为只在程序开始时调用一次 SYSDATE,并在每次迭代时设定另一个变量:

```
DECLARE
   lv_current_date    DATE := TRUNC(SYSDATE);
```

```
    lv_final_date         DATE;
BEGIN
   stop_watch.start_timer;
   FOR lv_count_num IN 1..10000 LOOP
      lv_final_date := lv_current_date;
   END LOOP;
   stop_watch.stop_timer;
END;
/
```

以下输出结果展示了上述代码段分两次执行耗费的时间:

```
Total Time Elapsed:         .00 sec    Interval Time:         .00 sec
PL/SQL procedure successfully completed.

Total Time Elapsed:         .01 sec    Interval Time:         .01 sec
PL/SQL procedure successfully completed.
```

从上面的示例可以很清楚地看出,对 SYSDATE 的调用产生了开销,应当尽可能减少对 SYSDATE 的调用。

要诀

应当限制在迭代或递归循环中调用 SYSDATE,因为这个变量将产生额外的开销。在声明时将一个 PL/SQL DATE 变量赋值给 SYSDATE,然后引用这个 PL/SQL 变量以减少开销。

10.18 减少 MOD 函数的使用

有些 PL/SQL 函数在使用时比其他函数的开销要大,MOD 就是其中之一,最好使用其他的 PL/SQL 逻辑取代它以提升综合性能。以下示例解释了这一点。MOD 是一个很有用的函数,但如果以如下方式在 IF 语句中执行,就会增加不必要的开销。

```
BEGIN
   stop_watch.start_timer;
   FOR lv_count_num IN 1..10000 LOOP
      IF MOD(lv_count_num, 1000) = 0 THEN
         DBMS_OUTPUT.PUT_LINE('Hit 1000; Total: ' || lv_count_num);
      END IF;
   END LOOP;
   stop_watch.stop_timer;
END;
/
```

以下输出结果展示了上述代码段分两次执行耗费的时间:

```
Hit 1000; Total: 1000
Hit 1000; Total: 2000
Hit 1000; Total: 3000
Hit 1000; Total: 4000
Hit 1000; Total: 5000
Hit 1000; Total: 6000
Hit 1000; Total: 7000
Hit 1000; Total: 8000
Hit 1000; Total: 9000
Hit 1000; Total: 10000
Total Time Elapsed:         .04 sec    Interval Time:         .04 sec
PL/SQL procedure successfully completed.
```

```
Total Time Elapsed:          .04 sec   Interval Time:         .04 sec
```

此处的 PL/SQL 代码段已经修改过，取消了 MOD 函数的使用，而采用其他的 PL/SQL 逻辑来执行相同的检查，如下所示：

```
DECLARE
   lv_count_inc_num PLS_INTEGER := 0;
BEGIN
   stop_watch.start_timer;
   FOR lv_count_num IN 1..10000 LOOP
      lv_count_inc_num := lv_count_inc_num + 1;
      IF lv_count_inc_num = 1000 THEN
         DBMS_OUTPUT.PUT_LINE('Hit 1000; Total: ' || lv_count_num);
         lv_count_inc_num := 0;
      END IF;
   END LOOP;
   stop_watch.stop_timer;
END;
/

Hit 1000; Total: 1000
Hit 1000; Total: 2000
Hit 1000; Total: 3000
Hit 1000; Total: 4000
Hit 1000; Total: 5000
Hit 1000; Total: 6000
Hit 1000; Total: 7000
Hit 1000; Total: 8000
Hit 1000; Total: 9000
Hit 1000; Total: 10000
Total Time Elapsed:          .01 sec   Interval Time:         .01 sec
PL/SQL procedure successfully completed.

Total Time Elapsed:          .00 sec   Interval Time:         .00 sec
```

正如以上两个示例所示，MOD 函数增加了开销，而使用 PL/SQL 的 IF 语句可获得更好的性能。

10.19 通过固定 PL/SQL 对象提升共享池的使用

SHARED_POOL_SIZE 参数用于设置 SGA 中共享池的分配大小(请参阅第 4 章和附录 A，以了解 SHARED_POOL_SIZE 的细节和其他与共享池密切相关的参数)。共享池存储了数据库中执行的所有 SQL 语句和 PL/SQL 数据块。根据 Oracle 管理 SGA 共享池的方法，随着时间的推移，共享池将出现碎片。此外，由于 Oracle 并不对正在被会话处理的对象进行换出，因此就有可能遇到 Oracle 错误，指示 SGA 共享池无法为新的对象分配足够的内存。确切的错误信息是："ORA-4031: unable to allocate XXX bytes of shared memory"(无法分配 XXX 字节的共享内存，XXX 是 Oracle 尝试分配的字节数)。如果收到这个错误信息，就意味着应当尽快扩展 SGA 共享池。在 Oracle 9i 之前的版本中，是通过修改 SHARED_POOL_SIZE 参数，然后关闭数据库并重启来实现 SGA 共享池的扩展。消除这个错误的快速但要付出代价的办法是清空 SGA 共享池，直到下一次数据库关闭。这可以通过使用以下命令来完成(用户必须有 ALTER SYSTEM 权限)：

```
alter system flush shared_pool;
```

在 Oracle 9i 中，只要设置的值不超过 SGA_MAX_SIZE，就可以通过修改 SHARED_POOL_SIZE 来实现扩容，而不用关闭数据库。这就省去了以前版本中必须去做的一些工作。当启动数据库时，仍然需要把大型对象固定到

SGA 共享池中，并且必须确认有足够大的 SGA 共享池来缓存所有这些语句。在 Oracle 10g 和 11g 中，Oracle 使用自动内存管理(AMM，Automatic Memory Management)。在 Oracle 11g 和 12c 中，可以设置 MEMORY_TARGET(也可以设置 SHARED_POOL_SIZE 的最小值)。Oracle 在内部帮你管理好这些内存参数，并且只要不超过 MEMORY_TARGET 就可以进行动态调整(参考第 4 章以了解如何设置初始化参数)。

10.19.1　将 PL/SQL 对象语句固定(缓存)到内存中

如果不能保证提供足够大的 SHARED_POOL_SIZE 来把所有的语句保存在内存中，将最重要的对象固定(缓存)到内存中就变得十分必要。下面的示例介绍如何使用 DBMS_SHARED_POOL.KEEP 过程把 PL/SQL 对象语句固定到内存中(此例中固定的是 process_date 过程)。

```
begin
dbms_shared_pool.keep('process_date','p');
end;
/
```

或者：

```
execute sys.dbms_shared_pool.keep('SYS.STANDARD');
```

通过将对象固定到内存中，在下一次关闭数据库之前，这个对象就不会被换出或清空。还需要注意的是，MOS 文献 61760.1: DBMS_SHARED_POOL 应当使用 SYS 用户创建。其他用户不应该拥有此程序包。任何需要访问这个程序包的用户都必须由 SYS 用户授予 EXECUTE 权限。如果在 SYS 方案中创建这个程序包，但在不同的方案中运行示例代码，就首先必须：

- 给运行示例的用户(例如 TEST)授予 EXECUTE_CATALOG_ROLE 角色并且在 DBMS_SHARED_POOL 包上授予 TEST 用户 EXECUTE 权限。
- 然后需要在 SYS.DBMS_SHARED_POOL.KEEP 中完全地限定这个包，因为 dbmspool.sql 脚本并没有为这个包创建公有同义词。

要诀

使用 DBMS.SHARED_POOL.KEEP 过程将 PL/SQL 对象固定到共享池中。

注意

如果想在 Oracle 早期版本中使用这个过程，就必须首先运行 dbmspool.sql 脚本。在运行 dbmspool.sql 脚本后，prvtpool.plb 脚本将自动执行。从 Oracle 10g 到 12c，dbmspool.sql 被 catpdbms.sql 调用，catdbms.sql 被 catproc 调用，这个过程已经创建了。

10.19.2　固定所有的包

要固定系统中所有的包，以 SYS 用户执行下面的代码(来自 MOS)：

```
declare
own varchar2(100);
nam varchar2(100);
cursor pkgs is
    select    owner, object_name
    from      dba_objects
    where     object_type = 'PACKAGE';
begin
    open pkgs;
    loop
```

```
            fetch pkgs into own, nam;
            exit when pkgs%notfound;
            dbms_shared_pool.keep(own || '.' || nam, 'P');
     end loop;
end;
/
```

一种更有针对性的方法就是仅仅固定需要重载的包,这比固定所有的包要好,特别是因为从 Oracle 9i 开始,绝大部分的 DBA 接口都涉及 PL/SQL 包。但至少,必须检查并确认没有准备固定无效的包。通常 Oracle 自带的(也是应该被保留的)包有 STANDARD、DBMS_STANDARD 和 DIUTIL。

要诀
使用 DBMS.SHARED_POOL.KEEP 过程在数据库启动时(如果内存/共享池允许的话)固定所有的包,并避免将来在加载包时出现错误。

10.20 识别需要固定的 PL/SQL 对象

碎片化造成在共享池中虽然有许多小的碎片可以使用,但没有足够大的连续空间,这在共享池中是普遍现象。消除共享池错误(前面介绍的错误)的关键是知道即将加载对象的大小是否可能会产生问题。一旦知道存在问题的 PL/SQL,就可以在数据库启动时(这时共享池是完全连续的)将这段代码固定。这将确保在调用大型包时,它已经在共享池中,而不是在共享池中搜索大的连续碎片(在后面使用系统时,这些碎片可能将不复存在)。可以查询 V$DB_OBJECT_CACHE 视图来识别很大并且还没有被标识为 "kept" 的 PL/SQL。这些是今后需要重新加载时,可能会产生问题的对象(缘于它们的大小和需要占用大量连续的内存)。该查询将只展示当前缓存中的语句。以下示例用于搜索那些需要大于 100KB 连续空间的对象:

```
select     name, sharable_mem
from       v$db_object_cache
where      sharable_mem > 100000
and        type in ('PACKAGE', 'PACKAGE BODY', 'FUNCTION',
           'PROCEDURE')
and        kept = 'NO';
```

要诀
通过查询 V$DB_OBJECT_CACHE 视图,可以发现那些没有固定,但由于所需空间太大而很有可能导致潜在问题的对象。

10.21 使用和修改 DBMS_SHARED_POOL.SIZES

另一种方便并精确地查看共享池分配情况的方法是通过 DBMS_SHARED_POOL.SIZES 包过程。这个调用接收一个 MINIMUM SIZE 参数,并将显示共享池中所有大于所提供参数的游标和对象。以下程序清单展示了检索该信息的实际语句:

```
select     to_char(sharable_mem / 1000 ,'999999') sz, decode
           (kept_versions,0,' ',rpad('yes(' || to_char(kept_versions)
           || ')' ,6)) keeped, rawtohex(address) || ',' || to_char
           (hash_value)  name, substr(sql_text,1,354) extra, 1 iscursor
from       v$sqlarea
where      sharable_mem > &min_ksize * 1000
union
```

```
select     to_char(sharable_mem / 1000 ,'999999') sz, decode(kept,'yes',
           'yes   ','') keeped, owner || '.' || name || lpad(' ',29 -
           (length(owner) + length(name) ) ) || '(' || type || ')'
           name, null extra, 0 iscursor
from       v$db_object_cache v
where      sharable_mem > &min_ksize * 1000
order by   1 desc;
```

这个查询可以放到自己构造的过程包中，以特定格式的视图方式显示共享池中的游标和对象。

查找大对象

可以使用 DBMS_SHARED_POOL.SIZES 包过程(DBMS_SHARED_POOL 是包的名称，SIZES 是包内的过程)来查看那些使用的共享内存高于所设定阈值的对象。

以下程序清单是在阈值为 100KB 时执行 DBMS_SHARED_POOL.SIZES 包过程的方法(后面是输出结果)：

```
set serveroutput on size 10000;
begin
sys.dbms_shared_pool.sizes(100);
end;
/

SIZE(K)     KEPT            NAME
118         YES             SYS.STANDARD            (PACKAGE)
109                         SELECT    DT.OWNER,DT.TABLE_NAME,DT.TABLESPACE_NAME,
                                      DT.INITIAL_EXTTENT,DT.NEXT_EXTENT,DT.NUM_ROWS,
                                      DT.AVG_ROW_LEN,
                                      SUM(DE.BYTES) PHY_SIZE
                            FROM      DBA_TABLES DT,DBA_SEGMENTS DE
                            WHERE     DT.OWNER = DE.OWNER
                            AND       DT.TABLE_NAME = DE.SEGMENT_NAME
                            AND       DT.TABLESPACE_NAME = DE.TABLESPACE_NAME
                            GROUP BY  DT.OWNER,DT.TABLE_NAME,DT.TABLESPACE_NAME,
                                      DT.INITIAL_EXTENT,DT.NEX
                                      (0B14559C,3380846737)    (CURSOR)
22                          RDBA.RDBA_GENERATE_STATISTICS (PACKAGE)
PL/SQL procedure successfully completed.
```

10.22 从 DBA_OBJECT_SIZE 中获取详细的对象信息

查询 DBA_OBJECT_SIZE 视图，显示特定对象占用的内存情况，包括更多的关于对象的详细信息，如下所示：

```
compute sum of source_size on report
compute sum of parsed_size on report
compute sum of code_size on report
break on report
select     *
from       dba_object_size
where      name = 'RDBA_GENERATE_STATISTICS';

OWNER   NAME                            TYPE            SOURCE_SIZE     PARSED_SIZE     CODE_SIZE
RDBA    RDBA_GENERATE_STATISTICS        PACKAGE         5023            4309            3593
RDBA    RDBA_GENERATE_STATISTICS        PACKAGE BODY    85595           0               111755
SUM                                                     90618           4309            115348
(partial display only...not all columns shown)
```

获得共享池中当前可使用的连续空间

为什么加载对象时共享池会返回错误？因为 Oracle 无法在共享池中为该段代码分配足够大的空间。你在前面已经学习了如何确定代码的大小，并且学习了如何在共享池中固定代码段。现在就可以仔细检查查询，以确定需要加载到共享池中的代码是否太大，是否需要被固定，以及是否需要重新研究代码并尽可能截短。

下面的查询访问 X$表(请参阅第 13 章)，只有 SYS 用户才能访问这些表：

```
select    ksmchsiz, ksmchcom
from      x$ksmsp
where     ksmchsiz > 10000
and       ksmchcom like '%PL/SQL%';
```

这个查询说明被访问的包太大，应当在数据库启动时就固定这个包。如果省去查询的最后一行，就将显示内存中的大段可用空闲空间(ksmchcom='free memory'且 ksmchcom='permanent memory')，这些空间在未来需要加载大段的代码时仍然可用。请参阅第 13 章以了解更多有关 X$表和示例结果的详细信息。

要诀
通过查询 X$KSMSP 可以找出在共享池中占用大段空间的 PL/SQL 代码块。它们是在数据库启动时需要固定的候选对象。

10.23 发现无效对象

开发人员经常需要修改一小部分在执行时无法编译，并导致程序运行失败的 PL/SQL 代码。针对如下简单查询，每天审视一下，有助于在最终用户遇到这些错误之前定位这些故障：

```
col        "Owner" format a12
col        "Object" format a20
col        "OType" format a12
col        "Change DTE" format a20
select     substr(owner,1,12) "Owner", substr(object_name,1,20)
           "Object", object_type "OType", to_char(last_ddl_time,
           'DD-MON-YYYY HH24:MI:SS') "Change Date"
from       dba_objects
where      status <> 'VALID'
order by   1, 2;
```

上面的示例显示了所有无效对象，这意味着这些对象无法成功通过编译，或者对相互依赖的对象的修改造成它们的状态变为无效。假设我们有一个名为 PROCESS_DATE 的过程被发现是无效的，那么可以使用下面的命令来手工重新编译这个过程：

```
alter procedure PROCESS_DATE compile;
```

一旦执行这个命令，并且 PROCESS_DATE 通过重新编译之后，Oracle 就会自动将该过程的状态从 INVALID 改为 VALID。另一种对给定方案中所有的存储过程、函数和程序包进行重新编译的手工方法就是调用 DBMS_UTILITY.COMPIRE_SCHEMA 包。

```
begin
dbms_utility.compile_schema('USERA');
end;
/
```

提示
可以运行 utlrp.sql 脚本以重新编译数据库中所有的无效对象。查看该脚本以了解运行脚本中的限制。

如果需要查询现有方案中全部的 PL/SQL 对象的状态，可以执行如下代码：

```
column    object_name   format a20
column    last_ddl_time heading 'last ddl time'
select    object_type, object_name, status, created, last_ddl_time
from      user_objects
where     object_type in ('PROCEDURE', 'FUNCTION', 'PACKAGE',
          'PACKAGE BODY', 'TRIGGER');

OBJECT_TYPE       OBJECT_NAME           STATUS   CREATED   last ddl
---------------   -------------------   ------   --------- ---------
PACKAGE           DBMS_REPCAT_AUTH      VALID    12-MAY-02 12-MAY-02
PACKAGE BODY      DBMS_REPCAT_AUTH      VALID    12-MAY-02 12-MAY-02
TRIGGER           DEF$_PROPAGATOR_TRIG  VALID    12-MAY-02 12-MAY-02
PROCEDURE         ORA$_SYS_REP_AUTH     VALID    12-MAY-02 12-MAY-02
TRIGGER           REPCATLOGTRIG         VALID    12-MAY-02 12-MAY-02
```

要诀
可以使用 DBMS_UTILITY.COMPILE_SCHEMA 重新编译单个无效对象或整个方案。

10.24 发现已禁用的触发器

禁用的触发器在某些方面比无效的对象更加危险，因为它们从不失败——因为根本不执行！这将对应用程序产生严重的后果，对基于程序代码内商业逻辑的商业进程也将产生严重影响。

以下脚本用于标识已禁用的触发器：

```
col        "Owner/Table" format a30
col        "Trigger Name" format a25
col        "Event" format a15
col        "Owner" format a10
select     substr(owner,12) "Owner", trigger_name "Trigger Name",
           trigger_type "Type", triggering_event "Event",
           table_owner||'.'||table_name "Owner/Table"
from       dba_triggers
where      status <> 'ENABLED'
order by   owner, trigger_name;
```

如果修改以上查询，使之仅仅检查 SYS 方案和某些特定的列，将会得到由 Oracle 创建的已禁用的触发器，如下所示：

```
select     trigger_name "Trigger Name",STATUS,
           trigger_type "Type", triggering_event "Event"
from       dba_triggers
where      status <> 'ENABLED'
and        owner = 'SYS'
order by   owner, trigger_name;

Trigger Name              STATUS    Type              Event
-----------------------   --------  ----------------  -----------------
AURORA$SERVER$SHUTDOWN    DISABLED  BEFORE EVENT      SHUTDOWN
AURORA$SERVER$STARTUP     DISABLED  AFTER EVENT       STARTUP
```

```
NO_VM_CREATE            DISABLED BEFORE EVENT   CREATE
NO_VM_DROP              DISABLED BEFORE EVENT   DROP
SYS_LOGOFF              DISABLED BEFORE EVENT   LOGOFF
SYS_LOGON               DISABLED AFTER EVENT    LOGON
```

如果需要查找自己方案中所有的触发器，可以执行以下代码：

```
column    trigger_name       format a15
column    trigger_type       format a15
column    triggering_event   format a15
column    table_name         format a15
column    trigger_body       format a25
select    trigger_name, trigger_type, triggering_event,
          table_name, status, trigger_body
from      user_triggers;

TRIGGER_NAME    TRIGGER_TYPE      TRIGGERING_EVENT   TABLE_NAME STATUS   TRIGGER_BODY
UPDATE_TOTAL    AFTER STATEMENT   INSERT OR UPDATE   ORDER_MAIN ENABLED  begin
                                  OR DELETE                              update total_orders
                                                                         set order_total=10;
                                                                         end;
```

要诀

通过查询 DBA_TRIGGERS(针对系统范围内的对象)或 USER_TRIGGERS(针对自己的方案)来查询触发器的状态，避免由于已禁用的触发器而产生错误。已禁用的触发器将会给应用程序带来致命的结果：它们不会失败，它们根本就不执行。

10.25 将 PL/SQL 关联数组用于快速参考表查询

被设计用来处理传入系统的数据的程序通常会结合大量的参考表查询，以便能够正确地校验数据或者对数据进行编码。当搜索参考表时，通过使用数值数据类型的唯一索引，并把参考表导入 PL/SQL 关联数组(以前叫作被索引表)，参考表的查询性能将有大幅度提高。设想输入的数据集中包含单一的数值列，并且必须利用参考表将其翻译成编码的字符串。以下程序清单是一段用于完成这个任务的代码，使用的是经典的重复搜索参考表的方法。

```
DECLARE
  v_code_c ref_table.ref_string%type;
  cursor v_lookup_cur (p_code_n IN number) is
    select ref_string
      from ref_table
     where ref_num = p_code_n;
  cursor v_inbound_cur is
    select *
      from incoming_data;
BEGIN
  --Open a cursor to the incoming data.
  for inbound_rec in v_inbound_cur loop
    BEGIN
      --Calculate the reference string from the reference data.
      open v_lookup_cur(inbound_rec.coded_value);
      fetch v_lookup_cur into v_code_c;
      if v_lookup_cur%notfound then
        close v_lookup_cur;
        raise NO_DATA_FOUND;
      end if;
```

```
      close v_lookup_cur;
      dbms_output.put_line(v_code_c);
      --processing logic...
      --Commit each record as it is processed.
      commit;
    EXCEPTION
      when NO_DATA_FOUND then
        null;--Appropriate steps...
      when OTHERS then
        null;--Appropriate steps...
    END;
  end loop;
END;
/
```

尽管这段程序看上去效率很高，但事实上已经受到对参考表反复查询的影响。尽管 Oracle 可能已将整个参考表保存在内存中，但由于需要固定或其他优先级更高的查询，处理这些查询时仍将产生一定数量的开销。

一种更有效的方法就是把整个参考表加载到 PL/SQL 关联数组中。数值列(搜索时要查找的列)在加载时作为数组索引。当需要查询参考表的数据时，PL/SQL 关联数组将代替实际的参考表——输入数据中需要翻译的代码将作为 PL/SQL 数组中的索引。处理 PL/SQL 关联数组与生俱来的特性是：如果使用无效的数组索引(即输入数据的代码无法在参照表中找到匹配值)，将会抛出 NO_DATA_FOUND 异常。

以下是相同的处理程序，只是在重写时使用关联数组来存储参考数据：

```
DECLARE
  type v_ref_table is table of ref_table.ref_string%type index by binary_integer;
  v_ref_array v_ref_table;
  v_code_c ref_table.ref_string%type;
  cursor v_lookup_cur is
    select *
      from ref_table;
  cursor v_inbound_cur is
    select *
      from incoming_data;
BEGIN
  --First, load the reference array with data from the reference table.
  for lookup_rec in v_lookup_cur loop
    v_ref_array(lookup_rec.ref_num) := lookup_rec.ref_string;
  end loop;
  --Open a cursor to the incoming data.
  for inbound_rec in v_inbound_cur loop
    BEGIN
      --Calculate the reference string from the reference data.
      v_code_c := v_ref_array(inbound_rec.coded_value);
      dbms_output.put_line(v_code_c);
      --processing logic...
      --Commit each record as it is processed.
      commit;
    EXCEPTION
      when NO_DATA_FOUND then
        null;--Appropriate steps...
      when OTHERS then
        null;--Appropriate steps...
    END;
  end loop;
END;
/
```

结果是处理速度有了显著提高,因为使用 PL/SQL 关联数组来代替实际的数据库表,从而减少了开销。

不久之前,人们提出了通过数值对关联数组进行索引的需求。因此,数组索引可以是字符串值。当需要解析的编码值不一定是数值时,就可以通过该功能来使用相同的解决方案。考虑一个典型示例,其中一些带有两个字符、用来表示州代码的数据需要进行解析和验证。以下程序清单对上面的过程进行了修改。数组的索引类型必须是 VARCHAR2 类型。

```
DECLARE
  type v_ref_table is table of states_table.state_name%type
    index by states_table.state_code%type;
  v_ref_array v_ref_table;
  v_state_c states_table.state_name%type;
  cursor v_lookup_cur is
    select state_code,
           state_name
      from states_table;
  cursor v_inbound_cur is
    select *
      from incoming_data;
BEGIN
  --First, load the reference array with data from the reference table.
  for lookup_rec in v_lookup_cur loop
    v_ref_array(lookup_rec.state_code) := lookup_rec.state_name;
  end loop;
  --Open a cursor to the incoming data.
  for inbound_rec in v_inbound_cur loop
    BEGIN
      --Calculate the reference string from the reference data.
      v_state_c := v_ref_array(inbound_rec.coded_value);
      dbms_output.put_line(v_state_c);
      --processing logic...
      --Commit each record as it is processed.
      commit;
    EXCEPTION
      when NO_DATA_FOUND then
        null;--Appropriate steps...
      when OTHERS then
        null;--Appropriate steps...
    END;
  end loop;
END;
/
```

要诀

将参考表加载到 PL/SQL 关联数组中就可以加快查询速度,这利用了 PL/SQL 中数组索引的优势。

10.26 查找和优化所使用对象的 SQL

有时候,优化存储对象最难的部分就是查找存储在数据库中的实际代码。本节关注能够获取可以被优化 SQL 的查询。本节中,可以通过查询视图来检索隐藏在存储对象背后的实际源代码的信息。

检索已创建的名为 PROCESS_DATE 的过程的源代码如下:

```
column    text    format a80
select    text
```

```
from       user_source
where      name = 'PROCESS_DATE'
order by   line;
```

这个查询可以用于查询存储过程、触发器或函数。如果要查询数据包，可以将最后一行修改为：

```
order by type, line;
```

```
TEXT
procedure process_date is
 test_num number;
begin
 test_num := 10;
 if test_num = 10 then
  update order_main
  set       process_date = sysdate
  where     order_num = 12345;
 end if;
end;
```

要检索大家熟悉的 DBMS_RULE 包的源代码，可以使用下面的代码：

```
column     text format a80
select     text
from       dba_source
where      name  = 'DBMS_RULE'
and        type  = 'PACKAGE'
order by   line;

TEXT
--------------------------------------------------------------------------------
PACKAGE dbms_rule AUTHID CURRENT_USER AS

  PROCEDURE evaluate(
       rule_set_name           IN       varchar2,
       evaluation_context      IN       varchar2,
       event_context           IN       sys.re$nv_list := NULL,
       table_values            IN       sys.re$table_value_list := NULL,
       column_values           IN       sys.re$column_value_list := NULL,
       variable_values         IN       sys.re$variable_value_list := NULL,
       attribute_values        IN       sys.re$attribute_value_list := NULL,
       stop_on_first_hit       IN       boolean := FALSE,
       simple_rules_only       IN       boolean := FALSE,
       true_rules              OUT      sys.re$rule_hit_list,
       maybe_rules             OUT      sys.re$rule_hit_list);

  PROCEDURE evaluate(
       rule_set_name           IN       varchar2,
       evaluation_context      IN       varchar2,
       event_context           IN       sys.re$nv_list := NULL,
       table_values            IN       sys.re$table_value_list := NULL,
       column_values           IN       sys.re$column_value_list,
       variable_values         IN       sys.re$variable_value_list := NULL,
       attribute_values        IN       sys.re$attribute_value_list := NULL,
       simple_rules_only       IN       boolean := FALSE,
       true_rules_iterator     OUT      binary_integer,
       maybe_rules_iterator    OUT      binary_integer);
  FUNCTION get_next_hit(
```

```
          iterator              IN     binary_integer)
  RETURN sys.re$rule_hit;
  PROCEDURE close_iterator(
          iterator              IN     binary_integer);
END dbms_rule;

35 rows selected.
```

要检索 DBMS_JOB 包的内容，可以使用以下代码：

```
column          text format a80
select          text
from            dba_source
where           name = 'dbms_job'
and             type = 'PACKAGE BODY'
order by        line;

TEXT
-----
PACKAGE BODY dbms_job wrapped
0
abcd
abcd
...
:2 a0 6b d a0 ac :3 a0 6b b2
ee :2 a0 7e b4 2e ac e5 d0
b2 e9 93 a0 7e 51 b4 2e
:2 a0 6b 7e 51 b4 2e 6e a5
57 b7 19 3c b0 46 :2 a0 6b
ac :2 a0 b2 ee ac e5 d0 b2
e9 :2 a0 6b :3 a0 6e :4 a0 :5 4d a5
57 :2 a0 a5 57 b7 :3 a0 7e 51
```

在这个示例中，已使用 WRAP 命令封装(保护)了程序包，所以无法读取输出结果。如果想优化这样的代码，那么就不得不放弃了。

可以使用以下查询检索触发器的源代码：

```
column    trigger_name        format a15
column    trigger_type        format a15
column    triggering_event    format a15
column    table_name          format a15
column    trigger_body        format a25
select    trigger_name, trigger_type, triggering_event, table_name, trigger_body
from      user_triggers;

TRIGGER_NAME  TRIGGER_TYPE     TRIGGERING_EVEN    TABLE_NAME    TRIGGER_BODY
UPDATE_TOTAL  AFTER STATEMENT  INSERT OR UPDATE   ORDER_MAIN    begin
                               OR DELETE                          update order_main
                                                                  set order_total = 10;
                                                                end;
```

要查找 PL/SQL 对象的依赖关系，可以使用以下代码：

```
column    name                format a20
column    referenced_owner    format a15 heading R_OWNER
column    referenced_name     format a15 heading R_NAME
```

```
column      referenced_type    format a12 heading R_TYPE
select      name, type, referenced_owner, referenced_name,referenced_type
from        user_dependencies
order by    type, name;

NAME                TYPE            R_OWNER         R_NAME          R_TYPE
INSERT_RECORD       PROCEDURE       USERA           ORDER_MAIN      TABLE
INSERT_RECORD       PROCEDURE       SYS             STANDARD        PACKAGE
PROCESS_DATE        PROCEDURE       SYS             STANDARD        PACKAGE
PROCESS_DATE        PROCEDURE       USERA           ORDER_MAIN      TABLE
```

要诀

要想查找 PL/SQL 包过程背后的源代码，需要查询 USER_SOURCE 和 DBA_SOURCE 视图。要想查找触发器的源代码，需要查询 USER_TRIGGERS 和 DBA_TRIGGERS 视图。要想查找 PL/SQL 对象之间的依赖关系，需要查询 USER_DEPENDENCIES 和 DBA_DEPENDENCIES 视图。

10.27 在处理 DATE 数据类型时使用时间组件

当处理 Oracle 的 DATE 数据类型时，将之视为 TIME 数据类型将会更加准确。这是因为 DATE 数据类型总是存储精确到秒的完整的临时值。将日期值直接插入数据类型为 DATE 的 PL/SQL 变量或数据库列中是不可能的。如果在设计应用程序时不记住这一点，就很可能会出现预料之外的结果。应用程序中由于不恰当的日期管理造成的最常见的副作用之一是：在制作报表时，根据日期值过滤数据，但每次执行返回的结果都不一样。

当使用数值初始化 DATE 类型的列或变量时，如果有缺失，那么缺失的任何部分都将由 Oracle 自动补上。如果初始值仅包含日期信息，那么 Oracle 只需要补上时间信息，反之亦然。这就带来一个问题：怎样区分在初始化时缺少哪一部分信息？答案非常简单，只有当一个日期变量是根据另一个日期变量初始化得来时，才会自动提供两部分信息。系统变量 SYSDATE 就是这样一种日期变量。因此，如果任何一个列或变量是由 SYSDATE 初始化得来的，那么它在初始化完成时就会包含日期和时间信息。

如果时间是 1998 年 1 月 10 日上午 3:25:22，并且执行下面的命令：

```
date_var_1 date := SYSDATE;
```

那么包含在变量 date_var_1 中的数值为：

```
10-JAN-1998 03:25:22.
```

同样，也可以使用文本字符串来初始化日期变量。例如：

```
date_var_2 date := '10-JAN-98';
```

此时包含在变量 date_var_1 中的数值为：

```
10-JAN-98 00:00:00
```

这里介绍一个简单的 PL/SQL 数据块，可以让你自己看到这一点：

```
DECLARE
  date_var_2 DATE;
BEGIN
  date_var_2 := '10-JAN-98';
  DBMS_OUTPUT.PUT_LINE('Selected date is '|| to_char(date_var_2, 'DD-MON-YYYY HH24:MI:SS'));
END;
/

10-JAN-1998 00:00:00
```

要诀

DATE 数据类型总是存储精确到秒的完整的临时值。将日期值直接插入数据类型为 DATE 的 PL/SQL 变量或数据库列中是不可能的。

基于这一点,显然 date_var_1 和 date_var_2 是不相等的。尽管它们都包含日期信息 10-JAN-98,但是它们的时间信息相差将近 3.5 个小时。程序中存在的问题在于:通常并不希望时间信息和日期信息一块被继承。有这样一个应用程序,它用 SYSDATE 初始化插入数据库表中的记录的账户时间。如果 PL/SQL 处理程序(或是简单的 SQL SELECT 语句)没有考虑记录的时间信息,那么在处理时将会丢失这些记录。

既然表中的日期值包含非午夜 12:00 的时间值,那么下面的语句将丢失部分记录。问题是由于时间不同,这些语句都将丢失部分记录:

```
select   *
from     table
where    date_column = SYSDATE;
select   *
from     table
where    date_column = trunc(SYSDATE);
select   *
from     table
where    date_column = '10-JAN-98';
select   *
from     table
where    date_column between '01-JAN-98' and '10-JAN-98';
```

解决方案是在 WHERE 子句的两端截去时间部分的信息。

一种可以预防该问题发生的方法就是,在条件测试的两端消除时间组件的差别,如下所示:

```
select   *
from     table
where    trunc(date_column) = trunc(SYSDATE);
select   *
from     table
where    trunc(date_column) = '10-JAN-98';
select   *
from     table
where    trunc(date_column) between '01-JAN-98' and '10-JAN-98';
```

关于这些示例需要注意的是:如果修改 NLS_DATE_FORMAT 为非默认值,这些示例将无法运行。使用"dd-mon-yy hh:mi:ss"格式,修改后的查询不返回任何数据。在注销并重新登录,重设 NLS_DATE_FORMAT 后,相同的查询就能返回数据。

调整方案是在 WHERE 子句的非列名一侧截去时间信息。这个技术会产生我们不希望看到的副作用,它限制了可能会提高查询性能的索引——列上的 TRUNC 函数将限制该列上的索引。真正想要的是应当能够调整过滤条件,从而包含给定日期内所有可能的时间值。同样要注意,以下程序清单中的".000011574"代表一天中的 1 秒。

```
select   *
from     table
where    date_column between trunc(SYSDATE) and
         trunc(SYSDATE + 1) - .000011574;
select   *
from     table
where    date_column between to_date('10-JAN-98') and
```

```
                to_date('11-JAN-98') - .000011574;
select      *
from        table
where       date_column between to_date('01-JAN-98') and
            to_date('11-JAN-98') - .000011574;
```

要诀

Oracle 的 DATE 数据类型包含日期和时间信息。当匹配日期类型时应避免限制索引的使用。关键是不修改 WHERE 子句中数据列一侧的内容，在非数据列一侧执行所有的修改。正如你在第 2 章中看到的，可以增加一个基于函数的索引来克服这个问题。

10.28 使用 PL/SQL 优化 PL/SQL

也可以使用 PL/SQL 来对 PL/SQL 计时，以确保它的性能满足要求。这里介绍一个简单的示例，它指导你如何写脚本，以便直接从 SQL*Plus(或 SQL*Plus 中的 PL/SQL)测试和优化存储过程(在这个示例中是名为 get_customer 的存储过程)。

```
set serveroutput     on
declare
cust_name char(100);
begin
dbms_output.put_line('Start Time:
    '||to_char(sysdate,'hh24:mi:ss'));
    get_customer(11111,cust_name);
    dbms_output.put_line('Complete Time:
    '||to_char(sysdate,'hh24:mi:ss'));
    dbms_output.put_line(cust_name);
end;
/
```

要诀

使用 PL/SQL 来显示 PL/SQL 的开始和结束时间。不要忘记使用 PL/SQL 优化 PL/SQL。可以使用类似 DBMS_PROFILER(本章前面提到过)的包为每一行 PL/SQL 代码获取时间统计信息。

注意

也可以使用 Oracle 11g 中新的程序包 DBMS_HPROF。profiler 报告了 PL/SQL 程序的动态执行配置，这些执行配置按照函数调用进行组织，对 SQL 和 PL/SQL 的执行次数进行单独计算。plshprof 命令行工具位于 $ORACLE_HOME/bin/目录，可以针对一个或两个 profiler 输出文件生成 HTML 报告。

10.29 理解 PL/SQL 对象定位的含义

在 TUSC，因为许多显而易见的原因，我们一般建议将 PL/SQL 对象存储在服务器端。一般情况下，服务器的处理能力更强，对象的重用也更频繁(尤其是固定到共享池后)。部署的安全措施也更加直接。把需要处理的 PL/SQL 对象发送到客户端后，性能将取决于客户端的处理能力，并且能够减少客户端与服务器之间的往返调用次数。但是，如果能够正确实现，也可把这些调用限制在服务器端(请参阅 10.27 节的示例)。有关这个问题目前还存在许多争议，但是随着瘦客户端的发展，服务器可能成为存储 PL/SQL 的唯一地方。图 10-1 描述了当 PL/SQL 存储在服务器端时是如何执行的。下面列出了一些为何应该将代码存储在服务器端的原因：

- 编译过的代码(p-代码)可以提高性能。
- 对象可以被固定在 Oracle 的 SGA 中。
- 可以在数据库层启用事务层的安全性。
- 冗余代码较少,版本控制问题也较少。
- 可以在线查询源代码,因为源代码已经被存储到数据字典中。
- 更容易做影响分析,因为代码已经被存储到数据字典中。
- 占用的内存更少,因为只有代码的一份副本保存在内存中。
- 如果使用了包,那么整个包在初次被引用时就已经被加载了。

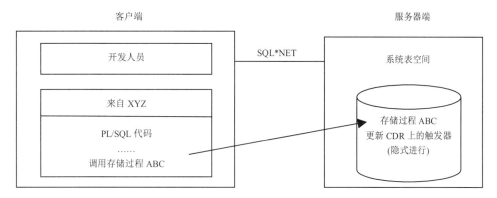

图 10-1 在服务器端执行对象

要诀

究竟应该把 PL/SQL 代码存储到什么地方是一个让人争论不休的问题。一般说来,代码应当存储到服务器端,并随着瘦客户端的流行而变为唯一的选择。

10.30 使用回滚段打开大型游标

本节是为那些未使用 Oracle 的自动 UNDO 管理功能的开发人员和 DBA 准备的。任何有经验的 PL/SQL 开发人员都应该知道,在对数据库进行大型的 INSERT/UPDATE/DELETE 操作时,需要妥善设置并使用回滚段。如果在进行大型复杂的数据操作之前没有为回滚段明确地设置好合适的空间,操作将会失败。通常返回的错误代码是"ORA-01562:failed to extend rollback segment"。失败的原因是:对于没有明确设置回滚段的事务,Oracle 将随机为之指定回滚段。如果这个随机分配的回滚段没有足够的空间去支持整个事务,操作就会失败。消除这种类型错误的方法是,估测将要修改的数据量的大小,选择合适的回滚段大小(在这一点,DBA_ROLLBACK_SEGS 视图很有帮助),并在执行 DML 语句前设置这个回滚段。以下示例展示了经过正确设置的语句:

```
commit;
set transaction use rollback segment rbs1;
update big_table
set column_1 = column_1 * 0.234;
commit;
```

也可以通过查询 V$UNDOSTAT 视图的 TUNED_UNDORETENTION 列来确定当前 UNDO 的保留周期。在 DBA_TABLESPACES 视图中,列 RETENTION 包含 UNDO 表空间保留周期的设定,值为 GUARANTEE/NOGUARANTEE。对于 UNDO 表空间以外的表空间,该列的值为 NOT APPLY。

可能很少有人知道 Oracle 在使用游标时也使用回滚段,即使在游标的循环中没有用到 DML 语句。回滚段用作正在执行的游标循环的一种工作区。因此,当回滚段的空间不足以读取游标时,就很可能造成游标循环失败。

这种失败不会立即显现出来——而是在游标循环执行大量迭代操作后才暴露。由于返回的错误信息和单条 DML 语句失败时返回的信息是一样的，因此很多开发人员都被欺骗了，他们一直在思考代码中究竟出现了什么错误。他们虽然对在游标循环内部控制合适的事务管理空间方面做了许多勇敢的尝试，但仍徒劳无获。要想成功打开一个大型游标，就必须在打开游标前设置一个大型的回滚段，如下所示：

```
commit;
set transaction use rollback segment rbs_big;
for C1_Rec in C1 loop
-- your processing logic goes here ...
end loop;
```

如果在游标循环内需要处理大量的数据，那么在游标循环内部也要用该代码设置回滚段。这样就可以防止 DML 语句正在使用的回滚段被用于确保读取大型游标。

要诀
如果不使用自动撤消管理(参阅第 3 章以获取更多信息)，那么在打开大型游标时，必须指定空间足够大的回滚段。

使用动态事务管理来处理海量数据

当为处理海量数据的过程编写代码时，请记住要把回滚段的大小考虑进去。对于处理海量数据的程序而言，回滚段是薄弱环节。如果一个过程在结尾处提交一条单一的 COMMIT 语句，这和它处理上百万条数据时是不一样的。以下观点是有争议的：只要提供空间足够大的回滚段，单一事务也可以用于处理海量数据。这在逻辑上有两个缺点：1) 将达到 GB 字节的宝贵磁盘空间用作回滚空间几乎是不可能的；2) 如果有硬件或软件错误出现，那么整个数据集将需要重新处理。因此，对于处理海量数据而言，动态事务管理正是我们需要的技术。它可以有效地使用磁盘空间(专用于回滚段)，并在出现硬件或软件错误时，提供自动恢复功能。同时也要保证 UNDO 表空间有足够的空间去适应 UNDO_RETENTION 设置。

动态事务管理是一种由 3 个部分组成的编程技术：为游标和 DML 语句设置事务；执行间歇性的数据库 COMMIT 操作；使用一个表的一列作为处理标志，以标志哪些记录已经处理过。注意下面的数据库存储过程：

```
declare
  counter number;
  cursor C1 is
    select     rowid,column_1,column_2,column_3
    from       big_table
    where      process_time is NULL;
begin
  Counter := 0;
  commit;
  set transaction use rollback segment rbs_big;
  for C1_Rec in C1 loop
    -- Commit every 1000 records processed.
    if (Counter = 0) or (Counter >= 1000)
      then
        commit;
        set transaction use rollback segment rbs_medium;
        Counter := 0;
      else
        Counter := Counter + 1;
    end if;
    -- Processing logic...
    update big_table
```

```
       set process_time = sysdate
       where rowid = C1_Rec.rowid;
  end loop;
  commit;
end;
/
```

SET TRANSACTION 语句确保在使用回滚段的系统中,用于游标读取和 DML 语句的回滚段大小设置合适。每处理 1000 条记录进行一次数据库提交的 COMMIT 操作提供了两个功能:防止 DML 语句超出回滚段的容量,把需要处理的记录分成离散的单元,这样即使出现硬件或软件错误,也不会丢失已经完成的工作成果。最后,PROCESS_TIME 列作为处理标记,允许程序识别尚未处理的记录。使用自动回滚段管理,数据库在 UNDO 表空间中管理回滚段。当开始事务时,会自动分配可用的 UNDO 段。不能人为指定用哪个 UNDO 段,也没必要这么做。

要诀
维护足够的回滚段或撤销段对于事务处理系统至关重要。限制 COMMIT 之间操作的数据量是避免出现 "snapshot too old" (快照过于陈旧)错误的关键。

10.31 使用数据库临时表提高性能

PL/SQL 表对于某些特定情况特别有用,尤其是牵涉重复迭代的使用和相关数据较小的情况。正如本章前面指出的那样,如果使用不当,每个会话使用的内存将会快速增长。当需要临时存储空间在短时间内存储大量的记录时,创建、索引和查询数据库临时表的方法就是可行且十分有用的选择。我遇到的很多开发人员在初步了解和掌握 PL/SQL 表后,就放弃了常用的数据库临时表。请记住,PL/SQL 表并不是万能的。

Oracle 通过往临时表中写入撤消数据来帮助实现事务恢复、回滚到保存点、保持读操作的一致性和回收空间等功能。这样,临时表中的事务有可能会生成重做信息,因为需要记录回滚段或撤消段所做的修改。产生的重做信息比永久表上的 DML 操作产生的重做信息要少。

10.32 限制动态 SQL 的使用

Oracle 提供了由 Oracle 公司开发的 DBMS_SQL 包和动态 SQL 命令 EXECUTE IMMEDIATE,两者皆可创建动态的 SQL 和 PL/SQL 命令。这些都是非常强有力的特性,但如果使用不当,也会十分危险。当设计和开发 Oracle 应用程序时,最难做的决定就是在哪里嵌入语句来提供动态性和灵活性。从功能的角度看,开发动态灵活的应用程序非常有用。然而,应用程序的动态性和灵活性越高,潜在的性能问题就越多。

当完全正确且功能强大的应用程序无法达到用户可接受的水平时,我们认为它是失败的。如果在工作过程中必须等待的话,用户会拒绝这样的应用程序。我并非提倡消除应用程序的动态性和灵活性,但是必须权衡利弊。只在需要时才考虑应用程序的灵活性,不要把每一个应用程序模块都设计成具有适应将来业务规则变化的灵活性。只有在确认需要灵活性,并且性能不会受到负面影响的情况下,才应当在应用程序中考虑灵活性。

DBMS_SQL 包和 EXECUTE IMMEDIATE 命令为 PL/SQL 程序单元提供了一些动态和灵活的手段。当需要时可以使用它们,但切勿滥用,除非你想尝试一下失败的感觉。

要诀
如果在 PL/SQL 程序单元中整合了 DBMS_SQL 包,并将之用于为应用程序产品创建动态的 SQL 语句,就必须牢记:对生成的 SQL 语句的优化工作将变得很困难。相反,为动态 SQL 使用绑定变量可以使资源竞争最小化,使性能最大化。

10.33 使用管道表函数建立复杂的结果集

有时会碰到 DML 查询语句无法提供所需信息的情况。通常,这种情况发生在数据不驻留在数据库表中时,或者发生在将表数据转换为有用形式会超出 SQL 和内联函数的能力时。以前的解决方案是创建预处理器,这样在调用它时就能将数据收集到某种类型的中间表中,可能是全局的临时表,使用简单的 DML 查询语句进行后续的提取工作。然而,管道表函数不仅能使这两个步骤合二为一,而且能消除在中间表中维护数据的开销。

管道表函数是指能够产生行集合(例如嵌套表)的函数,它们能像物理数据库表一样进行查询或者能赋值给 PL/SQL 集合变量。可以使用表函数代替 FROM 子句中数据库表的名称,或者代替查询语句中 SELECT 列表中的列名。

为了说明这个过程,首先假设这个简单的表是方案中的唯一表:

```
create table states
(
state_code varchar2(2)    not null,
state_name varchar2(100) not null,
constraint states_pk   primary key (state_code),
constraint states_uk1 unique (state_name),
constraint states_chk1 check (state_code = upper(state_code))
);
```

需要解决的问题是:需要一种方法来创建 SQL 脚本,用于复制方案中所有的自定义约束。需求如下:
- 脚本需要使用 JSP (Java Server Page)方法,在应用程序的服务器上而不是在数据库服务器上创建。
- 脚本需要保证考虑约束之间的依赖关系。
- 脚本需要使得当重用时,被禁用的约束依然保持禁用状态。
- 当启用检查和外键约束时,脚本应该使得当重用时,保护现有数据的再次验证。

现在,也许能通过使用了多表连接、多个 UNION 子句和大量 DECODE 语句的大型 SQL 查询来解决这个问题,但是得到的最终结果将难以维护。所以需要更好的解决方案,其中涉及管道表函数,你将会发现,能在一些非常基本的 PL/SQL 功能中找到它们。通过使用管道表函数,可以简化 JSP 从数据库中获得所需信息的操作……只需要简单的 DML SELECT 语句即可。管道表函数将以符合需求规则的格式把 DDL 命令返回给 JSP。从 JSP 的观点看,管道表函数就像一个表,这样就能够简单地进行查询并迭代返回的结果集,将命令写入文件。

通过关键字 PIPELINED 声明管道表函数,PIPELINED 关键字说明函数迭代返回行。管道表函数的返回类型必须是支持的集合类型,例如嵌套表或 varray(不能是组合数组类型)。这种集合类型可以在方案级别或程序包中进行声明。在函数内部,返回的是集合类型的单个元素。以下是问题解决方案的包的头信息。注意,GET_CONSTRAINT_DDL 函数返回集合类型并使用了 PIPELINED 关键字:

```
CREATE OR REPLACE PACKAGE ddl_extract_pkg is

  --Record and array types to support pipelined tabled functions.
  type sg_constraint_ddl_rec is record (ddl_name varchar2(100),
                                 ddl_text varchar2(1000));
  type sg_constraint_ddl_array is table of sg_constraint_ddl_rec;

  --Public routines.
  FUNCTION get_constraint_ddl return sg_constraint_ddl_array pipelined;

END ddl_extract_pkg;
/
```

在 PL/SQL 中,PIPE ROW 语句使得管道表函数返回一行并继续处理。该语句能使 PL/SQL 表函数在产生一个数据行后就返回该行。PIPE ROW 语句只应该用于管道表函数的包体部分,如果用在其他地方,将发生错误。对于不返回任何数据行的管道表函数,可以省略 PIPE ROW 语句。管道表函数可以有不返回任何值的 RETURN 语句。RETURN 语句将控制权还给客户并保证在下次获取时返回 NO_DATA_FOUND 异常。

在查看包的包体部分前,先简要讨论其中的一些关键信息:

- 首先,为了避免从不同的字典表中重构 DDL 的冗长集合,需要使用 DBMS_METADATA 包。这个包完成从字典中建立 DDL 的操作,需要一些初始的基于 PL/SQL 的配置调用。通过使用 DBMS_METADATA 包,可以在需要时捕获重构 DDL 的所有细微差别(例如存储参数、表空间和段属性)。
- 当从 DBMS_METADATA 包中获得基本的重构的 DDL 后,需要使用字符串命令处理 DDL 以完成指定的功能。
- 管道表函数的内部处理必须考虑约束的依赖顺序。函数返回记录(通过 PIPE ROW 语句)的顺序在调用的 DML SELECT 语句中定义。
- 请注意(来自《PL/SQL 语言参考手册》),管道表函数总是指示当前数据的状态。如果在集合的游标打开后,集合中的数据发生了变化,游标会反映出变化。PL/SQL 变量对于会话来说是私有的,会话之间不相互影响。因此,**以对表中数据的适应性而著称的一致读不适用于 PL/SQL 集合变量**。

下面是包体:

```
CREATE OR REPLACE PACKAGE BODY ddl_extract_pkg is

  --scrub_raw_ddl function.
  --
  --Description: This function performs basic scrubbing routines on a
  --             DDL command returned by dbms_metadata.get_ddl.
  --
  --Syntax: scrub_raw_ddl(p_status_c, p_cons_type_c, p_ddl_c);
  --
  --Where: p_status_c    = The current status (Enabled/Disabled).
  --       p_cons_type_c = The constraint type (P, U, C, R).
  --       p_ddl_c       = The constraint reconstruction DDL.
  --
  FUNCTION scrub_raw_ddl (p_status_c      IN varchar2,
                          p_cons_type_c   IN varchar2,
                          p_ddl_c         IN varchar2) return varchar2 is
  v_new_ddl_c varchar2(1000);
  BEGIN
    --Capture the passed DDL.
    v_new_ddl_c := p_ddl_c;
    --Trim off any carriage returns.
    v_new_ddl_c := replace(v_new_ddl_c, chr(10), null);
    --Trim off any whitespace.
    v_new_ddl_c := trim(v_new_ddl_c);
    --For Check and Relational constraints, if the constraint is
    --currently disabled then we will leave it that way.
    --Otherwise, we will enable it but without the re-validation of existing data.
    if ( p_cons_type_c in ('C', 'R') ) then
      if ( ( p_status_c = 'ENABLED' ) ) then
        if ( instr(v_new_ddl_c, ' NOVALIDATE') = 0 ) then
          v_new_ddl_c := v_new_ddl_c||' NOVALIDATE';
        end if;
      end if;
    end if;
    --Properly terminate the command.
    v_new_ddl_c := v_new_ddl_c||';';
```

```
    --Return.
    return(v_new_ddl_c);
END scrub_raw_ddl;

--get_constraint_ddl function.
--
--Description: Pipelined table function returning proper DDL commands to
--             reconstruct the custom constraints (PK, UK, CHK, FK) for all
--             tables within the current schema.
--
FUNCTION get_constraint_ddl return sg_constraint_ddl_array pipelined is

  v_mdc_i     integer;
  v_raw_sql_c varchar2(1000);

  --The function returns a collection of records of type X.
  --So, in the code we will return single records of type X.
  v_out_record sg_constraint_ddl_rec;

  --Cursor to control the extraction order to prevent dependency errors.
  --Check constraints, then PK, then UK, then FK.
  --We do this to prevent dependencies errors.
  cursor v_extract_order_cur is
    select 1            as a_cons_order,
           'C'          as a_cons_type,
           'CONSTRAINT' as a_cons_group
      from dual
     union all
    select 2, 'P', 'CONSTRAINT'
      from dual
     union all
    select 3, 'U', 'CONSTRAINT'
      from dual
     union all
    select 4, 'R', 'REF_CONSTRAINT'
      from dual
     order by 1;

  --Cursor to access the custom constraints from the data dictionary.
  cursor v_constraints_cur (p_type_c   IN varchar2) is
    select owner,           table_name,
           constraint_name, constraint_type,
           status,          validated
      from user_constraints
     where table_name       = 'STATES'
       and constraint_type  = p_type_c
       and generated       <> 'GENERATED NAME';

BEGIN

  --Configure the dbms_metadata package.
  v_mdc_i := dbms_metadata.session_transform;
  dbms_metadata.set_transform_param(v_mdc_i, 'PRETTY',             false);
  dbms_metadata.set_transform_param(v_mdc_i, 'SEGMENT_ATTRIBUTES', false);
  dbms_metadata.set_transform_param(v_mdc_i, 'STORAGE',            false);
  dbms_metadata.set_transform_param(v_mdc_i, 'TABLESPACE',         false);
```

```
      dbms_metadata.set_transform_param(v_mdc_i, 'CONSTRAINTS_AS_ALTER', true);
      dbms_metadata.set_transform_param(v_mdc_i, 'CONSTRAINTS',         true);
      dbms_metadata.set_transform_param(v_mdc_i, 'REF_CONSTRAINTS',     true);
      dbms_metadata.set_transform_param(v_mdc_i, 'SQLTERMINATOR',       false);

      --Open the cursor that controls the extraction order...
      for extract_order_rec in v_extract_order_cur loop
        --Open the cursor to access the constraints of the
        --current type (PK, UK, etc).
        for constraints_rec in v_constraints_cur(extract_order_rec.a_cons_type) loop
          --Initialize the next pipeline record to be returned.
          v_out_record.ddl_name := constraints_rec.constraint_name;
          v_out_record.ddl_text := null;
          --Get the raw DDL for the current constraint.
          v_raw_sql_c := dbms_metadata.get_ddl(extract_order_rec.a_cons_group,
                                               constraints_rec.constraint_name,
                                               constraints_rec.owner);
          --Scrub the raw DDL.
          --The cleaned DDL will be placed into the record
          --being returned to the pipeline.
          v_out_record.ddl_text := scrub_raw_ddl(constraints_rec.status,
                                                 extract_order_rec.a_cons_type,
                                                 v_raw_sql_c);
          --Return the constructed command to the pipeline.
          pipe row(v_out_record);
        end loop;
      end loop;
      return;
  END get_constraint_ddl;
END ddl_extract_pkg;
/
```

在安装完这个包后，执行它几乎和执行 DML SELECT 语句一样简单。当从 SQL 中访问 PIPELINED 表函数时，需要记住一些细微差别：

- 必须使用 SQL TABLE 集合表达式告诉 Oracle，从管道表函数返回的集合应该被看作用于查询和 DML 操作的表。
- 需要从集合中访问的列必须显式地说明，不能使用列通配符(*)。

```
select x.ddl_name,
       x.ddl_text
  from table(ddl_extract_pkg.get_constraint_ddl) x
 order by 1;

DDL_NAME      DDL_TEXT
------------  --------------------------------------------------
STATES_CHK1   ALTER TABLE "TRS3_PROC"."STATES" ADD CONSTRAINT "S
              TATES_CHK1" CHECK (state_code = upper(state_code))
               ENABLE NOVALIDATE;

STATES_PK     ALTER TABLE "TRS3_PROC"."STATES" ADD CONSTRAINT "S
              TATES_PK" PRIMARY KEY ("STATE_CODE") ENABLE;

STATES_UK1    ALTER TABLE "TRS3_PROC"."STATES" ADD CONSTRAINT "S
              TATES_UK1" UNIQUE ("STATE_NAME") ENABLE;
```

要诀

通过管道表函数建立复杂的结果集可以避免使用中间表。

10.34 别管调试命令

在开发 PL/SQL 模块期间，总是不可避免地使用调试命令。比调试命令本身更重要的是开发人员选择的调试点的位置以最大化调试的好处。对于复杂的算法来说，有效的调试是一门技术，只有那些对代码非常熟悉的人员才能准确定位调试语句以获得最大收益。然后，在代码用于实际应用之前，这些调试语句必须被删除或禁用(注释)，因为 PL/SQL 缺少许多程序语言中所带的条件编译，直到现在也是如此! 直到 Oracle 11g，也就是说，在 Oracle 11g 和 12c 中，开发人员才能够在原来的位置保留这些调试命令，从而便于在产生问题时能重新恢复这些命令。

有了条件编译，就能进入只有在编译期间才会执行的 if-then 控制结构。目的是使用 if-then 控制结构来控制程序编译时所包含的文本语句(从 THEN 或 ELSE 子句中)。条件编译控制结构通过标准 if-then 块的关键字(IF、THEN、ELSE、ELSEIF、END 和 ERROR)前面的条件编译触发器字符($)进行标识(除了使用 END 代替 END IF 作为块的结束符这种情况以外)。Oracle PL/SQL 编译器对源代码进行初始扫描以查找条件编译触发器字符$。如果能找到任何有效的触发器字符，编译器就计算编译条件以确定在实际编译的代码中应该包含哪些代码文本。

以下是条件编译块的基本结构：

```
$if test_expression $then text_to_include
  [ $elsif test_expression $then text_to_include ]
  [ $else text_to_include ]
$end
```

条件编译使用选择指令(selection directive)或查询指令(inquiry directive)来确定在编译程序中包含哪些文本。选择指令允许在编译期间计算静态表达式。

下面的代码说明了一条使用选择指令的最简单的条件编译命令：

```
$if static_boolean_expression $then text_to_include; $end
```

在编译时，如果 STATIC_BOOLEAN_EXPRESSION 为 true，就会在编译程序中包含 TEXT_TO_INCLUDE；否则将跳过 TEXT_TO_INCLUDE。为了说明这一点，下面将介绍一个包的声明，它将被专门用于存储以调试为目的的条件编译常量：

```
CREATE OR REPLACE PACKAGE debug_pkg IS
  debug constant boolean := true;
END debug_pkg;
/
```

下面将为一些虚构的商业应用程序创建包的声明：

```
CREATE OR REPLACE PACKAGE worker_pkg as
  PROCEDURE run_prc;
END worker_pkg;
/
```

在包体部分包含引用调试包中静态常量的条件编译命令：

```
CREATE OR REPLACE PACKAGE BODY worker_pkg as
  PROCEDURE run_prc is
  BEGIN
    dbms_output.put_line('Processing started.');
    $if debug_pkg.debug $then dbms_output.put_line('Debugging is on.'); $end
    dbms_output.put_line('Processing completed.');
  END;
```

```
END worker_pkg;
/
```

由于在编译包体时静态常量被设置为 true，因此会在编译程序中包含额外的 DBMS_OUTPUT 命令，通过执行 RUN_PRC 过程可以验证这一点：

```
set serverout on;
exec worker_pkg.run_prc;

Processing started.
Debugging is on.
Processing completed.
PL/SQL procedure successfully completed
```

修改 DEBUG_PKG 包将导致重新编译所有的依赖对象，而且当重新编译时，条件编译控制常量的当前值将被用于确定调试语句是否包含在重新编译的代码中：

```
CREATE OR REPLACE PACKAGE debug_pkg IS
  debug constant boolean := false;
END debug_pkg;
/
```

由于这次静态常量被设置为 false，因此当 WORKER_PKG 包自动地重新编译时不会包含额外的 DBMS_OUTPUT 命令，再次执行 RUN_PRC 过程可以验证这一点：

```
set serverout on;
exec worker_pkg.run_prc;

Processing started.
Processing completed.
PL/SQL procedure successfully completed
```

暂停一下，执行典型的查询数据字典的活动以获取存储包的源代码：

```
select text
  from user_source
 where name = 'WORKER_PKG'
   and type = 'PACKAGE BODY'
 order by line;

TEXT
--------------------------------------------------------------------------------
PACKAGE BODY worker_pkg as
  PROCEDURE run_prc is
  BEGIN
    dbms_output.put_line('Processing started.');
    $if debug_pkg.debug $then dbms_output.put_line('Debugging is on.'); $end
    dbms_output.put_line('Processing completed.');
  END;
END worker_pkg;

8 rows selected
```

可以看出，不能再依赖于_SOURCE(例如 USER_SOURCE、DBA_SOURCE)字典表来精确显示数据库中正在执行的代码。_SOURCE 字典表毕竟只是源代码。为了确定已经编译过的准确代码，把条件编译考虑在内，Oracle 提供了 DBMS_PREPROCESSOR 包：

```
set serverout on
```

```
BEGIN
  dbms_preprocessor.print_post_processed_source('PACKAGE BODY',
                                                USER,
                                                'WORKER_PKG');
END;
/

PACKAGE BODY worker_pkg as
  PROCEDURE run_prc is
  BEGIN
    dbms_output.put_line('Processing started.');

    dbms_output.put_line('Processing completed.');
  END;
END worker_pkg;

PL/SQL procedure successfully completed
```

现在回到对调试包的讨论中。为了使调试的存储过程有更多不同粒度，这里引入一些特定过程的控制常量：

```
CREATE OR REPLACE PACKAGE debug_pkg IS
  debug_run_prc constant boolean := true;
  debug_xxx_prc constant boolean := false;
  debug_yyy_prc constant boolean := false;
  debug_zzz_prc constant boolean := false;
END debug_pkg;
/
```

现在更新 WORKER_PKG，使用新的常量：

```
CREATE OR REPLACE PACKAGE BODY worker_pkg as
  PROCEDURE run_prc is
  BEGIN
    dbms_output.put_line('Processing started.');
    $if debug_pkg.debug_run_prc $then
      dbms_output.put_line('Debugging is on.');
    $end
    dbms_output.put_line('Processing completed.');
  END;
END worker_pkg;
/
```

确认执行结果和预期的一样：

```
set serverout on;
exec worker_pkg.run_prc;

Processing started.
Debugging is on.
Processing completed.
PL/SQL procedure successfully completed
```

记住，包含静态常量的包和用于条件编译且引用静态常量的包之间存在物理依赖关系。这样，如果利用修改 DEBUG_PKG 包来改变单个常量的设置，那么无论依赖的包中是否引用修改的常量，都会导致对依赖于这个包的所有过程、函数进行级联重编译。对于存在大量存储代码的应用程序来说，不应该发生这样的行为。在这种情况下，可以将静态常量分散于多个包中，或者通过 Oracle 10g R2 使用另一种控制条件编译的方法——查询指令。

首先进行清理工作：

```
drop package debug_pkg;

Package dropped
```

条件编译查询指令能够通过以下预定义的指令名称让测试条件依赖于编译环境：
- 任何 Oracle PL/SQL 的编译初始参数，例如 PLSQL_CCFLAGS、PLSQL_CODE_TYPE 或 PLSQL_WARNING。
- 来自 PLSQL_LINE 的模块行号。
- 来自 PLSQL_UNIT 的当前源单位名称，注意这个指令名称将为异步模块返回 NULL。
- 由 PLSQL_CCFLAGS 引入的自定义名-值对。

本例将通过 PLSQL_CCFLAGS 初始参数构建自定义的名-值对：

```
alter session set PLSQL_CCFLAGS = 'MyDebugMode:TRUE';
```

接下来修改测试过程以使用查询指令：

```
CREATE OR REPLACE PACKAGE BODY worker_pkg as
  PROCEDURE run_prc is
  BEGIN
    dbms_output.put_line('Processing started.');
    $if $$MyDebugMode $then
      dbms_output.put_line('Debugging is on.');
    $end
    dbms_output.put_line('Processing completed.');
  END;
END worker_pkg;
/
```

快速测试这个过程以说明预期的结果：

```
set serverout on;
exec worker_pkg.run_prc;

Processing started.
Debugging is on.
Processing completed.

PL/SQL procedure successfully completed.
```

同使用依赖于静态常量的选择指令不同的是，修改自定义查询指令的值不会导致自动重新编译这个包：

```
alter session set PLSQL_CCFLAGS = 'MyDebugMode:FALSE';

Session altered.

set serverout on;
exec worker_pkg.run_prc;

Processing started.
Debugging is on.
Processing completed.
PL/SQL procedure successfully completed.
```

除非发生其他情况导致包重新编译，否则自定义查询指令中所做的修改不容易发现：

```
alter package worker_pkg compile;
```

```
Package altered.

set serverout on;
exec worker_pkg.run_prc;

Processing started.
Processing completed.
PL/SQL procedure successfully completed.
```

如果要在不修改会话的情况下调整特定包的行为，可以在强制重编译模块期间指定 PL/SQL 的永久编译参数：

```
alter package worker_pkg compile PLSQL_CCFLAGS = 'MyDebugMode:TRUE' reuse settings;

Package altered.

set serverout on;
exec worker_pkg.run_prc;

Processing started.
Debugging is on.
Processing completed.
PL/SQL procedure successfully completed.
```

REUSE SETTINGS 子句可以绕过那些(从会话中)删除或重载所有永久编译条件的常规编译器行为。因此，在强制重编译期间将会更新的唯一编译器参数就是通过 ALTER 命令声明的部分。

错误指令提供了在程序内部输出调试信息的快速方法。比如，创建一个过程，它使用 Oracle 12c 中引入的一些 PL/SQL 功能，但这个过程也要求在 Oracle 10.2 中运行，这时就可以使用错误指令输出一条错误消息来表明当前过程不支持这个数据库版本。参考 Oracle 12c 的《PL/SQL 语言参考手册》中的例 2-59。

要诀
使用条件编译限制 PL/SQL 代码中的调试命令。

要诀
使用 DBMS_DB_VERSION 中定义的静态常量作为选择指令来控制条件编译。DBMS_DB_VERSION 包指定了 Oracle 的版本号和其他信息，这些信息对基于 Oracle 版本的简单条件编译选择非常有用。

10.35 "跟着感觉走"：为初学者准备的例子

因为阅读本书的许多开发人员和 DBA 可能是 PL/SQL 的初学者，所以本节提供了一些有关 PL/SQL 代码的例子，包含过程、函数、程序包和触发器。对这些对象的样式以及它们的区别有一定的感性认识是非常重要的，尤其是在以前从来没有接触过它们的情况下。本节被有意放在了结尾，仅仅作为参考，让你对每一段代码有个感性认识。目的不是要教会你如何写 PL/SQL 代码(想要了解详情，可以参考 Joe Trezzo 编写的 *PL/SQL Tips and Techniques*[McGraw-Hill, 1999]一书)。

无论过程还是函数，都可以接收参数且可以从 PL/SQL 中调用。然而，典型的过程是执行动作。在过程中使用的参数可以是 in(put)、out(put)或 in(put)/out(put)，而函数通常用于计算数值，参数只能是 in(put)。事实上，甚至不能指定参数的"方向"。函数只允许一个返回值。函数是"可选"的，因此可以创建自定义函数来返回信息(在函数中可以有多个 RETURN 语句，但每个 RETURN 语句只能返回一个表达式)。

在创建索引时也可以使用函数。这样，索引键将会按查询方式进行存储。

10.35.1 PL/SQL 示例

以下是一段 PL/SQL 代码:

```
declare
  acct_balance       NUMBER(11,2);
  acct               CONSTANT NUMBER(4) := 3;
  debit_amt          CONSTANT NUMBER(5,2) := 500.00;
begin
  select  bal into acct_balance
  from    accounts
  where   account_id = acct
  for     update of bal;
    if acct_balance >= debit_amt THEN
    update    accounts
    set    bal = bal - debit_amt
    where        account_id = acct;
    else
    insert into temp values
        (acct, acct_balance, 'Insufficient funds');
            -- insert account, current balance, and message
    end if;
  commit;
end;
/
```

10.35.2 创建过程的例子

下面的示例说明了如何创建一个过程，有可能之前从没看到过，所以把它列在这里：

```
create or replace procedure
   get_cust (in_cust_no in char, out_cust_name out char,
   out_cust_addr1 out char, out_cust_addr2 out char,
   out_cust_city out char, out_cust_st out char,
   out_cust_zip out char, out_cust_poc out char) IS
begin
  select  name, addr1, addr2, city, st, zip, poc
  into    out_cust_name, out_cust_addr1, out_cust_addr2,
          out_cust_city, out_cust_st, out_cust_zip,
          out_cust_poc
  from    customer cust, address addr
  where   cust.cust_no = addr.cust_no
  and     addr.primary_flag = 'Y'
  and     cust.cust_no = in_cust_no;
end     get_cust;
/
```

10.35.3 从 PL/SQL 中执行过程的例子

以下示例说明了如何在 PL/SQL 代码块中执行 PL/SQL 过程。同前一个例子一样，有可能之前从没看到过，所以把它列在这里：

```
get_cust(12345, name, addr1, addr2, city, st, zip, poc);
```

10.35.4 创建函数的例子

下面的示例说明了如何创建一个函数。重申一次,有可能之前从没看到过,所以把它列在这里:

```
create or replace function  get_cust_name (in_cust_no number)
return char
IS
  out_cust_name cust.cust_last_name%type;
begin
  select   cust_last_name
  into     out_cust_name
  from     cust
  where    customer_id = in_cust_no;
  return   out_cust_name;
end get_cust_name;
```

10.35.5 在 SQL 中执行 get_cust_name 函数

以下示例说明了如何执行 get_cust_name 函数:

```
select    get_cust_name(12345)
from      dual;
```

10.35.6 创建程序包

以下示例说明了如何创建程序包:

```
create or replace package emp_actions IS  -- package specification
   procedure hire_employee
        (empno NUMBER, ename CHAR, ...);
   procedure retired_employee (emp_id NUMBER);
end emp_actions;
/
create or replace package body emp_actions IS  -- package body
   procedure hire_employee
        (empno NUMBER, ename CHAR, ...)
is
   begin
      insert into emp VALUES (empno, ename, ...);
   end hire_employee;
   procedure fire_employee (emp_id NUMBER) IS
   begin
      delete from emp WHERE empno = emp_id;
   end fire_employee;
end emp_actions;
/
```

10.35.7 在数据库触发器中使用 PL/SQL

以下示例说明了如何在数据库触发器中使用 PL/SQL:

```
create trigger audit_sal
   after update of sal ON emp
   for each row
begin
```

```
    insert into emp_audit VALUES( ... )
end;
```

10.36 要诀回顾

- 在 Oracle 12*c* 中，我们仍然可以把调用者权限(AUTHID CURRENT_USER)和函数结果缓存(RESULT_CACHE)结合起来使用。
- 在 Oracle 12*c* 中，可以使用 WITH 子句，在 SELECT 语句中嵌入一段 PL/SQL 代码。
- 命名符号仍然是传递参数给子程序的首选方法。这个最佳实践可以延伸到 SQL 语句，以保持整个代码库的一致性。
- 在 Oracle 12*c* 中，可以使用 IDENTITY 子句，在表上定义自增长的数字型字段，而不需要再去创建和使用序列对象(创建自增长字段需要 Create Sequence 权限，因为实际上它们就是序列值或序列)。
- 使用新的 CONTINUE 语句创建的循环结构，代码更加流畅，但到目前为止尚未发现有性能上的提升。
- 经验丰富的开发人员或新手在进行代码部署之前都应该充分利用 PL/SQL 编译时警告来捕捉隐含的编程问题。
- 复合触发器的引入以及对执行顺序的控制都是很受欢迎的增强功能。
- 使用 Oracle 提供的 DBMS_APPLICATION_INFO 包记录时间点信息到 V$SESSION 视图，可以监控长时间运行的进程。
- 在数据库中为长时间运行的 PL/SQL 程序单元建立记录执行时间信息的表，将为系统整合一种具有预警功能的性能监测机制。可以在任何时间查看这个表，以判断随着时间的推移，性能是否有下降现象。
- 根据活动会话的数量确定的系统负载对程序执行的性能有很大影响；因此，修改数据库中表的记录方法，为所有的活动会话增加一列将是很有帮助的。可以通过在程序单元中增加额外的查询来填充该列，而程序单元是正在执行从 V$SESSION 视图中检索统计数这一任务的程序。
- 当 PL/SQL 程序单元涉及大量的循环或递归时，就应当关注于减少每一次迭代的单位时间。执行时间可以很快合计，并且也很容易通过数学方法判断出总的潜在性能提升。循环或递归也应当仔细检查，并在保持功能一致的前提下通过重构来减少迭代次数。由于 PL/SQL 和 SQL 本身具有极大的灵活性，因此可以通过使用不同的方式来得到同样的结果。如果 PL/SQL 程序单元的运行并不十分理想，那么有时必须用其他方式重写逻辑。
- 当需要在 PL/SQL 程序单元中选择一条记录，并且该记录需要在同一个 PL/SQL 程序单元中进行计算时，使用 ROWID 变量将提高性能。
- 确保比较条件中的所有比较值具有相同的数据类型。另外，确保属于同一数据类型的比较值具有相同的子数据类型。
- 确保 PL/SQL 的 IF 条件语句以最容易满足的条件为排列顺序，而不是基于数字或字母的顺序。
- 当处理整数时，使用 PLS_INTEGER 数据类型可以提升性能。如果将一个带有精确值的数字赋值给 PLS_INTEGER 变量，那么这个值将取整为整数，就像对这个数字执行了 ROUND 取整函数一样。
- 应当限制在迭代或递归循环中调用 SYSDATE，因为这个变量将产生额外的开销。在声明时将一个 PL/SQL DATE 变量赋值给 SYSDATE，然后引用这个 PL/SQL DATE 变量以减少开销。
- 使用 DBMS_SHARED_POOL.KEEP 过程来固定 PL/SQL 对象到共享池。
- 通过查询 V$DB_OBJECT_CACHE 视图，可以发现那些没有固定，但由于所需空间太大而很有可能导致潜在问题的对象。
- 通过查询 X$KSMSP 可以找出在共享池中占用大段空间的 PL/SQL 代码块。它们是在数据库启动时需要固定的候选对象。
- 可以使用 DBMS_UTILITY.COMPILE_SCHEMA 来重新编译单个无效对象或整个方案。

- 通过查询 DBA_TRIGGERS(针对系统范围内的对象)或 USER_TRIGGERS(针对自己的方案)来查询触发器的状态，避免由于已禁用的触发器而产生错误。已禁用的触发器将会给应用程序带来致命的结果：它们不会失败，它们根本就不执行。
- 将参考表加载到 PL/SQL 关联数组可以加快查询的速度，这利用了 PL/SQL 中数组索引的优势。
- 为了查找 PL/SQL 包过程背后的源代码、查询 USER_SOURCE 和 DBA_SOURCE 视图，以及查找触发器的源代码，需要查询 USER_TRIGGERS 和 DBA_TRIGGERS 视图。要查找 PL/SQL 对象之间的依赖关系，需要查询 USER_DEPENDENCIES 和 DBA_DEPENDENCIES 视图。
- DATE 数据类型总是存储完整的临时值，精确到秒。将日期值直接插入数据类型为 DATE 的 PL/SQL 变量或数据库列中是不可能的。
- Oracle 的 DATE 数据类型包含日期和时间信息。当匹配日期类型时应避免限制索引的使用。关键是不修改 WHERE 子句中数据列一侧的内容，在非数据列一侧执行所有的修改。正如你在第 2 章中看到的，可以增加一个基于函数的索引来克服这个问题。
- 在哪里保存 PL/SQL 代码一直存在争议，通常情况下，PL/SQL 代码建议存储在服务器端。在瘦客户端越来越普遍的情况下，也只能保存在服务器端。
- 如果使用的是自动撤销管理和闪回，就可能需要增加固定的 UNDO 表空间的大小(和 UNDO 保留期限，或带有 MAXSIZE 限制的自动扩展 UNDO 表空间)。在执行闪回操作时，"snapshot too old"(快照过于陈旧)错误通常表明需要确保足够的 UNDO 数据被保留以支持闪回操作。
- 维护足够的回滚段或撤销段对于事务处理系统至关重要。限制 COMMIT 之间操作的数据量是避免出现"snapshot too old" (快照过于陈旧)错误的关键。
- 如果在 PL/SQL 程序单元中整合 DBMS_SQL 包，并将之用于为应用程序产品创建动态的 SQL 语句，就必须牢记：对生成的 SQL 语句的优化工作将变得很困难。
- 为动态 SQL 使用绑定变量可以使资源竞争最小化，使性能最大化。
- 通过管道表函数建立复杂的结果集可以避免使用中间表。
- 使用条件编译限制调试命令。
- 使用 DBMS_DB_VERSION 中定义的静态常量作为选择指令来控制条件编译。DBMS_DB_VERSION 包定义了 Oracle 的各种版本和其他信息，对于那些基于 Oracle 版本来做简单条件编译的情况非常有帮助。

第 11 章

Oracle 云、Exadata、RAC 调优和并行特性的使用

随着 Oracle 收购 Sun 公司,数据库市场、硬件行业以及整个 IT 产业正发生着观念上的根本性转变。眼前的这场变化虽然刚刚开始,但山雨欲来风满楼。2016 年 9 月 18 号,Larry Ellison 在 Oracle 全球大会上发布了 Oracle 数据库的 12cR2 版本。它通过 Oracle Database Exadata Express 云服务首先在云平台上发布,这使得收购 Sun 公司的效益得以最大化。而每月 175 美元的起始价——包含所有数据库选件的定价,也是历史上前所未有的超低定价。这是 Oracle 向 Oracle 云整合迈出的第一步,Sun 服务器是其有力补充。华尔街对此并不陌生,这种企业并购和相关的转型被称为行业整合。

Oracle 正在尽力扩大其在硬件领域的影响(其 FS1 闪存服务器能提供近似 PB 级的闪存存储),并且会作为主角之一,上演一出挑战"财富"50 强企业的大戏。Oracle 通过硬件的持续提升,进而提升 Oracle 云(具备芯片级安全)。Oracle 利用 Java 将其影响迅速渗透到消费者领域,而 Exadata 则是 Oracle 向硬件领域进军的开始。近来,

Oracle 与 GE 合作，将他们带进物联网的世界，并因此得以更贴近消费者。Oracle 又迅速跟进，在两年不到的时间里，推出了第二版的 Exadata、Exalogic、Oracle Database Appliance (ODA)、Exadata 存储扩展柜、全闪存服务器、ZFS 存储套件、零数据丢失恢复一体机(Zero Data Loss Recovery Appliance，ZDLRA)和 SuperCluster。他们的口号"软硬一体"(Software and Hardware Engineered Together)的确是对 Exadata 上佳性能的准确描述，同时也向那些想要与之抗衡的公司展示了难度。Exadata 是结合了数据库威力的硬件，它利用硬件层面上的特性，而其他硬件供应商无法轻易或者根本不可能复制这些特性。目前我已经使用过 1/4 配、半配和满配的 Exadata 机器，所有这些机器都展现出客户渴望的性能。我交流过的每一位正在使用 Exadata 的客户都在考虑为业务的其他领域增加更多的机器。Exadata 已迅速成为 Oracle 历史上增长最快的畅销产品！

Oracle 过去曾经接触过硬件领域，例如 ncube 和引领时代的网络计算机(NC)，它有可能是谷歌的 Chromebook 的前身。收购 Sun 公司之后，Oracle 冲到了该领域的最前面，并引入了 Exadata(收购 Sun 公司之前，Oracle 与惠普合作推出了 Exadata V1)。随着第 2 版和第 3 版的 Exadata(V2 和 X2)、Exadata 存储扩展柜、Exalogic 以及最新的 Oracle 坚不可摧 Linux(Unbreakable Linux)内核的推出，从软件到硬件全方位，Oracle 即使还不是领头羊，也至少是强有力的竞争者。2011 年 9 月下旬，Oracle 推出针对小型企业和部门级服务器的 Oracle Database Appliance。2011 年 9 月 26 日，Oracle 推出新的 SuperCluster T4-4，其中包括 16 个 T4 处理器，每个处理器有 8 个核(每个核有 8 个线程)。若把所有的核都加上，这台基于 Solaris 的 SuperCluster 机器上总共有 1200 个线程(在本章后面有关于这个话题的更多内容)。

在 2011 年 10 月上旬的 OpenWorld 大会上，Oracle 推出了 Oracle Exalytics 商业智能一体机，其中包括的 TimesTen 内存数据库可以使用 1TB 的内存来处理 OBIEE 和 Essbase Analytics 的请求——可以说是即时的 BI(商业智能)！2011 年 Oracle 还推出了 Oracle 公有云(Oracle Public Cloud，OPC)，现在已经更名为 Oracle 云(Oracle Cloud)。其他值得注意的硬件有：运用 Hadoop 和 NoSQL 来处理非结构化数据的 Big Data Appliance，针对存储域网络(SAN)数据的 Pillar 存储系统，针对网络连接式存储(NAS)的 ZFS，以及可以扩展到 10 个单元、使用 2:1 压缩比、最多可存储 1EB 数据的 StorageTek 服务器。2015 年，Oracle 发布了之前提到的 FS1 闪存阵列，能提供近 1PB 的存储容量(912TB)，并以此迈进云计算公司的行列。2016 年，Oracle 发布了支持全闪存的 X6-2 Exadata(也包括 X6-8)以及 SuperCluster M7(具备芯片级安全)。同时发布的还有 Oracle 12cR2 数据库，它将首先在 Oracle 云端提供。我将简要地介绍这些新产品，使你得以判断是否能让这些产品派上用场。请浏览 Oracle.com 网站以了解最新的硬件产品信息。随着时间的推移，本章中介绍的这些信息必将很快发生变化。

本章中，我还会涵盖 Big Data Appliance、Oracle 云、RAC 和 Oracle 中的并行特性。Oracle 最早在 Oracle 6.1(试用版)和 Oracle 6.2(有限的客户产品版)中推出了并行服务器，但是只在 VAX/VMS 系统中得到广泛应用。直到在 Oracle 9i 重写了差不多全部(据说有 95%)RAC 产品的代码后，Oracle 才真正有了集群产品。Oracle 10g 中的 RAC 不仅成熟，还成为网格计算的基石(整个网格的服务器使用 Oracle RAC 或集群架构)。在 Oracle 12c 中，RAC 成为 Oracle 公司的竞争优势(就像 Oracle 的 MySQL 企业版数据库的集群版本一样)，RAC 也是 Exadata/Exalogic/SuperCluster 的核心。事实上，Exadata 成了一种即时获得 8 节点 RAC 集群的快速手段(说的是 Exadata X6-2，稍候还会有更多的介绍)。除了使用多台服务器来帮助提高可用性和性能之外，Oracle 还改进了并行查询技术，这项技术最初是在 Oracle 7.1 中引入的。在 Oracle 12c 中，大部分操作可以被并行化甚至由自适应优化器进行调优，包括查询(并行 SQL 执行)、DML 和 DDL 操作、分区内并行、数据复制和恢复以及数据加载的并行，甚至可以在同一分区上运行多个并行查询服务器的进程。

本章要点如下：

- 云及 Oracle 云的演进(理解它能满足你的哪些需求)
- Exadata 术语和 Exadata 最新硬件平台 X6 的基础知识
- Exadata 存储扩展柜的基础知识
- 善用智能扫描(Smart Scan)

- 闪存(Flash Cache)到底有多快
- 使用存储索引(Storage Index)
- 使用混合列压缩(HCC，Hybrid Columnar Compression)
- 使用 I/O 资源管理(IORM，I/O Resource Management)
- Exadata 安全、实用工具和最佳实践
- Oracle Database Appliance 的基础知识
- 使用 SPARC 芯片的 SuperCluster 的基础知识
- Big Data Appliance、ZFS 和 StorageTek 简介
- RAC(Real Application Clusters)概述和体系架构
- RAC 内部互连调优和查找 RAC 等待事件
- 并行操作的基本概念
- 并行 DML、DDL 语句和操作
- 管理并行服务器资源和并行语句的排队
- 并行和分区
- 并行创建表和索引的示例
- 并行 DML 语句和示例
- 通过 V$视图监控并行操作
- 在有并行操作时使用 EXPLAIN PLAN 和 AUTOTRACE
- 并行执行调优和初始化参数
- 并行加载
- 性能比较和监控并行操作
- 优化并行操作

11.1 云计算的演进(过去和现在)

记得一位 CEO 曾经告诉我，一件事情总要经历三次变迁才能稳定下来。第一股外包和主机托管的推动力大约始于 30 年前(20 世纪 80 年代中期至 90 年代早期)。一些公司(约 5%~20%，取决于所在行业和地域)把它们的 IT 服务外包给第三方公司。有些公司则把 IT 服务外包给本公司在海外的分支机构以节省成本。这股浪潮持续了 5 到 10 年，之后便随着大部分公司的市场发展以及从那些将 IT 服务外包出去的公司里传出的吓人故事而逐渐消退了。20 世纪 80 年代末，我曾帮某公司开发了一款名为"屏幕刮"的工具用于从托管公司拿回他们的数据，因为从托管公司完整下载一份自己的数据要被收取离谱的高额费用。在那个年代，人们还不习惯于购买软件，而是远程使用软件的功能,因此他们的数据也保存在远端。云在 20 世纪 80 年代就已经被广泛使用了，只是那时候还不叫"云"。

大概 18 年前(20 世纪 90 年代末)，这股托管和外包的推动力再次到来。这一次是华尔街在推动这些最新的互联网托管公司。与前一次不同的是，不必把 IT 服务外包出去(如果不愿意的话)，取而代之的是，可以以一种更经济的方式来部署服务器(放到一些拥有地下能源供给以保障永不断电的仓库)。一些公司(大约 10%~30%，取决于所在行业和地域)将其 IT 服务交给第三方公司(多是雄心勃勃的互联网创业公司)托管。托管公司会为你提供一个"笼子"来放置你的安全服务器(甚至可以去访问)。有些还把笼子放在自己的公司，通过离岸外包的管理方式进一步节省成本。这波浪潮也持续了 5 到 10 年，之后又伴随着大部分公司的市场发展以及那些关于互联网创业公司把钱烧完就倒闭的可怕故事而消退了。这一次最大的问题在于是否可以访问自己的系统，如此就能使开发和维护工作在可预料的合理时间内完成(并且决定一旦互联网泡沫破灭应如何应对)。能在这些高度安全的仓库中访问服务器是一件大事。人们可以透过笼子对着那些闪烁的灯指指点点了。

如今又有了一股指向云的新的推动力(同样由华尔街领导，但是受亚马逊在云上获得的利润所鼓舞)，它包括

对 IT 服务的托管或外包。云提供商保证这次一定有所不同。新的云玩家(云计算的四大骑手)：Oracle、亚马逊、微软和谷歌，树立了 IT 行业的黄金标准。他们预言，很快每个人都会使用云技术(就像 5 年前预言人人都会拥有一部平板电脑来取代电脑，或者两年前预言智能手表会取代智能手机)。这一次，一切真的改变了吗？还是仍重复平板电脑稳定在 20%～30%市场份额的命运？可以肯定的一点是，移动应用的数量正在飞速增长，智能手机市场持续抢占其他所有市场的风头。有个信号标志了这一次将不同以往，那就是在 2016 年 9 月的 Oracle OpenWorld 大会上，Larry Ellison 展示了 Oracle 云惊人的性能表现。与之相比，亚马逊相形见绌。而与 Exadata 相比，Oracle 云的价格低得令人为之震惊(问题是，它们真的会一直那么便宜吗？)。

让我们来看看为什么云计算有这么大的推动力(如果用户转到云上，就会给他们带来潜在收益)。

(1) 与卖云服务(比如托管、外包和离岸外包)之前相比，云计算公司拥有更好的利润空间。事实上，这是迄今为止云计算如此盛行的首要原因；云服务提供商能获取暴利，而这通常会给客户带来预料之外的额外成本(这一点深受华尔街的喜爱)。亚马逊已经证明云服务带来的利润是巨大的！

(2) 使用云服务能降低(感觉到了吗？)IT 成本(同样类似于托管、外包或离岸外包)。这是云如此热门的第二大原因。云用户的利润将随着 IT 成本的降低而提升(至少是开始提升)。

(3) 转到云以后，更易于 IT 的管理，还能提供更好的 IT 服务(如前两次一样，这是有争议的)。尽管云平台更易于维护(因为要改变并不容易)，但变化却不大(因而能保持低成本)。升级可以自动完成。

(4) 不必与某个特定的公司捆绑(没错，的确可以！)。现在是这种情况，但整合后，情况就会改变(重申一遍，云技术深受华尔街青睐。因为基本上无法从云平台中撤出，不然就得支付高昂的费用，就算撤出，他们也已经抛售掉云计算公司的股票，因此他们真的不在乎)。

现在，让我们来见识一下这一次究竟有哪些不同(并且能够保持云的长久生命力)。

(1) 云服务对于那些无力承担真实的 IT 部门的小公司来说是非常适合的。他们可以根据需要获取合适规模的 IT 服务器及运维。

(2) 通过云来获取市场大数据，与社交媒体连接会更加迅捷。因为云平台能使数据发挥更大的效用，并且将数据与移动应用对接。

(3) 使用 Oracle 云，每家公司都会有安全可靠的加密备份。对于那些还不具备安全备份能力的公司来说，这是个很大的优点。

(4) 开发人员可以申请独占一台和生产规模一样大小的服务器用来做几个小时的测试。这提供了巨大便利，相对来说也没那么贵。

(5) 独占一或两个数据仓库一周的时间也不会太贵。

(6) 可以根据需要轻松地扩展或收缩，真正按需付费。由于云计算公司已成规模，比起前两轮变革，这方面运行得非常好。

(7) 用几小时的时间来测试一台超大型服务器是否值得购买，相对也不太贵(与真正购买所需要付出的成本相比)。

(8) 测试产品或数据库的新版本是否与当前应用版本相匹配是非常容易的。也可以测试新版数据库或中间件的新特性或新功能。

(9) 通过整合数据库，你会获得不错的经济效益(也可以在本地做，然而很多公司不会这样选择)。

(10) 使用 Oracle 云，与其他合作公司共享可插拔数据库(PDB)将变得更容易。

(11) 这个时代的开发者和 DBA 已经为云做好准备了。他们更愿意使用云上的 Google Docs，而不是背着一台装有微软 Word 的机器到处走。他们不喜欢被束缚在某台特定的机器上，一切都在云上了。

(12) 云计算公司会推动使用他们云平台的公司客户迈向成功，因为这是互利互惠的。首席财务官将会从运营成本(OPEX，云平台上的)而不是资本性支出(CAPEX，本地的)中获得税收优惠。

最后，云对你的竞争优势到底起到帮助作用还是带来损害确实取决于成本、员工、运营以及前面提到的所有要点。如果当前的 IT 运作方式已经是竞争优势的一部分(对很多大公司来说确实如此)，运作不当的话，转移到云上反而对公司有害。然而，如果 IT 部门已经不堪重负，妨碍革新或者已陷入繁文缛节，那么转移到云上会让你受益。CEO、CFO、CIO，还有部门老大等，无论个人还是团队，都需要做出严肃并有理有据的评估，从而找出这些鲜明的特征。CFO 多半会支持采纳云，因为那会带来很多让 CFO 无法拒绝的短期利益。DBA 需要好好学习云，这样才能在管理层开始推动时给出有力的忠告。

正如前面所讨论的，无论他们是否意识到，每个人都已经参与到云中(这意味着混合云模型已经达到 100%的占有率)。很多事情都是在互联网(部署在云上)上进行的，因此今后一二十年内将有相当数量的公司拥抱混合云的预言其实已经实现。

以下这些与云有关的问题还印在很多人的脑海里：
- 当市场稳固以后价格还会这么低吗？(也许不会)
- 如果今后想把数据转回来，这容易做到吗？(很难说)
- 转移到云上会提升公司的竞争优势吗？(可能会)

伴随着这些没能得到完整回答的问题，我有以下观点：
- 保持私有性
- 转到包干一切的公有云(立竿见影的运营支出获益)
- 使用公有/私有的混合云(正如几乎每个人已经做的那样——不过，如何划分？)
- 租用 Oracle 的服务器，但是放置在本地(降低本地运营支出，也被称作把云搬回家)

介绍上面这些是为了使你相信，一部分应用以及 IT 工作将被置于云上，而云已经到来。云计算是划时代的转变，在这个方向的指引下很多事情未来会取得更大的进展。让我们为此做好准备吧！

11.2 Oracle 云

如前所述，2016 年 9 月 18 日，Larry Ellison 推出了搭载 12*c*R2 版本数据库的 Oracle Database Exadata Express 云服务，定价只有 175 美元/月，支持所有数据库选件。它包括一个运行在拥有 20GB 数据库存储和 120GB 数据传输能力的 Exadata 上的企业版可插拔数据库(PDB)。支付更高价格可以获得增强的数据存储及传输选项，参见 https://cloud.oracle.com 以获取当前价格。这台搭载了最新版 Oracle 数据库、世界上最快的服务器之一，成为开启 Oracle IT 云伟大征程的第一台服务器。能以如此低的价格在 Exadata 数据库服务器上运行或测试自己的应用，这是任何使用 Oracle 进行开发的部门都不能放弃的绝好机会。把你的加密备份移植到云上已经成为 2017 年的功课。就在同一天，Oracle 还为应用开发者推出了应用性能监视(APM)服务。APM 使得 DBA 和开发人员可以在应用的任意层面精准定位性能问题(你会在本章后面的屏幕截图中看到)。

Oracle 的数据库即服务(DBaaS)提供的是 Oracle 数据库云服务。第一次搭建 Oracle 数据库云服务上的实例需要花费数小时，第二次只需要几分钟。一开始需要搭建网络以及允许访问云上所有产品的安全设置，而不仅仅是 Oracle。我相信 Oracle 数据库云服务将会给很多商家带来巨大的机遇，使得他们能快速地让开发运维服务器工作起来(开发运维是一个新名词，是融合开发和维护工作的意思)。

Oracle 宣布 12*c*R2 版本的数据库将最先在云平台上发布(2016 年 9 月 18 日)。这不仅是云的第一次，更是 Oracle 的第一次。有点类似于 Oracle 何时发布那些重要性次于 Linux 的其他平台的数据库软件(首先想到的是 AIX)。另一个例子是 Oracle 12*c* 的 Express 版(免费版)的发布时间比标准版(SE)或企业版(EE)晚得多。Oracle 开辟了一条新的道路，你可能很快就会紧跟而上，并且 Oracle 已经在云上有了能供你随时使用的数据库(https://livesql.oracle.com)去学习 SQL 和 PL/SQL。当我于 2016 年 9 月 24 日上去用时，已经是 12.1.0.2 版本的数据库了。云帮助我们更快地学习和测试新东西！

现在就让我们来助你成为技术专家，教你如何在云上创建第一个数据库(也被称作数据库云实例)。为了开始使用 Oracle 云，可以简单地浏览以下两个链接中的一个：

https://cloud.oracle.com/tryit(接下来在 Database 栏单击 Try It 就能免费试用 Oracle 云 30 天——数据库在 PaaS

和 IaaS 中)。

https://cloud.oracle.com/database(单击 Try It 仅试用数据库)。

需要注意的是有很多指导视频可以看。还有很多信息说明使用云时需要的各种不同角色。想想看，根据图 11-1 显示的数据库云实例，需要多长时间可以让一切运转起来。

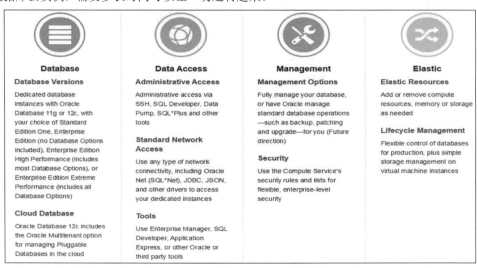

图 11-1　你的数据库云服务

进入 https://cloud.oracle.com/tryit 可以看到如图 11-2 所示的介绍页，在这里可以单击 Try It。

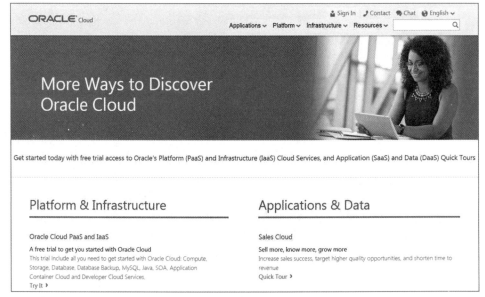

图 11-2　Oracle 免费 30 天试用按钮

接下来，选择 Database(你的 Oracle 云数据库)来创建一个数据库云实例。接着会出现关于 30 天试用的信息，包含总体的流程以及 DBaaS 试用有哪些可用的功能。系统会要求输入 Oracle 账户。登录 SSO 账户后，填写如图 11-3 所示的联系信息。接着就可以单击 Request Code 来获取一个发送到手机上的验证码。然后就创建了一个新账号，同意相关条款，单击 Sign Up 按钮(没有显示在图 11-3 中，它在这个页面的最底端)，将会收到一封电子邮件，里面的链接会把你带入 Oracle 云。

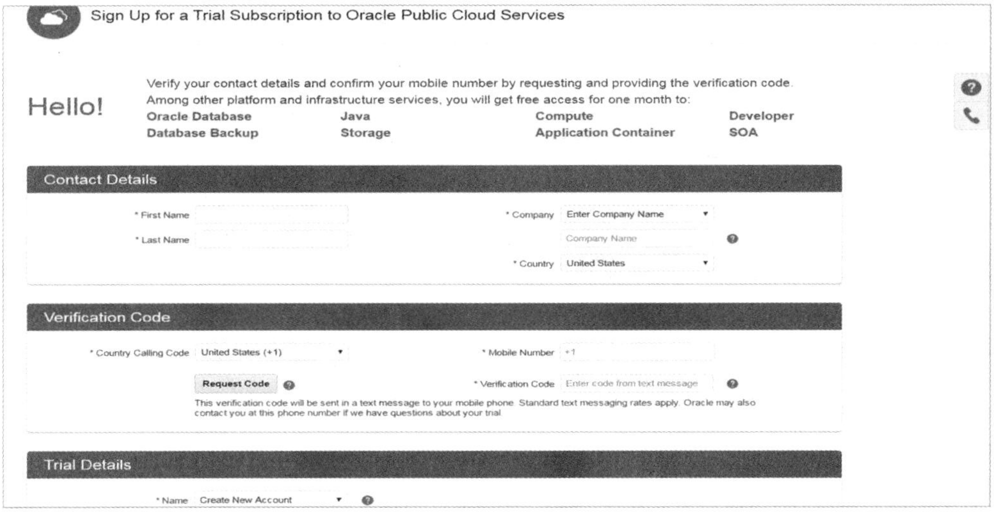

图 11-3　注册 Oracle 公有云服务

恭喜！现在你已经有一个云账号了。Oracle 会给你发送一封电子邮件，你就可以注册到云了。一旦审批通过，就可以用电子邮件登录 Oracle 云(如图 11-4 所示)。今后也可以通过以下链接登录云：https://dbaas.oraclecloud.com。

图 11-4　登录 Oracle 云

你会看到一条欢迎信息并可以立刻得到一些免费的培训(见图 11-5)。创建数据库服务时需要的所有知识，都包含在快速开始课程里，包括建立 SSH 连接、使用 PuTTY(取决于云服务，SSH 和 PuTTY 可能不可用)、创建实例、找到数据库实例的连接信息、确保安全访问、通过 SQL Developer 进行连接、在云数据库上执行操作以及监控数据库服务。一旦准备好，就单击 Get Started。

接下来，在图 11-6 所示的页面上，单击 Create Service 以启动创建数据库云服务实例向导。首先选择是想要一台预先安装好的虚拟机还是想用 DBCA 来创建。同时选择计费频率(按小时还是按月)。

接下来，选择 Oracle 11g(11.2.0.4)或 12c(12.1.0.2)数据库，选择数据库版本(见图 11-7)，单击 Next 按钮。

图 11-5　浏览完培训内容后单击 Get Started

图 11-6　单击 Create Service，创建你在云中的第一个数据库服务实例

图 11-7　选择数据库发布版本(分别有不同定价)

下一步，在服务详情页面(见图 11-8)，选择服务名、服务器的大小/型号(价格差别非常大)、密码、备份和恢复配置，以及是否使用加密文件根据自己的本地数据库来创建数据库，等等。也可以用 Data Guard 创建备份数据库，启用 GoldenGate，安装自己的演示 PDB。单击 Next 按钮。

第 11 章　Oracle 云、Exadata、RAC 调优和并行特性的使用　**471**

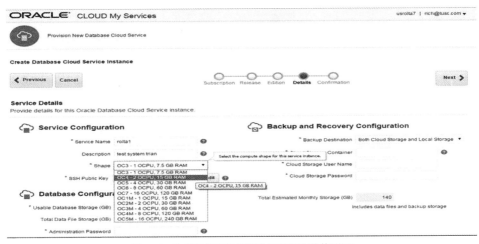

图 11-8　选择数据库的指定型号和配置(价格不同)

接下来将看到自己的数据库云实例的创建进度(见图 11-9)，并被告知数据库已经准备好可以使用了。

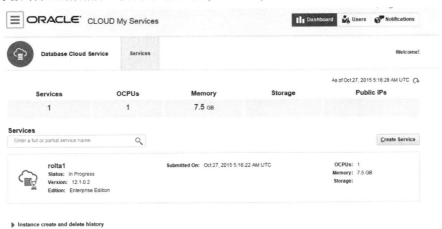

图 11-9　正在创建数据库云实例

图 11-10 显示数据库云实例已经创建成功，我创建了两个不同的数据库服务(在图 11-10 中，我正在关闭其中一个)。图 11-10 中列出了所有数据库服务的详细信息。

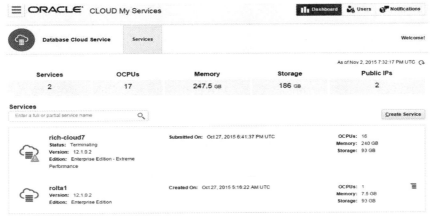

图 11-10　在我的 Oracle 云实例中有两个数据库服务

在图 11-11 所示的下拉菜单中，现在可以访问(通过另外的选项)企业管理器(EM)来管理数据库云实例(EM 能监控的详细信息参见第 5 章)。请注意这不是完整的 Oracle 企业管理器(OEM 或 EM)；它更像 Oracle 12c 的 Express 版数据库，因此需要确认它是否拥有你所需要的功能。

图 11-11　从数据库云服务打开 EM 控制台

单击 Open EM Console，显示我在云上的数据库实例已经运行超过 234 天(见图 11-12)。图 11-12 列出了很多设置和文件的位置，以及如果安装数据库将会使用的默认设置。

图 11-12　云环境(EM Express)中的 EM 控制台展示的信息(一)

可以单击"CDB(2 PDBs)"来获取 CDB 的详细信息。注意图 11-12 中的一个 PDB 是 DEMOS PDB，那是在选择创建数据库云实例时安装的 PDB，另一个是 PDB1。可以进入内存管理来看看不同的内存设置和分配。这和在本地数据库上使用 EM 很类似(见图 11-13)。

如你所见，你拥有很多不同的选择(更多细节请参见第 5 章)。可以很容易地查看像内存初始化参数这些事情，来检查 In-Memory 大小是否设置了(假定使用了 In-Memory 列存储)。可以单击 Set 以更改参数设置。

类似的，但独立于 EM 之外，也可以使用新的被称作 Oracle 云管理的 Oracle 云服务解决方案。Oracle 云管理最早是在 2015 年的 OpenWorld 大会上推出的。它打包并发布了 3 个服务，聚焦用户的几大痛点：应用性能监控、日志分析和 IT 分析。在 2016 年的 OpenWorld 大会上又发布了 3 个功能。有了它们，用户可以实时监控应用的内部，获取性能指标，进行调优(开发、应用和 IT 资源)，通过一种让大多数商业合伙人信服的虚拟环境中对数据进行标准化和分析，为将来的业务需要做出有效规划。Oracle 云管理服务由一个大数据平台提供支持，提供实时监控、快速诊断、深入内部操作以及业务分析能力。上传的数据被安全地存储到一个统一的大数据平台，由数据管道自动关联和处理。它兼具健壮性与可扩展性，能处理大量数据的分析，具有很高的吞吐能力。在 Oracle 云管理中有应用性能监控(见图 11-14)，它可以用来查看云应用中每一层的大量细节。

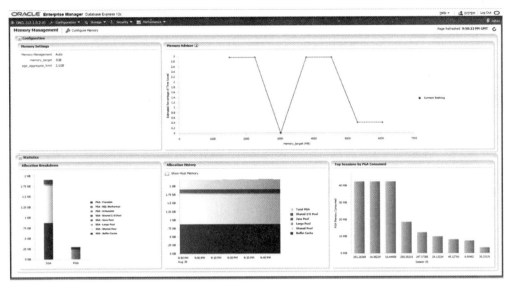

图 11-13　云环境(EM Express)中的 EM 控制台展示的信息(二)

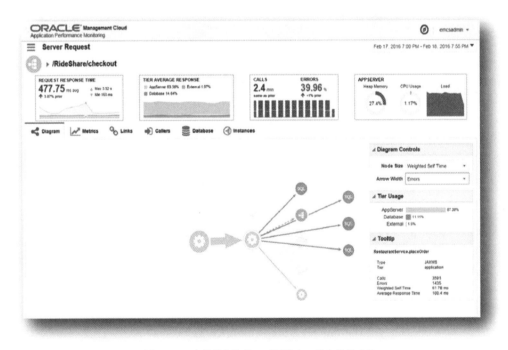

图 11-14　应用性能监控，云环境中一款专用的产品

这个产品只在云中使用。它展示数据库、应用服务器、应用甚至用户的每一个页面级的性能和细节情况(感谢 Oracle 提供前面两个屏幕截图)。

如果对应用的网页给予特别关注的话，还可以获得用户体验的更多详细信息，如图 11-15 所示。

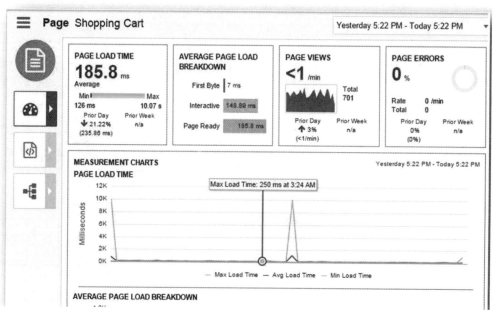

图 11-15　APM 用户购物车

通过这些详细信息，可以判断用户体验，在用户抱怨之前消除潜在性能问题和错误。

Oracle 云已经在这里了！再过几年，Oracle 将加速他们的云和移动业务，为你们提供更好的服务。很难预测有多少集团业务工作量(预测范围为 40%～90%)会转入云上，以及那些公司将会以多快的速度转移到云上(大概在未来 5 到 10 年内)，但是技术的加速发展会加快这场变迁。重要的是去学习所有这些相关产品，这样就可以觉察到公司的哪些产品现在就适合迁移，哪些还需要观望。Oracle 云是标准的(可以把业务从 Oracle 云迁移到亚马逊云)。可以按小时或按月付费(甚至可以把服务器放在本地)。可以清晰地预见，在你阅读这本书时将有更多的云服务出现和更多的云用户。

要诀

为云做准备，通过 http://cloud.oracle.com/tryit 免费试用简单的 DBaaS 实例，或者以 175 美元/月的价格试用最新的 12cR2 Oracle Database Exadata Express 版的云服务。

11.3　Exadata 数据库一体机

Oracle 的 Exadata 数据库一体机使 Oracle 拥有硬件上的强大竞争力。截止 2011 年 6 月，Oracle 已售出 1000 台 Exadata，而到 2014 年的年中，已经售出超过 10 000 台 Exadata，市场反应一路向好。就像之前提到的，Exadata 现在提供 450 万的闪存 IPOS。这个数字现在肯定已经变了，因为他们像加速软件那样加速硬件。你现在可以实现自己梦寐以求的东西了。

11.3.1　Exadata 术语和基础知识

当我想到全机柜 Exadata(在我于 2016 年秋写这本书时是 X6-2)时，我认为它是"预置 8 节点 RAC 的集群加上超级 SAN 或全闪存"。Exadata 囊括运行 Oracle 数据库所需的所有力量，而且拥有高度可扩展的架构(它的可扩展 8 个机柜的选项使得可以将多个 Exadata 机柜互连在一起)。

Exadata X6-2 架构包含(下面是标准配置，可以扩展成更大的！)：

- 每个机柜八个计算节点,组成一个集群。使用 Oracle GI 提供集群管理,数据库层使用 RAC。8 台服务器总共拥有 352 个 CPU 核、2TB(最高可达 6TB)DRAM。
- 每个机柜还有额外 280 个 CPU 核分配给存储(稍后介绍存储节点的详细信息),它们之间使用超快速、低延迟的网络互连(每路 2*40Gbps)
- 14 个存储节点提供数据库及可感知 SQL 的存储。拥有 2 CPU Socket * 10 个 CPU 核*14 个存储节点=280 个 CPU。两个可用的存储选项如下。
    - **磁盘存储**   1.3PB 的磁盘空间:12 块磁盘*8TB*14 个存储节点(7200RPM),外加 4*3.2TB NVMe PCIe 闪存卡。
    - **全闪存存储** 180TB 闪存缓存(最高可达 358TB):14 个存储节点*4*3.2TB NVMe PCIe 闪存固态硬盘。

Exadata X6-8 和 X6-2 类似,但是提供 2 或 4 节点服务器,每个节点拥有 8*18 共 144 个 CPU 核,以及 2TB 的 DRAM。我的观点是:如果需要它且负担得起,就会想到它(全闪存 X6-2、SuperCluster M7 或全闪存 FS1,它们都是 Oracle 提供的世界上最好的硬件解决方案!)。

注意
Exadata X6 已经拥有全闪存缓存选项(180TB~358TB)来代替 168*8TB 硬盘(1.3PB),兼具直写(Write Through)/回写(Write Back)能力,它几乎消除了所有物理 I/O 性能的瓶颈。

Exadata X6 系列还配备了 4 块 1/10GbE 的以太网接口和 2 个 10GbE 光网络端口,并为远程管理集成了远程管理接口(ILOM)。它的速度究竟有多快呢?一般情况下,它比许多数据仓库系统快 5 到 100 倍,比大多数在线交易系统(OLTP)快 20 倍。一个 Exadata 满机柜可以提供高达 450 万的 IOPS(每秒 I/O 数量)以及每秒 350GB 的吞吐量。

Exadata 为什么如此之快?是由于快的硬件、众多的 CPU、闪存、大量的内存(在 Oracle 11.2 中,并行查询是在内存中执行的)、压缩(性能提高 10 到 70 倍)、分区剪裁(性能提高 10 到 100 倍)、存储索引(性能提高 5 到 10 倍),以及智能扫描(性能提高 4 到 10 倍)。当利用所有这些功能时,针对 1TB 数据的搜索可以转成针对 500MB 甚至 50MB 数据的搜索。我认为 Oracle 有可能低估了这个家伙的真正力量(Oracle 称为"数据库机器")。

11.3.2 Exadata 详细信息

2008 年,Oracle 发布了第 1 版 Exadata。第 1 版的 Exadata V1 用的是惠普的硬件。2009 年发布了第 2 版。在收购 Sun 公司后,它很快就成为 Oracle/Sun 的完全解决方案。紧接着到了 2010 年,Exadata X2 发布了,这是硬件上的升级。同一年,Oracle 推出了 X2-8 型号。大约在 2011 年,Oracle 发布了 Exadata 存储扩展柜,目的是在不需要增加计算能力的情况下提供灵活的存储能力扩展。2012 年,Oracle 发布了 X3 版本,增加了闪存缓存,效果显著,因而配得上"内存数据库"这个称号。2013 年 12 月,Oracle 发布了 X4 版本,既升级了硬件,也改善了容量及性能特性。该版本中的一个微小变化是,内部互连采用 active/active 双活模式的两个 InfiniBand IP 链接。2015 年 1 月,Oracle 又发布了 X5 版本,该版本引入了全闪存存储。同样,改善来自使用更新、更快的非易失性内存标准(NVMe)的闪卡及其驱动。全闪存选项正式取消了使用高性能磁盘还是高容量磁盘的选项。另一个重要之处是引入了"弹性配置"的概念。它从根本上将用户从四分之一机柜、半机柜、全机柜的刻板架构中解放出来。用户可以根据自己的实际需求和容量需要来混合搭配计算节点和存储节点。2016 年年初,Oracle 发布了 Exadata X6,该版本增加了计算节点的核数,对闪存缓存容量和纯闪存存储能力进行了翻倍。

X6-2 的 Exadata 型号包括:
- 全机柜,8 台计算服务器(2 Socket 的 CPU)和 14 台存储服务器。
- 半机柜,4 台计算服务器和 7 台存储服务器。
- 四分之一机柜,2 台计算服务器和 3 台存储服务器。
- 八分之一机柜,硬件上和四分之一机柜一样,但是只启用一半的 CPU 和磁盘。

从传统观念上看，扩容 Exadata 的最大问题在于硬件和许可证的成本：
- 已经支持的扩容模型是八分之一机柜→四分之一机柜→半机柜→全机柜，涵盖 CPU 和存储的扩容。
- 任何 DB 选项必须为所有 CPU 购买许可证，不管是否需要。
- 结果是许可证成本显著增长。

为了解决许可证这个痛点，Oracle 给出如下这些革命性的方法和观点：
- 从被称为"弹性配置"的 X5 型号开始，Oracle 允许终端用户自定义机柜中计算服务器和存储服务器的数量。
- 从 X5 型号开始，Oracle 开发了按需购买的许可证。
- 大概在 Exadata X6 发布时，Oracle 支持在 Exadata 上使用 Oracle 虚拟机(OVM)。

一台 X6-2 全机柜包括如下配置。
- 8 台计算服务器：
  - 8 台服务器×2 CPU/服务器×22 核/CPU=356 核
  - 8 台服务器×4 块磁盘/服务器×600GB(1 万 RPM)本地磁盘
  - 8 台服务器×768GB 内存/服务器=6144GB 内存(标准是每服务器 256GB，共 2TB)
- 3 台 InfiniBand 交换机(40Gbps)×36 端口/交换机=108 端口
- 14 台存储服务器：
  - 14 台存储服务器×2 CPU/存储服务器×10 核/CPU=280 核
  - 14 台存储服务器×128GB/存储服务器=1792GB 内存
- 高容量磁盘选项：
  - 14 台存储服务器×12 块磁盘/存储服务器×8TB(7200RPM)磁盘=1344TB 裸磁盘存储容量(1.3PB)
  - 14 台存储服务器×4 块闪存卡/存储服务器×3.2TB/每块 NVMe PCIe 闪存卡=179.2TB 闪存存储容量
- 极速全闪存选项：
  - 14 台存储服务器×8 块闪存盘/存储服务器×3.2TB/每块 NVMe PCIe 3.0 闪存盘=358.4TB 闪存存储容量

X6-8 和 X6-2 Exadata 服务器在存储选项上是一样的，区别在于计算选项。
- 2 台计算服务器的选项：
  - 2 台计算服务器×8 个 CPU×18 核=288 核
  - 2 台计算服务器×2TB DRAM=4TB DRAM
- 4 台计算服务器的选项：
  - 4 台计算服务器×8 个 CPU×18 核=576 核
  - 4 台计算服务器×2TB DRAM=8TB DRAM

表 11-1 中显示的是一些与实际存储相关的统计数据。

表 11-1 Exadata 在满配、半配、1/4 配和 1/8 配下的配置情况

		1/8 配	1/4 配	半配	满配
裸盘存储空间(TB)	高容量(磁盘)	144.00	288.00	672.00	1344.00
	极速闪存(闪存)	38.40	76.80	179.20	358.40
数据存储空间：普通冗余(TB)	高容量(磁盘)	54.00	109.00	254.00	508.00
	极速闪存(闪存)	14.00	28.00	65.00	130.00
数据存储空间：高冗余(TB)	高容量(磁盘)	43.00	85.00	199.00	399.00
	极速闪存(闪存)	11.00	22.00	51.00	102.00

(续表)

		1/8 配	1/4 配	半配	满配
最大加载率(TB/hr)	高容量(磁盘)	2.50	5.00	11.00	21.00
	极速闪存(闪存)	3.00	5.00	11.00	21.00
	高容量仅磁盘	2.70	5.40	12.50	25.00
最大 SQL 带宽(GB/s)	高容量闪存矩阵	32.00	64.00	150.00	301.00
	极速闪存(闪存)	38.00	75.00	175.00	350.00
	高容量仅磁盘	3900.00	7800.00	18 000.00	36 000.00
最大 SQL 磁盘 IOPS	高容量闪存矩阵	4 500 000.00	2 250 000.00	1 125 000.00	562 000.00
	极速闪存(闪存)	4 500 000.00	2 250 000.00	1 125 000.00	562 000.00

在表 11-1 中，需要重点关注的几点：

- 存储容量不包含压缩带来的增益(混合列压缩或高级压缩)。
- 对可用空间的计算已经考虑了 ASM 冗余、DBFS 和闪存恢复磁盘组、ACFS 磁盘、操作系统镜像/二进制文件等。
- SQL 矩阵基于 8K IOPS，并已将 ASM 冗余计入，实际会有多次 IOPS。

11.3.3 Exadata 存储扩展柜简介

从 2011 年 7 月开始，Oracle 推出了 Exadata 存储扩展柜，让你可以扩展 X6-2 和 X6-8 的存储容量，存储扩展柜同样是通过 InfiniBand 连接到现有系统的。这对于那些寻找有 PB 级数据存储的人们来说是个好消息，对于那些寻求将归档到磁带上的数据放到磁盘上的人们来说也是个好消息。Exadata 存储扩展框最多可以有 18 个额外的高容量存储服务器和 19 个极速闪存存储服务器。每台服务器的参数与 Exadata 机柜里的存储服务器完全相同。

- 一台高容量存储服务器可以增加 1.7TB/hr 的总数据加载率。
- 一台极速闪存存储服务器可以增加 2.0TB/hr 的数据加载率。
- 一台满配的高容量存储扩展柜可以增加 690TB 的普通冗余可用空间以及 540TB 的高冗余可用空间。
- 一台满配的极速闪存存储扩展柜可以增加 175TB 的普通冗余可用空间以及 140TB 的高冗余可用空间。

Exadata 存储服务器软件使用以下特性(在本章后面会详细讨论)：

- 智能扫描技术
- 智能闪存
- 存储索引
- 混合列压缩
- IORM/DBRM 都可用
- 在数据挖掘模型的评分函数上应用智能扫描
- ASM(Automatic Storage Management，自动存储管理)
- 使用 RMAN 备份
- 使用闪回技术进行恢复
- 冗余电源和 InfiniBand 交换机

Oracle 数据库有 8EB 的存储能力。它能做到以下这些：

- 在 2011 年，正如本书之前的版本提到的，将 41 227 个存储扩展柜连在一起可以达到 Oracle 11*g* 数据库可以支持的最大容量 8EB(镜像后未压缩存储的存储空间)。使用压缩将为你提供 80EB～500EB 存储空间。

如果压缩率为 10 倍，只需要 4123 个存储扩展柜就能达到 8EB 的容量；如果压缩率为 70 倍，那么只需要 589 个存储扩展柜就能达到 8EB 的容量。

- 在 2016 年，X6-2 拥有 1.3PB 的存储容量。只需要 6154 台 X6-2 就可以达到 Oracle 12c 数据库支持的 8EB 最大容量。使用压缩将为你提供 80EB～500EB 存储空间。如果压缩率为 10 倍，只需要 616 个存储扩展柜就能达到 8EB 的容量；如果压缩率为 70 倍，只需要 88 个存储扩展柜就能达到 8EB 的容量。
- Facebook 的数据仓库大约存储了 0.3EB 的数据，并且以每年 0.2EB 的速度增长，因此大约 38 年就会达到 8EB(我预测可能还会更快，因为 Facebook 在未来还会发展更快)。目前，Facebook 以 10 倍压缩率使用 23 台 X6-2 是合适的，如果采用 70 倍压缩率，只需要 6 台 X6-2(除非需要镜像、备用等)。这比用数据仓库保存 Facebook 公司的服务器要好得多。
- 64 位操作系统允许内存的大小是 16EB(18 446 744 073 709 551 616 字节)。

11.3.4 智能扫描(Smart Scan)

智能扫描由 Oracle 内部完成，使用这个功能，通常可以节省 10 倍的查询时间。Oracle 通过 WHERE 子句中的条件(谓词)进行过滤，过滤可以基于行、列和连接条件，对增量备份同样适用。智能扫描可以应用于未提交的数据、锁定的行、链接行、压缩数据甚至加密的数据(自 11.2 版本开始引入的新特性)。可以通过 Oracle 企业管理器云控制器来观察智能扫描带来的好处。

智能扫描利用布隆过滤器(Bloom Filter)来加快连接的过滤。布隆过滤是一种快速搜索匹配的方法，能节省空间且对用户透明。布隆过滤基本上都是通过硬件级过滤来检查元素是否在一个集合中。谷歌的 BigTable 也使用了布隆过滤以减少磁盘上的查找次数。Oracle 的连接过滤是布隆过滤的绝佳应用场合。以下是对智能扫描优势的简单描述。

没有智能扫描(整个表需要通过网络返回)：

- 扫描 5TB 表
- 网络带宽(40Gbps)
- 40Gbps(千兆比特/秒)= 5GBps(千兆字节/秒)(如果有 14 个存储单元，每个单元的数据传输速率是 0.357GBps)

没有智能扫描，扫描该表需要 16 分钟 40 秒(以 5GBps 的速度扫描 5TB 的表)。

使用智能扫描(瓶颈首先出现在存储层面)：

- 扫描 5TB 表
- 限制返回的结果集，使其不会阻塞网络
- 扫描速度为 21GBps(1.5GB/存储单元×14 存储单元)

使用智能扫描，扫描该表只需要 3 分钟 58 秒(以 21GBps 的速度扫描 5TB 的表)。

11.3.5 闪存(Flash Cache)

闪存由固态硬盘组成(信息存储在芯片上)。它比磁盘要快 20 到 50 倍(因磁盘不同而异)。闪存用来缓存热数据(经常访问的数据)。缓存数据的过程是数据访问的最后一步(先将数据返回给你，然后根据你的缓存设置为下次访问进行缓存)。它采用基于 PCIe(Peripheral Component Interconnect express)的闪存卡。它知道什么对象不应该缓存，如全表扫描，但可以使用 CREATE/ALTER 语句在表/分区级别通过 STORAGE 子句指定要缓存哪些数据：

- STORAGE CELL_FLASH_CACHE KEEP
- 通过 CREATE 或 ALTER 语句在表/分区级别指定

闪存也有写通过(write-through)缓存以加快读取，所以在把数据写入磁盘后，可能再次被写入缓存以供下次访问使用(强调一下，在写入磁盘之后写到缓存)。

闪存缓存以下数据：

- 热的数据/索引块
- 控制文件读/写
- 文件头读/写

闪存不缓存：

- 镜像副本、备份或数据泵
- 表空间格式化
- 表扫描(确切地说，被缓存的情况很罕见，例如小表有可能被缓存)

闪存的 LRU(最近最少使用)缓存设置包括。

- CELL_FLASH_CACHE 存储子句，可能的取值如下。
    - DEFAULT：正常情况下，大的 I/O 不缓存。
    - KEEP：更倾向于使用闪存/一般不会占据超过 80%的缓存。
    - NONE：不使用闪存。
- CACHE(NOCACHE)提示：I/O 缓存/不缓存在闪存中。
    - SELECT /*+ CACHE */ …
- EVICT 提示：将数据从闪存中删除，当 ASM 重新完成平衡后，再将数据从闪存中删除。

在 CELL_FLASH_CACHE 被设置为 DEFAULT 的情况下，对象上的大 I/O 操作(例如全表扫描)不会被缓存。为了将闪存设置成 KEEP，可以通过下面的方法来实现：

```
ALTER TABLE CUSTOMER
STORAGE (CELL_FLASH_CACHE KEEP);
Table Altered.
```

为查看一个表当前是否被缓存，可以使用下面的查询：

```
SELECT      TABLE_NAME, TABLESPACE_NAME,
            CELL_FLASH_CACHE
FROM        USER_TABLES
WHERE       TABLE_NAME = 'CUSTOMER';

TABLE_NAME    TABLESPACE_NAME        CELL_FL
------------  --------------------   -------
CUSTOMER      R_TEST                 KEEP
```

闪存的工作原理：将数据库请求发送到 CELLSRV(在存储服务器上)。CELLSRV(第一次)从磁盘获取数据并依据设置、提示等缓存数据。被写入的数据如果被认为需要再次读取，也会在写入磁盘后被缓存。CELLSRV(下一次)检查内存中的哈希表，其中包含缓存内容的列表。如果读取的内容已经被缓存，就从闪存读取；如果没有被缓存，就根据设置缓存数据，并以此类推。也可以直接查询存储单元：

```
CELLCLI> list flashcache detail (allows you to monitor)
CELLCLI> list flachcachecontent where ObjectNumber=62340 detail
```

SQL*Plus 查询——它在工作吗？

```
SELECT      NAME, VALUE
FROM        V$SYSSTAT
WHERE       NAME IN ('physical read total IO requests',
            'physical read requests optimized');

Name                                             Value
---------------------------------------          --------
physical read total IO requests                  36240
physical read requests optimized                 23954
```

第 2 行的数值乘以数据块大小(*8192)就是使用的闪存字节数[1]；它在起作用！
它在起作用……缓存了查询中 4GB 的数据：

```
SELECT      NAME, VALUE, VALUE*8192 VALUE2
FROM        V$SYSSTAT
WHERE       NAME IN ('physical read total IO requests',
            'physical read requests optimized');

NAME                                VALUE            VALUE2
------------------------------  ----------    --------------
physical read total IO requests 10,862,844    88,988,418,048
physical read requests optimized 2,805,003    22,978,584,576
```

第 2 次：

```
physical read total IO requests 11,320,185    92,734,955,520
physical read requests optimized 3,203,224    26,240,811,008
```

第 4 次：

```
physical read total IO requests 11,993,845    98,253,578,240
physical read requests optimized 3,793,000    31,072,256,000
```

通过 V$SQL 可以看到，它起作用了：

```
select      sql_text, optimized_phy_read_requests, physical_read_requests,
            io_cell_offload_eligible_bytes
from        v$sql
where       sql_text like '%FIND YOUR SQL%'

SQL_TEXT    OPTIMIZED_PHY_READ_REQUESTS PHYSICAL_READ_REQUESTS
----------- --------------------------- ----------------------
IO_CELL_OFFLOAD_ELIGIBLE_BYTES
------------------------------
SELECT....  567790                      688309
4.2501E+10
Run 2.....
SELECT...   762747                      906729
4.9069E+10
run 4 ....
SELECT...   1352166                     1566537
6.8772E+10
```

注意

Exadata PCIe 卡上的闪存(也就是存储在 Exadata PCIe 卡上的缓存)和 Oracle Enterprise Linux 或 Solaris 上使用的数据库闪存(存储在文件中)是不一样的。

最后要牢记，闪存的磨损速度比磁盘快(更多信息参见规范说明，在高负载情况下闪存磨损更快)。不过不要担心，Oracle 免费提供这些"额外"的空间[2]。

11.3.6 存储索引(Storage Indexes)

存储索引利用特定列的最大值和最小值来排除要访问的行数(类似于分区)，从而帮助查询运行得更快，常常

---

[1] 译者注：physical read requests optimized 是指可以使用闪存和存储索引过滤的 I/O。
[2] 译者注：这里，免费提供的空间是指 Oracle 在 Exadata 手册中的数据容量没有包含闪存部分。

带来 10 倍的性能提升(具体提升情况根据最大值和最小值能为查询排除的行数可能高些或低些)。这些索引维护数据的汇总信息(在某种程度上说像元数据)。它的内存结构位于存储节点层面。它为不同的列把数据的最大值和最小值汇总(基于使用模式)并排除没有匹配的 I/O。存储索引 100%对用户透明。建立索引在硬件层面完成，表中每 1MB 的磁盘数据就对应一个索引条目[1]。存储索引不像 B 树索引，但类似分区排除——可以跳过不满足查询条件的数据。Oracle 完全依据查询模式和使用的数据来建立存储索引，不需要额外编码。仔细查看下面的查询是否在两节点 RAC 上用到了存储索引。

存储索引在工作吗？

```
SELECT       NAME, VALUE
FROM         V$SYSSTAT
WHERE NAME LIKE ('%storage%');

NAME                                               VALUE
------------------------------------------    --------
cell physical IO bytes saved by storage index   25604736
```

这是由 Exadata 建立的存储索引节省下的，它在这个节点上工作！

检查这两台服务器……(在这个测试中只在一个节点上节省 I/O)：

```
SELECT       NAME, VALUE
FROM         GV$SYSSTAT
WHERE        NAME LIKE ('%storage%');

NAME                                                VALUE
------------------------------------------    -----------
cell physical IO bytes saved by storage index  19693854720
cell physical IO bytes saved by storage index            0
```

这是由 Exadata 建立的存储索引节省下的，它在工作！

11.3.7 混合列压缩

混合列压缩(Hybrid Columnar Compression，HCC)，也被称为 Exadata 混合列压缩(EHCC)，数据是由行/列的混合方式组织和压缩，而不是按基本的行格式来组织。10 到 30 倍的性能提升是常见的。表由压缩单元(Compression Unit，CU)组成，每个压缩单元中包含约 1000 行(根据行中的数据量变化)。压缩单元跨越多个数据块。混合列压缩对于批量加载数据非常适合，但它不是为 OLTP 或单块读操作设计的。它主要用于数据仓库和查询数据，不用于经常更新的数据。

使用旧的 OLTP 压缩算法，可以压缩 2 到 3 倍左右。然而在使用混合列压缩时，在典型的数据仓库中通常可以压缩到 10 倍。我在有限的测试中，可以把数据压缩 4 到 11 倍。混合列压缩也提供归档压缩方式(用于不活跃的数据)，这在任何场景下都可以把数据压缩 15 到 70 倍(我在有限的测试中压缩了约 32 倍)。混合列压缩还有一个很出色的地方，就是在执行查询时不需要解压缩，所以运行速度更快。在闪存中处理的数据也是压缩版本，这样可以减少 I/O。同时，在 InfiniBand 上传输的也是压缩版本的数据，这些压缩数据是克隆的，甚至备份也是压缩过的！总之，它能够扫描少得多的(压缩过的)数据！

图 11-16 是压缩单元(CU)的逻辑展现。这幅图不是专门展现数据块的头，而是为了每个数据块维护它们。CU 最初始的片是一个用来维护与其内容相关的元数据的头。除了其他一些信息，它主要存储的是该 CU 内每个列的起始位置。

---

[1] 译者注：一个存储索引建立在表的一个列上，索引中的每个条目记录表中一个 1MB 数据块中该列的最大值/最小值等信息。

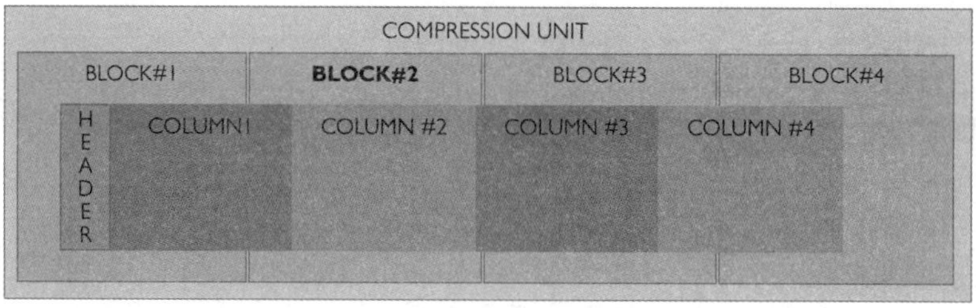

图 11-16　混合列压缩下压缩单元的逻辑结构

一个指定列上的数据可以跨越多个数据块，因此 CU 头的结构跟常规表的行链接类似，每个列的顶部有一个指针。因此，使用混合列压缩的表的 ROWID 一定代表的是 CU 而不是数据块本身。对普通表而言，ROWID 由以下信息组成：

- 文件号或关联文件号
- 块号
- 行号

在混合列压缩的情况下，文件号和块号其实都和 CU 本身相关联。可以使用 DBMS_ROWID.ROWID_RELATIVE_FNO 和 DBMS_ROWID.ROWID_BLOCK_NUMBER 来查看每个 CU 里有多少行，以下查询就是一个示例。为了看到究竟用到了多少数据块而不是分配了多少，我们使用 Oracle 提供的 PL/SQL 包 DBMS_SPACE.UNUSED_SPACE。

```
SELECT COUNT(*) FROM (
    SELECT DISTINCT DBMS_ROWID.ROWID_RELATIVE_FNO(ROWID),
    DBMS_ROWID.ROWID_BLOCK_NUMBER(ROWID) FROM TABLE_NAME);
```

HCC 有多种部署方式：

- **HCC Query Low 或 Query High**　更适用于查询数据。压缩度不那么高，查询成本就更低。Query Low 采用 LZO 压缩算法，而 Query High 采用 ZLIB 算法。
- **HCC Archive Low 或 Archive High**　更适用于归档数据。当然压缩度高，查询成本就更高。归档日志使用 ZLIB 算法，而 Archive High 使用 BZIP2 算法。

表 11-2 和表 11-3 提供了不同 HCC 类型对应的压缩率和 CU 使用统计数据的对比。

表 11-2　不同压缩类型的压缩率

压缩类型	大小(MB)	节省空间	压缩比
未压缩	232	0.00%	1.0
OLTP 压缩	152	34.50%	1.5
HCC Query Low	61	73.70%	3.8
HCC Query High	25	89.20%	9.3
HCC Archive Low	25	89.20%	9.3
HCC Archive High	20	91.40%	11.6

表 11-3　不同压缩类型的 CU 使用统计数据

HCC 类型	CU 数量	使用的数据块	行数/CU	数据块数/CU
HCC Archive High	126	2413	29294.6	19.15
HCC Archive Low	656	3074	5626.7	4.69
HCC Query High	824	3094	4479.5	3.75
HCC Query Low	1926	7506	1916.5	3.90

数据加载率取决于所加载数据的类型和属性。比起单行插入，HCC 更适合于做批量加载操作。类似的，全表扫描也更适用于 HCC。不管哪种方式，使用 HCC 也会有弊端。图 11-17 和图 11-18 用示例数据显示了这个影响。

另一个重点要理解的是 HCC 在更新时的锁定方式。Oracle 传统的方式是维护行级锁。这个规则在 HCC 上的实现有所不同。如果某个表是以 HCC 方式创建的，不管哪种类型，它的锁就在 CU 级别进行管理和维护。意思就是，如果一个会话更新了以 HCC 方式存储的某行数据，会话锁就在 CU 级被持有。换句话说，另一个会话如果试图更新同一 CU 中的第二行数据，它就会被第一个会话阻塞并等待 "enq: TX – row lock connection" 这个等待事件(详见第 14 章以了解锁/闩锁)。必须强调的是，虽然锁是在 CU 上生效的，但是等待事件报告的仍然是行级锁。Oracle 声称在 12cR2 版本中提升了使用 CU 进行更新和插入的性能。

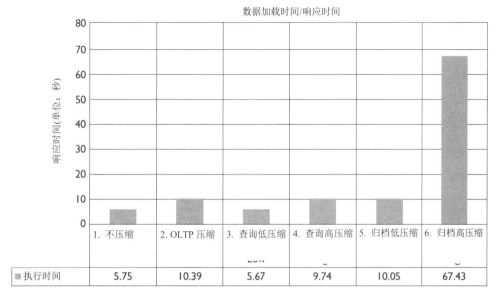

图 11-17　压缩模式下的数据加载

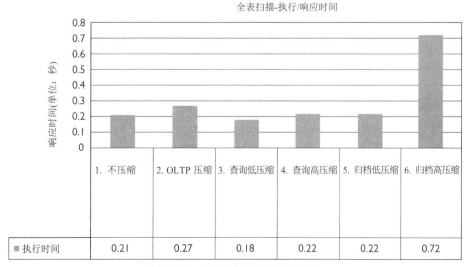

图 11-18　使用压缩后全表扫描的效果

请注意，仍然可以对 OLTP 中的表使用混合列压缩，单块查找通常仍然比其他列存储方式快。更新后的行变成普通(或低级别)的压缩。混合列压缩完全支持下面的选项：

- B 树索引
- 位图索引
- Text 索引
- 物化视图
- 分区
- 并行查询
- 数据卫士物理备用库
- 逻辑备用库和 Streams(在未来版本中发布)
- 混合列压缩表上的智能扫描

11.3.8 IORM

将 Oracle 最新的 IORM(I/O Resource Management，I/O 资源管理)工具与 Exadata 一起使用，就可以按照需要管理多个工作负载和设置资源。尽管不会在这里仔细讲述，但是请考虑下面使用不同的资源建立三个实例的方法。实例 A 获得 50%的资源，实例 B 获得 30%，实例 C 获得 20%。可以进一步分配实例 A 获取的 50%资源到不同的用户和任务。

为不同的实例分配 I/O 资源：
- 实例 A = 50%
- 实例 B = 30%
- 实例 C = 20%

进一步根据用户和任务分配 I/O 资源：
- 实例 A 交互应用 = 50%
- 实例 A 报表 = 20%
- 实例 A 批量 = 15%
- 实例 A ETL = 15%

还可以像过去那样继续使用 DBRM(Database Resource Manager，数据库资源管理器)。 DBRM 也为 Exadata 做了增强。它可以管理数据内 I/O 和数据库间 I/O。对于数据间 I/O，使用 IORM 和 Exadata 存储软件来管理。对于数据库内 I/O，使用消费组(Consume Group)来管理。可以限制对 CPU、UNDO、并行度(Degree of Parallelism，DoP)、活动会话数以及其他资源的使用。请参阅 Oracle 文档以了解有关详细信息。本节只作简单介绍，你可以看到有哪些可用的功能。

11.3.9 在 Exadata 中使用所有的 Oracle 安全优势

Oracle 以令人难以置信的安全性著称。他们的第一个客户是 CIA(美国中央情报局)，所以他们一直专注于安全性(超过 30 年)。不要忘了研究下面这些在 Exadata 中可用的安全和恢复选件：

- Audit Vault
- Total Recall/Flashback(恢复)
- Database Vault
- Label Security
- Advanced Security(高级安全)
- secure encrypted backup(安全加密备份，请使用!在利用改变跟踪文件的增量备份时也可使用，而且更快)
- Data Masking
- Data Guard(数据卫士，恢复)
- Failure Group(故障组，能自动用于存储单元故障)

11.3.10 最佳实践

许多最佳实践将帮助你最有效地使用 Exadata。我将从必做和不能做的列表开始。但是请注意，这个列表随时都可能发生改变。因此，请检查 Oracle 文档以获取最新信息[1]。下面是我在写本章时的清单(2016 年年底)：

- 必须安装 Bundle Patch 5(最新信息见 MOS 文档 888828.1)。
- 在 Exadata 上必须使用 ASM。
- 必须在支起的地板之上铺三层打了洞(冷却的原因)的瓷砖来承载整台机架(必须能承受 2219 磅/964 千克)，前后端之间的通风量要在 1560 CFM 和 2200 CFM[2]之间，不这样做就可能会热到要融掉！所有这一切都可能会改变，所以请检查最新的规格需求。
- 必须有合格的电力保障(这不是标准的)。
- 必须安装 Oracle Linux 和 Oracle Database 11.2 或 12*c*(目前推荐)。
- 必须使用 RMAN 进行备份。
- 确保使用 InfiniBand 连接并把 MTU 设置成 65520。
- 查看磁盘组均衡的状况和自动扩展方面的文献。
- 在实施早期捕捉性能基线。
- 考虑使用基于 InfiniBand 连接的 ZFS Appliance 来做数据库备份，并确保数据库配置启用了 Oracle dNFS 以使效益最大化。
- 或者，考虑使用 StorageTek 磁带备份(评价很不错，但价格偏贵)。
- 使用 4MB 大小的 ASM 分配单元(Allocation Unit，AU)(目前推荐)。
- 不要添加任何外来的硬件——不支持！
- 不要更改 BIOS/驱动——不支持！

接下来，我要列出一些 Oracle 官方的最佳实践。请注意，这些可能随时会更改，检查 Oracle 的官方文档以获取最新的信息。最佳实践包括：

- 在创建 celldisk 和 griddisk 时使用"CREATE ALL"。
- 使用 DCLI 一次性在所有存储服务器上执行命令(有用且节省时间)。
- 使用 IORM 管理资源。
- 安装之前确定快速恢复区(Fast Recovery Area，FRA)和 MAA 需求。
- 使用 32GB 大小的日志文件。
- 为了优化快速扫描率，请使用至少 4MB 的统一大小区(Extent)(本地管理的表空间[Locally Managed Tablespace，LMT]可以使用一致的或自动分配的区策略)。
- 使用数据泵移动数据(通常使用数据泵，但可以有很多其他选择)。

11.3.11 小结：Exadata=根本性改变!

我在本节中已介绍了许多主题，包括 Exadata 术语和基本知识、闪存、存储索引、智能扫描、混合列压缩、IORM、安全性以及最佳实践。总的来说，Exadata 如此高速是由于高速的硬件、众多的 CPU、快速的闪存、数据库服务器和存储上大量的 DRAM、压缩(性能提高 10 到 70 倍)、分区剪裁(性能提高 10 到 100 倍)、存储索引(性能提高 5 到 10 倍)、智能扫描(性能提高 4 到 10 倍)以及其他没有涵盖的功能(有关更多信息，请参阅 Oracle 文档)。Exadata 是将 1TB 搜索转成 500MB 甚至 50MB 搜索的最好方式。我相信，Exadata 是超划算的买卖，它将推动所有主流的硬件厂商加速硬件创新。

---

1 这是一个简明列表，请参考 MOS 文档 757552.1 以获取详细文档。注意还有 MOS 文档 1274475.1，它提供了性能相关信息的附属部分。
2 译者注：CFM 是一种流量单位，1CFM≈1.7m^3/h。

11.4 Oracle Database Appliance(ODA)

对于一些客户的需求来说，Exadata 可能是"杀鸡用牛刀"。Oracle 意识到中小型企业(SMB)客户需要部门级服务器，所以推出了 ODA。ODA 的目标是具备快速实施能力的中型服务器。目前推出了两种型号：搭载一颗 10 核 CPU 的 X6-2S(128GB～384GB RAM)和搭载两颗 10 核 CPU 的 X6-2M(256GB～768GB RAM)。两套系统都采用标准 NVMe 规范的 6.4TB 闪存，并且可以扩展到 12.8TB。它能运行企业版(EE)或许可上限为两核的标准版 2(SE2)。ODA X5-2 有两台服务器，可以支持更大的配置规模。ODA 支持的细节包括：

- 带 ASM 和 RAC 的 Oracle，运行在 Oracle Linux 上
- 高可用性容错策略——两个节点/双服务器
- 开箱即用的集群(预装 Oracle 集群软件)
- Oracle Appliance 管理器(用于快速修补和系统管理)
- 自动内存管理、自动优化和自动磁盘备份

ODA 自从问世以来变得越来越强大了，但拆封后一两个小时即可用(软件和 RAC 已经预装)。它甚至有"打电话回家"的能力，可以打电话请求需要的服务并一键修补。通过引入 ODA，Oracle 利用对 Sun 公司的收购得以创建完整的硬件产品线来使客户受益。当然，虽然硬件本身并不昂贵，如果使用最大的 CPU 配置，软件许可证成本会自然增加，但是目前的价格仍比 1/4 配的 Exadata 便宜很多(虽然 1/4 配的 Exadata 要快两倍)。我相信这将随着时间的推移而变化，请与 Oracle 核实最新的配置和定价。

11.5 M7 SPARC 芯片的 SuperCluster

2011 年 9 月 26 日，Oracle 公司发布了新的 SPARC SuperCluster T4-4，我当时在想，"他们怎么能超越 1000 多个线程的系统？"2016 年，新的搭载 M7 SPARC 芯片的 SuperCluster 包含内置的硬件加密(芯片级，几乎没有额外开销)和内存攻击保护(也是芯片级)，最多 512 个 CPU 核，每个机架 8TB DRAM，而且支持 HCC 的 10 到 15 倍压缩。配备 Oracle 12c 数据库和 Exadata 存储(支持前面 Exadata 章节中描述的那些优势)。SuperCluster 上运行的是 Solaris 操作系统(Solaris 11 或 Solaris 10)，使用的是最新的 M7 多线程 SPARC 处理器。

Oracle 的主要目的是把 SPARC Solaris 的安装客户(Install Base)迁移到 SPARC SuperCluster。Oracle 的目标是不仅使安装迁移变得容易，也让客户能在单一的基于 M7 SPARC 的机器上体验 Exadata 和 Exalogic 的速度。当查看前面的内容时，可以看到 Oracle 正在利用收购 Sun 公司及其最快的硬件服务于并行数据库处理(Exadata)、最快的中间件服务器或互联网电子商务应用程序服务器(Exalogic)、大公司从 Solaris 到 Exadata/Exalogic 高速混合系统(SuperCluster)的迁移、小型或部门级服务器(ODA)和无限的存储(Exadata 存储扩展柜)的迁移。我敢肯定，在我写本节时，Oracle 已经超越这看起来惊人的一切。我的建议是：教你的孩子学习 Oracle！

11.6 其他可以考虑的 Oracle 硬件

在本节，我将介绍一些其他硬件，你至少应该在实现业务解决方案时考虑它们。所有这些都是 Oracle 收购过来的。

11.6.1 Oracle 大数据设备 X6-2

Oracle 大数据设备(Big Data Appliance，BDA)X6-2 用于获取、组织、分析和利用公司或网上的非结构化数据。大数据可以是网络日志、社交媒体、电子邮件、传感器、照片、视频和所有其他形式的大数据。Oracle 大数据设备是一个精心设计的系统，包括开源版本的 Apache Hadoop、Oracle NoSQL 数据库(将之想象成 Oracle 数据库第 2

版——一种高度可扩展的基于键-值的数据库)、Oracle Data Integrator Application Adapter for Hadoop(简化了 Hadoop 中的数据集成)、使用 SQL 查询连接所有数据源的 Big Data SQL(直接使用 Oracle SQL 查询 Hadoop 或 Hive),以及一个开源版本的 R(Oracle R 企业版与开源的 R 统计环境集成,提供更高级的统计功能)。还可以把 Oracle 大数据设备和 Oracle 数据库、Exadata 或 Exalytics 集成。当使用 Oracle 的 Big Data SQL 查询 Hadoop 时,可以对 Hadoop 或其他 NoSQL(NoSQL=Not only SQL)数据源应用安全访问策略。Exadata 的智能扫描和存储索引等特性可以和 Hadoop 本身并存。它运行在 Linux 上,包含 Java、MySQL、大数据插件、Oracle R、Oracle NoSQL、Cloudera Impala、Apache HBase、Apache、Spark、Apache Kafka、Cloudera Hadoop(CDH)以及 Cloudera Manager。硬件上包含最多 792 个核(36 *22 核/处理器)、14TB DRAM 和 1.7PB 的存储。

11.6.2 ZFS 存储服务器

Sun ZFS Storage ZS4-4 拥有 6.9PB(1PB 即 1024TB)的原始存储容量,这是拥有 SAN 存储能力的高性能 NAS 系统。支持双活集群方案,支持 Oracle 数据库混合列压缩(HCC),并具有数据压缩和内置去除重复数据功能。ZS4-4 有 6.9PB 的原始存储容量(可配置 3TB 的读取优化缓存)和 8 颗 15 核处理器。

配合 Oracle 12c 数据库使用时,ZFS 使用 Oracle 智能存储协议,能根据访问模式仔细调整优化性能。它包含 Oracle 12c 上全 PDB 级的分析(ZS 分析),还包括 HCC 这种 Exadata 上的存储特性。ZFS 是 128 位文件系统,相比 64 位文件系统的寻址能力,能多寻址 16EB 数据。

11.6.3 StorageTek 模块化磁带库系统

我知道最近有一家大公司不得不从磁带上做恢复。大多数公司都有在线快速恢复区(FRA)用于快速恢复,同时也有放在慢一点的 2TB SATA 磁盘上的在线备份。但是,仍然存在异地磁带备份需求,StorageTek 使其变得快速而容易。这种机器从内部看就像生产组装线,磁带根据需要自动左右移动。得到这个令人难以置信的公司 StorageTek,就是收购 Sun 公司的另一个好处。这就难怪 Oracle 相比任何其他公司能归档更多的数据。

StorageTek SL8500 最多可以配置 10 个磁带库(如果需要较小的配置,有许多型号/尺寸可供选择),可以备份 500PB 的原生数据或 2.1EB(1EB=1024PB)的压缩比为 2.5:1 的压缩数据(以 553TB/hr 的速度)。为了对数据大小有个清楚的认识,十几年前(2005 年左右),一本商业杂志估计,财富 1000 强企业全部数据库的规模平均为 1PB,这意味着在 2005 年,所有财富 1000 强企业的数据库都可以用这个设备以 2:1 的压缩率备份(最多配置 10 个磁带库)。可以连接多达 32 个这种磁带库以拥有最高 67EB 磁带备份能力。读过上面的内容后,你应该意识到 Oracle 未来将会以思考的速度而持续加快[1]。

11.7 并行数据库

并行集群数据库是一个复杂的应用程序,它能够并发地从集群中的任何一台服务器访问同一个数据库(数据表、索引和其他对象组),同时不会破坏数据的完整性。并行数据库通常包含多个同时访问相同物理存储或数据的实例(位于多个节点/服务器上)。就存储访问类型来说,并行系统有两种实现方式:无共享(shared-nothing)模型或共享磁盘(shared-disk)模型。

无共享模型,也称为数据分区模型,每个系统都拥有数据库的一部分,每个分区只能由所属系统读取或修改。数据分区让每个系统都能够在本地处理器内存中缓存自己部分的数据库,而不需要跨系统通信来提供数据访问并发性和一致性控制。IBM 和 Microsoft 的数据库一直都能够这样工作。而 Oracle 采用共享磁盘模型,这或许是它在网格计算领域遥遥领先的原因。

---

[1] 译者注:这里引用了比尔·盖茨的那本名著 *Business @ the Speed of Thought*。

在共享磁盘模型中，集群的所有节点都可以访问所有磁盘上的数据。共享磁盘体系结构需要合适的锁管理技术来控制并发更新。集群中的每个节点都能直接访问保存共享数据的所有磁盘。每个节点都有本地的数据库缓冲区缓存。Oracle RAC 数据库就是这样工作的。

为了加强高可用性和高性能，Oracle 很早就已经推出了 Oracle 并行服务器(Oracle Parallel Server，OPS)。在 Oracle 9i 中，它发展到下一代，将 OPS 升级为 RAC(Real Application Cluster，真正应用集群)。RAC 采用共享磁盘模型，因此能访问所有共享磁盘，同时也包含协调节点间资源的扩展机制。共享磁盘技术在过去几年得到了快速发展，给 RAC 也带来了许多好处。SAN(Storage Area Network，存储区域网络)技术只向服务器提供存储卷(Storage Volume)，很好地隐藏了硬件单元、控制器、磁盘驱动和互连的复杂性。同样道理，集群中的一组服务器对外提供单个系统映像和计算资源。Oracle 对 Sun 公司的收购让 RAC 的故事更加引人注目。

11.8 RAC

信息系统的高性能和高可用性是企业日常运作的关键。随着最近几十年对存储信息依赖性的不断增长，大量数据积累起来并需要分析。因此，对高性能数据库的需求以及保持数据库随时联机的认知和要求也不断增加。全局操作和电子商务的增长也非常依赖高可用的存储数据。由于数据库系统上不均匀和不可预知的负载，许多商业团体迫切需要寻找高性能系统和合适的并行系统来支持复杂的大型数据库系统。扩展性(Scalability)是另一重要特性。随着业务的增长，以及数据积累和数据交互的不断增长，越来越多的用户和应用程序开始使用数据库系统。数据库系统应当能够满足数据日益增长的需要，同时又不会降低性能、丧失扩展性。

Oracle 9i 引入了 RAC 来解决这些问题。在 Oracle 10g 中，Oracle 开始通过完善网格控制器(Grid Control)来管理数据库集群。在 Oracle 11g 中，Oracle 推出了 Oracle RAC One Node，这表示 Oracle RAC 数据库可以运行在只有一个活动实例的数据库上，同时可以像管理 Oracle RAC 数据库一样使用 SRVCTL(Server Control Utility，服务器控制实用程序)进行管理。可以添加节点用于容错转移(Failover)，但在把 Oracle RAC One Node 转换成 Oracle RAC 之前不能添加额外的数据库实例。也可以随时使用 DBCA(Database Configuration Assistant，数据库配置助手)把单个实例的数据库转换成 Oracle RAC One Node 或 Oracle RAC。可以使用工具 SRVCTL 进行实时数据库实例迁移，从而连接到其他可用的集群故障转移节点。可以轻松地将数据库从一个过载的服务器移到同一集群中另一个负载不高的服务器。Oracle RAC One Node 帮助你以最小的开销将许多数据库整合到一个集群，同时还带来诸多高可用特性，如客户端故障转移、在线滚动修补应用程序、操作系统和 Oracle 集群滚动升级。完整的细节和使用方法请参阅文档。Oracle 还增强了网格控制器，使添加、删除节点和管理集群基础架构变得更容易。Oracle 11g 还新增了零停机修补功能和 64 位 ASM 集群文件系统，这样就不再需要第三方的集群文件系统。本节没有涵盖 RAC 功能的所有方面，只是强调了一些重要的概念和 RAC 的内部工作原理。这本书不专门介绍 RAC。如果有相应的许可，可以随时从单实例 Oracle 数据库切换到 Oracle RAC One Node 或 Oracle RAC。在 Oracle 12c 中，可以使用 In-Memory 技术使内存列存储在 RAC 集群中的各个节点间可以互相复制，从而使得分析型应用的内存使用也有容错能力！

11.8.1 Oracle RAC 架构

从宏观层面看，RAC 是访问单个 Oracle 数据库的多个 Oracle 实例(在节点上)。物理数据库存放在共享存储系统中。每个实例常驻于单独的主机(也称为节点或服务器)上。所有节点都通过私有互连形成集群，并且都能访问共享存储。所有节点可以并发执行针对同一数据库的事务。集群管理软件(通常由集群供应商提供)提供单个系统映像、控制节点成员和监控节点状态。从广义上说，主要组件包括：

- 节点/服务器
- 高速私有互连(将节点连接在一起)

- 集群管理器或 OSD(Operating System–Dependent layer，操作系统依赖层)
- 共享磁盘或存储
- 集群文件系统或裸设备
- 卷管理器
- 公有网络
- 数据库软件

集群互连

假定在一个节点上改变一个数据块，而用户在另一个节点上却需要它，Oracle 使用缓存融合(Cache Fusion)，通过节点互连(例如 InfiniBand)将数据块传递到另一个节点的缓存中。并行处理依赖于多个处理器间的消息传递。运行并行程序的处理器需要数据和指令，然后执行计算。每个处理器定期检查其他节点或主节点，然后计划下一步动作或同步结果提交。这些活动依赖消息传递软件，例如满足行业标准的消息传递接口(Message Passing Interface，MPI)。

在并行数据库中，需要从一个节点传递大量消息和数据块或页到另一个节点的本地缓存。功能和性能大多取决于传输媒介或方法的效率。传输媒介对于集群的整体性能和并行应用至关重要。因为并行数据库没有对用户连接和访问哪些节点强加任何约束条件，所以用户可以选择连接到集群中的任何节点。无论应用程序运行 OLTP 或数据仓库类型负载，在数据库中使用集群互连将数据块从一个节点移到另一个节点都是一种广泛做法。集群互连提供某种类型的扩展缓存来包含所有节点的缓存，这是集群最重要的设计特性之一。通常，集群互连可用于下面这些高级功能：

- 消息的健康、状态和同步
- 分布式锁管理器(Distributed Lock Manager，DLM)消息
- 访问远端文件系统
- 应用程序专用通信
- 集群别名路由

为了在集群内的一组节点之间通过分布计算获得高性能，这就需要集群互连来提供高速数据传输和低延迟的节点间通信。同时，集群互连需要具备检测和隔离错误、使用备用路径的能力。集群互连的一些基本要求有：

- 短消息的低延迟
- 针对大量消息的高速并可持续的数据传输率
- 每条消息使用的主机 CPU 保持低使用率
- 流控制、错误控制和心跳连续性监控
- 执行控制程序直接与主机进程交互(避开 OS)的主机接口
- 扩展良好的交换网络

许多集群供应商都设计了非常具有竞争力的技术。许多集群互连产品的延迟接近 SMP(Symmetric MultiProcessing，对称多处理)总线延迟级别。

11.8.2 Oracle RAC 系统的内部工作原理

Oracle 使用 GCS(Global Cache Service，全局缓存服务)来协调活动。锁被视为保留资源。RAC 是多实例数据库。多个实例同时访问同一个数据库。从结构方面看，RAC 实例和独立的 Oracle 实例之间没有太多区别。除了通常的 Oracle 后台进程之外，还有许多专门进程，它们可以协调实例间通信，帮助集群节点之间共享资源。下面介绍一些主要的进程，如果你有兴趣了解更多信息，请查阅 Oracle 文档，其中有关于所有进程的描述。

- ACMS：内存原子控制文件服务(Atomic Control file to Memory Service，ACMS)是每个实例上的代理，有助于确保 SGA 内存中的分布式更新在全局成功或全局失败时中止。

- **LMON**：全局队列服务监控器(Global Enqueue Service Monitor，LMON)通过监控整个集群来管理全局队列和资源。LMON 管理实例和进程终止以及与之相关的 GCS 恢复。
- **LMD**：全局队列服务守护程序(Global Enqueue Service Daemon，LMD)是锁代理进程，管理对 GES(Global Enqueue Service，全局队列服务)的服务请求，从而控制对全局队列和资源的访问。LMD 进程也处理死锁检测和远程队列请求[1]。
- **LMSn**：这些 GCS 进程(LMSn)是为 GCS 工作的进程。RAC 提供多达 10 个 GCS 进程。LMSn 进程的数量随着集群中节点间消息通信量的变化而变化[2]。LMSn 进程完成如下操作：
    - 处理来自远程实例对 GCS 资源的阻塞中断。
    - 为共享资源管理资源请求和跨实例调用操作。
    - 构建无效锁元素列表，在恢复过程中验证锁元素。
    - 处理全局锁的死锁检测，监控锁转换超时。
- **LCK0 进程**：实例队列进程，管理全局队列请求和跨实例广播。管理非缓存融合和库/行缓存的请求。
- **RMSn**：RAC 管理进程，执行管理任务，例如在增加节点时创建资源的工作。
- **RSMN**：远程从属监控(Remote Slave Monitor，RSMN)，为协调进程执行远程实例任务。
- **GTX0-j**：全局事务(Global Transaction)进程，支持全局 XA 事务。

1. GCS(全局缓存服务)和 GES(全局队列服务)

GCS 和 GES(它们都是 RAC 的基本组件)在缓存融合生效过程中发挥关键作用。GCS 在多个实例同时访问数据时确保数据的单个系统映像。GCS 和 GES 是 RAC 的集成组件，它们协调对共享数据库、共享数据库内的资源和数据库缓存的访问。GES 和 GCS 共同维护 GRD(Global Resource Directory，全局资源目录)，这个目录用来记录有关资源和队列的信息。GRD 保存在内存中，同时也存储在所有实例中。每个实例都管理部分目录。分布式特性是 RAC 容错的关键点。

协调共享缓存服务器内的并发任务称为同步。同步使用私有互连并且传输大量消息。下面这些类型的资源需要同步：数据块和队列。GCS 从全局维护数据块状态，并负责实例间的数据块传输。LMS 进程处理 GCS 消息，完成 GCS 处理的主要工作。

队列是一种共享内存结构，可以串行化对数据库资源的访问，可以是局部的或全局的。Oracle 使用 3 种模式的队列：①空(N)模式；②共享(S)模式；③独占(X)模式。数据块是读出和写入缓冲区的主要结构。队列通常是最经常被请求的资源。

GES 维护或处理字典缓存、库缓存、事务锁和 DDL 锁的同步。换句话说，GES 管理队列而不是数据块。为了同步对数据字典缓存的访问，单节点集群数据库中使用独占模式(X)下的闩锁(Latch)，而在集群数据库中使用全局队列。

2. 缓存融合和资源协调

因为 RAC 中的每个节点都有自己的内存(缓存)，而且不与其他节点共享，所以 RAC 必须协调不同节点的缓存，同时减少会降低性能的额外磁盘 I/O。缓存融合这种技术使用高速互连来提供集群中实例之间从缓存到缓存的数据块传输。缓存融合功能允许脏数据块直接写内存，从而减少强制写磁盘和重新读取(或 ping)已提交的数据块的需求。这并不是说不会发生写磁盘，缓存置换和出现检查点时仍然需要写磁盘。缓存融合解决了涉及实例间并发性的问题：多个节点上的并发读操作、不同节点上的并发读写操作、不同节点上的并发写操作。

只有当数据块不在任何实例的缓存中时，Oracle 才会从磁盘读取它们。因为写数据块是滞后的，所以它们通

---

1 译者注：LMD 是为全局队列服务(GES)工作的进程。
2 译者注：为保证进程及时调度，LMS 进程通常运行在实时工作模式(RT，RealTime)下。

常包含来自多个事务的修改。只有当出现检查点时，修改过的数据块才会被写到磁盘。在进一步讨论之前，我们需要熟悉 RAC 中引入的一些概念：资源模式和资源角色。因为相同数据块可以同时存在于多个实例中，所以有两个标识符可以帮助协调这些数据块。

- 资源模式：有空、共享和独占三种模式。数据块可以处于不同的模式，这取决于资源持有者是要修改数据还是仅仅读取它们。
- 资源角色：这些角色可以局部管理的和全局管理的。

GRD 不是数据库，而是内部结构的集合，用来查找数据块的当前状态。当数据块从本地缓存传输到另一个实例的缓存中时，就会更新 GRD。在 GRD 中有如下有关资源的信息：

- 数据块标识符(Data Block Identifier)
- 数据块最新版本的位置
- 数据块的模式(N、S、X)
- 数据块的角色(局部或全局)

3. PI(Past Image，过去映像)

为了保持数据的一致性，在 RAC 的 9i 版本中引入了 PI 这个新概念。数据块的 PI 在发送数据块之前保存在内存中，作为是否脏数据块的标志。当发生故障时，GCS 可以通过读取 PI 来重构数据块的当前版本。这个 PI 不同于 CR 数据块，重构一致性读(read-consistent)映像时需要 CR 数据块。数据块的 CR 版本表示某个时间点上数据的一致性快照。

例如，实例 A 的事务 A 更新了 5 号数据块上的第 2 行，后来实例 B 的事务 B 更新了同一个数据块上的第 6 行。5 号数据块从实例 A 移到实例 B。同时，在实例 A 上创建了 5 号数据块的 PI。

4. SCN 处理

SCN(System Change Number，系统变更号)唯一地标识一个提交的事务以及对它所做的变更。SCN 是定义某个时间点上数据库的提交版本的逻辑时间戳。Oracle 给每个提交的事务分配唯一的 SCN。

RAC 中的多个实例会执行提交操作，所以需要在实例内维护 SCN 变更，但同时它们必须在集群内的所有实例之间同步。所以，SCN 由 GCS 使用 Lamport SCN 生成法、硬件时钟或专门的 SCN 服务器处理。SCN 记录在重做日志中，以便在 RAC 中可以同步恢复操作。

5. RAC 坚不可摧吗？

RAC 会崩溃吗？当然会。糟糕的设计或选择会让它崩溃。除了数据库本身之外，还有许多组件参与提供数据库服务。RAC 可能准备就绪并处在运行状态，但客户却无法访问。客户端和数据库服务器之间的中间网络组件可能存在故障。破坏所有硬件的自然灾难——例如火灾、洪水和地震——可能让集群和数据库无法运行。

假设故障发生在本地或者是可控制的，RAC 仍可以提供最大限度的保护，并提供连续的数据库服务。即使失去许多组件，RAC 集群也仍然可以运行，这要求涉及的所有组件提供冗余设计。设计是关键。仅搭建两个或更多个节点是不够的；双重互连、到存储单元的双路径、双存储单元、双电源、双公共网络接口等一起才能创建健壮的 RAC。例如，表 11-4 显示了单个组件发生故障时的结果。

表 11-4　单个组件发生故障的结果

组件	发生故障的结果	结论
CPU 故障/崩溃	所在节点发生故障，其他节点继续工作	可继续提供服务
内存崩溃	所在节点发生故障，其他节点继续工作	可继续提供服务
互连	由于双重互连，可继续工作	可继续提供服务
操作系统故障/停止	所在节点发生故障，其他节点继续工作	可继续提供服务

(续表)

组件	发生故障的结果	结论
集群管理器软件	集群停止,所有节点发生故障 (第 4 章有 Oracle 12c 下修复 ASM 的细节)	发生故障
数据库实例崩溃	其他节点上的实例继续提供服务	可继续提供服务
控制文件(损坏/丢失)	多份控制文件	可继续提供服务
重做日志文件	多份重做日志文件	可继续提供服务
丢失数据文件	需要介质恢复 (映像可以解决)	发生故障
人为错误	取决于错误类型,闪回可以恢复到发生错误之前并快速工作起来	发生故障
对象被删除	数据依然可用,但是应用程序会停止工作,闪回可以恢复到删除对象之前并快速工作起来(Oracle 12c 支持 PDB 的闪回)	发生故障
数据库软件 Bug	数据库会停止,滚动修补可以在解决问题的同时使系统继续提供服务	发生故障

只要集群中有一个 Oracle 实例可用,客户端应用程序就可以访问数据,执行其应用程序,而不会出现任何问题。Oracle Exadata 使得过去的许多问题不再是问题,因为 Exadata 已经设计为双路组件,具备高可用性。

6. 小结

本节没有涵盖 RAC 内部功能的所有方面,而是仅仅着重讨论 RAC 的一些重要概念和内部运行方式(当然,这也会改变)。理解 RAC 的特定要求和全局共享缓存的实现方式有助于正确规划 RAC 的实施及使用。充分讨论 RAC 可能需要一整本书的篇幅,而接下来的内容会帮助你优化 RAC。

11.9 RAC 性能优化概述

RAC 实施中的相关性能问题应该依次关注以下方面:
- 传统数据库优化和监控(本书的大部分内容)
- RAC 集群互连性能(本章和第 5 章)
- 监控负载性能(本书大部分内容,特别是第 5 章)
- 监控与 RAC 独有的争用(本章)
- 在对 RAC 进行具体优化操作之前,应该分别优化每个实例
  - 应用调优
  - 数据库调优
  - 操作系统调优
- 然后开始优化 RAC

正常或传统数据库监控在本书的其他章节(特别是第 5 章)讨论。本章讨论与 RAC 相关的数据库性能。单独优化每个实例之后,再关注通过集群互连进行通信的进程。

11.9.1 RAC 集群互连的性能

RAC 优化最复杂的方面涉及监控和后续优化与 GRD(Global Resource Directory)相关的进程。与 GRD 相关的组件是 GES 和 GCS。不同节点上的 GRD 通过集群互联通信。如果集群互连没有有效配置好以处理数据包,那么整个 RAC 的性能就会很糟糕。不论在其他方面的性能优化和配置工作如何,结果都是这样。

11.9.2 寻找 RAC 等待事件——会话等待

可以使用一条查询监控影响互联通信的会话，而且找到这些会话将时间花在哪些非空闲等待事件上，该查询使用全局动态性能视图 GV$SESSION_WAIT 列出 GCS 等待。在 Statspack 或 AWR 报告中也可以查看这些等待。监控的主要等待事件如表 11-5 所示。

表 11-5 监控的主要等待事件

等待事件	等待事件描述
global cache busy	当会话等待在某资源上完成正在进行的操作时出现的等待事件
gc buffer busy	当进程必须等待数据块变得可用(因为另一个进程正在使用该数据块资源)时发生的等待事件
buffer busy global CR	通过全局缓存进行一致性读(读所需的数据块)时的等待事件

要确定系统中等待的会话，就要完成下面的任务：
- 查询 GV$SESSION_WAIT，确定当前是否有会话存在与 RAC 相关的等待。
- 确定导致这些会话争用的对象。
- 尽量优化对象或查询以减少争用。

例如，查询 GV$SESSION_WAIT 以确定是否有会话存在与 RAC 缓存相关的等待。注意，GV$视图多用于显示整个集群的统计信息，而 V$视图则显示单个节点的统计信息。如果计划使用 RAC，就必须扩展 V$视图，使用涵盖多个节点的 GV$视图。本节只是帮助你查看所有组件的初级指导。本书不会专门讨论 RAC，但这些内容有助于你优化 RAC。

```
SELECT  inst_id, event, p1 FILE_NUMBER, p2 BLOCK_NUMBER, WAIT_TIME
FROM    gv$session_wait
WHERE   event IN ('buffer busy global cr', 'global cache busy',
        'buffer busy global cache');
```

上述查询的输出结果应该是下面这个样子：

```
INST_ID EVENT                           FILE_NUMBER BLOCK_NUMBER WAIT_TIME
------- ------------------------------- ----------- ------------ ---------
      1 global cache busy                         9          150        15
      2 global cache busy                         9          150        10
```

运行该查询来确定导致这些会话争用的对象，确定与返回的每个 FILE_NUMBER/BLOCK_NUMBER 组合的文件和数据块相对应的对象(该查询有点慢)：

```
SELECT  owner, segment_name, segment_type
FROM    dba_extents
WHERE   file_id = 9
AND     150 BETWEEN block_id AND block_id+blocks-1;
```

输出结果类似下面这个样子：

```
OWNER      SEGMENT_NAME                    SEGMENT_TYPE
---------- ------------------------------- ---------------
SYSTEM     MOD_TEST_IND                    INDEX
```

通过下面的操作，更改对象以减少应用程序争用的概率：
- 减少每个数据块中的行数
- 使用较小的数据块
- 修改 INITRANS 和 FREELISTS

11.9.3 RAC 等待事件和互连统计信息

如果运行包含多个实例的 RAC，在 Statspack 或 AWR 报告中就会列出 RAC 事件。如上所述，需要为每个实例运行 Statspack 或 AWR 报告。对于 Statspack 而言，在需要监控的每个节点上运行 statspack.snap 过程和 spreport.sql 脚本，以便与其他实例比较。查看节点有效运行的最好方法之一是，将那个节点的报告与访问相同数据库的另一个节点的报告进行比较。第 5 章讨论了如何使用网格控制器来进行优化。单个实例的优化应该在优化通过集群互联通信的进程之前完成，记住这一点非常重要。换句话说，优化 RAC 之前应先优化单实例系统。

下面简要列举可能遇到的一些顶级等待事件，第 14 章将更详细地讨论等待事件。需要注意的顶级全局缓存(gc)等待事件包括：

- gc current block busy：当实例请求 CURRENT 版本的数据块(要执行某些 DML 操作)且要传输的数据块正在被使用时会出现这种情况。如果 Oracle 还没有把数据块的改变写到重做日志文件，这个数据块就不能被移动。
- gc buffer busy：因为数据块正在使用，所以会话必须等待资源上正在进行的操作完成时出现的等待事件。进程必须等待数据块变得可用，因为另一个进程正在获取该数据块的资源。
- gc cr request/gc cr block busy：当一个实例正在等待另一个实例的缓存中的数据块时发生的等待事件(通过互连发送)。这种等待说明，当前实例在本地缓存中没有找到数据块的 CR(一致性读)版本。如果数据块不在远程缓存中，那么这种等待之后就会发生 db file sequential read 等待。优化那些引起大量从一个节点转移到另一个节点读操作的 SQL。尽量将使用相同数据块的用户放在同一个实例上，以便数据块不在实例间移动。有些非 Oracle 应用服务器会把同一个进程在节点间移动，以便查找最快的节点(并未意识到它们同时也把相同的数据块在节点间移动)。将这些长时间进程绑定到同样的节点。如果缓存较小同时 I/O 也缓慢，就可能要增加本地缓存的大小。监控 V$CR_BLOCK_SERVER，查看是否有像读取 UNDO 段这样的问题。与等待相关的 P1、P2、P3 的值分别对应 file、block 和 lenum。对于 P3 的值 lenum，查找 V$LOCK_ELEMENT 中具有相同 LOCK_ELEMENT_ADDR 值的行。当实例请求 CR 数据块，但是要传输的数据块没有到达请求实例时会发生这种等待。这是最常见的等待事件，通常是因为 SQL 没有优化好，以及许多索引数据块在实例间来回移动[1]。

图 11-19 显示了 AWR 报告的 RAC 部分。可以看到集群中有 6 个实例(节点)。也可以看到发送和接收的数据块的数量，以及本地缓存中访问的数据块(93.1%)相对于访问磁盘或另一个实例的数量。你可能会猜想到，访问本地缓存中的数据块会更快，但访问另一个节点上的远程缓存几乎总是比访问磁盘快(假设有足够快的互连，同时没有达到互连饱和)。

下面是另一个获得会话等待信息的有价值的查询。INSTANCE_ID 列出等待会话所在的实例。SID 是等待会话的唯一标识符(GV$SESSION)。P1、P2 和 P3 列出了有助于调试的事件专用信息。LAST_SQL 列出会话等待时执行的最后一条 SQL。

```
SET NUMWIDTH 10
COLUMN STATE FORMAT a7 tru
COLUMN EVENT FORMAT a25 tru
COLUMN LAST_SQL FORMAT a40 tru
SELECT sw.inst_id INSTANCE_ID, sw.sid SID, sw.state STATE, sw.event EVENT,
       sw.seconds_in_wait SECONDS_WAITING, sw.p1, sw.p2, sw.p3,
       sa.sql_text LAST_SQL
FROM   gv$session_wait sw, gv$session s, gv$sqlarea sa
WHERE  sw.event NOT IN ('rdbms ipc message','smon timer','pmon timer',
```

---

[1] 译者注：这种情况又叫作数据块的 ping，数据块在实例间来回 ping 会增加网络互连的负担，并直接导致性能下降。随着节点数的增多，这种现象可能愈加明显。

```
                    'SQL*Net message from client','lock manager wait for remote message',
                    'ges remote message', 'gcs remote message', 'gcs for action',
                    'client message', 'pipe get', 'null event', 'PX Idle Wait',
                    'single-task message', 'PX Deq: Execution Msg',
                    'KXFQ: kxfqdeq - normal dequeue', 'listen endpoint status',
                    'slave wait','wakeup time manager')
AND     sw.wait_time_micro > 0
AND     (sw.inst_id = s.inst_id and sw.sid = s.sid)
AND     (s.inst_id = sa.inst_id and s.sql_address = sa.address)
ORDER BY seconds_waiting DESC;
```

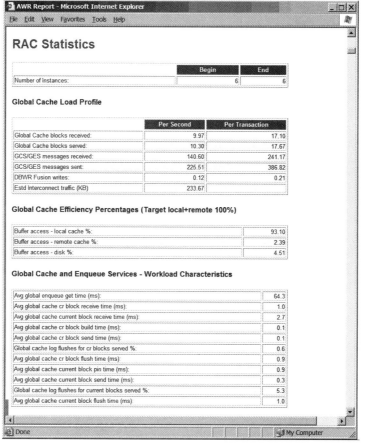

图 11-19　AWR 报告中的 RAC 统计信息

下面的查询描述之前等待事件的参数名称：

```
COLUMN EVENT   FORMAT a30 tru
COLUMN p1text  FORMAT a25 tru
COLUMN p2text  FORMAT a25 tru
COLUMN p3text  FORMAT a25 tru
SELECT DISTINCT event EVENT, p1text, p2text, p3text
FROM   gv$session_wait sw
WHERE  sw.event NOT IN ('rdbms ipc message','smon timer','pmon timer',
       'SQL*Net message from client','lock manager wait for remote message',
       'ges remote message', 'gcs remote message', 'gcs for action',
       'client message','pipe get', 'null event', 'PX Idle Wait',
       'single-task message', 'PX Deq: Execution Msg',
       'KXFQ: kxfqdeq - normal dequeue','listen endpoint status',
```

```
        'slave wait','wakeup time manager')
AND     wait_time_micro > 0
ORDER BY event;
```

GV$SESSION_WAIT 视图的内容如表 11-6 所示。

表 11-6　GV$SESSION_WAIT 视图的内容

列名	数据类型	描述
INST_ID	NUMBER	RAC 配置中实例的编号
SID	NUMBER	会话标识符
SEQ#	NUMBER	唯一标识该等待的序列号，随着每次等待递增
EVENT	VARCHAR2(64)	会话等待的资源或事件
P1TEXT	VARCHAR2(64)	第 1 个附加参数的描述
P1	NUMBER	第 1 个附加参数 [1]
P1RAW	RAW(4)	第 1 个附加参数 [2]
P2TEXT	VARCHAR2(64)	第 2 个附加参数的描述
P2	NUMBER	第 2 个附加参数
P2RAW	RAW(4)	第 2 个附加参数
P3TEXT	VARCHAR2(64)	第 3 个附加参数的描述
P3	NUMBER	第 3 个附加参数
P3RAW	RAW(4)	第 3 个附加参数
WAIT_CLASS_ID	NUMBER	等待类别的标识符
WAIT_CLASS#	NUMBER	等待类别的编号
WAIT_CLASS	VARCHAR2(64)	等待类别的名称
WAIT_TIME	NUMBER	非零值是会话的最后等待时间(以百分之一秒为单位)；零值表示会话正在等待；－1 表示最后等待时间小于百分之一秒(见 WAIT_TIME_MICRO)；－2 表示 TIME_STATISTICS=FALSE
SECONDS_IN_WAIT	NUMBER	如果WAIT_TIME=0，那么SECONDS_IN_WAIT就是当前等待条件下花费的秒数；如果WAIT_TIME>0，那么SECONDS_IN_WAIT就是从最后等待开始的秒数。SECONDS_IN_WAIT_WAIT_TIME / 100 是从最后等待结束后的活动秒数。该列已经不建议使用，用WAIT_TIME_MICRO列代替
STATE	VARCHAR2(19)	状态
WAIT_TIME_MICRO	NUMBER	如果当前正在等待，表示总的等待时间(以微秒为单位)；如果当前没有等待，表示从上一次等待开始以来的时间。此列用来替换不建议使用的 SECONDS_IN_WAIT 列
TIME_REMAINING_MICRO	NUMBER	空(NULL)表示没有在等待；大于 0 表示到当前等待结束的剩余时间；等于 0 表示进程超时；等于－1 表示会话可能无限等待
TIME_SINCE_LAST_WAIT_TIME_MICRO	NUMBER	如果会话当前正在等待，值为 0；否则表示从最后等待开始的微秒数

---

[1] 译者注：十进制形式。
[2] 译者注：十六进制形式。

测量等待事件的时间间隔从秒变成了微秒,这是最近版本的数据库变得越来越快的强力证明。

要诀
使用 V$SESSION_WAIT 或 GV$SESSION _WAIT、Statspack 或 AWR 报告来查看 RAC 等待事件。

1. GES 锁阻塞者和等待者

对 RAC 来说,持有全局锁的会话可能引起问题,这种锁永久阻塞其他锁,并且在许多情况下与应用设计有关。等待锁的会话会挂起,并需要查询被阻塞的对象以便确定状态。大量持有全局锁的会话会产生大量互联通信量,从而降低性能。下面的查询可以协助找到阻塞的会话:

```
-- GES LOCK BLOCKERS:
--INSTANCE_ID    The instance on which a blocking session resides
--SID            Unique identifier for the session
--GRANT_LEVEL    Lists how GES lock is granted to user associated w/ blocking session
--REQUEST_LEVEL  Lists the status the session is attempting to obtain
--LOCK_STATE     Lists current status the lock has obtained
--SEC            Lists how long this session has waited

SET numwidth 10
COLUMN LOCK_STATE FORMAT a16 tru;
COLUMN EVENT FORMAT a30 tru;

SELECT dl.inst_id INSTANCE_ID, s.sid SID ,p.spid SPID,
   dl.resource_name1 RESOURCE_NAME,
   decode(substr(dl.grant_level,1,8),'KJUSERNL','Null','KJUSERCR','Row-S (SS)',
   'KJUSERCW','Row-X (SX)','KJUSERPR','Share','KJUSERPW','S/Row-X (SSX)',
   'KJUSEREX','Exclusive',request_level) AS GRANT_LEVEL,
   decode(substr(dl.request_level,1,8),'KJUSERNL','Null','KJUSERCR','Row-S (SS)',
   'KJUSERCW','Row-X (SX)','KJUSERPR','Share','KJUSERPW','S/Row-X (SSX)',
   'KJUSEREX','Exclusive',request_level) AS REQUEST_LEVEL,
   decode(substr(dl.state,1,8),'KJUSERGR','Granted','KJUSEROP','Opening',
   'KJUSERCA','Canceling','KJUSERCV','Converting') AS LOCK_STATE,
   s.sid, sw.event EVENT, sw.wait_time_micro SEC
FROM   gv$ges_enqueue dl, gv$process p, gv$session s, gv$session_wait sw
WHERE  blocker = 1
AND    (dl.inst_id = p.inst_id and dl.pid = p.spid)
AND    (p.inst_id = s.inst_id and p.addr = s.paddr)
AND    (s.inst_id = sw.inst_id and s.sid = sw.sid)
ORDER BY sw.wait_time_micro DESC;


GES LOCK WAITERS:
--INSTANCE_ID    The instance on which a blocking session resides
--SID            Unique identifier for the session
--GRANT_LEVEL    Lists how GES lock is granted to user associated w/ blocking session
--REQUEST_LEVEL  Lists the status the session is attempting to obtain
--LOCK_STATE     Lists current status the lock has obtained
--SEC            Lists how long this session has waited

SET numwidth 10
COLUMN LOCK_STATE FORMAT a16 tru;
COLUMN EVENT FORMAT a30 tru;

SELECT dl.inst_id INSTANCE_ID, s.sid SID, p.spid SPID,
   dl.resource_name1 RESOURCE_NAME,
```

```
         decode(substr(dl.grant_level,1,8),'KJUSERNL','Null','KJUSERCR','Row-S (SS)',
         'KJUSERCW','Row-X (SX)','KJUSERPR','Share','KJUSERPW','S/Row-X (SSX)',
         'KJUSEREX','Exclusive',request_level) AS GRANT_LEVEL,
         decode(substr(dl.request_level,1,8),'KJUSERNL','Null','KJUSERCR','Row-S (SS)',
         'KJUSERCW','Row-X (SX)','KJUSERPR','Share','KJUSERPW','S/Row-X (SSX)',
         'KJUSEREX','Exclusive',request_level) AS REQUEST_LEVEL,
         decode(substr(dl.state,1,8),'KJUSERGR','Granted','KJUSEROP','Opening',
         'KJUSERCA','Canceling','KJUSERCV','Converting') AS LOCK_STATE,
          s.sid,sw.event EVENT, sw.wait_time_micro SEC
FROM     gv$ges_enqueue dl, gv$process p,gv$session s,gv$session_wait sw
WHERE    blocked = 1
AND      (dl.inst_id = p.inst_id and dl.pid = p.spid)
AND      (p.inst_id = s.inst_id and p.addr = s.paddr)
AND      (s.inst_id = sw.inst_id and s.sid = sw.sid)
ORDER BY sw.wait_time_micro DESC;
```

2. 缓存融合读写

当用户在一个实例中查询一个数据块，然后另一用户在另一个实例中查询相同数据块时，就会发生缓存融合读。数据块通过高速互连传递(而不是从磁盘读取)。当需要将另一个实例在以前改变的数据块写到磁盘以响应检查点或缓存老化时，就会发生缓存融合写。出现这种情况时，Oracle 会发送消息通知另一个实例去执行融合写，将数据块写到磁盘。融合写不需要针对磁盘的额外写操作，它们是实例产生的所有物理写的子集。DBWR 融合写/物理写的比率显示 Oracle 管理的融合写的比重。

下面这个查询确定缓存融合写操作的比率：

```
SELECT A.inst_id "Instance",
       A.VALUE/B.VALUE "Cache Fusion Writes Ratio"
FROM   GV$SYSSTAT A, GV$SYSSTAT B
WHERE  A.name='DBWR fusion writes'
AND    B.name='physical writes'
AND    B.inst_id=a.inst_id
ORDER  BY A.INST_ID;
```

以下是示例输出：

```
Instance Cache Fusion Writes Ratio
-------- -------------------------
       1                 .216290958
       2                 .131862042
```

缓存融合写操作的比率过大可能预示：

- 缓存不够大
- 检查点不够
- 由于缓存交换或检查点导致的大量写缓存

11.9.4 集群互连优化——硬件层

集群互连优化是集群配置的重要方面。Oracle 依赖集群互连在实例间传输数据。在集群互连中使用专用私有网络相当重要。

集群互连的速度完全取决于硬件供应商和上层的操作系统。当前版本中的 Oracle 依赖于操作系统和在集群互连间发送数据包的硬件。例如，在 Sun Fire 4800 之间支持的一种集群互连是 UDP(User Datagram Protocol)。然而，在 Solaris 上，这种特定的互连协议传输数据包大小的限制是 64KB。要通过该协议传输相当于 256KB 的数据，就需要往返传输 4 个这样的结构。在具有大量互连通信信息的密集事务系统上，这可能会导致严重的性能问题。

在初步的硬件和操作系统级别测试确认互连的数据包大小之后，后续对 Oracle 数据库的测试会使用缓存到缓存的数据传输(即缓存融合技术)，以确保没有任何严重的额外延迟。随后的查询显示系统中一致性数据块请求的平均延迟。这些视图中的数据是从上次启动 Oracle 实例以来的累积数值。这些视图中的数据并不反映互连的实际性能，也不能显示数据传输中延迟的真实情况。要获得更真实的性能情况，最好重新启动所有 Oracle 实例并再次测试。要获得良好的性能，集群互连之间的延迟要尽可能低。集群互连上的延迟可能由下列原因造成：

- 运行队列中大量等待 CPU 或调度延迟的进程
- 平台相关的操作系统参数设置影响 IPC 缓冲或进程调度
- 缓慢、繁忙或有故障的互连

Oracle 建议一致性数据块请求的平均延迟通常不应该超过 15 毫秒，这也取决于系统配置和数据量。当通过互连发送大量数据块时，实际上已经很高了(特别是当写磁盘通常也是这样的速度时)。对于大通信量系统而言，延迟应该在微秒级或几个毫秒。一致性数据块请求的平均延迟是一致性读请求往返——从请求实例到持有实例，再返回请求实例——的平均延迟。

```
set numwidth 20
column "AVG CR BLOCK RECEIVE TIME (ms)" format 9999999.9
select b1.inst_id, b2.value "GCS CR BLOCKS RECEIVED",
       b1.value "GCS CR BLOCK RECEIVE TIME",
       ((b1.value / b2.value) * 10) "AVG CR BLOCK RECEIVE TIME (ms)"
from   gv$sysstat b1, gv$sysstat b2
where  b1.name = 'gc cr block receive time'
and    b2.name = 'gc cr blocks received'
and    b1.inst_id = b2.inst_id
and    b2.value <> 0;

INST_ID GCS CR BLOCKS RECEIVED GCS CR BLOCK RECEIVE TIME  AVG CR BLOCK RECEIVE TIME (ms)
------- ---------------------- -------------------------  ------------------------------
      1                   2758                    112394                          443.78
      2                   1346                      1457                            10.8

2 rows selected.
```

在上面的输出结果中，注意 AVG CR BLOCK RECEIVE TIME 是 443.78 毫秒；Oracle 推荐的预期平均延迟不应该超过 15 毫秒，这个值相对推荐值来说已经非常高了。当 CPU 的空闲时间有限，并且系统在处理长时间运行的查询时，就可能会出现很高的值。然而，如果用户处于 IPC 模式，平均延迟可能低于 1 毫秒。如果 DB_MULTI_BLOCK_READ_COUNT 参数的值较大，延迟也会受到影响。因为根据该参数的设置，请求进程可能需要多次请求才能获得一个数据块。相应地，请求的进程可能等待更长时间。这种高延迟需要进一步调查集群互连配置，在操作系统级别进行测试。当集群互连有这种高延迟时，另一个不错的测试方法是在操作系统级别检查实际的 ping 时间，这有助于确定操作系统级别有没有问题。总之，性能问题不一定总是由 RAC 环境中的数据传输产生。

除了在数据库级别完成的基本数据包传输测试之外，还可以执行其他检查和测试，以确保集群互连配置正确。集群节点之间的私有高速互连一般是有冗余的。采用 NIC(网络接口卡，Network Interface Card)绑定或配对有助于互连负载平衡和某个互连发生故障时的容错转移。用户网络连接不会影响集群互连通信量，也就是说它们彼此隔离。在操作系统级别，netstat 和 ifconfig 命令显示与网络相关的数据结构。在 Oracle 12c 中，Oracle 引入了冗余集群互连法(Redundant Interconnect Usage)。Oracle 网格基础架构和 Oracle RAC 现在可以利用冗余的网络互连以优化集群通信，而无须使用其他网络技术。冗余集群互连法实现了跨越多个(最多 4 个)私有网络(也被称为互连)的负载均衡和高可用性。下面来自 netstat -i 的输出结果显示配置有 4 个网络适配器，并且实现了 NIC 配对：

```
[oracle@oradb3 oracle]$ netstat -i
Kernel Interface table
```

```
Iface        MTU Met  RX-OK RX-ERR RX-DRP RX-OVR   TX-OK TX-ERR TX-DRP TX-OVR Flg
bond0       1500   0   3209      0      0      0    4028      0      0      0 BMmRU
bond0:1     1500   0   4390      0      0      0    6437      0      0      0 BMmRU
bond1       1500   0   7880      0      0      0   10874      0      0      0 BMmRU
eth0        1500   0   1662      0      0      0    2006      0      0      0 BMsRU
eth1        1500   0   1547      0      0      0    2022      0      0      0 BMsRU
eth2        1500   0   4390      0      0      0    6437      0      0      0 BMRU
eth3        1500   0   3490      0      0      0    4437      0      0      0 BMRU
lo         16436   0   7491      0      0      0    7491      0      0      0 LRU
```

Iface 列中值的含义如下。

- bond0：使用绑定功能创建的公共互连(绑定 eth0 和 eth1)。
- bond0:1：分配给 bond0 的虚拟 IP(VIP)。
- bond1：使用绑定功能创建的私有互连(绑定 eth2 和 eth3)。
- eth0 和 eth1：绑定/配对在一起的物理公共接口(bond0)。
- eth2 和 eth3：绑定/配对在一起的物理私有接口(bond1)。
- lo：输出结果也说明配置了 lo(回环)选项。使用 oradebug 命令可以验证 Oracle 是否使用回环选项，这将在本节稍后讨论。回环 IP 的使用取决于每个节点上定义的路由表的完整性。修改路由表可能导致互连不能正常工作。

前面 netstat 命令的输出结果还有 MTU(Maximum Transmission Unit，最大传输单元)的信息，它被设置为 1500 字节(这是 UDP 的标准设置)。MTU 定义不包括数据链头。然而，数据包大小在计算时包括数据链头。不同工具显示的最大数据包大小等于 MTU 加上数据链头的长度。为了从互连中获得最大好处，应该将 MTU 配置为支持的最高可能值。例如，使用巨型帧(jumbo frames)并将之设置为 9KB，这有助于提高互连带宽和数据传输。

除了在操作系统级别完成的基本数据包传输测试之外，还可以执行其他检查和测试，以确保集群互连配置正确。从 Oracle 实例检查以确保互连协议配置正确。如果将下面的命令以用户"SYS"执行，就会在用户转储(dump)目标目录中生成跟踪文件，该文件包含某些有关 UDP/IPC 配置的诊断信息(参考第 13 章以了解关于 DEBUG 功能的更多信息)。在阅读有关它的 Oracle 文档之前请不要使用它。

```
SQL> ORADEBUG SETMYPID
    ORADEBUG IPC
```

下面的代码摘自有关互连协议的跟踪文件。输出结果证实集群互连正用于实例到实例的消息传输：

```
SSKGXPT 0x3671e28 flags SSKGXPT_READPENDING   info for network 0
        socket no 9      IP 172.16.193.1      UDP 59084
        sflags SSKGXPT_WRITESSKGXPT_UP
        info for network 1
        socket no 0      IP 0.0.0.0       UDP 0
        sflags SSKGXPT_DOWN
context timestamp 0x4402d
        no ports
```

前面的输出结果摘自 Sun Fire 4800，其中显示了 IP 地址并且说明使用的协议是 UDP。在某些操作系统中，例如 Tru64(现在停产了)，跟踪输出结果不显示集群互连信息。下面的 NDD UNIX 命令证实了操作系统级别实际 UDP 大小的定义。下面的输出结果来自 Sun 环境：

```
oradb1:RAC1:oracle # ndd -get /dev/udp
name to get/set ? udp_xmit_hiwat
value ?
length ?
8192
name to get/set ? udp_recv_hiwat
```

```
value ?
length ?
```
8192

输出结果显示 UDP 配置为使用 8KB 数据包。将这个结果与 Oracle 视图收集的数据相结合，可知在集群互连之间传输的所有数据块需要执行 14050 次往返(112394/8=14050)。如果设置为 64KB，那么往返的次数会大大减少(112394/64=1756)。

影响互联通信量的另一个参数是 DB_FILE_MULTIBLOCK_READ_COUNT。这个参数指明每次从磁盘读取的数据块数量。当数据需要通过集群互连传输时，该参数确定传输过程中实例之间请求的数据块的大小。确定该参数的大小应该考虑操作系统限制(例如，Sun UDP 的最大设置只有 64KB)、互连延迟和硬件供应商定义的数据包大小。下面的内核参数定义 UDP 参数设置：

- UDP_RECV_HIWAT
- UDP_XMIT_HIWAT

将这些参数设置为 65536 会将 UDP 缓冲大小增加到 64KB。

另一个参数 CLUSTER_INTERCONNECTS 提供 Oracle 中额外的有关集群互连可用性的信息，这些信息可用于集群互连中的缓存融合活动。该参数用首选的集群通信网络覆盖操作系统级别的默认互连设置。当系统中存在高互连延迟时，该参数在帮助减少延迟方面提供一定的好处，但配置这个参数会影响互连的高可用特性。换句话说，通常不易察觉的互连故障可能导致 Oracle 集群发生故障，因为 Oracle 仍然试图访问有故障的网络接口。这个参数也覆盖通过 oifcfg 命令存储在 OCR 中的网络分类信息。

资源可用性

任何计算机、节点或 Oracle 实例上的可用资源都是有限的，也就是说它们不是取之不尽的，如果系统中的进程需要它们，这些资源也许不能立即可用。任何系统中的可用资源数量都有物理限制。例如，处理器资源受系统中可用 CPU 数量的限制，内存或缓存区的数量受系统中可用物理内存的限制。对于 Oracle 进程而言，它们进一步受到分配给 SGA 的内存的实际大小的限制。在 SGA 内部，共享池、缓冲区缓存等也是从共享区域预先分配的。这些都是正常的单实例配置使用的内存分配方式。

在 RAC 环境中，没有用于分配任何全局特定资源的参数，例如全局缓存大小或全局共享池区。Oracle 从 SGA 中分配部分可用资源用于全局活动。可以使用 GV$RESOURCE_LIMIT 视图监控全局资源的可用性。

11.10 并行操作

使用并行操作可以让多个处理器(以及可能增加的处理器)协同工作来执行单条 SQL 语句。这个特性改进了数据密集型操作，并且是动态的(执行路径在运行时才决定)，能够充分利用所有的处理器和磁盘(如果实现得当的话)。虽然需要一些额外的开销和管理工作，但使用并行操作可以提高很多查询的性能。

11.10.1 并行操作的基本概念

考虑全表扫描。相对于使用单一进程来执行全表扫描，Oracle 可以创建多个进程来并行执行表的扫描。用于执行扫描的进程的数目称为并行度(Degree Of Parallelism，DOP)。可以在创建表或查询时使用提示来设置并行度。图 11-20 展示了 emp 表上的全表扫描被分派给 4 个独立的并行查询服务器进程(并行度为 4)。第 5 个进程，也就是查询协调进程(Query Coordinator)，用来协调 4 个并行查询服务器进程。

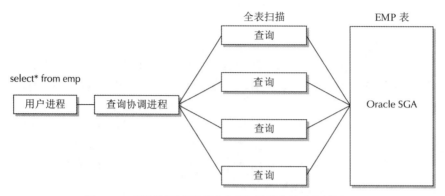

图 11-20　使用并行执行的简单全表扫描(没有显示磁盘访问)

如果图 11-20 中全表扫描返回的结果需要排序，最终的操作应该像图 11-21 一样。Oracle 会使用 1 个进程协调查询，使用 4 个进程运行查询，使用 4 个进程对查询排序。虽然并行度仍然是 4，但是总共有 9 个进程。如果有 9 个处理器(CPU)的话，你的机器将使用全部 9 个处理器来执行操作(取决于系统的设置以及正在同时执行的其他操作)。如果可供使用的处理器不足 9 个，在 Oracle 处理查询时，就可能遇到 CPU 瓶颈问题。

因为查询协调部分的操作将占用一些资源，所以使用并行操作通常并不能增强(甚至还可能降低)运行很快的查询的性能。

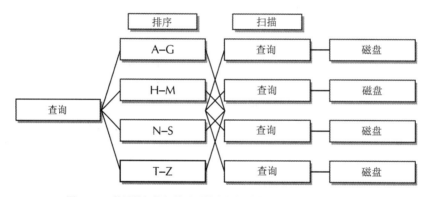

图 11-21　使用并行执行的需要排序的简单全表扫描(没有显示 SGA)

要诀

在很小的表或运行非常快的查询中使用并行操作可能也会降低性能，因为协调查询也会消耗性能资源。应当评估并行的成本是否会超过非并行的成本。

图 11-20 和图 11-21 中的两个查询都需要访问物理磁盘以获取数据，然后将它们存到 SGA 中[1]。根据查询是如何分解的来决定数据在磁盘上的平衡分布将造成巨大的 I/O 差异。

要诀

当并行度设为 N 时，并行操作可能总共需要(2*N)+1 个进程。尽管并行操作针对进程而不是处理器，但当有大量的处理器可以使用时，Oracle 将使用额外的处理器来运行并行查询，这通常将增强查询的性能。

---

[1] 译者注：如果使用直接路径读(Direct Path Read)，数据不需要进入 SGA。

11.10.2 并行 DML 和 DDL 语句及操作

Oracle 支持 DDL 和 DML 操作的并行处理。Oracle 可以对以下表和索引的操作实现并行处理：
- SELECT
- UPDATE、INSERT 和 DELETE
- MERGE
- CREATE TABLE AS
- CREATE INDEX
- REBUILD INDEX
- MOVE/SPLIT/COALESCE PARTITION
- ENABLE CONSTRAINT

下列操作也可以在语句中实现并行处理：
- SELECT DISTINCT
- GROUP BY
- ORDER BY
- NOT IN
- UNION 和 UNION ALL
- CUBE 和 ROLLUP
- 聚合函数，例如 SUM 和 MAX
- NESTED LOOPS 连接
- SORT/MERGE 连接
- 星型变换(star transformation)

Oracle 使用基于成本的优化器来决定是否需要并行处理一条语句，并决定所使用的并行度。大多数操作都可以并行执行，包括查询、DML 和 DDL 操作，还支持分区内并行处理；多个并行查询服务器进程甚至可以针对同一分区执行。

并行度可能受到多个因素的制约。虽然分区策略在并行处理中并不发挥显著作用，但还是需要注意以下限制因素：
- 服务器上可以使用的处理器数。
- 需要启用分区选件，而 UPDATE、DELETE 和 MERGE 只在已分区的表上才能使用并行处理[1]。
- 通过设置初始化参数 PARALLEL_MAX_SERVERS，调整实例允许的并行查询服务器进程数。
- 如果使用数据库资源管理器(Database Resource Manager)，并行度将会受到用户配置的限制。
- 实例中其他用户使用的并行查询服务器进程的数量。
- PARALLEL_ADAPTIVE_MULTI_USER 初始化参数可以限制并行处理以支持其他用户(如果已启用，请注意在 Oracle 12c 中已经废弃了)。

在多用户环境中监控并行操作是很重要的，这样可以确保给它们分配与计划相应的资源。数据库资源管理器将帮助你分配资源。

11.10.3 管理并行服务器资源和并行语句排队

如果使用数据库资源管理器来管理并行服务器资源，并且消费组(Consumer Group)用尽了分配给它的所有

---

[1] 译者注：UPDATE、DELETE 和 MERGE 在非分区表上也可并行处理。

资源，那么Oracle可能会强制降低消费组用户执行的并行语句的并行度。可以通过PARALLEL_TARGET_PERCENTAGE指令配置分配给消费组的并行服务器资源。这个指令设定特定消费组可以使用的并行服务器池的最大百分比。

在Oracle 12c中，Oracle有并行语句排队(Parallel Statement Queuing)机制，可以提供下列特性：

- 当没有并行服务器可用时，并行语句会排队。当前有并行服务器释放出来时，把并行语句移出队列并处理。
- 资源计划可以用来控制并行语句队列的顺序。当并行服务器被释放时，资源计划将被用来选择消费组，运行队列头的并行查询。
- 并行服务器可以为关键消费组保留。

此功能增加了并行执行SQL语句的稳定性，但如果数据库服务器在满负荷运行，就会给并行语句增加额外的等待时间。必须满足下列条件，并行语句才会排队：

- PARALLEL_DEGREE_POLICY初始化参数设置为AUTO[1]。
- 所有消费组使用的活动并行服务器数量超过PARALLEL_SERVERS_TARGET初始化参数的值。
- 消费组使用的活动并行服务器数量和并行语句的并行度的和超过活动并行服务器的目标值，换句话说：(V$RSRC_CONSUMER_GROUP.CURRENT_PQ_SERVERS_ACTIVE+语句的DOP) > (PARALLEL_TARGET_PERCENTAGE/100 * PARALLEL_SERVERS_TARGET)。

也可以在SQL语句中使用NO_STATEMENT_QUEUING和STATEMENT_QUEUING提示来管理并行语句排队。

11.10.4 并行和分区

Oracle的分区特性可能会对并行操作产生显著影响。分区是指表数据和索引的逻辑划分，同一个表或索引的分区可能分布在多个表空间中。基于这种架构，下面是在分区中使用并行操作的重要特征：

- 只有当访问多个分区时，才能对已分区的对象执行并行处理操作[2]。
- 如果一个表被分为12个逻辑区域，而正在执行的查询将只访问其中6个分区(因为维数数据指明了数据所在的分区)，那么最多只有6个并行服务器进程可以被分配用于处理这个查询。当使用分区粒度访问表或索引时，最大允许的DOP是分区数(数据块范围粒度是大多数并行操作的基本单位,对于分区表也是如此。分区粒度是下列操作的基本单位：并行索引范围扫描，两个对等分区表的连接，修改分区对象的多个分区和分区表/索引创建时的并行操作)。

11.10.5 操作内并行和操作间并行

根据数据的分布，分配给每个并行服务器进程的处理器以及响应并行服务器数据请求的设备的速度，还有每个并行查询服务器进程完成任务的时间，都可能是不同的。当每个服务器进程完成工作时，会将结果传递给语句层次结构中的下一级操作。任何并行服务器进程都可能处理或服务从上一级语句层次结构中的并行执行服务器[3]传递过来的语句操作请求。

要诀

分配给语句的任何服务器进程都可以处理从同一条语句内的进程提交的请求，所以，如果一些进程运行得比其他进程快，那么当并行执行进程的子集生成的行准备好后，运行较快的进程就可以处理这些行，而不用等那些

---

[1] 译者注：在没有将PARALLEL_DEGREE_POLICY设置为AUTO的情况下，并行语句排队功能也可以通过设置_PARALLEL_STATEMENT_QUEUING=true来打开。

[2] 译者注：只访问一个分区时，只要操作的粒度是数据块范围粒度，也可以执行并行处理操作。

[3] 译者注：文中的并行执行服务器和并行查询服务器同义。

运行较慢的进程(但只能在下一个更高的语句层次结构中)。

优化器会评估一条语句并决定在它执行时应使用多少个并行查询服务器进程。操作内部的并行处理与操作之间的并行处理是不同的。操作内部的并行处理是将处理 SQL 语句的单一任务再进行划分,例如使用并行执行服务器读取一个表。当 SQL 语句中的多个部分并行执行时,一部分并行执行服务器将结果传递给另外一部分并行执行服务器。这就是所谓的操作之间的并行处理。

并行度可应用于 SQL 语句中每一个可以并行处理的操作,包括通过 ORDER BY 子句对数据进行排序的操作。如之前的图 11-21 所示,并行度为 4 的查询可以请求到 9 个进程。

11.10.6 使用操作内并行和操作间并行的示例(PARALLEL 和 NO_PARALLEL 提示)

可以使用 SQL 提示、设定表或索引的对象级属性来启用 SQL 语句的并行处理。下面的程序清单使用了语句提示:

```
select     /*+ parallel (ORDER_LINE_ITEMS) */
           Invoice_Number, Invoice_Date
from       ORDER_LINE_ITEMS
order by   Invoice_Date;
```

如果之前的语句没有定义并行度,这里将使用由表的定义或初始化参数指定的默认并行度。当创建表时,可以指定表使用的并行度,如下所示:

```
create table ORDER_LINE_ITEMS
           (Invoice_Number   NUMBER(12) not null,
            Invoice_Date     DATE not null)
parallel 4;
```

当执行对 order_line_items 表的查询而没有为查询指定并行度时,Oracle 使用 4 作为并行度的默认值。要覆盖默认值,可以在 PARALLEL 提示中指定新值,如下所示。该程序清单还显示了 PARALLEL_INDEX 提示,它与 PARALLEL 提示的唯一不同是需要指定索引名。

```
select     /*+ parallel (ORDER_LINE_ITEMS, 6) */
           Invoice_Number, Invoice_Date
from       ORDER_LINE_ITEMS
order by   Invoice_Date;
select     /*+ parallel_index (ORDER_LINE_ITEMS, invoice_number_idx, 6) */
           Invoice_Number, Invoice_Date
from       ORDER_LINE_ITEMS
where      Invoice_Number = 777
order by   Invoice_Date;
```

上面的程序清单指定并行度为 6。最多将分配或创建 13 个并行执行服务器来处理这个查询。

为了简化这个提示的语法,可以使用表的别名,如下所示。如果为表指定了别名,在提示中就必须使用别名而不是表的名称。

```
select     /*+ parallel (oli, 4) */
           Invoice_Number, Invoice_Date
from       ORDER_LINE_ITEMS oli
order by   Invoice_Date;
```

要诀

可通过 PARALLEL 提示打开并行操作。如果使用了 PARALLEL 提示,但是没有在提示或表中设置并行度,那么查询仍然按照并行方式处理,但 DOP 要通过初始化参数计算得到。

也可以"关闭"一个表上给定查询中的并行操作，即使该查询已经被指定使用并行操作。order_line_items 表的默认并行度是 4，但下面的查询通过 NO_PARALLEL 提示覆盖了该设置：

```
select     /*+ no_parallel (oli) */
           Invoice_Number, Invoice_Date
from       ORDER_LINE_ITEMS oli
order by   Invoice_Date;
```

要诀
使用 NO_PARALLEL 提示将禁用语句的并行操作，即使该语句根据对象的并行定义本应当使用并行处理。

如果需要修改一个表的默认并行度，则使用 ALTER TABLE 命令的 PARALLEL 子句，如下所示：

```
alter table order_line_items
parallel (degree 4);
```

如果需要禁用一个表上的并行操作，可以使用 ALTER TABLE 命令的 NOPARALLEL 子句，如下所示：

```
alter table order_line_items
noparallel;
```

协调进程根据以下条件评估决定是否对语句执行并行处理：

- SQL 语句中包含的提示
- 在会话中是否执行 ALTER SESSION FORCE PARALLEL[1] 命令
- 表/索引是否定义为并行处理

建议在 SQL 语句本身或表的定义中明确指定并行度。对于大多数操作，可以直接使用默认的并行度，但为了便于时间敏感操作的性能管理，应当使用提示指定并行度。

要诀
使用提示而不是依赖于表的定义设定并行度，这样可以确保特定查询的所有操作都得到优化。

11.10.7 使用并行操作创建表和索引的示例

为进一步说明 SQL 语句中并行操作的使用，请仔细查看下面程序清单中所示的通过并行操作来创建表和索引的实现方法。

使用并行操作创建表：

```
create table ORDER_LINE_ITEMS
tablespace tbsp1
storage (initial 75m next 75m pctincrease 0)
parallel (degree 4)
as
select     /*+ parallel (OLD_ORDER_LINE_ITEMS,4) */ *
from       OLD_ORDER_LINE_ITEMS;
```

使用并行操作创建索引：

```
create index ORDER_KEY on ORDER_LINE_ITEMS (Order_Id, Item_Id)
tablespace idx1
storage (initial 10m next 1m pctincrease 0)
parallel (degree 5) NOLOGGING;
```

---

1 译者注：完整命令应为 ALTER SESSION FORCE PARALLEL [QUERY|DDL|DML]。

CREATE INDEX 语句使用并行排序操作创建了 order_key 索引。CREATE TABLE 语句使用并行操作从已经存在的 old_order_line_items 表中选取数据并创建了并行度为 4 的新表 order_line_items。在前面创建表的程序清单中,CREATE TABLE 命令中两个独立的操作利用了并行度的优点:对 old_order_line_items 表的查询是并行的,对 order_line_items 表的插入也是并行的。

注意
虽然并行操作提高了数据修改操作的性能,但重做日志是串行写入,可能造成瓶颈。使用 NOLOGGING 选项,可以在创建表和索引时避免这个瓶颈。

因为对重做日志文件的写操作是串行的,所以重做日志的写操作实际上可能会抵消语句并行处理的效果。使用 NOLOGGING 可以强制执行批量操作以避免记录日志,但单独的 INSERT 命令仍然写入重做日志文件。如果使用 NOLOGGING 选项,那么必须通过重做日志文件归档之外的其他方法来恢复数据。

要诀
使用 NOLOGGING 可以克服重做日志文件串行写操作造成的 I/O 瓶颈。

直到目前,仍然没有提到示例中 SELECT 语句所查询的数据的物理位置。如果一次全表扫描的数据全部在单一磁盘上,那么唯一看到的就是磁盘上严重的 I/O 瓶颈。通过使用并行操作来获得性能增益的一条基本规则是:数据存储在不同的设备上,能够彼此独立地寻址。

要诀
确保你的数据分布得当,否则并行查询服务器进程可能会加剧已经存在的 I/O 瓶颈问题。

不仅如此,使用并行选件可能让系统的性能变得更糟糕。如果你的系统还有富余的处理能力,但存在 I/O 瓶颈,使用并行选件将更快地产生更多的 I/O 请求,生成需要 I/O 系统管理的更长队列。如果已经遇到 I/O 瓶颈,那么对这个瓶颈创建更多的进程并不会提高系统性能。需要根据可用的 I/O 设备来重新设计数据分布。

要诀
高效的并行操作极大地依赖于数据在物理上的分布情况。若数据不是分布在多块磁盘中,使用并行执行选项(PEO)会造成 I/O 瓶颈。

回到前面"使用并行操作创建索引"时所示的 CREATE INDEX 语句,考虑以下两点:
- 如果没有足够的内存用于内存排序操作(SORT_AREA_SIZE),创建索引时将用到临时表空间。以下面这种方式构建临时表空间:物理数据文件至少分散分布到与 CREATE INDEX 语句中并行度一样多的磁盘上。
- 当增加/启用一个表的主键或唯一键时,不能再并行创建相关索引。相反,应当首先并行创建索引,然后使用 ALTER TABLE 来增加/启用约束,并指定 USING INDEX 子句。要正常工作,索引与约束必须有相同的名字。

11.10.8 通过 V$视图监控并行操作

V$动态性能视图永远是实时监控和评估数据库当前性能的强有力工具,并行操作也不例外。在系统级别监控并行执行的关键性能视图是 V$PQ_TQSTAT 和 V$PQ_SYSSTAT。通常情况下,以 V$PQ 开头的 V$视图提供统计信息和 DBA 信息(主要是优化信息),而 V$PX 视图在进程级别提供并行会话和操作的详细信息(主要的工作部件)。在下面的章节中,你将看到最常用于监视并行操作的 V$视图的示例。

1. V$PQ_SYSSTAT 视图

V$PQ_SYSSTAT 视图提供了实例内所有并行语句操作的并行统计信息。V$PQ_SYSSTAT 视图是评估当前正在运行的服务器数量的高水位线情况和并行服务器启动/关闭频率的理想工具。下面显示了在刚启动的实例上运行一条并行度为 4 的查询时的统计信息。

```
select     Statistic, Value
from       V$PQ_SYSSTAT;

STATISTIC                VALUE
--------------------     -------
Servers Busy             4
Servers Idle             0
Servers Highwater        4
Server Sessions          4
Servers Started          0
Servers Shutdown         0
Servers Cleaned Up       0
...
```

如你所见,使用了 4 个并行执行服务器,没有启用新的进程。

在一个表上执行一条通过提示指定并行度为 5 的 SELECT 语句后,查询 V$PQ_SYSSTAT 视图。下面的程序清单展示了查询后 V$PQ_SYSSTAT 视图的输出结果。注意 Servers Busy 和 Servers Highwater 的值。

```
select     Statistic, Value
from       V$PQ_SYSSTAT;

STATISTIC                VALUE
--------------------     -------
Servers Busy             5
Servers Idle             0
Servers Highwater        8
Server Sessions          20
Servers Started          5
Servers Shutdown         4
Servers Cleaned Up       0
Queries Queued           0
Queries Initiated        1
Queries Initiated (IPQ)  0
DML Initiated            2
DML Initiated (IPQ)      0
...
```

在这个示例中,提示覆盖了表定义时的默认并行度,使用了 5 个并行查询服务器进程。

要诀

在决定操作的并行度时,PARALLEL 提示会覆盖表定义的默认并行度。

2. V$PQ_SESSTAT 视图

查询 V$PQ_SESSTAT 视图可以得到当前会话的统计信息。使用这个视图可以查看当前会话中执行过的查询的数量,以及并行处理的 DML 操作的数量。下面的程序清单展示了通过这个视图看到的一个简单查询的输出结果:

```
select   Statistic, Last_Query, Session_Total
from     V$PQ_SESSTAT;
```

```
STATISTIC                 LAST_QUERY    SESSION_TOTAL
-----------------------   ----------    -------------
Queries Parallelized          0              1
DML Parallelized              1              2
DDL Parallelized              0              0
DFO Trees                     1              3
Server Threads                6              0
Allocation Height             6              0
Allocation Width              0              0
Local Msgs Sent              27            171
Distr Msgs Sent               0              0
Local Msgs Recv'd            27            167
Distr Msgs Recv'd             0              0
```

V$PQ_SESSTAT 视图中的输出结果仅仅针对当前会话,所以在测试或解决问题的过程中,在进行诊断时特别有用。注意 V$PX_SESSTAT 视图有一组名称类似但含义完全不同的列。V$PX_SESSTAT 视图将 V$PX_SESSION 的会话信息与 V$SESSTAT 表连接。V$PX_SESSION 视图也可以提供进程请求的并行度(REQ_DEGREE)信息以及语句结束后实际使用的并行度(DEGREE)信息。其他与并行操作有关的 V$视图列表将在本章最后的"其他并行处理的注意事项"一节中进行介绍。

下面的程序清单展示了一个查询 V$PX_SESSTAT 视图的简单示例。在这个示例中,PARALLEL_MAX_SERVERS 的值为 10,如果执行一个并行度为 12 的并行查询,将得到以下信息:

```
Select      DISTINCT Req_Degree, Degree
from        V$PX_SESSTAT;

   REQ_DEGREE         DEGREE
----------------- -----------------
        12             10
```

只有当并行操作正在执行时才会往 V$PX_SESSTAT 视图中填充数据;只要并行操作一结束,该视图中的内容就清空了。

11.10.9 在并行操作中使用 EXPLAIN PLAN 和 AUTOTRACE

可以使用 EXPLAIN PLAN 命令查看优化过的并行语句。在为数据库创建一个 PLAN_TABLE 表后(通过运行 Oracle 软件根目录下/rdbms/admin 子目录中的 utlxplan.sql 脚本来创建),Oracle 提供了相应表列,允许查看并行处理如何影响查询的执行路径。查询的并行处理的相关信息保存在 PLAN_TABLE 表的 OBJECT_NODE、OTHER_TAG 和 OTHER 列中。

要诀

每一个新发布的 Oracle 版本都可能会往 PLAN_TABLE 表中增加一些新的列。因此,在每一次升级 Oracle 内核后,应当删除并重新创建 PLAN_TABLE 表。如果将现有的数据库升级到新的 Oracle 版本,就应当删除旧的 PLAN_TABLE 表并重新执行 utlxplan.sql 脚本,以便查看 PLAN_TABLE 表的所有新增列。也可以在 Oracle 企业管理器的 SQL 详情页面中查看计划。

OBJECT_NODE 列是数据库链接(Database Link)的名称,用于引用对象。OTHER 列提供参与的查询服务器进程的信息。OTHER_TAG 列描述了 OTHER 列中条目的功能。OTHER 列包含执行远端查询或并行查询操作的 SQL 语句。

表 11-7 展示了 OTHER_TAG 可能的值以及与它们对应的 OTHER 列的值。

表 11-7 针对并行操作的 PLAN_TABLE 表中 OTHER_TAG 列的可能值

值	描述
PARALLEL_COMBINED_WITH_CHILD	该操作的父操作同时执行父操作和子操作；OTHER 列的值为 NULL
PARALLEL_COMBINED_WITH_PARENT	该操作的子操作同时执行父操作和子操作；OTHER 列的值为 NULL
PARALLEL_TO_PARALLEL	OTHER 列中的 SQL 被并行执行，结果将返回给第二组查询服务器进程
PARALLEL_TO_SERIAL	OTHER 列中的 SQL 被并行执行,结果将返回给一个串行进程(通常是查询协调进程)
PARALLEL_FROM_SERIAL	SQL 操作从一个串行操作中获得数据，而输出结果是并行的；OTHER 列为 NULL
SERIAL	SQL 语句是串行执行的(默认值)；OTHER 列为 NULL
SERIAL_FROM_REMOTE	OTHER 列中的 SQL 语句在远端站点运行

当并行处理一个操作时，将基于 ROWID 值的范围分配给多个查询服务器进程；而范围则基于表中连续数据块的情况如何。可以使用 OTHER_TAG 列来验证不同查询操作中的并行处理情况，也可以查看 OTHER 列中并行化的查询。例如，下面的程序清单在 customers 表和 sales 表间强制使用合并连接(Merge Join)。由于合并连接牵涉全表扫描和排序，因此多个操作可并行处理。可以使用 OTHER_TAG 列查看并行操作之间的关系。

```
Alter table sales parallel (degree 4);
Alter table customers parallel (degree 4);
select /*+ FULL(customers) FULL(sales) USE_MERGE(customers sales)*/
       customers.cust_last_Name, sales.amount_sold
  from customers, sales
 where customers.cust_ID = sales.cust_ID
   and sales.time_ID = to_date('18-AUG-01', 'DD-MON-YY');
```

下面的程序清单展示了合并连接查询 EXPLAIN PLAN 的一部分：

```
MERGE JOIN
   SORT JOIN
     PARTITION RANGE SINGLE
       TABLE ACCESS FULL SALES
   SORT JOIN
     TABLE ACCESS FULL CUSTOMERS
```

正如执行计划所示，Oracle在每一个表上执行一次全表扫描(TABLE ACCESS FULL)，然后将结果排序(使用SORT JOIN操作)，合并结果集。在下面的程序清单中，对PLAN_TABLE表的查询展示了每一个操作的OTHER_TAG值。下面程序清单中的查询生成了EXPLAIN PLAN列表，并附上每个操作的OTHER_TAG值。

```
select
  LPAD(' ',2*Level)||Operation||' '||Options
           ||' '||Object_Name   Q_Plan, Other_Tag
from PLAN_TABLE
where Statement_ID = 'TEST'
connect by prior ID = Parent_ID and Statement_ID = 'TEST'
start with ID=1;
```

下面显示了合并连接示例的查询结果：

```
Q_PLAN                                  OTHER_TAG
--------------------------------------  --------------------------------------
 PX COORDINATOR
   PX SEND QC (RANDOM) :TQ10001         PARALLEL_TO_SERIAL
     MERGE JOIN                         PARALLEL_COMBINED_WITH_PARENT
       SORT JOIN                        PARALLEL_COMBINED_WITH_PARENT
         PX RECEIVE                     PARALLEL_COMBINED_WITH_PARENT
```

```
            PX SEND BROADCAST :TQ10000    PARALLEL_TO_PARALLEL
              PX BLOCK ITERATOR           PARALLEL_COMBINED_WITH_CHILD
                TABLE ACCESS FULL SALES   PARALLEL_COMBINED_WITH_PARENT
        SORT JOIN                         PARALLEL_COMBINED_WITH_PARENT
          PX BLOCK ITERATOR               PARALLEL_COMBINED_WITH_CHILD
            TABLE ACCESS FULL CUSTOMERS   PARALLEL_COMBINED_WITH_PARENT
```

通过 OTHER_TAG 值，可以看到每一个 TABLE ACCESS FULL 操作都是并行处理的，并将结果发送给了一个并行排序操作。SORT JOIN 操作是 PARALLEL_COMBINED_WITH_PARENT(父操作是 MERGE JOIN)，MERGE JOIN 操作是 PARALLEL_TO_SERIAL(合并是并行执行的，输出到串行的查询协调进程)。

OBJECT_NODE 列的值显示了操作中用到的查询服务器进程的信息。下面的程序清单展示了 MERGE JOIN 查询中对 customers 表执行 TABLE ACCESS FULL 操作时 OBJECT_NODE 列的值：

```
set long 1000
select Object_Node
  from PLAN_TABLE
 where Operation||' '||Options = 'TABLE ACCESS FULL'
   and Object_Name = 'CUSTOMERS';

OBJECT_NODE
-----------
:Q15000
```

正如上面的程序清单所示，OBJECT_NODE 列代表并行查询服务器进程(本例中的 Q15000 是 Oracle 分配给进程的内部识别号)。

要诀

当在并行查询中使用 EXPLAIN PLAN 命令时，不能仅依赖于查询与操作有关的列来查看 EXPLAIN PLAN 内并行操作的信息。至少应当查询 OTHER_TAG 列来查看哪个操作是并行处理的。

Oracle 提供了另一个脚本 utlxplp.sql，存放在 Oracle 软件根目录下的/rdbms/admin 子目录中。utlxplp.sql 脚本查询 PLAN_TABLE 表，重点是查询表内并行查询的数据。必须创建 PLAN_TABLE 表(通过 utlxplan.sql 脚本)，并在运行 utlxplp.sql 脚本前填充该表(通过 EXPLAIN PLAN 命令)。

要诀

要在并行操作时使用 EXPLAIN PLAN，可以使用 utlxplp.sql 脚本查看 PLAN_TABLE 表的内容。

11.10.10　使用 set autotrace on 命令

可以为在 SQL*Plus 中执行的每个事务自动生成 EXPLAIN PLAN。在使用 set autotrace on 命令之后，每个查询都会显示其执行路径以及解析查询过程中牵涉的进程的高层次跟踪信息。

为了使用 set autotrace on 命令，必须先在账户中创建 PLAN_TABLE 表。当使用 set autotrace on 命令时，不需要设置 STATEMENT_ID，也不需要管理 PLAN_TABLE 表中的记录。要禁用 AUTOTRACE 功能，可以使用 set autotrace off 命令。

如果使用了 set autotrace on 命令，在查询完成之前将看不到查询的 EXPLAIN PLAN，除非指定了 TRACEONLY 选项。EXPLAIN PLAN 命令在查询执行前首先显示执行路径。因此，如果无法获知查询的性能，那么可以在运行查询前先运行 EXPLAIN PLAN 命令。如果确定一个查询的性能是可以接受的，就可以使用 set autotrace on 命令来验证它的执行路径。

下面的程序清单展示了使用 set autotrace on 命令的效果。当执行合并连接查询时，查询返回数据，随后是 EXPLAIN PLAN。EXPLAIN PLAN 包含两部分：第一部分展示涉及的操作，第二部分展示与并行相关的动作。下面的程序清单展示了 AUTOTRACE 输出结果的第一部分内容：

```
set autotrace on
select      /*+ parallel (ORDER_ITEMS) */
            order_id
from        order_items
order by    quantity;

         ORDER_ID
-------------------
             2454  (部分清单……)
777 rows selected.

Execution Plan
----------------------------------------------------------
Plan hash value: 701983788

-----------------------------------------------------------------------------------------
| Id | Operation            | Name        | Rows | Bytes | Cost (%CPU)| Time     |   TQ  |IN-OUT| PQ Distrib |
-----------------------------------------------------------------------------------------
|  0 | SELECT STATEMENT     |             |  777 |  5320 |   3  (34)| 00:00:01 |       |      |            |
|  1 |  PX COORDINATOR      |             |      |       |          |          |       |      |            |
|  2 |   PX SEND QC (ORDER) | :TQ10001    |  777 |  5320 |   3  (34)| 00:00:01 | Q1,01 | P->S | QC (ORDER) |
|  3 |    SORT ORDER BY     |             |  777 |  5320 |   3  (34)| 00:00:01 | Q1,01 | PCWP |            |
|  4 |     PX RECEIVE       |             |  777 |  5320 |   2   (0)| 00:00:01 | Q1,01 | PCWP |            |
|  5 |      PX SEND RANGE   | :TQ10000    |  777 |  5320 |   2   (0)| 00:00:01 | Q1,00 | P->P | RANGE      |
|  6 |       PX BLOCK ITERATOR|           |  777 |  5320 |   2   (0)| 00:00:01 | Q1,00 | PCWC |            |
|  7 |        TABLE ACCESS FULL| ORDER_ITEMS |  777 |  5320 |   2   (0)| 00:00:01 | Q1,00 | PCWP |          |
-----------------------------------------------------------------------------------------
```

AUTOTRACE 的输出结果显示了操作和操作对象。靠近最右侧的信息(Q1 等)唯一标识了查询中使用的并行查询服务器。AUTOTRACE 也显示了每个步骤的 ID 值，用来描述执行路径操作的并行处理情况(可以从下往上读)。

11.10.11 优化并行执行和初始化参数

在数据库中使用并行操作时，物理内存相关参数的设置通常比没有使用并行操作时要高很多。如果使用 MEMORY_TARGET(为 PGA/SGA 设置内存)，对于使用并行操作的系统就应该设置得高一些。许多相关的参数(下面会详细说明)会自动设置，但你可能会为其设置最小值。参见第 4 章关于设置 MEMORY_TARGET 和其他初始化参数的信息。表 11-8 显示了通用的参数设置，但你的设置必须依据你所在的独特业务环境。同样需要注意的是，OPTIMIZER_PERCENT_ PARALLEL 和 ENQUEUE_RESOURCES(Oracle 10.2 中不建议使用，Oracle 11g 中已经删除)参数已经过时，因此没有在该表中展示。

表 11-8 Oracle 12c 并行初始化参数*

初始化参数	含义	建议值
COMPATIBLE	设置这个参数为实例的发行版本级别，从而可以充分利用 RDBMS 引擎内置的所有功能。Oracle 建议在修改该参数前备份数据库	通常情况下应设置为数据库版本的默认值。主数据库和备用数据库必须使用一致的设置
DB_FILE_MULTIBLOCK_READ_COUNT*	决定了全表扫描中一次可以读取多少数据块。提高表扫描时并行操作的性能	依赖于操作系统，在Windows和Linux中是128
PARALLEL_DEGREE_LIMIT	启用自动DOP时，设置语句的最大DOP	取决于CPU线程数和实例数。当DOP开始导致系统过载时，需要调低该参数
DML_LOCKS*	设置数据库需要的 DML 锁的最大数量。默认值假定每个事务平均涉及 4 个表	默认值是 4*TRANSACTIONS。增加该参数以支持并行 DML 操作
PARALLEL_ADAPTIVE_MULTI_USER	基于活动的并行用户数来减少并行度以防止过载	设置该参数为 false。如果需要，通过数据库资源管理器代替它来控制并行资源(Oracle 12c 中已废弃)
PARALLEL_EXECUTION_MESSAGE_SIZE	为所有的并行操作指定消息的大小。如果参数值比默认值大，就需要更大的共享池或其他相关内存设置	依赖于操作系统。值的范围为2148~65535。如果将这个参数设置得比默认值大，并行操作可更好地执行，但需要更多的内存，这可能对非并行操作或应用程序的性能产生影响
PARALLEL_MAX_SERVERS	允许同时存在的最大并行查询服务器进程的数量	需要更多并行进程时设置更高的值，但是设置太高可能造成系统资源紧缺
PARALLEL_FORCE_LOCAL	在 RAC 环境中，并行操作是否限制在单个实例内部	默认值是false，推荐值也是false。如果设置为true，有时会导致性能下降，所以需要小心
PARALLEL_MIN_PERCENT	如果查询无法获得该参数设定的并行度(服务器数量)的百分比，语句将会中断并报错(ORA-12827)。当不希望语句串行执行时，该参数非常有用	默认值为 0，范围为 0~100。如果设置为 0，并行操作永远按照并行操作执行[1]。如果设置为 100，只有在可以获得所有服务器的情况下，操作才会并行执行
PARALLEL_MIN_SERVERS	当实例启动时创建的服务器的最小数量。无论服务器是否空闲或中断，服务器的数量永远都不会低于这个参数的值	0~OS 的限制值。实际情况多从 10 到 24 的值开始。如果V$视图显示并行查询负载很重，可以考虑改变这个值。请设置好这个参数
PARALLEL_THREADS_PER_CPU	基于并行操作期间，一个 CPU 可以支持的并行执行的进程数量来设定实例默认的并行度	任何非 0 值；默认值取决于操作系统。这个值乘以 CPU 数量就是并行操作时使用的线程数量
RECOVERY_PARALLELISM	专用于恢复实例和介质的恢复进程数量	2和PARALLEL_MAX_SERVERS之间的一个值。值为0 和1 表示将执行串行恢复操作
TRANSACTIONS*	指定并行事务的数量，如果广泛使用并行 DML 的话，应当增加该参数的值	默认值从 SESSIONS 设置得到。增加该参数的值以支持并行 DML 操作

*表示对并行选件有间接影响。

---

1 译者注：PARALLEL_MIN_PERCENT 设置为 0(默认值)表示忽略该设置，语句总是会执行，如果空闲的并行进程个数不满足并行度的要求，语句则会降级执行。最极端的情况是降级到 DoP=1，即串行执行。

注意
表 11-8 中的参数有限，更多设置请参考 Oracle 文档。

要诀
确定环境的配置可以应对由于并行操作带来的进程和事务数量的增加。

初始化文件中的参数定义并改变了并行操作的环境。可以通过在一条 SQL 语句中使用 PARALLEL 提示，或者在创建/修改表的命令中使用 PARALLE 子句来启用并行操作。当考虑调整任何并行化参数(或删除不支持的参数)时，在 Oracle 数据库上做实验前，请仔细研究《Oracle 12c 数据库管理员手册》《Oracle 12c 数据库升级指南》或适合于系统的服务器安装指南。

11.10.12 并行加载

要使用并行数据加载，请使用 PARALLEL 关键字启动多个 SQL*Loader 会话。每个会话都是独立的，并需要自己的控制文件。下面这个程序清单显示了三个独立的直接路径(Direct Path)加载，它们在命令行中均使用了 PARALLEL = TRUE 参数：

```
sqlldr USERID=SCOTT/PASS CONTROL=P1.CTL DIRECT=TRUE PARALLEL=TRUE
sqlldr USERID=SCOTT/PASS CONTROL=P2.CTL DIRECT=TRUE PARALLEL=TRUE
sqlldr USERID=SCOTT/PASS CONTROL=P3.CTL DIRECT=TRUE PARALLEL=TRUE
```

默认情况下，每个会话创建自己的日志、坏数据文件和丢弃文件(p1.log、p1.bad 等)。可以使用多个会话来为不同的表加载数据，但仍然需要 APPEND 选项。APPEND 速度很快，因为它只填充未使用的数据块。SQL*Loader 的 REPLACE、TRUNCATE、INSERT 选项不能用于并行数据加载。如果需要使用 SQL 命令删除数据，就必须手动删除数据。

要诀
如果使用并行数据加载功能，除非加载单一表分区，否则 SQL*Loader 会话不再负责维护索引。在启动并行加载进程前，必须删除表上的所有索引，并禁用 PRIMARY KEY 和 UNIQUE 约束。当完成并行加载后，需要重新创建(re-create)或重建(rebuild)表的索引。对没有索引的表插入数据时，使用 APPEND 和 UNRECOVERABLE 是最快的方法。外部表可以提供更快的数据提取、转换和加载(ETL)操作。

在并行数据加载中，每个加载进程创建临时数据段，用于加载数据；随后临时数据段将并入表中。如果并行数据加载进程在加载完成前失效，临时数据段将不会和表合并。如果临时数据段没有和需要加载数据的表合并，那么就没有数据会通过加载进入表中。

可以使用 SQL*Loader FILE 参数来指定每一个数据加载会话使用不同的数据文件。通过指定每一个数据加载会话使用不同的数据文件，可以平衡加载进程的 I/O 负载。数据加载是超强的 I/O 密集型操作，必须分布在多个磁盘上，以使数据并行加载获得比串行加载更显著的性能提升[1]。

要诀
使用 FILE 参数来管理并行数据加载产生的写操作。

在完成并行数据加载后，每个会话都尝试重新启用表的约束。只要还有加载会话正在执行，尝试重新启用约束的工作就会失败。最后一个完成的加载会话应当尝试重新启用约束，并且应该能够成功。应当在加载工作完成后，检查约束的状态。如果加载数据的表有 PRIMARY KEY 和 UNIQUE 约束，就应当并行重新创建或重建相关

---

[1] 译者注：在 I/O 带宽足够的系统中，例如 Exadata，如果使用数据压缩的话，数据加载往往是 CPU 密集型操作。

索引，之后再手动启用约束。

要诀
数据加载的 PARALLEL 选项可以提高加载的性能，但如果使用不当，也会造成空间浪费。

11.10.13 优化 RAC 中的并行操作

Oracle 从 7.1 版本就已开始提供并行操作特性，使用该特性的好处显而易见。SQL 语句在传统的基于 UNIX 的对称多处理器(SMP)架构上并行执行，极大提高了服务器的利用率和资源密集型操作的运行速度。在 RAC 架构中，并行操作相当于部署了并行 SMP，利用集群中所有可用的服务器(节点)。在 RAC 中使用并行操作大大增强了集群架构的扩展能力。

11.10.14 并行操作的目标

实现并行执行的目标是使用数据库平台架构中所有可用的资源，提高整体处理能力。这个范畴内的资源包括内存、处理器和 I/O。在所有可纵向扩展或单系统 SMP 环境中可以实现的并行操作，也可以在可横向扩展的 RAC 集群环境中实现。包括的操作有：

- 查询(基于全表扫描)
- Create Table As
- 索引创建/重建
- 分区表上的 DML 操作(插入、更新、删除)
- 数据加载

上述列表中的前 4 个操作可以使用 SQL 提示或通过设置对象级别的并行度来实现。通过配置节点组可以限制到特定节点的并行操作。因此，当实现大型 RAC 架构(多于两台服务器)时，将命名服务器分配给命名组来限制或启用并行操作。

11.10.15 RAC 并行使用模型

RAC 并行执行有几种使用模型。因为将查询分解给多个节点会导致性能下降，所以在 RAC 中使用并行查询时要非常小心！包含的模型有：

- 标准模型——为大型数据集使用并行查询。在这种方式下，通常定义并行度来利用集群中的所有可用资源。
- 限制模型——这种方式将限制到集群中特定节点的处理工作。特定的节点可以按特定类型的操作进行逻辑分组。
- 并行索引创建/重建模型——在需要建立大索引的情况下，可以利用并行操作来最大限度地使用集群节点资源。

11.10.16 并行相关的初始化参数

可以设置一些标准参数来实现服务器级别的并行进程，如本章前面所述。要考虑的两个通用并行参数如下。

- PARALLEL_MAX_SERVERS：值为整数，是指每个实例并行服务进程的最大数量。
- PARALLEL_MIN_SERVERS：值为整数，是指每个实例并行服务进程的最小数量。

11.10.17 查看并行统计数据的 V$视图

有些数据库视图可用来获得并行操作的统计数据。这里提到的视图名称以 GV$标识符作为前缀，用于描述 RAC 级别的统计数据。

- GV$PQ_SYSSTAT：整个 RAC 中所有的并行相关的统计数据。
- GV$PQ_SESSTAT：针对会话 ID 的会话级并行统计数据。

11.10.18　Create Table As

Oracle 内的 Create Table As (CTAS)特性对于复制表对象非常有用。对于大表而言，这个操作可以并行执行，具体使用方法与前一节并行查询示例中的相同。下面的 SQL 语句是使用并行选件的 CATS 的示例。也可以使用实例组将操作限制到特定节点。因此，依据 INSTANCE_GROUPS 参数，查询执行只在 TEST1 节点上实现。

```
alter session set parallel_instance_group = 'TEST_20';

create table c_district_backup parallel (degree 3)
as
select *
from    c_district;
```

11.10.19　并行建立索引

为大表创建或重建索引是另一种资源密集型操作，在其中使用并行操作可以极大地提高性能。下面的索引创建语句要求操作的并行度为 6。与前面的示例类似，这个操作也可以利用 INSTANCE_GROUPS 参数将操作限制到特定节点。

```
alter session set parallel_instance_group = 'TEST_20';

create unique index C_STOCK_I1 on C_STOCK (s_i_id, s_w_id)
tablespace stock_indx
parallel (degree 6);
```

11.10.20　性能注意事项和小结

并行操作的不利方面是大量消耗服务器资源。最容易监控的服务器资源是 CPU 利用率。如果平常 CPU 利用率相对较高，配置大量并行进程就不明智。并行进程数超过 CPU 的总数也会导致性能退化。数据分布是另一个亟待考虑的因素。如果当前存在 I/O 瓶颈，使用并行操作会使之变得更糟。要确保并行目标对象的数据文件分散在合理数量的磁盘上。

在 RAC 内使用并行操作可以灵活利用集群架构内包含的所有服务器硬件。利用实例组，数据库管理员可以依据应用程序要求或服务级协议(Service Level Agreements，SLA)，进一步控制这些资源的分配。

11.10.21　其他的并行操作注意事项

计划或重新设计数据文件的物理分布是成功实现并行访问数据的关键。为每一条 SQL 语句确定合适的并行度，并在物理设计时就开始考虑并行化问题。不要依赖于初始化参数来确定并行度。记住，你经常优化的只是少量的慢速查询，而不是对表的每一次访问操作。采用稳妥的参数值进行实验；在表或索引上进行并行操作，并用提示标识最佳的并行度。使用合适的并行提示的语法，否则它们将被忽略。其他可能对你有帮助的 V$视图包括：V$PX_SESSION(执行并行操作的会话)、V$PX_SESSTAT(执行并行操作的会话的统计数据)、V$PX_PROCESS(并行进程)、V$PX_PROCESS_SYSSTAT(并行执行服务器的统计数据)、V$SESSTAT(用户会话的统计数据)、V$FILESTAT(文件 I/O 统计数据)、V$PARAMETER(初始化参数)和 V$PQ_TQSTAT(并行执行服务器的工作负载统计数据)。

Oracle 提供的并行特性在有针对性的场合使用时，是一个极其强大的工具——大多数数据库可以通过优化将索引保持在合适的数量和位置，从而得到可以接受的性能。在那些不能改写成其他形式且需要扫描一整个大表或一个分区的大表/索引的语句中使用并行操作。并行处理是管理数据仓库或执行定期维护活动的强大工具。配置好数据库环境以充分利用并行处理带来的好处。

11.11　Oracle 的联机文档

不要忘记访问 http://docs.oracle.com 来了解所有 Oracle 产品的在线文档(包括多个 Oracle 版本)。

11.12　要诀回顾

- 云时代已经到来。你需要学习 Oracle 云，这样就可以分辨哪些能为公司带来利润，哪些还要持观望态度。
- 体验 Oracle 云，可以登录 http://cloud.oracle.com/tryit 或 http://cloud.oracle.com/database 去尝试免费创建简单的 DBaaS 实例，或者每个月支付 175 美元就可以使用新的 12cR2 Oracle Database Exadata Express 云服务。
- Exadata 已经成为关系型数据架构的下一代旗舰硬件平台，且在持续更新。做好准备吧！
- 可以使用 V$SESSION_WAIT、Statspack 或 AWR 报告查找 RAC 等待事件。
- 在很小的表或非常快速的查询中使用并行操作会影响性能，因为协调查询也会消耗资源。应当评估并行的代价是否会超过串行。
- 当并行度设为 N 时，并行操作总共可能需要$(2*N)+1$ 个进程。虽然并行操作和进程而不是处理器相关，但当有大量的处理器可以使用时，Oracle 将使用其他的处理器来运行并行查询，这通常将提高查询的性能。
- 分配给语句的任何服务器进程都可以处理从同一条语句内的进程提交的请求，所以，如果一些进程运行得比其他进程快，那么当并行执行进程的子集生成的行准备好后，运行较快的进程就可以处理这些行，而不用等那些运行较慢的进程(但只能在下一个更高的语句层次结构中)。
- 可通过 PARALLEL 提示打开并行操作。如果使用了 PARALLEL 提示，但是没有在提示或表中设置并行度，那么查询仍然按照并行方式处理，但 DOP 将通过初始化参数计算得到。
- 使用 NO_PARALLEL 提示将禁用一条语句的并行操作，即使该语句根据对象的定义本应当使用并行处理。
- 使用提示指定并行度，而不应依赖于表的定义，可以确保给定查询的所有操作都得到了性能优化。
- 使用 NOLOGGING 子句来去除串行写重做日志造成的 I/O 瓶颈。
- 确保数据得到合理分布，否则并行查询服务器进程可能会加重已存在的 I/O 瓶颈。
- 并行处理一般都牵涉访问磁盘。如果数据不是分布在多个磁盘上，使用并行选件(Parallel Execution Option，PEO)就可能会造成 I/O 瓶颈。
- 当确定操作的并行度时，PARALLEL 提示将覆盖表定义中的并行度。
- 每个新版本的 Oracle 都可能会往 PLAN_TABLE 表中增加一些新的列。因此，在每次升级 Oracle 内核后，都应当删除并重新创建 PLAN_TABLE 表。如果将现有的数据库升级到新版本的 Oracle，就应当删除旧的 PLAN_TABLE 表并重新执行 utlxplan.sql 脚本，以便查看新版 PLAN_TABLE 表的所有列。也可以在 Oracle 企业管理器的 SQL Detail(SQL 详细信息)页面查看执行计划。
- 当在并行查询中使用 EXPLAIN PLAN 命令时，不能仅依赖于查询与操作有关的列来查看 EXPLAIN PLAN 内并行操作的信息。至少应查询 OTHER_TAG 列来查看哪个操作是并行处理的。
- 确保环境已经过正确设置，从而支持并行操作产生的进程和事务数量的增长。
- 如果使用并行数据加载，除非加载表分区，否则 SQL*Loader 会话不再维护索引。在启动并行加载进程前，必须删除表上的所有索引，并禁用 PRIMARY KEY 和 UNIQUE 约束。当并行加载完成后，需要重新创建或构建表的索引。使用 APPEND 和 UNRECOVERABLE 是将数据插入没有索引的表中的最快方法。外部表可以提供更快的数据提取、转换和加载(ETL)操作。
- 使用 FILE 参数来管理并行数据加载产生的写操作。
- 在数据加载中使用 PARALLEL 选项可以提高加载的性能，但如果使用不当，也会造成空间浪费。
- 将 Exadata、Exalogic、Exadata 存储扩展柜、Oracle Database Appliance、SPARC SuperCluster、Exalytics 商业智能一体机、ZFS、Pillar 存储和最新的 StorageTek 结合在一起所能提供的硬件速度，比收购 Sun 公司之前整个硬件行业能装配出来的还要快。硬件速度每 18 个月翻一番。走进 Oracle，硬件速度在 Oracle 的车轮下以指数级加速(在最近两年，Oracle 可能已经将硬件/软件性能提高了 2000~20000 倍，如果知道如何充分利用的话)。TB 级数据库会很快增长为 EB 级。教你的孩子学习 Oracle 吧！

第 12 章

V$视图(针对开发人员和 DBA)

资深 DBA 常对 DBA 晚辈说,在 Oracle 版本 6 的年代里,他们对每一个 V$视图都了如指掌!Oracle 版本 6 仅有 23 个 V$视图,那时的 DBA 轻轻松松就把它们记在了心里。到 Oracle 10gR2,就有了 372 个 V$视图和 613 张 X$表,Oracle 11gR2 中有 525 个 V$视图和 945 张 X$表,Oracle 12cR2 中有 746 个 V$视图和 1312 张 X$表(表和视图的数目取决于版本、操作系统以及所使用的数据库选项)!Oracle 12c 中有与 In-Memory 列存储和可插拔数据库(PDB)相关的新的 V$视图,对于可插拔数据库和容器数据库(CDB)而言,许多 V$ 视图中还有关于 Container ID (CON_ID)的一个附加列。

几乎所有的优秀调优产品或 DBA 产品都具有如下共同点:要获取关于数据库、各个查询或用户的富于启发性的信息,采用的方法大多是访问 V$ 视图。缘于 Joe Trezzo 和其他 V$ 权威人士做过的大量演示,如今访问 V$ 视图成了很平常的事。倘若对 V$ 视图不屑一顾,那就真不清楚自己漏掉的是什么:V$视图探究 Oracle 数据库的核心,是从普通 DBA 通往专家 DBA 的桥梁!

X$表是 V$视图的基础,第 13 章将更全面地探究 X$表。附录 B 和 C 提供了 V$视图的有关信息以及从 X$表创建这些视图的脚本。由于篇幅有限,这里不能把重要的 V$脚本统统拿来展示,对于那些在其他章节里深入讨论的内容，也不想在此重复。请在互联网上查看，以获取最新的 V$脚本。

本章将要介绍的内容如下：
- 在 Oracle 12c 中创建 V$视图并授予对它们的访问权限
- Oracle 12c 中的全部 V$视图列表
- Oracle 12c 中组成 V$视图的 X$脚本列表
- 探讨组成 DBA_视图和 CDB_视图的基础对象
- 查询 V$DATABASE 以获取数据库的创建时间和归档信息
- 了解 AWR(Automatic Workload Repository，自动负载资料库)
- 查询 V$LICENSE 以查看版权限制和告警设置
- 访问 V$OPTION 以查看所有已经安装的选项
- 查询 V$SGA 并使用 MEMORY_TARGET 参数来为 Oracle 12c 分配基本内存
- 查询 V$SGA，为 In-Memory 列存储设置 INMEMORY_SIZE
- 为 In-Memory 列存储而查询 V$IM_SEGMENTS 和 V$IM_COLUMN_LEVEL
- 查询 V$SGASTAT 以获取 Oracle 内存分配的详细信息
- 以 CDB 用户或 PDB 用户的权限查询 V$SGASTAT
- 在 V$PARAMETER 中查找初始化参数设置
- 确定 V$PARAMETER 中的初始化参数是否可在 PDB 层面修改
- 确定数据所需内存(V$SYSSTAT 和 V$SYSMETRIC)
- 确定数据字典所需内存(V$ROWCACHE 和 V$SYSMETRIC)
- 确定共享 SQL 和 PL / SQL 所需内存(V$LIBRARYCACHE 和 V$SYSMETRIC)
- 确定 In-Memory 列存储所需内存(仅限于 12.1.0.2 及更新版本)
- 查询 V$CONTAINERS 以获取 CDB 和 PDB 的信息
- 在 PDB 和 CDB 层面皆可查询 V$PDBS 中的可插拔数据库
- 如何使用结果集缓存
- 判定需要在内存中固定的对象以及是否有连续的空闲内存(V$DB_OBJECT_CACHE)
- 通过访问 V$SESSION_LONGOPS、V$SQLAREA、V$SQLTEXT、V$SESSION 及 V$SESS_IO 视图来找到有问题的查询
- 弄清楚用户在做什么以及他们使用了哪些资源
- 识别锁定问题并杀掉相应的会话
- 找出使用多个会话的用户
- 运用 V$DATAFILE、V$FILESTAT 和 DBA_DATA_FILES 视图来平衡 I/O
- 检查权限和角色
- 运用 V$SESSION、V$SESSION_WAIT、V$SESSION_EVENT、V$SESSION_WAIT_CLASS、V$SESSION_WAIT_HISTORY、V$SYSTEM_EVENT 和 V$SYSTEM_WAIT_CLASS 视图来找出等待事件

12.1 创建和授权访问 V$视图

V$视图是由 catalog.sql 脚本(在 $ORACLE_HOME/rdbms/admin 目录下)创建的。12cR2 版本的 Oracle 中大约有 746 个 V$视图。实际的视图数目因版本和平台而异。从 Oracle 6 到 Oracle 12cR2，各版本中的视图数目如下：

版本	V$视图	X$表
6	23	(35?)

7.1	72(相对于版本 6 增长了 213%)	126
8.0	132	200
8.1	185(相对于版本 7 增长了 157%)	271(相对于版本 7 增长了 115%)
9.0	227	352
9.2	259(相对于版本 8i 增长了 29%)	394(相对于版本 8i 增长了 45%)
10.1	340	543
10.2	372(相对于版本 9i 增长了 44%)	613(相对于版本 9.2 增长了 56%)
11.1	484	798
11.2	525(相对于版本 10.2 增长了 41%)	945(相对于版本 10.2 增长了 54%)
12.1	606	1062
12.2	746(相对于版本 11.2 增长了 42%)	1312(相对于版本 11.2 增长了 39%)

视图在创建时均以 V_$和 GV_$为前缀。其中的两个视图是由脚本 catldr.sql 创建的，用于 SQL*Loader 直接加载统计信息。每个 V$和 GV$视图的基础视图定义(从技术角度看，这些视图并没有真正创建，它们的定义是二进制的硬编码)都可以在名为 V$FIXED_VIEW_DEFINITION 的 V$视图中看到。V$视图是通过查询 GV$视图中特定于实例的信息而创建的，几乎所有的 V$视图都有着与之相应的 GV$视图。GV$视图又称全局 V$视图，包含着与 V$视图中相同的信息，却跨越 RAC 数据库中所有的实例(通过实例 ID 来识别每个实例)。GV$视图是通过查询一张或多张 X$表创建的。为使用户能够访问 V_$视图和 GV_$视图，需要为每个 V_$视图和 GV_$视图创建视图。用户不能访问实际的 V$视图(他们实际上访问的是 V_$视图，因为仅仅对于 SYS 用户，V$对象才是可视的)。换句话说，通过视图上的视图，提供了访问 V_$和 GV_$视图的方法。视图名将每个视图的前缀变成了 V$。最后，为每个视图创建一个公共同义词，因为 SYS 用户拥有那些表。

下面展示了 catalog.sql 脚本通过调用 cdfixed.sql 脚本来创建 V$视图和 GV$视图的示例：

```
create or replace view v_$datafile as
select *
from   v$datafile;
create or replace public synonym v$datafile for v_$datafile;

create or replace view gv_$datafile as
select *
from   gv$datafile;
create or replace public synonym gv$datafile for gv_$datafile;
```

下述步骤详细说明了所有这一连串事件：

(1) 创建数据库时，通过 X$表来创建 GV$视图的定义(请注意，先前版本中不存在 CON_ID[Container ID]列)：

```
create  or replace view gv$fixed_table as
select  inst_id,kqftanam, kqftaobj, 'TABLE', indx, con_id
from    x$kqfta
union all
select  inst_id,kqfvinam, kqfviobj, 'VIEW', 65537, con_id
from    x$kqfvi
union all
select  inst_id,kqfdtnam, kqfdtobj, 'TABLE', 65537, con_id
from    x$kqfdt;
```

(2) 依数据库的具体版本而异的 catalog.sql 脚本执行如下：

```
SQL> @catalog  (该脚本在 $ORACLE_HOME/rdbms/admin 目录下)
```

(3) 当 CREATE 数据库脚本执行下面的代码时，V_$视图就通过 V$视图而形成了：

```
create or replace view v_$fixed_table
as
select *
from    v$fixed_table;
```

(4) 为 V_$视图创建新的 V$同义词：

```
create or replace public synonym v$fixed_table for v_$fixed_table;
```

(5) 为 GV_$视图创建新的 GV$同义词：

```
create or replace public synonym gv$fixed_table for gv_$fixed_table;
```

要诀
由 SYSTEM 用户访问的 V$视图实际上是指向 V_$视图的同义词，V_$视图是原始 V$视图的视图，而原始 V$视图则建立在 X$表的基础之上(最好把这段话再读一遍！)。

能在这些视图上执行的操作只有 SELECT。如果想要提供对 V$视图的访问，那就必须授予访问者访问基础 V_$视图的权限。

然而，不能授予他人直接访问 V$视图的权限，即使是 SYS 用户，也不能那样做：

```
connect sys/change_on_install as sysdba

Grant select on v$fixed_table to Richie;
ORA-02030: can only select from fixed tables/views.
```

授权访问 V$FIXED_TABLE 视图的尝试导致报错(紧接着前面的代码)。虽然报错信息是错误的，但那个 GRANT 操作确实是不允许的。不过，可以授权访问支持 V$视图的基础 V_$视图。

要连接到 SYS 超级用户，请执行下面的命令：

```
Connect sys/change_on_install as sysdba
Connected.
```

要向所希望的用户授予访问基础视图的权限，请执行下面的命令：

```
grant select on v_$fixed_table to Richie;
Grant succeeded.
```

要以该用户的身份连接，请执行下面这条命令：

```
conn    Richie/Rich
Connected.
```

通过 V_$FIXED_TABLE 的同义词 V$FIXED_TABLE 来访问 V$FIXED_TABLE 视图：

```
select count(*)
from    v$fixed_table;

COUNT(*)
--------
    2769
```

虽然已经做过授权，但仍然不能访问 V_$FIXED_TABLE 视图(但 SYS 用户可以访问)：

```
select count(*)
from    v_$fixed_table;
ORA-00942: table or view does not exist.
```

如果加上前缀 SYS，就可以访问 V_$FIXED_TABLE 视图了：

```
conn    Richie/Rich
select count(*)
from    SYS.v_$fixed_table;

COUNT(*)
--------
    2769
```

为了避免混乱，可以授予 DBA 访问 V_$视图的权限并告知他/她可访问 V$视图。有了这样的方法，就既可授权他人访问 V$视图，又不必向他/她提供 SYS 或 SYSTEM 用户的密码。关键是授权，把对原始的、为 SYS 用户所拥有的 V_$视图的 SELECT 访问权限授出去。

要诀

当其他 DBA 需要访问 V$视图信息而并不需要 SYS 或 SYSTEM 用户密码时，就授予他们访问 V_$视图的权限吧！那样他们就可以访问作为 V_$视图公共同义词的 V$视图了。不过，脚本总可以写成直接访问 SYS.V_$视图的形式，从而避免因为间接引用公共同义词而付出性能上的代价，但在这上面的节省实在很小。

请参阅 Oracle 文档，得到指导原则，并向不同级别的用户授予权限。拥有大量用户时，这一点尤为重要。

警告

应当仅在需要时才授予非 DBA 用户访问 V$视图的权限，而且要谨慎行事。请记住：查询 V$视图需要付出性能上的代价。环境越大，需要付出的代价也越大。

获取 V$视图的总数和列表

如果想得到 Oracle 某个版本中 V$视图的总数，那就去查询 V$FIXED_TABLE 视图吧！但即使是在同一版本中，V$视图的数目也在不断变化着。下面的例子展示了针对 Oracle 12cR2 的 V$视图查询。伴随着 Oracle 的每个新版本，V$视图的疆域在不断拓展着。

为得到 V$视图的总数而发出下面的查询：

```
select count(*)
from    v$fixed_table
where   name like 'V%';

COUNT(*)
--------
    746
```

许多 V$视图始终没有公开。随着视图数量的持续增长，Oracle 探索数据的方法也越来越多。Oracle 8(目前已经不支持)中引入了 GV$视图。GV$(全局 V$)视图和 V$视图一样，只是添加了一个实例 ID 列(于 RAC 而言)。在 Oracle 12c 中，在许多 V$ 视图里都可看到用于可插拔数据库的 Container ID(CON_ID)的附加列。为得到 GV$视图的列表，可发出下面的查询(这仅仅是部分列表，完整的列表参见附录 B)：

```
select    name
from      v$fixed_table
where     name like 'GV%'
order     by name
fetch     first 7 rows only;

NAME
--------------------------------
```

```
GV$ACCESS
GV$ACTIVE_INSTANCES
GV$ACTIVE_SERVICES
GV$ACTIVE_SESSION_HISTORY
GV$ACTIVE_SESS_POOL_MTH
GV$ADVISOR_CURRENT_SQLPLAN
GV$ADVISOR_PROGRESS

7 rows selected.
```

要诀

查询 V$FIXED_TABLE 视图以获取数据库中所有 GV$视图和 V$视图的列表。实例 ID 是标识符，除多出这样一列外，GV$视图和 V$视图是一模一样的。GV$视图中含有关于 Oracle RAC 数据库全部实例的数据。

12.2 获取构建 V$视图的 X$脚本列表

要弄明白 V$视图信息是从哪里来的，可以查询 X$基础表(参阅第 13 章以获取关于 X$表的信息)。有时，查询 X$基础表可能很有用，因为 V$视图常常是由几张 X$表连接而来的。X$表晦涩难懂，因为它们和 Oracle 数据字典的基础表结构很相似。Oracle 在 SGA 中创建 V$视图，使用户能以更可读的格式来查看存储在 X$表中的信息。事实上，当在 V$视图上执行 SELECT 操作时，该操作其实是从 SGA 中检索信息。更确切地说，是从 X$表向外提取信息，而这些 X$表是和软件代码结构接口的真实内存结构(这就是它们为什么如此隐晦难懂的原因)。

弄懂了以给定的 SELECT 语句来构建 V$视图这回事后，就有能力创建自定义视图了：简单拷贝已有的、构建 V$视图的 SELECT 语句并对其进行修改，或者在 X$表上定制一条新的 SELECT 语句。这项技术可能创造出选择性更好、优化得更好的查询来。下面的列表用以获取对 X$表的基础查询。为了获取那些构建 V$视图的 X$表的列表，就得访问 V$FIXED_TABLE_DEFINITION 视图(输出结果已做过格式化，以便于阅读)。

```
select    view_name, view_definition
from      v$fixed_view_definition
where     view_name = 'GV$FIXED_TABLE';
```

输出结果如下：

```
VIEW_NAME           VIEW_DEFINITION
--------------      ------------------------------------------------------
GV$FIXED_TABLE      select   inst_id,kqftanam, kqftaobj, 'TABLE', indx, con_id
                    from     x$kqfta
                    union all
                    select   inst_id,kqfvinam, kqfviobj, 'VIEW', 65537, con_id
                    from     x$kqfvi
                    union all
                    select   inst_id,kqfdtnam, kqfdtobj, 'TABLE', 65537, con_id
                    from     x$kqfdt
```

要诀

访问V$FIXED_VIEW_DEFINITION视图以获取所有关于构建V$视图的X$基础表的信息，CON_ID(Container ID)是 Oracle 12c 中关于可插拔数据库的新列。

另外请注意：在 Oracle 8 中，X$基础表上的索引使 V$视图上的查询运行得快了(令人惊奇的是，直到 Oracle 8 才开始使用索引)。可以通过 V$INDEXED_FIXED_COLUMN 视图来查看 X$基础表上的索引信息(有关详细信息，请参阅第 13 章)。

检查组成 DBA_VIEWS 视图的基础对象

有些人认为 DBA_VIEWS 视图也来自 X$表和(或)V$视图，实际上它们来自 Oracle 的基础数据库表(虽然有些 DBA_VIEWS 中的视图也访问 X$表)。要研究组成 DBA_VIEWS 视图的对象，可以按照下面的程序清单那样去访问 DBA_VIEWS。

注意
可能需要使用 set long 2000000 来查看所有的输出结果。

```
select text
from   dba_views
where  view_name='DBA_IND_PARTITIONS';

TEXT
--------------------------------------------------------------------------------
select u.name, io.name, 'NO', io.subname, 0, ip.hiboundval, ip.hiboundlen

SQL> set long 2000000
(再运行一遍)

select text
from   dba_views
where  view_name='DBA_IND_PARTITIONS';

TEXT(为简洁起见，此列表已被缩短约 110 行)
--------------------------------------------------------------------------------
select u.name, io.name, 'NO', io.subname, 0,
       ip.hiboundval, ip.hiboundlen, row_number() over (partition by u.name,
       io.name, order by ip.part#),
         decode(bitand(ip.flags, 1), 1, 'UNUSABLE', 'USABLE'), ts.name,
······ (为节省空间而删除了大约 86 行代码)······
from   obj$ io, indpartv$ ip, user$ u, ind$ i, indpart_param$ ipp, tab$ t,
where  io.obj# = ip.obj# and io.owner# = u.user# ...
······ (为节省空间而删除了大约 24 行代码)······
```

千万不要修改基础对象，许多 DBA 就是因为修改它们而造成数据库崩溃。请勿执行以下操作(但要注意确实是可执行的)：

```
Connect sys/change_on_install as sysdba
Connected.

DELETE FROM OBJ$;   -- 千万别干这事！ 如果提交，数据库就完了!
78239 rows deleted.

Rollback;
Rollback complete
```

还要考虑以下 CDB 与 PDB 示例：

```
sqlplus / as sysdba (log on as CDB$ROOT user in Root CDB - Container DB)

select count(*) from cdb_tables;
  COUNT(*)
----------
      7059
```

```
select count(*) from dba_tables;
  COUNT(*)
----------
      2317

select count(*) from user_tables;
  COUNT(*)
----------
      1221

alter session set container=PDB1;
Session altered.

select count(*) from cdb_tables;
  COUNT(*)
----------
      2426

select count(*) from dba_tables;
  COUNT(*)
----------
      2426

select count(*) from user_tables;
  COUNT(*)
----------
      1235
```

注意层次结构：主 CDB 中含有 PDB 的信息，而 PDB 仅保存自身的信息(但每个 PDB 中可能有多个 USERS)。

> **要诀**
> DBA_视图不是从 X$表或 V$视图衍生出来的。SYS 用户可以从 OBJ$视图中删除数据，这个事实就是千万别去当 SYS 超级用户的极好理由！对于每个 DBA_视图，都有一个 CDB_视图与之对应。Root CDB_视图还包含着 PDB 信息。

12.3 使用有帮助的 V$脚本

本章的剩余部分将主要介绍对分析 Oracle 数据库的不同方面有帮助的脚本。其中的很多脚本是动态的，它们使你洞悉数据库的各个方面，从而分析确定在某个时间点上是否有资源争用的现象。通常的结果是，DBA 执行某些操作并通过调优查询来立即清除争用，或者增大某个初始化参数来减缓未来的资源争用。撤销特定即席查询用户的访问权限，或者通过配置文件来限制该用户所使用的系统资源，也能够作为紧急处理的选择。接下来的小节中介绍的脚本用来获取如下信息：

- 基本的数据库信息
- 基本的自动负载资料库(AWR)信息
- 基本的版权信息
- 数据库中已安装的数据库选项

12.3.1 基本的数据库信息

获得实例的基本信息就像登录 SQL*Plus 一样简单,因为所有信息都会一下子显示在标题栏上。如果想看一看完整的标题栏题头的话,可以访问 V$VERSION 视图来显示标题栏。下面是查看数据库版本和其他信息的快速方法。

版本信息:

```
select banner
from   v$version;
```

来自 Oracle 12.2 版本的输出信息:

```
BANNER
--------------------------------------------------------------------------------
Oracle Database 12c Enterprise Edition Release 12.2.0.0.2 - 64bit Production
PL/SQL Release 12.2.0.0.2 - Production
CORE    12.2.0.0.2      Production
TNS for Linux: Version 12.2.0.0.2 - Production
NLSRTL Version 12.2.0.0.2 - Production
```

数据库信息:

```
select name, created, log_mode
from   v$database;

NAME       CREATED    LOG_MODE
---------  ---------  ------------
ORCL       17-MAR-16  ARCHIVELOG
```

访问 V$DATABASE 视图可以获得有关数据库的基本信息。ARCHIVELOG 是预期的归档模式,输出结果中最重要的信息乃是确认正处在这样的归档模式下。上面的输出结果还提供了数据库创建的准确日期。

另一种查看数据库归档日志状态的方法是以 SYS 用户身份在 SQL*Plus 下简单使用 ARCHIVE LOG LIST 命令:

```
SQL> archive log list

Database log mode              Archive Mode
Automatic archival             Enabled
Archive destination            USE_DB_RECOVERY_FILE_DEST
Oldest online log sequence     418
Current log sequence           418
```

要诀

查询 V$VERSION 视图和 V$DATABASE 视图以查看基本的数据库信息,例如版本信息、数据库创建日期以及基本的归档信息等。

12.3.2 基本的自动负载资料库(AWR)信息

随着 AWR(自动负载资料库)的问世,可以观察数据库的很多方面了。默认情况下,资料库每小时填充一批数据,这些数据的保留期为 7 天。下面这些查询对于了解 AWR 很有帮助(MMON 后台进程的作用是使 AWR 数据从内存同步到磁盘)。第 5 章更详细地介绍了 AWR、基于 AWR 的 V$视图的版权信息,以及如何利用 AWR 中的信息来施行调优。

AWR 使用了多少空间?

```
select occupant_name, occupant_desc, space_usage_kbytes
from   v$sysaux_occupants
where  occupant_name like '%AWR%';

OCCUPANT_NAME   OCCUPANT_DESC                                            SPACE_USAGE_KBYTES
-------------   ------------------------------------------------------   ------------------
SM/AWR          Server Manageability - Automatic Workload Repository                 345024
```

系统中最陈旧的 AWR 信息是什么?

```
select dbms_stats.get_stats_history_availability
from   dual;

GET_STATS_HISTORY_AVAILABILITY
---------------------------------------------------------------------------
18-MAY-16 10.46.48.800339000 PM -04:00
```

AWR 信息的保留期是多少天?

```
select dbms_stats.get_stats_history_retention
from   dual;

GET_STATS_HISTORY_RETENTION
---------------------------
                         31
```

将 AWR 信息的保留期改为 15 天:

```
exec dbms_stats.alter_stats_history_retention(15);


select dbms_stats.get_stats_history_retention
from   dual;

GET_STATS_HISTORY_RETENTION
---------------------------
                         15
```

要诀

查询 V$SYSAUX_OCCUPANTS 视图以保证 AWR(自动负载资料库)并没有占用过多空间。使用 DBMS_STATS 包来检查历史信息和保留期。

12.3.3　基本的许可信息

V$LICENSE 视图允许 DBA 根据整个数据库的许可信息、告警和使用情况来监控系统的活动,该视图把记录着任何时间点上最大并发会话数的日志提供给 DBA,以保证公司有足够的许可。当前会话数与会话告警级别及最大会话级别一起显示(如下所示)。DBA 应该在全天内定期执行脚本,以获取系统上实际的会话数。在下面的例子中,如果用户数被设置为 0,则对用户数没有限制:

```
select sessions_max sess_max, sessions_warning sess_warning,
       sessions_current sess_current, users_max
from   v$license;

SESS_MAX   SESS_WARNING   SESS_CURRENT   SESS_HIGHWATER   USERS_MAX
--------   ------------   ------------   --------------   ---------
     110            100             44              105           0
```

12.3.4 数据库中已安装的数据库选项

下面的脚本告诉你数据库中都安装了哪些产品选项，还告诉你它们是否可用。如果购买过的产品没有显示在列表中，那么可能是因为安装不正确。可以通过查询 V$OPTION 视图来检查已经安装的产品，也可以通过登录 SQL*Plus 来检查已经安装的产品(开源数据库能做这些事情吗？)。

```
select  *
from    v$option
order  by parameter;
(选中的行在下面显示 - 我的系统返回了 86 行)
```

输出如下：

```
PARAMETER                            VALUE             CON_ID
-----------------------------------  ----------------  -------
ASM Proxy Instance                   FALSE                   0
Active Data Guard                    TRUE                    0
Adaptive Execution Plans             TRUE                    0
Advanced Analytics                   TRUE                    0
Advanced Compression                 TRUE                    0
Basic Compression                    TRUE                    0
Cache Fusion Lock Accelerator        TRUE                    0
Flashback Database                   TRUE                    0
Flashback Table                      TRUE                    0
Heat Map                             TRUE                    0
In-Memory Aggregation                TRUE                    0
In-Memory Column Store               TRUE                    0
Java                                 TRUE                    0
Join index                           TRUE                    0
Managed Standby                      TRUE                    0
Online Index Build                   TRUE                    0
Online Redefinition                  TRUE                    0
Oracle Data Guard                    TRUE                    0
Oracle Database Vault                FALSE                   0
Oracle Label Security                FALSE                   0
Parallel backup and recovery         TRUE                    0
Parallel execution                   TRUE                    0
Parallel load                        TRUE                    0
Partitioning                         TRUE                    0
Plan Stability                       TRUE                    0
Real Application Clusters            FALSE                   0
Real Application Testing             TRUE                    0
Result Cache                         TRUE                    0
SQL Plan Management                  TRUE                    0
SecureFiles Encryption               TRUE                    0
Server Flash Cache                   TRUE                    0
Transparent Data Encryption          TRUE                    0
Unused Block Compression             TRUE                    0
XStream                              TRUE                    0
Zone Maps                            TRUE                    0

86 rows selected（上面只列出选定的行）
```

上面的程序清单显示数据库安装了 PARTITIONING 选项(TRUE)，却没有安装 Real Application Clusters(RAC) 选项(FALSE)。另外请注意，自动存储管理(ASM)为 FALSE，因为这只是测试环境。大多数生产系统都使用 ASM。

要诀
查询 V$OPTION 视图，可以获取已安装的 Oracle 产品选项的信息。V$VERSION 视图将给出已安装的基本产品选项的版本。

12.4　内存分配概要(V$SGA)

在下面的列表中，V$SGA 视图给出了系统全局区(SGA)内存结构的概要信息。"Database Buffers"是分配给内存的字节数，这片内存用以存放数据。如果设置了 init.ora 参数 DB_CACHE_SIZE，那么"Database Buffers"就是由这个参数设置得到的。"Redo Buffers"基本是由 init.ora 参数 LOG_BUFFER 的值得来的，用于缓存已经更改的记录。每当发出 COMMIT 命令时，"Redo Buffers"就把这些更改的记录刷新到重做日志文件里。

看一看下面这个相对来说比较小的 SGA(参见图 12-1)，输出列表是用 SHO SGA 命令得到的：

```
SQL> SHO SGA

Total System Global Area 1073741824 bytes
Fixed Size                  4429320 bytes
Variable Size             281020920 bytes
Database Buffers          784334848 bytes
Redo Buffers                3956736 bytes
```

```
Connected to:
Oracle Database 12c Enterprise Edition Release 12.1.0.2.0
With the Partitioning, OLAP, Advanced Analytics and Real A
ions

SQL> sho sga
Total System Global Area 4194304000 bytes
Fixed Size                  2932336 bytes
Variable Size             570425744 bytes
Database Buffers         2013265920 bytes
Redo Buffers               13844480 bytes
In-Memory Area           1593835520 bytes
SQL>
```

图 12-1　使用 In-Memory 列存储时列出的 SGA

考虑相同的查询，但现在是查询 V$SGA(如果针对单个 PDB，将得到完全相同的输出——不带"本地"信息)：

```
COL VALUE FORMAT 999,999,999,999
COMPUTE SUM OF VALUE ON REPORT
BREAK ON REPORT
select *
from   v$sga;


NAME                       VALUE    CON_ID
-------------------- ------------- -------
Fixed Size               4,429,320       0
Variable Size          281,020,920       0
Database Buffers       784,334,848       0
Redo Buffers             3,956,736       0
                     -------------
sum                  1,073,741,824
```

设置下列初始化参数以打开 In-Memory 列存储(也称为 IM、INMEMORY 或 In-Memory)：

```
inmemory_size=1520M
inmemory_query-enabled
sga_target=25G      --(如果使用 IM，必须将此参数的值增大)
```

12.4.1 设置 INMEMORY_SIZE 后查询 V$IM_SEGMENTS

设置 INMEMORY_SIZE(包含在 SGA 中，如上一节所示)后，可检查 In-Memory(IM)段。V$IM_SEGMENTS 视图和 In-Memory 列存储仅在 Oracle 数据库的 12.1.0.2 或更高版本中可用。此视图展示为 IM 列存储中全部的段所分配的内存。

下面的示例展示如何创建单列的 EMP7 表，并将其放入 IM 中：

```
CREATE TABLE emp7 (EMPNO number) INMEMORY;
Table created.
```

还可于创建表后将其更改为 INMEMORY：

```
alter table emp7 inmemory;
Table altered.
```

查看 V$IM_SEGMENTS 视图中的 EMP7 表：

```
select segment_name, bytes
from   v$im_segments
where  segment_name='EMP7';

SEGMENT_NAME                    BYTES
--------------------------- ---------
EMP7                          4194304
```

查看 V$IM_COLUMN_LEVEL 视图中的 EMP7 表：

```
select table_name, column_name, inmemory_compression
from   v$im_column_level
where  table_name = 'EMP7';

TABLE_NAME          COLUMN_NAME    INMEMORY_COMPRESSION
------------------  -----------    --------------------
EMP7                EMPNO          FOR QUERY LOW
```

有关 In-Memory(IM)列存储的详细信息，请参阅第 4 章。以下是使用 IM 时另外一些有用的命令。

将整个表空间(表/分区/物化视图)置入 IM 中：

```
SQL> ALTER TABLESPACE tbcsp1 INMEMORY;
```

立即将 EMP 表从 IM 列存储中移出：

```
SQL> ALTER TABLE emp NO INMEMORY;
```

立即将 D1 分区(dept)从 IM 列存储中移出：

```
SQL> ALTER TABLE dept MODIFY PARTITION d1 NO INMEMORY;
```

阻止某些列进入 IM(默认情况下所有列都进入 IM)：

```
SQL> ALTER TABLE emp INMEMORY NO INMEMORY (ename, job, mgr, hiredate, deptno, sal, comm);
```

查看 IM 信息的主要视图有 V$IM_SEGMENTS、V$IM_USER_SEGMENTS、V$IM_COLUMN_LEVEL、USER_TABLES 和(深度分析)V$KEY_VECTOR。

要诀

查询 V$IM_SEGMENTS 和 V$IM_COLUMN_LEVEL 视图以检索有关存储在 In-Memory 列存储中的特定对象的详细信息(仅在 Oracle 数据库的 12.1.0.2 及后续版本中可用)。

12.4.2 自动内存管理与 MEMORY_TARGET 参数

Oracle 通过引入 PGA_AGGREGATE_TARGET 参数简化了 PGA 内存的管理。在 12c 版本中，Oracle 引入了 PGA_AGGREGATE_LIMIT 参数以确保 PGA 有上限。Oracle 还通过提供自动共享内存管理(ASMM)和 SGA_TARGET 参数简化了 SGA 内存的管理。Oracle 提供的自动内存管理(AMM)，将 PGA 内存和 SGA 内存统一到单一参数的设置上，这个参数就是 MEMORY_TARGET(有关全部初始化参数的更多信息，请参见第 4 章)。结果，Oracle 提供了名为 V$MEMORY_DYNAMIC_COMPONENTS 的数据字典表。以下是使用 AMM 参数显示动态组件的查询：

```
select  component,current_size,min_size,max_size
from    v$memory_dynamic_components
where   current_size !=0;

COMPONENT                     CURRENT_SIZE   MIN_SIZE    MAX_SIZE
---------------------------   ------------   ---------   ---------
shared pool                      184549376   184549376   184549376
large pool                         4194304     4194304     4194304
java pool                         12582912    12582912    12582912
SGA Target                       536870912   536870912   536870912
DEFAULT buffer cache             327155712   327155712   327155712
Shared IO Pool                    50331648           0    50331648
PGA Target                       318767104   318767104   318767104

7 rows selected.
```

V$MEMORY_TARGET_ADVICE 视图提供了优化 MEMORY_TARGET 参数设置的建议。

执行下面的查询可以获得增大或缩小 MEMORY_TARGET 参数的建议，这些建议是在增大或缩小该参数实际效果的基础上给出的：

```
select    *
from      v$memory_target_advice
order by memory_size;

MEMORY_SIZE  MEMORY_SIZE_FACTOR  ESTD_DB_TIME  ESTD_DB_TIME_FACTOR  VERSION
-----------  ------------------  ------------  -------------------  --------
        204                 .25           382                    1         0
        408                  .5           382                    1         0
        612                 .75           382                    1         0
        816                   1           382                    1         0
       1020                1.25           382                    1         0
       1224                 1.5           382                    1         0
       1428                1.75           382                    1         0
       1632                   2           382                    1         0

8 rows selected.
```

设置了 MEMORY_TARGET 后，SGA_TARGET 和 PGA_TARGET 最初的值都是 0(被自动设置)，除非为它们设置了最小值(在 Oracle 12c 中，PGA 的最大值可以通过 PGA_AGGREGATE_LIMIT 来设置)。要使用 ASMM，请将 SGA_TARGET 设置为非零值。

下面这个示例中的 SGA 要大一些，现在用一种不同的方法来展示：

```
COLUMN value FORMAT 999,999,999,999

select *
```

```
from     v$sga;

NAME                          VALUE
--------------------   ----------------
Fixed Size                    2,188,768
Variable Size             4,513,073,696
Database Buffers          2,315,255,808
Redo Buffers                 17,420,288
```

如果使用了 SGA_TARGET 参数,就会在内部动态地调整大小:

```
select (
   (select sum(value) from v$sga) -
   (select current_size from v$sga_dynamic_free_memory)
   ) "SGA_TARGET"
from dual;

SGA_TARGET
----------
4448796672
```

输出结果表明这是个相对较大的 SGA(大于 4.5GB),缓冲区高速缓存大于 2.5GB,包括了 DB_CACHE_SIZE、DB_KEEP_CACHE_SIZE 和 DB_RECYCLE_CACHE_SIZE。正如在第 1 章和第 4 章中所讨论的那样,可以将 SGA_TARGET 设置为 4.5GB 左右,并设置其他参数以强制最小值。Variable Size 类别中的主要部分是缓冲区高速缓存和共享池(这个 SGA 中的共享池有 1GB)。上面的列表显示,SGA 使用超过 4.5GB 的实际物理内存。这些信息在 AWR 或 Statspack 报告(在 12cR2 中仍然可用,请参见第 14 章)中也提供,以 SYS 超级用户的身份使用 SHOW SGA 命令,也可以显示这些信息。

要诀

访问 V$SGA 视图可以得到系统物理内存分配状况的基本概念,包括在 Oracle 中为数据、共享池、大型池、Java 池和 Oracle 日志缓冲区分配的内存。

12.4.3 详尽的内存分配(V$SGASTAT)

查询和检索有关 SGA 内存分配的更多详细信息的 V$ 视图是 V$SGASTAT 视图(大多数记录与共享池相关),该视图提供了 SGA 和内存资源的动态信息,而这些信息随着数据库被访问而不断变化。下面详细说明 SGA 中的各个部分:对于 V$SGA 和 V$SGASTAT 而言,对应的 FIXED_SGA、BUFFER_CACHE 和 LOG_BUFFER 中的记录全都有同样的值。V$SGASTAT 中余下的记录组成 V$SGA 视图中唯一一条另外的记录(Variable Size 或共享池记录):

Fixed Size (V$SGA)	= FIXED_SGA (V$SGASTAT)
Database Buffers (V$SGA)	= BUFFER_CACHE (V$SGASTAT)
Redo Buffers (V$SGA)	= LOG_BUFFER (V$SGASTAT)
Variable Size (V$SGA)	= 很多其他记录(V$SGASTAT)

在 Oracle 9.2 中,V$SGASTAT 总共有 43 条记录;而到了 12cR2,现在有 1312 条记录,正如在这里显示的那样(仅显示部分记录,依据数据库的使用会有差异):

```
select *
from    v$sgastat;
```

```
POOL          NAME                          BYTES CON_ID
------------- ----------------------------- ----- ------
              fixed_sga                   4429320      0
              buffer_cache              734003200      0
              log_buffer                  3956736      0
              shared_io_pool             50331648      0
shared pool   KGX                          172152      0
shared pool   pid                           56976      0
shared pool   sot                             280      0
shared pool   KGLA                         612952      0
shared pool   KGLS                        2764080      0
etc...
1312 rows selected
```

在 AWR 或 Statspack 报告中(参见第 14 章)也提供其中一些信息。在 Statspack 报告的时间段内，起始值和终止值的信息会在报告中显示出来。

要诀

查询 V$SGASTAT 视图可获得 Oracle SGA 中的细目列表和共享池分配的详细列表。

12.4.4 PDB 和根 CDB 内存分配的详细信息(V$SGASTAT)

当进入单个 PDB 以查询视图时，只会显示该 PDB 的信息。如同前面提到的那样，不论在 PDB 级别还是在 CDB 级别，对 V$SGA 的查询都是一样的。如果查询的是 V$SGASTAT，那么在 CDB 级别(包括 CDB 和所有的 PDB)会比在 PDB 级别得到多得多的记录。

```
alter session set container=CDB$ROOT;
Session altered.
select count(*)
from   v$sgastat;
  COUNT(*)
----------
      1130
alter session set container=PDB1;
Session altered.

select count(*)
from v$sgastat;
  COUNT(*)
----------
        47
```

可以看到，于 CDB 而言有 1130 条记录，于 PDB 却只有 47 条记录。需要重点说明的是，在 PDB 中会有 CON_ID=0 的记录(比如将被 PDB 使用的空闲内存)，但已被使用的 SGA 条目则显示为 CON_ID=3(或者特指本 PDB)。

12.5 在 V$PARAMETER 视图里找出 spfile.ora/init.ora 参数设置

下面列出的脚本能显示系统的 init.ora 参数，另外为每个参数提供信息，以标识参数的当前值是否为默认值(通过 ISDEFAULT=true 来判断)。该脚本还展示如下信息：参数是否可以通过 ALTER SESSION 和 ALTER SYSTEM 命令来修改(通过 ISSYS_MODIFIABLE=IMMEDIATE 来判断)。如果 ISSYS_MODIFIABLE=IMMEDIATE，就可以通过 ALTER SESSION 和 ALTER SYSTEM 命令来修改参数值，而不必修改 init.ora 参数文件并重启实例。下面列出的示例显示了一些 init.ora 参数，这些参数可以用 ALTER SESSION 或 ALTER SYSTEM 命令来修改(IMMEDIATE 表明可以修改并立即生效)。请注意：虽然可以使用 ALTER 命令，但对于某些参数(例如 O7_DICTIONARY_ACCESSIBILITY)，只能使用 ALTER SYSTEM… SCOPE=SPFILE 命令来修改，然后还必须重启数据库以使修改生效。下面的查询展示了对数据库实例而言有效的参数值(在参数文件里未必是同样的值)。

```
select     name, value, isdefault, isses_modifiable, issys_modifiable
from       v$parameter
where      con_id = 0
order by   name;
```

查询 V$PARAMETER 视图：

```
NAME                            VALUE       ISDEFAULT ISSES ISSYS_MOD
------------------------------- ----------- ------------------------
O7_DICTIONARY_ACCESSIBILITY     FALSE       TRUE      FALSE FALSE
Active_instance_count                       TRUE      FALSE FALSE
Aq_tm_processes                 0           TRUE      FALSE IMMEDIATE
Archive_lag_target              0           TRUE      FALSE IMMEDIATE
Asm_diskgroups                              TRUE      FALSE IMMEDIATE
Asm_diskstring                              TRUE      FALSE IMMEDIATE
Asm_power_limit                 1           TRUE      TRUE  IMMEDIATE
...仅列出一部分输出)
```

依赖于数据库具体版本的列，也在上面的列表中。

要诀

要得到 init.ora 参数的当前值，可以查询 V$PARAMETER 视图。该视图还展示哪些 init.ora 参数已经更改而不再是最初的默认状况：ISDEFAULT = false。另外，该视图还展示哪些参数可以在会话级别更改(当 ISSES_MODIFIABLE = true 时)。最后，该视图展示了不用关闭和重启数据库就可以修改的参数(当 ISSYS_MODIFIABLE = IMMEDIATE 且 ISSYS_MODIFIABLE = DEFERRED 时)。ISSYS_MODIFIABLE = DEFERRED 时的参数修改，会对所有新登录的用户强制生效，而对当前已经登录的用户无效。如果 ISSYS_MODIFIABLE = false，那么数据库实例就必须关闭并重启，才能使参数的修改生效。第 4 章中有更多关于初始化参数的信息。

12.6 在 PDB 级别修改初始化参数

通过使用以下查询，可以了解哪些初始化参数可在 PDB 级别(或仅在 CDB 级别)进行修改(第 3 章对可插拔数据库做了详细介绍)：

```
select   name
from     v$parameter
where    ispdb_modifiable = 'TRUE'
and      name like 'optim%';
(在 PDB 级别，可以设置 412 个 R12.2 参数中的 150 个)
NAME                                        VALUE
-----------------------------------------------------------
optimizer_adaptive_features                 TRUE
optimizer_adaptive_reporting_only           FALSE
optimizer_capture_sql_plan_baselines        FALSE
optimizer_dynamic_sampling                  2
optimizer_features_enable                   12.2.0.1
```

```
optimizer_index_caching              0
optimizer_index_cost_adj             100
optimizer_inmemory_aware             TRUE
optimizer_mode                       ALL_ROWS
optimizer_secure_view_merging        TRUE
optimizer_use_invisible_indexes      MANUAL
optimizer_use_pending_statistics     FALSE
optimizer_use_sql_plan_baselines     TRUE
13 rows selected.
```

以下关键初始化参数报告为可修改：cursor_sharing、open_cursors、result_cache_mode、sort_area_size、db_cache_size、shared_pool_size、pga_aggregate_target、inmemory_size。

报告为不可修改的关键初始化参数是 memory_target。

12.7 确定数据所需内存(V$SYSSTAT 和 V$SYSMETRIC)

要想查看从内存中读取数据的频繁程度，可以查询 V$SYSSTAT 视图(如下面的程序清单所示)，该视图提供了数据库中设置的数据块缓冲区的命中率。这个命中率可以帮助你识别出系统需要更多数据缓存(DB_CACHE_SIZE)的情形，或者系统未经很好优化的情形(二者均会导致较低的命中率)。通常来说，应当确保读命中率保持在 95%以上。将系统的命中率从 98%提高到 99%，可能导致性能提高 100%以上(取决于引起磁盘读的原因)。

```
select 1-(sum(decode(name, 'physical reads', value,0))/
         (sum(decode(name, 'db block gets', value,0)) +
         (sum(decode(name, 'consistent gets', value,0)))))
         "Read Hit Ratio"
from     v$sysstat;

Read Hit Ratio
--------------
    .996558641
```

在 Oracle 12c 中，也可以直接查看 V$SYSMETRIC 视图中的 AWR 信息。V$SYSMETRIC 视图显示了于当前时间间隔捕获的系统度量值。该视图显示 60 秒时间间隔的系统度量值(INTSIZE_CSEC 列 = 6017)，还显示另一个 15 秒时间间隔的系统度量值(INTSIZE_CSEC 列 = 1504)；两个时间间隔均以百分之一秒为基本单位来显示。下面的查询展示了两行内容：

```
select metric_name, to_char(begin_time,'DD-MON-YY HH24MISS') BEGIN_TIME,
       to_char(end_time, 'DD-MON-YY HH24MISS') END_TIME, value
from   v$sysmetric
where  metric_name like 'Buffer Cache Hit Ratio';

METRIC_NAME               BEGIN_TIME        END_TIME           VALUE
-----------------------   ---------------   ---------------    ----------
Buffer Cache Hit Ratio    19-JUN-16 101614  19-JUN-16 101714   73.85
Buffer Cache Hit Ratio    19-JUN-16 101729  19-JUN-16 101744   100.00
```

除了 V$SYSMETRIC 视图之外，V$SYSMETRIC_SUMMARY 视图为持续时间长(60 秒)的系统度量展示 60 秒持续时间内的系统度量值概要信息，还有最小值、最大值和平均值。V$SYSMETRIC_HISTORY 视图则展示最近 90 分钟内 60 秒持续时长度量的值。

这个例子中的命中率非常高，但这并不能说明系统已经完全优化好：很高的命中率可能说明查询中过度使用了索引。如果命中率远低于 95%，那么可能需要增大实例的 DB_CACHE_SIZE 参数，或者去优化某些导致磁盘读的查询(如果这样做可行并且有效的话)。一个例外(许多其他的例外已在第4章中介绍)就是当各个数据块中的数据分布极度倾斜时。尽管有这样的可能性,但命中率低于90%的现象几乎总是发生在性能调优搞得很差的系统上,而不是发生在那些实验室里才能造出的、数据块里的数据分布平衡到极罕见地步的系统上(参阅第4章,查看关于数据命中率的其他信息)。

如有必要,也可以使用新的V$DB_CACHE_ADVICE视图来辅助改变数据缓存的大小。下面的程序清单创建一个数值的列表,该列表会向你展示较大数据缓存和较小数据缓存的不同效果以及它们对物理读所造成的影响(当缓冲区增加时,"Estd Phys Reads"列的值相应减少):

```
column  buffers_for_estimate format 999,999,999 heading 'Buffers'
column  estd_physical_read_factor format 999.90 heading 'Estd Phys|Read Fact'
column  estd_physical_reads format 999,999,999 heading 'Estd Phys| Reads'
SELECT  size_for_estimate, buffers_for_estimate,
        estd_physical_read_factor, estd_physical_reads
FROM    V$DB_CACHE_ADVICE
WHERE   name = 'DEFAULT'
AND     block_size =
            (SELECT value
             FROM   V$PARAMETER
             WHERE  name = 'db_block_size')
AND     advice_status = 'ON';
```

```
                                Estd Phys    Estd Phys
SIZE_FOR_ESTIMATE      Buffers  Read Fact        Reads
-----------------  -----------  ---------  -----------
                4          501      63.59  243,243,371
                8        1,002      45.65  174,614,755
               12        1,503       2.61    9,965,760
               16        2,004       1.00    3,824,900
               20        2,505        .76    2,909,026
               24        3,006        .57    2,165,817
               28        3,507        .41    1,555,860
               32        4,008        .33    1,253,696
```

12.8 确定数据字典所需内存(V$ROWCACHE)

可以使用V$ROWCACHE视图(正像在下面的程序清单里那样)来发现数据字典调用有效命中内存缓存的频繁度,而内存缓存是由数据库实例的SHARED_POOL_SIZE参数分配的。在第4章中已经详细讨论过这部分内容,这里的唯一目标就是复习对V$视图的访问。如果数据字典的命中率不够高,那么系统的总体性能就会变得非常差。

```
select    sum(gets), sum(getmisses),(1 - (sum(getmisses) / (sum(gets)
          + sum(getmisses)))) * 100 HitRate
from      v$rowcache;

SUM(GETS)   SUM(GETMISSES)        HITRATE
---------   --------------     ----------
   110673              670     99.9982558
```

也可以直接查询V$SYSMETRIC视图中的AWR信息:

```
select  metric_name, value
from    v$sysmetric
where   metric_name = 'Row Cache Hit Ratio';
```

```
METRIC_NAME                                                        VALUE
------------------------------------------------------------   ----------
Row Cache Hit Ratio                                                 99.99
```

推荐的命中率是 95%或更高(请参阅第 4 章来对此进行确认)。如果命中率低于这个百分比,就表明可能需要增大参数 SHARED_POOL_SIZE。但要记住,在 V$SGASTAT 视图中看到的共享池包括多个部分,而数据字典缓存仅是其中的一部分。

注意
在大量使用公共同义词的环境中,即便共享池巨大,数据字典缓存的命中率也可能难以超过 75%。这是因为 Oracle 必须经常检查很多对象是否存在,而实际上它们根本就不存在。

12.9　确定共享 SQL 和 PL/SQL 所需内存(V$LIBRARYCACHE)

访问 V$LIBRARYCACHE 视图可以显示实际使用的语句(SQL 和 PL/SQL)访问内存的情况。如果参数 SHARED_POOL_SIZE 设置得太小,内存中就没有足够的地方来存储所有的语句。如果共享池已经变得极为碎片化,共享池里可能就无法容纳大的 PL/SQL 程序了。如果不能有效地重用语句,扩大共享池就可能事与愿违,反而带来更多不利影响(参阅第 4 章的详细信息)。

库缓存中有执行率(pin 命中率)和重载命中率。推荐的 pin 对象的命中率是 95%以上,重载命中率应为 99%以上(低于 1%的重载率)。重载是这样发生的:对于某条已经分析好的语句而言,共享池通常并没有大到这样的程度——在分析其他语句时仍然将这条语句保留在内存里,所以这条语句的主体就被挤出内存(语句头依然留在内存中);当再次需要使用该语句时,将该语句的主体重新加载到内存中的动作就记录为一次重载。重载也能发生在语句的执行计划产生变更时。只要有任何一个命中率低于上述百分比,就说明应该非常详尽地研究共享池的情况。下面的程序清单展示了如何查询刚刚在这里讨论过的全部信息。

查询 V$LIBRARYCACHE,检查 SQL 是否在重用:

```
select   sum(pins) "Executions", sum(pinhits) "Hits",
         ((sum(pinhits) / sum(pins)) * 100) "PinHitRatio",
         sum(reloads) "Misses", ((sum(pins) / (sum(pins)
         + sum(reloads))) * 100)  "RelHitRatio"
from     v$librarycache;

Executions       Hits PinHitRatio     Misses RelHitRatio
---------- ---------- -----------  --------- -----------
   7002504    6996247  99.9106462        327  99.9953305
```

V$SYSMETRIC 视图也能展示在最当前的 60 秒时间间隔和 15 秒时间间隔内捕获的库缓存系统度量值。下面的查询显示两行内容,一行是 60 秒时间间隔的查询结果,另一行是 15 秒时间间隔的查询结果:

```
select metric_name, to_char(begin_time,'DD-MON-YY HH24MISS') BEGIN_TIME,
       to_char(end_time, 'DD-MON-YY HH24MISS') END_TIME, value
from    v$sysmetric
where   metric_name like 'Library Cache Hit Ratio';

METRIC_NAME              BEGIN_TIME         _END_TIME            VALUE
----------------------   ----------------   ----------------  ----------
Library Cache Hit Ratio  19-JUN-16 140251   19-JUN-16 140351      99.07
Library Cache Hit Ratio  19-JUN-16 140351   19-JUN-16 140406      99.82
```

查询 V$SQL_BIND_CAPTURE 视图,检查哪条 SQL 语句的绑定变量数大于 20(这就有问题了):

```
select sql_id, count(*) bind_count
```

```
from    v$sql_bind_capture
where   child_number = 0
group   by sql_id
having  count(*) > 20
order   by count(*);

SQL_ID          BIND_COUNT
-------------   ----------
9qgtwh66xg6nz           21
```

为了修复，找出有问题的 SQL 语句：

```
select sql_text, users_executing, executions, users_opening, buffer_gets
from    v$sqlarea
where   sql_id = '9qgtwh66xg6nz'
order   by buffer_gets;

SQL_TEXT
--------------------------------------------------------------------------------
USERS_EXECUTING EXECUTIONS USERS_OPENING BUFFER_GETS
--------------- ---------- ------------- -----------
update seg$ set type#=:4,blocks=:5,extents=:6,minexts=:7,maxexts=:8,extsize=:9,e
xtpct=:10,user#=:11,iniexts=:12,lists=decode(:13, 65535, NULL, :13),groups=decod
e(:14, 65535, NULL, :14), cachehint=:15, hwmincr=:16, spare1=DECODE(:17,0,NULL,:
17),scanhint=:18 where ts#=:1 and file#=:2 and block#=:3
              0         90                         690
```

查询 V$SQL_BIND_CAPTURE 视图，检查平均的绑定变量数是否大于 15(如果是，那就有问题了)：

```
select avg(bind_count) AVG_NUM_BINDS from
      (select sql_id, count(*) bind_count
       from    v$sql_bind_capture
       where   child_number = 0
       group   by sql_id);

AVG_NUM_BINDS
-------------
   3.35471698
```

12.10 查询 V$CONTAINERS 和 V$PDBS 以获取容器的信息

可插拔数据库(PDB)已在第 3 章中做了详细介绍。本章仅介绍与 CDB 和 PDB 相关的 V$视图。在 Oracle 12c 中，可以拥有一个包含多个 PDB 的容器数据库(CDB)。可插拔数据库也称为多租户数据库，因为每个"租户"可以驻留在他们自己的 PDB 中。"可插拔"数据库可以从一个容器中拔出并轻松插入另一个容器，从而使数据库可以在环境之间移植，并允许通过从一个版本的环境中拔出并插入更高版本的新环境来实现数据库升级。还可以将数据库从本地部署的环境中拔出后插入到云端(反之亦然)。此功能还允许单个可插拔数据库的独立恢复(可以在 12cR2 中闪回 PDB)。

如第 3 章所述，在 12cR2 中，容器数量从 12cR1 中的 254 个变为 1000 个以上。Oracle 在版本 12cR1 中支持 252 个 PDB，而在版本 12cR2 中支持 4096 个 PDB。以下是每个容器中的内容：

    进入 CDB => Container ID = 0   整个 CDB 或非 CDB
    根(CDB$ROOT) => Container ID = 1 以 SYS 用户身份登录就会进入根 CDB
    种子(PDB$SEED) => Container ID = 2 作为克隆用的源

              PDBs => Container ID = 3～1000   应用使用的 PDB

12.10.1 使用可插拔数据库时查询 V$CONTAINERS

可以通过访问 V$CONTAINERS 来查询容器信息。举个例子,首先将登录到拥有两个不同租户(PDB1 和 PDB2)的根 CDB,然后登录到 PDB1 并查询 V$CONTAINERS:

```
$sqplus / as sysdba    --(以 SYS 用户身份进入 CON_ID=1 的容器)
```

或

```
alter session set container=cdb$root;   --(以 SYS 用户身份处在 CON_ID=1 的容器中)
Session altered.
```

接下来,查询 V$CONTAINERS(现在位于显示了四个容器的根 CDB 中):

```
select con_id, name
from   v$containers;

CON_ID NAME
------ ------------------------------
     1 CDB$ROOT
     2 PDB$SEED
     3 PDB1
     4 PDB2
```

最后,进入 PDB1 并查询 V$CONTAINERS(现在只出现一个容器,CON_ID = 3):

```
alter session set container=PDB1;
Session altered.

select con_id, name
from   v$containers;

CON_ID NAME
------ ------------------------------
     3 PDB1
```

在下一节中,我们将查看每个容器的相应 PDB 名称(访问 V$PDBS)。

12.10.2 使用可插拔数据库时查询 V$PDBS

可以通过访问 V$PDBS 来查询可插拔数据库信息。同样,首先登录根 CDB(这里显示了两种不同的方法),然后连接到 PDB1:

```
$sqplus / as sysdba    --(以 SYS 用户身份进入 CON_ID=1 的容器)
```

或

```
alter session set container=cdb$root;   --(以 SYS 用户身份处在 CON_ID=1 的容器中)
Session altered.
```

接下来查询 V$PDBS(显示了三个 PDB:PDB$SEED、PDB1 和 PDB_SS):

```
select name, open_mode, open_time
from v$pdbs;

NAME              OPEN_MODE   OPEN_TIME
```

```
------------------ ---------- ------------------------
PDB$SEED           READ ONLY  23-FEB-13 05.29.19.861 AM
PDB1               READ WRITE 23-FEB-13 05.29.25.846 AM
PDB_SS             READ WRITE 23-FEB-13 05.29.37.587 AM
3 rows selected.
```

下面是一个不同的 CDB(有三个 PDB：PDB$SEED、PDB1 和 PDB2)：

```
select con_id, name, open_time
from v$pdbs;

    CON_ID NAME           OPEN_TIME
---------- -------------- ------------------------
         2 PDB$SEED       15-JUL-16 03.44.23.369 PM
         3 PDB1           15-JUL-16 03.44.25.710 PM
         4 PDB2           15-JUL-16 03.44.27.510 PM
3 rows selected.
```

最后，在 PDB1 中查询 V$PDBS(现在只出现一个 PDB：PDB1)：

```
alter session set container=PDB1;    (现在位于 CON_ID=3 的容器中)
Session altered.

    CON_ID  NAME           OPEN_TIME
----------  -------------- ------------------------
         3  PDB1           15-JUL-16 03.44.25.710 PM
1 row selected.
```

登录到根 CDB(CON_ID = 1)时，所有 PDB 都显示在 V$PDBS 中。登录到单个 PDB(前一个示例中的 CON_ID = 3 或 PDB1)时，仅显示有关该 PDB 的信息。还有一个 V$PDB_INCARNATION 视图，用于访问有关 PDB 化身的信息(当使用 RESETLOGS 选项打开 PDB 时)。

要诀

查询 V$CONTAINERS 和 V$PDBS 以获取有关容器和可插拔数据库的详细信息。连接到 PDB 时，只能看到与该特定 PDB 相关的信息。

12.10.3 使用结果集缓存(Result Cache)

从过去的版本直到 Oracle 10g，共享池都是由库缓存和数据字典缓存组成的。通过查询 V$ROWCACHE 和 V$LIBRARYCACHE 数据字典视图，可以获得这两块缓存上的命中率。Oracle 12c (也包括 11g)提供了另一块内存区域，叫作结果集缓存内存(Result Cache Memory，通过参数 RESULT_CACHE_MAX_SIZE 来设定)，它(也是共享池的一部分)将 SQL 和 PL/SQL 函数的结果存于内存中。初始化参数 RESULT_CACHE_MODE 控制着这部分内存的活动。当 RESULT_CACHE_MODE 设置为 MANUAL 时，查询需要运用 RESULT_CACHE 提示来使用这片内存。当 RESULT_CACHE_MODE 设置为 FORCE 时，所有查询都尽量使用这片内存。下面示例中的查询使用 RESULT_CACHE 提示，导致结果集缓存内存的使用：

```
select     /*+ result_cache */ deptno, avg(sal)
from       emp
group by   deptno;
```

下面的查询显示缓存对象及其他属性：

```
column cache_id format A20

select  type,status,name,cache_id,cache_key
```

```
from        v$result_cache_objects;

Type          Status       Cache Name            CACHE_ID                CACHE_KEY
-----------   ---------    -------------------   --------------------    ------------------------------
Dependency    Published    SCOTT.EMP             SCOTT.EMP               SCOTT.EMP
Result        Published    select /*+ result_ca  1bhc1ku3h4yxm07dd0z1    21ny1f0hxsxck0k982493x1x28
                           che */ deptno, avg(s  pv4zzu
                           al) from scott.emp g
                           roup by deptno

2 Rows selected.
```

下面的查询显示所有内存块和相应的统计信息：

```
col chunk            for 9999999   HEADING    'Chunk#'
col offset           for 9999999   HEADING    'Offset#'
col free             for A5        HEADING    'Free?'
col position         for 9999999   HEADING    'Position'

select  chunk, offset, free, position
from    v$result_cache_memory;

  Chunk#  Offset# Free? Position
--------- -------- ----- --------
       0        0 NO           0
       0        1 NO           0
       0        2 NO           0
       0        3 YES          0
       0        4 YES          0
       0        5 YES          0
       0        6 YES          0
       0        7 YES          0
       0        8 YES          0
       0        9 YES          0
...
```

下面的查询监督结果集缓存内存的使用情况。在很好利用了结果集缓存内存的系统中，Create Count Failures 的值应该很低，而 Find Count 的值应该很高。

```
column name format a20
select name, value from v$result_cache_statistics;

Cache Name                VALUE
--------------------   ----------
Block Size (Bytes)         1024
Block Count Maximum        3072
Block Count Current          32
Result Size Maximum          30
Create Count Success          1
Create Count Failure          0
Find Count                  774
Invalidation Count            0
Delete Count Invalid          0
Delete Count Valid            0
Hash Chain Length             1
Find Copy Count             774
Latch (Share)                 0
```

```
13 rows selected.
```

要诀

要想查看从内存中读 SQL 和 PL/SQL 的频繁度，可以查询 V$LIBRARYCACHE 视图。通常来说，pin 命中率应该在 95%或更高，重载率应该不高于 1%。查询 V$SQL_BIND_CAPTURE 视图，看看每条 SQL 语句所带的绑定变量是不是太多？是不是需要设置 CURSOR_SHARING 参数?为把查询结果强行保存在共享池的结果集缓存内存中，可以使用结果集缓存。

12.11 确定需要保留在内存中(固定住)的 PL/SQL 对象

碎片将会导致共享池中有很多零散的片段，却没有足够大的连续空间，这在共享池中是普遍现象。清除共享池错误(参阅第 4 章和第 13 章以了解更多信息)的关键是弄清楚哪些对象可能引发问题。一旦认识可能引起问题的 PL/SQL 对象，就可以在数据库启动时将这段代码在内存中固定住(这时共享池是完全连续的)。可以查询 V$DB_OBJECT_CACHE 视图，确定那些既庞大又尚未标记为 KEPT 的 PL/SQL 对象。

下面的查询只展示目前已经在缓存中的语句，要搜索的是那些需要占用多于 100KB 空间的对象：

```
select  name, sharable_mem
from    v$db_object_cache
where   sharable_mem > 100000
and     type in ('PACKAGE', 'PACKAGE BODY',
        'FUNCTION', 'PROCEDURE')
and     kept = 'NO';

NAME                                 SHARABLE_MEM
------------------------------------ ------------
STANDARD                                   653872
DBMS_SQLTUNE                               507936
DBMS_SQLTUNE_INTERNAL                      540112
DBMS_RCVMAN                                678488
DBMS_SCHEDULER                             238176
DBMS_BACKUP_RESTORE                        256480
DBMS_STATS                                1222768
...
```

要诀

如果想找出那些尚未固定在共享池中，但又大到足以引起共享池碎片问题的对象，可以查询 V$DB_OBJECT_CACHE视图。

12.12 监控 V$SESSION_LONGOPS 视图以定位有问题的查询

如果想追踪运行时间很长的 SQL 查询，可以使用 Oracle 提供的数据字典表 V$SESSION_ LONGOPS。为获得运行了很长时间的那些查询的 SID、序列号和信息字段的内容，可以运行如下查询：

```
select sid, serial#, message
from   v$session_longops;

     SID    SERIAL# MESSAGE
---------- ---------- ---------------------------------------
     292       3211 Table Scan:  SYSTEM.STATS$USER_LOG: 2477
                    7 out of 24777 Blocks done
```

```
         375         64234 Table Scan:   SYSTEM.STATS$USER_LOG: 2477
                           7 out of 24777 Blocks done
          68         29783 Table Scan:   SYSTEM.STATS$USER_LOG: 2477
                           7 out of 24777 Blocks done
.........
```

可以在 SQL 语句的执行过程中监控它们的性能。V$SQL_MONITOR 和 V$SQL_PLAN_MONITOR 是 Oracle 提供的两个数据字典视图，用以监控长时间运行语句的性能(在 Oracle 12c 中访问这些视图时，还可以利用 IS_ADAPTIVE_PLAN、IS_FINAL_PLAN 以及 CON_ID 列)。

```
select    key, sql_id, sql_exec_id,
          to_char(max(sql_exec_start) ,'DD/MM/YYYY HH24:Mi:SS')
          sql_exec_start,
          sql_child_address child_address
from      v$sql_monitor
group by  key, sql_id, sql_exec_id, sql_child_address
order by  sql_exec_start;

       KEY SQL_ID            SQL_EXEC_ID SQL_EXEC_START      CHILD_AD
---------- ---------------   ----------- ------------------- --------
3.6078E+11 ahvccymgw92jw        16777217 18/06/2016 12:59:08 28172AC0
3.3930E+11 ahvccymgw92jw        16777220 18/06/2016 12:59:11 28172AC0
1.6321E+11 ahvccymgw92jw        16777221 18/06/2016 12:59:12 28172AC0
2.7917E+11 ahvccymgw92jw        16777224 18/06/2016 12:59:14 28172AC0
2.3193E+11 ahvccymgw92jw        16777223 19/06/2016 12:59:14 28172AC0
...

col id format 999
col operation format a25
col object format a6
set colsep '|'
set lines 100

select    p.id,
          rpad(' ',p.depth*2, ' ')||p.operation operation,
          p.object_name object,
          p.cardinality card,
          p.cost cost,
          substr(m.status,1,4) status,
          m.output_rows
from      v$sql_plan p, v$sql_plan_monitor m
where     p.sql_id=m.sql_id
and       p.child_address=m.sql_child_address
and       p.plan_hash_value=m.sql_plan_hash_value
and       p.id=m.plan_line_id
and       m.sql_id=' ahvccymgw92jw'
and       m.sql_exec_id=16777217
and       m.sql_exec_start=to_date('20/11/2016 12:59:08 ','DD/MM/YYYY HH24:MI:SS')
order by p.id;

  ID|OPERATION                |OBJECT|      CARD|      COST|STAT|OUTPUT_ROWS
----|-------------------------|------|----------|----------|----|-----------
   0|SELECT STATEMENT         |      |          |   4941855|DONE|          0
   1|  RESULT CACHE           |2k8xzg|          |          |DONE|          0
    |                         |unm7z5|          |          |    |
    |                         |0c8ssc|          |          |    |
```

```
    |                      |mhy1t6|           |        |        |
    |                      |ph    |           |        |        |
 2|     SORT               |      |        1| |DONE    |        1
 3|       NESTED LOOPS     |      | 289220332| 4941855|DONE    | 616317649
 4|         TABLE ACCESS   |EMP   |     74130|      69|DONE    |    150000
 5|         TABLE ACCESS   |EMP   |      3902|      67|DONE    | 616317649

6 rows selected.
```

如果查询正在运行，STAT 那一列将显示 EXEC。这个状态用以说明在某一时刻执行到哪个步骤了。可以查询 V$SESSION_LONGOPS 视图中的 TIME_REMAINING(剩余时间)列和 SOFAR(目前完成了多少)列，但要用这两列来估计语句还要运行多久却很难办，因为 Oracle 把操作考虑为线性运行的，而实际的操作往往并不是线性运行的，所以后面的操作可能比前面的操作花去更长的时间(反过来也一样)。最后，必须满足下面的条件，运行时间长的查询才会在该视图中现身(请注意，并非扫描操作本身必须跨过最少块数这道门槛，而是被扫描的对象必须跨过这道门槛)：

- 必须已经运行了 6 秒以上，而且
- 是有着多于 10 000 个数据块的表上的全表扫描，或者
- 是有着多于 1000 个索引块的索引上的全索引扫描，或者
- 是哈希连接(至少涉及 20 个数据块)

这些都会根据版本的不同而变化，所以最好还是通过自己做测试来把它们搞明白吧！

12.13 通过 V$SQLAREA 发现有问题的查询

V$SQLAREA 视图提供了识别可能有问题的 SQL 语句的方法，此外还能识别需要优化的 SQL 语句，通过减少对磁盘的访问来优化数据库的整体性能。DISK_READS 列展示系统上正在运行的磁盘读取的数额。它和 EXECUTIONS(执行次数)列结合起来(DISK_READS/EXECUTIONS)，可以返回每次执行中访问磁盘最多的 SQL 语句。一般取 100 000 为 DISK_READS 值的参考基准，但为了把那些最有问题的语句揭露出来，在生产系统中可以将这个参考基准取值为比 100 000 大得多或小得多(取决于具体数据库)。一旦识别出这些最有问题的语句，就要对它们进行复查并实施优化，从而提高系统的整体性能。通常来说，具有大量磁盘读的语句没有用到索引，或者执行路径强制该语句不去使用正确的索引。

下面程序清单中的查询中有一处可能会误导人，那就是 RDS_EXEC_RATIO 列，它是读磁盘的次数除以执行次数的结果值。实际上，执行某条语句可能用了 100 次磁盘读，之后该语句要访问的那些数据块被强制移出内存(如果内存空间不足的话)。如果再次执行该语句，将再次进行 100 次磁盘读，而 RDS_EXEC_RATIO 就是 100(或者 100+100 次读，除以 2 次执行)。但是在第 2 次执行该语句时，如果它要访问的那些数据块刚好在内存中(内存空间足够)，那么磁盘读将为 0(第 2 次)，而且 RDS_EXEC_RATIO 将是 50(100+0 除以 2 次执行)。在结果列表中排在最前面的语句肯定有问题，需要调优——应该定期进行！

注意
为了方便阅读，下面的代码已经过格式化处理。

```
select      b.username username, a.disk_reads reads,
            a.executions exec, a.disk_reads /decode
            (a.executions, 0, 1,a.executions) rds_exec_ratio,
            a.sql_text Statement
from        v$sqlarea a, dba_users b
where       a.parsing_user_id = b.user_id
and         a.disk_reads       > 100000
```

```
order by   a.disk_reads desc;

USERNAME   READS      EXEC   RDS_EXEC_RATIO   STATEMENT
--------   -------    ----   --------------   --------------------------------
ADHOC1     7281934    1            7281934    select  custno, ordno
                                              from    cust, orders
ADHOC5     4230044    4            1057511    select  ordno
                                              from    orders
                                              where   trunc(ordno) = 721305
ADHOC1     801715     2             499858    select  custno, ordno
                                              from    cust
                                              where   decode(custno,1,6) = 314159
```

如果前面那条 SQL 语句并不大量访问磁盘(尽管 SQL 语句通常会大量访问磁盘)而是大量访问内存(比通常期望的多)，那么语句中的 DISK_READS 那一列就可以用 BUFFER_GETS 列取而代之，这类语句使用了大量分配给数据的内存(DB_CACHE_SIZE)。其实问题并不在于语句在内存中执行(这是好事)，而是在于这样的语句占用大量的内存。许多情况下，问题出在该做全表扫描或连接操作时，SQL 语句却用了索引。这类 SQL 语句也可能涉及连接操作，该连接操作强制执行路径使用并非所愿的索引，或者使用多个索引并强迫索引合并或大量数据合并。请记住，大部分的系统性能问题都是由写得糟糕的 SQL 或 PL/SQL 语句造成的。

要诀
要找出有问题的查询(和用户)，可以查询 V$SQLAREA 视图。

12.14 检查用户的当前操作及其使用的资源

连接 V$SESSION 和 V$SQLTEXT 就可以展示当前正被每个会话执行的 SQL 语句，当 DBA 试图确定某一时刻系统中发生什么时，这个查询极为有用：

```
elect    a.sid, a.username, s.sql_text
from     v$session a, v$sqltext s
where    a.sql_address = s.address
and      a.sql_hash_value = s.hash_value
order by a.username, a.sid, s.piece;

SID  USERNAME     SQL_TEXT
---  ----------   ----------------------------------
 11  PLSQL_USER   update s_employee set salary = 10000
  9  SYS          select a.sid, a.username, s.sql_text
  9  SYS          from v$session a, v$sqltext
  9  SYS          where a.sql_address = s.address
  9  SYS          and a.sql_hash_value = s.hash_value
  9  SYS          order by a.username, a.sid, s.piece
(...仅显示一部分输出)
```

SQL_TEXT 列显示完整的 SQL 语句,但在 V$SQLTEXT 视图中该语句是作为 VARCHAR2(64)数据类型来存储的，所以跨越了多条记录。PIECE 列用于对 SQL 语句的各个片段排序。为了查看每个用户使用的资源，简单使用下面程序清单中的查询就可以了。这条语句是为了强调每个会话中的物理磁盘命中次数和内存命中次数，从而非常容易确认哪些用户正在运行大量的物理磁盘读和内存读：

```
select    a.username, b.block_gets, b.consistent_gets,
          b.physical_reads, b.block_changes, b.consistent_changes
from      v$session a, v$sess_io b
where     a.sid = b.sid
```

```
order by  a.username;

USERNAME    BLOCK_GETS   CONSISTENT_GETS   PHYSICAL_READS   BLOCK_CHANGES   CONSISTENT_CHANGES
----------  -----------  ----------------  ---------------  --------------  ------------------
PLSQL_USER          39                72               11              53                   1
SCOTT               11                53               12               0                   0
SYS                 14               409               26               0                   0
SYSTEM            8340             10197              291            2558                 419
```

要诀

通过查询 V$SESSION、V$SQLTEXT 和 V$SESS_IO 可以发现有问题的用户，并可发现在给定的时间点上他们正在执行什么操作。

12.14.1 查找用户正在访问的对象

一旦发现某些用户或系统中的查询存在问题，查询 V$ACCESS 能够找出可能有问题的对象(可能缺少索引)。希望修改一个特定的对象时，或者希望知道在某个特定时间谁在使用该对象时，查询这个视图也非常有帮助，如下面的程序清单所示。

```
select a.sid, a.username, b.owner, b.object, b.type
from   v$session a, v$access b
where  a.sid = b.sid;


SID  USERNAME   OWNER   OBJECT                  TYPE
---  --------   -----   ---------------------   -------
  8  SCOTT      SYS     DBMS_APPLICATION_INFO   PACKAGE
  9  SYS        SYS     DBMS_APPLICATION_INFO   PACKAGE
  9  SYS        SYS     X$BH                    TABLE
 10  SYSTEM     PUBLIC  V$ACCESS                SYNONYM
 10  SYSTEM     PUBLIC  V$SESSION               SYNONYM
 10  SYSTEM     SYS     DBMS_APPLICATION_INFO   PACKAGE
 10  SYSTEM     SYS     V$ACCESS                VIEW
 10  SYSTEM     SYS     V$SESSION               VIEW
 10  SYSTEM     SYS     V_$ACCESS               VIEW
```

该脚本显示了所有正被访问的对象，包括同义词、视图、存储过程源代码等。

要诀

通过查询 V$ACCESS 视图可查看用户在特定时间访问的所有对象。这有助于查明有问题的对象，并且在修改特定对象时也很有用(找出谁在访问该对象)。然而，当系统的共享池很大并且有成百上千个用户时，这个操作的开销将很大。

12.14.2 获取详细的用户信息

当测试新的(或者更新后的)应用模块以确定运营开支时，分析用户统计信息的方法是非常有价值的。在用户遇到性能问题时，该方法也向用户提供了一个窗口，因为它提供的统计信息涵盖每个用户的各个方面。此外，在设置配置文件以限制特定用户时，也可将其作为一种指导。下面程序清单中的脚本将统计信息限制为必须有值的数据(b.value != 0)。

```
select   a.username, c.name, sum(b.value) value
from     v$session a, v$sesstat b, v$statname c
```

```
where      a.sid           = b.sid
and        b.statistic#    = c.statistic#
and        b.value         != 0
group by   name, username;

USERNAME                        NAME                                  VALUE
------------------------------  ------------------------------   ----------
SYS                             DB time                                3690
                                redo size                           2143640
SYS                             redo size                             98008
                                user calls                               28
SYS                             user calls                              337
                                IMU Flushes                               1
SYS                             IMU Flushes                               2
                                IMU commits                              19
SYS                             IMU commits                               1
                                redo writes                            4443
                                redo entries                           8728
...等等
```

12.15 使用索引

V$OBJECT_USAGE 视图反映索引是否被使用过，却不能提供索引使用的频度。需要为希望监控的索引单独打开或关闭监控，可以使用 ALTER INDEX 命令来发起监控，然后通过查询 V$OBJECT_USAGE 视图来实现对索引使用状况的跟踪。下面是 V$OBJECT_USAGE 视图的说明：

```
SQL> desc v$object_usage

Name                         Null?       Type
---------------------------  --------    ---------------------------
INDEX_NAME                   NOT NULL    VARCHAR2(30)
TABLE_NAME                   NOT NULL    VARCHAR2(30)
MONITORING                               VARCHAR2(3)
USED                                     VARCHAR2(3)
START_MONITORING                         VARCHAR2(19)
END_MONITORING                           VARCHAR2(19)
```

在索引监控开始前，视图中没有记录：

```
select   *
from     v$object_usage;

no rows selected
```

现在开始监控 4 个索引(连接到拥有索引的用户)：

```
alter index HRDT_INDEX1 monitoring usage;
alter index HRDT_INDEX2 monitoring usage;
alter index HRDT_INDEX3 monitoring usage;
alter index HRDT_INDEX4 monitoring usage;
```

现在视图显示 4 个索引和开始监控的时间，但是还没有使用：

```
select  index_name, table_name, monitoring, used,
        start_monitoring, end_monitoring
from    v$object_usage;
```

```
INDEX_NAME    TABLE_NAME  MON  USE  START_MONITORING     END_MONITORING
-----------   ----------  ---  ---  ------------------   ------------------
HRDT_INDEX1   HRS_DETAIL  YES  NO   10/13/2016 03:11:34
HRDT_INDEX2   HRS_DETAIL  YES  NO   10/13/2016 03:11:38
HRDT_INDEX3   HRS_DETAIL  YES  NO   10/13/2016 03:11:46
HRDT_INDEX4   HRS_DETAIL  YES  NO   10/13/2016 03:11:52
```

如果使用 HRDT_INDEX1 进行查询，视图则会显示该索引已经被使用：

```
select index_name, table_name, monitoring, used,
       start_monitoring, end_monitoring
from   v$object_usage;

INDEX_NAME    TABLE_NAME  MON  USE  START_MONITORING     END_MONITORING
-----------   ----------  ---  ---  ------------------   ------------------
HRDT_INDEX1   HRS_DETAIL  YES  YES  10/13/2016 03:11:34
HRDT_INDEX2   HRS_DETAIL  YES  NO   10/13/2016 03:11:38
HRDT_INDEX3   HRS_DETAIL  YES  NO   10/13/2016 03:11:46
HRDT_INDEX4   HRS_DETAIL  YES  NO   10/13/2016 03:11:52
```

结束对 HRDT_INDEX4 的监控，视图现在会显示监控的结束时间：

```
alter index HRDT_INDEX4 nomonitoring usage;
select index_name, table_name, monitoring, used,
       start_monitoring, end_monitoring
from   v$object_usage;

INDEX_NAME    TABLE_NAME  MON  USE  START_MONITORING     END_MONITORING
-----------   ----------  ---  ---  ------------------   ------------------
HRDT_INDEX1   HRS_DETAIL  YES  YES  10/13/2016 03:11:34
HRDT_INDEX2   HRS_DETAIL  YES  NO   10/13/2016 03:11:38
HRDT_INDEX3   HRS_DETAIL  YES  NO   10/13/2016 03:11:46
HRDT_INDEX4   HRS_DETAIL  NO   NO   10/13/2016 03:11:52  10/13/2011 03:16:01
```

要诀
使用 V$OBJECT_USAGE 视图来查看索引是否正在被使用，也许某些索引是不需要的。

12.16 确定锁定问题

确定锁定问题将有助于找出正在等待其他用户或其他资源的用户。利用这个策略，可以确定当前被锁定在系统中的用户，也可以确定一个和 Oracle 相关的进程到底是被锁定了，还是运行得慢些而已。还能确定被锁定的用户正在执行的语句。下面的程序清单提供了一个确定上锁问题的示例。

注意
在本书之前的版本中，这些语句并未调优(很令笔者尴尬)。

```
select    /*+ ordered */ b.username, b.serial#, d.id1, a.sql_text
from      v$lock d, v$session b, v$sqltext a
where     b.lockwait    = d.kaddr
and       a.address     = b.sql_address
and       a.hash_value  = b.sql_hash_value;

USERNAME      SERIAL#         ID1      SQL_TEXT
--------      ----------      -----    ---------------------------
```

```
AUTHUSER                53         393242     update emp set salary = 5000
```

还需要确定到底是系统中的哪个用户造成上面那个用户被锁定的问题,如下面的程序清单所示(这个造成锁定问题的人,通常就是当其他人走近他/她的桌子时,他/她就按下 Ctrl+Alt+Del 键以锁屏的那个用户/开发人员)。

```
select   /*+ ordered */ a.serial#, a.sid, a.username, b.id1, c.sql_text
from     v$lock b, v$session a, v$sqltext c
where    b.id1 in
         (select  /*+ ordered */ distinct e.id1
          from    v$lock e, v$session d
          where   d.lockwait   = e.kaddr)
and      a.sid          = b.sid
and      c.hash_value = a.sql_hash_value
and      b.request      = 0;

SERIAL#  SID  USERNAME      ID1      SQL_TEXT
-------  ---  --------      ------   -----------------------------------
     18   11  JOHNSON       393242   update authuser.emp set salary=90000
```

在上面的程序清单中,因为忘记写至关紧要的 WHERE 子句,JOHNSON 将让所有人都高兴。可惜的是,JOHNSON 锁定了这张表的授权用户。

可以详细查看锁定,确切了解运行和阻塞情况。第 9 章讲述了数据块级调优,描述了一些列,还描述了如何查询 V$TRANSACTION 视图(该视图展示所有当前正在运行的 DML[update/insert/delete]事务)。在下面的程序清单中,有 4 个在同一个信息块上同时运行的事务。没有见到阻塞,因为 INITRANS 参数的设置大到足以处理同一数据块上同时发生的 4 个更新(至少设置为 4 个 ITL 槽位——最多 24 个 ITL 槽位)。如果有问题,LMODE 就应该是 0,而 REQUEST 应该是 6(TX6),就像在接下来的第 3 个查询中那样。

4 个用户更新相同数据块中的不同行:

```
select /*+ ordered */ username, v$lock.sid, trunc(id1/power(2,16)) rbs,
       bitand(id1,to_number('ffff','xxxx'))+0 slot,
       id2 seq, lmode, request
from   v$lock, v$session
where  v$lock.type = 'TX'
and    v$lock.sid = v$session.sid;

USERNAME      SID        RBS         SLOT        SEQ         LMODE       REQUEST
----------    ---------  ----------  ----------  ----------  ----------  ----------
SCOTT         146        6           32          85          6           0
SCOTT         150        4           39          21557       6           0
SCOTT         151        5           34          1510        6           0
SCOTT         161        7           24          44          6           0

select xid, xidusn, xidslot, xidsqn, status, start_scn
from   v$transaction
order by start_scn;

XID                 XIDUSN     XIDSLOT    XIDSQN  STATUS       START_SCN
----------------    ---------- ---------- ------- -----------  ----------
0600200055000000    6          32         85      ACTIVE       16573480
0400270035540000    4          39         21557   ACTIVE       16573506
05002200E6050000    5          34         1510    ACTIVE       16573545
070018002C000000    7          24         44      ACTIVE       16574420
```

3 个用户试图更新相同的行:

```
select /*+ ordered */ username, v$lock.sid, trunc(id1/power(2,16)) rbs,
```

```
        bitand(id1,to_number('ffff','xxxx'))+0 slot,
        id2 seq, lmode, request
from    v$lock, v$session
where   v$lock.type = 'TX'
and     v$lock.sid = v$session.sid;

USERNAME            SID        RBS       SLOT        SEQ       LMODE     REQUEST
----------      ----------  ----------  ----------  ----------  ----------  ----------
SCOTT               146         4          47        21557         0           6
SCOTT               150         4          47        21557         6           0
SCOTT               161         4          47        21557         0           6

select xid, xidusn, xidslot, xidsqn, status, start_scn
from    v$transaction
order by start_scn;

XID              XIDUSN      XIDSLOT     XIDSQN STATUS            START_SCN
----------------  ----------  ----------  ---------- ----------------  ----------
04002F0035540000      4           47         21557 ACTIVE             16575501
```

两个用户被阻塞了:

```
SELECT sid, blocking_session, username, blocking_session_status
FROM    v$session
WHERE   username='SCOTT'
ORDER BY blocking_session;

       SID BLOCKING_SESSION USERNAME    BLOCKING_SESSION_STATUS
---------- ---------------- ----------  -----------------------
       146              150 SCOTT       VALID
       161              150 SCOTT       VALID
       150                  SCOTT       NO HOLDER
```

12.16.1 杀掉有问题的会话

用户可能运行了一些他/她并不真想运行的东西,在工作时间内还可能需要干掉某个有问题的查询,等到夜里再运行。如果上一节里的操作需要终止的话,可以执行下面程序清单中的语句(用于找到并杀掉会话):

```
select username, sid, serial#, program, terminal
from    v$session;
```

还可以运用这样一条语句来做这件事:

```
select /*+ ordered */ username, v$lock.sid, trunc(id1/power(2,16)) rbs,
        bitand(id1,to_number('ffff','xxxx'))+0 slot,
        id2 seq, lmode, request
from    v$lock, v$session
where   v$lock.type = 'TX'
and     v$lock.sid = v$session.sid;

alter system kill session '150,47752';
System altered.
```

但不可以杀掉自己的会话:

```
alter system kill session '146,54327';
*
ERROR at line 1:
```

```
ORA-00027: cannot kill current session
```

参数的顺序应该是 sid 在先，serial#在后(alter system kill session 'sid,serial#';)。一定要先看看 V$SESSION 视图中各字段的说明(使用 DESC V$SESSION 命令)，因为该视图中的许多列都很有用。在先前版本的 Oracle 中，可以杀掉当前的(包括自己的)用户会话。值得庆幸的是，现在再也不能无意中杀掉自己的会话了，就像上面的程序清单展示的那样。

要诀

确定锁定其他用户的用户并杀掉他们的会话(如果需要的话)。

12.16.2 找出使用多个会话的用户

用户有时喜欢开启多个会话，为的是同时完成几项任务，但这可能会引起问题。问题也可能在于开发人员：他们创建了很糟糕的应用程序，而该应用程序生出了多个进程。上述两种情况都可能降低系统的整体性能。在下面的输出中，用户名为 NULL 的是后台进程。在下面的程序清单中，对 V$SESSION 的查询展现了这样一些问题：

```
select    username, count(*)
from      v$session
group by  username;

USERNAME         COUNT(*)
-----------      --------
PLSQL_USER           1
SCOTT                1
JOHNSON              9
DBSNMP               3
SYS                  4
SYSTEM               1
                    39
```

在某些操作系统平台上，如果用户开始会话后重启 PC，当用户开始另一个会话时，原有的进程常常仍在后台运行。如果用户正在多台终端或 PC 上运行多个报表，那么上述情形也可能影响到系统的整体性能。

注意

V$SESSION 视图中用户名为 NULL 的行是 Oracle 的后台进程。

要诀

确认那些同时运行多个会话的用户，并且判定问题究竟是管理方面的(用户使用了多台终端)还是与系统相关的(会话没有被清除，或者会话生出了失控的进程)。

12.16.3 查询当前的概要文件

概要文件是对某个给定方案(用户)的限制。Oracle 12c 中提供了 Oracle STIG (Security Technical Implementation Guide，安全技术应用指导)概要文件，这比 DEFAULT 概要文件具有更强的安全性。要查看系统的概要文件，请执行下面的查询：

```
select    substr(profile,1,10) Profile,
          substr(resource_name,1,30) "Resource Name",
          substr(limit,1,10) Limit
from      dba_profiles
group by  substr(profile,1,10), substr(resource_name,1,30),
          substr(limit,1,10);
```

```
PROFILE            Resource Name                LIMIT
---------------    --------------------------   ----------
DEFAULT            CONNECT_TIME                 UNLIMITED
DEFAULT            CPU_PER_CALL                 UNLIMITED
DEFAULT            COMPOSITE_LIMIT              UNLIMITED
DEFAULT            CPU_PER_SESSION              UNLIMITED
DEFAULT            FAILED_LOGIN_ATTEMPTS        10
DEFAULT            IDLE_TIME                    UNLIMITED
DEFAULT            INACTIVE_ACCOUNT_TIME        UNLIMITED
DEFAULT            LOGICAL_READS_PER_CALL       UNLIMITED
DEFAULT            LOGICAL_READS_PER_SESSION    UNLIMITED
DEFAULT            PASSWORD_LIFE_TIME           180
DEFAULT            PASSWORD_LOCK_TIME           1
DEFAULT            PASSWORD_REUSE_MAX           UNLIMITED
DEFAULT            PASSWORD_GRACE_TIME          7
DEFAULT            PASSWORD_REUSE_TIME          UNLIMITED
DEFAULT            PASSWORD_VERIFY_FUNCTION     NULL
DEFAULT            PRIVATE_SGA                  UNLIMITED
DEFAULT            SESSIONS_PER_USER            UNLIMITED
ORA_STIG_PRFILE    IDLE_TIME                    15
ORA_STIG_PRFILE    PRIVATE_SGA                  DEFAULT
ORA_STIG_PRFILE    CONNECT_TIME                 DEFAULT
ORA_STIG_PRFILE    CPU_PER_CALL                 DEFAULT
ORA_STIG_PRFILE    COMPOSITE_LIMIT              DEFAULT
ORA_STIG_PRFILE    CPU_PER_SESSION              DEFAULT
ORA_STIG_PRFILE    FAILED_LOGIN_ATTEMPTS        3
ORA_STIG_PRFILE    INACTIVE_ACCOUT_TIME         30
ORA_STIG_PRFILE    LOGICAL_READS_PER_CALL       DEFAULT
ORA_STIG_PRFILE    LOGICAL_READS_PER_SESSION    DEFAULT
ORA_STIG_PRFILE    PASSWORD_LIFE_TIME           60
ORA_STIG_PRFILE    PASSWORD_LOCK_TIME           UNLIMITED
ORA_STIG_PRFILE    PASSWORD_REUSE_MAX           10
ORA_STIG_PRFILE    PASSWORD_GRACE_TIME          5
ORA_STIG_PRFILE    PASSWORD_REUSE_TIME          365
ORA_STIG_PRFILE    PASSWORD_VERIFY_FUNCTION     ORA12C_STRONG_VERIFY_FUNCTION
ORA_STIG_PRFILE    SESSIONS_PER_USER            DEFAULT

34 rows selected.
```

12.17 找出磁盘 I/O 问题

视图 V$DATAFILE、V$FILESTAT 和 DBA_DATA_FILES 提供了数据库中所有数据文件和磁盘的文件 IO 活动情况。理想情况下,物理的读和写应当分布均衡。如果系统配置得不合理,整体性能就要变坏。下面程序清单中的脚本可以验明实际的 IO 分布情况并且可以轻易地判断出是否 IO 分布不平衡的现象存在。第 3 章对这个问题进行了详尽的研究,而本节只是通过展示一个一针见血的查询来获取基准:

```
select    a.file#, a.name, a.status, a.bytes,
          b.phyrds, b.phywrts
from      v$datafile a, v$filestat b
where     a.file# = b.file#;
```

下面程序清单中的查询提供了有关文件和数据分布问题的报告(报告的格式做过改良)。第一个报告显示数据文件 I/O 的情况:

```
Set TrimSpool On
Set Line      142
Set Pages      57
Set NewPage     0
Set FeedBack Off
Set Verify   Off
Set Term     On
TTitle       Off
BTitle       Off
Clear Breaks
Break On Tablespace_Name
Column TableSpace_Name For A12      Head "Tablespace"
Column Name           For A45       Head "File Name"
Column Total       For 999,999,990   Head "Total"
Column Phyrds      For 999,999,990   Head "Physical|Reads  "
Column Phywrts     For 999,999,990   Head "Physical| Writes "
Column Phyblkrd    For 999,999,990   Head "Physical  |Block Reads"
Column Phyblkwrt   For 999,999,990   Head "Physical  |Block Writes"
Column Avg_Rd_Time  For 90.9999999 Head "Average |Read Time|Per Block"
Column Avg_Wrt_Time For 90.9999999Head "Average |Write Time|Per Block"
Column Instance           New_Value _Instance    NoPrint
Column Today              New_Value _Date        NoPrint
select    Global_Name Instance, To_Char(SysDate, 'FXDay, Month DD, YYYY HH:MI') Today
from      Global_Name;
TTitle On
TTitle Left 'Date Run: ' _Date Skip 1-
Center 'Data File I/O' Skip 1 -
       Center 'Instance Name: ' _Instance Skip 1
select    C.TableSpace_Name, B.Name, A.Phyblkrd +
          A.Phyblkwrt Total, A.Phyrds, A.Phywrts,
          A.Phyblkrd, A.Phyblkwrt
from      V$FileStat A, V$DataFile B, Sys.DBA_Data_Files C
where     B.File# = A.File#
and       B.File# = C.File_Id
order by  TableSpace_Name, A.File#
/

select object_name, statistic_name, value
from v$segment_statistics
where value > 100000
order by value;


OBJECT_NAME   STATISTIC_NAME        VALUE
-----------   -----------------    ------
ORDERS        space allocated      96551
ORDERS        space allocated      134181
ORDERS        logical reads        140976
ORDER_LINES   db block changes     183600
```

下面的程序清单将获悉磁盘 I/O 的情况：

```
Column TableSpace_Name For A12       Head "Tablespace"
Column Total       For 9,999,999,990 Head "Total"
Column Phyrds      For 9,999,999,990 Head "Physical|Reads  "
Column Phywrts     For 9,999,999,990 Head "Physical| Writes "
Column Phyblkrd    For 9,999,999,990 Head "Physical  |Block Reads"
```

```
Column Phyblkwrt For 9,999,999,990 Head "Physical  |Block Writes"
Column Avg_Rd_Time   For 9,999,990.9999    Head "Average |Read Time|Per Block"
Column Avg_Wrt_Time  For 9,999,990.9999    Head "Average |Write Time|Per Block"
Clear Breaks
Break on Disk Skip 1
Compute Sum Of Total On Disk
Compute Sum Of Phyrds On Disk
Compute Sum Of Phywrts On Disk
Compute Sum Of Phyblkrd On Disk
Compute Sum Of Phyblkwrt On Disk
TTitle Left 'Date Run: ' _Date Skip 1-
       Center 'Disk I/O' Skip 1 -
       Center 'Instance Name: ' _Instance Skip 2
select     SubStr(B.Name, 1, 13) Disk, C.TableSpace_Name,
           A.Phyblkrd + A.Phyblkwrt Total, A.Phyrds, A.Phywrts,
           A.Phyblkrd, A.Phyblkwrt, ((A.ReadTim /
           Decode(A.Phyrds,0,1,A.Phyblkrd))/100) Avg_Rd_Time,
           ((A.WriteTim / Decode(A.PhyWrts,0,1,A.PhyblkWrt)) /
           100) Avg_Wrt_Time
from       V$FileStat A, V$DataFile B, Sys.DBA_Data_Files C
where      B.File# = A.File#
and        B.File# = C.File_Id
order by   Disk,C.Tablespace_Name, A.File#
/
Set FeedBack On
Set Verify   On
Set Term     On
Ttitle       Off
Btitle       Off
```

要诀

视图 V$DATAFILE、V$FILESTAT 和 DBA_DATA_FILES 提供了数据库中所有数据文件和磁盘的文件 I/O 活动情况。要保证最佳性能，就得确保数据文件和磁盘都处在 IO 均衡的状态下。

下面程序清单中的查询显示了整个系统上的等待数：

```
Set TrimSpool On
Set NewPage    0
Set Pages     57
Set Line     132
Set FeedBack Off
Set Verify   Off
Set Term     On
TTitle       Off
BTitle       Off
Clear Breaks
Column Event        For A40 Heading "Wait Event"
Column Total_Waits For 999,999,990 Head "Total Number| Of Waits  "
Column Total_Timeouts For 999,999,990 Head "Total Number|Of TimeOuts"
Column Tot_Time     For 999,999,990 Head "Total Time|Waited  "
Column Avg_Time     For  99,990.999 Head "Average Time|Per Wait  "
Column Instance New_Value _Instance    NoPrint
Column Today    New_Value _Date        NoPrint

select    Global_Name Instance, To_Char(SysDate,
          'FXDay DD, YYYY HH:MI') Today
```

```
from       Global_Name;

TTitle On
TTitle Left 'Date Run: ' _Date Skip 1-
       Center 'System Wide Wait Events' Skip 1 -
       Center 'Instance Name: ' _Instance Skip 2

select     event, total_waits, total_timeouts,
           (time_waited / 100)  tot_time, (average_wait / 100)
           Avg_time
from       v$system_event
order by   total_waits desc
/
```

```
Date Run: Friday    01, 2006 09:24
                                            System Wide Wait Events
                                              Instance Name: ORCL

                              Total Number Total Number   Total Time  Average
Time
Wait Event                    Of Waits     Of TimeOuts    Waited      Per Wait
----------------------------- ------------ ------------   ----------- --------
db file sequential read          2,376,513            0        30,776    0.010
db file scattered read             136,602            0         6,069    0.040
rdbms ipc message                  103,301       99,481       276,659    2.680
latch: redo writing                 57,488            0             0    0.000...
```

12.18 检查权限和角色

本节包含好几个V$脚本，这些脚本用于显示各种安全权限。下列程序清单中每个脚本的标题简要地说明了该脚本将要获取的信息。输出结果可能非常大，取决于使用的系统，因此要很小心地运行这些脚本。

根据用户名进行了授权的对象级权限：

```
select b.owner || '.' || b.table_name obj,
       b.privilege what_granted, b.grantable,
       a.username
from   sys.dba_users a, sys.dba_tab_privs b
where  a.username = b.grantee
order by 1,2,3;
```

根据授权对象进行了授权的对象级权限：

```
Select   owner || '.' || table_name obj,
         privilege what_granted, grantable, grantee
from     sys.dba_tab_privs
where    not exists
         (select 'x'
          from sys.dba_users
          where username = grantee)
order by 1,2,3;
```

根据用户名进行了授权的系统级权限：

```
select     b.privilege what_granted,
           b.admin_option, a.username
```

```
from      sys.dba_users a, sys.dba_sys_privs b
where     a.username = b.grantee
order by  1,2;
```

根据授权对象进行了授权的系统级权限：

```
select    privilege what_granted,
          admin_option, grantee
from      sys.dba_sys_privs
where     not exists
          (select 'x' from sys.dba_users
            where username = grantee)
order by 1,2;
```

根据用户名进行了授权的角色：

```
select    b.granted_role ||
            decode(admin_option, 'YES',
        ' (With Admin Option)',
            null) what_granted, a.username
from      sys.dba_users a, sys.dba_role_privs b
where     a.username = b.grantee
order by  1;
```

根据授权对象进行了授权的角色：

```
select    granted_role ||
            decode(admin_option, 'YES',
        ' (With Admin Option)', null) what_granted,
            grantee
from      sys.dba_role_privs
where     not exists
          (select 'x'
            from sys.dba_users
            where username = grantee)
order by 1;
```

用户名以及该用户被授予的权限：

```
select a.username,
 b.granted_role || decode(admin_option,'YES',
     ' (With Admin Option)',null) what_granted
from   sys.dba_users a, sys.dba_role_privs b
where  a.username = b.grantee
UNION
select a.username,
b.privilege || decode(admin_option,'YES',
     ' (With Admin Option)', null) what_granted
from   sys.dba_users a, sys.dba_sys_privs b
where  a.username = b.grantee
UNION
select    a.username,
          b.table_name || ' - ' || b.privilege
          || decode(grantable,'YES',
        ' (With Grant Option)',null) what_granted
from      sys.dba_users a, sys.dba_tab_privs b
where     a.username = b.grantee
order by 1;
```

要诀

将系统已有的权限记入文档,以准备好应对各种类型的安全局面。

用户名及相应的概要文件、默认表空间和临时表空间:

```
Select    username, profile, default_tablespace,
          temporary_tablespace, created
from      sys.dba_users
order by username;
```

12.19 等待事件 V$视图

本节包含一些显示等待事件的V$脚本。从个人角度来说,我更喜欢使用 Statspack 报告、AWR 报告或 EM 来找到等待事件。也就是说,本节介绍用来查看等待事件的很棒的视图。Oracle 多年来添加了一些新的视图,在 Oracle 11g 和 12c 中最好的一点是:以往在 V$SESSION_WAIT 视图中找的东西,而今在 V$SESSION 视图中都能找到了。

要看一看是谁在等待,请查询 V$SESSION_WAIT 或 V$SESSION 视图:

```
select event, sum(decode(wait_time,0,1,0)) "Waiting Now",
       sum(decode(wait_time,0,0,1)) "Previous Waits",
       count(*) "Total"
from v$session_wait
group by event
order by count(*);
```

WAIT_TIME = 0 是正在等待的意思

WAIT_TIME > 0 是以前等待过这么多毫秒的意思

EVENT	Waiting Now	Previous Waits	Total
db file sequential read	0	1	1
db file scattered read	2	0	2
latch free	0	1	1
enqueue	2	0	2
SQL*Net message from client	0	254	480
...			

```
select event, sum(decode(wait_time,0,1,0)) "Waiting Now",
       sum(decode(wait_time,0,0,1)) "Previous Waits",
       count(*) "Total"
from v$session
group by event
order by count(*);
```

EVENT	Waiting Now	Previous Waits	Total
db file sequential read	0	1	1
db file scattered read	2	0	2
latch free	0	1	1
enqueue	2	0	2

```
SQL*Net message from client     0              254              480
...
```

要查看某人当前正在等待的特定等待事件，请查询 V$SESSION_WAIT 视图：

```
SELECT /*+ ordered */ sid, event, owner, segment_name, segment_type,p1,p2,p3
FROM   v$session_wait sw, dba_extents de
WHERE  de.file_id = sw.p1
AND    sw.p2 between de.block_id and de.block_id+de.blocks ¨C 1
AND    (event = 'buffer busy waits' OR event = 'write complete waits')
AND    p1 IS NOT null
ORDER BY event,sid;
```

要查看某人最近的 10 个等待事件，请查询 V$SESSION_WAIT_HISTORY 视图：

```
SELECT /*+ ordered */ sid, event, owner, segment_name, segment_type,p1,p2,p3
FROM   v$session_wait_history sw, dba_extents de
WHERE  de.file_id = sw.p1
AND    sw.p2 between de.block_id and de.block_id+de.blocks ¨C 1
AND    (event = 'buffer busy waits' OR event = 'write complete waits')
AND    p1 IS NOT null
ORDER BY event,sid;
```

要弄明白 P1、P2、P3 全都代表着什么，请查询 V$EVENT_NAME 视图：

```
col name for a20
col p1 for a10
col p2 for a10
col p3 for a10
select event#,name,parameter1 p1,parameter2 p2,parameter3 p3
from    v$event_name
where   name in ('buffer busy waits', 'write complete waits');

  EVENT#    NAME                  P1         P2         P3
---------- -------------------- ---------- ---------- ----------
     143 write complete waits   file#      block#
     145 buffer busy waits      file#      block#     id
```

要查看当前会话开始后的所有等待，请查询 V$SESSION_EVENT 视图：

```
select sid, event, total_waits, time_waited
from    v$session_event
where   time_waited > 0
order   by time_waited;

SID        EVENT                             TOTAL_WAITS TIME_WAITED
---------- ------------------------------    ----------- -----------
       159 process startup                         2           1
       167 latch: redo allocation                  4           1
       168 log buffer space                        2           3
       166 control file single write                5           4
...
```

要查看所有会话的等待归类，请查询 V$SESSION_WAIT_CLASS 视图：

```
select sid, wait_class, total_waits
from    v$session_wait_class;

       SID WAIT_CLASS           TOTAL_WAITS
---------- -------------------- -----------
```

```
     168 Other                           2
     168 Concurrency(locking)            1
     168 Idle                        12825
     168 User I/O                       12
     168 System I/O                   4448
     169 Other                           1
     169 Idle                        12812
     170 Idle                        13527
```

要查看系统启动之后的所有等待事件，请查询 V$SYSTEM_EVENT 视图：

```
select  event, total_waits, time_waited, event_id
from    v$system_event
where   time_waited > 0
order   by time_waited;

EVENT                                TOTAL_WAITS TIME_WAITED  EVENT_ID
----------------------------------   ----------- -----------  ----------
enq: TX - row lock contention              1196      366837   310662678
enq: TM - contention                        170       52074   668627480
db file sequential read                   17387       31630  2652584166
control file parallel write               12961       23117  4078387448
db file scattered read                     4706       15762   506183215
class slave wait                             20       10246  1055154682
```

要查看系统等待事件的归类，请查询 V$SYSTEM_WAIT_CLASS 视图(还可以在 SELECT 中执行 sum(total_waits)并增加 group by wait_class)：

```
select wait_class, total_waits
from   v$system_wait_class
order  by total_waits desc;

WAIT_CLASS            TOTAL_WAITS
--------------------  -----------
Idle                       161896
Other                       65308
System I/O                  24339
User I/O                    22227
Application                  1404
Commit                        524
Network                       522
Concurrency                   221
Configuration                  55
...
```

要查看系统等待事件的归类，还可查询 V$ACTIVE_SESSION_HISTORY 视图。此视图还有许多列用于检查 INMEMORY(INMEMORY_QUERY 和其他) 以及 SQL_ADAPTIVE_PLAN_RESOLVED 列。以下是对 V$ACTIVE_SESSION_HISTORY 视图的几个查询：

```
-- 在下面的查询中，计数最高的会话便是造成最多非空闲等待事件的会话
select session_id,count(1)
from   v$active_session_history
group  by session_id
order by 2;

-- 下面的查询可以找出引起最多非空闲等待事件的 SQL 语句
select c.sql_id, a.sql_text
from v$sql a, (select sql_id,count(1)
```

```
                    from v$active_session_history b where sql_id is not null
                     group by sql_id
                     order by 2 desc) c
where rownum <= 5
order by rownum;
```

要诀

V$SESSION_WAIT 中的所有等待事件列现在都在 V$SESSION 中。所以，务必到 V$SESSION 中查询等待信息，因为该视图更快。V$ACTIVE_SESSION_HISTORY(ASH)将很多重要统计数据合并成一张视图和一份报告(ASH 报告)。

12.20 一些主要的 V$视图类别

本节中的视图根据它们各自的主要功能做了分类。这里的列表并不完整(带有 X$表查询的 V$视图的完整列表在附录 B 中)。为了获取所需要的信息，经常得把一个类别和另一个类别结合起来。可以像查询其他 Oracle 视图那样查询 V$视图，但要记住这些视图中的信息变化很快。为了在一段时间内收集数据，可以将 V$视图中的信息插入预先创建好的表中，这些数据可供以后分析之用，也可以根据数据库的不同条件用这些数据创建统计数据报表和产生告警信息。

当今市场上大多数的 DBA 监控工具都使用 V$视图(和 X$表)所提供的信息。如果没有 DBA 监控工具，那么在查询这些数据库信息时，就需要对每个视图中存储的信息和如何正确地查询视图有深刻的理解。表 12-1 包含依主要功能分类的 V$视图列表。列表中的视图类别与它们监控的操作相关联。该列表并不详尽，它仅包含最常用的视图。有些视图随着 Oracle 的各个版本变了又变。

表 12-1 V$视图类别

类别	说明以及相关的 V$视图
可插拔数据库 (Oracle 12c 新增)	与可插拔数据库(PDB)相关的信息 **V$视图**：V$PDBS(请注意 V$视图还包括 CDB_PDBS、CDB_PDB_HISTORY、CDB_TABLES 和 CDB_DATA_FILES)
In-Memory(Oracle 12c 新增)	与 In-Memory(IM)列存储有关的信息 **V$视图**：V$INMEMORY_AREA、V$INMEMORY_XMEM_AREA、V$IM_SEGMENTS、V$IM_SEGMENTS_DETAIL、V$IM_COLUMN_LEVEL、V$IM_COL_CU、V$IM_HEADER、V$IM_SEG_EXT_MAP、V$IM_USER_SEGMENTS 和 V$KEY_VECTOR
顾问	与缓存顾问相关的信息 **V$视图**：V$ADVISOR_PROGRESS、V$DB_CACHE_ADVICE、V$JAVA_POOL_ADVICE、V$MEMORY_TARGET_ADVICE、V$PGA_TARGET_ADVICE、V$PGA_TARGET_ADVICE_HISTOGRAM、V$PX_BUFFER_ADVICE、V$SHARED_POOL_ADVICE、V$SGA_TARGET_ADVICE 和 V$STREAMS_POOL_ADVICE
ASM	与自动存储管理(ASM)有关的信息 **V$视图**：V$ASM_ALIAS、V$ASM_ATTRIBUTE、V$ASM_CLIENT、V$ASM_DISK、V$ASM_DISK_IOSTAT、V$ASM_DISK_STAT、V$ASM_DISKGROUP、V$ASM_DISKGROUP_STAT、V$ASM_FILE、V$ASM_OPERATION、V$ASM_TEMPLATE、V$ASM_USER、V$ASM_USER_GROUP、V$ASM_USERGROUP_MEMBER

(续表)

类别	说明以及相关的 V$ 视图
备份/恢复	与数据库备份和恢复相关的信息，包括上次备份、归档日志以及备份和恢复文件的状态 **V$视图**：V$ARCHIVE、V$ARCHIVED_LOG、V$ARCHIVE_DEST、V$ARCHIVE_DEST_STATUS、V$ARCHIVE_GAP、V$ARCHIVE_PROCESSES、V$BACKUP、V$BACKUP_ASYNC_IO、V$BACKUP_CORRUPTION、V$BACKUP_DATAFILE、V$BACKUP_DEVICE、V$BACKUP_PIECE、V$BACKUP_REDOLOG、V$BACKUP_SET、V$BACKUP_SYNC_IO、V$BLOCK_CHANGE_TRACKING、V$COPY_CORRUPTION、V$DATABASE_BLOCK_CORRUPTION、V$DATABASE_INCARNATION、V$DATAFILE_COPY、V$DELETED_OBJECT、V$FAST_START_SERVERS、V$FAST_START_TRANSACTIONS、V$INSTANCE_RECOVERY、V$MTTR_TARGET_ADVICE、V$PROXY_ARCHIVEDLOG、V$PROXY_DATAFILE、V$RMAN_CONFIGURATION、V$RECOVERY_FILE_STATUS、V$RECOVERY_LOG、V$RECOVERY_PROGRESS、V$RECOVERY_STATUS、V$RECOVER_FILE、V$BACKUP_ARCHIVELOG_DETAILS、V$BACKUP_ARCHIVELOG_SUMMARY、V$BACKUP_CONTROLFILE_DETAILS、V$BACKUP_CONTROLFILE_SUMMARY、V$BACKUP_COPY_DETAILS、V$BACKUP_COPY_SUMMARY、V$BACKUP_DATAFILE_DETAILS、V$BACKUP_DATAFILE_SUMMARY、V$BACKUP_FILES、V$BACKUP_PIECE_DETAILS、V$BACKUP_SET_DETAILS、V$BACKUP_SET_SUMMARY、V$BACKUP_SPFILE、V$BACKUP_SPFILE_DETAILS、V$BACKUP_SPFILE_SUMMARY、V$DATABASE、V$DATAFILE、V$DATAFILE_HEADER、V$FLASHBACK_DATABASE_LOG、V$FLASHBACK_DATABASE_LOGFILE、V$FLASHBACK_DATABASE_STAT、V$FLASHBACK_TXN_GRAPH、V$FLASHBACK_TXN_MODS、V$HM_CHECK、V$INSTANCE、V$OBSOLETE_BACKUP_FILES、V$OFFLINE_RANGE、V$PROXY_ARCHIVELOG_DETAILS、V0$PROXY_ARCHIVELOG_SUMMARY、V$PROXY_COPY_DETAILS、V$PROXY_COPY_SUMMARY、V$RECOVERY_AREA_USAGE、V$RECOVERY_FILE_DEST(10.1)、V$RESTORE_POINT、V$RMAN_BACKUP_JOB_DETAILS、V$RMAN_BACKUP_SUBJOB_DETAILS、V$RMAN_BACKUP_TYPE、V$RMAN_COMPRESSION_ALGORITHM、V$RMAN_ENCRYPTION_ALGORITHMS、V$RMAN_OUTPUT、V$RMAN_STATUS 和 V$UNUSABLE_BACKUPFILE_DETAILS
缓存	与各种缓存有关的信息，包括对象、库、游标和数据字典 **V$视图**：V$ACCESS、V$BUFFER_POOL、V$BUFFER_POOL_STATISTICS、V$CPOOL_CC_INFO、V$CPOOL_CC_STATS、V$CPOOL_CONN_INFO、V$CPOOL_STATS、V$DB_CACHE_ADVICE、V$DB_OBJECT_CACHE、V$JAVA_POOL_ADVICE、V$LIBRARYCACHE、V$LIBRARY_CACHE_MEMORY、V$PGASTAT、V$MEMORY_CURRENT_RESIZE_OPS、V$MEMORY_DYNAMIC_COMPONENTS、V$MEMORY_RESIZE_OPS、V$PGA_TARGET_ADVICE、V$PGA_TARGET_ADVICE_HISTOGRAM、V$RESULT_CACHE_DEPENDENCY、V$RESULT_CACHE_MEMORY、V$RESULT_CACHE_OBJECTS、V$RESULT_CACHE_STATISTICS、V$ROWCACHE、V$ROWCACHE_PARENT、V$ROWCACHE_SUBORDINATE、V$SESSION_CURSOR_CACHE、V$SESSION_OBJECT_CACHE、V$SGA、V$SGASTAT、V$SGA_CURRENT_RESIZE_OPS、V$SGA_DYNAMIC_COMPONENTS、V$SGA_DYNAMIC_FREE_MEMORY、V$SGA_RESIZE_OPS、V$SGAINFO、V$SHARED_POOL_ADVICE、V$SHARED_POOL_RESERVED、V$SQL、V$SQLAREA、V$SYSTEM_CURSOR_CACHE、V$SUBCACHE、V$JAVA_LIBRARY_CACHE_MEMORY、V$PROCESS_MEMORY 和 V$SGA_TARGET_ADVICE

(续表)

类别	说明以及相关的 V$视图
缓存融合/RAC	与 RAC 有关的信息 **V$视图**：V$ACTIVE_INSTANCES、V$BH、V$CACHE、V$CACHE_TRANSFER、V$CLUSTER_INTERCONNECTS、V$CONFIGURED_INTERCONNECTS、V$CR_BLOCK_SERVER、V$CURRENT_BLOCK_SERVER、V$DYANMIC_REMASTER_STATS、V$GC_ELEMENT、V$GC_ELEMENTS_WITH_COLLISIONS、V$GCSHVMASTER_INFO、V$GCSPFMASTER_INFO、V$GES_BLOCKING_ENQUEUE、V$GES_ENQUEUE、V$HVMASTER_INFO、V$INSTANCE_CACHE_TRANSFER、V$LIBRARYCACHE、V$PX_INSTANCE_GROUP 和 V$RESOURCE_LIMIT
控制文件	有关实例的控制文件信息 **V$视图**：V$CONTROLFILE、V$CONTROLFILE_RECORD_SECTION 和 V$DATABASE
游标/SQL 语句	有关游标和 SQL 语句的信息，包括打开的游标、统计信息和实际的 SQL 文本 **V$视图**：V$OPEN_CURSOR、V$SQL、V$SQLAREA、V$SQLFN_ARG_METADATA、V$SQLFN_METADATA、V$SQLTEXT、V$SQLTEXT_WITH_NEWLINES、V$SQL_BIND_DATA、V$SQL_BIND_METADATA、V$SQL_CS_HISTOGRAM、V$SQL_CS_SELECTIVITY、V$SQL_CS_STATISTICS、V$SQL_CURSOR、V$SQL_OPTIMIZER_ENV、V$SQL_PLAN、V$SQL_PLAN_MONITOR、V$SQL_PLAN_STATISTICS、V$SQL_PLAN_STATISTICS_ALL、V$SQL_REDIRECTION、V$SESSION_CURSOR_CACHE、V$SQL_SHARED_CURSOR、V$SQL_SHARED_MEMORY、V$SQL_MONITOR、V$SQLCOMMAND、V$SQLSTATS_PLAN_HASH、V$SQL_WORKAREA、V$SQL_WORKAREA_ACTIVE、V$SQL_WORKAREA_HISTOGRAM、V$SYS_OPTIMIZER_ENV、V$SYSTEM_CURSOR_CACHE、V$MUTEX_SLEEP、V$MUTEX_SLEEP_HISTORY(针对那些可疑的共享闩锁)、V$SQL_BIND_CAPTURE、V$SQL_JOIN_FILTER、V$SQL_AREA_PLAN_HASH、V$SQLSTATS、V$SYS_OPTIMIZER_ENV 和 V$VPD_POLICY
数据库实例	有关数据库实例的信息 **V$视图**：V$ACTIVE_INSTANCES、V$ARCHIVER_PROCESSES、V$BGPROCESS、V$DATABASE、V$INSTANCE、V$PROCESS、V$SGA、V$SGASTAT、V$BLOCKING_QUIESCE 和 V$CLIENT_STATS **RAC 视图**：V$BH 和 V$ACTIVE_INSTANCES
直接路径操作	有关 SQL*Loader(和直接路径 API)直接加载选项的信息 **V$视图**：V$LOADISTAT 和 V$LOADPSTAT
分布式/异构环境服务	和分布式服务有关的信息 **V$视图**：V$DBLINK、V$GLOBAL_TRANSACTION、V$GLOBAL_BLOCKED_LOCKS、V$HS_AGENT、V$HS_ARAMETER、V$HS_SESSION 和 V$IOSTAT_NETWORK
文件映射接口	有关文件映射的信息 **V$视图**：V$MAP_COMP_LIST、V$MAP_ELEMENT、V$MAP_EXT_ELEMENT、V$MAP_FILE、V$MAP_FILE_EXTENT、V$MAP_FILE_IO_STACK、V$MAP_LIBRARY 和 V$MAP_SUBELEMENT
固定视图	关于 V$表本身的信息 **V$视图**：V$FIXED_TABLE、V$FIXED_VIEW_DEFINITION 和 V$INDEXED_FIXED_COLUMN

(续表)

类别	说明以及相关的 V$视图
通用视图	与各种系统信息相关的通用信息 **V$视图**：V$DB_PIPES、V$CONTEXT、V$GLOBALCONTEXT、V$LICENSE、V$OPTION、V$RESERVED_WORDS、V$SQLCOMMAND、V$TEMPORARY_LOBS、V$THRESHOLD_TYPES、V$TIMER、V$TIMEZONE_NAMES、V$TOPLEVELCALL、V$TYPE_SIZE、V$_SEQUENCES 和 V$VERSION、V$DB_TRANSPORTABLE_PLATFORM、V$TRANSPORTABLE_PLATFORM 和 V$SCHEDULER_RUNNING_JOBS
I/O	关于 I/O(包括文件和统计信息)的信息 **V$视图**：V$DATAFILE、V$DATAFILE_HEADER、V$DBFILE、V$DNFS_CHANNELS、V$DNFS_FILES、V$DNFS_SERVERS、V$DNFS_STATS、V$FILESPACE_USAGE、V$FILESTAT、V$WAITSTAT、V$TEMPSTAT、V$FILE_HISTOGRAM、V$FILEMETRIC、V$FILEMETRIC_HISTORY、V$IOFUNCMETRIC、V$IOFUNCMETRIC_HISTORY、V$IO_CALIBRATION_STATUS、V$IOSTAT_CONSUMER_GROUP、V$IOSTAT_FILE、V$IOSTAT_FUNCTION、V$IOSTAT_FUNCTION_DETAIL、V$IOSTAT_NETWORK、V$NFS_CLIENTS、V$NFS_LOCKS、V$NFS_OPEN_FILES、V$SECUREFILE_TIMER、V$SEGMENT_STATISTICS、V$SYSAUX_OCCUPANTS、V$TABLESPACE、V$TEMP_SPACE_HEADER、V$TEMPFILE 和 V$TEMPSEG_USAGE
闩锁/锁	关于闩锁和锁的信息 **V$视图**：V$ACCESS、V$ENQUEUE_LOCK、V$ENQUEUE_STAT、V$EVENT_NAME、V$GLOBAL_BLOCKED_LOCKS、V$LATCH、V$LATCHHOLDER、V$LATCHNAME、V$LATCH_CHILDREN、V$LATCH_MISSES、V$LATCH_PARENT、V$LIBCACHE_LOCKS、V$LOCK、V$LOCK_TYPE、V$LOCKED_OBJECT、V$RESOURCE、V$RESOURCE_LIMIT、V$TRANSACTION_ENQUEUE、V$_LOCK、V$_LOCK1、V$ENQUEUE_STATISTICS。 **RAC 视图**：V$CR_BLOCK_SERVER、V$GCSHVMASTER_INFO、V$GCSPFMASTER_INFO、V$GC_ELEMENT、V$GES_BLOCKING_ENQUEUE、V$GES_ENQUEUE、V$HVMASTER_INFO、V$NFS_LOCKS、V$GES_RESOURCES 和 V$PROCESS
日志挖掘	关于日志挖掘的信息 **V$视图**：V$LOGMNR_CALLBACK、V$LOGMNR_CONTENTS、V$LOGMNR_DICTIONARY、V$LOGMNR_LATCH、V$LOGMNR_LOGS、V$LOGMNR_PARAMETERS、V$LOGMNR_PROCESS、V$LOGMNR_REGION、V$LOGMNR_SESSION、V$LOGMNR_STATS、V$LOGMNR_TRANSACTION 和 V$LOGMNR_DICTIONARY_LOAD
度量	关于度量的信息 **V$视图**：V$METRICNAME、V$SERVICEMETRIC、V$EVENTMETRIC、V$FILEMETRIC、V$FILEMETRIC_HISTORY、V$IOFUNCMETRIC、V$METRIC、V$METRIC_HISTORY、V$RSRCMGRMETRIC、V$RSRCMGRMETRIC_HISTORY、V$SERVICEMETRIC_HISTORY、V$SESSMETRIC、V$SYSMETRIC、V$SYSMETRIC_HISTORY、V$SYSMETRIC_SUMMARY、V$THRESHOLD_TYPES、V$WAITCLASSMETRIC 和 V$WAITCLASSMETRIC_HISTORY

(续表)

类别	说明以及相关的 V$视图
多线程/共享服务器	关于多线程和并行服务器的信息，包括连接、队列、调度器和共享服务器 **V$视图**：V$CIRCUIT、V$DISPATCHER、V$DISPATCHER_RATE、V$QUEUE、V$QUEUEING_MTH、V$REQDIST、V$SHARED_SERVER、V$SHARED_SERVER_MONITOR 和 V$DISPATCHER_CONFIG
对象使用情况	关于对象使用和依赖关系的信息 **V$视图**：V$OBJECT_DEPENDENCY、V$OBJECT_PRIVILEGE 和 V$OBJECT_USAGE
系统总体	关于系统总体性能的信息 **V$视图**：V$ALERT_TYPES、V$EMON、V$EVENTMETRIC、V$EVENT_HISTOGRAM、V$EVENT_NAME、V$GLOBAL_TRANSACTION、V$HM_CHECK、V$MEMORY_CURRENT_RESIZE_OPS、V$OSSTAT、V$RESUMABLE、V$SEGMENT_STATISTICS、V$SHARED_POOL_RESERVED、V$SGA、V$SORT_SEGMENT、V$STATNAME、V$SYS_OPTIMIZER_ENV、V$SYS_TIME_MODEL、V$SYSSTAT、V$SYSTEM_CURSOR_CACHE、V$SYSTEM_EVENT、V$SYSTEM_FIX_CONTROL、V$TEMPFILE、V$TEMPORARY_LOBS、V$TEMPSEG_USAGE、V$TEMP_EXTENT_MAP、V$TEMP_EXTENT_POOL、V$TEMP_SPACE_HEADER、V$TRANSACTION、V$SYSTEM_WAIT_CLASS、V$TEMP_HISTOGRAM、V$WAITSTAT 和 V$XML_AUDIT_TRAIL
并行查询与并行执行	关于并行查询选项的信息 **V$视图**：V$EXECUTION、V$PARALLEL_DEGREE_LIMIT_MTH、V$PQ_SESSTAT、V$PQ_SLAVE、V$PQ_SYSSTAT、V$PQ_TQSTAT、V$PX_INSTANCE_GROUP、V$PX_PROCESS、V$PX_PROCESS_SYSSTAT、V$PX_SESSION 和 V$PX_SESSTAT
参数	关于不同 Oracle 参数的信息，包括初始化参数和每个会话的 NLS 参数 **V$视图**：V$NLS_PARAMETERS、V$NLS_VALID_VALUES、V$OBSOLETE_PARAMETER、V$PARAMETER、V$PARAMETER2、V$SPPARAMETER、V$SYSTEM_PARAMETER、V$SYSTEM_PARAMETER2 和 V$PARAMETER_VALID_VALUES
重做日志	关于重做日志的信息，包括统计信息和历史信息 **V$视图**：V$INSTANCE、V$LOG、V$LOGFILE、V$LOGHIST、V$LOG_HISTORY、V$REDO_DEST_RESP_HISTOGRAM 和 V$THREAD(RAC 相关)
复制和物化视图	关于复制和物化视图的信息 **V$视图**：V$MVREFRESH、V$REPLPROP 和 V$REPLQUEUE
资源管理器	关于资源管理的信息 **V$视图**：V$ACTIVE_SESSION_POOL_MTH、V$ACTIVE_SESSION_HISTORY、V$IO_CALIBRATION_STATUS、V$IOSTAT_CONSUMER_GROUP、V$RSRC_CONS_GROUP_HISTORY、V$RSRC_CONSUMER_GROUP、V$RSRC_CONSUMER_GROUP_CPU_MTH、V$RSRC_PLAN、V$RSRC_PLAN_CPU_MTH、V$RSRC_PLAN_HISTORY、V$RSRC_SESSION_INFO、V$RSRCMGRMETRIC 和 V$RSRCMETRIC_HISTORY.
回滚段和 UNDO	关于回滚段的信息，包括统计信息和事务信息 **V$视图**：V$ROLLNAME、V$ROLLSTAT、V$TRANSACTION 和 V$UNDOSTAT
安全/权限	安全相关信息 **V$视图**：V$ENABLEDPRIVS、V$OBJECT_PRIVILEGE、V$PWFILE_USERS、V$VPD_POLICY、V$WALLET 和 V$XML_AUDIT_TRAIL

(续表)

类别	说明以及相关的 V$视图
会话(包括一些复制信息和异构服务信息)	关于会话的信息，包括对象访问、游标、进程和统计信息 **V$视图**：V$ACTIVE_SESSION_HISTORY、V$ARCHIVE_PROCESSES、V$BGPROCESS、V$CONTEXT、V$MYSTAT、V$PROCESS、V$SESS_TIME_MODEL、V$SESSION、V$SESSION_BLOCKERS、V$SESSION_CONNECT_INFO、V$SESSION_CURSOR_CACHE、V$EMON、V$SESSION_EVENT、V$SESSION_FIX_CONTROL、V$SESSION_LONGOPS、V$SESSION_OBJECT_CACHE、V$SESSION_WAIT、V$SESSION_WAIT_CLASS、V$SESSION_WAIT_HISTORY、V$SESSTAT、V$SESS_IO、V$SES_OPTIMIZER_ENV、V$SESSMETRIC 和 V$CLIENT_STATS、V$TSM_SESSIONS 和 V$WAIT_CHAINS
服务	关于服务的信息 **V$视图**：V$ACTIVE_SERVICES、V$SERV_MOD_ACT_STATS、V$SERVICE_EVENT、V$SERVICEMETRIC、V$SERVICEMETRIC_HISTORY、V$SERVICE_STATS、V$SERVICE_WAIT_CLASS 和 V$SERVICES
排序	关于排序的信息 **V$视图**：V$SORT_SEGMENT、V$TEMPSEG_USAGE、V$TEMP_EXTENT_MAP、V$TEMP_EXTENT_POOL、V$TEMP_SPACE_HEADER、V$TEMPFILE 和 V$TEMPSTAT
备用数据库(数据卫士)	关于备用数据库的信息 **V$视图**：V$ARCHIVE_DEST、V$ARCHIVE_DEST_STATUS、V$ARCHIVE_GAP、V$ARCHIVED_LOG、V$DATABASE、V$DATAGUARD_STATUS、V$INSTANCE、V$FOREIGN_ARCHIVED_LOG、V$FS_FAILOVER_STATS、V$LOGSTDBY_STATS、V$MANAGED_STANDBY、V$STANDBY_LOG、V$DATAGUARD_CONFIG、V$DATAGUARD_STATS、V$LOGSTDBY_PROCESS、V$LOGSTDBY_PROGRESS、V$LOGSTDBY_STATE、V$LOGSTDBY_TRANSACTION 和 V$STANDBY_EVENT_HISTOGRAM
流复制/高级队列	关于流复制和高级队列的信息 **V$视图**：V$AQ、V$ARCHIVE_DEST_STATUS、V$ARCHIVED_LOG、V$DATABASE、V$BUFFERED_PUBLISHERS、V$BUFFERED_QUEUES、V$BUFFERED_SUBSCRIBERS、V$METRICGROUP、V$PERSISTENT_PUBLISHERS、V$PERSISTENT_QMN_CACHE、V$PERSISTENT_QUEUES、V$PERSISTENT_SUBSCRIBERS、V$PROPAGATION_RECEIVER、V$PROPAGATION_SENDER、V$QMON_COORDINATOR_STATS、V$QMON_SERVER_STATS、V$QMON_TASK_STATS、V$QMON_TASKS、V$RULE、V$RULE_SET、V$RULE_SET_AGGREGATE_STATS、V$STREAMS_APPLY_COORDINATOR、V$STREAMS_APPLY_READER、V$STREAMS_APPLY_SERVER、V$STREAMS_CAPTURE、V$STREAMS_MESSAGE_TRACKING、V$STREAMS_POOL_ADVICE、V$STREAMS_POOL_STATISTICS、V$STREAMS_TRANSACTION、V$XSTREAM_CAPTURE、V$XSTREAM_MESSAGE_TRACKING、V$XSTREAM_OUTBOUND_SERVER 和 V$XSTREAM_TRANSACTION
统计信息	关于统计数据的一般信息 **V$视图**：V$SEGMENT_STATISTICS、V$SEGSTAT、V$SEGSTAT_NAME、V$SESSSTAT、V$SGASTAT、V$SQLSTATS、V$SQLSTATS_PLAN_HASH、V$STATISTICS_LEVEL、V$STATNAME、V$TEMPSTAT、V$UNDOSTAT 和 V$WAITSTAT

(续表)

类别	说明以及相关的 V$视图
事务	关于事务的一般信息 **V$视图**：V$CORRUPT_XID_LIST、V$GLOBAL_TRANSACTION、V$LOCKED_OBJECT、V$LOGSTDBY_TRANSACTION、V$RESUMABLE、V$STREAMS_TRANSACTION、V$TRANSACTION、V$TRANSACTION_ENQUEUE、V$UNDOSTAT 和 V$XSTREAM_TRANSACTION
最近的杂项 V$视图	和各种杂项信息有关的最近的视图 **V$视图**：V$ASM_ATTRIBUTE、V$ASM_DISK_IOSTAT、V$CALLTAG、V$CLIENT_RESULT_CACHE_STATS、V$CORRUPT_XID_LIST、V$CPOOL_CC_INFO、V$CPOOL_CC_STATS、V$CPOOL_STATS、V$DETACHED_SESSION、V$DIAG_INFO、V$DNFS_CHANNELS、V$DNFS_FILES、V$DNFS_SERVERS、V$DNFS_STATS、V$DYNAMIC_REMASTER_STATS、V$ENCRYPTED_TABLESPACES、V$ENCRYPTION_WALLET、V$FLASHBACK_TXN_GRAPH、V$FLASHBACK_TXN_MODS、V$FOREIGN_ARCHIVED_LOG、V$FS_FAILOVER_HISTOGRAM、V$FS_FAILOVER_STATS、V$HM_CHECK、V$HM_CHECK_PARAM、V$HM_FINDING、V$HM_INFO、V$HM_RECOMMENDATION、V$HM_RUN、V$INCMETER_CONFIG、V$INCMETER_INFO、V$INCMETER_SUMMARY、V$IOFUNCMETRIC、V$IOFUNCMETRIC_HISTORY、V$IOSTAT_CONSUMER_GROUP、V$IOSTAT_FILE、V$IOSTAT_FUNCTION、V$IOSTAT_NETWORK、V$IO_CALIBRATION_STATUS、V$IR_FAILURE、V$IR_FAILURE_SET、V$IR_MANUAL_CHECKLIST、V$IR_REPAIR、V$LOBSTAT、V$MEMORY_CURRENT_RESIZE_OPS、V$MEMORY_DYNAMIC_COMPONENTS、V$MEMORY_RESIZE_OPS、V$MEMORY_TARGET_ADVICE、V$NFS_CLIENTS、V$NFS_LOCKS、V$NFS_OPEN_FILES、V$OBJECT_PRIVILEGE、V$PERSISTENT_PUBLISHERS、V$PERSISTENT_QUEUES、V$PERSISTENT_SUBSCRIBERS、V$PROCESS_GROUP、V$PX_INSTANCE_GROUP、V$REDO_DEST_RESP_HISTOGRAM、V$RESULT_CACHE_DEPENDENCY、V$RESULT_CACHE_MEMORY、V$RESULT_CACHE_OBJECTS、V$RESULT_CACHE_STATISTICS、V$RMAN_COMPRESSION_ALGORITHM、V$RMAN_ENCRYPTION_ALGORITHMS、V$RSRCMGRMETRIC、V$RSRCMGRMETRIC_HISTORY、V$SECUREFILE_TIMER、V$SESSION_FIX_CONTROL、V$SQL_CS_HISTOGRAM、V$SQL_CS_SELECTIVITY、V$SQL_CS_STATISTICS、V$SQL_FEATURE、V$SQL_FEATURE_DEPENDENCY、V$SQL_FEATURE_HIERARCHY、V$SQL_HINT、V$SQL_MONITOR、V$SQL_PLAN_MONITOR、V$SQLFN_ARG_METADATA、V$SQLFN_METADATA、V$SSCR_SESSIONS、V$STREAMS_MESSAGE_TRACKING、V$SUBSCR_REGISTRATION_STATS、V$SYSTEM_FIX_CONTROL、V$WAIT_CHAINS、V$WORKLOAD_REPLAY_THREAD、V$XS_SESSION、V$XS_SESSION_ATTRIBUTE 和 V$XS_SESSION_ROLE
其他杂项 V$视图	和其他杂项信息有关的视图 **V$视图**：V$ASM_ACFSSNAPSHOTS、V$ASM_ACFSVOLUMES、V$ASM_FILESYSTEM、V$ASM_USER、V$ASM_USERGROUP、V$ASM_USERGROUP_MEMBER、V$ASM_VOLUME、V$ASM_VOLUME_STAT、V$CPOOL_CONN_INFO、V$EMON、V$IOSTAT_FUNCTION_DETAIL、V$LIBCACHE_LOCKS、V$PERSISTENT_QMN_CACHE、V$QMON_COORDINATOR_STATS、V$QMON_SERVER_STATS、V$QMON_TASK_STATS、V$QMON_TASKS、V$SQLCOMMAND、V$STANDBY_EVENT_HISTOGRAM、V$STREAMS_POOL_STATISTICS 和 V$TOPLEVELCALL

注意

V$ROLLNAME 视图被创建得和其他 V$视图略有不同：V$ROLLNAME 视图是由 X$表和 UNDO$表连接而成的。一些 V$视图的计时字段依赖于 init.ora 参数 TIMED_STATISTICS 被设置为 true。如果该参数没有被设置为 true，那么这些字段里就根本没有计时信息。

12.21 要诀回顾

- 由 SYSTEM 用户访问的 V$视图实际上是指向 V_$视图的同义词，V_$视图是原始 V$视图的视图，而原始 V$视图则建立在 X$表的基础之上。
- 当其他 DBA 需要访问 V$视图信息而不需要 SYS 或 SYSTEM 用户密码时，就授予他们访问 V_$视图的权限吧！那样他们就可以访问作为 V_$视图公共同义词的 V$视图了。不过，脚本总可以写成直接访问 SYS.V_$视图的形式，从而避免因为间接引用公共同义词而付出性能上的代价，但在这上面的节省实在很小。
- 查询 V$FIXED_TABLE 视图以获取数据库中所有 GV$视图和 V$视图的列表。实例 ID 是标识符，除多出这样一列外，GV$视图和 V$视图是一模一样的。GV$视图中含有关于 Oracle RAC 数据库全部实例的数据。
- 访问 V$FIXED_VIEW_DEFINITION 视图以获取所有关于构建 V$视图的 X$基础表的信息，CON_ID (Container ID)是 Oracle 12c 中关于可插拔数据库的新列。
- DBA_视图不是从 X$表或 V$视图衍生出来的。SYS 用户可以从 OBJ$视图中删除数据，而这个事实就是千万别当 SYS 超级用户的极好理由！对于每个 DBA_视图，都有一个 CDB_视图与之对应。Root CDB_视图还包含着 PDB 信息。
- 查询 V$VERION 和 V$DATABASE 视图以查看基本的数据库信息，例如版本信息、数据库创建日期以及基本的归档信息等。
- 查询 V$SYSAUX_OCCUPANTS 视图以保证 AWR(自动负载资料库)没有占用过多空间。使用 DBMS_STATS 包来检查历史信息和保留期。
- 查询 V$OPTION 视图，可以获取已安装的 Oracle 产品选项的信息。V$VERSION 视图将给出已安装的基本产品选项的版本。
- 查询 V$IM_SEGMENTS 和 V$IM_COLUMN_LEVEL 视图以检索有关存储在 In-Memory 列存储中的特定对象的详细信息(仅在 Oracle 12.1.0.2 及后续版本中可用)。
- 访问 V$SGA 视图可以得到系统物理内存分配状况的基本概念，包括在 Oracle 中为数据、共享池、大型池、Java 池和 Oracle 日志缓冲区分配的内存。INMEMORY_SIZE 是一个新的需要设置的 SGA 参数。
- 查询 V$SGASTAT 视图可获得 Oracle SGA 中的细目列表和共享池分配的详细列表。要得到 init.ora 参数的当前值，可以查询 V$PARAMETER 视图。该视图还展示哪些 init.ora 参数已经更改而不再是最初的默认状况：ISDEFAULT = false。另外，该视图还展示哪些参数可以在会话级别更改(当 ISSES_MODIFIABLE = true 时)。最后，该视图展示了不用关闭和重启数据库就可以修改的参数(当 ISSYS_MODIFIABLE = IMMEDIATE 且 ISSYS_MODIFIABLE = DEFERRED 时)。ISSYS_MODIFIABLE = DEFERRED 时的参数修改会对所有新登录的用户强制生效，而对当前已经登录的用户无效。如果 ISSYS_MODIFIABLE = false，那么数据库实例就必须关闭并重启，才能使参数的修改生效。第 4 章中有更多关于初始化参数的信息。
- 查询 V$CONTAINERS 和 V$PDBS 以获取有关容器和可插拔数据库的详细信息。连接到 PDB 时，只能看到与该特定 PDB 相关的信息。要想查看从内存中读 SQL 和 PL/SQL 的频繁度，可以查询 V$LIBRARYCACHE 视图。通常来说，pin 命中率应该在 95%或更高，重载率应该不高于 1%。查询 V$SQL_BIND_CAPTURE 视图，看看每条 SQL 语句所带的绑定变量是不是太多？是不是需要设置 CURSOR_SHARING 参数?为把查询结果强行保存在共享池的结果集缓存内存中，可以使用结果集缓存。
- 如果想找出那些尚未固定在共享池中，但又大到足以引起共享池碎片问题的对象，可以查询 V$DB_OBJECT_CACHE 视图。
- 要找出有问题的查询(和用户)，可以查询 V$SQLAREA 视图。
- 通过查询 V$SESSION、V$SQLTEXT 和 V$SESS_IO 可以发现有问题的用户，并可发现在给定的时间点他们正执行什么操作。

- 通过查询 V$ACCESS 视图可查看用户在特定时间访问的所有对象。这有助于查明有问题的对象，并且在修改特定对象时也很有用(找出谁在访问对象)。然而，当系统的共享池很大并且有成百上千个用户时，这个操作的开销将很大。
- 使用 V$OBJECT_USAGE 视图来查看索引是否正在被使用，也许某些索引是不需要的。
- 确定锁定其他用户的用户并杀掉他们的会话(如果需要的话)。
- 确定那些同时运行多个会话的用户，并且判定问题究竟是管理方面的(用户使用了多台终端)还是与系统相关的(会话没有被清除，或者会话生出失控的进程)。
- 视图 V$DATAFILE、V$FILESTAT 和 DBA_DATA_FILES 提供了数据库中所有数据文件和磁盘的文件 I/O 活动情况。要保证最佳性能，就得确保数据文件和磁盘都处在 IO 均衡的状态下。
- 将系统已有的权限记入文档，以准备好应对各种类型的安全局面。Oracle 12c 中提供了 Oracle STIG(安全技术应用指引)概要文件。

第 13 章

X$表(针对高级 DBA)

"为什么要登山？因为山就在那儿[1]"。为什么要打开自家汽车的前盖，看个分明？因为人们能够如此为之。为什么要把 X$表看个分明？因为 X$表就在那儿，而 DBA 能够如此为之。

Oracle 12cR2 有 1312 个 X$表(在 11gR2 中有 945 个)，专家级 DBA 正处于 Oracle 数据库最深洞穴的探秘之旅中，它们是有待细察的最后角落。查询 X$表能够获取某些未公开功能和参数的秘密、未来 Oracle 版本的信息，是了解数据库信息的捷径。鉴于 Oracle 的技术文档中和用户社区内都很少提及 X$表，于本书中加进这些表的内容，于是本书成了 X$表方面罕有的参考文献之一。本章中所有的查询均经过 12.2 版 Oracle 数据库环境下的测试。

本章要点如下：
- X$表介绍

---

[1] 译者注：英国登山家乔治·马洛里的名言。

- 在 Oracle 12c 中创建 V$视图和 X$表
- 获得 V$视图((包括 V$MEMORY_AREA 和 V$PDBS))中用到的 X$表的列表
- 在 Oracle 12c 中获得所有 X$表的列表
- 在 Oracle 12c 中获得所有 X$索引的列表
- 对 X$表和索引使用的提示
- 监控共享池的空间分配
- 创建查询脚本来监控共享池
- 获得重做日志的信息
- 设置初始化参数和 X$KSPPCV 视图(未公开)
- 缓冲区缓存/数据块的详细信息
- 获得实例/数据库相关的信息
- 高效使用 X$表及相关策略
- Oracle 内部的相关主题
- 阅读跟踪文件
- 一些常见 X$表分组
- 一些常见 X$表与非 V$固定视图的联系
- 常见的 X$表连接
- X$表的命名
- Oracle 12c 中包含 CON_ID 和 INMEMORY 的 X$表

13.1 X$表介绍

X$表将会引起淘气而又好奇的 DBA 的兴趣。在 Oracle 12cR2 (12.2.0.1)中有 1312 个 X$表,而在 Oracle 11gR2 (11.2.0.1)中只有 945 个。在 X$ 表上还有 799 个索引。附录 C 列出了所有这些表和索引。Oracle 动态表被设计为像其他健壮的 Oracle 应用程序数据模块一样,用户(DBA)可以通过基于这些表的一组视图的同义词来访问这一系列表。这些同义词以 V$开头,是在 Oracle 文档集的参考手册中有记录的对象名。V$视图上的这些同义词被用作从这些表中查询数据的主要方法。然而,DBA 感兴趣的是拥有并使用实际的 X$表查询工具集,以作为 V$视图查询的补充手段。

X$表包含特定实例在各个方面的信息。它们包括实例的当前配置信息、连接到实例的会话信息,以及丰富而有价值的性能信息。X$表是与平台相关的。Oracle 帮助文档记录的 V$视图定义的列可以保持平台间的一致性,但底层引用的 X$表的 SQL 语句却可能不同。Oracle 的核心采用了分层机制。X$表名中包含它所属的特定核心层的缩略语。因为可插拔数据库(PDB)的引入,在现有的表/视图里增加了一个 CON_ID(容器 ID)字段(包括新的 X$表,比如 X$CON),并且在 12.1.0.2 以上版本中引入了内存列存储信息(X$KTSIMAU)。

X$表并不是驻留于数据库数据文件的永久表,甚至连临时表都不是。X$表仅仅驻留在内存中。当启动实例时,它们就被创建了。它们甚至在创建控制文件之前就已经存在。当关闭实例时,它们就被销毁。在实例启动后(在装载之前),系统将立即定义所有 1312 个 X$表。它们虽然已经被定义,但并非所有的表都能被查询。它们中的大多数至少需要数据库已经装载(mount),假如数据库还没有打开(open)的话。为了观察这种现象,可以 nomount 选项启动实例,然后查询 X$KQFTA 以及 X$KQFDT 表。

X$表为 SYS 数据库用户所拥有,并且是只读的,所以它们被称为固定表(Fixed Table),而 V$视图被称为固定视图。这些内容可能会让你有兴趣验证一下它们的只读特性。任何使用 DDL 或 DML 语句来修改这些表的尝试都将得到 ORA-02030 错误。

Oracle 在数据字典视图底层的 SQL 语句中大量使用了 DECODE 解码函数。如果比较各个版本的 V$视图对应的底层 SQL 语句，将可能发现某些 V$视图在实现方式上有差异。V$视图中的列往往在名称和含义上保持一致，这就允许 Oracle RDBMS 工程师修改各个版本中的 X$表，而不会破坏大多数 Oracle 用户对 V$视图的使用。事实上，通过同名的视图同义词来访问 V$视图从另一个层面提供了灵活性，使 Oracle 工程师可以修改底层的结构，而对用户使用 V$视图产生极小的影响，甚至没有任何影响。Oracle 在底层 V$视图的 SQL 语句中大量使用了解码函数，使查询不同特定平台上的实现方案也可以返回通用数据，而这正是不同平台上特定的 V$视图用户所期望的。因此，在升级数据库时运行正确的脚本就非常重要——要确保创建的字典视图和底层的 X$表相一致。

注意
应用程序的设计人员和开发人员可能通过采用类似的策略来解决他们在开发和维护时遇到的问题。他们可以将视图和视图同义词应用于对应用程序的底层表和已存储的程序对象(Java 和 PL/SQL)的软件访问。

尽管本节绝不是使用 X$表查询的完整解决方案，但却介绍了一些常用的 X$表查询，并按照它们所属的主要性能调整领域做了分组。因为 X$表查询是固定视图查询的补充而不是替代品，所以本节将同时包含 X$表查询和相关的固定视图查询。

13.1.1 有关 X$表的误解

如果只是心血来潮或者没有经验，请不要使用 X$表，否则可能将整个数据库毁掉(至少某些人会这样对你说，听起来很吓人)。

有关 X$表的最常见的误解就是：DBA 可以删除或更新其中部分内容，这样就毁掉了数据库。然而，X$表是毁不掉的。唯一可以从这些表中选取数据的用户就是 SYS 用户。SELECT 语句是在这些表上唯一可以执行的命令。如果尝试将 SELECT 授权给普通用户，将会出现错误。看看下面两个程序清单中尝试删除和修改 X$表的操作。在第一个程序清单中，无法删除 X$表的任何内容(即使是 SYS 用户)：

```
connect sys/change_on_install as sysdba
drop table x$ksppi;
ORA-02030: can only select from fixed tables/views
```

在下面的程序清单中，无法更新、插入或删除 X$表中的任何数据(即使是 SYS 用户)：

```
update   x$ksppi
set      ksppidf = 'FALSE'
where    ksppidf = 'TRUE';
ORA-02030: can only select from fixed tables/views
```

注意
当提到 X$表时，绝大多数人会说："哇，太恐怖了，我永远也不会碰这些表。"而实际上，在 X$表上是不允许执行 DML(更新、插入、删除)命令的，即使是 Oracle 12cR2 的 SYS 超级用户也不行(我确实尝试过了！)。

13.1.2 授权查看 X$表

不能授权他人查看 X$表，即使是 SYS 用户。如果尝试授权他人访问 X$表，将得到类似下面所示的错误：

```
connect sys/change_on_install as sysdba
grant select on X$ksppi to richn;
ORA-02030: can only select fixed from fixed tables/views
```

尽管上面在尝试授予他人对 X$KSPPI 表的访问权时返回的错误信息乍看起来指代不明，但已说明只能执行 SELECT 操作，授权行为是不允许的。然而，可以根据原始的 X$表来创建自己的 X$视图，然后授权其他用户访问这些视图。请考虑下面 6 个示例，它们通过名为 X$_KSPPI 的视图和名为 X$KSPPI 的同义词来授权其他用户访问 X$KSPPI 表。

连接到 SYS 超级用户：

```
connect sys/change_on_install as sysdba
Connected.
```

创建 X$KSPPI 表的镜像视图：

```
create view rich$_ksppi as
select      *
from        x$ksppi;

View created.
```

为刚刚创建的视图再创建一个同义词：

```
create public synonym x$_ksppi for rich$_ksppi;
Synonym created.
```

授予所需要的用户访问刚创建的视图的权限：

```
grant select on x$_ksppi to richn;
Grant succeeded.
```

连接到所需要的用户：

```
conn richn/tusc
Connected.
```

通过为 X$_KSPPI 创建的同义词访问 X$_KSPPI 视图：

```
select    count(*)
from      x$_ksppi;

COUNT(*)
46499
```

现在可以授权用户访问 X$ 表的信息，而不用向他们提供 SYS 账户和密码。关键就是创建一个指向原始的 SYS 用户所拥有的 X$ 表的视图。

要诀

DBA 可能需要访问 X$ 表的信息，但不能以 SYS 用户身份进行操作。因此，请使用不同的名字来创建一个所需表的镜像视图，再根据原始表相应的同义词来命名这些表。

13.2 在 Oracle 12c 中创建 V$视图和 X$表

X$ 表是虚拟或固定的表，在数据库启动时即被创建，并在内存中实时维护。这些表存储了从上一次数据库启动以来到当前时间点，数据库中当前活动事务的最新信息。在 SGA 中，根据 X$ 表创建了 V$ 视图(参见第 12 章)，以使用户可以以更便于阅读的形式来查看信息。X$ 表是固定表，因为它们是在内存中创建的，所以对这些表的访问有很大限制。

V$ 视图被称为虚拟表、固定表、V$ 表、动态性能表以及其他一堆名称。理解 X$ 表的首要障碍就是不熟悉它们的创建过程、安全管理、内容以及和 V$ 视图的关系。

此外，这些 X$ 表本质上是非常隐秘的，它们和 Oracle 数据字典的底层表结构很相似。所以，Oracle 创建了 V$ 视图，以便于读取和使用。另外，Oracle 使用 catalog.sql 脚本创建了其他视图(USER、DBA、ALL 等)，以使用户更容易使用。Oracle 还使用 cdfixed.sql 脚本根据 V_$ 视图创建了同义词，并将视图的前缀改回为 V$。下面是在

cdfixed.sql 中创建 V_$视图和 V$视图公共同义词的示例(位于$ORACLE_HOME/rdbms/admin 目录):

```
create or replace view v_$datafile as select * from v$datafile;
create or replace public synonym v$datafile for v_$datafile;
grant select on v_$datafile to SELECT_CATALOG_ROLE;
```

要诀

请参阅第 12 章和附录 B,以获得更详细的 V$视图信息;或查看附录 C,以获得更详细的 X$表信息。

一旦执行 catalog.sql 文件,V$视图就只对具有 SELECT_CATALOG_ROLE 权限的用户可用。此时,通过将 V$视图的 SELECT 权限授予用户,可以实现对 V$视图的访问。所以,所有对 V$视图执行的 SELECT 操作实际上是从 SGA 检索数据;更准确一点,是从 X$表检索数据。DBA 不能以任何形式修改 X$表,并且他们无法在这些表上创建索引。Oracle 从版本 8 开始提供 X$表上的索引。此外,V$视图被用作 Oracle 监视工具的底层视图。下面的程序清单显示了如何获得所有 V$视图的列表:

```
select    kqfvinam name
from      x$kqfvi
order     by kqfvinam;
```

部分输出如下:

```
NAME
GO$SQL_BIND_CAPTURE
GV$ACCESS
GV$ACTIVE_INSTANCES
GV$ACTIVE_SERVICES
GV$ACTIVE_SESSION_HISTORY
GV$ACTIVE_SESS_POOL_MTH
GV$ADVISOR_CURRENT_SQLPLAN
GV$ADVISOR_PROGRESS
...
V$ZONEMAP_USAGE_STATS
V$_LOCK
V$_LOCK1
V$_SEQUENCES

1457 rows selected.
```

需要注意的是,GV$视图和 V$视图是一样的,但是在 Oracle RAC(Real Application Clusters)中,你会看到多个实例。GV$视图和 V$视图的唯一区别就是它有一列用来显示实例 ID。

获得组成 V$视图的 X$表的列表

为了获得组成 V$视图的 X$表的列表,必须访问 V$FIXED_VIEW_DEFINITION 视图。该视图显示了 V$视图是如何创建的。只要知道哪些 X$表组成了 V$视图,就可以建立更快的查询来直接访问 X$表,如下所示(注意因为可插拔数据库的引入,在很多 X$表里增加了 CON_ID[Container ID]列,请参考第 12 章以了解更多详情):

```
select     *
from       v$fixed_view_definition
where      view_name = 'GV$FIXED_TABLE';
```

输出结果如下:

```
VIEW_NAME        VIEW_DEFINITION
```

```
GV$FIXED_TABLE      select inst_id,kqftanam, kqftaobj, 'TABLE', indx, con_id
                       from x$kqfta
                    union all
                    select inst_id,kqfvinam, kqfviobj, 'VIEW', 65537, con_id
                       from x$kqfvi
                    union all
                    select inst_id,kqfdtnam, kqfdtobj, 'TABLE', 65537, con_id
                       from x$kqfdt
```

要诀

访问 X$KQFVI 表可以获得所有的 V$视图和 GV$视图的列表。访问 V$FIXED_VIEW_DEFINITION 视图可以获得组成 V$视图的底层 X$表的所有信息，包括为容器数据库(可插拔数据库)和内存列存储增加的新视图(参见下面的介绍)。

Oracle 12cR2 中的 V$INMEMORY_AREA 和 X$KTSIMAU

现在因为内存列存储的引入(从 12.1.0.2 版本开始)，增加了和 INMEMORY 设置相关的新的参数和表。下面是 X$KTSIMAU 视图用到的底层 X$表的信息：

```
select     *
from       v$fixed_view_definition
where      view_name = 'GV$INMEMORY_AREA';
```

输出结果如下：

```
VIEW_NAME           VIEW_DEFINITION
GV$INMEMORY_AREA    select INST_ID,POOL,ALLOCATED_LEN,USED_LEN,STATUS, CON_ID
                       from x$ktsimau
```

在 Oracle 12c(版本 12.1.0.2 之后)中，KTSIMAU 表示内存分配单元核心事务段(Kernel Transaction Segment In Memory Allocation Unit)，GV$INMEMORY_AREA 视图用到了这些信息(同样，V$INMEMORY_AREA 视图也用到了)。本章后面在介绍命名转换时给出了详细列表。

Oracle 12cR2 中的 V$CONTAINERS、V$PDBS 和 X$CON

在 Oracle 12c 中也有和可插拔数据库(PDB)相关的参数和表。下面是与 V$CONTAINERS 和 V$PDBS 相关的 X$表(X$CON)：

```
select     *
from       v$fixed_view_definition
where      view_name in ('GV$PDBS','GV$CONTAINERS');
```

下面是输出结果：

```
VIEW_NAME           VIEW_DEFINITION
GV$PDBS             select inst_id, con_id, dbid, con_uid, guid, name...etc.
                       from x$con
                    where con_id >1;
GV$CONTAINERS       select inst_id, con_id, dbid, con_uid, guid, name...etc.

                       from x$con
```

在 Oracle 12c 中有针对容器的新的 X$表，而 X$CON 是 V$PDBS 和 V$CONTAINERS 视图用到的主要的 X$表。

要诀

X$表和 V$视图已经通过增加 CON_ID(Container ID)字段来扩展对可插拔数据库的支持,包括现有的表和视图,也包括新增加的 X$表,比如 X$CON。从版本 12.1.0.2 开始还增加了对内存列存储的支持(X$KTSIMAU)。

13.3 获得 Oracle 12c 中所有 X$表的列表

X$表的名称保存在 X$KQFTA 表(包含 1275 个 X$表)、X$KQFDT 表(包含另外 37 个 X$表)和 X$KQFVI 表中。前面提到的 V$和 GV$视图的名称都可以在这些表中找到。V$FIXED_TABLE 视图包含三个表的全部内容,这样就可以获得任何所需的列表组合。下面程序清单中的查询显示了如何获得一个包含 1312 个 X$表的列表:

```
select     name
from       v$fixed_table
where      name like 'X%'
order by   name;
```

部分输出如下(完整的程序清单请参见附录 C):

```
NAME
---------------------
X$ABSTRACT_LOB
X$ACTIVECKPT
X$ASH
X$BH
X$BUFFER
X$BUFFER2
X$BUFFERED_PUBLISHERS
X$BUFFERED_QUEUES
X$BUFFERED_SUBSCRIBERS
X$CELL_NAME
...  (在 Oracle 12cR2 中共有 1312 条)
```

下面的查询显示从 X$KQFDT 视图中获得的输出结果,即部分 X$表的列表:

```
select    kqfdtnam, kqfdtequ
from      x$kqfdt;

KQFDTNAM                        KQFDTEQU
------------------------------  ---------
X$KSLLTR_CHILDREN               X$KSLLTR
X$KSLLTR_PARENT                 X$KSLLTR
X$KCVFHONL                      X$KCVFH
X$KCVFHMRR                      X$KCVFH
X$KCVFHALL                      X$KCVFH
X$KGLTABLE                      X$KGLOB
X$KGLBODY                       X$KGLOB
X$KGLTRIGGER                    X$KGLOB
X$KGLINDEX                      X$KGLOB
X$KGLCLUSTER                    X$KGLOB
X$KGLCURSOR                     X$KGLOB
...  (在 Oracle 12cR2 中共有 37 条)
```

要诀

查询 V$FIXED_TABLE 表可获得 X$表的名称,也可以访问 X$KQFTA 和 X$KQFDT 表来分别获得部分列表,这两个列表组合起来即构成完整的列表。在 Oracle 12c 里面还有新的 X$表,包括 X$CON(容器)和 X$KTSIMAU(内存列存储)。

13.4 获得 Oracle 12c 中所有 X$索引的列表

如果经常查询 V$视图或 X$表来获得信息,那么对理解正在使用的是什么索引是很有帮助的,如下所示:

```
select    table_name, index_number, column_name
from      v$indexed_fixed_column
order by  table_name, index_number, column_name, column_position;
```

这里只是输出的一部分:

```
TABLE_NAME                      INDEX_NUMBER COLUMN_NAME
------------------------------- ------------ ---------------
X$ASH                                      1 NEED_AWR_SAMPLE
X$ASH                                      1 SAMPLE_ADDR
X$ASH                                      1 SAMPLE_ID
X$BUFFER                                   1 OBJNO
X$BUFFER2                                  1 OBJNO
X$DIAG_ADR_CONTROL                         3 COLA
X$DIAG_ADR_INVALIDATION                    3 ADR_PATH_IDX
X$DIAG_ALERT_EXT                           3 ADR_PATH_IDX
X$DIAG_AMS_XACTION                         3 ADR_PATH_IDX
X$DIAG_DDE_USER_ACTION                     3 ADR_PATH_IDX
X$DIAG_DDE_USER_ACTION_DEF                 3 ADR_PATH_IDX
X$DIAG_DDE_USR_ACT_PARAM                   3 ADR_PATH_IDX
```

... (在 Oracle 12cR2 中共有 799 个 X$索引)

只有少数几个 X$表有多列索引,如下所示:

```
SELECT    DISTINCT a.table_name, a.index_number,
          a.column_name,a.column_position
FROM      v$indexed_fixed_column a, v$indexed_fixed_column b
WHERE     a.table_name = b.table_name
AND       a.index_number = b.index_number
AND       a.column_name != b.column_name
ORDER BY  a.table_name,a.index_number, a.column_position;
```

```
TABLE_NAME            INDEX_NUMBER COLUMN_NAME                     COLUMN_POSITION
--------------------- ------------ ------------------------------- ---------------
X$ASH                            1 SAMPLE_ADDR                                   0
X$ASH                            1 SAMPLE_ID                                     1
X$ASH                            1 NEED_AWR_SAMPLE                               2
X$KESWXMON                       2 SQLID_KESWXMON                                0
X$KESWXMON                       2 EXECID_KESWXMON                               1
X$KESWXMON                       2 EXECSTART_KESWXMON                            2
X$KESWXMON_PLAN                  2 SQLID_KESWXMONP                               0
X$KESWXMON_PLAN                  2 EXECID_KESWXMONP                              1
X$KESWXMON_PLAN                  2 EXECSTART_KESWXMONP                           2
X$KTFBUE                         1 KTFBUESEGTSN                                  0
X$KTFBUE                         1 KTFBUESEGFNO                                  1
X$KTFBUE                         1 KTFBUESEGBNO                                  2
X$KTSLCHUNK                      1 KTSLCHUNKTSN                                  0
X$KTSLCHUNK                      1 KTSLCHUNKSEGFNO                               1
X$KTSLCHUNK                      1 KTSLCHUNKSEGBLKNO                             2
...
```

为了了解目前正在从哪个 X$表检索信息，请执行对 V$FIXED_VIEW 定义表的查询，如下所示：

```
select      *
from        v$fixed_view_definition
where       view_name = 'GV$INDEXED_FIXED_COLUMN';
```

输出如下(注意 Oracle 12*c* 中为容器数据库增加的 CON_ID 字段)：

```
VIEW_NAME                    VIEW_DEFINITION
V$INDEXED_FIXED_COLUMN    select   c.inst_id,  kqftanam,   kqfcoidx,
                                   kqfconam,   kqfcoipo, c.con_id
                          from     x$kqfco c,  x$kqfta t
                          where    t.indx = c.kqfcotab
                          and      kqfcoidx != 0
```

要诀
访问 V$INDEXED_FIXED_COLUMN 视图可以获得一个所有 X$表上索引的列表。

13.5 对 X$表和索引使用的提示

和其他的表一样，也可以对 X$表使用提示以获得更佳的性能。下面两个程序清单中的查询显示了使用 ORDERED 提示来更改驱动表时的执行计划和统计数据。需要注意的是，如果表使用了别名，那么当提示里面用到这个表时也需要使用别名(例如指定索引提示)，而不是直接使用表名。ORDERED 提示不需要表名，但按照 FROM 子句中列出的顺序访问这些表。

强制将 X$KSBDD 表作为驱动表：

```
select   /*+ ordered */ p.ksbdppro, p.ksbdpnam,
         d.ksbdddsc,p.ksbdperr
from     x$ksbdd d, x$ksbdp p
where    p.indx = d.indx;

Execution Plan
---------------------------------------------------------------------------
| Id  | Operation                  | Name              |Rows|Bytes|Cost (%CPU)|Time     |
|  0  | SELECT STATEMENT           |                   | 100|8300 |   0   (0)|00:00:01|
|  1  |  NESTED LOOPS              |                   | 100|8300 |   0   (0)|00:00:01|
|  2  |   FIXED TABLE FULL         | X$KSBDD           | 100|4700 |   0   (0)|00:00:01|
|* 3  |   FIXED TABLE FIXED INDEX  | X$KSBDP (ind:1)   |  1|  36 |   0   (0)|00:00:01|
```

使用 ORDERED 提示来强制将 X$KSBDP 作为驱动表：

```
select   /*+ ordered */ p.ksbdppro, p.ksbdpnam,
         d.ksbdddsc,p.ksbdperr
from     X$ksbdp p, X$ksbdd d
where    p.indx = d.indx;

Execution Plan
---------------------------------------------------------------------------
| Id  | Operation                  | Name              |Rows|Bytes|Cost (%CPU)|Time     |
|  0  | SELECT STATEMENT           |                   | 100| 8300|   0   (0)|00:00:01|
|  1  |  NESTED LOOPS              |                   | 100| 8300|   0   (0)|00:00:01|
|  2  |   FIXED TABLE FULL         |X$KSBDP            | 100| 3600|   0   (0)|00:00:01|
|* 3  |   FIXED TABLE FIXED INDEX  |X$KSBDD (ind:2)    |  1|   47|   0   (0)|00:00:01|
```

要诀
Oracle 通常根据需要使用索引，但有时可以使用提示来获得所期望的结果。

13.6 监控共享池的空间分配

可以使用 X$KSMLRU 表来监控共享池的空间分配，以防止引起空间分配的争用。该表的相关列如表 13-1 所示。

表 13-1　X$KSMLRU 表中的相关列

列	定义
ADDR	该行在固定表的数组中的地址
INDX	该行在固定表的数组中的索引号码
INST_ID	Oracle 实例编号
KSMLRCOM	分配类型的描述
KSMLRSIZ	分配块的字节大小
KSMLRNUM	因为空间分配从共享池刷出去的对象的个数
KSMLRHON	所加载对象的名称
KSMLROHV	所加载对象的散列值
KSMLRSES	执行分配的会话，可与 V$SESSION.SADDR 进行关联

可以使用 V$KSMSP 表来检查共享池的当前内容。

```
select    ksmchcls class, sum(ksmchsiz) memory
from      X$ksmsp
group by  ksmchcls;
CLASS    |        MEMORY
---------|----------------
R-free   |    16,857,968
R-freea  |     2,119,144
R-recr   |     3,985,736
free     |     5,660,160
freeabl  |    71,699,664
perm     |   175,106,600
recr     |    43,330,536
```

当使用 V$KSMSP 表来检查共享池的当前内容时，每一行代表共享池中的一块内存。该表的相关列如表 13-2 所示(注意上面的查询中通过 ksmchcls 字段将内存块分组成不同类别)：

表 13-2　V$KSMSP 表中的相关列

列	定义
ADDR	该行在固定表的数组中的地址
INDX	该行在固定表的数组中的索引号码
INST_ID	Oracle 实例编号
KSMCHCOM	分配的内存块的描述
KSMCHPTR	这块内存块的物理地址
KSMCHSIZ	这块分配的共享内存块的尺寸

(续表)

列	定义
KSMCHCLS	这块分配的共享内存块的类型，有以下可能值 recr：如果共享池中的内存不足，可以清空的分配的共享内存块 freeabl：可以释放，但不可清空的当前正在使用的已分配的共享内存块 free：空闲的共享内存块 perm：永久分配，不得释放的共享内存块 r-free：Reserved 池中的自由内存 r-freea：Reserved 池中可以释放的内存块 r-recr：Reserved 池中可以重新创建的内存块 r-perm：Reserved 池中永久性的内存块

13.7 创建查询脚本来监控共享池

共享池往往是影响性能的关键。本节重点介绍有助于研究共享池的查询。

13.7.1 ORA-04031 错误

V$SHARED_POOL_RESERVED.REQUEST_FAILURES(或是 SUM(X$KGHLU.KGHLUNFU))展示了自从实例启动后出现的所有 ORA-04031 错误的次数。只要出现任何 ORA-04031 错误，就说明 SHARED_POOL_SIZE 或 JAVA_POOL_SIZE 设置太小，共享池出现碎片化，或者应用程序代码可能没有实现优化共享。下面程序清单中的查询将检查自从实例启动以后出现的 ORA-04031 错误。另外，请参考第 4 章以了解关于自动内存管理的参数设置，包括 MEMORY_TARGET、MEMORY_MAX_TARGET 以及 SGA_TARGET。

```
-- Number of ORA-04031 errors since instance startup.
SELECT request_failures
  FROM v$shared_pool_reserved;
```

只要出现任何 ORA-04031 错误，就需要调整 SHARED_POOL_SIZE、JAVA_POOL_SIZE 和(或)应用程序。考虑使用下面的一种或几种方法。

- 使用 DBMS_SHARED_POOL.KEEP 方法在内存中固定(pin)较大的、使用频率很高的 PL/SQL 程序包，即下面某个指标比较高的：X$KSMLRU.KSMLRSIZ、COUNT(X$KSMLRU.KSMLRHON)或 X$KSMLRU.KSMLRNUM。

    ```
    EXECUTE dbms_shared_pool.keep('PACKAGENAME');
    ```

- 同样使用 DBMS_SHARED_POOL.KEEP 来固定较大的、使用频率很高的 Java 类。可以通过将 Java 类放在双引号内来固定。

    ```
    EXECUTE dbms_shared_pool.keep('"FullJavaClassName"', 'JC');
    ```

要诀

如果 Java 类包含斜线(/)，就要将其放在双引号内；否则，将得到 ORA-00995 错误。

- 如果共享池的空闲内存比例很低，分配的库缓存(Library Cache)空间存在争用现象，并且(或)有 ORA-04031 错误出现，就应当通过增加 SHARED_POOL_SIZE 初始化参数来增加共享池的大小。在之前的第 4 章已经提到：如果观察到共享池的内存数量过低的话，增加共享池并不是永远推荐的方法。如果增加共享池的尺寸，那么也需要增加参数 MEMORY_TARGET、MEMORY_MAX_TARGET 以及 SGA_TARGET 的值(请参考第 4 章以了解更多信息)。
- 通过增加初始化参数 SHARED_POOL_RESERVED_SIZE 的值来增加共享池保留区域的大小(默认值为 SHARED_POOL_SIZE 的 5%)。
- 要求应用程序的开发人员使用能够共享的 SQL、PL/SQL 和 Java 源代码。

13.7.2 空间分配过大而引起的争用

如果 X$KSMLRU.KSMLRCOM 的值为 MPCODE 或 PLSQL%，对应的被加载对象(X$KSMLRU.KSMLRHON) 将是可以被固定的候选对象(keep candidate)，可以考虑用 DBMS_SHARED_POOL.KEEP 来固定。

如果使用诸如共享服务器(以前称为 MTS)、恢复管理或并行查询等特性，就应该配置更大的共享池，并且需要配置比默认值大的大型池(Large Pool)。这些特性将在共享池中创建很大的分配空间。如果需要分配的空间够大的话，这些特性将会从大型池而不是共享池中分配内存。

```
-- Amount of each type of shared pool allocation causing contention.

SELECT    ksmlrcom, SUM(ksmlrsiz)
FROM      x$ksmlru
GROUP BY ksmlrcom;

KSMLRCOM             SUM(KSMLRSIZ)
-------------------- -------------
                                 0
qkxr.c.kgght                  4156
idndef : qcuAllocId           4096
```

要诀

如果 X$KSMLRU.KSMLRCOM 与 Fixed UGA 接近，那么说明出现了大量特定于会话的内存分配，这也意味着 OPEN_CURSORS 可能设置太高了。这种现象只会出现在使用了共享服务器的情况下。

13.7.3 共享池碎片化

本节通过几个查询来进一步查看共享池，以便帮助你了解所需的细节(第 4 章已详细讨论有关共享池的内容)。如果在 X$KSMLRU 中观察到大量的条目，尤其是它们中的绝大部分拥有较小的 KSMLRSIZ 值，或者在 X$KSMSP 中有大量类型为 "free" 的内存块，就表明共享池可能已经出现碎片化现象了。这种现象与 X$KSMLRU 中显示大量的条目，其中绝大部分拥有中等或较大的 KSMLRSIZ 值的情况相反，后者不太可能是共享池出现太多碎片的征兆；进而也说明需要在共享池中保存较大的 PL/SQL 包和/或 Java 类，也可能是共享池太小了，或是应用程序的代码没有有效共享(或者其中几种情况的综合)。在识别这个问题时，需要花一段时间监控应用程序代码的使用，以发现用户的会话正在尝试加载哪些代码。与应用程序用户、开发人员、设计人员以及应用程序提供商共同解决问题是非常有益的。下面程序清单中的查询将有助于查找争用资源和碎片化问题。

查找争用和碎片化问题：

```
-- Names of and sessions for shared pool allocations causing contention.
SELECT ksmlrhon, ksmlrsiz, ksmlrses
   FROM x$ksmlru
   WHERE ksmlrsiz > 1000
ORDER BY ksmlrsiz;
```

共享池内存的分配：

```
-- Shared pool memory allocated.
SELECT sum(ksmchsiz)||' bytes' "TotSharPoolMem"
  FROM x$ksmsp;


TotSharPoolMem
------------------------------------------
58719640 bytes
```

共享池的碎片化：

```
  -- Fragmentation of Shared Pool.
  SET VERIFY off
 COLUMN PctTotSPMem for a11
 SELECT ksmchcls       "ChnkClass",
       SUM(ksmchsiz)   "SumChunkTypeMem",
       MAX(ksmchsiz)   "LargstChkofThisTyp",
       COUNT(1)        "NumOfChksThisTyp",
       ROUND((SUM(ksmchsiz)/tot_sp_mem.TotSPMem),2)*100||'%' "PctTotSPMem"
   FROM x$ksmsp,
       (select sum(ksmchsiz) TotSPMem from x$ksmsp) tot_sp_mem
GROUP BY ksmchcls, tot_sp_mem.TotSPMem
ORDER BY SUM(ksmchsiz);
```

下面是在一个小的系统上的输出：

```
ChnkClas SumChunkTypeMem LargstChkofThisTyp NumOfChksThisTyp PctTotSPMem
-------- --------------- ------------------ ---------------- -----------
R-freea            59000              21984              173          0%
R-recr           3977156            3977156                1          1%
R-perm          16553296            4193168                5          5%
R-free          21397980            2097032               85          6%
free            31038572            2396208             8893          9%
perm            51740844            3981312               29         15%
recr            86619156              44908            40129         24%
freeabl        145125076             334348            46223         41%

8 rows selected.
```

接下来是在一个大的 Linux 系统上的输出(12*c*R2)：

```
ChnkClas|SumChunkTypeMem|LargstChkofThisTyp|NumOfChksThisTyp|PctTotSPMem
--------|---------------|------------------|----------------|-----------
R-freea |      2119144  |         138080   |       285      |1%
R-recr  |      3985736  |        3977224   |         2      |1%
free    |      5516136  |        3464168   |      4992      |2%
R-free  |     16857968  |        2096960   |        78      |5%
recr    |     43418856  |          96216   |     25369      |14%
freeabl |     71755368  |         434976   |     24727      |23%
perm    |    175106600  |        4177872   |       518      |55%
7 rows selected.
```

关于 SHARED_POOL_RESERVED_SIZE 的信息：

```
  -- Information regarding shared_pool_reserved_size.
SELECT free_space,free_count,max_free_size,max_used_size,
       request_misses,max_miss_size
  FROM v$shared_pool_reserved;


FREE_SPACE FREE_COUNT MAX_FREE_SIZE MAX_USED_SIZE REQUEST_MISSES MAX_MISS_SIZE
```

```
----------  ---------  -------------  -------------  --------------  -------------
   2980600         14         212900              0               0              0
```

13.7.4 共享池和 Java 池中空闲内存过低

如果共享池或 Java 池中空闲内存的百分比过低,那么共享池和/或 Java 池可能正处于最佳的空闲内存数量和空闲内存不足之间的状态。为了确定这一点,可以考虑还存在多少空闲内存块,最大块有多大,目前的负载是否很重以及是否出现了 ORA-04031 错误等。下面程序清单中的两个查询将对你有所帮助。

共享池的空闲内存:

```
   -- Amount of shared pool free memory.
SELECT *
  FROM v$sgastat
 WHERE name = 'free memory'
   AND pool = 'shared pool';

POOL         NAME                          BYTES    CON_ID
------------ ------------------------- ---------- -------
shared pool  free memory                  3819124        0
```

Java 池的空闲内存:

```
   -- Amount of java pool free memory.
SELECT *
  FROM v$sgastat
 WHERE name = 'free memory'
   AND pool = 'java pool';

POOL         NAME                          BYTES CON_ID
------------ ------------------------- ---------- -------
java pool    free memory                 44626368        0
```

13.7.5 使用库缓存内存

很多问题都可能造成库缓存命中率较低。可能是共享池和/或 Java 池太小了;可能是 SHARED_POOL_RESERVED_SIZE 参数设置太小了;可能需要将 CURSOR_SHARING 设置为 FORCE;可能是 SQL、PL/SQL 或 Java 代码没有有效共享;或者没有有效使用绑定变量。研究一下过去一段时间使用了哪些应用程序的代码,以及使用的效率如何(代码共享)。长时间监控共享池和 Java 池的空闲空间。如果共享池和/或 Java 池中的空闲内存相对较高,没有出现 ORA-04031 错误,而库缓存命中率较低,那么很可能是出现了不理想的代码共享。下面程序清单中的查询将有助于探查这一领域的问题。由于这个主题的可应用性,在这里包含了一些 V$视图查询。

库缓存命中率:

```
    -- Library cache hit ratio.
  SELECT ROUND(SUM(pinhits)/SUM(pins),2)*100||'%' "Library Cache Hit Ratio"
    FROM v$librarycache
ORDER BY namespace;

Library Cache Hit Ratio
-----------------------
90%
```

库缓存重载率(注意现在 PDB 也是一个名称空间):

```
    -- Library cache reload ratio.
SELECT namespace,
       ROUND(DECODE(pins,0,0,reloads/pins),2)*100||'%' "Reload Ratio"
  FROM v$librarycache;

NAMESPACE                                            Reload Ratio
---------------------------------------------------- -------------
SQL AREA                                             1%
TABLE/PROCEDURE                                      4%
BODY                                                 0%
TRIGGER                                              0%
INDEX                                                11%
CLUSTER                                              0%
DIRECTORY                                            0%
QUEUE                                                0%
RULESET                                              0%
TEMPORARY TABLE                                      76%
TEMPORARY INDEX                                      19%
EDITION                                              0%
DBLINK                                               0%
OBJECT ID                                            0%
SCHEMA                                               0%
DBINSTANCE                                           0%
SQL AREA STATS                                       0%
ACCOUNT_STATUS                                       0%
SQL AREA BUILD                                       0%
PDB                                                  0%
AUDIT POLICY                                         0%
USER PRIVILEGE                                       0%
FED APP                                              0%
CMP                                                  0%
```

库缓存高使用率对象(添加"WHERE ROWNUM<11"以列出最靠前的 10 个):

```
    -- Library cache high-use objects (You may want to limit listing).
  SELECT name,type
    FROM v$db_object_cache
ORDER BY executions;
```

库缓存对象大小:

```
    -- Library cache object sizes (you may want to limit listing).
  SELECT *
    FROM v$db_object_cache
ORDER BY sharable_mem;
```

共享池对象的共享效率(可以限制一下输出结果):

```
Column name format a40
Column type format a15

      -- Execute counts for currently cached objects.
  SELECT name, type, COUNT(executions) ExecCount
    FROM v$db_object_cache
GROUP BY name, type
ORDER BY ExecCount;

      -- Currently cached objects that have execute counts of just 1.
      -- Consider converting these objects to use bind variables.
```

```
    SELECT distinct name, type
      FROM v$db_object_cache
 GROUP BY name, type
   HAVING COUNT(executions) = 1;

        -- Currently unkept, cached objects that have execute counts > 1.
        -- Consider pinning these objects.
    SELECT distinct name, type, COUNT(executions)
      FROM v$db_object_cache
     WHERE kept = 'NO'
 GROUP BY name, type
   HAVING COUNT(executions) > 1
 ORDER BY COUNT(executions);

-- Currently unkept, cached objects that are similar. Each of these
-- statements has at least 10 versions currently cached, but has only
-- been executed less than 5 times each. Consider converting these
-- objects to use bind variables and possibly also pinning them.
    SELECT SUBSTR(sql_text,1,40) "SQL", COUNT(1) , SUM(executions) "TotExecs"
      FROM  v$sqlarea
     WHERE executions < 5
       AND kept_versions = 0
 GROUP BY SUBSTR(sql_text,1,40)
   HAVING COUNT(1) > 10
 ORDER BY COUNT(1) ;
Clear columns
```

重载的百分比过高说明共享池和/或 Java 池太小，共享代码效率不高，并且也可能是因为大型代码对象被重复使用。请监控应用程序代码的使用，并持续一段时间。如果发现大型代码对象被频繁使用，可以考虑固定它们，并且/或增加 SHARED_POOL_RESERVED_SIZE 参数的大小。如果使用了诸如共享服务器、恢复管理或并行查询等特性，可以考虑采用更大的 SHARED_POOL_SIZE 和/或 LARGE_POOL_SIZE(如果需要设置诸如 MEMORY_TARGET 和 SGA_TARGET 等参数，请参考第 4 章的内容，并保证总是设置 SHARED_POOL_SIZE 为最小值，即便同时设置了这些其他的参数)。

13.7.6　过高的硬解析

应当重新检查那些看起来类似可执行频率很低的查询，以便发现是否有机会通过绑定变量将它们合并起来。硬分析的比率过高可能意味着共享池本身太小，或者有 SQL 语句反复将其他代码挤出宝贵的共享池或 Java 池缓存空间。找到这些语句并考虑固定它们。也可考虑设置 CURSOR_SHARING 参数为 FORCE[1]。下面的程序清单显示了查看解析活动的各种查询：

```
    -- Overall Parse Activity.
SELECT name, value
  FROM v$sysstat
 WHERE name = 'parse count (total)'
    OR name = 'parse count (hard)';

NAME                                                              VALUE
---------------------------------------------------------------- ----------
parse count (total)                                               11357
```

---

[1] 译者注：通过修改代码以使用绑定变量来实现游标的共享才是解决硬解析的最佳实现方法，通过修改 CURSOR_SHARING 参数为 FORCE 只可以作为权宜之计。使用绑定变量可以消除 SQL 注入(SQL injection)的风险，不光能解决性能问题，还能避免安全风险。

```
parse count (hard)                                            924

   -- Ratio of hard parses to total parses.
SELECT ROUND((b.value/a.value),2)*100||'%' HardParseRatio
  FROM v$sysstat a, v$sysstat b
 WHERE a.name = 'parse count (total)'
   AND b.name = 'parse count (hard)';

HARDPARSERATIO
---------------
8%

   -- SQL Statements experiencing a high amount of parse activity.
SELECT sql_text, parse_calls, executions
  FROM v$sqlarea
 WHERE parse_calls > 100
   AND kept_versions = 0
   AND executions < 2*parse_calls;

SQL_TEXT
--------------------------------------------------------------------------------
PARSE_CALLS EXECUTIONS
----------- ----------
lock table sys.mon_mods$ in exclusive mode nowait
        126        126
lock table sys.col_usage$ in exclusive mode nowait
        269        269
```
(……只列出部分结果)

13.7.7 互斥锁/闩锁等待和/或休眠

如果互斥锁(Mutex，参考第 14 章的内容以了解更多关于互斥锁的信息)或闩锁(Latch)等待的数量很高，但共享池和 Java 池的空闲空间也很大，就需要考虑减少共享池和/或 Java 池的大小了。出现这种情况时，可能意味着会话必须花费时间用于扫描不必要的共享池空闲数据块的长长列表(在开始做之前要小心——我们的目的是让所有的东西都在内存里面——所以要保证分配了足够的内存)。请监控共享池和 Java 池的空闲空间的数量，并持续一段时间。如果这些池中有充足的空闲空间，并且没有出现 ORA-04031 错误，就可以考虑减少这些池的大小。当如下列表中的任何互斥锁/闩锁的丢失率和休眠数过高时，就应当调查一下相关设置：

- 行缓存对象
- 库缓存
- 共享池
- 共享 Java 池

如果共享池和 Java 池的空闲空间很低，就需要考虑调整其他的领域了，例如增大共享池和/或 Java 池，固定对象以及合并相似的 SQL 语句以使用绑定变量。后面程序清单中的查询可以用来获得这些量值。互斥锁(Mutex)，用于替代除了库装载锁之外的很多库缓存闩锁)被用来防止两个进程使用同一公共资源(它们中的一个或两个都尝试对资源进行修改)；当一个会话正在修改这个资源时，第二个会话既不能看也不能修改同一个资源；而当一个会话正在查看这个资源时，另一个会话不能对该资源进行修改。

对于有些库缓存的对象，Oracle 用互斥锁(Mutex)取代闩锁(Latch)，因为互斥锁比闩锁更轻量级，也提供了更多原子操作的并发性。互斥锁占用的内存更小，需要的指令也更少。Oracle 使用互斥锁来替换库缓存闩锁和库缓存固定闩锁来保护库缓存中的对象。通过使用互斥锁，在有人已经获得了资源，而你在尝试一定次数后依然无法获得这个资源时，你就需要先睡眠一段很短的时间，之后再次尝试。除了下面查询 V$LATCH 的脚本，也可以通过 V$MUTEX_SLEEP 视图来获得互斥锁和闩锁的信息：

```
Column name for a20
    -- Shared pool latch efficiency.
SELECT name,
       ROUND(misses/decode(gets,0,1,gets),2)*100||'%' as "WillToWaitMissRatio",
       ROUND(immediate_misses/decode(immediate_gets,0,1,
       immediate_gets),2)*100 ||'%' "ImmMissRatio",
       sleeps
  FROM v$latch
 WHERE name in ('row cache objects', 'shared pool');
Clear columns

NAME                 WillToWaitMissRatio
-------------------- ----------------------------------------
ImmMissRatio                                          SLEEPS
---------------------------------------- ----------
row cache objects    0%
0%                                                         0
shared pool          0%
0%                                                         3
```

上述输出并没有什么问题(只是很少的睡眠)。请记住在增大 SHARED_POOL_SIZE 之前，应当考虑目前是否存在任何共享池或库缓存的闩锁和互斥锁等待。根据所观察到的现象的不同，实际上有可能减少共享池的大小更加合适，比如，共享池中有充足的空闲内存可以使用，重载次数也很低，并且共享的闩锁等待的数量很高。在这种情况下之所以考虑减少共享池，原因是，如果使用过大的共享池，会话保持共享池闩锁的时间会比真正需要的时间略微长一些，因为共享池必须扫描更大数量的空间，以精确地决定在哪里分配所需的空间。通过这种方式解决共享池的问题，也要保证共享池足够大以保证能容下所有的语句，这是保证高性能的关键(往往都是很多人把共享池设置太小而造成问题)。

13.7.8 其他 X$表说明

在前面筋疲力尽地讨论完共享池和 Java 池调整选项后，可以考虑一些下划线参数了(或者说未公开的参数，请参考附录 A 以了解关于下划线参数的更多信息)。库缓存散列表桶的个数可以通过设置 _KGL_BUCKET_COUNT 参数来增加。这个参数的默认值为 9，相当于有 131071 个桶((2 的 9 次方)×256 - 1=131071)，这个值对于绝大多数系统来说已经足够了。在 Oracle 12c 里面依然还有 _KGL_LATCH_COUNT 这个参数，可以用来设置库缓存闩锁的数量。请记住，没有 Oracle 售后的指导，请不要修改任何下划线参数。在 Oracle 12c 里面，每个库缓存桶(共 131071 个)都用一个互斥锁来保护。另外，在 Oracle 12c 里面，_KGL_LATCH_COUNT 被设置成 0，一般不用修改。如果要修改，请咨询 Oracle 售后支持人员。

调整这个参数和其他所有未公开的参数一样，不被 Oracle 所支持。实现这种修改应当在 Oracle 售后的指导下进行，并且需要在模拟的生产环境中进行充分测试。

需要注意的是，任何特定的数据库都可能出现由前面提到的条件中的两种或多种条件组合而成的综合情况。通常，必须分析多种条件的情况并决定两种或多种可能的纠正手段。

同样需要注意的是，在每一次查询 X$KSMLRU 表之后，该表中的值将被重置为 0。为了更有效地监控该表，可以考虑使用 INSERT INTO…AS SELECT…语句将输出内容导入一个永久性表中，或者直接将其导出到文件中。而且，无论何时想查询 X$KSMLRU 表，通常可能需要选择所有的列，而不是在特定时刻所感兴趣的一列或几列；否则，就有可能错失一些后来决定想查看的信息。

警告

当"重置"X$KSMLRU 表时，在每次查询后该表中可能仍存在数据行。不要认为在每次查询后显示出来的剩余数据行是由引起争用的代码产生的条目，实际上它们是该表中提前已经分配的条目。如果 X$KSMLRU 表中的语句没有问题，那么 KSMLRHON 和 KSMLRSIZ 的值应当分别为 NULL 和 0。如果它们是非 NULL 值，那么这些数据行是由引起争用的代码生成的。要确保多个 DBA 没有同时查询 X$KSMLRU 表，因为他们中的任何一个都可能观察到误导性的结果。

记住，当决定修改初始化参数来修正系统的性能问题时，可以使用 alter system 命令来修改它们中的大多数参数。尽管这样做很容易，但仍然应当首先在测试系统中进行修改来进行测试。例如，如果想修改设置过小的 SHARED_POOL_SIZE 参数，那么在执行 alter system 命令期间，SQL*Plus 连接可能会挂起，并且/或消耗大量的内存和 CPU 资源。或者，在 Oracle 9i 之前，如果设置过高的_KGL_LATCH_COUNT 参数，在下一次启动数据库时，将得到 ORA-600[17038]错误。这里的关注点是：在修改任何这些参数之前都要非常小心，而且应该清楚自己正在做的事情。

13.8 获得重做日志的信息

X$KCCCP 表包含当前重做日志文件的信息，X$KCCLE 表包含所有重做日志文件的信息，如下所示：

```
  -- Percentage full of the current redo log file.
SELECT ROUND((cpodr_bno/lesiz),2)*100||'%' PctCurLogFull
  FROM x$kcccp a, x$kccle b
 WHERE a.cpodr_seq = leseq;

PCTCURLOGFULL
--------------
35%
```

如果在观察 V$LOG_HISTORY 或"log file space waits"统计数据时发现日志切换的频率超出数据库合适的频率，你可能会决定更改重做日志文件的配置。这个任务可以在数据库对所有用户开放以及所有表空间处于在线状况时执行。如果希望在执行这种或类似的维护操作(其中包括 DBA 通过 ALTER SYSTEM SWITCH LOGFILE 命令引起的日志切换)时将对数据库性能的影响减至最小，可以使用前面代码中的查询来测量需要复制多少重做日志信息，以完成当前日志文件的归档。在数据库有庞大的重做日志文件(500MB 或更多)时，这种影响特别明显。

也可以使用这个查询作为调整的辅助工具来测量特定的事务或进程创建了多少重做活动，前提是可以将特定的数据库隔离到将指定重做记录唯一创建者(而不是 Oracle 本身)的会话。在测试这个事务时，这在捕捉该查询执行前后的结果时非常有用。

13.9 设置初始化参数

SPFILE 文件(服务器参数文件)允许 DBA 使用 ALTER SYSTEM 命令永久性地修改初始化参数，而不用通过手工将这些变动并入传统的文件或 PFILE 文件，以永久地保存对初始化参数的修改。这也允许 DBA 出于归档或备份的目的，将当前实例的配置立即保存到文件中。这种灵活性也带来一点初始化参数管理的复杂性，即 Oracle 实例既可以用 PFILE 文件也可以用 SPFILE 文件来启动。这种复杂性在 DBA 管理初始化参数时引发了一些问题。DBA 必须知道 Oracle 在实例启动时使用哪个初始化参数文件，当使用 alter system…scope = spfile 或 alter system…scope = both 命令时，初始化参数保存在哪里？以及目前正在运行的 Oracle 实例是使用了 PFILE 文件还是 SPFILE 文件？或者使用两者共同启动？

如果在平台特定的默认路径下，SPFILE 文件使用平台特定的默认名称，Oracle 将使用它启动实例。为了让

Oracle 不使用默认路径下默认的 SPFILE 文件，而去使用另一个 SPFILE 文件，就首先必须重命名、重定向或删除这个默认的 SPFILE 文件，然后重定向，并且/或重命名所需的 SPFILE 文件，将它从非默认位置移到默认路径下，并采用默认的名称。另一种办法就是使用 PFILE 来启动实例，而在 PFILE 中通过设置 SPFILE 初始化参数来指定非默认 SPFILE 文件。

请注意，这里仍然有特定于平台的 PFILE 文件的默认文件名和存放路径的概念，如果在 SPFILE 默认路径和名称中没有 SPFILE，就使用这种概念(即使用默认 PFILE)。和在 Oracle 9i 以前的版本中一样，可以使用启动命令中的 PFILE 选项，以非默认的 PFILE 文件来启动实例。这是在 Oracle 中唯一一种可使用非默认参数文件启动实例的方法。STARTUP 命令没有指定 SPFILE 的选项。SPFILE 文件和 PFILE 文件是不可以互换的。SPFILE 文件(绝大多数情况下)是二进制文件，只能用 alter system 命令修改，也只能使用 create spfile 命令来创建。

和 Oracle 9i 以前的版本一样，PFILE 文件只是文本文件，可以使用文本编辑器创建和修改。如果尝试在 STARTUP PFILE 命令中使用 SPFILE 文件，将会得到 ORA-01078 错误。如果一个实例是使用 SPFILE 文件启动的，那么任何使用 alter system…scope = spfile 或 alter system…scope = both 命令造成的修改将保存在用于启动该实例的 SPFILE 文件中，即使默认的 SPFILE 文件存在，但没有被用于启动该实例，默认的 SPFILE 文件也不会被修改。如果同时使用 PFILE 文件和 SPFILE 文件来启动 Oracle 实例，那么当出现任何冲突时，Oracle 将使用 SPFILE 文件中定义的参数覆盖 PFILE 文件的所有参数。

关于究竟使用哪个文件来启动 Oracle 实例的问题，有 5 个可能的答案：

- 在启动时，数据库首先在默认路径下寻找 spfile<SID>.ora 文件，然后在默认路径下寻找 spfile.ora 文件。如果默认路径下存在默认名称的 SPFILE，那么 SPFILE 就会被使用，而不会使用 PFILE。
- 使用默认路径下默认名称的 PFILE 文件和非默认的 SPFILE 文件。
- 使用非默认的 PFILE 文件和 SPFILE 文件。
- 使用默认路径下默认名称的 PFILE 文件，而没有使用 SPFILE 文件。
- 使用非默认的 PFILE 文件，而没有使用 SPFILE 文件。

注意

同时使用 PFILE 文件和 SPFILE 文件来启动实例是可能的。请按顺序检查下面的查询，它们将回答究竟使用哪个文件作为启动实例的初始化参数。

案例 13-1

运行下面程序清单中的查询来检查 SPFILE 特定的初始化参数：

```
  -- Check for spfile-specified initialization parameters.
SELECT count(*)
  FROM v$spparameter
 WHERE isspecified = 'TRUE';

  COUNT(1)
----------
        29
```

也可以使用 SQL*Plus 命令 SHOW PARAMETER SPFILE 来显示参数 SPFILE。这将准确告诉你哪个 SPFILE 文件被用来启动数据库(在不指定 PFILE 或 SPFILE 文件的情况下启动数据库时，系统将自动获取设置)。如果使用 PFILE 选项启动数据库，那么这个参数的值就是 NULL。下面的命令和上面程序清单中的查询是等价的，只是少了一些键入操作：

```
SQL> SHOW PARAMETER SPFILE

NAME        TYPE    VALUE
---------   ------- ------------------------------------------------------
```

```
spfile        string   /u01/app/oracle/product/12.2.0/db_home_1/dbs/spfileorcl.ora
```

案例 13-2

运行下面的查询来确定使用哪个SPFILE来启动实例：

```
    -- Determine which spfile was used to start the instance.
SELECT value
  FROM v$parameter
 WHERE name = 'spfile';
```

查找默认路径下的 PFILE 文件。如果前面程序清单中查询的 SPFILE 文件参数(即 V$PARAMETER)值非空并且不是 SPFILE 文件的默认值，那么实例使用 PFILE 文件来启动，并且该文件通过 SPFILE 参数指定另一个 SPFILE 文件。如果是这种情况，并且默认的 PFILE 文件存在，那么它就是用于启动实例的文件。

案例 13-3

如果案例 13-2 的程序清单中查询的 SPFILE 文件参数(即 V$PARAMETER)值非空并且不是 SPFILE 文件的默认值，那就使用 PFILE 文件并且通过 SPFILE 参数来指定候选的 SPFILE 文件。如果是这种情况，并且默认的 PFILE 文件不存在，那就使用非默认的 PFILE 文件来启动实例。请参阅案例 13-5。

案例 13-4

如果案例 13-2 的程序清单中查询的 SPFILE 参数(即 V$PARAMETER)值为 NULL，那么表明使用的是 PFILE 文件而不是 SPFILE 文件。如果是这种情况，并且默认的 PFILE 文件存在，那么这个默认的 PFILE 文件被用于启动实例。

案例 13-5

如果从案例 13-1 到案例 13-3 的场景中根本就没有使用 SPFILE 文件，而默认的 PFILE 文件也没有使用的话，那么剩下的可能性就是使用非默认的 PFILE 文件，而且没有使用 SPFILE 文件。在不同的特定情况下，可能使用各种特定的非默认的 PFILE 文件。数据库的启动、关闭，或者备份脚本，第三方的备份和数据库管理软件包，或者特定的 Oracle 软件路径结构，都可能提供该文件的线索。如果还无法确定该文件，可以通过查询 Oracle 中有关初始化参数的部分 X$表，将当前的初始化参数的配置保存下来。也可能使用 OEM 产品将参数文件保存为本地备份文件，并通过 OEM 来启动数据库。

有多个 X$表牵涉初始化参数：X$KSPSPFILE、X$KSPPSV、X$KSPPSV2、X$KSPPCV、X$KSPPCV2、X$KSPPI以及 X$KSPPO。X$KSPSPFILE 表列出了 SPFILE 文件的内容。基于 X$KSPSPFILE 表的 V$SPPARAMETER 视图，不包括以下划线开头的参数名，但以下情况除外：这些"加下划线"或"未公开"的参数在 SPFILE 或 PFILE 文件中已明确指定，或者使用了 alter system 命令并且/或者 Oracle 必须修改 DBA 特定值来满足参数的功能需求。例如，所需要的特殊参数值是基数，或是另外一名 DBA 指定的参数值的倍数等。要想查看所有参数的名称，包括 V$SPPARAMETER 视图不包括的那些参数，可以查询 X$KSPSPFILE 表。

请注意：如果没有使用 SPFILE 文件来启动实例，那么 X$KSPSPFILE 表中 KSPSPFFTCTXSPVALUE 列的值将全为 NULL，KSPSPFFTCTXISSPECIFIED 列的值将全为 false。与此相反的是，如果在启动实例时使用了 SPFILE 文件，与在 SPFILE 文件中指定的特殊参数相对应的 KSPSPFFTCTXISSPECIFIED 列的值将为 true，而 KSPSPFFTCTXSPVALUE 列中与相应参数对应的值将是非 NULL 值。

X$KSPPSV 表列出了在当前实例中生效的参数名和对应的值。基于 X$KSPPSV 表的 V$SYSTEM_PARAMETER 视图，也不包括以下划线开头的参数以及从没有做过修改并且仍然是默认值的参数。

X$KSPPSV2 表与 X$KSPPSV 非常相似。区别在于组成参数值列表的参数值的存储方式。该表和 X$KSPPSV 表一样，列出了在当前 Oracle 实例中生效的参数名和对应的值。新的会话将从系统值中继承参数值。列表中的每个参数在表中都作为单独的一行显示。以这种方式提供列表参数值，可以快速定位列表中参数的值。例如，如参数值是"a,b",查看X$KSPPSV表将无法得知参数有两个值(a 和 b)还是一个值("a,b")。X$KSPPSV2 表则将不同的列表参数值区分开来。相对地,V$SYSTEM_PARAMETER2 视图基于 X$KSPPSV2 表。

X$KSPPCV 表和 X$KSPPCV2 表的关系与 X$KSPPSV 表和 X$KSPPSV2 表的关系很相似,但 X$KSPPCV 表和 X$KSPPCV2 表被应用于当前会话,而不一定针对整个实例。如果使用 alter session 命令修改参数,那么修改的内容将反映到 X$KSPPCV 表和 X$KSPPCV2 表中。V$PARAMETER 视图和 V$PARAMETER2 视图也分别基于 X$KSPPCV 表和 X$KSPPCV2 表。

X$KSPPI 表列出了初始化参数的名称、类型和状态。V$PARAMETER、V$PARAMETER2、V$SYSTEM_PARAMETER 以及 V$SYSTEM_PARAMETER2 固定视图基于 X$KSPPCV、X$KSPPCV2、X$KSPPSV 以及 X$KSPPSV2 表;每个 X$表都是通过将这些固定表和 X$KSPPI 表进行连接来得到相关的参数名称和其他信息。下面程序清单中的查询就是在 V$SYSTEM_PARAMETER 视图中用到的基础查询,但是不包括 V$SYSTEM_PARAMETER 视图中用来排除以下画线开头的参数的部分代码行。V$PARAMETER、V$PARAMETER2 以及 V$SYSTEM_PARAMETER2 视图的底层 SQL 语句的结构与前面案例 2 的程序清单中的查询类似。

```
        -- All initialization parameter settings in effect for the instance.
 SELECT x.indx+1 InstanceNum,
        ksppinm ParamName,
        ksppity ParamType,
        ksppstvl ParamValue,
        ksppstdf IsDefaultVal,
        DECODE(bitand(ksppiflg/256,1),
               1,'TRUE',
                 'FALSE') IsSessModifiable,
        DECODE (bitand(ksppiflg/65536,3),
               1,'IMMEDIATE',
               2,'DEFERRED',
                 'FALSE') IsSysModifiable,
        DECODE (bitand(ksppstvf,7),
               1,'MODIFIED',
                 'FALSE') IsModified,
        DECODE (bitand(ksppstvf,2),
               2,'TRUE',
                 'FALSE') IsAdjusted,
        ksppdesc Description,
        ksppstcmnt UpdateComment
   FROM x$ksppi x, x$ksppsv y
  WHERE (x.indx = y.indx)
  ORDER BY ParamName;
```

基于 X$KSPPO 表的 V$OBSOLETE_PARAMETER 固定视图列出了已弃用的初始化参数。其中的一些,例如 SPIN_COUNT,现在已经是隐含参数了。

13.10 缓冲区缓存/数据块的详细信息

与缓存性能有关的4个关键话题是:当前缓冲区的状态、占用块缓存的段的标识、热(流行或是竞争度很高)数据块的检测,以及与缓存有关的闩锁争用和等待事件的引发原因。在 Oracle 的各个版本中,这些问题都与缓存的调整有关,但在 Oracle 8、8i 和 9i 中对这些问题考虑的更多一些。Oracle 8 引入了多缓冲池的概念。Oracle 9i 引入了多种尺寸的数据块以及相应的多种尺寸的缓冲区的概念,到了 12cR2 版本还是这样。

表 13-3 中的 X$表将用于随后的与缓存有关的查询中。

表 13-3 部分 X$表

X$表	定义
X$BH	SGA 中每个缓冲区的状态和 ping 的数量；数据用到的内存中的每个块都有一行记录(通过 DB_CACHE_SIZE 来设置)
X$KCBWDS	当前实例可以使用的所有缓冲池的统计数据
X$KCBWBPD	当前实例可以使用的所有缓冲池的统计数据，包括缓冲池的名称
X$KCBWAIT	在各类缓冲池中等待的数量以及花费的时间
X$KCBFWAIT	缓存等待计数和时间

后续内容中的查询语句都和这些话题相关。

13.10.1 缓存状态

在 X$BH 表中，状态为 Free 的缓冲区数量较低并不一定意味着缓冲区缓存的数量不够。实际上，可能意味着缓存的大小正合适，可以让 Oracle 不必对过多数量的缓冲区执行频繁的整理和维护。遗憾的是，同样的想法也让许多 DBA 设置了过小的缓存，并让他们系统中的内存空闲着。类似的，如果有高比例的缓存始终处于空闲状态，就说明缓存设置得过大了。可以参阅后面的章节，通过讨论缓冲区缓存争用、闩锁以及等待事件，可以更好地知道缓存与所使用的段对应的尺寸和配置。第 9 章已经详细讨论过在数据块级别调整和查看 Oracle 的问题。下面程序清单中的查询展示了如何查看缓存中缓冲区的状态：

```
   -- Buffer cache buffer statuses.
SET VERIFY off
COLUMN PctTotBCMem for a11
SELECT /*+ ordered */
       tot_bc_mem.TotBCMem,
       decode(state,
              0,'Free',
              1,'Exclusive',
              2,'SharedCurrent' ,
              3,'ConsistentRead',
              4,'BeingRead',
              5,'InMediaRecoveryMode',
              6,'InInstanceRecoveryMode',
              7,'BeingWritten',
              8,'Pinned',
              9,'Memory',
             10,'mrite',
             11,'Donated'
             12,'protected',
             13,'securefile',
             14,'siop',
             15,'recckpt',
             16, 'flashfree',
             17, 'flashcur',
             18, 'flashna') "BlockState",
       SUM(blsiz) "SumStateTypeMem",
       COUNT(1)   "NumOfBlksThisTyp",
       ROUND(SUM(blsiz)/tot_bc_mem.TotBCMem,2)*100||'%' "PctTotBCMem"
  FROM (SELECT sum(blsiz) TotBCMem
          FROM x$bh) tot_bc_mem,
       x$bh
```

```
GROUP BY tot_bc_mem.TotBCMem,
         decode(state,
              0,'Free',
              1,'Exclusive',
              2,'SharedCurrent' ,
              3,'ConsistentRead',
              4,'BeingRead',
              5,'InMediaRecoveryMode',
              6,'InInstanceRecoveryMode',
              7,'BeingWritten',
              8,'Pinned',
              9,'Memory',
             10,'mrite',
             11,'Donated'
             12,'protected',
             13,'securefile',
             14,'siop',
             15,'recckpt',
             16, 'flashfree',
             17, 'flashcur',
             18, 'flashna')
ORDER BY SUM(blsiz);
CLEAR COLUMNS

  TOTBCMEM BlockState                SumStateTypeMem NumOfBlksThisTyp PctTotBCMem
---------- ------------------------- --------------- ---------------- -----------
 209739776 Free                             12828672             1566  6%
 209739776 ConsistentRead                   43368448             5294 21%
 209739776 Exclusive                       153542656            18743 73%
```

表 13-4 是 X$BH 表中缓冲区状态的快速参考。

表 13-4 X$BH 表中的缓冲区状态

缓冲区状态	含义
0	空闲
1	独占/当前(CURR)
2	当前共享
3	一致读取(CR)
4	正在读取
5	处于介质恢复(Media Recovery)模式
6	处于实例恢复(Instance Recovery)模式
7	正在写
8	已固定
9	内存
10	Mwrite
11	赠予
12	受到保护
13	保护文件
14	Siop
15	Rec 检查点

(续表)

缓冲区状态	含义
16	空闲闪存
17	当前闪存
18	Flashna

13.10.2 占用数据块缓存的段

关注被占用的缓存中段的所有者、类型和名称的分布情况是很有用的。尤其要关注是什么对象占用了大部分的缓存。观察缓存中的索引。请考虑这些索引是否合适。如果选择性查询使用了非选择性索引(或者正好相反)，那么这些索引可能会占用宝贵的缓存，而本来可将这些缓存更有效地用于相应的表块或那些出现了"buffer busy waits"事件的数据块。请查询 V$SQLTEXT 来观察当前占用最高比率的缓存的段的 SQL 语句，并确定这些语句使用的索引是否合适。下面程序清单中的两个查询展示了占用数据块缓存的段，以及在缓存中段占用的缓存的比例。

占用数据块缓存的所有段：

```
-- Segments Occupying Block Buffers (long listing / for testing usually).
SELECT o.*, d_o.owner, d_o.object_name, object_type, o.buffers, o.avg_touches
FROM (    SELECT obj object, count(1) buffers, AVG(tch) avg_touches
                FROM x$bh
           GROUP BY obj) o,
dba_objects d_o
WHERE o.object = d_o.data_object_id
ORDER BY owner, object_name;
```

在缓冲区缓存中段占用的缓冲区的比例：

```
-- Percentage of Buffers Occupied by Segments in the Buffer Cache.
-- Note that this percentage is the percentage of the number of
-- occupied buffers, not the percentage of the number of allocated
-- buffers.
SELECT tot_occ_bufs.TotOccBufs,o.*,d_o.owner, d_o.object_name, object_type,
       ROUND((o.buffers/tot_occ_bufs.TotOccBufs)*100,2) || '%' PctOccBufs
  FROM    (SELECT obj object, count(1) buffers, AVG(tch) avg_touches
             FROM x$bh
          GROUP BY obj) o,
        (SELECT COUNT(1) TotOccBufs
           FROM x$bh
          WHERE state != 0) tot_occ_bufs,
        dba_objects d_o
  WHERE o.object = d_o.data_object_id
ORDER BY round((o.buffers/tot_occ_bufs.TotOccBufs)*100,2),owner, object_name;
```

需要注意的是，只有与默认缓冲池(默认块大小)的数据块大小一样的段才会被指定用于 keep 池或 recycle 池。在 Oracle 9i 的第一个版本中，keep 池和 recycle 池无法由不是默认数据块大小的段使用。这就导致即使段的访问率很高或很低，但因为不符合默认数据块大小，所以无法进行相应的调整策略。然而，对这种段还可采用其他一些调整方法，例如分区。

在缓冲区缓存中被占用的特定缓冲区：

```
-- Pool Specific Buffer Cache Buffer Occupation
SELECT DECODE(wbpd.bp_id,1,'Keep',
                        2,'Recycle',
```

```
                              3,'Default',
                              4,'2K Pool',
                              5,'4K Pool',
                              6,'8K Pool',
                              7,'16K Pool',
                              8,'32K Pool',
                                'UNKNOWN') Pool,
            bh.owner,
            bh.object_name object_name,
            count(1) NumOfBuffers
      FROM x$kcbwds wds, x$kcbwbpd wbpd,
          (SELECT set_ds,x.addr,o.name object_name,
                  u.name owner
             FROM sys.obj$ o,
                  sys.user$ u,
                  x$bh x
            WHERE o.owner# = u.user#
              AND o.dataobj# = x.obj
              AND x.state !=0
              AND o.owner# !=0 ) bh
     WHERE wds.set_id >= wbpd.bp_lo_sid
       AND wds.set_id <= wbpd.bp_hi_sid
       AND wbpd.bp_size != 0
       AND wds.addr=bh.set_ds
    GROUP BY
       DECODE(wbpd.bp_id,1,'Keep',
                         2,'Recycle',
                         3,'Default',
                         4,'2K Pool',
                         5,'4K Pool',
                         6,'8K Pool',
                         7,'16K Pool',
                         8,'32K Pool',
                           'UNKNOWN'),
            bh.owner,
            bh.object_name
    ORDER BY 1,4,3,2;
```

13.10.3 热数据块/闩锁争用和等待事件

下面程序清单中的查询返回的是那些访问频率较高的数据段块,尤其是那些在该查询连续执行期间,TCH(访问计数)列的值一直在改变(变高和变低)的数据段块。每当事务"触及"或"访问"特定的缓存时,TCH 列的值都会增加。这个值会随着缓存量在 LRU 列表中上下移动而产生波动。波动的原因是 Oracle 根据缓冲区在 LRU 列表中的位置和其他因素(例如从上一次访问缓存到现在为止的时间)从内部自动对该值进行了调整。在该算法的某些情况下,Oracle 自动将 TCH 值重置为 1。

```
    -- Segments Occupying Hot Buffers (could be slow for a large cache / test).
    -- This query defines a "hot" buffer as a buffer that has
    -- a touch count greater than 10.
COL NAME FOR A35
SELECT /*+ ordered */ u.username ||'.'|| o.name  name,
       so.object_type type, bh.dbablk, bh.tch touches
FROM   x$bh  bh, dba_users u, sys.obj$ o, sys.sys_objects so
WHERE  bh.obj = o.obj#
and    bh.obj = so.object_id
```

```
and     o.owner# = u.user_id
AND     bh.tch  > 10
ORDER   BY bh.tch desc;

NAME                                TYPE                 DBABLK     TOUCHES
----------------------------------- ------------------ ---------- ----------
SYS.FILE$                           TABLE                   114        807
SYS.I_FILE#_BLOCK#                  INDEX                    82        804
SYS.C_USER#                         CLUSTER                  92        746
SYS.C_USER#                         CLUSTER                  90        737
SYS.I_FILE#_BLOCK#                  INDEX                    88        612
SYS.JOB$                            TABLE                  1473        506
SYS.JOB$                            TABLE                  1474        505
SYS.I_JOB_NEXT                      INDEX                  1490        485
SYS.I_FILE#_BLOCK#                  INDEX                    85        396
SYS.C_USER#                         CLUSTER                  91        344
SYS.I_OBJ1                          INDEX                 54721        340
(Output truncated...)

    -- Segments Occupying Hot Buffers (could be slow for a large cache / test).
    -- This query defines a "hot" buffer as a buffer that has
    -- a touch count greater than 10 and groups by OBJECT.
COL NAME FOR A35
SELECT /*+ ordered */ u.username ||'.'|| o.name  name,
       so.object_type type, count(bh.dbablk) blocks, sum(bh.tch) touches
FROM    X$bh  bh, dba_users u, sys.obj$ o, sys.sys_objects so
WHERE   bh.obj = o.obj#
and     bh.obj = so.object_id
and     o.owner# = u.user_id
AND     bh.tch  > 10
group by u.username ||'.'|| o.name, so.object_type
ORDER   BY touches desc;

NAME                                TYPE                 BLOCKS     TOUCHES
----------------------------------- ------------------ ---------- ----------
SYS.C_FILE#_BLOCK#                  CLUSTER                 131      20263
SYS.OBJ$                            TABLE                    75      10407
SYS.I_FILE#_BLOCK#                  INDEX                    20       6063
SYS.I_OBJ1                          INDEX                    28       5453
SYS.C_USER#                         CLUSTER                   4       1984
SYS.JOB$                            TABLE                     2       1017
SYS.FILE$                           TABLE                     1        811
SYS.I_JOB_NEXT                      INDEX                     1        488
(Output truncated...)
```

通过查询 V$SQLTEXT 的 SQL_TEXT 字段，可获得包含这些段名的 SQL 语句，并可利用第 6 章介绍的 EXPLAIN PLAN 来分析它们的执行计划。请考虑在使用本节的查询时访问这些数据块的会话的数量，并了解这些数据块是否是表或相应的索引。列表中显示出被多个会话访问的表数据块，它们将成为 keep 池的选择对象。列表中频繁执行全表扫描的表段可以考虑通过重建移到具有大数据块(16KB 或更大)的表空间中。与此相反，对于使用单行访问的表段，可以移到具有较小数据块(2KB、4KB 或 8KB)的表空间中[1]。

需要注意的是，在较小的数据块表空间中重建这种单行访问的表时，应当兼顾数据的存放位置。如果像这样

---

[1] 译者注：非标准的块大小并不是 Oracle 推荐的设置。全表扫描的效率依赖的是磁盘的吞吐量而不是块大小的配置。而对于索引，不论是标准的 8KB 还是更小的块大小，索引扫描的效率是一样的。

单行访问的表总是被频繁地访问并可能被连续存储数据，就应该考虑在较大数据块的表空间中，而不是在较小数据块的表空间中存储这些段。这样可以降低对数据块的物理读的数量，这是因为之前其他查询有可能把需要的数据块读到缓存里面，而将数据存放在较大数据块的表空间中，使得这种可能性大大增加。

如何决定这些对象的大小取决于数据库默认的数据块大小、物理内存的数量以及可以用于创建 keep 池的 SGA 空间大小。对于访问率连续走低的缓存区内的段，就可以考虑将其移至 recycle 池中，这取决于特定表的实际数据块大小，而不是默认的数据块大小。应当检查应用程序的 SQL 代码，尤其是索引策略，重新考虑频繁访问这种数据块的应用逻辑，设法尽量减少它们之间的争用。下面程序清单中的查询将会对你有帮助(注意从 Oracle 10gR2 开始，缓冲区缓存链闩锁可以共享——但不总是这样。同时，内存中撤销(IMU)会减少与缓冲区缓存有关的问题，特别是在 Oracle 11g 中)。而 Oracle 总是在内存中进行更新，这在缓冲区缓存中进行。IMU 是一种新功能，因为在 Oracle 9i 中必须将撤销和重做快速写入磁盘以保护数据。

出现缓存链闩锁上等待的段：

```
  -- Segments Experiencing Waits on the Cache Buffers Chains Latch (slow - test)
SELECT  /*+ ordered */
        de.owner ||'.'|| de.segment_name  segment_name,
        de.segment_type  segment_type,
        de.extent_id  extent#,
        bh.dbablk - de.block_id + 1  block#,
        bh.lru_flag,
        bh.tch,
        lc.child#
  FROM   (SELECT MAX(sleeps) MaxSleeps
          FROM   v$latch_children
          WHERE  name='cache buffers chains') max_sleeps,
         v$latch_children  lc,
         X$bh  bh,
         dba_extents  de
  WHERE  lc.name    = 'cache buffers chains'
    AND  lc.sleeps  > (0.8 * MaxSleeps)
    AND  bh.hladdr  = lc.addr
    AND  de.file_id = bh.file#
    AND  bh.dbablk between de.block_id and de.block_id + de.blocks - 1
ORDER BY bh.tch;
```

出现缓存 LRU 链闩锁上等待的段：

```
  -- Segments Experiencing Waits on Cache Buffers LRU Chain Latch (slow - test)
SELECT  /*+ ordered */
        de.owner ||'.'|| de.segment_name  segment_name,
        de.segment_type  segment_type,
        de.extent_id  extent#,
        bh.dbablk - de.block_id + 1  block#,
        bh.lru_flag,
        bh.tch,
        lc.child#
  FROM  (SELECT MAX(sleeps) MaxSleeps
         FROM v$latch_children
         WHERE name='cache buffers lru chain') max_sleeps,
        v$latch_children  lc,
        X$bh  bh,
        dba_extents  de
  WHERE  lc.name    = 'cache buffers lru chain'
    AND  lc.sleeps  > (0.8 * MaxSleeps)
    AND  bh.hladdr  = lc.addr
```

```
   AND    de.file_id = bh.file#
   AND    bh.dbablk between de.block_id and de.block_id + de.blocks - 1
ORDER BY bh.tch;
```

出现缓存遇忙等待或写完成等待事件上等待的会话：

```
     -- Sessions Experiencing Waits on the Buffer Busy Waits or Write
     -- Complete Waits Events. Note that the values returned by the p1, p2,
     -- and p3 parameters disclose the file, block, and reason for the wait.
     -- The cause disclosed by the p3 parameter is not externally published.
     -- The p3 parameter is a number that translates to one of several
     -- causes, among which are the buffer being read or written by
     -- another session.
  SELECT /*+ ordered */
         sid,event,owner,segment_name,segment_type,p1,p2,p3
    FROM v$session_wait sw, dba_extents de
   WHERE de.file_id = sw.p1
     AND sw.p2 between de.block_id and de.block_id + de.blocks - 1
     AND (event = 'buffer busy waits' OR event = 'write complete waits')
     AND p1 IS NOT null
ORDER BY event,sid;
```

前面查询返回的问题段可能和本节早些时候查询热缓冲区时返回的段一样。如果不一样的话，一种可能的解释就是，这个段只是频繁地被一个会话访问，从而显示为热缓存查询，但是它和其他的会话之间没有竞争。这样的话，本节的其他查询返回的结果集中就会缺少这个段。除此之外，热缓存查询返回的段可能和本节中其他查询返回的问题段是一样的。这些查询中的每一个查询都为如何对与有问题的闩锁和等待有关的特定段块进行定位提供了更多便利。

对于表段，可以使用 PL/SQL 包 DBMS_ROWID 将这些查询返回的文件号和块号映射到相应的表行。如果一个或一系列段总是出现在本节查询的结果集中，那么它们就是被频繁使用的段。应当检查应用程序，以便重新考虑这些经常使用的段的用法。可以考虑以下问题：

- 索引方案合适吗？
- PL/SQL(或 Java)中的循环是否可根据情况自动退出？
- 在连接查询中是否有过多的表？
- 是否可以通过重新设计 SQL 代码来修改连接策略？包括重新设计子查询、内联视图或是其他类似的方法。
- 是否应当使用诸如 ORDERED、USE_HASH 等提示？
- 统计数据是否是最新的？
- 所用到的表的容量(高水位线)是否远超包含数据行的数据块？
- 表或索引能否充分利用分区策略或直方图？
- 是否要使用 keep 池？

对于显示缓存区繁忙的查询来说，如果返回的结果集中重复出现各种不同的段，就说明缓存可能设置得过小，或是磁盘子系统没有将写操作修改过的数据(脏块)，尽快地从缓冲区写到数据文件中，从而导致这些缓冲区无法被重用(或者两种情况都有)。如果争用不是在特定的段上，而是存在于一系列变化的段上，这个问题就说明 Oracle 遇到了常见的问题，即无法满足将数据块加载到空闲缓冲区的请求。

也应当重新检查本节查询返回的问题段的存储参数配置。应当考虑是否有充足的空闲列表来满足高负荷并发更新操作(多个会话并发来更新它们的表和索引)。应当将用于这些段的空闲列表的值设置为 2 或更高，但不能将空闲列表的值设置得比数据库服务器中的 CPU 数量更高。另外一种解决方案是使用 ASSM(Automatic Segment Space Management，自动段空间管理)功能。应当检查数据块的大小和 PCT_FREE，因为不同的条件会要求表或索引块包含不同数量的数据行。当特定段块的访问率很高时，可能想用更高的 PCT_FREE 来重建该段；这样，先前对存储在同一数据块中的数据行的数据块内部争用将会减少，因为这些数据行被存储到同一数据块中的机会减小了，该方法直接减少了每个数据块中可以被插入的数据行数。

显然，需要更多的缓存来容纳重构后有较大 PCT_FREE 值的表，并且需要更多的数据块来存放数据行。代价是，这种做法将导致这些表上的全表扫描操作的性能下降，因为完成一次全表扫描要访问更多的数据块。通常情况下，应当综合考虑这些表或索引的使用，需要判断在特定的表或索引的数据块中使用更多还是更少的数据行是否有更多的好处。这些要点总结如下。

- **条件**：PCT_FREE 值较高，每个数据块的行数较少。
  - **优点**：更新常用数据块时减少了争用现象。
  - **缺点**：段将包含更多的数据块，进而降低了全表扫描的性能。
- **条件**：PCT_FREE 值较低，每个数据块包含的行数较多。
  - **优点**：由于之前的查询，数据块包含的所需数据行已经在缓存中的概率较高。全表扫描只需要访问更少的数据块。
  - **缺点**：被更新的数据块上可能有更多的争用。如果数据块包含需要更新的数据行，那么数据块中所有的其他行(不仅仅是它们)都将保存在数据块的一份副本中，而与请求访问数据块中其他行的其他会话产生冲突；因此，另外一份数据块副本必须被读入另外一个缓冲区缓存中，从而保持读一致性。

13.11 获得实例/数据库相关的信息

可以从 X$KCCDI 表获得一些数据库和特定实例的信息。通过下面程序清单中的查询，可以获得有关实例和特定数据库的综合信息。

数据库的 MAXLOGMEMBERS 设置：

```
-- MAXLOGMEMBERS setting for a database.
SELECT dimlm
  FROM x$kccdi;
```

数据文件的创建次数：

```
-- Datafile creation times.
SELECT indx file_id,
       fecrc_tim creation_date,
       file_name,
       tablespace_name
  FROM x$kccfe int,
       dba_data_files dba
 WHERE dba.file_id = int.indx + 1
ORDER BY file_name;
```

后台进程名称和进程 ID：

```
-- Background process names and process ids.
SELECT ksbdpnam ProcessName, ksbdppro OSPid
  FROM x$ksbdp
 WHERE ksbdppro != '00' ;

PROCE OSPID
----- --------
PMON  437B9F3C
VKTM  437BAA14
GEN0  437BB4EC
DIAG  437BBFC4
```

```
DBRM    437BCA9C
VKRM    437CAE54
PSP0    437BD574
DIA0    437BE04C
MMAN    437BEB24
DBW0    437BF5FC
ARC0    437C626C
ARC1    437C6D44
ARC2    437C781C
ARC3    437C82F4
LGWR    437C00D4
CKPT    437C0BAC
SMON    437C1684
SMCO    437C5794
RECO    437C215C
CJQ0    437CA37C
QMNC    437C8DCC
MMON    437C2C34
MMNL    437C370C

23 rows selected.
```

不同实例资源：

```
-- Various instance resources (very cool).
SELECT kviival ResourceValue, kviidsc ResourceName
    FROM x$kvii;
```

需要注意的是，最后一个查询在不同的平台上对不同的资源会返回不同的值。

13.12　高效使用 X$ 表及相关策略

可以考虑像本章前面描述的那样，创建一个独立的 X$ 查询用户，他/她在 SYS 用户的 X$ 表上有自己的 X$ 视图。这个用户可以手工或者使用 DBMS_JOB 定期执行查询，将 X$ 表的数据捕捉到一些其他的表中，这样就可以长时间地检查 X$ 表中的内容。如果这样做的话，请记住 X$ 表中的数据是临时性的。所写的一些捕捉这些信息的脚本或作业(job)有可能丢失很多信息。另一方面，估计你也不想太频繁地访问这些表，以至于查询这些表的 SQL 本身和它们相关联的活动信息在这些表中成为不可忽视的一部分数据来源。

在监控 X$KSMLRU 表(也可能是 X$KSMSP 或其他表)时，出于谨慎，应当将捕捉到的内容保存到一个永久性表中，供以后分析和比较使用。

13.13　Oracle 的内部主题

本节将向 DBA 介绍一些新的有用信息。除非用于跟踪系统信息，否则不应该在没有 Oracle Support 指导的情况下使用本节将提到的工具产品。可以在测试数据库中运行它们，以了解它们将向你提供什么样的有用信息。

13.13.1　跟踪

可以跟踪数据库会话，以获得有关会话中工作执行情况的信息，以便进行问题诊断。可以使用多种方法启用跟踪功能：

- 使用 alter session 命令设置 SQL_TRACE = true。
- 在初始化参数文件中设置 SQL_TRACE = true。

- 对另一个会话执行 PL/SQL 过程 DBMA_SYSTEM.SET_SQL_TRACE_IN_SESSION()。
- 使用$ORACLE_HOME/rdbms/admin/dbmssupp.sql 脚本创建它们。
- 执行 PL/SQL 过程 DBMS_SYSTEM.SET_EV( )来设置另一个会话中的跟踪事件。
- 使用 oradebug 命令。

警告
如果在参数文件中设置 SQL_TRACE=true，就将对连接到数据库的每个进程进行跟踪，包括后台进程。

调用跟踪会话最简单的方法是让会话本身使用下面的命令激活跟踪：

```
SQL> alter session set sql_trace=true;

Session altered.
```

开发人员可以自己在 SQL*Plus 中完成，也可以使用EXECUTE IMMEDIATE方式在PL/SQL 代码中包含它。DBA 可以考虑在实例启动时将隐含参数_TRACE_FILES_PUBLIC 设置为 true，从而让用户转储目标中的跟踪文件全局可读(UNIX 和 OpenVMS)。

让用户自身生成跟踪文件非常简单，但不一定可行。第三方应用程序通常不允许修改代码来插入跟踪启动命令，通常也没有从哪里启动跟踪的SQL 提示。我们可以使用系统登录触发器来确定用户连接和启动跟踪，但也有更简单的方法。

在这些情况下，我们需要能够调用另一个会话的跟踪。作为 DBA，我们有很多方法可以这样做。然而在每种情况下，我们都要知道要跟踪的会话的 SID 和 SERIAL#。可以在 V$SESSION 视图中查找这些信息，如下所示：

```
select sid, serial#
from   v$session where username = 'NICOLA';

       SID    SERIAL#
---------- ----------
       540         11
```

一旦获得这些信息，就可以使用 DBMS_SYSTEM 包的 SET_SQL_TRACE_IN_SESSION 过程来调用跟踪。该过程采用 3 个参数：SID、SERIAL#和一个用来启动或停止跟踪的布尔参数。调用它的方法如下所示：

```
SQL> exec dbms_system.set_sql_trace_in_session(540,11,TRUE);
PL/SQL procedure successfully completed.
```

收集到足够的跟踪信息之后，就可以停止跟踪，如下所示：

```
SQL> exec dbms_system.set_sql_trace_in_session(540,11,FALSE);
PL/SQL procedure successfully completed.
```

同样，也可以使用 DBMS_SUPPORT 包来启动跟踪。DBMS_SUPPORT 包可以从 rdbms/admin 目录加载到数据库中。要加载这个程序包，必须使用有 SYSDBA 权限的用户连接到数据库，然后运行 dbmssupp.sql 脚本。

DBMS_SUPPORT 包提供许多与 DBMS_SYSTEM 包相同的跟踪功能，但也有其他一些特性：
- 允许在跟踪文件中可选地包含绑定变量和会话等待信息。
- 会验证用于跟踪的 SID 和 SERIAL#，拒绝无效连接。在危急情况下这很有用。如果花费一小时并确信已经收集到有用的跟踪信息，而实际上却错误地输入了一些信息，并且用户转储目录是空的，出现这种情况一定会让你很失望。

这时可以使用 DBMS_SUPPORT 包的 START_TRACE_IN_SESSION 过程来启动跟踪。该过程采用 4 个参数：SID、SERIAL#、一个指定是否记录等待信息的布尔参数(默认值为true)和一个指定是否记录绑定变量的布尔参数

(默认值为 false)。调用方法如下所示:

```
SQL> exec dbms_support.START_TRACE_IN_SESSION(540,13,TRUE,TRUE);
PL/SQL procedure successfully completed.
```

要停止跟踪，可以使用 STOP_TRACE_IN_SESSION 过程:

```
SQL> exec dbms_support.stop_trace_in_session(540,13);
```

为另一个会话调用跟踪的另一种方法是使用 DBMS_SYSTEM.SET_EV 过程。该过程允许在数据库的任何会话中设置数据库事件。通过设置 10046 事件，我们可以收集任何会话的完整跟踪信息。和以前一样，我们需要监控会话的 SID 和 SERIAL#。然后可以像下面这样设置事件:

```
SQL> exec dbms_system.set_ev(537,21,10046,12,'');
PL/SQL procedure successfully completed.
```

前两个参数是会话的 SID 和 SERIAL#。第 3 个参数是要设置的事件，这里是跟踪会话的事件 10046。第 4 个参数设置事件等级。将等级设置为 12，除了基本跟踪之外，还收集所有等待和绑定变量的信息。可用等级如表 13-5 所示。

表 13-5 可用等级

等级	收集的信息
0	停止所有跟踪
1	启动标准跟踪
2	与等级 1 相同
4	标准跟踪加上绑定变量信息
8	标准跟踪加上等待信息，对于定位闩锁等待很有用
12	标准跟踪加上等待和绑定变量信息
16	为每次执行生成 STAT 行的转储信息(参考下面的"注意"段落)

注意
Oracle 11g 改进了 STAT 行的转储信息，这样它们不用跨多个执行来做聚合，而是在执行结束之后再做转储。这种改变可以用来定位因游标没有关闭而造成 STAT 信息没有转储的情况。现在 Oracle 保证在执行之后能捕获 STAT 的转储信息。

要停止跟踪，需要将事件等级设置为 0，如下所示:

```
SQL> exec dbms_system.set_ev(537,21,10046,0,'');
PL/SQL procedure successfully completed.
```

最后，可以使用 oradebug 命令来调用所需的跟踪。本章稍后将进一步讨论这个问题。

生成跟踪文件之后，就可以使用标准的 TKPROF 工具来解释跟踪的内容(第 6 章详细讨论过 TKPROF 工具)。Oracle 也提供了更高级的 Trace Analyzer 工具，可以从 MOS 网站下载(文献号为 224270.1)。更喜欢冒险的 DBA 可能希望检查原始跟踪文件，其中有时会提供 TKPROF 工具没有显示的信息。Trace Analyzer(跟踪分析器)通过分析按前面方法生成的跟踪文件，生成一系列格式化的报告。这些报告将被写入用户转储目标目录。报告非常详细，用于生成报告的时间可能很长，特别是在服务器开始运行不好时。要生成报告，需要知道生成的跟踪文件的名称，然后可以像下面程序清单中所示的那样调用跟踪分析器:

```
SQL> start /home/oracle/tusc/trca/run/trcanlzr.sql DEMOUC2_ora_16319.trc
```

```
Parameter 1:
Trace Filename or control_file.txt (required)

Value passed to trcanlzr.sql:
~~~~~~~~~~~~~~~~~~~~~~~~~~~
TRACE_FILENAME: DEMOUC2_ora_16319.trc

Analyzing DEMOUC2_ora_16319.trc

To monitor progress, login as TRCANLZR into another session and execute:
SQL> SELECT * FROM trca$_log_v;

... analyzing trace(s) ...


Trace Analyzer completed.
Review first trcanlzr_error.log file for possible fatal errors.
Review next trca_e44266.log for parsing messages and totals.

Copying now generated files into local directory

TKPROF: Release 11.2.0.1.0 - Development on Wed May 18 11:50:05 2011
Copyright (c) 1982, 2009, Oracle and/or its affiliates.  All rights reserved.

  adding: trca_e44266.html (deflated 89%)
  adding: trca_e44266.log (deflated 84%)
  adding: trca_e44266.tkprof (deflated 84%)
  adding: trca_e44266.txt (deflated 85%)
  adding: trcanlzr_error.log (deflated 81%)
test of trca_e44266.zip OK
deleting: trcanlzr_error.log
Archive:  trca_e44266.zip

  Length     Date   Time    Name
 --------    ----   ----    ----
   140676  05-18-11 11:50   trca_e44266.html
    15534  05-18-11 11:50   trca_e44266.log
    17065  05-18-11 11:50   trca_e44266.tkprof
    69535  05-18-11 11:50   trca_e44266.txt
 --------                   -------
   242810                   4 files

File trca_e44266.zip has been created

TRCANLZR completed.
```

完成的 HTML 报告总结了跟踪文件，如图 13-1 所示。该报告包含 TKPROF 工具找到的所有详细信息，以及用于事务性能分析时通常需要的其他附加信息。

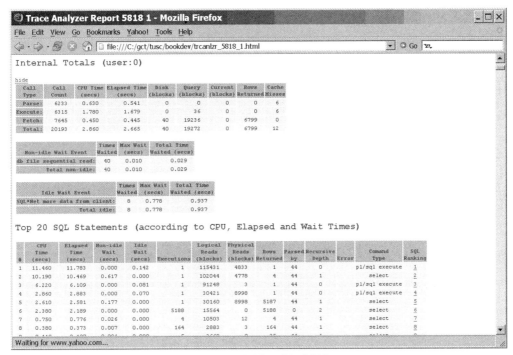

图 13-1 跟踪分析器的报告样本

13.13.2 DBMS_TRACE 包

DBMS_TRACE 包是另一种跟踪方法,但与前面的示例不同,它专门设计用来跟踪 PL/SQL 而不是单个会话。当要调试 PL/SQL 程序时,它非常有用。要使用 DBMS_TRACE 包,DBA 必须首先用具有 SYSDBA 权限的用户从 rdbms/admin 目录加载下面的脚本:

```
TRACETAB.SQL
DBMSPBT.SQL
PRVTPBT.PLB
```

加载该程序包后,就可以跟踪 PL/SQL。有两种方法可以这样做:

```
SQL> alter session set plsql_debug=true;
```

此时,之后由会话创建的所有 PL/SQL 代码都有其他挂钩(hook),允许跟踪它,这也包括匿名 PL/SQL 块。然而,DBMS_TRACE 包不能跟踪在此之前创建的代码。但是,所有现有的 PL/SQL 包、过程或函数都可以使用下面的命令重新编译:

```
SQL> alter [PROCEDURE | FUNCTION | PACKAGE BODY] <procedure name> compile debug;
```

要诀

使用"compile debug"方法不能跟踪匿名 PL/SQL 块。整个会话的 PL/SQL 跟踪必须使用"alter session set plsql_debug = true"命令启动。

现在要跟踪 PL/SQL 代码的执行,就可以从使用下面的命令开始:

```
SQL> execute dbms_trace.set_plsql_trace(dbms_trace.trace_all_lines);
```

这里的参数指定跟踪 PL/SQL 的哪些行。选项 TRACE_ALL_LINES 跟踪执行的每一行,TRACE_ENABLED_LINES 只跟踪使用调试选项显式编译的 PL/SQL,TRACE_ALL_EXCEPTIONS 只跟踪异常,TRACE_ENABLED_

EXCEPTIONS 只跟踪使用调试选项显式编译的 PL/SQL 异常。跟踪完成后，可以使用下面的命令来停止跟踪：

```
SQL> execute dbms_trace.clear_plsql_trace();
```

可以在 SYS 用户拥有的 PLSQL_TRACE_EVENTS 表中看到跟踪的结果：

```
select event_seq as seq, stack_depth, event_kind as kind,
       event_unit as unit, event_line as line, event_comment
from   sys.plsql_trace_events;

    SEQ STACK_DEPTH KIND UNIT                 LINE EVENT_COMMENT
------- ----------- ---- -------------------- ---- ------------------------------
 270001           7   51 RDBA_MONITOR_C        108 New line executed
 270002           7   51 RDBA_MONITOR_C        110 New line executed
 270003           8   51 RDBA_UTILITY          174 New line executed
 270004           8   51 RDBA_UTILITY          183 New line executed
 270005           8   51 RDBA_UTILITY          192 New line executed
 270006           8   51 RDBA_UTILITY          195 New line executed
 270007           9   51 DBMS_SQL                9 New line executed
 270008          10   51 DBMS_SYS_SQL          882 New line executed
 270009          10   51 DBMS_SYS_SQL          883 New line executed
 270010           9   51 DBMS_SQL                9 New line executed
 270011           9   51 DBMS_SQL               10 New line executed
 270012           8   51 RDBA_UTILITY          195 New line executed
 270013           8   51 RDBA_UTILITY          196 New line executed
```

13.13.3 事件

事件与 Oracle 实例中的系统触发器类似。触发器可以捕捉到相关实例和单个数据库会话的有关信息，并保存到跟踪文件中。设置事件可以通过修改初始化参数文件，或是使用 alter system，或是使用 alter session 命令来完成，设置事件之后，Oracle 将根据事件中设置的条件将信息捕捉到跟踪文件中。可以同时设置多种事件。这些事件可以通过 oerr 命令行工具来获得描述。请执行下面的命令(只限于 UNIX 系统)：

```
oerr ora 10046
```

事件 10046 是一个特别有用的调整工具(请参阅第 9 章中的详细描述)。可以通过在初始化参数文件中使用下面的参数行来启动这个事件(尽管通常不应该在数据库级别设置该事件)：

```
event = '10046 trace name context forever, level 8'
```

或者，更有可能的是在会话级别使用 alter session 命令来实现：

```
alter session set events '10046 trace name context forever,level 12';
```

系统将捕捉跟踪信息，并将它们保存到初始化参数文件中设置的 USER_DUMP_DEST(如果没有显式地进行设置，该参数将根据 DIAGNOSTIC_DEST 参数来获得默认值)目录下的文件中。这个事件等价于在初始化参数文件中设置 SQL_TRACE = true。在等级 12 中，这个事件的设置包括绑定变量的值，以及发生的等待事件。其他事件对于解决数据库和性能问题是很有帮助的。在没有咨询 Oracle Support 并在测试数据库中进行过测试之前，不要在正式的生产数据库中设置这些事件。

可以使用 oradebug 命令(本章稍后将对 oradebug 命令做具体介绍)或 PL/SQL 包 DBMS_SUPPORT 在当前会话之外的其他会话中设置事件。可以用下面的语句关闭设置的事件跟踪：

```
alter session set events '10046 trace name context off';
```

13.13.4 转储

Oracle 实例或数据库中的多个结构都可以被转储到跟踪文件中,以备进行底层的分析使用,例如:
- 控制文件
- 数据文件的文件头
- 重做日志文件的头信息
- 实例状态
- 进程状态
- 库缓存
- 数据块(在第 9 章中有过详细讨论)
- 重做块

可以使用下面的命令创建这些转储:

```
alter session set events 'immediate trace name CONTROLF level 10';
alter session set events 'immediate trace name FILE_HDRS level 10';
alter session set events 'immediate trace name REDOHDR level 10';
alter session set events 'immediate trace name SYSTEMSTATE level 10';
alter session set events 'immediate trace name PROCESSSTATE level 10';
alter session set events 'immediate trace name library_cache level 10';
alter system dump datafile 10 block 2057;
alter system dump logfile '<logfilename>';
```

包含这些转储信息的跟踪文件保存在 USER_DUMP_DEST 目录中。

13.13.5 oradebug 命令

可以使用 oradebug 命令来检测实例和会话中出现的故障。Oracle 可以捕捉当前实例的状态信息,在会话中设置事件,并执行其他底层的诊断工具。在 SQL*Plus 中输入 oradebug help 可得到下面程序清单中的使用方法列表。

注意
必须用 AS SYSDBA 连接数据库,以便能够访问 oradebug(这是和版本相关的列表——请使用自己的版本运行以得到实际的列表)。

```
SQL> oradebug help
HELP           [command]                 Describe one or all commands
SETMYPID                                 Debug current process
SETOSPID       <ospid>                   Set OS pid of process to debug
SETORAPID      <orapid> ['force']        Set Oracle pid of process to debug
SETORAPNAME    <orapname>                Set Oracle process name to debug
SHORT_STACK                              Get abridged OS stack
CURRENT_SQL                              Get current SQL
DUMP           <dump_name> <lvl> [addr]  Invoke named dump
DUMPSGA        [bytes]                   Dump fixed SGA
DUMPLIST                                 Print a list of available dumps
EVENT          <text>                    Set trace event in process
SESSION_EVENT  <text>                    Set trace event in session
DUMPVAR        <p|s|uga> <name> [level]  Print/dump a fixed PGA/SGA/UGA variable
DUMPTYPE       <address> <type> <count>  Print/dump an address with type info
SETVAR         <p|s|uga> <name> <value>  Modify a fixed PGA/SGA/UGA variable
PEEK           <addr> <len> [level]      Print/Dump memory
POKE           <addr> <len> <value>      Modify memory
```

```
WAKEUP           <orapid>                    Wake up Oracle process
SUSPEND                                      Suspend execution
RESUME                                       Resume execution
FLUSH                                        Flush pending writes to trace file
CLOSE_TRACE                                  Close trace file
TRACEFILE_NAME                               Get name of trace file
LKDEBUG                                      Invoke global enqueue service debugger
NSDBX                                        Invoke CGS name-service debugger
-G               <Inst-List | def | all>    Parallel oradebug command prefix
-R               <Inst-List | def | all>    Parallel oradebug prefix (return output
SETINST          <instance# .. | all>       Set instance list in double quotes
SGATOFILE        <SGA dump dir>             Dump SGA to file; dirname in double quotes
DMPCOWSGA        <SGA dump dir> Dump & map SGA as COW; dirname in double quotes
MAPCOWSGA        <SGA dump dir>             Map SGA as COW; dirname in double quotes
HANGANALYZE      [level] [syslevel]         Analyze system hang
FFBEGIN                                      Flash Freeze the Instance
FFDEREGISTER                                 FF deregister instance from cluster
FFTERMINST                                   Call exit and terminate instance
FFRESUMEINST                                 Resume the flash frozen instance
FFSTATUS                                     Flash freeze status of instance
SKDSTTPCS        <ifname> <ofname>          Helps translate PCs to names
WATCH            <address> <len> <self|exist|all|target>  Watch a region of memory
DELETE           <local|global|target> watchpoint <id>   Delete a watchpoint
SHOW             <local|global|target> watchpoints      Show watchpoints
DIRECT_ACCESS    <set/enable/disable command | select query> Fixed table access
CORE                                         Dump core without crashing process
IPC                                          Dump ipc information
UNLIMIT                                      Unlimit the size of the trace file
PROCSTAT                                     Dump process statistics
CALL             [-t count] <func> [arg1]...[argn]  Invoke function with arguments
```

下面的示例显示了使用 oradebug 命令调用另一个会话的跟踪。假如用户抱怨数据库的性能缓慢，或者已经通过操作系统确定了其进程 ID。要获得 SPID，请使用下面的查询：

```
select spid
from   v$process
where  addr = (select paddr from v$session where username = 'NICOLA');
```

使用 setospid 命令来附加到这个进程并调用跟踪：

```
select spid
from   v$process
where  addr = (select paddr from v$session where username = 'NICOLA');
SQL> oradebug setospid 6943

Oracle pid: 28, Unix process pid: 18575, image: oracle@dc-umail10.myinunison.com (TNS V1-V3)
```

附加完之后，我们就可以通过 10046 事件来调用跟踪。我们选择等级 12，强制将所有绑定变量和等待信息写入跟踪文件：

```
SQL> oradebug event 10046 trace name context forever, level 12
Statement processed.
```

现在会话就处于跟踪状态。如果要查看生成的跟踪文件的名称，可以使用 TRACEFILE_ NAME 选项，如下所示：

```
SQL> oradebug tracefile_name
```

```
/home/oracle/app/oracle/diag/rdbms/demouc2/DEMOUC2/trace/DEMOUC2_ora_18575.trc
```

这为我们显示了跟踪文件的名称和位置。然后可以使用 TKPROF 分析工具来处理文件，进而获得有关监控进程操作的详细信息。

如果 Oracle 数据库的跟踪文件大小在 SPFILE 或 init.ora 文件中设定了限制，那么可以使用下面的 oradebug 命令来重置该限制：

```
SQL> oradebug unlimit
Statement processed.
```

然而，DBA 应该记住，Oracle 会缓冲自己对跟踪文件的写操作，因此文件中包含的信息可能不完全是最新的。幸运的是，oradebug 命令让我们能够刷新跟踪文件的写操作缓存，如下所示：

```
SQL> oradebug flush
Statement processed.
```

oradebug 命令也可以用来挂起进程的执行。例如，可能有长期运行的数据库任务(该任务由于空间原因可能会失败)，或有在备份过程中要停止的密集更新任务。oradebug 命令允许挂起特定会话，如下所示：

```
SQL> oradebug setospid 6943
Oracle pid: 11, Unix process pid: 6943, image: oraclelwdb@dc-mvndb3

SQL> oradebug suspend
Statement processed.
```

Oracle 操作系统进程 6943 现在被挂起，它在执行 oradebug resume 命令之前会一直保持这种状态。

要诀

不要在 Windows 平台上使用 oradebug suspend 命令。因为 Windows 采用基于线程的处理模式，会挂起整个数据库，而不仅仅是附属的进程。

要停止跟踪特定会话，可以使用下面的 oradebug 命令：

```
SQL> oradebug event 10046 trace name context off
Statement processed.
```

13.13.6 trcsess 工具

Oracle 为我们提供了另一种跟踪工具：trcsess。可以在 Oracle Home 的 bin 目录下找到这个工具。这个工具设计用来读取数据库跟踪文件，提取 DBA 感兴趣的信息。跟踪信息可以按照会话标识符(SID 和序号)、客户端标识符、服务名称、动作名称或模块名称进行定位。开始时，该工具用于共享服务器或连接池环境，在这种环境中必须跟踪多个进程以捕获所有相关信息。它不解释跟踪信息，只是将多个跟踪文件按提供的标准集合为单个跟踪文件。其结果是一个合并的跟踪文件，可以使用 TKPROF、TRCANLZR 或其他工具分析这个文件。请参考 MOS 文献 280543.1 以获得该工具的更多信息。

13.14 阅读跟踪文件

前面介绍了用来生成会话的跟踪文件的一些方法。一旦跟踪的会话完成，DBA 就需要定位、阅读和解释跟踪文件。跟踪文件被写入用户转储目标参数指定的目录。可以使用下面的命令从 SQL*Plus 中查找：

```
SQL> show parameter user_dump_dest

NAME                TYPE        VALUE
```

```
----------------    --------    -----------------------------------------------
user_dump_dest      string      /home/oracle/app/oracle/diag/rdbms/demouc2/DEMOUC2/trace
```

跟踪文件的文件名格式为<sid>_ora_<process id>.trc。进程 ID 可以在 V$PROCESS 视图中查找，如下所示：

```
select  spid
from    gv$process vp, gv$session vs
where   vs.sid = userenv('SID')
and     vs.paddr = vp.addr
and     vs.inst_id = vp.inst_id;

SPID
------------
4508
```

因此，本例中跟踪文件的名称是：

/home/oracle/app/oracle/diag/rdbms/demouc2/DEMOUC2/trace/DEMOUC2_ora_4508.trc

定位之后，就可以使用 TKPROF 工具(参见第 6 章)或前一节介绍的 Trace Analyzer 工具阅读跟踪文件。然而，好奇的 DBA 可能对查看跟踪文件的内容很感兴趣。因为原始的跟踪文件是 ANSI 格式，所以这可以使用标准的文件浏览器或编辑器来完成。跟踪文件会将跟踪的会话显示为一系列的块。每个块都代表一个数据库调用，它们之间用单行隔开。跟踪文件的最上面是许多 DBA 都非常熟悉的标准跟踪文件标题。

```
Trace file /home/oracle/app/oracle/diag/rdbms/demouc2/DEMOUC2/trace/DEMOUC2_ora_16319.trc
Oracle Database 11g Release 11.2.0.1.0 - Production
ORACLE_HOME = /home/oracle/app/oracle/product/11.2.0/dbhome_1
System name:    Linux
Node name:      dc-umail10.myinunison.com
Release:        2.6.18-164.el5
Version:        1 SMP Tue Aug 18 15:51:54 EDT 2009
Machine:        i686
Instance name: DEMOUC2
Redo thread mounted by this instance: 1
Oracle process number: 28
Unix process pid: 16319, image: oracle@dc-umail10.myinunison.com (TNS V1-V3)
```

跟踪文件依次显示在跟踪的会话中执行的每个数据库调用。下面的示例显示了一条简单的 SELECT 语句：

```
PARSING IN CURSOR #7 len=57 dep=0 uid=86 oct=3 lid=86 tim=1305924518518576 hv=4215611583
ad='3b6289dc' sqlid='g12xs57xna85z'
select birthdate from user_detail where firstname = :"SYS_B_0"
END OF STMT
PARSE #7:c=2000,e=1202,p=0,cr=0,cu=0,mis=1,r=0,dep=0,og=1,plh=0,tim=1305924518518568
BINDS #7:
 Bind#0
  oacdty=01 mxl=32(06) mxlc=00 mal=00 scl=00 pre=00
  oacflg=10 fl2=0300 frm=01 csi=178 siz=32 off=0
  kxsbbbfp=009e47a0  bln=32  avl=06  flg=09
  value="Stacey"
EXEC
#7:c=6999,e=51312,p=0,cr=84,cu=0,mis=1,r=0,dep=0,og=1,plh=1354678500,tim=1305924518569996
WAIT #7: nam='SQL*Net message to client' ela= 5 driver id=1650815232 #bytes=1 p3=0 obj#=91901
tim=1305924518570098
  FETCH #7:c=0,e=142,p=0,cr=13,cu=0,mis=0,r=1,dep=0,og=1,plh=1354678500,tim=1305924518570284
WAIT #7: nam='SQL*Net message from client' ela= 193 driver id=1650815232 #bytes=1 p3=0 obj#=91901
tim=1305924518570621
WAIT #7: nam='SQL*Net message to client' ela= 7 driver id=1650815232 #bytes=1 p3=0 obj#=91901
```

```
tim=1305924518571472
FETCH
#7:c=1000,e=1096,p=0,cr=145,cu=0,mis=0,r=15,dep=0,og=1,plh=1354678500,tim=1305924518571755
WAIT #7: nam='SQL*Net message from client' ela= 282 driver id=1650815232 #bytes=1 p3=0 obj#=91901
tim=1305924518572099
WAIT #7: nam='SQL*Net message to client' ela= 2 driver id=1650815232 #bytes=1 p3=0 obj#=91901
tim=1305924518572192
FETCH #7:c=0,e=83,p=0,cr=6,cu=0,mis=0,r=15,dep=0,og=1,plh=1354678500,tim=1305924518572254
WAIT #7: nam='SQL*Net message from client' ela= 207 driver id=1650815232 #bytes=1 p3=0 obj#=91901
tim=1305924518572498
WAIT #7: nam='SQL*Net message to client' ela= 3 driver id=1650815232 #bytes=1 p3=0 obj#=91901
tim=1305924518572574
FETCH #7:c=0,e=101,p=0,cr=8,cu=0,mis=0,r=15,dep=0,og=1,plh=1354678500,tim=1305924518572659
WAIT #7: nam='SQL*Net message from client' ela= 218 driver id=1650815232 #bytes=1 p3=0 obj#=91901
tim=1305924518572912
WAIT #7: nam='SQL*Net message to client' ela= 1 driver id=1650815232 #bytes=1 p3=0 obj#=91901
tim=1305924518572970
FETCH
#7:c=1000,e=1035,p=0,cr=140,cu=0,mis=0,r=15,dep=0,og=1,plh=1354678500,tim=1305924518573993
WAIT #7: nam='SQL*Net message from client' ela= 212 driver id=1650815232 #bytes=1 p3=0 obj#=91901
tim=1305924518574308
WAIT #7: nam='SQL*Net message to client' ela= 2 driver id=1650815232 #bytes=1 p3=0 obj#=91901
tim=1305924518574474
FETCH
#7:c=2999,e=2460,p=0,cr=354,cu=0,mis=0,r=9,dep=0,og=1,plh=1354678500,tim=1305924518576842
STAT #7 id=1 cnt=70 pid=0 pos=1 obj=91901 op='TABLE ACCESS FULL ARIJAK (cr=666 pr=0 pw=0 time=0
us cost=193 size=231 card=11)'
```

第 1 行显示与执行的语句有关的信息。标签及含义如表 13-6 所示。

表 13-6 标签及含义

标签	含义
len	SQL 语句的长度
dep	游标的递归深度。深度不为零的块是代表用户行为造成数据库所做的递归调用，这里花费的时间属于 V$SYSSTAT 视图中记录的 "recursive cpu" 耗时
uid	做解析的用户的用户 ID——参见 DBA_USERS 中的 USER_ID
oct	Oracle 命令类型
lid	特权用户 ID——如果执行另一个用户的 PL/SQL 代码，就可能与做解析的用户不同
tim	时间戳——这是在写该行时 V$TIMER 视图中的值。在 Oracle 9i 之前，Oracle 记录的时间以厘秒(10 毫秒)计算。在 Oracle 9i 中，有时用微秒计算(一百万分之一秒)
hv	SQL 散列——映射到 V$SQLAREA 中的 SQL_HASH
ad	SQL 地址——映射到 V$SQLAREA 中的 SQL_ADDRESS
sqlid	SQL ID——语句的 SQLID

跟踪文件然后显示执行的 SQL 语句的文本。在这个例子里，我们从 USER_DETAIL 表中选择 BIRTHDATE 列。从跟踪文件中还可以知道，给这条语句分配的游标号为 7。

要诀

如果关闭并释放游标，就可能被系统重新分配使用。因此，当读取一个长的跟踪文件时，一定要记住很重要的一点：在跟踪文件中的某一位置引用的游标号所代表的 SQL 与跟踪文件中其他位置上同一游标号所代表的 SQL 语句可能不同。

接下来跟踪文件显示 Oracle 为查询而做的实际操作。主要是一系列执行(EXEC)和提取(FETCH)操作。EXEC 和 FETCH 跟踪行包含表 13-7 所示的跟踪信息。

表 13-7 EXEC 和 FETCH 跟踪行包含的跟踪信息

标签	含义
c	CPU 时间(百分之一秒)
e	用时(在 Oracle 7、8 中是百分之一秒，在 Oracle 9 及之后版本中以微秒计)
p	物理读操作的数量
cr	一致读(CR)模式中检索的缓存数量
cu	当前(current)模式中检索的缓存数量
mis	缓存中未命中的游标
r	处理的行数
dep	递归调用深度(0——用户 SQL 语句，>0——递归调用语句)
og	优化器目标：1——所有行，2——首行，3——规则，4——选择
tim	时间戳(百分之一秒)

将这些知识应用于跟踪中的 EXEC 行，可以解读以下内容：

```
EXEC #7:c=6999,e=51312,p=0,cr=84,cu=0,mis=1,r=0,dep=0,og=1,plh=1354678500,tim=1305924518569996
```

- 该执行使用的 CPU 总共为 6999ms。
- 总用时 51312ms。
- 物理读操作是 0。
- CR(一致读)模式中检索的缓存数量是 84。
- 当前模式中检索的缓存数量是 0。
- 库缓存遗漏是 1(缓存中没有找到这条语句)。
- 处理的行数为 0。
- 递归调用深度为 0(这是用户调用)。
- 优化器目标是"所有行"。

13.14.1 等待信息和响应时间

跟踪文件还包含等待(WAIT)信息，显示 Oracle 在分析、执行和提取数据之间等待某些选项时花费的时间。在跟踪文件中可以查看该等待事件：

```
WAIT #7: nam='SQL*Net message to client' ela= 5 driver id=1650815232 #bytes=1 p3=0 obj#=91901 tim=1305924518570098
```

nam 列显示等待的事件。ela 列显示等待的时间。p1、p2 和 p3 列的含义取决于具体事件。在语句执行过程中检查 GV$SESSION_WAIT 视图也可以查看显示的这些信息。在这个例子里我们可以知道 Oracle 等待"SQL*Net message to client"事件用了 5ms 的时间。这个等待事件之后是下面的内容：

```
FETCH #7:c=0,e=142,p=0,cr=13,cu=0,mis=0,r=1,dep=0,og=1,plh=1354678500,tim=1305924518570284
```

FETCH 步骤占用 142ms，读取 CR 模式中的 13 个缓冲区，并处理了 1 行。142ms 包含 WAIT 步骤的 5ms。紧跟 EXEC 或 FETCH 操作之前的所有等待事件的用时算在该操作总用时之内：

```
WAIT #7: nam='SQL*Net message from client' ela= 193 driver id=1650815232 #bytes=1 p3=0 obj#=91901
tim=1305924518570621
WAIT #7: nam='SQL*Net message to client' ela= 7 driver id=1650815232 #bytes=1 p3=0 obj#=91901
tim=1305924518571472
FETCH
#7:c=1000,e=1096,p=0,cr=145,cu=0,mis=0,r=15,dep=0,og=1,plh=1354678500,tim=1305924518571755
```

在前面的示例中，第 3 行显示的 FETCH 操作的用时包含从第 1 行到第 2 行的用时。

13.14.2 递归调用

跟踪文件通过显示每个调用的深度来确定递归调用。在下面的程序清单中，我们可以看到用户调用(cursor #50)由一个递归调用(cursor #54)服务，而递归调用(cursor #54)本身由两个递归调用(cursor #35)服务。

```
EXEC #35:c=0,e=71,p=0,cr=0,cu=0,mis=0,r=0,dep=2,og=4,tim=4232475308506
FETCH #35:c=0,e=48,p=0,cr=3,cu=0,mis=0,r=1,dep=2,og=4,tim=4232475308664
EXEC #54:c=0,e=4986,p=0,cr=9,cu=0,mis=0,r=1,dep=1,og=4,tim=4232475309925
EXEC #50:c=30000,e=31087,p=0,cr=9,cu=0,mis=0,r=0,dep=0,og=4,tim=4232475335361
```

所有递归调用的 CPU 时间、用时、OS 数据块读操作，以及 CR 和当前数据块读操作都被添加到原始调用的总时间中。在前面的示例中，cursor #50 的总用时 31087ms 包括 cursor #54 的用时 4986ms，其本身也包含用于执行 cursor #35 的 71ms 和用于提取的 48ms。

13.14.3 模块信息

原始跟踪文件包含对 DBMS_APPLICATION_INFO 包调用记录的模块信息。

```
APPNAME mod='SES' mh=3264509754 act='Job ID: 3407193' ah=1464295440
```

该条目包括表 13-8 中的标签。

表 13-8 标签及对应的模块信息

标签	含义
mod	模块
mh	模块散列值(参见 V$SESSION)
act	动作
ah	动作散列值(参见 V$SESSION)

13.14.4 提交

提交操作在跟踪文件中显示为 XCTEND(Transaction END)调用。

```
XCTEND rlbk=0, rd_only=0
```

如果事务回滚，rlbk 标签就是 1；如果事务提交，rlbk 标签就是 0。如果事务是只读的，rd_only 标签就是 1；如果数据块发生了变化，rd_only 标签就是 0。

13.14.5 UNMAP

UNMAP 操作记录何时清除临时表。

```
UNMAP #1:c=0,e=0,p=0,cr=0,cu=0,mis=0,r=0,dep=0,og=4,tim=2559434286
```

上述标签记录了和 EXEC 及 FETCH 操作相同的信息。

13.14.6 绑定变量

10046 跟踪在等级 8 或 12 时最强大的特性之一是，在跟踪中可以捕获绑定变量的信息。在原始跟踪文件中它是一系列 BIND 操作。下面的示例摘自 Oracle 11g 数据库，游标共享设置为 FORCE。

```
PARSING IN CURSOR #7 len=57 dep=0 uid=86 oct=3 lid=86 tim=1305924518518576 hv=4215611583
ad='3b6289dc' sqlid='g12xs57xna85z'
select birthdate from arijak where firstname = :"SYS_B_0"
END OF STMT
PARSE #7:c=2000,e=1202,p=0,cr=0,cu=0,mis=1,r=0,dep=0,og=1,plh=0,tim=1305924518518568
Bind#0
  oacdty=01 mxl=32(06) mxlc=00 mal=00 scl=00 pre=00
  oacflg=10 fl2=0001 frm=01 csi=178 siz=32 off=0
  kxsbbbfp=009efbd4  bln=32  avl=06  flg=05
  value="Alex"
```

在前面的示例中，SQL 语句和我们在 V$SQLTEXT 视图中看到的一样，绑定变量表示为 SYS_B_0。然而，列出的 BIND 操作显示 cursor #1 的绑定变量 0 被绑定到值"Alex"。注意，解释 BIND 信息时我们必须非常小心。Oracle 用动态生成的变量名(例如 SYS_B_n)取代所有静态值。然而，已命名变量不会被替换。BIND 语句有严格的顺序，每个值都被绑定到语句中的下一个变量。我们来看下面的语句：

```
select *
from    SPROGS
where   name != 'Nicola'
and     birthday > ( to_date(:BIRTHDAY,'DDMONYY'));
```

如果 CURSOR_SHARING 设置为 FORCE，值"Nicola"就会被变量 SYS_B_0 取代，值"DDMONYY"会被 SYS_B_1 取代。然而出于绑定的目的，会将 SYS_B_0 作为变量 0 看待，将 BIRTHDAY 作为变量 1 看待，将 SYS_B_1 作为变量 2 看待。

```
PARSE #10:c=0,e=1397,p=0,cr=0,cu=0,mis=1,r=0,dep=0,og=4,tim=4646278930704
BINDS #10:
 bind 0: dty=1 mxl=32(06) mal=00 scl=00 pre=00 oacflg=10 oacfl2=0100 size=32 offset=0
   bfp=ffffffff7b957de8 bln=32 avl=06 flg=09
   value="Nicola"
 bind 1: dty=1 mxl=2000(200) mal=00 scl=00 pre=00 oacflg=03 oacfl2=0010 size=2000 offset=0
   bfp=ffffffff7ba79980 bln=2000 avl=07 flg=05
   value="03APR73"
 bind 2: dty=1 mxl=32(07) mal=00 scl=00 pre=00 oacflg=10 oacfl2=0100 size=32 offset=0
   bfp=ffffffff7b957d98 bln=32 avl=07 flg=09
   value="DDMONYY"
```

SYS_B_n 并不一定对应到第 n 个绑定变量，在跟踪更大、更复杂的查询时，记住这一点很重要。

13.14.7 错误

原始跟踪文件会包含跟踪过程中出现的错误。跟踪文件会记录两类错误：执行错误和分析错误。由于种种问题(例如语法或对象许可)而不能分析 SQL 语句时，就会出现分析错误。

```
PARSE ERROR #7:len=50 dep=0 uid=44 oct=3 lid=44 tim=1515543106413 err=936
select date from birthday where name = :"SYS_B_0"
```

当分析 cursor #7 时，前面的跟踪行显示错误 ORA-936。跟踪文件的信息包括所有与分析操作成功相同的信息，除了 SQL 散列和地址之外，因为失败的语句不会存储在库缓存中。

执行错误只显示错误代码和错误时间。

```
ERROR #76:err=1555 tim=54406123
```

前面的跟踪行显示在执行 cursor #76 的过程中出现了错误 ORA-1555。

13.15 X$表分组

X$表按逻辑进行分组,可以参见表 13-9~表 13-52。这不是完整列表。本书已经尽可能对它们的描述做了更新(这里列出的只是其中一小部分 X$表,每个分组里面的表可能也不全面)。Oracle 公司没有提供完整的描述列表。在本章的最后一部分,提供了一张非常不错的树状结构图,它提供可以使用的 X$表的早期版本,有助于你更好理解所有版本的命名约定。

表 13-9 版本/安装

X$表	描述(*表示已经过时)
X$KCKCE	数据库实例使用的特性,使得库不能降级到前一版本*
X$KCKFM	数据库或数据库组件的版本信息*
X$KCKTY	数据库实例使用的特性,使得库不能降级到前一版本*
X$KSULL	许可限制信息
X$OPTION	已安装选项
X$VERSION	Oracle RDBMS 软件版本

表 13-10 实例/数据库

X$表	描述
X$KSUSGSTA	实例的统计信息
X$KCCDI	V$DATABASE 主要源代码的信息
X$KSMSD	SGA 组件大小(SHOW SGA)
X$KSMSS	详细的 SGA 统计信息
X$KSPPCV	会话中生效的参数和对应值
X$KSPPCV2	会话中生效的参数和对应值。参数值列表以单独的行形式出现
X$KSPPI	参数名称和描述
X$KSPPO	过时的参数
X$KSPPSV	实例中生效的参数和对应值
X$KSPPSV2	实例中生效的参数和对应值。参数值列表以单独的行形式出现
X$KSPVLD_VALUES	对于只能设置为特定值的参数的有效取值(也被称为列表参数)
X$KSPSPFILE	通过 SPFILE 文件指定的参数名称
X$KSQDN	数据库名称
X$OPTION	安装的选项
X$KVII	实例的限制和其他实例元数据(包括各种各样的信息)
X$KVIT	各种缓冲区缓存条件的状态
X$KSUXSINST	V$INSTANCE 主要源代码的信息
X$QUIESCE	实例的静止状态

表 13-11 NSL(国家语言支持)

X$表	描述
X$KSULV	NLS 参数的有效值
X$NLS_PARAMETERS	NLS 参数的当前值

表 13-12 时 区

X$表	描述
X$TIMEZONE_NAMES	时区名称
X$TIMEZONE_FILE	数据库使用的时区文件和版本

表 13-13 归档日志文件/目标/进程

X$表	描述
X$KCCAL	从控制文件得到的归档日志文件的信息
X$KCRRARCH	当前实例的归档进程的信息
X$KCRRDSTAT	归档目标的状态

表 13-14 数 据 文 件

X$表	描述
X$KCCFE	文件创建和其他元数据
X$KCCTF	临时文件 I/O 信息
X$KCVFH	V$DATAFILE 和 V$DATAFILE_HEADER 的源代码信息
X$KCFIO	文件 I/O 信息
X$KCFTIO	临时文件 I/O 信息
X$KCVFHALL	与 V$DATAFILE 信息十分类似的数据文件信息
X$KTFBFE	文件的空闲区(ktfb 空闲区)
X$KTFBHC	数据文件信息(和 DBA_DATA_FILES 类似)

表 13-15 控 制 文 件

X$表	描述
X$KCCCF	控制文件信息
X$KCCOR	控制文件的脱机数据文件的信息
X$KCCRS	控制文件记录部分的信息
X$KCCRT	控制文件的日志文件信息

表 13-16 重做日志文件

X$表	描述
X$KCCCP	重做日志数据块信息
X$KCCFN	文件号信息,所有类型文件的信息
X$KCCLE	需要归档的重做日志文件的信息

表 13-17 表 空 间

X$表	描述
X$KCCTS	表空间信息

表 13-18 排序/临时段

X$表	描述
X$KCBTEK	加密的表空间
X$KEWXOCF	SYSAUX 表空间的占用情况
X$KTFTHC	每个临时表空间的空间利用情况
X$KTFTME	所有临时表空间的每个单元的状态(比如：临时映射区/块)
X$KTSSO	会话的排序段活动
X$KTSTFC	临时段的使用：已使用的数据块、已缓存的数据快等
X$KTSTSSD	系统临时的排序数据段
X$KTTETS	表空间使用数据

表 13-19 回滚/撤消段

X$表	描述
X$KTFBUE	回滚/撤销段块/扩展块的使用
X$KTTVS	回滚/撤销段的状态
X$KTUGD	全局回滚/撤销数据
X$KTURD	回滚/撤销段状态
X$KTUSMST	回滚/撤销段状态
X$KTUXE	回滚/撤销段的活动：封装等

表 13-20 临 时 对 象

X$表	描述
X$KCVFHTMP	临时文件信息
X$KDLT	临时 LOB 信息

表 13-21 数据库链接

X$表	描述
X$UGANCO	数据库链接信息

表 13-22 物 化 视 图

X$表	描述
X$KNSTMVR	物化视图和刷新信息

表 13-23 复 制

X$表	描述
X$KNSTRPP	复制中当前并行生成数据的信息
X$KNSTRQU	复制中被延迟事务队列的数据

表 13-24 备 份

X$表	描述
X$KCCBF	关于数据文件和备份控制文件的控制文件信息(RMAN)
X$KCCBL	关于重做和归档日志备份的控制文件信息(RMAN)
X$KCCBP	控制文件中备份块的信息(RMAN)
X$KCCBS	控制文件中备份集的信息(RMAN)
X$KCCCC	控制文件中数据文件副本的损坏信息(RMAN)
X$KCCDC	控制文件中数据文件副本的信息(RMAN)
X$KCCFC	数据文件备份的损坏信息(RMAN)
X$KCVFHONL	所有联机数据文件的备份状态
X$KSFHDVNT	所支持的备份设备(RMAN)
X$KSFQP	正在执行或最近已完成备份的性能信息
X$KSFVQST	备份信息
X$KSFVSL	备份信息
X$KSFVSTA	备份信息

表 13-25 恢 复

X$表	描述
X$KCRFX	当前恢复进程的统计信息
X$KCRMF	恢复过程用到的文件统计信息和状态
X$KCRMX	恢复过程用到的文件统计信息和状态
X$KCVFHMRR	显示介质恢复期间文件的状态
X$KRVSLV	恢复从属设备的状态
X$KRVSLVS	恢复从属设备的统计信息
X$KTPRXRS	执行并行恢复的快速启动服务器的信息
X$KTPRXRT	正在执行恢复的 Oracle 事务的信息
X$ESTIMATED_MTTR	如果当前需要执行实例恢复,估计所需的 I/O 工作量
X$TARGETRBA	恢复块访问的目标或重做数据块访问的目标

表 13-26 RMAN

X$表	描述
X$KCCDL	已删除对象的信息。恢复目录重复同步操作使用该表来加速其优化操作
X$KCCPA	使用代理副本所做的归档日志备份的描述
X$KCCPD	使用代理副本所做的数据文件和控制文件的描述
X$KCCRM	RMAN 配置
X$KCCRSR	RMAN 状态

表 13-27 备用数据库

X$表	描述
X$KCCSL	备用数据库日志文件
X$KNSTACR	备用数据库信息：逻辑备用数据库进程状态
X$KNSTASL	备用数据库信息：逻辑数据库应用进程

表 13-28 LogMiner

X$表	描述
X$LOGMNR_CALLBACK	N/A
X$LOGMNR_COL$	N/A
X$LOGMNR_COLTYPE$	N/A
X$LOGMNR_CONTENTS	N/A
X$LOGMNR_DICTIONARY	N/A
X$LOGMNR_ENCRYPTED_OBJ$	N/A
X$LOGMNR_ENCRYPTION_PROFILE$	N/A
X$LOGMNR_IND$	N/A
X$LOGMNR_INDPART$	N/A
X$LOGMNR_LOGFILE	N/A
X$LOGMNR_LOGS	N/A
X$LOGMNR_PARAMETERS	N/A
X$LOGMNR_PROCESS	N/A
X$LOGMNR_OBJ$	N/A
X$LOGMNR_REGION	N/A
X$LOGMNR_SESSION	N/A
X$LOGMNR_TAB$	N/A
X$LOGMNR_TABCOMPART$	N/A
X$LOGMNR_TABSUBPART$	N/A
X$LOGMNR_TS$	N/A
X$LOGMNR_TYPE$	N/A
X$LOGMNR_TABPART$	N/A
X$LOGMNR_TABSUBPART$	N/A
X$LOGMNR_USER$	N/A

表 13-29 会话/进程

X$表	描述
X$KGSCC	会话游标缓存
X$KMPCSO	会话客户端结果集缓存信息
X$KSUPR	进程信息
X$KSUSE	会话信息
X$MESSAGES	每个后台进程处理的信息
X$QESMMSGA	PGA 内存的限制、使用、估计等
X$QKSBGSES	会话级优化器修正控制

表 13-30 会话性能

X$表	描述
X$KOCST	当前会话的对象缓存统计信息
X$KSLES	会话的等待事件
X$KSQRS	会话队列资源的使用
X$KSUSIO	每个会话的 I/O 统计信息
X$KSULOP	长时间运行的操作的会话信息
X$KSUMYSTA	当前会话的统计信息
X$KSUPL	会话信息
X$KSUPR	V$PROCESS 视图信息的主要来源
X$KSUSE	V$SESSION 视图的信息
X$KSUSECON	每个会话如何建立连接并进行验证的信息
X$KSUSECST	会话等待,包括等待参数
X$KSUSESTA	会话性能的统计信息

表 13-31 事务

X$表	描述
X$KTCXB	事务信息,包括请求和保持的锁定、事务使用的回滚段以及事务的类型
X$KTFTBTXNGRAPH	闪回事务的图表
X$KTFTBTXNMODS	闪回事务的修改
X$KTUQQRY	闪回事务查询
X$KTUXE	事务入口表

表 13-32 全局事务

X$表	描述
X$K2GTE	当前活动的全局事务的信息
X$K2GTE2	当前活动的全局事务的信息

表 13-33 高级队列(AQ)/资源管理

X$表	描述
X$KGSKASP	所有可用的活动会话池资源的分配方法
X$KGSKCFT	当前活动资源消费者组的相关数据
X$KGSKCP	给资源消费者组定义的所有资源分配方法
X$KGSKDOPP	资源分配方法中可用的并行度的限制
X$KGSKPFT	所有当前活动资源计划的名称
X$KGSKQUEP	可用的队列资源分配方法
X$KSRMSGDES	队列消息
X$KSRMSGO	队列发布者/订阅者的信息
X$KWQSI	对队列的读/写统计数据

表 13-34 RAC(Real Application Cluster,真正应用集群)

X$表	描述
X$KCLCRST	在 Cache Fusion 中服务于后台进程数据块的信息
X$KJBL	RAC DLM 信息
X$KJBLFX	RAC 信息
X$KJBR	RAC DLM 资源统计信息
X$KJDRHV	RAC 实例信息(当前和之前的主节点、全局队列服务(GES)资源切换主节点的次数)
X$KJDRPCMHV	RAC 实例信息(当前主节点、除了属于文件映射到特殊主节点之外的全局缓存服务(GCS)资源切换主节点的次数)
X$KJDRPCMPF	RAC 实例信息(之前主节点、除了属于文件映射到特殊主节点之外的全局缓存服务资源切换主节点的次数)
X$KJICVT	RAC DLM 信息(本地和远程 GES 队列操作的统计信息)
X$KJILKFT	RAC DLM 信息
X$KJIRFT	RAC DLM 信息(所有当前对 DLM 已知的资源信息)
X$KJISFT	RAC DLM 信息(Oracle RAC 的其他统计信息)
X$KJITRFT	RAC DLM 信息(信息票据使用信息)
X$KJMDDP	RAC 信息
X$KJMSDP	RAC 信息
X$KJXM	RAC 信息
X$KSIMAT	RAC 实例属性信息
X$KSIMAV	RAC 所有节点的属性值的信息
X$KSIMSI	特定数据库上已经挂载的所有实例的实例名称到实例号的映射

表 13-35 库 缓 存

X$表	描述
X$KGLCLUSTER	可能正在加载或近期引用的集群
X$KGLCURSOR	没有使用 GROUP BY 子句得到的关于共享 SQL 区域的统计数据，其中的每行包括输入的原始 SQL 文本的一条子句
X$KGLINDEX	当前拥有锁的对象名，以及其他和这些锁相关的信息
X$KGLNA	属于共享 SQL 游标的 SQL 语句文本
X$KGLNA1	属于共享 SQL 游标的 SQL 语句文本：不使用空格代替换行符和制表符
X$KGLOB	在库缓存中缓存的数据库对象，包括表、索引、集群、同义词定义、PL/SQL 过程、包以及触发器
X$KGLST	库缓存性能及活动信息
X$KKSBV	当前会话的游标的绑定变量数据(取决于参数 CURSOR_SHARING 的设置)
X$KKSCS	非共享子游标未共享的原因
X$KKSSRD	重定向 SQL 语句
X$KQFVI	所有固定视图的 SQL 语句
X$KQLFXPL	在库缓存中加载的每个子游标的执行计划
X$KQLSET	当前在库缓存中加载的从属缓存的信息
X$KSLEI	每个事件的(总体的)等待统计数据
X$KXSBD	SQL 或会话绑定数据
X$KXSCC	共享游标缓存。与会话相关联的每个游标查询 V$SQL_CURSOR 视图的调试信息。会话 SQL 游标缓存中每个游标的内存使用情况
X$QESMMIWT	共享内存管理实时工作，与 X$QKSMMWDS 相连接
X$QKSMMWDS	共享内存管理工作数据的大小，子游标使用的库缓存内存

表 13-36 共 享 内 存

X$表	描述
X$KGHLU	共享池保留的列表性能信息
X$KGICS	系统范围内游标的使用状态：打开、命中、计数等
X$KSMFSV	共享内存信息
X$KSMHP	共享内存信息
X$KSMLRU	共享内存：特性，加载的对象以及它们的大小，固定候选者
X$KSMFS	SGA 大小：固定 SGA、DB_BLOCK_BUFFERS、LOG_BUFFER
X$KSMSS	SGA 大小：共享池(在表 13-10 中也有)
X$KSMJS	SGA 大小：Java 池
X$KSMLS	SGA 大小：大型池
X$KSMPP	与 X$KSMSP 极为类似，在 Linux、Solaris 和 NT 中，DUR 列和 IDX 列的值不会变化
X$KSMSP	共享池部分的大小/值等
X$KSMSPR	共享池保留的内存统计数据/大小
X$KSMSP_DSNEW	共享内存信息
X$KSMSP_NWEX	共享内存信息
X$KSMUP	实例和内存结构大小/统计数据

表 13-37 缓冲区缓存

X$表	描述
X$ACTIVECKPT	检查点统计信息
X$BH	SGA 中每个缓冲区的 ping 的状态和数量
X$KCBBHS	DBWR 柱状图统计信息
X$KCBFWAIT	缓存在文件上的等待的数量和时间
X$KCBKPFS	缓存数据块预读取的统计信息
X$KCBLSC	缓存读/写/等待的性能统计信息
X$KCBSC	缓存集的读操作的性能统计信息
X$KCBWAIT	在各类缓冲池中等待花费的时间
X$KCBWBPD	对当前实例所有可用的缓冲池的统计信息，包括缓冲池的名称
X$KCBWDS	对当前实例所有可用的缓冲池的统计信息

表 13-38 行缓存(row cache)

X$表	描述
X$KQRFP	数据字典中父对象的信息
X$KQRFS	数据字典中子对象的信息
X$KQRPD	行缓存的信息：父/子缓存的定义
X$KQRSD	行缓存的信息：子缓存的定义
X$KQRST	行缓存性能统计数据

表 13-39 锁定/队列

X$表	描述
X$KGLLK	当前拥有和请求的 DDL 锁
X$KSQEQ	会话拥有的锁
X$KSQST	队列类型、请求的数量、等待的数量和等待时间等
X$KTADM	会话请求和拥有的 DML 锁

表 13-40 闩 锁

X$表	描述
X$KSLLD	闩锁名称和等级
X$KSLLW	闩锁等待的统计信息，包括闩锁名称
X$KSLPO	闩锁的派发(Posting)
X$KSLWSC	闩锁等待休眠加上闩锁名称的统计信息
X$KSUPRLAT	闩锁当前拥有者的信息
X$MUTEX_SLEEP	Mutex 睡眠信息
X$MUTEX_SLEEP_HISTORY	Mutex 睡眠历史信息

表 13-41 优 化 器

X$表	描述
X$KDXHS	索引的柱状图信息
X$KDXST	从上一次 analyze index validate structure 命令执行以来索引的统计信息

表 13-42 共享服务器(Shared Server)

X$表	描述
X$KMCQS	多线程消息队列的信息
X$KMCVC	虚拟循环连接消息传送的统计信息
X$KMMDI	共享服务器分发程序性能信息
X$KMMDP	共享服务器分发程序性能信息
X$KMMRD	共享服务器分发程序信息
X$KMMSG	共享服务器进程性能信息
X$KMMSI	共享服务器进程信息

表 13-43 并 行 查 询

X$表	描述
X$KXFPCDS	并行查询调度器解队列状态信息
X$KXFPCMS	并行查询调度器消息状态信息
X$KXFPCST	并行查询调度器查询状态信息
X$KXFPDP	当前 PQ 会话的元数据，例如并行度的数目等
X$KXFPPFT	并行查询信息
X$KQFPSDS	并行查询工作进程解队列状态信息
X$KXFPSMS	并行查询工作进程消息状态信息
X$KXFPSST	并行查询工作进程查询状态信息
X$KXFPYS	并行查询系统统计信息
X$KXFPNS	正在执行并行操作的会话的性能统计信息
X$KXFQSROW	执行并行操作的统计信息，查询统计信息的数据行

表 13-44 安全授予的特权与角色，细粒度的安全策略

X$表	描述
X$KZDOS	操作系统与角色有关的安全性
X$KZRTPD	与库缓存中的当前游标有关的细粒度的安全策略和断言
X$KZSPR	会话赋予的特权
X$KZSRO	会话赋予的角色
X$KZSRT	被授予 SYSDBA 和 SYSOPER 特权的用户列表(远端密码文件列表项)

表 13-45 资源/消费者组

X$表	描述
X$KGSKPP	为资源计划定义的可用 CPU 资源的分配方法
X$KGSKQUEP	可用队列资源的分配方法
X$KGSKTE	可能的 rcg(资源消费者组)名称
X$KGSKTO	可能的 rcg 类型和属性

表 13-46 上 下 文

X$表	描述
X$CONTEXT	上下文信息
X$GLOBALCONTEXT	上下文信息

注意
这里的"上下文"(Context)和 Oracle Text 毫无关系,后者也被称为"上下文"。

表 13-47 异构服务(Heterogeneous Services)

X$表	描述
X$HOFP	HS 服务器和代理使用的初始化参数
X$HS_SESSION	在给定主机上运行的 HS 代理的信息

表 13-48 PL/SQL

X$表	描述
X$KWDDEF	PL/SQL 保留字

表 13-49 装载/直接路径 API

X$表	描述
X$KLCIE	使用直接路径 API 装载时因更新索引引起的错误
X$KLPT	使用直接路径 API 装载时加载到分区或子分区的行数的统计信息

表 13-50 Java 源

X$表	描述
X$JOXFC	编译、解析和引用信息：Java 类
X$JOXFD	编译、解析和引用信息
X$JOXFR	编译、解析和引用信息：Java 资源
X$JOXFS	源名称和/或代码
X$JOXFT	参考名称、解析信息、编译信息和类名信息

表 13-51 杂 类

X$表	描述
X$DUAL	每个人都喜欢永久表 DUAL，包括 Oracle 本身。当数据库处于装载或非装载状态时，永久表 DUAL 是不可用的。对于一些操作，例如恢复，Oracle 数据库只能处于装载或非装载状态，这时 Oracle 只能查询 X$DUAL 表
X$KQFCO	动态性能表的索引列
X$KQFDT	固定的动态表或派生表
X$KQFP	固定的过程对象名称
X$KQFSZ	存储各种数据库组件类型的大小
X$KQFTA	所有固定表的名称
X$KQFVI	所有固定视图的名称
X$KSBDD	后台进程的描述
X$KSBDP	后台进程的名称
X$KSLED	等待事件的名称
X$KSURLMT	系统资源的限制
X$KSUSD	统计信息的描述
X$TIMER	列出从公元纪年开始至今的时间，以百分之一秒的精度显示

表 13-52 其他 X$表

表名称	可能的用途
X$VINST	未知
X$RFMTE	未知
X$RFMP	未知
X$KTSPSTAT	回退信息
X$KSXRSG	未知
X$KSRREPQ	未知
X$KSXRMSG	未知
X$KSXRCONQ	未知
X$KSXRCH	未知
X$KSXAFA	节点自适应
X$KSUSEX	会话信息
X$KSURU	会话的资源使用
X$KSUPGS	未知
X$KSUPGP	进程组信息
X$KSUCF	资源管理器的资源限制
X$KSRMPCTX	未知
X$KSRCHDL	未知
X$KSRCDES	未知
X$KSRCCTX	未知
X$KSMNS	共享内存信息

(续表)

表名称	可能的用途
X$KSMNIM	共享内存信息
X$KSMMEM	共享内存信息
X$KSMJCH	共享内存信息
X$KSMDD	共享内存信息
X$KRBAFF	未知
X$KQDPG	PGA 行缓存游标状态信息
X$KKSAI	游标分配信息
X$KGLXS	库缓存信息
X$KGLTRIGGER	库缓存中的触发器
X$KGLTR	库缓存信息
X$KGLTABLE	库缓存中的表
X$KGLSN	未知
X$KGLAU	对象鉴权
X$KGLRD	未知
X$KDNSSF	锁信息
X$KCRMT	Cache Fusion 信息
X$KCLQN	Cache Fusion 信息
X$KCLLS	Cache Fusion 信息
X$KCLFX	Cache Fusion 信息
X$KCLCURST	Cache Fusion 信息
X$KCBWH	属于高速缓存的功能信息
X$KCBSW	高速缓存信息
X$KCBSH	高速缓存信息
X$KCBSDS	高速缓存信息
X$KCBLDRHIST	高速缓存信息
X$KCBKWRL	高速缓存写列表
X$KCBBF	未知
X$KCBBES	未知
X$CKPTBUF	检查点信息
X$CON	容器信息(用于 PDB)
X$CKPTBUF	INMEMORY 信息(用户内存列存储，即 IM)

13.16 X$表与非 V$固定视图的联系

表 13-53 列出了至少基于一个 X$表的非 V$固定视图(附录 A、B、C 中列出了 V$视图)。许多固定视图基于一个或多个 X$表,外加其他固定视图。可以联合使用这个列表和$ORACLE_HOME/rdbms/admin/sql.bsq 以及 $ORACLE_HOME/rdbms/admin/migrate.bsq,以帮助你理解 X$表及列内容的意义,并通过对 X$表和其他 X$表或固定视图进行连接来创建查询。

表 13-53 X$表和相关的非 V$固定视图

固定视图	基于的 X$表和/或固定视图
COLUMN_PRIVILEGES	OBJAUTH$、COL$、OBJ$、USER$、X$KZSRO
DBA_BLOCKERS	V$SESSION_WAIT、X$KSQRS、V$_LOCK、X$KSUSE
DBA_DATA_FILES	FILE$、TS$、V$DBFILE、X$KTFBHC
DBA_DDL_LOCKS	V$SESSION、X$KGLOB、X$KGLLK
DBA_DML_LOCKS	V$_LOCK、X$KSUSE、X$KSQRS
DBA_EXTENTS	UET$、SYS_DBA_SEGS、FILE$、X$KTFBUE、FILE$
DBA_FREE_SPACE	TS$、FET$、FILE$、X$KTFBFE
DBA_FREE_SPACE_COALESCED	X$KTFBFE
DBA_KGLLOCK	X$KGLLK、X$KGLPN
DBA_LMT_FREE_SPACE	X$KTFBFE
DBA_LMT_USED_EXTENTS	X$KTFBUE
DBA_LOCK_INTERNAL	V$LOCK、V$PROCESS、V$SESSION、V$LATCHHOLDER、X$KGLOB、DBA_KGLLOCK
DBA_SOURCE	OBJ$、SOURCE$、USER$、X$JOXFS
DBA_TEMP_FILES	X$KCCFN、X$KTFTHC、TS$
DBA_UNDO_EXTENTS	UNDO$、TS$、X$KTFBUE、FILE$
DBA_WAITERS	V$SESSION_WAIT、X$KSQRS、V$_LOCK、X$KSUSE
DICTIONARY	V$ENABLEDPRIVS、OBJ$、COM$、SYN$、OBJAUTH$、X$KZSRO
DISK_AND_FIXED_OBJECTS	OBJ$、X$KQFP、X$KQFTA、X$KQFVI
EXU8FUL	X$KZSRO、USER$
EXU9FIL	FILE$、V$DBFILE、X$KTFBHC、TS$、X$KCCFN、X$KTFTHC
EXU9TNEB	X$KTFBUE
IMP9TVOID	OBJ$、USER$、TYPE$、SESSION_ROLES、OBJAUTH$、X$KZSRO
INDEX_HISTOGRAM	X$KDXST、X$KDXHS
INDEX_STATS	OBJ$、IND$、SEG$、X$KDXST、INDPART$、INDSUBPART$
LOADER_DIR_OBJS	OBJ$、DIR$、V$ENABLEDPRIVS、X$KZSRO
LOADER_TAB_INFO	OBJ$、V$ENABLEDPRIVS、X$KZSRO、TAB$、USER$、OBJAUTH$
LOADER_TRIGGER_INFO	OBJ$、USER$、TRIGGER$、OBJAUTH$、V$ENABLEDPRIVS、X$KZSRO
ORA_KGLR7_DEPENDENCIES	OBJ$、DEPENDENCY$、USER$、X$KZSRO、V$FIXED_TABLE、OBJAUTH$
ORA_KGLR7_IDL_CHAR	ORA_KGLR7_OBJECTS、IDL_CHAR$、OBJAUTH$、X$KZSRO
ORA_KGLR7_IDL_SB4	ORA_KGLR7_OBJECTS、IDL_SB4$、OBJAUTH$、X$KZSRO、SYSAUTH$
ORA_KGLR7_IDL_UB1	ORA_KGLR7_OBJECTS、IDL_UB1$、OBJAUTH$、X$KZSRO、SYSAUTH$
ORA_KGLR7_IDL_UB2	ORA_KGLR7_OBJECTS、IDL_UB2$、OBJAUTH$、X$KZSRO、SYSAUTH$

(续表)

固定视图	基于的 X$表和/或固定视图
QUEUE_PRIVILEGES	OBJAUTH$、OBJ$、USER$、X$KZSRO
ROLE_SYS_PRIVS	USER$、SYSTEM_PRIVILEGE_MAP、SYSAUTH$、X$KZDOS
ROLE_ROLE_PRIVS	USER$、SYSAUTH$、X$KZDOS
ROLE_TAB_PRIVS	USER$、TABLE_PRIVILEGE_MAP、OBJAUTH$、OBJ$、COL$、X$KZDOS、SYSAUTH$
SESSION_ROLES	X$KZSRO
TABLE_PRIVILEGES	OBJAUTH$、OBJ$、USER$、X$KZSRO

13.17 常见的X$表连接

表 13-54 包含了在固定视图中使用的 X$表列连接。

表 13-54 常见的表连接

X$表和列	相关的 X$表和列
X$BH.LE_ADDR	X$LE.LE_ADDR
X$KCCFN.FNFNO	X$KTFTHC.KTFTHCTFNO
X$HS_SESSION.FDS_INST_ID	X$HOFP.FDS_INST_ID
X$KCBSC.BPID	X$KCBWBPD.BP_ID
X$KCBSC.INST_ID	X$KCBWBPD.INST_ID
X$KCBWDS.SET_ID	X$KCBWBPD.BP_LO_SID
X$KCBWDS.SET_ID	X$KCBWBPD.BP_HI_SID
X$KCCFE.FEFNH	X$KCCFN.FNNUM
X$KCCFE.FENUM	X$KCCFN.FNFNO
X$KCCFE.FENUM	X$KCCFN.FNFNO
X$KCCFE.FEPAX	X$KCCFN.FNNUM
X$KCCFN.FNFNO	X$KCVFHTMP.HTMPXFIL
X$KCCFN.FNFNO	X$KCVFH.HCFIL
X$KCCFN.FNFNO	X$KTFTHC.KTFTHCTFNO
X$KCCLE.INST_ID	X$KCCRT.INST_ID
X$KCCLE.LETHR	X$KCCRT.RTNUM
X$KCCTF.TFFNH	X$KCCFN.FNNUM
X$KCCTF.TFNUM	X$KCCFN.FNFNO
X$KCFTIO.KCFTIOFNO	X$KCCTF.TFNUM
X$KCRMF.FNO	X$KCCFN.FNFNO
X$KCRMF.FNO	X$KCCFN.FNFNO
X$KCRMX.THR	X$KCRFX.THR
X$KGLCRSOR.KGLHDADR	X$KZRTPD.KZRTPDAD
X$KGLCRSOR.KGLHDPAR	X$KZRTPD.KZRTPDPA
X$KGLCURSOR.KGLHDPAR	X$KZRTPD.KZRTPDPA、X$KKSSRD.PARADDR

(续表)

X$表和列	相关的 X$表和列
X$KGLCURSOR.KGLOBHD6	X$KSMHP.KSMCHDS
X$KGLLK.KGLLKHDL	X$KGLDP.KGLHDADR
X$KGLLK.KGLLKUSE	X$KSUSE.ADDR
X$KGLLK.KGLNAHSH	X$KGLDP.KGLNAHSH
X$KGLOB.KGLHDADR	X$KGLDP.KGLRFHDL
X$KGLOB.KGLHDADR	X$KGLLK.KGLLKHDL
X$KGLOB.KGLNAHSH	X$KGLDP.KGLRFHSH
X$KQFVI.INDX	X$KQFVT.INDX
X$KSBDP.INDX	X$KSBDD.INDX
X$KSLEI.INDX	X$KSLED.INDX
X$KSLES.KSLESENM	X$KSLED.INDX
X$KSLLW.INDX	X$KSLWSC.INDX
X$KSPPI.INDX	X$KSPPSV.INDX
X$KSPPI.INDX	X$KSPPCV.INDX
X$KSPPI.INDX	X$KSPPCV2.INDX
X$KSPPI.INDX	X$KSPPSV2.KSPFTCTXPN
X$KSQEQ.KSQLKRES	X$KSQRS.ADDR
X$KSQEQ.KSQLKSES	X$KSUSE.ADDR
X$KSUSE.KSUSEPRO	X$KXFPDP.KXFPDPPRO
X$KSUSECST.KSUSSOPC	X$KSLED.INDX
X$KSUXSINST	与 X$KVIT 和 X$QUIESCE 连接以创建 V$INSTANCE，但没有特定列连接
X$KTCXB.KSQLKRES	X$KSQRS.ADDR
X$KTCXB.KSQLKSES	X$KSUSE.ADDR
X$KTCXB.KSQLKSES	X$KSUSE.ADDR
X$KTCXB.KTCXBSES	X$KSUSE.ADDR
X$KTCXB.KTCXBXBA	X$KTADM.KSSOBOWN
X$TARGETRBA.INST_ID	X$ESTIMATED_MTTR.INST_ID

注意

在附录 B 和 C 中可查看所有 V$视图和 X$表的详细列表。在 Oracle 12.2 中有 1312 个 X$表。附录 C 列出了所有的 X$表和索引。X$表和 V$视图的列表会交叉引用。

13.18 X$表的命名

这里是 X$表定义的小结。此最终版本适用于 Oracle 7.3.2 版本，这里的主要目的是显示命名约定(这对于了解 Oracle 的术语很有帮助，尽管也包括一些现在已经过时的信息，但是对于理解这些名称是怎么来的仍然是很好的参考)。

```
[K]ernel Layer
 [2]-Phase Commit
   [G]lobal [T]ransaction [E]ntry
     X$K2GTE  - Current 2PC tx
     X$K2GTE2 - Current 2PC tx

 [C]ache Layer
   [B]uffer Management
     Buffer [H]ash
       X$BH - Hash Table

     Buffer LRU Statistics
       X$KCBCBH - [C]urrent [B]uffers (buckets) - lru_statistics
       X$KCBRBH - [R]ecent  [B]uffers (buckets) - lru_extended

     Buffer [WAIT]s
       X$KCBWAIT  - Waits by block class
       X$KCBFWAIT - Waits by File

     [W]orking Sets - 7.3 or higher
       X$KCBWDS - Set [D]escriptors

   [C]ontrol File Management
     [C]ontrol [F]ile List - 7.0.16 or higher
       X$KCCCF - Control File Names & status

     [D]atabase [I]nformation
       X$KCCDI - Database Information

     Data [F]iles
       X$KCCFE - File [E]ntries ( from control file )
       X$KCCFN - [F]ile [N]ames

     [L]og Files
       X$KCCLE - Log File [E]ntries
       X$KCCLH - Log [H]istory ( archive entries )

     Thread Information
       X$KCCRT - [R]edo [T]hread Information

   [F]ile Management
     X$KCFIO - File [IO] Statistics

   [L]ock Manager Component ( LCK )
     [H]ash and Bucket Tables - 7.0.15 to 7.1.1, and 7.2.0 or higher
       X$KCLFH - File [H]ash Table
       X$KCLFI - File Bucket Table

     X$LE - Lock [E]lements
     X$LE_STAT - Lock Conversion [STAT]istics
     X$KCLFX - Lock Element [F]ree list statistics - 7.3 or higher
     X$KCLLS - Per LCK free list statistics - 7.3 or higher
     X$KCLQN - [N]ame (hash) table statistics - 7.3 or higher

   [R]edo Component
     [M]edia recovery - kcra.h - 7.3 or higher
```

```
            X$KCRMF - [F]ile context
            X$KCRMT - [T]hread context
            X$KCRMX - Recovery Conte[X]t

         [F]ile read
            X$KCRFX - File Read Conte[X]t - 7.3 or higher

       Reco[V]ery Component
         [F]ile [H]eaders
            X$KCVFH - All file headers
            X$KCVFHMRR - Files with [M]edia [R]ecovery [R]equired
            X$KCVFHONL - [ONL]ine File headers

       [K]ompatibility Management - 7.1.1 or higher
         X$KCKCE - [C]ompatibility Segment [E]ntries
         X$KCKTY - Compatibility [TY]pes
         X$KCKFM - Compatibility [F]or[M]ats ( index into X$KCKCE )

    [D]ata Layer
       Sequence [N]umber Component
          X$KDNCE - Sequence [C]ache [E]ntries - 7.2 or lower

          [S]equence Enqueues - common area for enqueue objects
             X$KDNSSC - [C]ache Enqueue Objects - 7.2 or lower
             X$KDNSSF - [F]lush Enqueue Objects - 7.2 or lower
          X$KDNST - Cache [ST]atistics - 7.2 or lower

       Inde[X] Block Component
          X$KDXHS - Index [H]i[S]togram
          X$KDXST - Index [ST]atistics

    [G]eneric Layer
       [H]eap Manager
          X$KGHLU - State (summary) of [L]R[U] heap(s) - defined in ksmh.h

       [I]nstantiation Manager
          [C]ursor [C]ache
             X$KGICC - Session statistics - defined in kqlf.h
             X$KGICS - System wide statistics - defined in kqlf.h

       [L]ibrary Cache Manager  ( defined and mapped from kqlf )
          Bind Variables
             X$KKSBV - Library Object [B]ind [V]ariables

          Object Cache
             X$KGLOB - All [OB]jects
             X$KGLTABLE   - Filter for [TABLE]s
             X$KGLBODY    - Filter for [BODY] ( packages )
             X$KGLTRIGGER - Filter for [TRIGGER]s
             X$KGLINDEX   - Filter for [INDEX]es
             X$KGLCLUSTER - Filter for [CLUSTER]s
             X$KGLCURSOR  - Filter for [CURSOR]s

          Cache Dependency
             X$KGLDP - Object [D]e[P]endency table
             X$KGLRD - [R]ead only [D]ependency table - 7.3 or higher
```

```
    Object Locks
       X$KGLLK - Object [L]oc[K]s

    Object Names
       X$KGLNA - Object [NA]mes (sql text)
       X$KGLNA1 - Object [NA]mes (sql text) with newlines - 7.2.0 or higher

    Object Pins
       X$KGLPN - Object [P]i[N]s

    Cache Statistics
       X$KGLST - Library cache [ST]atistics

    Translation Table
       X$KGLTR - Address [TR]anslation

    Access Table
       X$KGLXS - Object Access Table

    Authorization Table - 7.1.5 or higher
       X$KGLAU - Object Authorization table

    Latch Cleanup - 7.0.15 or higher
       X$KGLLC - [L]atch [C]leanup for Cache/Pin Latches

[K]ompile Layer
  [S]hared Objects
    X$KKSAI - Cursor [A]llocation [I]nformation - 7.3.2 or higher

[L]oader
  [L]ibrary
    X$KLLCNT - [C]o[NT]rol Statistics
    X$KLLTAB - [TAB]le Statistics

[M]ulti-Threaded Layer
  [C]ircuit component
    X$KMCQS - Current [Q]ueue [S]tate
    X$KMCVC - [V]irtual [C]ircuit state

  [M]onitor Server/dispatcher
    [D]ispatcher
      X$KMMDI - [D]ispatcher [I]nfo (status)
      X$KMMDP - [D]ispatcher Config ( [P]rotocol info )

    [S]erver
    X$KMMSI - [S]erver [I]nfo ( status )
    X$KMMSG - [SG]a info ( global statistics)
    X$KMMRD - [R]equest timing [D]istributions

s[Q]l Version and Option Layer
  Kernel [V]ersions
    X$VERSION - Library versions

  Kernel [O]ptions - 7.1.3 or higher
    X$OPTION - Server Options
```

```
[Q]uery Layer
  [D]ictionary Cache Management
    X$KQDPG - [PG]a row cache cursor statistics

  [F]ixed Tables/views Management
    X$KQFCO - Table [CO]lumn definitions
    X$KQFDT - [D]erived [T]ables
    X$KQFSZ - Kernel Data structure type [S]i[Z]es
    X$KQFTA - Fixed [TA]bles
    X$KQFVI - Fixed [VI]ews
    X$KQFVT - [V]iew [T]ext definition - 7.2.0 or higher

  [R]ow Cache Management
    X$KQRST - Cache [ST]atistics
    X$KQRPD - [P]arent Cache [D]efinition - 7.1.5 or higher
    X$KQRSD - [S]ubordinate Cache [D]efinition - 7.1.5 or higher

[S]ervice Layer
  [B]ackground Management
    [D]etached Process
      X$KSBDD - Detached Process [D]efinition (info)
      X$KSBDP - Detached [P]rocess Descriptor (name)
      X$MESSAGES - Background Message table

  [I]nstance [M]anagement - 7.3 or higher
    X$KSIMAT - Instance [AT]tributes
    X$KSIMAV - [A]ttribute [V]alues for all instances
    X$KSIMSI - [S]erial and [I]nstance numbers

  [L]ock Management
    [E]vent Waits
      X$KSLED - Event [D]escriptors
      X$KSLEI - [I]nstance wide statistics since startup
      X$KSLES - Current [S]ession statistics

    [L]atches
      X$KSLLD - Latch [D]escriptor (name)
      X$KSLLT - Latch statistics [ + Child latches @ 7.3 or higher ]
      X$KSLLW - Latch context ( [W]here ) descriptors - 7.3+
      X$KSLPO - Latch [PO]st statistics - 7.3 or higher
      X$KSLWSC- No[W]ait and [S]leep [C]ount stats by Context -7.3+

  [M]emory Management
    [C]ontext areas
      X$KSMCX - E[X]tended statistics on usage - 7.3.1 or lower

    Heap Areas
      X$KSMSP - SGA Hea[P]
      X$KSMPP - [P]GA Hea[P] - 7.3.2 and above
      X$KSMUP - [U]GA Hea[P] - 7.3.2 and above
      X$KSMHP - Any [H]ea[P] - 7.3.2 and above
      X$KSMSPR- [S]hared [P]ool [R]eserved List - 7.1.5 or higher

    [L]east recently used shared pool chunks
      X$KSMLRU - LR[U] flushes from the shared pool
```

[S]GA Objects
   X$KSMSD - Size [D]efinition for Fixed/Variable summary
   X$KSMSS - Statistics (lengths) of SGA objects

 SGA [MEM]ory
   X$KSMMEM - map of the entire SGA - 7.2.0 or higher
   X$KSMFSV - Addresses of [F]ixed [S]GA [V]ariables - 7.2.1+

[P]arameter Component
   X$KSPPI - [P]arameter [I]nfo (Names)
   X$KSPPCV - [C]urrent Session [V]alues - 7.3.2 or above
   X$KSPPSV - [S]ystem [V]alues - 7.3.2 or above

En[Q]ueue Management
  X$KSQDN - Global [D]atabase [N]ame
  X$KSQEQ - [E]n[Q]ueue Object
  X$KSQRS - Enqueue [R]e[S]ource
  X$KSQST - Enqueue [S]tatistics by [T]ype

[U]ser Management
  [C]ost
    X$KSUCF - Cost [F]unction (resource limit)

  [L]icense
     X$KSULL - License [L]imits

  [L]anguage Manager
    X$NLS_PARAMETERS - NLS parameters
    X$KSULV - NLS [V]alid Values - 7.1.2 or higher

  [MY] [ST]atistics
    X$KSUMYSTA - [MY] [ST]atisics (current session)

  [P]rocess Info
    X$KSUPL - Process (resource) [L]imits
    X$KSUPRLAT - [LAT]ch Holder
    X$KSUPR - Process object

  [R]esource
    X$KSURU - Resource [U]sage

  [S]tatistics
    X$KSUSD - [D]escriptors (statistic names)
    X$KSUSGSTA - [G]lobal [ST]atistics

  [SE]ssions
    X$KSUSECST - Session status for events
    X$KSUSESTA - Session [STA]tistics
    X$KSUSECON - [CON]nection Authentication - 7.2.1 or higher
    X$KSUSE - [SE]ssion Info
    X$KSUSIO - [S]ystem [IO] statistics per session

  [T]imer
    X$KSUTM - Ti[M]e in 1/100th seconds

```
Instance [X]
  X$KSUXSINST - [INST]ance state

[T]race management
  X$TRACE - Current traced events
  X$TRACES - All possible traces
  X$KSTEX - Code [EX]ecution - 7.2.1 or higher

E[X]ecution Management
  Device/Node [A]ffinity - 7.3.2 and above
  X$KSXAFA - Current File/Node Affinity

[T]ransaction Layer
  Table [A]ccess [D]efinition
    X$KTADM - D[M]L lock

  [C]ontrol Component
    X$KTCXB - Transaction O[B]ject

  [S]or[T] Segments - 7.3 or higher
    X$KTSTSSD - [S]ort [S]egment [D]escriptor - per tablespace stats

  [T]ablespace
    X$KTTVS - [V]alid [S]aveundo

  [U]ndo
    X$KTURD - Inuse [D]escriptors
    X$KTUXE - Transaction [E]ntry (table) - 7.3.2 or above

Performance Layer [V] - 7.0.16 or higher
  [I]nformation tables
  X$KVII - [I]nitialisation Instance parameters
  X$KVIS - [S]izes of structure elements
  X$KVIT - [T]ransitory Instance parameters

Security Layer [Z]
  [D]ictionary Component
    X$KZDOS - [OS] roles

  [S]ecurity State
    X$KZSPR - Enabled [PR]ivileges
    X$KZSRO - Enabled [RO]les

  [R]emote Logins - 7.1.1 or higher
    X$KZSRT - [R]emote Password File [T]able entries

E[X]ecution Layer
  Parallel Query (Execute [F]ast) - 7.1.1 or higher
    [P]rocess and Queue Manager
      Statistics - 7.1.3 or higher
        X$KXFPYS - S[YS]tem Statistics
        X$KXFPDP - [D]etached [P]rocess (slave) statistics
        X$KXFQSROW - Table [Q]ueue Statistics - 7.3.2 or higher

      [C]oordinator Component
        X$KXFPCST - Query [ST]atistics
```

```
            X$KXFPCMS - [M]essage [S]tatistics
            X$KXFPCDS - [D]equeue [S]tatistics

          [S]lave Component
            X$KXFPSST - Query [ST]atistics
            X$KXFPSMS - [M]essage [S]tatistics
            X$KXFPCDS - [D]equeue [S]tatistics

      [S]hared Cursor
        X$KXSBD - [B]ind [D]ata - 7.3.2 and above
        X$KXSCC - SQL [C]ursor [C]ache Data - 7.3.2 and above

  [N]etwork Layer - 7.0.15 or higher
    Network [CO]nnections
      X$UGANCO - Current [N]etwork [CO]nnections
```

和 CON_ID 和 INMEMORY 相关的 X$表命名

在 Oracle 12c 中，许多 X$表现在有为了可插拔数据库增加的 CON_ID(Container ID)列。下面的表 13-55 列出了 X$表和 V$视图中包含 CON_ID 字段的一些主要的表。

表 13-55　包含 CON_ID 列的 X$表

X$表	说明
X$CON	容器(V$CONTAINERS 和 V$PDBS 访问的主要容器相关 X$表)
X$KSMSD	核心服务层内存管理大小定义(SGA——V$SGA)
X$KSMSP	核心服务层内存管理 SGA 堆(共享池)
X$BH	缓存哈希(数据的数据库缓存中所有块的哈希表——V$BH))
X$KSQRS	核心服务层队列管理资源(锁——V$LOCK)
X$KSLLRT	核心服务层锁管理的闩锁(闩锁——V$LATCH)
X$KSLWT	核心服务层锁等待(等待——V$SESSION_WAIT)
X$KSUSGSTA	核心服务层用户统计信息和全局统计信息(V$SYSSTAT)
X$KSULOP	核心服务层用户管理长时间操作(慢——V$SESSION_LONGOPS)
X$KGLST	核心通用层库缓存统计信息(共享池——V$LIBRARYCACHE)
X$CELL_NAME	CELL 名称(磁盘——硬件特性——还有 V$CELL 和 V$CELL_DISK)

在 Oracle 12c 中，还有几个新的和 INMEMORY 相关的 V$视图(大部分在本章前面已经说明过)也访问 X$表，特别是 X$KTSIMAU 表，参见表 13-56。

表 13-56　和 INMEMORY 相关的 X$表

X$表	说明
X$KTSIMAU	核心事务段内存分配单元(V$INMEMORY_AREA)

13.19 12cR2 中未来版本的影响

正如本章中多次提到的，因为 Oracle 中增加了越来越多的特性，V$视图和 X$表也在持续改进。在 Oracle 12c 里，V$视图和 X$表上的 SELECT 操作的性能也有了提高，并且也因为支持 PDB 而为很多底层 X$表增加了 CON_ID(Container ID)字段(同样为支持 INMEMORY 而增强了对应的视图和表)。未来的版本一定会有更多的改变(你应该看到 Oracle 云已经到来了吧？)！

13.20 要诀回顾

- X$表和 V$视图已经做了扩展，通过增加 CON_ID(Container ID)来让很多现有的表和视图支持可插拔数据库(新的 X$表，比如 X$CON)，并且 12.1.0.2 之后的版本扩展了对内存列存储的支持(X$KTSIMAU)。
- 当提到 X$表时，绝大多数人会说"太恐怖了，我永远也不会碰这些表"，而实际上，在 X$表上是不允许执行 DML(更新、插入、删除)命令的，在 Oracle 12cR2 中即使是 SYS 超级用户也不行。
- 只有 SYS 超级用户才能从 X$表中选取数据。当尝试将 SELECT 权限授权给普通用户时，将会出错。但 X$表并不是完全无害的，因为它们没有文档说明，所以可能会导致对数据的曲解。比如，如果一个 V$视图的定义已经更改为使用一个全新的 X$表，但是 DBA 之前已经基于 X$表创建了自定义视图，那升级之后就可能获得不准确的信息。
- DBA 可能需要访问 X$表的信息，但却没有 SYS 用户的密码，可以用不同名称创建视图以映射所需表，再用原始表的相应同义词来命名这些表。
- 通过 X$KQFVI 表可以获得所有的 V$视图和 GV$视图的列表。通过 V$FIXED_VIEW_DEFINITION 视图可以获得组成 V$视图的底层 X$表的所有信息，包括与容器(可插拔数据库)和内存列存储(IM)相关的新视图。
- 查询 V$FIXED_TABLE 可获取 X$表的名称。也可访问 X$KQFTA 表和 X$KQFTD 表来分别获得部分列表，将两者组合就可得到完整的列表。在 Oracle 12c 里，还有新的 X$表，包括 X$CON(容器)和 X$KTSIMAU (内存列存储)。
- 访问 V$INDEXED_FIXED_COLUMN 视图可以获得所有 X$TABLE 索引的列表。
- Oracle 在访问 X$表时通常根据需要来使用索引和正确的驱动表，但有时可以使用提示来获得所期望的结果。
- 如果类包含斜杠(/)，那么应该使用双引号引起来，否则会报 ORA-00995 错误。
- 如果 X$KSMLRU.KSMLRCOM 和固定用户全局区(UGA)类似，那么说明正在发生和会话相关的大量分配行为，这意味着 OPEN_CURSORS 可能设置太大了。这种情况只会出现在使用共享服务器(Shared Server)的情况下。
- 使用"compile debug"方法不能跟踪匿名 PL/SQL 块。整个会话的 PL/SQL 跟踪必须使用 alter session set plsql_debug = true 命令来启动。
- 不要在 Windows 平台上使用 oradebug suspend 命令，因为 Windows 采用基于线程的处理模式，会挂起整个数据库，而不仅仅是附属的进程。

- 游标在被关闭和释放之后可能被重新分配利用。因此，当读取很长的跟踪文件时，需要记住很重要的一点：位于跟踪文件中的同一游标号码，在跟踪文件的不同部分可能代表不同的 SQL 语句。
- Oracle 12cR2 包括 1312 个 X$表。它们的命名会有些微小改动以支持容器和内存列存储这两个新特性。

第 14 章

使用 Statspack 和 AWR 报告调优等待、闩锁和互斥锁

如果只能选择两个 Oracle 实用程序来监控和发现系统中的性能问题，那么应该选择企业管理器(参见第 5 章)和自动负载信息库(AWR)或 Statspack(AWR 和 Statspack 都在本章讨论)。在 Oracle 12cR2 中，AWR 包含比 Statspack 多得多的信息，当涉及影响调优时，还有更多的信息。Statspack 仍然保留在 Oracle 12cR2 中，但改进不多并且目前不包括 In-Memory 统计数据。自 Oracle 8.1.6 以来，可以免费使用 Statspack 工具监控数据库的性能。Statspack 取代了早期的 Oracle 数据库中提供的 UTLBSTAT/UTLESTAT 脚本。AWR 报告使用自动负载信息库(Automatic Workload Repository)中的统计信息，如果需要，还可以在 Oracle 企业管理器云控制器(Enterprise Manager Cloud Control)中执行，将来很可能会取代 Statspack。尽管 AWR 报告有一些 Statspack 所不具备的优点，但必须拥有 Oracle 诊断包的许可证，以访问 AWR 报告所需的 AWR 字典视图。Statspack 仍然是一个可供许多人使用的免费工具。虽然可以但不建议修改 Statspack 代码，如果修改代码，Statspack 将不受支持。

在本章中，你将了解如何安装并管理 AWR 报告和 Statspack，以及如何运行工具并解释它们生成的报告的内容。Statspack 包含主动调优和被动调优的数据，并且可能是用来查询绝大多数相关的 V$视图和 X$表，并在报告中查看结果的最好方法。AWR 报告通过挖掘聚合 AWR 里的性能数据，形成类似于 Statspack 但又比其更加完善的报告。本章将首先介绍 Statspack，AWR 则是迄今为止更高级且全面的用来代替 Statspack 的工具。

本章要点如下：

- Oracle 12c 中 Statspack 和 AWR 的新特性(Oracle 12.2 的 CDB 中的 perfstat)
- 创建表空间来保存 Statspack 数据，以便与应用程序和 SYSTEM 对象相分离
- 找到用来创建、管理和删除 Statspack 对象所需的文件
- 改变 perfstat 账户的密码，并考虑在该账户不使用时锁定它
- 选择合适的报告级别
- 避免运行 Statspack 报告的时间
- 同时运行 AWR 报告和 Statspack 的注意事项
- 使用 Oracle 企业管理器云控制器运行 AWR 报告
- 调优顶级等待事件，包括 Oracle 12c 的互斥锁等待事件
- 使用报告中的段统计数据部分发现问题
- 调优闩锁和互斥锁，包括 Oracle 12cR2 中的 In-Memory 闩锁
- 在块级别进行调优，以发现热点数据块和 ITL 问题
- Oracle 12cR2 的 AWR 报告和 Statspack 结果中需要首先查看的 10 项内容
- 管理、分析和按需删除 Statspack 数据
- 监控 Statspack 空间的使用情况
- 在备份和升级计划中包含 Statspack 数据
- 作为独立工具使用 ADDM 报告(文本)

14.1 Oracle 12cR2(12.2)中 Statspack 和 AWR 报告的新特性

Oracle 12c 提供了报告中一些新的细节。这里列出了 AWR 和 Statspack 报告中一些比较重要和有用的特性。Oracle 12cR2 中的新特性包括：

- 为可插拔数据库(PDB)和容器数据库(CDB)设置 Statspack 和 AWR 很重要。我们将讨论如何设置并分析不同的 PDB 和 CDB，但 Oracle 12.2 中的一个非常重要的设置说明是现在可以在 CDB 中创建 perfstat。在 Oracle 12.1 中，必须创建一个普通用户(C##PERFSTAT)或者仅在 PDB 中运行该脚本，或先在 CDB 中运行 sqlsessstart.sql 脚本，再运行 spcreate.sql。在 Oracle 12.2 中，包含 alter session 的 sqlsessstart.sql 现在是 spcreate.sql 的一部分。
- MEMORY_TARGET 是自 Oracle 10g 以来用来规划内存大小的初始化参数(参见第 4 章)。使用 12c 版本(12.1.0.2)，Oracle 将 INMEMORY_SIZE 包含在 MEMORY_TARGET 参数中(如果 INMEMORY_SIZE 未设置或设置为 0，则包含在 SGA_TARGET 中)。
- 在 12.2 版本的 IO 统计部分中，将看到一些 In-Memory(IM)填充统计数据。
- 在 12.2 版本的闩锁丢失(LATCH MISS)部分，将会看到更多关于 In-Memory 上闩锁的信息，包括 In-Memory 的列段闩锁丢失(和其他丢失)。
- 必须确保空闲事件已设置(在版本 12.1 中，许多顶级等待为空闲事件，这在版本 12.2 中得以纠正)。在版本 12.1 中，有许多空闲事件被插入到 STATS$IDLE_EVENT 中。

- 可以使用spup112.sql脚本把Statspack从11gR2升级到12c版本。也可以使用spup12102.sql和spup12200.sql分别更新到 12.1.0.2 和 12.2 版本。在 spup112.sql 脚本中添加了许多新的和必需的空闲事件。
- 报告中包含新的前端进程、后端进程和组合进程三个部分。
- 在很多地方添加了 DB Time 的信息。
- 物理内存现在以 GB 代替 MB 显示。
- 在 Oracle 12.1 中，PDB 与 CDB 之间的一些 Statspack 结果没有正确的统计数据(即 Statspack 有时不正确显示了 PDB 中 CDB 的聚合总数，但 PDB 级别的百分比是正确的)。在 AWR 中，它正确显示了 CDB 和 PDB 中的总数，但 PDB 级别的百分比是错误的。检查的内容在 Oracle 12.2 中的两个级别上都是正确的，因此在调优和使用不同版本时，根据所使用报告的不同，确保这是正确的。
- 在报告结尾处，将看到包括这些初始化参数：COMPATIBLE = 12.2.0.0.0、INMEMORY_SIZE 和 PGA_AGGREGATE_LIMIT(之所以能看到它们，是因为现在正在使用它们)。

14.2 安装 Statspack

必须在每个需要监控的数据库中安装 Statspack(并且包含要单独监视的每个可插拔数据库)。如果使用的是 AWR(或更好的)报告，就不需要运行 Statspack 了。在安装 Statspack 之前，应当创建一个表空间，用来容纳 Statspack 数据。如果不指定，将会使用 SYSAUX 表空间。在安装过程中，将提示输入表空间的名称，用于保存 Statspack 数据库对象。还需要指定一个足够大的临时表空间，以支持 Statspack 可能执行的大批量的插入和删除操作。

安装脚本名为 spcreate.sql，可以在 Oracle 软件根目录的/rdbms/admin 子目录中找到。spcreate.sql 脚本创建了名为 perfstat 的用户(在 Oracle 12.1 中，虽然此脚本在单个 PDB 中可运行，但如果在主 CDB 中执行此操作，它将失败，因为 CDB 需要公共用户，例如 C##PERFSTAT。此问题在 Oracle 12.2 中得以修复)。

> **要诀**
> 至少为 perfstat 用户对象的初始创建分配 120MB 的空间。

为了启动 spcreate.sql 脚本，需要将当前目录切换到 ORACLE_HOME/rdbms/admin，并使用有 SYSDBA 特权的账户登录到 SQL*Plus：

```
SQL> connect SYS as SYSDBA
SQL> @spcreate
```

在安装过程中，将提示为 perfstat 用户创建密码(出于安全考虑，不再包含默认密码)；然后提示为 perfstat 用户指定默认的表空间(显示提示时将会列出所有可用的表空间)。同样还会要求为 perfstat 用户指定临时表空间。一旦为 perfstat 用户提供默认表空间和临时表空间，perfstat 用户就会被创建，并且安装脚本将会以 perfstat 用户身份登录，并继续创建所需对象。如果在指定的默认表空间中没有足够的空间来创建 perfstat 对象，脚本将会返回错误。

spcreate.sql 脚本调用了 3 个脚本：创建用户的 spcusr.sql、创建底层表的 spctab.sql 以及创建数据包的 spcpkg.sql。运行时，每一个脚本都生成一个输出文件(如 spcusr.lis)。尽管安装脚本以有 SYSDBA 特权的用户登录开始，但当安装结束时，登录到系统中的却是 perfstat 用户。如果以后想删除 perfstat 用户，可以运行 ORACLE_HOME/rdbms/admin 目录下的 spdrop.sql 脚本(这将调用 spdusr.sql 和 spdtab.sql)。

14.2.1 perfstat 账户的安全管理

spcusr.sql 脚本会创建 perfstat 账户并要求提供密码(在前面的版本中默认为 perfstat)。Statspack 工具并不需要使用 perfstat 账户的默认密码，在安装过程完成后就可以重新修改密码。

同时，记住在 Oracle 12c 中，密码是大小写敏感的。这由初始化参数 SEC_CASE_SENSITIVE_LOGON 控制。

默认值为 TRUE，默认情况下密码区分大小写。将其设置为 FALSE 可禁用此功能(有关初始化参数的更多信息，参见第 4 章)。考虑当用户名/密码是 perfstat/perfstat(本不应该这样，因为太容易遭受攻击)时：

```
SQL> connect perfstat/perfstat
Connected.

SQL> connect PERFSTAT/perfstat
Connected.

SQL> connect perfstat/PERFSTAT
ERROR:
ORA-01017: Invalid username/password; logon denied.

Warning: You are no longer connected to ORACLE.
```

perfstat 用户被授予 SELECT_CATALOG_ROLE 角色和访问 V_$视图的权限(允许查询相应的 V$视图，参见第 12 章)，同时也被授予许多系统权限(CREATE/ALTER SESSION、CREATE TABLE、CREATE/DROP PUBLIC SYNONYM、CREATE SEQUENCE 和 CREATE PROCEDURE)。perfstat 用户还被授予 DBMS_SHARED_POOL 和 DBMS_JOB 的执行权限。任何可以访问 perfstat 账户的用户都可以查看所有字典视图。例如，这样的用户可以从 DBA_USERS 表中查询所有数据库账户的用户名，从 DBA_SEGMENTS 表中查看所有段的所有者，以及从 V$SESSION 视图中查看当前已登录的会话用户。如果不对 perfstat 账户提供任何保护的话，就等于向入侵者提供安全漏洞，使他们随意查看数据字典，并选择下一步入侵的目标。

除了在安装过程中赋予的权限，perfstat 账户还同时拥有赋予 PUBLIC 用户的任何权限。如果在应用权限管理中没有使用角色，而只是使用 PUBLIC 授权，就必须保证 perfstat 账户的安全性。可以根据需要锁定和解锁数据库账户。要在不使用 Statspack 时锁定 perfstat 账户，可以使用 alter user 命令，如下所示：

```
alter user PERFSTAT account lock;
```

当需要收集统计数据或访问 Statspack 数据时，可以解除对 perfstat 账户的锁定：

```
alter user PERFSTAT account unlock;
```

14.2.2 安装之后

安装过程结束之后，perfstat 账户将拥有 72 个表和 72 个索引、75 个公开的同义词(实际上 Public 拥有所有的公开同义词)、1 个序列、1 个视图和 1 个程序包(包括包体)。

使用 Statspack 程序包管理统计数据的收集和表中的数据。收集表的名称均以 STATS$开头，所定义的列均来自 V$视图的定义。例如，STATS$WAITSTAT 中的列均可以在 V$WAITSTAT 视图中找到，并在顶部增加了 3 个识别列：

```
desc stats$waitstat

Name                        Null?     Type
--------------------------  --------  -------------
SNAP_ID                     NOT NULL  NUMBER(6)
DBID                        NOT NULL  NUMBER
INSTANCE_NUMBER             NOT NULL  NUMBER
CLASS                       NOT NULL  VARCHAR2(18)
WAIT_COUNT                            NUMBER
TIME                                  NUMBER
```

CLASS、WAIT_COUNT 和 TIME 列都基于 V$WAITSTAT 视图的 CLASS、COUNT 和 TIME 列。Statspack 增加了 3 个识别列，如表 14-1 所示。

表 14-1　Statspack 增加的 3 个识别列

列名	定义
SNAP_ID	每次收集的数字标识符,每一次收集称为一个"快照",并被赋予一个整数值
DBID	数据库的数字标识符
INSTANCE_NUMBER	实例的数字标识符,用于 Real Application Cluster 场合

执行的每一次收集工作都会获得一个在所有表中保持一致的新的 SNAP_ID 值。当执行由 Statspack 提供的统计数据报告工具时,必须知道相应的 SNAP_ID 值。

14.2.3 收集统计数据

正如前面对 SNAP_ID 列的描述中所述,统计数据的每次收集都会形成一个快照。统计数据的快照与复制过程中的快照或物化视图没有关系。它是 V$视图在某个时间点的统计数据的快照,并被分配一个 SNAP_ID 值来标识它。可以基于任何两个快照之间的统计数据的变化来生成相应的报告。使用 Statspack,可以按需收集任意多的快照,然后为这些快照的任意组合生成相应的报告。在所评估的两个快照之间,数据库不能被关闭或重启,否则生成的 Statspack 报告将是无效的。

要诀
在收集统计数据前,要确保将数据库初始化参数 TIMED_STATISTICS 设置为 true。

执行 Statspack 程序包的 SNAP 过程以生成统计数据的快照,如下所示。必须以 perfstat 用户身份登录数据库来执行这个过程。

```
execute STATSPACK.SNAP;
PL/SQL procedure successfully completed.
```

当执行 SNAP 过程时,Oracle 把当前的统计数据插入各个 STATS$表中。可以直接查询这些表,也可以使用标准的 Statspack 报告(来查看快照之间统计数据的变化情况)。

依据目的,快照的抓取通常有以下两种方式:
- 评估系统在特定测试期间的性能。对于这些测试,可以手工执行 SNAP 过程,就像前面展示的示例那样。
- 评估长时间内性能的变化。为了建立起系统性能的基线,可能会按照计划收集统计数据的快照。对于这些快照的收集工作,可以使用 Oracle 内部的调度程序(scheduler)或操作系统级别的调度程序来实现。

对于通过特定测试收集的快照,可能想要提高收集级别以收集更多的统计数据。就像本章稍后的 14.5.1 节"管理 Statspack 数据"中说明的那样,每个快照在空间的使用和查询的性能方面都会带来相应的开销。例如,Oracle 12.2 的 V$SYSSTAT 视图有 1688 行(注意现在有 CDB 和 PDB),而 Windows 版本上的 Oracle 11.2 中只有 588 行(在 Linux 版本上则有 628 行),因而每个快照都会在 STATS$SYSSTAT 表中生成 1688 行。而在 Oracle 10.2 中,V$SYSSTAT 只有 347 行。除非计划使用它们,否则应当避免生成数千行的统计数据。

为了支持不同级别的收集,Statspack 提供了参数 I_SNAP_LEVEL。默认情况下,级别值被设置为 5。在改变级别值之前,应当生成一些快照,并对生成的报告进行评估。对于大多数报告而言,默认的级别值已经足够了。表 14-2 列出了收集级别的各个可选值。

表 14-2　收 集 级 别

收集级别	描述
0~4	一般的性能统计数据,包括所有内存区域、锁、闩锁、池、集群数据库统计数据、等待事件和段的统计数据(例如回滚/撤消段)

(续表)

收集级别	描述
5	包含低级别的所有统计数据，加上超过所设置阀值的大多数使用大量资源的 SQL 语句。在级别 5 及以上，共享池越大，快照的收集时间就会越长
6	级别 6 包括级别 5 的内容，再加上高资源使用率的 SQL 执行计划和使用数据。在抓取快照时，SQL 必须处于共享池中
7~9	从 Oracle 10g 开始引入，级别 7~9 包括级别 6 的内容，以及详细的段级别的统计数据，包括逻辑读、物理读/写、global cache cr/current served、buffer busy、ITL 和行级锁等待
10 或更高	包括级别 6 的统计数据，以及父/子闩锁的数据。这个级别可能会花很多时间才能完成，应该在 Oracle Support 的指导下完成

收集的级别越高，快照花费的时间就越长。在对大多数使用大量资源的 SQL 语句进行查询时，默认值(5)提供了很高的灵活性。当快照收集使用大量资源的 SQL 语句时，使用的参数存储在名为 STATS$STATSPACK_PARAMETER 的表中。可以通过查询 STATS$STATSPACK_PARAMETER 来查看在收集 SQL 语句数据期间不同阈值的设置情况。其中的列包括 SNAP_LEVEL(快照级别)、EXECUTIONS_TH(执行数量的阈值)、DISK_READS_TH(磁盘读操作数量的阈值)和 BUFFER_GETS_TH(缓冲区获取操作数量的阈值)。

对于使用了默认阈值的级别为 5 的快照，SQL 语句在满足下列任何标准时会被存储起来：

- SQL 语句至少执行了 100 次
- SQL 语句执行的磁盘读操作的次数超过 1000
- SQL 语句执行的解析调用的次数超过 1000
- SQL 语句执行的缓冲区获取操作的次数超过 10000
- SQL 语句使用的共享内存超过 1MB
- SQL 语句的版本计数超过 20

在评估快照的数据和性能报告时，请记住，SQL 的阈值参数值是累加型的。一个效率很高的查询，如果执行足够多的次数，将有超过 10000 次的缓冲区获取操作。要将缓冲区获取操作和磁盘读操作的数量与执行次数相比较，才能判定每次查询执行时发生的事情。

为了修改阈值的默认设置，可以使用 Statspack 程序包的 MODIFY_STATSPACK_PARAMETER 过程。通过 I_SNAP_LEVEL 参数指定快照的级别，并指定其他要进行修改的参数。表 14-3 列出了 MODIFY_STATSPACK_PARAMETER 过程可以使用的参数。

表 14-3　MODIFY_STATSPACK_PARAMETER 过程可以使用的参数

参数名称	值的范围	默认值	描述
I_SNAP_LEVEL	0、5、6、7、10	5	快照级别
I_UCOMMENT	任何文本	空白	快照的注释
I_EXECUTIONS_TH	整数>=0	100	执行的累加次数的阈值
I_DISK_READS_TH	整数>=0	1000	磁盘读操作(物理读操作)的累加次数的阈值
I_PARSE_CALLS_TH	整数>=0	1000	解析调用的累加次数的阈值
I_BUFFER_GETS_TH	整数>=0	10000	缓冲区获取(逻辑读)的累加次数的阈值
I_SHARABLE_MEM_TH	整数>=0	1048576	已分配的可共享内存数量的阈值
I_VERSION_COUNT_TH	整数>=0	20	SQL 语句版本数量的阈值

(续表)

参数名称	值的范围	默认值	描述
I_SEG_BUFF_BUSY_TH	整数>=0	100	SEGMENT 上 buffer busy 等待数量的阈值
I_SEG_ROWLOCK_W_TH	整数>=0	100	SEGMENT 上行锁等待数量的阈值
I_SEG_ITL_WAITS_TH	整数>=0	100	SEGMENT 上 ITL 等待数量的阈值
I_SEG_CR_BKS_SD_TH	整数>=0	1000	为 SEGMENT 服务的一致性读(CR)数据块数量的阈值
I_SEG_CU_BKS_SD_TH	整数>=0	1000	为 SEGMENT 服务的当前(CU)数据块数量的阈值
I_SEG_PHY_READS_TH	整数>=0	1000	SEGMENT 上物理读操作数量的阈值
I_SEG_LOG_READS_TH	整数>=0	10000	SEGMENT 上逻辑读操作数量的阈值
I_SESSION_ID	来自 V$SESSION 的有效 SID	0	Oracle 会话的会话 ID，用于收集会话级的统计数据
I_MODIFY_PARAMETER	true 或 false	false	如果希望保存当前的设置以用于将来的快照收集，请设置为 true

为了将级别为 5 的快照的 BUFFER_GETS 阈值增加为 100000，可以使用下面的命令(注意 "-" 表示命令延伸到下一行)：

```
EXECUTE STATSPACK.MODIFY_STATSPACK_PARAMETER -
  (i_snap_level=>5, i_buffer_gets_th=>100000, -
   i_modify_parameter=>'true');
```

如果准备按计划调度运行 SNAP 过程，那么应当在数据库启动时就把 Statspack 程序包保留在内存中。下面的程序清单显示了在数据库每次启动时都将执行的触发器。DBMS_SHARED_POOL 程序包的 KEEP 过程将 Statspack 程序包保留在共享池中。另外一种可选的方法是，使用 SHARED_POOL_RESERVED_SIZE 初始化参数为大型的程序包保留共享内存空间。

```
create or replace trigger PIN_ON_STARTUP
after startup on database
begin
   DBMS_SHARED_POOL.KEEP ('PERFSTAT.STATSPACK', 'P');
end;
/
```

要诀

如果打算按计划调度运行 SNAP 过程，那么在数据库启动时就应当保留 Statspack 程序包。

14.2.4 运行统计数据报告

如果生成了多个快照，可以创建两个快照期间的统计数据的报告。在两次快照执行期间，数据库不能被关闭过。当创建报告时，需要知道快照的 SNAP_ID 值。当以交互方式生成报告时，Oracle 将会显示出可用快照及快照创建时间的列表。

为了生成报告，先切换到 Oracle 软件安装目录的/rdbms/admin 目录，再以 perfstat 用户身份登录 SQL*Plus，并执行该目录下的 spreport.sql 脚本：

```
SQL> @$ORACLE_HOME/rdbms/admin/spreport
```

Oracle 根据 V$INSTANCE 和 V$DATABASE 视图来显示数据库和实例的标识信息，然后调用另一个 SQL 文件 sprepins.sql。

sprepins.sql 脚本生成快照时间间隔内的统计数据变化情况的报告。可用的快照将以列表显示出来，并且会提示输入开始快照和结束快照的 ID。除非另外指定，否则输出的结果将被写入名为 sp_beginning_ending.lst 的文件中(例如，sp_1_2.lst 表示报告基于 SNAP_ID 为 1 和 2 的两个快照)。

要诀

可以使用 sprepsql.sql 脚本来生成另一份报告，用于对 spreport.sql 报告中标识出来的有问题的 SQL 语句做进一步研究。

14.3 AWR 和 AWR 报告

AWR(Automatic Workload Repository)报告的内容基于 AWR 资料库中存储的数据，毫无疑问它将是下一代的 Statspack 报告。它确实需要额外的许可证，因此请确保已经购买相应的许可。AWR 默认每 60 分钟(这是可配置的)收集一次数据库统计数据，这些数据会保存一周，然后被删除。AWR 收集的统计数据保存在数据库里。AWR 报告访问 AWR 资料库以生成统计性能信息的方式类似于 Statspack 采取的方式。由于 AWR 模式最初建立在 Statspack 模式之上，因此在 AWR 报告中也包含 Statspack 中的许多内容。如果熟悉 Statspack，那么学习 AWR 报告就非常容易，但 AWR 报告中的内容在 Statspack 中不一定存在。AWR 报告有一些更新的/更好的部分，Statspack 用户肯定会从中受益。

AWR 数据与 Statspack 数据分开保存，因此同时运行它们显得有点多余。如果选择同时运行这两个工具，确保 Statspack 的收集与 AWR 的收集交错进行——至少 30 分钟——以避免性能产生相互干扰和影响。当从一个报告工具切换到另一个时，也可能会同时运行两者，以确保可以得到相同时间段的由两个工具生成的报告并进行对比。

Oracle 数据库使用 AWR 来检测和分析问题以及自我调优。AWR 收集许多不同的统计数据，包括等待事件、时间模型统计数据、活动会话历史统计数据、各种系统级和会话级统计数据、对象使用情况统计数据以及与使用大量资源的 SQL 语句相关的信息。为了正确收集数据库统计数据，应该将初始化参数 STATISTICS_LEVEL 设置为 TYPICAL(默认)或 ALL。AWR 也被一些其他的 Oracle 12c 特性用到，如 ADDM(Automatic Database Diagnostic Monitor)和第 5 章讲到的企业管理器云控制器。

如果对 AWR 心怀好奇，那就好好考究它一番。AWR 由许多表组成，这些表属于 SYS 模式，通常保存在 SYSAUX 表空间中(当前还没有办法将这些对象移到其他表空间)。所有 AWR 表名都以标识符"WR"开始。AWR 表有 3 种不同的类型：

- 元数据(WRM$)
- 历史/可变数据(WRH$、WRR$和 WRI$)
- 与顾问功能相关的 AWR 表(WRI$)

大多数 AWR 表名都不言自明，例如 WRM$_SNAPSHOT 或 WRH$_ACTIVE_SESSION_HISTORY(非常有价值的视图)。Oracle 12c 还提供了一些可以对 AWR 信息库进行查询的 DBA 视图。这些视图以 DBA_HIST 开头，后面紧跟描述该表的名称，例如 DBA_HIST_FILESTATS、DBA_HIST_DATAFILE 或 DBA_HIST_SNAPSHOT。

要诀

如果选择同时运行 Statspack 和 AWR，确保 Statspack 的收集与 AWR 的收集交错进行——至少 30 分钟——以避免性能产生相互干扰和影响。如果正在运行 AWR 报告，就不需要再次运行 Statspack。

14.3.1 手动管理 AWR

尽管 AWR 是自动的，但也可以手动对 AWR 进行管理。可以修改快照收集时间间隔和保留期，创建快照，从 AWR 中删除快照。下面将更详细地讨论这一过程，关于 AWR 的完整内容请参阅 Oracle 文档。

可以使用 DBMS_WORKLOAD_REPOSITORY 程序包修改快照收集间隔时间。本例中使用 DBMS_WORKLOAD_REPOSITORY.MODIFY_SNAPSHOT_SETTINGS 过程来修改快照收集参数，以使其每 15 分钟收集一次，快照数据保留时间设置为 20160 分钟(14 天)。

```
-- This causes the repository to refresh every 15 minutes
-- and retain all data for 2 weeks.
exec dbms_workload_repository.modify_snapshot_settings -
(retention=>20160, interval=> 15);
```

将间隔时间参数设置为 0 会停止所有统计数据的收集。

要查看 AWR 的当前保留期和时间间隔设置，可以使用 DBA_HIST_WR_CONTROL 视图。在 Oracle 12c 视图中有两个新列：CON_ID(Container ID)和 View Location。下面是使用这个视图的示例：

```
select *
from   dba_hist_wr_control;

      DBID SNAP_INTERVAL          RETENTION            TOPNSQL CON_ID VIEW_LOCATION
---------- ---------------------- -------------------- ------- ------ --------------
1434524921 +00000 01:00:00.0      +00008 00:00:00.0    DEFAULT      0              0
```

在上面的示例中，可以看到快照时间间隔是每小时(默认)收集一次，保留期设置为 8 天。

可以使用 DBMS_WORKLOAD_REPOSITORY 程序包创建或删除快照。DBMS_WORKLOAD_REPOSITORY.CREATE_SNAPSHOT 过程用于在 AWR 中创建快照，如下所示：

```
exec dbms_workload_repository.create_snapshot;
```

可以使用 DBA_HIST_SNAPSHOT 视图查看 AWR 中的所有快照，如下所示：

```
select snap_id, begin_interval_time, end_interval_time
from   dba_hist_snapshot
order  by 1;

   SNAP_ID BEGIN_INTERVAL_TIME        END_INTERVAL_TIME
---------- -------------------------- -------------------------
       375 11-MAY-16 11.00.37.796 PM  13-MAY-11 01.16.48.897 PM
       376 13-MAY-16 01.16.48.897 PM  13-MAY-11 02.00.29.909 PM
       377 13-MAY-16 02.00.29.909 PM  13-MAY-11 03.00.42.797 PM
       378 13-MAY-16 03.00.42.797 PM  13-MAY-11 04.00.55.608 PM
```

为每个快照都分配了唯一的快照 ID，显示在 SNAP_ID 列中。如果有两个快照，那么前面那个快照的 SNAP_ID 总比后面那个快照的 SNAP_ID 小。END_INTERVAL_TIME 列显示生成快照的实际时间。

有时需要手动删除快照。可以使用 DBMS_WORKLOAD_REPOSITORY.DROP_SNAPSHOT_RANGE 过程从 AWR 中删除指定范围的快照。该过程使用两个参数——LOW_SNAP_ID 和 HIGH_SNAP_ID，如下所示：

```
exec dbms_workload_repository.drop_snapshot_range -
(low_snap_id=>1107, high_snap_id=>1108);
```

14.3.2 AWR 自动快照

Oracle 自动收集 AWR 的统计信息，只要将初始化参数 STATISTICS_LEVEL 设置为 TYPICAL 或 ALL(默认值为 TYPICAL)即可。把 STATISTICS_LEVEL 设置为 BASIC 时将禁用包括 AWR 在内的许多 Oracle 功能。要检查 STATISTICS_LEVEL 参数，请运行以下命令：

```
SQL> show parameter statistics_level
NAME                                 TYPE        VALUE
------------------------------------ ----------- ------------------------------
statistics_level                     string      TYPICAL
```

14.3.3 AWR 快照报告

Oracle 提供了用来分析 AWR 数据的报告，它们和 Statspack 报告非常类似。有两个脚本：awrrpt.sql(主要的 AWR 报告工具)和 awrrpti.sql，它们都在目录$ORACLE_HOME/rdbms/admin 中。这些脚本的输出结果(从 SQL*Plus 运行)基本上一样，但 awrrpti.sql 脚本允许指定一个特定的实例。这些脚本与原来的 Statspack 脚本非常相似，都需要指定开始和结束的快照 ID，以及报告的输出文件名。另外，可以选择生成文本格式或 HTML 格式的报告。就像运行 awrrpt.sql 脚本时将会看到的，下面的简单示例显示了它与 Statspack 何其相似。不同的是，它可以指定输出为文本(类似 Statspack 外观的输出)或 HTML(本章的屏幕截图既有文本格式的也有 HTML 格式的)：

```
SQL> @$ORACLE_HOME/rdbms/admin/awrrpt

Current Instance
~~~~~~~~~~~~~~~~

   DB Id    DB Name      Inst Num Instance
----------- ------------ -------- ------------
 1434524921 ORCL                1 orcl


Specify the Report Type
~~~~~~~~~~~~~~~~~~~~~~~
AWR reports can be generated in the following formats.  Please enter the name of the format at
the prompt.  Default value is 'html'.
'html'         HTML format (default)
'text'         Text format
'active-html'  Includes Performance Hub active report
Enter value for report_type: html
```

要诀

使用新的 12cR2 AWR 报告工具，当运行 awrrpt.sql 脚本时，可以选择使用文本(类似 Statspack 的输出结果)、HTML 格式或是新的活动 HTML 格式(如果需要，可以在报告末尾连接 OEM 来查看)。HTML 格式更好，因为可以单击报告内的各种链接，方便地在各部分之间导航。也可以在企业管理器中运行 AWR 报告。

和 Statspack 一样，在 AWR 内创建基线(Baseline)是个好主意。基线定义为某个范围内的快照，可以用来与其他快照进行比较。Oracle 数据库服务器的自动删除例程会排除分配给特定基线的快照(而不删除它们)。因此，基线的主要目的是保护 AWR 信息库中典型的运行时统计数据，允许随时运行这些保留的基线快照的 AWR 报告，以便与 AWR 信息库中最近的快照进行比较。这允许将当前性能(和配置)与之前的基线性能进行比较，从而有助于诊断数据库性能问题。

可以使用 DBMS_WORKLOAD_REPOSITORY 程序包中的 CREATE_BASELINE 过程来创建基线，如下所示(也可以在系统没有活动时创建快照以进行对比)：

```
exec dbms_workload_repository.create_baseline -
(start_snap_id=>1109, end_snap_id=>1111, -
baseline_name=>'EOM Baseline');
```

可以使用 DBA_HIST_BASELINE 视图查看基线，如下所示：

```
select baseline_id, baseline_name, start_snap_id, end_snap_id
from   dba_hist_baseline;

BASELINE_ID BASELINE_NAME   START_SNAP_ID END_SNAP_ID
----------- --------------- ------------- -----------
          1 EOM Baseline             1109        1111
```

这里，BASELINE_ID 列标志每个已经定义的基线。这里列出了分配给基线的名称，以及开始和结束的快照 ID。

可以使用 DBMS_WORKLOAD_REPOSITORY.DROP_BASELINE 过程删除基线，如下所示，可以删除我们刚刚创建的 EOM 基线：

```
exec dbms_workload_repository.drop_baseline -
(baseline_name=>'EOM Baseline', Cascade=>FALSE);
```

注意
如果把参数 Cascade 设置为 true，就会删除所有相关的快照；否则，AWR 自动进程会自动清除这些快照。

14.3.4　在 Oracle 企业管理器云控制器中运行 AWR 报告

我们刚才已经演示过如何使用 DBMS_WORKLOAD_REPOSITORY 程序包来管理 AWR 信息库，也可以使用 Oracle 企业管理器进行管理。第 5 章详细讨论过企业管理器，本章则提供了 AWR 报告的一些屏幕截图。企业管理器为 AWR 的管理提供了一个很好的接口，并且提供了创建 AWR 报告的简单方法。请浏览到想要生成报告的数据库，然后进入 Performance 页面(如图 14-1 所示)，接着就可以单击 AWR 了。

图 14-1　AWR 位于 Performance 下拉菜单中

下一个 AWR 截图(如图 14-2 所示)提供了当前 AWR 设置的概况以及用于修改它们的选项。可以在 AWR 中查看快照的详细情况，创建 AWR 基线快照，它在企业管理器中被称为保留的快照集合(Preserved Snapshot Set)。在设置页面上你会看到一些重要内容，包括快照保留时间、收集快照的频率(或是否处于关闭状态)，还有收集级别。

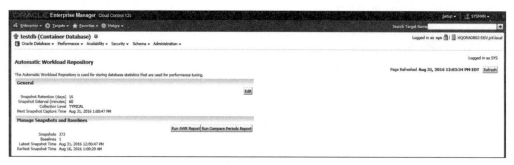

图 14-2　AWR 收集设置，快照和运行 AWR 报告的按钮

如果单击快照保留时间右侧的 Edit 按钮，编辑设置页面将显示有关快照保留时间和快照间隔的信息并可更改。还可以单击图 14-2 中的"运行比较周期报告"(Run Compare Periods Report)按钮来比较两组快照。单击此按钮将显示我们在图 14-3 中看到的屏幕。可以在这里输入 AWR 报告的开始和结束快照。只要存在快照，就可以运行从任意快照开始到任意快照结束的报告。如果每小时收集一次快照，就可以针对一小时生成报告，或者针对 24 小时生成报告(只要实例在此期间没有关闭即可)。如果运行的是 RAC，就必须单独为每个实例生成报告。比较快照让你能够确定基线快照和最近一组快照之间是否存在不同之处。借助于本操作生成的报告，可以确定当前系统的性能和基线性能之间是否有差异。

可以通过研究以下 Oracle 脚本来获取更多信息：awrginp.sql、awrgrpt.sql 和 awrgrpti.sql。当单击图 14-2 中的 Run AWR Report 按钮时，只需要选择开始和结束快照的 ID(就像在运行比较周期报告时所做的那样)，然后单击图 14-3 中的 Generate Report 按钮。同时，AWR 和 ADDM 支持 RAC 和 12cR2 中的 In-Memory 列存储。

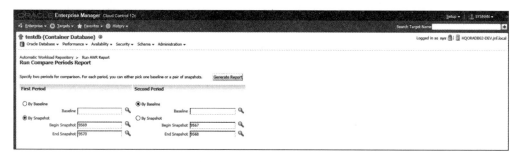

图 14-3　运行 AWR 比较周期报告

要诀

如果使用 Oracle 企业管理器(OEM)，就可以直接从云控制器或数据库控制器中运行 AWR 报告。

当生成 AWR 报告时，可能会看到一个小时钟(这里没有显示)，它告诉你正在生成报告。接着就会在企业管理器中看到实际报告(如图 14-4 所示)。通过单击 Save To File，可以把报告保存到文件中，以供以后随时查看(这里是 awr_report_425_431.html)。本章中的许多 AWR 报告截图都来自这个报告，但有时也会显示一个更高容量的例子。从图 14-4 和图 14-5 中可以看到，在报告顶部，AWR 报告与 Statspack 报告(这个是 Oracle 12.2.0.0.2 上 ID 为 2239~2243 的快照)非常相似。我们将看到 AWR 报告和 Statspack 报告在结构和包含的内容上有所不同。值得注意的是，版本 12.2 中的 Statspack 报告中缺少 In-Memory 信息，如图 14-5 中的 AWR 报告所示。

图 14-4　实际的 AWR 报告是可浏览的，并可保存在文件中

图 14-5　AWR 报告头信息和缓存大小部分(向上移动以供比较)

14.4　Statspack 和 AWR 输出解析

在 Statspack 和 AWR 报告中包含许多部分。我们将讨论每一个主要部分，包括查看什么，以及如何利用这些信息挖掘可能的问题。除了这些信息，大多数情况下还需要配合另外的研究，才能解决问题，完成系统的优化。

14.4.1　报告头信息和缓存大小

AWR 和 Statspack 报告中的第一部分包含数据库本身的信息，包括数据库的名称、ID、版本号以及主机等信息。随后是快照开始和结束的时间，以及有多少活动会话的信息。要确保快照时间间隔是所要评估的时间段，并确保足够长和具有代表性。如果时间间隔是 5 分钟，这就不够长，除非评估的对象非常短暂。如果时间间隔是 5 天，将会平均掉各种波峰和波谷，因此这个时间间隔可能太长。不管怎么说，在手头准备好一天、满负载一个小时和轻负载一个小时的三份 Statspack 报告是非常有好处的，当系统表现不正常时，就可以使用它们与之相比较。通常情况下，Statspack 报告应该至少涵盖一个小时，而且必须有的放矢地测量有问题的时间段。你可能也想看看一整天的情形，这样就可以比较一段时间内每天的变化情况。

Statspack 报告的第一部分是缓存大小，这也是在 Oracle 12c 之前 AWR 报告中的第一部分，但在 Oracle 12c 中它已经下移了(Load Profile 现在是第一部分，如图 14-4 所示)。下面将显示 Statspack 头信息和缓存大小部分的示例。图 14-5 显示了 AWR 报告中的等效信息(为便于比较，从新的、稍后的位置剪切和粘贴缓存大小部分)。两个报告中缓存大小部分之间的显著区别是，12cR2 的 Statspack 报告不包括 In-Memory 区域。两个报告都包括 Buffer Cache(DB_CACHE_SIZE)、Shared Pool Size(SHARED_POOL_SIZE)、Std Block Size(DB_BLOCK_SIZE)以及 Log Buffer(LOG_BUFFER)的大小。

我们看到 In-Memory 信息也不存在于负载配置文件和 Statspack 报告的其他区域。如果正在使用 In-Memory，Statspack 报告将是不够的，请使用 AWR 报告！

```
STATSPACK report for
Database    DB Id      Instance      Inst Num  Startup Time    Release      RAC
~~~~~~~~    ----------  ------------  --------  ---------------  -----------  ---
            1434524921  orcl          1         19-Jun-16 14:24  12.2.0.0.2   NO

Host Name              Platform           CPUs  Cores Sockets  Memory (G)
~~~~  ---------------  ----------------- -----  ----- -------  ----------
      122Beta2.example Linux x86 64-bit      1      0       0         4.7

Snapshot       Snap Id    Snap Time          Sessions Curs/Sess Comment
~~~~~~~~       ---------- -----------------  -------- --------- -----------------
Begin Snap:          1  19-Jun-16 15:20:21        46        .9
  End Snap:          2  19-Jun-16 15:21:14        47       1.1
   Elapsed:      0.88 (mins) Av Act Sess:        0.1
   DB time:      0.06 (mins) DB CPU:         0.03 (mins)

Cache Sizes            Begin       End
~~~~~~~~~~~           ---------- ----------
     Buffer Cache:        712M             Std Block Size:         8K
      Shared Pool:        244M             Log Buffer:         3,648K
```

14.4.2　负载概要

Statspack 报告中基本信息之后的下一部分是负载概要(Load Profile)，它提供了基于每一秒和每个事务的统计数据。如前所述，Oracle 12c 中的 AWR 报告中相应的部分现在首先出现。图 14-6 显示了等价的 AWR 报告信息。

负载概要是监控系统的吞吐量和负载变化的极佳入口。当系统的负载增加时,每秒的数字将增大。当将系统调优到最佳效率时,每个事务的统计数据将下降。这个部分适于查看负载是否每天都在变化。下面显示了 Statspack 中负载概要部分的示例。

Report Summary

Load Profile

	Per Second	Per Transaction	Per Exec	Per Call
DB Time(s):	0.0	2.6	0.00	0.03
DB CPU(s):	0.0	2.2	0.00	0.02
Background CPU(s):	0.0	0.3	0.00	0.00
Redo size (bytes):	29,129.8	2,688,656.4		
Logical read (blocks):	925.7	85,439.8		
Block changes:	192.8	17,794.2		
Physical read (blocks):	22.9	2,116.5		
Physical write (blocks):	3.1	283.4		
Read IO requests:	22.4	2,068.9		
Write IO requests:	1.8	167.3		
Read IO (MB):	0.2	16.5		
Write IO (MB):	0.0	2.2		
IM scan rows:	0.0	0.0		
Session Logical Read IM:	0.0	0.0		
User calls:	1.0	90.4		
Parses (SQL):	3.2	293.9		
Hard parses (SQL):	0.4	39.3		
SQL Work Area (MB):	20,522.6	1,894,222.4		
Logons:	0.1	8.3		
Executes (SQL):	25.0	2,306.3		
Rollbacks:	0.0	0.0		
Transactions:	0.0			

图 14-6 AWR 报告负载概要

Oracle 12c 中 AWR 报告的显著区别在于包含"IM 扫描行",用于 In-Memory(IM)列存储和一些读/写 IO 统计信息(图 14-6 中的 IM 扫描行数据显示 IM 正在工作!)

```
Load Profile          Per Second      Per Transaction   Per Exec    Per Call
~~~~~~~~~~~~         -------------   ---------------   ---------   ---------
      DB time(s):           0.1              1.8          0.00        0.0
       DB CPU(s):           0.0              1.0          0.00        0.01
       Redo size:      44,985.4      1,192,112.0
   Logical reads:      14,634.6        387,817.5
   Block changes:         161.9          4,289.0
  Physical reads:          38.7          1,025.0
 Physical writes:           0.0              0.0
      User calls:           4.6            123.0
          Parses:          34.7            919.0
     Hard parses:           6.5            171.5
W/A MB processed:      79,138.1      2,097,159.2
          Logons:           0.3              7.5
        Executes:          91.9          2,434.0
       Rollbacks:           0.0              0.0
    Transactions:           0.0
```

负载概要可以帮助识别正在运行的活动的负载和类型。在 Statspack 和 AWR 的示例中,记录到的活动包括大量的逻辑和物理读写,特别是重做操作(在快照期间执行了大量的插入操作)。

要查看的要点包括:
- 相比正常负载,这段时间间隔里的逻辑读和物理读有很高的增长。
- 每秒的 Redo Size 和 Block Change 的数量都有增长,这意味着 DML(插入/更新/删除)活动正在增长。

- 当执行一条不在共享池中的 SQL 语句时，就会出现硬解析。硬解析率超过 100 次/秒就意味着绑定变量的使用效率不高，应当使用 CURSOR_SHARING 初始化参数；也可能是共享池的大小设置存在问题(请参阅第 4 章有关共享池大小的设置和相关问题的详细讨论)。
- 当执行一条存在于共享池中的 SQL 语句时，就会出现软解析。非常高的软解析率可能表明程序效率低下，需要做更详细的检查，以确定是否存在需要修复的问题。

要诀

通过检查和理解系统中正常的负载概要可以更好地了解系统。在类似的负载或一天正常的时间段中，负载概要如果出现显著变化，就说明需要做进一步深究了。

14.4.3 实例效率

实例效率(Instance Efficiency)这部分信息继续增长，展示了许多常见的命中率信息。在 Oracle 12c 的 AWR 报告中增加了闪存命中率(Flash Cache Hit %)。DBA 通常会关注这部分，与历史数据相比较，就可以知道系统行为是否产生了显著变化(必须了解系统才能有所帮助)。命中率是用来预警最近引入系统的普通潜在问题和特定潜在问题(例如糟糕的 SQL)的极佳方法，这样就可以在这些问题恶化之前加以解决。等待事件(本章稍后进一步讨论)是另一种发现问题的好方法，但只有问题变得严重时，等待事件才会显露出来。遗憾的是，那时企业用户已经开始抱怨问题的存在了。

监控命中率作为预警仅仅是数千种调优方法中的一种而已。本书提供如此多调优诀窍的原因在于：对调优的讨论，就是对优化器可能采取的所有工作方式和优化器如何警示或解决特定问题的讨论。虽然不大可能通过一本书就掌握全部内容(可能会忽略 Oracle 中最难的部分——优化器)，但相信本书可以帮助你解决许多问题。有些 DBA(特别是当尽力向你推销某种调优产品时)会削弱命中率的重要性(主动调优)，而完全把精力放在等待事件(被动调优)上，因为等待事件是解决目前燃眉之急的问题的极佳方法。通过监控实例效率信息(并使用 Statspack 工具和企业管理工具)，DBA 将可以通过结合被动调优和主动调优的优势，在用户开始抱怨或等待事件进入 Top 5 或 Top 10 列表之前发现问题的存在。下面的清单展示了 Statspack 的这个部分，它很好地展示了所有常见的命中率：

```
Instance Efficiency Indicators
~~~~~~~~~~~~~~~~~~~~~~~~~~~~~
            Buffer Nowait %:    100.00    Redo NoWait %:       100.00
             Buffer  Hit  %:     99.74    Optimal W/A Exec %:  100.00
            Library Hit  %:      83.49    Soft Parse %:         81.34
         Execute to Parse %:     62.24    Latch Hit %:         100.00
Parse CPU to Parse Elapsd %:     70.34    % Non-Parse CPU:      84.57
```

注意以下内容。

- **Buffer Nowait %低于 99%**：这是针对特定缓存请求的命中率，这个指标考查缓存已在内存中且立即可用的比例。如果命中率下降，在 Buffer Wait 部分将发现当前存在(热)数据块的争用现象。
- **Buffer Hit %低于 95%**：这是针对特定缓存请求的命中率，这个指标考查缓存位于内存中且无需物理 I/O 操作的比例。尽管原来是作为测量内存效率的少数几种方法之一，但它仍然是用于展示物理 I/O 执行频率的好方法，这将有益于进一步调查性能问题的原因。但是，如果在访问数据时经常使用选择率不高的索引，它将使命中率虚高，这将导致有些 DBA 做出系统性能很好的错误判断。当有效地调优 SQL 语句，并在全系统范围内使用高效的索引时，这个问题不会经常遇到，并且命中率将是更佳性能的指示器。高命中率不是优良性能的标准，但低命中率通常是性能需要改进或至少需要关注的信号。
    - 命中率稳定在 95%，但有一天上升到 99%：这时就应该查找糟糕的 SQL 或导致大量逻辑读操作的索引(检查 Load Profile 和 Top Buffer Gets SQL)。
    - 命中率稳定在 95%，但突然下降到 45%：这时就应该查找导致大量物理读操作的糟糕的 SQL(检查 Top

Physical Reads SQL)，这些物理读操作没有使用索引或索引被删除了(你会经常看到这种情况，可能比想象到的多得多)。

- Library Hit 低于 95%：较低的库命中率通常意味着 SQL 语句被过早挤出了共享池(可能是因为共享池太小了)。较低的命中率还意味着没有使用绑定变量或者一些其他的问题造成 SQL 没有被重用(在这种情况下，较小的共享池是唯一的权宜之计，这或许可以防止引发 Library Latch 问题)。尽管始终声称要减小共享池以解决 Library Latch 的问题，但我们见过的大多数 TB 级的繁忙系统都有 GB 级的共享池，它们也没有产生任何问题，因为它们解决了 SQL 问题。必须解决这些问题(使用绑定变量或CURSOR_SHARING)并确定共享池的合适大小，讨论闩锁问题时将进一步讨论这一点。
- OLTP 系统中 In-Memory Sort %低于 95%：在 OLTP 系统中，一定不想做磁盘排序。设置初始化参数 PGA_AGGREGATE_TARGET(之前的版本叫作 SORT_AREA_SIZE)可有效地解决该问题。注意，In-Memory Sort %只出现在 AWR 报告中(如 Oracle 11g)，而不出现在 Statspack 报告中。
- Soft Parse %低于 95%：正如在负载概要中所讲，软解析率低于 80%意味着 SQL 没有被重用，并需要做进一步调查。
- Latch Hit %低于 99%通常是个大问题：找到特定的闩锁可帮助解决该问题。这将在本节稍后的"Latch Free"部分详细讨论。
- 当使用大量的闪存(依赖于系统)时 Flash Cache Hit %(仅出现在 Oracle 12c 的 AWR 报告中)低于 90%可能是一个问题：如果正在使用 Exadata 且没有适当地使用闪存，那么第 11 章提供了一些查询来帮助优化这个问题。

图 14-7 显示了 AWR 报告中的实例效率部分(不再和 Statspack 相同)。

```
Instance Efficiency Percentages (Target 100%)
Buffer NoWait %:              100.00    Redo NoWait %:           99.99
Buffer Hit %:                  97.53    In-memory Sort %:       100.00
Library Hit %:                 94.61    Soft Parse %:            86.64
Execute to Parse %:            87.26    Latch Hit %:            100.00
Parse CPU to Parse Elapsd %:   83.36    % Non-Parse CPU:         93.37
Flash Cache Hit %:              0.00
```

图 14-7 AWR 报告中显示的实例效率百分比

如果定期运行 AWR 或 Statspack，通过比较每一天的命中率的变化情况，将可以看出系统是否出现了大幅变动。如果一个经常访问的列上的索引被删除了，缓冲区的命中率将会显著下降，这会提示需要做进一步的调查。如果一个表中增加了一个索引，并且导致表的错误连接次序，缓冲区的命中率将会持续高涨，造成大量的缓冲区获取操作。如果不同天的库命中率发生大幅上升或下降，就意味着 SQL 模式发生了改变。闩锁命中率的改变会提示有争用问题，需要做进一步调查。

命中率对 DBA 而言是一个非常主动的工具，可以用于定期监控和理解给定的产品系统，而许多其他的调优工具是对已经出现的问题进行被动响应。

要诀

命中率是系统是否健康的重要晴雨表。每天命中率的大幅增加或下降意味着有需要调查的重要变化。调查等待事件就像调查已经发生的事故，而调查命中率的变化就像调查交叉路口的交通流量的变化。如果有些方面调优得不好，未来就会导致交通事故。通常情况下，OLTP 的缓冲区和库缓存的命中率应当超过 95%，但对于有许多全表扫描的数据仓库而言可能会低一些。

同样重要的就是要记住，在报告的这一部分中，很高的命中率可能仍然存在性能问题。就像刚才描述的一样，一个写得很糟糕的查询会引起大量的索引搜索，以便与其他索引进行连接，造成很高的命中率(存在大量的

Buffer Get 操作)，但这种情况却是不好的。数据库在内存中完成绝大部分工作，但也不应该做额外的工作。看上去不错的命中率并不一定能反映全貌。经常有这样的情况：数据库运行效率很好，但性能却很糟糕；这个报告仅仅显示了数据库的操作性能，而没有反映出应用程序、服务器或其他的网络问题可能对应用性能产生的影响。

14.4.4 共享池统计

实例效率后面的信息是共享池的统计数据，显示了正使用的共享池的百分比以及重复执行多次(根据需要)的 SQL 语句的百分比。将该数据与库、解析和闩锁数据相结合，可帮助确定共享池的大小。下面的清单显示了报告中共享池统计数据的示例(AWR 的显示示例在图 14-5 中)：

```
Shared Pool Statistics        Begin    End
                              ------   -----
           Memory Usage %:    76.33    76.74
    % SQL with executions>1:  61.03    61.89
  % Memory for SQL w/exec>1:  75.89    76.57
```

根据上面列表中的数据，在发生第二次快照时，使用了 76.74%的共享池内存。共享池中只有 61.89%的语句执行的次数多于一次，说明应用程序内的共享游标需要进一步提高使用效率。关于共享池设置的调整在第 4 章有详细讨论。

14.4.5 Top 等待事件

当需要快速解决系统中出现的瓶颈时，Statspack 的这一部分信息可能是整个报告中最能揭示问题的部分。Statspack 报告的这一部分显示了 5 个最重要的等待事件，在 Oracle 12c 的 AWR 报告中(参见图 14-8)依次显示按总等待时间排序的前 10 个前端事件，后面紧跟按照等待事件类别汇总的总的等待时间，而不是 Statspack 在其中包含的前 5 个最耗时的事件。

Top 10 Foreground Events by Total Wait Time

Event	Waits	Total Wait Time (sec)	Avg Wait	% DB time	Wait Class
DB CPU		274.3		86.2	
db file sequential read	245,712	17.3	70.38us	5.4	User I/O
log file switch (checkpoint incomplete)	8	5.3	658.39ms	1.7	Configuration
db file scattered read	1,809	3.9	2.15ms	1.2	User I/O
direct path sync	26	1.6	62.14ms	.5	User I/O
DLM cross inst call completion	26	.5	19.78ms	.2	Other
Disk file operations I/O	1,393	.2	168.71us	.1	User I/O
control file parallel write	78	.2	2.61ms	.1	System I/O
log file switch completion	4	.2	39.19ms	.0	Configuration
Data file init write	207	.1	653.64us	.0	User I/O

Wait Classes by Total Wait Time

Wait Class	Waits	Total Wait Time (sec)	Avg Wait Time	% DB time	Avg Active Sessions
DB CPU		274		86.2	0.0
System I/O	37,135	28	748.75us	8.7	0.0
User I/O	259,372	25	96.03us	7.8	0.0
Other	22,593	24	1.07ms	7.6	0.0
Configuration	13	5	417.26ms	1.7	0.0
Commit	134	0	813.84us	.0	0.0
Administrative	1	0	99.86ms	.0	0.0
Concurrency	30	0	1.28ms	.0	0.0
Network	8,758	0	677.21ns	.0	0.0
Application	27	0	80.56us	.0	0.0

图 14-8 AWR 报告按总等待时间排好的 Top10 前端事件和等待类事件

在 Statspack 报告中可以得到 5 个最重要的等待事件的全部列表以及后台的等待事件。标识主要的等待事件将帮助你将调优的精力放在系统中最紧迫的问题上。如果 TIMED_STATISTICS 是 true，那么事件将按照等待的时间排序；如果是 false，那么事件将按照等待的数量排序(在 Windows 平台的测试中，仍然是按照等待时间排序)。
例如，下面的程序清单显示了在报告间隔中前 5 个最耗时的等待事件：

```
Top 5 Timed Events
~~~~~~~~~~~~~~~~~~                                       % Total
Event                              Waits     Time (s)  Ela Time
---------------------------  ------------  -----------  --------
db file sequential read       399,394,599    2,562,115    52.26
CPU time                                       960,825    19.60
buffer busy waits             122,302,412      540,757    11.03
PL/SQL lock timer                   4,077      243,056     4.96
log file switch                   188,701      187,648     3.83
(checkpoint incomplete)
```

在前面的示例中，db file sequential read 等待显示了大量的等待次数(约 400 000 000 个，假设块大小为 8KB，即读取了 3.2TB 的数据)和很长的等待时间。这个等待事件是由于糟糕的 SQL 使用太多索引，读取更多的块造成的。缓慢的磁盘也会降低性能，因为需要读入的块数量很多，但问题通常是 SQL 本身。对代码进行调整之后，在 24 小时内减少了超过 5TB 数据的读取(里面有多于 3TB 的数据是由此 SQL 语句造成的)。

下面是另一个例子，请考查下面系统中的 5 个 Top 等待事件：

```
Top 5 Wait Events
~~~~~~~~~~~~~~~~~                                      Wait       % Total
Event                                         Waits    Time (cs)   Wt Time
-------------------------------------  ------------  ------------  -------
db file sequential read                  18,977,104    22,379,571    82.29
latch free                                4,016,773     2,598,496     9.55
log file sync                             1,057,224       733,490     2.70
log file parallel write                   1,054,006       503,695     1.85
db file parallel write                    1,221,755       404,230     1.49
```

在上面的清单中，我们可以看到大量与单块读(db file sequential reads)相关的等待以及闩锁等待(latch free)。同时还可以看到许多写入数据库文件和日志文件的等待，以及其他与日志文件争用相关的潜在问题。要解决这些问题(并且确定哪些是真正的主要问题)，我们必须进一步调查 Statspack 或 AWR 报告中其他部分的内容，缩小问题的范围。

在下面的清单中，显示了这个繁忙系统的等待事件的列表(尽管没有上一个那么糟糕)。注意所有等待事件都在这一部分中。

```
                                                                    Avg
                                              Total Wait            wait   Waits
Event                          Waits  Timeouts  Time (cs)           (ms)   /txn
---------------------------  -----------  ----------  -----------  ------  ------
db file sequential read       18,977,104          0   22,379,571      12    17.4
latch free                     4,016,773  2,454,622    2,598,496       6     3.7
log file sync                  1,057,224         10      733,490       7     1.0
enqueue                           90,140      1,723       67,611       8     0.1
library cache pin                  3,062          0       29,272      96     0.0
db file scattered read            21,110          0       26,313      12     0.0
buffer busy waits                 29,640          2       22,739       8     0.0
log file sequential read          31,061          0       18,372       6     0.0
row cache lock                    22,402          0        3,250       1     0.0
LGWR wait for redo copy            4,436         45          183       0     0.0
SQL*Net more data to client       15,937          0          156       0     0.0
file identify                        125          0           12       1     0.0
wait for inquiry response             76          0           10       1     0.0
SQL*Net message to client     35,427,781          0        6,599       0    32.5
```

Statspack 和 AWR 报告包括三个部分，分别是前端等待事件、后台等待事件和所有等待事件(前端和后端)。下面列出了这三个部分的示例清单。尽管这个清单没有显示所有的内容，但已尽量在里面包含最常见的问题。在这个清单之后，将讨论引起问题的常见的那些等待事件。

```
Foreground Wait Events  DB/Inst: ORCL/orcl  Snaps: 1-2
-> Only events with Total Wait Time (s) >= .001 are shown
-> ordered by Total Wait Time desc, Waits desc (idle events last)

                                                   Avg            %Total
                                 %Tim Total Wait  wait   Waits    Call
Event                      Waits out  Time (s)    (ms)   /txn     Time
-------------------------- ----- ---- ---------- ------ -------- ------
direct path read             648    0          6      9      3.8    8.9
enq: KO - fast object checkp   1    0          4   4108      0.0    6.0
direct path write            243    0          4     16      1.4    5.5
db file scattered read        62    0          3     45      0.4    4.0
control file sequential read 2,608  0          0      0     15.4     .4
log file switch completion     2    0          0    127      0.0     .4
log file sync                 65    0          0      3      0.4     .2
db file sequential read        6    0          0      9      0.0     .1


Background Wait Events  DB/Inst: ORCL/orcl  Snaps: 1-2
-> Only events with Total Wait Time (s) >= .001 are shown
-> ordered by Total Wait Time desc, Waits desc (idle events last)

                                                   Avg            %Total
                                 %Tim Total Wait  wait   Waits    Call
Event                      Waits out  Time (s)    (ms)   /txn     Time
-------------------------- ----- ---- ---------- ------ -------- ------
db file parallel write       686    0         13     18      4.1   18.4
log file parallel write      910    0          4      4      5.4    5.6
control file parallel write  359    0          2      5      2.1    2.6
control file sequential read 934    0          1      1      5.5     .8
os thread startup             35    0          0      7      0.2     .4
direct path read               4    0          0     21      0.0     .1


Wait Events (fg and bg) DB/Inst: ORCL/orcl  Snaps: 1-2
-> s  - second, cs - centisecond,  ms - millisecond, us - microsecond
-> %Timeouts: value of 0 indicates value was < .5%.  Value of null is truly 0
-> Only events with Total Wait Time (s) >= .001 are shown
-> ordered by Total Wait Time desc, Waits desc (idle events last)

                                                   Avg            %Total
                                 %Tim Total Wait  wait   Waits    Call
Event                      Waits out  Time (s)    (ms)   /txn     Time
-------------------------- ----- ---- ---------- ------ -------- ------
db file parallel write       686    0         13     18      4.1   18.4
direct path read             652    0          6     10      3.9    9.0
enq: KO - fast object checkp   1    0          4   4108      0.0    6.0
log file parallel write      910    0          4      4      5.4    5.6
direct path write            246    0          4     15      1.5    5.5
db file scattered read        62    0          3     45      0.4    4.0
control file parallel write  359    0          2      5      2.1    2.6
control file sequential read 3,542  0          1      0     21.0    1.2
log file switch completion     2    0          0    127      0.0     .4
```

```
os thread startup                    35     0     0     7    0.2    .4
log file sync                        65     0     0     3    0.4    .2
db file sequential read               6     0     0     9    0.0    .1
```

下面是一些最常见的问题,同时给出了解释和可能的解决方案。这些部分非常重要,并且相当有价值!

db file scattered read

db file scattered read 等待事件意味着等待与全表扫描或快速全索引扫描有关。随着磁盘和闪存速度的提升,减少索引是未来的趋势(特别是在 Exadata 和 Exalogic 上),但现在还不是。全表扫描是被读入内存中进行的,通常情况下它不可能被放入连续的缓冲区中,只能散布在缓冲区的各个位置。该等待事件的数量过大,往往说明缺少索引或限制使用索引。这种情况也可能是正常的,因为执行全表扫描可能比执行索引扫描效率更高。当看到这些等待时,需要检查以确定全表扫描是否是必需的。尝试将较小的表放入缓存中,避免反复读取它们。将数据放置在有更多磁盘缓存或有 OS 文件系统缓存的磁盘系统上。DB_FILE_MULTIBLOCK_READ_COUNT(在 Windows 和 Linux 上,它的默认值是 128)能够让全扫描更快(但也会影响 Oracle 执行更多扫描)。也可以将表和索引分区,以便只扫描其中一部分。缓慢的文件 I/O(缓慢的磁盘)也会导致这些等待。每个等待的 P1、P2、P3 代表 file、block 和 blocks。

db file sequential read

db file sequential read 等待事件通常是指单块读操作(例如索引的读取)。该值过大,往往说明表的连接顺序很糟糕,或者使用了选择率不高的索引。当然,在高事务量、做过较好调优的系统中,该数字应该是较大的(通常情况下)。应当将这种等待与 Statspack 或 AWR 报告中其他已知的问题(例如效率不高的 SQL)联系起来。检查并确保索引扫描是必需的,并检查多表连接的连接顺序。DB_CACHE_SIZE 也会影响这些等待事件出现的频率;有问题的哈希区域连接(Hash-Area Join)应当出现在 PGA 内存中,但它们会贪婪地侵占内存,从而导致出现大量的顺序读操作等待,或者导致直接路径读/写等待。如果数据分布在许多不同的块里,范围扫描就要读取许多块(块内数据的密度会导致范围扫描问题,反键索引对于范围扫描也有问题)。以排序的方式加载数据有助于范围扫描,减少块读取的数量。分区也很有帮助,因为可以排除一些块。注意非选择性索引,它们会导致许多 db file sequential read。请尽量将数据放置在有更多磁盘缓存或有 OS 文件系统缓存的磁盘系统上。与等待相关的 P1、P2、P3 值分别代表 file、block 和 blocks。

buffer busy waits 的 ID 及含义

当缓冲区以一种非共享方式使用时,就会出现这种等待。buffer busy waits 不应该高于 1%。检查缓冲区等待的统计数据部分(或是 V$WAITSTAT)来确认等待的位置。与 Segment Header、UNDO Header、UNDO Block、Data Block 和 Index Block 相关的 buffer busy wait 可以采用此处的解决方案。与等待事件相关联的 P1、P2、P3 的值代表 file、block 和 id(有关 ID 的说明,参见下面来自 MOS 的列表)。有人争论说添加更多的 ITL 空间(Initrans)有助于缓解 buffer busy waits,但表 14-4 中显示的信息说明:Initrans 在适当条件下会有帮助(依据相关的 tx enqueue wait)。

Oracle 10g 之后的原因代码变为 Block Class。

表 14-4 原因代码及说明

<=8.0.6	8.1.6~9.2	>=10.1	原因
1003	100	n/a	我们想对块执行 NEW 操作,但另一个会话(很有可能是 UNDO)当前正在读取块
1007	200	n/a	我们想对块执行 NEW 操作,但其他人正在使用当前副本,因此我们必须等待他们完成
1010	230	n/a	试图在 CR/CRX 模式下获得缓冲区,但缓冲区上开始的修改还没有完成

(续表)

<=8.0.6	8.1.6~9.2	>=10.1	原因
1012	-	n/a	修改出现在 SCUR 或 XCUR 的缓冲区上，但还没有完成
1012(重复)	231	n/a	CR/CRX 扫描找到 CURRENT 块，但缓冲区上开始的修改还没有完成
1013	130	n/a	另一个会话正在读取这个块，但又没有找到其他合适的块(比如其他的 CR 版本)，因此必须等待读操作完成。当假定缓冲区出现死锁时，也可能发生。内核在一定时间内不能获得缓冲区，就假定发生了死锁。因此，读取数据块的 CR 版本。这对性能应该不会有负面影响，因为只是从磁盘读取数据，而不是等待另一个进程完成读取，数据块总得以这样或那样的方式从磁盘进行读取
1014	110	n/a	我们想让 CURRENT 块作为共享或专用块，但另一个会话正将它读入缓存，因此我们必须等待读取完成
1014(重复)	120	n/a	我们以当前模式获取块，但其他会话当前正在将它读入缓存。我们必须等待他们完成读取操作。这在缓冲区查找过程中发生
1016	210	n/a	会话需要 SCUR 或 XCUR 模式下的块。如果这是缓冲区交换或者会话处于离散的 TX 模式下，第一次会话会等待；第二次时提升块为死锁状态，因此不会表现为等待很长时间。在这种情况下，统计数据"exchange deadlock"会递增，同时会话由于 buffer deadlock 等待事件让出 CPU
1016(重复)	220	n/a	在缓存查找缓存 CURRENT 副本的过程中，我们已经找到缓冲区，但有人以不兼容模式持有它，因此我们必须等待

buffer busy/segment header

如果等待发生在段头，可以增加 freelist 或 freelist group 的数量(在单实例情况下也会有帮助)，或者扩大 pctused 与 pctfree 之间的间隔。请使用自动段空间管理(Automatic Segment Space Management，ASSM)。自动段空间管理通过使用位图 freelist 来解决这个问题，并且不再需要设置 PCTUSED。

buffer busy/UNDO header

如果等待发生在 UNDO header，可以增加回滚段的个数或者增大 UNDO 空间的大小。

buffer busy/UNDO block

如果等待发生在 UNDO block，应该更频繁(但不是过于频繁，否则就会遇到 log file sync 等待)地提交或使用更大的回滚段或 UNDO 空间。需要减少导致一致性读操作的表的数据密集度，或是增大 DB_CACHE_SIZE。对初始化参数的讨论参见第 4 章。

buffer busy/data block

如果等待发生在数据块上，可以将"热"数据移至另一个数据块以避开这个热数据块，或者使用更小的数据块(以减少每个数据块的行数，让它变得不太热)。检查对非选择性数据的扫描，并修复导致这一问题的查询。或者给表分区以排除不必要的数据扫描。也可以增加热块(很多用户同时访问相同的块)的 Initrans。不要把 Initrans 设置得太高，因为每个 ITL 槽会占用 24 个字节，只需要满足同时对同一数据块进行 DML 操作的用户数(设置为 6 就足够了)。当执行 DML(插入/更新/删除)操作时，块里的锁字节会被设置，访问正在被修改记录的所有用户都必须查询 ITL 以构建数据块的前映像(Before Image)。Oracle 数据库在数据块的 ITL(Interested Transaction List)中存放着相关的信息，包括对数据块的状态感兴趣的所有用户。为减少这一区域的等待，可以增加 Initrans 的值，它将在数据块中创建空间来容纳多个 ITL 槽(用于多个 DML 用户访问)。默认情况下是每个索引或数据块两个 ITL 槽。也可以在块所在的表上增加 Pctfree 值。当指定的 Initrans 所需的槽空间不够时，Oracle 会使用 Pctfree 中的空间来增加 ITL 槽，直到 Maxtrans 指定的数量为止。Maxtrans 的默认值是 255[1]。同时检查相关的 TX4 Enqueue 等待。每个 ITL 槽会占用 24 字节的空间，因此不要设置 Initrans 为 255，否则将会浪费很多不必要的空间。

buffer busy/index block

使用反键索引和/或更小的块(来减少每个块的行数)。注意反键索引会放慢范围扫描(对于范围扫描，更想让数据位于相同的块中)。检查扫描非选择性索引(糟糕的代码/索引)。可能需要重建索引或给索引分区以减少对它的访问。增加多个用户同时进行 DML 操作的热块的 Initrans(不要太高，每个空间 24 个字节)，有关 ITL 的更多信息，请参阅"块级别的调优和查看"这一部分。同时检查相关的 TX4 Enqueue 等待。

latch free

闩锁(Latch)是底层的队列机制(更加准确的名称应当是互斥机制)，用于保护系统全局区(SGA)的共享内存结构。闩锁就像内存上的锁，可以快速获取和释放。闩锁用于防止对共享内存结构的并行访问。如果闩锁不可用，就会记录一次 latch free miss。绝大多数的闩锁问题(wait、miss 和 sleep)都与使用绑定变量失败(library cache mutex 和 shared pool latch)、redo 生成问题(redo allocation latch)、缓存的争用问题(cache buffers LRU chain)以及缓存的热数据块(cache buffers chains)有关。在 Oracle 11g 中，library cache pin(保护游标/SQL)和 library cache latch(保护 Library Cache)被互斥锁(Mutex)代替(用于线程间互斥访问的程序对象)。也有与闩锁和互斥锁有关的 Bug，如果怀疑是这个原因，就检查 MOS 的 Bug 报告。如果 latch miss 比率高于 0.5%，那么应当调查一下这个问题。如果闩锁错失(latch miss)比率高于 2%，而且有大量的闩锁错失，也有可能是遭遇了很严重的问题。

要诀

Library Cache Pin(保护游标/SQL)和 Library Cache Latch(保护 Library Cache)被 Mutex 代替(用于线程间互斥访问的程序对象)。

cursor: pin S

library cache pin(保护游标/SQL)被 library cache mutex 代替。cursor: pin S 等待事件发生在一个会话等待另一个会话递增(或递减)引用计数器(对互斥锁结构排它性的原子更新操作)以跟踪其使用情况时。高执行次数的 SQL 会引发此等待。可以修改语句，插入注释，使用稍微不同的语句做同样的事情(这是使用绑定变量的反面，使用绑定变量的目标在于只使用一条语句)。同时，请参考 14.4.6 节 "Oracle Bugs" 中关于与此等待事件相关 Bug 的描述。这个等待事件没有阻塞者。与此等待事件相关联的 P1、P2、P3 的值分别代表 idn、value 和 where。通过 value，可以得到持有此互斥锁的会话 ID 以及引用计数；通过 where，可以定位互斥锁是在代码的哪个位置进行申请的。这些值对 Oracle Support 很有帮助。

cursor: pin S wait on X

这个等待事件比 cursor: pin S 的发生概率更高。如果不重用 SQL，可能就会看到很多 cursor: pin S wait on X 等待事件。一个会话想要游标上的 S(共享模式)互斥锁，但另一个会话正以 X(排它)模式持有该互斥锁。处于 S 模式的会话经常等待以 X 模式持有互斥锁的另一会话对游标的硬解析。你可能也会看到此等待事件的反面：cursor: pin X wait on S。考虑像第 4 章描述的那样设置 CURSOR_SHARING。当共享池的负载很大或大小被低估时，这个等待事件就会出现。此等待事件相关联的 P1、P2、P3 的值分别代表 idn、value 和 where。通过 value，可以得到持有此互斥锁的会话 ID 以及引用计数；通过 where，可以定位互斥锁是在代码的哪个位置进行申请的。这些值对

---

[1] 译者注：在 Oracle 9i 中，Maxtrans 没有设置，这个值是 Oracle 10g、11g 和 12c 的默认值。

Oracle Support 很有帮助。

library cache: mutex X

在 Oracle 11g 中(一直持续到 Oracle 12c)，library cache 闩锁被互斥锁代替。因为现在有了很多这种结构，等待事件的名字变得更加具体。library cache 互斥锁一般用于当把代码 pin 或 unpin 到 library cache 时。限制这个行为的发生是很关键的，这经常包括使用 CURSOR_SHARING 和对共享池大小的合适设置。在繁忙的负载下，这个等待事件可以进一步恶化已经过载的 CPU。此等待事件相关联的 P1、P2、P3 的值分别代表 idn、value 和 where。通过 value，可以得到持有此互斥锁的会话 ID 以及引用计数；通过 where，可以定位互斥锁是在代码的哪个位置进行申请的。这些值对 Oracle Support 很有帮助。

Enqueue

Enqueue 是保护共享资源的一种锁机制。这种锁保护共享资源，例如一条记录中的数据，以防止两个会话同时更新相同的数据。这种锁包含一种队列排队机制，即先进先出(FIFO)。需要注意的是，Oracle 的闩锁机制不是 FIFO。Euqueue 等待通常是指 ST Euqueue、HW Euqueue 以及 TX4 Euqueue。ST Euqueue 用于字典管理表空间的空间管理和分配。使用本地管理表空间(Locally Managed Tablespaces，LMT)，或者对于有问题的字典管理表空间尽量预先分配好区，或者至少保证下一个区足够大。HW Euqueue 用于 Segment 的高水位线(High-Water Mark)管理。手工分配区可以回避这种等待。TX4 是最常见的 Euqueue 等待之一。TX4 Euqueue 等待通常由 3 种问题造成。第 1 种问题是唯一索引中的重复值；需要回滚以释放队列。第 2 种问题是对同一位图索引段的多个更新操作。因为单一的位图索引片段可能包含多个 ROWID，当多个用户试图更新同一个片段时，需要执行提交或回滚操作以释放 Euqueue。第 3 种也是最有可能的一种问题就是多个用户同时更新同一个数据块。当多个不同用户要在相同数据块的不同行上执行 DML 操作时，如果没有空闲的 ITL 空间，就会出现数据块级的锁。可以很简单地避免这种情况的出现，方法是通过增加 Initrans 来创建更多的 ITL 空间，以及/或者通过增加表的 Pctfree 值来实现(这样 Oracle 就能够创建所需的 ITL 空间)。也可以使用更小的块尺寸，让块中的数据行更少，因此允许数据上更大的并发性。还有其他两个不太普遍的 TX4 等待：等待准备好的语句和在索引(其中另外一个事务正在分裂索引块)中插入一行。当用户要改变块中的相同记录时，结果就是 TX6 锁。最后，不再获得持久的 TM 锁(当不对外键进行索引时获得的表锁)，但还是确保仍然对它们进行索引以免产生性能问题。与等待相关的 P1、P2、P3 的值分别代表 lock type and mode、lockid1 和 lockid2 (还有 p2raw 和 p3raw，它们是 P2/P3 的十六进制形式)。

log file switch

如果看到日志切换等待事件，就表明所有的提交操作在等待"logfile switch (archiving needed)"或"logfile switch (chkpt.incomplete)"。确保归档的磁盘未满，并且速度足够快。由于 I/O 的原因，DBWR 可能速度很慢。可能需要增加更多或更大的 REDO 日志。如果 DBWR 存在问题，可能需要增加数据库的 DBWR。

log buffer space

当数据改变时，改变的块被复制到日志缓冲区。如果日志缓冲区没有足够快地写入重做日志，就会导致 log buffer space 问题。当一次提交大量数据时也会产生这个问题(对于这些类型的事务，请把日志缓冲区设置得更大一些)。这种等待经常出现于写日志缓冲区的速度快于 LGWR 写重做日志的速度，或是日志切换太慢时，但通常不是因为日志缓冲区太小(尽管有时这也是原因之一)。为了解决这个问题，可以增加日志文件的尺寸，或者使用更快的磁盘来写数据，但是作为最终手段，可以增加日志缓冲区的尺寸(在大型系统中，经常有好几十兆字节的日志缓冲区)。甚至可以考虑使用固态磁盘或闪盘，用于重做日志的高速写入。

log file sync

当用户改变记录的数据时，与记录对应的数据块被复制到日志缓冲区(一个数据块中包含很多记录/行)。当发生提交或回滚时，LGWR(日志写入器)将日志缓冲区清空(复制)到重做日志。将改变后的数据从日志缓冲区写入重做日志的操作，以及确认写操作成功完成的这个过程称为日志文件同步(log file sync)。为了减少 log file sync 等待，应尝试一次提交更多的记录(如果可能的话，一次提交 50 条记录，而不是一次一条)。如果一次一条地提交 50 条记录，就需要产生 50 个日志文件同步。将重做日志放到更快的磁盘上，或者将重做日志放在不同的物理磁盘上，以减少 LGWR 归档时的影响(或者使用固态磁盘或闪盘)。不要使用 RAID 5，因为应用程序的写操作很多时，它的速度太慢；可以考虑使用直接 I/O 的文件系统或裸设备，它们在写入时的速度很快。与等待相关的 P1、P2、P3 的值分别代表 buffer#、unused 和 unused。

global cache cr request

在多个实例(RAC/Grid/Cloud)环境下，当一个实例等待另一个实例的缓存的数据块时(通过互连发送)，就会发生 global cache cr request 等待。这种等待说明，当前实例在本地缓存中没有找到数据块的一致性读(CR)版本。如果数据块不在远程缓存中，那么这种等待之后就是 db file sequential read 等待。要对产生大量节点到节点读操作的 SQL 进行调优。尽量将使用相同数据块的用户放在相同的实例上，以便数据块不会在实例间移动。有些非 Oracle 应用服务器会在节点间移动进程以便查找最快的节点(但未意识到它们也在节点间移动数据块)。将这些长进程固定到某个节点上。如果缓存较小，而且 I/O 比较缓慢，可以尝试增大本地缓存的大小。监控 V$CR_BLOCK_SERVER，查看是否有像读取 UNDO 段这样的问题。与等待相关的 P1、P2、P3 的值分别代表 file、block 和 lenum(查看 V$LOCK_ELEMENT，查找 lock_element_addr 为 lenum 的行)。

log file parallel write

将重做日志放在较快的磁盘上(或者使用固态磁盘或闪盘)，不要使用 RAID 5。将重做日志与可能让它们变慢的其他数据分离开，确保表空间不是处于热备份模式。与等待相关的 P1、P2、P3 的值分别代表 files written to、blocks 和 requests。

db file parallel write

当数据库把数据写入数据库文件时，修复或加速操作系统 I/O 和文件系统 I/O。与等待相关的 P1、P2、P3 的值分别代表 files、blocks 和 requests/timeouts。

direct path read

Oracle 通常使用 direct path reads 直接将数据块读入 PGA，可用于排序、并行查询和提前读操作。这里的时间并不总是反映实际等待时间。这通常是文件 I/O 的问题(使用第 16 章所讲的 OS 工具查看是否有磁盘 I/O 已经饱和)。请检查不是用内存来排序而是用磁盘来排序的情况(位于报告的 Instance Statistics 部分，在本章后面讨论)。使用异步 I/O 可以减少消耗时间，尽管可能不会减少等待时间。与等待相关的 P1、P2、P3 的值分别代表 file、start block 和 number of blocks。

direct path write

直接路径写操作通常用于直接加载操作、并行 DML 和写入未缓存的 LOB(大对象)。这里的时间并不总是反映实际等待时间。这通常反映出文件 I/O 存在问题(使用第 16 章所讲的 OS 工具查看是否有磁盘 I/O 已经饱和)。检查磁盘排序的情况(位于报告的 Instance Statistics 部分)。使用异步 I/O 可以减少消耗时间，尽管可能不会减少等待时间。与等待相关的是 P1、P2、P3 的值分别代表 file、start block 和 number of blocks。

async disk I/O

Oracle 等待异步写操作完成，或等待异步子进程写入。这些 I/O 问题可能与 DBWR(数据库写入器)、LGWR(日志写入器)、ARCH(归档器)和/或 CKPT(检查点进程)有关，但通常是文件 I/O 问题。

idle event

等待事件列表的末尾会列出一些空闲等待事件，这些一般可以忽略。空闲等待事件通常位于每一部分的底部，包括与客户端交互的 SQL*Net 消息，以及其他的与后台有关的计时信息等。空闲事件保存在 STATS$IDLE_EVENT 表中。在 12cR1 中，有几个空闲事件列在 Top Waits 中，但此问题在 12cR2 中得到了纠正。

表 14-5 列出了一些最常见的等待问题和可能的解决方法。

表 14-5 最常见的一些等待问题和可能的解决方法

等待问题	可能的解决方法
sequential read	说明有很多索引读操作，请调优代码(尤其是表连接)
scattered read	说明有很多全表扫描。请调优代码；缓存较小的表；获取更多的闪存
free buffer	增加 DB_CACHE_SIZE；缩短 checkpoint；调优代码
buffer busy	在段头，增加 freelist 或 freelist group
buffer busy	在数据块，分离"热"数据；使用反键索引；使用较小的数据块；增加 Initrans(有争议)；减少数据块的传播(popularity)；使 I/O 更快
buffer busy	在 UNDO 段头，增加回滚段或 UNDO 空间，或者使用 AUM(Automatic UNDO Management)
buffer busy	在 UNDO 块，更多次提交；使用更大的回滚段或 UNDO 空间，或者使用 AUM(Automatic UNDO Management)
latch/mutex wait	调查细节
Enqueue-ST	使用 LMT 或预先分配较大的 extent
Enqueue-HW	在高水位线上预先分配盘区
rightEnqueue–TX4	增加 Initrans；在表或索引上使用较小的数据块
Enqueue–TX6	修复让数据块不能共享的代码(使用 V$LOCK 查找)
Enqueue-TM	为外键建立索引；检查应用程序对表的锁定
log buffer space	增加日志缓冲区；为重做日志使用更快的磁盘
log file switch	归档目标已满或速度太慢；增加或使用更大的重做日志
log file sync	一次提交更多的记录；使用更快的重做日志磁盘；使用裸设备
write complete waits	增加 DBWR；更频繁地进行 checkpoint；缓存太小
idle event	忽略

下面的列表显示了常见的空闲事件(空闲事件的类型)：

- dispatcher timer (共享服务器空闲事件)
- lock manager wait for remote message (RAC 空闲事件)
- pipe get (用户进程空闲事件)
- pmon timer (后台进程空闲事件)
- PX idle wait (并行查询空闲事件)
- PX deq credit: need buffer (并行查询空闲事件)
- PX deq: execution msg (并行查询空闲事件)
- rdbms ipc message (后台进程空闲事件)
- smon timer (后台进程空闲事件)
- SQL*Net message from client (用户进程空闲事件)
- virtual circuit status (共享服务器空闲事件)

在 Oracle 12c 的 Statspack 报告中还有等待事件柱状图(Wait Event Histogram),用于显示各种区间的等待数量。Oracle 12c 的 AWR 报告还显示了三个直方图部分(1~64 微秒、512 微秒~32 毫秒、32 毫秒~2 秒以上),一路降至 1 微秒。表空间也为文件 I/O 提供了这种类型的柱状图。这种柱状图可以显示等待事件的分布情形:可能大多数等待很短,但有一些很长;也有可能很多都是中等长度的等待。

```
Wait Event Histogram   DB/Inst: ORCL/orcl   Snaps: 1-2
-> Total Waits - units: K is 1000, M is 1000000, G is 1000000000
-> % of Waits - column heading: <=1s is truly <1024ms, >1s is truly >=1024ms
-> % of Waits - value: .0 indicates value was <.05%, null is truly 0
-> Ordered by Event (idle events last)

                              Total ----------------- % of Waits ------------------
Event                         Waits   <1ms  <2ms  <4ms  <8ms <16ms <32ms  <=1s   >1s
-------------------------     -----   ----- ----- ----- ----- ----- ----- ----- -----
ADR block file read               6    66.7                          33.3
Disk file operations I/O         60   100.0
LGWR wait for redo copy          13   100.0
SQL*Net break/reset to cli      364   100.0
asynch descriptor resize        350   100.0
control file parallel writ      359    89.7    .8   3.1   2.8    .8   1.7   1.1
control file sequential re     3542    99.3    .1         .1    .2    .1    .1
db file parallel write          686    29.6   5.7   6.7   7.6   8.3  32.4   9.8
db file scattered read           62    11.3   4.8              14.5  14.5  54.8
db file sequential read           6                16.7  33.3  50.0
direct path read                652     3.8   3.1    .8  65.3  18.6   7.7    .8
direct path write               246    22.4  14.6   6.1   4.9  18.7  18.7  14.6
```

Enqueue Activity 部分实际上清楚说明了队列的类型。例如,如果是 TX Enqueue,现在就会显示为 TX Transaction 或 TM for DML。如果这样还不够,那么会进一步说明事务的类型,然后给出 Requests、Gets、Waits 和其他一些有用信息。图 14-9 是 AWR 报告中的相应部分。

图 14-9 AWR 报告的 Enqueue Activity 部分

要诀

等待事件调优可能是最好的被动调优方法之一。

14.4.6 Oracle Bug

也有会引起大量等待事件的Oracle Bug(Oracle过去把Bug称为未公开的特性(undocumented feature))。有些Bug与新的互斥锁等待事件相关。解决这种问题的第一个诊断步骤是安装平台内可用的最新补丁集。安装在相应Bug说明中列出的补丁集可以避免大多数与Bug相关的缓冲区缓存(buffer cache)问题。表14-6总结了与Library Cache问题有关的最常见Bug、可能的变通方法、修复此问题的补丁集(会在Bug说明中列出，这些列表来自MOS)。

表14-6中是与"cursor: pin S"相关并在11g/12c版本中已修复的Bug

表 14-6 与"cursor: pin S"相关的Bug

Bug	已经被修复的版本	描述
14380605	12.2	很高的library cache lock、cursor: pin S wait on X 和 library cache: mutex X 等待(影响12.1、11.2版本)
22500027	12.2	在12cR1中数据库挂起并伴随cursor: pin S wait on X、row cache lock和library cache load lock等待
9499302	11.1.0.7.7、11.2.0.2、12.1.0.0	改进了并发互斥锁请求的处理
9591812	11.2.0.2.2、12.1.0.0	11.2版本中错误的等待事件(cursor:mutex S 而不是 cursor: mutex X)

表14-7中是与library cache: mutex X相关并在11g/12c版本中已修复的Bug

表 14-7 与library cache: mutex X相关的Bug

Bug	已经被修复的版本	描述
8431767	12.2	当使用Application Context时有很高的library cache: mutex X
21759047	12.2	当针对分区表执行多个会话时有很高的library cache: mutex X
8860198	11.2.0.2、12.1.0.0	使用XMLType时的library cache: mutex X等待
10417716	12.1.0.0、11.2.0.2 Exadata	大量使用Java时，Oracle 11g在实例上出现Mutex X等待
11818335	11.2.0.2.2、12.1.0.0	对Bug 10411618的额外支持，以允许动态互斥锁等待事件计划(scheme)的改变
10204505	12.1.0.0	SGA自动调整可能导致row cache misses、library cache reloads和parsing
10632113	12.1.0.0	即使并发用户很少，OLS调用也会导致互斥锁竞争
9530750	12.1.0.0	cursor build lock有大量的library cache: mutex X等待
10086843	12.1.0.0	没有重用递归SQL游标，PMON引起实例崩溃，错误号为ORA-600 [kglLockOwnersListDelete]
7352775	11.2.0.2、12.1.0.0	当PARALLEL_INSTANCE_GROUP设置不正确时有很多子游标
9239863	11.2.0.2、12.1.0.0	在热对象上有过多的library cache: mutex X等待
7317117	11.2.0.1	LOB操作的不必要的library cache: mutex X等待

14.4.7 Oracle 影子进程的生命周期

表 14-8 中是对 Oracle 影子进程(shadow process)的生命周期的分解，显示发生了哪些等待事件。表 14-8 是从 MOS 文献 61998.1 获得的，提供了 Oracle 内部在不到 1 秒钟的时间内所发生的事情。

表 14-8 Oracle 影子进程的生命周期

状态	说明
IDLE	等待"SQL*Net message from client"(等待用户)。接收 SQL*Net 关于解析/执行一条语句的请求
ON CPU	解码 SQL*Net 的数据包
WAITING	等待 latch free 以获得 library cache mutex
ON CPU	扫描共享池以获得 SQL 语句，找到匹配项，释放闩锁(如果语句和游标都已经在内存中，执行 cursor: pin S)，设置与共享游标的链接等，并开始执行
WAITING	等待 db file sequential read；我们需要不在缓存中的数据块(等待 I/O)
ON CPU	从磁盘读取数据块完成。继续执行，使用第一行数据构建 SQL*Net 数据包并发送给客户端
WAITING	等待"SQL*Net message from client"以确认数据包已经接收
IDLE	等待来自客户端的下一条 SQL*Net 消息

14.4.8 RAC 等待事件和互连统计数据

如果运行 RAC(多个实例)，在报告中接下来就会列出 RAC 等待事件。如上所述，需要为每个实例运行 Statspack 或 AWR 报告。对于 Statspack 而言，需要运行要监控的每个节点上的 statspack.snap 过程和 spreport.sql 脚本，以便与其他实例比较。最好的比较报告是来自访问相同数据库的另一个节点的报告。第 11 章讨论过调优 RAC，这里不再重复。单个实例调优应该在调优集群互联通信进程之前完成，记住这一点非常重要。换句话说，在将单个实例模式中的系统移到 RAC 之前调优。对于 RAC 上的 AWR，可以运行 awrgdrpt.sql 以得到全局的报告。然而，根据 spdoc.txt 中 4.2 节的描述，对于 Statspack，它只对单一的数据库实例生效。

下面简要列举了可能遇到的一些 Top 等待事件，第 11 章更详细地讨论了它们。需要注意的 Top 全局缓存(gc)等待事件包括：

- gc(global cache) current block busy：当实例请求 CURR 数据块(要完成某个 DML 操作)，而要传输的数据块正在使用时会出现这种情况。
- gc(global cache) buffer busy：当会话必须等待资源上正在进行的操作完成时出现的等待事件，因为数据块正在使用。
- gc(global cache) cr request：当实例请求 CR 数据块以及要传输的数据块没有到达请求实例时发生。这是最常见的情况，通常是因为 SQL 没有调优好，而且许多索引块在实例间来回移动。

图 14-10 显示了 AWR 报告的 RAC 部分。可以看到集群中有 6 个实例(节点)。也可以看到发送和接收的数据块数量，以及本地缓存中访问的数据块相对于磁盘或另一个实例的数量(93.1%)。你可能会猜想，访问本地缓存中的数据块会更快，但访问另一个节点上的远程缓存几乎总是比访问磁盘更快(假设有足够快的互连，并且互连还没有饱和，更多信息请参阅第 11 章)。

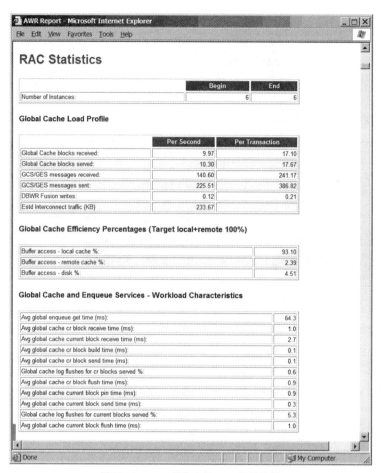

图 14-10　AWR 报告中的 RAC 统计数据

14.4.9　Top SQL 语句

报告接下来列出的是数据库中耗费大量资源的 SQL 语句，这些语句按各种指标降序排列，这些指标包括：CPU、运行时间、缓冲区获取(buffer gets)、磁盘读、执行次数、解析调用次数、共享内存、版本数目。取决于问题是什么，有很多地方需要进行探究。如果在 Top 等待事件中看到很多缓冲区获取(db file sequential reads)，就应该着重分析以缓冲区获取降序排列的语句(专注于列表最前端、最糟糕的语句)。因为缓冲区获取统计数据是累加的，有最多缓冲区获取的查询可能并不是数据库中性能最糟糕的查询；可能只是因为执行足够多的次数而获得最高的排名。比较缓冲区获取的累加数字和查询的磁盘读操作的累加数字；如果二者比较接近，就需要评估查询的 EXPLAIN PLAN，以便找出执行这么多次的磁盘读操作的原因。在 12cR2 的 AWR 报告末尾(本章稍后将讨论)，Oracle 甚至为 Top SQL 提供了 Top Events(以便将两者关联起来)。

如果磁盘读操作不是很高，但缓冲区获取操作很高而执行次数很少，那么查询可能使用了糟糕的索引，或者以错误的顺序执行了连接。这样系统也会出现问题，因为使用了大量没有必要使用的内存。下面的清单是一个示例：

```
SQL ordered by Gets    DB/Inst: ORCL/orcl   Snaps: 1-2
-> End Buffer Gets Threshold:     10000 Total Buffer Gets:         943,141
-> Captured SQL accounts for   130.0% of Total Buffer Gets
-> SQL reported below exceeded  1.0% of Total Buffer Gets
```

```
                                              CPU        Elapsed   Old
Buffer Gets     Executions   Gets per Exec  %Total  Time (s)   Time (s)  Hash Value
--------------- ------------ --------------- ------ --------- ---------- ----------
      494,112         12         41,176.0    58.2     18.17      18.17  3274221811
Module: sqlplus.exe
select occupant_name, occupant_desc, space_usage_kbytes from    v
$sysaux_occupants where  occupant_name like :"SYS_B_0"

      220,446         11         20,040.5    26.0      0.97       0.92  4106292964
select owner, segment_name, blocks from dba_segments where table
space_name = :tsname

      173,588         11         15,780.7    20.4      0.62       0.60   427474970
SELECT count(*), sum(blocks) FROM dba_segments where    OWNER =
'XDB' and TABLESPACE_NAME = 'SYSAUX'

       82,044          1         82,044.0     9.7      0.48      10.70   496629248
Module: SQL*Plus
select count(*) from emp4
```

你可能还会在这些 SQL 列表中发现对 Oracle 内部数据字典进行操作的语句。一般而言，应用程序发出的命令是数据库缓冲区获取和磁盘读操作的主要来源。如果在两次快照执行期间，共享池被清空了，输出的结果报告中的 SQL 部分就不一定包含在这期间执行的资源密集型的 SQL 语句的信息。V$SQL 视图显示使用相同语句的多个用户的 SQL，并显示子游标。V$SQL_PLAN_STATISTICS 显示每个缓存游标的执行统计数据，V$SQL_PLAN_STATISTICS_ALL 显示连接计划和统计数据，以及其他许多与性能相关的统计数据。

在 AWR 报告中有许多 Top SQL 部分。Oracle 还显示了有多少物理读需要被优化(参考 Physical Reads (UnOptimized)部分)。图 14-11 显示了一个 SQL 统计信息的例子。它们包括以下部分：

- 按 Elapsed Time 排序的 SQL
- 按 CPU Time 排序的 SQL
- 按 User I/O Wait Time 排序的 SQL
- 按 Gets 排序的 SQL(buffer gets，通常是索引读取)
- 按 Reads 排序的 SQL(physical reads)
- 按 Executions 排序的 SQL
- 按 Physical Reads (UnOptimized)排序的 SQL
- 按 Executions 排序的 SQL
- 按 Parse Call 排序的 SQL
- 按 Sharable Memory 排序的 SQL
- 按 Version Count 排序的 SQL
- SQL Text 的完整列表(信息庞大!)

要诀

调优前 25 个缓冲区获取和前 25 个物理读查询，将使系统的性能产生 5%～5000%的提升。Statspack 报告的 SQL 部分告诉你首先需要调优的查询是哪些。前 10 条 SQL 语句产生的缓冲区获取和磁盘读，不应当多于整个系统的 10%。在新的 Oracle 12c 的 AWR 报告末尾，Top SQL 与 Top Events 相连，将给你提供更多帮助！

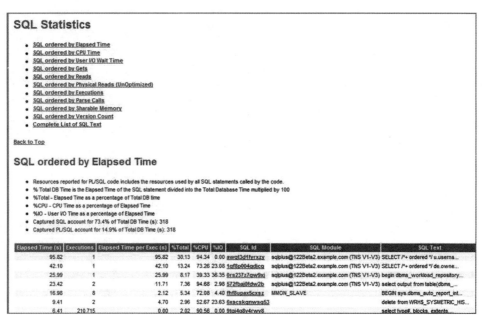

图 14-11　AWR 报告中的 SQL 统计信息

14.4.10　实例活动统计数据

在 SQL 语句列表之后，你将看到从 V$SYSSTAT 视图获得的统计数据变化的列表，标题为 Instance Activity Stats。V$SYSSTAT 视图的统计数据将有助于识别在前面部分没有反映出来的性能问题。下面的清单是所显示的关键信息的部分列表。请注意不可多得的 IMU(In Memory Undo)统计信息；IMU 也会在本章后面的 14.4.15 节 "在块级别调优和查看(高级)" 中涉及。

```
Instance Activity Stats   DB/Inst: ORCL/orcl   Snaps: 1-2

Statistic                             Total      per Second    per Trans
--------------------------------  ---------------  ------------  ----------
Batched IO (bound) vector count               0           0.0         0.0
Batched IO (full) vector count                0           0.0         0.0
Block Cleanout Optim referenced               3           0.0         0.0
CCursor + sql area evicted                   13           0.0         0.1
CPU used by this session                  3,183           3.9        18.8
CPU used when call started                3,141           3.9        18.6
CR blocks created                           100           0.1         0.6
consistent gets                     366,674,801      10,476.4       336.5
db block changes                     19,788,834         565.4        18.2
db block gets                        41,812,892       1,194.7        38.4
dirty buffers inspected               1,204,544          34.4         1.1
enqueue waits                            87,613           2.5         0.1
free buffer requested                20,053,136         573.0        18.4
IMU CR rollbacks                            100           0.1         0.6
IMU Flushes                                 249           0.3         1.5
IMU Redo allocation size                196,696         241.6     1,163.9
IMU commits                                 147           0.2         0.9
IMU contention                                3           0.0         0.0
IMU ktichg flush                              3           0.0         0.0
IMU pool not allocated                        3           0.0         0.0
```

```
IMU recursive-transaction flush              0             0.0          0.0
IMU undo allocation size                873,968         1,073.7      5,171.4
IMU- failed to get a private stra             3             0.0          0.0
index fast full scans (full)             28,686             0.8          0.0
leaf node splits                         21,066             0.6          0.0
logons cumulative                           186             0.0          0.0
parse count (hard)                       54,681             1.6          0.1
parse count (total)                   1,978,732            56.5          1.8
physical reads                       19,320,574           552.0         17.7
physical writes non checkpoint        2,027,920            57.9          1.9
recursive calls                       5,020,246           143.4          4.6
sorts (disk)                                  2             0.0          0.0
sorts (memory)                        1,333,831            38.1          1.2
sorts (rows)                         14,794,401           422.7         13.6
```

在 AWR 报告中也可以找到这些统计数据。在图 14-12 中，可以看到在 12cR2 中，AWR 报告在实例活动统计部分的完整统计列表之前，现在显示了一个有用的关键实例活动统计部分。

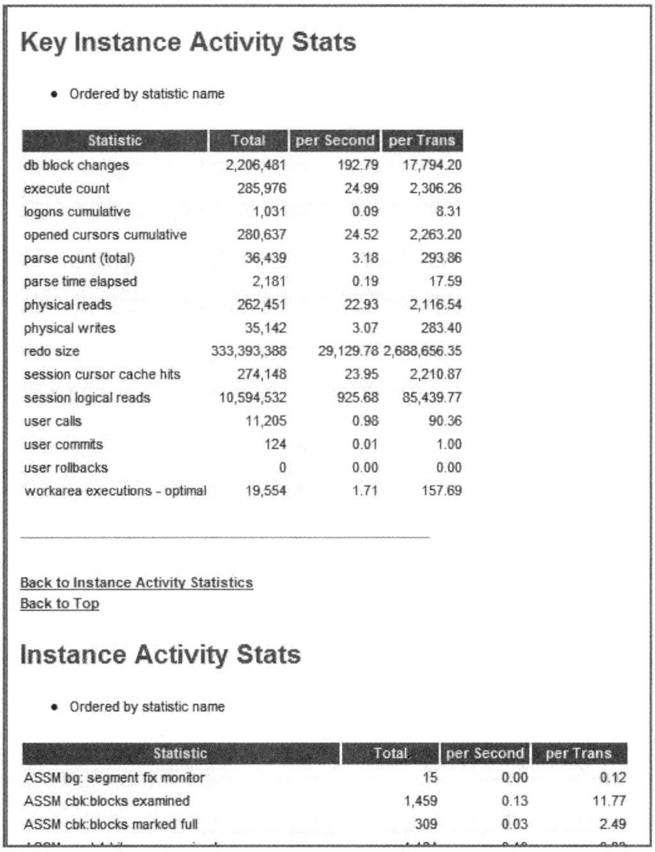

Key Instance Activity Stats

- Ordered by statistic name

Statistic	Total	per Second	per Trans
db block changes	2,206,481	192.79	17,794.20
execute count	285,976	24.99	2,306.26
logons cumulative	1,031	0.09	8.31
opened cursors cumulative	280,637	24.52	2,263.20
parse count (total)	36,439	3.18	293.86
parse time elapsed	2,181	0.19	17.59
physical reads	262,451	22.93	2,116.54
physical writes	35,142	3.07	283.40
redo size	333,393,388	29,129.78	2,688,656.35
session cursor cache hits	274,148	23.95	2,210.87
session logical reads	10,594,532	925.68	85,439.77
user calls	11,205	0.98	90.36
user commits	124	0.01	1.00
user rollbacks	0	0.00	0.00
workarea executions - optimal	19,554	1.71	157.69

Back to Instance Activity Statistics
Back to Top

Instance Activity Stats

- Ordered by statistic name

Statistic	Total	per Second	per Trans
ASSM bg: segment fix monitor	15	0.00	0.12
ASSM cbk:blocks examined	1,459	0.13	11.77
ASSM cbk:blocks marked full	309	0.03	2.49

图 14-12　AWR 报告中的关键实例活动统计和实例活动统计信息

在实例统计数据部分请注意以下内容：

比较在磁盘上执行的排序数量和在内存中执行的排序数量；增加 MEMORY_TARGET(假定使用了这个参数，并且需要增大它)和 PGA_AGGREGATE_TARGET(或者以前版本中的 SORT_AREA_SIZE)或者 PGA_AGGREGATE_LIMIT(在 12cR2 中)的值来减少磁盘上的排序(参阅第 4 章以获得更多信息)。如果磁盘的读操作数量很高，就表明可能执行了全表扫描。如果存在大量的对大表的全表扫描，就应当评估最常用的查询，并通过使用索引来减少这种低效率的查询。大量的一致性读操作意味着使用了过多的索引或非选择性索引。如果观察到的脏缓冲区数量高于所请求的空闲缓冲区数量(超过 5%)，那么说明 SGA 相关的内存参数可能太小(参考第 4 章中关于这些参数和设置的更多使用说明)，或者检查点(checkpoint)不够频繁。如果叶节点的分裂数量很高，同时已增长或已碎片化的索引造成性能下降，可以考虑重建索引。下面将讨论一些类似情况。

下面的清单显示了报告中这部分的一些相关记录：

```
Statistic                           Total      per Second      per Trans
--------------------------------    ---------  -------------   -----------
sorts (disk)                              2          0.0            0.0
sorts (memory)                        3,062          3.8           18.1
sorts (rows)                        134,855        165.7          798.0
table scan rows gotten           30,089,991     36,965.6      178,047.3
table scans (direct read)                 1          0.0            0.0
table scans (long tables)                 5          0.0            0.0
table scans (short tables)            1,285          1.6            7.6
```

在这个示例中，数据库在这个报告期间，几乎所有的排序操作是在内存中完成的。所执行的表扫描全部是很小的表。在 Oracle 12c 中，table scans (short tables)定义为比 Buffer Cache 的 2%还小的表。

要诀

如果大量的排序操作是在磁盘上进行的(超过参加排序的记录总数的 1%~5%)，可能需要增加和排序有关的初始化参数。参阅第 4 章以获得这方面的更多信息。

需要考虑的关键问题如下。

- **consistent gets**：没有使用 SELECT FOR UPDATE 子句的查询在缓存中访问的数据块数量。这个统计数据的值加上 db block gets 统计数据的值就是逻辑读总数(缓存在内存中的所有读操作)。它们通常是数据块的当前版本，也可以是一致性读(Consistent Read，CR)版本。

- **db block gets**：INSERT、UPDATE、DELETE 或 SELECT FOR UPDATE 语句在缓存中访问的数据块数量。它们是数据块的当前版本。发生改变时，它们反映在"db block changes"值中。

- **physical reads**：没有从缓存读取的数据块数量。可以从磁盘、OS 缓存或磁盘缓存读取以满足 SELECT、SELECT FOR UPDATE、INSERT、UPDATE 或 DELETE 语句。

  consistent gets 加上 db block gets，即可得到逻辑读的数量(内存读操作)。使用下面的公式，就能计算出数据缓存的命中率：

  命中率 = (逻辑读 - 物理读)/逻辑读

要诀

缓存的命中率应当高于 95%。如果低于 95%，就应当考虑通过增加初始化参数 MEMORY_TARGET(如果使用了此参数)或 DB_CACHE_SIZE(代表缓存的最小大小，这里假定物理内存足够进行此设置)的大小来增加数据缓存的尺寸。

- **dirty buffers inspected**：从 LRU 列表中清除的脏(经过修改的)数据缓冲区的数量。这里的值说明 DBWR 的数量不够。可以通过增加更多的 DBWR 来获得好处。

要诀

如果观察到的脏缓冲区的数量超过所请求空闲缓冲区数量的 1%~2%，可以考虑增加在第 3 章中详细描述过的 DBWR 的数量。

- enqueue waits (timeouts)：euqueue(锁)被请求的次数以及请求的特定 enqueue 不可用的次数。如果这个统计数据大于 0，就需要调查锁的问题。
- free buffer inspected：包括由于是脏数据、被固定住或者正忙等原因而跳过的缓冲区数量。如果从此统计数据中减去 dirty buffers inspected 和 buffer is pinned count，剩下的就是由于闩锁争用而无法重用的缓冲区数量。如果数量很大的话，很可能就说明缓冲区缓存(buffer cache)太小了。可以和 free buffer requested 相比较。
- parse count：一条 SQL 语句被解析的次数(总次数)。可以与 SQL 小节中的版本数目部分交叉参考。
- recursive calls：数据库中递归调用的数量。导致这类调用的原因有一些，例如，没有命中字典缓存、动态存储扩展以及当 PL/SQL 语句执行时。通常情况下，如果每个进程中的递归调用数量大于 4，就应当检查数据字典缓存的命中率，以及是否有表或索引拥有很大数目的 extent。除非大量使用 PL/SQL，否则递归调用在用户调用中所占的比例应当低于 10%或更低。
- redo size：写入重做日志中的以字节为单位的重做信息的大小。该信息将有助于确定重做日志的大小。第 3 章包含如何确定重做大小的信息。
- sorts(disk)：无法在内存中，而必须在临时表空间中创建临时段以进行的排序的数目。该统计数据除以 sorts(memory)后不应高于 5%。如果高于这个值，就应当在 init.ora 中增加参数 SORT_AREA_SIZE 或 PGA_AGGREGATE_TARGE 的大小(注意如果没有为 PGA_AGGREGATE_TARGE 设置最小值，可能需要增加 MEMORY_TARGET 的大小；如果增大了 PGA_AGGREGATE_TARGE，那么也要相应增加 MEMORY_TARGET 的大小)。
- sorts(memory)：在内存中执行的排序的数量。
- sorts(rows)：参加排序的数据行的数量。

要诀

sorts(disk)的统计数据除以 sorts(memory)后应当不高于 1%~5%。如果高于该值，就应当在初始化文件中增大 PGA_AGGREGATE_TARGET(或 SORT_AREA_SIZE 和/或 MEMORY_TARGET)的数量(假设还有多余的物理内存)。请记住 SORT_AREA_SIZE 分配的内存是面向每个用户的，而 PGA_AGGREGATE_TARGET 分配的内存是面向所有会话的。更多的信息请参考第 4 章。

- table fetch by rowid：通过使用 ROWID 访问的数据行的数量。ROWID 来自索引访问或 where rowid=语句。该数值很高通常意味着就获取数据的操作而言，应用程序调优得不错。
- table fetch continued row：获取的链接行或迁移行的数量。

要诀

如果有链接数据行存在，而且发现性能下降，就应当尽可能快地解决这个问题。如果有大量的数据行相链接，就会引起严重的性能问题。请参阅第 3 章有关去除链接的诀窍。

- table scans(long tables)：长表定义为大于_SMALL_TABLE_THRESHOLD(这是一个隐含参数)并且没有使用 CACHE 子句的表。从 Oracle 10g 开始并在 Oracle 12c 中，_SMALL_TABLE_THRESHOLD 的默认值是缓冲区缓存(buffer cache)的 2%。如果不进行仔细的评估，就对_SMALL_TABLE_THRESHOLD 参数的值进行修改是非常危险的。因为这将影响对表的访问，所以突然大幅增加它的值是不明智的，因为它将引起数据块失效得更快并降低命中率。在 Oracle 中，这个参数是数据库块的数量，等于或少于这个数量就认为表是小表。这个阈值用来确定直接读操作的切换点。比它小的所有对象都不值得执行直接读操作，因此会从缓冲区缓存中读取。如果每个事务表扫描的数量都大于 0，则可能要检查应用程序 SQL 语句，并试着增加索引的使用。Oracle 不希望大量的表把缓冲区缓存占满；这就是为什么要用这个参数确定比缓冲区缓存的 2%还大的表属于长表的原因。

要诀

如果执行了全表扫描，结果可能会造成严重的性能问题，并且数据命中率将会受到影响。需要鉴定这些表是否创建或使用了合适的索引。请参阅第 8 章和第 9 章中有关查询调优的更多信息。

- table scans (short tables)：短表是比缓冲区缓存的 2%更小的表。Oracle 更喜欢在短表上进行全表扫描。

14.4.11 表空间和文件 I/O 的统计数据

Statspack 报告的下一部分提供了 I/O 统计数据，首先是按照功能分组(包括读操作的类型)的 I/O 统计数据，然后是表空间 I/O 和数据文件 I/O 的统计数据：

```
O Stat by Function - summary   DB/Inst: ORCL/orcl  Snaps: 1-2
->Data Volume values suffixed with    M,G,T,P are in multiples of 1024,
  other values suffixed with          K,M,G,T,P are in multiples of 1000
->ordered by Data Volume (Read+Write) desc

                 ---------- Read --------- --------- Write -------- --- Wait ----
                 Data    Requests  Data    Data    Requests  Data              Avg
Function         Volume  /sec      Vol/sec Volume  /sec      Vol/sec Count    Tm(ms)
---------------- ------- --------  ------- ------- --------  ------- ------   ------
Direct Reads     641M    .8        .8M             .0                         0.0
Others           55M     4.4       .1M     72M     1.1       .1M     3888     0.0
LGWR                     .1                57M     1.3       .1M     65       0.0
Buffer Cache Re  46M     .1        .1M                                68       0.0
-----------------------------------------------------------------------------------
```

I/O 没有被合适地打散到各个文件，在高负载时就会遇到性能瓶颈。作为规则，不希望每分钟 10000 转的磁盘每秒有超过 100 次的 I/O 操作(即使是 RAID 阵列)。如果"Av Rd (ms)"列高于 14ms(假定在执行相当数量的读操作)，则表明可能需要调查，因为大多数磁盘至少会提供这种性能。如果这一列或"Av Buf Wt (ms)"列显示 1000ms或更多，则表明也许遇到了某种类型的 I/O 问题。如果显示为######(表示当前值太大放不下)，就表明遇到了某种严重的 I/O 问题(这也可能是格式问题，但执行一般数量的读操作时，大于 1000 就有问题)。

我们还见过与其他问题相关的 I/O 问题也显示为 I/O 问题。对于附带许多内存缓存的磁盘而言，磁盘(在上面完成大量读操作)I/O 时间通常少于 1ms。应该使用报告的这一部分来确定这类瓶颈，衡量解决这些问题的效果。如果必须在每分钟 15000 转的 600GB SAS 磁盘和每分钟 7200 转的 2TB SATA 磁盘间做出选择的话，永远选择 SAS磁盘，除非是为了归档那些几乎不会再去访问的信息之用。

在 SPFILE 或 init.ora 文件中设置参数 DB_FILE_MULTIBLOCK_READ_COUNT 将有助于提高读取的时间。这个参数控制在全表扫描时，一次 I/O 中读入的数据块数量。在 Oracle 12c 中，默认为 128，这应该足够了。通过设置它可以减少扫描一个表所需的 I/O 数量，从而提高全表扫描的性能。但是，设置DB_FILE_MULTIBLOCK_READ_COUNT 参数的结果是优化器可能会执行更多的全表扫描(而你不希望这种行为)，所以你可能也需要将 OPTIMIZER_INDEX_COST_ADJ 设置为某个数值——例如 10——以消除这个问题并使优化器倾向于使用索引(对于这个参数要小心，在设置之前请参考第 4 章和附录 A)。下面列出了报告中该部分的一个例子：

```
Tablespace IO Stats for DB: ORA10  Instance: ora10  Snaps: 1 -2
->ordered by IO's (Reads + Writes) desc
Tablespace
-----------------------------
                   Av      Av      Av              Av       Buffer Av Buf
          Reads Reads/s Rd(ms) Blks/Rd     Writes Writes/s   Waits Wt(ms)
          ----- ------- ------ -------     ------ --------   ----- ------
TS_ORDERS
```

```
                  1,108,981     32   12.1    1.0     1,006,453      29      6,445    4.9
TS_ORDER_SUM
                    967,108     28   12.5    1.0       675,647      19         51    7.6
TS_ORDER_LINES
                  1,389,292     40   10.1    1.0        22,930       1      1,753    3.9
```

表 14-9 是对输出结果中部分列的描述。

表 14-9 输出结果中的列

列名	描述
Tablespace	表空间的名称
Reads	从数据文件检索数据的物理读的次数
Av Blks/Rd	从数据文件读取数据时每次读取的数据块的数量
Writes	对数据文件执行写操作的次数

在表空间 I/O 之后，将看到文件 I/O 部分，如下所示：

```
File IO Stats    DB/Inst: ORCL/orcl  Snaps: 1-2
->Mx Rd Bkt: Max bucket time for single block read
->ordered by Tablespace, File

Tablespace              Filename
----------------------  ------------------------------------------------
                              Av   Mx                                          Av
                        Av    Rd   Rd   Av                      Av      Buffer BufWt
                  Reads Reads/s (ms) Bkt Blks/Rd     Writes Writes/s     Waits (ms)
-------------- -------- ------- ---- --- ------- ---------- --------   ------- ------
EXAMPLE                      C:\APP\USER\ORADATA\ORCL\EXAMPLE01.DBF
                      1     0   0.0        1.0          1       0           0

FLOW_1046531734508653        C:\APP\USER\ORADATA\ORCL\FLOW_1046531734508653.DBF
                      1     0   0.0        1.0          1       0           0

FLOW_1064429114609071        C:\APP\USER\ORADATA\ORCL\FLOW_1064429114609071.DBF
                      1     0   0.0        1.0          1       0           0

SYSAUX                       C:\APP\USER\ORADATA\ORCL\SYSAUX01.DBF
                      3     0   6.7 16     1.0        110       0           0

SYSTEM                       C:\APP\USER\ORADATA\ORCL\SYSTEM01.DBF
                      5     0   6.0 16     1.0        219       0           0

UNDOTBS1                     C:\APP\USER\ORADATA\ORCL\UNDOTBS01.DBF
                      1     0   0.0        1.0         84       0           0

USERS                        C:\APP\USER\ORADATA\ORCL\USERS01.DBF
                     79     0  10.3      107.0          5       0           0
                             C:\APP\USER\ORADATA\ORCL\USERS02.DBF
                     32     0  32.2       82.3          1       0           0
                             C:\APP\USER\ORADATA\ORCL\USERS03.DBF
                     79     0  11.6      120.9         11       0           0
                             C:\APP\USER\ORADATA\ORCL\USERS04
                    529     1   0.0      127.2      4,935       6           0
          -------------------------------------------------------------
```

AWR 报告中 I/O 统计信息的示例如图 14-13 所示。从中我们知道 Oracle 在这一部分还提供了表空间 I/O 和文件 I/O 信息。

在表空间 I/O 统计数据的后面是文件 I/O 统计数据的详细划分，这是一个非常精细的用于观察数据文件之间 I/O 分布情况的工具。如果一个数据文件占据主要的读和写操作，那就可以通过在多个独立的磁盘上创建多个文件，或者将数据文件分散在多个磁盘上来提高性能。同样，不要使用 RAID 5(第 3 章有详细论述)，否则写操作将显得非常缓慢。在 Oracle 12*c* 中，Oracle 允许把“热”数据移到磁盘上最快的区域。在第 5 章中，演示了如何通过企业管理器来做这件事情。

IO Stats

- IOStat by Function summary
- IOStat by Filetype summary
- IOStat by Function/Filetype summary
- Tablespace IO Stats
- File IO Stats

Back to Top

IOStat by Function summary

- 'Data' columns suffixed with M,G,T,P are in multiples of 1024 other columns suffixed with K,M,G,T,P are in multiples of 1000
- ordered by (Data Read + Write) desc

Function Name	Reads: Data	Reqs per sec	Data per sec	Writes: Data	Reqs per sec	Data per sec	Waits: Count	Avg Time
Buffer Cache Reads	2G	22.38	.179M	0M	0.00	0M	256.2K	88.19us
Others	406M	2.28	.035M	286M	0.75	.025M	34.8K	314.22us
LGWR	9M	0.05	.001M	331M	0.20	.029M	4894	1.34ms
DBWR	2M	0.01	0M	273M	1.80	.024M	4183	1.20us
Direct Reads	3M	0.02	0M	0M	0.00	0M	218	.00ns
Direct Writes	0M	0.00	0M	2M	0.01	0M	96	.00ns
Streams AQ	1M	0.00	0M	0M	0.00	0M	28	.00ns
TOTAL:	2.4G	24.75	.215M	892M	2.77	.078M	300.3K	133.43us

图 14-13　AWR 报告——表空间和文件 I/O 统计信息

要诀

如果一块物理磁盘上的物理读操作的数量很高，合理平衡数据或者使用 ASM 将有可能提高性能。请参阅第 3 章关于修复数据文件和表空间 I/O 问题(和使用 ASM)的诀窍。

14.4.12 段统计数据

Oracle 提供的最好的数据字典视图之一是 V$SEGMENT_STATISTICS。自从在 Oracle 9*i* 中引入后，这个视图很快就成了 DBA 的最爱。使用此视图，可以查看任何需要的段统计报告。下面是 AWR 报告中现在所显示的部分：

- Segments by Logical Reads
- Segments by Physical Reads
- Segments by Physical Read Requests
- Segments by UnOptimized Reads
- Segments by Optimized Reads
- Segments by Direct Physical Reads
- Segments by Physical Writes
- Segments by Physical Write Requests
- Segments by Direct Physical Writes
- Segments by Table Scans
- Segments by DB Block Changes
- Segments by Row Lock Waits

- Segments by ITL Waits
- Segments by Buffer Busy Waits
- Segments by Global Cache Buffer Busy (仅 RAC)
- Segments by CR Blocks Received (仅 RAC)
- Segments by Current Blocks Received (仅 RAC)

图 14-14 显示了 AWR 报告中的段统计数据部分。这对于查找哪个特定 INDEX 或 DATA 段导致某种类型的瓶颈特别有用。在 Oracle 提供这些附加的信息之前，查找特定的 ITL(Interested Transaction List)等待事件是很困难的。现在，在段统计数据部分，可以看到 ITL 等待的准确数量——按所有者、表空间名称、对象名称和子对象名称(例如索引分区子对象名称)分类。

要诀
段统计数据是将性能问题定位到指定表、索引或分区的好方法。Oracle 在 AWR 报告和 Statspack 中提供了许多段级别的统计数据。

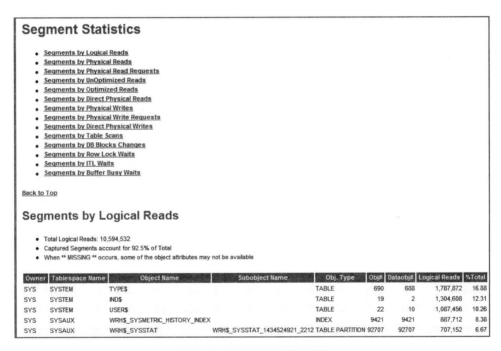

图 14-14　AWR 报告的段统计信息

14.4.13　其他的内存统计数据

在 I/O 统计数据的后面，Statspack 和 AWR 报告列出了很多和内存相关的部分，包括对 MEMORY_TARGET 的大小评估(其中包括 12cR2 的 INMEMORY_SIZE 区域)、和 MEMORY_TARGET 相关联的所有动态组件、Buffer Pool Advisory(评估 DB_CACHE_SIZE 的大小)、根据池(default、keep 和 recycle 池)划分的缓冲区缓存的统计信息、实例恢复统计数据(重做数据块的数量)、Share Pool Advisory、PGA 内存统计数据以及顾问(advisory)。在此并不涵盖所有这些内容(第 4 章已涵盖有关于初始化参数的设置内容)，但会在下面列出这些部分的一个示例。第一个列出的 MEMORY_TARGET 顾问显示了即使把这个参数的值设置为比当前值(Size Factor = 1; MEMORY_TARGET = 6.56GB)更高，在当前负载下也不会有更多的收益。如果负载改变，这些值也会随之改变。

```
Memory Target Advice   DB/Inst: ORCL/orcl   Snaps: 1-2
```

```
-> Advice Reset: if this is null, the data shown has been diffed between
   the Begin and End snapshots. If this is 'Y', the advisor has been
   reset during this interval due to memory resize operations, and
   the data shown is since the reset operation.

                  Memory Size      Est.       Advice
Memory Size (M)   Factor       DB time (s)    Reset
---------------   -----------  ------------   ------
         3,280        .5            64
         4,920        .8            48
         5,740        .9            64
         6,560       1.0            48
         7,380       1.1            48
         8,200       1.3            48
         9,020       1.4            48
         9,840       1.5            48
        10,660       1.6            48
        11,480       1.8            48
        12,300       1.9            48
        13,120       2.0            48
-------------------------------------------------------------
```

在接下来显示的 Memory Dynamic Components 部分，可能很容易地看出内存的分配情形。在这里，可以看到 SGA_TARGET 为 4.272GB、DB_CACHE_SIZE 为 2.208GB、PGA_AGGREGATE_TARGET 为 2.288GB、共享池小于 1GB。Statspack 报告没有列出 In-Memory 区域，而 AWR 报告列出了 12cR2 内存动态组件区域中的 In-Memory 区域、In-Memory RO 扩展区域和 In-Memory RW 扩展区域。

```
Memory Dynamic Components   DB/Inst: ORCL/orcl   Snaps: 1-2
-> Op - memory resize Operation
-> Cache:    D: Default, K: Keep, R: Recycle
-> Mode: DEF: DEFerred mode, IMM: IMMediate mode

                     Begin Snap End Snap   Op    Last Op
Cache                Size (M)   Size (M)   Count Type/Mode    Last Op Time
-------------------- ---------- ---------- ----- ----------   ---------------
D:buffer cache         2,208                0    INITIAL
PGA Target             2,288                0    STATIC
SGA Target             4,272                0    STATIC
Shared IO Pool           928                0    STATIC
java pool                 16                0    STATIC
large pool                32                0    STATIC
shared pool            1,024                0    STATIC
streams pool              16                0    STATIC
-------------------------------------------------------------
```

接下来是 Buffer Pool Advisory 部分。尽管这些信息的大部分内容已经在其他小节中出现过，报告中有关 buffer pool 的统计数据是非常详细的。它显示了 keep 和 recycle 池(如果使用的话)的使用情况(第 4 章有关于 buffer pool 的详细信息)。如果使用了多种数据块大小，那么还将显示不同数据块大小的信息。和 MEMORY_TARGET 一样，也有相应的顾问(如下所示)列出 DB_CACHE_SIZE 的当前设置(或者说分配给数据缓冲区的内存，在这里是"Size Factor = 1; DB_CACHE_SIZE = 2.208GB")。从这里可以看出，基于当前的负载，即使增大这个值的大小，也不会有额外的好处。如果负载改变，这些值也会随之变化。在列表中还显示了命中率的大小(99%)。

```
Buffer Pool Advisory   DB/Inst: ORCL/orcl   End Snap: 2
-> Only rows with estimated physical reads >0 are displayed
-> ordered by Pool, Block Size, Buffers For Estimate
```

```
                                  Est
                                 Phys      Estimated                      Est
          Size for  Size  Buffers Read    Phys Reads     Est Phys %    dbtime
     P    Est (M)  Factr (thousands) Factr (thousands)   Read Time    for Rds
     ---  -------  ----- ---------- ----- -------------  ----------- --------
     D        208    .1        26   1.0         17,025        5,091      3.1
     D        416    .2        51   1.0         16,918        4,936      3.0
     D        624    .3        77   1.0         16,893        4,899      3.0
     D        832    .4       102   1.0         16,881        4,882      3.0
     D      1,040    .5       128   1.0         16,861        4,853      3.0
     D      1,248    .6       154   1.0         16,801        4,766      2.9
     D      1,456    .7       179   1.0         16,800        4,764      2.9
     D      1,664    .8       205   1.0         16,798        4,761      2.9
     D      1,872    .8       230   1.0         16,795        4,758      2.9
     D      2,080    .9       256   1.0         16,794        4,755      2.9
     D      2,208   1.0       272   1.0         16,792        4,753      2.9
     D      2,288   1.0       282   1.0         16,791        4,751      2.9
     D      2,496   1.1       307   1.0         16,790        4,750      2.9
     D      2,704   1.2       333   1.0         16,789        4,748      2.9
     D      2,912   1.3       359   1.0         16,788        4,746      2.9
     D      3,120   1.4       384   1.0         16,786        4,743      2.9
     D      3,328   1.5       410   1.0         16,785        4,743      2.9
     D      3,536   1.6       435   1.0         16,784        4,740      2.9
     D      3,744   1.7       461   1.0         16,781        4,737      2.9
     D      3,952   1.8       487   1.0         16,780        4,736      2.9
     D      4,160   1.9       512   1.0         16,777        4,731      2.9
              -------------------------------------------------------------

Buffer Pool Statistics   DB/Inst: ORCL/orcl  Snaps: 1-2
-> Standard block size Pools  D: default,  K: keep,  R: recycle
-> Default Pools for other block sizes: 2k, 4k, 8k, 16k, 32k
-> Buffers: the number of buffers.  Units of K, M, G are divided by 1000

                                                  Free Writ    Buffer
             Pool         Buffer   Physical  Physical Buffer Comp   Busy
     P    Buffers Hit%     Gets      Reads    Writes  Waits Wait   Waits
     --- -------- ----  ---------- --------- --------- ------ ---- -------
     D     271K    99      850,912    5,920     8,860      0    0       0
              -------------------------------------------------------------
```

接下来的两个部分(在这里并没有全部列出)与 PGA 和排序有关，相应的参数是 PGA_AGGREGATE_TARGET (在 12cR2 中受到 PGA_AGGREGATE_LIMIT 参数的限制)。共享池也有相应的统计信息部分。在这里列出了 PGA_AGGREGATE_ TARGET 部分(这个值已经可以满足100%的命中内存排序)。

```
PGA Aggr Target Stats   DB/Inst: ORCL/orcl  Snaps: 1-2
-> B: Begin snap   E: End snap (rows identified with B or E contain data
   which is absolute i.e. not diffed over the interval)
-> PGA cache hit % - percentage of W/A (WorkArea) data processed only in-memory
-> Auto PGA Target  - actual workarea memory target
-> W/A PGA Used     - amount of memory used for all WorkAreas (manual + auto)
-> %PGA W/A Mem     - percentage of PGA memory allocated to WorkAreas
-> %Auto W/A Mem    - percentage of WorkArea memory controlled by Auto Mem Mgmt
-> %Man W/A Mem     - percentage of WorkArea memory under Manual control

PGA Cache Hit % W/A MB Processed Extra W/A MB Read/Written
```

```
----------------     -----------------    ---------------------------
          100.0                 178                               0
```

实例恢复部分如下：

```
Instance Recovery Stats for DB: ORA10   Instance: ora10  Snaps: 1 -2
-> B: Begin snapshot, E: End snapshot
                                                Log File    Log Ckpt    Log Ckpt
  Targt Estd                                                Timeout     Interval
  MTTR  MTTR  Recovery   Actual      Target     Size
  (s)   (s)   Estd IO's  Redo Blks   Redo Blks  Redo Blks   Redo Blks   Redo Blks
- ----- ----- ---------- ----------- ---------- ----------  ---------   ---------
B   33   18    5898        706        13546      184320      13546      ##########
E   33   24    5898        717        14524      184320      14524      ##########
```

Shared Pool Advisory 和 SGA_TARGET Advisory 在闩锁部分的后面(把它们提前放在这里是为了把它们和其他的 SGA 组件呈现在一起)。这两个参数的值对于目前的负载已经足够(当 Size Factor 大于 1.0 时没有获得额外的好处：SHARED_POOL_SIZE = 1GB，SGA_TARGET = 4.272GB)。如果这个负载代表正常情况下系统的表现，甚至可以考虑减小这两个参数的值。

```
Shared Pool Advisory  DB/Inst: ORCL/orcl  End Snap: 2
-> SP: Shared Pool     Est LC: Estimated Library Cache   Factr: Factor
-> Note there is often a 1:Many correlation between a single logical object
   in the Library Cache, and the physical number of memory objects associated
   with it.  Therefore comparing the number of Lib Cache objects (e.g. in
   v$librarycache), with the number of Lib Cache Memory Objects is invalid

                                   Est LC Est LC  Est LC Est LC
   Shared   SP    Est LC            Time   Time    Load   Load   Est LC
   Pool    Size   Size      Est LC  Saved  Saved   Time   Time    Mem
   Size (M) Factr (M)       Mem Obj  (s)   Factr   (s)    Factr  Obj Hits
   -------- ----- --------- -------- ------ ------ ------ ------ ----------
      352    .3      77      5,659  23,719  1.0    627    1.8   2,624,925
      464    .5     189     10,616  23,841  1.0    505    1.4   3,846,832
      576    .6     301     14,711  23,957  1.0    389    1.1   3,861,511
      688    .7     413     19,546  23,989  1.0    357    1.0   3,866,586
      800    .8     526     24,236  23,994  1.0    352    1.0   3,867,329
      912    .9     625     27,428  23,995  1.0    351    1.0   3,867,486
    1,024   1.0     654     28,240  23,995  1.0    351    1.0   3,867,530
    1,136   1.1     654     28,240  23,995  1.0    351    1.0   3,867,530
    1,248   1.2     654     28,240  23,995  1.0    351    1.0   3,867,530
    1,360   1.3     654     28,240  23,995  1.0    351    1.0   3,867,530
    1,472   1.4     654     28,240  23,995  1.0    351    1.0   3,867,530
    1,584   1.5     654     28,240  23,995  1.0    351    1.0   3,867,530
    1,696   1.7     654     28,240  23,995  1.0    351    1.0   3,867,530
    1,808   1.8     654     28,240  23,995  1.0    351    1.0   3,867,530
    1,920   1.9     654     28,240  23,995  1.0    351    1.0   3,867,530
    2,032   2.0     654     28,240  23,995  1.0    351    1.0   3,867,530
    2,144   2.1     654     28,240  23,995  1.0    351    1.0   3,867,530

SGA Target Advisory  DB/Inst: ORCL/orcl  End Snap: 2

 SGA Target  SGA Size   Est DB        Est DB      Est Physical
  Size (M)   Factor    Time (s)    Time Factor       Reads
 ----------  --------  ---------  ------------   --------------
    1,602      .4      162,913        1.0         17,025,770
    2,136      .5      162,491        1.0         16,919,978
```

```
2,670      .6   162,426         1.0    16,883,035
3,204      .8   162,312         1.0    16,802,431
3,738      .9   162,296         1.0    16,797,394
4,272     1.0   162,296         1.0    16,792,356
4,806     1.1   162,296         1.0    16,788,998
5,340     1.3   162,280         1.0    16,785,639
5,874     1.4   162,280         1.0    16,778,922
6,408     1.5   162,280         1.0    16,778,922
6,942     1.6   162,280         1.0    16,778,922
7,476     1.8   162,280         1.0    16,778,922
8,010     1.9   162,280         1.0    16,778,922
8,544     2.0   162,280         1.0    16,778,922
          -------------------------------------------------
```

接下来的部分是SGA区域在快照间隔期间各个组件的详细说明。也可以用DBA或SYSDBA角色在SQL*Plus中运行"SHO SGA"以实时得到这些信息。

```
SGA Memory Summary  DB/Inst: ORCL/orcl  Snaps: 1-2

                                           End Size (Bytes)
SGA regions             Begin Size (Bytes)   (if different)
--------------------   -------------------  -------------------
Database Buffers            2,315,255,808
Fixed Size                      2,188,768
Redo Buffers                   17,420,288
Variable Size               4,513,073,696
                       -------------------  -------------------
sum                         6,847,938,560
                       ---------------------------------------
```

AWR报告显示了下列顾问的统计信息，图14-15显示了从SQL*Plus中查询到的12.2版本中包含In-Memory的SGA信息，然后是AWR报告中的SGA目标建议。

- 实例恢复统计数据(Instance Recovery Stats)
- MTTR 顾问(MTTR Advisory)
- 缓冲池顾问(Buffer Pool Advisory)
- PGA Aggr 概述(PGA Aggr Summary)
- PGA Aggr 目标统计数据(PGA Aggr Target Stats)
- PGA Aggr 目标柱状图(PGA Aggr Target Histogram)
- PGA 内存顾问(PGA Memory Advisory)
- 共享池顾问(Shared Pool Advisory)
- SGA 目标顾问(SGA Target Advisory)
- Streams 池顾问(Streams Pool Advisory)
- Java 池顾问(Java Pool Advisory)

要诀

在Oracle 12c中支持多种数据块大小，并且AWR报告和Statspack都显示了这些数据块大小的统计数据。在AWR报告(如图14-15所示)和企业管理器(图形方式，参阅第5章)中有许多顾问可以帮助你确定SGA的大小，应该首先测试这些建议，它们并不一定总是最好的。正如Robert Freeman所言，"你的情况可能不同"。

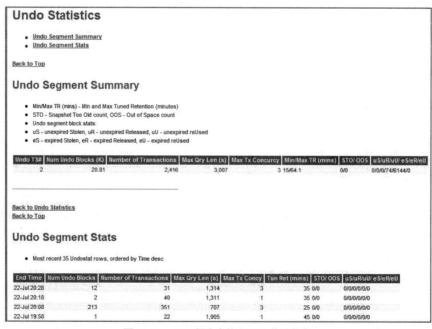

图 14-15　AWR 报告的 SGA 目标顾问部分(前面是带 In-Memory 区域的 SGA 信息)

14.4.14　UNDO 统计数据

下一部分提供了UNDO段统计数据。本节的第一部分显示UNDO表空间以及事务的数量和整个表空间UNDO块的数量。接着提供了正在使用的 UNDO 块的数量，以及给定段所发生的事务数量(UNDOSTAT ROW)。Oracle 中的 AWR 报告提供小结和 UNDO 段统计数据，有些在之前的版本中是没有的。新的输出结果如图 14-16 所示。

本书的这个版本中已删除了 ROLLSTAT 信息(因为大多数人开始使用 AUTO UNDO)，但是在 Statspack 中仍然可以报告这些信息。可以使用配置文件 sprepcon.sql 来修改 display_rollstat 参数。

图 14-16　AWR 报告中的 UNDO 统计信息

14.4.15　闩锁和互斥锁统计信息

闩锁是底层的队列机制(更加准确的名称应当是互斥机制)，用于保护系统全局区(SGA)的共享内存结构。闩锁就像内存上的锁,可以快速获取和释放,大约占用 32 个字节。闩锁被用于防止对共享内存结构的并行访问。如果闩锁不可用,就会记录一次 latch free 丢失。library cache pin(保护游标/SQL)和 library cache latch(保护 Library Cache)都被互斥锁(它是在线程间实现互斥的程序对象)代替。绝大多数的闩锁问题(waits、misses 和 sleeps)都与没有使用绑定变量(library cache mutex waits 和 shared pool latch waits)、重做生成问题(redo allocation latch waits)、缓存争用问题(cache buffers lru chain waits)以及缓存热数据块(cache buffers chain waits)有关。闩锁和互斥等待与 Bug 也有关;如果怀疑是这种情况,请检查 MOS 是否有 Bug 报告。当闩锁丢失率高于 0.5%时,就应当调查一下这个问题。如果闩锁丢失率大于 2%并且它们数量很多,则可能存在严重问题。在 Oracle 12cR2 中,Cache Buffers Chains (CBC)这个闩锁可以共享,而且还被大量使用。

存在两种类型的闩锁:愿意等待(willing to wait)的闩锁(例如 shared pool latch)和不愿意等待(not willing to wait)的闩锁(例如 redo copy latch)。愿意等待的闩锁会一直尝试去获得闩锁。如果没有可用的闩锁,就进行 spin,并再次请求闩锁。就一直这样等待下去,直至达到初始化参数_SPIN_COUNT 指定的次数(注意 spin 会占用 CPU)。对于共享闩锁,_SPIN_COUNT 的默认值为 2000(排它闩锁为 20000,可通过查询 X$KSLLCLASS 得知,所有 8 个类都设置为 20000);还要注意,对于互斥锁,_MUTEX_SPIN_COUNT 的默认值为 255。如果 spin 的次数达到_SPIN_COUNT 指定的次数后还不能获得闩锁,将进入休眠状态。什么也不执行,然后在一厘秒(百分之一秒)后醒过来。它将这样重复两次。然后重复同样的过程,spin 请求直至达到_SPIN_COUNT,然后休眠两倍的时间(两厘秒)。当再次完成之后,睡眠的时间再次翻倍。所以模式是 1、1、2、2、4、4…一直重复,直到获得闩锁。每次闩锁休眠时,就生成闩锁休眠等待(latch sleep wait)。

有些闩锁不愿意等待。这种类型的闩锁不会等待可用闩锁的出现,而是立即报告超时,然后尝试获得闩锁。不愿意等待的闩锁的一个示例就是 redo copy latch。它产生 V$LATCH 视图的 immediate_gets 和 immediate_misses 列的信息,并反映在 Statspack 报告中。这些闩锁的命中率应当接近 99%,并且丢失率永远也不应当高于 1%。

通过查看 Statspack 报告中的相关部分或者查询 V$LATCH 视图,可以看到有多少进程必须等待(latch miss)或休眠(latch sleep),以及它们休眠的次数。如果在任何字段中看到####,这通常表示坏消息,因为这个值超出了字段的长度。V$LATCHHOLDER、V$LATCHNAME 和 V$LATCH_CHILDREN 视图有助于调查闩锁问题。下面的清单是闩锁活动部分的部分列表。在 AWR 和 Statspack 报告中,和闩锁相关的有 6 个部分(latch activity、latch sleep、latch miss、mutex sleep summary、parent latch statistics 和 child latch statistics)。这个 Statspack 报告没有大问题,因为丢失率没有超过 1%——这里只显示了部分闩锁的信息:

```
Latch Activity   DB/Inst: ORCL/orcl   Snaps: 1-2
->"Get Requests", "Pct Get Miss" and "Avg Slps/Miss" are statistics for
   willing-to-wait latch get requests
->"NoWait Requests", "Pct NoWait Miss" are for no-wait latch get requests
->"Pct Misses" for both should be very close to 0.0

                                  Pct    Avg   Wait              Pct
                           Get    Get    Slps  Time    NoWait    NoWait
Latch                      Requests Miss /Miss (s)     Requests  Miss
------------------------   --------- ----- ----- ----- ---------- ------
AQ deq hash table latch            1   0.0              0           0
AQ dequeue txn counter l         706   0.0              0           0
ASM db client latch              543   0.0              0           0
ASM map operation hash t           1   0.0              0           0
cache buffer handles         968,992   0.0   0.0        0
cache buffers chains     761,708,539   0.0   0.4       21,519,841  0.0
cache buffers lru chain    8,111,269   0.1   0.8       19,834,466  0.1
enqueue hash chains           25,152   0.0              0           1   0.0
enqueues                      16,151   0.0              0           0
lob segment dispenser la           1   0.0              0           0
lob segment hash table l           5   0.0              0           0
```

```
lob segment query latch                1      0.0
redo allocation                12,446,986     0.2       0.0                            0
redo copy                             320     0.0                     10,335,430     0.1
shared pool                        22,339     0.1       0.0            0
shared pool sim alloc                   8     0.0                      0
shared pool simulator                 888     0.0                      0
                              -------------------------------------------------------------

Latch Miss Sources for DB:
-> only latches with sleeps are shown
-> ordered by name, sleeps desc
                                                        NoWait              Waiter
Latch Name              Where                           Misses    Sleeps    Sleeps
----------------------  -------------------------       -------   --------  -------
cache buffers chains    kcbgtcr: kslbegin                   0     63,446    47,535
cache buffers chains    kcbgcur: kslbegin                   0      9,820     7,603
cache buffers lru chain kcbzgb: multiple sets nowa          0      4,859         0
enqueues                ksqdel                              0    106,769    12,576
redo allocation         kcrfwr: redo allocation             0        942     1,032
redo allocation         kcrfwi: before write                0        191        53
redo allocation         kcrfwi: more space                  0          2        39
```

图 14-17 和图 14-18 显示了来自 AWR 报告的类似的统计数据。图 14-18 中包含新的 Mutex Sleep Summary。注意图 14-17 中新增的 Oracle 12cR2 的 In-Memory 列存储闩锁，这些闩锁与缓冲区高速缓存中的闩锁做了镜像(即 IM 全局字典闩锁等)。其他的一些 In-Memory 闩锁包括:

- In-Memory 区域闩锁(In-Memory area latch)
- In-Memory 列段哈希表闩锁(In-Memory columnar segment hash table latch)
- In-Memory 列表空间区映射块闩锁(In-Memory columnar ts extent map chunk latch)
- In-Memory 全局池闩锁(In-Memory global pool latch)

图 14-17 AWR 报告的 Latch Activity 部分(Oracle 12cR2 中包括许多新的 In-Memory 闩锁)

Mutex Sleep Summary

- ordered by number of sleeps desc

Mutex Type	Location	Sleeps	Wait Time (ms)
Library Cache	kglget2 2	141	2
Cursor Pin	kkslce [KKSCHLPIN2]	7	-2
Library Cache	kgllkdl1 85	2	1

Back to Latch Statistics

图 14-18　AWR 报告的 Mutex Sleep Summary 部分

互斥锁(它取代了很多种 library cache latches)被用于防止两个进程同时使用同一资源(当其中一个或两个进程都尝试修改该资源时)；当一个进程在修改资源时，另一个进程不能查看或进行修改；当一个会话在查看资源时，另一个会话不能进行修改。

Oracle 从闩锁转移到互斥锁的原因在于互斥锁更轻量级，比闩锁提供了更多的粒度并发能力。互斥锁需要更小的内存空间和更少的指令。互斥锁利用了有"比较和交换"指令(还有类似的好处)的 CPU 架构的优势。简而言之，Oracle 使用互斥锁(mutual exclusion)取代 library cache latch 和 library cache pin latch 来对对象进行保护。对于互斥锁而言，如果我拥有资源，而你在尝试数次(spin)后仍然不能获得，你将睡眠一段很短的时间，并进行尝试。在版本 10g 中，Oracle 也把互斥锁用于 pin。但可以设置隐含参数_KKS_USE_MUTEX_PIN = false 来改变它(这个参数在 Oracle 12c 中不再可用)。互斥锁虽然类似于闩锁，但它保护的是单个对象，而闩锁通常保护一组对象。

当看到等待事件 cursor: Pin S wait on X 时，也可能正在等待硬解析；会话需要一个资源处在共享模式的互斥锁，而另外的会话正好以独占模式拥有它。当一个会话想再次运行 Library Cache 中的语句时，就会产生 pin 动作。对 pin 的等待一般发生在高速的 SQL 执行中，在那里，等待以独占模式占有的资源通常和硬解析有关。当一个会话想要游标(SQL 语句)上的 S(共享)互斥锁时，另一个会话正以 X(独占)模式拥有它，等待 S 模式互斥锁的会话只能进入睡眠。当请求多次还不能获得闩锁时，会话睡眠一小段时间，然后进行尝试以获取互斥锁。互斥锁不是 FIFO(先进先出)的；并不保证次序。所有的这一切都是为了效率。

library cache latch 也被互斥锁取代。事实上，所有的 library cache latch 都被互斥锁取代，而不再是 library cache load lock。下面的查询可以帮助你找到相关互斥锁等待事件的信息。这是 cursor: pin S wait on X 等待的一个例子，请检查 MOS 中关于等待事件的信息及相关的值。稍后会讲到一些具体的等待事件。

P1 是 idn，代表当前正在等待的 SQL 语句的 hash_value。可以通过查询 V$SQL 或 V$SQLAREA 得到相应的 sql_text。

```
select sql_text
from   v$sqlarea
where  hash_value=&&P1;
```

P2 是互斥锁的值，包含会话 ID(P2 的高位部分)，还有引用计数(如果在等待 X 模式的阻塞者，则这个值为 0)。

```
select decode(trunc(&&P2/4294967296), 0, trunc(&&P2/65536),
       trunc(&&P2/4294967296)) SID_HOLDING_THE_MUTEX
from   dual;
```

可以通过 V$SESSION 看到阻塞者：

```
select action, blocking_session, blocking_session_status, sql_id
from   v$session
where  sid = &SID_HOLDING_THE_MUTEX;    (get this from query above)
```

P3 是等待发生的代码的位置。当 Oracle Support 在帮助你诊断问题时，知道这个位置的值是非常有帮助的。根据 Oracle 文档，library cache: mutex X 等待事件有相同的 P1、P2 和 P3 值。可以通过查询 V$MUTEX_SLEEP

和 V$MUTEX_SLEEP_HISTORY 得到更多信息。当查询这些视图时,将会发现互斥锁的类型总是 library cache 或 cursor pin。在这些视图中也会出现 cursor parent 和 cursor stat 这两个互斥锁。请参考下面的查询,其中显示了互斥锁睡眠。

```
select mutex_type, count(*), sum(sleeps)
from   v$mutex_sleep
group  by mutex_type;

MUTEX_TYPE                      COUNT(*)   SUM(SLEEPS)
------------------------------ ---------- -----------
Library Cache                         8        3891
Cursor Pin                            4        1605
Cursor Parent                         2         129
hash table                            2          27

select mutex_type, count(*), sum(sleeps)
from   v$mutex_sleep_history
group  by mutex_type;

MUTEX_TYPE                      COUNT(*)   SUM(SLEEPS)
------------------------------ ---------- -----------
Library Cache                       201        3891
Cursor Pin                           63         889
Cursor Parent                        20         244
hash table                           14          75
```

有关睡眠的进程必须记住一点:这些进程也可以保持其他的闩锁/互斥锁,它们将不会被释放,直至进程已经处理完它们。这可能会引起更多进程休眠以等待这些闩锁。所以,可以看出尽可能减少争用是多么重要。表 14-10 解释了报告中的这一部分所涉及的列。

表 14-10 报告中的这一部分所涉及的列

列	描述
LATCH NAME	闩锁的名称
GETS	乐意等待(willing to wait)的闩锁请求成功得到闩锁的次数
MISSES	乐意等待的闩锁请求的第一次申请不成功的次数
SLEEPS	乐意等待的闩锁请求达到 spin 的次数时,进程会进入睡眠状态。这个列代表睡眠的次数,可能比 MISSES 还大,进程可能要睡眠多次才能获得闩锁
NOWAIT MISSES	不愿意等待的闩锁请求不成功的次数

请注意并记住下面这些闩锁和互斥锁。

latch free:如果在报告的等待事件部分中 latch free 很多,就需要调查报告中闩锁部分存在的问题。这一部分帮助你寻找哪个闩锁存在问题。问题可能是睡眠的闩锁(一直无法获得闩锁,一直尝试并睡眠)或 spin 的闩锁(根据 spin count 进行等待和重试)。

library cache mutex、cursor pin mutex 和 shared pool latch:库缓存(Library Cache)是通过哈希数组进行访问的哈希表(类似缓冲区缓存)。库缓存的内存来自共享池(Oracle 内部对象使用的目录缓存也是共享池的一部分)。库缓存互斥锁将对库缓存中对象的访问进行串行化。每次执行 SQL 或 PL/SQL 过程、包、函数或触发器时,就会使用库缓存闩锁来搜索共享池,查找可重用的语句。单一的共享池闩锁保护库缓存中内存的分配,由 7 个子闩锁完成这项工作。

当共享池太小或语句没有重用时,就会出现对 shared pool latch、cursor pin mutex 或 library cache mutex 的争用。

当在共享池中找到 SQL 游标的可执行形式时,它是一个软解析并被重用;如果找不到,则是一个硬解析或库缓存未命中(因为必须重新生成 SQL 的可执行形式,所以需要更多的资源、CPU 和库缓存闩锁/互斥锁)。根据 Oracle 12c 文档:"为运行相同应用程序的多个用户重复使用共享 SQL 可避免硬解析(重新分析语句)。软解析可显著减少资源的使用,如共享池和库缓存闩锁"。当没有使用绑定变量时,语句通常不会被重用。常用但不一定相同的 SQL 将会冲垮共享池。增加共享池的尺寸有时只会将闩锁问题变得更糟。也可以通过设置初始化参数 CURSOR_SHARING=FORCE 来帮助解决这个问题,并减少因为没有使用绑定变量而产生的问题。CURSOR_SHARING=FORCE 会用绑定变量取代文字(不仅仅减少了闩锁/互斥锁争用,还减少了库缓存区域中的共享池使用量,并加快了解析速度)。请注意,在版本 12c 中 Oracle 使用自适应游标共享,它使 SQL 语句能够使用多个执行计划(同样适用于包含绑定变量的语句)。

如果没有重用 SQL,就可能会看到很多 cursor: pin S wait on X 等待事件,这一般是在等待硬解析,一个会话想要获取游标(SQL 语句)的 S(共享)模式的互斥锁,而另一个会话正以 X(排它)模式拥有这个互斥锁。也可以看到相反的情形,即 cursor: ping X wait on S。当需要库缓存中的空间,而该空间相对于需要被处理的 SQL 语句所需的数量而言又设置得太小时,共享池闩锁和库缓存互斥锁的问题也会出现。如果新的 SQL 语句当前不在共享池中,就会出现硬解析,因为它必须被解析。Oracle 必须在共享池中为语句分配内存,并依据语法和语义检查语句。硬解析在使用 CPU 和需要使用的互斥锁的数量方面都很昂贵。当会话发出的 SQL 语句已经在共享池中,并且可以使用该语句的现有版本时,就会出现软解析。从应用程序的角度看,是发出了解析语句的请求。尽管释放出的空间可用于装载 SQL 或 PL/SQL 语句,但必须独自占用闩锁(用于分配或释放),其他用户必须等待。可以通过增加共享池,或者使用 DBMS_SHARED_POOL.KEEP 过程将大型 SQL 或 PL/SQL 语句固定在内存中以避免重载,从而帮助减少争用现象。固定操作可以用于减少很多互斥锁和闩锁的等待以及 ORA-4031 错误。

通过设置_KGL_LATCH_COUNT 可以增加库缓存哈希表的桶的数量(最大值是 66,有关隐含初始化参数的更多信息,请参阅附录 A)。注意默认值 9 意味着这个值为$(((2^9)*256) - 1 = 131071)$。这对于大多数系统而言已经远远足够。参数_KGL_LATCH_COUNT(默认为 0)仍然在 Oracle 12c 可用中。请记住:如果没有 Oracle Support 的指示,就不应该设置这些下画线参数。在 Oracle 12c 中,每个库缓存(131071)由一个互斥锁保护!

注意,X$KSMSP 的数目会显示共享池块(piece)的数量;表中的每一行表示共享池中的一块内存。需要注意的列有 KSMCHCOM(内存块的描述说明)、KSMCHPTR(内存块的物理地址)、KSMCHSIZ(块大小)、KSMCHCLS(这一块内存的状态/类)。KSMCHCLS 的可用值如下。

- recr:当前使用一个可再创建的块,当共享池的可用内存偏低时,它可以作为刷出共享池的候选项。
- freeable:当前使用一块可释放的内存,不是刷出的候选项,但可以释放。
- free:自由的未分配的一块内存。
- perm:永久分配的内存块,在没有对整个堆进行释放的情况下,不能释放。

共享池的体系结构与缓冲区缓存类似,有固定数量的哈希桶(如果需要,可以增加到下一个级别),这些哈希桶受固定数量的库缓存互斥锁保护(除非像前面描述的那样改变)。桶和闩锁的数量经常(但不总是)是素数以避免哈希异常。启动时,数据库分配 509 个哈希桶和与每个桶对应的库缓存互斥锁,并折算成最接近的素数。随着库缓存中对象数量的增加,Oracle 按下列顺序增加哈希桶的数量:509、1021、2039、4093、8191、16381、32749、65521、131071 和 4292967293。可以像先前描述的那样通过_KGL_BUCKET_COUNT 设置哈希桶的数量。当安装时,默认值是 9,它总共有 131071 个库缓存哈希表的桶,同时也有 131071 个库缓存互斥锁(比过去多得多,这应该会减少大量的争用)。一个哈希桶可以包含多条 SQL 语句和一个可能很长的哈希链,这可以解释为什么可以看到有长时间的对库缓存互斥锁的持有现象,即使不需要空间分配,也不需要搜索 LRU 列表。

同时还要注意,SQL 的哈希值不是用来确定使用哪个哈希桶的唯一值;初始树以对象句柄开始,它们包含名称、名称空间(CURSOR 是主名称空间——其他还包括触发器、集群)、lock owner、lock waiter、pin owner、pin waiter 和其他 pre-SQL 对象。对象句柄然后指向树的下一级别,即数据堆本身(其中语句本身代表游标),数据堆包括堆类型、名称(例如 SCOTT.EMP)、标记(wrapped、valid 之类)、表(例如权限、依赖)和数据块(其他所有的东西——如

SQL 文本)。这意味着我们可以有成百个不同用户引用的相同 SQL 语句,它们会在哈希桶间均匀分布,而不会产生充满相同 SQL 的超长哈希链,但我们需要更大的共享池。如果语句不在库缓存中,就可以使用库加载锁闩锁(library load lock latch)来加载(在此过程中还需要库缓存互斥锁和共享池闩锁)。

如果前几段太复杂或令人费解,可以只关注这一段。限制库缓存互斥锁或共享池闩锁中的闩锁和互斥锁争用的关键是:使用绑定变量,使用游标共享,解析一次后多次执行,使用 session_cached_cursors 将游标从共享池移到 PGA。如果共享游标并使用绑定变量,就增加共享池的大小(然而如果没有共享语句,则减少它可能更会有帮助)。最后,尽量不要执行任何会引起对象失效或重新加载的 DDL 语句(ALTER、GRANT、REVOKE 等)。

注意
在 Oracle 12c 中,可以看到相比以前更多的 10GB~100GB+的共享池设置。

redo copy latch:redo copy latch 用于将重做记录从 PGA 复制到重做日志缓冲区。redo copy latch 的数量的默认值是 2*CPU_COUNT,但可以通过初始化参数 LOG_SIMULTANEOUS_COPIES 来设置(在有的系统中,它的默认值是 2,但有时也看到它被设定为 16)。增加这个参数,将有助于减少对 redo copy latch 的争用。

redo allocation latch:redo allocation latch 用于在重做日志缓存中分配空间。通过增加日志缓存(LOG_BUFFER)的大小或者使用 NOLOGGING 功能,可以减少 redo allocation latch 的争用,同时减少重做日志缓冲区的压力。应该尽量避免不必要的提交。

row cache objects:row cache objects 闩锁争用通常意味着在数据字典中出现了争用。这也可能是依赖于公共同义词(public synonym)的 SQL 语句解析量过多的反映。增加共享池通常可以解决这个问题。最好在库缓存互斥锁真正引发问题前为它增大共享池。同时,依据 MOS 文献 166474.1 中的说法,"为应用程序对象使用本地管理的表空间,特别是索引,这会大大减少 row cache 锁,从而避免常见的挂起问题"。

CBC:Cache Buffers Chains (CBC)闩锁通常用于为数据库的缓冲区扫描 SGA 里的缓冲区缓存。在 Oracle 11g 中,CBC 可以共享,从而减少了一些争用。将代码调优为使用更少的缓冲区(因此更少的 CBC)是解决此闩锁问题的最好方法。同时,减少数据块的传播会减少哈希链的长度(稍后将讨论这一点)。

当在缓冲区缓存中搜索、添加或删除缓冲区时会用到 CBC 闩锁。缓冲区哈希表 X$BH 保存着头信息(在由 CBC 闩锁保护的哈希链上),指向内存中的 DB_BLOCK_BUFFERS(DB_BLOCK 缓冲区)。缓冲区被哈希到某个链上,_DB_BLOCK_HASH_BUCKETS 定义了链(桶)的数量,缓冲区会被哈希到其中。桶(链)越多,哈希到相同链的缓冲区的长度就越小(只要桶的个数是素数)。CBC 闩锁用来保护缓冲区缓存中的缓冲区列表。在过去,如果没有将_DB_BLOCK_HASH_BUCKETS 设置为素数,由于哈希异常,许多缓冲区可能会哈希到同一个链,而其他链上却没有缓冲区(导致热块占用链上的其他块)。

在 Oracle 12c 中,系统的_DB_BLOCK_HASH_BUCKETS 被设置为 1M(1048576=1024×1024),大概是_DB_BLOCK_BUFFERS(Oracle 基于 DB_CACHE_SIZE 的值对其进行设置)的 4 倍。在 Oracle 9i 之前,对此闩锁的争用可能说明"热块"或_DB_BLOCK_HASH_BUCKETS 的设置很糟糕。在 Oracle 8i 之前,Oracle 设置此值为大于 DB_BLOCK_BUFFERS/4 的素数,它运行得很好,尽管多个块仍然会哈希到相同的链。在 Oracle 8i 中,Oracle 让它变成 DB_BLOCK_BUFFERS*2,但忘了让它是素数(因为是哈希值,这导致许多哈希到相同的链);许多用户经历了严重的闩锁问题(在以前的版本中,可以设置_DB_BLOCK_HASH_BUCKETS = DB_BLOCK_BUFFERS*2 的下一个素数来解决这个问题)。自 Oracle 9i 以来,Oracle 正确设置了这个值以减少争用,从而有足够的哈希闩锁(hash latch,人们通常这样称呼它)。你的情况可能有所不同,因此继续在本书中保留此部分的内容。也保留关于其他版本的重要说明,因为大多数 DBA 仍然运行着多个版本的 Oracle 数据库。你将会访问到很多哈希闩锁(闩锁用于扫描哈希链),因为每次访问数据块时都需要闩锁。但不应该让这个闩锁上的丢失率超过 1%~2%。在 Oracle 12c 中,这些哈希闩锁(CBC 闩锁)是共享的,因此哈希链可以在两个方向上进行扫描。

cr versions for a given block:只有一个块是当前块,并允许有不超过 6 个 CR 版本的数据块,它们都位于相同的双向链接(可以双向移动)起来的哈希链上。在 Oracle 12c 中,对于指定数据块的大量 SELECT 操作,可以在内存中看到此数据块的多于 6 个的版本。它们有多个状态,但只有 6 个 state=3(CR),只有 1 个 state=1(CURRENT)。CR 块的数量被限制为 6,这是因为 DML 活动会对数据块进行清除,更多的 DML 会尝试在同一数据块上执行。对于 DML 而言,需要 CURRENT 版本(对于任一给定块只有一个当前版本);对于读操作查询而言,如果没有使用它,可以使用没有被占用的 CURRENT 版本,或者通过将所需的 UNDO 应用于此处被修改数据块的 CURRENT 版本(在对它克隆之后)来构建 CONSISTENT READ(CR)版本。克隆数据块以构造 CR 版本的过程包括:读取 ITL,映射到 UNDO HEADER(ITL 也直接映射到 UNDO BLOCK),应用 UNDO 来获得需要的正确的 CR 版本(在 IMU 没有起作用的情况下,后面的 14.4.15 节 "在块级别调优和查看(高级)" 中有更多讨论)。在使用 IMU 时,在发生提交或回滚之前,所有的一切都在内存中的数据块一级进行。当一个数据块有多个版本时(一个 CURRENT 版本和一些 CR 版本),哈希链就会变得更长,CBC 闩锁的持有时间也会更长,因为它会扫描哈希链。这就是 Oracle 限制克隆数据块(CR 版本)的数量的原因(限制链的长度)。虽然通过设置 _DB_BLOCK_MAX_CR_DBA 可以改变这种限制,它是给定数据块地址允许的 CR 缓冲区的最大数目,但这个设置一般不需要改动。

hot blocks:缓冲区缓存中经常访问的块会导致 CBC 闩锁问题,或者叫作热块问题。热块也是 SQL 语句没有调优好的症状。一条热的记录会导致一个热块,给该块的其他记录带来问题,也给哈希到同一链上的其他块的记录带来问题。要查找热块,请查询 V$LATCH_CHILDREN 以获得地址,然后将它关联到 V$BH 以确定该闩锁保护的块(这会显示受热块影响的所有数据块)。依据从 V$BH 找到的 file# 和 dbablk,可以通过查询 DBA_EXTENTS 来确定那些对象。如果热块在索引上,使用反键索引将连续的记录移动到其他块,使得链中的热块不会锁定它们。如果热块是索引根块,反键索引就没有作用。

cache buffers lru chain:cache buffers lru chain 闩锁用于在缓冲区缓存中扫描包含所有数据块的最近最少使用(Least Recently Used,LRU)数据链。缓冲区缓存过小、过大的缓冲区缓存吞吐量、许多基于缓存的排序,以及 DBWR 未能跟上负载都是引起该问题的罪魁祸首。可以尝试修复引起过多的逻辑读操作的查询和/或使用多个缓存池解决此问题。

表 14-11 讨论了一些最常见的闩锁问题和可能的解决方案(请注意,如果使用 12cR2 分片,那么还有分片闩锁)。

表 14-11 一些最常见的闩锁问题

闩锁问题	可能的解决办法
library cache	使用绑定变量;调整 SHARED_POOL_SIZE 参数
shared pool	使用绑定变量;调整 SHARED_POOL_SIZE 参数
redo allocation	最小化 REDO 的生成,避免不必要的提交
redo copy	增大 _LOG_SIMULTANEOUS_COPIES 参数
row cache objects	增大共享池
cache buffers chain	增大 _DB_BLOCK_HASH_BUCKETS 参数或让它素数化
cache buffers lru chain	使用多个缓冲区池或修复导致过多读操作的查询
In-Memory latch	检查 INMEMORY_SIZE 参数并确保参数值大小适合 In-Memory 列存储

自 Oracle 9i 以来(对于管理多个版本 Oracle 的人来说),应当配置 LRU 闩锁,这样每个缓冲区池就有 n 个 CPU 可用的闩锁。例如,如果系统中有 8 个 CPU,参数设置应当是:

```
buffer_pool_keep = buffers:XXXX, lru_latches=8
buffer_pool_recycle = buffers:YYYY, lru_latches=8
```

XXXX 和 YYYY 分别是 keep 和 recycle 池所需要的缓冲区数量。没有理由使用多于处理器数量的 LRU 闩锁。在 Oracle 12c 中,这两个参数现在是 DB_KEEP_CACHE_SIZE 和 DB_RECYCLE_CACHE_SIZE,而且它们只接收以字节表示的大小(无法再指定 LRU_LATCHES)。

```
db_keep_cache_size= 4G (也可以使用 K 或 M，默认是 0)
db_recycle_cache_size=1G (也可以使用 K 或 M，默认是 0)
```

有些闩锁问题经常和过去的 Bug 有关，所以需要检查 MOS 上有关闩锁问题的文档。任何命中率低于 99%的闩锁都需要调查。本章讨论了一些值得关注的常见闩锁，包括 cache buffers chains、redo copy、library cache mutex 和 cache buffers lru chain。

要诀

闩锁就像内存片(或内存缓冲区)上的锁。如果闩锁的命中率低于 99%，这将是个严重的问题，因为用于获取内存的闩锁本身也无法获得。Oracle 12cR2 有分片闩锁(用于分片)以及许多 In-Memory 闩锁，包括 In-Memory 区域闩锁、In-Memory 列段哈希表闩锁、In-Memory 列表空间区映射块闩锁以及 In-Memory 全局池闩锁。

14.4.16 在块级别调优和查看(高级)

当偶尔有热块或其他一些块级别的问题时，可能需要找到给定对象的数据块的准确位置和版本数量(如前所述)。本节将简要讨论 Oracle 在块级别的某些细节。

警告
本节不适用于初学者。

被称为缓冲区哈希表(X$BH)的内部表保存着数据块头信息。数据块被连接到哈希链上，哈希链受 CBC 闩锁(cache buffers chains latch)保护。哈希链指向内存中的实际地址(用 DB_CACHE_SIZE、SGA_TARGET 或 MEMORY_TARGET 设置的内存，被用于数据的缓存)。对于 Oracle 中的给定块而言，只有一个块的版本是 CURRENT，还有其他不超过 5 个的 CR 版本。因此，任一时刻内存中只有给定块的最多 6 个版本。本节稍后将告诉你如何使用隐含参数来控制它。Oracle 建议不要使用隐含参数，除非有 Oracle Support 的指导，否则数据库将不再被支持。

当执行 INSERT、UPDATE 或 DELETE 这些 DML 事务时，总是需要块的 CURRENT 版本。Oracle 有一种称为 IMU(In-Memory Undo)的特性，当在块级别查看信息时(不管是不是脏块)，展现的信息都可能会让你难以理解。IMU 是 Oracle 10g 的新特性，意思就是说，在事务提交之前，某些事务的 UNDO 记录和 REDO 记录一直保存在内存中。当需要 CR 块时，数据库首先检查 UDNO 记录是否保存在内存池中；如果是，就从内存中应用 UNDO 和 REDO 记录，而不是从 UNDO 段和 REDO 日志/缓存中检索它们(内存速度更快)。当第一次查询块时，总是使用块的 CURRENT 版本。如果块正在使用，就要将所需的全部 UNDO 应用于块的 CURRENT 版本，让它到达对你有用的时间点，这样来构建称为 CONSISTENT READ(CR)版本的克隆块(也许你所需要的数据块的时间点是在执行 DML 之前，而且另一个用户还没有提交)。这个复杂的、Oracle 拥有专利的过程包括读取 ITL，以及将记录映射到 UNDO HEADER，或将之直接映射到 UNDO BLOCK，然后应用 UNDO 来得到需要的正确 CR 版本。让我们看看整个过程：

(1) 用户 1 更新块 777 中的记录(用户 1 没有提交)。
(2) 用户 2 查询相同的块，看到要查询的数据行设置了锁字节。
(3) 用户 2 到块的 ITL 部分，获得 XID(事务 ID)。
(4) XID(事务 ID)映射到 UNDO 块，UNDO 块保存着更新前的块的旧信息。如果使用 IMU，在访问 UNDO 块之前，会先检查这个事务的 UNDO 是否在内存中。
(5) 完成块的克隆(将之称为块 778)。
(6) 将 UNDO 信息应用于这个块，进行回滚操作，直到原来的位置(把内容恢复成过去的状态，包括 SCN)。
(7) 块 777 是 CURRENT 块。
(8) 块 778 是在用户 1 执行更新之前对应的 CONSISTENT READ 块。

(9) 如果在提交之前另一个用户也要查询同一个块,该用户也可以读取这个 CR 版本。

特别要注意的是,块没有回滚为上一种状态,而是向前滚动到它曾经的状态。虽然结果相同,但 Oracle 如何执行这个操作对于理解 Oracle 的运行原理至关重要。Oracle 数据块总是随着时间向前移动(这是 REDO 运行的原理——总是顺序地向前应用)。还有把所有数据块连接在一起的 LRU 链和 LRU-W(最近最少使用-写)链,它们使得缓冲区的替换和写入更快。这些链结构同样保存在缓冲区的头信息中。

下面是一些很好(很难找到)的查询,它们可以获得块级别的信息。

查找给定对象(EMP1)的块编号(56650):

```
select rowid,empno,
       dbms_rowid.rowid_relative_fno(rowid) fileno,
       dbms_rowid.rowid_block_number(rowid) blockno,
       dbms_rowid.rowid_row_number(rowid)   rowno, rownum,
       rpad(to_char(dbms_rowid.rowid_block_number(rowid), 'FM0xxxxxxx') || '.' ||
       to_char(dbms_rowid.rowid_row_number   (rowid), 'FM0xxx'   ) || '.' ||
       to_char(dbms_rowid.rowid_relative_fno(rowid), 'FM0xxx'   ), 18) myrid
from   emp1;

ROWID                EMPNO      FILENO     BLOCKNO    ROWNO      ROWNUM     MYRID
------------------   --------   --------   --------   --------   --------   ---------

AAAM4cAABAAAN1KAAA   7369       1          56650      0          1          0000dd4a.0000.0001
AAAM4cAABAAAN1KAAB   7499       1          56650      1          2          0000dd4a.0001.0001
… (output truncated)
AAAM4cAABAAAN1KAAN   7934       1          56650      13         14         0000dd4a.000d.0001

14 rows selected.
```

查找给定块编号(56650)的块版本(1 个当前版本和 5 个 CR 版本):

```
select lrba_seq, state, dbarfil, dbablk, tch, flag, hscn_bas,cr_scn_bas,
       decode(bitand(flag,1),     0, 'N', 'Y') dirty,  /* Dirty bit */
       decode(bitand(flag,16),    0, 'N', 'Y') temp,   /* temporary bit */
       decode(bitand(flag,1536),  0, 'N', 'Y') ping,   /* ping (shared or null) bit */
       decode(bitand(flag,16384), 0, 'N', 'Y') stale,  /* stale bit */
       decode(bitand(flag,65536), 0, 'N', 'Y') direct, /* direct access bit */
       decode(bitand(flag,1048576),0,'N', 'Y') new     /* new bit */
from   x$bh
where  dbablk = 56650
order by dbablk;

LRBA_SEQ    STATE      DBARFIL    DBABLK     TCH        FLAG       HSCN_BAS
----------  ---------  ---------  ---------  ---------  ---------  ---------
CR_SCN_BAS  D T P S D N
----------  - - - - - -
         0         3          1      56650          1     524416           0
 4350120    N N N N N
         0         3          1      56650          1     524416           0
 4350105    N N N N N
       365         1          1      56650          7   33562633     4350121
         0  Y N N N N
         0         3          1      56650          1     524416           0
 4350103    N N N N N
         0         3          1      56650          1     524416           0
 4350089    N N N N N
         0         3          1      56650          1     524288           0
```

```
4350087 N N N N N N
```

注意

在上面的清单中，state=1 代表 CURRENT，state=3 代表 CR；只有 CURRENT 块是(可以是)脏块。

查找块的最大 CR 版本的设置：

```
select  a.ksppinm, b.ksppstvl, b.ksppstdf, a.ksppdesc
from    x$ksppi a, x$ksppcv b
where   a.indx = b.indx
and     substr(ksppinm,1,1) = '_'
and     ksppinm like '%&1%'
order   by ksppinm;

Enter a value for 1: db_block_max_cr_dba

KSPPINM             KSPPSTVL KSPPSTDF KSPPDESC
------------------- -------- -------- ------------------------------------------
_db_block_max_cr_dba       6 TRUE     Maximum Allowed Number of CR buffers per dba
```

为 EMP1 转储块的内容：

```
SQL> select header_file, header_block, blocks from dba_segments
  2  where segment_name = 'EMP'
  3  and owner = 'SCOTT';

HEADER_FILE HEADER_BLOCK     BLOCKS
----------- ------------ ----------
          4           27          8

ALTER SYSTEM DUMP DATAFILE 4 BLOCK 28;
System Altered.
```

警告

不要到块级别，除非绝对需要这样。块级别是发现热块和 ITL 问题的地方，但在这个级别要发现问题，需要高级 DBA 花费很多时间和精力。

14.4.17 数据字典和库缓存的统计数据

下面两节内容包含数据字典和库缓存的信息。首先列出的是数据字典的信息，它们属于数据库中的所有对象。当 SQL 语句解析和执行时，均要访问这些信息。该区域的活动负载可能会非常重。维持很好的命中率是非常重要的，可以防止递归调用返回数据库以进行权限验证。也可以通过查询 V$ROWCACHE 视图来评估数据字典缓存的效率。下面程序清单中的查询显示了 Statspack 报告中该部分的信息：

```
Dictionary Cache Stats   DB/Inst: ORCL/orcl  Snaps: 1-2
->"Pct Misses"  should be very low (< 2% in most cases)
->"Final Usage" is the number of cache entries being used in End Snapshot
                        Get    Pct   Scan  Pct    Mod    Final
Cache                   Requests Miss Reqs Miss   Reqs   Usage
----------------------- -------- ---- ---- ----   ----   -----
dc_awr_control               2   0.0    0           0        1
dc_global_oids              28   0.0    0           0       51
dc_histogram_data        1,095  13.7    0           0      657
dc_histogram_defs          972  25.8    0           0      739
dc_objects               6,775   1.9    0          21    1,965
```

```
dc_props                         60    0.0       0             0             1
dc_rollback_segments             22    0.0       0             0            22
dc_segments                   1,689    8.1       0           201           419
dc_tablespace_quotas            494    0.0       0             0             2
dc_tablespaces                1,068    0.0       0             0             9
dc_users                      3,041    0.0       0             0           183
outstanding_alerts                2  100.0       0             0             2
sch_lj_oids                       2    0.0       0             0             2
          -------------------------------------------------------------
```

报告中的第二部分是库缓存的性能情况。这些统计数据通常从 V$LIBRARYCACHE 视图中得到。库缓存包含共享 SQL 和 PL/SQL 区域。这些区域的代表是 BODY、SQLAREA、TABLE/PROCEDURE 以及 TRIGGER(这些值在 NAMESPACE 列中)。它们包含缓存在内存中的所有 SQL 和 PL/SQL 语句。其他的命名区域由 Oracle 使用。如果报告中的 Pct Miss 值过高,就应当提高应用程序中游标的共享程度或者增加共享池的尺寸(如 14.4.4 节"Top 等待事件"中所述)。下面显示了一个例子:

```
Library Cache Activity   DB/Inst: ORCL/orcl  Snaps: 1-2
->"Pct Misses"  should be very low
                    Get     Pct        Pin        Pct
Namespace       Requests    Miss    Requests     Miss     Reloads   Invalidations
--------------- --------  -------  ----------  --------  ---------  -------------
BODY                  23    17.4          98       6.1          2              0
CLUSTER               19     0.0          19       0.0          0              0
EDITION               13     0.0          26       0.0          0              0
INDEX                 47    93.6          47      93.6          0              0
OBJECT ID              5   100.0           0                    0              0
SCHEMA               315     0.3           0                    0              0
SQL AREA           1,278    40.1       7,248      11.5        132             54
SQL AREA BUILD       308    83.8           0                    0              0
SQL AREA STATS       296    70.3         296      70.3          0              0
TABLE/PROCEDURE    2,182    10.2       4,141      21.0        375              0
          -------------------------------------------------------------
```

表 14-12 提供了报告中的这一部分相关列及含义。

表 14-12　相关列及其含义

列	定义
Namespace	库名称空间的名称
Get Requests	在该名称空间中,系统请求对象句柄的次数
Pct Miss (Get Miss Ratio)	gethits 的数量除以 gets 的数量就是 gethit ratio。gethits 是请求已经在缓存中的对象的次数。该命中率应当尽可能接近 99%。Pct Miss 应当低于 1%
Pin Requests	缓存中某项执行的次数。应当追求尽可能高的数字
Pct Miss (Pin Miss Ratio)	pinhits 的数量除以 pins 的数量就是 pinhit ratio。pinhits 是 pins 已经在缓存中的对象的次数。该单击率应当尽可能接近 100%。丢失率应当低于 1%
Reloads	在一个执行步骤中库缓存丢失的次数。重载的数量除以 pins 的数量应当接近于 0。如果这个比率高于 1%,也可能需要增加共享池的尺寸
Invalidations	该名称空间中的对象因为依赖的对象被修改过而被标记为无效的次数,这些都是硬解析!

要诀

对于有较长时间间隔的报告而言，如果 pinhit ratio 的值小于 95%，对于最佳的系统性能而言，SHARED_POOL_SIZE 很可能太小了。如果重载高于 1%，就说明 SHARED_POOL_SIZE 过小了。

14.4.18 SGA 内存统计数据

下面是 SGA 内存的摘要信息(从 V$SGA 中获得)，以及在快照间隔期间内存变化的列表，报告也列出了开始和结束时的数据库初始化参数的值。

从总体上看，报告产生了大量的数据，让你能够清楚了解数据库及其使用状况。根据初始化过程、文件 I/O 以及 SGA 数据，可以对数据库配置中的主要组件有更好的理解。下面是报告中这一部分的一个示例：

```
SGA Memory Summary   DB/Inst: ORCL/orcl   Snaps: 1-2

                                           End Size (Bytes)
SGA regions              Begin Size (Bytes) (if different)
------------------------ ------------------ -------------------
Database Buffers              2,315,255,808
Fixed Size                        2,188,768
Redo Buffers                     17,420,288
Variable Size                 4,513,073,696
                         ------------------ -------------------
sum                           6,847,938,560
                         ------------------------------------------

SGA breakdown difference   DB/Inst: ORCL/orcl   Snaps: 1-2
-> Top 35 rows by size, ordered by Pool, Name (note rows with null values for
   Pool column, or Names showing free memory are always shown)
-> Null value for Begin MB or End MB indicates the size of that Pool/Name was
   insignificant, or zero in that snapshot

Pool    Name                         Begin MB        End MB      % Diff
------  --------------------------  -------------  -------------  --------
java p  free memory                       16.0          16.0       0.00
large   PX msg pool                        7.8           7.8       0.00
large   free memory                       24.2          24.2       0.00
shared  ASH buffers                       15.5          15.5       0.00
shared  CCUR                              77.1          77.6       0.64
shared  FileOpenBlock                     10.5          10.5       0.00
shared  KGLH0                             17.4          17.4       0.07
shared  KGLHD                             21.5          21.6       0.31
shared  KGLS                              28.8          29.0       0.64
shared  PCUR                              40.7          41.1       0.82
shared  PLDIA                             12.8          12.8       0.00
shared  PLMCD                             15.1          15.1       0.00
shared  SQLA                             393.6         396.4       0.70
shared  db_block_hash_buckets             22.3          22.3       0.00
shared  free memory                      242.4         238.1      -1.75
stream  free memory                       16.0          16.0       0.00
        buffer_cache                   2,208.0       2,208.0       0.00
        fixed_sga                          2.1           2.1       0.00
        log_buffer                        16.6          16.6       0.00
```

```
    shared_io_pool                                928.0         928.0       0.00
                   ------------------------------------------------------------

SQL Memory Statistics   DB/Inst: ORCL/orcl   Snaps: 1-2

                                  Begin              End           % Diff
                              --------------   --------------   --------------
      Avg Cursor Size (KB):        36.81            36.79            -.05
     Cursor to Parent ratio:        1.78             1.78             .16
             Total Cursors:       12,334           12,395             .49
             Total Parents:        6,928            6,951             .33
                              ------------------------------------------------------------
```

14.4.19 非默认的初始化参数

报告的最后一部分显示了在初始化文件中设置为非默认值的参数(如图 14-19 所示)。这个列表是通过查询 V$PARAMETER 视图中 default 列值为 false 而获得的。这个列表可供参考。当调优数据库时，这些参数可以提供特定取值条件下数据库表现如何的记录。下面的输出结果就显示了 Statspack 报告的这一部分内容:

```
init.ora Parameters   DB/Inst: ORCL/orcl   Snaps: 1-2

                                                               End value
Parameter Name                  Begin value                    (if different)
-----------------------------   -----------------------------  ---------------
audit_file_dest                 C:\APP\USER\ADMIN\ORCL\ADUMP
audit_trail                     DB
compatible                      11.2.0.0.0
control_files                   C:\APP\USER\ORADATA\ORCL\CONTROL0
                                1.CTL, C:\APP\USER\FLASH_RECOVERY
                                _AREA\ORCL\CONTROL02.CTL
cursor_sharing                  FORCE
db_block_size                   8192
db_domain
db_name                         orcl
db_recovery_file_dest           C:\app\User\flash_recovery_area
db_recovery_file_dest_size      4102029312
diagnostic_dest                 C:\APP\USER
dispatchers                     (PROTOCOL=TCP) (SERVICE=orclXDB)
memory_target                   6878658560
open_cursors                    300
optimizer_mode                  ALL_ROWS
processes                       150
remote_login_passwordfile       EXCLUSIVE
shared_pool_size                1073741824
undo_tablespace                 UNDOTBS1
                              ------------------------------------------------------------

End of Report ( c:\users\sp_1_2.lst )
```

init.ora Parameters

Parameter Name	Begin value	End value (if different)
audit_file_dest	/u01/app/oracle/admin/orcl/adump	
audit_trail	DB	
compatible	12.2.0.0.0	
control_files	/u02/app/oracle/oradata/orcl/control01.ctl, /u03/app/oracle/fast_recovery_area/orcl/control02.ctl	
db_block_size	8192	
db_create_file_dest	/u02/app/oracle/oradata	
db_name	orcl	
db_recovery_file_dest	/u03/app/oracle/fast_recovery_area	
db_recovery_file_dest_size	26214400000	
diagnostic_dest	/u01/app/oracle	
dispatchers	(PROTOCOL=TCP) (SERVICE=orclXDB)	
instance_name	orcl	
local_listener		
log_archive_format	%t_%s_%r.dbf	
open_cursors	300	
optimizer_mode	RULE	
pga_aggregate_target	262144000	
processes	300	
remote_login_passwordfile	EXCLUSIVE	
sga_target	1073741824	
undo_tablespace	UNDOTBS1	

Back to init.ora Parameters
Back to Top

init.ora Multi-Valued Parameters

- This section only displays parameters that have more than one value
- '(NULL)' indicates a missing parameter value
- A blank in the 'End Snapshot' indicates the same value as the 'Begin Snapshot'

Parameter Name	Begin value	End value (if different)
control_files	/u02/app/oracle/oradata/orcl/control01.ctl	
	/u03/app/oracle/fast_recovery_area/orcl/control02.ctl	

图 14-19　AWR 报告的初始化参数部分

14.5 AWR 报告和 Statspack 输出结果中需要首先查看的 15 项内容

正如你在本章中所看到的，AWR 报告比 Statspack 要好得多。有些 DBA 仍然使用 Statspack(而且它是免费的)，所以将它包含在本章中。许多 DBA 都知道如何使用 Statspack，但他们并不一定知道应当定期在这些结果中检查些什么内容。需要记住在运行 Statspack 时将 OLTP 和批量活动相分离，它们通常会产生不同类型的等待。可以使用 SQL 脚本 spauto.sql 来每小时运行一次 Statspack。查看$ORACLE_HOME/rdbms/admin/spauto.sql 中的脚本，可以获得更多的信息(注意：JOB_QUEUE_PROCESSES 作业队列从属进程的最大数量必须设置为大于 0)。缘于每个系统间的差异，下面只是应当定期在 Statspack 或 AWR 报告中查看的一些通用内容：

- AWR 中的 Top 10 foreground wait events (timed events)或 Statspack 中的 Top 5 timed events
- Top background wait events
- Load profile(包括 In-Memory)
- Other wait events(从此途径指向 Top 5)
- Latch waits/Mutex sleeps(12cR2 包含的许多 In-Memory 闩锁)
- Top SQL
- Instance efficiency 中有异常的命中率(hit ratios)
- Instance activity
- File I/O and segment statistics

- Memory allocation
- Buffer waits
- Initialization Parameters(靠近报告的结尾)
- Active Session History (ASH) Report(稍后介绍，包含 Top SQL、Top Events 和 Top Event P1/P2/P3 值)
- 对于 12cR2 的 AWR 报告，GoldenGate and Streams Replication(如果系统使用的话)
- 高效使用 In-Memory

作为对 Top 10 前端等待事件的最后一次说明，当发现某个等待事件的值比正常情形下高得多时，请检查是否有相关的 Bug 存在。当定期监控报告或者有抓取的基线进行对比分析时，就能容易地发现这个问题。观察下面图 14-20 中显示的 Bug[1]，它来自 MOS，显示了很高的"Library Cache: Mutex X"等待事件(On Koka Cursors (LOBs) Non-Shared)，它占据 Top 5 等待事件。这是存在 Bug 的征兆，也有可能是由一条糟糕的 SQL 语句引起的。请参考本章相关内容中有关如何根据等待事件修复各类主要问题的说明。

图 14-20　一个关于很严重的 Library Cache: Mutex X 等待事件的 Bug 的例子

14.5.1　管理 Statspack 数据

如果还在使用 Statspack，应当管理 Statspack 生成的数据，以保证随着应用程序数据量的增长，Statspack 应用程序的空间使用和性能可以满足需要。管理 Statspack 数据包含以下步骤：

(1) 定期分析 Statspack 数据。最基本的要求是，应当在运行 spreport.sql 报告前分析 Statspack 所在的模式：

```
execute DBMS_UTILITY.ANALYZE_SCHEMA('PERFSTAT','COMPUTE');
```

(2) 清除旧数据。因为不能在数据库有关闭/启动行为的时间间隔内生成有效的报告，所以在上一次数据库启动之前的数据不像大多数当前数据那么有用。当不再需要这些数据时，就可以从表中清除它们。Oracle 提供了一个脚本(sppurge.sql)来完成清除工作。sppurge.sql 脚本位于 Oracle 软件根目录的/rdbms/admin 目录下，它将列出当

---

[1] 译者注：该 bug 的详细信息请参考 MOS 文档 758674.1："Library Cache: Mutex X" On Koka Cursors (LOBs) Non-Shared。

前存储的快照,并要求输入两个参数:需要清除的快照的起始号码和截止号码。然后,STATS$表中相关的记录就会被删除。根据所牵涉事务的大小,使用回滚段的数据库应该强制会话在删除操作时使用更大的回滚段:

```
SQL> commit;
SQL> set transaction use rollback segment roll_large;
SQL> @sppurge
```

spurge.sql 脚本会提醒在删除旧的统计数据前要备份它们。可以通过导出 perfstat 模式来备份数据。

(3) 当数据不需要时,可以清空 Statspack 数据表。旧的统计数据可能不再有用,或者在数据库迁移或创建时导入这些旧的统计数据。为了清空这些旧的数据表,可以在 perfstat 账户下执行名为 sptrunc.sql 的 SQL*Plus 脚本。该脚本位于 Oracle 软件根目录的/rdbms/admin 目录下。

(4) 在备份计划中包含 Statspack 数据表。如果正在使用 Export,Oracle 提供了名为 spuexp.par 的参数文件来帮助你。

(5) 在空间监控过程中包含 Statspack 数据表。

14.5.2 升级 Statspack

为了将数据库中的 Statspack 数据升级为新版本,可以执行 Oracle 提供的脚本。Oracle 不支持将 Statspack 直接从版本 8.1.6 升级到版本 9.0.1 或从版本 9.2 升级到版本 10.2/11;必须通过多个步骤来完成。这个脚本只是把当前的模式升级到另一版本,例如从 9.0.1 升级到 9.2,因此可能需要运行多次脚本来完成升级(请注意,即使从 Oracle 8 升级,也包含在 12cR2 版本中)。

(1) 通过执行 spup90.sql 脚本将 Statspcak 对象从版本 9.0 升级到版本 9.2。
(2) 通过执行 spup92.sql 脚本将 Statspcak 对象从版本 9.2 升级到版本 10.1。
(3) 通过执行 spup10.sql 脚本将 Statspcak 对象从版本 10.1 升级到版本 10.2。
(4) 通过执行 spup102.sql 脚本将 Statspcak 对象从版本 10.2 升级到版本 11。
(5) 通过执行 spup1101.sql 脚本将 Statspcak 对象从版本 11.1 升级到版本 11.2。
(6) 通过执行 spup11201.sql 脚本将 Statspcak 对象从版本 11.2 升级到版本 11.2.0.2。
(7) 通过执行 spup112.sql 脚本将 Statspcak 对象从版本 11.2.0.2 升级到版本 12.1。
(8) 通过执行 spup12102.sql 脚本将 Statspcak 对象从版本 12.1 升级到版本 12.1.0.2。
(9) 通过执行 spup12200.sql 脚本将 Statspcak 对象从版本 12.1.0.2 升级到版本 12.2。

14.5.3 卸载 Statspack

因为 Statspack 包含公共同义词以及私有对象,所以必须通过有 SYSDBA 权限的账户才能删除。Oracle 提供了 spdrop.sql 脚本来自动完成这项工作。在 Oracle 软件根目录的/rdbms/admin 目录下,登录 SQL*Plus 并执行脚本,方法如下:

```
SQL> connect system/manager as SYSDBA
SQL> @spdrop
```

spdrop.sql 脚本通过调用其他脚本(spdtab.sql、spdusr.sql)来删除表、包、公共同义词以及 perfstat 用户。要重装 Statspack 的话,可以执行 14.2 节中的 spcreate.sql 脚本。

14.6 新 ADDM 报告的快速说明

可以使用 addmrpt.sql 脚本生成 ADDM(Automatic Database Diagnostics Monitor,自动数据库诊断监控器)报告来分析快照。可以从 SQL*Plus 运行 addmrpt.sql 脚本(该脚本保存在$ORACLE_HOME/rdbms/admin 目录中)。该

脚本给你提供了一个快照列表，从中可以生成报告(和从 SQL*Plus 生成 Statspack 或 AWR 报告一样)。需要选择起始快照和截止快照，最后还要定义 addmrpt.sql 创建的报告的名称。addmrpt.sql 脚本会对输入的快照对进行 ADDM 分析，并输出分析报告。通过企业管理器云控制器(请参阅第 5 章)使用 ADDM 的过程更详细，推荐使用这种方法。生成的报告包括头信息和详细的发现结果。下面是运行的命令，还有报告的头信息。你的报告应该与这个例子很类似(请注意，如果在运行 AWR 或 ADDM 报告时选择的快照间隔时间内实例关闭，则会导致 ORA-20200 错误——在快照期间实例关闭)。

```
SQL> @C:\app\User\product\12.2.0\dbhome_2\RDBMS\ADMIN\addmrpt

Current Instance
~~~~~~~~~~~~~~~~

   DB Id    DB Name      Inst Num Instance
----------- ------------ -------- ------------
 1272868336 ORCL                1 orcl

Instances in this Workload Repository schema
~~~~~~~~~~~~~~~~~~~~~~~~~~~~~~~~~~~~~~~~~~~~

   DB Id     Inst Num DB Name      Instance     Host
------------ -------- ------------ ------------ ------------
* 1272868336        1 ORCL         orcl         USER-PC

Using 1272868336 for database Id
Using          1 for instance number

Specify the number of days of snapshots to choose from
~~~~~~~~~~~~~~~~~~~~~~~~~~~~~~~~~~~~~~~~~~~~~~~~~~~~~~
Entering the number of days (n) will result in the most recent
(n) days of snapshots being listed.  Pressing <return> without
specifying a number lists all completed snapshots.

Listing the last 3 days of Completed Snapshots

                                                        Snap
Instance     DB Name        Snap Id    Snap Started    Level
------------ ------------ --------- ----------------- -----
orcl         ORCL               342 09 May 2011 15:38     1
¡- (partial listing only)
                                358 11 May 2011 04:00     1
                                359 11 May 2011 05:00     1
                                360 11 May 2011 06:00     1
                                361 11 May 2011 07:00     1
                                362 11 May 2011 08:00     1
                                363 11 May 2011 11:44     1

Specify the Begin and End Snapshot Ids
~~~~~~~~~~~~~~~~~~~~~~~~~~~~~~~~~~~~~~
Enter value for begin_snap: 358
Begin Snapshot Id specified: 358

Enter value for end_snap: 363
End   Snapshot Id specified: 363

Specify the Report Name
```

```
~~~~~~~~~~~~~~~~~~~~~~
The default report file name is addmrpt_1_358_363.txt.  To use this name,
press <return> to continue, otherwise enter an alternative.

Enter value for report_name: awr_rep1
Using the report name awr_rep1

Running the ADDM analysis on the specified pair of snapshots ...
Generating the ADDM report for this analysis ...
```

下面是报告的输出结果：

```
          ADDM Report for Task 'TASK_488'
          -------------------------------

Analysis Period
---------------
AWR snapshot range from 358 to 363.
Time period starts at 11-MAY-11 04.00.49 AM
Time period ends at 11-MAY-11 11.44.42 AM

Analysis Target
---------------
Database 'ORCL' with DB ID 1272868336.
Database version 11.2.0.1.0.
ADDM performed an analysis of instance orcl, numbered 1 and hosted at USER-PC.

Activity During the Analysis Period
-----------------------------------
Total database time was 12314 seconds.
The average number of active sessions was .44.
```

还有与 ADDM 分析相关的小结部分，位于头信息和各个发现结果之后。下面就是这样一个例子：

```
Summary of Findings
-------------------
   Description              Active Sessions       Recommendations
                            Percent of Activity
   ---------------------    -------------------   ---------------
1  Virtual Memory Paging     .44 | 100             3
... (partial listing only)

           Findings and Recommendations
           ----------------------------

Finding 1: Virtual Memory Paging
Impact is .44 active sessions, 100% of total activity.
-------------------------------------------------------
Significant virtual memory paging was detected on the host operating system.

   Recommendation 1: Host Configuration
   Estimated benefit is .44 active sessions, 100% of total activity.
   ---------------------------------------------------------------
   Action
      Host operating system was experiencing significant paging but no
      particular root cause could be detected. Investigate processes that do
      not belong to this instance running on the host that are consuming
      significant amount of virtual memory. Also consider adding more physical
```

```
            memory to the host.

         Recommendation 2: Database Configuration
         Estimated benefit is .44 active sessions, 100% of total activity.
         -----------------------------------------------------------------
         Action
            Consider enabling Automatic Shared Memory Management by setting the
            parameter "sga_target" to control the amount of SGA consumed by this
            instance.

         Recommendation 3: Database Configuration
         Estimated benefit is .44 active sessions, 100% of total activity.
         -----------------------------------------------------------------
         Action
            Consider enabling Automatic PGA Memory Management by setting the
            parameter "pga_aggregate_target" to control the amount of PGA consumed
            by this instance.
```

如果发现 SQL 问题,发现结果看起来如下所示,此处建议运行优化顾问(Tuning Advisor)以对此语句进行调优。

```
FINDING 1: 51% impact (309 seconds)
-----------------------------------
SQL statements consuming significant database time were found.
      ACTION: Run SQL Tuning Advisor on the SQL statement with SQL_ID
         "db78fxqxwxt7r".
         RELEVANT OBJECT: SQL statement with SQL_ID db78fxqxwxt7r and
         PLAN_HASH 3879501264
         SELECT a.emp, b.dname
         FROM EMP a, DEPT b
         WHERE a.deptno=b.deptno;
```

报告中的有些东西非常有趣。首先,发现结果表明定位到的问题对数据库时间有 51%的整体影响。换句话说,ADDM 报告依据消耗最多数据库时间的进程来对发现结果排序。进一步查看这个发现结果就会看到,是一条 SQL 语句导致这些问题(通常是大多数问题的来源)。ADDM 建议我们调优该语句。Oracle 为我们提供了该 SQL 的地址和哈希值,因此我们可以在 SQL 区域内找到这条 SQL 语句。注意,ACTION 建议我们在有问题的 SQL 语句上运行 SQL 优化顾问以生成某些建议的调优动作。在第 5 章和第 8 章中,我们讨论过 SQL 优化顾问,并演示了在 Oracle 12*c* 中它是如何帮助我们调优 SQL 语句的。

如果实例上的负载不够多,或者当前完成的工作不够,就不会提出建议,而是会显示下面的内容:

```
~~~~~~~~~~~~~~~~~~~~~~~~~~~~~~~~~~~~~~~~~~~~~~~~~~~~~~~~~~~~~~~~~~~~~~~~~~~
THERE WAS NOT ENOUGH INSTANCE SERVICE TIME FOR ADDM ANALYSIS.
~~~~~~~~~~~~~~~~~~~~~~~~~~~~~~~~~~~~~~~~~~~~~~~~~~~~~~~~~~~~~~~~~~~~~~~~~~~
```

ADDM 报告是获得调优诀窍的一个好的起点。和任何新的实用程序一样,在 Oracle 未来版本中它还有改进和成长的空间。如果可能,最好在企业管理器中使用它。本节还有一些与 ADDM 相关的其他方面没有讨论,例如用户定义的警告和 SQL 优化顾问(这些内容请参阅第 5 章和第 8 章)。

ADDM 已经很有帮助了,在 AWR 报告的末尾还有一份活动会话历史记录(ASH)报告,其中有一些非常值得探讨的部分。笔者最喜欢的是 Top SQL with Top Events(参见图 14-21)和 Top Event P1/P2/P3 Values(参见图 14-22)这两部分。

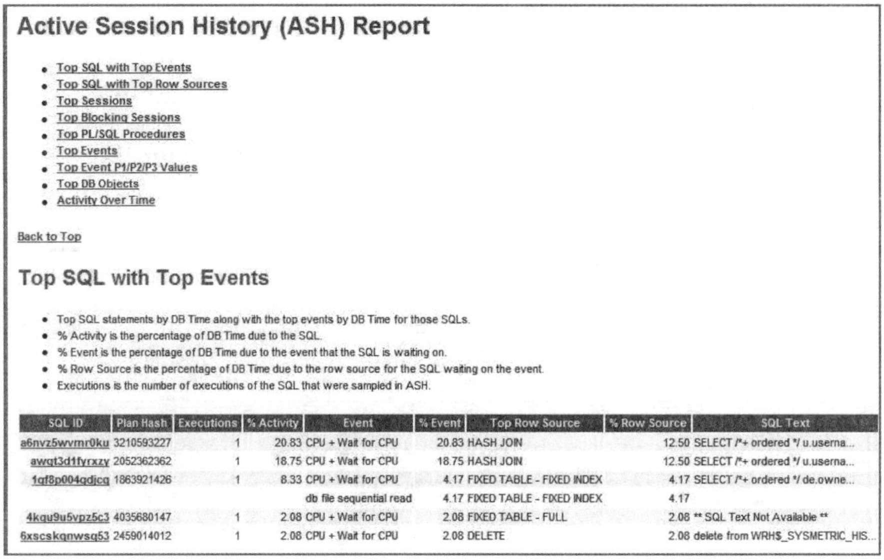

Active Session History (ASH) Report

- Top SQL with Top Events
- Top SQL with Top Row Sources
- Top Sessions
- Top Blocking Sessions
- Top PL/SQL Procedures
- Top Events
- Top Event P1/P2/P3 Values
- Top DB Objects
- Activity Over Time

Back to Top

Top SQL with Top Events

- Top SQL statements by DB Time along with the top events by DB Time for those SQLs.
- % Activity is the percentage of DB Time due to the SQL.
- % Event is the percentage of DB Time due to the event that the SQL is waiting on.
- % Row Source is the percentage of DB Time due to the row source for the SQL waiting on the event.
- Executions is the number of executions of the SQL that were sampled in ASH.

SQL ID	Plan Hash	Executions	% Activity	Event	% Event	Top Row Source	% Row Source	SQL Text
a6nvz5wvmr0ku	3210593227	1	20.83	CPU + Wait for CPU	20.83	HASH JOIN	12.50	SELECT /*+ ordered */ u.userna...
awqt3d1fyrxzy	2052362362	1	18.75	CPU + Wait for CPU	18.75	HASH JOIN	12.50	SELECT /*+ ordered */ u.userna...
1qf8p004qdjcq	1863921426	1	8.33	CPU + Wait for CPU	4.17	FIXED TABLE - FIXED INDEX	4.17	SELECT /*+ ordered */ de.owne...
				db file sequential read	4.17	FIXED TABLE - FIXED INDEX	4.17	
4kqu9u5vpz5c3	4035680147	1	2.08	CPU + Wait for CPU	2.08	FIXED TABLE - FULL	2.08	** SQL Text Not Available **
6xscskqnwsq53	2459014012	1	2.08	CPU + Wait for CPU	2.08	DELETE	2.08	delete from WRH$_SYSMETRIC_HIS...

图 14-21 ASH 报告——Top SQL with Top Events 部分

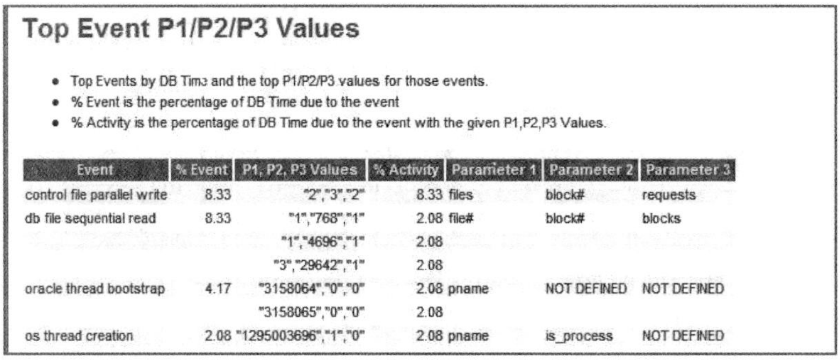

Top Event P1/P2/P3 Values

- Top Events by DB Time and the top P1/P2/P3 values for those events.
- % Event is the percentage of DB Time due to the event
- % Activity is the percentage of DB Time due to the event with the given P1,P2,P3 Values.

Event	% Event	P1, P2, P3 Values	% Activity	Parameter 1	Parameter 2	Parameter 3
control file parallel write	8.33	"2","3","2"	8.33	files	block#	requests
db file sequential read	8.33	"1","768","1"	2.08	file#	block#	blocks
		"1","4696","1"	2.08			
		"3","29642","1"	2.08			
oracle thread bootstrap	4.17	"3158064","0","0"	2.08	pname	NOT DEFINED	NOT DEFINED
		"3158065","0","0"	2.08			
os thread creation	2.08	"1295003696","1","0"	2.08	pname	is_process	NOT DEFINED

图 14-22 ASH 报告——Top Event P1/P2/P3 Values 部分

要诀

ADDM 报告是一种有用的调优工具，但最好通过 Oracle 企业管理器使用它以便发挥其最大优势。ASH 报告还有一些值得研究的地方，包括 Top SQL with Top Events 和 Top Event P1/P2/P3 Values 部分。

14.7 12cR2 脚本

表 14-13 是你在 12cR2 中将会发现的一些脚本。各个脚本的完整描述请参考官方文档。

表 14-13 12cR2 中的部分脚本

脚本	描述	调用	运行的用户	环境
spcreate.sql	创建 Statspack 环境	spcpkg.sql	SYSDBA	任一实例
spdrop.sql	删除整个 Statspack 环境	spdtab.sql spdusr.sql	SYSDBA	任一实例
spreport.sql	这是生成 Statspack 报告的主要脚本	sprepins.sql	perfstat	任一实例
sprepins.sql	为指定的数据库和实例生成 Statspack 实例报告		perfstat	RAC 或 Data Guard

(续表)

脚本	描述	调用	运行的用户	环境
sprepsql.sql	为指定的 SQL 哈希值生成 Statspack SQL 报告	sprsqinsl.sql	perfstat	任一实例
sprsqins.sql	为指定数据库和实例的指定 SQL 哈希值生成 Statspack SQL 报告	sprepcon.sql	perfstat	RAC 或 Data Guard
spauto.sql	使用 DBMS_JOB 自动进行 Statspack 统计数据收集(快照)		perfstat	任一实例 (job_queue_processes >0)
sprepcon.sql	配置 SQL*Plus 变量来设置阈值这样的内容。作为 Statspack 实例报告的一部分被自动调用		perfstat	想要对相关部分显示或隐藏的实例
sppurge.sql	删除给定数据库实例一定范围内的快照 ID(不删除基线快照)		perfstat	使用 Statspack 包的过程来代替
sptrunc.sql	清空 Statspack 表里的所有性能数据(小心使用!)		perfstat	任一实例
spuexp.par	导出整个 perfstat 用户的导出参数文件		perfstat	备份 perfstat 模式
spup816.sql	从版本 8.1.6 升级到版本 8.1.7		SYSDBA	拥有 8.1.6 版本的 Statspack 模式及其有效备份的数据库
spup817.sql	从版本 8.1.7 升级到版本 9.0		SYSDBA	拥有 8.1.7 版本的 Statspack 模式及其有效备份的数据库
spup90.sql	从版本 9.0 升级到版本 9.2		SYSDBA	拥有 9i 版本的 Statspack 模式及其有效备份的数据库
spup92.sql	从版本 9.2 升级到版本 10.1		SYSDBA	拥有 9iR2 版本的 Statspack 模式及其有效备份的数据库
spup10.sql	从版本 10.1 升级到版本 10.2		SYSDBA	拥有 10gR1 版本的 Statspack 模式及其有效备份的数据库
spup102.sql	从版本 10.2 升级到版本 11.1		SYSDBA	拥有 10gR2 版本的 Statspack 模式及其有效备份的数据库
spup1101.sql	从版本 11..1 升级到版本 11.2		SYSDBA	拥有 11gR1 版本的 Statspack 模式及其有效备份的数据库
spup11201.sql	从版本 11.2 升级到版本 11.2.0.2		SYSDBA	拥有 11gR2 版本的 Statspack 模式及其有效备份的数据库
spup112.sql	从版本 11.2.0.2 升级到版本 12.1		SYSDBA	拥有 11gR2 版本的 Statspack 模式及其有效备份的数据库
spup12102.sql	从版本 12.1 升级到版本 12.1.0.2		SYSDBA	拥有 12cR1 版本的 Statspack 模式及其有效备份的数据库
spup12200.sql	从版本 12.1.0.2 升级到版本 12.2		SYSDBA	拥有 12cR1 版本的 Statspack 模式及其有效备份的数据库

注意

必须使用与数据库相匹配的特定版本的 Statspack(例如，对于 Oracle 12.2，必须使用 Statspack 的 12.2 模式)。还要注意，spdoc.txt 文件是 Statspack 完整的指令和文档。

14.8 要诀回顾

- 至少为 perfstat 用户对象的初始创建分配 120MB 的空间。Oracle 12c 要求与 Oracle 11g 相同的空间。必须有 Oracle 诊断包(Diagnostics Pack)授权许可才能访问 AWR 报告所需的 AWR 字典视图。Statspack 不包括 In-Memory 信息，但是 Oracle 12cR2 的 AWR 报告包含。
- 在收集统计数据前，要确保将数据库初始化参数 TIMED_STATISTICS 设置为 true。
- 如果打算按计划调度运行 SNAP 过程，那么在数据库启动时就应当固定住 Statspack 程序包。
- 可以使用 sprepsql.sql 脚本来生成另一份报告，用于对 spreport.sql 报告中标识出来的有问题的 SQL 语句做进一步研究。
- 如果选择同时运行 Statspack 和 AWR 报告，就要确保 Statspack 的收集与 AWR 的收集交错进行，间隔至少 30 分钟，以避免性能产生相互干扰和影响。如果正在运行 AWR 报告，就不需要再次运行 Statspack。
- 使用新的 Oracle 12cR2 的 AWR 报告工具，当运行 awrrpt.sql 脚本时，可以选择使用文本(类似 Statspack 的输出结果)、HTML 或新的活动 HTML(如果需要，可以在报告末尾链接到 OEM)格式。HTML 格式比文本更好，因为可以单击报告内的各种链接，方便地在各部分之间导航。也可以在企业管理器中运行 AWR 报告。
- 如果使用企业管理器，就可以直接从多个 OEM 版本中的云控制器或数据库控制器运行 AWR 报告。
- 通过检查和理解系统中正常的负载概要可以更好地了解系统。在类似的负载或一天正常的时间段中，负载概要如果出现显著的变化，就说明需要做进一步深究。In-Memory(IM)统计数据不是 Oracle 12cR2 中 Statspack 报告的一部分，但包含在 AWR 报告中。
- library cache pin(保护游标/SQL)和 library cache latch(保护 Library Cache)被互斥锁代替(用于线程间互斥访问的程序对象)。
- 等待事件调优可能是最好的被动调优方法之一。
- 在 Oracle 12cR2 中，AWR 报告中的前 10 个前端等待事件(Statspack 中的前 5 个事件)向展示了系统在宏观层面上的最大问题，但它们很少会向你指出具体的问题。AWR 或 Statspack 报告的其他部分将告诉你为什么会遇到这些等待事件。
- 调优前 25 个缓冲区获取和前 25 个物理读的查询，可使系统的性能提升 5%~5000%。Statspack 报告的 SQL 部分告诉你首先需要调优的查询是哪些。前 10 条 SQL 语句产生的缓冲区获取和磁盘读，不应当多于整个系统的 10%。在新的 Oracle 12c 的 AWR 报告的末尾，Top SQL 与顶级事件相关联，从而为你提供进一步的帮助！
- 如果大量的排序操作是在磁盘上进行的(超过参加排序的记录总数的 1%~5%)，就可能需要增加和排序有关的初始化参数。参阅第 4 章以获得这方面的更多信息。
- 缓存的命中率应当高于 95%。如果低于 95% 的话，就应当考虑通过增加初始化参数 MEMORY_TARGET(如果使用了此参数)或 DB_CACHE_SIZE(代表缓存的最小大小，这里假定物理内存足够进行此设置)的大小来增加数据缓存的尺寸。
- 如果执行了全表扫描，结果可能会造成严重的性能问题，并且数据命中率将会受影响。需要鉴定这些表是否创建或使用了合适的索引。请参阅第 8 章和第 9 章中有关查询调优的更多信息。
- 如果一块物理磁盘上的物理读操作的数量很大，平衡数据或正确使用 ASM 将有可能提高性能。请参阅第 3 章中关于修复数据文件和表空间 I/O 问题(以及使用 ASM)的技巧。

- 在 Oracle 12c 中支持多种数据块大小，并且 AWR 报告和 Statspack 都显示了这些数据块大小的统计数据。在 AWR 报告和企业管理器(参阅第 5 章)中有许多顾问可以帮助你确定 SGA 的大小，然而应该首先测试这些建议，它们并不一定总是最好的。正如 Robert Freeman 所言，"你的情况可能不同"。
- 闩锁就像内存片(或内存缓冲区)上的锁。如果闩锁的命中率低于 99%，这将是个严重的问题，因为用于获取内存的闩锁本身也无法获得。Oracle 12cR2 有分片闩锁(用于分片)以及许多 In-Memory 闩锁，包括 In-Memory 区域闩锁、In-Memory 列段哈希表闩锁、In-Memory 列表空间区映射块闩锁以及 In-Memory 全局池闩锁。
- 不要到块级别，除非绝对需要这样。块级别是发现热块和 ITL 问题的地方，但在这个级别要发现问题的话，就需要高级 DBA 花费很多时间和精力。
- ADDM 报告可能是一个有用的调优工具，但更适合通过 Oracle 企业管理器来使用 ADDM 以获得最大收益。ASH 报告还有一些值得研究的好地方，包括 Top SQL with Top Events 和 Top Event P1/P2/P3 Values 部分。

第 15 章

施行快速系统审查(针对 DBA)

Oracle 12c 中引入了许多可用于自动优化的新功能。虽然很多 DBA 在规划和实施新版本方面非常在行,但在评估并且有效实施有助于系统的新特性方面,好的 DBA 就没那么多了。在 12c 版本中,还要考虑使用可插拔数据库(PDB,在第 3 章有过介绍),以及如何利用好附加的 In-Memory(IM,参见第 4 章)列存储(需要许可)。有了将 AWR(Automatic Workload Repository,自动负载信息库)和 AWR 报告(参考第 14 章中对 AWR 和 Statspack 的比较)结合在一起的 Oracle 企业管理器云控制器,监控和优化系统就能够采取迥然不同且效率更高的方式了。随着 SPA(SQL Performance Analyzer,SQL 性能分析器)、SQL 优化顾问(SQL Tuning Advisor)、自适应优化器(Oracle 12c 新增特性)、RAT(Real Application Testing)、Exadata 模拟器和结果集缓存(Result Cache)的问世,产生了各种各样修复系统的高效方法。成功的系统检查的关键之一乃是查看是否实施了满足需求的特性,这些特性是否有良好的版权成本回报以及实施这些特性需要多长时间。虽然不太有人喜欢做测试或评估方面的工作,但简单的评估即可帮助指出未来的性能问题及(或)当前问题。

提高和维持上佳系统性能的主要方法之一是每年至少进行一次系统检查,可以对系统的性能做内部或外部检查。许多公司都为自己的系统量身打造了衡量性能和总体速度的方法。本章并非要陈述"6 个月评估流程"都做些什么(涉及诸多细节的评估方法才提倡那样的流程)，而是要单纯地反映你的系统和行业里其他系统的对比情况。采用这种简单的审查时，业务流程中的各种变化可能会使你取得的分数忽高忽低，为了符合自己系统的特别情况，就得调整审查的尺度及(或)标准。

本章要点如下：

- 总体绩效指数(Total Performance Index，TPI)以及使用它的原因
- 如何评估训练绩效指数(Education Performance Index，EPI)
- 如何评估系统绩效指数(System Performance Index，SPI)
- 如何评估内存绩效指数(Memory Performance Index，MPI)
- 如何评估磁盘绩效指数(Disk Performance Index，DPI)
- 如何评估总体绩效指数(TPI)
- 一个综合系统检查的示例
- 即时动作条目列表
- 系统信息列表
- 由公正专家帮助完成的 DBA 评级

15.1 总体绩效指数(TPI)

总体绩效指数(TPI)将作为 Oracle DBA 衡量他们的系统并和其他系统进行比较的最基本工具，此处使用一种快速而简单的评分方法(如表 15-1 所示)。该指数只是作为晴雨表来反映所做的改进是否会带来好处。许多系统因为业务场景的不同，形成了类别上的差异，但该指数可以反映出你的系统和行业内其他系统之间的差距到底是大还是小。目前包括 4 个类别：训练、系统、内存以及磁盘绩效指数。本章将展示如何使用一系列简单的查询来估量 TPI 分数。对于特定类别的详细信息，请参阅本书中的相关章节。为了帮助你确定系统的运行进展情况，可以对目前的 TPI 分数和随着用户数量增长或软硬件改变后的 TPI 分数进行比较。也可以自定义指数以便适应常用工具，例如 Oracle 企业管理器(Enterprise Manager，EM)或 ADDM(Automatic Database Diagnostics Monitor，自动数据库诊断监控器)。表 15-1 按指数展示了系统的整体分解信息。

表 15-1 系统的整体分解信息

类别指数	最高分
训练绩效指数(EPI)	250
系统绩效指数(SPI)	250
内存绩效指数(MPI)	250
磁盘绩效指数(DPI)	250
总体绩效指数(TPI)	1000

15.2 训练绩效指数(EPI)

该指数估量技术人员的知识和训练程度。表 15-2 解释了如何取得满意的 EPI 分数。该评级系统并不是针对知识和受训练程度的包罗万象的基准，而只是一张晴雨表，反映提高员工的训练水平是否能获得好处。

表 15-2　取得 EPI 分数

类别	级别	最高分
需要 DBA 优化数据库	是	30
需要开发人员优化所写的代码	是	30
DBA 上一次接受优化培训的时间	<1 年	30
开发人员上一次接受优化培训的时间	<1 年	30
DBA 精通企业管理器	是	30
DBA 精通 V$视图	是	20
开发人员培训过 Oracle 12c 新特性	是	20
培训过 Oracle 12c 新特性的开发人员	是	20
DBA 接受过 EXPLAIN PLAN 培训	是	10
开发人员接受过 EXPLAIN PLAN 培训	是	10
DBA 接受过使用 SPA 和 SQL 优化顾问的培训	是	10
开发人员接受过使用 SPA 和 SQL 优化顾问的培训	是	10
训练绩效指数(EPI)	总分	250

下面根据表 15-2 评估你的系统，结果如表 15-3 所示。

表 15-3　评估你的系统

类别	级别	分数
需要 DBA 优化数据库吗?	是	30
	否	0
	得分	30
需要开发人员优化所写的代码吗?	是	30
	否	0
	得分	0
DBA 上一次接受优化培训的时间?	<1 年	30
	1~2 年	20
	>2 年	0
	得分	20
开发人员上一次接受优化培训的时间?	<1 年	30
	1~2 年	20
	>2 年	0
	得分	20
DBA 精通使用企业管理器作为调优工具吗?	是	30
	否	0
	得分	30
DBA 精通使用 V$视图来发现和定位深入的性能问题吗?	是	20
	否	0
	得分	20

(续表)

类别	级别	分数
DBA 接受过 Oracle 12c 新特性的培训吗？	是	20
	否	0
	得分	20
开发人员接受过 Oracle 12c 新特性的培训吗？	是	20
	否	0
	得分	0
DBA 接受过使用 EXPLAIN PLAN/DBMS_XPLAN 的培训吗？	是	10
	否	0
	得分	10
开发人员接受过 EXPLAIN PLAN/自动跟踪/DBMS_XPLAN 的培训吗？	是	10
	否	0
	得分	0
DBA 接受过使用 SPA 和 SQL 优化顾问的培训吗？	是	10
	否	0
	得分	10
开发人员接受过使用 SPA 和 SQL 优化顾问的培训吗？	是	10
	否	0
	得分	0
训练绩效指数(EPI)	总分 160	(等级：B)

评估系统等级，如表 15-4 所示。

表 15-4　评估系统等级

EPI 等级	注释	分数
A+	大多数系统中的前 10%	250
A	大多数系统中的前 20%	210～249
B	大多数系统中的前 40%	150～209
C	大多数系统中的前 70%	90～149
现在需要帮助	大多数系统中的最后 30%	<90

要诀

估量训练绩效指数(EPI)能够帮助你发现训练在哪些方面可以得到改善。

15.3　系统绩效指数(SPI)

这个指数用于估量总的系统问题。表 15-5 解释了如何取得理想的 SPI 分数。该评级系统并不是针对总体系统问题的包罗万象的基准，而只是一张晴雨表，可以反映所做的改进是否能获得好处。

表 15-5 取得 SPI 分数

类别	级别	最高分
内部团队上次检查数据库的时间	<1 年	30
商业目标与 IT 目标的偏差	<1 年	30
最近一次运行 AWR 或 Statspack 的时间	<1 个月	30
询问用户有关的性能问题	<2 个月	30
为恢复速度/成功与否而做过备份测试	是	30
外部团队上次审查数据库的时间	<1 年	30
外部团体上次审查操作系统的时间	<1 年	20
统计信息收集/AWR 收集频率	自动	10
正确地使用/研究分区	是	10
正确地使用/研究压缩	是	10
正确地应用 Oracle 12c 新特性	是	10
为提高性能而使用或测试过并行查询	是	10
系统绩效指数(SPI)	总分	250

下面根据表 15-4 评估你的系统，结果如表 15-6 所示。

表 15-6 评估你的系统

类别	级别	分数
数据库最近一次由业务用户审查是什么时候？	<1 年	30
	1~2 年	20
	>2 年	0
	得分	30
IT 目标是否通常与业务目标保持一致以确保 IT 投资的 ROI？	<1 年	30
	1~2 年	20
	>2 年	0
	得分	30
最近一次运行和审查 AWR 报告或 Statspack 的结果是何时？是否经常审查 Oracle 性能顾问？(参见第 14 章)	<1 个月	30
	1~3 个月	20
	4~6 个月	10
	>6 个月	0
	得分	20
系统中用户上一次提出有关性能的问题是何时？哪里可以做出改进？阈值设置是否合理？	<2 个月	30
	3~6 个月	20
	7~12 个月	10
	>1 年	0
	得分	20
是否测试过备份计划以确定其是否有效以及恢复操作所需的时间？	是	30
	否	0
	得分	30

(续表)

类别	级别	分数
数据库最近一次由外部团队审查是什么时候?	<1 年	30
	1~2 年	20
	>2 年	0
	得分	20
操作系统和存储布局最近一次由外部团队审查是什么时候?	<1 年	20
	1~2 年	10
	>2 年	0
	得分	20
统计信息的收集频率是多少?	自动	10
	每月	5
	不确定	0
	得分	10
分区是否经过评估或实施,是否在有利的地方使用?	是	10
	不需要	10
	未经过测试	0
	得分	10
压缩是否经过评估或实施,是否在有利的地方使用?	是	10
	不需要	10
	未经过测试	0
	得分	10
Oracle 12c 的新特性是否经过评估或实施,是否在有利的地方使用?	是	10
	不需要	10
	未经过测试	0
	得分	10
是否评估过并行查询并在有利的地方使用?	是	10
	不需要	10
	未经过测试	0
	得分	10
系统绩效指数(SPI)	总分	220(A+)

评估系统等级,如表 15-7 所示。

表 15-7 评估系统等级

SPI 等级	注释	分数
A+	大多数系统中的前 10%	>210
A	大多数系统中的前 20%	180~210

(续表)

SPI 等级	注释	分数
B	大多数系统中的前 40%	140～179
C	大多数系统中的前 70%	80～139
现在需要帮助	大多数系统中的最后 30%	<80

要诀

估量系统绩效指数(SPI)能够帮助你发现整个系统在哪些方面可以得到改善。

15.4 内存绩效指数(MPI)

本节介绍如何估量内存的使用和分配。表 15-8 说明了如何取得理想的 MPI 分数。该评级系统并不是针对内存使用和分配的包罗万象的基准，而只是一张晴雨表，用来查看系统能否通过改进内存的使用和分配而获益。

表 15-8　取得 MPI 分数

类别	级别	最高得分
前 25 条最耗费内存的语句是否被优化	是	60
前 10 条语句内存使用*	<5%	30
缓冲区缓存命中率*	>98%	30
数据字典缓存命中率*	>98%	30
库缓存命中率*	>98%	30
内存中完成的 PGA 排序	>98%	30
X$BH 中 state=0 的缓存*	10%～25%	20
是否有效地使用结果集缓存	是	10
是否固定/缓存频繁使用的对象	是	10
内存绩效指数(MPI)	总分	250

*基于对系统的了解和是否使用 IM，仅在需要的地方调整这些值。

15.4.1 排名前 25 的"内存滥用"语句是否被优化

在多数系统中排名前 25 的语句，如果没有经过优化，它们会占用整个系统中超过 75%的内存和磁盘读。下面程序清单中的代码说明了如何找出排名前 25 的内存滥用语句。

查询前 25 位的内存滥用语句：

```
set serverout on size 1000000
declare
 top25 number;
 text1 varchar2(4000);
 x number;
 len1 number;
cursor c1 is
  select buffer_gets, substr(sql_text,1,4000)
  from v$sqlarea
  order by buffer_gets desc;
begin
 dbms_output.put_line('Gets'||'     '||'Text');
 dbms_output.put_line('----------'||'  '||'----------------------');
```

```
  open c1;
  for i in 1..25 loop
   fetch c1 into top25, text1;
   dbms_output.put_line(rpad(to_char(top25),9)||' '||substr(text1,1,66));
   len1:=length(text1);
   x:=66;
   while len1 > x-1 loop
    dbms_output.put_line('              '||substr(text1,x,66));
    x:=x+66;
   end loop;
  end loop;
end;
/
```

部分示例输出如下：

```
Gets      Text
16409     select f.file#, f.block#, f.ts#, f.length from fet$ f, ts$ t where
"         e t.ts#=f.ts# and t.dflextpct!=0
6868      select job from sys.job$  where next_date < sysdate  order by next
"         t_date, job
6487      SELECT BUFFER_GETS,SUBSTR(SQL_TEXT,1,3500)   FROM V$SQLAREA ORDER
"             BY BUFFER_GETS DESC
3450      SELECT BUFFER_GETS,SUBSTR(SQL_TEXT,1,4000)   FROM V$SQLAREA ORDER
"             BY BUFFER_GETS DESC
(……简化并显示了部分清单)
```

评估系统：

尝试优化过多少条从 V$SQLAREA 视图中查询到的排名前 25 的"内存滥用"语句？		
	0	0 分
	1～5	20 分
	6～15	40 分
	16～25	60 分
	得分	60 分

15.4.2 十大"内存滥用"语句在所有语句中所占的比重

多数系统中排名前十位的语句，如果没有经过优化，可以消耗整个系统超过 50%的内存。本节衡量这些使用内存最多的语句的危害有多严重，它们占整个系统使用量的比重是多少。

下面的语句可以查询到这个百分比：

```
select sum(pct_bufgets) "Percent"
from    (select rank() over ( order by buffer_gets desc ) as rank_bufgets,
          to_char(100 * ratio_to_report(buffer_gets) over (), '999.99') pct_bufgets
           from    v$sqlarea )
where   rank_bufgets < 11;
```

示例输出如下：

```
Percent
-------
   4.03

PL/SQL procedure successfully completed.
```

评估系统：

从V$SQLAREA视图中查询到的十大"内存滥用"语句占全部内存读的百分比是多少？	>25%	0 分
	20%~25%	10 分
	5%~19%	20 分
	<5%	30 分
	得分	30 分

15.4.3 缓冲区缓存命中率

缓冲区缓存命中率表示在不需要进行磁盘访问的情况下，在内存结构中找到常用数据块的频率。命中率在第三方优化产品中比以往任何时候都使用得频繁，Oracle 使用它们的次数也比以往更多，主要是因为它们是很好的晴雨表。但是，命中率也会产生误导，它应该总是用作展开进一步研究的晴雨表和指示器。没有人像有些人声称的那样将命中率用作优化系统的唯一方法(没有人这样做过)。声称根本不应该使用它的人通常不理解它的价值，也不知道如何使用它。不检查命中率的 DBA 可能会遗漏主要问题，这些问题本来可能以极低的成本就能够修复。命中率通常不是性能良好的指示器，但通常是性能不佳的指示器。最好将命中率用作性能改变的晴雨表或指示器。使用动态性能视图 V$SYSSTAT 可以很容易地计算这些统计数据(参考第 12 章的例子)。

查询缓冲区命中率：

```
select    (1 - (sum(decode(name, 'physical reads',value,0)) /
          (sum(decode(name, 'db block gets',value,0)) +
          sum(decode(name, 'consistent gets',value,0))))) * 100 "Hit Ratio"
from      v$sysstat;
```

示例输出如下：

```
Hit Ratio
----------
98.8249067
```

评估 OLTP 系统：

缓冲区命中率是多少？	< 90%	0 分
	90%~94%	10 分
	95%~98%	20 分
	>98%	30 分
	得分	30 分

也可以扩展下面程序清单中的查询，以便在结果中包含实际的命中率。下面程序清单中的查询展示了怎样使用 DECODE 函数来完成这个任务。如果想在结果中使用分数值，也可以在本章的其他查询中应用这个策略。在 TUSC，我们使用一个 PL/SQL 过程来实现这个结果(还可将它们图形化显示)。

带有评级地查询命中率：

```
select (1 - (sum(decode(name, 'physical reads',value,0)) /
(sum(decode(name, 'db block gets',value,0)) +
sum(decode(name, 'consistent gets',value,0))))) * 100 "Hit Ratio",
decode(sign((1-(sum(decode(name, 'physical reads',value,0)) /
(sum(decode(name, 'db block gets',value,0)) +
sum(decode(name, 'consistent gets',value,0))))) * 100 - 98),1,30,
decode(sign((1-(sum(decode(name, 'physical reads',value,0)) /
(sum(decode(name, 'db block gets',value,0)) +
```

```
sum(decode(name, 'consistent gets',value,0))))) * 100 - 95),1,20,
decode(sign((1-(sum(decode(name, 'physical reads',value,0)) /
(sum(decode(name, 'db block gets',value,0)) +
sum(decode(name, 'consistent gets',value,0))))) * 100 - 90),1,10,0)))
"Score"
from v$sysstat
/
```

示例输出如下：

```
Hit Ratio       Score
----------   ----------
99.8805856       30
```

V$SYSSTAT 中的数据反映所有缓冲池的逻辑和物理读操作的统计数据。要单独获得缓冲池的命中率，可以查询动态性能视图 V$BUFFER_POOL_STATISTICS。

缓冲区缓存命中率可用来验证动态性能视图 V$DB_CACHE_ADVICE 中模拟的物理 I/O。该动态性能视图通过预测每个可能缓存大小的物理读操作次数来帮助调整缓存大小。物理读操作因素(physical read factor)包含在数据内，它预测将缓存大小调整为指定值时物理读操作的估计次数。要使用 V$DB_CACHE_ADVICE，参数 DB_CACHE_ADVICE 应该设置为 ON，并且在查询视图之前使用稳定典型的工作负载。下面的查询用于验证缓冲区缓存顾问模拟的物理 I/O。

验证物理 I/O 的查询：

```
COLUMN size_for_estimate         FORMAT 999,999,999,999 heading 'Cache Size in MB'
COLUMN buffers_for_estimate      FORMAT 999,999,999     heading 'Buffers'
COLUMN estd_physical_read_factor FORMAT 999.99          heading 'Estd Phys Read Fctr'
COLUMN estd_physical_reads       FORMAT 999,999,999     heading 'Estd Phys Reads'
SELECT size_for_estimate,
       buffers_for_estimate,
       estd_physical_read_factor,
       estd_physical_reads
FROM V$DB_CACHE_ADVICE
WHERE name = 'DEFAULT'
  AND block_size = (SELECT value FROM V$PARAMETER
                    WHERE  name = 'db_block_size')
  AND advice_status = 'ON'
/
```

示例输出如下：

```
Cache Size in MB     Buffers   Estd Phys Read Fctr   Estd Phys Reads
----------------  ----------  --------------------   ---------------
               4         501                  1.36            11,130
               8       1,002                  1.27            10,427
              12       1,503                  1.19             9,743
              16       2,004                  1.00             8,205
              20       2,505                   .96             7,901
              24       3,006                   .84             6,856
              28       3,507                   .81             6,629
              32       4,008                   .76             6,249
```
(...简化并显示了部分清单)

15.4.4 数据字典缓存命中率

数据字典缓存命中率显示了对数据字典和其他对象的内存读操作所占的百分比。

查询数据字典缓存命中率:

```
select    (1-(sum(getmisses)/sum(gets))) * 100 "Hit Ratio"
from      v$rowcache;
```

示例输出如下:

```
Hit Ratio
----------
95.4630137
```

评估系统:

数据字典缓存命中率是多少?	<85%	0 分
	86%~92%	10 分
	92%~98%	20 分
	>98%	30 分
	得分	20 分

15.4.5 库缓存命中率

库缓存命中率显示了对实际语句和 PL/SQL 对象的内存读操作所占的百分比。注意,高命中率并不总是好事。请参阅第 4 章的详细解释。

查询库缓存命中率:

```
select    Sum(Pins) / (Sum(Pins) + Sum(Reloads)) * 100  "Hit Ratio"
from      v$LibraryCache;
```

示例输出如下:

```
Hit Ratio
----------
99.9670304
```

命中率是 99.97%,这表示只有 0.03%的执行会导致重新解析。

评估系统:

库缓存命中率是多少?	<90%	0 分
	90%~95%	10 分
	95%~98%	20 分
	>98%	30 分
	得分	30 分

15.4.6 PGA 内存排序命中率

自动 PGA 内存管理简化了 PGA 内存分配的方法。默认情况下,PGA 内存管理是启用的。在这种模式下运行时,以 SGA 内存大小的 20%为基础,Oracle 动态调整分配到工作区的 PGA 内存部分的大小。在自动 PGA 内存管理模式下运行时,所有会话的工作区大小都是自动的。在 10g 版本中,一个实例中 PGA 可以分配给活动工作区的内存总量由 SORT_AREA_SIZE 或 PGA_AGGREGATE_TARGET(首选)初始化参数决定。在 11g 版本中,如果使用了 MEMORY_TARGET 参数,Oracle 会自动管理 SGA 和 PGA。在 12c 版本中,Oracle 使用 PGA_AGGREGATE_LIMIT 参数限制 PGA 的上限。参考第 4 章以了解 Oracle 中内存分配的初始化参数、对 12c 版本中新参数的讨论以及自动内存管理(Automatic Memory Management,AMM)。

我们的目标是尽可能在内存中完成 PGA 中的排序操作，而不使用 I/O 子系统(在磁盘上)。与 PGA 内存排序相关的统计信息可以从下一节的查询或 AWR 报告中获取。AWR 报告反映内存和磁盘中排序的总体值，以及它们在内存中所占的百分比。这些值反映从实例启动以来的活动情况。PGA 内存排序命中率应该大于 98%。用户排序操作是否在内存中完成取决于当前自动内存管理分配给 PGA 的内存(使用 PGA_AGGREGATE_TARGET 参数来设置)。如果这个初始化参数的大小不足以容纳排序操作，用户排序操作将在指定的临时表空间所在的磁盘上完成。

查询 PGA 内存排序命中率

运行下面的查询可以得到详细的排序统计数据(内存、磁盘和行)，或者通过查看 AWR 报告或 Statspack 输出文件(report.txt)来获取这些统计数据(有关 Statspack 和 AWR 报告的更多信息，请参阅第 14 章)。

获得 PGA 内存排序命中率的查询：

```
select     a.value "Disk Sorts", b.value "Memory Sorts",
           round((100*b.value)/decode((a.value+b.value),0,1,(a.value+b.value)),2)
           "Pct Memory Sorts"
from       v$sysstat a, v$sysstat b
where      a.name = 'sorts (disk)'
and        b.name = 'sorts (memory)';
```

示例输出如下：

```
Disk Sorts  Memory Sorts    Pct Memory Sorts
----------  ------------    ----------------
        16         66977               99.98
```

评估系统：

在内存中执行的排序操作所占的百分比是多少？	<90%	0 分
	90%~94%	10 分
	95%~98%	20 分
	>98%	30 分
得分		30 分

15.4.7 空闲的数据缓冲区的比例

从 Oracle 数据库启动的时刻开始，用户的查询就开始使用内存。尽管当用户的查询完成时，这些内存还可以重用，但在系统运行两个小时之后执行下面的查询，可以很明显地看出缓冲区是如何被迅速耗尽的(高负荷系统可能需要的时间更短)。用空闲的缓冲区个数除以 X$BH 表中的记录总数(即分配的数据块缓冲区的总数)，便得到这个百分比。注意，必须以 SYS 用户身份运行该查询。此外，拥有大量的空闲缓冲区并不一定是好事。请参阅第 13 章了解有关该表上查询的详细信息。但是有了 In-Memory(IM)列存储功能后，情况就不一样了，如果拥有授权并使用这个功能(第 4 章有详细描述和 IM 查询)的话。对于数据仓库来说，可能会把得分一分为二，一半给数据缓冲区，另一半给 IM 列存储。

查询空闲的数据缓冲区：

```
SET VERIFY off
COLUMN PctTotBCMem for a11
SELECT /*+ ordered */
       tot_bc_mem.TotBCMem,
       decode(state,
              0,'Free',
              1,'Exclusive',
```

```
                        2,'SharedCurrent' ,
                        3,'ConsistentRead',
                        4,'BeingRead',
                        5,'InMediaRecoveryMode',
                        6,'InInstanceRecoveryMode',
                        7,'BeingWritten',
                        8,'Pinned',
                        9,'Memory',
                       10,'mrite',
                       11,'Donated') "BlockState",
       SUM(blsiz) "SumStateTypeMem",
       COUNT(1)   "NumOfBlksThisTyp",
       ROUND(SUM(blsiz)/tot_bc_mem.TotBCMem,2)*100||'%' "PctTotBCMem"
  FROM (SELECT sum(blsiz) TotBCMem
          FROM X$bh) tot_bc_mem,
             X$bh
GROUP BY tot_bc_mem.TotBCMem,
         decode(state,
                0,'Free',
                1,'Exclusive',
                2,'SharedCurrent' ,
                3,'ConsistentRead',
                4,'BeingRead',
                5,'InMediaRecoveryMode',
                6,'InInstanceRecoveryMode',
                7,'BeingWritten',
                8,'Pinned',
                9,'Memory',
               10,'mrite',
               11,'Donated')
ORDER BY SUM(blsiz);
CLEAR COLUMNS

 TOTBCMEM  BlockState            SumStateTypeMem NumOfBlksThisTyp PctTotBCMem
 ---------- --------------------- --------------- ---------------- -----------
 209739776 Free                          12828672             1566 6%
 209739776 ConsistentRead                43368448             5294 21%
 209739776 Exclusive                    153542656            18743 73%
```

评估系统：

在生产系统运行了两个小时(具体时间依系统不同而变)之后，X$BH 表中 state=0(空闲)的缓冲区比例是多少? (也可以对缓冲区和 IM 列存储对半打分)	< 5%	0 分
	5%~10%	30 分
	10%~25%	20 分
	> 25%	0 分
	得分	30 分

注意，当空闲比例高于 25%时，却得到 0 分，理由是数据缓冲区设置得太大了，可能会浪费资源。上述得分是为特有系统量身定制。记住，这个评估只是一条通用基准——一定要根据特定的系统做相应修订。

15.4.8 有效地使用结果集缓存

结果集缓存在数据库启动时从共享池中被直接分配出来，但它是单独维护的。结果集缓存允许查询结果(例如，所有工资的计算汇总结果)缓存在内存中，可以大幅提高以后需要执行多次返回相同结果的查询的性能。默认情况下，结果集缓存的大小为 0.25%的 MEMORY_TARGET(假定设置了该值)、0.50%的 SGA_TARGET(假定设置了该值)或 1%的 SHARED_POOL_SIZE 参数值大小(假定设置了该值)。同样可以通过 RESULT_CACHE_MAX_SIZE=总量和 RESULT_CACHE_MODE=force(设置该值的含义是强制自动使用)参数来直接设置。设置 RESULT_CACHE_MAX_SIZE 为 0 则会禁用结果集缓存。可以使用 DBMS_RESULT_CACHE.FLUSH 来清空它。注意结果不会在 RAC/Grid 节点之间传递。请参考第 1 章和第 4 章以获取更多信息。同时，请参照文档来了解其他的限制和规则。

评估系统：

是否高效使用了结果集缓存？	是/不需要	10 分
	没有	0 分
	得分	10 分

15.4.9 固定/缓存对象

如果对象是常用对象，就可以使用 DBMS_SHARED_POOL.KEEP 将它们固定在内存中，如第 10 章所述。还可以通过在创建表时缓存它，从而将该表固定在内存中，或者使用 ALTER 命令来缓存表。请参阅第 7 章有关缓存表的详细信息。

推荐使用下面的程序包进行固定操作：

DBMS_ALERT	DBMS_DESCRIBE
DBMS_DDL	DBMS_LOCK
DBMS_OUTPUT	DBMS_PIPE
DBMS_SESSION	DBMS_SHARED_POOL
DBMS_STANDARD	DBMS_UTILITY

评估系统：

在需要时会固定 PL/SQL 对象或缓存表吗？	是/不需要	10 分
	不会	0 分
	得分	10 分
内存绩效指数(MPI)示例	总分	240(A+)

评估系统等级：

MPI 等级	注释	得分
A+	大多数系统中的前 10%	> 230
A	大多数系统中的前 20%	200～230
B	大多数系统中的前 40%	160～199
C	大多数系统中的前 70%	100～159
现在需要帮助	大多数系统中的最后 30%	<100

要诀

估量内存绩效指数(MPI)能够帮助发现在内存的分配和使用上，有哪些方面可以得到改善。

15.5 磁盘绩效指数(DPI)

本节衡量磁盘的使用状况。表 15-9 解释了如何取得理想的 DPI 分数。该评级系统并不意味着对磁盘使用情况的全方位评估，而只是一张晴雨表，反映改进磁盘的使用是否能获得好处。随着 SAN 和其他磁盘及磁盘缓存技术的出现，需要修改该评级系统，使其更适合系统。Oracle 的一些特性，例如 ASM(Automatic Storage Management，自动存储管理)、LMT(Locally Managed Tablespace，本地管理的表空间)和 ASSM(Automatic Segment Space Management，自动段空间管理)应该重点考虑(请参阅第 3 章，参考这些特性的更多信息)。

表 15-9 取得 DPI 分数

类别	级别	最高分
已优化过排名前 25 的语句(磁盘使用最多)	是	60
使用磁盘最多的前 10 条语句的磁盘使用率	<5%	40
表和索引存放在一起	无	30
关键任务表使用 LMT 和 ASSM	是	30
快速磁盘或 SSD 上的重做日志	是	30
自动 UNDO 管理	是	30
用于临时表空间的磁盘数	>2	30
磁盘绩效指数(DPI)	总分	250

15.5.1 优化滥用磁盘读操作的前 25 条语句

在没有进行优化的情况下，在绝大多数系统中，磁盘读操作占前 25 位的语句将占用整个系统所有磁盘和/或内存读操作的 75%。本节列出了整个系统中磁盘读操作最严重的 25 条语句。紧接着的示例展示了一个经过良好优化的系统，其中只有数据字典查询出现(通常不会去优化这些查询)。

查询滥用磁盘读操作最严重的前 25 条语句：

```
set serverout on size 1000000
declare
 top25 number;
 text1 varchar2(4000);
 x number;
 len1 number;
cursor c1 is
  select disk_reads, substr(sql_text,1,4000)
  from v$sqlarea
  order by disk_reads desc;
begin
 dbms_output.put_line('Reads'||'   '||'Text');
 dbms_output.put_line('----------'||' '||'--------------------');
 open c1;
 for i in 1..25 loop
  fetch c1 into top25, text1;
  dbms_output.put_line(rpad(to_char(top25),9)||' '||substr(text1,1,66));
  len1:=length(text1);
  x:=66;
  while len1 > x-1 loop
   dbms_output.put_line('"              '||substr(text1,x,66));
   x:=x+66;
```

```
  end loop;
 end loop;
end;
/
```

部分示例输出如下：

```
Reads    Text
1156     select file#, block#, ts# from seg$ where type# = 3
122      select distinct d.p_obj#,d.p_timestamp from sys.dependency$ d, obj
"        j$ o where d.p_obj#>=:1 and d.d_obj#=o.obj# and o.status!=5
111      BEGIN sys.dbms_ijob.remove(:job); END;
```
(……简化并显示了部分清单)

评估系统：

在 V$SQLAREA 视图中最滥用磁盘读操作的前 25 条语句中，尝试优化了几条？		
	0	0 分
	1～5	20 分
	6～15	40 分
	16～25	60 分
得分		60 分

15.5.2 最滥用磁盘读操作的前 10 条语句占所有语句磁盘读的比例

本节衡量磁盘读操作最多的 10 条语句对整个系统的影响，以百分比表示。

用于查询这个百分比的脚本如下：

```
Set serverout on;
DECLARE
 CURSOR c1 is
  select   disk_reads
  from     v$sqlarea
  order by disk_reads DESC;
 CURSOR c2 is
  select   sum(disk_reads)
  from     v$sqlarea;
 Sumof10 NUMBER:=0;
 mydr NUMBER;
 mytotdr NUMBER;
BEGIN
 dbms_output.put_line('Percent');
 dbms_output.put_line('-------');
 OPEN c1;
 FOR i IN 1..10 LOOP
  FETCH c1 INTO mydr;
  sumof10 := sumof10 + mydr;
 END LOOP;
 CLOSE c1;
 OPEN c2;
 FETCH c2 INTO mytotdr;
 CLOSE c2;
 dbms_output.put_line(sumof10/mytotdr*100);
END;
/
```

示例输出如下：

```
Percent
4.59
```

另一条简单而快速的 SQL 语句：

```
select sum(pct_bufgets)
from ( select rank() over ( order by disk_reads desc ) as rank_bufgets,
       to_char(100 * ratio_to_report(disk_reads) over (), '999.99') pct_bufgets
       from    v$sqlarea )
where rank_bufgets < 11;

SUM(PCT_BUFGETS)
----------------
          4.59
```

评估系统：

从 V$SQLAREA 视图中得到 10 条使用磁盘读操作最多的语句。它们占全部内存读操作的比例是多少？	>25%	0 分
	20%~25%	20 分
	5%~19%	30 分
	<5%	40 分
	得分	40 分

15.5.3 分离表和索引，或者使用 ASM

表和与它们相关联的索引应当放置在不同的物理磁盘上，以便减少文件 I/O。由于对 SAN 管理方式上的原因，DBA 通常不知道它们在哪里，使得这很难实现。通过企业管理器，Oracle 提供了一种可以查看和移动热数据(经常访问)和冷数据(不经常访问)的方法。将数据移到磁盘上的较热区或较冷区非常容易。信息生命周期管理(Information Lifecycle Management，ILM)，即数据整个生命周期的管理变得越来越重要。在 Oracle 12c 中，热图(Heat Map)简化了 ILM，它会自动采集段和行级统计数据，用来定义压缩和存储策略。较旧数据现在可以较长时间保存在较慢的物理磁盘上，而较新数据可以放在缓存中以确保访问时的速度较快。第 3 章已经详细讨论过这个问题，并提供了便于理解该问题的查询。注意，如果使用 ASM(也在第 1 章和第 3 章讨论过)，那么应该确保在添加磁盘时，采用第 3 章列出的重新平衡的诀窍。ASM 有一个特性名叫智能数据存放(intelligent data placement)，可以在 ASM 中指定冷/热磁盘区域，从而确保经常访问的热数据存放在较快/外部的磁道上。现在还有新的热图功能可以使用(企业管理器里就有)。

评估系统：

是否为了减少数据争用使用条带和(或)镜像？	否	0 分
是否使用了 Oracle 提供的一些 ILM 工具？	是/ASM	20 分
	是+ILM	30 分
	得分	30 分

15.5.4 关键任务表管理

本地管理的表空间(LMT)搭配自动段空间管理(ASSM)是常规做法。同时，我们还要评估一下行链接，当数据库的块大小太小时也常会发生行链接。使用自动段空间管理的表空间有时指带有位图段空间管理的本地管理的表空间，即位图表空间。要使用自动段空间管理，就要创建本地管理的表空间，同时将段空间管理子句设置为 AUTO。本地管理的表空间中的自动段空间管理不需要指定表空间存储属性中的 PCTUSED、FREELISTS 和 FREELIST

GROUPS 参数。如果可能，请将手动空间管理转换为自动段空间管理。

表被更新并且记录更新的数据块没有足够空间保存更改时，记录就会"链接"到另一个数据块。在这种情况下，记录跨越不止一个数据块，因而常常会带来额外的 I/O 开销。通过分析包含链接行的表和查询 CHAINED_ROWS 表，就可能确定具有链接记录的表。使用脚本 utlchain.sql 或 utlchn1.sql 可以创建 CHAINED_ROWS 表，它位于$ORACLE_HOME/rdbms/admin 目录下，$ORACLE_HOME 是 Oracle 软件的保存位置(注意，准确的名称和位置可能随着操作系统不同而不同)。也可以考虑使用 ALTER TABLE SHRINK SPACE COMPACT 命令，但操作之前请查阅 Oracle 文档以了解使用方法和限制。要填充 CHAINED_ROWS 表，可以使用 ANALYZE 命令。ANALYZE 命令有一个选项可以确定表中链接的行，如下所示：

```
ANALYZE table TABLE_NAME list chained rows into chained_rows;
Table analyzed.
```

该命令会将输出放到名为 CHAINED_ROWS 的表中。下面的查询会选择 CHAINED_ROWS 表中信息量最大的列：

```
SELECT  OWNER_NAME,         /*owner of object*/
        TABLE_NAME,          /*Name of table*/
        CLUSTER_NAME,        /*Name of cluster if applicable*/
        HEAD_ROWID,          /*ID of the first part of the row*/
        ANALYZE_TIMESTAMP    /*Timestamp associated with last analyze*/
FROM    CHAINED_ROWS;
```

评估系统：

关键任务表保存在使用自动段空间管理(ASSM)的本地管理的表空间(LMT)中吗？讨论过链接问题吗？	否	0 分
	是	30 分
	得分	30 分

15.5.5 分离关键的 Oracle 文件

让经常访问的 Oracle 数据文件彼此分离，或有效地使用 ASM 和热图功能，既有助于消除 I/O 瓶颈，也有助于消除潜在的磁盘内存缓冲饱和。分离高强度写的文件(特别是重做日志)通常会提高性能。

评估系统：

重做日志与数据库数据文件是否在不同的磁盘上？	是	30 分
	磁盘阵列	20 分
	否	0 分
	得分	20 分

15.5.6 自动 UNDO 管理

应该尽可能使用自动 UNDO 管理(AUM)。以这种方式配置时，数据库以查询运行的时间为基础，自动确定 UNDO 数据的保留时间。在这个时间窗口内保存的 UNDO 数据处于未过期状态。这个时间之后，UNDO 数据的状态就变为过期。只有当 UNDO 数据处于过期状态时才是覆盖这些数据的好时机。Oracle 将 UNDO 数据保持在未过期状态下的时间取决于表空间的配置。使用数据库配置助手(Database Configuration Assistant，DBCA)创建数据库时，UNDO 表空间默认设置为自动扩展，从而为运行时间最长的查询维护有效的 UNDO 信息。可以通过 UNDO_RETENTION 初始化参数指定 UNDO 的最小保持时间(以秒为单位)。这个参数值针对 AUTOEXTEND 的表空间使用。Oracle 可以自动扩展 UNDO 表空间到 MAXSIZE 大小。只有当 UNDO 表空间不能扩展时，未过期的 UNDO 数据才会被覆盖。

使用固定大小的 UNDO 表空间时，Oracle 自动将 UNDO 数据在指定大小的表空间中尽可能长时间地保持为未过期状态。如果 UNDO 表空间没有足够的空闲或过期空间来保存由当前事务生成的活动的 UNDO 数据，Oracle 会被迫覆盖未过期的 UNDO 数据。这种情况可能导致长时间运行的查询失败，并发出错误或警报。

在自动 UNDO 管理表空间中禁用 AUTOEXTEND(默认为启用)的情况下，需要手动调整 UNDO 表空间的大小以实现自动扩展。在这种情况下，要确保表空间足够大，足以满足长时间运行的查询读操作一致性的需要。同时，如果使用闪回特性，就要确保表空间足够大，能够容纳闪回操作。下面列举的查询评估在不同条件下 UNDO 表空间所需的字节数。使用自动 UNDO 管理，不需要创建单个 UNDO 段，Oracle 为你完成这些工作。如果使用自动 UNDO 管理，也不需要使用回滚段。

下面的信息适用于 UNDO 查询 A、B 和 C。调整 UNDO 表空间大小需要 3 方面的信息。

- (UR): UNDO_RETENTION，以秒为单位。
- (UPS): 每秒生成的 UNDO 数据块数量。
- (DBS): 基于区和文件大小的开销(DB_BLOCK_SIZE)。

UNDO 表空间 = (UR * (UPS * DBS) + DBS)

或者，当估计的数值等于 0 时，可以将开销(DBS)乘以 24，以便得出更合理的结果：

UNDO 表空间 = [UR * (UPS * DBS)] + (DBS * 24)

UNDO_RETENTION 和 DB_BLOCK_SIZE 这两方面的信息可以从初始化文件中得到。公式中的第三块需要查询数据库。每秒生成的 UNDO 数据块数量可以从 V$UNDOSTAT 视图中获得，如下所示：

```
SELECT (SUM(undoblks))/ SUM ((end_time - begin_time) * 86400)
FROM    v$undostat;
```

要将天数转换成秒数，可以乘以一天的秒数 86 400。查询结果返回每秒 UNDO 数据块的数量。这个值需要乘以每个 UNDO 数据块的大小，这个大小与 DB_BLOCK_SIZE 中定义的数据库数据块的大小相同。

下面的查询根据执行时每秒生成的 UNDO 数据块显示某个时间点的 UNDO 估计值。没有分配 UNDO 空间时，可以使用这个查询。如果这个时间区间处在事务高度活跃期或 UNDO 最多的情况下，那么可以得出好的评估结果。

段/文件查询：

```
col file_name for a40

select   segment_name, file_name
from     dba_data_files, dba_rollback_segs
where    dba_data_files.file_id = dba_rollback_segs.file_id;
```

示例输出：

```
SEGMENT_NAME                     FILE_NAME
-------------------------------  ----------------------------------------
SYSTEM                           E:\APP\RICH\ORADATA\ORCL\SYSTEM01.DBF
SYSSMU1_3086899707$              E:\APP\RICH\ORADATA\ORCL\UNDOTBS01.DBF
SYSSMU2_1531987058$              E:\APP\RICH\ORADATA\ORCL\UNDOTBS01.DBF
SYSSMU3_478608968$               E:\APP\RICH\ORADATA\ORCL\UNDOTBS01.DBF
SYSSMU4_1451910634$              E:\APP\RICH\ORADATA\ORCL\UNDOTBS01.DBF
SYSSMU5_2520346804$              E:\APP\RICH\ORADATA\ORCL\UNDOTBS01.DBF
SYSSMU6_1439239625$              E:\APP\RICH\ORADATA\ORCL\UNDOTBS01.DBF
SYSSMU7_1101470402$              E:\APP\RICH\ORADATA\ORCL\UNDOTBS01.DBF
SYSSMU8_1682283174$              E:\APP\RICH\ORADATA\ORCL\UNDOTBS01.DBF
SYSSMU9_3186340089$              E:\APP\RICH\ORADATA\ORCL\UNDOTBS01.DBF
YSSMU10_378818850$               E:\APP\RICH\ORADATA\ORCL\UNDOTBS01.DBF
```

评估系统:

是否启用自动 UNDO 管理?	否	0 分
	是	30 分
	得分	30 分

15.5.7 有效地使用可插拔数据库

可插拔数据库架构在 Oracle 12c 中引入,本书第 3 章有详细介绍,它让你通过一个容器数据库(CDB)包含多个可插拔数据库(PDB)。快速回顾一下,可插拔数据库也被叫作多租户数据库,因为每个"租户"可以拥有自己的 PDB。"可插拔"数据库可以从一个 CDB 中拔出,并轻松插入另一个 CDB。因此使得数据库方便在不同环境之间移动,还可以通过低版本拔出、高版本插入的方式升级数据库。可以把 PDB 从一个本地 CDB 中拔出,并插入云端(反之亦然)。这个功能允许单个 PDB 能够独立恢复(Oracle 12cR2 还可以闪回一个独立的 PDB)。因为每个 PDB 对应用来说与传统数据库(被叫作非 CDB)无异,所以使用 PDB 架构的应用不需要做改动。

下面是一些关于 CDB/PDB 的关键信息(可能会有变化):

- CDB = 容器数据库(有一个根数据库,还有一个种子 PDB)。
- PDB = 可插拔数据库(插入 CDB 中)。
- 非 CDB = 传统的 Oracle 数据库实例(不是 CDB,也不是 PDB)。
- 为什么要用 PDB? 为了把上百套数据库整合到一台机器中。如果不使用 PDB,每个实例都要分配 SGA,需要太多的资源;而 CDB 只有一个 SGA,多个 PDB 共享这个资源。
- 共享 PDB (大数据资源、并购、合作伙伴、共享科研、政府机构等)。
- 在 12cR2 版本中,可以刷新一个只读 PDB,可以闪回一个独立 PDB,还可以恢复一个独立 PDB。
- 可以移动 PDB 到一个新平台或新位置,或者克隆它们(快照)。
- 为了打补丁/升级 PDB,只需要插入一个高版本的 CDB 中。

下面的命令显示如何判断一个数据库是 CDB 还是非 CDB(结果是 CDB,CDB 字段对应显示的是 YES):

```
select name, crated, cdb, con_id
from   v$database;


NAME         CREATED    CDB   CON_ID
----------   ---------- ---   ----------
CDB1         19-FEB-12  YES        0
```

使用下面的命令看看拥有多少个 PDB。如输出所示,有 3 个 PDB,但是只有 PDB_SS 和 PDB1 是我创建的(每个 PDB 可能代表不同的应用)。PDB$SEED 是由 Oracle 在一开始创建数据库时创建的。可以通过克隆这个种子 PDB(它本身没有使用过)来创建一个新的空 PDB。

```
select name, open_mode, open_time
from   v$pdbs;


NAME              OPEN_MODE   OPEN_TIME
---------------   ----------  --------------------------
PDB$SEED          READ ONLY   23-FEB-13 05.29.19.861 AM
PDB1              READ WRITE  23-FEB-13 05.29.25.846 AM
PDB_SS            READ WRITE  23-FEB-13 05.29.37.587 AM
```

评估系统:

有效使用了 PDB 吗? 通过使用	使用非 CDB	0 分
新的多租户架构整合了多少个数据库?	2	10 分

(也就是有多少个PDB？)	3	20分
	>3	30分
	得分	10分
磁盘绩效指数(DPI)示例	总分	**220(A)**

评估系统等级：

DPI 等级	注释	分数
A+	大多数系统中的前10%	>235
A	大多数系统中的前20%	205～235
B	大多数系统中的前40%	170～204
C	大多数系统中的前70%	110～169
现在需要帮助	大多数系统中的最后30%	<110

要诀
估量磁盘绩效指数(DPI)能够帮助你发现磁盘在哪些方面可以得到改善。

15.6 总体绩效指数

总体绩效指数是训练、系统、内存和磁盘绩效指数的总和，如下所示：

类别	最高分
训练绩效指数(EPI)	250
系统绩效指数(SPI)	250
内存绩效指数(MPI)	250
磁盘绩效指数(DPI)	250
总体绩效指数(TPI)	**1000**
训练绩效指数(EPI)示例	总分<u>160(B)</u>
系统绩效指数(SPI)示例	总分<u>220(A+)</u>
内存绩效指数(MPI)示例	总分<u>240(A+)</u>
磁盘绩效指数(DPI)示例	总分<u>220(A)</u>
总体绩效指数(TPI)示例	**总分840(A)**

评估系统等级：

TPI 等级	注释	分数
A+	大多数系统中的前10%	>925
A	大多数系统中的前20%	795～924
B	大多数系统中的前40%	620～794
C	大多数系统中的前70%	380～619
现在需要帮助	大多数系统中的最后30%	<380

要诀
估量总体绩效指数(Total Performance Index，TPI)可以帮助识别系统瓶颈；它是一张简单的可以评估系统综合性能的晴雨表，可以帮助发现需要改进的地方。

15.7 系统综合检查示例

下面是评定等级的示例。可以使用下面的评级结果对系统进行年度审查。有些项(例如备份和恢复审查)涉及的并不是很深。本节的目标是帮助你考虑可能需要审查的领域。这并不是一份实际的客户系统的审查,但对一些审查项目稍作修改就可以生成自己的审查模板中的讨论项。本节的主要的目的是使你对审查有个概念。

15.7.1 评级系统

下面是一份评级报告,可以使用它作为全面详细审查和评级的指导,其中包含亟待改进或关注(如果适用的话)的评级项的审查,这对于得到管理者的支持至关重要。大多数情况下,DBA 需要得到管理层的支持来赢得时间,以便解决系统中主要的问题。有些时候,如果系统已经启动并运行,更高的管理层可能没有认识到改变的必要性。这种审查是针对发现的问题所需改变的催化剂。

等级	分数	注释
A+	系统的前 5%	优秀
A	系统的前 10%	优良
A -	系统的前 15%	很好
B、B+、B -	系统的前 25%	好/可以进一步提高
C、C+、C -	系统的前 50%	需要提高
D、D+、D -	最后 50%	亟待提高
F	最后 10%	需要立即更正错误

要诀

系统应当由外部团体进行年度审查,或者至少由公司之外的某个人审查。

15.7.2 系统审查评级类别的示例

表 15-10 总结了系统审查的结果。尽管部分 TPI 的类别已经讨论过,但本节对 TPI 做了更深一步的探讨。本节的后面概要描述了推荐的改变,TPI 的评级可以在本节之前或之后。本节的观点是非常主观的,所以有经验的人应当对这些方法做出判断。评级系统应当包含相比这里示例更加详细的注释。推荐的改变应该详细描述,并提供技术支持文档。

注意

这是一个示例,不是实际的审查。

表 15-10 系统审查的结果

类别	等级	注释
综合审查	C+	因为分配给数据处理的内存不足,这个系统的运行状况很糟糕。当前新的 In-Memory(IM)列存储功能没有使用,利用它可以很好地改善数据仓库的性能。还有不少地方需要马上改正才能大大提高系统性能,尤其在用户和数据增多时。Oracle 12c 的新特性没有使用,系统除了没有使用 IM 以外,PDB 也没有使用。企业管理器中的新特性,例如 SPA 以及 AWR 报告,没有定期用于优化。可以试试 Exadata 的模拟器来评估新硬件的影响。Oracle 的公有云可以考虑用来做加密备份和开发测试

(续表)

类别	等级	注释
体系结构	B	总体架构较好，但需要审查 SAN 和缓存，以便改进可用控制器中的 I/O 分布。需要研究压缩以节省空间并提高性能
硬件配置	A-	硬件的配置正好适合商业活动，但是在不久的将来，未来的增长可能会决定未来的硬件评估。系统没有优化过以充分利用硬件的潜力
安全性	F	即使有雇员离开公司，密码也从来没有更改过。数个没有保护的文件中保存有硬编码的密码。默认账户在不使用的情况下没有锁定。这是不可接受的！没有审查 Oracle 在 www.oracle.com/security 上提供的安全性信息
内存分配	B+	拥有 2GB 的内存，MEMORY_TARGET 已经有效设置，但是可以通过为 DB_CACHE_SIZE 设置(更大)最小值来给数据分配更多的内存。考虑使用更多的闪存(随便什么品牌)来提高性能。动手研究可以利用结果集缓存和 IM 来获得更好的性能
数据库优化	D-	前 25 个查询占用 98% 的资源。没有优化这些查询的举措
磁盘配置	B	磁盘 I/O 的平衡分布较合理，可以对几个访问量非常高的表和索引使用分区以提高性能
重做日志	B+	重做日志的大小较合适，但可能想再增加一些，这样在批处理时切换速度可以更快一些
归档日志文件	A+	包含归档日志文件的文件系统和其他 Oracle 文件系统相独立。归档日志文件被保存在磁带上，同时仍然可保存在磁盘上以完成快速恢复。Oracle 12c 新的数据卫士特性没有使用
回滚段	A+	实现并优化了自动 UNDO 管理
控制文件	A-	多个控制文件分别位于不同的物理磁盘上，但不存在 TRACE 形式的控制文件的备份
初始化参数	A+	系统 SGA 大小为 2GB。过期的初始化参数已经去除
表设计	C-	没有数据库级别的引用完整性
表	C-	表没有进行合理的分区，某些大表上应该设置并行。某些较小的表需要修改，以便缓存到内存中。Oracle 12c 新的分区特性没有用到
索引	C-	索引应该进一步分区。对于只查询表中的低基数(少量唯一的数据行)列，没有使用位图索引。Oracle 12c 新的索引分区特性没有用到
表空间	C+	对于未来的增长而言，表空间显得严重不足

15.7.3 需要立即采取行动的问题项

在审查系统之后，需要列出所有需要立即解决的问题项。下面的列表总结了部分在审查后需要立即采取的行动：

- 锁定不使用的默认账户！马上这样做。
- 生产环境与开发环境中的 SYSTEM 和 SYS 用户的密码应该不一样。
- 所有默认和常用密码都要改掉。因为当前的安全性是折中处理后的结果，所以需要改变所有用户的密码。
- 已经设置 MEMORY_TARGET 参数，但是没有正确设置关键初始化参数的最小值。DB_CACHE_SIZE 的最小值应该立刻增加(尽管 MEMORY_TARGET 参数已经正确设置)！如果 MEMORY_TARGET 参数设置得足够大，那么可以在运行 Oracle 11g 版本数据库的系统中这样做。同样可以使用 SGA_TARGET 参数，这样 DB_CACHE_SIZE 参数就将作为 SGA 的最小值(更多信息请参阅第 1 章和第 4 章)。为了避免 PGA 超标使用，建议设置 PGA_AGGREGATE_LIMIT 来限制。
- 优化引起磁盘和内存读操作的前 25 个查询。

要诀
系统审查应当永远包含需要立即解决的问题项。这将确保改进措施所需的时间可以得到保证。

15.7.4 其他需要采取行动的问题项

在绝大多数紧迫的问题被解决之后，应该针对那些需要注意的问题项制定出第 2 个列表。下面的概要列表是一个例子。你的列表应当包含如何采取更正行动的细节信息：

- 在当前的系统增长率下，每个季度至少监控一次前文中详细描述的问题项。确保估算到将来的系统大小。可以利用 Oracle 公有云来保存不经常使用的数据。
- 对当前数据库中过大或过小的对象进行调整。
- 每个季度至少更换一次所有密码。
- 修改文件保护策略，使用户不能删除 Oracle 软件。
- 从脚本和备份任务中删除硬编码的密码。
- 考虑为磁盘读操作最多的前 25 个查询增加额外的索引，以便提高查询性能。

如果正对初始化参数做出修改，应当汇总一个列表来包含当前值和建议值。请参阅附录 A 中关于初始化参数的完整列表和详细描述。最后，请确保在改变之后重新审查，以确保一切都正确实施。

15.8 系统信息列表

本节描述应当在审查过程中收集并保存的一些系统信息。当回顾以前的审查时，需要知道当时做审查时系统中的参数设置。任何参与评级的项(例如备份和恢复)都放在其中。本书还提供了一个 DBA 审查示例，用来解释一些可能需要审查的领域。只有请其他人来评定 DBA 的水平，你的水平才能不断提高。本节的内容为适应本书而做了极大简化。它是一个快速列表，旨在提供系统的全局图。

15.8.1 与内存有关的数值

下面是系统中与内存有关的问题和答案：

- 当前硬件的内存大小为多少？40GB。
- 当前用户数是多少？总计 500 个用户/ 50 个并发用户。
- 将来的用户数会达到多少？未来三个月内可能会达到 1000～1500 个并发用户。
- 系统中还使用了其他什么软件？没有造成严重影响的软件。
- 系统是客户端/服务器模式，还是浏览器/服务器模式？浏览器/服务器模式。
- 要求的响应时间？秒级以下。OLTP 事务占主要部分。
- 数据库有多大？数据库目前有 20TB，还有 500GB 空闲空间。
- 经常访问的表有多大？平均 100 万行/最大的表 1 亿行。
- 未来有什么软件将影响内存的使用？没有。
- 将应用其他的特性或选件吗？有机会就会使用 Oracle 的 In-Memory 列存储，未来三个月会使用 Oracle GoldenGate，再三个月后会使用 Violin Memory 闪存，并在未来一年调研 Exadata 和 Oracle 公有云(还有亚马逊的 Web Services)。

15.8.2 与磁盘有关的数值

下面是与磁盘有关的问题及答案：

- SAN 硬件提供的最大容量是多少？当前容量的 20 倍。

- 磁盘可用空间有多大？4TB 和 8TB。
- 一年以后数据库会变成多大？当前基础上增加 10%~100%。
- 数据库文件/OS 使用了 RAID(条带化)吗？是的，RAID 1+0。
- 会用多份的重做日志吗？是的。
- 将要安装新的软件吗？短时间内不会。
- 将要安装哪些系统实用程序？带诊断包的企业管理器。
- 每晚将发生什么样的移动操作？批量有序移动操作。
- 有哪些早期的实施文档？有机会就会使用可插拔数据库，三个月内会使用 Violin Memory 闪存，并在未来一年调研 Exadata 和 Oracle 公有云(还有亚马逊的 Web Services)。

15.8.3 与 CPU 有关的数值

下面是与 CPU 相关的问题及答案：
- 当前硬件中处理器的数量最大是多少？当前 6 个双核处理/最多 12 个 4 核处理器。
- 未来有升级的计划吗？是的，可以升级到 64 个 4 核处理器。
- 事务处理负载多大？CPU 平均负载 60%/最大 90%。
- 批量加载的情况如何？晚间负载较大/白天没有问题。
- 应用了热备份吗？使用了 RMAN 备份并启用了归档。
- 白天运行批处理操作吗？未运行任何影响性能的批处理操作。
- 以后将使用并行查询吗？目前在部分处理中已经使用。
- 以后是否采用分布式配置？是的，通过 Oracle GoldenGate。

15.8.4 与备份和恢复有关的信息

下面是与备份和恢复有关的问题及答案：
- 系统要求 7×24 小时全天候运行吗？不是，是 6×24 小时运行。
- 恢复操作(通过磁盘备份)的速度有多快？最多 12 小时。
- 有"备用"的磁盘来防止磁盘故障吗？没有，HP 是在 4 小时内响应。
- 已备份多少数据？它们是带奇偶校验的"磁带"备份吗？不知道。
- 使用了 UPS 吗？是的。
- 采用了导出文件吗？没有。
- 冷备份过程的状况如何？不适用。
- 有现成的导出过程吗？需要改善/实施与导入/导出控制文件兼容的数据泵(Oracle 11g 新特性)。
- 有现成的热备份过程吗？是的，并且很好。
- 备份有加密吗？没有。
- 有没有可能加密备份到云端？有可能。
- 快速恢复区(Fast Recovery Area，FRA)的尺寸合适吗？合适。
- 有现成的灾难恢复过程吗？需要提高(建议使用数据卫士)。

表 15-11 中是在对备份和恢复操作评级时，可能需要评估的领域。大多数 Oracle DBA 书中对该评级系统进行了深入讨论。该规划与系统审查规划应当是一样的。

表 15-11 评 估 示 例

类别	等级	注释
Oracle 12c 新特性的使用	A	非常好
整体的备份和恢复并加密	A	优秀,在模拟数据库失败的情况下测试过恢复。备份已加密
备份过程	A	优秀
归档过程	A	优秀
恢复过程	A-	应当准备好用于恢复的脚本
企业管理器设置	A+	优秀
硬件/ASM 设置/优化	B	很好
备份的知识	A	很好
恢复的知识	A	很好
灾难备份	A+	优秀
灾难恢复	A	很好,仍将采用前滚

15.8.5 命名约定和/或标准以及安全信息问题

下面是与命名约定、标准或安全信息相关的问题及答案:

- 审查过使用的命名规范吗?优秀。
- 检查过 Oracle 关键文件的文件保护吗?糟糕。
- 检查过数据库安全程序,包括共享在云端的信息吗?糟糕。
- 检查过密码程序吗?糟糕。
- 通过 www.oracle.com/security 网站和 http://www.oracle.com/technetwork/topics/security/articles/ index.html?使用网站上的安全列表审查过安全信息吗?审查过,但不全面。

15.8.6 DBA 知识评级

由一名公正的专家来审查所有的 DBA,这对识别和提高他们的技巧极为重要。通常情况下,主管 DBA 太忙,以至于没有时间参加新版本 Oracle 的培训来提高技能。评估 DBA 有助于识别他们的强项和弱点。如果该审查只是用于个人的话,那么不会起到任何作用。必须以识别和提高 DBA 技能为目的,见表 15-12。

表 15-12 评 估 类 别

类别	等级
DBA 的综合知识	A
Oracle 12c 新特性	A
Oracle 企业管理器	A+
Oracle 体系结构	A-
Oracle 对象	B+
Oracle 内部原理	B+
Oracle 初始化参数	B+
Oracle 查询优化	A
Oracle 数据库优化	A
Oracle 备份	A

(续表)

类别	等级
Oracle 恢复	A
Oracle ASM/硬件	B-
Oracle 实用程序	A
操作系统	B+

要诀

只有在出于提高 DBA 技能的目的下，才应当去审查 DBA 的能力。审查一个人是非常敏感的问题，必须由以提高 DBA 技能为首要目的的人来完成这项工作。12c 版本比较重要的技能是使用可插拔数据库、In-Memory 列存储和评估是否使用公有云(如果可能的话)。

15.9 TPI 和系统检查需要考虑的其他项

如前所述，本章的目的是提供最基本的晴雨表作为启动指南。对于特定的系统而言，有些事情可能重要，有些可能不重要。在审查开发的系统和为系统自定义的 TPI 的过程中，下面这些项是重要的：

- 在存储体系结构中有效使用了 ASM 吗？
- 有使用合适的闪回技术来实现快速恢复和高可用性吗(包括 PDB 的闪回)？无法查询比访问宕机系统还慢！
- 经常收集统计信息吗？经常在通常是静态的表上收集统计信息吗？所有的工作都正常自动化了吗？
- 使用过 AWR 和 ADDM(更多信息请参阅第 5 和 14 章)来诊断和修复潜在问题吗？
- 能够使用企业管理器云控制器来更快地部署新节点和诊断 RAC 问题吗？
- 是否了解如何利用云或者是否研究过是否使用公有云？有使用大数据、加密云备份、异地存储和开发云系统吗？
- 是否先在公有云上测试新硬件而不是在第一时间买下它们？
- 是否使用可插拔数据库整合多个数据库到一个多租户系统？
- 有足够的测试和开发系统来确保代码进入生产系统之前已进行正确的测试吗？你会为了节省时间、金钱和效率而选择在公有云上测试吗？
- 有效设置了需要设置最小值的参数(例如 DB_CACHE_SIZE、SHARED_POOL_SIZE、PGA_AGGREGATE_TARGET 和 JAVA_POOL_SIZE)吗？调研过 MEMORY_TARGET 的使用吗？
- 有加密的备份吗？或者系统能够应对会导致生产系统性能严重下降的宕机吗？重申一下，无法查询比访问宕机系统还慢！
- 准备好下一次的硬件升级了吗？考虑过使用 RAT 或在 Oracle 云上做测试吗？是否调研过未来硬件的 ROI？例如 Violin Memory 的闪存内存阵列、Oracle Exadata、Exalogic 或 Exadata 存储扩展机柜？

15.10 要诀回顾

- 估量训练绩效指数(EPI)能够帮助发现训练在哪些方面可以得到改善。
- 估量系统绩效指数(SPI)能够帮助发现整个系统在哪些方面可以得到改善。
- 估量内存绩效指数(MPI)能够帮助发现内存在分配和使用上有哪些方面可以得到改善，特别是 Oracle 12c 的 IM。
- 估量磁盘绩效指数(DPI)能够帮助发现磁盘在哪些方面可以得到改善，尤其是 PDB 和 ASM。

- 估量总体绩效指数(TPI)可以帮助识别瓶颈；它是简单的评估系统综合性能的晴雨表，反映和行业内其他系统相比较的情况。
- 系统应当由外部团体进行年度审查，或者至少由公司之外的某个人检查。
- 系统审查始终应当包含需要立即解决的问题项。这将确保改进措施所需的时间可以得到保证。
- 应当只有在出于提高 DBA 技能的目的下，才去审查 DBA 的能力。审查一个人是非常敏感的问题，必须由以提高 DBA 技能为首要目的的人来完成这项工作。12c 版本比较重要的技能是使用可插拔数据库、In-Memory 列存储和评估是否使用公有云(如果可能的话)。
- 如果不能有效监控自己的系统，就联系具备此能力的人。维护一个数据库的成本通常远远低于出现问题宕机时的成本。随着 Oracle 云的到来，很容易从外部进行监控。
- 在你的条目中包含 Oracle 12c 新特性(遍布整本书)，在必要时审查。

第 16 章

运用 UNIX 实用工具来监控系统（针对 DBA）

有效地运用操作系统实用工具乃是解决性能问题的重要组成部分。使用正确的实用工具来发现 CPU、内存及磁盘 I/O 的问题，这对于确定性能问题的根源来说乃是至关重要的。当今的 DBA 和系统管理员已逐渐将性能管理视作自己的职责。本章重点介绍一些关键的基本命令，帮助你了解 Oracle，这些命令很适合不甚熟悉 UNIX 或 Linux 的 DBA。

大致说来，需要进行系统管理的活动可以归为两大类。第一类是记账和监控，由记账记录、软件监控器、硬件监控器或手动日志一类的工具组成，用以监控系统的使用状况、负载、性能、可用性和可靠性。记账和监控帮助系统管理员实行负载均衡并控制资源的使用。第二类是性能分析，包括运用监控数据来确定系统需要如何调优，并在需要升级的情况下预计升级后的负载。从广义上讲，系统性能是指计算机资源如何去完成它们应该做的工作。本章将会介绍实现这两个目标的实用工具。

由于系统实用工具是 UNIX 的一部分并且因不同的厂商而异,本章将对其中一家厂商的产品进行详尽的介绍,对其他厂商的产品则只是简要一提。如果把 Solaris、Linux、HP-UX 和 AIX 的全部细节连带上,必将占去过多的篇幅。Oracle 一向专注于 Linux,最近则专注于有着坚不可摧企业版 Linux 内核的 Oracle Linux。对 Sun 的收购使 Oracle 同时还专注于 Solaris。Oracle 已经宣布:Exadata 和 Exalogic 将同时在 Oracle Linux 和 Solaris 上运行。SAP 已经认证了 Oracle Linux 的一个版本,而且决定对在 Exadata 上运行的 SAP 软件进行认证。

16.1 UNIX/Linux 实用工具

本章着重于介绍 UNIX、Linux 实用工具以及 shell 脚本方面的要诀,这些实用工具和 shell 脚本可用来发现问题,也可用来为监控收集统计数据。本章将要介绍如下这些方面的要诀:

- 如何使用 sar 命令来监控 CPU 的使用情况
- 如何使用 sar 命令和 vmstat 命令来监控调页/交换
- 如何使用 sar 命令来监控磁盘 I/O 的问题
- 如何使用 top 命令来找出系统上最差的用户
- 如何使用 uptime 命令来监控 CPU 负载
- 如何使用 mpstat 命令来确定 CPU 瓶颈
- 如何结合使用 ps 命令和选定的 V$视图
- 如何使用 iostat 命令来确定磁盘 I/O 的瓶颈
- 如何使用 ipcs 命令来确定共享内存的使用情况
- 如何使用 vmstat 命令来监控系统的负荷
- 如何监控磁盘的可用空间
- 如何监控网络的性能

16.2 使用 sar 命令来监控 CPU 的使用情况

sar 命令有许多不同的选项,通过设置选项可以展示不同的性能信息。带-u 选项的 sar 命令可用来监控 CPU 的使用情况。sar 工具是查看 CPU 使用情况快照的有效手段,该快照展示了 CPU 究竟有多忙(100%的使用率并非好事)。定期运行该工具即可得到系统性能的基线,使你得以识别何时系统运作不佳。sar 命令有以下好处:

- 为性能优化和监控提供了非常有用的信息
- 信息被记录到磁盘文件里(但并不提供每个进程的具体信息)
- 开销低
- 应用于大多数的 UNIX 和 Linux 平台

16.2.1 sar -u(检查 CPU 的繁忙程度)

带-u 选项的 sar 命令可用来监控 CPU 的使用情况。紧跟 sar 命令选项(下面例子中的选项为-u)后面的那两个数字中,第一个数字展示两次相邻的 sar 读取之间隔了多少秒,第二个数字是打算好了让 sar 运行的次数。表 16-1 是 HP-UX 的示例报告,上面展示了 CPU 利用率(默认选项)。

表 16-1　CPU 使用情况

列	说明
%usr	用户模式下 CPU 运行所占的百分比
%sys	系统模式下 CPU 运行所占的百分比
%wio	因为有进程等待块 I/O 而使 CPU 处于闲置状态所占的百分比
%idle	CPU 为闲置状态所占的百分比

```
# sar -u 10 8
            %usr    %sys    %wio    %idle
11:55:53    80      14      3       3
11:56:03    70      14      12      4
11:56:13    72      13      21      4
11:56:23    76      14      6       3
11:56:33    73      10      13      4
11:56:43    71      8       17      4
11:56:53    67      9       20      4
11:57:03    69      10      17      4

Average     73      11      13      4
```

较低的%idle 时间可能说明有些进程正消耗着大量的 CPU 资源，或者说明 CPU 的处理能力不足。请使用 ps 或 top 命令(在本章的稍后部分会介绍)去找出 CPU 密集型的作业吧！写得很差的、需要大量磁盘访问的查询，同样可以消耗大量的 CPU 资源。

在下面的 sar 命令的输出结果中，值得关注的是%wio(I/O 等待时间)返回的高额数值与繁重的 CPU 占用率：

```
# sar -u 5 4
            %usr    %sys    %wio    %idle
14:29:58    20      20      60      0
14:30:03    17      23      60      0
14:30:08    19      14      67      0
14:30:13    22      11      67      0
Average     21      16      64      0
```

该列表展示的高额%wio(I/O 等待时间)表明存在磁盘争用的问题。可以用 iostat 命令(将在本章的稍后部分讨论)准确定位磁盘争用究竟发生在哪里。

要诀

运用 sar -u 命令来查看 CPU 究竟有多忙(是不是已经不堪重负了？)的快照。定期运行 sar 以得到能让你识别何时系统运作不佳的基线。然而，较低的 CPU 空闲时间值有时却可能是 I/O 的问题，而不是 CPU 的问题。

需要在 sar 的输出结果中检查的是下面这些内容：
- 较低的 CPU 空闲时间值。
- 高比例的花在等待 I/O 上的时间，或者用%wio > 10 来判断。
- %sys > 15 的瓶颈，这表明交换、调页或备份可能造成了瓶颈。
- 异常高的%usr，这可能是由于没有正确地为应用程序调过优，或是由于过度使用了 CPU。

16.2.2　sar -d 命令(找出 I/O 问题)

sar -d 命令报告系统上磁盘或磁带驱动器所属块设备的活动，此命令协助识别被频繁访问的磁盘和不均衡的磁盘 I/O。在大部分磁盘访问都集中到少数几块磁盘的情况下，磁盘的条带化软件往往很有帮助；当大量数据不断地请求访问某块磁盘或某个控制器时，条带就会在多块磁盘和控制器之间分布数据。数据条带化地分布于多块磁盘之间，对数据的访问就会被平均分配给所有的 I/O 控制器和磁盘，从而从整体上优化磁盘的吞吐量。一些磁盘条带化软件还提供对 RAID(冗余廉价磁盘阵列)的支持，并支持预留一块磁盘作为热备磁盘(热备磁盘是当某块生产磁盘出现故障时，能够自动重建和使用的磁盘)。这样考虑的话，RAID 就是性能方面非常有用的特性了，因为站在用户社区的角度，他们会把由于硬盘驱动器故障而陷于瘫痪的系统看作性能很差的系统。

这一点似乎显而易见，但对系统的整体性能而言却非常重要。通常，磁盘性能的解决办法仅取决于将磁盘架构与系统使用相匹配。就 Linux 而言，sar -d 命令并不返回太多信息，所以可能得用 iostat 命令。下面是一些使用 sar -d 命令以发现磁盘 I/O 问题的例子：

```
# sar -d

09:34:54   device    %busy    avque    r+w/s    blks/s    avwait    avserv
09:34:59   c0t6d0    0.60     0.50     1        6         3.84      5.38
           c3t6d0    0.20     0.50     1        6         3.85      3.76
           c7t0d0    0.20     0.50     4        50        2.60      0.89
           c7t0d2    8.78     21.61    270      4315      10.39     1.77
           c7t0d3    8.78     21.82    267      4273      10.77     1.80
           c7t0d4    23.15    0.50     252      13019     5.06      1.51
           c7t0d5    0.60     0.50     1        19        6.15      6.48
09:35:04   c0t6d0    2.60     0.50     16       140       5.04      1.69
           c3t6d0    0.40     0.50     1        7         1.12      9.02
           c7t0d0    1.60     1.23     10       152       6.01      5.30
           c7t0d1    2.40     1.07     10       155       5.45      6.31
           c7t0d2    0.80     19.38    15       234       10.02     1.71
           c7t0d3    0.40     21.89    12       198       10.89     1.85
           c7t0d4    24.60    0.50     274      10357     5.04      1.22
```

在 sar -d 命令的输出中应当密切关注的事项有：

- %busy 大于 50%的设备
- avwait 是否大于 avserv
- 不均衡的磁盘 I/O 负载

下面是一个运用 sar -d 展示磁盘 I/O 瓶颈的例子。%busy 和 avque 取值高表明存在磁盘 I/O 瓶颈。看看下面的输出，其中的磁盘 sd17 就大有问题(100%忙碌)。如果这种情况持续下去的话，通过深入分析该磁盘的问题，我们就会到比 sd17 用得少的磁盘上重新安排 sd17 上保存的信息。sar 命令允许两个重要的数字型输入(如下代码所示)：第一个是相邻两次 sar 运行的间隔秒数，第二个是运行 sar 的总次数(5 表示 5 秒的时间间隔，2 表示重复两次)：

```
# sar -d 5 2

           device    %busy    avque    r+w/s    blks/s    avwait    avserv
13:37:11   fd0       0        0.0      0        0         0.0       0.0
           sd1       0        0.0      0        0         0.0       0.0
           sd3       0        0.0      0        0         0.0       0.0
           sd6       0        0.0      0        0         0.0       0.0
           sd15      0        0.0      0        0         0.0       0.0
           sd16      13       0.1      5        537       0.0       26.4
           sd17      100      6.1      84       1951      0.0       72.4
           sd18      0        0.0      0        0         0.0       0.0
13:37:16   fd0       0        0.0      0        0         0.0       0.0
           sd1       0        0.0      0        0         0.0       0.0
           sd3       1        0.0      1        16        0.0       32.7
           sd6       0        0.0      0        0         0.0       0.0
```

	sd15	3	0.1	1	22	0.0	92.3
	sd17	100	6.1	85	1955	0.0	71.5
	sd18	0	0.0	0	0	0.0	0.0
Average	fd0	0	0.0	0	0	0.0	0.0
	sd1	0	0.0	0	0	0.0	0.0
	sd3	0	0.0	0	3	0.0	32.7
	sd6	0	0.0	0	0	0.0	0.0
	sd15	1	0.0	0	4	0.0	92.3
	sd16	13	0.1	5	570	0.0	25.3
	sd17	100	6.1	85	1962	0.0	71.2
	sd18	0	0.0	0	0	0.0	0.0

对受磁盘限制的系统进行调优

更快的磁盘、磁盘缓存和闪存可以为大客户解决许多受磁盘限制的问题,但在本节中我想针对那些不能如此奢侈的小客户提几点看法。仅从概念上讲,升级磁盘系统易如反掌:采用更快的磁盘、更快的控制器和更多磁盘就行了。但问题在于,升级究竟能够带来多大的改善是不可预知的。如果系统的确总是受到磁盘的限制[1],负载可并行且添加磁盘切实可行,那么增加磁盘大约就是升级的最佳途径,不能预知,也不太可能有比这更简捷的改善系统 I/O 的升级方法。问题是:并非总有这样简捷的升级途径摆在那里。

例如,最先进的磁盘有自己的控制器,磁盘上存储着发送邮件的消息队列,而该系统最近开始慢了下来。有两种为邮件发送系统添加另一块磁盘的可行方法。方法一:可像添加文件系统一样添加磁盘,并使用多个队列在磁盘间分摊工作负载。此升级方法可行,但如果重复使用的次数太多,就会变得难以维护,还可能变得不可靠。方法二:可以实行更加以硬件为中心的解决方案,更新设备——创建硬件 RAID 系统、安装软件 RAID 系统并将两块磁盘作为整体而条带化,或者添加 NVRAM(非易失性 RAM,即使在断电的情况下也能保持内容不失)以提高磁盘的性能。不管采用哪种解决方案,可能都需要升级文件系统。每一步都很重要,而且由于加了那么多变数进来,根本就说不准对性能的最终影响。

显然,不可假思索地添加磁盘而不顾及 I/O 控制器可能受到的影响。一些系统中对操作系统可用的控制器数目做了限制。因为对电子邮件的操作少而随机,所以在仅挂着少数几块磁盘的情形下,很少去强调控制器在吞吐量方面的上限,但在系统中添加太多磁盘以至于把安装控制器卡所需要的底盘空间全都占满的情形也是可能的。

当系统有了 I/O 问题的时候,立刻就放弃由运行高性能文件系统带来的可能好处是错误的。高性能文件系统的解决方案通常价廉而有效,可用的话,能使提高速度方面的投资最划算!如果要为电子邮件服务器指定硬件,在选择硬件厂商方面也不受任何限制,那么会为操作系统选择快速的磁盘、控制器、RAID 系统和处理器。接下来,选择平台的决定性因素通常就是该平台究竟支持哪些高性能文件系统,这一点非常重要。

如果已经采用 RAID 系统,那么三思其设置有可能改善性能。一个采用了 RAID 5 的存储系统,如果在它已经跑得筋疲力尽时仍然余有大量的磁盘空间,那么将其改为 RAID 0 +1 或许能够改善性能并延长系统的硬件寿命。如果系统在写带宽方面有问题,那么减少每个 RAID 组里的磁盘数可能有帮助,因为这种方法使专门用于奇偶校验的磁盘空间的比例变大了。把尚未用过的空间利用起来当然比购买新的存储系统更为可取。如果配置存储系统的人并不真正懂得性能优化,那么就要特别考虑是不是应该更改配置了。

如果 RAID 系统的设置不尽如人意,那么升级可能改善其性能。无论是在硬件组件方面还是在管理系统的软件方面,供应商经常会为自家的 RAID 系统提供可以提高吞吐量的升级解决方案。

最后,为了省钱,系统最初配备的 NVRAM 或读缓存可能不足,而增加 NVRAM 就可能大大地改善性能。

还可以使用 tunefs/tune2fs 命令来帮助解决磁盘问题(在 AIX 下则使用 chfs 命令)。tunefs/tune2fs 命令可以把文件系统的当前特性列出来(当心,一些命令不能在活跃的系统上运行,所以在运行这些命令之前,请查阅文档以了

---

1 译者注:空闲时间低于 20%。

解更多信息):

```
tunefs -v .../rdsk/c0txdx
```

设置 minfree(保留文件系统块所占的比例)为 5%(然而要注意，这可能增加写文件的开销并且降低文件系统防止碎片化的能力):

```
tunesfs -m 5 /dev/dsk/c2d5s0
```

将旋转延迟从 1 改为 0(newfs 和 mkfs 的默认设置通常为 0，这使得以 tunefs 进行调优变得没必要了):

```
tunefs -d 0 /dev/rdsk/c0txd0
```

请参阅第 3 章中有关在数据库层面调整磁盘 I/O 的其他信息。

16.2.3 sar -b 命令(检查缓冲区高速缓存)

sar -b 命令报告系统缓冲区高速缓存的活动情况(而不是 Oracle 缓冲区高速缓存的活动情况)，给出每秒内在系统缓存和块设备之间发生的传输次数。要注意的主要参数如下。

- 读缓存：%rcache > 90%，表明有糟糕磁盘 I/O 的可能性。
- 写缓存：%wcache < 70%，同样表明有糟糕磁盘 I/O 的可能性。

```
sar -b

9:48:44     bread/s lread/s %rcache bwrit/s lwrit/s %wcache pread/s pwrit/s
09:48:49    437     422     0       404     413     2       0       0
09:48:54    604     858     30      617     630     2       0       0
09:48:59    359     451     20      431     479     10      0       0
09:49:04    678     750     10      671     633     0       0       0
09:49:09    369     577     36      473     511     7       0       0

Average     490     612     20      519     533     3       0       0
```

为了从更深的层次观察缓冲区高速缓存的操作，我们来研究典型的 HP 处理器组件的情形。该组件由 CPU、高速缓存、事务后援缓冲区(Transaction Look-aside Buffer，TLB)和协处理器组成。这些零件被总线连接在一起，处理器模块本身则连接到系统总线。高速缓存是速度非常快的内存单元，访问时间一般在 10 到 20 纳秒[1]之间，而 RAM 的访问时间一般在 80~90 纳秒之间。在一个 CPU 周期之内就可以完成对高速缓存的访问，其内容、指令、CPU 最近使用的或预期将要使用的数据都保存在这里。TLB 用来将虚拟地址转换为物理地址，它是高速缓存，其中的条目由最近使用的虚拟地址以及与之相联系的物理地址对组成。协处理器是专门的硬件，由它来发出复杂的数学上的数值化指令。在 UNIX 的内存管理中，vhand 是调页守护进程。从这个 HP 的例子中可以看到，缓冲区高速缓存是为了减少文件访问时间而设计的内存池。缓冲区高速缓存还有其他一些值得关注的特性：

- 缓冲区高速缓存可以有固定的状态。
- 默认系统使用了动态规模分配。
- 缓冲区高速缓存可以提高磁盘的读写性能。
- 进程 Sync 将缓冲区高速缓存中的数据写到磁盘上。

16.2.4 sar -q 命令(检查运行队列和交换队列的长度)

sar -q 命令报告系统运行队列和交换队列的长度，在 Linux 环境下还会给出平均负载数。-q 选项提供运行队列的长度(runq-sz)、运行队列被占用时间的百分比(%runocc)、交换队列的长度(swpq-sz)和交换队列被占用时间的百

---

[1] 译者注：一纳秒为十亿分之一秒。

分比(%swpocc)，这些数字越小越好。需要将"sar -q"和"sar -w"的输出结果拿来对比，如果发现runq-sz 大于 4或%swpocc 大于 5 之处，就可能是有问题的征兆。

```
sar -q

10:00:18 runq-sz %runocc swpq-sz %swpocc
10:00:23     0.0      0     0.0       0
10:00:28     0.0      0     0.0       0
10:00:33     0.0      0     0.0       0
10:00:38     0.0      0     0.0       0
10:00:43     1.0      5     0.0       0

Average      1.0      1     0.0       0
```

16.3 使用 sar 命令和 vmstat 命令监控调页/交换

发出 vmstat -s 命令乃是迅速判定自系统启动以来是否发生过交换活动的手段。如果在 swp/in 和 swp/out 列中有非零值，就表明可能出了问题。可以使用 sar 命令去深究更多的细节，也可以用它检查系统的调页和交换活动。根据所用的系统，任何调页与交换现象的出现都可能是有问题的征兆。在虚拟存储系统中，当非活动用户被从内存移往磁盘时，就会出现调页(小问题)；而当由于内存不足造成活动用户被移往磁盘时，就会出现交换(非常大的问题)。交换和调页的话题深奥，轻易即可写成一本书。本节则只介绍用以获取系统状态概貌的简单而快捷的命令。

16.3.1 使用 sar 命令的-p 选项报告调页活动

表 16-2 介绍了 sar -p 命令的输出结果中各字段的含义。在 Linux 环境下则要使用 sar -B，而在 AIX 环境下变成 sar -r。

表 16-2 sar –p 命令的输出结果中各字段的含义

字段	说明
atch/s	每秒内的页错误数，页错误可以通过在内存中回收并再利用一页的办法来消除(如果是 Linux 环境下带 -B 选项的命令，字段名就是 faults/s)
pgin/s	每秒内页入的请求数
ppgin/s	每秒内页入的页数
pflt/s	每秒内由保护错(非法页面访问)造成的页错误数或 "copy-on-writes" 数
vflt/s	每秒内的页地址转换错(有效页不在内存中)的数目
slock/s	每秒内因需要物理 I/O 的软件锁请求而造成的错误数

```
#sar -p 5 4

          atch/s  pgin/s  ppgin/s  pflt/s  vflt/s  slock/s
14:37:41   13.15   20.12   179.08   11.16    2.19    58.57
14:37:46   34.33   20.56   186.23    4.19    1.40    57.49
14:37:51   22.36   19.56   151.30    2.20    0.00    60.88
14:37:56   24.75   22.36   147.90    1.80    0.00    60.28
Average    27.37   20.11   161.81    7.58    8.14    60.85
```

需要关注的核心乃是任何一种页错误的数量是否过高，数值高通常表明调页的程度过高。请记住：调页的问题远不如交换那么严重，但随着调页的增加，交换很快就要跟着来了。可以在一段时期内仔细检查 sar 命令每日生成的报告，以判断一天中的某个时间段是否有调页在逐步增长的迹象。在启用定期自动监控的情况下，不附带任何时间间隔参数的 sar -p 命令将展示全天的调页数据。

16.3.2　使用 sar 命令的-w 选项来报告交换和切换活动

带-w 选项的 sar 命令用来展示交换活动。在 Linux 环境下使用-w 选项，而在 AIX 环境下，只有调页却没有交换。sar -w 命令展示 swpin/s、swpot/s、bswin/s 和 bswot/s 字段，它们分别为 swapin 和 swapout(包括某些程序的初始化加载)的传输数目以及 swapin 和 swapout(包括某些程序的初始化加载)以 512 字节为单位的传输数目。pswch/s 列展示每秒内发生的上下文切换的数目，其值应小于 50。如果 swpot/s 的值升到 0 以上，就要密切关注交换活动了。

```
#sar -w 5 4

SunOS hrdev 5.10 Generic sun4m    08/05/08
          swpin/s  bswin/s   swpot/s  bswot/s   pswch/s
14:45:22  0.00     0.0       0.00     0.0       294
14:45:27  0.00     0.0       0.00     0.0       312
14:45:32  0.00     0.0       0.00     0.0       322
14:45:37  0.00     0.0       0.00     0.0       327
Average   0.00     0.0       0.00     0.0       315
```

很高的进程切换数说明内存不足，因为实际的进程内存正发生着调页。在这个例子中，交换并非问题。

16.3.3　使用 sar 命令的-r 选项来报告空闲内存和空闲交换空间

下面的命令行和输出用来说明带 -r 选项的 sar 命令：

```
# sar -r 5 4

          freemem   freeswap
14:45:21  517       1645911
14:45:26  294       1645907
14:45:36  378       1645919
14:45:41  299       1642633
Average   367       1644597
```

当 freemem(空闲内存量——以 512 字节的块为单位)低于某特定水平时，系统就会开始调页。如果空闲内存量继续下降，系统就要开始把某些进程调换出去，而这正是系统性能将要急剧恶化的征兆。快去看看是不是有进程占用极多的内存，要么就看看进程的数目是不是太多了！在 Linux 和 HP-UX 环境下，就得用 vmstat 命令了。

16.3.4　使用 sar 命令的-g 选项来报告调页活动

表 16-3 介绍了以 -g 选项展示的结果中各字段的含义。在 Linux 环境下则要用 sar -B，在 AIX 环境下则变成 sar -r。

表 16-3　sar –g 命令的输出结果中各字段的含义

字段	说明
pgout/s	每秒内页出的请求数
ppgout/s	每秒内页出的页数
pgfree/s	每秒内由页面窃取守护进程放到空闲列表中的页数
pgscan/s	每秒内由页面窃取守护进程扫描过的页数

(续表)

字段	说明
%ufs_ipf	在 UNIX 文件系统(UFS) inode 中，由 iget(定位文件 inode 条目的例程)从空闲列表中获取的、与可重用页有关的 inode 所占的百分比，这些页已经忙了起来，不能被进程回收并再利用。这就是使页面忙起来的 iget 所占的百分比

```
#sar -g

           pgout/s  ppgout/s  pgfree/s  pgscan/s  %ufs_ipf
14:58:34    2.40     74.40    132.80    466.40     0.00
14:58:39    1.80     55.69     90.62    263.87     0.00
14:58:44    2.20     62.32     98.00    298.00     0.00
14:58:49    4.59    142.32    186.43    465.07     0.00
14:58:54    0.80     24.75     24.15      0.00     0.00
```

很高的 ppgout/s 值(从内存中移出的页数)说明内存不足。

16.3.5 使用 sar -wpgr 命令来报告内存资源的使用情况

使用 sar -wpgr(将前面介绍过的各选项结合在一起)可以获得系统内存资源使用情况的更多信息：

```
% sar -wpgr 5 5

07:42:30 swpin/s pswin/s swpot/s bswot/s pswch/s
         atch/s  pgin/s  ppgin/s pflt/s  vflt/s  slock/s
         pgout/s ppgout/s pgfree/s pgscan/s %s5ipf
         freemem freeswp
07:42:35  0.00    0.0     0.00    0.0     504
          0.00    0.00    0.00    0.00    6.20    11.78
          0.00    0.00    0.00    0.00    0.00
         33139  183023
...
Average   0.00    0.00    0.00    0.0     515
Average   0.00    0.32    0.40    2.54    5.56    16.83
Average   0.00    0.00    0.00    0.00    0.00
Average  32926  183015
```

应该检查页出(pgout/s 表示每秒内页出的请求数；ppgout/s 表示每秒内页出的页数)并密切注意页出是否稳定。应查看高的地址转换故障率(vflt/s)并检查换出率(swpot/s)。不必为偶尔出现的换出而担忧，因为有些换出乃是正常的(例如，不活跃的作业)。不过，接二连三的换出通常表明系统内存量低到了可能要舍弃一些活跃作业的地步。如果发现任何上述内存不足的迹象，那么可以使用 ps 命令来查看内存密集的作业。

要诀

用 sar 命令监控、评估内存的使用状况以及对更多内存的潜在需求！调页一般是不活动的进程从内存向磁盘的运动，而高比例的调页一般就是交换要发生的前兆。交换一般是活动进程从内存向磁盘的运动。如果交换的问题恶化起来，系统就要陷入"死亡漩涡"了。正确的解决方法是找出谁在霸占着内存，或者增加内存量。

1. 合适的 CPU 空闲比例是多少？

最佳的空闲百分比取决于系统的大小和访问时间的变化。例如，短时间内 CPU 负荷沉重的系统，其平均 CPU 空闲时间却可能高达 80%。相比之下，跑着诸多很小作业的系统，其平均 CPU 空闲时间可能同样是 80%。在 Oracle 12c 中，通过使用多租户数据库来整合系统，通常会导致空闲百分比增加许多、重负荷使用期减少许多(将所有系统平均为一个系统)。当运行必须立刻完成的作业(这对企业非常重要)时,空闲百分比并不那么重要,重要的是眼下有哪些可用的资源。如果公司里必须很快就完成的大作业是受 CPU 限制的,那么 50%空闲的 CPU 都不一定能够胜任。然而,如果必须很快完成的作业很小(仅需要很少的 CPU 资源),那么 10%空闲的 CPU 就可能绰绰有余。Oracle 通常试图使用全部可用的 CPU 资源来完成作业。

每天都按预定的时间间隔来运行 sar,这很有好处。运行 sar 的开销很小,如果系统自上周就出现了问题,那么 sar 能够在确定究竟发生了什么这一点上帮大忙。默认情况下可以将信息以报表的方式保存 30 天。在工作时间内,下列 crontab 定时作业中的条目每隔 20 分钟便生成一次系统状态的快照:

```
20,40 8-17 * * 1-5 /usr/lib/sa/sa1
```

下一个条目会生成整个工作日内重要活动的报表:

```
5 18 * * 1-5 /usr/lib/sa/sa2 -s 8:00 -e 18:01 -i 1200 -A
```

要访问报表,只需要输入 sar 命令及适当的选项,然后即可看到每个取样周期的输出结果。如果需要更多关于"sar""sa1""sa2"的信息,请参阅它们的帮助页面。

要诀
在 Oracle 12c 中,通过使用多租户数据库来整合系统,通常会导致 CPU 的空闲百分比增加许多、重负荷使用期减少许多(将所有系统平均为一个系统)。使用可插拔数据库来平衡单个多租户系统的负载可能非常有效!

2. CPU 排程器和上下文切换

调优的目标就是使 CPU 尽量繁忙,这样即可将分配到的资源全都利用起来,以更快地完成任务。下面列出了进程的 5 种主要状态。

- **SRUN**:进程正在运行或可以运行。
- **SSLEEP**:进程正等待内存中或交换设备上的事件发生。
- **SZOMB**:进程已释放除进程表外的所有系统资源,这是进程的最终状态。
- **SIDL**:正在通过 fork 与(或)exec 建立进程。
- **SSTOP**:进程已被作业控制或进程跟踪停止,正等待继续下去。

CPU 排程器处理上下文切换和中断。在多处理环境中,上下文切换乃是某个在 CPU 上运行的进程被挂起,记录其当前状态,而另一进程开始运行的过程。显然,在计算机处理环境中,目标乃是上佳的 CPU 和计算机系统组件的设计,以减少上下文切换管理的开销,或取得不需要太多上下文切换而高效运行的负载。下列任何一种情况出现时,就要发生上下文切换:

- 时间片终了
- 进程退出
- 进程置自身于睡眠状态
- 进程置自身于停止状态
- 进程从用户模式下的系统调用中返回,但不再是最有资格运行的进程
- 实时优先权进程已经做好运行的准备

3. 在 Oracle 内检查 Oracle CPU 使用状况

下面将讲解如何检查 Oracle 中运行的进程。V$SYSSTAT 展示全部会话的 Oracle CPU 使用状况。"本会话使用的 CPU"这项数据实际上展示了所有会话使用的 CPU 总和,而 V$SESSTAT 则展示每个会话的 Oracle CPU 使用状况。可使用这个视图来查看究竟哪个会话消耗着最多的 CPU 资源。

例如,如果有 8 颗 CPU,那么对于实时中的每一分钟,就有 8 分钟可用的 CPU 时间。在 Windows 和基于 UNIX 的系统中,这可能是用户时间,也可能是系统模式(在 Windows 环境下则为"特权"模式)时间。如果进程没有在

运行，那就是在等待。于是，每个时间间隔内所有系统使用的 CPU 就可能多于一分钟。

在任何给定的时刻，都可以知道 Oracle 在系统上已经使用了多少时间。如果有 8 分钟可用而 Oracle 使用了其中的 4 分钟，那么 Oracle 就使用了所有 CPU 时间的 50%。反正若不是你的进程耗用了那些时间，就是其他进程耗用了。所以还是返回到系统层面，探索一下究竟是哪个进程把 CPU 资源全都用光了！找出那个进程，查明它使用那么多 CPU 资源的原因，再看看能不能调优。如果实例运行在 8-CPU 的系统上，且它的初始化参数 CPU_COUNT 被手工设成了 4，那么这也可以解释为什么仅使用不超过 50%的 CPU 资源。默认情况下，实例把 CPU_COUNT 设置为服务器的物理 CPU(或核)数[1]，不过此参数可以改动。

Oracle CPU 使用状况中要检查的主要方面是：

- 再分析的 SQL 语句
- 低效的 SQL 语句
- 读一致性
- 应用程序的扩展极限
- 闩锁争用

16.4 使用 top 命令找出系统上最差的用户

top 命令不断地显示那些最活跃的进程，DBA 和操作专家常常在系统性能问题初现时运行该命令(或类似的实用工具)。屏幕上显示的内容每隔几秒就会自动更新，头几行提供大致的系统情况，其余部分将当前 CPU 的使用情况依降序排列并展示出来(最差的用户放在最"顶"部)。如果系统中并未安装 top 实用工具，那么可以从 http://sunfreeware.com 得到该工具。只要简单搜索"top program download"，即可找到许多可以下载该工具的站点。在 AIX 环境下，这个命令是 topas。在 Solaris 环境下，可以使用 prstat 和 top 命令。

```
# top

Cpu states:  0.0% idle, 81.0% user, 17.7% kernel,  0.8% wait,  0.5% swap
Memory: 765M real, 12M free, 318M swap, 1586M free swap

PID     USERNAME   PRI  NICE   SIZE    RES   STATE   TIME    WCPU    CPU    COMMAND
23626   psoft      -25   2     208M    4980K  cpu    1:20    22.47%  99.63% oracle
15819   root       -15   4     2372K   716K   sleep  22:19   0.61%   3.81%  pmon
20434   oracle     33    0     207M    2340K  sleep  2:47    0.23%   1.14%  oracle
20404   oracle     33    0     93M     2300K  sleep  2:28    0.23%   1.14%  oracle
23650   root       33    0     2052K   1584K  cpu    0:00    0.23%   0.95%  top
23625   psoft      27    2     5080K   3420K  sleep  0:17    1.59%   0.38%  sqr
23554   root       27    2     2288K   1500K  sleep  0:01    0.06%   0.38%  br2.1.adm
15818   root       21    4     6160K   2416K  sleep  2:05    0.04%   0.19%  proctool
  897   root       34    0     8140K   1620K  sleep  55:46   0.00%   0.00%  Xsun
20830   psoft      -9    2     7856K   2748K  sleep  7:14    0.67%   0.00%  PSRUN
20854   psoft      -8    2     208M    4664K  sleep  4:21    0.52%   0.00%  oracle
  737   oracle     23    0     3844K   1756K  sleep  2:56    0.00%   0.00%  tnslsnr
 2749   root       28    0     1512K   736K   sleep  1:03    0.00%   0.00%  lpNet
18529   root       14   10     2232K   1136K  sleep  0:56    0.00%   0.00%  xlock
    1   root       33    0     412K    100K   sleep  0:55    0.00%   0.00%  init
```

以上结果显示最顶部的用户为 psoft，其 PID(进程识别号)为 23626(在你的系统中，此输出结果可能略有不同)。该用户正使用整个 CPU 中 99.63%的资源。如果输出结果是这个样子的话，那么即便只持续不长的时间，也刻不

---

[1] 译者注：在 CPU 启用超线程的情况下，CPU_COUNT 的默认值是总的超线程个数。

容缓地需要找出用户 psoft 究竟是谁以及他/她在做什么！本章随后的部分将介绍通过利用 ps 命令和查询 V$ 视图的方法，将这里的工作与 Oracle 用户联系起来。

要诀

在确定的时间点使用 top 命令找出系统中最差的用户(很多 DBA 随后就要使用 kill 命令了)。如果最差的查询只持续很短一段时间，就可能不会成为问题。但如果一直持续下去，那就有必要开展进一步的调查研究了。

监控工具

大多数平台上都有 GUI 监控工具(想起了 Oracle 企业管理器云控制器)，它们可能是和软件一起捆绑销售的，也可能是从互联网上获取的。Windows 提供了 Task Manager 和 perfmon，最新版的 Solaris 提供了 sdtprocess 和 Management Console(http://sunfreeware.com 上还是提供了大量免费工具)，AIX 提供了 nmon(在 topas 命令的功能以内)，HP 则提供了 Superdome Support Management Station(SMS)、glance、HP Servicecontrol Manager 之类的工具。无论使用何种工具，都需要记住下述管理系统性能的准则：

- 不断对性能进行评估
- 评估系统和应用
- 选择要使用的工具
- 监控
- 紧急处理出现的问题
- 排除瓶颈
- 优化应用
- 规划未来的工作量

牢记并运用调优的基本准则，你会发现这样做非常值得：

- 除应急外不要随便调优
- 在调优之前和之后都应当进行评估
- 一次只优化一处，一次只改动一处
- 可能的情况下，运用至少两个工具来评估优化抉择
- 知道何时罢手

16.5 使用 uptime 命令监控 CPU 负载

uptime 命令是非常棒的工具，用来快速查看过去 1 分钟、5 分钟和 15 分钟内的 CPU 平均负载，另外还展示系统已经运行了多久(正常运行时间)以及系统上的用户数。应该检查一下平均负载，它是 CPU 运行队列中最近 1 分钟、5 分钟和 15 分钟内的作业数。注意这并非当前 CPU 的使用率。

```
# uptime
  3:10pm  up 5 day(s),  19:04,   2 users,   load average: 2.10, 2.50, 2.20
```

平均运行队列长度为 2 或 3 的系统是尚可接受的系统。如果向 cron 表中加入下面的脚本，使其每小时运行一次，系统的平均负载将通过电子邮件每两小时一次发送给你：

```
{uptime; sleep 120; uptime; sleep 120; uptime;} | mailx -s uptime
you@company.com
```

要诀

运用 cron 和 uptime 定时地将系统的负载信息通过 e-mail 发送。可以在 UNIX 手册中查到这些命令的语法。

16.6 使用 mpstat 命令辨认 CPU 瓶颈

mpstat 命令是 Solaris、Linux 和 AIX 环境下的工具,以表格的形式报告每个处理器的统计信息。使用 mpstat 命令的时候,要设置报告之间的时间间隔以及 mpstat 重复的次数。表格中的每一行表示一个处理器的活动情况。第一个表展示了自系统启动以来各种活动的概要。请特别注意 smtx 的测量结果,它表示 CPU 未能获得互斥锁的次数。互斥锁迟延浪费 CPU 时间并降低多处理器的扩展性。下面的例子中有 4 个处理器,编号为 0~3。mpstat 命令的输出展示该系统正朝着灾难的方向迈进(这是 Solaris 系统上的输出):

```
# mpstat 10 5

CPU minf mjf xcal  intr ithr csw  icsw migr smtx srw syscl usr sys wt  idl
0   1    0   0     110  9    75   2    2    9    0   302   4   4   11  81
1   1    0   0     111  109  72   2    2    11   0   247   3   4   11  82
2   1    0   0     65   63   73   2    2    9    0   317   4   5   10  81
3   1    0   0     2    0    78   2    2    9    0   337   4   5   10  81
CPU minf mjf xcal  intr ithr csw  icsw migr smtx srw syscl usr sys wt  idl
0   2    8   0     198  12   236  113  35   203  60  1004  74  26  0   0
1   1    17  0     371  286  225  107  39   194  48  1087  60  40  0   0
2   0    22  0     194  82   267  127  38   227  49  1197  63  37  0   0
3   0    14  0     103  0    218  107  35   188  46  1075  71  29  0   0
CPU minf mjf xcal  intr ithr csw  icsw migr smtx srw syscl usr sys wt  idl
0   17   22  0     247  12   353  170  26   199  21  1263  54  46  0   0
1   8    14  0     406  265  361  165  27   200  25  1242  53  47  0   0
2   6    15  0     408  280  306  151  23   199  24  1229  56  44  0   0
3   10   19  0     156  0    379  174  28   163  27  1104  60  37  0   0
CPU minf mjf xcal  intr ithr csw  icsw migr smtx srw syscl usr sys wt  idl
0   0    19  0     256  12   385  180  24   446  19  1167  48  52  0   0
1   0    13  0     416  279  341  161  24   424  20  1376  45  55  0   0
2   0    13  0     411  290  293  144  22   354  15  931   54  46  0   0
3   0    14  0     140  0    320  159  22   362  14  1312  58  42  0   0
CPU minf mjf xcal  intr ithr csw  icsw migr smtx srw syscl usr sys wt  idl
0   23   15  0     264  12   416  194  31   365  25  1146  52  48  0   0
1   20   10  0     353  197  402  184  29   341  25  1157  41  59  0   0
2   24   5   0     616  486  360  170  30   376  20  1363  41  59  0   0
3   20   9   0     145  0    352  165  27   412  26  1359  50  50  0   0
```

要诀

mpstat 的输出结果中,结果 smtx 列的值大于 200,就表明系统正在朝 CPU 瓶颈问题的方向迈进。

16.7 结合使用 ps 命令和选定的 V$ 视图

哪个进程使用最多的 CPU 资源?下面的 UNIX ps 命令列出了使用 CPU 资源最多的 9 个用户(很像先前在 16.4 节"使用 top 命令找出系统上最差的用户"中介绍过的 top 命令):

```
ps -e -o pcpu,pid,user,args | sort -k 3 -r | tail

%CPU   PID    USER     COMMAND
0.3    1337   oracle   oraclePRD
0.3    4888   oracle   oraclePRD (LOCAL=NO)
0.4    3      root     fsflush
0.4    1333   psoft    PSRUN PTPUPRCS
0.4    3532   root     ./pmon
```

```
0.4      4932    oracle      oraclePRD (LOCAL=NO)
0.4      4941    oracle      oraclePRD (LOCAL=NO)
2.6      4943    oracle      oraclePRD (LOCAL=NO)
16.3     4699    oracle      oraclePRD
```

该命令列出了所消耗的%CPU、进程识别号(PID)、UNIX 用户名以及所执行的命令。如果消耗最多 CPU 资源的是 Oracle 用户，便可用如下查询得到 Oracle 中的相关进程信息。做这件事时要把从 ps 命令获得的系统 PID 传给下面的查询：

```sql
-- ps_view.sql
col username format a15
col osuser   format a10
col program  format a20
set verify off
select    a.username, a.osuser, a.program, spid, sid, a.serial#
from      v$session a, v$process b
where     a.paddr  = b.addr
and       spid     = '&spid';

-- ps_sql.sql
set verify off
column username format a15
column sql_text    format a60
undefine sid
undefine serial#
accept sid prompt 'sid: '
accept serial prompt 'serial#: '
select    'SQL Currently Executing: '
from      dual;

select    b.username, a.sql_text
from      v$sql a, v$session b
where     b.sql_address      = a.address
and       b.sql_hash_value = a.hash_value
and       b.sid         = &sid
and       b.serial# = '&serial';

select    'Open Cursors:'
from      dual;

select    b.username, a.sql_text
from      v$open_cursor a, v$session b
where     b.sql_address      = a.address
and       b.sql_hash_value = a.hash_value
and       b.sid         = &sid
and       b.serial# = '&serial';
```

下面的输出展示了一个例子，这个例子利用前面介绍的命令和脚本来识别使用最多 CPU 资源的用户：

```
$ ps -e -o pcpu,pid,user,args | sort -k 3 -r | tail

%CPU    PID     USER        COMMAND
0.4     650     nobody      /opt/SUNWsymon/sbin/sm_logscand
0.4     3242    oracle      ora_dbwr_DM6
0.4     3264    oracle      ora_dbwr_DMO
0.4     3316    oracle      ora_dbwr_CNV
0.4     4383    oracle      ora_dbwr_QAT
```

```
0.5      3        root       fsflush
0.8      654      root       /opt/SUNWsymon/sbin/sm_krd -i 10
1.7      652      root       /opt/SUNWsymon/sbin/sm_configd -i 10
3.6      4602     oracle     oracleCNV (LOCAL=NO)

$ sqlplus system/manager
SQL> @ps_view
Enter value for pid: 4602
```

请注意这里把 4602 作为输入数据，因为它是从 ps 命令得到的使用最多 CPU 资源的用户 PID：

```
old   4:         and spid='&pid'
new   4:         and spid='4602'


USERNAME    OSUSER    PROGRAM               SPID      SID      SERIAL#
DBAENT      mag       sqlplus@hrtest        4602      10       105

SQL> @ps_sql
sid: 10
serial#: 105
```

请注意以 10 为 SID，以 105 为 serial#，因为它们是前面的查询(PS_VIEW.SQL)检索到的值：

```
'SQLCURRENTLYEXECUTING:'
-----------------------
SQL Currently Executing:
old   5: and b.sid=&sid
new   5: and b.sid=10
old   6: and b.serial#='&serial'
new   6: and b.serial#='105'

USERNAME    SQL TEXT
DBAENT      select sum(bytes),sum(blocks) from dba_segments

'OPENCURSORS:'
Open Cursors:
old   5: and b.sid=&sid
new   5: and b.sid=10
old   6: and b.serial#='&serial'
new   6: and b.serial#='105'

USERNAME    SQL TEXT
DBAENT      select sum(bytes),sum(blocks) from dba_segments
```

将所有的数据组合在一起(不显示结果行的标题)，便得到：

```
DBAENT      mag       sqlplus@hrtest        4602      10       105
SQL Currently Executing:
DBAENT      select sum(bytes),sum(blocks) from dba_segments
Open Cursors:
DBAENT      select sum(bytes),sum(blocks) from dba_segments
```

如果有即席查询用户的问题并经常遭遇上面那样的问题查询，那么可以在最后加一条自动的 kill 命令，使作业完全自动化。

要诀

将操作系统的实用工具和 Oracle 的实用工具结合起来使用，以迅速而有效地发现有问题的用户。

Windows 环境下的 CPU/内存监控工具(任务管理器)

在 Windows 环境下,任务管理器(Task Manager)可用于监控 CPU 和内存的使用情况,还可以挑出一些列并在任务管理器中显示,进程 ID 就是这样的列。不过由于 Oracle 采用线程化的进程,因此并未发现此功能在映射到 Oracle 会话 ID 时有什么作用。

16.8 使用 iostat 命令辨认磁盘 I/O 瓶颈

也可以用 iostat 命令辨认磁盘瓶颈,报告终端和磁盘 I/O 的活动,以及报告 CPU 的使用情况。输出结果的第一行概括了自系统启动以来的方方面面,而随后的每一行仅显示前面确定的时间间隔内的信息。

根据 UNIX 的特点,iostat 命令有许多选项。最有用的选项通常是-d(每秒内的磁盘传输次数)、-x(扩展的统计信息)、-D(每秒内读写磁盘的次数)、-t(终端或 tty)和-c(CPU 负载)。基本格式为:

```
iostat [option] [disk] [interval] [count]
```

使用-d 选项可以列出每秒内为特定磁盘传送的千字节数、每秒内的传输次数以及以毫秒来计算的平均服务时间。这里显示的是 I/O,但并不区分读和写。

16.8.1 为磁盘驱动器 sd15、sd16、sd17 和 sd18 使用 iostat 的-d 选项

下面的输出表明:与其他磁盘相比,sd17 严重超载。如果 sd17 上面的信息持续地引发磁盘 I/O,那么将这些信息搬到其他磁盘上可能是好主意。

```
# iostat -d sd15 sd16 sd17 sd18 5 5

        sd15              sd16              sd17              sd18
   Kps  tps  serv    Kps  tps  serv    Kps  tps  serv    Kps  tps  serv
     1    0    53     57    5   145     19    1    89      0    0    14
   140   14    16      0    0     0    785   31    21      0    0     0
     8    1    15      0    0     0    814   36    18      0    0     0
    11    1    82      0    0    26    818   36    19      0    0     0
     0    0     0      1    0    22    856   37    20      0    0     0
```

16.8.2 使用 iostat 的-D 选项

-D 选项报告每秒内读的次数、写的次数以及磁盘使用的百分比:

```
# iostat -D sd15 sd16 sd17 sd18 5 5

        sd15              sd16              sd17              sd18
   rps  wps  util    rps  wps  util    rps  wps  util    rps  wps  util
     0    0   0.3      4    0   6.2      1    1   1.8      0    0   0.0
     0    0   0.0      0   35  90.6    237    0  97.8      0    0   0.0
     0    0   0.0      0   34  84.7    218    0  98.2      0    0   0.0
     0    0   0.0      0   34  88.3    230    0  98.2      0    0   0.0
     0    2   4.4      0   37  91.3    225    0  97.7      0    0   0.0
```

这表明 sd17 上的活动全是读,而 sd16 上的活动全是写。两个驱动器皆处于最高利用率,而且可能有 I/O 问题。这些统计数据是在 sd16 上为 sd17 做备份时收集的,系统的状况绝不该看上去如此糟糕!

16.8.3 使用 iostat 的 -x 选项

使用 -x 选项来报告所有磁盘的扩展统计信息，该选项将前面介绍过的许多选项结合到了一起：

```
extended disk statistics
disk    r/s    w/s    Kr/s    Kw/s    wait    actv    svc_t    %w    %b
fd0     0.0    0.0    0.0     0.0     0.0     0.0     0.0      0     0
sd1     0.0    0.2    0.0     23.2    0.0     0.0     37.4     0     1
sd3     0.0    1.2    0.0     8.4     0.0     0.0     31.3     0     1
sd6     0.0    0.0    0.0     0.0     0.0     0.0     0.0      0     0
sd15    0.0    1.6    0.0     12.8    0.0     0.1     93.3     0     3
sd16    0.0    5.8    0.0     315.2   0.0     0.1     25.0     0     15
sd17    73.0   2.8    941.1   117.2   0.0     6.9     90.8     0     100
sd18    0.0    0.0    0.0     0.0     0.0     0.0     0.0      0     0

extended disk statistics
disk    r/s    w/s    Kr/s    Kw/s    wait    actv    svc_t    %w    %b
fd0     0.0    0.0    0.0     0.0     0.0     0.0     0.0      0     0
sd1     0.0    0.0    0.0     0.0     0.0     0.0     0.0      0     0
sd3     0.0    0.0    0.0     0.0     0.0     0.0     0.0      0     0
sd6     0.0    0.0    0.0     0.0     0.0     0.0     0.0      0     0
sd15    0.0    0.0    0.0     0.0     0.0     0.0     0.0      0     0
sd16    0.0    4.6    0.0     257.6   0.0     0.1     26.4     0     12
sd17    69.0   3.2    993.6   179.2   0.0     7.6     105.3    0     100
sd18    0.0    0.0    0.0     0.0     0.0     0.0     0.0      0     0
```

磁盘 sd16 和 sd17 再次成了问题，需要进一步调查与监控。

16.8.4 将 iostat 的 -x 选项与 shell 脚本中的逻辑相结合

本节中的脚本将 iostat -x 的输出按"忙"字段(%b)排序，并打印所列时间间隔内最忙的 10 个磁盘。下面列举该脚本中的一些选项，然后提供脚本示例和输出：

- 此乃名为"磁盘忙"的脚本，创建于 1/1/2009。
    - 该脚本运行于 !/bin/ksh 环境下。
    - 该脚本获取 iostat -x 的结果列表并将其依 %b 字段排序。
- 修改"print $10"以依据另一个字段排序。
- 对"iostat -x 5 5"的修改可以得到不同的时间间隔和执行次数(5 秒/5 次)。
- 将 tail 修改为 tail -20，就可以只列出最忙的 20 个磁盘。

```
iostat -x | awk '/^disk/'
iostat -x 5 5|grep -v '^ ' |grep -v '^disk'| awk '{
      print $10 ", " $0
      }' $* |
sort -n |
awk -F, '{
      print $2
      }' |
tail
```

运行上面的 shell 脚本，将产生如下输出结果：

```
# ./diskbusy

 disk     r/s     w/s    Kr/s    Kw/s    wait    actv    svc_t    %w    %b
```

sd6	0.0	0.0	0.0	0.0	0.0	0.0	0.0	0	0
sd3	0.2	0.6	0.2	2.0	0.0	0.0	8.1	0	1
sd6	0.1	0.0	2.0	0.0	0.0	0.0	176.3	0	1
sd1	3.0	0.1	11.9	10.4	6.0	1.9	2555.3	3	3
sd17	3.4	0.7	37.4	17.2	0.0	0.2	54.6	0	4
sd16	4.1	0.8	38.6	26.0	0.0	0.6	129.5	0	6
sd17	99.0	14.2	790.8	795.2	0.0	3.6	31.4	0	99
sd17	100.0	14.0	798.8	784.0	0.0	3.5	30.8	0	100
sd17	95.0	14.2	760.0	772.8	0.0	3.6	32.7	0	100
sd17	95.5	14.0	764.3	762.7	0.0	3.5	31.6	0	100

在这个例子里，iostat 运行了 5 次，而这 5 次运行中最繁忙的 10 个磁盘都显示了出来。磁盘 sd17 被列出 5 次，因为每次运行 iostat 时，sd17 都达到总排名的前 10 以内。

要诀

可以用 sar 和 iostat 命令找出磁盘 I/O 可能有问题的区域。使用嵌入了这两条命令的 shell 脚本可以进一步加强这两条命令的功能。

16.9 使用 ipcs 命令来确定共享内存

ipcs 命令是另一个有用的内存命令，可用来监控 Oracle 的 SGA。ipcs 命令展示 SGA 中每个共享内存段的大小。如果内存不足，无法在一片连续的内存中安置整个 SGA 的话，SGA 就要建在非连续的内存段上。在实例崩溃的情形下，内存有可能释放不掉。如果这样的情况真的发生了，请注意 ipcrm 命令将把这些段清除(ipcrm -m 用于内存段，而 ipcrm -s 用于信号灯段)。在 Solaris 环境下需要使用 ipcs -b，而在 Linux、HP-UX 和 AIX 环境下需要使用 ipcs -a。

```
# ipcs -b

Shared Memory:
m    204 0x171053d8 --rw-r-----     oracle      dba     65536
m    205 0x1f1053d8 --rw-r-----     oracle      dba     100659200
m    206 0x271053d8 --rw-r-----     oracle      dba     1740800
Semaphores:
s 393218 00000000  --ra-r-----     oracle      dba     300
```

在上面的例子中，SGA 建在三个非连续的内存段上(构成 100MB+的 SGA)。关闭该实例并以小一些的 SGA 再次启动它(使 SGA 由连续的内存段组成)。当 SGA 减小到小于 70MB 后，再一次发出 ipcs 命令：

```
# ipcs -b

Shared Memory:
m   4403 0x0f1053d8 --rw-r-----     oracle      dba 71118848
Semaphores:
s 393218 00000000  --ra-r-----     oracle      dba     300
```

最好在一个共享内存段上安置整个 SGA，因为监控一个以上的内存段需要开销，在这些内存段间切换也需要时间。可以在/etc/system(根据版本的不同，也可能是/etc/sysctl.conf)文件中增大 SHMMAX 参数的设置，以增大单个共享内存段的最大规模。如果需要关于平台的更加具体的信息，请查看 Oracle 的安装文档。在 Solaris 10 中，共享内存参数的设置挪到了资源控制部分，所以如果修改/etc/system 文件，那么任何改动都会被忽略。最后，如果配置了 Hugepages 参数，那么内存将从池中获得，而且不使用信号灯。AMM 需要使用信号灯，所以如果设置了 MEMORY_TARGET(参阅第 4 章中设置初始化参数的部分)，就不能使用 Hugepages 了。

要诀

用 ipcs 命令查看 SGA 是否建在多个不连续的内存段上。数据库崩溃可能使这种情况成为问题,因为内存释放不掉。用 ipcrm 命令(仅在数据库崩溃之后,SGA 碎片不释放的情形下)在内存中清除 SGA 碎片,但不可以在数据库尚在运行的情况下就发出 ipcrm 命令。

16.10 使用 vmstat 命令监控系统负载

vmstat 命令是本章中介绍的许多其他命令的结合体,它的好处在于可以马上看到一切。使用 vmstat 的问题在于虽然马上看到了一切,但也必须马上对一切都做出评价。

vmstat 命令显示了下面进程的集合:
- r   正在运行的进程
- b   可以运行但正在等待资源的进程
- w   可以运行但已经交换到磁盘上的进程

另外,这条命令还提供关于 CPU 使用情况的信息:
- us   正常进程和优先进程的用户时间百分比
- sy   系统时间所占的百分比
- id   空闲时间所占的百分比

```
#vmstat 5 3

procs         memory           page              disk         faults        cpu
r  b  w    swap    free  re  mf  pi po fr de sr s0 s1 s6 s9   in    sy    cs  us sy id
19 5  0  1372992  26296   0   2 363  0  0  0  0 70 31  0  0  703  4846   662  64 36  0
23 3  0  1372952  27024   0  42 287  0  0  0  0 68 22  0  0  778  4619   780  63 37  0
16 4  0  1381236  36276   0  43 290  0  0  0  0 59 23  0  0 1149  4560  1393  56 44  0
```

b 或 w 列中的进程通常是系统有问题的征兆(如果 b 和 w 列中持续出现进程的话,上面展示的系统就有问题了)。如果进程被阻止运行,就可能是 CPU 负担过重或是某台设备被挂起了。上面例子中的 CPU 空闲时间为 0,很明显,系统已经不堪重负,因为进程被阻止,用户都在等着得到 CPU 资源。相反,如果 CPU 空闲时间很高,那么可能未使系统充分发挥出潜力(没有有效地平衡工作),或者对任务而言系统太大了。我们乐于看到静态(不增加新用户)系统的空闲时间为 5%~20%。

要注意:随着系统等待 I/O 请求时间量的增长,CPU 的空闲时间量会减少,因为系统资源将被用于监控那些正在等待的 I/O 请求。所以在做决定的时候务必要有全局观念,消除 I/O 瓶颈可能空出大量的 CPU 时间来。花在监控 I/O 请求上的时间反映到 vmstat 的输出中就是"sy"或系统时间。

在报表的 cpu 栏,vmstat 命令总结了多处理器系统的性能。双处理器系统的 CPU 负载显示为 50%,但这并不一定表示两个处理器同样忙碌。相反,根据多处理器系统的实现方式,CPU 负载显示为 50%可能表明一个处理器几乎完全忙,而另一个则几乎完全闲。vmstat 输出的第一栏也会受到多处理器系统的影响。如果可运行的进程数不总是大于处理器数,那么即便给系统添加更多的 CPU,也不见得能够显著地提高性能。

还可以用 vmstat 命令查看系统调页和交换的情况。po(页出)和 pi(页入)的值表明系统上发生调页的数量。少量调页在重负载周期中是可接受的,但不应持续过长的时间。在大多数系统中,Oracle 启动时会发生调页。

要诀

用 vmstat 命令找出被阻塞的进程(等待 CPU 资源的用户)以及调页和交换的问题,vmstat 命令是在同一屏上同时查看多种 sar 选项的极好方法。

16.11 监控磁盘的空闲空间

DBA 需要密切监控磁盘的空闲空间，在企业没有系统管理员的情况下更是这样。例如，包含归档重做日志的文件系统如果满的话，数据库上所有的活动都可能立刻就停下来！下面的脚本能让你轻易监控磁盘的空闲空间，如果出现问题，会向你发送电子邮件。可调度该脚本每 15 分钟运行一次。通常通过 cron 进程来调度程序，在指定的时间间隔运行。crontab -e 命令用来添加或删除条目，该命令在 vi 编辑器中打开 crontab 文件。下面是每隔 15 分钟就检查一遍磁盘空闲空间的例子：

```
0,15,30,45 * * * * /usr/local/bin/diskfreespace.sh
```

每天，每隔 15 分钟就运行 diskfreespace.sh 程序一遍。如果需要更多通过 cron 来调度程序的信息，请参阅系统上有关"crontab"的手册页。查看手册页(帮助页)的命令是在 UNIX 提示符下键入 man crontab。

最后，这里有一个用以检查主机文件系统中空闲空间的示例脚本，如果空闲空间的比率低于 5%，就会向你发送一封电子邮件。可以为比这更多或更少的空闲空间而编辑该脚本，例如，如果将$PERC -gt 95 改为$PERC -gt 90，系统将在空闲空间比率低于 10%时向你报警。请注意该脚本是为 Linux 环境而设计的，而且不加修改即可在 Solaris 环境下运行。要想在 HP-UX 环境下运行它，就得把 df -kl 命令修改为 df -kP：

```sh
#!/bin/sh
# script name: diskfreespace.sh
#
#
df -kl | grep -iv filesystem | awk '{ print $6" "$5}' | while read LINE; do
      PERC=`echo $LINE | awk '{ print $2 }'`
      if [[ $PERC > 95 ]]; then
         echo "`date` - ${LINE} space used on `hostname` " | mailx -s "${LINE} on `hostname` at ${CLIENT} is almost full" rich@tusc.com
      fi
      done
```

16.11.1 df 命令

系统可能遭遇的最大、最常见问题之一便是磁盘空间用光了，特别是/tmp 或/usr 目录下的空间。"究竟应该为这些目录分配多少空间呢？"不要指望奇迹发生，但好的经验法则是：分配约 1500~3000 KB 的空间给/tmp 目录，分配比这多一倍的空间给/usr 目录(在大系统中这些值必须取得更大，特别是对/tmp 目录而言)。其他文件系统大约应该占系统可用容量的 5%或 10%。df 命令展示挂载的每个磁盘上的空闲空间，-k 选项按不同的栏显示以 KB 为单位分配的各个文件系统的信息；在 HP-UX 环境下，则要使用 bdf 命令。

```
% df -k

Filesystem            kbytes     used    avail  capacity  Mounted on
/dev/dsk/c0t0d0s0      38111    21173    13128     62%    /
/dev/dsk/c0t0d0s6     246167   171869    49688     78%    /usr
/proc                      0        0        0      0%    /proc
fd                         0        0        0      0%    /dev/fd
swap                  860848      632   860216      0%    /tmp
/dev/dsk/c0t0d0s7     188247    90189    79238     53%    /home
/dev/dsk/c0t0d0s5     492351   179384   263737     40%    /opt
gs:/home/prog/met      77863    47127    22956     67%    /home/met
```

表 16-4 描述了上述输出中的各个字段(所有条目都以 KB 为单位)。

表 16-4　df –k 命令的输出中的字段

列	说明
kbytes	文件系统中总的可用空间(大小由分配的净空间调整而来)
used	已经使用的空间
avail	可以使用的空间
capacity	已用空间占总容量的百分比
Mounted on	挂载点

可用空间已经预留 10%的可调整空间，所以只反映了实际容量的 90%。capacity 列中显示的百分比乃是：用已经使用的空间除以调整过的可用空间后得到的结果。

16.11.2　du 命令

一旦知道需要空间，du(磁盘使用)便是用以找出谁在占用空间的很好的命令。可运用以下 du 命令，找出挂载点下当前各目录的大小：

```
du -sk * | sort -n  (以 KB 为单位来计算)
du -sh * | sort -n  (人类可读，以 KB、GB 等为单位来报告数值)
```

以下是同一命令的另一个版本，可确保停留在那个文件系统中，而不会转到其他文件系统。例如，在目录/下运行以下命令，所显示的就将仅仅是/目录下的子目录和文件，而不会进入/opt 或/tmp 等其他文件系统：

```
du -xk . | sort -nr | more
```

16.12　使用 netstat 监控网络性能

检查网络负荷的方法之一乃是使用不带任何参数的 netstat 命令：

```
% netstat

TCP
   Local Address        Remote Address       Swind Send-Q Rwind Recv-Q  State
   -------------------- -------------------- ----- ------ ----- ------  -------
AAA1.1023              bbb2.login           8760       0  8760       0  ESTABLISHED
AAA1.listen            Cccc.32980           8760       0  8760       0  ESTABLISHED
AAA1.login             Dddd.1019            8760       0  8760       0  ESTABLISHED
AAA1.32782             AAA1.32774          16384       0 16384       0  ESTABLISHED
...
```

在这份报表中，重要的乃是 Send-Q 这一栏，它反映了信息包发送队列的深度。如果 Send-Q 这一栏中的数字都很大并在跨多个连接时不断增大，那么网络就很可能陷于困境之中。

网络矫正措施

如果对网络是否完好心存疑虑，那就要设法判定设备中有故障的部分。如果问题是网络极为繁忙，包冲突数、超时数、重传数等都随之增大，那就可能需要更恰当地分布工作负荷。将网络节点分区、分段为子网络，从而更清楚地反映根本的工作负担，最大限度地提高网络的整体性能。要实现这一目标，可以在网关中安装额外的网络接口，并调整网关上的寻址来反映新的子网。可能还需要更改布线以及采用高级的智能集线器。重组网络能够最大限度地提高访问本地子网的带宽。务必将经常相互执行 NFS 挂载的系统放在同一子网中。

如果因为网络太旧而不得不修改拓扑结构的话，那么可以考虑以更可靠、更灵活、更现代的双绞线网络取代旧的同轴电缆网络。务必将负载加到适当的机器上。要以具有最佳网络性能的机器来承担适当份额的网络文件服务的任务。要检查网络上有没有无磁盘工作站，因为无磁盘工作站的启动、交换、调页等都需要大量的网络资源。随着本地存储成本的持续下降，越来越难以使人们相信无磁盘工作站仍然比常规工作站划算。为了使工作站在本地支持用户，至少是把它们对网络的使用降到最低程度，就得考虑将现有的工作站升级。

如果使用网络服务器的客户不断增加，那就得检查服务器内存以及分配给内核的缓存是否足够多。如果问题是网络上运行着 I/O 密集型的程序，那就得和用户商量并确定，看看究竟做些什么才能把他们的需求变成本地化的而不是网络化的。要教育用户，务必使他们明白怎么恰当地使用网络，以及什么操作会浪费宝贵的资源。

16.13 修改配置信息文件

Solaris 使用/etc/system 文件来修改内核可调变量，基本形式为：

```
set parameter = value
```

也可以是下面这样的形式：

```
set [module:]variablename = value
```

/etc/system 文件也可用于其他目的(比如在启动时强制加载模块、指定根设备，等等)。/etc/system 文件用于永久性地改变操作系统的值，临时性的更改则可用 adb(Android Debug Bridge)内核调试工具来完成。为了激活用/etc/system 文件所做的变更，必须重启系统。更改过该文件后，就可以重新编译从而生成新的 UNIX 内核了。命令为 mkkernel -s system，名为 vmunix.test 的新内核将被放在/stand/build 目录下。接下来，可将目前的 stand/system 文件改名为/stand/system.prev 文件，再将修改过的/stand/build/system 文件改名为/stand/system 文件；然后将当前运行的内核/stand/vmunix 改名为/stand/vmunix.prev，再将新内核/stand/build/vmunix.test 改名为/stand/vmunix(即执行命令 mv /stand/build/vmunix.test /stand/vmunix)。最后一步是重启计算机，以使更改生效。

影响性能的其他因素

很难说清楚怎么才算令人满意的性能。衡量性能时有两项常见而迥异的指标：响应时间是自用户按下 Enter 键那一瞬间直到系统给出响应那一刻经历的时间，而吞吐量则是在确定的时间间隔内完成的事务数。在这两项指标中，吞吐量是衡量究竟完成了多少工作的更佳标准。响应时间则更为明显，因此使用更为频繁，它是衡量满足系统业务目标的更佳标准。有些人在调优时并不做面面俱到的检查，但请记住，应该检查下面列出的所有条目。

- **所有硬件**：CPU 足够快、足够多吗？系统配有多少内存？够不够用？
- **操作系统和应用软件**：就当下环境而言，系统的配置是否得当？
- **人员**：人们是否在系统和应用两方面受到足够的培训，从而具有最佳的生产能力？
- **变更**：在工作量和用户需求方面会发生哪些预期的改变？

如果请求的大小超出资源的可用范围，那么该资源就成了瓶颈。瓶颈是由于硬软组件或系统组织的不足而造成的系统性能方面的局限。

1. 对受 CPU 限制的系统施行调优

- 升级为具有更快或更多处理器的系统

- 为系统更新换代，配上大的数据/指令高速缓存
- 在多系统和多磁盘间分布应用
- 尽可能在非高峰时段运行长的批处理作业
- 对那些不重要的应用运行 nice 命令(改变进程的优先级)
- 把那些频繁使用的进程固定在内存中
- 关闭系统记账
- 优化应用程序

2. 对受内存限制的系统施行调优

- 增加物理内存
- 增加闪存
- 使用无磁盘工作站，而不用 X-终端
- 降低 MAXDSIZ
- 减少固定在内存中的对象
- 找出内存泄漏的程序
- 对应用程序施行调优
- 减小内核驱动程序和子系统的规模
- 减小缓冲区高速缓存的规模

3. 磁盘调优

- 添加磁盘驱动器
- 添加磁盘通道
- 采用更快的磁盘或增加闪存
- 采用条带化技术
- 采用镜像技术
- 在多磁盘间均衡 I/O
- 每个应用程序独占一部分磁盘空间
- 采用裸磁盘 I/O
- 加大系统的缓冲区高速缓存
- 加大内核表的规模
- 运用 tunefs 和 tune NFS 命令

4. 能够对性能产生影响的卷管理器的因素

- 文件系统参数
- 碎片
- 镜像
- 调度
- 磁盘心轴
- 严格度或严密度
- 条带化

- 工作负载
- 工作类型

16.14 改善性能的其他途径

另一个值得研究的工具是 Oracle 集群健康监视器(Cluster Health Monitor，CHM)，可以利用该工具探究操作系统资源在每个节点上的使用状况。集群健康监视器无时无刻不在监控着每一个进程和设备：可设置阈值，达到阈值时即报警；还可以重新播放历史信息。欲了解更多信息，请访问 www.oracle.com/technetwork/database/enterprise-edition/ipd-overview-130032.pdf。

Orion 是 Oracle 另外一款校准工具，利用该工具可以产生有代表性的工作负载，并像生产环境下的应用程序那样给存储阵列加压。Orion 向裸磁盘发出 I/O 时与 Oracle 数据库向裸磁盘发出 I/O 时使用相同的软件库。为了优化生产环境下应用程序的最终目标，Orion 还能帮助对存储阵列施行微调。欲了解更多信息，请访问 https://docs.oracle.com/database/121/TGDBA/pfgrf_iodesign.htm#TGDBA015。

最后，请参阅 MOS 文献 224176.1 以获取使用操作系统命令来诊断 Oracle 性能问题的更多信息。

16.15 要诀回顾

- 运用 sar -u 命令来查看 CPU 究竟有多忙(是不是已经不堪重负了？)的快照。定期运行 sar 以得到能让你识别何时系统运作不佳的基线。然而，较低的 CPU 空闲时间值有时却可能是 I/O 的问题，而不是 CPU 的问题。
- 运用 sar 命令来监控、评估内存的使用状况以及对更多内存的潜在需求！调页一般是不活动的进程从内存向磁盘的运动，而高比例的调页一般就是要发生交换的征兆。交换一般是活动进程从内存向磁盘的运动。如果交换问题恶化起来，系统就要陷入"死亡漩涡"了。正确的解决方法是找出谁在霸占着内存，或者增加内存量。
- 在 Oracle 12c 中，通过使用多租户数据库来整合系统，通常会导致 CPU 的空闲百分比增加许多、重负荷使用期减少许多(将所有系统平均为一个系统)。使用可插拔数据库来平衡单个多租户系统的负载可能非常有效！
- 在确定的时间点使用 top 命令找出系统中最差的用户(很多 DBA 随后就要使用 kill 命令了)。如果最差的查询只持续很短的一段时间，就可能不会成为问题。但如果一直持续下去，那就有必要开展进一步的调查研究了。
- 运用 cron 和 uptime 命令定时地将系统的负载信息通过 e-mail 发送。可以在 UNIX 手册中查到这两个命令的语法。
- 如果在 mpstat 命令的输出结果中 smtx 列的值大于 200，系统就正在朝 CPU 瓶颈问题的方向迈进。
- 将操作系统的实用工具和 Oracle 的实用工具结合起来使用，以迅速而有效地发现有问题的用户。
- 可以用 sar 和 iostat 命令找出磁盘 I/O 可能有问题的区域。使用嵌入了这两个命令的 shell 脚本可以进一步加强这两个命令的功能。

- 运用 ipcs 命令来查看 SGA 是否建在多个不连续的内存段上。数据库崩溃可能使这种情况成为问题，因为内存释放不掉。用 ipcrm 命令(仅在数据库崩溃之后、SGA 碎片不释放的情形下)在内存中清除 SGA 碎片，但不可以在数据库尚在运行的情况下就发出 ipcrm 命令。
- 运用 vmstat 命令来找出被阻塞的进程(等待 CPU 资源的用户)以及调页和交换问题，vmstat 命令是在同一屏幕上同时查看多个 sar 选项的极好方法。

附录 A
重要的初始化参数(针对 DBA)

Oracle 12cR2 中有 412 个公开的和 4237 个未公开的初始化参数(init.ora/spfile.ora)。这意味着总共可以使用 4649 个初始化参数，可以使用 count(*)函数来查询 X$KSPPI 视图以计算公开的和未公开的参数总和(需要以 SYS 用户身份才能访问 X$表)。查询 V$PARAMETER 视图仅能得到公开的参数数量。这里所说的未公开的参数是指以下画线(_)开头的参数，尽管它们当中有些是公开的参数。将有些参数归类为公开的参数(参数前面没有"_"，但它们实际上没有公开，只是被外部化了，可以使用，通常用于向后兼容)。甚至在不同的 Oracle 版本和操作平台上，这些参数的数目也会有变化。初始化参数会根据数据库版本和发行版[1]而变化(名称和数量都会变)。在数据库上运行本附录末尾的查询语句(访问 V$PARAMETER 视图和 X$KSPPI 表)，可得到参数数量和特定版本的详细介绍。

本附录要点如下：
- 不再支持和不建议使用的初始化参数

---

[1] 译者注：这里的版本指大版本号，发行版指小版本号，例如 Oracle 12cR2 的版本号是 12，发行版是 2。

- 25 个最重要的、公开的初始化参数的描述和建议设置
- 不该忘记的 20 个最重要的初始化参数(个人观点)
- 13 个最重要的、未公开的初始化参数
- 11 个附加的、未公开的初始化参数(大多数用于 Exadata)
- 公开的初始化参数的完整列表(在 Oracle 12cR2 中有 412 个)
- 查询未公开的初始化参数(在 Oracle 12cR2 中有 4237 个)

因为每个系统的设置都不尽相同,我认为最重要的 25 个参数可能与你认为最重要的 25 个参数不相同(因此如果在本书中没有出现你认为最重要的初始化参数,可以随时记录在本书中)。在有人写 1000 页的书讨论初始化参数之前,希望本附录可以作为学习的起点。有关最重要的初始化参数的详细信息,请参考第 4 章。

A.1 过时的/不再支持的初始化参数

下面是 Oracle 12cR2 中过时的/不再支持的初始化参数(这些参数是通过查询 V$OBSOLETE_PARAMETER 视图得到的,结果共有 154 个非隐含的且过时的参数)。过时的参数意味着这些参数已不再使用,但有时它们会变为未公开的参数,也就是在这些参数的前面有一条下画线(_)。

- DDL_WAIT_FOR_LOCKS
- DRS_START
- GC_FILES_TO_LOCKS
- DB_BLOCK_LRU_LATCHES (变成未公开的参数,默认值为 8)
- _KGL_LATCH_COUNT (既显示为过时的参数,又称为未公开的参数;默认值为 0)
- MAX_COMMIT_PROPAGATION_DELAY
- PLSQL_NATIVE_LIBRARY_DIR
- PLSQL_NATIVE_LIBRARY_SUBDIR_COUNT
- ROW_LOCKING(变成未公开的参数,默认值为 ALWAYS)
- SQL_VERSION

A.2 不建议使用的初始化参数

下面是 Oracle 12cR2 中不建议使用的初始化参数。为了保持向下兼容,可以使用这些参数,但它们在将来可能不再可用。为了查询在特定版本中不建议使用的初始化参数,请运行下述 SQL 语句(注意在 Oracle 12cR2 版本中该查询返回 23 条记录,而 Oracle 12cR1 版本返回 26 条记录,尽管下面显示的结果中的部分参数在过去的记录中已经被标记为不建议使用):

```
select   name
from     v$parameter
where    isdeprecated = 'TRUE';
```

- ACTIVE_INSTANCE_COUNT
- BACKGROUND_DUMP_DEST (在 Oracle 11.1 中用 DIAGNOSTIC_DEST 参数代替)
- BUFFER_POOL_KEEP (在 Oracle 9i 中用 DB_KEEP_CACHE_SIZE 参数代替)
- BUFFER_POOL_RECYCLE (在 Oracle 9i 中用 DB_RECYCLE_CACHE_SIZE 参数代替)
- COMMIT_WRITE (在 Oracle 12.2 中用 COMMIT_LOGGING 和 COMMIT_WAIT 两个参数代替)
- CURSOR_SPACE_FOR_TIME (从 Oracle 11.1 开始)
- FAST_START_IO_TARGET (在 Oracle 9i 中用 FAST_START_MTTR_TARGET 参数代替)

- INSTANCE_GROUPS (从 Oracle 11.1 开始)
- LOCK_NAME_SPACE (从 Oracle 10.1 开始)
- LOG_ARCHIVE_START (从 Oracle 11.2 开始)
- PARALLEL_ADAPTIVE_MULTI_USER (从 Oracle 12.2 开始)
- PLSQL_DEBUG (从 Oracle 11.1 开始)
- PLSQL_V2_COMPATIBILITY (从 Oracle 11.1 开始)
- RDBMS_SERVER_DN (从 Oracle 12.2 开始)
- REMOTE_OS_AUTHENT (从 Oracle 11.1 开始)
- RESOURCE_MANAGER_CPU_ALLOCATION (从 Oracle 11.1 开始)
- SEC_CASE_SENSITIVE_LOGON (从 Oracle 12.1 开始)
- SERIAL_REUSE (从 Oracle 10.2 开始)
- SQL_TRACE (从 Oracle 10.2 开始)
- STANDBY_ARCHIVE_DEST (从 Oracle 11.1 开始)
- USER_DUMP_DEST (在 Oracle 11.1 中用 DIAGNOSTIC_DEST 参数代替)
- UTL_FILE_DIR (从 Oracle 12.1 开始)

A.3 最重要的 25 个初始化参数

下面是我认为最重要的 25 个初始化参数,显示顺序按它们的重要程度进行排列。由于每个人都有自己特定的业务、应用以及经验,所以你认为最重要的 25 个参数可能和下述结果有所不同。

1) MEMORY_TARGET:这个初始化参数设定分配给PGA和SGA的所有内存(Oracle 11g中的新参数)。设置MEMORY_TARGET就是启用了自动内存管理(Automatic Memory Management,AMM),所以Oracle根据系统的需求分配内存,但也可以设置关键参数的最小值。MEMORY_TARGET可以完成SGA_TARGET能完成的所有工作,此外,还包括PGA(MEMORY_TARGET由于包括重要的PGA_AGGREGATE_TARGET才变得特别重要)。在设置MEMORY_TARGET后,其他重要参数,诸如DB_CACHE_SIZE、SHARED_POOL_SIZE、PGA_AGGREGATE_TARGET、LARGE_POOL_SIZE和JAVA_POOL_SIZE也都会自动设置。为系统中重要的初始化参数设置最小值是个非常好的想法。

2) MEMORY_MAX_TARGET:这个参数设定可以分配给 Oracle 的最大内存,也是 MEMORY_TARGET 可以设置的最大值。

3) DB_CACHE_SIZE:为数据缓存或为存放数据而初始分配的内存量。如果设置了 MEMORY_TARGET 或 SGA_TARGET,这个参数就不需要设置了,但是给这个参数设置一个最小值是个好主意。目标始终是实现一个驻留在内存中的数据库,至少要把所有将被查询的数据都放进内存。

4) SHARED_POOL_SIZE:分配给数据字典、SQL 和 PL/SQL 语句的内存。查询本身放在这块内存里。如果设置了 MEMORY_TARGET,这个参数就不需要设置了,但是给这个参数设置一个最小值是个不错的想法。注意,SAP 推荐将其设置为 400MB。另外注意,结果集缓存(Result Cache)的内存来自共享池,通过设置参数RESULT_CACHE_SIZE 和 RESULT_CACHE_MODE(这个参数有三个值:FORCE、AUTO 和 MANUAL)来完成。最后,在 Oracle 11g 中这个参数包括一些 SGA 里的额外开销(总共 12MB),这在以前的 Oracle 10g 中是没有的,所以在 Oracle 11g 中将这个参数设置得比 Oracle 10g 中的高至少 12MB。

5) INMEMORY_SIZE:内存列存储的数据保存在这个内存区域内,它是将数据保存到内存的数据高速缓存的一部分。表、表空间、分区或其他对象能够以压缩的方式将列保存在这个内存区域里。这就让更快速地分析查询成为可能(比如对单独列的汇总)。Oracle 还会创建存储索引来让针对值的范围查询变得更快。另外,INMEMORY_QUERY 应该设置为 ENABLED (默认值)。有关 INMEMORY_SIZE 的设置在第 4 章中有详细描述。

6) SGA_TARGET：如果使用 Oracle 的自动共享内存管理(Automatic Shared Memory Management，ASMM)，就使用该参数自动确定数据缓存、共享池、大型池和 Java 池的大小(查看第 1 章以了解更多内容)。将该参数设置为 0 可禁用这个功能。如果设置了 MEMORY_TARGET，这个参数就不需要设置了，但是如果希望和以前版本对比的话，可以给这个参数设置一个最小值。SHARED_POOL_SIZE、LARGE_POOL_SIZE、JAVA_POOL_SIZE 和 DB_CACHE_SIZE 会根据这个值自动设置(或者使用 MEMORY_TARGET)。INMEMORY_SIZE 是这个参数设定的大小的一部分。

7) PGA_AGGREGATE_TARGET 和 PGA_AGGREGATE_LIMIT：前者设定所有用户的 PGA 内存的软上限[1]。如果设置了 MEMORY_TARGET，这个参数就不需要设置了，但是给这个参数设置一个最小值是个好主意。注意 SAP 指定对于 OLTP 系统设置为可用内存的 20%，对于 OLAP 系统设置为 40%。后面这个参数设置能使用的 PGA 内存上限(内存大小的硬限制)。

8) SGA_MAX_SIZE：SGA_TARGET 可以设置的最大内存。如果设置了 MEMORY_TARGET，这个参数就不需要设置了，但是如果需要使用 SGA_TARGET，就需要给它设置一个值。

9) OPTIMIZER_MODE：可以设置为 FIRST_ROWS、FIRST_ROWS_n 或 ALL_ROWS。尽管 RULE/CHOOSE 明确不被支持并且已经过时，人们一提起基于规则的优化通常怨声载道，但是仍然可以设置为 RULE 模式。下面看看当为 OPTIMIZER_MODE 设置一种不存在的模式(SUPER_FAST)时得到的错误信息：

```
SQL> alter system set optimizer_mode=super_fast

ERROR:
ORA-00096: invalid value SUPER_FAST for parameter optimizer_mode, must be from
among first_rows_1000, first_rows_100, first_rows_10, first_rows_1, first_rows,
all_rows, choose, rule
```

10) SEC_MAX_FAILED_LOGIN_ATTEMPTS：如果用户经过此参数(这是 Oracle 11g 中的一个新参数)设置的尝试次数还不能输入正确的密码，系统就会断开当前连接并终止对应的数据库服务进程。这个参数的默认值是 3(对于安全性要求更低的系统，考虑增加这个值)。在本书以前版本中列举的前 25 个参数中还有一个类似的参数 SEC_CASE_SENSITIVE_LOGON，它是 Oracle 11g 中的一个新参数，但是在 Oracle 12.1 中又被废除了。如果想在 Oracle 11g 中使用这个参数，就要多加注意了(在升级到 Oracle 12c 之前，确保密码可以小写、大写或大小写混合使用)。

11) CURSOR_SHARING：把带具体值的 SQL 转换成带有绑定变量的 SQL，这样可以减少解析的开销。默认值是 EXACT。调研后可以考虑设置成 FORCE(参考第 4 章以获得更多信息)。

12) OPTIMIZER_USE_INVISIBLE_INDEXES：默认为 false，可确保不可视索引默认情况下不被使用(Oracle 11g 引入的新参数)。做个有益的优化实验：将此参数设置为 true，可使用所有索引和检查那些被错误地设置为不可视索引的索引(该实验可能使系统停机，所以只能用在开发环境中)。

13) OPTIMIZER_USE_PENDING_STATISTICS：默认为 false，可确保不使用待定统计信息(pending statistics)；而设置为 true 后，就可使用所有待定统计信息(Oracle 11g 引入的新参数)。

14) OPTIMIZER_INDEX_COST_ADJ：粗略调整索引扫描成本和全表扫描成本。设定为 1~10 的值会加强索引的使用。设定为 1~10 的值基本上可以保证使用索引，即使有时这样设置并不合适，因此需要谨慎设置该参数，因为它在很大程度上取决于索引的设计和实现是否正确。如果正在使用 Oracle Applications 11i，请注意不可以将 OPTIMIZER_INDEX_COST_ADJ 设置为除了默认值 100 以外的其他值(查看 MOS 文献 169935.1)。我在一次基准测试中见到这个参数被设置为 200。同时也可查看 bug 4483286。SAP 建议对于 OLAP 系统不要设置，对于 OLTP 系统设置为 20。

---

[1] 译者注：所谓软上限，就是指在实际情况中，分配的 PGA 总量可能会超过这个值。

15) DB_FILE_MULTIBLOCK_READ_COUNT：为了在全表扫描时更有效地执行 I/O 操作，设置该参数为一次 I/O 中读取的块数。在 Oracle 12cR2 中的默认值是 128，通常不要改变这个默认值。

16) LOG_BUFFER：数据库服务器进程对数据库高速缓存中的数据块进行修改会产生重做日志并写入日志缓冲区。SAP 建议使用默认值，Oracle Application 将其设置为 10MB。我见过有的基准测试设置为超过 100MB。

17) DB_KEEP_CACHE_SIZE：分配给 keep 池(位于缓冲区缓存之外的额外数据缓存)的内存，这些内存用于存放不希望从缓存中挤出的重要数据。

18) DB_RECYCLE_CACHE_SIZE：分配给 recycle 池(位于缓冲区缓存之外的额外数据缓存)的内存，也是上面 keep 缓存之外的内存。通常情况下，DBA 为编写较差的即时用户查询的数据设置该参数。

19) OPTIMIZER_USE_SQL_PLAN_BASELINES：默认为 true，意思是如果存在基线(Baseline)，Oracle 就会使用(Oracle 11g 引入的新参数)。注意 Stored Outline 已经不建议使用(不鼓励使用，但是仍然可以工作)，因为它已经被 SQL 计划基线取代。

20) OPTIMIZER_CAPTURE_SQL_PLAN_BASELINES：默认为 false，意思是 Oracle 默认情况下不捕捉 SQL 计划基线。但是如果创建了基线，Oracle 会像前面叙述的那样使用(Oracle 11g 引入的新参数)。

21) LARGE_POOL_SIZE：分配给大型的 PL/SQL 以及其他一些不常使用的 Oracle 选件的大型池中的总字节数。

22) STATISTICS_LEVEL：用于启用顾问信息的收集，并且可以选择提供更多的 O/S 统计信息来改进优化器决策。该参数的默认值是 TYPICAL。

23) JAVA_POOL_SIZE：为 JVM 中运行的 Java 存储过程分配的内存。

24) JAVA_MAX_SESSIONSPACE_SIZE：用于跟踪用户会话中 Java 类状态而使用的内存的上限。

25) OPEN_CURSORS：指定用于保持(打开)用户语句的专用区域的大小。如果见到"ORA-01000: maximum open cursors exceeded"错误，那么可能需要增大该参数，但是需要确保关闭不再需要的游标。在 9.2.0.5 版本之前，这些打开的游标也会被缓存。如果将 OPEN_CURSORS 设置得过高，有时也会造成问题(ORA-4031)。在 9.2.0.5 版本中，SESSION_CACHED_CURSORS 参数用来控制 PL/SQL 中游标缓存的设置。不要将参数 SESSION_CACHED_CURSORS 设置得和 OPEN_CURSORS 一样大，否则就可能产生 ORA-4031 或 ORA-7445 错误。SAP 推荐设置这个参数为 2000；Oracle Application 把 OPEN_CURSORS 设置成 600，将 SESSION_CACHED_CURSORS 设置成 500。

要诀

正确地设置好某些初始化参数可能会产生两秒到两个小时的差异。在对生产环境进行修改时，一定要彻底地在测试系统里调试这些改动。

A.4 不该忘记的最重要的 20 个初始化参数

下面将详细介绍其他一些重要的初始化参数。然而，只有在特定情况下或当正在使用 Oracle 的某个特性或版本时，这些参数才可能体现出其重要性。

1) CONTROL_FILES：该参数指定控制文件所在的位置。至少需要三份相同控制文件的备份。

2) COMPATIBLE：将该参数设置为正确的版本，否则将无法使用新版本中的特性。对于 12cR2 版本，至少要设置为 12.2.0.0.0。

3) OPTIMIZER_FEATURES_ENABLE：如果没有设置该参数，将会遗漏一些新特性。我的 Oracle 12.2 系统设置为 12.2.0.1，而我的数据库版本实际上是 12.2.0.0.2。

4) OPTIMIZER_ADAPTIVE_FEATURES[1]：默认值为 true。除非确实要把这个特性关闭(不推荐)，否则请不要修改这个参数。与之相关的还有两个参数，一个是 OPTIMIZER_ADAPTIVE_REPORTING_ONLY，默认设置成 false，用于仅仅报告自适应特性的使用情况(用于测试中)；另一个是 OPTIMIZER_INMEMORY_AWARE，当使用 IMMEORY 时应该保持为默认值 true。

5) AUDIT_TRAIL：在 12cR2 版本中的默认值是 DB。该参数将启用对很多主要命令的审计，包括 CREATE、ALERT、GRANT 和 AUDIT。

6) DIAGNOSTIC_DEST：跟踪文件、警告日志文件、Core Dump 文件现在都存放在一个新的目录中。DIAGNOSTIC_DEST 参数的值就是存放这些文件的根目录。一个简单的示例即可说明它如何工作，将该参数设置到一个目录(例如/u01/app/oracle)，相应的转储文件的路径即为 DIAGNOSTIC_DEST\DIAG\RDBMS\dbname\instname\trace (注意使用了 PDB)：

- background_dump_dest = /u01/app/oracle/diag/rdbms/cdb1/cdb1/trace
- user_dump_dest = /u01/app/oracle/diag/rdbms/cdb1/cdb1/trace
- core_dump_dest = /u01/app/oracle/diag/rdbms/cdb1/cdb1/cdump
- 警告日志文件位于/u01/app/oracle/diag/rdbms/cdb1/cdb1/cdump

7) UNDO_MANAGEMENT：设置该参数为 AUTO(默认值)以启动自动 UNDO 管理。

8) UNDO_TABLESPACE：设置该参数为管理 UNDO 的表空间(默认是 UNDOTBS1)。

9) UNDO_RETENTION：UNDO 保留时间，以秒为单位(默认是 900 秒)。

10) SPFILE：该参数指向用于启动数据库的二进制 SPFILE 文件的位置。可以手工创建可读的 PFILE 文件，命令是 "CREATE PFILE=' PFILE 的路径和名称' from SPFILE='SPFILE 的路径和名称';"；反之，可以从 PFILE 创建 SPFILE 或者从内存创建 SPFILE。可以通过命令 startup(默认使用 SPFILE)启动数据库；或通过 startup pfile=… 来使用特定的 PFILE 文件(initSID.ora 或指定的名称)来启动数据库。SPFILE 位于$ORACLE_HOME\dbs 目录。第 4 章提供了更多的信息。

11) DB_BLOCK_SIZE：默认的数据库块大小。较小的块可以减少临近行的争用，而较大的块则减少返回大量记录的 I/O 次数。如果请求的数据块顺序存放，那么大数据块更有利于范围扫描。大多数应用使用默认的 8KB 大小的数据块。

12) CLUSTER_DATABASE：对于单实例数据库，该参数必须设置为 false。在可插拔数据库中，现在有 CDB_CLUSTER 和 CDB_CLUSTER_NAME 两个参数。

13) UTL_FILE_DIR：要使用 UTL_FILE 程序包，就必须设置该参数。注意在 Oracle 11g 中，如果一个文件是符号链接，UTL_FILE 程序包将不再打开这个文件(这样做是为了屏蔽一个已知的安全漏洞)。在 Oracle 12c 中，这个参数已经不建议使用并取消了(该尝试放弃它了)。

14) LOG_CHECKPOINT_INTERVAL：检查点的频率，Oracle 执行数据库写操作，将所有的脏数据块(修改的数据)写到数据文件中(以操作系统块为单位，大多数操作系统块是 512 字节)。除此之外，Oracle 在有超过 1/4 的数据缓冲区包含脏数据，做日志切换时也会执行检查点操作。LGWR(日志写进程)将控制文件和数据文件中的 SCN 号更新为检查点的 SCN 号。

15) FAST_START_MTTR_TARGET：恢复崩溃的数据库所需要的时间。这个时间(以秒为单位)是数据库恢复崩溃的单个实例所需要的时间。如果设置了该参数，LOG_CHECKPOINT_INTERVAL 不应该设置为 0。即使不设置该参数，也可以通过查询 V$INSTANCE_RECOVERY 视图的 ESTIMATED_MTTR 列来估计 MTTR(平均恢复时间)。

---

[1] 译者注：在 Oracle 12c 的第二个发行版本的正式版本 12.2.0.1 中，OPTIMIZER_ADAPTIVE_FEATURES 参数已经被废除，取而代之的是两个参数：OPTIMIZER_ADAPTIVE_PLANS(默认值为 true)和 OPTIMIZER_ADAPTIVE_STATISTICS(默认值为 false)，分别用于控制与执行计划相关的自适应特性(默认打开)，以及和统计信息相关的自适应特性(默认关闭)。对于 12.1 版本的 Oracle 数据库，建议参考 MOS 文档 2187449.1 来通过打补丁的方式保持和 12.2 版本的默认行为一致。

16) RECOVERY_PARALLELISM：使用 Parallel Query 选项进行快速恢复。

17) MAX_SHARED_SERVERS：在共享服务器模式下共享服务器个数的上限值。

18) LICENSE_MAX_SESSIONS 和 LICENSE_MAX_USERS：这两个参数可限制并发用户和命名用户的个数(默认为 0)。

19) LICENSE_SESSIONS_WARNING：该参数指定触发许可警告的会话数，如果超出 1 个会话，将会收到许可警告(默认为 0)。

20) CELL_OFFLOAD_PROCESSING：默认为 true(有几个和 CELL 相关的参数需要关注，包括 CELL_OFFLOAD_COMPACTION、CELL_OFFLOAD_DECRYPTION、CELL_OFFLOAD_PARAMETERS、CELL_OFFLOAD_PLAN_DISPLAY 和 CELL_OFFLOAD_PROCESSING)，这意味着在 Exadata 中启用了 Smart Scan 特性(假定使用了 Exadata)。仅限于在 Exadata 中使用。

要诀
Oracle 有一些极好的选件。不过，只有正确地设置初始化参数，其中的一些选件才会起作用。

A.5 最重要的 13 个未公开的初始化参数(就我所见)

下面是我认为最重要的 13 个未公开的初始化参数，按它们的重要程度先后排列。你的结果可能根据你对其中某个参数的需求不同而有所变化。下面的警告描述了与使用这些参数相关的风险，需要指出的是，最快的 RAC TPC(Transaction Processing Council)基准测试使用了 17 个未公开的参数，我见过的许多 TPC 基准测试也是这样。

警告
Oracle 并不支持使用这 13 个参数，我不建议在生产系统中使用这些参数。只有在可以随意试验的系统中彻底测试过这些参数时(并且你的密友使用这些参数已经有很长时间)，并且应在 Oracle Support 的帮助下，才可以使用它们。未公开的初始化参数可能导致数据库崩溃(虽然其中一些参数可在数据库损坏时使数据库回退)。

1) _ALLOW_RESETLOGS_CORRUPTION：该参数可在重做日志损坏时派上用场。设置 _ALLOW_RESETLOGS_CORRUPTION 参数可允许在各个数据文件的 SCN 号不一致时打开数据库。这意味着一些数据文件可能包含其他数据文件所没有的改变(例如 RBS[1] 或 UNDO 表空间)。该参数可以允许获取数据，但却很难确保在使用这些参数后，可用的数据在逻辑上具有一致性。不管数据的一致性如何，DBA 接下来都必须重建数据库。如果重建失败，结果将是在随后的数据库使用中出现多个 ORA-600 错误。

2) _CORRUPTED_ROLLBACK_SEGMENTS：当回滚段损坏(可以使用这个参数跳过损坏的回滚段)时，该参数是最后可使用的方法。_CORRUPTED_ROLLBACK_SEGMENTS 参数可在恢复失败后强制打开数据库，但代价却非常高。

_CORRUPTED_ROLLBACK_SEGMENTS 假设回滚段中的每个事务都是完成的已提交事务，因此允许数据库打开。这会损坏整个数据库的逻辑，并且很容易就损坏数据字典。例如从一家银行向另一家银行转账，只有在确认所有部分都完成之后，交易才算完成。在 Oracle 中，当创建一个表时，下面所有的字典对象都要被更新：FET$、UET$、TAB$、IND$、COL$等。通过设置该参数，甚至在只更新 FET$而 UET$保持不变，或者仅更新 TAB$而不更新 COL$时，就可以成功地创建新表。当没有其他恢复方法时可使用该参数，然后紧接着执行导出/导入/重建数据库的操作。

---

1 译者注：RBS 是 Rollback Segment 的缩写。

警告

上面介绍的这两个参数并不总是会起作用，它们可能严重损坏数据库，导致数据库打开后什么也做不了。如果使用了这些参数而它们不起作用，DBA 弄坏了数据库之后向 Oracle Support 寻求支持，这时 Oracle Support 也不可能挽救数据库了；然而，DBA 可以在使用这些参数前采取一些预防措施，这样就可在随后使用其他的恢复方法。因此，如果必须使用这些参数，确保在 Oracle Support 的指导下使用它们。使用 Oracle Support 的另一个原因是 _ALLOW_RESETLOGS_CORRUPTION 参数有问题，通常需要同时设置一个事件才能打开数据库。

3) _HASH_JOIN_ENABLED：如果内存足够，用于打开/禁用哈希连接。默认值为 true。

4) _IN_MEMORY_UNDO：为优先级更高的事务进行内存级回滚(Oracle 的 IMU 确实会搞乱块级别的调优演示，因为内存中的数据块变得越来越复杂)。默认值是 true，一些应用程序将其设置为 false，所以设置这个参数前请仔细检查应用。这是提高 Oracle 速度的一种手段，所以请谨慎修改该参数的值。

5) _TRACE_FILES_PUBLIC：该参数允许用户在没有授权的情况下查看跟踪文件。默认值是 false，Oracle 和 SAP 都设置该参数为 true。

6) _FAST_FULL_SCAN_ENABLED：在只需要索引的情况下，该参数允许执行索引快速全扫描。默认值为 true，但是 Oracle Application 通常建议设置该参数为 false。

7) _KSMG_GRANULE_SIZE：为 SGA 的组件(如 SHARED_POOL_SIZE 和 DB_CACHE_SIZE)分配内存的粒度，实际分配的内存为其整数倍。

8) _HASH_MULTIBLOCK_IO_COUNT：哈希连接操作一次读/写的块的数量。

9) _INDEX_JOIN_ENABLED：使用该参数可启用/禁用索引连接操作。默认值是 true。

10) _OPTIMIZER_ADJUST_FOR_NULLS：调整空值的选择性。默认值是 true。

11) _TRACE_POOL_SIZE：trace 池大小，以字节为单位。

12) _B_TREE_BITMAP_PLANS：对仅有 B 树索引的表启用位图计划[1]。默认值是 true，但是许多应用都建议设置为 false。

13) _UNNEST_SUBQUERY：使用该参数可解除关联/复杂子查询的嵌套。默认值是 true。

要诀

未公开的初始化参数会损坏数据库！其中的一些也可能挽救已损坏的数据库。只有当其他的选择都无法采用时再使用这些参数，并且应在 Oracle Support 人员的帮助下使用。

下面 5 个初始化参数可用于解决闩锁争用：

1) _KGL_LATCH_COUNT：库缓存闩锁的数量(设置为下一个大于 2*CPU 的质数)。将该参数设置太高(>66)就可能导致 ORA-600 错误(bug 1381824)[2]。KGL 是 Kernel Generic Library 的缩写，表示共享池的库缓存部分(同样有数据字典缓存部分)。很多类似*KGL*的未公开参数可以用来除错和增强共享池的性能。注意这个参数已经显示在过时的参数列表里，但是依然显示为下画线参数。

2) _LOG_SIMULTANEOUS_COPIES：重做日志副本闩锁的数量(即重做日志缓冲区中同一时间内的副本数量)。发生改变时，重做记录在被写入重做日志缓冲区时需要重做副本闩锁。可以使用这个参数来减少多 CPU 系统中的争用(该参数默认为 2)[3]。

3) _DB_BLOCK_HASH_BUCKETS：在 Oracle 9i 和 10g(在 11g 中算法已经改变)中必须是素数(设置为下一个大于 2 * 缓存区缓存的质数)。在 Oracle 10g 中这个参数应该不成问题，也不需要设置。在我的系统中，当仅有

---

1 译者注：该参数为 true 时，CBO 可以在没有位图索引的情况下通过 BITMAP CONVERSION FROM ROWIDS 和 BITMAP CONVERSION TO ROWIDS 操作对 B 树索引进行转换而使用位图执行计划。

2 译者注：bug 1381824 已经解决，设置为大于 66 的值不会出现 ORA-600 错误。在 12cR2 版本中，该参数默认为 0。

3 译者注：参数 LOG_SIMULTANEOUS_COPIES 的默认值是 CPU_COUNT 的两倍，即 _LOG_SIMULTANEOUS_COPIES = CPU_COUNT * 2。

332930 个数据块缓冲区时，该参数的值被设置为默认的 1048576(一定能消除哈希链的问题)。_DB_BLOCK_HASH_LATCHES(在我的系统中默认是 32768)参数同样可用。在我的系统中，MEMORY_TARGET 的大小略低于 7GB。

4) _DB_BLOCK_MAX_CR_DBA：给定数据库块地址对应的一致性读数据块(CR)的最大个数，默认值是 6(一个 CR 块最多 6 个副本)。在没有该参数之前，高负载应用程序在相同的块上往往更新许多行，这就导致很多 CR 版本，在哈希链上查找给定数据块的正确版本时会产生惊人的闩锁问题(参见前面提到的参数中的相关信息)。

5) _SPIN_COUNT：该参数指定处理器获得一个新请求的频率(减少 CPU 超时)。这个参数确定在闩锁进入休眠(此时它是愿意等待的闩锁)之前进程试图得到它的次数。许多尝试得到闩锁的进程会消耗大量 CPU，因此增加这个参数的值时要小心。在 Oracle 7 中，这个参数称为 _LATCH_SPIN_COUNT。默认值是 1[1]。

A.6 额外附加的 11 个未公开的初始化参数

这里的 11 个额外附加的未公开参数中的大部分都是 Oracle 11gR2 中新加入的，我认为它们应该值得关注，但是我本人没有对这些参数进行过多的测试(除了 INIT_SQL_FILE 参数，该参数被我加到列表的尾部，很值得一看)。

1) _KCFIS_STORAGEIDX_DISABLED：如果设置为 true，就表示不使用存储节点上的存储索引进行优化，默认值为 false(仅在 Exadata 中使用)。

2) _BLOOM_FILTER_ENABLED：默认值为 true。在 Exadata 中，布隆过滤与智能扫描一起用于连接过滤。_BLOOM_PRUNING_ENABLED 的默认值也为 true。将这些参数设置为 false 以禁用它们(仅在 Exadata 中使用)。

3) _COLUMN_COMPRESSION_FACTOR：默认设置为 0。

4) _IMU_POOLS：位于内存的 UNDO 池。默认值是 3。

5) _NESTED_LOOP_FUDGE：默认值是 100(或许意味着 100%，和 OPTIMIZER_INDEX_COST_ADJ 类似，但我没有测试过该参数)。

6) _OPTIMIZER_MAX_PERMUTATIONS：默认值是 2000(对我来说似乎已经很高，但是我没有测试过该参数)。该参数决定了优化器为每个查询块尝试的最大排列(需要注意的是：103 个隐含参数以_OPTIMIZER%开头)。

7) _PGA_MAX_SIZE：每个进程的 PGA 最大值。在 9i 和 10g 版本中必须是素数(设置为大于 2*缓冲区的下一个质数) (12c 版本中的算法有所改变，我的被设置为和 PGA_AGGREGATE_TARGET 相关)。该参数应该不是问题，设置跟 Oracle 10g 中的一样就可以。

8) _OPTIMIZER_IGNORE_HINTS：默认值是 false。可以作为一种手段来检测在历年中使用的提示是否真的需要。

9) _ALLOW_READ_ONLY_CORRUPTION：默认值是 false。该参数允许在数据库损坏的情况下以只读模式打开。请咨询 Oracle Support 人员并谨慎使用该参数。

10) _OPTIM_PEEK_USER_BINDS：默认值是 true，意味着允许 Oracle 窥测用户的绑定变量。当窥测没有帮助时将该参数设置为 false，有可能使性能大幅提升，因为 Oracle 窥测之后会为后续绑定变量使用相同的执行计划，而执行计划对于新的绑定变量来说可能并不合适。相关的参数还有 OPTIMIZER_ADAPTIVE_CURSOR_SHARING，默认值是 true，但是通常也设置为 false。

11) _INIT_SQL_FILE：数据库创建时执行的 SQL 文件及其存放位置(通常是 sql.bsq，如果有时间，可以读一下这个脚本，非常有趣)。默认位于 $ORACLE_HOME\rdbms\admin 目录。

隐藏参数[2]主要由 Oracle 开发团队使用。隐藏参数的实现随着版本不同而不同，甚至应用一个补丁后都会导致

---

1 译者注：在 Oracle 12c 中，_SPIN_COUNT 的默认值是 2000。
2 译者注：隐藏参数和未公开参数同义。

不同。因为它们没有公开、不受支持，所以它们可能不会像预期的或这里描述的那样运行。本章后面的 A.8 节"未公开的初始化参数列表(X$KSPPI/X$KSPPCV)"中的查询完整地列出了所有未公开参数的列表、它们的默认值和描述。

A.7 已计入官方文档的初始化参数列表(V$PARAMETER)

下面的查询返回 Oracle 12cR2 中的列表(在 Linux 系统中，结果为 412 行)。这个查询在 12.2.0.0.2[1] 版本中运行。

```
Col name format a33
Col value for a10
Col ismodified for a5
Col description for a28 word_wrapped

select      name, value, ismodified, description
from        v$parameter
order by    name;
```

下面的列表包含上述查询的输出，其中包括参数名称、值、是否可修改和简短的描述。

NAME	VALUE	ISMOD	DESCRIPTION
DBFIPS_140	FALSE	FALSE	Enable use of crypographic libraries in FIPS mode, public
O7_DICTIONARY_ACCESSIBILITY	FALSE	FALSE	Version 7 Dictionary Accessibility Support
active_instance_count		FALSE	number of active instances in the cluster database
adg_imc_enabled	TRUE	FALSE	Enable IMC support on ADG
allow_deprecated_rpcs	YES	FALSE	Allow deprecated TTC RPCs
allow_global_dblinks	FALSE	FALSE	LDAP lookup for DBLINKS
allow_group_access_to_sga	FALSE	FALSE	Allow read access for SGA to users of Oracle owner group
approx_for_aggregation	FALSE	FALSE	Replace exact aggregation with approximate aggregation
approx_for_count_distinct	FALSE	FALSE	Replace count distinct with approx_count_distinct
approx_for_percentile	none	FALSE	Replace percentile_* with approx_percentile

---

1 译者注：为了保持信息最新，本书使用 12.2.0.1 版本的 RDBMS_12.2.0.1.0_LINUX.X64_170125 环境更新了列表中的内容，实际参数个数为 418。

```
NAME                                VALUE        ISMOD DESCRIPTION
----------------------------------- ----------   ----- ---------------------------
aq_tm_processes                     1            FALSE number of AQ Time
                                                       Managers to start

archive_lag_target                  0            FALSE Maximum number of
                                                       seconds of redos the
                                                       standby could lose

asm_diskgroups                                   FALSE disk groups to mount
                                                       automatically

asm_diskstring                                   FALSE disk set locations for
                                                       discovery

asm_io_processes                    0            FALSE number of I/O processes
                                                       in the ASM IOSERVER
                                                       instance

asm_power_limit                     1            FALSE  number of parallel
                                                       relocations for disk
                                                       rebalancing

asm_preferred_read_failure_groups                FALSE  preferred read failure
                                                       groups

audit_file_dest                     /u01/app/o   FALSE Directory in which
                                    racle/admi         auditing files are to
                                    n/orcl/adu         reside
                                    mp

audit_sys_operations                TRUE         FALSE enable sys auditing
audit_syslog_level                               FALSE Syslog facility and
                                                       level

audit_trail                         DB           FALSE enable system auditing
awr_snapshot_time_offset            0            FALSE Setting for AWR
                                                       Snapshot Time Offset

background_core_dump                partial      FALSE Core Size for
                                                       Background Processes

background_dump_dest                /u01/app/o   FALSE Detached process dump
                                    racle/prod         directory
                                    uct/12.2.0
                                    /dbhome_1/
                                    rdbms/log

backup_tape_io_slaves               FALSE        FALSE BACKUP Tape I/O slaves
bitmap_merge_area_size              1048576      FALSE maximum memory allow
                                                       for BITMAP MERGE

blank_trimming                      FALSE        FALSE blank trimming
                                                       semantics parameter
```

```
NAME                              VALUE        ISMOD DESCRIPTION
--------------------------------- ----------   ----- --------------------------
buffer_pool_keep                               FALSE Number of database
                                                     blocks/latches in keep
                                                     buffer pool

buffer_pool_recycle                            FALSE Number of database
                                                     blocks/latches in
                                                     recycle buffer pool

cdb_cluster                       FALSE        FALSE if TRUE startup in CDB
                                                     Cluster mode

cdb_cluster_name                  orcl         FALSE CDB Cluster name
cell_offload_compaction           ADAPTIVE     FALSE Cell packet compaction
                                                     strategy

cell_offload_decryption           TRUE         FALSE enable SQL processing
                                                     offload of encrypted
                                                     data to cells

cell_offload_parameters                        FALSE Additional cell offload
                                                     parameters

cell_offload_plan_display         AUTO         FALSE Cell offload explain
                                                     plan display

cell_offload_processing           TRUE         FALSE enable SQL processing
                                                     offload to cells

cell_offloadgroup_name                         FALSE Set the offload group
                                                     name

cellmemory_clause_default                      FALSE Default cellmemory
                                                     clause when no DDL
                                                     specified

circuits                                       FALSE max number of circuits
client_result_cache_lag           3000         FALSE client result cache
                                                     maximum lag in
                                                     milliseconds

client_result_cache_size          0            FALSE client result cache max
                                                     size in bytes

clonedb                           FALSE        FALSE clone database
cluster_database                  FALSE        FALSE if TRUE startup in
                                                     cluster database mode

cluster_database_instances        1            FALSE number of instances to
                                                     use for sizing cluster
                                                     db SGA structures

cluster_interconnects                          FALSE interconnects for RAC
                                                     use
```

```
NAME                              VALUE        ISMOD DESCRIPTION
-------------------------------   ----------   ----- -------------------------
commit_logging                                 FALSE transaction commit log
                                                     write behaviour

commit_point_strength             1            FALSE Bias this node has
                                                     toward not preparing in
                                                     a two-phase commit

commit_wait                                    FALSE transaction commit log
                                                     wait behaviour

commit_write                                   FALSE transaction commit log
                                                     write behaviour

common_user_prefix                C##          FALSE Enforce restriction on
                                                     a prefix of a Common
                                                     User/Role/Profile name

compatible                        12.2.0.0.0   FALSE Database will be
                                                     completely compatible
                                                     with this software
                                                     version

connection_brokers                ((TYPE=DED   FALSE connection brokers
                                  ICATED)(BR         specification
                                  OKERS=1)),
                                  ((TYPE=EM
                                  ON)(BROKER
                                  S=1))

control_file_record_keep_time     7            FALSE control file record
                                                     keep time in days

control_files                     /u02/app/o   FALSE control file names list
                                  racle/orad
                                  ata/orcl/c
                                  ontrol01.c
                                  tl, /u03/a
                                  pp/oracle/
                                  fast_recov
                                  ery_area/o
                                  rcl/contro
                                  l02.ctl

control_management_pack_access    DIAGNOSTIC   FALSE declares which
                                  +TUNING            manageability packs are
                                                     enabled

core_dump_dest                    /u01/app/o   FALSE Core dump directory
                                  racle/diag
                                  /rdbms/orc
                                  l/orcl/cdu
                                  mp

cpu_count                         1            FALSE number of CPUs for this
                                                     instance
```

```
NAME                                VALUE       ISMOD DESCRIPTION
----------------------------------- ----------  ----- ---------------------------
create_bitmap_area_size             8388608     FALSE size of create bitmap
                                                      buffer for bitmap index

create_stored_outlines                          FALSE create stored outlines
                                                      for DML statements

cursor_bind_capture_destination     memory+dis  FALSE Allowed destination for
                                    k                 captured bind variables

cursor_invalidation                 IMMEDIATE   FALSE default for DDL cursor
                                                      invalidation semantics

cursor_sharing                      EXACT       FALSE cursor sharing mode
cursor_space_for_time               FALSE       FALSE use more memory in
                                                      order to get faster
                                                      execution

data_guard_sync_latency             0           FALSE Data Guard SYNC latency
data_transfer_cache_size            0           FALSE Size of data transfer
                                                      cache

db_16k_cache_size                   0           FALSE Size of cache for 16K
                                                      buffers

db_2k_cache_size                    0           FALSE Size of cache for 2K
                                                      buffers

db_32k_cache_size                   0           FALSE Size of cache for 32K
                                                      buffers

db_4k_cache_size                    0           FALSE Size of cache for 4K
                                                      buffers

db_8k_cache_size                    0           FALSE Size of cache for 8K
                                                      buffers

db_big_table_cache_percent_target   0           FALSE Big table cache target
                                                      size in percentage

db_block_buffers                    0           FALSE Number of database
                                                      blocks cached in memory

db_block_checking                   FALSE       FALSE header checking and
                                                      data and index block
                                                      checking

db_block_checksum                   TYPICAL     FALSE store checksum in db
                                                      blocks and check during
                                                      reads

db_block_size                       8192        FALSE Size of database block
                                                      in bytes

db_cache_advice                     ON          FALSE Buffer cache sizing
                                                      advisory
```

```
NAME                                 VALUE        ISMOD DESCRIPTION
------------------------------------ ----------   ----- --------------------------
db_cache_size                        0            FALSE Size of DEFAULT buffer
                                                        pool for standard block
                                                        size buffers

db_create_file_dest                  /u02/app/o   FALSE default database
                                     racle/orad         location
                                     ata

db_create_online_log_dest_1                       FALSE online log/controlfile
                                                        destination #1

db_create_online_log_dest_2                       FALSE online log/controlfile
                                                        destination #2

db_create_online_log_dest_3                       FALSE online log/controlfile
                                                        destination #3

db_create_online_log_dest_4                       FALSE online log/controlfile
                                                        destination #4

db_create_online_log_dest_5                       FALSE online log/controlfile
                                                        destination #5

db_domain                                         FALSE directory part of
                                                        global database name
                                                        stored with CREATE
                                                        DATABASE

db_file_multiblock_read_count        128          FALSE db block to be read
                                                        each IO

db_file_name_convert                              FALSE datafile name convert
                                                        patterns and strings
                                                        for standby/clone db

db_files                             200          FALSE max allowable # db
                                                        files

db_flash_cache_file                               FALSE flash cache file for
                                                        default block size

db_flash_cache_size                  0            FALSE flash cache size for
                                                        db_flash_cache_file

db_flashback_retention_target        1440         FALSE Maximum Flashback
                                                        Database log retention
                                                        time in minutes.

db_index_compression_inheritance     NONE         FALSE options for table or
                                                        tablespace level
                                                        compression inheritance
```

```
NAME                                  VALUE            ISMOD DESCRIPTION
------------------------------------  ---------------- ----- ------------------------
db_keep_cache_size                    0                FALSE Size of KEEP buffer
                                                             pool for standard block
                                                             size buffers

db_lost_write_protect                 NONE             FALSE enable lost write
                                                             detection

db_name                               orcl             FALSE database name specified
                                                             in CREATE DATABASE

db_performance_profile                                 FALSE Database performance
                                                             category

db_recovery_file_dest                 /u03/app/o       FALSE default database
                                      racle/fast             recovery file location
                                      _recovery_
                                      area

db_recovery_file_dest_size            2621440000       FALSE database recovery files
                                      0                      size limit

db_recycle_cache_size                 0                FALSE Size of RECYCLE buffer
                                                             pool for standard block
                                                             size buffers

db_securefile                         PREFERRED        FALSE permit securefile
                                                             storage during lob
                                                             creation

db_ultra_safe                         OFF              FALSE Sets defaults for other
                                                             parameters that control
                                                             protection levels

db_unique_name                        orcl             FALSE Database Unique Name
db_unrecoverable_scn_tracking         TRUE             FALSE Track nologging SCN in
                                                             controlfile

db_writer_processes                   1                FALSE number of background
                                                             database writer
                                                             processes to start

dbwr_io_slaves                        0                FALSE DBWR I/O slaves
ddl_lock_timeout                      0                FALSE timeout to restrict the
                                                             time that ddls wait for
                                                             dml lock

default_sharing                       metadata         FALSE Default sharing clause
deferred_segment_creation             TRUE             FALSE defer segment creation
                                                             to first insert

dg_broker_config_file1                /u01/app/o       FALSE data guard broker
                                      racle/prod             configuration file #1
                                      uct/12.2.0
                                      /dbhome_1/
                                      dbs/dr1orc
                                      l.dat
```

```
NAME                              VALUE         ISMOD  DESCRIPTION
--------------------------------  ------------  -----  --------------------------
dg_broker_config_file2            /u01/app/o    FALSE  data guard broker
                                  racle/prod           configuration file #2
                                  uct/12.2.0
                                  /dbhome_1/
                                  dbs/dr2orc
                                  l.dat

dg_broker_start                   FALSE         FALSE  start Data Guard broker
                                                       (DMON process)

diagnostic_dest                   /u01/app/o    FALSE  diagnostic base
                                  racle                directory

disable_pdb_feature               0             FALSE  Disable features
disk_asynch_io                    TRUE          FALSE  Use asynch I/O for
                                                       random access devices

dispatchers                       (PROTOCOL=    FALSE  specifications of
                                  TCP) (SERV           dispatchers
                                  ICE=orclXD
                                  B)

distributed_lock_timeout          60            FALSE  number of seconds a
                                                       distributed transaction
                                                       waits for a lock

dml_locks                         2076          FALSE  dml locks - one for
                                                       each table modified in
                                                       a transaction

dnfs_batch_size                   4096          FALSE  Max number of dNFS
                                                       asynch I/O requests
                                                       queued per session

dst_upgrade_insert_conv           TRUE          FALSE  Enables/Disables
                                                       internal conversions
                                                       during DST upgrade

enable_ddl_logging                FALSE         FALSE  enable ddl logging
enable_dnfs_dispatcher            FALSE         FALSE  Enable DNFS Dispatcher
enable_goldengate_replication     FALSE         FALSE  goldengate replication
                                                       enabled

enable_pdb_isolation              FALSE         FALSE  Enables Pluggable
                                                       Database isolation
                                                       inside a CDB

enable_pluggable_database         FALSE         FALSE  Enable Pluggable
                                                       Database

enabled_PDBs_on_standby           *             FALSE  List of Enabled PDB
                                                       patterns
```

```
NAME                                    VALUE         ISMOD DESCRIPTION
--------------------------------------- ------------- ----- --------------------------
encrypt_new_tablespaces                 CLOUD_ONLY    FALSE whether to encrypt
                                                            newly created
                                                            tablespaces

event                                                 FALSE debug event control -
                                                            default null string

exafusion_enabled                       1             FALSE Enable Exafusion
external_keystore_credential_locat                    FALSE external keystore
ion                                                         credential location

fal_client                                            FALSE FAL client
fal_server                                            FALSE FAL server list
fast_start_io_target                    0             FALSE Upper bound on recovery
                                                            reads

fast_start_mttr_target                  0             FALSE MTTR target in seconds
fast_start_parallel_rollback            LOW           FALSE max number of parallel
                                                            recovery slaves that
                                                            may be used

file_mapping                            FALSE         FALSE enable file mapping
fileio_network_adapters                               FALSE Network Adapters for
                                                            File I/O

filesystemio_options                    none          FALSE IO operations on
                                                            filesystem files

fixed_date                                            FALSE fixed SYSDATE value
gcs_server_processes                    0             FALSE number of background
                                                            gcs server processes to
                                                            start

global_names                            FALSE         FALSE enforce that database
                                                            links have same name as
                                                            remote database

global_txn_processes                    1             FALSE number of background
                                                            global transaction
                                                            processes to start

hash_area_size                          131072        FALSE size of in-memory hash
                                                            work area

heat_map                                OFF           FALSE ILM Heatmap Tracking
hi_shared_memory_address                0             FALSE SGA starting address
                                                            (high order 32-bits on
                                                            64-bit platforms)

hs_autoregister                         TRUE          FALSE enable automatic server
                                                            DD updates in HS agent
                                                            self-registration

ifile                                                 FALSE include file in
                                                            init.ora
```

```
NAME                                  VALUE        ISMOD DESCRIPTION
------------------------------------- ------------ ----- -------------------------
inmemory_ado_enabled                  FALSE        FALSE Enable inmemory ADO
inmemory_clause_default                            FALSE Default in-memory
                                                         clause for new tables

inmemory_expressions_capture          DISABLE      FALSE Controls detection of
                                                         frequently used costly
                                                         expressions

inmemory_expressions_usage            ENABLE       FALSE Controls which
                                                         In-Memory Expressions
                                                         are populated in-memory

inmemory_force                        DEFAULT      FALSE Force tables to be
                                                         in-memory or not

inmemory_max_populate_servers         0            FALSE maximum inmemory
                                                         populate servers

inmemory_query                        ENABLE       FALSE Specifies whether
                                                         in-memory queries are
                                                         allowed

inmemory_size                         0            FALSE size in bytes of
                                                         in-memory area

inmemory_trickle_repopulate_server1                FALSE inmemory trickle
s_percent                                                repopulate servers
                                                         percent

inmemory_virtual_columns              MANUAL       FALSE Controls which
                                                         user-defined virtual
                                                         columns are stored
                                                         in-memory

instance_abort_delay_time             0            FALSE time to delay an
                                                         internal initiated
                                                         abort (in seconds)

instance_groups                                    FALSE list of instance group
                                                         names

instance_mode                         READ-WRITE   FALSE indicates whether the
                                                         instance read-only or
                                                         read-write or
                                                         read-mostly

instance_name                         orcl         FALSE instance name supported
                                                         by the instance

instance_number                       0            FALSE instance number
instance_type                         RDBMS        FALSE type of instance to be
                                                         executed

instant_restore                       FALSE        FALSE instant repopulation of
                                                         datafiles
```

```
NAME                              VALUE       ISMOD DESCRIPTION
--------------------------------  ----------  ----- -------------------------
java_jit_enabled                  TRUE        FALSE Java VM JIT enabled
java_max_sessionspace_size        0           FALSE max allowed size in
                                                    bytes of a Java
                                                    sessionspace

java_pool_size                    0           FALSE size in bytes of java
                                                    pool

java_restrict                     none        FALSE Restrict Java VM Access
java_soft_sessionspace_limit      0           FALSE warning limit on size
                                                    in bytes of a Java
                                                    sessionspace

job_queue_processes               1000        FALSE maximum number of job
                                                    queue slave processes

large_pool_size                   0           FALSE size in bytes of large
                                                    pool

ldap_directory_access             NONE        FALSE RDBMS's LDAP access
                                                    option

ldap_directory_sysauth            no          FALSE OID usage parameter
license_max_sessions              0           FALSE maximum number of
                                                    non-system user
                                                    sessions allowed

license_max_users                 0           FALSE maximum number of named
                                                    users that can be
                                                    created in the database

license_sessions_warning          0           FALSE warning level for
                                                    number of non-system
                                                    user sessions

listener_networks                             FALSE listener registration
                                                    networks

local_listener                                FALSE local listener
lock_name_space                               FALSE lock name space used
                                                    for generating lock
                                                    names for standby/clone
                                                    database

lock_sga                          FALSE       FALSE Lock entire SGA in
                                                    physical memory

log_archive_config                            FALSE log archive config
log_archive_dest                              FALSE archival destination
                                                    text string

log_archive_dest_1                            FALSE archival destination #1
                                                    text string
```

```
NAME                                     VALUE    ISMOD DESCRIPTION
---------------------------------------- -------- ----- ----------------------------
log_archive_dest_10                               FALSE archival destination
                                                        #10 text string

log_archive_dest_11                               FALSE archival destination
                                                        #11 text string

log_archive_dest_12                               FALSE archival destination
                                                        #12 text string

log_archive_dest_13                               FALSE archival destination
                                                        #13 text string

log_archive_dest_14                               FALSE archival destination
                                                        #14 text string

log_archive_dest_15                               FALSE archival destination
                                                        #15 text string

log_archive_dest_16                               FALSE archival destination
                                                        #16 text string

log_archive_dest_17                               FALSE archival destination
                                                        #17 text string

log_archive_dest_18                               FALSE archival destination
                                                        #18 text string

log_archive_dest_19                               FALSE archival destination
                                                        #19 text string

log_archive_dest_2                                FALSE archival destination #2
                                                        text string

log_archive_dest_20                               FALSE archival destination
                                                        #20 text string

log_archive_dest_21                               FALSE archival destination
                                                        #21 text string

log_archive_dest_22                               FALSE archival destination
                                                        #22 text string

log_archive_dest_23                               FALSE archival destination
                                                        #23 text string

log_archive_dest_24                               FALSE archival destination
                                                        #24 text string

log_archive_dest_25                               FALSE archival destination
                                                        #25 text string

log_archive_dest_26                               FALSE archival destination
                                                        #26 text string
```

```
NAME                                 VALUE       ISMOD  DESCRIPTION
------------------------------------ ----------- ------ --------------------------
log_archive_dest_27                              FALSE  archival destination
                                                        #27 text string

log_archive_dest_28                              FALSE  archival destination
                                                        #28 text string

log_archive_dest_29                              FALSE  archival destination
                                                        #29 text string

log_archive_dest_3                               FALSE  archival destination #3
                                                        text string

log_archive_dest_30                              FALSE  archival destination
                                                        #30 text string

log_archive_dest_31                              FALSE  archival destination
                                                        #31 text string

log_archive_dest_4                               FALSE  archival destination #4
                                                        text string

log_archive_dest_5                               FALSE  archival destination #5
                                                        text string

log_archive_dest_6                               FALSE  archival destination #6
                                                        text string

log_archive_dest_7                               FALSE  archival destination #7
                                                        text string

log_archive_dest_8                               FALSE  archival destination #8
                                                        text string

log_archive_dest_9                               FALSE  archival destination #9
                                                        text string

log_archive_dest_state_1             enable      FALSE  archival destination #1
                                                        state text string

log_archive_dest_state_10            enable      FALSE  archival destination
                                                        #10 state text string

log_archive_dest_state_11            enable      FALSE  archival destination
                                                        #11 state text string

log_archive_dest_state_12            enable      FALSE  archival destination
                                                        #12 state text string

log_archive_dest_state_13            enable      FALSE  archival destination
                                                        #13 state text string

log_archive_dest_state_14            enable      FALSE  archival destination
                                                        #14 state text string
```

```
NAME                             VALUE          ISMOD DESCRIPTION
-------------------------------- -------------- ----- --------------------------
log_archive_dest_state_15        enable         FALSE archival destination
                                                      #15 state text string

log_archive_dest_state_16        enable         FALSE archival destination
                                                      #16 state text string

log_archive_dest_state_17        enable         FALSE archival destination
                                                      #17 state text string

log_archive_dest_state_18        enable         FALSE archival destination
                                                      #18 state text string

log_archive_dest_state_19        enable         FALSE archival destination
                                                      #19 state text string

log_archive_dest_state_2         enable         FALSE archival destination #2
                                                      state text string

log_archive_dest_state_20        enable         FALSE archival destination
                                                      #20 state text string

log_archive_dest_state_21        enable         FALSE archival destination
                                                      #21 state text string

log_archive_dest_state_22        enable         FALSE archival destination
                                                      #22 state text string

log_archive_dest_state_23        enable         FALSE archival destination
                                                      #23 state text string

log_archive_dest_state_24        enable         FALSE archival destination
                                                      #24 state text string

log_archive_dest_state_25        enable         FALSE archival destination
                                                      #25 state text string

log_archive_dest_state_26        enable         FALSE archival destination
                                                      #26 state text string

log_archive_dest_state_27        enable         FALSE archival destination
                                                      #27 state text string

log_archive_dest_state_28        enable         FALSE archival destination
                                                      #28 state text string

log_archive_dest_state_29        enable         FALSE archival destination
                                                      #29 state text string

log_archive_dest_state_3         enable         FALSE archival destination #3
                                                      state text string

log_archive_dest_state_30        enable         FALSE archival destination
                                                      #30 state text string
```

```
NAME                              VALUE       ISMOD DESCRIPTION
--------------------------------  ----------  ----- ------------------------
log_archive_dest_state_31         enable      FALSE archival destination
                                                    #31 state text string

log_archive_dest_state_4          enable      FALSE archival destination #4
                                                    state text string

log_archive_dest_state_5          enable      FALSE archival destination #5
                                                    state text string

log_archive_dest_state_6          enable      FALSE archival destination #6
                                                    state text string

log_archive_dest_state_7          enable      FALSE archival destination #7
                                                    state text string

 log_archive_dest_state_8         enable      FALSE archival destination #8
                                                    state text string

log_archive_dest_state_9          enable      FALSE archival destination #9
                                                    state text string

log_archive_duplex_dest                       FALSE duplex archival
                                                    destination text string

log_archive_format                %t_%s_%r.d  FALSE archival destination
                                  bf                format

log_archive_max_processes         4           FALSE maximum number of
                                                    active ARCH processes

log_archive_min_succeed_dest      1           FALSE minimum number of
                                                    archive destinations
                                                    that must succeed

log_archive_start                 FALSE       FALSE start archival process
                                                    on SGA initialization

log_archive_trace                 0           FALSE Establish archivelog
                                                    operation tracing level

log_buffer                        3735552     FALSE redo circular buffer
                                                    size

log_checkpoint_interval           0           FALSE # redo blocks
                                                    checkpoint threshold

log_checkpoint_timeout            1800        FALSE Maximum time interval
                                                    between checkpoints in
                                                    seconds

log_checkpoints_to_alert          FALSE       FALSE log checkpoint
                                                    begin/end to alert file
```

```
NAME                                 VALUE       ISMOD DESCRIPTION
------------------------------------ ----------- ----- ------------------------------
log_file_name_convert                            FALSE logfile name convert
                                                       patterns and strings
                                                       for standby/clone db

max_dispatchers                                  FALSE max number of
                                                       dispatchers

max_dump_file_size                   unlimited   FALSE Maximum size (in bytes)
                                                       of dump file

max_iops                             0           FALSE MAX IO per second
max_mbps                             0           FALSE MAX MB per second
max_shared_servers                               FALSE max number of shared
                                                       servers

max_string_size                      STANDARD    FALSE controls maximum size
                                                       of VARCHAR2, NVARCHAR2,
                                                       and RAW types in SQL

memory_max_target                    0           FALSE Max size for Memory
                                                       Target

memory_target                        0           FALSE Target size of Oracle
                                                       SGA and PGA memory

nls_calendar                                     FALSE NLS calendar system
                                                       name

nls_comp                             BINARY      FALSE NLS comparison
nls_currency                                     FALSE NLS local currency
                                                       symbol

nls_date_format                                  FALSE NLS Oracle date format
nls_date_language                                FALSE NLS date language name
nls_dual_currency                                FALSE Dual currency symbol
nls_iso_currency                                 FALSE NLS ISO currency
                                                       territory name

nls_language                         AMERICAN    FALSE NLS language name
nls_length_semantics                 BYTE        FALSE create columns using
                                                       byte or char semantics
                                                       by default

nls_nchar_conv_excp                  FALSE       FALSE NLS raise an exception
                                                       instead of allowing
                                                       implicit conversion

nls_numeric_characters                           FALSE NLS numeric characters
nls_sort                                         FALSE NLS linguistic
                                                       definition name

nls_territory                        AMERICA     FALSE NLS territory name
nls_time_format                                  FALSE time format
nls_time_tz_format                               FALSE time with timezone
                                                       format
```

```
NAME                                    VALUE       ISMOD  DESCRIPTION
------------------------------------    ---------   ------ --------------------------
nls_timestamp_format                                FALSE  time stamp format
nls_timestamp_tz_format                             FALSE  timestamp with timezone
                                                           format

noncdb_compatible                       FALSE       FALSE  Non-CDB Compatible
object_cache_max_size_percent           10          FALSE  percentage of maximum
                                                           size over optimal of
                                                           the user session's
                                                           object cache

object_cache_optimal_size               102400      FALSE  optimal size of the
                                                           user session's object
                                                           cache in bytes

ofs_threads                             4           FALSE  Number of OFS threads
olap_page_pool_size                     0           FALSE  size of the olap page
                                                           pool in bytes

one_step_plugin_for_pdb_with_tde        FALSE       FALSE  Facilitate one-step
                                                           plugin for PDB with TDE
                                                           encrypted data

open_cursors                            300         FALSE  max # cursors per
                                                           session

open_links                              4           FALSE  max # open links per
                                                           session

open_links_per_instance                 4           FALSE  max # open links per
                                                           instance

optimizer_adaptive_features             TRUE        FALSE  controls adaptive
                                                           features

optimizer_adaptive_reporting_only       FALSE       FALSE  use reporting-only mode
                                                           for adaptive
                                                           optimizations

optimizer_capture_sql_plan_baselines    FALSE       FALSE  automatic capture of
                                                           SQL plan baselines for
                                                           repeatable statements

optimizer_dynamic_sampling              2           FALSE  optimizer dynamic
                                                           sampling

optimizer_features_enable               12.2.0.1    FALSE  optimizer plan
                                                           compatibility parameter

optimizer_index_caching                 0           FALSE  optimizer percent index
                                                           caching

optimizer_index_cost_adj                100         FALSE  optimizer index cost
                                                           adjustment
```

```
NAME                                  VALUE       ISMOD DESCRIPTION
------------------------------------  ----------  ----- --------------------------
optimizer_inmemory_aware              TRUE        FALSE optimizer in-memory
                                                        columnar awareness

optimizer_mode                        RULE        FALSE optimizer mode
optimizer_secure_view_merging         TRUE        FALSE optimizer secure view
                                                        merging and predicate
                                                        pushdown/movearound

optimizer_use_invisible_indexes       FALSE       FALSE Usage of invisible
                                                        indexes (TRUE/FALSE)

optimizer_use_pending_statistics      FALSE       FALSE Control whether to use
                                                        optimizer pending
                                                        statistics

optimizer_use_sql_plan_baselines      TRUE        FALSE use of SQL plan
                                                        baselines for captured
                                                        sql statements

os_authent_prefix                     ops$        FALSE prefix for auto-logon
                                                        accounts

os_roles                              FALSE       FALSE retrieve roles from the
                                                        operating system

outbound_dblink_protocols             ALL         FALSE Outbound DBLINK
                                                        Protocols allowed

parallel_adaptive_multi_user          FALSE       FALSE enable adaptive setting
                                                        of degree for multiple
                                                        user streams

parallel_degree_limit                 CPU         FALSE limit placed on degree
                                                        of parallelism

parallel_degree_policy                MANUAL      FALSE policy used to compute
                                                        the degree of
                                                        parallelism
                                                        (MANUAL/LIMITED/AUTO/AD
                                                        APTIVE)

parallel_execution_message_size       16384       FALSE message buffer size for
                                                        parallel execution

parallel_force_local                  FALSE       FALSE force single instance
                                                        execution

parallel_instance_group                           FALSE instance group to use
                                                        for all parallel
                                                        operations
```

```
NAME                              VALUE        ISMOD DESCRIPTION
--------------------------------  ----------   ----- --------------------------
parallel_max_servers              40           FALSE maximum parallel query
                                                     servers per instance

parallel_min_percent              0            FALSE minimum percent of
                                                     threads required for
                                                     parallel query

parallel_min_servers              4            FALSE minimum parallel query
                                                     servers per instance

parallel_min_time_threshold       AUTO         FALSE threshold above which a
                                                     plan is a candidate for
                                                     parallelization (in
                                                     seconds)

parallel_servers_target           16           FALSE instance target in
                                                     terms of number of
                                                     parallel servers

parallel_threads_per_cpu          2            FALSE number of parallel
                                                     execution threads per
                                                     CPU

pdb_file_name_convert                          FALSE PDB file name convert
                                                     patterns and strings
                                                     for create cdb/pdb

pdb_lockdown                                   FALSE pluggable database
                                                     lockdown profile

pdb_os_credential                              FALSE pluggable database OS
                                                     credential to bind

permit_92_wrap_format             TRUE         FALSE allow 9.2 or older wrap
                                                     format in PL/SQL

pga_aggregate_limit               2147483648   FALSE limit of aggregate PGA
                                                     memory for the instance
                                                     or PDB

pga_aggregate_target              262144000    FALSE Target size for the
                                                     aggregate PGA memory
                                                     consumed by the
                                                     instance

pga_aggregate_xmem_limit          0            FALSE limit of aggregate PGA
                                                     XMEM memory consumed by
                                                     the instance

plscope_settings                  IDENTIFIER   FALSE plscope_settings
                                  S:NONE             controls the compile
                                                     time collection, cross
                                                     reference, and storage
                                                     of PL/SQL source code
                                                     identifier and SQL
                                                     statement data
```

```
NAME                              VALUE       ISMOD DESCRIPTION
--------------------------------- ----------  ----- -------------------------
plsql_ccflags                                 FALSE PL/SQL ccflags
plsql_code_type                   INTERPRETE  FALSE PL/SQL code-type
                                  D

plsql_debug                       FALSE       FALSE PL/SQL debug
plsql_optimize_level              2           FALSE PL/SQL optimize level
plsql_v2_compatibility            FALSE       FALSE PL/SQL version 2.x
                                                    compatibility flag

plsql_warnings                    DISABLE:AL  FALSE PL/SQL compiler
                                  L                 warnings settings

pre_page_sga                      TRUE        FALSE pre-page sga for
                                                    process

processes                         300         FALSE user processes
processor_group_name                          FALSE Name of the processor
                                                    group that this
                                                    instance should run in.

query_rewrite_enabled             TRUE        FALSE allow rewrite of
                                                    queries using
                                                    materialized views if
                                                    enabled

query_rewrite_integrity           enforced    FALSE perform rewrite using
                                                    materialized views with
                                                    desired integrity

rdbms_server_dn                               FALSE RDBMS's Distinguished
                                                    Name

read_only_open_delayed            FALSE       FALSE if TRUE delay opening
                                                    of read only files
                                                    until first access

recovery_parallelism              0           FALSE number of server
                                                    processes to use for
                                                    parallel recovery

recyclebin                        on          FALSE recyclebin processing
redo_transport_user                           FALSE Data Guard transport
                                                    user when using
                                                    password file

remote_dependencies_mode          TIMESTAMP   FALSE remote-procedure-call
                                                    dependencies mode
                                                    parameter

remote_listener                               FALSE remote listener
remote_login_passwordfile         EXCLUSIVE   FALSE password file usage
                                                    parameter
```

```
NAME                                    VALUE        ISMOD DESCRIPTION
--------------------------------------- ------------ ----- --------------------------
remote_os_authent                       FALSE        FALSE allow non-secure remote
                                                           clients to use
                                                           auto-logon accounts

remote_os_roles                         FALSE        FALSE allow non-secure remote
                                                           clients to use os roles

remote_recovery_file_dest                            FALSE default remote database
                                                           recovery file location
                                                           for refresh/relocate

replication_dependency_tracking         TRUE         FALSE tracking dependency for
                                                           Replication parallel
                                                           propagation

resource_limit                          TRUE         FALSE master switch for
                                                           resource limit

resource_manager_cpu_allocation         1            FALSE Resource Manager CPU
                                                           allocation

resource_manager_plan                   SCHEDULER[   FALSE resource mgr top plan
                                        0x4BEF]:DE
                                        FAULT_MAIN
                                        TENANCE_PL
                                        AN

result_cache_max_result                 5            FALSE maximum result size as
                                                           percent of cache size

result_cache_max_size                   5373952      FALSE maximum amount of
                                                           memory to be used by
                                                           the cache

result_cache_mode                       MANUAL       FALSE result cache operator
                                                           usage mode

result_cache_remote_expiration          0            FALSE maximum life time (min)
                                                           for any result using a
                                                           remote object

resumable_timeout                       0            FALSE set resumable_timeout
rollback_segments                                    FALSE undo segment list
sec_case_sensitive_logon                TRUE         FALSE case sensitive password
                                                           enabled for logon

sec_max_failed_login_attempts           3            FALSE maximum number of
                                                           failed login attempts
                                                           on a connection

sec_protocol_error_further_action       (DROP,3)     FALSE TTC protocol error
                                                           continue action

sec_protocol_error_trace_action         TRACE        FALSE TTC protocol error
                                                           action
```

```
NAME                              VALUE       ISMOD DESCRIPTION
--------------------------------- ----------- ----- -------------------------
sec_return_server_release_banner  FALSE       FALSE whether the server
                                                    retruns the complete
                                                    version information

serial_reuse                      disable     FALSE reuse the frame
                                                    segments

service_names                     orcl        FALSE service names supported
                                                    by the instance

session_cached_cursors            50          FALSE Number of cursors to
                                                    cache in a session.

session_max_open_files            10          FALSE maximum number of open
                                                    files allowed per
                                                    session

sessions                          472         FALSE user and system
                                                    sessions

sga_max_size                      1073741824  FALSE max total SGA size
sga_min_size                      0           FALSE Minimum, guaranteed
                                                    size of PDB's SGA

sga_target                        1073741824  FALSE Target size of SGA
shadow_core_dump                  partial     FALSE Core Size for Shadow
                                                    Processes

shared_memory_address             0           FALSE SGA starting address
                                                    (low order 32-bits on
                                                    64-bit platforms)

shared_pool_reserved_size         12373196    FALSE size in bytes of
                                                    reserved area of shared
                                                    pool

shared_pool_size                  0           FALSE size in bytes of shared
                                                    pool

shared_server_sessions                        FALSE max number of shared
                                                    server sessions

shared_servers                    1           FALSE number of shared
                                                    servers to start up

skip_unusable_indexes             TRUE        FALSE skip unusable indexes
                                                    if set to TRUE

smtp_out_server                               FALSE utl_smtp server and
                                                    port configuration
                                                    parameter

sort_area_retained_size           0           FALSE size of in-memory sort
                                                    work area retained
                                                    between fetch calls
```

```
NAME                                VALUE      ISMOD DESCRIPTION
----------------------------------- ---------- ----- --------------------------
sort_area_size                      65536      FALSE size of in-memory sort
                                                     work area

spatial_vector_acceleration         FALSE      FALSE enable spatial vector
                                                     acceleration

spfile                              /u01/app/o FALSE server parameter file
                                    racle/prod
                                    uct/12.2.0
                                    /dbhome_1/
                                    dbs/spfile
                                    orcl.ora

sql92_security                      TRUE       FALSE require select
                                                     privilege for searched
                                                     update/delete

sql_trace                           FALSE      FALSE enable SQL trace
sqltune_category                    DEFAULT    FALSE Category qualifier for
                                                     applying hintsets

standby_archive_dest                ?#/dbs/arc FALSE standby database
                                    h                archivelog destination
                                                     text string

standby_db_keep_sessions            FALSE      FALSE Keep session cross
                                                     standby role transition

standby_file_management             MANUAL     FALSE if auto then files are
                                                     created/dropped
                                                     automatically on
                                                     standby

star_transformation_enabled         FALSE      FALSE enable the use of star
                                                     transformation

statistics_level                    TYPICAL    FALSE statistics level
streams_pool_size                   0          FALSE size in bytes of the
                                                     streams pool

tape_asynch_io                      TRUE       FALSE Use asynch I/O requests
                                                     for tape devices

target_pdbs                         0          FALSE Parameter is a hint to
                                                     adjust certain
                                                     attributes of the CDB

temp_undo_enabled                   FALSE      FALSE is temporary undo
                                                     enabled

thread                              0          FALSE Redo thread to mount
threaded_execution                  FALSE      FALSE Threaded Execution Mode
timed_os_statistics                 0          FALSE internal os statistic
                                                     gathering interval in
                                                     seconds
```

```
NAME                               VALUE        ISMOD DESCRIPTION
---------------------------------- ------------ ----- ------------------------
timed_statistics                   TRUE         FALSE maintain internal
                                                      timing statistics

trace_enabled                      TRUE         FALSE enable in memory
                                                      tracing

tracefile_identifier                            FALSE trace file custom
                                                      identifier

transactions                       519          FALSE max. number of
                                                      concurrent active
                                                      transactions

transactions_per_rollback_segment  5            FALSE number of active
                                                      transactions per
                                                      rollback segment

undo_management                    AUTO         FALSE instance runs in SMU
                                                      mode if TRUE, else in
                                                      RBU mode

undo_retention                     900          FALSE undo retention in
                                                      seconds

undo_tablespace                    UNDOTBS1     FALSE use/switch undo
                                                      tablespace

unified_audit_sga_queue_size       1048576      FALSE Size of Unified audit
                                                      SGA Queue

uniform_log_timestamp_format       TRUE         FALSE use uniform timestamp
                                                      formats vs pre-12.2
                                                      formats

use_dedicated_broker               FALSE        FALSE Use dedicated
                                                      connection broker

use_indirect_data_buffers          FALSE        FALSE Enable indirect data
                                                      buffers (very large SGA
                                                      on 32-bit platforms)

use_large_pages                    TRUE         FALSE Use large pages if
                                                      available
                                                      (TRUE/FALSE/ONLY)

user_dump_dest                     /u01/app/o   FALSE User process dump
                                   racle/prod         directory
                                   uct/12.2.0
                                   /dbhome_1/
                                   rdbms/log

utl_file_dir                                    FALSE utl_file accessible
                                                      directories list

workarea_size_policy               AUTO         FALSE policy used to size SQL
                                                      working areas
                                                      (MANUAL/AUTO)

xml_db_events                      enable       FALSE are XML DB events
                                                      enabled


412 rows selected.
```

A.8 未公开的初始化参数列表(X$KSPPI/X$KSPPCV)

Oracle 官方并不支持使用下面要提到的参数,我也不推荐在生产系统中使用它们。只有在 Oracle Support 的指导下,并在可以随意试验的系统上经过严谨的测试后,才可以使用。未公开的初始化参数可能会损坏数据库(虽然其中一些参数可在数据库损坏时对其进行挽救)。你需要自己承担使用这些参数的风险。下面的查询可返回未公开的参数(在 Oracle 12cR2 中有 4237 个)。由于篇幅有限,没有显示出该查询的输出。

```
Col name for a15
Col value for a15
Col value for a15
Col default1 for a15
Col desc1 for a30
select      a.ksppinm name, b.ksppstvl value, b.ksppstdf default1, a.ksppdesc desc1
from        x$ksppi a, x$ksppcv b
where       a.indx = b.indx
and         substr(ksppinm,1,1) = '_'
order       by ksppinm;
```

要诀

未公开的初始化参数通常可显示下一个 Oracle 版本带来的新功能(或是上一版本中已经不再使用的功能)。然而,其中的一些参数不会起作用,甚至可能造成严重的问题。

A.9 Oracle Applications 的附加建议

在第 4 章你已经学到了如何根据 Oracle Applications 数据库的大小进行配置的窍门。这一节会包含更多有关 Oracle Applications 的附加建议,包括和并发管理器(concurrent manager)有关的窍门、模块相关的补丁、Oracle 商业套件(EBS)模块、网络服务器优化、超时以及数据库初始化参数的设置等。

A.9.1 并发管理器(concurrent manager)

在 EBS 应用的实现中,并发管理器(CM)有多种部署方式。对于用一台应用服务器来运行所有应用层进程这种简单实现方法,需要注意这种实现方法中所有默认管理器的设置。如果这些默认的配置对于简单实现来说太大了,那么可以减少标准管理器的数量,并且创建不同工作时间段的特定管理器。举个例子,可以将订单管理相关的批量处理作业分配给仅仅在夜间运行的特定管理器,这样就可以避免在业务高峰期这些程序被调度。

在减少标准管理器时,可以分别创建"慢队列"和"快队列"两个客户化的并发管理器,实现的方法是在 Concurrent Manager | Define 界面定义两个入口并设置合适的睡眠时间。对于慢队列,设置大的睡眠时间秒数(160 秒),对于快队列则设置小的睡眠时间秒数(30 秒)。

另一个与并发管理器相关的重要参数是缓存大小,它决定了并发管理器每一轮尝试执行的请求数量的多少。如果缓存设置太低,那么并发管理器就会过于频繁地访问队列表 fnd_concurrent_requests;如果缓存设置过高,那么并发管理器会不断尝试执行已有其他并发管理器提供服务的请求。设置缓存大小可以根据下面的经验公式来计算:

并发管理器进程数量 * 每个并发管理器进程期望的缓存大小

举例来说,如果希望有四个请求被缓存,那么对于 50 个目标进程就应该设置成 200,而对于 30 个目标进程则设置为 120。

如果在 RAC 数据库中使用并行的并发处理(Parallel Concurrent Processing,PCP),那么正确设置睡眠时间和缓存大小等参数就显得尤为重要。在超过一台应用服务器的大规模环境里,可以使用并行的并发处理这个部署选项。在这种配置中,每个并发管理器队列要定义一个主节点和一个备节点。PCP 通过调整 AutoConfig 的 appldcp 变量来激活。当并发管理器通过 adcmctl.sh 启动之后,内部的并发管理器会在主节点上启动,并不断通过 tns 来轮询备节点。如果另一个节点的心跳没有响应,并发管理器就没法在主节点上启动。

在心跳带宽不足的 RAC 节点上,如果缓存大小和睡眠时间设置不合理,就可能引发数据库中的"gc latch waits"等待。因为这两个参数决定了针对 fnd_concurrent_requests 表的 STATUS_CODE 和 PHASE_CODE 两个字段的 SELECT FOR UPDATE 查询的执行有多频繁,这可能会导致 RAC 环境的不同节点在同一时间访问同样的热点数据块。当 Oracle RAC 失去对数据块当前宿主的跟踪而又不能通过其他节点来完成对该数据块的请求时(动态数据块重分布,DRM),就会出现严重的并发问题。当多个节点请求同样的数据块/并发修改数据时,就会碰到"gc latch waits"等待——全局缓存并发等待,这会让整个 EBS 系统陷入瘫痪。

在有些实现中,不论是开发/实现团队还是 DBA 团队,都倾向于在 fnd_concurrent_requests 表上创建自己的客户化触发器。任何触发器在触发并执行其中的代码时都会带来一定的额外开销。如果这出现在拥有几百万行记录的 fnd_concurrent_requests 表上,同时又为并发管理器设置了不合适的睡眠时间和缓存大小,而且还是在 RAC 环境下,那么"gc latch waits"等待问题就会尤为严重。所以,如果这些触发器没有带来价值,那就禁用它们,或者重新评估开始创建它们时的目的。其他所有的内在处理都有同样的 fnd_concurrent_requests 应用场景和 gc 闩锁问题,比如 Pick、Release、Order 和 Import 等功能。从本质上说,它们都会因为 Order Entry 相关表上的热点数据块的竞争导致心跳网络的巨大压力。

对于巨大的环境,并发管理器也可以通过一个称为 CM 亲和力(CM Affinity)的特性来进一步优化,它通过并发管理器节点中的 AutoConfig 变量 s_cp_twotask 来控制。这个变量可以设置为一个特定的 tns 或 CRS 服务,这就让这个特定的并发管理器的所有管理器处理进程固定到 RAC 中的一个特定节点上。另外,可能有的并发处理程序默认打开了跟踪,通过语句"SELECT * FROM FND_CONCURRENT_PROGRAMS WHERE ENABLE_TRACE='Y'"可以列出所有启动了跟踪的并发处理程序。重新审视这个列表并采取适当的处理措施。对于一个特定的问题,通常 Oracle 售后可能会要求打开跟踪,但是在问题解决之后人们往往倾向于忘记把跟踪关掉。请确保"Purge Concurrent Programs Request Logs"会被定时启动。其运行频率会随着具体场景以及法务人员的要求的不同而不同,但是完全不运行或者超过 60 天才运行一次将会让 fnd_concurrent_requests 表和其他相关对象极度膨胀。

工作流也是在讨论并发管理器时不可或缺的一个部分。工作流引擎(Workflow Engine)在 Oracle EBS 中扮演着重要的角色,它通过业务事件来定义不同的业务功能从一个地方到另外一个地方的工作过程。应该跟业务分析师和功能实现人员协同工作来确定所有的默认业务事件在当前的安装中是必需的。默认情况下,有大量的事件默认是打开的。当这些事件打开时,它们会在工作流相关的表中创建工作流记录,让这些表的大小增长迅速。应该根据"EBS Workflow (WF) Analyzer" (Doc ID 1369938.1)中的内容来定时运行 EBS 工作流分析报表。这个 HTML 格式的报表提供了工作流引擎状况的清晰汇总,包括以下部分:Workflow Administration、Workflow Footprint、Workflow Concurrent Programs 和 Workflow Notification Mailer,等等。任何标识为没有通过的部分都应该仔细分析。

举例来说,如果 Workflow Administration 部分有大量的工作流显示为 stuck 状态,那么它们应该需要清理;或者如果 Workflow Patch Levels 部分显示补丁级别不是最近的和最大的,那么也要着手解决。即便按照工作流分析报告中的所有建议进行了修正,如果看到 WF 相关表中有大量的数据,那么还应该考虑在 Oracle Access Manager (OAM)界面中为销售订单/采购订单(sales orders/purchase orders)以及通用延迟事件增加更多的专用 WF 代理监听器,以便处理大量的 WF 条目。另外,请参考"Troubleshooting Workflow Data Growth Issues" (Doc ID 298550.1)以获得清空和删除不想要的工作流数据的更多信息。

A.9.2 查找模块相关的补丁

根据当前生产实例主要使用的模块的不同,存在一些和模块相关的特定性能问题及其补丁。然而,有个一站式商店可用来查找所有和性能相关的补丁，不论是对 RDBMS 数据库本身，还是对 ATG，或是对商业和其他主要模块。可以参考"Oracle E-Business Suite Recommended Performance Patches"(Doc ID 244040.1)中的文档，它总是被频繁更新以包含最新发现的以及做了 bug 修复的补丁信息。如果是应用 DBA，就应该收藏这个页面(这样想用时立即就能找到)，并且在下一轮补丁周期的设计和准备阶段就应该参考这个文档。

A.9.3 诊断数据收集：EBS 分析器

多年来，EBS 及其保障日常平稳运行的相关支持方法已经成熟。在撰写本书时，对于大多数 EBS 模块来说都有相应的分析工具，每个工具在解决各种问题方面都非常有价值，比如模块特定的问题、数据的差异问题、应付账款(AP)的问题、并发管理器问题，等等。与"并发管理器"一节中的工作流程分析报告中描述的输出相似，所有其他分析器也都会生成漂亮的 HTML 格式的报告，这既可以用于内部维护目的，也可以用于诊断，或者跟 Oracle 售后协同工作。EBS 分析器具有微创性，并且不会在数据库中执行任何 INSERT、UPDATE 或 DELETE 操作。相反，它们只是收集数据来完成对特定模块的健康诊断。这些分析器查看给定模块的整体使用状况和配置细节，并基于最佳实践给出建议。目前，可从 Oracle 支持网站下载以下分析器。

1) 工作流(WF)分析器(Workflow Analyzer)
2) 并行处理(CP)分析器(Concurrent Processing Analyzer)
3) 报告和打印分析器(Reports & Printing Analyzer)
4) 克隆日志解析器实用程序(Clone Log Parser Utility)
5) 数据库参数设置分析器(Database Parameter Settings Analyzer)
6) BI 发行(BIP)分析器(BI Publisher Analyzer)
7) 现金管理交易分析器(Cash Management Transaction Analyzer)
8) Oracle 应收账款调整分析器(Oracle Receivables Adjustment Analyzer)
9) Oracle 应收账款自动会计分析器(Oracle Receivables AutoAccounting Analyzer)
10) Oracle 应收账款自动发票分析器(Oracle Receivables AutoInvoice Analyzer)
11) Oracle 应收账款周期结束分析器(Oracle Receivables Period Close Analyzer)
12) Oracle 应收账款事务分析器(Oracle Receivables Transaction Analyzer)
13) R12：主 GDF 诊断(Master GDF Diagnostic, MGD)用来验证数据相关的发票、付款、会计、供应商和 EBTax
14) 应付账款创建会计分析器(Payables Create Accounting Analyzer)
15) 应付账款周期结束分析器(Payables Period Close Analyzer)
16) AP、AR 和 EBTax 设置/数据完整性分析器(AP, AR, and EBTax Setup/Data Integrity Analyzer)
17) 应付账款试算平衡分析器(Payables Trial Balance Analyzer)
18) Oracle 支付(IBY)资金支出分析器(Oracle Payments Funds Disbursement Analyzer)
19) Oracle 公共部门会计(PSA)数据验证分析器(Oracle Public Sector Accounting Data Validation Analyzer)
20) 互联网费用(OIE)分析器(Internet Expenses Analyzer)
21) 库存寄售分析器(Inventory Consignment Analyzer)
22) 库存交易分析器(Inventory Transaction Analyzer)
23) 订单管理销售订单分析器(Order Management Sales Order Analyzer)
24) R12：订单管理(ONT)分析器诊断脚本(Order Management Analyzer Diagnostic Script)
25) R12：运输执行(WSH)分析器诊断脚本(Shipping Execution Analyzer Diagnostic Script)
26) V6.2：用于分析和性能监测的 OTM 分析器脚本(OTM Analyzer Script)
27) R12：PO 审批分析器诊断脚本(PO Approval Analyzer Diagnostic Script)
28) iProcurement 项目分析器(iProcurement Item Analyzer)

29) R12：采购负荷会计分析器(Procurement Encumbrance Accounting Analyzer)
30) R12：采购应计调整分析器(Procurement Accrual Reconciliation Analyzer)
31) iProcurement 变更请求分析器(iProcurement Change Request Analyzer)
32) 获取付费分析器(Procure to Pay Analyzer)
33) R11i/R12：ASCP 性能分析器脚本(ASCP Performance Analyzer Script)
34) R11i/R12：用于设置和性能监测的 ASCP 数据收集分析器脚本(ASCP Data Collections Analyzer Script)
35) V7.3.1：需求计划性能和设置分析器脚本和监控工具(Demantra Performance and Setup Analyzer Script and Monitoring Tool)
36) R12：分立 LCM 集成密钥设置分析器(Discrete LCM Integration Key Setup Analyzer)
37) R12.1：OPM LCM 集成密钥设置分析器(OPM LCM Integration Key Setup Analyzer)
38) 流程制造(OPM)实际成本分析程序(Process Manufacturing (OPM) Actual Costing Analyzer)
39) R12：用于成本管理的 SLA 未处理/无效记录分析器诊断脚本(SLA Unprocessed/Invalid Records Analyzer Diagnostic Script)
40) 评估分析仪(Appraisal Analyzer)
41) 薪资 RetroPay 分析器(Payroll RetroPay Analyzer)
42) HR 技术分析师(HR Technical Analyzer)
43) Oracle 时间和人力(OTL)分析器(Oracle Time and Labor (OTL) Analyzer)
44) 人力资本管理(HCM)人员分析器(Human Capital Management (HCM) Person Analyzer)
45) 薪资分析器(Payroll Analyzer)
46) 好处(BEN)分析仪(Benefits (BEN) Analyzer)
47) 渠道收入管理(ChRM) SLA 未处理的交易分析器(Channel Revenue Management (ChRM) SLA Unprocessed Transactions Analyzer)
48) 安装基准分析器(Install Base Analyzer)

可以根据需要单独安装分析器，也可以通过 EBS 支持分析器软件包菜单工具(EBS Support Analyzer Bundle Menu Tool，一个基于 Perl 的菜单系统)将其作为软件包下载。该工具可以从 Oracle 支持文档 1939637.1 下载。

A.9.4 Web 服务器优化

EBS 的版本 11i 和 R12.1.x 在 Oracle 互联网应用服务器(Internet Application Server, iAS)上运行。标准的 Apache 性能优化准则适用于这些版本。可以启用详细的垃圾收集方法，将 Apache 日志设置为一定大小的循环文件以增强其可读性、增大/减小日志级别等。应用程序的部署都基于 Java 虚拟机(JVM)，比如 OACore、FormsGroup 和 oafm 组等。这些 JVM 是基本的引擎，以提供从浏览器/应用服务传来的网络流量，并且可以根据安装的整体情况进行优化调整。Oracle 建议每 100 个活动/并发用户对应一个 oacore JVM。典型情况下，一个 CPU 核心可以支持一个 JVM，因此，一个双四核系统(2 * 4 = 8 个 CPU)可以支持 8 个 JVM。但具体数值可能根据芯片结构而改变。当然出于谨慎目的，也可以在一个双四核系统中配置 4 个 JVM，或每两个 CPU 配置一个 JVM。另一方面，一个表单组可支持多达 100~250 个 Oracle 表单用户，但真正数量取决于用户正在打开什么样的表单。越复杂的表单需要的资源越多。因此，我们可以保守地说，一个表单 JVM 可以服务大概 125 个 Oracle 表单用户。

一旦确定 EBS 系统里的活动用户数，就可以根据前面提到的公式来确定给定硬件条件下需要多少个 JVM。然而，在 JVM 中，内存参数在垃圾收集和初始应用规模的最小值等方面起着至关重要的作用。每个 JVM 的最小和最大内存是可配置的。有些 Java 版本不允许使用超过 2GB 的规模，但 1.6/1.7 以后的 Java 版本允许更大的规模。因此，对给定的 Web 服务器应该精心计算需要的总内存以避免操作系统发生过多的交换(swapping)。

例如，如果有包含两个-Xmx1024M 的 oacore JVM 和一个-Xmx1024M 表单组，那么这个特定的 Web 服务器的总内存需求就是 3GB。在操作系统级别，服务器应该有足够的内存来支持此配置。对于大的环境，如果有超过几百个用户——例如，如果主要使用的是 Oracle EBS 的 HCM 模块，并且成千上万个员工会使用 iExpenses 模块——那么这是安全的假设，在开发报告提交截止日期，在系统中就会有大约 500 个并发用户。对于这种情况，就应该考虑部署多个 Web/中间层来实现负载均衡环境。每个中间层可以有多个 oacore JVM 以支持这种巨大的负荷。根据预期的最终用户数量，数据库端的进程/会话参数和其他 SGA 相关的内存参数也需要相应增加/优化。

所有的 JVM 和它们的内存参数是由下面的 AutoConfig 变量控制的：oacore_nprocs、frmsrv_nprocs、forms_nprocs、oacore_jvm_start_options、oafm_jvm_start_options 和 forms_jvm_start_option。一旦这些变量在上下文文件中做了适当调整之后，就需要运行 AutoConfig 来让新值生效。

A.9.5 超时

有许多超时变量能决定何时中断空闲的 EBS 连接。超时变量设置在 EBS 系统的稳定性中扮演着重要角色。空闲或失控的用户连接将消耗 Web 服务器 JVM 上的资源、操作系统内存、数据库连接和数据库内存等各种资源。对于大的环境，对这些变量的校准需要更加仔细以便在技术层面防止内存/CPU 的问题。这些变量跨越数据库到 Web 服务器变量以至应用的配置文件。表 A-1 最初是由 Greg Kitzmiller 提出来的，后来经过 TUSC 做了改进。虽然它从任何角度说都并不完整，但是对于想从 EBS 系统的技术层面上知道从哪里以及如何找到合适的实际值来说，这是个好的起点。

表 A-1 超时变量设置建议

超时变量	单位	推荐值	Metalink 文档	说明
SQLNET.INBOUND_CONNECT_TIMEOUT	秒	60		指定客户端连接数据库服务器并提供必要的身份验证信息的时间。如果客户端无法在指定的时间内连接并完成身份验证，数据库服务器将断开连接。对于较慢的网络，请使用较大的值；但完全不使用这个参数会导致拒绝服务攻击，其中的恶意客户端可以用大量的并发连接请求来撑爆数据库
SQLNET.EXPIRE_TIME= 20	分钟	10		指定发送探测和验证客户端/服务器连接是否仍处于活动状态的时间间隔。应该设置为小于 ICX: Session Timeout 的值。这将允许数据库清理不活动的 DB 会话
ICX: Session Timeout	分钟	30	ID 307149.1 ID 269884.1	通过 s_sesstimeout-self-service 来设置，这个 AutoConfig 变量控制着从版本 R12 开始的 ICX: Session Timeout 配置文件和 s_sesstimeout/s_oc4j_timeout。因此，上下文文件中的实际值以毫秒为单位指定，但 aswebprf.sql 会将此值转换为分钟，并更新 fnd_profile 表。可以手动更新应用程序中的配置文件，但下一次 AutoConfig 运行时将会清除该设置，30 分钟是高性能系统的推荐值
ICX: Limit Time	小时	12	ID 269884.1	此配置文件控制可以登录表单的总时间。经过这么多小时后，无论当时正在进行的活动如何，都会看到一个弹出的警告窗口
ICX: Limit Connect	请求数	2000	ID 269884.1	用户在单个会话中可以进行的最大连接请求数
JTF_INACTIVE_SESSION_TIMEOUT	分钟	30		应该和 ICX: Session Timeout 保持一致

(续表)

超时变量	单位	推荐值	Metalink 文档	说明
s_sesstimeout	毫秒	1800000	ID 307149.1 ID 269884.1	设置 ICX: Session Timeout 的初始值,应该设置为默认值,即 1800000。任何更高的值都可能导致性能问题和内存不足错误
s_f60time/s_formstime	分钟	5	ID 269884.1	环境变量。这个变量设置得越高,表单进程将被清除的时间越长。任何超过 5 分钟的死连接都将被清除
$OA_HTML/bin/appsweb.cfg–Heartbeat	分钟	2	ID 269884.1	表单客户端默认每两分钟通过心跳消息 ping 服务器。这个心跳间隔可以用来保持连接处于活动状态,例如,假设代理或防火墙有个不活动超时时间。如果服务器在超过心跳间隔的时间内没有收到客户端的消息,它就认为客户端不在了并终止该会话。它的值应该小于 s_f60time 的设置
s_frmNetworkRetries	尝试次数	30	ID 269884.1	如果网络中断,客户端应尝试连接到服务器的次数
s_oc4j_sesstimeout	分钟	30	ID 734077.1	应该和 ICX: Session Timeout 相匹配
session.timeout	毫秒	600000	ID 307149.1 ID 1095629.1	$APACHE_TOP/Apache/Jserv/etc/zone.properties; 过长的空闲会话会导致内存不足错误

A.9.6 规划数据库初始化参数

这里的材料也是文献 396009.1 的一部分,这是非常好的指引!表 A-2 可以用来帮助配置 EBS 数据库的内存以及相关的参数,参考第 4 章以了解和此表相关的信息。

表 A-2 参数的规划建议

参数名	开发或测试实例	用户数 11~100	用户数 101~500	用户数 501~1000	用户数 1001~2000
PROCESSES	200	200	800	1200	2500
SESSIONS	400	400	1600	2400	5000
SGA_TARGET	1GB	1GB	2GB	3GB	14GB
SHARED_POOL_SIZE(csp)	N/A	N/A	N/A	1800MB	3000MB
SHARED_POOL_RESERVED_SIZE(csp)	N/A	N/A	N/A	180MB	300MB
SHARED_POOL_SIZE(no csp)	400MB	600MB	800MB	1000MB	2000MB
SHARED_POOL_RESERVED_SIZE(no csp)	40MB	60MB	80MB	100MB	100MB
PGA_AGGREGATE_TARGET	1GB	2GB	4GB	10GB	20GB
总内存需求	约 2GB	约 3GB	约 6GB	约 13GB	约 34GB

文献 396009.1 中有一部分列出了数据库初始化参数文件中应该被删除的参数,请参考那个列表的说明。(个人感觉是,其中一些必须被使用以提高性能,但是很多没有被设置是因为他们觉得默认值就是正确的设置……当然请仔细进行测试!)

A.10 要诀回顾

- 正确设置某些初始化参数可以使报表执行时间有两秒和两小时的差别。在生产环境中实现一些改变前,最好先在测试系统中进行完全的测试!
- Oracle 中有一些极好的选件。但是,只有正确地设置初始化参数,其中的一些才会起作用。
- 未公开的初始化参数可能损坏数据库!其中的一些也可挽救已损坏的数据库。只有当其他的选择都无法胜任时再使用这些参数,并且应在 Oracle Support 的帮助下使用。
- 未公开的初始化参数经常可显示下一个 Oracle 版本带来的新功能(或者上一个版本正在放弃的功能)。然而,其中的一些参数完全不起作用甚至可能带来严重的问题。

附录 B

V$视图(针对 DBA 和开发人员)

V$视图在分析数据库问题时是非常有帮助的。Oracle 12cR2 中有 746 个 V$视图(Oracle 11gR2 中是 525 个)。本附录将列举所有的 V$和 GV$视图以及创建这些视图的脚本。根据数据库的版本和发行版的不同,V$视图也会随之产生结构和数量上的变化,在数据库上运行查询语句可以得到特定版本下 V$视图的数量和结构。本附录要点如下:

- V$和 GV$视图以及 X$表的创建方法
- Oracle 12cR2 中所有 V$视图的列表
- Oracle 12c 中的查询脚本,用于列出创建 V$视图用到的 X$表

注意
V$视图到 X$表以及 X$表到 V$视图的交叉引用关系将在附录 C 中进行阐述。

B.1 创建 V$和 GV$视图以及 X$表

为理解 X$表的创建方法，最重要的是要先了解 V$视图和数据字典视图，而且上面提到的系统表和视图对于深入理解 Oracle 的复杂原理也是非常有帮助的。在学习 Oracle 的过程中，对于视图和系统表的理解程度是非常重要的，然而它们的创建方法有些令人迷惑。图 B-1 说明了底层表和数据字典视图的创建。图 B-2 说明了 X$表和 V$视图的创建。

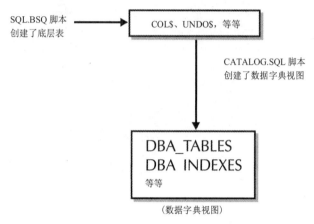

图 B-1　数据字典视图的创建

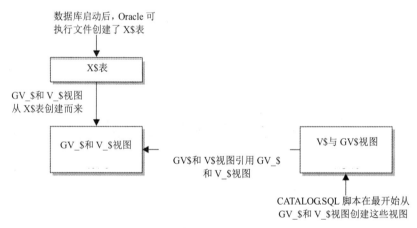

图 B-2　X$表和 V$视图的创建

B.2 Oracle 12c(12.2.0.0.1)中的 GV$视图列表

注意
Oracle 12c 中的 V$和 GV$视图相差不大，仅仅少了实例 ID 字段。

在 Oracle 12c 中，下面的脚本可以得到所有 GV$视图的列表(709 个视图)：

```
set pagesize 1000

select     name
from       v$fixed_table
where      name like 'GV%'
order by   name;
```

B.3　Oracle 12c(12.2.0.0.1)中的 V$视图列表

在 Oracle 12c 中，下面的脚本可以得到所有 V$视图的列表(746 个视图)：

```
set pagesize 1000

select     name
from       v$fixed_table
where      name like 'V%'
order by   name;
```

输出结果如下[1]：

```
NAME
-----------------------------------   -----------------------------------
V$ACCESS                              V$ASM_ACFS_SEC_REALM_GROUP
V$ACTIVE_INSTANCES                    V$ASM_ACFS_SEC_REALM_USER
V$ACTIVE_SERVICES                     V$ASM_ACFS_SEC_RULE
V$ACTIVE_SESSION_HISTORY              V$ASM_ACFS_SEC_RULESET
V$ACTIVE_SESS_POOL_MTH                V$ASM_ACFS_SEC_RULESET_RULE
V$ADVISOR_CURRENT_SQLPLAN             V$ASM_ALIAS
V$ADVISOR_PROGRESS                    V$ASM_ATTRIBUTE
V$ALERT_TYPES                         V$ASM_AUDIT_CLEANUP_JOBS
V$AQ1                                 V$ASM_AUDIT_CLEAN_EVENTS
V$AQ_BACKGROUND_COORDINATOR           V$ASM_AUDIT_CONFIG_PARAMS
V$AQ_BMAP_NONDUR_SUBSCRIBERS          V$ASM_AUDIT_LAST_ARCH_TS
V$AQ_CROSS_INSTANCE_JOBS              V$ASM_CLIENT
V$AQ_DEQUEUE_TRANSACTIONS             V$ASM_DISK
V$AQ_JOB_COORDINATOR                  V$ASM_DISKGROUP
V$AQ_MESSAGE_CACHE                    V$ASM_DISKGROUP_SPARSE
V$AQ_MESSAGE_CACHE_ADVICE             V$ASM_DISKGROUP_STAT
V$AQ_MSGBM                            V$ASM_DISK_IOSTAT
V$AQ_NONDUR_REGISTRATIONS             V$ASM_DISK_IOSTAT_SPARSE
V$AQ_NONDUR_SUBSCRIBER                V$ASM_DISK_SPARSE
V$AQ_NONDUR_SUBSCRIBER_LWM            V$ASM_DISK_SPARSE_STAT
V$AQ_NOTIFICATION_CLIENTS             V$ASM_DISK_STAT
V$AQ_OPT_CACHED_SUBSHARD              V$ASM_ESTIMATE
V$AQ_OPT_INACTIVE_SUBSHARD            V$ASM_FILE
V$AQ_OPT_STATISTICS                   V$ASM_FILEGROUP
V$AQ_OPT_UNCACHED_SUBSHARD            V$ASM_FILEGROUP_FILE
V$AQ_REMOTE_DEQUEUE_AFFINITY          V$ASM_FILEGROUP_PROPERTY
V$AQ_SERVER_POOL                      V$ASM_FILESYSTEM
V$AQ_SHARDED_SUBSCRIBER_STAT          V$ASM_OPERATION
V$AQ_SUBSCRIBER_LOAD                  V$ASM_QUOTAGROUP
V$ARCHIVE                             V$ASM_TEMPLATE
V$ARCHIVED_LOG                        V$ASM_USER
V$ARCHIVE_DEST                        V$ASM_USERGROUP
V$ARCHIVE_DEST_STATUS                 V$ASM_USERGROUP_MEMBER
V$ARCHIVE_GAP                         V$ASM_VOLUME
V$ARCHIVE_PROCESSES                   V$ASM_VOLUME_STAT
```

---

1 译者注：为了保持信息最新，本书使用 12.2.0.1 版本的 RDBMS_12.2.0.1.0_LINUX.X64_170125 环境更新了列表的内容，实际的 V$视图个数为 750。

```
NAME
----------------------------------------      ----------------------------------------
V$ASH_INFO                                     V$AW_AGGREGATE_OP
V$ASM_ACFSREPL                                 V$AW_ALLOCATE_OP
V$ASM_ACFSREPLTAG                              V$AW_CALC
V$ASM_ACFSSNAPSHOTS                            V$AW_LONGOPS
V$ASM_ACFSTAG                                  V$AW_OLAP
V$ASM_ACFSVOLUMES                              V$AW_SESSION_INFO
V$ASM_ACFS_ENCRYPTION_INFO                     V$BACKUP
V$ASM_ACFS_SECURITY_INFO                       V$BACKUP_ARCHIVELOG_DETAILS
V$ASM_ACFS_SEC_ADMIN                           V$BACKUP_ARCHIVELOG_SUMMARY
V$ASM_ACFS_SEC_CMDRULE                         V$BACKUP_ASYNC_IO
V$ASM_ACFS_SEC_REALM                           V$BACKUP_COMPRESSION_PROGRESS
V$ASM_ACFS_SEC_REALM_FILTER                    V$BACKUP_CONTROLFILE_DETAILS
V$BACKUP_CONTROLFILE_SUMMARY                   V$CELL_OPEN_ALERTS
V$BACKUP_COPY_DETAILS                          V$CELL_REQUEST_TOTALS
V$BACKUP_COPY_SUMMARY                          V$CELL_STATE
V$BACKUP_CORRUPTION                            V$CELL_THREAD_HISTORY
V$BACKUP_DATAFILE                              V$CHANNEL_WAITS
V$BACKUP_DATAFILE_DETAILS                      V$CHUNK_METRIC
V$BACKUP_DATAFILE_SUMMARY                      V$CIRCUIT
V$BACKUP_DEVICE                                V$CLASS_CACHE_TRANSFER
V$BACKUP_NONLOGGED                             V$CLASS_PING
V$BACKUP_PIECE                                 V$CLEANUP_PROCESS
V$BACKUP_PIECE_DETAILS                         V$CLIENT_RESULT_CACHE_STATS
V$BACKUP_REDOLOG                               V$CLIENT_SECRETS
V$BACKUP_SET                                   V$CLIENT_STATS
V$BACKUP_SET_DETAILS                           V$CLONEDFILE
V$BACKUP_SET_SUMMARY                           V$CLUSTER_INTERCONNECTS
V$BACKUP_SPFILE                                V$CODE_CLAUSE
V$BACKUP_SPFILE_DETAILS                        V$COLUMN_STATISTICS
V$BACKUP_SPFILE_SUMMARY                        V$CONFIGURED_INTERCONNECTS
V$BACKUP_SYNC_IO                               V$CONTAINERS
V$BGPROCESS                                    V$CONTEXT
V$BH                                           V$CONTROLFILE
V$BLOCKING_QUIESCE                             V$CONTROLFILE_RECORD_SECTION
V$BLOCK_CHANGE_TRACKING                        V$CON_SYSMETRIC
V$BSP                                          V$CON_SYSMETRIC_HISTORY
V$BTS_STAT                                     V$CON_SYSMETRIC_SUMMARY
V$BT_SCAN_CACHE                                V$CON_SYSSTAT
V$BT_SCAN_OBJ_TEMPS                            V$CON_SYSTEM_EVENT
V$BUFFERED_PUBLISHERS                          V$CON_SYSTEM_WAIT_CLASS
V$BUFFERED_QUEUES                              V$CON_SYS_TIME_MODEL
V$BUFFERED_SUBSCRIBERS                         V$COPY_CORRUPTION
V$BUFFER_POOL                                  V$COPY_NONLOGGED
V$BUFFER_POOL_STATISTICS                       V$CORRUPT_XID_LIST
V$CACHE                                        V$CPOOL_CC_INFO
V$CACHE_LOCK                                   V$CPOOL_CC_STATS
V$CACHE_TRANSFER                               V$CPOOL_CONN_INFO
V$CALLTAG                                      V$CPOOL_STATS
V$CELL                                         V$CR_BLOCK_SERVER
V$CELL_CONFIG                                  V$CURRENT_BLOCK_SERVER
V$CELL_CONFIG_INFO                             V$DATABASE
V$CELL_DB                                      V$DATABASE_BLOCK_CORRUPTION
V$CELL_DB_HISTORY                              V$DATABASE_INCARNATION
V$CELL_DISK                                    V$DATABASE_KEY_INFO
```

```
NAME
------------------------------------
V$CELL_DISK_HISTORY
V$CELL_GLOBAL
V$CELL_GLOBAL_HISTORY
V$CELL_IOREASON
V$CELL_IOREASON_NAME
V$CELL_METRIC_DESC
V$CELL_OFL_THREAD_HISTORY
V$DATAPUMP_JOB
V$DATAPUMP_SESSION
V$DBFILE
V$DBLINK
V$DB_CACHE_ADVICE
V$DB_OBJECT_CACHE
V$DB_PIPES
V$DB_TRANSPORTABLE_PLATFORM
V$DEAD_CLEANUP
V$DELETED_OBJECT
V$DETACHED_SESSION
V$DG_BROKER_CONFIG
V$DIAG_APP_TRACE_FILE
V$DIAG_CRITICAL_ERROR
V$DIAG_INFO
V$DIAG_OPT_TRACE_RECORDS
V$DIAG_SESS_OPT_TRACE_RECORDS
V$DIAG_SESS_SQL_TRACE_RECORDS
V$DIAG_SQL_TRACE_RECORDS
V$DIAG_TRACE_FILE
V$DIAG_TRACE_FILE_CONTENTS
V$DISPATCHER
V$DISPATCHER_CONFIG
V$DISPATCHER_RATE
V$DLM_ALL_LOCKS
V$DLM_CONVERT_LOCAL
V$DLM_CONVERT_REMOTE
V$DLM_LATCH
V$DLM_LOCKS
V$DLM_MISC
V$DLM_RESS
V$DLM_TRAFFIC_CONTROLLER
V$DML_STATS
V$DNFS_CHANNELS
V$DNFS_FILES
V$DNFS_SERVERS
V$DNFS_STATS
V$DYNAMIC_REMASTER_STATS
V$EDITIONABLE_TYPES
V$EMON
V$EMX_USAGE_STATS
V$ENABLEDPRIVS
V$ENCRYPTED_TABLESPACES
V$ENCRYPTION_KEYS
V$ENCRYPTION_WALLET
V$ENQUEUE_LOCK
V$ENQUEUE_STAT
```

```
NAME
------------------------------
V$DATAFILE
V$DATAFILE_COPY
V$DATAFILE_HEADER
V$DATAGUARD_CONFIG
V$DATAGUARD_PROCESS
V$DATAGUARD_STATS
V$DATAGUARD_STATUS
V$EVENT_HISTOGRAM
V$EVENT_HISTOGRAM_MICRO
V$EVENT_NAME
V$EVENT_OUTLIERS
V$EXADIRECT_ACL
V$EXECUTION
V$EXP_STATS
V$FALSE_PING
V$FAST_START_SERVERS
V$FAST_START_TRANSACTIONS
V$FILEMETRIC
V$FILEMETRIC_HISTORY
V$FILESPACE_USAGE
V$FILESTAT
V$FILE_CACHE_TRANSFER
V$FILE_HISTOGRAM
V$FILE_OPTIMIZED_HISTOGRAM
V$FILE_PING
V$FIXED_TABLE
V$FIXED_VIEW_DEFINITION
V$FLASHBACK_DATABASE_LOG
V$FLASHBACK_DATABASE_LOGFILE
V$FLASHBACK_DATABASE_STAT
V$FLASHBACK_TXN_GRAPH
V$FLASHBACK_TXN_MODS
V$FLASHFILESTAT
V$FLASH_RECOVERY_AREA_USAGE
V$FOREIGN_ARCHIVED_LOG
V$FS_FAILOVER_HISTOGRAM
V$FS_FAILOVER_OBSERVERS
V$FS_FAILOVER_STATS
V$FS_OBSERVER_HISTOGRAM
V$GCR_ACTIONS
V$GCR_LOG
V$GCR_METRICS
V$GCR_STATUS
V$GCSHVMASTER_INFO
V$GCSPFMASTER_INFO
V$GC_ELEMENT
V$GC_ELEMENTS_WITH_COLLISIONS
V$GES_BLOCKING_ENQUEUE
V$GES_DEADLOCKS
V$GES_DEADLOCK_SESSIONS
V$GES_ENQUEUE
V$GG_APPLY_COORDINATOR
V$GG_APPLY_READER
V$GG_APPLY_RECEIVER
```

```
NAME
-------------------------------------       -------------------------------------
V$ENQUEUE_STATISTICS                         V$GG_APPLY_SERVER
V$EVENTMETRIC                                V$GLOBALCONTEXT
V$GLOBAL_BLOCKED_LOCKS                       V$INSTANCE_CACHE_TRANSFER
V$GLOBAL_TRANSACTION                         V$INSTANCE_LOG_GROUP
V$GOLDENGATE_CAPABILITIES                    V$INSTANCE_PING
V$GOLDENGATE_CAPTURE                         V$INSTANCE_RECOVERY
V$GOLDENGATE_MESSAGE_TRACKING                V$IOFUNCMETRIC
V$GOLDENGATE_PROCEDURE_STATS                 V$IOFUNCMETRIC_HISTORY
V$GOLDENGATE_TABLE_STATS                     V$IOSTAT_CONSUMER_GROUP
V$GOLDENGATE_TRANSACTION                     V$IOSTAT_FILE
V$HANG_INFO                                  V$IOSTAT_FUNCTION
V$HANG_SESSION_INFO                          V$IOSTAT_FUNCTION_DETAIL
V$HANG_STATISTICS                            V$IOSTAT_NETWORK
V$HEAT_MAP_SEGMENT                           V$IOS_CLIENT
V$HM_CHECK                                   V$IO_CALIBRATION_STATUS
V$HM_CHECK_PARAM                             V$IO_OUTLIER
V$HM_FINDING                                 V$IP_ACL
V$HM_INFO                                    V$IR_FAILURE
V$HM_RECOMMENDATION                          V$IR_FAILURE_SET
V$HM_RUN                                     V$IR_MANUAL_CHECKLIST
V$HS_AGENT                                   V$IR_REPAIR
V$HS_PARAMETER                               V$JAVAPOOL
V$HS_SESSION                                 V$JAVA_LIBRARY_CACHE_MEMORY
V$HVMASTER_INFO                              V$JAVA_POOL_ADVICE
V$IMEU_HEADER                                V$KERNEL_IO_OUTLIER
V$IM_ADOELEMENTS                             V$KEY_VECTOR
V$IM_ADOTASKDETAILS                          V$LATCH
V$IM_ADOTASKS                                V$LATCHHOLDER
V$IM_COLUMN_LEVEL                            V$LATCHNAME
V$IM_COL_CU                                  V$LATCH_CHILDREN
V$IM_HEADER                                  V$LATCH_MISSES
V$IM_IMECOL_CU                               V$LATCH_PARENT
V$IM_SEGDICT                                 V$LGWRIO_OUTLIER
V$IM_SEGDICT_PIECEMAP                        V$LIBCACHE_LOCKS
V$IM_SEGDICT_SORTORDER                       V$LIBRARYCACHE
V$IM_SEGDICT_VERSION                         V$LIBRARY_CACHE_MEMORY
V$IM_SEGMENTS                                V$LICENSE
V$IM_SEGMENTS_DETAIL                         V$LISTENER_NETWORK
V$IM_SEG_EXT_MAP                             V$LOADISTAT
V$IM_SMU_CHUNK                               V$LOADPSTAT
V$IM_SMU_HEAD                                V$LOBSTAT
V$IM_TBS_EXT_MAP                             V$LOCK
V$IM_USER_SEGMENTS                           V$LOCKED_OBJECT
V$INCMETER_CONFIG                            V$LOCKS_WITH_COLLISIONS
V$INCMETER_INFO                              V$LOCK_ACTIVITY
V$INCMETER_SUMMARY                           V$LOCK_ELEMENT
V$INDEXED_FIXED_COLUMN                       V$LOCK_TYPE
V$INDEX_USAGE_INFO                           V$LOG
V$INMEMORY_AREA                              V$LOGFILE
V$INMEMORY_XMEM_AREA                         V$LOGHIST
V$INSTANCE                                   V$LOGMNR_CONTENTS
V$LOGMNR_DBA_OBJECTS                         V$NLS_PARAMETERS
V$LOGMNR_DICTIONARY                          V$NLS_VALID_VALUES
V$LOGMNR_DICTIONARY_LOAD                     V$NONLOGGED_BLOCK
```

```
NAME
-------------------------------------       -------------------------------------
V$LOGMNR_EXTENTS                             V$OBJECT_DEPENDENCY
V$LOGMNR_LATCH                               V$OBJECT_DML_FREQUENCIES
V$LOGMNR_LOGFILE                             V$OBJECT_PRIVILEGE
V$LOGMNR_LOGS                                V$OBSOLETE_PARAMETER
V$LOGMNR_OBJECT_SEGMENTS                     V$OFFLINE_RANGE
V$LOGMNR_PARAMETERS                          V$OFSMOUNT
V$LOGMNR_PROCESS                             V$OFS_STATS
V$LOGMNR_SESSION                             V$ONLINE_REDEF
V$LOGMNR_STATS                               V$OPEN_CURSOR
V$LOGMNR_SYS_DBA_SEGS                        V$OPTIMIZER_PROCESSING_RATE
V$LOGMNR_SYS_OBJECTS                         V$OPTION
V$LOGMNR_TRANSACTION                         V$OSSTAT
V$LOGSTDBY                                   V$PARALLEL_DEGREE_LIMIT_MTH
V$LOGSTDBY_PROCESS                           V$PARAMETER
V$LOGSTDBY_PROGRESS                          V$PARAMETER2
V$LOGSTDBY_STATE                             V$PARAMETER_VALID_VALUES
V$LOGSTDBY_STATS                             V$PASSWORDFILE_INFO
V$LOGSTDBY_TRANSACTION                       V$PATCHES
V$LOG_HISTORY                                V$PDBS
V$MANAGED_STANDBY                            V$PDB_INCARNATION
V$MAPPED_SQL                                 V$PERSISTENT_PUBLISHERS
V$MAP_COMP_LIST                              V$PERSISTENT_QMN_CACHE
V$MAP_ELEMENT                                V$PERSISTENT_QUEUES
V$MAP_EXT_ELEMENT                            V$PERSISTENT_SUBSCRIBERS
V$MAP_FILE                                   V$PGASTAT
V$MAP_FILE_EXTENT                            V$PGA_TARGET_ADVICE
V$MAP_FILE_IO_STACK                          V$PGA_TARGET_ADVICE_HISTOGRAM
V$MAP_LIBRARY                                V$PING
V$MAP_SUBELEMENT                             V$POLICY_HISTORY
V$MAX_ACTIVE_SESS_TARGET_MTH                 V$PQ_SESSTAT
V$MEMORY_CURRENT_RESIZE_OPS                  V$PQ_SLAVE
V$MEMORY_DYNAMIC_COMPONENTS                  V$PQ_SYSSTAT
V$MEMORY_RESIZE_OPS                          V$PQ_TQSTAT
V$MEMORY_TARGET_ADVICE                       V$PROCESS
V$METRIC                                     V$PROCESS_GROUP
V$METRICGROUP                                V$PROCESS_MEMORY
V$METRICNAME                                 V$PROCESS_MEMORY_DETAIL
V$METRIC_HISTORY                             V$PROCESS_MEMORY_DETAIL_PROG
V$MTTR_TARGET_ADVICE                         V$PROCESS_POOL
V$MUTEX_SLEEP                                V$PROCESS_PRIORITY_DATA
V$MUTEX_SLEEP_HISTORY                        V$PROPAGATION_RECEIVER
V$MVREFRESH                                  V$PROPAGATION_SENDER
V$MYSTAT                                     V$PROXY_ARCHIVEDLOG
V$NFS_CLIENTS                                V$PROXY_ARCHIVELOG_DETAILS
V$NFS_LOCKS                                  V$PROXY_ARCHIVELOG_SUMMARY
V$NFS_OPEN_FILES                             V$PROXY_COPY_DETAILS
V$PROXY_COPY_SUMMARY                         V$RMAN_BACKUP_TYPE
V$PROXY_DATAFILE                             V$RMAN_COMPRESSION_ALGORITHM
V$PWFILE_USERS                               V$RMAN_CONFIGURATION
V$PX_BUFFER_ADVICE                           V$RMAN_ENCRYPTION_ALGORITHMS
V$PX_INSTANCE_GROUP                          V$RMAN_OUTPUT
V$PX_PROCESS                                 V$RMAN_STATUS
V$PX_PROCESS_SYSSTAT                         V$ROLLSTAT
V$PX_PROCESS_TRACE                           V$ROWCACHE
```

```
NAME
----------------------------------------        ----------------------------------------
V$PX_SESSION                                    V$ROWCACHE_PARENT
V$PX_SESSTAT                                    V$ROWCACHE_SUBORDINATE
V$QMON_COORDINATOR_STATS                        V$RO_USER_ACCOUNT
V$QMON_SERVER_STATS                             V$RSRCMGRMETRIC
V$QMON_TASKS                                    V$RSRCMGRMETRIC_HISTORY
V$QMON_TASK_STATS                               V$RSRCPDBMETRIC
V$QPX_INVENTORY                                 V$RSRCPDBMETRIC_HISTORY
V$QUARANTINE                                    V$RSRC_CONSUMER_GROUP
V$QUEUE                                         V$RSRC_CONSUMER_GROUP_CPU_MTH
V$QUEUEING_MTH                                  V$RSRC_CONS_GROUP_HISTORY
V$RECOVERY_AREA_USAGE                           V$RSRC_PDB
V$RECOVERY_FILE_DEST                            V$RSRC_PDB_HISTORY
V$RECOVERY_FILE_STATUS                          V$RSRC_PLAN
V$RECOVERY_LOG                                  V$RSRC_PLAN_CPU_MTH
V$RECOVERY_PROGRESS                             V$RSRC_PLAN_HISTORY
V$RECOVERY_SLAVE                                V$RSRC_SESSION_INFO
V$RECOVERY_STATUS                               V$RT_ADDM_CONTROL
V$RECOVER_FILE                                  V$RULE
V$REDO_DEST_RESP_HISTOGRAM                      V$RULE_SET
V$REPLAY_CONTEXT                                V$RULE_SET_AGGREGATE_STATS
V$REPLAY_CONTEXT_LOB                            V$SCHEDULER_INMEM_MDINFO
V$REPLAY_CONTEXT_SEQUENCE                       V$SCHEDULER_INMEM_RTINFO
V$REPLAY_CONTEXT_SYSDATE                        V$SCHEDULER_RUNNING_JOBS
V$REPLAY_CONTEXT_SYSGUID                        V$SECUREFILE_TIMER
V$REPLAY_CONTEXT_SYSTIMESTAMP                   V$SEGMENT_STATISTICS
V$REQDIST                                       V$SEGSPACE_USAGE
V$RESERVED_WORDS                                V$SEGSTAT
V$RESOURCE                                      V$SEGSTAT_NAME
V$RESOURCE_LIMIT                                V$SERVICEMETRIC
V$RESTORE_POINT                                 V$SERVICEMETRIC_HISTORY
V$RESULT_CACHE_DEPENDENCY                       V$SERVICES
V$RESULT_CACHE_DR                               V$SERVICE_EVENT
V$RESULT_CACHE_MEMORY                           V$SERVICE_REGION_METRIC
V$RESULT_CACHE_OBJECTS                          V$SERVICE_STATS
V$RESULT_CACHE_RD                               V$SERVICE_WAIT_CLASS
V$RESULT_CACHE_RR                               V$SERV_MOD_ACT_STATS
V$RESULT_CACHE_STATISTICS                       V$SESSION
V$RESUMABLE                                     V$SESSIONS_COUNT
V$RFS_THREAD                                    V$SESSION_BLOCKERS
V$RMAN_BACKUP_JOB_DETAILS                       V$SESSION_CLIENT_RESULT_CACHE
V$RMAN_BACKUP_SUBJOB_DETAILS                    V$SESSION_CONNECT_INFO
V$SESSION_CURSOR_CACHE                          V$SQL_DIAG_REPOSITORY_REASON
V$SESSION_EVENT                                 V$SQL_FEATURE
V$SESSION_FIX_CONTROL                           V$SQL_FEATURE_DEPENDENCY
V$SESSION_LONGOPS                               V$SQL_FEATURE_HIERARCHY
V$SESSION_OBJECT_CACHE                          V$SQL_HINT
V$SESSION_WAIT                                  V$SQL_JOIN_FILTER
V$SESSION_WAIT_CLASS                            V$SQL_MONITOR
V$SESSION_WAIT_HISTORY                          V$SQL_MONITOR_SESSTAT
V$SESSMETRIC                                    V$SQL_MONITOR_STATNAME
V$SESSTAT                                       V$SQL_OPTIMIZER_ENV
V$SESS_IO                                       V$SQL_PLAN
V$SESS_TIME_MODEL                               V$SQL_PLAN_MONITOR
V$SES_OPTIMIZER_ENV                             V$SQL_PLAN_STATISTICS
```

```
NAME
----------------------------------        --------------------------------
V$SGA                                     V$SQL_PLAN_STATISTICS_ALL
V$SGAINFO                                 V$SQL_REDIRECTION
V$SGASTAT                                 V$SQL_REOPTIMIZATION_HINTS
V$SGA_CURRENT_RESIZE_OPS                  V$SQL_SHARED_CURSOR
V$SGA_DYNAMIC_COMPONENTS                  V$SQL_SHARED_MEMORY
V$SGA_DYNAMIC_FREE_MEMORY                 V$SQL_WORKAREA
V$SGA_RESIZE_OPS                          V$SQL_WORKAREA_ACTIVE
V$SGA_TARGET_ADVICE                       V$SQL_WORKAREA_HISTOGRAM
V$SHADOW_DATAFILE                         V$SSCR_SESSIONS
V$SHARED_POOL_ADVICE                      V$STANDBY_EVENT_HISTOGRAM
V$SHARED_POOL_RESERVED                    V$STANDBY_LOG
V$SHARED_SERVER                           V$STATISTICS_LEVEL
V$SHARED_SERVER_MONITOR                   V$STATNAME
V$SORT_SEGMENT                            V$STATS_ADVISOR_ACTIONS
V$SORT_USAGE                              V$STATS_ADVISOR_FINDINGS
V$SPPARAMETER                             V$STATS_ADVISOR_RATIONALES
V$SQL                                     V$STATS_ADVISOR_RECS
V$SQLAREA                                 V$STATS_ADVISOR_RULES
V$SQLAREA_PLAN_HASH                       V$STREAMS_APPLY_COORDINATOR
V$SQLCOMMAND                              V$STREAMS_APPLY_READER
V$SQLFN_ARG_METADATA                      V$STREAMS_APPLY_SERVER
V$SQLFN_METADATA                          V$STREAMS_CAPTURE
V$SQLPA_METRIC                            V$STREAMS_MESSAGE_TRACKING
V$SQLSTATS                                V$STREAMS_POOL_ADVICE
V$SQLSTATS_PLAN_HASH                      V$STREAMS_POOL_STATISTICS
V$SQLTEXT                                 V$STREAMS_TRANSACTION
V$SQLTEXT_WITH_NEWLINES                   V$SUBCACHE
V$SQL_BIND_DATA                           V$SUBSCR_REGISTRATION_STATS
V$SQL_BIND_METADATA                       V$SYSAUX_OCCUPANTS
V$SQL_CS_HISTOGRAM                        V$SYSMETRIC
V$SQL_CS_SELECTIVITY                      V$SYSMETRIC_HISTORY
V$SQL_CS_STATISTICS                       V$SYSMETRIC_SUMMARY
V$SQL_CURSOR                              V$SYSSTAT
V$SQL_DIAG_REPOSITORY                     V$SYSTEM_CURSOR_CACHE
V$SYSTEM_EVENT                            V$UNDOSTAT
V$SYSTEM_FIX_CONTROL                      V$UNIFIED_AUDIT_RECORD_FORMAT
V$SYSTEM_PARAMETER                        V$UNIFIED_AUDIT_TRAIL
V$SYSTEM_PARAMETER2                       V$UNUSABLE_BACKUPFILE_DETAILS
V$SYSTEM_PARAMETER4                       V$VERSION
V$SYSTEM_RESET_PARAMETER                  V$VPD_POLICY
V$SYSTEM_RESET_PARAMETER2                 V$WAITCLASSMETRIC
V$SYSTEM_WAIT_CLASS                       V$WAITCLASSMETRIC_HISTORY
V$SYS_OPTIMIZER_ENV                       V$WAITSTAT
V$SYS_REPORT_REQUESTS                     V$WAIT_CHAINS
V$SYS_REPORT_STATS                        V$WALLET
V$SYS_TIME_MODEL                          V$WLM_DB_MODE
V$TABLESPACE                              V$WLM_PCMETRIC
V$TEMPFILE                                V$WLM_PCMETRIC_HISTORY
V$TEMPFILE_INFO_INSTANCE                  V$WLM_PC_STATS
V$TEMPORARY_LOBS                          V$WORKLOAD_REPLAY_THREAD
V$TEMPSTAT                                V$XML_AUDIT_TRAIL
V$TEMPUNDOSTAT                            V$XSTREAM_APPLY_COORDINATOR
V$TEMP_CACHE_TRANSFER                     V$XSTREAM_APPLY_READER
V$TEMP_EXTENT_MAP                         V$XSTREAM_APPLY_RECEIVER
```

```
NAME
-----------------------------------    -----------------------------------
V$TEMP_EXTENT_POOL                     V$XSTREAM_APPLY_SERVER
V$TEMP_PING                            V$XSTREAM_CAPTURE
V$TEMP_SPACE_HEADER                    V$XSTREAM_MESSAGE_TRACKING
V$THREAD                               V$XSTREAM_OUTBOUND_SERVER
V$THRESHOLD_TYPES                      V$XSTREAM_TABLE_STATS
V$TIMER                                V$XSTREAM_TRANSACTION
V$TIMEZONE_FILE                        V$XS_SESSIONS
V$TIMEZONE_NAMES                       V$XS_SESSION_NS_ATTRIBUTE
V$TOPLEVELCALL                         V$XS_SESSION_ROLE
V$TRANSACTION                          V$ZONEMAP_USAGE_STATS
V$TRANSACTION_ENQUEUE                  V$_LOCK
V$TRANSPORTABLE_PLATFORM               V$_LOCK1
V$TSDP_SUPPORTED_FEATURE               V$_SEQUENCES
V$TSM_SESSIONS
V$TYPE_SIZE                            746 rows selected.
```

B.4 在 Oracle 12c 中查询用来创建 V$视图的 X$表的脚本

由于 Oracle 12c 中视图的数量十分庞大，不可能在本书中列出所有的查询。然而为了提供可用的样本，还是列出了十几个主要的和性能优化相关的脚本，这样就可以看到结果具体是怎样的。可以运行自己的查询来得到特定版本中的输出结果。在 Oracle 12c 中总能看到很常见的新列 CON_ID(Container ID)，它是随着可插拔数据库而出现的，另外还有一些与自适应查询优化相关的列。在 Oracle 12cR2 中，下面的查询可以得到所有 V$视图定义中包含的 X$表的查询(在 Oracle 12cR2 中返回 1457 行，V$和 GV$视图都会返回)：

```
select 'View Name: '||view_name,
 substr(substr(view_definition,1,3900),1,(instr(view_definition,'from')-1)) def1,
 substr(substr(view_definition,1,3900),(instr(view_definition,'from')))||¡¯;¡¯ def2
from     v$fixed_view_definition
order    by view_name;
```

视图：GV$BH(Oracle 12c 中新出现的列已加粗显示)

```
select bh.inst_id, file#, dbablk, class, decode(state,0,'free',1,'xcur',2,
       'scur',3,'cr', 4,'read',5,'mrec',6,'irec',7,'write',8,'pi',
       9,'memory',10,'mwrite',11,'donated', 12,'protected',13,'securefile',
       14,'siop',15,'recckpt', 16, 'flashfree',  17, 'flashcur', 18, 'flashna'),
       0, 0, 0, bh.le_addr, le_id1, le_id2, decode(bitand(flag,1), 0, 'N', 'Y'),
       decode(bitand(flag,16),0,'N','Y'), decode(bitand(flag,1536),0, 'N','Y'),
       decode(bitand(flag,16384), 0, 'N', 'Y'),
       decode(bitand(flag,65536), 0, 'N', 'Y'), 'N',
       obj, ts#, lobid,  bitand(OBJ_FLAG, 240)/16,
       decode(bitand(OBJ_FLAG, 48)/16, 1, 'KEEP', 2, 'NONE', 'DEFAULT'),
       decode(bitand(OBJ_FLAG,192)/64,1,'KEEP',2,'NONE','DEFAULT'),bh.con_id
from   x$bh bh, x$le le
where  bh.le_addr = le.le_addr (+);
```

视图：V$BH(Oracle 12c 中新出现的列已加粗显示)

```
select file#, block#, class#, status, xnc, forced_reads, forced_writes,
       lock_element_addr,lock_element_name, lock_element_class, dirty,
       temp, ping, stale, direct, new, objd,
```

```
       ts#, lobid, cachehint, flash_cache, cell_flash_cache, con_id
from   gv$bh
where  inst_id = USERENV('Instance');
```

视图：GV$CELL

```
select inst_id, cellpath_cellrow, cellhashval_cellrow,
       con_id, celltype_cellrow
from   x$cell_name;
```

视图：V$CELL

```
select cell_path, cell_hashval, con_id, cell_type
from   gv$cell
where  inst_id = userenv('Instance');
```

视图：GV$CELL_DISK

```
select c.cellpath_cellrow, cd.cell_hash, cd.incarnation_num, cd.metric_timestamp,
       cd.disk, cd.disk_id, cd.metric_id, md.metric_name, cd.metric_value,
       md.metric_type, cd.inst_id, cd.con_id
from   x$kxdcm_disk cd, x$kxdcm_metric_desc md, x$cell_name c
where  cd.metric_id = md.metric_id
and    cd.cell_hash = c.cellhashval_cellrow and cd.inst_id = md.inst_id
and    cd.con_id = md.con_id and cd.inst_id = c.inst_id
and    cd.con_id = c.con_id;
```

视图：V$CELL_DISK

```
select cell_name, cell_hash, incarnation_num, metric_timestamp, disk_name,
       disk_id, metric_id, metric_name, metric_value, metric_type, con_id
from   gv$cell_disk
where  inst_id = userenv('Instance');
```

视图：GV$CONTAINERS

```
select inst_id, con_id, dbid, con_uid, guid, name,
       decode(state, 0, 'MOUNTED', 1, 'READ WRITE', 2, 'READ ONLY',
       3, 'MIGRATE'), decode(restricted, 0, 'NO', 1, 'YES'), stime,
       create_scn, total_size, block_size, decode(recovery_status, 0,
       'ENABLED', 1, 'DISABLED'), snapshot_parent_con_id,decode(app_root,
       1, 'YES', 'NO'),decode(app_root_con_id, NULL,'NO','YES'),
       decode(app_seed, 1, 'YES', 'NO'), app_root_con_id, decode(app_root_clone,
       1, 'YES', 'NO'),decode(proxy_pdb, 1, 'YES', 'NO')  from   x$con;
```

视图：V$CONTAINERS

```
select con_id, dbid, con_uid, guid, name,  open_mode, restricted, open_time,
       create_scn, total_size,block_size,recovery_status,snapshot_parent_con_id,
       application_root,application_pdb,application_seed,application_root_con_id,
       application_root_clone, proxy_pdb
from   gv$containers
where  inst_id = userenv('Instance');
```

视图：GV$INMEMORY_AREA

```
select inst_id, pool, allocated_len, used_len, status, con_id
from   x$ktsimau;
```

视图：V$INMEMORY_AREA

```
select pool, alloc_bytes, used_bytes, populate_status, con_id
from   gv$inmemory_area
where  inst_id= userenv('instance');
```

视图：GV$LATCH

```
select lt.inst_id,lt.kslltaddr,lt.kslltnum,lt.kslltlvl,lt.kslltnam, lt.ksllthsh,
       lt.kslltwgt,lt.kslltwff,lt.kslltwsl,lt.kslltngt,lt.kslltnfa,lt.kslltwkc,
       lt.kslltwth,lt.ksllthst0,lt.ksllthst1,lt.ksllthst2,lt.ksllthst3,
       lt.ksllthst4,lt.ksllthst5,lt.ksllthst6,lt.ksllthst7,t.ksllthst8,
       lt.ksllthst9, lt.ksllthst10, lt.ksllthst11, lt.kslltwtt, lt.con_id
from    x$kslltr lt;
```

视图：V$LATCH

```
select addr,latch#,level#,name,hash,gets,misses,sleeps,immediate_gets,
       immediate_misses,waiters_woken,waits_holding_latch,spin_gets,sleep1,sleep2,
       sleep3,sleep4,sleep5,sleep6,sleep7,sleep8,sleep9,sleep10,sleep11,
       wait_time, con_id
from   gv$latch
where  inst_id = USERENV('Instance');
```

视图：GV$LATCHHOLDER

```
select inst_id,ksuprpid,ksuprsid,ksuprlat, ksuprlnm, ksulagts, con_id
from   x$ksuprlat;
```

视图：V$LATCHHOLDER

```
select pid,sid,laddr,name,gets,con_id
from   gv$latchholder
where  inst_id = userenv('Instance');
```

视图：GV$LATCHNAME

```
select inst_id, indx,kslldnam, kslldasp, kslldhsh, con_id
from   x$kslld;
```

视图：V$LATCHNAME

```
select latch#, name, display_name, hash, con_id
from   gv$latchname
where  inst_id = userenv('Instance');
```

视图：GV$LATCH_CHILDREN

```
select t.inst_id,t.kslltaddr,t.kslltnum,t.kslltcnm,t.kslltlvl,t.kslltnam,
       t.ksllthsh,t.kslltwgt,t.kslltwff,t.kslltwsl,t.kslltngt,t.kslltnfa,
       t.kslltwkc,t.kslltwth,t.ksllthst0,t.ksllthst1,t.ksllthst2,t.ksllthst3,
```

```
       t.ksllthst4,t.ksllthst5,t.ksllthst6,t.ksllthst7,t.ksllthst8,t.ksllthst9,
       t.ksllthst10, t.ksllthst11,t.kslltwtt,t.con_id
from   x$kslltr_children t;
```

视图：V$LATCH_CHILDREN

```
select addr,latch#,child#,level#,name,hash,gets,misses,sleeps,immediate_gets,
       immediate_misses,waiters_woken,waits_holding_latch,spin_gets,sleep1,sleep2,
       sleep3,sleep4,sleep5,sleep6,sleep7,sleep8,sleep9,sleep10,sleep11,
       wait_time,con_id
from   gv$latch_children
where  inst_id = USERENV('Instance');
```

视图：GV$LATCH_MISSES

```
select t1.inst_id,t1.ksllasnam,t2.ksllwnam,t1.kslnowtf,t1.kslsleep,t1.kslwscwsl,
       t1.kslwsclthg,t2.ksllwnam,t1.con_id
from   x$ksllw t2,x$kslwsc t1
where  t2.indx = t1.kslwscwhere;
```

视图：V$LATCH_MISSES

```
select parent_name,location,nwfail_count,sleep_count,wtr_slp_count,longhold_count,
       location, con_id
from   gv$latch_misses
where  inst_id = USERENV('Instance');
```

视图：GV$LIBRARYCACHE

```
select inst_id, kglstdsc, kglstget, kglstght,
         decode(kglstget,0,1,kglstght/kglstget),kglstpin,kglstpht,
         decode(kglstpin,0,1,kglstpht/kglstpin),kglstrld,kglstinv,
          kglstlrq, kglstprq, kglstprq, kglstmiv, kglstmiv, con_id
from   x$kglst
where  kglsttyp = 'NAMESPACE'
and    kglstget != 0
and    LENGTH(kglstdsc) <= 15 ;
```

视图：V$LIBRARYCACHE

```
select namespace,gets,gethits,gethitratio,pins,pinhits,pinhitratio,reloads,
       invalidations,dlm_lock_requests,dlm_pin_requests,dlm_pin_releases,
       dlm_invalidation_requests,dlm_invalidations, con_id
from   gv$librarycache
where  inst_id = USERENV('Instance');
```

视图：GV$MUTEX_SLEEP

```
select inst_id, mutex_type, location, sleeps, wait_time, con_id
from   x$mutex_sleep;
```

视图：V$MUTEX_SLEEP

```
select mutex_type, location, sleeps, wait_time, con_id
from   gv$mutex_sleep
```

```
where   inst_id = USERENV('Instance');
```

视图：GV$PDBS

```
select inst_id, con_id, dbid, con_uid, guid, name, decode(state, 0,
       'MOUNTED', 1, 'READ WRITE', 2, 'READ ONLY', 3, 'MIGRATE', 4,
       'DISMOUNTED'), decode(restricted, 0, 'NO', 1, 'YES'), stime, create_scn,
       total_size, block_size, decode(recovery_status, 0, 'ENABLED', 1,
       'DISABLED'),snapshot_parent_con_id, decode(app_root, 1, 'YES', 'NO'),
       decode(app_root_con_id, NULL, 'NO', 'YES'), decode(app_seed, 1,'YES','NO'),
       app_root_con_id, decode(app_root_clone, 1, 'YES', 'NO'),
       decode(proxy_pdb, 1, 'YES', 'NO')
from   x$con where con_id > 1;
```

视图：V$PDBS

```
select con_id, dbid, con_uid, guid, name, open_mode, restricted, open_time,
       create_scn, total_size,block_size,recovery_status,snapshot_parent_con_id,
       application_root,application_pdb,application_seed,application_root_con_id,
       application_root_con_id, application_root_clone, proxy_pdb
from    gv$pdbs
where   inst_id = USERENV('Instance');
```

视图：GV$SESSION_LONGOPS

```
select inst_id,ksulosno,ksulosrn,ksulopna,ksulotna,ksulotde,ksulosfr,ksulotot,
         ksulouni,to_date(ksulostm,'MM/DD/RR HH24:MI:SS','NLS_CALENDAR=Gregorian'),
         to_date(ksulolut,'MM/DD/RR HH24:MI:SS','NLS_CALENDAR=Gregorian'),
         to_date(ksuloinft, 'MM/DD/RR HH24:MI:SS','NLS_CALENDAR=Gregorian'),
         decode(ksulopna, 'Advisor', ksuloif2,
           decode(sign(ksulotot-ksulosfr),-1,to_number(NULL),
           decode(ksulosfr,0,to_number(NULL),
           round(ksuloetm*((ksulotot-ksulosfr)/ksulosfr))))),
       ksuloetm,ksuloctx,ksulomsg,
         ksulounm,ksulosql,ksulosqh,ksulosqi, ksulosqph, ksulosqesta,
         decode(ksulosqeid, 0, to_number(NULL), ksulosqeid),
         decode(ksulosqplid, 0, to_number(NULL), ksulosqplid),
         ksulosqplop,ksulosqplnm,ksuloqid, con_id
from    x$ksulop;
```

视图：V$SESSION_LONGOPS

```
select sid,serial#,opname,target,target_desc,sofar,totalwork,units,start_time,
         last_update_time,timestamp,
       time_remaining,elapsed_seconds,context,message,username,
         sql_address,sql_hash_value,sql_id, sql_plan_hash_value,
         sql_exec_start, sql_exec_id, sql_plan_line_id,
         sql_plan_operation, sql_plan_options, qcsid, con_id
from    gv$session_longops
where   inst_id = USERENV('Instance');
```

视图：GV$SQL(Oracle 12c 中新出现的列已加粗显示)

```
select inst_id,kglnaobj,kglfnobj,kglobt03, kglobhs0+kglobhs1+kglobhs2+
       kglobhs3+kglobhs4+kglobhs5+kglobhs6+kglobt16, kglobt08+kglobt11,
```

```
      kglobt10, kglobt01, decode(kglobhs6,0,0,1), decode(kglhdlmd,0,0,1),
      kglhdlkc, kglobt04, kglobt05, kglobt48, kglobt35, kglobpc6, kglhdldc,
       substr(to_char(kglnatim,'YYYY-MM-DD/HH24:MI:SS'),1,19), kglhdivc,
       kglobt12, kglobt13, kglobwdw, kglobt14, kglobwap, kglobwcc,
        kglobwcl, kglobwui, kglobt42, kglobt43, kglobt15, kglobt02,
      decode(kglobt32,0,'NONE',1,'ALL_ROWS',2,'FIRST_ROWS',3,'RULE',
      4,'CHOOSE','UNKNOWN'), kglobtn0, kglobcce, kglobcceh, kglobt17,
       kglobt18, kglobts4, kglhdkmk, kglhdpar, kglobtp0, kglnahsh, kglobt46,
        kglobt30, kglobt09, kglobts5, kglobt48, kglobts0, kglobt19, kglobts1,
       kglobt20, kglobt21, kglobts2, kglobt06, kglobt07,
        decode(kglobt28, 0, to_number(NULL), kglobt28), kglhdadr, kglobt29,
        decode(bitand(kglobt00,64),64, 'Y', 'N'), decode(kglobsta,
       1,'VALID',2,'VALID_AUTH_ERROR',3,'VALID_COMPILE_ERROR',
       4,'VALID_UNAUTH',5,'INVALID_UNAUTH',6,'INVALID'), kglobt31,
        substr(to_char(kglobtt0,'YYYY-MM-DD/HH24:MI:SS'),1,19),
        decode(kglobt33, 1, 'Y', 'N'),decode(bitand(kglobacs, 1), 1, 'Y', 'N'),
        decode(bitand(kglobacs, 2), 2, 'Y', 'N'),
        decode(bitand(kglobacs, 4), 4, 'Y', 'N'), kglhdclt,
        kglobts3, kglobts7, kglobts6, kglobt44, kglobt45, kglobt47, kglobt49,
         kglobcla, kglobcbca, kglobt22, kglobt52, kglobt53, kglobt54, kglobt55,
         kglobt56, kglobt57, kglobt58, kglobt23, kglobt24, kglobt59,
        kglobt53 - ((kglobt55+kglobt57) - kglobt52), con_id,
       decode(bitand(kglobaqp,1), 1, decode(bitand(kglobaqp,2), 2, 'R', 'Y'),
       'N'), decode(bitand(kglobaqp,4),4,decode(bitand(kglobaqp,8), 8, 'Y', 'N'),
       ''),   kglimscans, kglimbytesuncomp, kglimbytesinmem,
       decode(bitand(kglobfl2, 2097152), 0, 'N', decode(bitand(kglhdfl2, 8),
       8, 'X' , 'Y')), decode(bitand(kglobfl2, 4194304), 0, 'N',
       decode(bitand(kglhdfl2, 16), 16, 'X', 'Y')),
       decode(bitand(kglobfl2, 8388608+16777216), 0, 'N',
       decode(bitand(kglhdfl2, 32), 32, 'X', 'Y'))
from   x$kglcursor_child;
```

视图：V$SQL(Oracle 12c 中新出现的列已加粗显示)

```
select SQL_TEXT,SQL_FULLTEXT,
       SQL_ID,SHARABLE_MEM,PERSISTENT_MEM,RUNTIME_MEM,SORTS,
       LOADED_VERSIONS,OPEN_VERSIONS,USERS_OPENING,FETCHES,EXECUTIONS,
       PX_SERVERS_EXECUTIONS,END_OF_FETCH_COUNT,USERS_EXECUTING,LOADS,
       FIRST_LOAD_TIME, INVALIDATIONS, PARSE_CALLS, DISK_READS, DIRECT_WRITES,
       BUFFER_GETS,APPLICATION_WAIT_TIME,CONCURRENCY_WAIT_TIME,
       CLUSTER_WAIT_TIME, USER_IO_WAIT_TIME, PLSQL_EXEC_TIME,
       JAVA_EXEC_TIME, ROWS_PROCESSED , COMMAND_TYPE , OPTIMIZER_MODE,
       OPTIMIZER_COST,OPTIMIZER_ENV, OPTIMIZER_ENV_HASH_VALUE, PARSING_USER_ID,
       PARSING_SCHEMA_ID,PARSING_SCHEMA_NAME, KEPT_VERSIONS , ADDRESS ,
       TYPE_CHK_HEAP , HASH_VALUE, OLD_HASH_VALUE, PLAN_HASH_VALUE,
       CHILD_NUMBER, SERVICE, SERVICE_HASH, MODULE, MODULE_HASH , ACTION ,
       ACTION_HASH, SERIALIZABLE_ABORTS , OUTLINE_CATEGORY, CPU_TIME,
       ELAPSED_TIME, OUTLINE_SID, CHILD_ADDRESS, SQLTYPE, REMOTE,
       OBJECT_STATUS, LITERAL_HASH_VALUE, LAST_LOAD_TIME, IS_OBSOLETE,
       IS_BIND_SENSITIVE, IS_BIND_AWARE, IS_SHAREABLE, CHILD_LATCH,
       SQL_PROFILE, SQL_PATCH, SQL_PLAN_BASELINE, PROGRAM_ID,PROGRAM_LINE#,
       EXACT_MATCHING_SIGNATURE,FORCE_MATCHING_SIGNATURE, LAST_ACTIVE_TIME,
       BIND_DATA TYPECHECK_MEM, IO_CELL_OFFLOAD_ELIGIBLE_BYTES,
       IO_INTERCONNECT_BYTES,PHYSICAL_READ_REQUESTS, PHYSICAL_READ_BYTES,
       PHYSICAL_WRITE_REQUESTS, PHYSICAL_WRITE_BYTES,
       OPTIMIZED_PHY_READ_REQUESTS, LOCKED_TOTAL, PINNED_TOTAL,
```

```
            IO_CELL_UNCOMPRESSED_BYTES, IO_CELL_OFFLOAD_RETURNED_BYTES, CON_ID,
            IS_REOPTIMIZABLE, IS_RESOLVED_ADAPTIVE_PLAN, IM_SCANS,
            IM_SCAN_BYTES_UNCOMPRESSED, IM_SCAN_BYTES_INMEMORY, DDL_NO_INVALIDATE,
            IS_ROLLING_INVALID, IS_ROLLING_REFRESH_INVALID
from    GV$SQL
where   inst_id = USERENV('Instance');
```

视图：GV$SQLAREA(Oracle 12c 中新出现的已加粗显示)

```
select inst_id, kglnaobj, kglfnobj, kglobt03, kglobhs0+kglobhs1+
            kglobhs2+kglobhs3+kglobhs4+kglobhs5+kglobhs6, kglobt08+kglobt11,
        kglobt10, kglobt01, kglobccc, kglobclc, kglhdlmd, kglhdlkc, kglobt04,
        kglobt05, kglobt48, kglobt35, kglobpc6, kglhdlc,
            substr(to_char(kglnatim,'YYYY-MM-DD/HH24:MI:SS'),1,19), kglhdivc,
        kglobt12, kglobt13, kglobwdw, kglobt14, kglobwap, kglobwcc, kglobwcl,
        kglobwui, kglobt42, kglobt43, kglobt15, kglobt02, decode(kglobt32, 0,
        'NONE',1,'ALL_ROWS',2,'FIRST_ROWS',3,'RULE',4, 'CHOOSE', 'UNKNOWN'),
        kglobtn0, kglobcce, kglobcceh, kglobt17, kglobt18, kglobts4, kglhdkmk,
        kglhdpar, kglnahsh, kglobt46, kglobt30, kglobts0, kglobt19, kglobts1,
        kglobt20, kglobt21, kglobts2, kglobt06, kglobt07,
        decode(kglobt28, 0, NULL, kglobt28), kglhdadr,
        decode(bitand(kglobt00,64),64, 'Y', 'N'),
        decode(kglobsta,1,'VALID',2,'VALID_AUTH_ERROR',3, 'VALID_COMPILE_ERROR',
        4,'VALID_UNAUTH',5,'INVALID_UNAUTH',6,'INVALID'), kglobt31, kglobtt0,
        decode(kglobt33, 1, 'Y', 'N'),  decode(bitand(kglobacs, 1), 1, 'Y', 'N'),
        decode(bitand(kglobacs, 2), 2, 'Y', 'N'),kglhdclt,kglobts3,
            kglobts7, kglobts6,kglobt44,kglobt45,kglobt47,kglobt49,kglobcla,
        kglobcbca,kglobt22,kglobt52,kglobt53,kglobt54,kglobt55,kglobt56,kglobt57,
        kglobt58, kgloblct,kglobpct,kglobt59,kglobt53 -
        ((kglobt55+kglobt57) - kglobt52), con_id, decode(bitand(kglobaqp,1), 1,
        decode(bitand(kglobaqp,2), 2,'R','Y'), 'N'), decode(bitand(kglobaqp,4), 4,
        decode(bitand(kglobaqp,8), 8, 'Y','N'), '')
from    x$kglcursor_child_sqlid
where   kglobt02 != 0;
```

视图：V$SQL AREA(Oracle 12c 中新出现的已加粗显示)

```
select sql_text, sql_fulltext, sql_id,sharable_mem, persistent_mem,
      runtime_mem,sorts,version_count,loaded_versions,open_versions,
      users_opening,fetches,executions, px_servers_executions,
      end_of_fetch_count, users_executing,loads,first_load_time,
        invalidations,parse_calls,disk_reads,direct_writes, buffer_gets,
      application_wait_time,concurrency_wait_time,cluster_wait_time,
        user_io_wait_time, plsql_exec_time, java_exec_time, rows_processed,
        command_type,optimizer_mode, optimizer_cost, optimizer_env,
        optimizer_env_hash_value, parsing_user_id,parsing_schema_id,
        parsing_schema_name, kept_versions,address,hash_value,old_hash_value,
        plan_hash_value, module,module_hash,action,action_hash,serializable_aborts,
        outline_category, cpu_time,elapsed_time, outline_sid,
      last_active_child_address, remote, object_status,
      literal_hash_value, last_load_time, is_obsolete, is_bind_sensitive,
      is_bind_aware, child_latch, sql_profile,sql_patch,
        sql_plan_baseline, program_id, program_line#, exact_matching_signature,
        force_matching_signature, last_active_time, bind_data, typecheck_mem,
        io_cell_offload_eligible_bytes,io_interconnect_bytes,
      physical_read_requests,
```

```
            physical_read_bytes, physical_write_requests, physical_write_bytes,
            optimized_phy_read_requests, locked_total, pinned_total,
            io_cell_uncompressed_bytes, io_cell_offload_returned_bytes
            con_id, is_reoptimizable, is_resolved_adaptive_plan
from      GV$SQLAREA
where     inst_id = USERENV('Instance');
```

视图：GV$SQLTEXT

```
select  inst_id,kglhdadr,kglnahsh, kglnasqlid, kgloboct,piece,name
from    x$kglna
where   kgloboct != 0;
```

视图：V$SQLTEXT

```
select  address,hash_value,sql_id,command_type,piece,sql_text,con_id
from    gv$sqltext
where   inst_id = USERENV('Instance');
```

视图：GV$SQL——CURSOR

```
select  inst_id,kxscccur,kxscccfl,decode(kxsccsta,0,'CURNULL',1,'CURSYNTAX',2,
        'CURPARSE',3,'CURBOUND',4,'CURFETCH',5,'CURROW','ERROR'),kxsccphd,
        kxsccplk, kxsccclk, kxscccpn,kxscctbm,kxscctwm,kxscctbv,kxscctdv,
        kxsccbdf,kxsccflg,kxsccfl2,kxsccchd,con_id
from    x$kxscc;
```

视图：V$SQL——CURSOR

```
select  curno,flag,status,parent_handle,parent_lock,child_lock,child_pin,
        pers_heap_mem,work_heap_mem,bind_vars,define_vars,bind_mem_loc,
        inst_flag,inst_flag2,child_handle,con_id
from    gv$sql_cursor
where   inst_id = USERENV('Instance');
```

视图：GV$SYSSTAT

```
select  inst_id,indx,ksusdnam,ksusdcls,ksusgstv,ksusdhsh, con_id
from    x$ksusgsta;
```

视图：V$SYSSTAT

```
select  statistic#,name,class,value,stat_id, con_id
from    gv$sysstat
where   inst_id = USERENV('Instance');
```

附录 C

X$表(针对 DBA)

很多 Oracle 书籍中通常都不会提及或讨论 X$表，甚至在 Oracle 用户社区也没有这方面的内容。出于这个原因，我在本书中介绍它们，作为不多的参考资料之一(第 13 章包含很多 X$表的查询脚本)。在 Oracle 12cR2 中有 1312 个 X$表。在 Oracle 11gR2(11.2.0.1.0)中有 945 个 X$表，而在 Oracle 10gR2(10.2.0.1)中有 613 个 X$表，在 Oracle 9iR2(9.2.0.1.0)中仅有 394 个。随着数据库版本和发行版的变化，X$表的结构和数量也随之变化。在数据库上运行查询语句可获得特定版本的视图数目和结构。

本附录要点如下：
- Oracle 12cR2(12.2.0.0.2)中所有 X$表的列表(总共有 1312 个)
- Oracle 12cR2(12.2.0.0.2)中所有带有索引的 X$表列的列表(总共有 799 列)
- Oracle 12cR2(12.2.0.0.2)中 V$视图与 X$表的交叉引用

C.1　Oracle 12cR2 版本中按名称排序的 X$ 表

在 Oracle 12cR2 中，运行以下查询以获得后面的列表：

```
select      name
from        v$fixed_table
where       name like 'X%'
order by    name;
```

输出 Oracle 12cR2 中所有的 X$ 表(按名称排序)，共 1312 个[1]：

NAME		
X$ABSTRACT_LOB	X$CONTEXT	X$DBKH_CHECK_PARAM
X$ACTIVECKPT	X$CON_KEWMDRMV	X$DBKINCMETCFG
X$AQ_MESSAGE_CACHE_ADVICE	X$CON_KEWMSMDV	X$DBKINCMETINFO
X$AQ_OPT_CACHED_SUBSHARD	X$CON_KEWSSYSV	X$DBKINCMETSUMMARY
X$AQ_OPT_INACTIVE_SUBSHARD	X$CON_KSLEI	X$DBKINFO
X$AQ_OPT_STATS	X$CON_KSLSCS	X$DBKRECO
X$AQ_OPT_UNCACHED_SUBSHARD	X$CON_KSUSGSTA	X$DBKRUN
X$AQ_REMOTE_DEQAFF	X$DBGALERTEXT	X$DBREPLAY_PATCH_INFO
X$AQ_SUBSCRIBER_LOAD	X$DBGATFLIST	X$DGLPARAM
X$AQ_SUBTRANS	X$DBGDIREXT	X$DGLXDAT
X$ASH	X$DBGLOGEXT	X$DIAG_ADR_CONTROL
X$AUD_DPAPI_ACTIONS	X$DBGRICX	X$DIAG_ADR_CONTROL_AUX
X$AUD_DP_ACTIONS	X$DBGRIFX	X$DIAG_ADR_INVALIDATION
X$AUD_DV_OBJ_EVENTS	X$DBGRIKX	X$DIAG_ALERT_EXT
X$AUD_OBJ_ACTIONS	X$DBGRIPX	X$DIAG_AMS_XACTION
X$AUD_OLS_ACTIONS	X$DBGTFLIST	X$DIAG_DDE_USER_ACTION
X$AUD_XS_ACTIONS	X$DBGTFOPTT	X$DIAG_DDE_USER_ACTION_DEF
X$BH	X$DBGTFSOPTT	X$DIAG_DDE_USR_ACT_PARAM
X$BMAPNONDURSUB	X$DBGTFSQLT	X$DIAG_DDE_USR_ACT_PARAM_DEF
X$BUFFER	X$DBGTFSSQLT	X$DIAG_DDE_USR_INC_ACT_MAP
X$BUFFER2	X$DBGTFVIEW	X$DIAG_DDE_USR_INC_TYPE
X$BUFFERED_PUBLISHERS	X$DBKECE	X$DIAG_DFW_CONFIG_CAPTURE
X$BUFFERED_QUEUES	X$DBKEFAFC	X$DIAG_DFW_CONFIG_ITEM
X$BUFFERED_SUBSCRIBERS	X$DBKEFDEAFC	X$DIAG_DFW_PATCH_CAPTURE
X$CDBVW$	X$DBKEFEFC	X$DIAG_DFW_PATCH_ITEM
X$CELL_NAME	X$DBKEFIEFC	X$DIAG_DFW_PURGE
X$CKPTBUF	X$DBKFDG	X$DIAG_DFW_PURGE_ITEM
X$COMVW$	X$DBKFSET	X$DIAG_DIAGV_INCIDENT
X$CON	X$DBKH_CHECK	X$DIAG_DIR_EXT
X$DIAG_EM_DIAG_JOB	X$DIAG_VPROBLEM_INT	X$IR_REPAIR_OPTION
X$DIAG_EM_TARGET_INFO	X$DIAG_VPROBLEM_LASTINC	X$IR_REPAIR_STEP
X$DIAG_EM_USER_ACTIVITY	X$DIAG_VSHOWCATVIEW	X$IR_RS_PARAM
X$DIAG_HM_FDG_SET	X$DIAG_VSHOWINCB	X$IR_WF_PARAM
X$DIAG_HM_FINDING	X$DIAG_VSHOWINCB_I	X$IR_WORKING_FAILURE_SET
X$DIAG_HM_INFO	X$DIAG_VTEST_EXISTS	X$IR_WORKING_REPAIR_SET
X$DIAG_HM_MESSAGE	X$DIAG_V_ACTINC	X$IR_WR_PARAM
X$DIAG_HM_RECOMMENDATION	X$DIAG_V_ACTPROB	X$JOXDRC
X$DIAG_HM_RUN	X$DIAG_V_INCCOUNT	X$JOXDRR
X$DIAG_INCCKEY	X$DIAG_V_INCFCOUNT	X$JOXFC
X$DIAG_INCIDENT	X$DIAG_V_INC_METER_INFO_PROB	X$JOXFD

1　译者注：为了保持信息最新，本书使用 12.2.0.1 版本的 RDBMS_12.2.0.1.0_LINUX.X64_170125 环境更新了列表的内容，实际的 X$ 表个数为 1328。

```
NAME
------------------------------      ------------------------------      ------------------------------
X$DIAG_INCIDENT_FILE                X$DIAG_V_IPSPRBCNT                  X$JOXFM
X$DIAG_INC_METER_CONFIG             X$DIAG_V_IPSPRBCNT1                 X$JOXFR
X$DIAG_INC_METER_IMPT_DEF           X$DIAG_V_NFCINC                     X$JOXFS
X$DIAG_INC_METER_INFO               X$DIAG_V_SWPERRCOUNT                X$JOXFT
X$DIAG_INC_METER_PK_IMPTS           X$DIR                               X$JOXMAG
X$DIAG_INC_METER_SUMMARY            X$DNFS_CHANNELS                     X$JOXMEX
X$DIAG_INFO                         X$DNFS_FILES                        X$JOXMFD
X$DIAG_IPS_CONFIGURATION            X$DNFS_HIST                         X$JOXMIC
X$DIAG_IPS_FILE_COPY_LOG            X$DNFS_META                         X$JOXMIF
X$DIAG_IPS_FILE_METADATA            X$DNFS_SERVERS                      X$JOXMMD
X$DIAG_IPS_PACKAGE                  X$DNFS_STATS                        X$JOXMOB
X$DIAG_IPS_PACKAGE_FILE             X$DRA_FAILURE                       X$JOXOBJ
X$DIAG_IPS_PACKAGE_HISTORY          X$DRA_FAILURE_CHECK                 X$JOXREF
X$DIAG_IPS_PACKAGE_INCIDENT         X$DRA_FAILURE_CHECK_MAP             X$JOXRSV
X$DIAG_IPS_PKG_UNPACK_HIST          X$DRA_FAILURE_PARAM                 X$JOXSCD
X$DIAG_IPS_PROGRESS_LOG             X$DRA_FAILURE_PARENT_MAP            X$JSKJOBQ
X$DIAG_IPS_REMOTE_PACKAGE           X$DRA_FAILURE_REPAIR                X$JSKMIMMD
X$DIAG_LOG_EXT                      X$DRA_FAILURE_REPAIR_MAP            X$JSKMIMRT
X$DIAG_PICKLEERR                    X$DRA_REPAIR                        X$JSKSLV
X$DIAG_PROBLEM                      X$DRA_REPAIR_PARAM                  X$K2GTE
X$DIAG_RELMD_EXT                    X$DRC                               X$K2GTE2
X$DIAG_SWEEPERR                     X$DRM_HISTORY                       X$KAUVRSTAT
X$DIAG_VEM_USER_ACTLOG              X$DRM_HISTORY_STATS                 X$KBRPSTAT
X$DIAG_VEM_USER_ACTLOG1             X$DRM_WAIT_STATS                    X$KCBBES
X$DIAG_VHM_RUN                      X$DUAL                              X$KCBBF
X$DIAG_VIEW                         X$DURABLE_SHARDED_SUBS              X$KCBBHS
X$DIAG_VIEWCOL                      X$ESTIMATED_MTTR                    X$KCBDBK
X$DIAG_VINCIDENT                    X$GCRACTIONS                        X$KCBDWOBJ
X$DIAG_VINCIDENT_FILE               X$GCRLOG                            X$KCBDWS
X$DIAG_VINC_METER_INFO              X$GCRMETRICS                        X$KCBFCIO
X$DIAG_VIPS_FILE_COPY_LOG           X$GCRSTATUS                         X$KCBFWAIT
X$DIAG_VIPS_FILE_METADATA           X$GIMSA                             X$KCBINSTVIEW
X$DIAG_VIPS_PACKAGE_FILE            X$GLOBALCONTEXT                     X$KCBKPFS
X$DIAG_VIPS_PACKAGE_HISTORY         X$GSMREGIONS                        X$KCBKWRL
X$DIAG_VIPS_PACKAGE_MAIN_INT        X$HEATMAPSEGMENT                    X$KCBLDRHIST
X$DIAG_VIPS_PACKAGE_SIZE            X$HEATMAPSEGMENT1                   X$KCBLSC
X$DIAG_VIPS_PKG_FILE                X$HOFP                              X$KCBMKID
X$DIAG_VIPS_PKG_INC_CAND            X$HS_SESSION                        X$KCBMMAV
X$DIAG_VIPS_PKG_INC_DTL             X$IEE                               X$KCBOBH
X$DIAG_VIPS_PKG_INC_DTL1            X$IEE_CONDITION                     X$KCBOQH
X$DIAG_VIPS_PKG_MAIN_PROBLEM        X$IEE_ORPIECE                       X$KCBPDBRM
X$DIAG_VNOT_EXIST_INCIDENT          X$IMCSEGEXTMAP                      X$KCBPINTIME
X$DIAG_VPROBLEM                     X$IMCSEGMENTS                       X$KCBPRFH
X$DIAG_VPROBLEM1                    X$IMCTBSEXTMAP                      X$KCBSC
X$DIAG_VPROBLEM2                    X$INSTANCE_CACHE_TRANSFER           X$KCBSDS
X$DIAG_VPROBLEM_BUCKET              X$IPCOR_TOPO_DOMAIN                 X$KCBSH
X$DIAG_VPROBLEM_BUCKET1             X$IPCOR_TOPO_NDEV                   X$KCBSW
X$DIAG_VPROBLEM_BUCKET_COUNT        X$IR_MANUAL_OPTION                  X$KCBTEK
X$KCBUWHY                           X$KCFISOSST                         X$KEHECLMAP
X$KCBVBL                            X$KCFISTCAP                         X$KEHETSX
X$KCBWAIT                           X$KCFISTSA                          X$KEHEVTMAP
X$KCBWBPD                           X$KCFTIO                            X$KEHF
X$KCBWDS                            X$KCLCRST                           X$KEHOSMAP
X$KCBWH                             X$KCLCURST                          X$KEHPRMMAP
```

```
NAME
------------------------------    ------------------------------    ------------------------------
X$KCCACM                          X$KCLFX                           X$KEHR
X$KCCADFC                         X$KCLLS                           X$KEHRP
X$KCCAGF                          X$KCLPINGPIN                      X$KEHR_CHILD
X$KCCAL                           X$KCLPINGWEV                      X$KEHSQT
X$KCCBF                           X$KCLRCVST                        X$KEHSYSMAP
X$KCCBI                           X$KCMSCN                          X$KEHTIMMAP
X$KCCBL                           X$KCPDBINC                        X$KEIUT
X$KCCBLKCOR                       X$KCPXPL                          X$KEIUT_INFO
X$KCCBP                           X$KCRFDEBUG                       X$KELRSGA
X$KCCBS                           X$KCRFSTRAND                      X$KELRTD
X$KCCCC                           X$KCRFWS                          X$KELRXMR
X$KCCCF                           X$KCRFX                           X$KELTGSD
X$KCCCP                           X$KCRMF                           X$KELTOSD
X$KCCDC                           X$KCRMT                           X$KELTSD
X$KCCDFHIST                       X$KCRMX                           X$KEOMM_DBOP_LIST
X$KCCDI                           X$KCRRARCH                        X$KEOMNMON_SESSTAT
X$KCCDI2                          X$KCRRASTATS                      X$KERPIREPREQ
X$KCCDL                           X$KCRRDSTAT                       X$KERPISTATS
X$KCCFC                           X$KCRRLNS                         X$KESPLAN
X$KCCFE                           X$KCRRNHG                         X$KESSPAMET
X$KCCFLE                          X$KCTICW                          X$KESWXMON
X$KCCFN                           X$KCTLAX                          X$KESWXMON_PLAN
X$KCCIC                           X$KCVDF                           X$KESWXMON_STATNAME
X$KCCIRT                          X$KCVFH                           X$KETCL
X$KCCLE                           X$KCVFHALL                        X$KETOP
X$KCCLH                           X$KCVFHMRR                        X$KETTG
X$KCCNRS                          X$KCVFHONL                        X$KEUMLINKTB
X$KCCOR                           X$KCVFHTMP                        X$KEUMREGTB
X$KCCPA                           X$KDLT                            X$KEUMSVCTB
X$KCCPD                           X$KDLU_STAT                       X$KEUMTB
X$KCCPDB                          X$KDMADOELEMENTS                  X$KEUMTOPTB
X$KCCPIC                          X$KDMADOTASKDETAILS               X$KEWAM
X$KCCRDI                          X$KDMADOTASKS                     X$KEWASH
X$KCCRL                           X$KDMIMCCOL                       X$KEWCATPDBINSNAP
X$KCCRM                           X$KDMIMCHEAD                      X$KEWECLS
X$KCCRS                           X$KDMIMEUCOL                      X$KEWEFXT
X$KCCRSP                          X$KDMIMEUHEAD                     X$KEWEPCS
X$KCCRSR                          X$KDMUSEGDICT                     X$KEWESMAS
X$KCCRT                           X$KDMUSEGDICTPMAP                 X$KEWESMS
X$KCCSL                           X$KDMUSEGDICTSO                   X$KEWMAFMV
X$KCCTF                           X$KDMUSEGDICTVER                  X$KEWMCHKMV
X$KCCTIR                          X$KDNSSF                          X$KEWMDRMV
X$KCCTKH                          X$KDXHS                           X$KEWMDSM
X$KCCTS                           X$KDXST                           X$KEWMEVMV
X$KCFIO                           X$KDZCOLCL                        X$KEWMFLMV
X$KCFIOFCHIST                     X$KD_COLUMN_STATISTICS            X$KEWMGSM
X$KCFIOHIST                       X$KEACMDN                         X$KEWMIOFMV
X$KCFISCAP                        X$KEAFDGN                         X$KEWMRMGMV
X$KCFISOSS                        X$KEAOBJT                         X$KEWMRMPDBMV
X$KCFISOSSAWR                     X$KECPDENTRY                      X$KEWMRSM
X$KCFISOSSC                       X$KECPRT                          X$KEWMRWMV
X$KCFISOSSL                       X$KECPTC                          X$KEWMSEMV
X$KCFISOSSN                       X$KEC_COMPONENT_TIMING            X$KEWMSMDV
```

```
NAME
----------------------------    ----------------------------    ----------------------------
X$KEWMSRGMV                     X$KFGBRB                        X$KGLJMEM
X$KEWMSVCMV                     X$KFGBRC                        X$KGLJSIM
X$KEWMWCRMV                     X$KFGBRS                        X$KGLLK
X$KEWMWPCMV                     X$KFGBRW                        X$KGLMEM
X$KEWPDBINSNAP                  X$KFGMG                         X$KGLNA
X$KEWPDBIX                      X$KFGRP                         X$KGLNA1
X$KEWRATTRNEW                   X$KFGRP_SPARSE                  X$KGLOB
X$KEWRATTRSTALE                 X$KFGRP_STAT                    X$KGLOBXML
X$KEWRCONIDLOOKUP               X$KFGXP                         X$KGLPN
X$KEWRIMSEGSTAT                 X$KFIAS_CLNT                    X$KGLRD
X$KEWRIPSL                      X$KFIAS_FILE                    X$KGLSIM
X$KEWRSQLCRIT                   X$KFIAS_PROC                    X$KGLSN
X$KEWRSQLIDTAB                  X$KFIPCOMPAT                    X$KGLSQLTXL
X$KEWRSQLSUM                    X$KFKID                         X$KGLST
X$KEWRSTGTB                     X$KFKLIB                        X$KGLTABLE
X$KEWRTB                        X$KFKLSOD                       X$KGLTR
X$KEWRTB_ALL                    X$KFMDGRP                       X$KGLTRIGGER
X$KEWRTOPTENV                   X$KFNCL                         X$KGLXS
X$KEWRTSEGSTAT                  X$KFNDIOSPRS                    X$KGSCC
X$KEWRTSQLPLAN                  X$KFNRCL                        X$KGSKASP
X$KEWRTSQLTEXT                  X$KFNSDSKIOST                   X$KGSKCFT
X$KEWSSESV                      X$KFQG                          X$KGSKCP
X$KEWSSMAP                      X$KFRC                          X$KGSKDOPP
X$KEWSSVCV                      X$KFTMTA                        X$KGSKMEMINFO
X$KEWSSYSV                      X$KFVACFS                       X$KGSKNCFT
X$KEWXOCF                       X$KFVACFSADMIN                  X$KGSKPDBFT
X$KEWX_LOBS                     X$KFVACFSCMDRULE                X$KGSKPDBHISTFT
X$KEWX_SEGMENTS                 X$KFVACFSENCR                   X$KGSKPFT
X$KEXSVFU                       X$KFVACFSREALM                  X$KGSKPP
X$KEXSVUS                       X$KFVACFSREALMFILTER            X$KGSKQUEP
X$KFALS                         X$KFVACFSREALMGROUP             X$KGSKSCS
X$KFBF                          X$KFVACFSREALMS                 X$KGSKTE
X$KFBH                          X$KFVACFSREALMUSER              X$KGSKTO
X$KFCBH                         X$KFVACFSREPL                   X$KGSKVFT
X$KFCCE                         X$KFVACFSREPLTAG                X$KJAC_CONFIG
X$KFCLLE                        X$KFVACFSRULE                   X$KJAC_ID
X$KFCSGA                        X$KFVACFSRULESET                X$KJAC_MY_ID
X$KFCSTAT                       X$KFVACFSRULESETRULE            X$KJBFPBR
X$KFDAP                         X$KFVACFSS                      X$KJBL
X$KFDAT                         X$KFVACFSTAG                    X$KJBLFX
X$KFDDD                         X$KFVACFSV                      X$KJBR
X$KFDFS                         X$KFVOL                         X$KJBRFX
X$KFDPARTNER                    X$KFVOLSTAT                     X$KJCISOT
X$KFDSD                         X$KFZGDR                        X$KJCISPT
X$KFDSK                         X$KFZPBLK                       X$KJCTFR
X$KFDSK_SPARSE                  X$KFZUAGR                       X$KJCTFRI
X$KFDSK_SPARSE_STAT             X$KFZUDR                        X$KJCTFS
X$KFDSK_STAT                    X$KGHLU                         X$KJDDDEADLOCKS
X$KFDSR                         X$KGICS                         X$KJDDDEADLOCKSES
X$KFDXEXT                       X$KGLAU                         X$KJDRHV
X$KFENV                         X$KGLBODY                       X$KJDRMAFNSTATS
X$KFFG                          X$KGLCLUSTER                    X$KJDRMHVSTATS
X$KFFGF                         X$KGLCURSOR                     X$KJDRMREADMOSTLYSTATS
X$KFFGPT                        X$KGLCURSOR_CHILD               X$KJDRMREQ
```

```
NAME
-----------------------------   -----------------------------   -----------------------------
X$KFFIL                         X$KGLCURSOR_CHILD_SQLID          X$KJDRPCMHV
X$KFFIL_SPARSE                  X$KGLCURSOR_CHILD_SQLIDPH        X$KJDRPCMPF
X$KFFOF                         X$KGLCURSOR_PARENT               X$KJFMHBACL
X$KFFSCRUB                      X$KGLDP                          X$KJICVT
X$KFFXP                         X$KGLINDEX                       X$KJIDT
X$KJILFT                        X$KMMHST                         X$KQRPD
X$KJILKFT                       X$KMMNV                          X$KQRSD
X$KJIRFT                        X$KMMRD                          X$KQRST
X$KJISFT                        X$KMMSAS                         X$KRASGA
X$KJITRFT                       X$KMMSG                          X$KRBABRSTAT
X$KJKMKGA                       X$KMMSI                          X$KRBAFF
X$KJKMLOCK                      X$KMPCMON                        X$KRBMCA
X$KJKMREQ                       X$KMPCP                          X$KRBMROT
X$KJLEQFP                       X$KMPCSO                         X$KRBMRST
X$KJMDDP                        X$KMPDH                          X$KRBMSFT
X$KJMSDP                        X$KMPSRV                         X$KRBPDATA
X$KJPMPRC                       X$KNGFL                          X$KRBPDIR
X$KJPNPX                        X$KNGFLE                         X$KRBPHEAD
X$KJREQFP                       X$KNLAROW                        X$KRBPPBCTX
X$KJRTBCFP                      X$KNLASG                         X$KRBPPBTBL
X$KJR_CHUNK_STATS               X$KNSTACR                        X$KRBZA
X$KJR_FREEABLE_CHUNKS           X$KNSTANR                        X$KRCBIT
X$KJSCAPKAT                     X$KNSTASL                        X$KRCCDE
X$KJSCASVCAT                    X$KNSTCAP                        X$KRCCDR
X$KJXGNA_STATS                  X$KNSTCAPCACHE                   X$KRCCDS
X$KJXM                          X$KNSTCAPS                       X$KRCEXT
X$KJZNCBHANGS                   X$KNSTMT                         X$KRCFBH
X$KJZNHANGS                     X$KNSTMVR                        X$KRCFDE
X$KJZNHANGSES                   X$KNSTOGGC                       X$KRCFH
X$KJZNHMLSI                     X$KNSTORD                        X$KRCGFE
X$KJZNHNGMGRSTS                 X$KNSTPSTS                       X$KRCSTAT
X$KJZNHNGSTATS                  X$KNSTRPP                        X$KRDEVTHIST
X$KJZNRSLNRC                    X$KNSTRQU                        X$KRDMMIRA
X$KJZNWLMPCRANK                 X$KNSTSESS                       X$KRDRSBROV
X$KJZSIWTEVT                    X$KNSTTXN                        X$KRFBLOG
X$KKAEET                        X$KNSTXSTS                       X$KRFGSTAT
X$KKCNEREG                      X$KOCST                          X$KRFSTHRD
X$KKCNEREGSTAT                  X$KPONDCONSTAT                   X$KRSOPROC
X$KKCNRSTAT                     X$KPONDESTAT                     X$KRSSMS
X$KKKICR                        X$KPONESTAT                      X$KRSSRTT
X$KKOAR_HINT                    X$KPONJSTAT                      X$KRSTALG
X$KKOCS_HISTOGRAM               X$KPOQSTA                        X$KRSTAPPSTATS
X$KKOCS_SELECTIVITY             X$KPPLCC_INFO                    X$KRSTDEST
X$KKOCS_STATISTICS              X$KPPLCC_STATS                   X$KRSTDGC
X$KKSAI                         X$KPPLCONN_INFO                  X$KRSTPVRS
X$KKSBV                         X$KPPLCP_STATS                   X$KRVSLV
X$KKSCS                         X$KQDPG                          X$KRVSLVPG
X$KKSPCIB                       X$KQFCO                          X$KRVSLVS
X$KKSSQLSTAT                    X$KQFDT                          X$KRVSLVST
X$KKSSQLSTAT_PLAN_HASH          X$KQFOPT                         X$KRVSLVTHRD
X$KKSSRD                        X$KQFP                           X$KRVXDKA
X$KKSXSQLSTAT                   X$KQFSZ                          X$KRVXDTA
X$KLCIE                         X$KQFTA                          X$KRVXISPCHK
X$KLPT                          X$KQFTVRTTST0                    X$KRVXISPLCR
```

```
NAME
------------------------------    ------------------------------    ------------------------------
X$KMCQS                           X$KQFVI                           X$KRVXOP
X$KMCVC                           X$KQFVT                           X$KRVXSV
X$KMGSBSADV                       X$KQLFBC                          X$KRVXTHRD
X$KMGSBSMEMADV                    X$KQLFSQCE                        X$KRVXTX
X$KMGSCT                          X$KQLFXPL                         X$KRVXWARNV
X$KMGSOP                          X$KQLSET                          X$KSACLTAB
X$KMGSTFR                         X$KQPXINV                         X$KSAST
X$KMMDI                           X$KQRFP                           X$KSBDD
X$KMMDP                           X$KQRFS                           X$KSBDP
X$KSBDPNEEDED                     X$KSLES                           X$KSPRSTV2
X$KSBFT                           X$KSLHOT                          X$KSPSPFH
X$KSBSRVDT                        X$KSLLCLASS                       X$KSPSPFILE
X$KSBTABACT                       X$KSLLD                           X$KSPTCH
X$KSDAF                           X$KSLLTR                          X$KSPVLD_VALUES
X$KSDAFT                          X$KSLLTR_CHILDREN                 X$KSQDN
X$KSDHNG_CACHE_HISTORY            X$KSLLTR_PARENT                   X$KSQEQ
X$KSDHNG_CHAINS                   X$KSLLW                           X$KSQEQTYP
X$KSDHNG_SESSION_BLOCKERS         X$KSLPO                           X$KSQRS
X$KSFDFTYP                        X$KSLSCS                          X$KSQST
X$KSFDKLL                         X$KSLSESHIST                      X$KSRCCTX
X$KSFDSSCLONEINFO                 X$KSLSESHIST_MICRO                X$KSRCDES
X$KSFDSTBLK                       X$KSLSESOUT                       X$KSRCHDL
X$KSFDSTCG                        X$KSLWH                           X$KSRMPCTX
X$KSFDSTCMP                       X$KSLWSC                          X$KSRMSGDES
X$KSFDSTFILE                      X$KSLWT                           X$KSRMSGO
X$KSFDSTHIST                      X$KSMDD                           X$KSRPCIOS
X$KSFDSTLL                        X$KSMDUT1                         X$KSSQUAR
X$KSFDSTTHIST                     X$KSMFS                           X$KSTEX
X$KSFMCOMPL                       X$KSMFSV                          X$KSUCF
X$KSFMELEM                        X$KSMGE                           X$KSUCLNDPCC
X$KSFMEXTELEM                     X$KSMHP                           X$KSUCLNPROC
X$KSFMFILE                        X$KSMJCH                          X$KSUCPUSTAT
X$KSFMFILEEXT                     X$KSMJS                           X$KSUINSTSTAT
X$KSFMIOST                        X$KSMLRU                          X$KSULL
X$KSFMLIB                         X$KSMLS                           X$KSULOP
X$KSFMSUBELEM                     X$KSMMEM                          X$KSULV
X$KSFQDVNT                        X$KSMNIM                          X$KSUMYSTA
X$KSFQP                           X$KSMNS                           X$KSUNETSTAT
X$KSFVQST                         X$KSMPGDP                         X$KSUPDBSES
X$KSFVSL                          X$KSMPGDST                        X$KSUPGP
X$KSFVSTA                         X$KSMPGDSTA                       X$KSUPGS
X$KSIMAT                          X$KSMPGST                         X$KSUPL
X$KSIMAV                          X$KSMPP                           X$KSUPR
X$KSIMSI                          X$KSMSD                           X$KSUPRLAT
X$KSIMTSR                         X$KSMSGMEM                        X$KSURLMT
X$KSIPCIP                         X$KSMSP                           X$KSURU
X$KSIPCIP_CI                      X$KSMSPR                          X$KSUSD
X$KSIPCIP_KGGPNP                  X$KSMSP_DSNEW                     X$KSUSE
X$KSIPCIP_OSD                     X$KSMSP_NWEX                      X$KSUSECON
X$KSIPC_INFO                      X$KSMSS                           X$KSUSECST
X$KSIPC_PROC_STATS                X$KSMSSINFO                       X$KSUSESTA
X$KSIPC_SKGSNDOMAIN               X$KSMSST                          X$KSUSEX
X$KSIRESTYP                       X$KSMSTRS                         X$KSUSGIF
X$KSIRGD                          X$KSMUP                           X$KSUSGSTA
```

```
NAME
------------------------------        ------------------------------        ------------------------------
X$KSIRPINFO                           X$KSOLSFTS                            X$KSUSIO
X$KSI_REUSE_STATS                     X$KSOLSSTAT                           X$KSUSM
X$KSKCGMETRIC                         X$KSOLTD                              X$KSUTM
X$KSKPDBMETRIC                        X$KSO_PRESPAWN_POOL                   X$KSUVMSTAT
X$KSKPLW                              X$KSO_SCHED_DELAY_HISTORY             X$KSUXSINST
X$KSKQDFT                             X$KSPPCV                              X$KSWSAFTAB
X$KSKQVFT                             X$KSPPCV2                             X$KSWSASTAB
X$KSLCS                               X$KSPPI                               X$KSWSCLSTAB
X$KSLECLASS                           X$KSPPO                               X$KSWSCRSSVCTAB
X$KSLED                               X$KSPPSCV                             X$KSWSCRSTAB
X$KSLEI                               X$KSPPSV                              X$KSWSEVTAB
X$KSLEMAP                             X$KSPPSV2                             X$KSWSINTTAB
X$KSLEPX                              X$KSPRSTV                             X$KSWSJPTAB
X$KSXAFA                              X$KTSKSTAT                            X$KXDCM_IOREASON
X$KSXMME                              X$KTSLCHUNK                           X$KXDCM_IOREASON_NAME
X$KSXM_DFT                            X$KTSPGS_STAT                         X$KXDCM_METRIC_DESC
X$KSXM_EXP_STATS                      X$KTSPSTAT                            X$KXDCM_OPEN_ALERTS
X$KSXM_ZUT                            X$KTSP_REPAIR_LIST                    X$KXDRS
X$KSXPCLIENT                          X$KTSSO                               X$KXDSPPHYSMP
X$KSXPIA                              X$KTSSPU                              X$KXFBBOX
X$KSXPIF                              X$KTSTFC                              X$KXFPBS
X$KSXPPING                            X$KTSTSSD                             X$KXFPCDS
X$KSXPTESTTBL                         X$KTSTUSC                             X$KXFPCMS
X$KSXP_STATS                          X$KTSTUSG                             X$KXFPCST
X$KSXRCH                              X$KTSTUSS                             X$KXFPDP
X$KSXRCONQ                            X$KTTEFINFO                           X$KXFPIG
X$KSXRMSG                             X$KTTETS                              X$KXFPNS
X$KSXRREPQ                            X$KTTVS                               X$KXFPPFT
X$KSXRSG                              X$KTUCUS                              X$KXFPPIG
X$KTADM                               X$KTUGD                               X$KXFPREMINSTLOAD
X$KTATL                               X$KTUMASCN                            X$KXFPSDS
X$KTATRFIL                            X$KTUQQRY                             X$KXFPSMS
X$KTATRFSL                            X$KTURD                               X$KXFPSST
X$KTCNCLAUSES                         X$KTURHIST                            X$KXFPYS
X$KTCNINBAND                          X$KTUSMST                             X$KXFQSROW
X$KTCNQROW                            X$KTUSMST2                            X$KXFRSVCHASH
X$KTCNQUERY                           X$KTUSUS                              X$KXFSOURCE
X$KTCNREG                             X$KTUTST                              X$KXFTASK
X$KTCNREGQUERY                        X$KTUXCHE                             X$KXSBD
X$KTCSP                               X$KTUXE                               X$KXSCC
X$KTCXB                               X$KUPVA                               X$KXSREPLAY
X$KTFBFE                              X$KUPVJ                               X$KXSREPLAYDATE
X$KTFBHC                              X$KVII                                X$KXSREPLAYGUID
X$KTFBNSTAT                           X$KVIS                                X$KXSREPLAYLOB
X$KTFBUE                              X$KVIT                                X$KXSREPLAYSEQ
X$KTFSAN                              X$KWDDEF                              X$KXSREPLAYTIME
X$KTFSBI                              X$KWQBPMT                             X$KXTTSTECS
X$KTFSIMSTAT                          X$KWQDLSTAT                           X$KXTTSTEHS
X$KTFSRI                              X$KWQITCX                             X$KXTTSTEIS
X$KTFSTAT                             X$KWQMNC                              X$KXTTSTETS
X$KTFTBTXNGRAPH                       X$KWQMNJIT                            X$KYWMCLTAB
X$KTFTBTXNMODS                        X$KWQMNSCTX                           X$KYWMNF
X$KTFTHC                              X$KWQMNTASK                           X$KYWMPCMN
X$KTFTME                              X$KWQMNTASKSTAT                       X$KYWMPCTAB
```

```
NAME
----------------------------------    ----------------------------------    ----------------------------------
X$KTIFB                                X$KWQPD                                X$KYWMWRCTAB
X$KTIFF                                X$KWQPS                                X$KZAHIST
X$KTIFP                                X$KWQSI                                X$KZAJOBS
X$KTIFV                                X$KWRSNV                               X$KZAPARAMS
X$KTMTXNCHUNK                          X$KWSBGAQPCSTAT                        X$KZATS
X$KTMTXNCRCLONE                        X$KWSBGQMNSTAT                         X$KZCKMCS
X$KTMTXNHEAD                           X$KWSBJCSQJIT                          X$KZCKMEK
X$KTPRHIST                             X$KWSBSMSLVSTAT                        X$KZDOS
X$KTPRXRS                              X$KWSCPJOBSTAT                         X$KZDPSUPSF
X$KTPRXRT                              X$KWSSUBUSTATS                         X$KZEKMENCWAL
X$KTRSO                                X$KXDBIO_STATS                         X$KZEKMFVW
X$KTSIMAPOOL                           X$KXDCM_DB                             X$KZPOPR
X$KTSIMAU                              X$KXDCM_DB_HISTORY                     X$KZRTPD
X$KTSIMXMEMAREA                        X$KXDCM_DISK                           X$KZSPR
X$KTSJPROC                             X$KXDCM_DISK_HISTORY                   X$KZSRO
X$KTSJTASK                             X$KXDCM_GLOBAL                         X$KZSRPWFILE
X$KTSJTASKCLASS                        X$KXDCM_GLOBAL_HISTORY                 X$KZSRT
X$KZVDVCLAUSE                          X$MUTEX_SLEEP                          X$QKSMMWDS
X$LE                                   X$MUTEX_SLEEP_HISTORY                  X$QKSXA_REASON
X$LOBSEGSTAT                           X$NFSCLIENTS                           X$QOSADVACTIONDEF
X$LOBSTAT                              X$NFSLOCKS                             X$QOSADVFINDINGDEF
X$LOBSTATHIST                          X$NFSOPENS                             X$QOSADVRATIONALEDEF
X$LOGBUF_READHIST                      X$NLS_PARAMETERS                       X$QOSADVRECDEF
X$LOGMNR_ATTRCOL$                      X$NONDURSUB                            X$QOSADVRULEDEF
X$LOGMNR_ATTRIBUTE$                    X$NONDURSUB_LWM                        X$QUIESCE
X$LOGMNR_CALLBACK                      X$NSV                                  X$RFAFO
X$LOGMNR_CDEF$                         X$OBJECT_POLICY_STATISTICS             X$RFAHIST
X$LOGMNR_CLU$                          X$OBLNK$                               X$RFMP
X$LOGMNR_COL$                          X$OCT                                  X$RFMTE
X$LOGMNR_COLTYPE$                      X$OFSMOUNT                             X$RFOB
X$LOGMNR_CONTENTS                      X$OFS_LATENCY_STATS                    X$RMA_LATCH
X$LOGMNR_DICTIONARY                    X$OFS_STATS                            X$RO_USER_ACCOUNT
X$LOGMNR_DICTIONARY_LOAD               X$OPARG                                X$RULE
X$LOGMNR_ENC$                          X$OPDESC                               X$RULE_SET
X$LOGMNR_ENCRYPTED_OBJ$                X$OPERATORS                            X$RXS_SESSION_ROLES
X$LOGMNR_ENCRYPTION_PROFILE$           X$OPTIM_CALIB_STATS                    X$SHADOW_DATAFILE
X$LOGMNR_FILE$                         X$OPTION                               X$SKGXPIA
X$LOGMNR_IND$                          X$OPVERSION                            X$SKGXP_CONNECTION
X$LOGMNR_INDCOMPART$                   X$ORAFN                                X$SKGXP_MISC
X$LOGMNR_INDPART$                      X$PERSISTENT_PUBLISHERS                X$SKGXP_PORT
X$LOGMNR_INDSUBPART$                   X$PERSISTENT_QUEUES                    X$TARGETRBA
X$LOGMNR_KOPM$                         X$PERSISTENT_SUBSCRIBERS               X$TEMPORARY_LOB_REFCNT
X$LOGMNR_KTFBUE                        X$POLICY_HISTORY                       X$TIMEZONE_FILE
X$LOGMNR_LATCH                         X$PQSCANRATE                           X$TIMEZONE_NAMES
X$LOGMNR_LOB$                          X$PRMSLTYX                             X$TRACE
X$LOGMNR_LOBFRAG$                      X$PROPS                                X$TRACE_EVENTS
X$LOGMNR_LOG                           X$QERFXTST                             X$UGANCO
X$LOGMNR_LOGFILE                       X$QESBLSTAT                            X$UNFLUSHED_DEQUEUES
X$LOGMNR_LOGS                          X$QESMMAHIST                           X$UNIFIED_AUDIT_RECORD_FORMAT
X$LOGMNR_NTAB$                         X$QESMMAPADV                           X$UNIFIED_AUDIT_TRAIL
X$LOGMNR_OBJ$                          X$QESMMIWH                             X$VERSION
X$LOGMNR_OPQTYPE$                      X$QESMMIWT                             X$VINST
X$LOGMNR_PARAMETERS                    X$QESMMSGA                             X$XML_AUDIT_TRAIL
X$LOGMNR_PARTOBJ$                      X$QESRCDEP                             X$XPLTON
```

```
NAME
----------------------------    ----------------------------    ----------------------------
X$LOGMNR_PROCESS                X$QESRCDR                       X$XPLTOO
X$LOGMNR_PROPS$                 X$QESRCMEM                      X$XSAGGR
X$LOGMNR_REFCON$                X$QESRCMSG                      X$XSAGOP
X$LOGMNR_REGION                 X$QESRCOBJ                      X$XSAWSO
X$LOGMNR_ROOT$                  X$QESRCRD                       X$XSLONGOPS
X$LOGMNR_SEG$                   X$QESRCRR                       X$XSOBJECT
X$LOGMNR_SESSION                X$QESRCSTA                      X$XSOQMEHI
X$LOGMNR_SUBCOLTYPE$            X$QESRSTAT                      X$XSOQOJHI
X$LOGMNR_TAB$                   X$QESRSTATALL                   X$XSOQOPHI
X$LOGMNR_TABCOMPART$            X$QESXL                         X$XSOQOPLU
X$LOGMNR_TABPART$               X$QKSBGSES                      X$XSOQSEHI
X$LOGMNR_TABSUBPART$            X$QKSBGSYS                      X$XSSINFO
X$LOGMNR_TS$                    X$QKSCESES                      X$XS_SESSIONS
X$LOGMNR_TYPE$                  X$QKSCESYS                      X$XS_SESSION_NS_ATTRIBUTES
X$LOGMNR_UET$                   X$QKSCR                         X$XS_SESSION_ROLES
X$LOGMNR_UNDO$                  X$QKSCR_RSN                     X$ZASAXTAB
X$LOGMNR_USER$                  X$QKSFGI_CURSOR                 X$ZASAXTD1
X$MESSAGES                      X$QKSFM                         X$ZASAXTD2
X$MESSAGE_CACHE                 X$QKSFMDEP                      X$ZASAXTD3
X$MODACT_LENGTH                 X$QKSFMPRT
X$MSGBM                         X$QKSHT                         1312 rows selected.
```

C.2　Oracle 12cR2 X$索引

在 Oracle 12cR2 中，运行以下查询即可得到 799 个 X$表的索引列：

```
select      table_name, column_name, index_number
from        v$indexed_fixed_column
order by    table_name, index_number;
...799 rows selected.
```

C.3　Oracle 12cR2 V$视图交叉引用的 X$表

这一节展示 X$表和 V$视图的映射关系。因为 Oracle 12cR2 中的视图太多了，所以不可能在这里列出所有的交叉引用关系。然而这里列出了一些和性能优化有关的部分。可以利用附录 B 中提供的查询来获取和 GV$或 V$视图相关的特定查询。必须仔细检查 GV$视图来获得这个推论。这里列出了一些用到的 X$表，以查询的 V$视图名称排序：

固定视图	引用的基础 X$表和/或固定视图
V$BH	x$bh、x$le
V$BUFFER_POOL	x$kcbwbpd
V$BUFFER_POOL_STATISTICS	x$kcbwds、kcbwds、x$kcbwbpd、kcbwbpd
V$DATABASE	x$kccdi、x$kccdi2
V$DATAFILE	x$kccfe、x$kccfn、x$kccfn、x$kcvfh
V$DB_CACHE_ADVICE	x$kcbsc、x$kcbwbpd
V$DB_OBJECT_CACHE	x$kglob
V$DLM_ALL_LOCKS	V$GES_ENQUEUE

固定视图	引用的基础 X$表和/或固定视图
V$DLM_LATCH	V$LATCH
V$DLM_LOCKS	V$GES_BLOCKING_ENQUEUE
V$ENQUEUE_LOCK	x$ksqeq、x$ksuse、x$ksqrs
V$ENQUEUE_STAT	x$ksqst
V$EVENT_NAME	x$ksled
V$EXECUTION	x$kstex
V$FILESTAT	x$kcfio、x$kccfe
V$FILE_CACHE_TRANSFER	x$kcfio、x$kccfe
V$FIXED_TABLE	x$kqfta、x$kqfvi、x$kqfdt
V$FIXED_VIEW_DEFINITION	x$kqfvi、x$kqfvt
V$GES_BLOCKING_ENQUEUE	V$GES_BLOCKING_ENQUEUE
V$GES_ENQUEUE	x$kjilkft、x$kjbl
V$GLOBAL_BLOCKED_LOCKS	v$lock、v$dlm_locks
V$GLOBAL_TRANSACTION	x$k2gte2
V$INDEXED_FIXED_COLUMN	x$kqfco、x$kqfta
V$INSTANCE	x$ksuxsinst、x$kvit、x$quiesce
V$LATCH	x$kslltr
V$LATCHHOLDER	x$ksuprlat
V$LATCHNAME	x$kslld
V$LATCH_CHILDREN	x$kslltr_children
V$LATCH_MISSES	x$ksllw、x$kslwsc
V$LATCH_PARENT	x$kslltr_parent
V$LIBRARYCACHE	x$kglst
V$LIBRARY_CACHE_MEMORY	x$kglmem
V$LOCK	v$_lock、x$ksuse、x$ksqrs
V$LOCKED_OBJECT	x$ktcxb、x$ktadm、x$ksuse
V$LOCKS_WITH_COLLISIONS	v$bh
V$LOCK_ACTIVITY	Dual
V$LOCK_ELEMENT	x$le
V$MTTR_TARGET_ADVICE	x$kcbmmav
V$MUTEX_SLEEP	x$mutex_sleep
V$MUTEX_SLEEP_HISTORY	x$mutex_sleep_history
V$MVREFRESH	x$knstmvr、v$session
V$MYSTAT	x$ksumysta、x$ksusgif
V$OBSOLETE_PARAMETER	x$ksppo
V$OPEN_CURSOR	x$kgllk
V$OPTION	x$option
V$PARAMETER	x$ksppi、x$ksppcv
V$PARAMETER2	x$ksppi、x$ksppcv2
V$PGASTAT	x$qesmmsga
V$PGA_TARGET_ADVICE	x$qesmmapadv

固定视图	引用的基础 X$表和/或固定视图
V$PGA_TARGET_ADVICE_HISTOGRAM	x$qesmmahist
V$PROCESS	x$ksupr
V$QUEUE	x$kmcqs
V$ROLLSTAT	x$kturd
V$ROWCACHE	x$kqrst
V$ROWCACHE_PARENT	x$kqrfp
V$ROWCACHE_SUBORDINATE	x$kqrfs
V$SEGMENT_STATISTICS	obj$、user$、x$ksolsfts、ts$、ind$
V$SEGSTAT	x$ksolsfts
V$SEGSTAT_NAME	x$ksolsstat
V$SESSION	x$ksuse、x$ksled
V$SESSION_CONNECT_INFO	x$ksusecon
V$SESSION_CURSOR_CACHE	x$kgscc
V$SESSION_EVENT	x$ksles、x$ksled
V$SESSION_LONGOPS	x$ksulop
V$SESSION_OBJECT_CACHE	x$kocst
V$SESSION_WAIT	x$kslwt、x$ksled
V$SESSION_WAIT_CLASS	x$kslcs
V$SESSION_WAIT_HISTORY	x$kslwh
V$SESSMETRIC	x$kewmsemv
V$SESSTAT	x$ksusesta、x$ksusgif
V$SESS_IO	x$ksusio
V$SGA	x$ksmsd
V$SGASTAT	x$ksmfs、x$ksmss、x$ksmls、x$ksmjs、x$ksmns、x$ksmstrs
V$SHARED_POOL_ADVICE	x$kglsim
V$SHARED_POOL_RESERVED	x$ksmspr、x$kghlu
V$SORT_SEGMENT	x$ktstssd
V$SORT_USAGE	x$ktsso、v$session
V$SPPARAMETER	x$kspspfile
V$SQL	x$kglcursor_child
V$SQLAREA	x$kglcursor_child_sqlid
V$SQLAREA_PLAN_HASH	x$kglcursor_child_sqlidph
V$SQLSTATS	x$kkssqlstat
V$SQLTEXT	x$kglna
V$SQLTEXT_WITH_NEWLINES	x$kglna1
V$SQL_BIND_CAPTURE	x$kqlfbc
V$SQL_BIND_DATA	x$kxsbd
V$SQL_BIND_METADATA	x$kksbv
V$SQL_CURSOR	x$kxscc
V$SQL_JOIN_FILTER	x$qesblstat

固定视图	引用的基础 X$表和/或固定视图
V$SQL_OPTIMIZER_ENV	x$kqlfsqce
V$SQL_PLAN	x$kqlfxpl
V$SQL_PLAN_STATISTICS	x$qesrstat
V$SQL_PLAN_STATISTICS_ALL	x$qesrstatall
V$SQL_REDIRECTION	x$kglcursor_child、x$kkssrd
V$SQL_SHARED_CURSOR	x$kkscs
V$SQL_SHARED_MEMORY	x$kglcursor、x$ksmhp
V$SQL_WORKAREA	x$qksmmwds
V$SQL_WORKAREA_ACTIVE	x$qesmmiwt
V$STATISTICS_LEVEL	x$prmsltyx
V$SUBCACHE	x$kqlset
V$SYSSTAT	x$ksusgsta
V$SYSTEM_CURSOR_CACHE	x$kgics
V$SYSTEM_EVENT	x$kslei、x$ksled
V$SYSTEM_PARAMETER	x$ksppi、x$ksppsv
V$SYSTEM_PARAMETER2	x$ksppi、x$ksppsv2
V$TABLESPACE	x$kccts
V$TEMPFILE	x$kcctf、x$kccfn、x$kcvfhtmp
V$TEMPSTAT	x$kcftio、x$kcctf
V$TEMP_CACHE_TRANSFER	x$kcftio、x$kcctf
V$TEMP_EXTENT_MAP	ts$、x$ktftme
V$TEMP_EXTENT_POOL	ts$、x$ktstfc
V$TEMP_PING	x$kcftio、x$kcctf
V$TEMP_SPACE_HEADER	ts$、x$ktfthc
V$THREAD	x$kccrt、x$kcctir、x$kcccp
V$TRANSACTION	x$ktcxb
V$TRANSACTION_ENQUEUE	x$ktcxb、x$ksuse、x$ksqrs
V$UNDOSTAT	x$ktusmst
V$VERSION	x$version
V$WAITSTAT	x$kcbwait
V$_LOCK	v$_lock1、x$ktadm、x$ktatrfil、x$ktatrfsl、x$ktatl、x$ktstusc、x$ktstuss、x$ktstusg、x$ktcxb
V$_LOCK1	x$kdnssf、x$ksqeq
O$SQL_BIND_CAPTURE	x$kqlfbc

感谢 Jacob Niemiec 测试上述查询并提供最新列表。